Studien zur Hochschuldidaktik und zum Lehren und Lernen mit digitalen Medien in der Mathematik und in der Statistik

Reihe herausgegeben von

Rolf Biehler, Universität Paderborn, Paderborn, Deutschland

Fachbezogene Hochschuldidaktik und das Lehren und Lernen mit digitalen Medien in der Schule, Hochschule und in der Mathematiklehrerbildung sind in ihrer Bedeutung wachsende Felder mathematikdidaktischer Forschung. Mathematik und Statistik spielen in zahlreichen Studienfächern eine wesentliche Rolle. Hier stellen sich zahlreiche didaktische Herausforderungen und Forschungsfragen, ebenso wie im Mathematikstudium im engeren Sinne und Mathematikstudium aller Lehrämter. Digitale Medien wie Lern- und Kommunikationsplattformen, multimediale Lehrmaterialien und Werkzeugsoftware (Computeralgebrasysteme, Tabellenkalkulation, dynamische Geometriesoftware, Statistikprogramme) ermöglichen neue Lehr- und Lernformen in der Schule und in der Hochschule.

Die Reihe ist offen für Forschungsarbeiten, insbesondere Dissertationen und Habilitationen, aus diesen Gebieten.

Reihe herausgegeben von
Prof. Dr. Rolf Biehler
Institut für Mathematik, Universität Paderborn, Deutschland

Weitere Bände in der Reihe https://link.springer.com/bookseries/11974

Christiane Büdenbender-Kuklinski

Die Relevanz ihres Mathematikstudiums aus Sicht von Lehramtsstudierenden

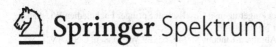

Christiane Büdenbender-Kuklinski
Hannover, Deutschland

Von der Fakultät für Mathematik und Physik der Gottfried Wilhelm Leibniz Universität Hannover zur Erlangung des Grades Doktorin der Naturwissenschaften Dr. rer. nat. genehmigte Dissertation von Christiane Büdenbender-Kuklinski, 2021

ISSN 2194-3974   ISSN 2194-3982 (electronic)
Studien zur Hochschuldidaktik und zum Lehren und Lernen mit digitalen Medien in der Mathematik und in der Statistik
ISBN 978-3-658-35843-3   ISBN 978-3-658-35844-0 (eBook)
https://doi.org/10.1007/978-3-658-35844-0

Die Deutsche Nationalbibliothek verzeichnet diese Publikation in der Deutschen Nationalbibliografie; detaillierte bibliografische Daten sind im Internet über http://dnb.d-nb.de abrufbar.

Planung/Lektorat: Marija Kojic
Springer Spektrum ist ein Imprint der eingetragenen Gesellschaft Springer Fachmedien Wiesbaden GmbH und ist ein Teil von Springer Nature.
Die Anschrift der Gesellschaft ist: Abraham-Lincoln-Str. 46, 65189 Wiesbaden, Germany

Meiner Familie

Geleitwort

Hohe Studienabbruchquoten in Mathematikstudiengängen stellen ein viel beforschtes und bereits lange beobachtetes Phänomen dar. Klar ist, Universitätsmathematik fällt vielen Studienanfänger*innen schwer. Doch lohnt es sich aus Sicht der Studierenden, die sich gerade zu Studienbeginn aufdrängenden Mühen auf sich zu nehmen? Die meisten kennen das von sich: Die Bereitschaft sich für etwas anzustrengen, bei der Verfolgung von Zielen auch Frustrationserlebnisse hinzunehmen usw., all das hat auch etwas damit zu tun, ob dieses Etwas als relevant eingeschätzt wird. Nun äußern insbesondere gymnasiale Mathematiklehramtsstudierende zumindest Zweifel an der Relevanz der zu lernenden Inhalte im Mathematikstudium (z. B. Blömeke, 2016[1]) und scheinen mit ihrem Studium unzufrieden zu sein. Auch international beziehen sich die Zweifel nicht nur auf fortgeschrittene mathematische Inhalte mit Bezug zur aktuellen Forschung, sondern bereits auf Inhalte der in Deutschland vorgesehenen Grundvorlesungen wie Analysis und Lineare Algebra, obwohl sich diese thematisch noch nahe an den Inhalten des gymnasialen Mathematikcurriculums orientieren, etwa die Differential- und Integralrechnung oder die Lösung linearer Gleichungssysteme behandeln. Für Lehramtsstudierende wird das offenkundig schwerwiegende Phänomen berichtet, dass fehlende Einsicht in die Relevanz dieser Inhalte deren Aneignung signifikant erschwert und insbesondere dazu führt, dass das Potential der gelehrten Mathematik für späteres professionelles Handeln in der Schule nur wenig realisiert wird (z. B. Wasserman, Weber, Villanueva & Mejia-Ramos,

---

[1] Blömeke, S. (2016). Der Übergang von der Schule in die Hochschule: Empirische Erkenntnisse zu mathematikbezogenen Studiengängen. In A. Hoppenbrock, R. Biehler, R. Hochmuth, & H.-G. Rück (Hrsg.), *Lehren und Lernen von Mathematik in der Studieneingangsphase* (S. 3–13). Springer.

2018[2]). Entsprechend dieser Beobachtungen gibt es seit Jahrzehnten vielfältige Lehrvorschläge, wie die Einsicht in die Relevanz der Inhalte gefördert werden kann. Sicher wäre hier auch schon Klein's „Elementarmathematik vom Höheren Standpunkt"[3] zu nennen. Wie dieser Versuch orientieren auch viele andere darauf, die zu lehrenden mathematischen Inhalte so aufzubereiten, dass an ihnen selbst die Relevanz für Lehramtsstudierende und deren Professionalisierung deutlich hervorgehoben werden.

Nun könnte man ja vermuten, dass es zum Relevanzerleben der Mathematikstudierenden vielfältige und vor allem einschlägig fachbezogene Untersuchungen sowie insbesondere auch empirisch abgesicherte Erhebungsinstrumente gibt, die beispielsweise erlauben, Effekte von Lehrinterventionen auf das Relevanzerleben oder Zusammenhänge zwischen dem Relevanzerleben und affektiv-emotionalen sowie kognitiven Aspekten zu erfassen. Interessanterweise ist aber schon der Begriff Relevanz nicht so geklärt wie man vielleicht vermuten würde, und wie Facetten des Relevanzerlebens von Studierenden zu erheben sein könnten, ist relativ wenig beforscht. Dabei erscheint es mehr als naheliegend, sich um aussagekräftige Instrumente zu bemühen. Es könnte ja sein, dass damit ermöglichte Erkenntnisse Hinweise darauf geben, wie eher inhaltlich orientierte Bemühungen zur Steigerung des Relevanzerlebens effektiver gestaltet werden könnten. Wenn man etwa wüsste, dass eine Gruppe von Studierenden davon in ihren Relevanzeinschätzungen kaum berührt würde, dann könnten und sollten für diese Gruppe andere Optionen erwägt werden. Die genannten Forschungsdefizite sprechen dafür, dass es sich um schwierige Forschungsprobleme handelt.

Entsprechend der eben skizzierten Ausgangslage fokussierte das Promotionsvorhaben von Frau Büdenbender-Kuklinski auf die Relevanzproblematik bei gymnasialen Mathematiklehramtsstudierenden, dem Design eines multidimensionalen Erhebungsinstruments zur Operationalisierung von Relevanzzuschreibungen, dessen empirischer Beforschung insbesondere auch hinsichtlich möglicher Zusammenhänge zwischen den mit dem neuen und etablierten Erhebungsinstrumenten gemessenen Konstrukten und schließlich ersten Überlegungen bezüglich praktischer Folgerungen aus den empirischen Ergebnissen. Der vorliegende Band präsentiert nun die von Frau Büdenbender-Kuklinski in ihrer Arbeit erzielten Ergebnisse.

---

[2] Wasserman, N., Weber, K., Villanueva, M., & Mejia-Ramos, J. P. (2018). Mathematics teachers' views about the limited utility of real analysis: A transport model hypothesis. *The Journal of Mathematical Behavior, 50,* 74–89.

[3] Klein, F. (1924). *Elementarmathematik vom höheren Standpunkte aus* (Vol. 14). Springer.

Dass Relevanzeinschätzungen von Studierenden etwas sind, das mit Blick auf Studienabbruch und der Kritik von Lehramtsstudierenden am Mathematikstudium von Bedeutung ist, belegt Frau Büdenbender-Kuklinski zunächst in vielfältiger Weise vor dem Hintergrund eines detaillierten einschlägigen Literaturüberblicks. Dabei erweist sich unter anderem, dass es bisher keinen konsentierten und hinsichtlich Mathematikstudiengängen konkretisierten Relevanzbegriff gibt und darüber hinaus auch keine empirisch abgesicherten Instrumente, die es erlauben, Relevanzfacetten differenziert quantitativ zu erheben. Vor diesem Hintergrund nimmt die Arbeit diese offenen Fragen sowohl theoretisch wie auch empirisch in den Blick. Basierend auf Arbeiten von Stuckey, Hofstein, Mamlok-Naaman und Eilks (2013)[4] und vor dem Hintergrund fachdidaktischer Relevanz- und Wertkonzepte wird dabei ein integriertes Modell entwickelt, das Aspekte wie Relevanzgründe, Relevanzinhalte und Relevanzzuschreibungen unterscheidet: Relevanzzuschreibungen werden hierbei als ein Konstrukt verstanden, das Relevanzinhalte und Relevanzgründe verknüpft. Relevanzinhalte werden durch Inhalte des Mathematikstudiums und mit Bezug auf Relevanzgründe modelliert. Relevanzgründe beziehen sich schließlich auf mit dem Mathematikstudium erreichbare positive Konsequenzen, welche hinsichtlich einer individuellen und gesellschaftlich/ beruflichen Dimension unterschieden werden. Auf der Grundlage dieses Modells wird dann ein Instrument entwickelt, das einerseits anschlussfähig für Überlegungen zur Gestaltung möglicher Interventionsmaßnahmen ist. So sollte das Instrument ermöglichen, Hypothesen darüber zu formulieren und empirisch zu untersuchen, wie Relevanzzuschreibungen von Studierenden positiv beeinflusst werden können. Andererseits sollte zumindest gut begründbar sein, dass das Instrument etwas erhebt, was mit Blick auf Konstrukte im Zusammenhang von Studienabbruch und Studienzufriedenheit aussagekräftig ist. Einer explorativen Forschungslogik folgend, wird das Relevanzmodell im Fortgang der Arbeit weiter, quasi nach innen, ausgebaut.

Dazu werden zunächst in einer beeindruckenden Fülle aufgearbeiteter Literatur Ergebnisse zu Fragen der Relevanz in Lernkontexten und möglicher Zusammenhänge zwischen Relevanzzuschreibungen und anderen Studierendenmerkmalen ausgewertet und jeweils darauf aufbauend Forschungsansätze und –fragen mit Blick auf das eingeführte Modell entwickelt. Das generelle Forschungsanliegen wird präzisiert und acht Forschungsfragen werden formuliert, die nachfolgend beantwortet werden. Im Fokus stehen dabei eine quantitative Erhebung

---

[4] Stuckey, M., Hofstein, A., Mamlok-Naaman, R., & Eilks, I. (2013). The meaning of „relevance" in science education and it implications for the science curriculum. *Studies in Science Education, 49*(1), 1–34.

der Bewertung von Relevanzbegründungen (im Sinne des Modells), inhaltliche mathematikbezogene Dimensionen, Zusammenhänge zwischen Gründen und den inhaltlichen Dimensionen, dann Regressionen bezüglich Globaleinschätzungen zur Relevanz und Einschätzungen zur Umsetzung als relevant bewerteter Inhalte, Korrelationen zu motivationalen und leistungsbezogenen Merkmalen, Aussagen zu Änderungen im Laufe des ersten Semesters und zuletzt Typenzuordnungen. Letztere sind vor allem bedeutsam für die Gestaltung von Maßnahmen zur Optimierung der Lehre, da ja davon auszugehen ist, dass sich Relevanzfragen für Untergruppen von Studierenden in unterschiedlicher Weise stellen und deshalb auch eher in sich differenzierte Pakete von Maßnahmen zielführend sein könnten.

Nachdem in äußerst klarer und informativer Weise Methodologie, Methode und Design des weiteren Vorgehens und die Pilotierung des entwickelten Instruments beschrieben wurden, werden in den zentralen Kapiteln 8 bis 11 die Durchführung der Hauptstudie, die Auswertung der erhobenen Daten und detaillierte Ergebnisse zu den Forschungsfragen präsentiert. Hier kann Frau Büdenbender-Kuklinski zunächst zeigen, dass die Dimensionen des entwickelten Relevanzmodells von Studierenden als wichtig eingeschätzte Relevanzgründe erfassen. Bezüglich mathematischer Themen und deren Komplexitätsstufen stellt sich heraus, dass Studierende des ersten Semesters diese durchweg als relevant einschätzen. Es ist klar, dass daraus noch nicht folgt, dass sich Studierende die genannten Inhalte in gewünschter Tiefe engagiert aneignen. Die Homogenität der Einschätzung bezüglich relevanter Inhalte bestätigt sich auch hinsichtlich Zusammenhängen zwischen Themen. Interessant sind diesbezüglich dann die Ergebnisse zu Globaleinschätzungen der Relevanz: Hier zeigen sich zwar naheliegende Zusammenhänge zu den Einschätzungen inhaltlicher Dimensionen, diese erweisen sich aber als erstaunlich schwach ausgeprägt. Analoges zeigte sich bei Interesseuntersuchungen: Obwohl regelmäßig Interesse an Mathematik bekundet wird, werden häufig nur wenig bis keine konkreten Inhalte als interessant hervorgehoben oder gar auf diese bezogene Aneignungshandlungen berichtet (vgl. dazu Liebendörfer, 2018)[5] Anschließend werden Zusammenhänge zwischen Einschätzungen zur Umsetzung und Relevanzzuschreibungen mittels (multiplen) linearen Regressionsmodellen untersucht. Hier ergibt sich beispielsweise, dass insbesondere die Studierenden in den Studieninhalten eine Relevanz erkennen, die meinen, ihre Interessen ausleben zu können. Korrelationsbetrachtungen zwischen Relevanzzuschreibungen und Einschätzungen zur Umsetzung zeigen darüber hinaus, dass tendenziell Studierende, die der Meinung sind, dass ein Themengebiet wichtig ist, eher dessen Umsetzung und/ oder die Wichtigkeit von Themengebieten

---

[5] Liebendörfer, M. (2018). *Motivationsentwicklung im Mathematikstudium.* Springer.

erkennen. Bezüglich der Leistungsindikatoren zeigen sich kaum Zusammenhänge. Globale Relevanzeinschätzungen scheinen im Verlauf des ersten Semesters
zuzunehmen, die Einschätzungen zur Relevanz einzelner fachlicher Inhalte aber
abzunehmen. Spannende Ergebnisse ergeben sich auch aus den durchgeführten
Clusteranalysen: So gelingt es Frau Büdenbender-Kuklinski sehr überzeugend,
vier Gruppen von Studierenden hinsichtlich verschiedener Merkmale zu charakterisieren und als hervorgehobene Typen anschaulich zu interpretieren. Dabei
dürften die „Selbstverwirklicher" am ehesten den Wünschen der Lehrenden entsprechen. Dies trifft auf die hinsichtlich des formalen Studienerfolgs als eher
unproblematisch erscheinenden „Pragmatiker" schon weniger zu. „Konformisten"
und „Halbherzige" stellen insofern ein Problem dar, da nicht ganz offensichtlich
ist, wie man diese effektiv unterstützen könnte.

Der abschließenden Interpretation und Diskussion der berichteten Ergebnisse
fallen im Rahmen der Arbeit besonderes Gewicht zu. So werden zunächst die
kognitive Validierung der Instrument-Items, die verwendete multiple Imputation,
der Einsatz eines Cross-Lagged-Panel Designs und die Clusteranalyse kritisch
reflektiert. Ausführlich werden anschließend die Forschungsfragen und Ergebnisse erneut aufgegriffen und diskutiert. Im Fazit und Ausblick wird nochmal
das vielfältige methodische Vorgehen von Frau Büdenbender-Kuklinski deutlich, das nach seinen jeweiligen methodischen Seiten hin professionell und mit
Umsicht umgesetzt wurde. So können unter anderem inhaltliche und methodische Hinweise bezüglich notwendiger und erst noch zu entwickelnder spezifischer
Instrumente klar herausgearbeitet werden.

In diesen abschließenden Kapiteln finden sich zahlreiche Hinweise auf mögliche praktische Konsequenzen der Ergebnisse. So wird etwa auf folgende Fragen
eingegangen: Wie könnten Mathematiklehramtsstudierende beispielsweise im
Rahmen einer Analysis Vorlesung effektiv unterstützt werden, den Inhalten Relevanz zuzuschreiben? Wie kann dabei das neue Wissen über „Typen" helfen? Es
finden sich auch Hinweise auf die Frage, inwiefern die Ergebnisse überhaupt
spezifisch für das Fach Mathematik sind und es finden sich Anregungen, wie
Relevanzzuschreibungen auch von Studierenden anderer Studiengänge beforscht
werden könnten. Auch offen gebliebene Fragen und Möglichkeiten unmittelbarer
Anschlussforschungen werden ausgeführt: Welche Ergebnisse wären zu erwarten,
wenn die Befragungen der Studierenden zu anderen Zeitpunkten stattgefunden
hätten, insbesondere auch später im Studium? Welche Ergebnisse zu Zusammenhängen hätten sich gezeigt, wenn Interesse an Schul- und Hochschulmathematik
stärker getrennt voneinander erhoben worden wären?

Abschließend möchte ich nochmal auf die eingangs erwähnten negativen
Relevanzbeurteilungen des Lehrangebots durch gymnasiale Lehramtsstudierende

zurückkommen. Generell stellt sich ja die durchaus praktische Frage, wie sich unter Beibehaltung gesellschaftlich konsentierter Ziele der gymnasialen Lehramtsstudiengänge darauf reagiert werden kann bzw. soll. Denn grundsätzlich könnte es ja so sein, dass es vor allem die aus Schüler*innen-Sicht wahrgenommene Berufsrealität ist, die zu einem Studienbeginn führt, die institutionellen Ansprüche hinsichtlich ihrer Anforderungen und zu erwerbenden Kompetenzen aber abgelehnt werden. Gerade im Lehramtsbereich und hier insbesondere für die Mathematik gibt es substantiierte Nahelegungen, dass zwischen gesellschaftlich gewünschten (etwa im Hinblick auf die personale Handlungsfähigkeit im Kontext spezifisch gesellschaftlich-widersprüchlicher Vermitteltheit institutionalisierter Lehre, vgl. dazu etwa Helsper (1996) und Wenzl, Wernet und Kollmer (2018)[6]) und tatsächlich von Studierenden angestrebten Kompetenzen eine substantielle Lücke klafft. Nicht nur dieser Aspekt bringt die universitäre Mathematiklehramtsausbildung in einen Zwiespalt zwischen einer (zumindest fachlich begründbaren noch) stärkeren „Auslese" und einer „Auflese", die durch die Einschätzung nahelegt wird, dass im Mittel Lehrkräfte mit abgeschlossenem Mathematiklehramtsstudium immer noch fachlich qualifizierteren Unterricht machen als fachfremd Unterrichtende. Diese Überlegungen zeigen nochmal, wie wichtig es ist, motivational-affektives Erleben und insbesondere Relevanzeinschätzungen besser zu verstehen und über Erhebungsinstrumente zu verfügen, die einem mittels empirischen Erhebungen und Erkenntnissen Maßnahmen nahelegen oder zumindest zu deren spezifischen Wirkungen Auskunft geben können. Frau Büdenbender-Kuklinskis in diesem Band berichtete Forschungsergebnisse betreten damit nicht nur wissenschaftliches Neuland bezüglich Fragen der Relevanz, sondern verorten sich auch im Zentrum der Fachdidaktik Mathematik und leisten einen bemerkenswerten Beitrag zu hochrelevanten Fragen. So kann der vorliegende Band von einer breiten hochschuldidaktisch interessierten Leserschaft mit Gewinn gelesen werden.

Prof. Dr. Reinhard Hochmuth

---

[6] Helsper, Werner (1996): Antinomien des Lehrerhandelns in modernisierten pädagogischen Kulturen. Paradoxe Verwendungsweisen von Autonomie und Selbstverantwortlichkeit. In A. Combe, & W. Helsper (Hrsg.), *Pädagogische Professionalität* (S. 521–569). Frankfurt/Main. Wenzl, T., Wernet, A., & Kollmer, I. (2018). *Praxisparolen: Dekonstruktionen zum Praxiswunsch von Lehramtsstudierenden*. Wiesbaden: Springer.

Danksagung

Eine wissenschaftliche Arbeit ist nie das Werk einer einzelnen Person und an dieser Stelle möchte ich mich bei den Menschen bedanken, die mir die Erstellung meiner Dissertation ermöglicht haben und mich im Prozess begleitet und unterstützt haben.

Mein besonderer Dank gilt zunächst meinem Erstbetreuer Reinhard Hochmuth. Nur durch ihn hatte ich die Möglichkeit, in der Mathematikdidaktik zu arbeiten und die mathematikdidaktische Forschung in verschiedensten Kontexten, in Forschungsprojekten, bei Konferenzen und Tagungen miterleben und mitgestalten zu dürfen, wofür ich mich herzlich bedanke. Darüber hinaus und ganz besonders möchte ich mich bei ihm bedanken für die Betreuung meiner Dissertation, die durch regelmäßige Besprechungen und Rückbesprechungen, Diskussionen und Anregungen geprägt war, welche mir immer wieder neue Sichtweisen eröffnet haben, mir geholfen haben, meine Gedanken zu sortieren und in diesem Sinn einen wichtigen Beitrag zu dem vorliegenden Text geleistet haben. Auch meinem Zweitbetreuer Michael Liebendörfer möchte ich herzlich danken, der mich zunächst als Kollege, später als zweiter Betreuer, ebenfalls im gesamten Prozess der Anfertigung meiner Dissertation begleitet hat und dabei in regelmäßigen Treffen mit mir Methoden theoretisch erschlossen und praktisch erprobt hat, mich bei den Auswertungen beraten hat und mir wertvolle Tipps und Rückmeldungen zu meiner Arbeit gegeben hat. Ich danke Niclas Schaper dafür, dass er das Drittgutachten für diese Arbeit übernommen hat. Darüber hinaus danke ich Joachim Escher für die Übernahme des Kommissionsvorsitzes und der gesamten Promotionskommission für die Mitwirkung an meinem Promotionsverfahren.

Ich danke meiner Arbeitsgruppe, die mir an verschiedenen Stellen in meinem Forschungsprozess wichtige Rückmeldungen gegeben hat, ebenso wie den Forscherinnen und Forschern, die mit Anregungen und Kritik zu meinen Vorträgen auf Tagungen und Konferenzen meine Arbeit vorangebracht haben. Insbesondere danke ich in diesem Zusammenhang auch den Mitgliedern des Kompetenzzentrums Hochschuldidaktik Mathematik (khdm), von denen ich zu verschiedenen Anlässen Resonanz zu meiner Arbeit bekommen habe.

Darüber hinaus danke ich Angie Meier, Denise Schollmeyer und Sascha Möller, die mir durch ihre Arbeit als Hilfskräfte unterstützend zur Seite standen, und Matthias Schütt und Carsten Liese, dass sie mich in der von ihnen durchgeführten Veranstaltung der Linearen Algebra I Klausurdaten zu Forschungszwecken erheben ließen. Mein Dank gilt außerdem den Studierenden, die an den Erhebungen meiner Forschungsarbeit teilgenommen haben und mir die empirische Beforschung meines Dissertationsthemas so erst ermöglicht haben.

Ganz persönlich danke ich meiner Familie: Ich danke Christoph, dass er mir jederzeit motivierend zur Seite stand, meine Zweifel ausgeräumt und meine Erfolgserlebnisse mitgefeiert hat. Ich danke meinen Eltern, auf die ich immer und in allen Lebenslagen zählen kann und die meinen Weg bei der Erstellung dieser Arbeit mitgegangen sind und mich dabei unterstützt haben. Und ich danke meinem Bruder Fabian, der mich als guter Freund auf diesem Weg begleitet hat und der meine Faszination für die Mathematik gänzlich teilt.

Kurzzusammenfassung

Viele Mathematiklehramtsstudierende scheinen bisher unzufrieden mit dem Studium zu sein und zumindest einige äußern diese Unzufriedenheit, indem sie explizit eine fehlende Relevanz kritisieren. Es stellt sich die Frage, welche Mechanismen und Zusammenhänge hinter der Kritik an fehlender Relevanz stehen, wobei eine Beforschung der entsprechenden Frage erst möglich ist, nachdem die empfundene Relevanz der Studierenden greifbarer gemacht wurde. In der vorliegenden Arbeit wird die Kritik an fehlender Relevanz im Mathematikstudium durch Lehramtsstudierende zunächst mit deren möglichen Auswirkungen im Sinne von Studienabbruchintentionen einerseits und deren möglichen Auslösern im Sinne der Anforderungen im Mathematikstudium für Lehramtsstudierende andererseits kontextualisiert. Anschließend wird ein Modell entwickelt, das der Beschreibung von Relevanzzuschreibungen von Mathematiklehramtsstudierenden dient und auf dessen Grundlage das entsprechend konzeptualisierte Konstrukt der Relevanzzuschreibungen quantitativ-empirisch beforscht wird.

Relevanzzuschreibungen, welche im positiven Zusammenhang mit Studienzufriedenheit und im negativen Zusammenhang mit Studienabbruchgedanken gesehen werden, werden in der Arbeit als ein Konstrukt bestehend aus Relevanzinhalten und Relevanzgründen modelliert. Während Relevanzinhalte definiert werden als Inhalte des Mathematikstudiums, denen Mathematiklehramtsstudierende eine Relevanz zuschreiben, wird über die Relevanzgründe modelliert, aus welchen Gründen sie Relevanz zuschreiben. Insbesondere für das Konstrukt der Relevanzgründe wird literaturbasiert ein Modell entwickelt, welches in den bisherigen mathematikdidaktischen Forschungskontext zu Relevanz- und Wertmodellen und in die psychologische Motivationstheorie eingeordnet wird. Dabei wird es mit dem Wertkonstrukt aus der Expectancy-Value Theorie assoziiert.

Aus einer Darstellung des lernkontextübergreifenden Forschungsstandes zu Relevanz- und Wertkonstrukten und deren Zusammenhängen zu verschiedenen affektiven und leistungsbezogenen Merkmalen sowie Lernaktivitäten heraus, werden Forschungsfragen entwickelt, die der explorativen Beforschung der Mechanismen und Zusammenhänge des Konstrukts der Relevanzzuschreibungen dienen. Um diese Forschungsfragen im Rahmen einer quantitativen Studie beantworten zu können, wird ein Messinstrument zu den Relevanzzuschreibungen von Mathematiklehramtsstudierenden entwickelt.

Die Wichtigkeit der Relevanzgründe, die von den Studierenden eingeschätzte Relevanz von Inhalten und motivationale und leistungsbezogene Merkmale der Studierenden sowie ihr Lernverhalten wurden im Rahmen einer empirischen Längsschnittstudie im Wintersemester 2018/19 in zwei Fragebogenerhebungen in einer fachdidaktischen Veranstaltung für Lehramtsstudierende im ersten Semester an der Leibniz Universität Hannover abgefragt. Die Ergebnisse deuten darauf hin, dass das Konstrukt der Relevanzzuschreibungen, wie es in dieser Arbeit konzeptualisiert ist, besonders stark mit affektiven Merkmalen der Studierenden zusammenhängt, was insbesondere die bisherige Praxis in Frage stellt, in der versucht wird, Mathematiklehramtsstudierenden eine Relevanz ihres Studiums über Bezüge zwischen der Schul- und der Hochschulmathematik aufzuzeigen. Zudem zeigt sich, dass mit dem Konstrukt der Relevanzgründe spezifische Sachverhalte aufgeklärt werden können, die Anhaltspunkte bieten für die Konzeption von Maßnahmen, die Relevanzzuschreibungen zum Mathematikstudium von Lehramtsstudierenden unterstützen könnten.

Die Ergebnisse werden unter Bezug auf bisherige Forschungsergebnisse zu Zusammenhängen zwischen Relevanz- und Wertkonstrukten mit anderen Merkmalen diskutiert und es werden Forschungsimplikationen aufgezeigt. Zudem werden Empfehlungen dazu gegeben, wie Relevanzzuschreibungen von Mathematiklehramtsstudierenden unterstützt werden könnten.

Abstract

Many mathematics teaching students seem to be dissatisfied with their studies so far and at least some express this dissatisfaction by explicitly criticizing a lack of relevance. The question arises as to what mechanisms and relations lie behind the criticism of a lack of relevance. In order to explore this question, students' perceived relevance must first be made more tangible. In the present study, the criticism of a lack of relevance in mathematics studies by student teachers is first contextualized with its possible effects in terms of dropout intentions on the one hand and its possible triggers in terms of the requirements in mathematics studies for student teachers on the other hand. Subsequently, a model is developed that serves to describe the relevance attributions of mathematics student teachers and on the basis of which the correspondingly conceptualized construct of relevance attributions is quantitative-empirically researched.

Relevance attributions, which are seen in a positive connection to study satisfaction and in a negative connection to dropout thoughts, are modeled as a construct consisting of relevance contents and relevance reasons. While relevance contents are defined as contents of mathematics studies to which students of mathematics ascribe a relevance, relevance reasons are used to model the reasons for which they ascribe relevance. In particular, a literature-based model is developed for the construct of relevance reasons, which is placed in the previous mathematics didactics research context on relevance and value models and in psychological motivation theory where it is associated with the value construct of the expectancy-value theory.

Based on a description of the current state of research on relevance and value constructs across learning contexts and their interrelationships with various affective and performance-related characteristics as well as learning activities, research questions are developed which are designed to explore the mechanisms and relations of the construct of relevance attributions. In order to be able to answer these research questions in a quantitative study, a measurement instrument for the relevance attributions of mathematics teaching students is developed.

The importance of relevance reasons, the relevance of content as assessed by the students, and motivational and performance-related characteristics of the students as well as their learning behavior were surveyed in the context of an empirical longitudinal study in the winter semester 2018/19 in two questionnaire surveys in a mathematics education course for first semester student teachers at the Leibniz Universität Hannover. The results indicate that the construct of relevance attributions, as conceptualized in this work, is particularly strongly related to affective characteristics of students, which calls into question in particular the previous practice of trying to show mathematics teaching students a relevance of their studies via references between school and university mathematics. In addition, it is shown that the construct of relevance reasons can be used to elucidate specific issues which offer clues for the conception of measures that could support relevance attributions of student teachers to their mathematics studies.

The results are discussed with reference to previous research on connections between relevance and value constructs with other characteristics, and research implications are identified. In addition, recommendations are made on how relevance attributions by mathematics teaching students might be supported.

Inhaltsverzeichnis

Abbildungsverzeichnis

Tabellenverzeichnis

Einleitung: Grundlegende Annahmen, Ziele und Aufbau der Arbeit

The notion of relevance is not a simple one. It seems at the least unhelpful and at the worst counterproductive to urge a teacher to be relevant in terms which are abstract and diffuse. It might be useful if some aspects of the notion of relevance were to be clarified. (Newton, 1988, S. 8)

Viele Lehramtsstudierende[1], die das Fach Mathematik studieren, scheinen bisher unzufrieden mit dem Studium zu sein (z. B. Blömeke, 2016; Heublein et al., 2010, Kapitel 4; Mischau & Blunck, 2006; Pieper-Seier, 2002; Scharlach, 1992) und zumindest teilweise äußern sie diese Unzufriedenheit, indem sie explizit eine fehlende Relevanz im Mathematikstudium kritisieren (Scharlach, 1992). Das Empfinden einer fehlenden Relevanz im Studium durch Studierende scheint eng mit einer Studienunzufriedenheit von ihrer Seite verknüpft zu sein. Zwar ist eine empfundene Relevanz der Studieninhalte möglicherweise nicht notwendig, damit Studierende mit dem Studium insgesamt zufrieden sind, ein vorliegendes Relevanzempfinden begünstigt aber vermutlich Studienzufriedenheit. Insbesondere mit Blick darauf, dass die Unzufriedenheit der Studierenden anscheinend

---

[1] In der vorliegenden Arbeit werden im Allgemeinen geschlechterneutrale Begriffe verwendet. Wenn an einigen Stellen Personenbezeichnungen und personenbezogene Hauptwörter nur in der männlichen oder nur in der weiblichen Form verwendet werden, dann geschieht dies nur aus Gründen der besseren Lesbarkeit. Entsprechende Begriffe gelten im Sinne der Gleichbehandlung grundsätzlich für alle Geschlechter. Die verkürzte Sprachform hat nur redaktionelle Gründe und beinhaltet keine Wertung.

© Der/die Autor(en), exklusiv lizenziert durch Springer Fachmedien Wiesbaden GmbH, ein Teil von Springer Nature 2021
C. Büdenbender-Kuklinski, *Die Relevanz ihres Mathematikstudiums aus Sicht von Lehramtsstudierenden*, Studien zur Hochschuldidaktik und zum Lehren und Lernen mit digitalen Medien in der Mathematik und in der Statistik, https://doi.org/10.1007/978-3-658-35844-0_1

mit den hohen Abbruchquoten[2] in mathematikhaltigen Studiengängen zusammenhängt (Geisler, 2020a, Abschnitt 7.3), lohnt es sich, ihre Wirkmechanismen genauer zu untersuchen und dabei auch die subjektiv empfundene Relevanz von Studierenden in den Blick zu nehmen.

Theoretische Arbeiten, die beforschen, welche Mechanismen hinter der subjektiv empfundenen Relevanz von Lehramtsstudierenden im Mathematikstudium stehen könnten, sind für die Praxis bedeutsam, da insbesondere eine Reaktion auf die Unzufriedenheit der Studierenden ganz andere Ansätze verfolgen müsste, je nachdem wie sich für Studierende eine subjektive Relevanz ergibt. Neben inhaltlichen Überlegungen, die dabei eine Rolle spielen könnten, könnten auch Merkmale der Studierenden selbst ausschlaggebend sein. Erst bei einer Kenntnis der Mechanismen und Zusammenhänge hinter den Relevanzzuschreibungen von Mathematiklehramtsstudierenden oder typischen Gruppen von Mathematiklehramtsstudierenden zum Studium, wäre es möglich, konkret darauf abzielende Unterstützungsmaßnahmen für sie zu entwickeln, um zunächst die Relevanzzuschreibungen zu unterstützen und so letztendlich über eine Erhöhung der Studienzufriedenheit den hohen Studienabbruchquoten entgegenzuwirken. Bei einer Kenntnis der Zusammenhänge zwischen Studierendenmerkmalen, der von den Studierenden subjektiv empfundenen Relevanz und deren Begründungszusammenhängen könnte in der Praxis auch entschieden werden, ob bestimmte Studierendengruppen eine bessere Passung zum Studium zeigen und sich Bemühungen, Relevanzzuschreibungen zu unterstützen, eher an diesen orientieren sollten als an Studierendengruppen, deren fehlende Passung zum Studium auf eine falsche Studienwahlentscheidung hinweist.

Bevor jedoch die subjektiv empfundene Relevanz von Mathematiklehramtsstudierenden mit den dahinterstehenden Mechanismen und Zusammenhängen beforscht werden kann, muss die empfundene Relevanz der Studierenden greifbarer gemacht werden. Dabei ergibt sich zunächst das Problem, dass das Konzept der Relevanz ein schwer greifbares ist, wie schon Newton (1988) feststellte (vgl. das einleitende Zitat). Dies könnte begründen, dass der Begriff der Relevanz in Forderungen nach „relevanten" Inhalten in Lehr- und Lernkontexten oftmals undefiniert bleibt. Es bleibt offen, was Relevanz eigentlich ausmacht und Antworten auf die Fragen, was für wen laut wem und wofür relevant ist (für die

---

[2] In Mathematikstudiengängen mit Bachelorabschluss an der Universität lag in einer Studie von Heublein und Schmelzer (2018, Kapitel 2) die höchste Studienabbruchquote mit 54 % vor.

entsprechenden Fragestellungen, die mit Relevanz in Verbindung gebracht werden vgl. Hernandez-Martinez & Vos, 2018; vgl. auch Abschnitt 3.1.2 in dieser Arbeit) werden teils nicht expliziert.

In der vorliegenden Arbeit wird davon ausgegangen, dass die subjektiv empfundene Relevanz im Mathematikstudium von Studierenden in Verbindung zu einer empfundenen Studienzufriedenheit steht. Genauer wird angenommen, dass eine empfundene Relevanz eine mögliche Ursache von Studienzufriedenheit ist. Beim Konstrukt der Studienzufriedenheit von Mathematiklehramtsstudierenden geht es um eine Verbindung zwischen einer Person (MathematiklehramtsstudentIn) und einem Gegenstand (Mathematikstudium). Für das Konstrukt der subjektiv wahrgenommenen Relevanz, welches in der Arbeit als Konstrukt der Relevanzzuschreibungen bezeichnet wird, wird angenommen, dass damit zwar auch eine Person-Gegenstand-Beziehung beschrieben wird, wobei nach Annahme der vorliegenden Arbeit aber der Begriff der Zufriedenheit eher eine Gemütslage der Person beschreibt und der Begriff der Relevanzzuschreibungen eine Ansicht der Person zum Gegenstand, die begründet werden kann. Während Zufriedenheit nicht notwendigerweise aus kommunizierbaren Gründen entstehen muss, sondern auch aus einem eher unwillkürlichen persönlichen Empfinden heraus entstehen kann, wird in der vorliegenden Arbeit davon ausgegangen, dass das verwandte Konstrukt der Relevanzzuschreibungen aus kommunizierbaren Gründen heraus entsteht. Auf Grundlage dieser Gründe kann eine Kommunikation über das Zustandekommen von Relevanzzuschreibungen zwischen Studierenden und Forschenden stattfinden, die für das Zustandekommen von Studienzufriedenheit nicht möglich ist, was in dieser Arbeit als Mehrwert des Konstrukts der Relevanzzuschreibungen für die quantitativ-empirische Beforschung gewertet wird. Gleichzeitig stellen die Gründe hinter den Relevanzzuschreibungen von Mathematiklehramtsstudierenden einen möglichen Ansatzpunkt dar, wie man Relevanzzuschreibungen von Lehramtsstudierenden zum Mathematikstudium unterstützen könnte: Bei einer Kenntnis der Gründe, aus denen Mathematiklehramtsstudierende ihrem Studium eine Relevanz zuschreiben würden, könnten Maßnahmen entwickelt werden, die sie unter Berücksichtigung der Begründungen bei den Relevanzzuschreibungen unterstützen. Letztendlich könnte so indirekt auch eine höhere Zufriedenheit der Studierenden unterstützt werden, wohingegen eine direkte Unterstützung von Studienzufriedenheit aufgrund deren unwillkürlichen Charakters schwieriger erscheint.

In der vorliegenden Arbeit soll explorativ beforscht werden, welche Mechanismen und Zusammenhänge hinter den Relevanzzuschreibungen von Lehramtsstudierenden zum Mathematikstudium stehen könnten. Wegen der Unklarheit

darüber, was Relevanz ausmachen kann, sollen bei der theoretischen Erschließung des Konstrukts der Relevanzzuschreibungen zunächst auch Konstrukte in
den Blick genommen werden, die mit diesem Konstrukt in Verbindung stehen
könnten. Aufgrund der Konzeptualisierung des Relevanzkonstrukts dieser Arbeit
als einer Person-Gegenstand-Beziehung sollen dazu zunächst andere Konstrukte
genutzt werden, die ebenfalls Person-Gegenstand-Beziehungen beschreiben. Es
bieten sich dazu Konstrukte aus zwei zentralen motivationalen Theorien an,
nämlich der Interessetheorie und der Expectancy-Value Theorie. In der Interessetheorie (vgl. auch Abschnitt 4.3.1.2.1) wird das Konstrukt des Interesses als
eine Beziehung von einer Person zu einem Objekt gesehen (vgl. Krapp, 2007,
2010; E. Wild et al., 2006), wobei das Objekt des Interesses ein konkreter
Gegenstand sein kann oder aber auch ein thematischer Bereich oder eine Tätigkeit (vgl. Krapp, 2007, 2010). Im Rahmen der Expectancy-Value Theorie (vgl.
auch Abschnitt 3.3.3.1) wird motiviertes Verhalten auf Grundlage von subjektiven
Erwartungen und Werten in Bezug auf einen Gegenstand, eine Aktivität oder eine
Aufgabe von Individuen vorhergesagt oder begründet (vgl. Barron & Hulleman,
2015a). Bei der theoretischen Erschließung des Konstrukts der Relevanzzuschreibungen sollen neben Forschungsergebnissen zu anderen Relevanzkonstrukten aus
verschiedenen Lernkontexten also auch Forschungsergebnisse zu den Konstrukten
der Studienzufriedenheit, des Interesses und des Werts, für die auf theoretischer
Grundlage angenommen wird, dass sie mit dem Konstrukt der Relevanzzuschreibungen in Verbindung stehen könnten, in den Blick genommen werden.
Insbesondere wird aus der Expectancy-Value Theorie das Wertkonstrukt mit
dem Konstrukt der Relevanzzuschreibungen dieser Arbeit assoziiert (vgl. auch
Abschnitt 3.3.3.2) und das Erwartungskonstrukt nicht betrachtet. Auch andere
Forschungsarbeiten sehen Relevanz und Wert als zusammenhängende Konstrukte
an, beispielsweise wird in der WIFI Studie (What I Find Important [in Mathematics Learning], Seah, 2018) Relevanz als ein Aspekt von Wertschätzung
eingeordnet.

Bei der Analyse der subjektiven Relevanzzuschreibungen von Mathematiklehramtsstudierenden zum Mathematikstudium in der vorliegenden Arbeit wird einerseits beforscht, aus welchen Gründen die Studierenden eine Relevanz zuschreiben
könnten, und andererseits, inwiefern ihnen bestimmte Inhalte relevant erscheinen. In diesem Sinne werden unter dem Konstrukt der Relevanzzuschreibungen
die zwei Konstrukte der Relevanzgründe und Relevanzinhalte zusammengefasst.
Zudem wird beforscht, mit welchen weiteren Merkmalen der Studierenden deren
Relevanzzuschreibungen, so wie sie in der vorliegenden Arbeit konzeptualisiert
werden, in Verbindung stehen könnten. Beispielsweise wäre es möglich, dass die

Kritik an fehlender Relevanz im Mathematikstudium von den Lehramtsstudierenden angebracht wird, um darüber hinwegzutäuschen, dass sie sich mit dem Studium überfordert fühlen. Mason (2002, Kapitel 7) zum Beispiel geht davon aus, dass Fragen nach der Relevanz von Inhalten im Mathematikstudium gerade dann gestellt werden, wenn sich Studierende bei den entsprechenden Inhalten wenig kompetent fühlen und davon frustriert sind. In diesem Sinn könnte es sich bei der Kritik an fehlender Relevanz im Mathematikstudium um eine Art Hilferuf der Lehramtsstudierenden handeln. Garcia und Pintrich (1994) zeigen in einer Zusammenschau verschiedener Studien in unterschiedlichen Lernkontexten auf, dass Lernende den Wert von Aufgaben reduzierten, in denen sie schlecht abgeschnitten hatten, um so anscheinend ihren Selbstwert zu schützen. Denkbar wäre, dass die Kritik der Lehramtsstudierenden an fehlender Relevanz im Mathematikstudium analog eine Abwertung eines sie (über)fordernden Studiums bedeuten, um so nicht eigene Schwächen eingestehen zu müssen. Passend zu dieser Möglichkeit wurden in früheren Studien negative Zusammenhänge zwischen Überforderung und Studienzufriedenheit für Bachelorstudierende verschiedener Studiengänge festgestellt (Blüthmann, 2012b, Kapitel 5).

Das Anliegen dieser Arbeit ist es also, zu explorieren, inwiefern in der Arbeit modellierte Aspekte zu Relevanzgründen und Relevanzinhalten von Mathematiklehramtsstudierenden als wichtig eingeschätzt werden und wie die so modellierten Relevanzzuschreibungen mit anderen Studierendenmerkmalen zusammenhängen. Dabei soll auch beforscht werden, ob es verschiedene Studierendengruppen gibt, für die das Studium aus unterschiedlichen Gründen relevant würde und wie sich diese Gruppen darüber hinaus unterscheiden. Insbesondere geht es in der vorliegenden Arbeit nicht darum, die Relevanzzuschreibungen individueller Studierender sondern die Relevanzzuschreibungen von Gruppen zu beforschen. Bei einer Kenntnis der Mechanismen und Zusammenhänge hinter den Relevanzzuschreibungen der Mathematiklehramtsstudierenden könnten Maßnahmen entwickelt werden, die an den Relevanzinhalten, den Relevanzgründen oder mit den Relevanzzuschreibungen in Zusammenhang stehenden Studierendenmerkmalen ansetzen und so die Studierenden gezielt in ihren Relevanzzuschreibungen unterstützen, was indirekt eine höhere Studienzufriedenheit fördern könnte. Eine Fokussierung auf die Relevanzzuschreibungen von Studierendengruppen und nicht einzelner Studierender scheint insofern sinnvoll, da auch entsprechende Maßnahmen bestenfalls für ganze Studierendengruppen konzipiert werden sollten und nicht für einzelne Studierende. Die Beforschung der Relevanzzuschreibungen dieser Arbeit geschieht dabei am Studienbeginn, denn für die Entwicklung einer Studienzufriedenheit scheint die Eingangsphase an der Universität besonders wichtig zu sein (Blüthmann, 2012a), so dass eine Kenntnis der Mechanismen und Zusammenhänge hinter den Relevanzzuschreibungen als Grundlage für die Konzeption von Maßnahmen, die Relevanzzuschreibungen von Mathematiklehramtsstudierenden gezielt unterstützen sollen, gerade am Studienbeginn einen Zugewinn darstellen würde. Die zentrale Stellung, die die Studieneingangsphase bei der Bewältigung des gesamten Studiums spielt, beschreiben Heublein et al. (2017):

> Die erfolgreiche Bewältigung des Studieneinstiegs stellt eine wesentliche Voraussetzung für das Gelingen eines Hochschulstudiums dar. Wird die Studienanfangsphase nicht oder nur unzureichend bewältigt, so kann dies weitreichende Folgen für den weiteren Studienverlauf haben und sogar bis zum Studienabbruch führen. (S. 123)

Gerade in dieser Phase ist demnach eine Unterstützung der Mathematiklehramtsstudierenden vermutlich sinnvoll.

Bisher scheinen fehlende Relevanzzuschreibungen von Studierenden im Mathematikstudium tatsächlich gerade am Studienbeginn ein großes Problem darzustellen. Schon innerhalb der ersten zwei Semester beenden 42 % der StudienabbrecherInnen ihr universitäres Mathematikstudium (Heublein et al., 2017, Kapitel 4) und dabei scheinen die StudienabbrecherInnen den Studieninhalten weniger subjektive Relevanz zuzuschreiben als die Weiterstudierenden. So kann der Befund, dass bereits in den ersten Studienwochen 31 % der StudienabbrecherInnen (im Vergleich zu nur 18 % der AbsolventInnen) enttäuscht von den Studieninhalten sind (Heublein et al., 2017, Kapitel 7), so gelesen werden, dass die Studieninhalte nicht denjenigen entsprechen, die ihnen relevant erschienen. Um auf die Übergangsschwierigkeiten von Mathematiklehramtsstudierenden zu reagieren, haben viele Hochschulen Vorkurse oder innovative Unterstützungsmaßnahmen eingeführt (z. B. Biehler et al., 2018; Grünwald et al., 2004) oder curriculare Änderungen vorgenommen (z. B. Beutelspacher et al., 2012; Göller & Liebendörfer, 2016). Bei einer Kenntnis der Mechanismen und Zusammenhänge hinter den Relevanzzuschreibungen der Mathematiklehramtsstudierenden könnten Aussagen dazu getroffen werden, was genau solche Maßnahmen leisten müssen, damit sich für die Studierenden eine (höhere) subjektive Relevanz im Mathematikstudium ergibt.

Zur Beforschung der Mechanismen und Zusammenhänge hinter den Relevanzzuschreibungen der Mathematiklehramtsstudierenden am Studienbeginn wird in der vorliegenden Arbeit einem quantitativ-empirischen Forschungsparadigma gefolgt und deduktiv vorgegangen. Basierend auf theoretischen Überlegungen werden Modelle aufgestellt, die Relevanzzuschreibungen vonseiten Mathematiklehramtsstudierender beschreiben sollen. Auf Grundlage dieser aus der Theorie abgeleiteten Modelle sollen dann empirische Erkenntnisse gewonnen werden. Das Konstrukt der Relevanzzuschreibungen, das in dieser Arbeit explorierend beforscht wird, ist dabei über das in der Arbeit entwickelte Modell festgelegt. Die Mathematiklehramtsstudierenden wurden im Rahmen der dargestellten Studie danach gefragt, wie wichtig sie die Aspekte einschätzten, die in dem Modell als Teile der Relevanzzuschreibungen angenommen werden. Alle Aussagen zum Konstrukt der Relevanzzuschreibungen in dieser Arbeit sind demnach auf das zugrunde gelegte Modell bezogen.

Zur quantitativen Beforschung der Relevanzzuschreibungen der Mathematiklehramtsstudierenden am Studienbeginn wurde eine Längsschnittstudie mit zwei Erhebungszeitpunkten mit Studierenden in ihrem ersten Semester durchgeführt. Gerade bei Längsschnittstudien ergibt sich häufig das Problem, dass Teilnehmende nicht an allen Befragungszeitpunkten teilnehmen (vgl. Carlin et al., 2003; Graham, 2009; Schafer & Graham, 2002), wodurch es in den Daten zu fehlenden Werten kommt (vgl. Abschnitt 6.2.2 zum Umgang mit fehlenden Werten). In diesem Fall muss entschieden werden, wie mit fehlenden Werten in den Analysen umgegangen werden soll, da die meisten Analyseverfahren nur für vollständige Daten ausgelegt sind (Graham, 2009, S. 550). Es gibt die Möglichkeit, alle Fälle mit fehlenden Werten aus den Analysen auszuschließen, wodurch sich die Ergebnisse der Analysen zunächst auf die jeweils betrachteten Teilstichproben mit vollständigen Werten beziehen. Diese Teilstichproben stellen in den meisten Fällen keine Zufallsstichprobe der Gesamtstichprobe dar, so dass die Ergebnisse im Vergleich zu denjenigen, die man auf der Gesamtstichprobe erhalten hätte, verzerrt sind (vgl. Acock, 2005). Um Aussagen zur Gesamtstichprobe zu treffen, sind Methoden zum Umgang mit fehlenden Werten besser geeignet, die die fehlenden Werte auf Grundlage von Wahrscheinlichkeitsmodellen schätzen und bei denen die Analysen dann auf dem Datenset mit den geschätzten Werten durchgeführt werden (vgl. beispielsweise Böwing-Schmalenbrock & Jurczok, 2012; Schafer & Graham, 2002). In der vorliegenden Arbeit werden alle Analysen sowohl auf den je vollständigen Daten unter Nutzung der Methode der pairwise deletion (zur Methode der pairwise deletion vgl. Abschnitt 6.2.2.2.2) als auch auf einem multipel imputierten Datenset (zur Methode der multiplen Imputation vgl. Abschnitt 6.2.2.2.4) durchgeführt. Während auf Grundlage der Ergebnisse unter Nutzung von pairwise deletion exploriert werden kann, welche Relevanzzuschreibungen die Studierenden vornehmen, die tatsächlich Angaben gemacht haben, und wie sich für diese Studierenden Zusammenhänge zwischen Relevanzzuschreibungen und anderen Merkmalen gestalten, ist die Methode der multiplen Imputation besser geeignet, um Rückschlüsse zu den Mechanismen und Zusammenhängen hinter den Relevanzzuschreibungen zu ziehen, die sich auf dem Gesamtdatensatz ergeben hätten.

Im Folgenden werden zunächst die Rahmenbedingungen beschrieben, aus denen heraus eine Beschäftigung mit den Relevanzzuschreibungen von Mathematiklehramtsstudierenden sinnvoll erscheint (vgl. Kapitel 2). Dazu wird als erstes das bereits angesprochene Problem der hohen Studienabbruchquoten im Mathematikstudium noch einmal genauer in den Blick genommen, wobei auch mögliche Gründe für Studienabbruchentscheidungen angeführt werden (vgl. Abschnitt 2.1.1). Es wird dabei gezeigt, dass schon in der Studieneingangsphase viele Studierende das Studium abbrechen. Wie bereits in diesem Kapitel angedeutet wurde, scheinen die hohen Studienabbruchquoten damit zusammenzuhängen, dass die Studierenden unzufrieden mit dem Studium sind. Die Kritik der Mathematiklehramtsstudierenden am Mathematikstudium wird in Abschnitt 2.1.2 beschrieben. Dabei wird gezeigt, dass die Unzufriedenheit auch als Kritik an einer fehlenden Relevanz des Studiums durch die Studierenden kommuniziert wird. Während es durchaus schon Überlegungen dazu gibt, wie das Mathematikstudium für die Lehramtsstudierenden relevanter gestaltet werden könnte, machen diese je spezifische Annahmen dazu, woraus sich Relevanz für Studierende ergibt, und verfolgen dann den Ansatz, Inhalte zu verändern (vgl. Abschnitt 2.1.3). Es könnte jedoch Studierende geben, die subjektive Relevanzzuschreibungen aus anderen Gründen als den angenommenen vornehmen oder für die Relevanzzuschreibungen nicht inhaltlich bedingt sind und für die die Unterstützungsmaßnahmen dann keine Hilfestellung bei ihren Relevanzzuschreibungen bieten können. Tatsächlich fehlt es bisher an einer Kenntnis darüber, aus welchen verschiedenen Gründen heraus Mathematiklehramtsstudierende subjektive Relevanzzuschreibungen vornehmen, wobei es sogar an einem Modell fehlt, auf dessen Grundlage eine entsprechende Kommunikation über Relevanzgründe stattfinden könnte, und es fehlt an einer Kenntnis über die Mechanismen und Zusammenhänge hinter den Relevanzzuschreibungen.

Bevor ein Modell entwickelt wird, in dem mögliche Relevanzgründe von Mathematiklehramtsstudierenden abgebildet und kategorisiert werden, soll eine Einordnung gegeben werden, in welchem Kontext die Kritik an fehlender Relevanz vonseiten der Mathematiklehramtsstudierenden geübt wird. Dazu wird in Abschnitt 2.2.1 zunächst dargestellt, wie das Mathematiklehramtsstudium an der Leibniz Universität Hannover, an der die Forschungen zu dieser Arbeit durchgeführt wurden, aufgebaut ist und welche Inhalte im Mathematikstudium für Lehramtsstudierende behandelt werden. In diesem Zusammenhang wird auch ein Katalog vorgestellt, in dem Inhalte verschiedener Themengebiete und verschiedener Komplexitätsstufen aufgelistet werden, die aus Sicht mathematischer Verbände für Mathematiklehramtsstudierende relevant sind. Dieser Katalog stellt später die Grundlage dar, um ein Instrument zu entwickeln, mit dem die Relevanzinhalte aus Sicht der Studierenden beforscht werden. In Abschnitt 2.2.2 wird dargestellt, wie sich schulisches und hochschulisches Mathematiklernen voneinander unterscheiden und darauf aufbauend wird in Abschnitt 2.2.3 beschrieben, welche Herausforderungen sich für die Studierenden gerade in der kritischen Studieneingangsphase, in der die Forschung dieser Arbeit angesiedelt ist, ergeben. Aus den bis dahin dargestellten Rahmenbedingungen ergeben sich gewisse Forschungsdesiderata, die in Abschnitt 2.3 präsentiert werden.

Nachdem die Rahmenbedingungen dargestellt wurden, in denen die Kritik der fehlenden Relevanz vonseiten Mathematiklehramtsstudierender auftritt, und so der Kontext klar ist, in dem insbesondere auch eine Kommunikation über Relevanzgründe stattfinden soll, kann mit der Suche nach einem dafür geeigneten Modell begonnen werden. Das geschieht in Abschnitt 3.1, wobei zunächst Empfehlungen beschrieben werden, was bei der Forschung zu Relevanzkonstrukten allgemein zu beachten ist (vgl. Abschnitt 3.1.1–3.1.2). Es wird dann als Ausgangsmodell ein Relevanzmodell aus dem naturwissenschaftlichen Unterricht genutzt (vgl. Abschnitt 3.1.3), welches für das Mathematiklehramtsstudium angepasst wird. Dieses Modell wird mit bereits existierenden mathematikdidaktischen Wert- und Relevanzmodellen verglichen, um es klar in den Forschungskontext einzuordnen und seine Vorteile für das Forschungsanliegen, mögliche Relevanzgründe von Mathematiklehramtsstudierenden zu analysieren, herauszustellen (vgl. Abschnitt 3.1.4 bis Abschnitt 3.1.11). Das finale Modell der Relevanzbegründungen, das für die vorliegende Arbeit genutzt wird, wird dann in Abschnitt 3.2 vorgestellt und dort in Zusammenhang gestellt zu den für diese Arbeit ebenfalls zentralen Konstrukten der Relevanzinhalte und Relevanzzuschreibungen. Anschließend wird das Konstrukt der Relevanzzuschreibungen motivational eingebettet, wobei insbesondere das Konstrukt der Relevanzgründe mit dem Wertkonstrukt aus der psychologischen Expectancy-Value Theorie assoziiert wird (vgl. Abschnitt 3.3).

Es folgt ein Überblick über den Stand der Forschung zu Relevanz und Wert in verschiedenen Lernkontexten, der insbesondere verdeutlichen soll, welche Fragestellungen bei der explorativen Beforschung der Relevanzzuschreibungen von Mathematiklehramtsstudierenden in den Blick genommen werden könnten. Dazu wird zunächst der Forschungsstand zu Relevanz und Wert in verschiedenen Lernkontexten ins Auge genommen (vgl. Abschnitt 4.1) und beschrieben, welche

Forschungsbedarfe sich daraus ergeben (vgl. Abschnitt 4.2), bevor verschiedene psychologische Konstrukte (vgl. Abschnitt 4.3) und Studienaktivitäten (vgl. Abschnitt 4.4) vorgestellt werden, die mit Relevanzzuschreibungen in Verbindung stehen könnten und bei der Analyse der Mechanismen und Zusammenhänge hinter den Relevanzzuschreibungen aufschlussreich sein könnten.

Bis zu diesem Punkt ist ein theoretischer Rahmen geschaffen, auf dessen Grundlage das Konstrukt der Relevanzzuschreibungen von Lehramtsstudierenden im Mathematikstudium genauer beforscht werden kann. Die Beforschung der Relevanzzuschreibungen soll dabei insbesondere dazu dienen, empirisch mehr über die Mechanismen und Zusammenhänge hinter den Konstrukten der Relevanzinhalte und Relevanzgründe herauszufinden und zu erkennen, welchen Mehrwert diese Konstrukte bei der Beforschung von Studienzufriedenheit in der Studieneingangsphase bei Mathematiklehramtsstudierenden haben könnten. Um sie auch quantitativ untersuchen zu können, müssen sie jedoch zunächst operationalisiert werden. Die Relevanzinhalte werden mithilfe des in Abschnitt 2.2.1 vorgestellten Katalogs zu Studieninhalten im Mathematiklehramtsstudium operationalisiert. Die Entwicklung eines Messinstruments zu den Relevanzgründen stellt wiederum ein Forschungsanliegen dar, das in Kapitel 5 neben den weiteren Forschungsfragen der Arbeit beschrieben wird.

In Kapitel 6 wird dann auf die in der Forschungsarbeit genutzten Methoden und Designs samt methodologischen Überlegungen eingegangen.

– Darin wird begründet, dass Mathematiklehramtsstudierende in ihrem ersten Semester im Rahmen von paper-pencil Befragungen zweimal befragt wurden (vgl. Abschnitt 6.1.1 und Abschnitt 6.1.2) und es werden die Operationalisierung und Validierung der in den Befragungen eingesetzten Instrumente (vgl. Abschnitt 6.1.3) und die Entscheidungen bei der Auswertung der gewonnen Daten (vgl. Abschnitt 6.1.4) begründet.
– Die Beschreibung der Methoden umfasst einerseits die zur Auswertung der Ergebnisse eingesetzten Methoden der Zusammenhangsmessung (vgl. Abschnitt 6.2.3), der linearen Regression (vgl. Abschnitt 6.2.4), der Varianzanalyse (vgl. Abschnitt 6.2.6) und der qualitativen Inhaltsanalyse (vgl. Abschnitt 6.2.7), andererseits aber auch die Beschreibung der Methode der kognitiven Validierung (vgl. Abschnitt 6.2.1), die eingesetzt wurde, um die Validität des in der Arbeit entwickelten Messinstruments zu den Relevanzgründen zu prüfen und die Methode der Clusteranalyse (vgl. Abschnitt 6.2.5), mit der verschiedene Studierendentypen gesucht wurden, die unterschiedliche Relevanzgründe in ihrem Studium fokussieren. Es wird außerdem

auf den Umgang mit fehlenden Werten in der Arbeit eingegangen (vgl. Abschnitt 6.2.2).

– Im Kapitel zu den Designs, die in dieser Arbeit eingesetzt wurden, wird auf die Unterscheidung zwischen formativen und reflektiven Messmodellen eingegangen (vgl. Abschnitt 6.3.1), da für das Messinstrument zu den Relevanzgründen in dieser Arbeit formative Messmodellannahmen getroffen werden, welche im Forschungskontext seltener vorkommen. Außerdem wird auf die theoretischen Hintergründe von Cross-Lagged-Panel Designs eingegangen (vgl. Abschnitt 6.3.2), mit denen in der vorliegenden Arbeit kausale Zusammenhänge beforscht werden.

In Kapitel 7 wird dann die Entwicklung des Messinstruments zu den Relevanzgründen vorgestellt, wobei zunächst begründet wird, warum ein Instrument dazu neu entwickelt wurde (vgl. Abschnitt 7.1) und dann begründet wird, warum für dieses Messinstrument formative Modellannahmen getroffen wurden (vgl. Abschnitt 7.2). Der Prozess der Entwicklung wird in Abschnitt 7.3 beschrieben.

Anschließend an die Darstellung der Entwicklung des Messinstruments werden die Vorstudie (vgl. Kapitel 8) und die Hauptstudie (vgl. Kapitel 9) dargestellt, wobei im Rahmen der Darstellung der Hauptstudie darauf eingegangen wird, wie die einzelnen Forschungsfragen beantwortet werden sollten (vgl. Abschnitt 9.1), welche Erhebungsinstrumente eingesetzt wurden, um die dazu nötigen Daten zu erhalten (vgl. Abschnitt 9.2) und wie die Erhebungen durchgeführt wurden (vgl. Abschnitt 9.3). Die Datenauswertung wird in Kapitel 10 beschrieben. Dabei wird insbesondere auch vorgestellt, wie die Daten, die mit den Messinstrumenten zu den Relevanzinhalten und Relevanzgründen erhalten wurden, zunächst explorativ erschlossen wurden, indem analysiert wurde, wie oft Studierende angegeben hatten, zu den abgefragten Inhalten keine Beurteilung abgeben zu können (vgl. Abschnitt 10.2) und wie die Verteilungen der Antworten auf den Indizes und Skalen zu den Relevanzgründen und Relevanzinhalten ausfielen (vgl. Abschnitt 10.3). Auch auf die Analyse der Antworten verschiedener Teilgruppen der befragten Stichprobe (vgl. Abschnitt 10.4), auf die Imputation der fehlenden Werte (vgl. Abschnitt 10.5) und auf die durchgeführte Clusteranalyse auf den Daten (vgl. Abschnitt 10.6) wird im Rahmen der Ausführungen zur Datenauswertung eingegangen. Zudem wird beschrieben, wie die quantitativen Daten ausgewertet wurden (vgl. Abschnitt 10.7) und wie das eingesetzte offene Item qualitativ ausgewertet wurde (vgl. Abschnitt 10.8).

In Kapitel 11 werden die Ergebnisse präsentiert. Im Wesentlichen zeigt sich erstens, dass Relevanzzuschreibungen, so wie sie in dieser Arbeit konzeptualisiert werden, anscheinend eher affektiv als rational erklärt werden können, dass sich zweitens diese Relevanzzuschreibungen im ersten Semester anscheinend teils stark ändern, dass es drittens verschiedene Studierendentypen zu geben scheint, die in ihrem Studium verschiedene Relevanzgründe wichtig finden, und dass viertens das Konstrukt der Relevanzgründe, für das in der vorliegenden Arbeit ein Modell entwickelt wird, in verschiedenen Hinsichten einen Mehrwert zu bieten scheint, wenn Maßnahmen dahingehend konzipiert werden sollen, dass Relevanzzuschreibungen zum Mathematikstudium von Lehramtsstudierenden unterstützt werden. Unter der eher affektiven als rationalen Erklärbarkeit der Relevanzzuschreibungen wird in der Arbeit Folgendes verstanden. Mit der affektiven Erklärung von Relevanzzuschreibungen ist gemeint, dass diese mit Merkmalen in engem Zusammenhang stehen, die in der Psychologie als affektive Konstrukte eingeordnet werden, beispielsweise Interesse und Selbstwirksamkeitserwartungen. Unter der rationalen Erklärung von Relevanzzuschreibungen wird verstanden, wenn diese in Zusammenhang zu nicht-affektiven Konstrukten stehen wie der Leistung oder der Themenzuordnung von einem Relevanzinhalt. Aus subjektiver Sicht können affektive und nicht-affektive Merkmale dabei nicht so klar getrennt werden, wie es in dieser Arbeit getan wird, in der aus einer sehr theoretischen Sichtweise auf die Konstrukte geschaut wird: Obwohl also beispielsweise die Selbstwirksamkeitserwartungen der Studierenden durch ihre eigenen Leistungen beeinflusst sein könnten, werden sie hier als affektive Merkmale gewertet. Die empirisch gestützte Vermutung, dass das Konstrukt der Relevanzzuschreibungen eher affektiv als rational begründet wird, stellt insbesondere die bisherige Praxis in Frage, in der versucht wird, die Relevanzzuschreibungen von Mathematiklehramtsstudierenden darüber zu unterstützen, dass ihnen Bezüge zwischen der Schul- und der Hochschulmathematik aufgezeigt werden.

In den Ergebnissen der Arbeit deutet sich darüber hinaus an, dass sich die Relevanzzuschreibungen der beforschten Gesamtstichprobe teils von denjenigen der Studierendengruppen mit vollständigen Werten in den Daten unterscheiden, was insbesondere vermuten lässt, dass es in der Gesamtstichprobe verschiedene Studierendengruppen gibt, die verschiedene Relevanzzuschreibungen vornehmen. Alle empirischen Ergebnisse dieser Arbeit dienen entsprechend des explorativen Charakters der Arbeit der Entwicklung von Hypothesen zu den Zusammenhängen und Mechanismen hinter den Relevanzzuschreibungen von Mathematiklehramtsstudierenden, die in anschließender Forschung überprüft werden müssen, bevor daraus allgemeine Aussagen abgeleitet werden können. In diesem Sinne werden die Ergebnisse in Kapitel 12 interpretiert und diskutiert (vgl. Abschnitt 12.3). Ebenfalls in Kapitel 12 werden die Methoden und Designs der Arbeit diskutiert (vgl. Abschnitt 12.1) und methodische Stärken und Einschränkungen dargestellt (vgl. Abschnitt 12.2). Die Arbeit schließt mit einem Fazit (vgl. Abschnitt 13.1) sowie einer Darstellung von Implikationen für die Forschung (vgl. Abschnitt 13.2) und für die Praxis (vgl. Abschnitt 13.3), wobei auch Empfehlungen dazu formuliert werden, wie Relevanzzuschreibungen von Mathematiklehramtsstudierenden unterstützt werden könnten, die auf den empirischen Ergebnissen dieser Arbeit basieren.

Rahmenbedingungen: Studienabbruch, Kritik der Mathematiklehramtsstudierenden am Mathematikstudium und dessen Anforderungen

2

Die Rahmung der vorliegenden Arbeit liegt darin, dass Mathematik-lehramtsstudierende eine fehlende Relevanz ihres Studiums kritisieren und dabei so unzufrieden mit dem Studium sind, dass viele ihr Mathematikstudium abbre-chen. Bei der folgenden Darstellung der Rahmenbedingungen werden zunächst das Problem der hohen Studienabbruchquoten beschrieben und der Zusam-menhang zwischen Studienabbruchentscheidungen und der Kritik an fehlender Relevanz von den Mathematiklehramtsstudierenden erklärt (vgl. Abschnitt 2.1) ehe das Studium, dessen Relevanz kritisiert wird, näher in den Blick genommen wird (vgl. Abschnitt 2.2).

2.1 Das Problem der hohen Studienabbruchquoten und warum man Studienabbruchentscheidungen von Mathematiklehramtsstudierenden durch eine Unterstützung ihrer Relevanzzuschreibungen entgegenwirken könnte

Für die teils schon am Studienbeginn auftretenden Studienabbrüche vieler Mathematiklehramtsstudierender werden verschiedene Gründe diskutiert, wel-che in Abschnitt 2.1.1 dargestellt werden. Insbesondere bei den Mathematik-lehramtsstudierenden scheinen Studienabbruchgedanken damit zusammenzuhän-gen, dass diese mit dem Mathematikstudium sehr unzufrieden sind (vgl. Abschnitt 2.1.2). Dabei zeigt sich, dass die Unzufriedenheit teils als Kritik an fehlender Relevanz geäußert wird. Bisherige Maßnahmen, die die Relevanzzu-schreibungen von Mathematiklehramtsstudierenden unterstützen sollen, machen

C. Büdenbender-Kuklinski, *Die Relevanz ihres Mathematikstudiums aus Sicht von Lehramtsstudierenden*, Studien zur Hochschuldidaktik und zum Lehren und Lernen mit digitalen Medien in der Mathematik und in der Statistik, https://doi.org/10.1007/978-3-658-35844-0_2

15

Annahmen darüber, welche Begründungszusammenhänge hinter den Relevanzzuschreibungen stehen, ohne dass diese überprüft wurden (vgl. Abschnitt 2.1.3). In der vorliegenden Arbeit soll deshalb explorativ beforscht werden, wie sich die Begründungszusammenhänge hinter den Relevanzzuschreibungen der Mathematiklehramtsstudierenden gestalten.

2.1.1 Studienabbruch und seine Gründe

Hohe Studienabbruchquoten stellen gerade in mathematikbezogenen Studiengängen ein Problem dar[1]. Im Bildungsbericht 2012 wurde die Studienabbruchquote in mathematikbezogenen Studiengängen mit 55 % als die höchste Abbruchquote aller Studiengänge angegeben, wobei die mittlere Abbruchquote der universitären Bachelorstudiengänge bei 35 % lag (Autorengruppe Bildungsberichterstattung, 2012, S. 301). Die entsprechenden Zahlen sind dabei recht konstant, auch im DZHW-Bericht aus dem Jahr 2018 heißt es zu den Studienabbruchquoten auf Grundlage des Absolventenjahrgangs 2016, die durchschnittliche Studienabbruchquote für universitäre Bachelorstudiengänge liege bei 32 % und die höchste Studienabbruchquote liege mit 54 % in Mathematikstudiengängen mit Bachelorabschluss an der Universität vor (Heublein & Schmelzer, 2018, Kapitel 2).

An Universitäten beenden 42 % der StudienabbrecherInnen ihr Mathematikstudium innerhalb der ersten zwei Semester (Heublein et al., 2017, Kapitel 4), viele schon früh im ersten Semester (Geisler, 2020a, Kapitel 7, 2020b). Studienabbruchgedanken scheinen bei Lehramtsstudierenden häufiger aufzutreten als bei Mathematikfachstudierenden (Blömeke, 2009). Auch innerhalb dieser Gruppe treten viele Studienabbrüche im ersten Studienjahr auf (Dieter, 2012, Abschnitt 9.1; Heublein et al., 2014, Kapitel 2), wobei sich die Abbruchquote nach der Umstellung auf das Bachelor-Master System (zur Umstellung auf das Bachelor-Master System vgl. Abschnitt 2.2.1) entgegen den Erwartungen noch erhöht hat (Autorengruppe Bildungsberichterstattung, 2012, S. 133).

Studienabbruch ist generell aus zwei Perspektiven als ernsthaftes Problem zu sehen. Erstens zerrt er an den Studierenden selbst psychisch und zweitens ist er

---

[1] Bei den folgenden Zahlen ist zu beachten, dass nach Neugebauer et al. (2019) „bis zu 40 % aller zunächst beobachteten Studien*abbrüche* de facto Studien*unterbrechungen* sind" (S. 1036, Hervorhebungen original). Dabei nehmen Studierende in der Regel aber ein Studium in einem anderen Fachgebiet auf (Dieter, 2012, Kapitel 3), so dass zumindest das Mathematikstudium abgebrochen wurde und die Situation für mathematikhaltige Studiengänge somit dennoch als prekär angesehen werden kann.

mit ökonomischen Kosten für die Gesellschaft verbunden (Rasmussen & Ellis, 2013). Dementsprechend ist es nicht verwunderlich, dass Studienabbruchgründe schon seit längerem untersucht werden (z. B. Rach & Heinze, 2017; Rasmussen & Ellis, 2013; Tinto, 1975). In den zentralen deutschen Untersuchungen zum Studienabbruch wird dieser als mehrdimensionaler Prozess aufgefasst, der durch unterschiedliche Faktoren beeinflusst wird (Heublein et al., 2017, Kapitel 2). So konnte für das Lehramtsstudium für berufsbildende Schulen beispielsweise festgestellt werden, dass zumeist mehrere Faktoren bei dem Treffen der Entscheidung für einen Studienabbruch einen Einfluss nehmen (Wyrwal & Zinn, 2018). Vor allem drei Motive scheinen zentral bei der Entscheidung zum Studienabbruch zu sein:

1. Das zentrale Motiv für 30 % der StudienabbrecherInnen lag im Rahmen einer groß angelegten Untersuchung in einer Überforderung durch die leistungsbezogenen Anforderungen (Heublein et al., 2017, Kapitel 4). Wrywal und Zinn (2018) führten Interviews mit StudienabbrecherInnen durch, die ihr Studium für das Lehramt an berufsbildenden Schulen abgebrochen hatten. Dabei stellte die vonseiten der Befragten wahrgenommene leistungsbezogene Überforderung im Studium sogar für 90 % der Befragten das zentrale Motiv für den Studienabbruch dar.
2. Für 17 % der StudienabbrecherInnen stellte in der erstgenannten Untersuchung eine mangelnde Studienmotivation und damit einhergehende Nichtidentifikation mit dem Studienfach das zentrale Motiv dar (Heublein et al., 2017, Kapitel 4).
3. 15 % der StudienabbrecherInnen brachen ihr Studium vor allem deswegen ab, da sie in ihrem Studium Praxis- und Berufsbezüge vermissten (Heublein et al., 2017, Kapitel 4). Insbesondere der Abbruch eines Lehramtsstudiums wird von Studierenden immer wieder mit fehlendem Praxisbezug begründet (Blömeke, 2016; Wyrwal & Zinn, 2018).

Für verschiedene Studiengänge zeigte sich in Längsschnittstudien, dass die Studienabbruchintention von StudienanfängerInnen umso höher war, je geringer der Wert ausfiel, den sie ihrem Studium zuschrieben (Dresel & Grassinger, 2013). In der vorliegenden Arbeit werden Relevanz und Wert als verwandte Konstrukte gesehen (vgl. Kapitel 1). Fehlende Relevanzzuschreibungen könnten demnach ebenfalls eng mit der Studienabbruchintention zusammenhängen. Entsprechend der Annahme dieser Arbeit, dass verschiedene Mechanismen hinter den Relevanzzuschreibungen von Studierenden stehen könnten, wäre es sogar möglich, dass

Relevanzzuschreibungen mit den oben aufgezählten Gründen für Studienabbruch zusammenhängen:

1. Denkbar wäre, dass es zu fehlenden Relevanzzuschreibungen von Mathematik-lehramtsstudierenden kommt, wenn ein Gefühl der Überforderung vorliegt (vgl. Punkt 1 der obigen Aufzählung). So geht beispielsweise Mason (2002, Kapitel 7) davon aus, dass Fragen nach der Relevanz von Inhalten im Mathematikstudium gerade dann gestellt werden, wenn Studierende sich bei den entsprechenden Inhalten wenig kompetent fühlen und davon frus-triert sind. In der vorliegenden Arbeit ergibt sich daraus die Frage, ob die Kritik an fehlender Relevanz des Mathematikstudiums vonseiten der gym-nasialen Lehramtsstudierenden mit einer leistungsbezogenen Überforderung zusammenhängt.
2. Es wäre auch möglich, dass Mathematiklehramtsstudierende eine Relevanz von Inhalten damit begründen, dass sie sich damit identifizieren können und dementsprechend fehlende Relevanz aufgrund einer Nichtidentifikation bemängeln (vgl. Punkt 2 der obigen Aufzählung).
3. Zudem könnten Mathematiklehramtsstudierende Gründe für eine Relevanz der Studieninhalte darin sehen, dass sie Praxis- und Berufsbezüge erkennen (vgl. Punkt 3 der Aufzählung) und der Zusammenhang zwischen vermiss-ten Praxis- und Berufsbezügen und dem Studienabbruch könnte über fehlende Relevanzzuschreibungen mediiert sein.

Rach und Heinze (2013a) folgern aus den Ergebnissen einer Arbeit von Fel-lenberg und Hannover (2006), in der die Studienabbruchgründe zweier Studie-rendengruppen (Sozial- und Sprachwissenschaften im Vergleich zu Mathematik, Informatik, Naturwissenschaften, Technik) analysiert wurden, dass sich die Ursa-chen für einen Studienabbruch studiengangsspezifisch ergeben können. Geht man davon aus, dass Studienabbruch damit zusammenhängt, dass im Stu-dium zu wenig Relevanz gesehen wird, dann müssen Relevanzzuschreibungen insbesondere auch studiengangsspezifisch beforscht werden.

Im folgenden Abschnitt wird die Unzufriedenheit mit dem Mathematikstudium und insbesondere die Kritik an dessen fehlender Relevanz durch Lehramts-studierende dargestellt. Es wird in der vorliegenden Arbeit vermutet, dass entsprechende fehlende Relevanzzuschreibungen einen Grund dafür darstellen, dass viele Lehramtsstudierende ihr Mathematikstudium abbrechen.

2.1.2 Die Unzufriedenheit der Lehramtsstudierenden mit dem Mathematikstudium und ihre fehlenden Relevanzzuschreibungen

Dass viele Lehramtsstudierende, die das Fach Mathematik studieren, unzufrieden mit dem Studium sind, ist vielfach belegt und diskutiert worden (z. B. Blömeke, 2016; Heublein et al., 2010, Kapitel 4; Mischau & Blunck, 2006; Pieper-Seier, 2002; Scharlach, 1992) und oftmals ist das zweite Fach, das neben Mathematik studiert wird, bei Lehramtsstudierenden das beliebtere Fach (Curdes et al., 2003, S. 122). Die Unzufriedenheit steht dabei in engem Zusammenhang zu der Wahrnehmung, dass die Studieninhalte nicht relevant seien (Scharlach, 1992). In der vorliegenden Arbeit wird für das Konstrukt der Relevanzzuschreibungen angenommen, dass dieses in engem Zusammenhang zur Studienzufriedenheit, sowie zum Interessekonstrukt und dem Wertkonstrukt aus der Expectancy-Value Theorie steht (vgl. Kapitel 1). Bei der folgenden Darstellung der problematischen Ausgangslage, aus der heraus die Relevanzzuschreibungen der Mathematiklehramtsstudierenden beforscht werden sollen, werden deshalb Ergebnisse zu diesen verschiedenen Konstrukten in den Blick genommen.

Pieper-Seier (2002) schreibt zur Unzufriedenheit der Mathematiklehramtsstudierenden, es sei anzunehmen, „dass die Lehramtsstudierenden keine belastbare, affektiv unterstützte positive Beziehung zur Mathematik haben bzw. entwickeln" (S. 396 f.) und ist aber der Meinung, um ein so forderndes Studium wie das der Mathematik erfolgreich abschließen zu können, bedürfe es einer „positiven Grundeinstellung" (S. 395), welche gerade Lehramtsstudierenden fehle. Die fehlende „positive Grundeinstellung" macht Pieper-Seier (2002) an den Ergebnissen einer Fragebogenstudie mit Lehramts- und Diplomstudierenden fest, in der die Lehramtsstudierenden angaben, ihr anderes Studienfach neben der Mathematik zu bevorzugen und eine im Vergleich zu den Diplomstudierenden unterdurchschnittliche Zustimmung zeigten zu Beschreibungen der Mathematik, die diese beschrieben als „‚intellektuelle Herausforderung', ‚ästhetisch ansprechend' und ‚lebendige Wissenschaft'" (Pieper-Seier, 2002, S. 396). Es lässt sich schließen, dass Pieper-Seier (2002) annimmt, für eine höhere Zufriedenheit der Mathematiklehramtsstudierenden müssten diese eine positivere Beziehung zur Mathematik entwickeln, wobei die Schlagworte, die sie in diesem Zusammenhang nennt, auf eine Freude an der Mathematik aus ihr selbst heraus hindeuten. Aufgrund der in dieser Arbeit gemachten Annahme, dass eine höhere Zufriedenheit dadurch entstehen könnte, dass Studierende ihrem Studium eine Relevanz zuschreiben, stellt sich die Frage, ob eine Freude am Mathematikstudium oder an dessen Inhalten zu Relevanzzuschreibungen führen könnten.

Die Unzufriedenheit der Lehramtsstudierenden betrifft laut Pieper-Seier (2002) nicht nur die Inhalte der Mathematik, sondern aus den Ergebnissen ihrer Studie geht hervor, dass die Lehramtsstudierenden „ ihr Studium deutlich weniger als die Diplomstudierenden als eine Möglichkeit vielseitiger Lernerfahrung wahrnehmen und auch den Studienaufbau und die Lehrenden als viel weniger hilfreich erleben" (Pieper-Seier, 2002, S. 397)[2]. Möglicherweise könnte in ähnlicher Weise die Kritik der Studierenden an einer fehlenden Relevanz im Studium damit zusammenhängen, dass die Mathematiklehramtsstudierenden sich mit dem Studium nicht identifizieren können.

Untersuchungen dazu, wie viel Relevanz wiederum den mathematischen Inhalten von Studierenden zugeschrieben wird, liefern bisher keine eindeutigen Ergebnisse. So deuten manche Ergebnisse darauf hin, dass viele Studierende deren Wert nicht erkennen (Brown & Macrae, 2005; M. Robinson et al., 2010, Abschnitt 3.1), doch andere Arbeiten lassen vermuten, dass durchaus ein Interesse an der Hochschulmathematik bei Lehramtsstudierenden besteht (Rach, 2019): Rach (2019) fragte das Interesse an Hochschulmathematik mithilfe von fünf Items ab (Beispielitem: „Mich interessiert die Mathematik, wie sie an der Hochschule betrieben wird", $\alpha = {,}85$) und fand dabei in der beforschten Stichprobe zwar, dass das Interesse an Hochschulmathematik bei den Fachstudierenden auf einem Niveau von ,1 % signifikant stärker ausgeprägt war als bei den Lehramtsstudierenden, aber der Mittelwert auch bei den Lehramtsstudierenden über dem theoretischen Mittel der Skala lag.

Im Vergleich von Lehramtsstudierenden verschiedener Studienfächer scheinen MINT-Lehramtsstudierende im Schnitt weniger zufrieden mit ihrem Studium zu sein als Lehramtsstudierende anderer Fachgruppen (Kaub et al., 2012). Die größere Unzufriedenheit von Mathematiklehramtsstudierenden im Vergleich mit Nicht-MINT-Lehramtsstudierenden könnte damit zusammenhängen, dass auch Mathematikfachstudierende oft schon unzufrieden mit ihrem Studium sind. So wird beispielsweise von Brown und Macrae (2005) dargelegt, dass viele Mathematikstudierende im Verlauf ihres Studiums eine negative Haltung gegenüber der Mathematik entwickelten. In ihrer Analyse stellten sie fest, dass die schwierige Beziehung der Studierenden zum akademischen Bereich sich kaum trennen ließ

---

[2] Wie in Abschnitt 2.2.3.1 dargelegt wird, stellen sich für die Lehramtsstudierenden teils andere Herausforderungen im Studium als für die reinen Fachstudierenden (früher Diplomstudierenden), denn die Studierenden im Lehramtsstudium müssen mit unterschiedlichen Wissensformen zurechtkommen. Reine Fachstudiengänge sind insofern homogener gestaltet, als dass sich die Struktur an der Studiendisziplin ausrichtet (Bauer & Hefendehl-Hebeker, 2019, Kapitel 1; Blömeke, 2009). Dies könnte die unterschiedlichen Wahrnehmungen der Lehramtsstudierenden und der Diplomstudierenden erklären.

von weiteren Haltungen ihrerseits beispielsweise in sozialer und emotionaler Hinsicht. Während sich in Interviews und korrelativen Studien ein enger Zusammenhang zwischen Erfolg und der Haltung gegenüber der Mathematik zeigte, reichte Erfolg nicht aus, um Studierenden eine Freude an der Mathematik zu machen. Insbesondere kritisierten die Studierenden, von denen viele in einer Befragung vor Semesterbeginn gerade die Nützlichkeit der Mathematik hervorgehoben hatten, im weiteren Semesterverlauf, dass sie enttäuscht von der fehlenden Anwendbarkeit ihrer Studieninhalte seien (Brown & Macrae, 2005). Die Kritik scheint hier aus einer veränderten Darstellung der Mathematik an der Universität, in der kaum Anwendungsbezüge expliziert werden (vgl. dazu auch Abschnitt 2.2.2), heraus zu entstehen. Es stellt sich für die vorliegende Arbeit die Frage, ob eine Anwendbarkeit von Studieninhalten für Mathematiklehramtsstudierende ein Grund wäre, diesen eine Relevanz zuzuschreiben. Tatsächlich betreffen die Kritikpunkte vonseiten von Mathematiklehramtsstudierenden häufig die fehlende Vorbereitung auf den Lehrerberuf in Mathematikvorlesungen und zu wenig Praxisbezug (Göller, 2020, Kapitel 13; Mischau & Blunck, 2006). Auch im reinen Mathematikstudium sehen Croft und Grove (2015) einen möglichen Grund für die Kritik an der fehlenden Relevanz des Mathematikstudiums durch Studierende in England darin, dass Studierende, die in der Schule noch dazu angehalten wurden, die Nützlichkeit der Mathematik für das Leben und die Arbeit zu erkennen, an der Universität mit einer Mathematik konfrontiert werden, die wenig bis gar nicht anwendungsbezogen dargestellt wird. Insbesondere Beweise werden von vielen Studierenden als irrelevant angesehen (Anderson et al., 2000) und Anwendungsbezüge werden ausdrücklich vermisst. Die wenigen zufriedenen Studierenden an den englischen Universitäten, an denen die entsprechenden Erhebungen durchgeführt wurden, schienen eine neue Art von Verständnis von Mathematik aufgebaut zu haben, insbesondere auch eine Wertschätzung für die reine Mathematik und Beweise (Anderson et al., 2000; Brown & Macrae, 2005).

Lehramtsstudierende scheinen insgesamt noch unzufriedener mit dem Mathematikstudium zu sein als Fachstudierende (Abele, 2000; Curdes et al., 2003, S. 90; Mischau & Blunck, 2006). In Interviews mit Mathematikfach- und Mathematiklehramtsstudierenden von Göller (2020) bewerteten nur zwei von zehn interviewten Lehramtsstudierenden ihr Mathematikstudium positiv (Göller, 2020, Abschnitt 17.6). Kritisiert werden von Mathematiklehramtsstudierenden häufig zu hohe Anforderungen im Mathematikstudium (Göller, 2020, Kapitel 13; vgl. auch Mischau & Blunck, 2006). Geringe Relevanzzuschreibungen von Mathematiklehramtsstudierenden könnten demnach auch mit einer Überforderung im Studium zusammenhängen.

Bis zu diesem Punkt lassen die Darstellungen vermuten, dass viele Mathematiklehramtsstudierende mit dem Studium, wie es derzeit besteht[3], unzufrieden sind und es als wenig relevant einschätzen. Die hohe Unzufriedenheit, die in dieser Arbeit als mit der Kritik an zu geringer Relevanz in Zusammenhang stehend gesehen wird, bewirkt derzeit auch hohe Studienabbruchquoten, was weder aus Studierendensicht noch aus Sicht der Universität als positiv gewertet werden kann, so dass Maßnahmen gesucht werden müssen, die der Unzufriedenheit entgegenwirken. Während in der vorliegenden Arbeit angenommen wird, dass die Studienzufriedenheit der Mathematiklehramtsstudierenden nicht direkt beeinflusst werden kann, wird angenommen, dass eine Unterstützung der Studierenden bei der Zuschreibung einer höheren Relevanz zum Studium eine günstigere Ausgangslage für eine höhere Studienzufriedenheit schaffen könnte. Um eine entsprechende Unterstützung leisten zu können, bedarf es einer Kenntnis darüber, welche Mechanismen und Zusammenhänge hinter den Relevanzzuschreibungen der Mathematiklehramtsstudierenden stehen. Dies soll deshalb mit der vorliegenden Arbeit beforscht werden. Wegen der hohen Unzufriedenheit der Studierenden in der Studieneingangsphase werden die Relevanzzuschreibungen von Mathematiklehramtsstudierenden in ihrem ersten Semester in den Blick genommen. Die Ausführungen in diesem Kapitel deuten darauf hin, dass bei der Beforschung der Mechanismen der Relevanzzuschreibungen die Inhalte des Mathematikstudiums in den Blick genommen werden sollten, da bisherige Ergebnisse zur empfundenen Relevanz der Inhalte durch Mathematiklehramtsstudierende uneindeutig sind. Es sollten auch mögliche Gründe in den Blick genommen werden, die für Mathematiklehramtsstudierende eine Relevanz des Mathematikstudiums begründen würden. Beispielsweise könnte eine Anwendbarkeit von Studieninhalten für Mathematiklehramtsstudierende einen Grund darstellen, diesen eine Relevanz zuzuschreiben. Zudem sollten Studierendenmerkmale berücksichtigt werden, die mit hohen oder geringen Relevanzzuschreibungen von ihrer Seite in Zusammenhang stehen könnten. Beispielsweise könnten die Leistungen von Studierenden mit ihren Relevanzzuschreibungen in Verbindung stehen, da geringe Relevanzzuschreibungen von Mathematiklehramtsstudierenden mit einer Überforderung im Studium zusammenhängen könnten.

Zwar gibt es bereits Maßnahmen, die die Relevanzzuschreibungen der Mathematiklehramtsstudierenden unterstützen sollen (vgl. Abschnitt 2.1.3), doch während in diesem Abschnitt aufgezeigt wurde, dass Relevanzzuschreibungen

---

[3] Welche Inhalte in diesem Studium behandelt werden und welche Anforderungen sich darin für die Studierenden ergeben, wird in Abschnitt 2.2 dargestellt, um die Kritik kontextuell einordnen zu können.

beispielsweise aus einer Freude heraus entstehen könnten oder aus einem Gefühl der eigenen Wirksamkeit im Umgang mit Aufgaben heraus, wird Relevanz in den bisherigen Maßnahmen im Sinne eines Nützlichkeitsgedanken betrachtet. Eine Kenntnis über die Mechanismen hinter den Relevanzzuschreibungen der Mathematiklehramtsstudierenden zu ihrem Studium, könnte weitere Möglichkeiten eröffnen, wie man sie bei der Zuschreibung von Relevanz unterstützen kann.

2.1.3 Annahmen von bisherigen Maßnahmen, die die Relevanzzuschreibungen der Mathematiklehramtsstudierenden unterstützen sollen

Um der Unzufriedenheit der Studierenden zu begegnen, werden gerade im Mathematiklehramtsstudium häufig Interventionen durchgeführt, die dazu führen sollen, dass die Studierenden der Hochschulmathematik mehr Relevanz zuschreiben. Bei diesen wird versucht, den Studierenden die Relevanz des Lerngegenstands zu vermitteln, indem Verknüpfungen zwischen der Hochschul- und der Schulmathematik aufgezeigt werden[4] (z. B. Ableitinger et al., 2013; Neuhaus & Rach, 2019, 2021).

Zudem gibt es viele Forschungsarbeiten, in denen thematisiert wird, wie die Ausbildung von Mathematiklehrkräften für die Studierenden zufriedenstellender gestaltet werden könnte, welche an dem Punkt ansetzen, zu spezifizieren, welche Inhalte die Studierenden erlernen sollten oder welche Kompetenzen sie benötigen. Dabei setzen die Forschenden fest, worauf die Studierenden vorbereitet werden sollten, zumeist auf ein „gutes" Lehrerhandeln, wobei die Aspekte, die die Güte des Lehrerhandelns bestimmen, von den Forschenden festgelegt werden. Somit werden Kriterien für die Relevanz des Mathematikstudiums hier von den Forschenden vorgegeben. Beispielsweise geht Prediger (2010) davon aus, dass Lehrkräfte über eine diagnostische Kompetenz verfügen sollten. Sie macht Vorschläge, wie diese entwickelt werden kann und welche Art mathematischer Inhalte und pädagogischer Kompetenzen dazu nötig sind. Eine andere, oft zitierte Kategorisierung von nötigem Lehrerwissen geht auf Shulman (1986) zurück, der Pädagogisches Wissen, Fachwissen und Fachdidaktisches Wissen unterscheidet. Auch hier wird die Relevanz der Lehrinhalte darauf zurückgeführt, ob sie auf das Lehrerdasein vorbereiten, ein Gedanke, der auch in der

---

[4] Die Unterschiede zwischen Schul- und Hochschulmathematik werden in Abschnitt 2.2.2 dargestellt.

von Schifter (1998) gestellten Frage „What kinds of understandings are required of teachers working to enact the new pedagogy?" (S. 57) zutage kommt. Vielfach wird in Überlegungen für das Mathematiklehramtsstudium der Begriff des „mathematics-for-teaching" genutzt, mit dem beschrieben wird, dass die Inhalte des Mathematikstudiums vor allem dann für die Lehramtsstudierenden relevant seien, wenn sie gewinnbringend für die Lehrertätigkeit (in Bezug auf von den Forschenden definierte Aspekte) seien (z. B. Bass & Ball, 2004; Cuoco, 2001; Davis & Simmt, 2006; Prediger, 2010) und auch ohne den Begriff direkt zu nennen, setzen andere Arbeiten auf die gleiche Sichtweise, dass die Inhalte des Mathematiklehramtsstudiums daraufhin analysiert werden, ob sie von den Forschenden festgelegten Aspekten an Lehrerkompetenzen zuträglich sind (z. B. Cooney & Wiegel, 2003; Hefendehl-Hebeker, 1999; Wittmann, 2001).

All diese Arbeiten haben gemeinsam, dass sie am Punkt der fachlichen Inhalte ansetzen und diese auf ihre Relevanz für eigens festgelegte Aspekte des Lehrerberufs überprüfen. Allerdings wurde in Abschnitt 2.1.2 herausgearbeitet, dass komplexere Mechanismen hinter den Relevanzzuschreibungen von Mathematiklehramtsstudierenden stehen könnten und Relevanzzuschreibungen von Mathematiklehramtsstudierenden inhaltlich bedingt sein könnten, mit bestimmten Begründungen erfolgen könnten oder mit Merkmalen der Studierenden zusammenhängen könnten. Eine reflektierte Reaktion auf die Kritik der Lehramtsstudierenden an einer fehlenden Relevanz des Mathematikstudiums vonseiten der Universitäten oder der Politik ist erst möglich, wenn klar ist, wie sich für die Studierenden in ihrem Studium eine Relevanz ergeben würde. Deshalb sollen in der vorliegenden Arbeit verschiedene Mechanismen betrachtet werden, die hinter den Relevanzzuschreibungen der Studierenden stehen könnten. So soll erstens beforscht werden, inwiefern Studierende vorgegebenen Inhalten eine Relevanz zuschreiben, zweitens soll beforscht werden, inwiefern in der Arbeit modellierte Gründe Teil der Begründungen der Studierenden für die Relevanz des Mathematikstudiums darstellen könnten und drittens soll überprüft werden, inwiefern Studierendenmerkmale in einem Zusammenhang dazu stehen könnten, ob die Studierenden hohe oder geringe Relevanzzuschreibungen zum Mathematikstudium vornehmen. Insbesondere die Beforschung der Begründungen von Relevanz durch Mathematiklehramtsstudierende stellt dabei eine zentrale Neuerung der Arbeit dar. Bei den bisherigen Unterstützungsmaßnahmen wird Relevanz alleine über einen Bezug zum Lehrberuf begründet und weitere mögliche Relevanzgründe werden nicht in Betracht gezogen. Für die Beforschung der Begründungen von Relevanz durch Mathematiklehramtsstudierende soll ein theoretisches Modell entwickelt werden, mit dem sich abbilden lässt, aus welchen

Gründen Mathematiklehramtsstudierende ihrem Studium eine Relevanz zuschreiben könnten. Es soll dann beforscht werden, inwiefern die darin modellierten Gründe von den Studierenden als wichtig für ihr Studium eingeschätzt werden. Bevor jedoch zu diesem Zweck ein Modell entwickelt wird, mit dem sich Relevanzgründe kategorisieren lassen, soll der Gegenstand in den Blick genommen werden, der bisher vonseiten der Lehramtsstudierenden als zu wenig relevant bewertet wird. Dabei werden auch die Inhalte des Mathematikstudiums dargestellt, die bei der Beforschung der Mechanismen hinter den Relevanzzuschreibungen der Lehramtsstudierenden ebenfalls in den Blick genommen werden sollen.

2.2 Das Mathematikstudium für Lehramtsstudierende und dessen Anforderungen

Der Gegenstand, dessen fehlende Relevanz von Mathematiklehramtsstudierenden bisher kritisiert wird, ist das Mathematikstudium. Im Sinne einer Kontextualisierung dessen, worauf sich die in dieser Arbeit beforschten Relevanzzuschreibungen beziehen, wird in Abschnitt 2.2.1 dargestellt, wie das Mathematiklehramtsstudium aufgebaut ist und welche Inhalte aus Sicht mathematischer Verbände für Mathematiklehramtsstudierende relevant sind. Da in der vorliegenden Arbeit speziell die Relevanzzuschreibungen zu Studienbeginn beforscht werden sollen, wird im Anschluss zu den Ausführungen zum Mathematikstudium in seiner Gesamtheit der Fokus auf dessen Studieneingangsphase gelenkt. In Abschnitt 2.2.2 wird dargestellt, dass die Mathematiklehramtsstudierenden am Studienbeginn damit konfrontiert sind, dass sich das Lernen von Mathematik an der Schule und an der Hochschule unterscheiden. Aus den Veränderungen des Lerngegenstands Mathematik (vgl. Abschnitt 2.2.2.1) und des an der Universität geforderten Lernverhaltens (vgl. Abschnitt 2.2.2.2) ergeben sich Anforderungen an die Studierenden (vgl. Abschnitt 2.2.3), welche für die Lehramtsstudierenden noch herausfordernder als für die Fachstudierenden sind (vgl. Abschnitt 2.2.3.1).

2.2.1 Aufbau und Inhalte des Mathematikstudiums für Lehramtsstudierende

Im Rahmen des Beschlusses der Bologna Reform 1999 sprachen sich 30 europäische Staaten dafür aus, bis 2010 einen gemeinsamen europäischen Hochschulraum zu entwickeln (BMBF-Internetredaktion, o. J.-b). Dieser sollte durch „vergleichbare Studienstrukturen (gestufte Studienstruktur mit Bachelor und Master), eine Qualitätssicherung auf der Grundlage gemeinsamer Standards und Richtlinien sowie Transparenzinstrumente wie Qualifikationsrahmen, Diploma Supplement und ECTS (European Credit Transfer System)" (BMBF-Internetredaktion, o. J.-a) erreicht werden. Im Zuge dessen wurden die deutschen Lehramtsstudiengänge zweigeteilt in einen Grundstudiengang mit Bachelorabschluss und einen darauf aufbauenden Masterstudiengang (M. Winter, 2007, Kapitel 3). Das Bachelor-Master-Studium löste in der Mehrzahl der Bundesländer, darunter auch Niedersachsen, das frühere Modell vom Staatsexamen ab, bei dem die AbsolventInnen zwei Staatsexamina bestehen mussten, welche von staatlichen Prüfungsämtern durchgeführt wurden (Hischer, 2007)[5]. Bei den in Bachelor- und Masterstudium gestuften Lehramtsstudiengängen unterscheidet M. Winter (2007, Kapitel 4) das integrative Modell, bei dem in beiden Stufen sowohl Fach- als auch Bildungswissenschaften behandelt werden, vom sequenziellen Modell, bei dem im Bachelorstudium die Fachwissenschaften behandelt werden und der Fokus im Masterstudium auf den (Fach-)Didaktiken und Bildungswissenschaften liegt (vgl. auch Hischer, 2007). Neben der veränderten[6] Stufung des Studiums lag eine weitere Änderung in der Studienstruktur darin, dass das Studium modularisiert wurde, das heißt statt durch Veranstaltungen sollte das Studium durch abzuschließende Module geordnet werden[7]. Durch die einzelnen Module sollte für die Studierenden offengelegt werden, welche Kompetenzen sie nach Abschluss des Moduls beherrschen sollten (M. Winter, 2007, Kapitel 2). Man könnte vermuten, dass den Mathematiklehramtsstudierenden eine Relevanzzuschreibung zu den Inhalten erleichtert wird, wenn ihnen dargestellt wird, wie die Beschäftigung dieser Inhalte sie beim Aufbau klar kommunizierter Kompetenzen unterstützen sollen. Allerdings besteht weiterhin eine Kritik von ihrer Seite, dass das Mathematikstudium für sie nicht relevant sei (vgl. Abschnitt 2.1.2).

Die Lehrerbildung stellte im Rahmen der Bologna Reform einen Vorreiter da, wobei Pilotprojekte in Bielefeld, Bochum, Erfurt und Greifswald gestartet wurden (Hischer, 2007; M. Winter, 2007, Kapitel 3). Die Pilotprojekte in Bielefeld und Bochum wurden durch das HIS (Hochschul-Informations-System

---

[5] Obwohl dies den Anschein erwecken mag, dass durch die Bachelor-Master-Umstellung die Verantwortung für die erste Phase der Lehramtsausbildung nun bei den Hochschulen liegt, wirkt der Staat weiterhin mit, beispielsweise beim Aufbau der Curricula durch Vorgabe von inhaltlichen Standards zum Beispiel durch die KMK (M. Winter, 2007, Kapitel 5).

[6] Im Modell des Staatsexamens gab es eine andere Art der Stufung, insofern als dass eine Zwischenprüfung existierte.

[7] Inwiefern dieses ursprüngliche Vorhaben planmäßig durchgeführt wurde, kann hinterfragt werden, wenn man bedenkt, dass einige Module nur aus einer einzelnen Lehrveranstaltung bestehen.

GmbH) evaluiert (Grützmacher & Reissert, 2006). Im Bochumer Modell werden im Bachelorstudium zwei Fächer im gleichen Umfang studiert. Im Bielefelder Modell wird im Bachelorstudium das Majorfach im doppelten Umfang des Minorfaches studiert, wobei dann das Minorfach im Masterstudiengang aufgestockt wird (Grützmacher & Reissert, 2006, Kapitel 1). Im Folgenden wird der Aufbau des gymnasialen Lehramtsstudiums mit Mathematik an der Leibniz Universität Hannover vorgestellt, in dem wie im Bielefelder Modell mit einem Major-Minor-Konzept gearbeitet wird. Die Relevanzzuschreibungen der Studierenden, die in dieser Arbeit beforscht werden, wurden im Rahmen des nun beschriebenen Lehramtsstudiums getroffen.

2.2.1.1 Das gymnasiale Lehramtsstudium mit Mathematik an der Leibniz Universität Hannover

Das Lehramtsstudium stellt an der Leibniz Universität Hannover einen nicht zu vernachlässigenden Studienbereich dar. So studierten im Wintersemester 2019/20 von allen Studierenden dieser Universität 19 % mit dem Ziel Lehramt, wobei 9 % aller Studierenden im Fächerübergreifenden Bachelor und 5 % im Master „Lehramt an Gymnasien" eingeschrieben waren (Leibniz School of Education, 2020). Der Studiengang „Fächerübergreifender Bachelor" (FüBa) ist an der Leibniz Universität Hannover für Studierende mit dem Ziel Lehramt an Gymnasien als grundständiges Studium vorgesehen. Die Studierenden, deren Relevanzzuschreibungen in der vorliegenden Arbeit beforscht wurden, waren in diesem Studiengang eingeschrieben. Im FüBa, dessen Regelstudienzeit sechs Semester umfasst, werden zwei Fächer studiert, im hier behandelten Fall Mathematik und ein weiteres Fach. Dabei wird eines der Fächer als Majorfach ausgewählt, welches dann während des Bachelorstudiums in höherem Umfang studiert wird. Das andere Fach wird als Minorfach im Bachelorstudium nur in halbem Umfang studiert, wobei es im Masterstudium dann entsprechend ergänzt wird. Insbesondere haben Studierende, die Mathematik als Majorfach gewählt haben, die Möglichkeit, noch in den Fachstudiengang Mathematik im Masterstudium zu wechseln (*Mathematik im Fächerübergreifenden Bachelor*, o. J.), wobei innerhalb des Fächerübergreifenden Bachelorstudiengangs für Studierende, die im Wintersemester 2016/17 bis Sommersemester 2019 ihren Abschluss machten, festgestellt wurde, dass 87 % davon ein Schulpraktikum abgeleistet hatten, welches nicht von Studierenden absolviert wird, die in einen fachspezifischen Masterstudiengang wechseln möchten. Daraus kann geschlossen werden, dass der Großteil dieser Studierenden tatsächlich den Lehrerberuf anstrebt (Leibniz School of Education, 2020).

Im Fächerübergreifenden Bachelorstudiengang werden einerseits fachwissenschaftliche und andererseits fachdidaktische Veranstaltungen besucht, wobei die mathematischen Inhalte vom Land Niedersachsen vorgegeben sind (vgl. Abbildung 2.1 für einen beispielhaften Regelstudienplan bei einer Wahl von Mathematik als Majorfach).

Semester / Bereich	1. Semester	2. Semester	3. Semester	4. Semester	5. Semester	6. Semester	LP
Mathematik	Analysis I Lin. Alg. I 20 LP	Analysis II 10 LP	Algebra I 10 LP	Geometrie für das Lehramt Math. Stochastik I 20 LP	Algorithmische Mathematik Wahlmodul 20 LP		80
Didaktik Mathematik	Einführung in die Fachdidaktik – Teil1 2 LP	Einführung in die Fachdidaktik – Teil2 2 LP	IV Fachdidaktik der Sek I 3 LP	Seminar zur Fachdidaktik 3 LP			10
Bachelorarbeit					Seminar zur Bachelorarbeit 3 LP	Bachelorarbeit 7 LP	10

Abbildung 2.1 Regelstudienplan zum Fächerübergreifenden Bachelorstudiengang mit Majorfach Mathematik; Graphik übernommen (*Mathematik im Fächerübergreifenden Bachelor*, o. J.)

Die Studierenden bekommen die Grundlagen in Basisveranstaltungen vermittelt, welche dann in höheren Semestern durch weitere Veranstaltungen ergänzt werden. Dabei ergeben sich Unterschiede in den Wahlmöglichkeiten abhängig von der Wahl von Mathematik als Major- oder Minorfach. Die fachbezogenen Veranstaltungen werden durch einen Professionalisierungsbereich ergänzt, in dem je ein schulisches und ein außerschulisches vierwöchiges Praktikum abgeleistet werden müssen und erziehungswissenschaftliche Themen behandelt werden (*Mathematik im Fächerübergreifenden Bachelor*, o. J.). Für Studierende, die Mathematik als Majorfach gewählt haben, kann die Bachelorarbeit in einem mathematischen oder mathematikdidaktischen Gebiet geschrieben werden. Mit ihr sollen die Studierenden zeigen, dass sie ein fachliches oder fachdidaktisches Problem selbstständig wissenschaftlich bearbeiten können. Zum Modul der Bachelorarbeit gehört ein Seminar, das laut Regelstudienplan im fünften Semester besucht wird. Das Studium wird dann mit dem „Bachelor of Science" abgeschlossen (*Mathematik im Fächerübergreifenden Bachelor*, o. J.).

Im Fall, dass das gymnasiale Lehramt angestrebt wird, schließt an den Fächerübergreifenden Bachelorstudiengang der weiterführende Masterstudiengang „Lehramt an Gymnasien" an, der mit dem Abschluss „Master of Education" endet. In diesem Studiengang, dessen Regelstudienzeit vier Semester beträgt, werden vermehrt fachwissenschaftliche Inhalte des Minorfachs studiert, um zum Studienabschluss einen Ausgleich des Umfangs von Major- und Minorfach zu erzielen (vgl. Abbildung 2.2 für einen beispielhaften Regelstudienplan bei einer Wahl von Mathematik als Majorfach).

Semester / Bereich	1. Semester	2. Semester	3. Semester	4. Semester	LP
Mathematik	Fachwissenschaftl. Vertiefung, z.B. Stochastik für Lehramt oder Funktionentheorie für Lehramt 5 LP				5
Didaktik Mathematik	Vorlesung 5 LP	Seminar 3 LP			8
Professionalisierungsbereich			Schulpraktikum Seminar 7 LP		7
Masterarbeit				Masterarbeit 25 LP	25

Abbildung 2.2 Regelstudienplan zum Masterstudiengang Lehramt an Gymnasien mit Mathematik als Majorfach; Graphik übernommen (*Mathematik im Masterstudiengang Lehramt an Gymnasien*, o. J.)

Wenn Mathematik als Majorfach gewählt wurde, ist im Masterstudium nur noch eine vertiefende fachwissenschaftliche Mathematikveranstaltung vorgeschrieben, wohingegen Studierende mit Mathematik als Minorfach Lehrveranstaltungen zur Numerik, zur Stochastik und eine vertiefende Lehrveranstaltung belegen. Im Masterstudiengang Lehramt an Gymnasien wird ein stärkerer Fokus auf die Fachdidaktik gelegt und die Studierenden sammeln Unterrichtserfahrung im Rahmen eines Fachpraktikums (*Mathematik im Masterstudiengang Lehramt an Gymnasien*, o. J.). Die Masterarbeit kann sowohl von Studierenden mit Mathematik als Major- als auch von Studierenden mit Mathematik als Minorfach zu einem fachlichen mathematischen Thema geschrieben werden. Sie kann aber auch im anderen Fach oder in den Bildungswissenschaften geschrieben werden. Innerhalb der viermonatigen Bearbeitungszeit soll der Studierende zeigen, dass er ein Problem mit wissenschaftlichen Methoden selbstständig bearbeiten kann. Die Masterarbeit wird im Modul „Masterarbeit" durch eine mündliche Prüfung ergänzt (*Mathematik im Masterstudiengang Lehramt an Gymnasien*, o. J.).

Bei der Beforschung der Mechanismen hinter den Relevanzzuschreibungen von Lehramtsstudierenden zu ihrem Mathematikstudium in der vorliegenden Arbeit soll auch analysiert werden, inwiefern konkreten Inhalten des Studiums eine Relevanz zugeschrieben wird. Einen Anhaltspunkt dazu, welche Inhalte dabei abgefragt werden können, bieten die Ausführungen im folgenden Abschnitt. Die dort vorgestellten Empfehlungen zu Inhalten des Mathematiklehramtsstudiums beziehen sich nicht nur darauf, welche Inhalte Studierende an der Leibniz Universität Hannover erlernen sollen, sondern sie sind für Mathematiklehramtsstudierende deutschlandweit angelegt. Es handelt sich also um Inhalte, die aus bildungspolitischer Sicht für Mathematiklehramtsstudierende deutschlandweit relevant sind. Somit können die im Folgenden genannten Inhalte als Ausgangspunkt genommen werden, um zu überprüfen, inwiefern Inhalte, die aus bildungspolitischer Sicht relevant sind, auch von den Mathematiklehramtsstudierenden selbst als relevant eingeschätzt werden. Wenn im Rahmen der Beforschung der Relevanzinhalte die Studierenden dazu befragt werden, wie relevant sie die folgenden Inhalte einschätzen, bietet das den Vorteil, dass die Relevanz dieser Inhalte nicht nur in Hannover sinnvoll mit der genannten Intention abgefragt werden kann sondern in ganz Deutschland, so dass bei einer Abfrage der empfundenen Relevanz der entsprechenden Inhalte die Option besteht, in der Zukunft auch Relevanzzuschreibungen von Mathematiklehramtsstudierenden anderer Universitäten sinnvoll mit den in dieser Arbeit gefundenen vergleichen zu können. So wird eine zukünftige Beforschung von weiteren Zusammenhängen zwischen Relevanzzuschreibungen und beispielsweise verschieden aufgebauten Studiengängen ermöglicht (für ein entsprechendes Forschungsdesiderat vgl. auch Abschnitt 13.2.3).

2.2.1.2 Relevante Inhalte für Mathematiklehramtsstudierende laut den „Standards für die Lehrerbildung im Fach Mathematik" (DMV et al., 2008)

Trotz der Intention des Bologna-Prozesses, vergleichbare Studienstrukturen zu schaffen, zeigte die darauf folgende Studienreform in Deutschland, dass die Lehrerausbildung an den Universitäten durch verschiedene Modelle auch teilweise heterogener wurde (Hischer, 2007). Um der Tendenz, dass die Mobilität der Studierenden innerhalb Deutschlands erschwert werden könnte, entgegenzuwirken, gaben die DMV, GDM und MNU 2008 mit ihrem Papier „Standards für die Lehrerbildung im Fach Mathematik" (DMV et al., 2008) Empfehlungen dazu, welche

Inhalte und Kompetenzen in lehramtsbezogenen Studiengängen im Fach Mathematik zu erlernen seien. Das Studium für angehende Lehrkräfte mit dem Fach Mathematik verfolgt zum einen das Ziel, dass die Studierenden Kompetenzen in der Fachdidaktik erlernen und neues Wissen in der Fachmathematik aufbauen und zum anderen das Ziel, dass die Studierenden auf die Anforderungen vorbereitet werden, die sie als Lehrkräfte erwarten (KMK, 2008). In den „Standards für die Lehrerbildung im Fach Mathematik" (DMV et al., 2008) wird gefordert, in allen Lehrämtern müssten die Studierenden die Mathematik als Kulturleistung kennenlernen und mathematische Inhalte in ihrer historischen Entstehung verorten können. Zudem wird gefordert, dass alle Lehramtsstudierenden im Studium „Basiskompetenzen im Umgang mit neuen Medien" erwerben. Darüber hinaus werden Studieninhalte in verschiedenen Themengebieten benannt, die von Mathematiklehramtsstudierenden beherrscht werden sollten, von denen für die vorliegende Arbeit die Themengebiete der Arithmetik/ Algebra, der Geometrie, der Linearen Algebra und der Analysis in den Blick genommen werden. Dabei wird in den Empfehlungen angegeben, dass Veranstaltungen nicht themenspezifisch gesehen werden sollten, sondern dass Veranstaltungen Inhalte verschiedener Themengebiete behandeln können (DMV et al., 2008).

Die zu erwerbenden Kompetenzen werden in den Empfehlungen zudem in vier verschiedene Stufen unterteilt, die für Lehrkräfte verschiedener Schulstufen bzw. Schulformen zu erlernen seien. Die Stufen unterscheiden sich „nach inhaltlicher Ausweitung, begrifflicher Elaboriertheit und Grad der Abstraktion und Formalisierung" (DMV et al., 2008, S. 2), wobei auf jeder höheren Stufe auch alle Kompetenzen vorhergehender Stufen vorausgesetzt werden. In der vorliegenden Arbeit werden die Stufen als Komplexitätsstufen bezeichnet.

Neben den Kompetenzen auf der jeweiligen Stufe in den Themengebieten wird in den „Standards für die Lehrerbildung im Fach Mathematik" angegeben, dass alle Lehrkräfte über fachdidaktische Kompetenzen verfügen sollten (DMV et al., 2008). Dabei wird zwar angesprochen, dass diese der jeweiligen Jahrgangsform angepasst sein müssten, aber es wird kein entsprechender Katalog ausgearbeitet.

Im Folgenden sollen zunächst die in den „Standards für die Lehrerbildung im Fach Mathematik" (DMV et al., 2008) angesprochenen Themengebiete (vgl. Abschnitt 2.2.1.3) und Komplexitätsstufen (vgl. Abschnitt 2.2.1.4) einzeln vorgestellt werden, ehe beleuchtet wird, welche themenbezogenen Kompetenzen auf den einzelnen Stufen erlernt werden sollten (vgl. Abschnitt 2.2.1.5). Alle Themengebiete und alle Stufen sind laut den „Standards für die Lehrerbildung im Fach Mathematik" (DMV et al., 2008) für gymnasiale Mathematiklehramtsstudierende relevant. Es stellt sich jedoch die Frage, ob auch diese Mathematiklehramtsstudierenden selbst alle Themengebiete relevant finden, ob sie ihnen unterschiedlich viel Relevanz zuschreiben und ob sich ihre Relevanzzuschreibungen unterscheiden, wenn man Inhalte verschiedener Komplexität betrachtet.

2.2.1.3 Themengebiete, für die in den „Standards für die Lehrerbildung im Fach Mathematik" (DMV et al., 2008) relevante Inhalte für Mathematiklehramtsstudierende genannt werden

2.2.1.3.1 Arithmetik/ Algebra

Die Arithmetik ist ein Gebiet der Mathematik, das sich vor allem mit Zahlen beschäftigt, welche wiederum eine Grundlage der Mathematik bilden (vgl. Hefendehl-Hebeker & Schwank, 2015). In den „Standards für die Lehrerbildung im Fach Mathematik" umfasst das Themengebiet Arithmetik/ Algebra „Zahlen und ihre Verwendung, das systematische Operieren mit Zahlen und schließlich die Algebra als formale Durchdringung und Verallgemeinerung" (DMV et al., 2008, S. 4). Das Themengebiet wird unterteilt in drei inhaltliche Bereiche (1. Zahlen/ Zahldarstellungen/ Zahlensystem, 2. elementare Arithmetik und 3. Algebra) sowie einen auf dieses Themengebiet abgestimmten Bereich zu neuen Medien (DMV et al., 2008).

2.2.1.3.2 Geometrie

Im Themengebiet Geometrie geht es um ein Verständnis und das Wissen über die Konstruktion von Formen und Mustern und wie sie sich durch Abbildungen verändern. Auch Grundideen des Messens fallen in dieses Themengebiet. Gegliedert wird es in den „Standards für die Lehrerbildung im Fach Mathematik" neben einem Bereich zu neuen Medien in die drei inhaltsbezogenen Bereiche der elementaren Geometrie in Ebene und Raum, des Messens in Ebene und Raum und der geometrischen Strukturen (DMV et al., 2008).

2.2.1.3.3 Lineare Algebra

Die Lineare Algebra wird beschrieben als „Sprache und universelles Werkzeug für die Mathematik und Anwendungsbereiche in Technik, Natur- und Wirtschaftswissenschaften" (DMV et al., 2008, S. 6). In dieses Themengebiet fällt das Wissen über Linearisierungen und Koordinatisierung sowie deren Anwendbarkeit beispielsweise beim Beschreiben geometrischer Phänomene. Die Kompetenzen, die für dieses Themengebiet angegeben werden, werden neben einem Bereich zu den neuen Medien unterteilt in die Bereiche der linearen Gleichungen und Koordinatengeometrie, der linearen Strukturen und der geometrischen Strukturen (DMV et al., 2008).

2.2.1.3.4 Analysis

Für das Themengebiet der Analysis wird der „Umgang mit dem unendlich Kleinen (und Großen)" (DMV et al., 2008, S. 7) in den Fokus genommen. Neben dem Umgang mit dem Unendlichen werden hier auch Kompetenzen im funktionalen Denken als wichtig angeführt. Die Kompetenzen in diesem Themengebiet werden unterteilt in einen Bereich zu neuen Medien einerseits und die inhaltlichen Bereiche Funktionen, Grenzwert, Ableitung, Integral und Vernetzungen und Verallgemeinerungen andererseits (DMV et al., 2008).

2.2.1.4 Komplexitätsstufen[8], nach denen in den „Standards für die Lehrerbildung im Fach Mathematik" (DMV et al., 2008) relevante Inhalte für Mathematiklehramtsstudierende sortiert werden

Die Komplexitätsstufen werden von Stufe 4 zu Stufe 1 komplexer in dem Sinne, dass Stufe 4 die Grundkompetenzen jeder Lehrkraft, egal welche Jahrgangsstufe sie unterrichtet, umfasst und Stufe 1 Kompetenzen umfasst, über die eine in der Sekundarstufe II unterrichtende Lehrkraft noch verfügen sollte (DMV et al., 2008). Insbesondere sollten die in dieser Arbeit beforschten gymnasialen Lehramtsstudierenden bis zum Ende ihres Studiums die Kompetenzen aller vier Stufen beherrschen.

2.2.1.4.1 Stufe 4

Die Kompetenzen auf Stufe 4 „betreffen die im Alltag relevante Mathematik und ihre begriffliche Beschreibung" (DMV et al., 2008, S. 2) und alle Lehrkräfte, unabhängig von der Jahrgangsstufe, in der sie unterrichten, sollten über sie verfügen, selbst, wenn die Lehrkräfte kein Fachstudium abgeschlossen haben (DMV et al., 2008).

---

[8] Auch Krauss et al. (2008) unterscheiden innerhalb der COACTIV-Studie im Bereich der Kompetenzen von Lehrkräften zwischen vier verschiedenen Stufen bzw. Ebenen. Dabei wird die Stufung aber nicht nach der zu unterrichtenden Schulform vorgenommen, sondern gegliedert danach, mit welchem Bildungsgrad man im Allgemeinen über dieses Wissen verfügen sollte (Allgemeinwissen – Beherrschung von Schulwissen durch einen durchschnittlichen Schüler – tieferes Verständnis von Sekundarstufeninhalten – reines Universitätswissen). Im Sinne der Konsistenz der vorliegenden Arbeit wird für die Stufen die Kategorisierung aus der gleichen Quelle wie bei den Themengebieten gewählt.

2.2.1.4.2 Stufe 3

Die Kompetenzen auf Stufe 3 „betreffen Werkzeuge, Begriffe und Verfahren der Elementarmathematik als Mittel, die Alltagsmathematik von einem übergeordneten Standpunkt aus zu durchdringen, zu reflektieren und in ihrem Rahmen Probleme zu lösen" (DMV et al., 2008, S. 2). Auch über diese Kompetenzen sollten Lehrkräfte aller Jahrgangsstufen verfügen, vorausgesetzt sie haben für die Stufe, die sie unterrichten, ein Fachstudium abgeschlossen (DMV et al., 2008).

2.2.1.4.3 Stufe 2

Die Kompetenzen auf Stufe 2 „betreffen unterrichtsrelevante Werkzeuge, Begriffe und Verfahren der Elementarmathematik und die Möglichkeit, diese von einem höheren Standpunkt zu durchdringen, zu reflektieren und in ihrem Rahmen Probleme zu lösen" (DMV et al., 2008, S. 2). Sekundarstufenlehrkräfte mit einem Abschluss in einem schulformspezifischen Fachstudium sollten über diese Kompetenzen verfügen (DMV et al., 2008).

2.2.1.4.4 Stufe 1

Die Kompetenzen auf Stufe 1 „betreffen exemplarisch die Kenntnis weiterführender mathematischer Theoriebildungen mit ihren spezifischen Mechanismen und der je eigenen Leistungsfähigkeit zum Lösen inner- und außermathematischer Probleme" (DMV et al., 2008, S. 2). Lehrkräfte der Sekundarstufe II sollten diese Kompetenzen zusätzlich zu den Kompetenzen der vorhergehenden Stufen beherrschen (DMV et al., 2008).

2.2.1.5 Kategorisierung der relevanten Inhalte für Mathematiklehramtsstudierende laut den „Standards für die Lehrerbildung im Fach Mathematik" (DMV et al., 2008) bezüglich Themengebieten und Komplexitätsstufen

In den „Standards für die Lehrerbildung im Fach Mathematik" (DMV et al., 2008) werden für die Themengebiete Aufstellungen gemacht, welche Kompetenzen auf den einzelnen Stufen beherrscht werden sollten. Eine adaptierte Übersicht dazu findet sich in Tabelle 2.1. Aufbauend auf dieser Kategorisierung sollen die Relevanzinhalte dieser Arbeit modelliert werden und auf dieser Grundlage soll ein Messinstrument entwickelt werden, mit dem sich messen lässt, wie relevant die Mathematiklehramtsstudierenden die jeweiligen Inhalte verschiedener Themengebiete und Komplexitätsstufen einschätzen. So können die Relevanzzuschreibungen von Mathematiklehramtsstudierenden daraufhin analysiert werden, wie diese sich für Inhalte verschiedener Themengebiete und verschiedener Stufen der Komplexität unterscheiden (vgl. Abschnitt 9.2.3). Das

Tabelle 2.1 Kompetenzen auf den einzelnen Stufen in den einzelnen Themengebieten (adaptiert nach DMV et al., 2008)

		Die Studierenden
Arithmetik/Algebra	**Stufe 4**	– kennen Darstellungsformen für natürliche Zahlen, Bruchzahlen und rationale Zahlen und verfügen über Beispiele, Grundvorstellungen und begriffliche Beschreibungen für ihre jeweilige Aspektvielfalt – beschreiben die Fortschritte im progressiven Aufbau des Zahlensystems und argumentieren mit dem Permanenzprinzip als formaler Leitidee – ermessen die kulturelle Leistung, die in der Entwicklung des Zahlbegriffs und des dezimalen Stellenwertsystems steckt – erfassen die Gesetze der Anordnung und der Grundrechenarten für natürliche und rationale Zahlen in vielfältigen Kontexten und können sie formal sicher handhaben – kennen und nutzen grundlegende Zusammenhänge der elementaren Teilbarkeitslehre – kennen und verwenden im Umgang mit Zahlenmustern präalgebraische Darstellungs- und Argumentationsformen und erste formale Sprachmittel (Variable)
	Stufe 3	– beschreiben die Grenzen der rationalen Zahlen bei der theoretischen Lösung des Messproblems – geben Beispiele für den Umgang der Mathematik mit dem unendlich Großen und mit dem unendlich Kleinen (z. B. Mächtigkeit, Dichtheit) – erfassen Gesetze und Bedeutung der Potenzrechnung und des Logarithmus für die Mathematik und ihre Anwendungen – nutzen Taschenrechner und Tabellenkalkulation zum Erkunden arithmetischer Zusammenhänge und zum Lösen numerischer Probleme und reflektieren über Fragen der Genauigkeit
	Stufe 2	– erläutern die Vollständigkeit und weitere Eigenschaften der reellen Zahlen an Beispielen – handhaben die elementar-algebraische Formelsprache und beschreiben die Bedeutung der Formalisierung in diesem Rahmen – verwenden grundlegende algebraische Strukturbegriffe und zugehörige strukturerhaltende Abbildungen in Zahlentheorie und Geometrie (z. B. Restklassenringe, Symmetriegruppen) – nutzen Computeralgebrasysteme zur Darstellung und Exploration funktionaler und elementarer algebraischer Zusammenhänge und als heuristisches Werkzeug zur Lösung von Problemen
	Stufe 1	– verwenden Axiomatik und Konstruktion zur formalen Grundlegung von Zahlbereichen (bis hin zu den komplexen Zahlen) und beherrschen dazu begriffliche Werkzeuge wie Äquivalenzklassen und Folgen – beschreiben Zusammenhänge der Teilbarkeitslehre formal und nutzen sie zum Lösen von Problemen – beschreiben die Vorteile algebraischer Strukturen in verschiedenen mathematischen Zusammenhängen (Zahlentheorie, Analysis, Geometrie) und nutzen sie zum Lösen von Gleichungen (z. B. Konstruktion mit Zirkel und Lineal)

(Fortsetzung)

Tabelle 2.1   (Fortsetzung)

		Die Studierenden
Geometrie	**Stufe 4**	– beschreiben und erläutern elementare Formen, Konstruktionen und Symmetrien in Ebene und Raum und operieren damit materiell und mental – erläutern Gemeinsamkeiten und Unterschiede zwischen ebenen und räumlichen Phänomenen – erläutern und nutzen geometrische Vorstellungen (z. B. Auslegen, Ausschöpfen) zum Messen von Längen, Flächeninhalten, Rauminhalten und Winkeln
	Stufe 3	– führen elementare Konstruktionen mit Lineal und Zirkel durch und begründen diese – durchdringen geometrische Aussagen argumentativ in Begründungen und Beweisen – beschreiben geometrische Abbildungen, insbesondere Kongruenzabbildungen und Projektionen, führen sie konstruktiv durch und nutzen sie beim Lösen von Konstruktionsproblemen – nutzen Software zur Darstellung ebener und räumlicher Gebilde, zur Exploration geometrischer Konstruktionen und als heuristisches Werkzeug zur Lösung geometrischer Probleme
	Stufe 2	– bestimmen Maße und ihr Invarianz- und Transformationsverhalten durch Kongruenz- und Ähnlichkeitsargumente – erklären und nutzen Verfahren der Trigonometrie – erklären und nutzen Grenzprozesse zum Messen (Approximation, Cavalieri) – beschreiben Symmetrien durch Abbildungen und strukturieren sie mit dem Gruppenbegriff – arbeiten darstellend und analytisch mit linearen Gebilden (wie Punkt, Gerade, Ebene und Hyperebene) und sie betreffenden Operationen – arbeiten darstellend und analytisch mit nichtlinearen Gebilden (wie Kreise, Kegel, Kegelschnitte, Kugeln und Rotationskörper)
	Stufe 1	– beschreiben Axiomatik und Konstruktion als Wege für eine formale Grundlegung der euklidischen Geometrie – erklären die Grundidee des Integrals geometrisch und nutzen sie zur Bestimmung von Flächen, Längen und Rauminhalten – zeigen exemplarisch Wege zu nicht-euklidischen Geometrien auf
Lineare Algebra	**Stufe 4**	/
	Stufe 3	– verstehen Koordinatisierung als Möglichkeit, geometrische Phänomene algebraisch zu behandeln – unterscheiden zwischen ein-, zwei- und dreidimensionalen Räumen und haben ein intuitives Verständnis von Matrizen, z. B. als Möglichkeit, Daten übersichtlich darzustellen

(Fortsetzung)

Tabelle 2.1   (Fortsetzung)

		Die Studierenden
	Stufe 2	– geben Beispiele für Vektoren wie Kraft und Geschwindigkeit und beschreiben, wie Vektoren Beträge und Richtungen von Größen ausdrücken – beschreiben lineare Gleichungssysteme und Lösungsverfahren mit Hilfe von Matrizen, haben (geometrische) Vorstellungen über Lösungsmengen und zeigen Anwendungsmöglichkeiten in Technik, Naturwissenschaften und Wirtschaft auf – erläutern, wie man von anschaulichen ein-, zwei- und dreidimensionalen Räumen zum abstrakten Begriff des Vektorraumes kommt – geben Beispiele für Vektorräume in Mathematik (z. B. Funktionenräume) und anderen Wissenschaften (Physik, Ökonomie, ...) an – beschreiben die Bedeutung der abstrakten Begriffe Basis und Dimension für geometrische Fragestellungen, bei der Lösung linearer Gleichungssysteme sowie bei linearen Koordinatentransformationen – stellen Zusammenhänge zur Elementargeometrie (z. B. Satz von Pythagoras) her – beschreiben und konstruieren Isometrien und Projektionen – nutzen mathematische Software, um Sätze der Linearen Algebra anhand von Beispielen nachzuvollziehen, und als Werkzeug bei der Lösung von Anwendungsproblemen
	Stufe 1	– begreifen lineare Abbildungen von Vektorräumen als strukturverträgliche Abbildungen und stellen diese durch Matrizen dar – geben Beispiele für Anwendungen von Matrizen (z. B. stochastische Übergangsmatrizen, geometrische Abbildungen) – erläutern die Bedeutung der Determinante in Algebra, Geometrie und Analysis und verstehen die Determinante als alternierende Multilinearform – zeigen die Nützlichkeit der Begriffe Eigenwert und Eigenvektor (z. B. Klassifikation von Matrizen, Hauptachsentransformation, lineare Differentialgleichungen ...) – beschreiben, wie Vektorräume mittels eines Skalarprodukts eine metrische Struktur bekommen und Längen- und Winkelbegriffe genutzt werden können – beschreiben Kegelschnitte und Quadriken algebraisch und geometrisch und wenden Hauptachsentransformationen an – beschreiben verschiedene Zugänge zu affiner und projektiver Geometrie
Analysis	**Stufe 4**	– verwenden Abbildungen als universelles Werkzeug (z. B. Kongruenzabbildungen, Permutationen, Folgen) und beschreiben sie mit Hilfe charakterisierender Eigenschaften (z. B. Bijektivität) – arbeiten mit Funktionen in verschiedenen Darstellungen (Tabelle, Graph, Term) und unter verschiedenen Aspekten (Einsetzungs-, Veränderungs- und Objektaspekt) – erläutern inner- und außermathematische Situationen, in denen die Abhängigkeit von mehreren Variablen eine Rolle spielt

(Fortsetzung)

Tabelle 2.1 (Fortsetzung)

		Die Studierenden
	Stufe 3	– erläutern einen präformalen Grenzwertbegriff an tragenden Beispielen – interpretieren den Begriff der Ableitung als lokale Änderungsrate und setzen ihn in Anwendungszusammenhängen ein – beschreiben die Idee der Flächenmessung mittels infinitesimaler Ausschöpfung an Beispielen
	Stufe 2	– nutzen elementare Funktionen zur Beschreibung realer Prozesse und innermathematischer Zusammenhänge und erläutern grundlegende Eigenschaften (Monotonie, Umkehrbarkeit) – beschreiben die Vollständigkeitseigenschaft der reellen Zahlen und erläutern ihre Bedeutung an Beispielen – interpretieren die Ableitung als Instrument der lokalen Linearisierung – untersuchen Eigenschaften von Funktionen mit analytischen Mitteln – interpretieren das Integral als Bilanzieren und als Mittelwertbildung und setzen es in Anwendungszusammenhängen ein – begründen den Hauptsatz der Differenzial- und Integralrechnung anschaulich – nutzen Software zur Darstellung und Exploration funktionaler Zusammenhänge und infinitesimaler Phänomene und reflektieren ihre Verwendung kritisch
	Stufe 1	– definieren den Begriff des Grenzwerts für Folgen und Reihen sowie die Vollständigkeit der reellen Zahlen und verwenden diese Begriffe formal sicher – definieren die Begriffe Stetigkeit und Differenzierbarkeit formal und begründen zentrale Aussagen über stetige und differenzierbare Funktionen – verwenden die Idee der Differenzialgleichung zur Charakterisierung von Funktionen und zur Modellbildung – definieren den Begriff des (Riemann-)Integrals formal und verwenden ihn in mathematischen Zusammenhängen – beschreiben und verwenden die Differenziation und Integration von Funktionen mehrerer Veränderlicher – nutzen die Begriffe der Analysis zur Darstellung von Kurven und Flächen im Raum – nutzen das Integral zur Arbeit mit stetigen Verteilungen in der Stochastik

ermöglicht nicht nur eine differenziertere Betrachtung der Relevanzzuschreibungen von Mathematiklehramtsstudierenden selbst, sondern auch einen Abgleich, ob die Relevanzzuschreibungen, wie sie in diesem Fall von mathematischen Verbänden vorgenommen werden, von den Studierenden geteilt werden.

In diesem Abschnitt 2.2.1 wurde zunächst ein Überblick über die Anforderungen im gesamten Mathematiklehramtsstudium gegeben. Insbesondere in der

Studieneingangsphase, in der die Forschung dieser Arbeit verortet ist, sind die Mathematiklehramtsstudierenden damit konfrontiert, dass sich das schulische und hochschulische Mathematiklernen unterscheiden (vgl. Abschnitt 2.2.2). Aufgrund dessen und weil Lehramtsstudierende in ihren verschiedenen Fächern und den zusätzlichen pädagogischen Studienanteilen generell mit verschiedenen Wissensformen zurechtkommen müssen, ergeben sich im Mathematikstudium für sie Anforderungen (vgl. Abschnitt 2.2.3), die bei der Forschung zu den Relevanzzuschreibungen von Mathematiklehramtsstudierenden in der Studieneingangsphase gewissermaßen mitgedacht werden müssen.

2.2.2 Unterschiede zwischen dem schulischen und hochschulischen Mathematiklernen

Am Übergang von der Schule zur Hochschule haben StudienanfängerInnen mit verschiedenen Herausforderungen zu kämpfen. Insbesondere im Lehramtsstudium Mathematik ändert sich das Lehr- und Lerngeschehen für StudienanfängerInnen auf zwei Weisen (Rach, 2019; Rach et al., 2017): Erstens verändert sich der Lerngegenstand Mathematik weg von einer anwendungsbezogenen[9] Schul- hin zu einer formalen Hochschulmathematik (Bauer & Hefendehl-Hebeker, 2019, Kapitel 1; Gueudet, 2008; Witzke, 2015) (vgl. Abschnitt 2.2.2.1) und zweitens müssen die Studierenden stärker eigenständig lernen als sie es aus der Schule gewohnt waren (K.-P. Wild, 2005) (vgl. Abschnitt 2.2.2.2).

2.2.2.1 Veränderung des Lerngegenstands Mathematik

Dass sich der Charakter der Hochschulmathematik grundlegend von dem der Schulmathematik unterscheidet[10], grenzt die Mathematik als Studienfach von anderen Fächern ab, die in der Schule gelehrt werden und bei denen das Hochschulstudium stärker auf dem Schulstoff aufbaut als es beim Mathematikstudium der Fall ist (A. Fischer et al., 2009). Die inhaltlichen Unterschiede zwischen Schul- und Hochschulmathematik resultieren aus deren verschiedenen Zielsetzungen. Während die Schulmathematik zumindest bis zur Oberstufe

---

[9] Inwiefern die Schulmathematik tatsächlich anwendungsbezogen ist, soll an diesem Punkt nicht diskutiert werden. Sie wird aber zumindest von den meisten Studierenden anwendungsbezogener erlebt als die Hochschulmathematik.

[10] Entsprechende Unterschiede zwischen der Schul- und Hochschulmathematik zeigen sich tatsächlich nicht nur in Deutschland (Rach & Heinze, 2011), sondern auch international (z. B. Engelbrecht, 2010; Hoyles et al., 2001).

eher das Ziel der Allgemeinbildung hat, soll in der Hochschule die wissenschaftliche Mathematik kennengelernt werden (Rach, 2014, Kapitel 3) oder
zumindest ihr Vorgehen. Um den jeweiligen Zielen gerecht zu werden, werden im
schulischen Mathematikunterricht mehr Aufgaben mit Realitätsbezug eingesetzt
und Konzepte anhand von Realitätsbezügen eingeführt (Rach, 2014, Kapitel 3;
Witzke, 2015), während in der Hochschulmathematik weitgehend losgelöst vom
Alltag ein formal-axiomatischer Aufbau der Mathematik in der Definition –
Satz – Beweis Struktur betrieben wird (Engelbrecht, 2010; Gueudet, 2008; Rach,
2014, Kapitel 3). Die unterschiedlichen Vorgehensweisen lassen sich beispielsweise im Bereich der Begriffsbildung deutlich erkennen. An der Schule werden
Begriffe meist über prototypische Repräsentanten beschrieben und haben Bezug
zu konkret vorstellbaren Objekten der Realität. Zudem werden sie weitgehend
alltagssprachlich eingeführt mit wenig mathematischer Notation, während sie
in der Hochschulmathematik über ihre formalen Eigenschaften beschrieben und
axiomatisch eingeführt werden. Dabei wird mehr mathematische Notation verwendet als in der Schule (Gueudet, 2008; Rach, 2014, Kapitel 3), wobei die
Sprache der Mengenlehre, an der sich die Darstellung der Hochschulmathematik
orientiert, von den Studierenden zu Studienbeginn erst neu erlernt werden muss
(Göller, 2020, Abschnitt 3.3). Teilweise wird sogar angenommen, dass für „deren Verständnis eine eigene Lese- und Interpretationsfähigkeit erforderlich ist"
(Bauer & Hefendehl-Hebeker, 2019, S. 5). Zumindest müssen bestehende Lese-
und Interpretationsfähigkeiten angereichert werden.

Ein besonders großer Unterschied zwischen Schul- und Hochschulmathematik
liegt im Bereich des Beweisens (Alcock & Simpson, 2002; Engelbrecht, 2010;
A. Fischer et al., 2009; Gueudet, 2008; Rach, 2014, Kapitel 3; Witzke, 2015).
Rach (2014, Kapitel 3) belegt die zentrale Stellung des Beweisens in der Hochschulmathematik mit der Häufigkeit der beobachteten Beweisprozesse in Studien
zur Qualität des mathematischen Lehrangebots an Universitäten. Während das
Beweisen in der Schulmathematik eine unter vielen Aktivitäten darstellt, ist dies
die zentrale mathematische Aktivität der Hochschulmathematik. Beweise in der
Schule haben vor allem die Funktion Sachverhalte zu erklären und sind oft expe-
rimentell und präformal (Rach, 2014, Kapitel 3), oftmals wird mit graphischen
oder intuitiven Argumenten gearbeitet (Witzke, 2015). Dabei wird auf mathematische Notation weitgehend verzichtet. In der Hochschulmathematik hingegen
werden Beweise weitgehend in mathematischer Notation geführt und sind formal-
deduktiv mit Verifikations- oder Kommunikationsfunktion (Rach, 2014, Kapitel 3;
Witzke, 2015).

Der Übergang von der Schul- zur Hochschulmathematik ist somit insgesamt
ein Wechsel von einer Mathematik mit Realbezug oder Bezug zu vorstellbaren

Konzepten hin zu einer Mathematik basierend auf Definitionen und Beweisen. In der Unterscheidung mathematischer Welten von Tall (2008)[11] lässt sich dieser Übergang beschreiben als ein Übergang der „conceptual-embodied" und „proceptual-symbolic" Welten in die „axiomatic-formal" Welt. Aufgrund des ungewohnten formalen Charakters der Mathematik an der Hochschule wird teils von einem „Abstraktionsschock" (Schichl & Steinbauer, 2018, S. 4) für die StudienanfängerInnen gesprochen. Dabei scheinen sich Lehramtsstudierende der Unterschiede zwischen Schul- und Hochschulmathematik durchaus bewusst zu sein (Witzke, 2015) und schon StudienanfängerInnen scheinen recht passende Vorstellungen davon zu haben, welche mathematischen Aufgaben sie an der Universität erwarten (Rach & Heinze, 2013b). Möglich wäre, dass die Kritik der Mathematiklehramtsstudierenden an fehlender Relevanz (vgl. Abschnitt 2.1.2) damit zusammenhängt, dass sie an der Hochschule mit einem gegenüber der Schule veränderten Lerngegenstand Mathematik konfrontiert werden, dessen Relevanz sie eventuell aufgrund ihrer Vorerfahrungen nicht erkennen oder dessen fehlende Relevanz sie kritisieren, um ihr Selbstwertgefühl zu schützen, wenn sie sich damit überfordert fühlen.

2.2.2.2 Veränderung des geforderten Lernverhaltens

Auch die Präsentation der Inhalte an der Hochschule unterscheidet sich von derjenigen an der Schule. So werden Vorlesungen in aller Regel transmissiv gestaltet (Pritchard, 2015) und Mathematik wird als fertiges Produkt in der Struktur von Definition – Satz – Beweis präsentiert (Dreyfus, 2002). Dabei werden wichtige Lerninhalte für die Studierenden nicht explizit offengelegt (Pinto, 2015). Diese veränderte Lernatmosphäre steht im Zusammenhang mit dem von den Studierenden geforderten Lernverhalten: So unterscheidet sich das Mathematikstudium vom Schulunterricht neben den inhaltlichen Unterschieden auch im Anspruch an die Studierenden, dass sie weitgehend selbstständig arbeiten (Pritchard, 2015). Während in der Schule der Hauptteil der Lernzeit in den Unterricht fällt und nur ein kleiner Anteil auf die Hausaufgaben entfällt, werden im Studium zwar Vorlesungen und Tutorien angeboten, aber das Gros der Lernzeit ist für das Selbststudium und die Bearbeitung von Übungsaufgaben vorgesehen (Rach, 2014, Kapitel 4). Die inhaltliche Gestaltung des Schulunterrichts richtet sich vor allem nach den Lernenden, an deren Vorwissen sich die Lehrenden orientieren, während dieses in der Hochschullehre kaum beachtet wird und die Lehre sich an der

---

[11] Tall (2008) unterscheidet die „conceptual-embodied" Welt mit Bezug zu realen Objekten, die „proceptual-symbolic" Welt mit Bezug zu denkbaren Konzepten und die „axiomatic-formal" Welt, welche auf Definitionen und Beweisen basiert.

Fachstruktur der Mathematik orientiert (Dreyfus, 2002; Rach, 2014, Kapitel 4).
Eine didaktische Ausbildung wie sie von Lehrpersonen in der Schule absolviert
wird, ist demnach für Universitätslehrende nicht zwingend notwendig und teils
nicht vorhanden (Rach, 2014, Kapitel 4)[12]. Möglich wäre, dass Mathematiklehramtsstudierende mit den veränderten Anforderungen an ihr Lernverhalten
nicht zurechtkommen und dass ihre Kritik an einer fehlenden Relevanz des
Studiums (vgl. Abschnitt 2.1.2) aus einem Gefühl der Überforderung resultiert.

2.2.3 Anforderungen für die Lehramtsstudierenden im Mathematikstudium

Die veränderten Lernvoraussetzungen im Mathematikstudium erfordern von den
Studierenden einen Enkulturationsprozess in die neue Institution (Gueudet, 2008).
Sie müssen auf das veränderte Lehrangebot durch eine Änderung ihres Lernver-
haltens reagieren, um im Mathematikstudium erfolgreich zu sein. Während in der
Schule die Lehrkraft die Lernschritte weitgehend vorstrukturiert, ist im Mathema-
tikstudium selbstregulierendes Lernen erforderlich. Dabei müssen beispielsweise
Elaborationsstrategien (zum Thema Lernstrategien vgl. Abschnitt 4.4.1) ange-
wandt werden, um die Lerninhalte zu durchdringen, während im schulischen
Mathematikunterricht meist Wiederholungsstrategien ausreichen (Rach, 2014,
Kapitel 4).

Ob es den Studierenden gelingt, mit den neuen Anforderungen im Mathematikstudium umzugehen, scheint dabei nicht vorrangig mit ihren schulbezogenen
Merkmalen in Verbindung zu stehen. Beispielsweise wurde in einer früheren
Studie festgestellt, dass schulbezogene Variablen nur wenig Varianz im Studienerfolg in einer Erstsemestervorlesung an der Universität aufklären konnten.
So wurden in Strukturgleichungsmodellen weder die Pfade vom schulbezogenen Interesse oder Selbstkonzept noch von den schulmathematischen Leistungen
zum Studienerfolg statistisch signifikant, wenn Vorwissen zur wissenschaftlichen
Mathematik im Modell aufgenommen wurde. Als einzige schulbezogene Variable
konnte die allgemeine Schulleistung (im Sinne der Schulabschlussnote) Varianz
in statistisch signifikantem Maß aufklären (Rach & Heinze, 2017)[13].

---

[12] Rach (2014, Kapitel 4) stellt dar, inwiefern sich die Lehrangebote an der Schule und der
Hochschule bezüglich Sichtstruktur, Tiefenstruktur und Charakteristika von Lehrpersonen
unterscheiden und orientiert sich dabei an der Konzeptualisierung der COACTIV-Studie nach
Kunter und Voss (2011).

[13] Die Schulabschlussnote wird teils als stärkster Leistungsprädiktor am Übergang von der
Schule zur Hochschule gesehen, sowohl generell (Trapmann et al., 2007) als auch speziell im

Eventuell gelingt den Mathematiklehramtsstudierenden der Enkulturationsprozess aus eigener Kraft nicht und weil sie bemerken, dass sie es nicht schaffen, sich selbst an die Bedingungen an der Universität anzupassen, kritisieren sie das Mathematikstudium als nicht relevant, um ihren eigenen Selbstwert zu schützen. Tatsächlich gestaltet sich der Enkulturationsprozess für Mathematiklehramtsstudierende vermutlich schwieriger als für Mathematikfachstudierende, da ihre Anforderungen im Vergleich zu denen für die Fachstudierenden noch erschwert sind, wie im folgenden Abschnitt dargestellt wird.

2.2.3.1 Abgrenzung der Anforderungen im Mathematikstudium an Lehramtsstudierende zu den Anforderungen an Fachmathematikstudierende

Während sowohl Fachmathematik- als auch Lehramtsstudierende mit der veränderten Form der Mathematik an der Hochschule konfrontiert sind, besteht eine besondere Schwierigkeit im Lehramtsstudium darin, dass die Studierenden mit unterschiedlichen Wissensformen zurechtkommen müssen. Reine Fachstudiengänge sind insofern homogener gestaltet, als dass sich die Struktur an der Studiendisziplin ausrichtet (Bauer & Hefendehl-Hebeker, 2019, Kapitel 1; Blömeke, 2009). Während es im Mathematikstudium vor allem darum geht, die Wissenschaft Mathematik kennenzulernen, sollen im Lehramtsstudium auch für Lehrkräfte notwendige Kompetenzen erworben werden (Rach, 2019, Abschnitt 3.1.3). Diese Unterschiede resultieren daraus, dass das Lehramtsstudium im Gegensatz zum reinen Fachstudium der Mathematik bereits ein festgelegtes Berufsziel vorgegeben hat (Blömeke, 2009; Rach, 2019). Die speziellen Anforderungen an Lehramtsstudierende präzisieren Bauer und Hefendehl-Hebeker (2019) bezogen auf das gesamte Studium (nicht nur die Studieneingangsphase):

> Die Studierenden sollen Anschluss an die aktuellen Standards des Faches finden und zugleich Sensibilität für die Genese mathematischen Denkens entwickeln, sie sollen sich in systematisch aufgebauten formalisierten Theorien zurechtfinden und zugleich elementare Ansatzpunkte für die Vermittlung grundlegender Ideen kennen, sie sollen fachliches Selbstbewusstsein und zugleich Einfühlungsvermögen für Lernende erwerben. (S. VII)

Mathematikstudium (Rach et al., 2017). Wenngleich Schulabschlussnoten zu den kognitiven Variablen gezählt werden, ist zu beachten, dass diese auch durch Lernbereitschaft oder Fleiß beeinflusst werden (Trapmann et al., 2007).

Trotz der teils unterschiedlichen Anforderungen an Lehramts- und Fachstudierende im Mathematikstudium werden fachmathematische Veranstaltungen häufig
von Studierenden beider Studiengänge gemeinsam besucht.

2.3 Zwischenfazit: Forschungsdesiderata, die aus den Rahmenbedingungen abgeleitet werden können

In Abschnitt 2.1.2 wurde gezeigt, dass viele Mathematiklehramtsstudierende
mit ihrem Studium unzufrieden sind und in diesem Zusammenhang von einer
fehlenden Relevanz des Studiums sprechen. Diese Unzufriedenheit ist insofern sowohl für die Studierenden als auch für die Bildungspolitik kritisch zu
sehen, da sie die hohen Studienabbruchquoten (vgl. Abschnitt 2.1.1) mit zu
verursachen scheint. Viele Lehramtsstudierende brechen ihr Mathematikstudium
schon innerhalb der ersten zwei Semester ab. Ein Wissen darüber, warum die
Mathematiklehramtsstudierenden in dieser Zeit das Fehlen einer Relevanz, für das
angenommen wird, dass es ein Grund von Studienunzufriedenheit ist, kritisieren,
würde es ermöglichen, gezielt entgegenwirkende Maßnahmen zu entwickeln.

In der vorliegenden Arbeit sollen die Mechanismen und Zusammenhänge
hinter den Relevanzzuschreibungen von Mathematiklehramtsstudierenden am Studienbeginn explorativ beforscht werden, um Anhaltspunkte zu generieren, wie
man die Studierenden in ihren Relevanzzuschreibungen unterstützen könnte. Bis
zu diesem Zeitpunkt ergeben sich auf Grundlage der Abschnitte 2.1 und 2.2 erste
Überlegungen dazu, was bei der Analyse der Relevanzzuschreibungen, welche
bislang noch recht naiv als eine Art von Person-Gegenstand-Beziehung gesehen
werden, berücksichtigt werden sollte:

1. Relevanz wird immer einem Objekt zugeschrieben und im vorliegenden Fall
   besteht dieses Objekt im Mathematikstudium für Lehramtsstudierende. Bei
   der Untersuchung von Relevanzzuschreibungen bietet es sich an, zu beforschen, inwiefern dem Objekt eine Relevanz zugeschrieben wird. Nun werden
   im Mathematikstudium ganz verschiedene Inhalte verschiedener Komplexität behandelt (vgl. Abschnitt 2.2.1), denen die Studierenden unterschiedlich
   viel Relevanz zuschreiben könnten. Insbesondere da Relevanzzuschreibungen mit einer Identifikation mit dem Gegenstand zusammenhängen könnten
   (vgl. Abschnitt 2.1.2) und diese für verschiedene Themengebiete unterschiedlich stark ausgeprägt sein könnte, lohnt sich eine Überprüfung, ob
   Mathematiklehramtsstudierende Inhalten verschiedener Themengebiete eine
   unterschiedlich hohe Relevanz zuschreiben.

2. Da Relevanzzuschreibungen wiederum auch mit einem Gefühl der eigenen Wirksamkeit zusammenhängen könnten (vgl. Abschnitt 2.1.2), ist denkbar, dass komplexeren Inhalten weniger Relevanz zugeschrieben wird als leichteren. Bei der Analyse der Relevanzzuschreibungen sollte deshalb auch überprüft werden, ob Mathematiklehramtsstudierende bei ihren Relevanzzuschreibungen zwischen Inhalten unterschiedlicher Komplexität differenzieren.

3. Eine entsprechende Untersuchung, wie viel Relevanz unterschiedlichen Inhalten von Mathematiklehramtsstudierenden zugeschrieben wird, bietet sich auch deshalb an, weil bisherige Forschungsergebnisse zur Relevanzeinschätzung der Studieninhalte nicht eindeutig sind (vgl. Abschnitt 2.1.2).

4. Zudem sollte analysiert werden, aus welchen Gründen Mathematiklehramtsstudierende Relevanzzuschreibungen vornehmen. Während bisherige Maßnahmen, die die Relevanzzuschreibungen der Mathematiklehramtsstudierenden fördern sollen, Gründe für Relevanzzuschreibungen in der Nützlichkeit für den Lehrerberuf sehen (vgl. Abschnitt 2.1.3), deutete sich in Abschnitt 2.1.2 an, dass Gründe für Relevanzzuschreibungen von Mathematiklehramtsstudierenden ganz unterschiedlich gelagert sein könnten, beispielsweise in einer Berufsvorbereitung oder aber auch in einer individuellen Entfaltung.

5. In Abschnitt 2.1.2 wurde herausgearbeitet, dass fehlende Relevanzzuschreibungen damit zusammenhängen könnten, dass die Studierenden sich durch die bisherigen Anforderungen überfordert fühlen. Die entsprechenden Anforderungen insbesondere am Studienbeginn wurden in Abschnitt 2.2.3 dargestellt. Sie resultieren aus den Veränderungen im Mathematiklernen zwischen Schule und Hochschule (vgl. Abschnitt 2.2.2) und gestalten sich gerade für Lehramtsstudierende besonders herausfordernd, da diese im Gegensatz zu Fachstudierenden noch mit unterschiedlichen Fachkulturen an der Universität zurechtkommen müssen (vgl. Abschnitt 2.2.3.1). Eine Überforderung wäre demnach durchaus denkbar und sollte bei der umfassenden Analyse von Relevanzzuschreibungen in den Blick genommen werden. Dazu bietet es sich an, Relevanzzuschreibungen in Verbindung mit Konstrukten wie Selbstwirksamkeitserwartungen oder Frustrationsresistenz zu beforschen. Bevor das jedoch möglich ist, muss das Konstrukt der Relevanzzuschreibungen selbst klar definiert und operationalisiert werden.

Die ersten drei dieser Punkte betreffen das Forschungsdesiderat, Relevanzzuschreibungen für Inhalte unterschiedlicher Themengebiete und von verschiedener

Komplexität zu untersuchen, der fünfte Punkt beschreibt, dass bei der Untersuchung der Mechanismen und Zusammenhänge hinter den Relevanzzuschreibungen eine Analyse der Beziehung zwischen Relevanzzuschreibungen und weiteren Konstrukten hilfreich sein könnte. Im vierten Punkt wird angesprochen, dass untersucht werden sollte, aus welchen Gründen Mathematiklehramtsstudierende dem Studium eine Relevanz zuschreiben könnten. Die Beforschung entsprechender Gründe stellt die zentrale Neuerung der vorliegenden Arbeit im Rahmen von Relevanzforschung im Mathematiklehramtsstudium dar. In der vorliegenden Arbeit soll ein Modell entwickelt werden, mit dem sich in einer geordneten Weise beschreiben lässt, aus welchen Gründen Lehramtsstudierende ihrem Mathematikstudium eine Relevanz zuschreiben könnten. Mit diesem Anliegen beschäftigt sich das folgende Kapitel, in dem auch herausgearbeitet wird, wie das Konstrukt der Relevanzzuschreibungen in dieser Arbeit definiert wird. Auf der Grundlage der entsprechenden Konzeptualisierung der Relevanzzuschreibungen können die weiteren Anliegen, die die Beforschung der Mechanismen und Zusammenhänge hinter den Relevanzzuschreibungen betreffen, im weiteren Verlauf der Arbeit konkretisiert und bearbeitet werden.

Konzeptualisierung der Konstrukte der Relevanzgründe, Relevanzinhalte und Relevanzzuschreibungen

3

Im Rahmen der explorativen Beforschung der Relevanzzuschreibungen von Mathematiklehramtsstudierenden in der vorliegenden Arbeit soll zunächst ein Modell dazu aufgestellt werden, aus welchen Gründen Lehramtsstudierende dem Mathematikstudium eine Relevanz zuschreiben könnten. Diese Gründe sollen so geordnet werden, dass sie Anhaltspunkte bieten, wie Relevanzzuschreibungen der Studierenden unterstützt werden könnten. Dabei geht es ausschließlich darum, die Gründe deskriptiv darzustellen und zu ordnen, es soll keine Bewertung der Gründe stattfinden. Vielmehr soll ein Anhaltspunkt gegeben werden, wie angemessen auf die bisherige Kritik der fehlenden Relevanz durch Mathematiklehramtsstudierende (vgl. Abschnitt 2.1.2) reagiert werden könnte, wobei angenommen wird, dass eine Vielzahl von Gründen zu Relevanzzuschreibungen von Lehramtsstudierenden im Mathematikstudium führen könnte und die unterschiedlichen Gründe verschiedene Ansatzpunkte bieten könnten, wie man Relevanzzuschreibungen unterstützen kann.

Im Folgenden werden zunächst zwei Arbeiten vorgestellt, in denen das Konstrukt der Relevanz von einem übergeordneten Standpunkt beleuchtet wird (vgl. Abschnitt 3.1.1 und Abschnitt 3.1.2). Mithilfe der Überlegungen dieser Arbeiten soll beschrieben werden, an welchem Punkt im Rahmen der Relevanzforschung angesetzt wird, wenn ein Modell zur Beschreibung von Relevanzgründen gesucht wird. Im Anschluss wird das zentrale Ausgangsmodell für das Modell der Relevanzbegründungen dieser Arbeit vorgestellt (vgl. Abschnitt 3.1.3), welches auf dem Modell von Stuckey et al. (2013) basiert und für das Mathematiklehramtsstudium angepasst wurde. Die Besonderheiten dieses Modells werden über den Vergleich mit anderen Relevanzmodellen herausgestellt, wobei aufgrund der Assoziation des Konstrukts der Relevanzzuschreibungen dieser Arbeit mit dem

© Der/die Autor(en), exklusiv lizenziert durch Springer Fachmedien
Wiesbaden GmbH, ein Teil von Springer Nature 2021
C. Büdenbender-Kuklinski, *Die Relevanz ihres Mathematikstudiums aus Sicht von Lehramtsstudierenden*, Studien zur Hochschuldidaktik und zum Lehren und Lernen mit digitalen Medien in der Mathematik und in der Statistik,
https://doi.org/10.1007/978-3-658-35844-0_3

Wertkonstrukt der Expectancy-Value Theorie (vgl. Kapitel 1) auch Modelle zum
Wert in der Mathematik und der Mathematiklehre mit in den Blick genommen werden (vgl. Abschnitt 3.1.4 bis Abschnitt 3.1.10; vgl. zusammenfassend
dazu auch Abschnitt 3.1.11). Anschließend wird das Konstrukt der Relevanzgründe eingeordnet in den breiteren Forschungskontext dieser Arbeit, in der
nicht nur Relevanzgründe, sondern auch Relevanzinhalte beforscht werden sollen. Zusammengefasst werden die Relevanzgründe und Relevanzinhalte unter dem
Konstrukt der Relevanzzuschreibungen, welches in diesem Sinn definiert wird
(vgl. Abschnitt 3.2). Zudem wird das Konstrukt der Relevanzzuschreibungen,
für das von Beginn an ein Zusammenhang zu motivationalen Theorien angenommen wurde (vgl. Kapitel 1) auf Grundlage des Modells noch einmal in die
psychologische Motivationstheorie eingeordnet (vgl. Abschnitt 3.3).

3.1 Herleitung und Einordnung eines Modells zu Relevanzgründen

Zunächst wird ein Modell von Priniski et al. (2018) beleuchtet, das sich mit
Relevanz in allgemeinen Lernkontexten beschäftigt (vgl. Abschnitt 3.1.1). Während Priniski et al. (2018) eine Definition von Relevanz vorschlagen, in der diese
auf einem Kontinuum persönlicher Bedeutsamkeit gesehen wird, wodurch eine
Wertung nahegelegt wird, wird in der vorliegenden Arbeit zwar davon ausgegangen, dass es verschiedene Arten von Relevanzgründen gibt, welche aber qualitativ
gleichwertig sind, so dass das Modell nicht direkt übernommen werden kann.
Die Ausführungen von Priniski et al. (2018) stellen jedoch klar, dass es einer
klaren Definition von Relevanz in Forschungsarbeiten bedarf, bei der das eigene
Konstrukt auch in den Forschungskontext eingeordnet wird, um eine Kommunikationsgrundlage über Relevanz in Lernkontexten zu schaffen. Um das Modell
zu den Relevanzgründen der vorliegenden Arbeit entsprechend klar einzuordnen, wird im weiteren Verlauf zunächst dargestellt, welche Relationen bei der
Beschreibung des Relevanzkonstrukts theoretisch in den Blick genommen werden können, um die Sichtweise, mit der Relevanz in der vorliegenden Arbeit
betrachtet werden soll, abzugrenzen von anderen möglichen Sichtweisen auf
Relevanz. Dazu dient ein Modell von Hernandez-Martinez und Vos (2018), in
dem als zentrale Fragen im Rahmen der Definition von Relevanz die Fragen „Relevanz von was?", „Relevanz für wen?", „Relevanz laut wem?" und „Relevanz
wofür?" angeführt werden (vgl. Abschnitt 3.1.2). Das in diesem Kapitel zu entwi-
ckelnde Modell zu Gründen von Relevanz soll dabei mögliche Antworten auf die
letzte dieser Fragen kategorisieren. Dazu bietet sich zunächst ein Modell aus dem

Naturwissenschaftsunterricht an (vgl. Abschnitt 3.1.3), welches von Stuckey et al. (2013) entwickelt wurde. Dieses Modell wird für das Mathematiklehramtsstudium leicht angepasst. Das angepasste Modell stellt das zentrale Ausgangsmodell für das Modell der Relevanzbegründungen der vorliegenden Arbeit dar und wird im Folgenden zunächst mathematikdidaktisch eingeordnet, indem es verglichen wird mit verschiedenen bisherigen Forschungsarbeiten zu Relevanz und Wert in der Mathematiklehre. Bei diesen Forschungsarbeiten handelt es sich um

- eine Arbeit von Niss (1994), in der es um das Relevanzparadox in der Mathematik und im Mathematikunterricht geht (vgl. Abschnitt 3.1.4),
- die Ausführungen von Freudenthal (1968) zum Wert des Mathematikunterrichts (vgl. Abschnitt 3.1.5),
- die Auffassung von Heymann (1996) ebenfalls vom Wert des Mathematikunterrichts (vgl. Abschnitt 3.1.6),
- eine Arbeit von Maaß (2006) zur Nützlichkeit der Mathematik (vgl. Abschnitt 3.1.7),
- die Ausführungen von Vollstedt (2011) zu Sinn, Sinnkonstruktion und persönlicher Relevanz im Mathematikunterricht (vgl. Abschnitt 3.1.8),
- eine Arbeit von Gaspard et al. (2015) zu Wertzuschreibungen zur Schulmathematik (vgl. Abschnitt 3.1.9)
- und Ausführungen von Neuhaus und Rach (2021) zur Relevanz der Hochschulmathematik (vgl. Abschnitt 3.1.10).

Die Schlüsse, die aus der entsprechenden Einordnung des Ausgangsmodells in die bisherige Forschung gezogen werden können, werden in Abschnitt 3.1.11 zusammenfassend dargestellt.

3.1.1 Relevanz im Modell von Priniski et al. (2018)

3.1.1.1 Darstellung des Modells

Laut Priniski et al. (2018), die sich mit Relevanz in Lernkontexten beschäftigt haben, wird in vielen Forschungsstudien das Konstrukt der Relevanz nicht klar definiert und es fehlt oft an einer Abgrenzung zu anderen Theorien oder Konstrukten. In einem Versuch, eine möglichst allumfassende Definition von Relevanz zu finden, die für viele Texte zum Thema „Relevanz" greift, definieren Priniski et al. (2018) Relevanz als „a personally meaningful connection to the individual" (S. 12). Die dabei benannte Verbindung wird gesehen zwischen dem Individuum und einem Stimulus, bei dem es sich um ein Objekt, eine

Aktivität oder ein Thema handeln kann. Bei ihrer Definition hebt die Autorengruppe hervor, dass es sich bei Relevanz um ein *persönliches* Konstrukt, also eine subjektive Einschätzung, handelt und dass die beschriebene Verbindung für das Subjekt persönlich *bedeutungsvoll* sein muss, was für sie heißt, dass die Verbindung eine Signifikanz für die eigene Person haben muss (Priniski et al., 2018). Priniski et al. (2018) schlagen vor, Relevanz auf einem Kontinuum steigender persönlicher Bedeutsamkeit darzustellen, das von persönlicher Assoziation über persönliche Nützlichkeit zu Identifikation führt, wobei mehrere Ausprägungen von Relevanz gleichzeitig vorliegen können. Persönliche Assoziation liegt vor, wenn der Stimulus mit einem weiteren Stimulus verbunden wird (der gegebenenfalls wieder mit einem anderen verbunden wird et cetera), der persönlich wertgeschätzt wird. Persönliche Nützlichkeit wiederum beschreibt die Situation, wenn der Stimulus genutzt werden kann, um ein persönlich wichtiges Ziel zu erreichen, und Identifikation liegt vor, wenn der Stimulus Teil der Identität des Individuums ist (Priniski et al., 2018). Zur besseren Illustration soll ein Beispiel dienen. So kann ein Student das Bearbeiten von Übungszetteln als relevant einschätzen, weil er nur durch das Bestehen der Studienleistung das Modul und somit letztendlich sein Studium abschließen kann, welches er benötigt, um später als Lehrer arbeiten zu können, und letzteres Ziel wird von ihm wertgeschätzt. In diesem Fall läge persönliche Assoziation vor. Eine Studentin könnte das Bearbeiten von Übungszetteln aber auch als relevant einschätzen, weil sie dadurch neue Inhalte und Methoden erlernt, was ihr wiederum wichtig ist. In dieser Situation würde die Relevanz eine der persönlichen Nützlichkeit sein. Zuletzt könnte ein Student die Übungszettelbearbeitung als relevant einschätzen, weil er sich gerne neuen Herausforderungen stellt und sich bei der Bearbeitung als selbstwirksam erlebt. Hier läge Relevanz im Sinne einer Identifikation vor.

Priniski et al. (2018) geben einen Überblick, wie sich ihr Konstrukt der Relevanz zu drei zentralen Theorien der Psychologie, nämlich der Theorie des Interesses (zur Interessetheorie vgl. auch Abschnitt 4.3.1.2 dieser Arbeit), der Selbstbestimmungstheorie (zur Selbstbestimmungstheorie vgl. auch Abschnitt 4.3.1.1 dieser Arbeit) und der Expectancy-Value Theorie (zur Expectancy-Value Theorie vgl. auch Abschnitt 3.3.3.1 dieser Arbeit), verhält.

– Sie führen an, dass das Empfinden von Relevanz Interesse auslösen oder erhalten kann (wobei situationales Interesse auch ohne Relevanz entstehen kann) und dass Interesse und das Empfinden von Relevanz oft gleichzeitig auftreten und sich gegenseitig verstärken. Die Entwicklung von individuellem aus situationalem Interesse geht aus Sicht von Priniski et al. (2018) einher mit einer Entwicklung von, entsprechend ihrem Modell, weniger persönlich bedeutsamer Relevanz zu einer stärker identifizierten Form der Relevanz. Da individuelles Interesse in der Interessetheorie als stabiler angesehen wird als situationales, impliziert die Ausführung von Priniski et al. (2018) zur parallelen Entwicklung zwischen Relevanz und Interesse, dass im Relevanzkontinuum eine stärkere Identifizierung mit dem Objekt stabiler ist. In Bezug auf die empfundene Relevanz des Mathematikstudiums durch Lehramtsstudierende kann jedoch durchaus davon ausgegangen werden, dass wenig identifizierte Formen von Bedeutsamkeit ähnlich stabil sind wie stark identifizierte Formen. Beispielsweise kann das Studium von Studierenden als relevant angesehen werden, falls sie darin Kompetenzen erwerben, die ihnen später eine sichere Arbeitsstelle sichern, was eine wenig identifizierte Bedeutsamkeit aber eine stabile Form der Relevanz wäre.

– Priniski et al. (2018) postulieren zudem, dass der Internalisierungsprozess weg von einer externalen hin zu einer stärker internalen Regulation im Sinne der Selbstbestimmungstheorie einhergeht mit einer steigenden persönlichen Bedeutsamkeit bezüglich der Relevanz auf dem von ihnen aufgestellten Kontinuum. Auch hier wird eine Wertung vorgenommen: Internale Regulation wird positiver gewertet als der Gegenpol, so dass auch stärker identifizierte Formen der Relevanz positiver gesehen werden müssten. Es gibt aber keinen Grund anzunehmen, dass die im vorigen Punkt dargestellte, wenig identifizierte Form der Relevanz im Mathematikstudium negativ zu bewerten sei.

– Im Relevanzmodell von Priniski et al. (2018) lässt sich Relevanz zudem mit dem utility und dem attainment value aus dem Expectancy-Value Modell in Verbindung bringen, wobei der erste mit persönlicher Nützlichkeit und der zweite mit Identifikation assoziiert wird (Priniski et al., 2018). Da im Expectancy-Value Modell nicht von einem gepolten Kontinuum zwischen den Werten ausgegangen wird, wird durch diese Assoziation keine Wertung der verschiedenen Formen der Relevanz impliziert.

3.1.1.2 Bedeutung des Modells für die vorliegende Arbeit

Die Ausführungen von Priniski et al. (2018) weisen zunächst darauf hin, dass es notwendig ist, in einer Arbeit zu Relevanz diese klar zu definieren und die Operationalisierung offenzulegen. Dieser Forderung soll im Folgenden nachgekommen werden, indem dargestellt wird, wie das Konstrukt der Relevanzgründe in der vorliegenden Arbeit definiert wird, wie sich das Modell zu den Relevanzgründen in den größeren Forschungskontext einordnet (vgl. Abschnitt 3.1.2–3.1.11, Abschnitt 3.2, Abschnitt 3.3) und wie es für die empirische Forschung der vorliegenden Arbeit operationalisiert wird (vgl. Abschnitt 7.3). Der Vorschlag der

Relevanzdefinition von Priniski et al. (2018) soll jedoch für die vorliegende Arbeit nicht direkt übernommen werden, da das Modell von Priniski et al. (2018) so gedeutet werden muss, dass eine subjektiv als stärker integriert empfundene Bedeutsamkeit eines Objekts eine höhere Relevanz bedeutet als eine weniger integrierte. Diese Deutung wird durch das gerichtete Kontinuum von persönlicher Assoziation über persönliche Nützlichkeit hin zu Identifikation nahegelegt und durch die aufgezeigten Verbindungen zur Interesse- und Selbstbestimmungstheorie weiter gestützt. In der Auffassung der vorliegenden Arbeit ist eine Relevanz, die durch persönliche Assoziation zustande kommt, jedoch gleichwertig mit einer Relevanz, die aus einer Identifikation entsteht. Gerade bei der Zuschreibung von Relevanz im Mathematikstudium kann das Mathematikstudium durchaus als Mittel zum Zweck dienen, um den späteren Lebensweg entsprechend eigener Vorstellungen bestreiten zu können. In diesem Fall würde das Mathematikstudium als hoch relevant bewertet, da es ein Instrument zur Erreichung anderer Ziele darstellt. Eine Verknüpfung der Höhe der empfundenen Relevanz mit der Unmittelbarkeit der Bedeutsamkeit des Relevanzobjekts scheint bezüglich des Mathematikstudiums nicht sinnvoll. Während das Modell von Priniski et al. (2018) also leicht als eine Abstufung von Relevanz interpretiert werden kann, soll im vorliegenden Fall das Konstrukt der Relevanzgründe ausschließlich einer bewertungsfreien Beschreibung dienen.

Um das Modell zu den Relevanzgründen der vorliegenden Arbeit klar einzuordnen, wie es von Priniski et al. (2018) gefordert wird, soll im Folgenden zunächst dargestellt werden, aus welcher Blickrichtung in dem Modell Relevanz analysiert werden soll. Dazu kann das folgende Modell genutzt werden.

3.1.2 Relevanz im Modell von Hernandez-Martinez und Vos (2018)

3.1.2.1 Darstellung des Modells

Zur Analyse, aus welchen Blickrichtungen Aussagen zu Relevanz getroffen werden können, bietet sich eine Arbeit von Hernandez-Martinez und Vos (2018) an. In dieser wird die Relevanz von Mathematik als Lerninhalt betrachtet und Relevanz gegenüber Nützlichkeit (usefulness) abgegrenzt. Hernandez-Martinez und Vos (2018) beschreiben Nützlichkeit als eine Eigenschaft des Lernstoffs, wohingegen sie Relevanz als eine Verbindung zwischen dem Lernstoff, seiner Nützlichkeit und dem Lerner sehen, welche aus verschiedenen Sichtweisen beurteilt werden kann. Insbesondere kann Relevanz hier als eine Erweiterung der Person-Gegenstand-Beziehung aus der Interessetheorie gewertet werden.

Hernandez-Martinez und Vos (2018) stellen Relevanz (basierend auf drei weiteren Quellen) als Verbindung zwischen vier Aspekten dar, welche in Form von vier Fragen gestellt werden können (vgl. auch Ernest, 2004; Jablonka, 2007; Nyabanyaba, 1999):

1. Relevanz von was?
2. Relevanz für wen?
3. Relevanz laut wem?
4. Relevanz wofür?

3.1.2.2 Bedeutung des Modells für die vorliegende Arbeit

In der vorliegenden Arbeit wird ein Modell gesucht, mit dem sich beschreiben lässt, aus welchen Gründen das Mathematikstudium aus Sicht von Lehramtsstudierenden eine Relevanz erhalten könnte. Präzisiert man diese Zielsetzung des Modells mit den Fragen von Hernandez-Martinez und Vos (2018), so soll ein Modell entwickelt werden, das abbildet, *wofür* eine Relevanz des Mathematikstudiums für Lehramtsstudierende bestehen kann (Frage 4). Auf diese vierte Frage sollen verschiedene mögliche Antworten gefunden werden, die dann für Mathematiklehramtsstudierende (vgl. Frage 2) laut ihnen selbst (vgl. Frage 3) für eine Relevanzzuschreibung zum Mathematikstudium (vgl. Frage 1) mögliche Gründe darstellen würden.

Es wird also ein Modell gesucht, in dem verschiedene Antworten auf die vierte Frage kategorisiert werden. Dazu bietet sich ein Modell von Stuckey et al. (2013) an, welches in einer für das Mathematiklehramtsstudium adaptierten Version als zentrales Ausgangsmodell für das Modell der Relevanzbegründungen dieser Arbeit genutzt wurde.

3.1.3 Ausgangsmodell auf Grundlage des Relevanzmodells nach Stuckey et al. (2013)

3.1.3.1 Darstellung des Modells von Stuckey et al. (2013)

Basierend auf einer Literaturrecherche stellten Stuckey et al. (2013) ein Modell auf, wofür Inhalte im Naturwissenschaftsunterricht eine Relevanz für die SchülerInnen erlangen können. Relevanz ist nach ihrer Definition gegeben, wenn der betrachtete Lernstoff **(positive) Konsequenzen** für das Leben der Lernenden hat. Die möglichen Konsequenzen kategorisieren sie auf den folgenden drei Dimensionen:

– Die **individuelle Dimension** der Relevanz wird bedient, wenn die Konsequenzen darin liegen, die Persönlichkeit des Subjekts zu entwickeln oder dem Subjekt im Alltag von Nutzen zu sein. In dieser Dimension befinden sich z. B. das Abdecken von Interessen oder das Eingehen auf Neugier aber auch die Ausbildung intellektueller Fähigkeiten, die im Alltag hilfreich sind.

– Die **gesellschaftliche Dimension** der Relevanz wird bedient, wenn die Konsequenzen darin liegen, das Subjekt auf ein verantwortungsbewusstes Leben in der Gesellschaft vorzubereiten. Dazu gehört es auch, Zusammenhänge zwischen den Wissenschaften und der Gesellschaft zu verstehen.

– Die **berufliche Dimension** der Relevanz wird bedient, wenn die Konsequenzen darin liegen, eine Orientierung im Bereich der Berufswelt zu geben bzw. auf bestimmte Berufe vorzubereiten oder die Voraussetzungen für bestimmte Karrierewege zu legen.

Stuckey et al. (2013) kategorisieren die Konsequenzen innerhalb jeder Dimension weiterhin danach, ob sie in der Gegenwart oder Zukunft auftreten und ob es sich um extrinsisch geprägte oder intrinsisch geprägte Konsequenzen handelt. Bei der Unterscheidung zwischen extrinsisch und intrinsisch geht es darum, ob die Konsequenz insofern positiv ist, als dass Erwartungen und Anforderungen, die von außen gestellt werden, erfüllt werden (**extrinsisch**) oder ob sie deshalb positiv ist, weil eigene Interessen und Motive ausgelebt werden (**intrinsisch**).

3.1.3.2 Bedeutung des Modells für die vorliegende Arbeit

Dieses Modell gibt einen Ansatz, um Relevanzgründe verschiedenen Dimensionen zuzuordnen. Dabei werden alle Relevanzgründe gesehen als verfolgte positive Konsequenzen. Das Erreichen der jeweiligen Konsequenzen, auf die hingearbeitet wird, stellt das „wofür" der Relevanz nach der Kategorisierung von Hernandez-Martinez und Vos (2018) dar (vgl. Abschnitt 3.1.2). Die Konsequenzen können aus eigenen oder fremden Motiven verfolgt werden und die Weiterentwicklung des Individuums, die Vorbereitung auf gesellschaftliche Aufgaben oder die Vorbereitung auf berufliche Aufgaben betreffen. Das Modell wird als Ausgangspunkt für die Entwicklung des Modells zu Relevanzgründen der vorliegenden Arbeit genutzt. Es soll aber zunächst für das Mathematiklehramtsstudium angepasst werden. So scheint erstens bei der Behandlung von Relevanzgründen im Mathematiklehramtsstudium die Abgrenzung zwischen der gesellschaftlichen und der beruflichen Dimension nicht sinnvoll. Es kann keine getrennt vom Lehrerberuf sinnvollen beruflichen Konsequenzen mehr geben und da es sich bei den Studierenden bereits um mündige Gesellschaftsmitglieder handelt, werden diese im Bereich der gesellschaftlichen Vorbereitung nur noch auf ihre gesellschaftliche

Funktion als Lehrkräfte vorbereitet. Demnach soll im modifizierten Ausgangsmodell nur noch zwischen einer individuellen und einer gesellschaftlich/ beruflichen Dimension unterschieden werden. Zweitens wird auf die bei Stuckey et al. (2013) vorgenommene Unterscheidung zwischen Gegenwart und Zukunft aufgrund der unklaren Trennbarkeit, wann die Gegenwart endet und die Zukunft beginnt – gerade dann, wenn die Mentalität im Studium bereits stark mit dem späteren Berufsleben verknüpft ist – im modifizierten Modell verzichtet. Im modifizierten Ausgangsmodell wird demnach Relevanz weiterhin darüber definiert, dass das Individuum subjektiv als **positiv wahrgenommene Konsequenzen** erreichen kann. Diese können entweder auf der **individuellen** oder der **gesellschaftlich/ beruflichen** Dimension liegen und jeweils entweder **intrinsisch** oder **extrinsisch** geprägt sein.

Im Folgenden werden nun verschiedene Forschungsarbeiten zu Relevanz und Wert in mathematischen Lernkontexten beleuchtet. Mit diesen wird das gerade eingeführte modifizierte Modell auf Grundlage des Modells von Stuckey et al. (2013) verglichen, es werden Parallelen und Abgrenzungen nachgezogen, um so insbesondere der Forderung von Priniski et al. (2018) (vgl. Abschnitt 3.1.1) nach einer klaren Einordnung der eigenen Definition von Relevanz in den Forschungskontext nachzukommen. Lassen sich Relevanz- und Wertmodelle aus mathematischen Lernkontexten in das vorgestellte Ausgangsmodell einordnen, würde dies zudem dafür sprechen, dass mit dem ursprünglich aus dem naturwissenschaftlichen Kontext stammenden Modell Relevanzgründe auch für mathematische Lernkontexte beschrieben werden können. Begonnen wird mit Ausführungen zum Relevanzparadox, welches eine mathematikspezifische Idee im Zusammenhang mit Relevanz darstellt.

3.1.4 Das Relevanzparadox nach Niss (1994)

3.1.4.1 Darstellung des Modells

Ein zentraler Begriff, der im Bereich der Mathematik mit dem Wort Relevanz in Verbindung gebracht wird, ist der von Niss (1994) geprägte Begriff „Relevanzparadox". Dahinter steht die Beobachtung, dass die Mathematik gleichzeitig eine hohe objektive gesellschaftliche Signifikanz hat, da sie eine zentrale Rolle für das Funktionieren und die Entwicklung der Gesellschaft spielt, aber subjektiv unsichtbar bleibt, da die mathematischen Prozesse meist verdeckt ablaufen. Obgleich Niss (1994) den Unterschied zwischen den Begriffen „Signifikanz" und „Relevanz" nicht explizit beschreibt, deuten seine Ausführungen darauf hin, dass für ihn eine Signifikanz an Fakten festgemacht werden kann (er macht eine Aufstellung, in welchen Bereichen Mathematik von Bedeutung ist und macht daran fest, dass sie eine Signifikanz hat), während Relevanz einer Deutung bedarf, die einerseits auf Fakten basieren kann und dann objektiv ist, aber andererseits auch auf persönlichen Einschätzungen basieren kann und dann subjektiv ist. Signifikanz führt zu einer objektiven Relevanz, muss aber nicht zu einer subjektiven Relevanz führen. Das Relevanzparadox beschreibt nun, dass bezüglich der Mathematik eine zeitgleiche hohe objektive Relevanz und eine geringe subjektive Relevanz bestehen, da sie durch ihren Einsatz in verschiedenen gesellschaftlichen Bereichen signifikant ist, aber sie im Hintergrund eingesetzt wird und für die meisten Menschen somit nicht sichtbar wird. Ein analoges Paradox wird auch auf der individuellen und psychologischen Ebene angenommen. In diesem Fall erkennen SchülerInnen, die wissen, dass Mathematik für ihren Karriereweg wichtig ist, nicht, warum sie diese subjektiv benötigen, da sie im Alltagsleben unsichtbar bleibt (Niss, 1994)[1].

3.1.4.2 Vergleich mit dem Ausgangsmodell der Relevanzgründe

Niss (1994) verbindet Relevanz mit den Konzepten der Signifikanz und der Sichtbarkeit, gibt aber keine klare Definition, was genau Relevanz seiner Ansicht nach ist. Relevanz kann einerseits aus objektiver und andererseits aus subjektiver Sicht gesehen werden, wobei die genaue Abgrenzung zwischen objektiver Relevanz und Signifikanz unklar bleibt. Laut Niss (1994) müssen die objektive und subjektive Relevanz der Mathematik nicht deckungsgleich sein. Insbesondere stärkt letztere Annahme den Anspruch der vorliegenden Arbeit, dass die Relevanzzuschreibungen von Mathematiklehramtsstudierenden von diesen selbst erfragt werden müssen, statt Kriterien für Relevanz von anderer Seite festzusetzen. In Bezug auf die Überlegungen von Niss (1994) soll in der vorliegenden Arbeit subjektive Relevanz in den Blick genommen werden. Mögliche Gründe für subjektive Relevanzzuschreibungen von Mathematiklehramtsstudierenden werden mithilfe des modifizierten Modells basierend auf Stuckey et al. (2013) beschrieben. Die

---

[1] Wedege (2009) wirft jedoch die Frage auf, ob beim Relevanzparadox nicht nur die Begriffe „relevance" und „utility" verworren werden, wobei er sich auf Ernest (2004) bezieht. Die Abgrenzung zwischen utility und relevance sieht Ernest (2004) darin, dass es sich bei utility um „a narrowly conceived usefulness that can be demonstrated immediately or in the short term, without consideration of broader contexts or longer term goals" (S. 314) handele, während relevance erst als Beziehung zwischen drei Instanzen (R, P, G) entstehe, bei der R das Objekt der Relevanz sei, P die Relevanz zuschreibende Person und G das Ziel, welches den Wert von R für P ausmacht (vgl. auch Hernandez-Martinez & Vos, 2018; Wedege, 2009).

von Niss (1994) gegenübergestellte objektive Relevanz soll in der vorliegenden Arbeit nicht beforscht werden.

Das Relevanzparadox wird einerseits auf gesellschaftlicher und andererseits auf individueller Ebene angenommen. Beim gesellschaftlichen Relevanzparadox geht es darum, ob Mathematik eine Rolle für die Gesellschaft spielt, und im individuellen Relevanzparadox geht es um die Bedeutung der Mathematik im Leben des einzelnen Lernenden. Die von Niss (1994) als subjektive Relevanz bezeichnete Relevanz wird nur für die individuelle Ebene in dem Ausgangs-modell dieser Arbeit abgedeckt, denn die angestrebten Konsequenzen betreffen hier ausschließlich das Leben der einzelnen Person. Dabei kann die subjektive Relevanz des individuellen Relevanzparadoxes einerseits aus Gründen der indivi-duellen Dimension zugeschrieben werden, wenn Konsequenzen verfolgt werden, die die Weiterentwicklung der eigenen Person unabhängig von beruflichen Anfor-derungen betreffen. Werden aber Konsequenzen verfolgt, die, wie im Beispiel oben, den Karriereweg betreffen, wäre diese Relevanz gesellschaftlich/ beruflich begründet.

Das modifizierte Modell basierend auf Stuckey et al. (2013) kann also Gründe für subjektive Relevanz, wie sie von Niss (1994) beschrieben wird, in der indi-viduellen Auslegung des Relevanzparadoxes beschreiben. Die gerade gemachten Ausführungen belegen damit erstens eine erste Anwendbarkeit des Ausgangs-modells in Bezug auf frühere Überlegungen zu Relevanz von mathematischen Inhalten, zweitens zeigen sie auf, wie der Zusammenhang zwischen den Über-legungen zu Relevanz nach Niss (1994) und dem Modell zu sehen ist. So wird das Ausgangsmodell der vorliegenden Arbeit im bisherigen Forschungskontext verortet.

Die Einordnung in den Forschungskontext wird nun fortgeführt, indem ein Modell zu Wert im Mathematikunterricht nach Freudenthal (1968) betrachtet wird. Insbesondere wird hier auch deutlich, wie lange Forschung zu Wert und Relevanz in mathematischen Lernkontexten bereits existiert. Die Einordnung des Ausgangsmodells basierend auf Stuckey et al. (2013) soll mit Forschungsarbei-ten zu Wert und Relevanz aus verschiedenen zeitlichen Abschnitten verglichen werden, um bei den Vergleichen auch auf eventuelle zeitliche Entwicklungen in Relevanz- und Wertkonzeptualisierungen eingehen zu können. Im Folgenden werden verschiedene Modelle, mit denen das modifizierte Modell basierend auf Stuckey et al. (2013) verglichen werden soll, in chronologischer Reihenfolge in den Blick genommen.

3.1.5 Der Wert des Mathematikunterrichts nach Freudenthal (1968)

3.1.5.1 Darstellung des Modells

In einer Ansprache zum Kolloquium „How to Teach Mathematics so as to Be Useful" ging schon Freudenthal (1968) auf den Wert des Mathematikunterrichts ein, wobei er diesen in einem Nutzen sah. Nutzen wiederum assoziiert er mit einer Anwendbarkeit des Lernstoffs im Alltag (Freudenthal, 1968).

> I need not explain to you *why* mathematics can be useful though the fact itself is one of the most recent and most astonishing features of the history of civilization. It would be more difficult to tell *how* mathematics can be useful provided that we do not limit ourselves to counting up instances of the all-pervading influence of mathematics in our culture, but ask what happens in the individual if he applies mathematics or if he tries to. Much has been done to investigate the learning process, though it is a fact that most of this research has been rather laboratory than classroom-oriented. Very little, if anything, is known about how the individual manages to apply what he has learned, though such a knowledge would be the key to understanding why most people never succeed in putting their theoretical knowledge to practical use. (Freudenthal, 1968, S. 4)

Freudenthal (1968) differenziert zwischen theoretischem Wissen und dessen praktischer Anwendung und schreibt Mathematikunterricht einen Wert zu, wenn er SchülerInnen befähigt, ihr Wissen praktisch anzuwenden. Nach Freudenthal (1968) müsste demnach ein Wert oder eine Relevanz des Mathematikstudiums für Lehramtsstudierende bestehen, wenn es die Studierenden auf Aufgaben vorbereitet, die sich ihnen stellen könnten.

3.1.5.2 Vergleich mit dem Ausgangsmodell der Relevanzgründe

Aus den Ausführungen von Freudenthal (1968) lässt sich ableiten, dass Wert oder Relevanz immer nur bezogen auf die Gegebenheiten des Individuums, für das die Relevanz gesehen wird, bestehen kann. Daraus ist insbesondere für die vorliegende Arbeit zu schließen, dass das gesuchte Modell spezifisch auf die Ausgangslage der Mathematiklehramtsstudierenden eingehen muss. Dies rechtfertigt zunächst die Modifizierungen des Modells von Stuckey et al. (2013), bei denen auf die Unterscheidung von gegenwärtigen und zukünftigen Konsequenzen verzichtet wurde und die gesellschaftliche und berufliche zu einer Dimension zusammengefasst wurden.

Für die Mathematiklehramtsstudierenden umfasst die angesprochene Ausgangslage, dass die Studierenden sich selbst für das Fach Mathematik entschieden haben und demnach ein Interesse an Mathematik zu haben scheinen und dass sie den Lehrerberuf anstreben und demnach ein Interesse haben könnten, auf diesen Beruf vorbereitet zu werden. Aufgaben, die sich ihnen stellen könnten, könnten damit eine Weiterentwicklung einerseits aus eigenem Interesse oder andererseits in Vorbereitung auf die Lehrtätigkeit betreffen. Wollen Studierende auf Aufgaben vorbereitet werden, die sich auf eine Weiterentwicklung aus eigenem Interesse beziehen, so verfolgen sie Konsequenzen auf der individuellen Dimension des modifizierten Modells nach Stuckey et al. (2013). Wollen sie auf Aufgaben in Vorbereitung auf die Lehrtätigkeit vorbereitet werden, so verfolgen sie Konsequenzen in der gesellschaftlich/ beruflichen Dimension. Die Überlegungen von Freudenthal (1968) können demnach mit dem Ausgangsmodell basierend auf dem Modell von Stuckey et al. (2013) in Verbindung gebracht werden. Deutlich wird, dass die im Modell abgebildeten Konsequenzen auf den beiden Dimensionen letztendlich Aufgaben betreffen müssen, die sich Mathematiklehramtsstudierenden tatsächlich stellen könnten.

Fast 30 Jahre nach Freudenthal (1968) beschäftigte sich Heymann (1996) mit dem Wert von Mathematikunterricht. Auch zu dessen Überlegungen soll nun ein Vergleich mit dem Ausgangsmodell zu den Relevanzgründen der vorliegenden Arbeit gezogen werden.

3.1.6 Der Wert des Mathematikunterrichts nach Heymann (1996)

3.1.6.1 Darstellung des Modells

Heymann (1996, Kapitel 3) beschäftigt sich mit dem Wert von Mathematik und Mathematikunterricht. Er setzt Wert gleich mit Bedeutung und sieht den Wert des Mathematikunterrichts in der Schule entsprechend bildungstheoretischer Forderungen an die gesamte Institution Schule als dessen Beitrag zur Allgemeinbildung. Dabei beschreibt er sieben Aufgaben, die eine allgemeinbildende Schule zu erfüllen hat. Es handelt sich dabei um die Lebensvorbereitung, die Stiftung kultureller Kohärenz, die Weltorientierung, die Anleitung zum kritischen Vernunftgebrauch, die Entfaltung von Verantwortungsbereitschaft, die Einübung in Verständigung und Kooperation und die Stärkung des Schüler-Ichs (Heymann, 1996, Kapitel 2).

3.1.6.2 Vergleich mit dem Ausgangsmodell der Relevanzgründe

Hier wird der Wert des Mathematikunterrichts festgemacht an einem gesellschaftlichen Ideal. Der Blickwinkel, aus dem der Wert betrachtet wird, ist dementsprechend anders gelagert als der Blickwinkel auf Relevanz in der vorliegenden Arbeit. Nicht diejenigen, die selbst im Mathematikunterricht, oder im vorliegenden Fall -studium, unterrichtet werden, bestimmen dessen Wert, sondern ein Ideal der Gesellschaft, in der der Unterricht stattfindet. Die Ausführungen zu den gesellschaftlichen Wertvorstellungen von Heymann (1996) können dennoch mit dem modifizierten Modell nach Stuckey et al. (2013) in Verbindung gebracht werden, da darin berücksichtigt wird, dass gesellschaftliche Relevanzvorstellungen die subjektiven Relevanzzuschreibungen durchaus beeinflussen können. In dem Fall würde es sich um extrinsische Relevanzgründe handeln, die sowohl für die individuelle als auch für die gesellschaftlich/ berufliche Dimension angenommen werden. So könnten die von Heymann (1996) angeführten Aufgaben, auf die Mathematikunterricht vorbereiten solle, teils in modifizierter Weise Aufgaben darstellen, deren Bewältigung anzustrebende Konsequenzen aus Sicht der Mathematiklehramtsstudierenden im Studium darstellen könnten, um gesellschaftlichen Forderungen zu genügen: Wollen Studierende auf ihr (Berufs-)Leben als Lehrkraft vorbereitet werden (vgl. Lebensvorbereitung bei Heymann), so würden sie beispielsweise Konsequenzen auf der gesellschaftlich/ beruflichen Dimension verfolgen. Wollen sie ihr eigenes Ich stärken (vgl. Stärkung des Schüler-Ichs bei Heymann), dann verfolgen sie Konsequenzen auf der individuellen Dimension. Die fünf anderen Aufgaben nach Heymann (1996, Kapitel 2) scheinen für das Mathematikstudium nicht modifizierbar. Dies liegt daran, dass das Modell von Heymann (1996) für Allgemeinbildung ausgelegt ist, während das Studium eine spezialisierte Vorbereitung auf einen Beruf oder ein Berufsfeld bieten soll.

Insgesamt setzt das Modell von Heymann (1996) im Sinne der zentralen Fragen für Relevanz nach Hernandez-Martinez und Vos (2018) bei der dritten Frage („Relevanz laut wem?", vgl. Abschnitt 3.1.2) einen anderen Fokus als es in der vorliegenden Arbeit beabsichtigt wird. So wird von Heymann (1996) Relevanz beziehungsweise Wert laut der Gesellschaft und damit nicht laut den SchülerInnen betrachtet, während in der vorliegenden Arbeit Relevanz laut den Mathematiklehramtsstudierenden selbst betrachtet werden soll. Die obigen Überlegungen, die aus der Betrachtung des Modells nach Heymann (1996) resultierten, zeigen aber auf, dass gesellschaftliche Ideale Relevanzzuschreibungen von Individuen beeinflussen könnten, was im modifizierten Modell nach Stuckey et al. (2013) durch die extrinsischen Dimensionsausprägungen berücksichtigt wird.

Weitere zehn Jahre nach Heymann (1996) beschäftigte sich Maaß (2006) mit der Nützlichkeit der Mathematik, wobei Nützlichkeit als ein Wertkonstrukt eingestuft werden kann. Auch die Überlegungen von Maaß (2006) werden im

Folgenden mit dem Ausgangsmodell zu den Gründen für Relevanz dieser Arbeit verglichen.

3.1.7 Die Nützlichkeit der Mathematik nach Maaß (2006)

3.1.7.1 Darstellung des Modells

Bei ihrer Beschäftigung mit der Nützlichkeit der Mathematik setzt Maaß (2006) den Ausgangspunkt im Anwendungsaspekt der von Grigutsch (1996) aufgestellten Kategorisierung von Beliefs (für Ausführungen zum Konstrukt der Beliefs vgl. auch Abschnitt 4.3.3). Maaß (2006) fokussiert die Mathematik im Lehramtsstudium und differenziert den Aspekt der Anwendungsbeliefs in die pragmatische Bedeutung der Mathematik, die methodologische Bedeutung und die kulturbezogene Bedeutung.

– Die Lernenden sehen eine pragmatische Bedeutung in der Mathematik, wenn sie deren Nützlichkeit beim „Verstehen und Bewältigen von Umweltsituationen sowie im Beruf" (Maaß, 2006, S. 121) erkennen. Dabei trifft Maaß (2006) drei Abstufungen, die die Unmittelbarkeit der pragmatischen Nützlichkeit betreffen. So kann Mathematik als pragmatisch bedeutsam gesehen werden, weil sie im jetzigen oder zukünftigen Leben unmittelbar benötigt wird, weil sie im jetzigen oder zukünftigen Leben zum kritischen Verständnis der direkten Umwelt benötigt wird oder weil sie im jetzigen oder zukünftigen Leben zum kritischen Verständnis von Teilen der Welt benötigt wird.
– Eine methodologische Bedeutung wird von den Lernenden erkannt, wenn sie verstehen, dass die Mathematik beim Erwerb allgemeiner Qualifikationen wie beispielsweise Problemlösekompetenzen von Nutzen ist.
– Eine kulturbezogene Bedeutung der Mathematik sehen die Studierenden, wenn sie erkennen, dass Mathematik eine wichtige Rolle bei der Entwicklung der Gesellschaft spielt (Maaß, 2006).

3.1.7.2 Vergleich mit dem Ausgangsmodell der Relevanzgründe

Bei Maaß (2006) werden drei Anwendungsaspekte der Mathematik genannt, bezüglich derer Studierende diese als nützlich empfinden könnten. Von diesen betreffen insbesondere der pragmatische und der methodologische Aspekt die subjektive Relevanz, wie sie von Niss (1994) eingeführt wurde und welche im Ausgangsmodell für die vorliegende Arbeit modelliert wird (zum Konstrukt der subjektiven Relevanz nach Niss, 1994, vgl. Abschnitt 3.1.4). Im pragmatischen

Aspekt geht es unter anderem um das Bewältigen von Situationen im Beruf, was im modifizierten Modell nach Stuckey et al. (2013) durch die gesellschaftlich/ berufliche Dimension abgedeckt ist. Die pragmatische Dimension kann aber auch das jetzige Leben betreffen und würde in dem Fall mit der individuellen Dimension assoziiert werden. Der methodologische Aspekt betrifft den Erwerb allgemeiner Qualifikationen, wodurch das Individuum sich um seiner selbst willen entwickelt, so dass dieser Aspekt mit der individuellen Dimension in Verbindung gebracht werden kann.

Fünf Jahre später beschäftigte sich Vollstedt (2011) mit Relevanz. Diese bringt den Begriff auch in Verbindung mit dem von Maaß (2006) verwendeten Begriff der Nützlichkeit, bzw. mit dem verwandten Begriff des Nutzens.

3.1.8 Sinn und persönliche Relevanz nach Vollstedt (2011)

3.1.8.1 Darstellung des Modells

Vollstedt (2011, Kapitel 2) arbeitet in ihrer Dissertation heraus, welchen Sinn SchülerInnen darin sehen, Mathematik zu lernen. Dazu arbeitet sie zunächst eine Definition für „Sinn" aus, in der sie diesen als „persönliche Relevanz" auffasst. Die persönliche Relevanz eines Gegenstands oder einer Handlung kann sich laut Vollstedt (2011) aus „dem Zweck, dem Wert, dem Nutzen oder der Bedeutung der Handlung bzw. des Gegenstandes respektive dem Ziel, welches dadurch verfolgt wird" (S. 28 f.) ergeben (vgl. auch Vollstedt & Vorhölter, 2008). Vollstedt (2011, Abschnitt 2.3) geht davon aus, dass das Konzept der persönlichen Relevanz die Vielschichtigkeit des Sinnbegriffs verdeutlicht, da persönliche Relevanz entsprechend der obigen Aufzählung verschieden gelagert sein kann. Die einzelnen Begriffe werden durch die Autorin folgendermaßen beschrieben (Vollstedt, 2011, Abschnitt 2.3; vgl. auch Vollstedt & Vorhölter, 2008):

– Persönliche Relevanz kann sich für einen Gegenstand durch dessen *Zweck* ergeben, wenn der Gegenstand einen Nutzen für das Individuum hat oder für eine Handlung kann sich Relevanz aus deren Zweck ergeben, wenn mit der Handlung ein Ziel verfolgt wird.
– Einer Handlung oder einem Gegenstand wird *Wert* zugesprochen, wenn diese/r für erstrebenswert gehalten wird, in dem Fall wird eine persönliche Relevanz gesehen.
– Persönliche Relevanz eines Gegenstands oder einer Handlung kann aufgrund des *Nutzens* empfunden werden, was bedeutet, dass ein Vorteil im Besitz oder der Ausführung gesehen wird.

– Man kann eine persönliche Relevanz in einem Gegenstand oder einer Handlung sehen, wenn man eine *Bedeutung* darin sieht, wobei unter Bedeutung die kulturelle oder gesellschaftliche Relevanz verstanden wird.
– Als letzte Kategorie, aus der persönliche Relevanz entstehen kann, wird das *Ziel* einer Handlung genannt. Eine Handlung kann persönlich relevant empfunden werden, wenn damit ein Ziel verfolgt wird.

Neben den fünf Kategorien, aus denen Sinn bzw. persönliche Relevanz entstehen kann, geben Vollstedt und Vorhölter (2008) noch an, dieser könne auch dadurch zustande kommen, dass ein Gegenstand oder eine Handlung im Individuum positive Gefühle auslöse. Vollstedt (2011, Abschnitt 2.3) geht davon aus, dass sich aus dem Entdecken der genannten Aspekte persönliche Relevanz ergeben kann, wobei nicht jeder Aspekt erkannt werden muss, damit persönliche Relevanz empfunden wird. Zudem können die verschiedenen Aspekte von verschiedenen Individuen in unterschiedlicher Weise erkannt werden. Als Beispiel gibt sie an, bei der Bearbeitung mathematischer Aufgaben sei ein mögliches Ziel, die fachlichen Inhalte genauer zu verstehen, wohingegen ein anderes Ziel sein könnte, die Aufgaben schnell zu bearbeiten, um dann Freizeitaktivitäten nachgehen zu können. Während beide Ziele zu einer Sinnkonstruktion und damit zu persönlicher Relevanz führen können, muss nicht jedes Ziel bei jedem Individuum persönliche Relevanz verursachen (Vollstedt, 2011, Abschnitt 2.3).

Vollstedt (2011, Kapitel 7) nutzte ihr Modell als Ausgangspunkt für qualitative Interviews, in denen sie dann konkretere Schüleraussagen den Kategorien zuordnete. Dabei ergaben sich 17 Unterkategorien, die verdeutlichen, wodurch

Tabelle 3.1 Sinnkonstruktionen von SchülerInnen im Mathematikunterricht nach Vollstedt (2011); Tabelle übernommen von Vollstedt (2011, S. 128 f.)

Name der Sinnkonstruktion	**Charakterisierung:** Die Beschäftigung mit Mathematik bzw. das Lernen von Mathematik ist für das Individuum sinnvoll/ persönlich relevant, wenn…
Aktives Betreiben von Mathematik	…es durch das aktive Betreiben von Mathematik Freude erleben kann, die Inhalte leichter versteht oder sich damit gut auf Prüfungen vorbereiten kann.
Anwendung im Leben	…es eine Anwendungsmöglichkeit von Mathematik im Leben erkennt, einen Allgemeinbildungsgedanken von Mathematik vertritt oder das eigene Lernen von Mathematik anhand von realitätsbezogenen Aufgaben erleichtert wird.

(Fortsetzung)

Tabelle 3.1 (Fortsetzung)

Name der Sinnkonstruktion	Charakterisierung: Die Beschäftigung mit Mathematik bzw. das Lernen von Mathematik ist für das Individuum sinnvoll/ persönlich relevant, wenn…
Ausgeglichenheit	…es dabei Ausgeglichenheit empfindet, etwa durch Phasen der Entspannung im Mathematikunterricht oder durch die freiwillige Beschäftigung mit mathematischen Inhalten in der Freizeit.
Autonomie erleben	…es beim Betreiben von Mathematik, beim Lernen von Mathematik oder im Mathematikunterricht Eigenständigkeit erleben kann in Form von Lernautonomie oder der eigenständigen Erarbeitung von Lösungswegen o.ä.
Berufsvoraussetzung	…es mathematische Kompetenzen als Berufsvoraussetzung ansieht und sich durch die Beschäftigung mit Mathematik auf seinen Wunschberuf vorbereiten kann.
Effizienz	…der Unterricht bzw. die eigenen Handlungen im Unterricht und bei der Auseinandersetzung mit mathematischen Inhalten von Effizienz geprägt sind.
Emotional-affektive Bindung an die Lehrperson	…eine emotional-affektive Bindung an die Lehrperson im Mathematikunterricht besteht, die sich durch eine freundliche Unterrichtsatmosphäre sowie gegenseitige Achtung und Wertschätzung ausdrückt.
Kognitive Herausforderung	…es die Auseinandersetzung mit mathematischen Inhalten als kognitive Herausforderung empfindet, durch die es in einen Wettstreit mit sich selbst oder seinen Mitschülerinnen und Mitschülern kommt, oder es dies als Möglichkeit der Leistungsverbesserung empfindet.
Kompetenz erleben	…es sich bei der Auseinandersetzung mit mathematischen Inhalten bzw. im Mathematikunterricht als kompetent oder erfolgreich erlebt, etwa durch das Lösen einer Aufgabe, durch aktive Teilnahme am Unterricht oder im Leistungsvergleich mit anderen Schülerinnen und Schülern.
Pflichterfüllung	…es dadurch Pflichten erfüllt, die es an sich gestellt empfindet und ggf. damit dem an es gestellten Leistungsdruck begegnet.
Positive Außenwirkung	…es durch die Beschäftigung mit Mathematik bzw. die im Fach erzielten Leistungen eine positive Außenwirkung gegenüber anderen als wichtig erachteten Personen erlangen kann und von diesen Anerkennung bekommt.
Prüfungen	…es sich auf Prüfungen vorbereiten kann und sich mit dem Bestehen von Prüfungen Perspektiven im weiteren Bildungsgang eröffnet.

(Fortsetzung)

Tabelle 3.1 (Fortsetzung)

Name der Sinnkonstruktion	Charakterisierung: Die Beschäftigung mit Mathematik bzw. das Lernen von Mathematik ist für das Individuum sinnvoll/ persönlich relevant, wenn…
Purismus der Mathematik	…es den Purismus der Mathematik schätzt, der in ihrem Formalismus und logischen Aufbau steckt, und ihm dadurch das Verstehen von Mathematik leichter fällt.
Selbstperfektionierung	…es sich durch die Beschäftigung mit Mathematik selbst perfektionieren kann, also bestimmte Charakterzüge oder persönliche Eigenschaften weiterentwickeln oder die eigene Leistung verbessern kann.
Soziale Eingebundenheit erleben	…es sich in die Gruppe der Lernenden sozial eingebunden und integriert fühlt und sich das Umgehen miteinander durch eine freundliche Atmosphäre sowie kooperative Lernformen auszeichnet.
Unterstützung durch die Lehrperson	…es in seinem Lernprozess Unterstützung durch die Lehrperson erfährt und sich bei Fragen an sie wenden kann.
Zensuren	…ihm die eigene Leistung in Form von Zensuren im Mathematikunterricht reflektiert wird und sich das Streben nach Leistung in einem bestimmten Maß an Ehrgeiz widerspiegelt.

in Einzelfällen die fünf Kategorien von persönlicher Relevanz für SchülerInnen erfüllt werden können (vgl. Tabelle 3.1).

3.1.8.2 Vergleich mit dem Ausgangsmodell der Relevanzgründe

Von den fünf Kategorien aus dem Modell von Vollstedt (2011, Abschnitt 2.3) können vier im Ausgangsmodell für das Modell der vorliegenden Arbeit als verschiedene Schattierungen positiver Konsequenzen gedeutet werden, die im modifizierten Modell nach Stuckey et al. (2013) aber nicht voneinander unterschieden werden. Dies betrifft alle Kategorien außer der Kategorie der „Bedeutung" nach Vollstedt (2011, Abschnitt 2.3), welche im Sinne von Niss (1994) (vgl. Abschnitt 3.1.4) auf der gesellschaftlichen Ebene anzuordnen wäre, da es dabei um die gesellschaftliche oder kulturelle Bedeutung eines Gegenstands geht. In der vorliegenden Arbeit und in dem modifizierten Modell nach Stuckey et al. (2013) wird aber auf der individuellen Ebene entsprechend der Modellierung nach Niss (1994) gearbeitet. Interpretiert man die vier anderen Kategorien aus dem Modell von Vollstedt (2011, Abschnitt 2.3), welche der individuellen

Ebene zuzuordnen sind, als verschiedene Schattierungen positiver Konsequenzen, so kann das Modell von Vollstedt (2011, Abschnitt 2.3) in gewisser Hinsicht als feiner betrachtet werden als das Ausgangsmodell dieser Arbeit. Diese feinere Unterteilung scheint jedoch auch tückisch, da die Kategorien nicht trennscharf erscheinen. So sind beispielsweise die Aspekte des Zwecks und des Ziels eng miteinander verknüpft.

Assoziiert man die Kategorien aus dem Modell von Vollstedt (2011, Abschnitt 2.3) mit dem Konzept der Konsequenzen im modifizierten Modell nach Stuckey et al. (2013), so ist die logische Konsequenz, dass die 17 Unterkategorien, die Vollstedt (2011, Abschnitt 2.3) in anschließenden Interviews herausarbeitete, verschiedenen Konsequenzen in den Dimensionen des modifizierten Modells nach Stuckey et al. (2013) entsprechen könnten. Insbesondere wenn man bedenkt, dass aus den Ausführungen von Freudenthal (1968) geschlossen wurde, dass Relevanz immer nur bezogen auf die Gegebenheiten des Individuums, für das die Relevanz gesehen wird, bestehen kann (vgl. Abschnitt 3.1.5), ist es jedoch auch möglich, dass SchülerInnen Relevanz im Mathematikunterricht aus anderen Gründen empfinden als es bei Lehramtsstudierenden im Mathematikstudium der Fall ist. Inwiefern die 17 Arten der Sinnkonstruktion, die Vollstedt (2011, Kapitel 7) in ihrer Arbeit bezüglich der Sinnkonstruktion von SchülerInnen herausarbeitete, auch für das Mathematiklehramtsstudium übertragbar sind und insbesondere in dem für diese Arbeit herausgearbeiteten Modell zu den Relevanzgründen verortet werden können, soll im Folgenden überprüft werden.

– Die Sinnkonstruktion des Aktiven Betreibens von Mathematik scheint auch auf das Mathematikstudium übertragbar. Geht es dabei um die Freude beim Mathematikbetreiben selbst, so würde man diese Sinnkonstruktion im Bereich der individuell-intrinsischen Relevanz aus dem aufgestellten Modell der Relevanzbegründungen einordnen. Geht es um ein Verständnis der Inhalte oder eine Prüfungsvorbereitung, so würde die Einordnung in das Modell von den damit verfolgten Konsequenzen abhängen.
– Die Sinnkonstruktionen der Anwendung im Leben, der Berufsvoraussetzung und der Prüfungen lassen sich ebenfalls übertragen und scheinen bezüglich des Modells der Relevanzbegründungen eher in die gesellschaftlich/ berufliche Dimension zu fallen.
– Zur individuellen und hier insbesondere zur individuell-intrinsischen Dimension lassen sich die Ausgeglichenheit, das Autonomieerleben, die kognitive Herausforderung, das Kompetenzerleben und die Selbstperfektionierung zählen,

- ebenfalls individuell aber extrinsisch ist die Sinnkonstruktion der positiven Außenwirkung einzuordnen.

- Die Sinnkonstruktion der Pflichterfüllung ist ebenfalls auf das Mathematiklehramtsstudium übertragbar und kann individuell oder gesellschaftlich/ beruflich gelagert sein, je nachdem, welche Arten von Pflichten bedacht werden, in jedem Fall befindet man sich hier im extrinsischen Bereich des aufgestellten Modells zu Relevanzgründen.

- Die Sinnkonstruktionen der Effizienz, der emotional-affektiven Bindung an die Lehrperson, des Erlebens von sozialer Eingebundenheit und der Unterstützung durch die Lehrperson sind stark am Mathematikunterricht orientiert und lassen sich nicht auf das Mathematikstudium mit dessen anonymeren Strukturen übertragen.

- Zuletzt bleibt die Kategorie der Zensuren, welche zwar auf das Mathematikstudium übertragen werden könnte, bei der aber unklar bleibt, ob gute Zensuren angestrebt werden, um sich selbst als Individuum weiterzuentwickeln (beispielsweise durch eine Stärkung des Selbstwerts) oder um Anforderungen der Gesellschaft zu genügen. Um diese Kategorie in das Modell zu den Relevanzgründen einordnen zu können, müsste entsprechend konkretisiert werden, auf welche Konsequenzen durch das Erreichen guter Zensuren hingearbeitet wird.

Vollstedt (2011, Abschnitt 2.3) geht davon aus, dass verschiedene Personen einen Gegenstand aus ganz verschiedenen Gründen als persönlich relevant ansehen können. Die Kategorisierung im modifizierten Modell nach Stuckey et al. (2013) in die Ausprägungen individuell-intrinsisch, individuell-extrinsisch, gesellschaftlich/ beruflich-intrinsisch und gesellschaftlich/ beruflich-extrinsisch soll es jedoch im Verlauf der weiteren Arbeit ermöglichen, zu beforschen, ob es zumindest Typen gibt, die einen ähnlichen Fokus in ihren Relevanzzuschreibungen setzen. Die Zielsetzung der Arbeit liegt dabei darin, die Relevanzzuschreibungen größerer Gruppen explorativ zu untersuchen. Zu diesem Zweck sind die vier Dimensionsausprägungen besser geeignet als eine Vielzahl verschiedener Unterkategorien der positiven Konsequenzen, wie es bei Vollstedt (2011, Kapitel 7) mit 17 Unterkategorien der Fall ist. Selbst, wenn man die vier Unterkategorien ausschließt, für die gerade herausgearbeitet wurde, dass sie nicht auf das Mathematikstudium übertragbar sind, ist die verbleibende Anzahl von 13 Kategorien für eine erste Exploration der Relevanzzuschreibungen von Mathematiklehramtsstudierenden zu umfangreich.

Vier Jahre nach Vollstedt (2011, Abschnitt 2.3) beschäftigten sich Gaspard et al. (2015) aus einer wiederum anderen Perspektive mit dem Wert der Schulmathematik. Der folgende Vergleich dieses Modells von Gaspard et al. (2015)

mit dem Ausgangsmodell dieser Arbeit soll dieses Ausgangsmodell weiter in den Forschungsstand einordnen.

3.1.9 Der Wert der Schulmathematik nach Gaspard et al. (2015)

3.1.9.1 Darstellung des Modells

Ebenfalls im Bereich der Schulmathematik nahmen Gaspard et al. (2015) die Wert-Ausprägungen aus dem Expectancy-Value Modell (für eine Darstellung der Expectancy-Value Theorie vgl. Abschnitt 3.3.3.1) als Ausgangspunkt und versuchten durch eine weitere Unterteilung der Wertkomponenten tiefgehender zu analysieren, in Bezug auf was sich die Werte für Schulmathematik ergeben: Sie nahmen eine Untergliederung des attainment values in „importance of achievement" und „personal importance" vor und untergliederten den utility value in „utility for school", „utility for daily life", „social utility", „utility for job" und „general utility for future life". Das entsprechende Modell wurde entwickelt, um herauszufinden, welchen Wert SchülerInnen in der Mathematik sehen, und um insbesondere zu analysieren, inwiefern sich die Wertzuschreibungen von Jungen und Mädchen unterscheiden.

3.1.9.2 Vergleich mit dem Ausgangsmodell der Relevanzgründe

Gaspard et al. (2015) argumentieren, dass ihre Aufgliederung es ermöglicht, genauere Aussagen zu den Unterschieden der beiden Personengruppen Jungen und Mädchen bei der Wertzuschreibung zu treffen. In ähnlicher Weise stellt sich in der vorliegenden Arbeit unter anderem die Frage, ob es verschiedene Teilgruppen an Mathematiklehramtsstudierenden gibt, die sich in ihren Relevanzzuschreibungen unterscheiden. Das Modell von Gaspard et al. (2015) fokussiert die Schulmathematik. Es könnte möglicherweise adaptiert werden, um herauszufinden, *in Bezug auf was* die Universitätsmathematik von Wert sein könnte. Es liefert jedoch keine Aussage dazu, *aus welchen Gründen* genau sich ein Wert (*in Bezug auf* den Alltag, die eigene Person, den Job et cetera) ergeben könnte. Dazu bietet sich besser das modifizierte Modell nach Stuckey et al. (2013) an. Während sich der Wert des Mathematikstudiums für Fachstudierende und Lehramtsstudierende *in Bezug auf* ähnliche Dinge ergeben kann, sind gerade die dahinterstehenden *Begründungen* vermutlich verschieden. Beispielsweise könnte das Mathematikstudium für Fach- und Lehramtsstudierende *in Bezug auf* den Beruf von Relevanz sein, aber für Fachmathematikstudierende, *weil* sie logisches Denken lernen, und für Lehramtsstudierende, *weil* sie Hintergründe zum Schulwissen lernen. Das Modell von Gaspard et al. (2015) setzt demnach an einem anderen Punkt an als das Ausgangsmodell für die vorliegende Arbeit, unterstützt aber die Annahme, dass eine Kategorisierung von Wert- oder Relevanzzuschreibungen vergleichende Aussagen zu verschiedenen Gruppen ermöglicht.

Obwohl die Relevanzkategorien nach Gaspard et al. (2015) einen anderen Fokus setzen, lassen sie sich mit den Dimensionen aus dem modifizierten Modell nach Stuckey et al. (2013) teilweise assoziieren.

- Wenn „importance of achievement" gesehen wird, dann kann dies entweder aus der Perspektive geschehen, dass Erfolg als Schritt der Professionalisierung gesehen wird. Dann würden Konsequenzen auf der gesellschaftlich/ beruflichen Dimension angestrebt. Wird Erfolg für eine Steigerung des persönlichen Selbstwerts angestrebt, wäre hier das Anstreben von Konsequenzen auf der individuellen Dimension zu sehen.
- Die Kategorie der „personal importance" ist mit der individuellen Dimension des modifizierten Modells nach Stuckey et al. (2013) assoziiert.
- Sowohl „utility for school" als auch „utility for job" sind eher mit der gesellschaftlich/ beruflichen Dimension in Verbindung zu sehen, da sie die Ausbildung betreffen.
- Die Kategorien „utility for daily life" und „general utility for future life" sind eher mit der individuellen Dimension assoziiert, da sie das Leben des Individuums unabhängig von der gesellschaftlichen oder beruflichen Rolle betreffen.
- Die Kategorie „social utility" ist die einzige, die sich nicht in das modifizierte Modells nach Stuckey et al. (2013) einordnen lässt. Während die anderen Kategorien stärker das Leben des Individuums betreffen und damit zur individuellen Ebene in Bezug auf Relevanz nach Niss (1994) (vgl. Abschnitt 3.1.4) passen, die in der vorliegenden Arbeit behandelt wird, steht die Kategorie „social utility" eher in Zusammenhang mit der gesellschaftlichen Ebene nach Niss (1994), welche im Ausgangsmodell dieser Arbeit keine Berücksichtigung findet.

Jüngst haben sich Neuhaus und Rach (2021) mit der Relevanz der Hochschulmathematik für Lehramtsstudierende beschäftigt. Ein Vergleich mit dem Ausgangsmodell zu Gründen für Relevanz dieser Arbeit soll dessen Einordnung in den mathematikdidaktischen Forschungsstand zu Wert- und Relevanzmodellen abschließen.

3.1.10 Die Nützlichkeit der Hochschulmathematik nach Neuhaus und Rach (2021)

3.1.10.1 Darstellung des Modells

Neuhaus und Rach (2021) gehen davon aus, dass eine Unzufriedenheit mit dem Studium, welche letztendlich auch im Studienabbruch münden kann, daraus entsteht, dass Lehramtsstudierende nicht erkennen, welchen Wert die Hochschulmathematik für ihr Berufsziel hat. In ihrer Arbeit konzentrieren sie sich auf eine Wertkomponente, die sie als „Nützlichkeit" bezeichnen und definieren als „Überzeugung, dass antizipierte Konsequenzen einer Handlung positiv sind, z. B. in der Einsicht, dass das im Studium aufgebaute mathematische Wissen helfen kann, um individuelle Ziele zu erreichen (z. B. um erfolgreich als Lehrkraft zu arbeiten)" (Neuhaus & Rach, 2021, S. 208 f.). Dabei nutzen die Autorinnen die Begriffe „Nützlichkeit" und „Relevanz" synonym.

Von Neuhaus und Rach (2021) wird eine Unterteilung der Nützlichkeit bzw. Relevanz in „Nützlichkeit für das Berufsleben", „Nützlichkeit für das Studium" und „Nützlichkeit für den Alltag" vorgenommen. Die Autorinnen verfolgen das Ziel, Lehramtsstudierende durch geeignete Unterstützungsmaßnahmen davon zu überzeugen, dass die Hochschulmathematik für sie eine Relevanz besitzt. Dafür entwickeln sie exemplarisch eine Schnittstellenaktivität zum Thema Folgen mit dem kognitiven Lernziel, dass „Studierende eigenständig Verknüpfungen zwischen den in einem Text genannten Argumenten für die Relevanz des Themas und ihrem späteren Beruf des Lehramts, ihrem Alltag oder ihrem Studium herstellen können. Als motivationales Lernziel sollen die Studierenden die Relevanz des in einem Text behandelten Themas erkennen" (Neuhaus & Rach, 2021, S. 210 f.).

3.1.10.2 Vergleich mit dem Ausgangsmodell der Relevanzgründe

Ähnlich wie bei Gaspard et al. (2015) wird von Neuhaus und Rach (2021) ausgearbeitet, *in Bezug auf was* sich eine Relevanz ergeben könnte. Die Unterschiede zwischen den Ausführungen von Gaspard et al. (2015) und Neuhaus und Rach (2021) liegen darin, dass erstere sich auf Schulmathematik beziehen, letztere aber auf Hochschulmathematik, und dass Gaspard et al. (2015) neben der Nützlichkeit weitere Wertkomponenten in den Blick nehmen. Auch aus den Ausführungen von Neuhaus und Rach (2021) lässt sich nicht schließen, *aus welchen Gründen* sich ein Wert ergeben könnte. Die Gründe auf den verschiedenen Dimensionen in dem modifizierten Modell nach Stuckey et al. (2013) können aber mit den Kategorien von Neuhaus und Rach (2021) in Verbindung gesetzt werden. Neuhaus und Rach (2021) haben in ihrer Arbeit die Relevanz der Hochschulmathematik für Lehramtsstudierende kategorisiert danach, ob sich diese in Bezug auf das

Berufsleben, das Studium oder den Alltag ergibt. Ergibt sich eine Relevanz für das Berufsleben, dann liegen die Relevanzgründe im Bereich der gesellschaftlich/ beruflichen Relevanz. Bei einer Relevanz für den Alltag liegen die Relevanzgründe in der Dimension der individuellen Relevanz. Bei einer Relevanz für das Studium kommt es darauf an, ob die Studierenden durch das Studium auf den Beruf vorbereitet werden wollen oder sich darin persönlich weiterentwickeln wollen. Die vorliegende Arbeit könnte hier eine Aufklärung bieten, wenn sie im Folgenden beforscht, aus welchen Gründen Studierende dem Studium eine Relevanz zuschreiben.

3.1.11 Zwischenfazit: Zusammenhang des Ausgangsmodells modifiziert nach Stuckey et al. (2013) mit Relevanz- und Wertmodellen aus der mathematikdidaktischen Forschung

Die Ausführungen in den Abschnitten 3.1.4 bis 3.1.10 haben verdeutlicht, wie sich das modifizierte Modell nach Stuckey et al. (2013), das als Ausgangsmodell für das Modell zu den Relevanzgründen der vorliegenden Arbeit genutzt wurde (vgl. Abschnitt 3.1.3), in den Forschungsstand zu weiteren mathematikdidaktischen Modellen zu Wert und Relevanz einordnen lässt. Dabei zeigte sich, dass diejenigen Ideen aus den betrachteten weiteren Modellen, die für die Beforschung von Relevanzzuschreibungen von Mathematiklehramtsstudierenden als gewinnbringend eingeordnet wurden, in dem Modell von Stuckey et al. (2013) berücksichtigt werden:

– Da in der vorliegenden Arbeit die subjektive Relevanz aus Sicht der Studierenden beforscht werden soll, scheint das Konzept der subjektiven Relevanz von Niss (1994) (vgl. Abschnitt 3.1.4) zentral. Dieses wird in dem modifizierten Modell nach Stuckey et al. (2013) berücksichtigt, mit welchem Gründe für subjektive Einschätzungen zu Relevanz kategorisiert werden können.
– Die zentrale Konsequenz für die vorliegende Arbeit aus den Ausführungen von Freudenthal (1968) (vgl. Abschnitt 3.1.5) liegt darin, dass Relevanz immer nur bezogen auf die Gegebenheiten des Individuums, für das die Relevanz gesehen wird, bestehen kann. Die Dimensionen des modifizierten Modells nach Stuckey et al. (2013) sind dieser Sichtweise entsprechend angepasst an die Ausgangslage der Mathematiklehramtsstudierenden.
– Die Arbeit von Heymann (1996) (vgl. Abschnitt 3.1.6) verdeutlicht, dass es bei der Zuweisung von Relevanz eine gesellschaftliche Sicht geben kann.

In der vorliegenden Arbeit wird davon ausgegangen, dass diese vom Individuum übernommen werden kann. Diesem Punkt wird durch die extrinsischen Ausprägungen der Dimensionen im Ausgangsmodell Rechnung getragen.
– Maaß (2006) (vgl. Abschnitt 3.1.7), Vollstedt (2011) (vgl. Abschnitt 3.1.8), Gaspard et al. (2015) (vgl. Abschnitt 3.1.9) und Neuhaus und Rach (2021) (vgl. Abschnitt 3.1.10) schlagen Kategorisierungen von Relevanz vor. Die entsprechenden Kategorien konnten weitgehend in das modifizierte Modell nach Stuckey et al. (2013) eingeordnet werden.

Das Ausgangsmodell auf Basis des Modells nach Stuckey et al. (2013) wurde somit in den Forschungsstand zu mathematikdidaktischen Relevanzmodellen eingeordnet. Dabei hat sich insbesondere auch gezeigt, dass es verschiedene Ideen bisheriger Forschungsarbeiten berücksichtigt. Es scheint geeignet zur Beschreibung von Gründen, aus denen Mathematiklehramtsstudierende ihrem Mathematikstudium eine Relevanz zuschreiben könnten. Dass Lehramtsstudierende (nicht ausschließlich für das gymnasiale Lehramt und nicht ausschließlich mit Mathematik) tatsächlich Konsequenzen auf der individuellen und der gesellschaftlich/ beruflichen Dimension anzustreben scheinen, lässt sich auch aus den Interviewergebnissen einer Studie von Bergau et al. (2013) ableiten. In dieser deutete sich an, dass es Lehramtsstudierenden wichtig ist, schon im Studium auf ihre Rolle als Lehrkraft vorbereitet zu werden und eine Sicherheit darin zu bekommen, vor einer Schulklasse zu stehen, womit Konsequenzen der gesellschaftlich/ beruflichen Dimension angesprochen werden. Die Studierenden äußerten auch die Zielsetzung „Erfahrungen fürs Leben zu sammeln, sich selbst zu finden und zu entfalten" (Bergau et al., 2013, S. 5), was der individuellen Dimension zuzuordnen ist. Auf der gesellschaftlich/ beruflich-intrinsischen Dimension ist zudem die berichtete Zielsetzung einzuordnen „die eigenen Erwartungen an sich als Lehrerin oder Lehrer zu präzisieren" (Bergau et al., 2013, S. 5).
Das genaue Modell, das in dieser Arbeit zur Beschreibung von Gründen für Relevanz genutzt wird und vor allem auf dem Modell von Stuckey et al. (2013) basiert, wird im Folgenden noch einmal dargestellt und eingeordnet in die darüberhinausgehende Forschung der Arbeit zu Relevanzzuschreibungen.

3.2 Relevanzzuschreibungen als Forschungsobjekt dieser Arbeit

Im Folgenden wird zunächst definiert, was in der vorliegenden Arbeit unter Relevanzzuschreibungen verstanden werden soll und es wird auf die unter dem Begriff der Relevanzzuschreibungen zusammengefassten Konstrukte der Relevanzinhalte und Relevanzgründe samt deren Modellierungen eingegangen (vgl. Abschnitt 3.2.1). Anschließend wird das Konstrukt der Relevanzzuschreibungen in den größeren Kontext dazu eingeordnet, welche Perspektiven bei der Beforschung von Relevanz in den Blick genommen werden können (vgl. Abschnitt 3.2.2).

3.2.1 Definition des Konstrukts der Relevanzzuschreibungen und Verortung der Konstrukte der Relevanzgründe und Relevanzinhalte im Konstrukt der Relevanzzuschreibungen

Es wird in der vorliegenden Arbeit wie im Modell von Priniski et al. (2018) (vgl. Abschnitt 3.1.1) davon ausgegangen, dass Relevanz zugeschrieben wird, wenn ein Individuum ein Objekt als für sich selbst persönlich wertvoll betrachtet, wobei dabei insbesondere davon ausgegangen wird, dass diese Wertzuschreibung vom Individuum begründbar sein muss. Von den vier Fragen zu Relevanz (1. Relevanz von was?/ 2. Relevanz für wen?/ 3. Relevanz laut wem?/ 4. Relevanz wofür?) aus dem Modell von Hernandez-Martinez und Vos (2018) (vgl. Abschnitt 3.1.2) sind die Fragen 2 und 3 in der vorliegenden Arbeit eindeutig zu beantworten: Es geht um die Relevanz des Mathematikstudiums für die Lehramtsstudierenden (Frage 2) aus ihrer eigenen Sicht (Frage 3). Die beiden anderen Fragen werden in der vorliegenden Arbeit genauer untersucht und aufgeschlüsselt. Diese Fragen nach der Relevanz von was und wofür sollen in der weiteren Arbeit zusammengefasst werden als Fragen der **Relevanzzuschreibungen**. Ziel dieser Arbeit ist es, die Relevanzzuschreibungen von Mathematiklehramtsstudierenden explorativ zu beforschen und so Anhaltspunkte zu finden, wie man Mathematiklehramtsstudierende oder typische Untergruppen bei ihren Relevanzzuschreibungen unterstützen könnte. Dazu sollen quantitative Aussagen über deren Relevanzzuschreibungen getroffen werden. Zwar könnte man Aussagen dazu, welche Inhalte Studierenden selbst relevant erscheinen und aus welchen Gründen, auch qualitativ erfragen, indem sie in offenen Impulsen erzählen und begründen sollen, welche Inhalte ihnen ad hoc, das heißt ohne Vorgabe von potenziell relevanten Inhalten oder potenziellen Begründungen der Relevanz, relevant erscheinen. Im Sinne des quantitativ-empirischen Forschungsparadigmas dieser Arbeit sollen aber die Relevanzzuschreibungen der Mathematiklehramtsstudierenden zu konkret vorgeschlagenen Inhalten abgefragt werden und überprüft werden, wie wichtig ihnen konkret abgefragte, mögliche Relevanzgründe erscheinen.

Zumeist wird im bisherigen Forschungskontext zu Relevanz auf der Ebene „Relevanz von was" argumentiert, wenn darüber gesprochen wird, wie die Inhalte (die das „Was" ausmachen) angepasst werden müssen, damit das Studium von Mathematiklehramtsstudierenden als relevant empfunden wird (vgl. Abschnitt 2.1.3). Aus solchen Argumentationen resultierend existieren Kataloge, in denen beschrieben wird, welche Inhalte im Mathematikstudium für Lehramtsstudierende relevant seien (relevant zumeist aus Sicht der KatalogautorInnen). Ein solcher Katalog wurde in Abschnitt 2.2.1.2 vorgestellt. In den dort vorgestellten „Standards für die Lehrerbildung im Fach Mathematik" (DMV et al., 2008) wird nicht nur angegeben, welche Inhalte verschiedener Themengebiete (vgl. Abschnitt 2.2.1.3) für die Studierenden relevant seien, sondern es wird auch angegeben, inwiefern verschieden komplexe Inhalte (vgl. Abschnitt 2.2.1.4) relevant für verschiedene Lehramtsstudierendengruppen seien. In der vorliegenden Arbeit soll beforscht werden, inwiefern den Studierenden selbst Inhalte verschiedener Themengebiete als relevant erscheinen und inwiefern sie Inhalten verschiedener Komplexität eine unterschiedlich hohe Relevanz zuschreiben. Fragestellungen auf dieser Ebene sollen als Fragestellungen zu **Relevanzinhalten** bezeichnet werden. Als Ausgangspunkt für die quantitative Abfrage von Relevanzinhalten sollen die fachlichen Themengebiete und Komplexitätsstufen der „Standards für die Lehrerbildung im Fach Mathematik" (DMV et al., 2008) genutzt werden. Über diese Kategorisierung von Inhalten des Mathematiklehramtsstudiums werden also die Relevanzinhalte in der vorliegenden Arbeit modelliert.

Die Frage nach dem „Wofür" ist im bisherigen Forschungskontext weniger zentral. Oft werden von den Forschenden aus ihrer Sicht anzustrebende Konsequenzen angenommen, ohne dass abgefragt wird, ob diese für die Studierenden selbst erstrebenswert erscheinen. Zumeist liegen diese Konsequenzen dann darin, bestimmte an Lehrkräfte gestellte Anforderungen umsetzen zu können (vgl. Abschnitt 2.1.3). Es bleibt unklar, ob Studierende ebenfalls aus diesen Gründen eine Relevanz zuschreiben und ob sie dies noch aus weiteren Gründen tun würden. Um das herauszufinden, sollen in der vorliegenden Arbeit die Relevanzgründe der Studierenden selbst in den Blick genommen werden. Dazu soll beforscht werden, welche Konsequenzen die Studierenden mit dem Studium erreichen wollen, die für sie das Studium relevant machen würden. Diese angestrebten Konsequenzen würden die Gründe für die Relevanz darstellen und so sollen Fragestellungen auf dieser Ebene als Fragestellungen zu **Relevanzgründen** bezeichnet werden. Auch im Rahmen der Beforschung der Relevanzgründe sollen die Studierenden in der vorliegenden Arbeit dazu befragt werden, wie wichtig ihnen verschiedene Relevanzgründe, die ihnen vorgeschlagen werden,

scheinen. Mögliche Konsequenzen, die die Studierenden mit ihrem Studium erreichen wollen könnten, werden basierend auf dem Modell von Stuckey et al.
(2013), verschiedenen Dimensionen zugeordnet (vgl. Abschnitt 3.1.3). Insbesondere wird nicht beforscht, welche Gründe Studierende von sich aus äußern,
sondern es wird überprüft, inwiefern sie die im Modell abgebildeten Gründe als
wichtig einschätzen. Im Bereich des Lehramtsstudiums ist es nicht mehr sinnvoll,
die gesellschaftliche und die berufliche Dimension wie im Modell von Stuckey
et al. (2013) voneinander zu trennen: Es kann keine getrennt vom Lehrerberuf
sinnvollen beruflichen Konsequenzen mehr geben und da es sich bei den Studierenden bereits um mündige Gesellschaftsmitglieder handelt, werden diese im
Bereich der gesellschaftlichen Vorbereitung nur noch auf ihre gesellschaftliche
Funktion als Lehrkraft vorbereitet. Auch Stuckey et al. (2013) merken an, dass
die berufliche Dimension in der von ihnen vorgeschlagenen Form nur so lange
von Bedeutung ist, wie die Lernenden sich noch nicht auf einen Karriereweg
festgelegt haben. Dementsprechend umfasst das modifizierte Modell nur noch die
individuelle und die **gesellschaftlich/ berufliche Dimension**. Auf die bei Stuckey
et al. (2013) vorgenommene Unterscheidung zwischen Gegenwart und Zukunft
wird im modifizierten Modell verzichtet, nicht jedoch auf die Unterscheidung
zwischen **extrinsisch** und **intrinsisch** gelagerten Konsequenzen.

So ergeben sich vier Dimensionsausprägungen (individuell-intrinsisch,
individuell-extrinsisch, gesellschaftlich/ beruflich-intrinsisch, gesellschaftlich/
beruflich-extrinsisch). Im Modell zu den Relevanzgründen wird in dieser
Arbeit angenommen, dass die individuell-intrinsische und individuell-extrinsische
Dimensionsausprägung zusammen die individuelle Dimension der Relevanzgründe bilden und die gesellschaftlich/ beruflich-intrinsische und gesellschaft-
lich/ beruflich-extrinsische Dimensionsausprägung die gesellschaftlich/ berufliche
Dimension. Die individuelle und die gesellschaftlich/ berufliche Dimension wiederum bilden zusammen das Gesamtkonstrukt der Relevanzgründe. Damit wird
hier insbesondere ein Modell dritter Ordnung aufgestellt: Die Konstrukte erster
Ordnung sind die Dimensionsausprägungen, aus ihnen ergeben sich als Konstrukte zweiter Ordnung die Dimensionen und diese bilden als Konstrukt dritter
Ordnung das Gesamtkonstrukt der Relevanzgründe. Als Modellannahme wird
festgelegt, dass alle Dimensionsausprägungen das gleiche Potenzial haben, die
Relevanzbegründungen der Studierenden zu bestimmen, im Modell hat also jede
Dimensionsausprägung potenziell die gleiche Wichtigkeit bei der Begründung
von Relevanz im Mathematikstudium. Verschiedene Studierendengruppen könnten aber ihren Fokus an verschiedenen Stellen setzen, das heißt, dass ihnen
eher die Relevanzgründe in einer als in einer anderen Dimensionsausprägung
wichtig erscheinen. Diejenigen Gründe, die Mathematiklehramtsstudierende oder

Mathematiklehramtsstudierendengruppen als wichtig einschätzen, stellen nach Annahme des Modells einen Teil ihrer Relevanzbegründungen dar[2]. Außerdem sind nach Annahme diejenigen Relevanzgründe aus dem Modell der Relevanzbegründungen, die die Studierenden oder Studierendengruppen als unwichtig empfinden, nicht Teil ihrer Relevanzbegründungen. Das herausgearbeitete Modell zur Beschreibung von Gründen für die Relevanz des Mathematikstudiums aus Sicht von Lehramtsstudierenden soll als **Modell der Relevanzbegründungen** bezeichnet werden.

3.2.2 Verortung der Forschung zu Relevanzzuschreibungen im Kontext möglicher Sichtweisen auf Relevanz

Die vorliegende Arbeit beschäftigt sich mit den Relevanzzuschreibungen von Mathematiklehramtsstudierenden, worunter Relevanzgründe und Relevanzinhalte zusammengefasst werden (vgl. Abschnitt 3.2.1). Unter Zuhilfenahme der Fragestellungen aus dem Modell von Hernandez-Martinez und Vos (2018) (vgl. Abschnitt 3.1.2) wird in Abbildung 3.1 dargestellt, wie deren Beziehungen untereinander in der vorliegenden Arbeit gesehen werden und wo sich in Bezug auf die vier zentralen Fragen zu den möglichen Sichtweisen auf Relevanz nach Hernandez-Martinez und Vos (2018) die Forschung der vorliegenden Arbeit konzentriert. Dabei wird versucht, die bei Hernandez-Martinez und Vos (2018) separat voneinander aufgeführten Fragen in einen Zusammenhang zueinander zu setzen.

In der vorliegenden Arbeit wird davon ausgegangen, dass die Relevanz von einem Objekt für ein $Subjekt_1$ als eine Person-Gegenstand-Beziehung gesehen werden kann, welche von einem $Subjekt_2$ gewissermaßen von außerhalb der Beziehung selbst eingeschätzt werden kann. Dabei ist $Subjekt_2$ der Part, laut dem (vgl. „Relevanz laut wem?") die Relevanz zugeschrieben wird, wobei $Subjekt_2$ und $Subjekt_1$ sich unterscheiden können aber nicht müssen. $Subjekt_1$ ist die Instanz für die (vgl. „Relevanz für wen?") eine Relevanz der Relevanzinhalte besteht, um bestimmte Relevanzgründe zu erreichen. Die Relevanzinhalte (vgl. „Relevanz von was?) stellen für $Subjekt_1$ eine Möglichkeit dar, die durch $Subjekt_2$ als erstrebenswert für $Subjekt_1$ angesehenen Konsequenzen, die die

---

[2] Das schließt jedoch nicht aus, dass es weitere Relevanzgründe von Mathematiklehramtsstudierenden geben könnte, die nicht im bisherigen Modell abgebildet sind (vgl. dazu Abschnitt 13.2.2).

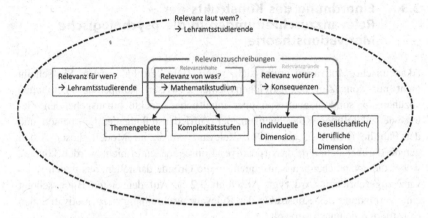

Abbildung 3.1   Forschungsschwerpunkt der Relevanzzuschreibungen

Relevanzgründe (vgl. „Relevanz wofür?") darstellen, zu erreichen. Im vorliegenden Fall sind die Mathematiklehramtsstudierenden sowohl Subjekt$_1$ als auch Subjekt$_2$ und deren Relevanzzuschreibungen sollen untersucht werden. Die Relevanzinhalte bestehen grob im Mathematikstudium, können aber differenzierter betrachtet werden, indem die Relevanzzuschreibungen zu Inhalten verschiedener Themengebiete und verschiedener Komplexität entsprechend der Modellierung der Relevanzinhalte auf Grundlage der „Standards für die Lehrerbildung im Fach Mathematik" (DMV et al., 2008) in den Blick genommen werden. Die Relevanzgründe bestehen in Konsequenzen, die die Mathematiklehramtsstudierenden mit dem Mathematikstudium erreichen wollen und die entsprechend des Modells der Relevanzbegründungen der individuellen oder gesellschaftlich/ beruflichen Dimension zugeordnet werden können.´Dabei kann innerhalb beider Dimensionen weiter danach unterschieden werden, ob die Relevanzgründe intrinsisch oder extrinsisch gelagert sind, wobei diese Unterscheidung aus Gründen der Übersichtlichkeit nicht in Abbildung 3.1 aufgenommen wurde.

Das entwickelte Modell der Relevanzbegründungen ist somit eingeordnet in den Forschungskontext der vorliegenden Arbeit. Im Folgenden soll nun dargestellt werden, wie sich die Konstrukte der Relevanzzuschreibungen und insbesondere der Relevanzgründe dieser Arbeit im größeren Forschungskontext, genauer in psychologischen Motivationstheorien, verorten lassen, da zu Beginn der Arbeit angenommen wurde, dass das Konstrukt der Relevanzzuschreibungen mit motivationalen Konstrukten in Beziehung steht (vgl. Kapitel 1).

3.3 Einordnung des Konstrukts der Relevanzzuschreibungen in die psychologische Motivationstheorie

Akademische Motivation ergibt sich, wenn Ziele verfolgt werden. Sie scheint nicht nur vom Ziel des Erreichens einer gewissen Kompetenz in Inhalten abzuhängen, sondern auch von über inhaltliche Aspekte hinausgehenden Zielen wie zukünftigen Konsequenzen, der Zufriedenstellung der Lehrperson und der Familie (Miller et al., 1996). Relevanz wurde im Modell dieser Arbeit gerade darüber definiert, dass (positive) Konsequenzen erreicht werden können, wobei die entsprechenden Konsequenzen die Gründe darstellen, aus denen Relevanz zugeschrieben wird (vgl. Abschnitt 3.2.1). Auf den ersten Blick scheint eine Verbindung des Konstrukts der Relevanzzuschreibungen zu motivationalen Konstrukten demnach sinnvoll.

Es gibt drei zentrale Motivationstheorien in der Psychologie, die auch in Abschnitt 3.1.1 schon kurz angesprochen wurden, als dargestellt wurde, wie das Relevanzkonstrukt nach Priniski et al. (2018) mit den entsprechenden Theorien in Verbindung gebracht werden kann. Es handelt sich dabei um die Interessetheorie, die Selbstbestimmungstheorie und die Expectancy-Value Theorie. Während in der Interessetheorie (vgl. Abschnitt 4.3.1.2) der Pol des dispositionalen Interesses als motivational wirksamer eingeschätzt wird als derjenige des situationalen Interesses und in der Selbstbestimmungstheorie (vgl. Abschnitt 4.3.1.1) die gleiche Annahme für die internale Regulation gegenüber der externalen Regulation besteht, wird eine entsprechende Polung für das Wertkonstrukt im Expectancy-Value Modell (vgl. Abschnitt 3.3.3.1) nicht angenommen. Die Wertkomponenten bestehen im Sinne eines Nebeneinanders. Gerade weil auch das Modell der Relevanzbegründungen verschiedene Relevanzgründe rein deskriptiv beschreibt, ohne eine Bewertung vorzunehmen, lässt sich das Konstrukt der Relevanzgründe eher mit dem Wertkonstrukt aus der Expectancy-Value Theorie assoziieren als mit dem Interessekonstrukt oder den Regulationsstilen der Selbstbestimmungstheorie (vgl. Abschnitt 3.3.3.2). Es ist jedoch eine Assoziation von Annahmen zum Konstrukt der Relevanzgründe mit Annahmen der Selbstbestimmungstheorie möglich (vgl. Abschnitt 3.3.2). Das Konstrukt des Interesses wiederum steht in Verbindung zum Konstrukt der Relevanzzuschreibungen (vgl. Abschnitt 3.3.1), was auch in Kapitel 1 schon als Vorannahme der vorliegenden Arbeit angeführt wurde.

3.3.1 Assoziation des Konstrukts der Relevanzzuschreibungen mit dem Interessekonstrukt

In der affektiv-motivationalen Theorie des Interesses (Hidi & Renninger, 2006) wird unterschieden zwischen situationalem Interesse, welches in einer Situation durch bestimmte Reize ausgelöst werden kann und in dieser Form kurzweilig besteht, und dispositionalem Interesse, bei dem es sich um eine zeitüberdauernde Persönlichkeitseigenschaft handelt. Bei letzterem Interesse handelt es sich um eine Person-Gegenstand-Beziehung (Krapp, 2010; E. Wild et al., 2006). Nach Annahme der vorliegenden Arbeit nehmen Lehramtsstudierende Relevanzzuschreibungen vor, wenn sie für sich Relevanzinhalte mit Relevanzgründen verbinden. Insofern wird hier eine erweiterte Person-Gegenstand-Beziehung beschrieben, so dass eine Verbindung zur Interessetheorie gezogen werden kann.

3.3.2 Assoziation von Annahmen zum Konstrukt der Relevanzgründe mit Annahmen der Selbstbestimmungstheorie

In der Selbstbestimmungstheorie nach Deci und Ryan werden drei Grundbedürfnisse (basic needs) angenommen, die für das Wohlbefinden einer Person vonnöten sind. Dabei handelt es sich um das Erleben von Kompetenz, die soziale Eingebundenheit und die Autonomie. In der entsprechenden Theorie wird unterschieden zwischen intrinsischer und extrinsischer Motivation, wobei letztere wiederum stärker external oder internal reguliert sein kann (Deci & Ryan, 1993; Ryan & Deci, 2000). Laut dieser Theorie können sich motivationale Handlungen einerseits aus Anreizen von außen und andererseits aus Anreizen aus dem eigenen Selbst ergeben. Eine Assoziation der Relevanzgründe mit dieser Theorie ist insofern möglich, als dass auch Relevanzgründe einerseits verfolgt werden können, um Anforderungen von außen gerecht zu werden, und andererseits, um eigene Bedürfnisse zu befriedigen.

3.3.3 Assoziation des Konstrukts der Relevanzgründe mit dem Wertkonstrukt der Expectancy-Value Theorie

Im Folgenden wird nun zunächst die Expectancy-Value Theorie dargestellt (vgl. Abschnitt 3.3.3.1) und dann darauf eingegangen, inwiefern das Konstrukt der Relevanzgründe dieser Arbeit als ein Wertkonstrukt entsprechend dieser Theorie eingeordnet werden kann (vgl. Abschnitt 3.3.3.2).

3.3.3.1 Darstellung der Expectancy-Value Theorie

Im Rahmen der Expectancy-Value Theorie wird motiviertes Verhalten auf Grundlage von subjektiven Erwartungen (ob man glaubt, etwas schaffen zu können) und Werten (die angeben, ob man etwas schaffen will) von Individuen vorhergesagt oder begründet. Die entsprechenden Erwartungen und Werte werden im Verlauf der Zeit durch individuelle und kontextuelle Faktoren beeinflusst (Barron & Hulleman, 2015a) und es wird angenommen, dass diese in multiplikativer Beziehung zueinander stehen (Atkinson, 1974), so dass nur dann eine Motivation zum Handeln besteht, wenn weder die Wert- noch die Erwartungskomponente null ist.

Mithilfe des Motivationsmodells der Expectancy-Value Theorie nach Eccles und Wigfield wird meist motiviertes Verhalten bei der Bearbeitung einer leistungsorientierten Aufgabe (achievement task) vorhergesagt (Wigfield, 1994). Dabei werden die Erwartung, die zum Beispiel in der Erfolgszuversicht liegen kann, und der Wert, der beschreibt, wie hoch der Anreiz ist, die Aufgabe zu lösen, als zwei unabhängig voneinander wirkende Einflussfaktoren der Leistungsmotivation gesehen. Andere mögliche Einflussfaktoren wie beispielsweise Persönlichkeitseinflüsse wirken nur über diese beiden Faktoren, welche als aufgabenspezifisch aufgefasst werden[3]. Insbesondere folgt daraus, dass in einem Bereich eine hohe Motivation vorliegen kann und in einem anderen eine geringe (Brunstein & Heckhausen, 2010).

Die Erwartungen stehen laut dem Modell in engem Zusammenhang mit Fähigkeitsüberzeugungen, welche wiederum mit früheren Erfahrungen beim Bearbeiten einer vergleichbaren Aufgabe zusammenhängen (Brunstein & Heckhausen, 2010). Der Wert-Komponente liegt die Frage „Möchte ich die Aufgabe ausführen?" zugrunde (Wigfield & Eccles, 2000). Der Wert einer Aufgabe kann für ein Individuum durch Anreize der Handlung oder des Handlungsergebnisses zustande kommen (Brunstein & Heckhausen, 2010). Die entsprechende Wert-Komponente wird unterteilt in drei verschiedene Ausprägungen:

– Der utility value, der verwandt ist mit dem aus der Selbstbestimmungstheorie stammenden Konstrukt der extrinsischen Motivation (Wigfield & Eccles, 2000), beschreibt die Nützlichkeit der Aufgabe, um ein kurz- oder langfristiges Ziel, welches außerhalb der Aufgabe selbst liegt, zu erreichen (Barron & Hulleman, 2015a; Wigfield & Eccles, 1992, 2000).

---

[3] Wird nicht der Wert einer Aufgabe sondern beispielsweise der Wert einer Aktivität oder der Wert eines Objekts betrachtet, so werden die Werte entsprechend als aktivitätsspezifisch oder objektspezifisch angenommen (Liebendörfer & Schukajlow, 2020).

- Der intrinsic value (manchmal auch bezeichnet als interest value) beschreibt die Freude an der Ausführung der Aufgabe selbst (Barron & Hulleman, 2015a; Wigfield & Eccles, 1992, 2000) und ist verwandt mit dem Konstrukt der intrinsischen Motivation nach Deci und Ryan (Wigfield & Eccles, 2000) und mit dem des individuellen Interesses (Pintrich, 2003; Wigfield & Cambria, 2010).
- Der attainment value beschreibt, dass durch das Erfüllen der Aufgabe ein wertgeschätzter Teil der Identität des Ausführenden gestärkt wird (Barron & Hulleman, 2015a; Wigfield & Eccles, 1992, 2000).

Die Dreiteilung des Wertkonstrukts ist insbesondere deshalb hilfreich, da sich mithilfe der Ausprägungen der Wert einer Aufgabe für ein Individuum und dessen Zustandekommen genauer analysieren lassen. Neben den drei Ausdifferenzierungen des Werts wird im Motivationsmodell der Erwartung-Wert Theorien teils noch ein Konstrukt der Kosten, die mit dem Erfüllen einer Aufgabe verbunden sind, angenommen (Barron & Hulleman, 2015a; Hulleman et al., 2016). In neueren Arbeiten wird jedoch argumentiert, dass das Konstrukt der Kosten als eigenständige, nicht zum Wertkonstrukt zählende, Komponente angesehen werden sollte (Flake et al., 2015). Wie im Folgenden gezeigt wird, ist das Konstrukt der Relevanzgründe der vorliegenden Arbeit als rein positiv konnotiertes Wertkonstrukt einzuordnen, weshalb an dieser Stelle auf eine genauere Beschreibung des Konstrukts der Kosten verzichtet wird. Es scheint aber durchaus sinnvoll, gerade für das Mathematikstudium, in dem die Kosten aufgrund der anspruchsvollen Anforderungen (vgl. Abschnitt 2.2.3) und dem damit verbundenen Aufwand aus Sicht von Mathematiklehramtsstudierenden vermutlich hoch sind, auch die Sicht der Studierenden auf die Kosten in ihrem Mathematiklehramtsstudium in späteren Arbeiten in den Blick zu nehmen.

Zum Expectancy-Value Modell existieren quantitative Messinstrumente, mit denen die drei Wertkomponenten einzeln abgefragt werden können (z. B. „The topics in this class are important for my career" für utility value in Hulleman et al., 2008, "I enjoy coming to lecture" für intrinsic value in Hulleman et al., 2008, „For me, being good at math is [not at all important, very important]" für attainment value in Eccles et al., 1993, vgl. auch Dietrich et al., 2017; Gaspard, 2015; Luttrell & Richard, 2011; Wigfield & Cambria, 2010). Entsprechend der theoretischen Annahme, dass die drei Ausdifferenzierungen des Werts letztendlich eine gebündelte Wertkomponente bilden, die dann im Erwartung-mal-Wert Modell mit der Erwartung „multipliziert" wird, werden utility value, intrinsic value und attainment value jedoch oft zu einem übergeordneten Wertkonstrukt zusammengefasst. Dieses wird als task-value bezeichnet. Auch bei Fragebogeninstrumenten weisen die Ausprägungen der drei Wertausdifferenzierungen gemäß der Konzeption eine recht hohe Interkorrelation auf (Wigfield & Eccles, 2000). Der task-value ist domänenspezifisch, was bedeutet, dass task-values bezüglich verschiedener Domänen geringe Korrelationen untereinander aufweisen können. Zudem wird der task-value als subjektiv konzeptualisiert (Gaspard et al., 2015), das heißt es handelt sich um eine persönliche Einschätzung. Die Annahme, dass der task-value drei Unterkomponenten umfasst, lässt sich wiederum auch empirisch stützen. So deuten frühere Ergebnisse konfirmatorischer Faktorenanalysen darauf hin, dass sich die drei Wert-Ausprägungen im Bereich der Mathematik voneinander unterscheiden lassen (Eccles & Wigfield, 1995). Eccles und Wigfield (1995) führten Fragebogenerhebungen mit SchülerInnen durch, in denen sie mathematikbezogene Haltungen und Werte sowie personenbezogene Merkmale abfragten. Im ersten Jahr ihrer Untersuchung hatten sie 742 Teilnehmende aus den Klassenstufen 5 bis 12. Auf den entsprechenden Daten führten sie für die neun task-value Items eine explorative Faktoranalyse durch, bei der zwei Items ausgeschlossen wurden und sich für die anderen Items als mögliche Lösungen eine Zwei- und eine Drei-Faktor-Lösung ergaben. Anschließend führten sie konfirmatorische Faktoranalysen für die Null-, Ein-, Zwei- und Drei-Faktorlösungen durch, wobei die Drei-Faktorlösung das beste Modell darstellte. Das gleiche Modell der Drei-Faktorlösung erwies sich auch als gutes Modell auf den Daten einer zweiten Erhebungswelle mit 575 SchülerInnen aus den Klassenstufen 6 bis 12.

3.3.3.2 Motivationale Einordnung des Konstrukts der Relevanzgründe mithilfe der Expectancy-Value Theorie

Wie bereits in Abschnitt 3.1.1 beschrieben wurde, eignet sich die Wertkomponente aus dem Expectancy-Value Modell besonders gut zur motivationalen Einordnung des Konstrukts der Relevanzgründe, da die einzelnen Wertkomponenten dabei ohne Wertung im Sinne eines Nebeneinanders gesehen werden. Das Konstrukt der Relevanzgründe der Arbeit wird ausschließlich mit dem Wertkonstrukt der Expectancy-Value Theorie assoziiert. Die Erwartungskomponente aus dem Expectancy-Value Modell wird dabei nicht berücksichtigt.

Der utility value, der die Nützlichkeit eines Objekts bei der Erreichung kurzoder langfristiger Ziele beschreibt, lässt sich vor allem mit den gesellschaftlich/beruflichen Dimensionsausprägungen des Modells der Relevanzbegründungen in Verbindung bringen. In diesen geht es um die Nützlichkeit des Studiums bei der Berufsvorbereitung. Der attainment value, bei dem es um eine Stärkung der Identität des Ausführenden geht, kann vor allem mit den intrinsisch geprägten Dimensionsausprägungen assoziiert werden, denn in diesen geht es um die Umsetzung eigener Motive und Interessen. Die Freude an der Ausführung aus dem intrinsic value wiederum lässt sich vor allem mit der individuellintrinsischen Dimensionsausprägung in Verbindung bringen, in der es darum

geht, sich selbst aus eigenem Antrieb weiterzuentwickeln und dabei beispielsweise auch Spaß zu empfinden. Die Wertkomponenten aus der Expectancy-Value
Theorie sind also nicht deckungsgleich mit den Dimensionsausprägungen aus
dem herausgearbeiteten Modell der Relevanzbegründungen, aber die Dimensionen des Modells können mit den Wertkomponenten assoziiert werden. Dabei ist
zu beachten, dass die intrinsische und extrinsische Ausprägung aus dem Modell
der Relevanzbegründungen dieser Arbeit nicht exakt mit den Wert-Facetten aus
dem Expectancy-Value Modell korrespondieren, das heißt intrinsisch kann nicht
gleichgesetzt werden mit intrinsic value und extrinsisch nicht mit utility value.
Beispielsweise könnte ein Studierender dem Studium eine Relevanz zuschreiben, wenn er so gute Bewertungen bekommt, wie er es sich vorgenommen hat
(individuell-intrinsische Relevanzgründe), wobei dabei das Studium nicht als solches um seiner selbst wertgeschätzt wird (intrinsic value), sondern die Erfahrung,
sich selbst dabei zu profilieren. Weiterhin könnte ein Studierender dem Studium
eine Relevanz zuschreiben, wenn er darin alles lernt, was er für den späteren Beruf lernen will, was dem utility value und zugleich der gesellschaftlich/
beruflich-intrinsischen Dimensionsausprägung der Relevanzgründe zuzuordnen
wäre.

   Die Assoziation zwischen dem Wertkonstrukt aus der Expectancy-Value Theorie und dem Konstrukt der Relevanzgründe der vorliegenden Arbeit ergibt auch
insofern Sinn, als dass sich bei einer Analyse von Begründungen der Kritik an
Mathematik als Lernstoff durch Lernende, wenn auch im Kontext des schulischen Mathematikunterrichts, Parallelen zeigen zu den Wertkomponenten aus der
Expectancy-Value Theorie. So kann die Begründung der Kritik so gedeutet werden, dass Wertkomponenten aus der Expectancy-Value Theorie für die Lernenden
nicht zutreffen: Teils wird keine Anwendbarkeit des Lernstoffs gesehen (z. B.
Onión, 2004), was für einen fehlenden utility value spricht, für manche Lernende
fehlt eine Freude bei der Beschäftigung mit dem Lernstoff (z. B. Matthews &
Pepper, 2005), so dass von einem fehlenden intrinsic value ausgegangen werden
muss, und teils fehlt es an einer Identifikation mit dem Lernstoff (ebd.), was für
einen fehlenden attainment value spricht.

   Nachdem nun dargestellt wurde, wie das Konstrukt der Relevanzzuschreibungen der vorliegenden Arbeit konzeptualisiert ist und wie es in Verbindung zu
motivationalen Konstrukten steht, soll im Folgenden der bisherige Forschungsstand zu Relevanz und Wert in verschiedenen Lernkontexten dargestellt werden
(vgl. Abschnitt 4.1) und darauf eingegangen werden, welche weiteren Studierendenmerkmale in Zusammenhang mit Relevanzzuschreibungen stehen könnten
(vgl. Abschnitt 4.3 und Abschnitt 4.4).

Stand der Forschung: Relevanz und Wert in verschiedenen Lernkontexten und mögliche Zusammenhänge zwischen Relevanzzuschreibungen und anderen Studierendenmerkmalen

4

Bei der folgenden Darstellung des Forschungsstandes zu Relevanz in Lernkontexten wird auch auf Forschungsarbeiten zu Wert eingegangen, was aufgrund der gerade erfolgten Assoziation des Konstrukts der Relevanzgründe dieser Arbeit mit dem Wertkonstrukt der Expectancy-Value Theorie (vgl. Abschnitt 3.3.3.2) sinnvoll ist. Die Ausführungen der Abschnitte 4.1 bis 4.4 sollen Anhaltspunkte geben, welche Fragestellungen bei der explorativen Beforschung der Mechanismen und Zusammenhänge hinter den Relevanzzuschreibungen von Mathematiklehramtsstudierenden mit in den Blick genommen werden könnten. Dabei wird einerseits auf Forschungsarbeiten zu Relevanz und Wert in verschiedenen Lernkontexten (vgl. Abschnitt 4.1 und Abschnitt 4.2) und andererseits auf Forschung zu verschiedenen psychologischen Konstrukten (vgl. Abschnitt 4.3) und Studienaktivitäten (vgl. Abschnitt 4.4), die mit Relevanzzuschreibungen in Verbindung stehen könnten, eingegangen.

4.1 Forschung zu Relevanz und Wert in verschiedenen Lernkontexten

Es wird zunächst der Forschungsstand zu Relevanz und Wert in allgemeinen Lernkontexten (vgl. Abschnitt 4.1.1) und anschließend der Forschungsstand zu Relevanz und Wert im Mathematik- und Lehramtsstudium dargestellt (vgl. Abschnitt 4.1.2).

© Der/die Autor(en), exklusiv lizenziert durch Springer Fachmedien Wiesbaden GmbH, ein Teil von Springer Nature 2021
C. Büdenbender-Kuklinski, *Die Relevanz ihres Mathematikstudiums aus Sicht von Lehramtsstudierenden*, Studien zur Hochschuldidaktik und zum Lehren und Lernen mit digitalen Medien in der Mathematik und in der Statistik, https://doi.org/10.1007/978-3-658-35844-0_4

4.1.1 Forschung zu Relevanz und Wert in allgemeinen Lernkontexten

Im Folgenden wird als erstes ein Modell angesprochen, das aus einem mathematikfernen Lehrbereich, nämlich dem der Krankenpflege, stammt (vgl. Abschnitt 4.1.1.1). Anschließend wird auf Forschungsarbeiten zu Relevanz im Mathematikunterricht in der Schule eingegangen (vgl. Abschnitt 4.1.1.2 und Abschnitt 4.1.1.3). Es wird aufgezeigt, dass ein Empfinden von Relevanz mit höheren Leistungen in Lernkontexten einhergehen könnte (vgl. Abschnitt 4.1.1.4) und es werden Ergebnisse zum möglichen Zusammenhang zwischen einer empfundenen Relevanz und Studienabbruch dargestellt (vgl. Abschnitt 4.1.1.5).

4.1.1.1 Relevanz/ Instrumentalität im Modell von Simons et al. (2004)

Ein Konstrukt, das zwar nicht als Relevanz bezeichnet wird, aber mit dem Konstrukt der Relevanzgründe dieser Arbeit in Verbindung gebracht werden kann, da es erklären soll, welche Gründe Studierende darin sehen, sich mit Kursinhalten zu beschäftigen, wurde von Simons et al. (2004) beschrieben. Die Autoren beschäftigten sich mit verschiedenen Typen von Instrumentalität, die in Hochschulkursen vonseiten der Studierenden empfunden werden können. Während Instrumentalität von den Autoren nicht genau definiert wird, setzen sie diese mit „utility" nach Eccles und Wigfield (1995) gleich, welche wiederum aufgrund der Assoziation des Konstrukts der Relevanzgründe dieser Arbeit mit dem Wertkonstrukt der Expectancy-Value Theorie (vgl. Abschnitt 3.3.3.2) mit den Relevanzgründen in Verbindung steht. Unter der Instrumentalität eines Kurses für Studierende verstehen Simons et al. (2004) deren Gründe für die Beschäftigung mit den Kursinhalten. Ausgehend von der Zieltheorie, der Selbstbestimmungstheorie und der Zukunftsperspektiventheorie stellen sie ein Modell mit vier Typen von Instrumentalität auf, die sich aus je zwei Ausprägungen von Nützlichkeitsgrad (proximal vs. distal) und Regulation (external vs. internal) ergeben:

> The utility is proximal when students (or others) only emphasize the immediate or nearby goals. For example, the present course is only useful during training, because it is compulsory (e.g., maths for nurses). The utility is distal when students (or others) want to reach future goals or emphasize future goals that can be obtained when they perform the present activity. An example is: studying anatomy in order to be able to function as a professional nurse. The second dimension refers to the reasons for studying the courses. When studying, students can feel externally regulated by motives such

as grades, rewards, status, reputation, or internally regulated by motives like their personal or professional development or their purpose to broaden their horizons. (Simons et al., 2004, S. 347)

Dieses Modell fokussiert stärker den Nützlichkeitscharakter im Sinne einer Berufsvorbereitung, wohingegen im Modell der Relevanzbegründungen auch Konsequenzen berücksichtigt werden, die das Individuum als solches betreffen. Das Modell von Simons et al. (2004) ist eher mit der gesellschaftlich/ beruflichen Dimension des Modells der Relevanzbegründungen zu assoziieren. Eine Unterscheidung von Zielen, die die Gegenwart oder Zukunft betreffen, wie sie bei Simons et al. (2004) getroffen wird, wurde im Modell der Relevanzbegründungen bewusst nicht aufgenommen (vgl. Abschnitt 3.2.1). Ähnlich sind sich die Modelle wiederum darin, dass bei Simons et al. (2004) zwischen Anreizen unterschieden wird, die eher aus eigenen Motiven entstehen, und solchen, die von außen geprägt sind, und im Modell der Relevanzbegründungen werden analog intrinsisch und extrinsisch geprägte Konsequenzen unterschieden.

Wie auch aus den Beispielen im Zitat deutlich wird, beschäftigten sich Simons et al. (2004) insbesondere mit Hochschullehre im Pflegebereich. Sie führten schriftliche Befragungen mit 184 Krankenpflegestudierenden im ersten Semester durch, in denen sie die Zusammenhänge zwischen der Instrumentalität von Kursen für die Studierenden und deren Motivation, Lernstrategien, Anstrengung und Leistung beforschten. Die Motivation, im Sinne einer höheren Begeisterung für den Kurs und längerem Durchhalten beim Bearbeiten des Kursmaterials, war in der von ihnen beforschten Stichprobe größer bei Studierenden mit internaler Regulation und bei Studierenden, die eher zukünftige Ziele verfolgten. Studierende mit internaler Regulation, die zudem zukünftige Ziele mit dem Kurs verfolgten, waren im Mittel am stärksten motiviert. Bezüglich der Lernstrategien deutete sich bei Simons et al. (2004) an, dass Studierende mit internaler Regulation, die also aus eigenem Antrieb lernten, weniger oberflächliche und mehr tiefgehende Lernstrategien anwendeten als external regulierte Studierende. Die Proximität der Nützlichkeit schien bei der Verwendung von Lernstrategien keine Rolle zu spielen. Zudem lernten in der beforschten Stichprobe Studierende mit internaler Regulation und Studierende mit zukünftigen Zielen regelmäßiger und brachten bessere Leistungen in der Abschlussklausur (Simons et al., 2004). Auch in der vorliegenden Arbeit könnte man beforschen, wie unterschiedliche Relevanzbegründungen mit Motivation, Lernstrategien, Anstrengung und Leistung bei Mathematiklehramtsstudierenden zusammenhängen.

4.1.1.2 Das Relevanzparadox im Mathematikunterricht

In mathematischen Lernkontexten befasste sich beispielsweise Niss (1994) im Rahmen seiner Ausführungen zum Relevanzparadox mit Relevanz im Mathematikunterricht, wie bereits in Abschnitt 3.1.4 angesprochen wurde. Er geht davon aus, dass ein individuelles Relevanzparadox sich insbesondere für SchülerInnen ergibt: Dabei sehen diese zwar eine objektive Relevanz in der Mathematik, beispielsweise weil sie sich bewusst sind, dass diese in ihrem Bildungsweg von Bedeutung ist. Gleichzeitig erkennen sie aber keine subjektive Relevanz der Mathematik, da die SchülerInnen sie im Alltag nicht bewusst benötigen (Niss, 1994). In der vorliegenden Arbeit könnte man beforschen, ob ähnliche Paradoxe auch im Lehramtsstudium existieren. Möglich wäre beispielsweise, dass die Studierenden generell dem Mathematikstudium eine Relevanz zuschreiben, da es einen Meilenstein auf ihrem Weg ins Berufsleben darstellt, aber einzelne Inhalte als wenig relevant einschätzen, da die Studierenden keine Verbindung zum später von ihnen zu lehrenden Schulstoff erkennen.

4.1.1.3 Relevanz/ Sinn im Mathematikunterricht

Ebenfalls bereits angesprochen wurde die Forschung zu Relevanz im Mathematikunterricht von Vollstedt (2011) in Abschnitt 3.1.8. In ihrer Forschung zu Sinnkonstruktionen und persönlicher Relevanz im schulischen Mathematikunterricht arbeitete sie im Rahmen von qualitativen Interviews mit SchülerInnen in Deutschland und Hongkong 17 verschiedene Arten der Sinnkonstruktion heraus (tabellarische Übersicht bei Vollstedt, 2011; S. 128 f., vgl. auch Abschnitt 3.1.8 dieser Arbeit). Die Forschung von Vollstedt (2011) liegt im Bereich des schulischen Mathematikunterrichts, während in der vorliegenden Arbeit Relevanzzuschreibungen im Hochschulkontext beforscht werden. Aufgrund der in Abschnitt 2.2.2 herausgearbeiteten Unterschiede zwischen Schule und Hochschule und aufgrund der Annahme, dass sich Relevanzgründe immer nur aus der spezifischen Situation der Subjekte ergeben können (vgl. Abschnitt 3.1.5), ist fraglich, ob die jeweiligen Lernenden in der Schule und in der Hochschule aus den gleichen Gründen eine Relevanz zuschreiben.

Bei der Prüfung, inwiefern die 17 Sinnkonstruktionen nach Vollstedt (2011) mit dem Modell der Relevanzbegründungen assoziiert werden können (vgl. Abschnitt 3.1.8), zeigten sich einige Aspekte, die für SchülerInnen im Mathematikunterricht wichtig zu sein scheinen, welche auch im Mathematikstudium Gründe für eine Relevanzzuschreibung darstellen könnten und bei der Konstruktion von Items im Messinstrument zum Konstrukt der Relevanzgründe berücksichtigt werden können. Andere Aspekte sind auf die Charakteristika von

Schule und Schulunterricht zurückzuführen und scheinen aufgrund der Unterschiede zwischen dem Mathematiklernen an der Schule und der Hochschule (vgl. Abschnitt 2.2.2) nicht auf die Hochschulmathematiklehre übertragbar zu sein. Viele der Sinnkonstruktionen, die von Vollstedt (2011, Kapitel 7) herausgearbeitet wurden, würden der individuell-intrinsischen Dimensionsausprägung des Modells der Relevanzbegründungen dieser Arbeit zugeordnet werden. In der vorliegenden Arbeit könnte man beforschen, ob auch im Studium die Studierenden eine höhere Relevanz vorwiegend dann zuschreiben würden, wenn sie damit Konsequenzen der individuell-intrinsischen Dimensionsausprägung erreichen.

Vollstedt (2011, Abschnitt 2.6) geht in ihrer Forschung davon aus, dass Sinnkonstruktion beziehungsweise das Empfinden persönlicher Relevanz von persönlichen Merkmalen beeinflusst wird. Darunter subsumiert sie Konzepte der Pädagogischen Psychologie, wie das Interesse, und Konzepte der Mathematikdidaktik, wie das mathematische Weltbild. Mit der Begründung, dass ihre Arbeit explorierender Natur sei, geht sie nicht weiter auf die genauen Zusammenhänge ein, sieht hier aber ein Forschungsdesiderat:

> Da das Konzept der Sinnkonstruktion in dieser Arbeit explorierend erarbeitet wird, können keine genauen Aussagen über den expliziten Zusammenhang der angeführten Aspekte und der Sinnkonstruktion gemacht werden. Ohne einen tatsächlichen Einfluss nachzuweisen nehme ich daher lediglich aufgrund theoretischer Überlegungen an, dass die in den folgenden Abschnitten diskutierten Konzepte der persönlichen Merkmale und Hintergrundmerkmale zumindest potentiell eine Wirkung auf die individuell vorgenommenen Sinnkonstruktionen Lernender haben können. Dass sich manche als tatsächlich relevant erweisen, wird in der vorliegenden Studie gezeigt (. . .); der Nachweis bzw. die Widerlegung für die anderen Aspekte verbleibt jedoch für weitere Forschung. (Vollstedt, 2011, S. 50)

In der vorliegenden Arbeit sollen ebenfalls explorierend Zusammenhänge zwischen Relevanzzuschreibungen und personenbezogenen Merkmalen analysiert werden.

4.1.1.4 Relevanz und Leistung

Die Relevanz in Lernkontexten scheint insbesondere auch von Bedeutung zu sein bei der Beforschung von Leistung in Lernkontexten. So deuten Ergebnisse aus verschiedenen Lernkontexten darauf hin, dass höhere Relevanz- und Wertzuschreibungen einhergehen könnten mit besseren Leistungen (Bong, 2001, im Kontext eines koreanischen Colleges nur für Frauen; Hulleman et al., 2008, 2010, im Vergleich von Collegestudierenden der Psychologie mit SportlerInnen

an der High School; Hulleman & Harackiewicz, 2009, im Kontext des Natur-
wissenschaftsunterrichts an der High School mit Neunt- und ZehntklässlerInnen;
Pintrich & De Groot, 1990, im Kontext von Naturwissenschafts- und Englischunterricht für SiebtklässlerInnen; Simons et al., 2003, 2004, im Collegekontext
mit Sport- bzw. Krankenpflegestudierenden), speziell auch Ergebnisse aus Lernkontexten im schulischen Mathematikunterricht (Schukajlow, 2017; Seah, 2018).
In einer Studie mit SiebtklässlerInnen im Rahmen von Naturwissenschafts- und
Englischunterricht wurde jedoch festgestellt, dass in der beforschten Stichprobe
kognitive Lernstrategien der bessere Prädiktor akademischer Leistungen waren,
wenn sie ins Regressionsmodell aufgenommen wurden (Pintrich & De Groot,
1990). Malka und Covington (2005) führten schriftliche Befragungen mit 195
Psychologiestudierenden durch und erhoben deren Leistungsdaten in Form der
Abschlussnote. Im Rahmen von Regressionsanalysen deutete sich dabei an, dass
die eingeschätzte Instrumentalität (perceived instrumentality), welche nach Einordnung von Malka und Covington (2005) ein Unterkonstrukt des task values
darstellt und dementsprechend auch als verwandt mit dem Konstrukt der Relevanzgründe gewertet werden kann, Varianz in Leistungen aufklären kann. In
der vorliegenden Arbeit könnte man beforschen, inwiefern bei Mathematiklehramtsstudierenden Leistungen zusammenhängen mit den von ihnen als wichtig
empfundenen Relevanzgründen im Speziellen und ihren Relevanzzuschreibungen
im Allgemeinen.

4.1.1.5 Relevanz und Studienabbruch

Auch mit Studienabbruchintentionen könnten die Relevanzzuschreibungen von
Mathematiklehramtsstudierenden in Verbindung stehen. So scheint Studienzufriedenheit einen negativen Prädiktor für Studienabbruch darzustellen, auch wenn
Leistung dabei kontrolliert wird (Brandstätter et al., 2006, unter Berücksichtigung
verschiedener Studiengänge). Da in der vorliegenden Arbeit davon ausgegangen
wird, dass ein Empfinden von Relevanz eng mit Studienzufriedenheit verwandt
ist (vgl. Kapitel 1), könnten auch Relevanzzuschreibungen in einem negativen Zusammenhang mit Studienabbruch stehen. Diese Hypothese wird durch
bisherige Forschungsergebnisse gestützt. So existieren im Rahmen von Strukturgleichungsmodellen Ergebnisse, dass bei beforschten SchülerInnen der siebten
bis neunten Klassenstufe eine Wertschätzung von Mathematik im Sinne der
Expectancy-Value Theorie einen guten Prädiktor dafür darstellte, ob weitere
Mathematikkurse belegt wurden (Meece et al., 1990), was so gedeutet werden
kann, dass eine Wertschätzung den Verbleib in mathematischen Lernkontexten unterstützen könnte. Zudem konnte die Wertkomponente des attainment

values in einigen Forschungsarbeiten den Studienverbleib von Studierenden erklären (K. A. Robinson, Lee, et al., 2019, im Kontext von Erstsemesterstudierenden in Ingenieursstudiengängen an einer amerikanischen Universität; Schnettler et al., 2020, im Kontext einer deutschen Studie mit Mathematik- und Jurastudierenden).

Nachdem nun Relevanz- und Wertkonstrukte in allgemeineren Lernkontexten in den Blick genommen wurden, soll im Folgenden speziell auf Forschungsergebnisse zu Relevanz und Wert im Mathematik- und im Lehramtsstudium eingegangen werden.

4.1.2 Forschung zu Relevanz und Wert im Mathematik- und im Lehramtsstudium

Wie die Kritik der fehlenden Relevanz im Mathematikstudium aus Studierendensicht geäußert werden kann und woran sie festgemacht werden kann, soll zunächst an einem Interviewausschnitt beispielhaft aufgezeigt werden[1]:

> *Studierender: Induktion oder so was, da sehe ich halt auch immer noch keinen Sinn dahinter. Oder ja, komplexe Zahlen fand ich ja das letzte Mal auch schon interessant, fand ich gut. [...] Äh, äh, das fand ich dann wiederum gut an der Hochschulmathematik, aber es sind halt eher die seltenen Sa / oder e / es ist eher selten, dass ich was gut finde daran. Ich finde es sehr abgehoben und unnötig. [...]*

Zunächst spricht der Studierende von fehlendem Sinn, einem Konstrukt, das eng verwandt ist mit Wert und Relevanz (vgl. auch Abschnitt 4.1.1.3). Etwas später sagt er noch, dass es eher selten im Studium vorkomme, dass er etwas gut finde und dass er das meiste unnötig finde, womit er seiner Unzufriedenheit Ausdruck verleiht. Der Interviewer hakt dann nach:

> *Interviewer: Was mich jetzt so ein bisschen irritiert, ist, dass du sagst (..) die [Matrizen und komplexen Zahlen] machen dir Spaß. Ok, das sind beides Themen, die für dich erstmal nicht aus der Schule bekannt sind, wo man dann auch nicht weiß, ob sie in der Schule vielleicht drankommen oder so. Und bei anderen Sachen hast du ja schon gesagt / also vollständige Induktion ist für dich irgendwie/*
>
> *Studierender: Latein. (lacht)*
>
> *Interviewer: Ja, es ist auch so ein bisschen (.) nicht relevant für die Schule, ja.*

---

[1] Der Interviewausschnitt stammt aus der Dissertation von Michael Liebendörfer (2018, S. 267 f.).

Studierender: Ja also kann / ich kann mir noch nicht begründen, warum es relevant sein soll.

Interviewer: (.) Begründest du dir, warum komplexe Zahlen relevant sind für die Schule?

Hier wird nun tatsächlich das Wort „relevant" verwendet, zwar zunächst vom Interviewer, aber der Studierende nimmt das Wort auf und arbeitet damit weiter. Insbesondere geht der Studierende direkt darauf ein, dass Relevanz etwas sei, was begründet werden könne, wobei für ihn eine Begründung fehle, was dann im Gegenschluss zum Eindruck einer fehlenden Relevanz für ihn führt. Interessant wird es dann in der Antwort auf die letzte Frage des Interviewers:

Studierender: (lacht) Das ist eine gute Frage. Nein. Eigentlich nicht. Es ist einfach / ich selbst fand es interessant. (.) Und deswegen (.) fand ich die auch leichter und deswegen haben die / ja (lacht) jetzt wo du es sagst. (lacht) Die spielen für die Schule eigentlich auch keine tragende Rolle, aber davon hab / also ich habe in der Schule gehört, dass die im Leistungskurs bei uns das schon mal behandelt haben, beziehungsweise, dass die da so eine Einheit zu gemacht haben in der Q 4, also im letzten Halbjahr von der Dreizehn. (.) Und deswegen habe ich die mit Schule verbunden.

Zunächst deutet sich an, dass der Studierende wohl bisher nicht über Gründe nachgedacht hat, warum ein Thema für ihn relevant ist. Der erste Begriff, den er dann in einen Zusammenhang mit Relevanz setzt, ist der des Interesses. Möglicherweise sind Dinge für ihn eher relevant, wenn er sie interessant findet. Zudem scheint Relevanz für ihn mit Erfolgserlebnissen zusammenzuhängen, denn relevant ist für ihn etwas, das ihm leichtfällt. Später geht er noch auf einen Schulbezug ein, dieser scheint aber nicht das ausschlaggebende Kriterium für Relevanz für den Studierenden zu sein. Deutlich wird zumindest, dass die Relevanz hier eher mit affektiven Merkmalen in Verbindung gebracht wird und für den Studierenden scheinen verschiedene Dinge bei ihrer Entstehung Einfluss zu haben. Insbesondere wird Praxisbezug von dem Studierenden nicht als zentrales Kriterium für Relevanz angeführt. Dieses Schlagwort tritt im Zusammenhang der Kritik an fehlender Relevanz durch Mathematiklehramtsstudierende oftmals auf. Die Kritik an fehlendem Praxisbezug ist Teil einer größeren Debatte für das Lehramtsstudium aller Fächer, welche in Abschnitt 4.1.2.1 dargestellt wird. Einige Forschende gehen davon aus, dass Forderungen nach mehr Praxisbezug vonseiten Studierender andere Probleme kaschieren sollen. Bedenkt man, dass im obigen Interviewausschnitt der Studierende den Relevanzbegriff in Verbindung damit bringt, dass ihm etwas leichtfällt, könnte auch die Kritik an fehlender Relevanz im Mathematikstudium eher aus einer Überforderung entstehen und Relevanz gerade von solchen Studierenden gesehen werden, die nicht überfordert sind und leistungsbezogene Erfolge zeigen. Hinweise aus der bisherigen Forschung, die in diese Richtung zeigen, werden in Abschnitt 4.1.2.2 dargestellt. Üblicher als die Annahme eines Zusammenhangs zwischen Relevanz und Erfolg ist im Forschungskontext zur Relevanz im Lehramtsstudium aber die Hypothese, dass eine von Lehramtsstudierenden empfundene Relevanz vor allem aus einer empfundenen Nützlichkeit in Bezug auf den Lehrerberuf entsteht (vgl. Abschnitt 4.1.2.3). Speziell im Kontext des Mathematiklehramtsstudiums gibt es Nützlichkeitsinterventionen, die Studierende den Wert der Hochschulmathematik erkennen lassen sollen (vgl. Abschnitt 4.1.2.4).

4.1.2.1 Theorie Praxis Diskussion

Eine höhere Relevanz des Mathematiklehramtsstudiums wird teils mit Gründen der Praxisbezogenheit des Studiums in Verbindung gebracht. Göller (2020, Abschnitt 13.2) beispielsweise stellte fest, dass viele Mathematiklehramtsstudierende gerade solche Inhalte als wichtig einschätzten, von denen sie meinten, sie in ihrem späteren Beruf zu benötigen. Praxiserfahrungen werden von Lehramtsstudierenden mit unterschiedlichen Fächern ausdrücklich gewünscht (Flach et al., 1997; Jäger & Milbach, 1994; Ramm et al., 1998; Rosenbusch et al., 1988, Kapitel 5) und scheinen von ihnen als bedeutsam für die berufliche Entwicklung eingeschätzt zu werden (Makrinus, 2012, Kapitel 5). Demgegenüber gibt es durchaus auch Meinungen, dass längere Praktika zwar zu einer stärkeren Sozialisierung in die schulische Umgebung führen könnten, das Lehrerhandeln dabei aber verschlechtern könnten (Oser, 1997). Diese konkurrierenden Meinungen bilden Teil der Theorie Praxis Diskussion für das Lehramt, in der es darum geht, ob ein höherer Praxisanteil im Lehramtsstudium dieses relevanter machen würde. Die Verfechter der einen Seite sind der Meinung, eine stärkere Integration von Praxis ins Studium sei notwendig. So wird in bildungspolitischen Debatten gefordert, dass Theorie und Praxis im Studium stärker miteinander verzahnt werden sollen (Cramer, 2014) und auch Studierende wünschen sich mehr Berufsfeldorientierung (Blömeke, 1999; Speck et al., 2007). Innerhalb dieser Position ist weiter danach zu unterscheiden, ob gefordert wird, Theorie und Praxis als eigenständige Gebiete getrennt voneinander zu betrachten und lediglich aufeinander zu beziehen (Cramer, 2014) oder ob die Forderungen nach mehr Praxis im Studium sich darauf beziehen, dass Studierende Praxis im Unterrichten erlangen – eine Position die vor allem Studierende zu vertreten scheinen (Weyland & Wittmann, 2011). Die Verfechter der Gegenseite in der Debatte fordern in der ersten Phase der Lehrerbildung vor allem, dass theoretische Grundlagen aufgebaut werden. Dieses theoretische Wissen werde in späteren Ausbildungsphasen dadurch relevant, dass so Perspektiven erweitert würden (Neuweg, 2011). Die Debatte mit Forderungen eines „institutionell geschaffenen Moratoriums" (Bresges et al., 2019, S. 4) einerseits und Forderungen nach einer höheren Integration von Praxisteilen ins Studium andererseits (Bresges et al., 2019) wird dabei nicht nur in Deutschland sondern auch international geführt (vgl. z. B. Borko et al., 2008; Bresges et al., 2019; Darling-Hammond & Lieberman, 2012; Hascher & de Zordo, 2015; Hascher & Winkler, 2017; Lawson et al., 2015) und ist auch durch die Umstellung auf das Bachelor/ Master-System (vgl. Abschnitt 2.2.1) und die damit zusammenhängende stärkere Integration von Praxisanteilen ins Studium nicht erloschen (Bresges et al., 2019). Da Lehramtsstudierende anscheinend auch in den Bachelor- und Masterstudiengängen noch unzufrieden mit ihrer Vorbereitung auf die Praxis sind (Allen & Wright, 2014), schließen beispielsweise Bresges et al. (2019), dass nicht der Anteil der Praxis am Gesamtstudium sondern die Qualität der Praxiserfahrungen der Studierenden ausschlaggebend ist[2].

Andere Stimmen gehen davon aus, dass die sowohl von Lehramtsstudierenden als auch von ReferendarInnen vielfach geäußerte Kritik an einer aus ihrer Sicht fehlenden Verknüpfung von Theorie und Praxis (Liebsch, 2010; Schubarth et al., 2006) andere Probleme kaschiert. So nahm Makrinus (2012) die Beobachtung von Wernet und Kreuter (2007), dass das Lehramtsstudium tatsächlich mehr Berufsbezug aufweist als andere Studiengänge, zum Anlass, in ihrer Dissertation den oft geäußerten Praxiswunsch vonseiten von Lehramtsstudierenden genauer zu untersuchen und stellte fest, dass „sich die Lehramtsanwärter gerade dann auf den ‚Wunsch nach mehr Praxis' beziehen, wenn Konflikte und Krisen im Kontext des Studiums und der Praktika aufgetreten sind" (Makrinus, 2012, S. 217). Wernet und Kreuter (2007) gehen davon aus, dass es sich beim Praxiswunsch eher um eine Phrase handelt, die Ausdruck eines Unbehagens darstellt. Es wäre möglich, dass die Kritik an der fehlenden Relevanz des derzeitigen Mathematikstudiums vonseiten der Mathematiklehramtsstudierenden analog eher Ausdruck der eigenen Überforderung ist oder zumindest mit einer Überforderung zusammenhängt. In der vorliegenden Arbeit könnte man beforschen, inwiefern Relevanzzuschreibungen mit Praxisforderungen zusammenhängen und inwieweit beide mit Merkmalen zusammenhängen, die auf eine Überforderung hindeuten könnten.

In der Darstellung der Theorie Praxis Diskussion wird deutlich, dass verschiedene Akteure im Lehramtsstudium erstens unterschiedliche Vorstellungen davon haben, inwiefern ein Praxisbezug im Studium notwendig und erstrebenswert ist, damit dieses relevant ist, und zweitens verschiedene Interpretationen des Begriffs

---

[2] Um eben diese Qualität zu erhöhen, wurde beispielsweise von Bund und Ländern die „Qualitätsoffensive Lehrerbildung" ins Leben gerufen (Bresges et al., 2019).

„Praxisbezug" bestehen. In der vorliegenden Arbeit soll der Begriff so verstanden werden, wie viele Studierende es tun, das heißt mit „Praxisbezug" wird hier im Folgenden eine Praxis im Unterrichten gemeint.

4.1.2.2 Wert/ Relevanz und Erfolg

Zur Überlegung, ob die Kritik einer fehlenden Relevanz im Studium aus einer eigenen Überforderung mit diesem Studium resultieren könnte, passt die Beobachtung, dass Studierende im Mathematikstudium gerade solchen Inhalten einen Wert zuzuschreiben scheinen, die sie verstanden haben oder bei deren Bearbeitung sie Erfolgserlebnisse hatten (Göller, 2020, Abschnitt 13.2). Entsprechende Erfolgserlebnisse schienen in den von Göller (2020) geführten Interviews mit Mathematikfach- und Mathematiklehramtsstudierenden eine notwendige Voraussetzung zu sein, um Inhalte als „intrinsisch wertvoll" (Göller, 2020, Abschnitt 13.2) einzuschätzen, eine Kategorie, die mit der individuell-intrinsischen Dimension des Modells der Relevanzbegründungen assoziiert werden kann. Möglich wäre, dass ein eventuell vorliegender Zusammenhang zwischen Erfolg und Relevanzzuschreibungen moderiert wird über fehlende Anstrengungen von Studierenden, die keine Relevanz zuschreiben. So scheinen negative Bewertungen der Studieninhalte oder des gesamten Mathematikstudiums mit weniger Anstrengungsbereitschaft und Motivation bei Mathematikstudierenden einherzugehen (Göller, 2020, Kapitel 19).

Auch Ergebnisse von Stein (1996), der sogenannte Vorlesungspsychogramme erstellte, könnten auf einen Zusammenhang zwischen Relevanzzuschreibungen und Erfolgserlebnissen bei Mathematikstudierenden hinweisen. Stein (1996) ließ Studierende im Rahmen von Veranstaltungen in jeder Sitzung angeben, ob sie die Inhalte verstanden hätten und ob diese ihnen sinnvoll erschienen. Bei Abtrag der Mittelwerte zu Nachvollziehbarkeit und Sinnempfinden für die einzelnen Sitzungen in einem Diagramm ergaben sich zwei nahezu parallel verlaufende Linien, was darauf hindeuten könnte, dass die Mathematikstudierenden gerade solchen Dingen einen Sinn zuschrieben, die sie verstanden hatten. Sinn wiederum ist ein mit subjektiv empfundener Relevanz in Zusammenhang stehendes Konstrukt (vgl. Abschnitt 4.1.1.3) und wenn nun das Verstehen als Erfolgserlebnis gedeutet wird, lässt sich das Ergebnis als möglicher Zusammenhang[3] zwischen subjektiv empfundener Relevanz und Erfolg interpretieren.

---

[3] Zu beachten ist, dass in der Arbeit von Stein (1996) die Sinn- und Nützlichkeitsaussagen der Studierenden nicht korrelativ verknüpft wurden, sondern nur getrennt voneinander betrachtet wurden. Der hier angeführte mögliche Zusammenhang ist als Hypothese basierend auf den Diagrammen gemeint.

4.1.2.3 Relevanz im Rahmen der Kohärenzforschung

Für das Lehramtsstudium allgemein (also nicht nur das gymnasiale Lehramtsstudium mit Mathematik) wird Relevanz im Rahmen der Kohärenzforschung betrachtet. Kohärenz wird als Konstrukt bestehend aus den drei Dimensionen der Verstehbarkeit, Bewältigbarkeit und Bedeutsamkeit gesehen, von denen die Bedeutsamkeit mit dem Konstrukt der Relevanz verwandt zu sein scheint: Für die Bedeutsamkeit der Lehrerbildung wird „zum Beispiel die *subjektive Aneignung von Sinn* sowie *Selbstreflexion* als Beispiele für eine *innere Bedeutungszuschreibung* innerhalb von Lernprozessen gefordert, um auf der Grundlage individueller Erfahrungen von Lernenden den Sinn einer (Lern-) Erfahrung aufzuzeigen" (Joos et al., 2019, S. 52, Hervorhebungen original). Geht man davon aus, dass Studierende den Sinn einer Lernerfahrung dadurch erkennen, dass sie erkennen, welche von ihnen verfolgten Ziele bzw. Konsequenzen sie mit der Lernerfahrung erreichen können, dann zeigt sich hier eine Verbindung zu den Relevanzgründen aus dem Modell der Relevanzbegründungen.

Um herauszufinden, wodurch Lehramtsstudierende in ihrem Studium eine Kohärenz erleben, wurden Gruppeninterviews mit zwölf Lehramtsstudierenden mit Hauptfach Biologie geführt. Dabei wurde herausgearbeitet, dass die Studierenden eine „mangelnde Passung zwischen den in Lehrveranstaltungen erfahrenen Inhalten und den von den Studierenden als relevant erachteten Inhalten" (Joos et al., 2019, S. 56) empfanden, wobei die Relevanz der Inhalte vor allem an einer Orientierung am Lehrerberuf festgemacht wurde. Insgesamt wurde die Qualität des Studiums von den Studierenden von Professionsorientierung und Schulbezug abhängig gemacht.

Von Joos et al. (2019) wird die Qualität des Studiums mit einer Kohärenz im Studium in Verbindung gebracht und dazu eine Relevanz im Sinne eines Bezugs zur Schule und zum Lehrerdasein vorausgesetzt. In der vorliegenden Arbeit soll gerade herausgearbeitet werden, aus welchen Gründen Relevanzzuschreibungen von Mathematiklehramtsstudierenden vorgenommen werden könnten und eine subjektiv empfundene Relevanz im Studium wird ebenfalls als Qualitätsmerkmal des Studiums aus Studierendensicht gewertet. Es stellt sich die Frage, ob alleine die Professionsorientierung zu einer empfundenen Relevanz von Lehramtsstudierenden führt, wie bei Joos et al. (2019) angenommen, oder ob auch individuelle Aspekte bei den Relevanzzuschreibungen von Mathematiklehramtsstudierenden eine Rolle spielen.

4.1.2.4 Wertinterventionen zur Nützlichkeit

Bisherige Wertinterventionen, in denen die Wertzuschreibung zu Lerninhalten unterstützt werden soll, gehen im Allgemeinen davon aus, dass ein höherer

Wert solchen Aspekten zugeschrieben wird, deren Nützlichkeit erkannt wird. Deshalb wird in entsprechenden Wertinterventionen der Nützlichkeitswert von Lernstoff expliziert, um so den Lernenden den Wert zu verdeutlichen (für einen anderen Kontext, in diesem Fall betraf die Stichprobe Psychologiestudierende einer amerikanischen Universität, vgl. z. B. Hulleman et al., 2010). Im Rahmen solcher Nützlichkeitsinterventionen stellten Neuhaus und Rach (2021) in einem Kontrollgruppendesign fest, dass sich in der von ihnen beforschten Stichprobe Nützlichkeitseinschätzungen von Mathematiklehramtsstudierenden bezüglich eines spezifischen hochschulmathematischen Themas (in diesem Fall reellwertige Folgen) positiv beeinflussen ließen, wenn den Studierenden ein Text vorgelegt wurde, in dem der Nutzen des Themas expliziert wurde. Innerhalb der genannten Forschungsarbeit deutete sich darüber hinaus an, dass schon eine tiefergehende Beschäftigung mit einem Thema bei Mathematiklehramtsstudierenden dazu führen könnte, dass diesem ein höherer Wert zugesprochen wird (Neuhaus & Rach, 2021).

Solche Nützlichkeitsinterventionen scheinen auf das Interesse nur unter bestimmten Bedingungen einen Effekt zu haben. So wurde in einer anderen Untersuchung von Liebendörfer und Schukajlow (2020) in einer Nützlichkeitsintervention bei Mathematiklehramtsstudierenden ein entsprechender Effekt nur bei Modellierungsaufgaben aber nicht bei Anwendungsaufgaben festgestellt. Das lässt vermuten, dass Wert und Interesse zwei verschiedene Konstrukte mit unterschiedlichen Wirkmechanismen sind. Insbesondere stellt sich die Frage, inwiefern sich die Relevanzzuschreibungen, welche theoretisch sowohl mit dem Wert- als auch mit dem Interessekonstrukt assoziiert wurden (vgl. Abschnitt 3.3), empirisch ähnlich zum Wert- oder zum Interessekonstrukt verhalten.

4.2   Zwischenfazit: Bisherige Relevanzforschung in verschiedenen Lernkontexten und daraus abgeleitete Forschungsansätze der vorliegenden Arbeit

Viele der bisherigen Forschungsarbeiten zu Relevanz und Wert von Lerninhalten beziehen sich auf andere Kontexte als das Mathematiklehramtsstudium und nehmen nicht das gleiche Relevanzkonstrukt in den Blick wie die vorliegende Arbeit. Es ist zunächst unklar, ob gefundene Zusammenhänge auf den Kontext des Mathematikstudiums für Lehramtsstudierende mit den entsprechend dieser Arbeit konzeptualisierten Relevanzzuschreibungen übertragen werden können.

Sie können aber einen Anlass bieten, im Rahmen der explorativen Beforschung der Relevanzzuschreibungen von Mathematiklehramtsstudierenden in der vorliegenden Arbeit ähnliche Zusammenhänge in den Blick zu nehmen.

In der Darstellung zum Forschungsstand zu Relevanz und Wert in verschiedenen Lernkontexten hat sich angedeutet, dass höhere Relevanzzuschreibungen von Studierenden einhergehen könnten mit besseren motivationalen und leistungsbezogenen Merkmalen und somit besseren Voraussetzungen für einen erfolgreichen Studienabschluss (vgl. Abschnitt 4.1.1.5). Dazu, ob Relevanzzuschreibungen vor allem durch eine empfundene Nützlichkeit des Studiums, ein Abdecken von Interessen, einen Praxisbezug oder andere Gründe entstehen, lässt sich aus den betrachteten Forschungsarbeiten keine klare Hypothese ableiten. Unter Betrachtung des dargestellten Forschungsstandes bietet es sich an, bei der Beforschung der Relevanzzuschreibungen von Mathematiklehramtsstudierenden zu explorieren,

– aus welchen Gründen sich eine Relevanz des Mathematikstudiums aus Sicht der Lehramtsstudierenden ergibt und ob dabei alleine die Professionsorientierung zu Relevanzzuschreibungen führt, wie man es unter Betrachtung der Überlegungen von Joos et al. (2019) vermuten würde (vgl. Abschnitt 4.1.2.3), oder ob auch individuelle Aspekte eine Rolle spielen (vgl. Abschnitt 4.1.1.3),
– ob verschiedene Gründe (eventuell für verschiedene Studierendengruppen) unterschiedlich schwer wiegen bei der Zuschreibung von Relevanz zum Mathematikstudium, wie es von Vollstedt (2011) für die Schule angenommen wurde (vgl. Abschnitt 4.1.1.3) und wie angenommen werden könnte, wenn man bedenkt, dass innerhalb der Theorie Praxis Debatte (vgl. Abschnitt 4.1.2.1) verschiedene Ansichten konkurrieren,
– ob eine Relevanz des Mathematikstudiums auch gesehen werden kann, wenn einzelne Inhalte als nicht relevant eingeschätzt werden, ähnlich wie beim Relevanzparadox (vgl. Abschnitt 4.1.1.2),
– ob eine bloße Beschäftigung mit Inhalten schon zu einer höheren Relevanzzuschreibung führen kann (vgl. Abschnitt 4.1.2.4) und
– ob die Relevanzzuschreibungen vonseiten der Studierenden in Zusammenhang stehen zu psychologischen Merkmalen oder ihrem Verhalten (vgl. Abschnitt 4.1.1.1). Auch Leistung und Erfolg könnten in Zusammenhang mit Relevanzzuschreibungen stehen (vgl. Abschnitt 4.1.1.4, Abschnitt 4.1.2.2).

Um Antworten auf diese Fragen generieren zu können, sollen in der vorliegenden Arbeit Relevanzzuschreibungen und Einschätzungen zur Umsetzung verschiedener Aspekte (vgl. Abschnitt 4.2.1) ebenso analysiert werden wie deren

Zusammenhang mit psychologischen Konstrukten (vgl. Abschnitt 4.2.2) und mit Studienaktivitäten und Leistungen (vgl. Abschnitt 4.2.3).

4.2.1 Forschungsansatz: Beforschung der Konstrukte der Relevanzzuschreibungen und Einschätzungen zur Umsetzung verschiedener Aspekte

Das erste und grundlegende Konstrukt, das in der Arbeit analysiert werden soll, ist das der Relevanzzuschreibungen: Im Rahmen der Beforschung der Relevanzgründe soll überprüft werden, als wie wichtig die Mathematiklehramtsstudierenden die Relevanzgründe aus dem Modell der Relevanzbegründungen (vgl. Abschnitt 3.2.1) für ihr Mathematikstudium einschätzen und im Sinne der Beforschung der Relevanzinhalte soll analysiert werden, wie relevant den Studierenden Inhalte erscheinen, die sich entsprechend der „Standards für die Lehrerbildung im Fach Mathematik" (DMV et al., 2008) verschiedenen Themengebieten und verschiedenen Komplexitätsstufen zuordnen lassen (vgl. Abschnitt 2.2.1.2–2.2.1.5) und deren Relevanz aus bildungspolitischer Sicht angenommen wird.

Da aus der Beobachtung von Neuhaus und Rach (2021), dass schon eine tiefergehende Beschäftigung mit einem Thema bei Mathematiklehramtsstudierenden zu höheren Wertzuschreibungen führte (vgl. Abschnitt 4.1.2.4), die Frage abgeleitet werden kann, ob eine reine Beschäftigung mit Inhalten auch schon zu höheren Relevanzzuschreibungen führen könnte, soll auch die Einschätzung zur Umsetzung verschiedener Aspekte aus Studierendensicht beforscht werden. So kann beforscht werden, ob sich Zusammenhänge zeigen zwischen den Relevanzzuschreibungen und Einschätzungen zur Umsetzung verschiedener Aspekte.

4.2.2 Forschungsansatz: Zusammenhang zu psychologischen Konstrukten

Weiterhin könnten psychologische Konstrukte mit dem Konstrukt der Relevanzzuschreibungen in Verbindung stehen. Theoretische Hintergründe zu psychologischen Konstrukten, die in der vorliegenden Arbeit in ihrem Zusammenhang zu Relevanzzuschreibungen von Mathematiklehramtsstudierenden in den Blick

genommen werden sollen, und bisherige Forschungsergebnisse zu Zusammenhängen zwischen diesen Konstrukten und Wert-, Zufriedenheits- und Relevanzkonstrukten werden in Abschnitt 4.3 dargestellt. Da die Arbeit explorativ
angelegt ist und erkunden soll, wo Zusammenhänge vorliegen könnten, lohnt
es sich, verschiedene Konstrukte zu analysieren. Bei der Beforschung der Relevanzzuschreibungen wird eine Verbindung zwischen den Lehramtsstudierenden
(Person) und ihrem Mathematikstudium (Gegenstand) in den Blick genommen.
Die psychologischen Konstrukte, die im Folgenden untersucht werden, lassen sich
innerhalb dieser Verbindungsstruktur drei Kategorien zuordnen:

– Die motivationalen Konstrukte (vgl. Abschnitt 4.3.1) beschreiben eine affektiv gelagerte Verbindung zwischen Person und Gegenstand. Als motivationale Merkmale werden die Regulationsformen im Sinne der Selbstbestimmungstheorie (vgl. Abschnitt 4.3.1.1), das Interesse an Mathematik (vgl.
  Abschnitt 4.3.1.2) und die mathematische sowie die aufgabenbezogene Selbstwirksamkeitserwartung (vgl. Abschnitt 4.3.1.3) analysiert.

  o Das Interesse, das dabei in den Blick genommen wird, ist ein stabiles Kon-
    strukt, das eine Beziehung zwischen einer Person und einem Gegenstand
    beschreibt.
  o Die Regulationsformen können Aufschluss darüber geben, inwiefern die
    Motivation des Individuums von außen beeinflusst wird.
  o Bei der Selbstwirksamkeitserwartung ist der Fokus weniger affektiv gela-
    gert, sondern liegt auf der eigenen Erfolgseinschätzung. Die aufgabenbe-
    zogene Selbstwirksamkeitserwartung wird zusätzlich zur mathematischen
    abgefragt, da das Bearbeiten von Übungsaufgaben einen wichtigen Teil
    des Mathematikstudiums ausmacht und Studierende viel Zeit mit deren
    Bearbeitung verbringen (Göller, 2020, Abschnitt 17.1; Liebendörfer, 2018,
    Abschnitt 10.4).

– Das mathematikbezogene Selbstkonzept (vgl. Abschnitt 4.3.2) beschreibt eine
  Verbindung zwischen Person und Gegenstand, die sich über Leistungsverglei-
  che formt.
– Das mathematische Weltbild (vgl. Abschnitt 4.3.3) sowie die Einstellung zum
  Beweisen (vgl. Abschnitt 4.3.4) beschreiben Vorstellungen der Person über
  den Gegenstand (bzw. Teile des Gegenstands).

4.2.3 Forschungsansatz: Zusammenhang zu Konstrukten zu Studienaktivitäten und zu Leistungen

Relevanzzuschreibungen könnten auch in Verbindung zu Studienaktivitäten und zu Leistungen stehen. Theoretische Hintergründe zu Studienaktivitäten, die in dieser Arbeit in ihrem Zusammenhang zu Relevanzzuschreibungen von Mathematiklehramtsstudierenden in den Blick genommen werden sollen, und bisherige Forschungsergebnisse zu Zusammenhängen zwischen diesen Studienaktivitäten und Wert-, Zufriedenheits- und Relevanzkonstrukten werden in Abschnitt 4.4 dargestellt. In Abschnitt 6.1.3 werden die in der Arbeit eingesetzten Leistungsindikatoren vorgestellt.

Es ist denkbar, dass Studierende, die eine Relevanz zuschreiben, aktiver mitarbeiten oder dass Studierende, die aktiv mitarbeiten, den Stoff so weit durchdringen, dass sie eine Relevanz erkennen. Studierende, die eine Relevanz erkennen, könnten beispielsweise wegen eines aktiveren Lernverhaltens bessere Leistungen bringen. Denkbar wäre aber auch, dass Studierende, die gute Leistungen bringen, eher eine Relevanz erkennen als solche mit schlechten Leistungen oder dass Studierende mit schlechteren Leistungen eine fehlende Relevanz bemängeln, um ihre Probleme mit den Anforderungen zu kaschieren. Um hier Aufschluss zu bekommen, werden die Beziehungen von Relevanzzuschreibungen zu Konstrukten der Lernaktivitäten und zu Leistung analysiert. Es werden dabei bezüglich der Lernaktivitäten drei Konstrukte in den Blick genommen. Die Lernstrategien (vgl. Abschnitt 4.4.1) lassen Schlüsse darüber zu, *wie* die Studierenden lernen, wohingegen das Lernverhalten in der Vorlesung und zwischen den Sitzungsterminen (vgl. Abschnitt 4.4.2) Analysen dazu zulässt, *wann* die Studierenden vornehmlich aktiv werden. Das dritte Konstrukt des Abschreibeverhaltens (vgl. Abschnitt 4.4.3) wird zusätzlich analysiert, da Abschreiben gerade unter Mathematikstudierenden eine verbreitete Strategie zu sein scheint, die in der jüngeren Vergangenheit näher in den Fokus gerückt ist (Göller, 2020, Abschnitt 10.5; Liebendörfer & Göller, 2016a, 2016b).

4.3 Psychologische Konstrukte, die mit Relevanzzuschreibungen zusammenhängen könnten

Im Folgenden werden die verschiedenen psychologischen Konstrukte, deren Zusammenhänge zu den Relevanzzuschreibungen in der vorliegenden Arbeit überprüft werden sollen, vorgestellt und bisherige Forschungsergebnisse präsentiert, in denen die psychologischen Konstrukte in Zusammenhang zu Wert-,

Zufriedenheits- oder Relevanzkonstrukten gesetzt werden. Die Forschungsergebnisse sollen dabei die Annahme der vorliegenden Arbeit stützen, dass
es sich bei der explorativen Beforschung der Relevanzzuschreibungen von
Mathematiklehramtsstudierenden lohnen könnte, auch deren Beziehungen zu
den entsprechenden Konstrukten in den Blick zu nehmen. Dass eine Analyse
von Zusammenhängen zwischen Relevanzzuschreibungen und psychologischen
Merkmalen bei Mathematiklehramtsstudierenden überhaupt sinnvoll ist, wurde in
Abschnitt 4.2 unter Bezug auf den Forschungsstand zu Relevanz in Lernkontexten
(vgl. Abschnitt 4.1) herausgearbeitet. Die im Folgenden behandelten psychologischen Konstrukte, deren Zusammenhänge zu den Relevanzzuschreibungen in
dieser Arbeit beforscht werden, sind die Regulationsstile der Motivation aus
der Selbstbestimmungstheorie (vgl. Abschnitt 4.3.1.1), das mathematikbezogene
Interesse (vgl. Abschnitt 4.3.1.2), die mathematische und die übungsaufgaben-
bezogene Selbstwirksamkeitserwartung (vgl. Abschnitt 4.3.1.3), das mathematikbezogene Selbstkonzept (vgl. Abschnitt 4.3.2), das mathematische Weltbild (vgl.
Abschnitt 4.3.3) und die Einstellung zum Beweisen (vgl. Abschnitt 4.3.4).

4.3.1 Motivationale Konstrukte, die mit Relevanzzuschreibungen zusammenhängen könnten

Bei Motivation handelt es sich um die „aktivierende Ausrichtung des momentanen
Lebensvollzugs auf einen positiv bewerteten Zielzustand" (Rheinberg & Vollmeyer, 2008, S. 15). Bei dieser Definition muss berücksichtigt werden, dass der
„positiv bewertete Zielzustand" erstens in manchen Fällen eher in der Abwendung
als negativ bewerteter Zustände bestehen kann und zweitens schon im Vollzug
einer Tätigkeit selbst liegen kann, wenn diese für den Ausführenden mit positiven
Gefühlen verbunden ist (Rheinberg, 2010).

Menschen, die motiviert sind, verfolgen ein in naher oder ferner Zukunft
liegendes Ziel. Dabei beschäftigen sich die meisten Motivationstheorien mit
verschiedenen Formen von Faktoren, welche vom handelnden Menschen selbst
oder seiner Umwelt ausgehen können und das zielgerichtete Handeln beeinflussen (Deci & Ryan, 1993). Bei jenen Faktoren kann es sich beispielsweise um
Selbstwirksamkeitserwartungen handeln (Bandura, 1977) oder das Produkt aus
Erwartung und Wert (Wigfield & Eccles, 2000). Die Selbstbestimmungstheorie differenziert wiederum verschiedene Formen motivierten Handelns, die sich
darin unterscheiden, wie selbstbestimmt sie geschehen (Deci & Ryan, 1993). Teils
wird ein Empfinden von Relevanz als Voraussetzung für Lernmotivation gesehen
(Brophy, 1999; Keller, 1983, 1987).

Zur Analyse von Zusammenhängen zwischen Relevanzzuschreibungen und motivationalen Merkmalen bei Mathematiklehramtsstudierenden wurden in der vorliegenden Arbeit die verschiedenen Formen der Motivation im Rahmen der Selbstbestimmungstheorie aufgenommen (vgl. Abschnitt 4.3.1.1), da daran beson-ders gut eine Entwicklung der Motivation weg von einem externalen hin zu einem identifizierten oder gar integrierten Motivationsstil sichtbar gemacht werden kann. So soll überprüft werden, ob Relevanzzuschreibungen in Zusammenhang mit ver-schiedenen Qualitäten der Motivation stehen. Förderlich für den erfolgreichen Studienabschluss scheinen vor allem die intrinsische Motivation oder die inte-grierte Regulation zu sein, da diese Formen als Voraussetzung effektiven Lernens gelten (Deci & Ryan, 1993). Die intrinsische Motivation und die integrierte Regu-lation hängen eng zusammen mit dem Konstrukt des Interesses (Deci & Ryan, 1993; Krapp, 2010; Ryan & Deci, 2000), welches ebenfalls untersucht wird (vgl. Abschnitt 4.3.1.2). Zudem werden Arten der Selbstwirksamkeitserwartun-gen betrachtet, die teils als entscheidender Faktor beim Entstehen von Interesse gesehen werden (Bandura, 1977) (vgl. Abschnitt 4.3.1.3).

4.3.1.1 Theoretische Hintergründe zur Selbstbestimmungstheorie und bisherige Forschungsergebnisse, die auf einen möglichen Zusammenhang zum Konstrukt der Relevanzzuschreibungen hindeuten

4.3.1.1.1 Theoretische Hintergründe zur Selbstbestimmungstheorie

In vielen motivationalen Theorien werden verschiedene Qualitäten der Motivation unterschieden, welche grob als intrinsische Motivation und extrinsische Motiva-tion bezeichnet werden (für eine Gegenüberstellung verschiedener Auffassungen intrinsischer Motivation vgl. z. B. Krapp, 1999). In der vorliegenden Arbeit wird den Auffassungen von Ryan und Deci (2000) gefolgt, bei denen intrinsische Motivation vorliegt, wenn eine Tätigkeit ausgeführt wird, weil sie selbst genos-sen wird, und extrinsische Motivation, wenn eine Tätigkeit vollzogen wird, um ein davon separates Ergebnis zu erreichen. Diese Unterteilung geht zurück auf die Selbstbestimmungstheorie (Self-Determination Theory, SDT) (Deci & Ryan, 1985b), welche „als bedeutsamste moderne Theorie der intrinsischen Motivation gelten" (Schiefele & Schaffner, 2015, S. 157) kann. Genauer handelt es sich bei SDT um eine Theoriefamilie bestehend aus fünf Minitheorien (Vansteenkiste et al., 2010), von denen die für die vorliegende Arbeit relevante Theorie der organismischen Integration (organismic integration theory, OIT) die extrinsische Motivation weiter ausdifferenziert in die externale Regulation, introjizierte Regu-lation, identifizierte Regulation und integrierte Regulation. Die dahinterstehende

Annahme ist, dass Menschen ursprünglich externale Regulationsformen internalisieren können, wenn die entsprechenden Handlungsreize vonseiten bedeutender Bezugsgruppen ausgehen (Deci & Ryan, 2002). Dabei beschreibt die externale Regulation die am wenigsten selbstbestimmte Form der Motivation, bei der eine Handlung nur ausgeführt wird, um negative Folgen zu vermeiden. Eine introjizierte Regulation liegt nach dieser Auffassung vor, wenn die Werte auf denen die Handlungsausführung basiert, schwach mit dem Selbst verknüpft sind, ohne dass sich damit identifiziert wird. Bei identifizierter Regulation identifiziert sich die Person mit den Werten, wobei noch Widersprüche zu anderen eigenen Werten bestehen, und integrierte Regulation liegt dann vor, wenn die Werte vollständig in das eigene Selbst integriert wurden und keine Widersprüche zu anderen Werten mehr vorhanden sind (Deci & Ryan, 1993; Ryan & Deci, 2000).

4.3.1.1.2 Methodik bei der Beforschung der Regulationsstile aus der Selbstbestimmungstheorie

In der Praxis wird von der Erhebung der integrierten Regulation in der Regel abgesehen, da diese empirisch schwer von der intrinsischen Motivation zu trennen ist (Müller et al., 2007; Vallerand et al., 1992). Der Unterschied liegt allein darin, dass intrinsisch motivierte Handlungen vom Selbst ausgehen, während integrierte Verhaltensweisen zwar von außerhalb des Selbst ausgehen, aber dennoch aus freiem Willen getätigt werden, da das Ergebnis vom Selbst hoch bewertet wird (Deci & Ryan, 1993).

Es ist üblich, bei ihrer quantitativen Erhebung aus den vier Motivationsformen der intrinsischen Motivation und der identifizierten, introjizierten und externalen Regulation einen Selbstbestimmungsindex (self-determination index, SDI) zu bilden. Dabei wird die Summe aus den nach dem Level ihrer Selbstbestimmung gewichteten Skalen gebildet, das heißt die intrinsische Motivation wird mit $+2$, die identifizierte Regulation mit $+1$, die introjizierte Regulation mit -1 und die externale Regulation mit -2 gewichtet (Levesque et al., 2004):

$$SDI = (2 \cdot intrinsisch) + identifiziert - introjiziert - (2 \cdot external)$$

4.3.1.1.3 Forschungsergebnisse, die auf einen möglichen Zusammenhang zwischen den Regulationsstilen der Selbstbestimmungstheorie und dem Konstrukt der Relevanzzuschreibungen hindeuten

Während externale oder introjizierte Regulationsformen eher mit negativen Auswirkungen im Lernprozess wie vorzeitigem Schulabbruch (Vallerand & Bissonnette, 1992, im Rahmen eines verpflichtenden Französischkurses für kanadische Collegestudierende im ersten Semester) und Schulangst (Ryan & Connell, 1989, im Grundschulkontext in New York für die Klassenstufen 3 bis 6) in Verbindung gebracht werden, korrelieren stärker internalisierte Motivationsformen eher mit Interesse und Freude (Ryan & Connell, 1989, im Grundschulkontext in New York für die Klassenstufen 3 bis 6), einer höheren Qualität des Lernens (Grolnick & Ryan, 1987, im Schulunterricht mit einer Stichprobe aus FünftklässlerInnen in Rochester, NY) und besseren Leistungen (Miserandino, 1996, bei Betrachtung einer Stichprobe von überdurchschnittlich leistungsstarken Dritt- und ViertklässlerInnen in New York). Somit scheinen stärker internale Motivationsformen lernförderlicher zu sein und es bietet sich an, gerade die Faktoren zu untersuchen, die intrinsische Motivation begünstigen oder verhindern (Ryan & Deci, 2000).

Vansteenkiste et al. (2018) setzen in einem von ihnen entwickelten Modell, welches fachunabhängig für den Schulunterricht konzipiert ist, die vier Regulationsformen in Beziehung zu einem Relevanzkonstrukt, das sie als „self-relevance" bezeichnen und welches mit steigender Internalisierung von der externalen zur integrierten Regulation immer stärker anwächst. Auch andere Arbeiten gehen davon aus, dass steigende empfundene Relevanz zu einer höheren oder stärker internalen Motivation im Lernprozess führen kann (für mathematische Lernkontexte vgl. Gaspard, 2015; Hernandez-Martinez & Vos, 2018; für fachübergreifende Lernkontexte vgl. Kember et al., 2008; Priniski et al., 2018). Insgesamt deuten die Arbeiten darauf hin, dass stärker internalisierte Regulationsformen einhergehen könnten mit höheren Relevanzzuschreibungen, falls sich dieses Konstrukt ähnlich verhält wie die bisher im Forschungskontext betrachteten Relevanzkonstrukte. Neben der Überprüfung, ob diese Annahme im Rahmen des Mathematiklehramtsstudiums mit dem in dieser Arbeit beforschten Konstrukt der Relevanzzuschreibungen zutrifft, stellt sich für die vorliegende Arbeit die Frage, ob Studierendengruppen, denen unterschiedliche Relevanzgründe im Mathematikstudium wichtig sind, unterschiedliche Regulationsformen der Motivation zeigen.

4.3.1.2 Theoretische Hintergründe zum Interesse an Mathematik und bisherige Forschungsergebnisse, die auf einen möglichen Zusammenhang zum Konstrukt der Relevanzzuschreibungen hindeuten

4.3.1.2.1 Theoretische Hintergründe zum Interesse an Mathematik

Das Interessekonstrukt ist eng verknüpft mit dem Konstrukt des Werts. Tatsächlich wird in vielen Interessetheorien angenommen, dass Wert einen integralen Bestandteil des Interessekonstrukts darstellt (Dewey, 1913; Hidi & Harackiewicz, 2000; Hidi & Renninger, 2006; Krapp, 2007; Mitchell, 1993; Schiefele, 1991). Man unterscheidet kurzzeitiges situationales Interesse von überdauerndem individuellen Interesse (Hidi & Renninger, 2006; Krapp, 1992, 2007, 2010; Renninger & Hidi, 2002), wobei situationales Interesse im Gegensatz zu individuellem Interesse nicht mit einer hohen Wertschätzung verknüpft sein muss (Renninger & Hidi, 2002). In der vorliegenden Arbeit liegt der Fokus auf dem individuellen Interesse. Generell kann sich ein individuelles Interesse aus situationalem Interesse entwickeln (Hidi & Renninger, 2006; Hulleman & Harackiewicz, 2009; Krapp, 2010; Renninger, 2009), wobei sich nicht jedes situationale Interesse zu einem individuellen entwickelt (Renninger & Hidi, 2002). Eng verknüpft mit der Entwicklung individueller Interessen ist die Entwicklung des Selbstkonzepts (Krapp, 1992, 2010).

Interesse wird als eine Beziehung von einer Person zu einem Objekt gesehen (Krapp, 2007, 2010; E. Wild et al., 2006), wobei das Objekt des Interesses ein konkreter Gegenstand sein kann oder aber auch ein thematischer Bereich oder eine Tätigkeit (Krapp, 2007, 2010). Die Beziehung zwischen der Person und dem Objekt ist von drei Eigenschaften geprägt. Die emotionale Valenz beschreibt, dass während der Beschäftigung mit dem Objekt Freude empfunden wird und die wertbezogene Komponente beschreibt den Sachverhalt, dass dem Objekt eine hohe persönliche Bedeutung zugesprochen wird (Hidi, 2006; Krapp, 2005, 2007, 2010; Renninger, 2009; E. Wild et al., 2006). Als drittes Merkmal wird je nach Auffassung eine epistemische (kognitive) Komponente (Krapp, 1999, 2010) oder der intrinsische Charakter der Beziehung gesehen (Krapp et al., 1993; Schiefele et al., 1992). Die epistemische Valenz beschreibt, dass darauf abgezielt wird, das Wissen über das Objekt oder dessen Kontext zu erweitern bzw. eigenes Können bezüglich des Interessenobjekts zu verbessern (Krapp, 1999). Wird Interesse, wie in der vorliegenden Arbeit, eher als affektives Merkmal aufgefasst, so wird der epistemische Aspekt nicht als Merkmal des Interessekonstrukts gewertet. Als drittes Merkmal von Interesse wird in diesem Fall dessen intrinsischer Charakter gewertet, der besagt, dass die Beschäftigung mit dem Objekt „sachimmanente" Gründe hat, das heißt sie geschieht nicht nur, weil das Objekt mit anderen

Gegenständen oder Sachverhalten in Verbindung steht (Krapp et al., 1993). Die drei Aspekte der wertbezogenen Valenz, der gefühlsbezogenen Valenz und des intrinsischen Charakters stellen keine unabhängigen Faktoren dar (Krapp et al., 1993).

4.3.1.2.2 Methodik bei der Beforschung des Interesses an Mathematik

Die Beforschung von individuellem Interesse an Mathematik bei Studierenden wird dadurch erschwert, dass Mathematikstudierende zwischen Schul- und Hochschulmathematik als Interesseobjekte durchaus zu differenzieren scheinen (Liebendörfer & Hochmuth, 2013). Teils wird dafür plädiert, zwischen dem Interesse an Schulmathematik und dem Interesse an Hochschulmathematik auch durch den Einsatz entsprechender Messinstrumente zu unterscheiden (Rach et al., 2017; Ufer et al., 2017).

4.3.1.2.3 Forschungsergebnisse, die auf einen möglichen Zusammenhang zwischen dem Interesse an Mathematik und dem Konstrukt der Relevanzzuschreibungen hindeuten

In der vorliegenden Arbeit wird davon ausgegangen, dass Relevanzzuschreibungen eng zusammenhängen mit einer Studienzufriedenheit. Für diese wiederum deuten frühere Forschungsergebnisse darauf hin, dass sie eng mit Interesse zusammenhängt, was als erstes Indiz dafür gewertet werden kann, dass auch Interesse und Relevanzzuschreibungen zusammenhängen könnten. In nichtmathematikbezogenen Untersuchungen lassen frühere Ergebnisse vermuten, dass das Interesse positiv mit der Zufriedenheit beim Lernen zusammenhängt (vgl. Blüthmann, 2012a, im Kontext des Bachelorstudiums verschiedener Fächer; Schiefele & Jacob-Ebbinghaus, 2006, im Kontext des Psychologiestudiums) und besonders im naturwissenschaftlichen Bereich gibt es Hinweise aus früherer Forschung, dass Interesse und Studienzufriedenheit positiv zusammenhängen (Bergmann, 1992). Speziell für das Mathematikstudium konnte Rach (2019) für die von ihr beforschte Stichprobe zeigen, dass Interesse an Mathematik zusammen mit Interesse an Hochschulmathematik 25 % der Varianz in der subjektiv eingeschätzten Studienzufriedenheit bei Mathematikstudierenden aufklären konnten. Bei Kosiol et al. (2019) stellte generelles Interesse einen positiven Prädiktor für Studienzufriedenheit im Mathematikstudium dar, wobei Interesse an Hochschulmathematik und an Beweisen und formalen Darstellungen noch weitere Varianz aufklären konnten. Das Interesse an Schulmathematik stellte hingegen einen Prädiktor für geringere Studienzufriedenheit dar (Kosiol et al., 2019).

Es existieren auch Forschungsergebnisse, die darauf hindeuten, dass Interesse und Wertzuschreibungen positiv zusammenhängen. Positive Korrelationen zwischen der wahrgenommenen Bedeutsamkeit im Mathematikunterricht und dem Interesse von SchülerInnen stellte beispielsweise Willems (2011, Abschnitt 7.3) fest und im Hochschulkontext konnten Neuhaus und Rach (2021) bezüglich eines festen hochschulmathematischen Themas (in diesem Fall reellwertigen Folgen) positive Korrelationen zwischen dem Interesse an diesem Thema und dessen empfundener Nützlichkeit feststellen.

Es scheint wahrscheinlich, dass Relevanzzuschreibungen und Interesse positiv zusammenhängen, wobei diese Hypothese insofern einer Überprüfung bedarf, da mehrere der bisherigen Ergebnisse aus einem anderen Kontext als dem des Mathematiklehramtsstudiums stammen und zudem andere Konstrukte als das in dieser Arbeit beforschte Konstrukt der Relevanzzuschreibungen in den Blick genommen wurden. Überdies kann aus der bisherigen Forschung keine klare Hypothese abgeleitet werden, ob und gegebenenfalls wie Interesse und Relevanzzuschreibungen einander bedingen:

– Laut Modellannahmen kann sich ein Interesse an einer Aktivität entwickeln oder verstärken (Renninger, 2009; Renninger & Hidi, 2002) oder aus situationalem kann sich individuelles Interesse entwickeln (Hidi & Renninger, 2006), wenn der Aktivität ein Wert zugeschrieben wird. In Studien von Wang (2012) konnte die wahrgenommene Bedeutsamkeit im Mathematikunterricht in der siebten Klasse das Interesse in der zehnten Klasse vorhersagen und Hulleman und Harackiewicz (2009) stellten fest, dass das Interesse bei SchülerInnen der Naturwissenschaften stieg, wenn diese sich mit der persönlichen Bedeutung der Lerninhalte auseinandergesetzt hatten. Relevanzinterventionen, in denen Informationen zur Nützlichkeit erlernter mathematischer Techniken direkt kommuniziert wurden, zeigten, dass entsprechende Informationen bei Studierenden positive Effekte auf das Interesse hatten (Shechter et al., 2011), wobei dies im Rahmen von Forschung im amerikanischen Psychologiestudium insbesondere bei Studierenden mit geringen Leistungen der Fall war (Hulleman et al., 2010). Zudem zeigte sich in Studien, dass das mit dem Relevanzkonstrukt assoziierte Konstrukt des Wertes aus Value-Expectancy-Cost Theorien der stärkste Prädiktor von Interesse war und das gegenteilige Konstrukt der Kosten sich negativ auf die Interessenentwicklung auswirkte (vgl. Barron & Hulleman, 2015b). In einer Studie mit Psychologiestudierenden war es wahrscheinlicher, dass Studierende, die dem Kurs eine Art von task value beimaßen, am Ende des Semesters ein höheres Interesse an dem Kurs zeigten (Hulleman et al., 2008).

– In der gleichen Studie zeigte sich in entgegengesetzter Richtung, dass Studierende mit hohem anfänglichen Interesse später mehr utility value bezüglich des Kurses empfanden (Hulleman et al., 2008), was darauf hindeutet, dass ein Interesse auch dazu führen kann, dass ein Wert zugeschrieben wird, eine Wirkrichtung von der auch Wigfield und Eccles (2002) ausgehen.

Insgesamt ist zu vermuten, dass ein höheres Interesse einhergehen könnte mit höheren Relevanzzuschreibungen, falls sich das Konstrukt der Relevanzzuschreibungen ähnlich verhält wie die bisher im Forschungskontext betrachteten Wert-, Zufriedenheits- und Relevanzkonstrukte. Über Wirkrichtungen ist dabei bisher keine theoretisch basierte Annahme möglich. Außerdem stellt sich für die vorliegende Arbeit die Frage, ob Studierendengruppen, denen unterschiedliche Relevanzgründe im Mathematikstudium wichtig sind, ein unterschiedlich hohes Interesse zeigen.

4.3.1.3 Theoretische Hintergründe zur mathematischen und übungsaufgabenbezogenen Selbstwirksamkeitserwartung und bisherige Forschungsergebnisse, die auf einen möglichen Zusammenhang zum Konstrukt der Relevanzzuschreibungen hindeuten

4.3.1.3.1 Theoretische Hintergründe zu Selbstwirksamkeitserwartungen

Im Allgemeinen beschreiben Selbstwirksamkeitserwartungen "people's judgments of their capabilities to organize and execute courses of action required to attain designated types of performances" (Bandura, 2002, S. 391). Das Konzept der Selbstwirksamkeitserwartung stammt aus der sozial-kognitiven Theorie nach Bandura, wonach motiviertes Verhalten abhängt von subjektiven Überzeugungen wie den Selbstwirksamkeitserwartungen (Schwarzer & Jerusalem, 2002). Dabei unterscheidet man die allgemeine Selbstwirksamkeitserwartung, die Einschätzungen über die allgemeine Fähigkeit der Lebensbewältigung zusammenfasst, von spezifischen Selbstwirksamkeitserwartungen, wobei einerseits situationsspezifische und andererseits bereichsspezifische Selbstwirksamkeitserwartungen angenommen werden (Schwarzer & Jerusalem, 1999, 2002).

Gerade im Rahmen von Expectancy-Value Theorien werden die Konzepte des Werts und der Selbstwirksamkeitserwartung verknüpft. In diesen Theorien, in denen die Erwartung oft entsprechend des Konzepts der Selbstwirksamkeitserwartung operationalisiert wird (Bong, 2001), wird davon ausgegangen, dass ein gerichtetes und dementsprechend motiviertes Verhalten erst durch das Zusammenspiel von Wertzuschreibungen, Fähigkeiten und Selbstwirksamkeitserwartungen stattfindet (Schunk, 1991).

4.3.1.3.2 Forschungsergebnisse, die auf einen möglichen Zusammenhang zwischen Selbstwirksamkeitserwartungen und dem Konstrukt der Relevanzzuschreibungen hindeuten

Auch zwischen der Selbstwirksamkeitserwartung und Relevanzzuschreibungen lassen sich auf Basis früherer Forschungsarbeiten positive Zusammenhänge vermuten, falls sich das Konstrukt der Relevanzzuschreibungen ähnlich verhält wie bisher im Forschungskontext betrachtete Wertkonstrukte. Hackett und Betz (1989) beispielsweise stellten bei amerikanischen Psychologiestudierenden einen positiven Zusammenhang fest zwischen mathematischer Selbstwirksamkeitserwartung und der Einschätzung, dass Mathematik nützlich sei, wobei Nützlichkeit eine Wertkomponente entsprechend der Expectancy-Value Theorie darstellt und somit mit dem Konstrukt der Relevanzgründe zu assoziieren ist. Auch Neuhaus und Rach (2021) konnten bezüglich eines festen hochschulmathematischen Themas positive Korrelationen zwischen der Erfolgserwartung bei diesem Thema und dessen empfundener Nützlichkeit, in diesem Fall bei Mathematiklehramtsstudierenden, feststellen.

Das Bild möglicher Einflussrichtungen zwischen Wertkonstrukten und Selbstwirksamkeitserwartung ist wiederum weniger eindeutig.

– Im Rahmen von Expectancy-Value Theorien deutete sich an, dass eine höhere empfundene Selbstwirksamkeit im Sinne einer hohen Erfolgserwartung dazu führen kann, dass Aktivitäten ein hoher Wert zugesprochen wird (Eccles & Harold, 1991; Eccles & Wigfield, 1995). Insbesondere gibt es Ergebnisse dazu, dass hohe Einschätzungen der eigenen mathematischen Fähigkeiten bei SchülerInnen der Klassenstufen 7 bis 9 deren Wertschätzung der Mathematik vorhersagten (Meece et al., 1990). Dies könnte sich dadurch erklären lassen, dass es dem Selbstwert dienlich ist, gerade diejenigen Aktivitäten hoch zu bewerten, bei denen man ein Vertrauen in die eigene Fähigkeit hat (Eccles & Wigfield, 1995). Neuville et al. (2007) stellten in ihrer Forschung fest, dass belgische Bachelorstudierende mit hoher Selbstwirksamkeitserwartung höhere Wertzuschreibungen vornahmen aber hohe Wertzuschreibungen kein Prädiktor für Selbstwirksamkeitserwartung waren.

– Demgegenüber wurde in Laboruntersuchungen mit Lernenden verschiedener Lernkontexte, bei denen diesen direkt die Nützlichkeit einer neuen mathematischen Technik erklärt wurde, festgestellt, dass eine entsprechende Intervention positive Auswirkungen auf die Selbstwirksamkeitserwartung hatte (Durik & Harackiewicz, 2007; Hulleman & Harackiewicz, 2009; Shechter et al., 2011) und auch bei Berger und Karabenick (2011) zeigte sich, dass HighschoolschülerInnen der neunten Klasse mit zu Schuljahresbeginn hohen

Wertzuschreibungen bezüglich der Mathematik am Ende des Schuljahres selbst unter Berücksichtigung der anfänglichen Selbstwirksamkeitserwartung eine höhere Selbstwirksamkeitserwartung zeigten.

Insgesamt ist zu vermuten, dass die Relevanzzuschreibungen von Mathematik-lehramtsstudierenden positiv mit deren Selbstwirksamkeitserwartung korrelieren, wenn sich das Konstrukt der Relevanzzuschreibungen ähnlich verhält wie die Wertkonstrukte, die in den angegebenen Arbeiten beforscht wurden. Es bleiben aber mehrere Fragen offen, für die mithilfe der bisherigen Forschungsergebnisse keine klaren Hypothesen formuliert werden können. So stellt sich die Frage, ob eine Wirkrichtung zwischen Selbstwirksamkeitserwartung und Relevanzzuschreibungen festgestellt werden kann und falls ja, in welcher Richtung diese verläuft. Zudem bleibt abzuwarten, ob sich unterschiedliche Schlüsse aus der Betrachtung der übungsaufgabenbezogenen und der mathematischen Selbstwirksamkeitserwartung ziehen lassen. Es stellt sich für die vorliegende Arbeit auch die Frage, ob Studierendengruppen, denen unterschiedliche Relevanz-gründe im Mathematikstudium wichtig sind, unterschiedlich hoch ausgeprägte Selbstwirksamkeitserwartungen zeigen.

4.3.2 Theoretische Hintergründe zum mathematikbezogenen Selbstkonzept und bisherige Forschungsergebnisse, die auf einen möglichen Zusammenhang zum Konstrukt der Relevanzzuschreibungen hindeuten

4.3.2.1 Theoretische Hintergründe zum mathematikbezogenen Selbstkonzept

Beim Selbstkonzept handelt es sich grob definiert um „a person's perception of him or herself" (Shavelson & Bolus, 1982, S. 1), wobei diese Selbstein-schätzung geprägt ist durch die eigenen Erlebnisse und subjektiven Bewertungen der eigenen Umwelt. Das Selbstkonzept wird als Konstrukt mit unterschied-lichen Facetten aufgefasst, das zudem hierarchisch gegliedert ist. So wird in der obersten Ebene das allgemeine Selbstkonzept angenommen, welches sich gliedert in ein akademisches Selbstkonzept sowie verschiedene nicht-akademische Selbstkonzepte. Das akademische Selbstkonzept unterteilt sich in Selbstkonzepte einzelner akademischer Bereiche (z. B. Mathematik, Geschichte, Geographie, ...) (Seaton et al., 2014), welche wiederum verschiedene situations-spezifische Selbstkonzepte umfassen (Schunk, 1991; Shavelson & Bolus, 1982).

Das Selbstkonzept umfasst objektive Einschätzungen ebenso wie kognitive Merkmale und emotionale Aspekte (Bescherer, 2003) und formt einen Teil der Identität eines Individuums (Möller & Köller, 2004). Speziell das mathematikbezogene Selbstkonzept wird beispielsweise von Gourgey (1982) definiert als "beliefs, feelings or attitudes regarding one's ability to understand or perform in situations involving mathematics" (S. 5).

Möller & Köller (2004) definieren akademische Selbstkonzepte als „generalisierte fachspezifische Fähigkeitseinschätzungen [...], die Schüler und Studenten aufgrund von Kompetenzerfahrungen in Schul- bzw. Studienfächern erwerben" (S. 19). Insbesondere formen sich akademische Selbstkonzepte einerseits in Vergleichen der eigenen Leistungen mit den Leistungen anderer im gleichen Bereich und andererseits in Vergleichen der eigenen Leistungen mit Leistungen in einem anderen Bereich. Gerade diese Vergleichsprozesse grenzen das Selbstkonzept von der Selbstwirksamkeitserwartung ab, welche nicht durch Vergleiche geprägt wird (Möller & Köller, 2004). Der Unterschied liegt darüber hinaus darin, dass das Selbstkonzept stärker affektiv geprägt ist und zudem Fähigkeiten und Kompetenzen in den Blick nimmt, wohingegen die Selbstwirksamkeitserwartung sich darauf bezieht, was mit diesen Fähigkeiten erreicht werden kann (Bong & Skaalvik, 2003). Zur Unterscheidung des mathematikbezogenen Selbstkonzepts und der mathematischen Selbstwirksamkeitserwartung schreiben Bong und Skaalvik (2003): "Math self-concept reflects students' evaluations of their general competence in math, whereas math self-efficacy represents their judgments of what they could do with their competence for accomplishing the specified math tasks" (S. 25).

4.3.2.2 Forschungsergebnisse, die auf einen möglichen Zusammenhang zwischen dem mathematikbezogenen Selbstkonzept und dem Konstrukt der Relevanzzuschreibungen hindeuten

Ergebnisse aus früheren Arbeiten lassen vermuten, dass Wertüberzeugungen und Selbstkonzept positiv korrelieren (für Untersuchungen mit NeuntklässlerInnen im Schulmathematikunterricht vgl. Gaspard et al., 2015; Schreier et al., 2014; vgl. auch Eccles & Wigfield, 2002, als Übersichtsarbeit). Es könnte sich in der vorliegenden Arbeit auch ein positiver Zusammenhang zwischen den Relevanzzuschreibungen und dem Selbstkonzept zeigen, wenn sich die Relevanzzuschreibungen entsprechend ihrer Assoziation mit Wertüberzeugungen auch empirisch ähnlich verhalten. Neben der Überprüfung, wie Relevanzzuschreibungen und Selbstkonzept im Rahmen des Mathematiklehramtsstudiums tatsächlich zusammenhängen, soll in der vorliegenden Arbeit beforscht werden, ob Studierendengruppen, denen unterschiedliche Relevanzgründe im Mathematikstudium wichtig sind, unterschiedliche Ausprägungen im mathematikbezogenen Selbstkonzept zeigen.

4.3.3 Theoretische Hintergründe zum mathematischen Weltbild und bisherige Forschungsergebnisse, die auf einen möglichen Zusammenhang zum Konstrukt der Relevanzzuschreibungen hindeuten

4.3.3.1 Theoretische Hintergründe zum mathematischen Weltbild

In einer oft zitierten Arbeit unterscheiden Grigutsch et al. (1998) vier Arten von Einstellungen, die im Mathematikunterricht zum Tragen kommen können (Einstellungen über Mathematik, Einstellungen über das Lernen von Mathematik, Einstellungen über das Lehren von Mathematik, Einstellungen über sich selbst und andere als Betreiber von Mathematik; vgl. auch McLeod, 1992, für eine ähnliche Kategorisierung von Beliefs). Das mathematische Weltbild umfasst gerade diejenigen Einstellungen oder Beliefs zur Mathematik, die sich mit deren Charakter beschäftigen (Liebendörfer & Schukajlow, 2017). Beliefs wiederum können definiert werden als "psychologically held understandings, premises, or propositions about the world that are thought to be true" (Philipp, 2007, S. 259). Op't Eynde et al. (2002) heben bezüglich des Konstrukts der Beliefs hervor, dass diese eine Überzeugung darstellen, etwas sei richtig, die unabhängig davon sei, ob andere diese Sichtweise teilen oder nicht. Sie grenzen Beliefs als individuelles Konstrukt von Wissen ab, welches demgegenüber ein soziales Konstrukt darstellt (Op't Eynde et al., 2002).

Oft wird davon ausgegangen, dass Beliefs nicht getrennt voneinander sondern in Beziehungen zueinander bestehen, wobei einige stärker und andere weniger stark ausgeprägt sind (Liebendörfer & Schukajlow, 2017; Op't Eynde et al., 2002; Philipp, 2007; Törner & Pehkonen, 1996). In diesem Sinn wird die Entscheidung, mathematische Weltbilder statt nur einzelne Beliefs oder Einstellungen zu beforschen, mit der Annahme begründet, dass gerade die Struktur der Einstellungen und deren Beziehungen untereinander größere Bedeutung haben könnten (Grigutsch et al., 1998).

Die Beliefs zur Mathematik umfassen in dem Modell von Grigutsch et al. (1998) die vier Aspekte Formalismus, Anwendung, Prozess und Schema. Der Formalismusaspekt (auch Systemaspekt) beschreibt Mathematik als eine Wissenschaft der „Strenge, Exaktheit und Präzision auf der Ebene der Begriffe und der Sprache, im Denken (‚logischen', ‚objektiven' und fehlerlosen Denken), in den

Argumentationen, Begründungen und Beweisen von Aussagen sowie in der Systematik der Theorie (Axiomatik und strenge deduktive Methode)" (Grigutsch et al., 1998, S. 17). Der Anwendungsaspekt setzt den Nutzen der Mathematik in der Praxis in den Vordergrund. Der Prozessaspekt stellt Mathematik dar „als Tätigkeit, über Probleme nachzudenken und Erkenntnisse zu gewinnen" (Grigutsch et al., 1998, S. 18) und der Schemaaspekt (auch Toolboxaspekt) charakterisiert die Mathematik als eine Regelsammlung, in der auswendig gelernte Schemata zentral sind (Grigutsch et al., 1998). Der Schema- und Formalismusaspekt werden teils gemeinsam als statische Sichtweisen konzeptualisiert (Törner & Grigutsch, 1994) und der Anwendungs- und Prozessaspekt gemeinsam als dynamische Sichtweisen (Grigutsch et al., 1998). Dabei können aber statische und dynamische Sichtweisen von Personen gleichzeitig vertreten werden (Grigutsch & Törner, 1998).

4.3.3.2 Forschungsergebnisse, die auf einen möglichen Zusammenhang zwischen dem mathematischen Weltbild und dem Konstrukt der Relevanzzuschreibungen hindeuten

Allen vier Aspekten wurde in empirischen Studien vonseiten einiger Befragter voll zugestimmt (Grigutsch et al., 1998; Grigutsch & Törner, 1998; Törner & Grigutsch, 1994). Dabei ergaben sich Unterschiede zwischen den Einschätzungen Studierender verschiedener Studiengänge (Törner & Grigutsch, 1994). Besonders hohe Zustimmung sowohl vonseiten von Mathematikstudierenden als auch von Dozierenden und Mathematiklehrkräften erhielt der Prozess-Aspekt (Grigutsch et al., 1998; Grigutsch & Törner, 1998; Törner & Grigutsch, 1994). Mathematikdozierende sind der Meinung, sowohl dynamische als auch statische Sichtweisen würden wichtige Lernvoraussetzungen für beginnende Mathematikstudierende darstellen (Neumann et al., 2017).

Sowohl Prozessbeliefs als auch Formalismusbeliefs schienen in einer Interviewstudie mit Mathematikstudierenden gute Voraussetzungen für Studienzufriedenheit zu sein (Göller, 2020, Abschnitt 17.4), während diejenigen Befragten, die dem Schema-Aspekt zustimmten, wenig Nützlichkeit und intrinsischen Wert in den mathematischen Inhalten ihres Studiums sahen. Gerade solche Studierende, die Mathematik eher als eine Regelsammlung sahen, in der auswendig gelernte Schemata zentral sind, nahmen besonders negative Bewertungen vor (Göller, 2020, Kapitel 16). Kaldo und Hannula (2012) fanden in einer studiengangsübergreifenden Stichprobe hohe Korrelationen zwischen Beliefs zum Anwendungsaspekt und der Einschätzung des persönlichen Werts.

Geht man davon aus, dass sich Relevanzzuschreibungen empirisch ähnlich verhalten wie Studienzufriedenheit und Wertkonstrukte, dann könnten

Schema-Beliefs eher negativ mit Relevanzzuschreibungen von Mathematiklehramtsstudierenden korrelieren und alle anderen Aspekte eher positiv. In der vorliegenden Arbeit bietet es sich an, dies zu überprüfen. Außerdem stellt sich die Frage, ob sich die mathematischen Weltbilder von Studierendengruppen, denen unterschiedliche Relevanzgründe im Mathematikstudium wichtig sind, unterscheiden.

4.3.4 Theoretische Hintergründe zur Einstellung zum Beweisen und bisherige Forschungsergebnisse, die auf einen möglichen Zusammenhang zum Konstrukt der Relevanzzuschreibungen hindeuten

4.3.4.1 Theoretische Hintergründe zur Einstellung zum Beweisen

Das Beweisen in seiner Funktion der Absicherung neuen Wissens ist in der Hochschulmathematik wichtiger als in der Schulmathematik (A. Fischer et al., 2009; Göller, 2020, Abschnitt 1.1). Die geringe Bedeutsamkeit in der Schule erkennt man beispielsweise an einem Befund aus einer Studie von Kempen (2019, Kapitel 8), in der der Großteil der Lehramtsstudierenden berichtete, in der Sekundarstufe höchstens fünf Beweise gesehen und fast drei Viertel weniger als zwei Beweise innerhalb der gesamten Schulzeit selbst geführt zu haben. In der Wissenschaft Mathematik, die an der Hochschule im Mittelpunkt steht, werden Beweise einerseits als Evidenzinstrument genutzt (Heintz, 2000, Kapitel 6), andererseits aber auch, um mathematisches Wissen zu vermitteln (Brunner, 2014, Abschnitt 2.3; Hanna & Barbeau, 2008; Heintz, 2000, Kapitel 6). Das Produkt des Beweisens, also der Beweis, und der Prozess des Beweisens sind zwei voneinander abzugrenzende Bereiche (z. B. Rach, 2014, Kapitel 3). Der Prozess des Beweisens ist eine komplexe Tätigkeit (Reiss & Ufer, 2009) und im Mathematikstudium ist es sowohl notwendig, Beweisfähigkeiten zu erwerben (Rach, 2014, Kapitel 3), als auch ein Bedürfnis nach Beweisen zu entwickeln, also ein Bedürfnis, neben der Frage, ob eine Aussage stimmt, auch die Frage danach zu klären, warum dies gegebenenfalls der Fall ist (Hemmi, 2008; H. Winter, 1983). Im Studium geht es beim Prozess des Beweisens sowohl darum, Verständnis zu generieren als auch Beweismethoden kennenzulernen (Mejia-Ramos et al., 2012; Weber, 2012).

4.3.4.2 Forschungsergebnisse, die auf einen möglichen Zusammenhang zwischen der Einstellung zum Beweisen und dem Konstrukt der Relevanzzuschreibungen hindeuten

MathematikstudienanfängerInnen scheint bewusst zu sein, dass Beweisen eine Anforderung darstellt, die sie im Studium erwartet (Rach & Heinze, 2013b). In nichtmathematischen aber mathematikhaltigen Studiengängen stellte Bescherer (2003) jedoch fest, dass die StudienanfängerInnen es nicht besonders wichtig einschätzten, Beweise durchführen zu können. Göller (2020, Abschnitt 12.1) fand auch in Interviews mit Mathematikstudierenden, dass Beweise von den befragten Lehramtsstudierenden als irrelevant in Bezug auf den angestrebten Beruf beurteilt wurden und sie sich zudem sehr unsicher bei Beweisen fühlten (Göller, 2020, Abschnitt 13.2). Diese Ergebnisse lassen zunächst vermuten, dass sich auch in der vorliegenden Arbeit eine eher negative Einstellung der Mathematiklehramtsstudierenden gegenüber dem Beweisen zeigen wird. Es stellt sich die Frage, ob diese Einstellung mit den Relevanzzuschreibungen der Studierenden zum Studium zusammenhängt.

In Befragungen fanden Brown und Macrae (2005), dass gerade solche britischen Mathematikstudierenden, die eine fehlende Anwendbarkeit der Mathematik in ihrem Studium kritisierten, Beweisen kritisch gegenüberstanden. Geht man davon aus, dass Anwendbarkeit der Mathematik eine Begründung für Relevanzzuschreibungen vonseiten Mathematiklehramtsstudierender darstellen könnte, lässt sich aus diesem Befund die Frage ableiten, ob gerade solche Mathematiklehramtsstudierende dem Beweisen negativer gegenüberstehen, die dem Studium wenig Relevanz zuschreiben. Dass Relevanzzuschreibungen und eine positive Einstellung zum Beweisen in positivem Zusammenhang stehen könnten, lässt sich auch aufgrund eines Ergebnisses von Kosiol et al. (2019) vermuten, falls das Konstrukt der Relevanzzuschreibungen sich empirisch ähnlich wie Studienzufriedenheit verhält. Kosiol et al. (2019) fanden unter Nutzung von Regressionsanalysen auf den Fragebogendaten von 202 Mathematikstudierenden im ersten Semester, dass in der beforschten Stichprobe Interesse an Beweisen und formalen Darstellungen einen starken Prädiktor darstellte für Studienzufriedenheit, definiert als „person's appraisal of their study program that is based on affective experiences and cognitive comparisons" (S. 1362).

Stylianou et al. (2015) stellten wiederum im Rahmen ihrer Forschung fest, dass am amerikanischen College mathematische Beweise von Studierenden mit besseren Leistungen als wichtiger eingeschätzt wurden. Eine erste Deutung dazu wäre, dass die Einstellung zum Beweisen mit leistungsbezogenen Studierendenmerkmalen zusammenhängt. Für die vorliegende Arbeit ist zu überprüfen, ob sie bei Mathematiklehramtsstudierenden auch mit motivationalen Merkmalen, wie den Relevanzzuschreibungen, in Verbindung steht.

In der vorliegenden Arbeit stellt sich vor allem die Frage, wie die Einstellung zum Beweisen mit Relevanzzuschreibungen von Mathematiklehramtsstudierenden zusammenhängt und ob sie sich bei Studierendengruppen, die verschiedene Relevanzgründe wichtig in ihrem Studium finden, systematisch unterscheidet.

4.3.5 Fragestellung zu den Zusammenhängen zwischen psychologischen Konstrukten und den Relevanzzuschreibungen

Auf Grundlage der Ausführungen zu bisherigen Forschungsarbeiten zu den psychologischen Konstrukten lässt sich vermuten, dass die psychologischen Konstrukte in Verbindung zu Relevanzzuschreibungen, wie sie in dieser Arbeit beforscht werden, stehen könnten, wenn sich die Relevanzzuschreibungen empirisch ähnlich verhalten wie Wertkonstrukte und Studienzufriedenheit, mit denen sie theoretisch assoziiert werden. Im Rahmen der Forschung dieser Arbeit wird sich zeigen, wie sich speziell im Kontext des in den Blick genommenen Mathematikstudiums für Lehramtsstudierende entsprechende Zusammenhänge gestalten. Aufgrund dessen, dass ein erst in der Arbeit entwickeltes Konstrukt in den Blick genommen wird, und da zudem Relevanz nur im jeweiligen Zusammenhang sinnvoll interpretiert werden kann (vgl. Abschnitt 3.1.5), können zunächst keine klar fundierten Hypothesen dazu abgeleitet werden, wie die psychologischen Konstrukte mit den Relevanzzuschreibungen der Mathematiklehramtsstudierenden zusammenhängen, so dass dies explorativ zu erforschen ist. Die Ergebnisse können später aber mit den in den vorangegangenen Kapiteln dargestellten Ergebnissen früherer Forschungsarbeiten verglichen werden.

Im Rahmen der explorativen Forschung dieser Arbeit stellt sich auch die Frage, ob sich Studierendengruppen, denen unterschiedliche Relevanzgründe in ihrem Mathematikstudium wichtig sind, in den Ausprägungen auf psychologischen Konstrukten überzufällig unterscheiden. Die übergeordnete Fragestellung zu den Zusammenhängen zwischen Relevanzzuschreibungen und psychologischen Konstrukten lautet: Wie hängen die vorgestellten psychologischen Konstrukte mit dem hier beforschten Konstrukt der Relevanzzuschreibungen im Mathematikstudium für Mathematiklehramtsstudierende zusammen?

4.4 Studienaktivitäten, die mit Relevanzzuschreibungen zusammenhängen könnten

Studierende können verschiedene Studienaktivitäten nutzen, um ihr Studium zu meistern, wobei manche vonseiten der Universität als wünschenswert angesehen werden, andere eher toleriert werden. Die jeweiligen Studienaktivitäten, die von Mathematiklehramtsstudierenden genutzt werden, könnten mit ihren Relevanzzuschreibungen in Zusammenhang stehen (vgl. Abschnitt 4.2). In der vorliegenden Arbeit soll explorativ beforscht werden, in welchem Zusammenhang das Konstrukt der Relevanzzuschreibungen zu Lernstrategien (vgl. Abschnitt 4.4.1) steht, welche hier in Anlehnung an Liebendörfer et al. (2020) so konzeptualisiert sind, dass sie sowohl kognitive Lernstrategien als auch das Ressourcenmanagement umfassen, wie Relevanzzuschreibungen zusammenhängen mit dem Lernverhalten während der Vorlesung und zwischen den Terminen (vgl. Abschnitt 4.4.2) und mit dem Abschreibeverhalten der Studierenden (vgl. Abschnitt 4.4.3).

4.4.1 Theoretische Hintergründe zu Lernstrategien und bisherige Forschungsergebnisse, die auf einen möglichen Zusammenhang zum Konstrukt der Relevanzzuschreibungen hindeuten

4.4.1.1 Theoretische Hintergründe zu Lernstrategien

Lernen wird in der pädagogischen Psychologie definiert als Prozess, bei dem das Verhaltenspotential des Lernenden dauerhaft durch Erfahrungen verändert wird (Gold & Hasselhorn, 2017, Kapitel 1). Lernstrategien können angewendet werden, um den Lernprozess zu steuern und ihnen wird „eine hohe Bedeutung für den Lernprozess zugesprochen" (Liebendörfer et al., 2020, Kapitel 1). Sie werden aus kognitiv-konstruktivistischer Sicht als Verhaltensweisen und Kognitionen gesehen, welche Lernende anwenden, um ihren Wissenserwerb zu lenken, wobei die Verhaltensweisen neben der Steuerung kognitiver Prozesse auch darauf abzielen können, motivationale oder affektive Faktoren zu beeinflussen (Friedrich & Mandl, 2006; Weinstein & Mayer, 1986; K.-P. Wild, 2005). Es handelt sich also um Strategien, die Lernende nutzen, um ihren eigenen Lernprozess zu regulieren.

4.4.1.2 Methodik bei der Beforschung von Lernstrategien

In einem weit verbreiteten Fragebogen zu Lernstrategien[4], dem „Motivated Strategy for Learning Questionnaire" (MSLQ, Pintrich et al., 1991), werden selbstregulierende Lernstrategien unterteilt in kognitive Lernstrategien, metakognitive Lernstrategien und Ressourcenmanagement (Berger & Karabenick, 2011). Eine entsprechende Unterteilung wird in vielen Lernstrategiefragebögen adaptiert (Spörer & Brunstein, 2006). Das „Inventar zur Erfassung von Lernstrategien im Studium" (Schiefele & Wild, 1994), abgekürzt LIST, stellt ein ins Deutsche übersetztes und angepasstes Befragungsinstrument des MSLQ dar. Auch hier werden kognitive, metakognitive und ressourcenbezogene Strategien unterschieden.

– Kognitive Lernstrategien sind dabei solche, „die der unmittelbaren Informationsaufnahme, Informationsverarbeitung und Informationsspeicherung dienen" (Schiefele & Wild, 1994, S. 186). Sie werden in gängigen Taxonomien unterteilt in Wiederholungsstrategien, Elaborationsstrategien und Organisationsstrategien (Berger & Karabenick, 2011; Liebendörfer et al., 2020; Pintrich et al., 1991; Schiefele & Wild, 1994). Wenn Inhalte aktiv wiederholt werden, um so eine Speicherung im Langzeitgedächtnis zu bewirken, werden Wiederholungsstrategien angewendet (Schiefele & Wild, 1994). Elaborationsstrategien sind wiederum Strategien, die darauf abzielen, neues Wissen in bereits vorhandene Wissensbestände zu integrieren, und Organisationsstrategien sind Lernaktivitäten, die Informationen so transformieren, dass sie leichter zu verarbeiten sind (Liebendörfer et al., 2020; Schiefele & Wild, 1994). Elaborationsstrategien werden teils auch als generative Strategien und Organisationsstrategien als strukturierende Strategien bezeichnet (Gold & Hasselhorn, 2017, Kapitel 2).
– Metakognitive Lernstrategien dienen der Kontrolle des Lernprozesses und werden in gängigen Taxonomien unterteilt in Planung, Selbstüberwachung und Regulation (Liebendörfer et al., 2020; Pintrich et al., 1991; Schiefele & Wild, 1994). So wird zunächst der Einsatz von kognitiven Lernstrategien im Lernprozess geplant, dann überprüft, inwiefern diese einen Lernerfolg zur Folge haben und gegebenenfalls das weitere Lernvorgehen reguliert, um Lernerfolge zu erzielen (Liebendörfer et al., 2020).

---

[4] Neben dem Einsatz von Fragebögen bieten sich eine Vielzahl weiterer Erhebungsmethoden zur Beforschung von Lernstrategien an, deren Vor- und Nachteile Göller (2020, Abschnitt 7.1) herausgearbeitet hat.

– Ressourcenbezogene Lernstrategien sind Aktivitäten des Selbstmanagements, die das eigene Lernverhalten in seiner Gänze organisieren (Liebendörfer et al., 2020; Schiefele & Wild, 1994). Dazu zählen Strategien wie das Hilfesuchen, das Zeitmanagement und das Lernmanagement (Berger & Karabenick, 2011).

Teilweise werden die Lernstrategien nicht einzeln betrachtet, sondern es wird der Einsatz ähnlicher Strategien zusammen mit den damit verfolgten Zielen analysiert. Dabei wird der surface approach, bei dem vor allem Wiederholungsstrategien angewendet werden, um mit minimaler Arbeit den Lernstoff wiedergeben zu können, unterschieden vom deep approach, bei dem auf ein Verständnis des Lernstoffes abgezielt wird, wobei Elaborations- oder Organisationsstrategien eingesetzt werden (Biggs, 1987, Kapitel 2).

Aufgrund von Spezifika mathematischen Lernstoffs gibt es Lernstrategien, die beim Lernen mathematischer Inhalte als besonders zentral angesehen werden. Beispielsweise kann es sich anbieten, mit Beispielen, Diagrammen und Skizzen zu arbeiten, um Definitionen zu verstehen oder Beweise zu durchdringen. Entsprechende Elaborationsstrategien sind in allgemeinen Befragungsinstrumenten unzureichend erfasst (Liebendörfer et al., 2020). Auch Organisationsstrategien spielen eine wichtige Rolle im mathematischen Lernprozess (Göller, 2020, Abschnitt 10.2) und es gibt Organisationsstrategien, die speziell in der Mathematik Verwendung finden, beispielsweise die Nutzung von Beweisen (Liebendörfer et al., 2020). Solche spezifisch mathematischen Lernstrategien werden im LIST nicht berücksichtigt, weshalb ein Fragebogen zur Erhebung von Lernstrategien im mathematikhaltigen Studium (LimSt) entwickelt wurde (Liebendörfer et al., 2020). Zu den Elaborationsstrategien werden hier das Vernetzen, die Nutzung von Beispielen und das Herstellen von Praxisbezügen gezählt. Als Organisationsstrategien werden die Nutzung von Beweisen und das Vereinfachen angeführt und Wiederholungsstrategien umfassen im LimSt das Auswendiglernen und das Üben (Liebendörfer et al., 2020). Neben diesen kognitiven Lernstrategien enthält der LimSt Strategien des Ressourcenmanagements, welche in innere und äußere Strategien untergliedert werden. Zu den inneren ressourcenbezogenen Strategien zählen die Frustrationstoleranz und die Anstrengung bei Übungsaufgaben, zu den äußeren das Lernen mit anderen Studierenden (Liebendörfer et al., 2020). Dabei können die inneren ressourcenbezogenen Strategien ergänzt werden durch die Skala zum Einsatz von Zeit aus dem LIST (Liebendörfer et al., 2020; Schiefele & Wild, 1994).

4.4.1.3 Forschungsergebnisse, die auf einen möglichen Zusammenhang zwischen Lernstrategien und dem Konstrukt der Relevanzzuschreibungen hindeuten

In einer Interviewstudie mit Mathematikstudierenden fand Göller (2020), dass Wiederholungsstrategien, Elaborationsstrategien und Organisationsstrategien berichtet wurden (für eine Übersicht über alle berichteten Strategien vgl. Göller, 2020, Abschnitt 17.1). Dabei stellte er fest, dass die bei ihm als Wiederholungsstrategie eingeordnete Strategie des „Nacharbeitens" eine Grundlage für alle anderen kognitiven Strategien bilde, da nur bei einer Nacharbeit der Inhalte im Studium Lernstrategien eingesetzt werden können (Göller, 2020, Abschnitt 17.1). Demnach wird die Nutzung von Wiederholungsstrategien hier als sehr positiv gewertet. Speziell für das Mathematikstudium wird Auswendiglernen in der Ratgeberliteratur durchaus als ein erster Schritt zum Verständnis gesehen (Alcock, 2017, Abschnitt 7.6), während vom Auswendiglernen von Beweisen abgeraten wird, da es sich dabei um „Zeitverschwendung" (Alcock, 2017, S. 154) handele. Teils wird für Mathematikstudierende empfohlen, dass das Auswendiglernen der Definitionen zentraler Begriffe stärker fokussiert werden sollte (Göller, 2020, Abschnitt 17.1; Schichl & Steinbauer, 2018, Kapitel 2), auch, weil in Studien festgestellt wurde, dass Studierende entsprechende Definitionen häufig nicht wiedergeben können (Moore, 1994). Üben als Wiederholungsstrategie wird für das Mathematikstudium ausdrücklich empfohlen, sei es durch die wiederholte Ausführung von Rechenmethoden, das Durchführen von Beweisen oder die korrekte Verwendung fachmathematischer Formulierungen (Alcock, 2017, Kapitel 1, 5, 7, 8).

Die Nutzung von Wiederholungsstrategien wird aber nicht immer so positiv gesehen. Häufig werden innerhalb der kognitiven Strategien die Organisations- und Elaborationsstrategien als höherwertig angesehen, da dabei der Lernstoff tiefer bearbeitet würde, während Wiederholungsstrategien eher oberflächliches Lernen fördern würden (Steiner, 2006; K.-P. Wild, 2005). Insbesondere bei der Erhebung fachspezifischer Lernstrategien wird bei Mathematikstudierenden teils ein deutlich positiver Zusammenhang zwischen Mathematikleistungen und Elaborationsstrategien festgestellt (Eley & Meyer, 2004; Rach & Heinze, 2013a) und ein negativer zwischen Wiederholungsstrategien und den mathematischen Leistungen (Eley & Meyer, 2004). Bedenkt man jedoch, dass andere Ergebnisse im fachübergreifenden Kontext an amerikanischen Universitäten sogar andeuten, dass oberflächliche Lernstrategien zu besseren Leistungen führen könnten, weil dabei das Lernmaterial zielorientierter ausgewählt wird und eigene Interessen vernachlässigt werden (Senko et al., 2013) und dass in einigen empirischen Untersuchungen mit Studierenden verschiedener Fachrichtungen nicht festgestellt werden konnte, dass Studierende, die angaben, Organisations- und Elaborationsstrategien anzuwenden, bessere Leistungen in den Klausuren brachten als Studierende, die vor allem Wiederholungsstrategien berichteten (Griese, 2017, Abschnitt 5.7; Schiefele et al., 2003), dann kann bisher nicht von einer klaren Über- oder Unterlegenheit von Wiederholungsstrategien gegenüber Organisations- und Elaborationsstrategien ausgegangen werden.

Als Organisationsstrategie wurde in der Interviewstudie von Göller (2020, Abschnitt 17.1) von Mathematikstudierenden am häufigsten das Herausschreiben von Definitionen und Sätzen berichtet. Elaborationsstrategien wiederum wurden von den Interviewten eher genutzt, um sich nicht mit formalen Formulierungen auseinandersetzen zu müssen, indem mit verschiedenen Formulierungen gearbeitet wurde (Göller, 2020, Abschnitt 10.2, 17.1). Sie werden im Kontext des Mathematikstudiums als besonders wichtig angesehen, um mit dem veränderten Lehrangebot an der Universität zurechtzukommen (Rach, 2019, Kapitel 5). Ressourcenbezogene Lernstrategien wurden in den Interviews von allen Mathematikstudierenden berichtet, vor allem in Form von Zusammenarbeit mit anderen Studierenden oder Nutzung von Materialien (Göller, 2020, Abschnitt 10.1). Innere ressourcenbezogene Lernstrategien wie Durchhaltevermögen oder Frustrationstoleranz werden vor allem im Mathematikstudium als wichtig angesehen (Neumann et al., 2017). In seiner Interviewstudie fand Göller (2020, Abschnitt 10.1), dass die Anstrengungsbereitschaft bei den Interviewten recht hoch zu sein schien, wobei einschränkend angemerkt wird, dass diese sich dazu eher genötigt fühlten als aus freiem Willen entsprechend hohe Anstrengungen zu unternehmen. Zudem muss hier beachtet werden, dass es sich bei den Interviewten durchaus um besonders motivierte Studierende gehandelt haben könnte, insbesondere wenn man bedenkt, dass diese freiwillig an den Interviews teilnahmen.

Generell geht die Verwendung von Lernstrategien einher mit Anstrengungen und kann Zeit kosten. Deshalb wird davon ausgegangen, dass sie nur bei einer motivierten Grundhaltung genutzt werden und dass bei geringer Wertschätzung der Inhalte oder Ergebnisse der Lernhandlung nur wenige Lernstrategien angewendet werden (Pintrich & Zusho, 2002; Zimmerman, 2000). Tatsächlich lassen frühere Ergebnisse vermuten, dass höhere Wertzuschreibungen einhergehen mit einer höheren Verwendung von kognitiven und metakognitiven Lernstrategien (vgl. Berger & Karabenick, 2011, für Ergebnisse im Mathematikunterricht der Klassenstufe 9; Credé & Phillips, 2011, für länder- und fächerübergreifende Analysen im universitären Kontext; Pintrich, 1999, für eine Überblicksarbeit; Pintrich & De Groot, 1990, im Kontext von Naturwissenschafts- und Englischunterricht für Klasse 7 in den USA). VanZile-Tamsen (2001) stellte für amerikanische Studierende verschiedener Fachrichtungen beispielsweise fest, dass das Empfinden von Relevanz von Kursmaterialien im Sinne eines motivationalen Faktors mit der Anwendung von Elaborationsstrategien verbunden war und zeigte in einer Studie, dass empfundener task-value ein wichtiger Prädiktor von selbstregulierter Strategienanwendung war. Berger und Karabenick (2011) fanden in einem Cross-Lagged-Panel Design, dass Wertzuschreibungen bei NeuntklässlerInnen im Mathematikunterricht die Nutzung von Lernstrategien vorhersagen konnten aber nicht andersherum. Blüthmann (2012b, Kapitel 5) stellte im universitären Kontext für ein studiengangsübergreifendes Sample fest, dass Lernstrategienutzung und Studienzufriedenheit positiv korrelierten (wobei in dieser Studie die Lernstrategienutzung und die Lernmotivation in einer gemeinsamen Skala erhoben wurden, was die Aussagekraft reduziert).

Die bisherigen Ergebnisse lassen vermuten, dass sich in der vorliegenden Arbeit zeigen könnte, dass hohe Relevanzzuschreibungen von Mathematiklehramtsstudierenden einhergehen mit einer intensiven Verwendung von Lernstrategien, wenn sich Relevanzzuschreibungen entsprechend ihrer Konzeptualisierung empirisch ähnlich verhalten wie die damit assoziierten Wertkonstrukte, die in den angeführten Arbeiten in den Blick genommen wurden. Dabei stellt sich die Frage, ob unterschiedliche Relevanzzuschreibungen mit unterschiedlichen Intensitäten in der Verwendung verschiedener Lernstrategien einhergehen. Insbesondere wird in der Arbeit der Ansicht gefolgt, dass es gewinnbringender ist, zu untersuchen, wie intensiv Lernstrategien angewendet werden, statt den Fokus nur darauf zu richten, welche genutzt werden (vgl. Göller, 2020, Abschnitt 17.1; Schiefele, 2005).

Auch die Nutzung von Strategien des Ressourcenmanagements könnte in Zusammenhang mit Relevanzzuschreibungen stehen. So wurde in einer Lehrveranstaltung für Lehramtsstudierende, darunter viele mit dem Fach Mathematik, festgestellt, dass Wertüberzeugungen und Anstrengungsbereitschaft positiv korrelierten (Dietrich et al., 2017) und ebenfalls bei Lehramtsstudierenden sagte in einer weiteren Studie die Gewissenhaftigkeit die Studienzufriedenheit positiv vorher (Künsting & Lipowsky, 2011). Es bleibt zu zeigen, ob sich auch in der Kohorte der vorliegenden Forschungsarbeit, die nur aus Lehramtsstudierenden der Mathematik besteht, und für das hier beforschte Konstrukt der Relevanzzuschreibungen zeigt, dass hohe Relevanzzuschreibungen positiv korrelieren mit Strategien des Ressourcenmanagements.

Insgesamt ist zu vermuten, dass hohe Relevanzzuschreibungen von Mathematiklehramtsstudierenden einhergehen könnten mit einer intensiveren Nutzung sowohl kognitiver Lernstrategien als auch von Strategien des Ressourcenmanagements, falls sich das Konstrukt der Relevanzzuschreibungen empirisch ähnlich verhält wie die Zufriedenheits- und Wertkonstrukte, mit denen es theoretisch assoziiert wird. Es soll in der vorliegenden Arbeit einerseits geprüft werden, wie sich die Zusammenhänge für das Konstrukt der Relevanzzuschreibungen dieser Arbeit tatsächlich gestalten und ob sich Studierendengruppen, denen verschiedene Relevanzgründe in ihrem Mathematikstudium wichtig sind, in der Nutzung selbstregulativer Lernstrategien voneinander unterscheiden.

4.4.2 Theoretische Hintergründe zum Lernverhalten in der Vorlesung und zwischen Sitzungsterminen und Begründung der Beforschung des möglichen Zusammenhangs zum Konstrukt der Relevanzzuschreibungen

4.4.2.1 Theoretische Hintergründe zum Lernverhalten

Eine Herausforderung, mit der Mathematiklehramtsstudierende am Übergang von der Schule zur Hochschule konfrontiert sind, betrifft das stärker eigenständige Lernen, das von ihnen im Studium erwartet wird (vgl. Abschnitt 2.2.2.2). So ist für traditionelle Anfängervorlesungen im Mathematikstudium, sowohl für Lehramtsstudierende als auch für reine Fachstudierende, neben den Präsenzzeiten noch einmal das doppelte an Zeit für das Selbststudium vorgesehen (Göller, 2020, Abschnitt 1.1). Während der Sitzungen wird von Mathematikstudierenden erwartet, dass sie mitschreiben. Empfohlen wird dabei, sich auch Notizen zusätzlich zu dem zu machen, was Dozierende an der Tafel notieren. Zu Hause sollen die Studierenden ihre Mitschriften dann nacharbeiten (Alcock, 2017, Kapitel 7). Außerdem sollen sie in der Zeit des Selbststudiums eigenverantwortlich Übungsaufgaben bearbeiten, sich auf Klausuren vorbereiten und die Vorlesungsinhalte nicht nur mit ihren Mitschriften nach- sondern auch kommende Sitzungen vorbereiten (Göller, 2020, Abschnitt 1.1). Insbesondere die Bearbeitung der Übungsaufgaben stellt in der Zeit zwischen den Terminen neben der Nachbereitung der Vorlesungen einen wichtigen Aspekt des Lernverhaltens dar. Dabei wird empfohlen, dass sich die Studierenden mit anderen Personen austauschen. Es bietet sich an, Vorlesungsinhalte mit KommilitonInnen gemeinsam zu bearbeiten und mit ihnen Vorlesungsinhalte zu diskutieren, aber auch der Austausch mit TutorInnen oder Dozierenden, bei denen Hilfe gesucht werden kann, wird als gewinnbringend angesehen und empfohlen (z.B Alcock, 2017; Göller, 2020, Abschnitt 4.1).

4.4.2.2 Forschungsergebnisse zum Lernverhalten, die begründen, warum deren Zusammenhang zum Konstrukt der Relevanzzuschreibungen beforscht werden soll

In einer Interviewstudie stellte Göller (2020, Kapitel 10) fest, dass von den interviewten Mathematikstudierenden der größte Anteil des Selbststudiums während der Vorlesungszeit für die Bearbeitung von Übungszetteln genutzt wurde und in der Klausurvorbereitung die Vorlesungs- und Übungsinhalte gleichermaßen nachgearbeitet wurden. Bei Zeitdruck stellten die Studierenden in der Vorlesungszeit als erstes das Nacharbeiten der Vorlesungsinhalte ein oder schränkten es zumindest ein (Göller, 2020, Abschnitt 12.2). Besonders der Zeitaufwand für die Bearbeitung der Übungsblätter wurde von den Studierenden als sehr hoch eingestuft (Göller, 2020, Abschnitt 10.1). Demnach kann am Lernverhalten in gewisser Weise auch eine Überforderung der Studierenden erkannt werden. Da in der vorliegenden Arbeit angenommen wird, dass die Kritik an fehlender Relevanz durch Mathematiklehramtsstudierende eventuell auch damit zusammenhängen könnte, dass diese sich im Studium überfordert fühlen (vgl. Abschnitt 2.1.2), bietet es sich an, den Zusammenhang zwischen den Relevanzzuschreibungen und dem Lernverhalten der Studierenden in den Blick zu nehmen.

Es stellt sich im Rahmen dieser Arbeit zunächst die Frage, inwiefern Relevanzzuschreibungen von Mathematiklehramtsstudierenden mit einem aktiven Lernverhalten in der Vorlesung oder zwischen den Sitzungsterminen zusammenhängen. Dabei kann insbesondere auch überprüft werden, ob sich Studierendengruppen, denen verschiedene Relevanzgründe aus dem Modell der Relevanzbegründungen in ihrem Mathematikstudium wichtig erscheinen, in ihrem Lernverhalten unterscheiden.

4.4.3 Theoretische Hintergründe zum Abschreiben und Begründung der Beforschung des möglichen Zusammenhangs zum Konstrukt der Relevanzzuschreibungen

4.4.3.1 Theoretische Hintergründe zum Abschreiben

Der erfolgreiche Abschluss von Modulen in mathematischen Veranstaltungen erfordert üblicherweise neben dem Bestehen einer Klausur auch das Erreichen einer bestimmten Punktzahl auf den zumeist wöchentlich ausgegebenen Übungsblättern, wobei dieser Anteil an erreichten Punkten häufig bei 50 % der erreichbaren Punkte liegt. Während es dabei nicht erlaubt ist, Lösungen abzuschreiben, wird diese Strategie dennoch angewendet. Von Dozierenden wird

Abschreiben teils als problematisch angesehen (Liebendörfer & Göller, 2016b) und auch in der Ratgeberliteratur als schlechte Strategie thematisiert (z. B. Messing, 2012, Kapitel 10; Tretter & Wagenhofer, 2013, Kapitel 5).

Der Diskurs über das Abschreiben wird dadurch erschwert, dass nicht klar definiert ist, welche Lösungsstrategien dazugezählt werden sollten und welche nicht (Liebendörfer & Göller, 2016b). Liebendörfer & Göller (2016b) stellen folgende Lösungsstrategien als mögliche Abschreibestrategien zur Diskussion:

i) zeichenweises Kopieren einer Lösung, die man sich erklären lässt oder auch nicht,

ii) Um- und Ausformulieren einer fremden Lösung,

iii) Nutzung von Tipps von anderen Studierenden oder aus Internet-Foren,

iv) Übertragung von Lösungen von ähnlichen Aufgaben,

v) gemeinsames Lösen von Übungsaufgaben. (S. 123)

Liebendörfer und Göller (2016b) entschieden sich dafür, Abschreiben als das Aufschreiben von Lösungen zu definieren, wenn der Studierende nicht selbst an der Lösungsfindung beteiligt war, was in der obigen Aufzählung den ersten zwei Punkten entspricht. Diese Entscheidung wird für die vorliegende Arbeit übernommen, insbesondere damit die Ergebnisse mit den Arbeiten von Liebendörfer und Göller (2016a, 2016b) verglichen werden können und so im Forschungskontext einordnenbar werden.

4.4.3.2 Forschungsergebnisse zum Abschreiben, die begründen, warum deren Zusammenhang zum Konstrukt der Relevanzzuschreibungen beforscht werden soll

Im Rahmen einer qualitativen Interviewstudie (Liebendörfer & Göller, 2016b) wurden Studierende aus einer Analysis-Vorlesung, die Mathematik, Lehramt an Gymnasien oder Physik studierten, befragt, wie sie ihr Studium erlebten und wie sie ihr Studierverhalten gestalteten. Dabei wurde festgestellt, dass von den Studierenden die Übungsblätter regelmäßig als Antwort auf eine offene Fragestellung, was seit dem letzten Interview passiert sei, bereits in der ersten Interviewminute angesprochen wurden (Liebendörfer & Göller, 2016b). Die Bearbeitung der Übungsblätter scheint demnach die Studierenden stark zu beschäftigen. In den Interviews stellten die Forscher auch fest, dass Lösungen von Mitstudierenden abgeschrieben, aus den Lösungen Studierender aus früheren Semestern oder Musterlösungen früherer Semester sowie aus Büchern, dem Internet oder Skripten anderer Veranstaltungen übernommen wurden. Bei den Befragungen deutete sich an, dass vor allem Studierende abschrieben, die fachlich überfordert waren, und dass das Abschreiben dann zunächst als Notlösung gesehen wurde. Diese wurde jedoch habitualisiert, nachdem oft erkannt wurde, dass nur das Abschreiben es ermöglichen würde, zur Klausur zugelassen zu werden, da eigene Lösungen nicht ausreichend Punkte einbrachten (Liebendörfer & Göller, 2016a, 2016b). Dass vor allem fachliche Probleme Auslöser für das Abschreiben zu sein scheinen, wird auch durch die Beobachtung gestützt, dass anscheinend in innovativen Vorlesungen mit leichter zugänglichen Themeninhalten weniger abgeschrieben wird (Liebendörfer & Göller, 2016a). Dass viele Studierende abschreiben – laut Liebendörfer und Göller (2016a) schreibt die Mehrheit aller Mathematikstudierenden „eher oft als selten" (S. 231) ab – müsste in dieser Interpretation darauf hindeuten, dass viele Studierende überfordert sind.

In einer Studie von Rach und Heinze (2013a) wurden Mathematikstudierende danach befragt, welchen Typen sie sich bei der Bearbeitung von Übungsaufgaben zuordnen würden. Dabei wurden fünf verschiedene Typen (verweigernder Typ, Abschreiber-Typ, nachvollziehender Typ, selbsterklärender Typ und selbstlösender Typ) zur Auswahl gestellt, wobei sich die Studierenden selbst nur drei dieser Typen zuordneten. Die Typen, die tatsächlich angewählt wurden, waren der nachvollziehende Typ, der selbsterklärende Typ und der selbstlösende Typ. Die zwei ersten dieser Typen schaffen es zumeist nicht, die Aufgaben eigenständig zu lösen und unterscheiden sich vor allem darin, dass der selbsterklärende Typ beim Lösungsversuch Selbsterklärungen nutzt, der nachvollziehende Typ hingegen nicht. Der selbstlösende Typ unterscheidet sich stärker, denn er kann die Übungsaufgaben selbst lösen. In der Studie gaben nur etwas mehr als 16 % der Befragten an, dass sie die Aufgaben selbst lösten. Diejenigen, die die Übungsaufgaben selbst lösten, schienen bessere Voraussetzungen zu haben, die Klausur zu lösen, denn 75 % der Studierenden des selbstlösenden Typs aber nur 40 % des selbsterklärenden und 12 % des nachvollziehenden Typs bestanden diese. Zudem deutete sich an, dass die Studierenden des selbstlösenden Typs besonders stark von ihren mathematischen Fähigkeiten überzeugt waren und schon mit guten Lernvoraussetzungen an die Hochschule kamen (Rach & Heinze, 2013a).

In quantitativen Erhebungen mit einem von den Autoren selbstentwickelten Item zum Abschreiben[5] fanden Liebendörfer und Göller (2016b), dass Studierende mit geringer Selbstwirksamkeitserwartung oder weniger Anstrengungsbereitschaft öfter abschrieben. Liebendörfer und Göller (2016a) charakterisieren die Kohorte der Studierenden, die abschrieb, folgendermaßen:

---

[5] „Beim Bearbeiten von Übungsaufgaben habe ich dieses Semester fertige Lösungen von anderen Studenten übernommen." (Liebendörfer & Göller, 2016b, S. 128)

> Studierende, die öfter abschreiben sind meistens mit den Aufgabenstellungen überfordert und haben ein geringeres Vertrauen in die eigene Fähigkeit, die Aufgaben zu lösen. Sie geben an, bei den Übungsaufgaben nicht zu wissen, was sie tun sollen, sind der Meinung, dass sie die Aufgaben nicht selbständig lösen können, und dass ihnen bei eigenen Lösungen zu viele Punkte abgezogen werden. Außerdem haben sie eher eine geringere Anstrengungsbereitschaft und schätzen das selbständige Bearbeiten der Aufgaben als ineffektiv ein. Schließlich kommt Abschreiben häufiger bei Studierenden vor, die in Gruppen arbeiten. (S. 231)

Insgesamt stellten die Autoren aber fest, dass zwar nur knapp 20 % der Studierenden gar nicht abschrieben, aber fast alle zunächst versuchten, die Lösung zumindest nachzuvollziehen, eventuell auch erst selbst die Aufgabe zu lösen (Liebendörfer & Göller, 2016b). Diese Beobachtung fließt auch in das Ablaufmodell zur Bearbeitung von Übungsaufgaben bei Göller (2020, Abschnitt 10.4) ein, in dem das Abschreiben einen der letzten Schritte im Bearbeitungsprozess darstellt. In der Interviewstudie, deren Daten diesem Ablaufschema zugrunde lagen, ergab sich das Bild, dass Zeitdruck in der Vorlesungszeit als Auslöser des Abschreibens empfunden wird (Göller, 2020, Abschnitt 12.2). Während bisherige Ergebnisse andeuten, dass das Abschreiben bei einigen Studierenden bereits früh im Studium beginnt, scheint die Strategie nie als einzige Bearbeitungsstrategie genutzt zu werden. Die Stellung der Studierenden zum Abschreiben blieb in den Forschungsarbeiten unklar, denn dieses wurde zwar nicht gutgeheißen aber auch nicht grundsätzlich abgelehnt (Liebendörfer & Göller, 2016b).

Ob Abschreiben generell schlecht sein muss, wird auch von Forschenden teilweise angezweifelt (Liebendörfer & Göller, 2016b). So kann es auch als „Element des Heterogenitätsmanagements" (Liebendörfer & Göller, 2016a, S. 233) gesehen werden, wenn man davon ausgeht, dass die Übungsaufgaben auch die Leistungsstarken fordern sollen und durch das Abschreiben die Leistungsschwächeren die Möglichkeit bekommen, zur Klausur zugelassen zu werden. Für den Lernerfolg wird Abschreiben aber als wenig zielführend angesehen (Liebendörfer & Göller, 2016b). Göller (2020, Abschnitt 17.1) ordnet Abschreiben als eine Coping-Strategie ein, die er in seiner Strukturierung von Strategien als eine von Lernstrategien und Problemlösestrategien zu trennende Kategorie betrachtet (Göller, 2020, Kapitel 5). Dabei ist aber anzumerken, dass sich die Problemlösestrategien, bei denen selbstständiger gearbeitet wird, nicht klar von den unselbstständigeren Coping-Strategien trennen lassen, sondern dass diese fließend ineinander übergehen (Göller, 2020, Abschnitt 17.1).

Insgesamt deutet sich an, dass Mathematikstudierende, die ihre Übungsaufgaben selbstständig lösen können, bessere Voraussetzungen haben, das Studium erfolgreich zu bestehen. Bedenkt man, dass Studierende das Abschreiben oft als letzten Ausweg wählen, um im Mathematikstudium noch erfolgreich sein zu können, so kann Abschreiben als ein Indikator für Studienprobleme angesehen werden (Liebendörfer & Göller, 2016b). Möglich wäre, dass Mathematiklehramtsstudierende, die dem Mathematikstudium wenig Relevanz zuschreiben, eben solche Studienprobleme haben und demnach mehr abschreiben. Andererseits wäre es aber auch möglich, dass gerade Studierende, die dem Studium eine hohe Relevanz zuschreiben, Leistungsdruck empfinden, möglichst gut abzuschneiden, und dann abschreiben, wenn sie das Gefühl haben, die Aufgaben selbstständig nicht gut genug lösen zu können. Es stellt sich die Frage, wie Relevanzzuschreibungen und Abschreibeverhalten bei Mathematiklehramtsstudierenden zusammenhängen. Auch hier ist zu beforschen, ob Lehramtsstudierendengruppen, denen unterschiedliche Relevanzgründe in ihrem Mathematikstudium wichtig erscheinen, sich in ihrem Abschreibeverhalten unterscheiden.

4.4.4 Fragestellung zu den Zusammenhängen zwischen Studienaktivitäten und den Relevanzzuschreibungen

In den vorangegangenen Kapiteln wurde begründet, warum in der vorliegenden Arbeit der Zusammenhang zwischen Relevanzzuschreibungen und den dargestellten Studienaktivitäten beforscht werden soll. Aufgrund dessen, dass ein erst in der Arbeit entwickeltes Konstrukt in den Blick genommen wird, welches empirisch noch vollkommen unerforscht ist, können zunächst keine Hypothesen dazu aufgestellt werden, wie die Studienaktivitäten mit den Relevanzzuschreibungen der Mathematiklehramtsstudierenden zusammenhängen, so dass dies explorativ zu erforschen ist. Die Ergebnisse, die im Rahmen der vorliegenden Arbeit gefunden werden, können später aber mit den in den vorangegangenen Kapiteln dargestellten Ergebnissen früherer Forschungsarbeiten zu den Studienaktivitäten verglichen werden.

Im Rahmen der explorativen Forschung dieser Arbeit stellt sich auch die Frage, ob sich Studierendengruppen, denen unterschiedliche Relevanzgründe in ihrem Mathematikstudium wichtig sind, in ihren Studienaktivitäten überzufällig unterscheiden. Die übergeordnete Fragestellung zu den Zusammenhängen zwischen Relevanzzuschreibungen und Studienaktivitäten lautet: Wie hängen die vorgestellten Studienaktivitäten mit dem hier beforschten Konstrukt der Relevanzzuschreibungen im Mathematikstudium für Mathematiklehramtsstudierende zusammen?

Im Folgenden sollen nun die Forschungsfragen dieser Arbeit, in denen unter anderem auch die Zusammenhänge zwischen Relevanzzuschreibungen und psychologischen Merkmalen sowie Studienaktivitäten in den Blick genommen werden, formuliert werden.

Forschungsfragen 5

Am Beginn dieser Arbeit wurde herausgearbeitet, dass die Gruppe der Lehramtsstudierenden mit dem Fach Mathematik eine besonders hohe Unzufriedenheit mit dem Studium zeigt (vgl. Abschnitt 2.1.2), was sich auch in hohen Studienabbruchquoten äußert (vgl. Abschnitt 2.1.1). Dabei bemängeln sie insbesondere eine fehlende Relevanz in ihrem Studium (vgl. Abschnitt 2.1.2). Während in der vorliegenden Arbeit angenommen wird, dass Unzufriedenheit eine Gefühlslage beschreibt, deren Begründung nicht notwendigerweise kommunizierbar sein muss, stehen hinter Relevanz kommunizierbare Begründungszusammenhänge (vgl. Kapitel 1). Bei einer Kenntnis über entsprechende Begründungen für Relevanz aus Studierendensicht könnte man die Mathematiklehramtsstudierenden gezielt dabei unterstützen, höhere Relevanzzuschreibungen zum Studium vorzunehmen. Höhere Relevanzzuschreibungen wiederum stellen nach Annahme der Arbeit eine gute Ausgangslage für Studienzufriedenheit dar und könnten demnach dazu führen, dass weniger Mathematiklehramtsstudierende ihr Studium abbrechen.

In der vorliegenden Arbeit sollen die Relevanzzuschreibungen der Mathematiklehramtsstudierenden explorativ beforscht werden, wobei unter dem Konstrukt der Relevanzzuschreibungen die Konstrukte der Relevanzgründe und der Relevanzinhalte zusammengefasst werden (vgl. Abschnitt 3.2.1). Sowohl die Relevanzgründe als auch die Relevanzinhalte werden in der vorliegenden Arbeit mit Modellen konzeptualisiert, die als geeignet angenommen werden, um Relevanzzuschreibungen von Mathematiklehramtsstudierenden zu beschreiben. Auf Grundlage dieser aus der Theorie abgeleiteten Modelle sollen empirische Erkenntnisse gewonnen werden. In den vorausgegangenen Kapiteln wurde die Modellierungsgrundlage für die Relevanzinhalte dargestellt (vgl.

© Der/die Autor(en), exklusiv lizenziert durch Springer Fachmedien Wiesbaden GmbH, ein Teil von Springer Nature 2021
C. Büdenbender-Kuklinski, *Die Relevanz ihres Mathematikstudiums aus Sicht von Lehramtsstudierenden*, Studien zur Hochschuldidaktik und zum Lehren und Lernen mit digitalen Medien in der Mathematik und in der Statistik, https://doi.org/10.1007/978-3-658-35844-0_5

Abschnitt 2.2.1.2–2.2.1.5) und es wurde ein Modell zur Beschreibung von Relevanzgründen entwickelt, welches in den mathematikdidaktischen Forschungskontext zu Relevanz- und Wertmodellen eingeordnet wurde, um insbesondere auch seine Besonderheiten herauszustellen (vgl. Abschnitt 3.1). Darüber hinaus wurde das Konstrukt der Relevanzzuschreibungen motivational eingebettet und insbesondere das Konstrukt der Relevanzgründe mit dem Wertkonstrukt der Expectancy-Value Theorie assoziiert (vgl. Abschnitt 3.3). Anschließend wurde der bisherige Forschungsstand zu Relevanz und Wert in Lernkontexten dargestellt (vgl. Abschnitt 4.1). Dabei zeigte sich unter anderem, dass die bisherige Forschungslage dazu, aus welchen Gründen Lehramtsstudierende ihrem Mathematikstudium eine Relevanz zuschreiben könnten, uneindeutig ist und dass eventuell verschiedene Gründe für verschiedene Studierendengruppen unterschiedlich schwer wiegen könnten bei der Zuschreibung von Relevanz zum Mathematikstudium (vgl. Abschnitt 4.2). Es zeigte sich auch, dass eine bloße Beschäftigung mit Inhalten schon zu einer höheren Relevanzzuschreibung vonseiten der Mathematiklehramtsstudierenden führen könnte und dass ein Zuschreiben von Relevanz einhergehen könnte mit besseren motivationalen und leistungsbezogenen Merkmalen (vgl. Abschnitt 4.2). Verschiedene psychologische Merkmale (vgl. Abschnitt 4.3) sowie Studienaktivitäten (vgl. Abschnitt 4.4) könnten in Zusammenhang mit dem hier beforschten Konstrukt der Relevanzzuschreibungen stehen. Dabei könnte es sowohl korrelative als auch kausale Zusammenhänge geben. Da allerdings die bisherigen Forschungsergebnisse auf heterogenen Ausgangslagen basieren, insofern als dass schulische, fachunabhängige und internationale Studien berücksichtigt wurden, und da dabei andere Zufriedenheits-, Wert- und Relevanzkonstrukte beforscht wurden als das Konstrukt der Relevanzzuschreibungen dieser Arbeit, kann nicht ohne weiteres davon ausgegangen werden, dass sich in der vorliegenden Arbeit analoge Ergebnisse zeigen. Wie sich die entsprechenden Zusammenhänge für das Konstrukt der Relevanzzuschreibungen gestalten, wird in der Arbeit explorativ beforscht. Insbesondere bietet es sich zur Exploration der Mechanismen und Zusammenhänge hinter den Relevanzzuschreibungen von Mathematiklehramtsstudierenden auch an, zu vergleichen, inwiefern das Konstrukt ähnliche oder abweichende empirische Eigenschaften zeigt wie die anderen, im Rahmen der Beschreibung des Forschungsstandes berücksichtigten, Zufriedenheits-, Wert- und Relevanzkonstrukte.

Im Folgenden sollen also die Relevanzzuschreibungen der Mathematiklehramtsstudierenden mit den dahinterstehenden Mechanismen und Zusammenhängen auf Grundlage ihrer theoretischen Konzeptualisierung quantitativ beforscht werden. Dazu werden zunächst Messinstrumente benötigt. Es bedarf eines Instruments zu den Relevanzinhalten, mit dem festgestellt werden kann, welche Wertigkeit Studierende einem bestimmten Relevanzinhalt auf einer zugrunde gelegten Skala sowie relativ zu anderen Relevanzinhalten beimessen. Analog bedarf es eines Instruments zu den Relevanzgründen, das auf dem entwickelten Modell der Relevanzbegründungen fußt und mit dem festgestellt werden kann, welche Wertigkeit Studierende einer bestimmten Dimensionsausprägung aus dem Modell auf einer zugrunde gelegten Skala sowie relativ zu den anderen Dimensionsausprägungen beimessen. Bei der Darstellung, welche Blickrichtungen auf Relevanz bei der Beforschung von Relevanzzuschreibungen zum Mathematiklehramtsstudium in der vorliegenden Arbeit eingenommen werden sollen (vgl. Abschnitt 3.2.2, Abbildung 3.1), wurde angesprochen, dass die Relevanzinhalte grob im Mathematikstudium bestehen. Um empirische Ergebnisse bezüglich des Relevanzinhalts Mathematikstudium zu gewinnen, werden in der vorliegenden Arbeit die Mathematiklehramtsstudierenden dazu befragt, für wie relevant sie das Mathematikstudium in seiner Gesamtheit und für wie relevant sie die Gesamtheit der Inhalte ihres Mathematikstudiums bewerten würden. Im Sinne einer differenzierteren Betrachtung der Relevanzinhalte werden in der vorliegenden Arbeit außerdem die Relevanzzuschreibungen zu Inhalten verschiedener Themengebiete und verschiedener Komplexität in den Blick genommen. Die Modellierung der Relevanzinhalte über Inhalte verschiedener Themengebiete und Inhalte verschiedener Komplexitätsstufen basiert dabei auf den „Standards für die Lehrerbildung im Fach Mathematik" (DMV et al., 2008) (vgl. Abschnitt 2.2.1.2–2.2.1.5; Abschnitt 3.2.1). Das entsprechende Instrument dieser Arbeit zu den Relevanzinhalten soll aus diesen Forderungen dazu, welche fachlichen Kenntnisse Lehramtsstudierende in ihrem Mathematikstudium erwerben sollen, abgeleitet werden (vgl. Abschnitt 9.2.3). Die Entwicklung des Instruments zu den Relevanzgründen wiederum stellt ein vorgeschaltetes Forschungsanliegen dar:

Forschungsanliegen 0: Es soll ein Instrument entwickelt werden, mit dem sich messen lässt, als wie wichtig die Mathematiklehramtsstudierenden die Relevanzgründe aus dem Modell der Relevanzbegründungen für ihr Mathematikstudium einschätzen.

Dabei ist unter „messen" gemeint, dass eingeordnet wird, welche Wertigkeit Studierende einer bestimmten Dimensionsausprägung aus dem Modell der Relevanzbegründungen auf der Skala des Messinstruments sowie relativ zu den anderen Dimensionsausprägungen zuschreiben. Auf diese Weise können Aussagen dazu

getroffen werden, inwiefern die Relevanzgründe aus dem Modell der Relevanzbegründungen von Mathematiklehramtsstudierenden in ihrem Studium tatsächlich als
wichtig eingeschätzt werden.

Im Rahmen der Forschungsfragen sollen dann die Mechanismen und Zusammenhänge hinter den Relevanzzuschreibungen der Mathematiklehramtsstudierenden
explorativ beforscht werden. In einem ersten Schritt sollen die Relevanzzuschreibungen der Studierenden zu Inhalten des Studiums quantitativ beschrieben werden.
In der vorliegenden Arbeit werden die Relevanzinhalte auf Grundlage der „Standards für die Lehrerbildung im Fach Mathematik" (DMV et al., 2008) (vgl.
Abschnitt 2.2.1.2–2.2.1.5) modelliert. Entsprechend der dort vorgeschlagenen Kategorisierung werden Inhalte aus den vier Themengebieten der Arithmetik/ Algebra,
der Geometrie, der Linearen Algebra und der Analysis (vgl. Abschnitt 2.2.1.3,
2.2.1.5) in den Blick genommen, welche zudem den vier theoretisch angenommenen Komplexitätsstufen (vgl. Abschnitt 2.2.1.4) zugeordnet werden können. Bei
der Analyse der Relevanzzuschreibungen der Mathematiklehramtsstudierenden soll
überprüft werden, für wie relevant die Studierenden Inhalte aus den Themengebieten
einschätzen und für wie relevant sie Inhalte einschätzen, die sich den unterschiedlichen Komplexitätsstufen zuordnen lassen. Es werden in diesem Zusammenhang
auch die weiteren in den „Standards für die Lehrerbildung im Fach Mathematik"
(DMV et al., 2008) angesprochenen Kompetenzen in den Blick genommen, indem
beforscht wird, für wie relevant die Studierenden die Lerninhalte der Softwarekompetenz und des Wissens über die historische und kulturelle Bedeutung der
mathematischen Inhalte halten. Außerdem soll überprüft werden, welche weiteren Themen von Studierenden genannt werden, wenn sie relevante Dinge in ihrem
Studium benennen sollen.

**Forschungsfrage 1: Für wie relevant halten Lehramtsstudierende inhaltliche
Aspekte, die sich entsprechend der „Standards für die Lehrerbildung im Fach
Mathematik" (DMV et al., 2008) verschiedenen Themengebieten und verschie-
denen Komplexitätsstufen zuordnen lassen oder die Softwarekompetenz oder
das Wissen über die historische und kulturelle Bedeutung der mathematischen
Inhalte betreffen, in ihrem Mathematikstudium?**

a) *Welche Themen benennen Lehramtsstudierende von sich aus als relevant in
ihrem Mathematikstudium?*

Anschließend sollen Zusammenhänge innerhalb der Relevanzzuschreibungen überprüft werden. Um eine genauere Vorstellung von der Beschaffenheit der Relevanzzuschreibungen zu bekommen, lohnt es sich zu analysieren,

- inwiefern Studierende, die bestimmte Relevanzgründe aus dem Modell der Relevanzbegründungen als wichtig in ihrem Mathematikstudium bewerten, auch andere dieser Gründe wichtig finden,
- inwiefern Studierende, die Inhalten einer gewissen Komplexitätsstufe eine Relevanz zuschreiben, auch Inhalten der anderen Komplexitätsstufen eine Relevanz zuschreiben und
- inwiefern Studierende, die Inhalten eines bestimmten Themengebiets eine Relevanz zuschreiben, auch Inhalten anderer Themengebiete eine Relevanz zuschreiben.

Forschungsfrage 2: Wie hängen die Relevanzzuschreibungen der Dimensionsausprägungen des Modells der Relevanzbegründungen, der Komplexitätsstufen und der Themengebiete bei Mathematiklehramtsstudierenden untereinander zusammen?

Zur differenzierten Analyse der Mechanismen hinter den Relevanzzuschreibungen stellt sich darüber hinaus auch die Frage, wie die Gesamteinschätzung der Relevanz zum Mathematikstudium oder zu dessen Inhalten bei den Mathematiklehramtsstudierenden zusammenhängt mit ihren Relevanzzuschreibungen zu bestimmten Inhalten. Dabei sind ganz verschiedene Zusammenhänge denkbar, die linearer oder nicht-linearer Natur sein könnten. Während nicht alle möglichen Zusammenhänge in der vorliegenden Arbeit überprüft werden sollen, soll überprüft werden, ob sich lineare Zusammenhänge zeigen. In der vorliegenden Arbeit sollen die Mathematiklehramtsstudierenden dazu befragt werden, für wie relevant sie das Mathematikstudium in seiner Gesamtheit bewerten würden und für wie relevant sie die Gesamtheit der Inhalte ihres Mathematikstudiums bewerten würden. Es stellt sich nun die Frage, wie viel Varianz die Relevanzzuschreibungen zu Inhalten verschiedener Themengebiete und Inhalten verschiedener Komplexitätsstufen entsprechend der Modellierung nach den „Standards für die Lehrerbildung im Fach Mathematik" (DMV et al., 2008) aufklären können bezüglich der Gesamteinschätzungen zur Relevanz des Mathematikstudiums oder zur Gesamtheit der Inhalte des Mathematikstudiums bei Annahme eines linearen Zusammenhangs.

Darüber hinaus wird in der vorliegenden Arbeit angenommen, dass die im Modell der Relevanzbegründungen abgebildeten Konsequenzen, die verschiedenen Dimensionsausprägungen zugeordnet sind, die Relevanzzuschreibung zum Mathematikstudium bei Mathematiklehramtsstudierenden begründen könnten. Deshalb soll auch überprüft werden, wie viel Varianz sich in den Gesamteinschätzungen zur Relevanz des Mathematikstudiums oder zur Gesamtheit der Inhalte des Mathematikstudiums aufklären lässt, wenn man in den Blick nimmt, für wie wichtig die Mathematiklehramtsstudierenden die Dimensionsausprägungen des Modells der Relevanzbegründungen einschätzen, und einen linearen Zusammenhang annimmt.

Forschungsfrage 3: Wie lassen sich die Globaleinschätzungen zur Relevanz des Mathematikstudiums und seiner Inhalte linear modellieren auf Basis der Relevanzzuschreibungen bezüglich der Dimensionsausprägungen des Modells der Relevanzbegründungen, der Komplexitätsstufen und der Themengebiete?

Damit wird eine Möglichkeit behandelt, wie sich die von Mathematiklehramtsstudierenden gegebene Einschätzung der Relevanz des Mathematikstudiums oder von dessen Inhalten insgesamt unter Voraussetzung eines linearen Modells erklären lassen könnte: Möglicherweise wird es gerade von solchen Lehramtsstudierenden als besonders relevant angesehen, die ganz bestimmte Gründe des Modells der Relevanzbegründungen in ihrem Mathematikstudium wichtig finden, von Studierenden, die Inhalte einer gewissen Komplexität relevant finden, oder von Studierenden, die bestimmte Themengebiete relevant finden. Eine weitere Möglichkeit, wie sich die Einschätzungen der Relevanz des Mathematikstudiums oder von dessen Inhalten insgesamt erklären lassen könnten, die in der vorliegenden Arbeit in den Blick genommen werden soll, betrifft Einschätzungen zur Umsetzung. Die Mathematiklehramtsstudierenden sollen ihre Einschätzung dazu abgeben, inwiefern sie die Konsequenzen aus dem Modell der Relevanzbegründungen mit dem Mathematikstudium erreichen können, sie sollen ihre Einschätzung dazu abgeben, inwiefern Inhalte bestimmter Komplexität und inwiefern Inhalte bestimmter Themengebiete im Mathematikstudium behandelt werden. All diese Einschätzungen sollen zusammengefasst werden unter dem Ausdruck der Einschätzungen zur Umsetzung. Möglich wäre, dass Mathematiklehramtsstudierende dem Studium eher eine Relevanz zuschreiben, wenn sie, ihrer Einschätzung nach, bestimmte Konsequenzen damit erreichen können, wenn ihrer Einschätzung nach Inhalte bestimmter Komplexität oder Inhalte bestimmter Themengebiete behandelt werden. Auch hier soll ausschließlich überprüft werden, ob ein linearer Zusammenhang vorliegt.

Zudem wird in der bisherigen Forschung teils angenommen, dass schon eine Beschäftigung mit einem Inhalt dazu führen kann, dass diesem ein höherer Wert zugeschrieben wird (vgl. Abschnitt 4.1.2.4) und es wäre möglich, dass Studierende analog höhere Relevanzzuschreibungen zu Inhalten vornehmen, mit denen sie sich beschäftigt haben. Geht man davon aus, dass eine eingehendere Beschäftigung mit Relevanzinhalten bestimmter Themengebiete vonseiten der Mathematiklehramtsstudierenden stattgefunden hat, wenn ihrer Einschätzung nach Inhalte der entsprechenden Themengebiete im Mathematikstudium behandelt werden, dann könnten also die Einschätzungen zur Umsetzung verschiedener

Aspekte eng mit den Relevanzzuschreibungen verknüpft sein. Im Rahmen der explorativen Beforschung der Zusammenhänge zwischen Relevanzzuschreibungen von Mathematiklehramtsstudierenden und ihren Einschätzungen zur Umsetzung soll deshalb auch überprüft werden, ob es einen Zusammenhang gibt zwischen der Relevanzzuschreibung zu einem Themengebiet und der Einschätzung, ob dieses ausreichend umgesetzt wurde. Insgesamt ergibt sich als vierte Forschungsfrage:

Forschungsfrage 4: Wie hängen die Einschätzungen zur Umsetzung zusammen mit Relevanzzuschreibungen?

a) *Wie lassen sich die Globaleinschätzungen zur Relevanz des Mathematikstudiums und seiner Inhalte linear modellieren auf Basis der Einschätzungen dazu, ob Konsequenzen bestimmter Dimensionsausprägungen des Modells der Relevanzbegründungen mit dem Mathematikstudium erreicht werden können, der Einschätzungen zur Umsetzung der Komplexitätsstufen und der Einschätzungen zur Umsetzung der Themengebiete?*
b) *Gibt es einen Zusammenhang zwischen der Einschätzung, ob ein Themengebiet ausreichend behandelt wurde, und der Relevanzzuschreibung zu diesem Themengebiet?*

Ebenfalls aus der bisherigen Forschung lässt sich vermuten, dass die Relevanzzuschreibungen von Mathematiklehramtsstudierenden zusammenhängen könnten mit motivationalen oder leistungsbezogenen Merkmalen der Studierenden (vgl. Abschnitt 4.1.1.4, Abschnitt 4.1.2.2, Abschnitt 4.3.1). Deshalb wird in der vorliegenden Arbeit auch die Analyse entsprechender Zusammenhänge angestrebt. Dazu sollen korrelative und kausale Zusammenhänge betrachtet werden zwischen den Relevanzzuschreibungen zu den Inhalten verschiedener Komplexitätsstufen und verschiedener Themengebiete je mit dem mathematikbezogenen Interesse, der Selbstwirksamkeitserwartung und verschiedenen Leistungsindikatoren.

Forschungsfrage 5: Wie hängen die Relevanzzuschreibungen von Mathematiklehramtsstudierenden zusammen mit anderen Merkmalen?

a) *Wie hängen die Relevanzzuschreibungen zusammen mit motivationalen Merkmalen?*
b) *Wie hängen die Relevanzzuschreibungen zusammen mit leistungsbezogenen Merkmalen?*

Unter der Annahme, dass Einschätzungen zur Umsetzung und Relevanzzuschreibungen zueinander in Verbindung stehen könnten (vgl. Hinleitung zur Forschungsfrage 4), sollen die Einschätzungen zur Umsetzung weiter in den Blick genommen werden. Es soll analysiert werden, wie die Einschätzungen zur Umsetzung der Themengebiete und der Komplexitätsstufen korrelativ[1] zusammenhängen mit den gleichen psychologischen und leistungsbezogenen Merkmalen der Mathematiklehramtsstudierenden, die auch in Forschungsfrage 5 in den Blick genommen werden und dort im Zusammenhang zu Relevanzzuschreibungen untersucht werden. So können erstens weitere Erkenntnisse zu den Einschätzungen zur Umsetzung, welche mit den Relevanzzuschreibungen zusammenhängen könnten, gewonnen werden. Zweitens könnte der Vergleich der Ergebnisse zu den korrelativen Zusammenhängen unter Betrachtung von einerseits Relevanzzuschreibungen und andererseits Einschätzungen zur Umsetzung mit den gleichen weiteren Merkmalen zeigen, wo sich Relevanzzuschreibungen und Einschätzungen zur Umsetzung ähneln und inwiefern sie sich unterscheiden.

Forschungsfrage 6: Wie hängen die Einschätzungen zur Umsetzung von Inhalten im Mathematikstudium vonseiten von Mathematiklehramtsstudierenden zusammen mit anderen Merkmalen?

a) *Wie hängen die Einschätzungen zur Umsetzung von Inhalten im Mathematikstudium zusammen mit motivationalen Merkmalen?*
b) *Wie hängen die Einschätzungen zur Umsetzung von Inhalten im Mathematikstudium zusammen mit leistungsbezogenen Merkmalen?*

Eine Frage, die sich für alle Arten der Relevanzzuschreibungen von Mathematiklehramtsstudierenden stellt, ist die Frage nach deren Stabilität. Da die Mathematiklehramtsstudierenden am Beginn ihres Studiums mit Veränderungen des Lerngegenstands Mathematik und des geforderten Lernverhaltens konfrontiert sind (vgl. Abschnitt 2.2.2), ist denkbar, dass sich auch ihre Relevanzzuschreibungen verändern. Eine entsprechende Veränderung wurde in früheren Studien beispielsweise für das Interessekonstrukt festgestellt (Liebendörfer & Hochmuth, 2013;

---

[1] Da der Fokus der Arbeit auf den Relevanzzuschreibungen und nicht den Einschätzungen zur Umsetzung liegt, wird für die Zusammenhangsanalysen zu den Einschätzungen zur Umsetzung nur eine korrelative und keine kausale Beforschung angestrebt. Eine kausale Beforschung unter Einsatz von Cross-Lagged-Panel Designs wäre auch nicht möglich, da die Mathematiklehramtsstudierenden zum ersten Befragungszeitpunkt aufgrund des frühen Zeitpunkts im ersten Semester noch keine Einschätzungen zur Umsetzung treffen konnten und diese deshalb nur zum zweiten Befragungszeitpunkt abgefragt wurden.

Rach et al., 2018). In utility value Interventionen (vgl. Abschnitt 4.1.2.4) deutete sich teils an, dass es möglich ist, Wertzuschreibungen mit recht geringem Aufwand zu verändern. Für das Wertkonstrukt der Relevanzzuschreibungen bei Mathematiklehramtsstudierenden bleibt zu zeigen, ob diese stabil sind oder ob sie sich verändern. Dabei sollen sowohl die Globaleinschätzung der Mathematiklehramtsstudierenden zur Relevanz der Inhalte des Mathematikstudiums als auch ihre Relevanzzuschreibungen bezüglich der Dimensionsausprägungen des Modells der Relevanzbegründungen, der Komplexitätsstufen und der Themengebiete in den Blick genommen werden. Im Sinne einer umfassenden Beschreibung des Konstrukts soll der Frage nach der Stabilität der Relevanzzuschreibungen innerhalb der siebten Forschungsfrage nachgegangen werden.

Forschungsfrage 7: Ändern sich die Relevanzzuschreibungen von Mathematiklehramtsstudierenden im Laufe des ersten Semesters?

Ein Anliegen der vorliegenden Arbeit ist es, zu beforschen, welche Wertigkeit Studierende den Dimensionsausprägungen aus dem Modell der Relevanzbegründungen beimessen (vgl. Forschungsanliegen 0). Ein Wissen darüber, inwiefern die Relevanzgründe aus dem Modell der Relevanzbegründungen von den Studierenden in ihrem Studium als wichtig eingeschätzt werden, liefert Hinweise über mögliche Begründungsmuster von Mathematiklehramtsstudierenden hinter ihren Relevanzzuschreibungen. Es wird in der vorliegenden Arbeit angenommen, dass bei einer Kenntnis der Gründe, aus denen die Studierenden ihrem Mathematikstudium eine Relevanz zuschreiben würden, theoretisch fundierte Anstrengungen unternommen werden können, die zum Ziel haben, die Studierenden in ihren Relevanzzuschreibungen zum Studium zu unterstützen. Sollte es möglich sein, die Mathematiklehramtsstudierenden Gruppen zuzuordnen, so dass die Studierenden innerhalb einer Gruppe Relevanz aus ähnlichen Gründen zuschreiben würden, dann könnten entsprechende Maßnahmen angepasst an die Bedürfnisse solcher Studierendengruppen entwickelt werden. Dabei könnten bei der Unterstützung der Relevanzzuschreibungen neben den Begründungsmustern auch weitere Mechanismen hinter den Relevanzzuschreibungen in den Blick genommen werden, wenn neben den fokussierten Relevanzgründen der Gruppen auch eine Kenntnis über weitere Charakteristika der Studierenden in den Gruppen und über deren Zusammenhänge zu den Relevanzzuschreibungen besteht. Bei Überlegungen dazu, wie man Studierende bei ihren Relevanzzuschreibungen unterstützen könnte, könnte dann in der Zukunft an dem Punkt angesetzt werden, zu überlegen, durch welche Hilfestellungen die einzelnen Gruppen eine höhere Relevanz zuschreiben könnten.

In der vorliegenden Arbeit sollen die Mathematiklehramtsstudierenden entlang der von ihnen fokussierten Relevanzgründe aus dem Modell der Relevanzbegründungen Gruppen zugeordnet werden, so dass sich die Gruppenmitglieder untereinander in Bezug auf ihre Einschätzungen der Wertigkeit der Dimensionsausprägungen möglichst stark ähneln und die Gruppen in Abgrenzung zueinander diesbezüglich möglichst verschieden sind. Die Gruppen sollen dann unter Betrachtung weiterer Charakteristika motivationaler oder leistungsbezogener Art sowie der von den Typen eingesetzten Lernaktivitäten charakterisiert werden. Dies hat einerseits die gerade genannten praktischen Vorteile bei der Konzeption von Maßnahmen, die Mathematiklehramtsstudierendengruppen in ihren Relevanzzuschreibungen unterstützen sollen. Im Rahmen der vorliegenden Arbeit sollen die Typisierung von Mathematiklehramtsstudierenden entlang der von ihnen fokussierten Relevanzgründe aus dem Modell der Relevanzbegründungen und die Analyse der Typen unter Hinzunahme weiterer Merkmale andererseits vor allem dazu dienen, mehr Kenntnisse über das in dieser Arbeit entwickelte Konstrukt der Relevanzgründe zu gewinnen, zu analysieren, wie sich dieses zur Beschreibung von Studierendengruppen eignet und Ansatzpunkte zu erhalten, wie dieses Konstrukt mit anderen Konstrukten in Zusammenhang stehen könnte.

Darüber hinaus soll die Frage beforscht werden, ob die Zuordnung der Studierenden zu den Gruppen als stabiles Personenmerkmal zu werten ist oder ob sich die Gruppenzugehörigkeiten gegebenenfalls im Laufe des ersten Semesters ändern. Auch diese Information könnte einerseits in der Zukunft bei Überlegungen zur Konzeption von Maßnahmen, die zu höheren Relevanzzuschreibungen führen könnten, hilfreich sein und sie gibt andererseits zusätzlichen Aufschluss über das Konstrukt der Relevanzgründe.

Forschungsfrage 8: Wie lassen sich Mathematiklehramtsstudierende entlang der von ihnen fokussierten Relevanzgründe aus dem Modell der Relevanzbegründungen typisieren?

a) *Wie lassen sich die Typen charakterisieren*
   i. *bezüglich ihrer Relevanzzuschreibungen?*
   ii. *bezüglich weiterer motivationaler und leistungsbezogener Merkmale und Studienaktivitäten?*
b) *Ist die Typenzuordnung eine stabile Eigenschaft?*

Methodologie, Methoden und Design

6

In diesem Abschnitt wird zunächst auf die methodologischen Überlegungen der vorliegenden Arbeit, die die Planung und das Vorgehen der empirischen Untersuchung begründen, und auf Aspekte der methodischen Umsetzung eingegangen (vgl. Abschnitt 6.1). Anschließend werden in Abschnitt 6.2 die Methoden beschrieben, die zur Auswertung der erhobenen Daten genutzt wurden. Zudem werden zwei empirische Designs vorgestellt, die im Forschungsprozess dieser Arbeit eine zentrale Rolle spielten (vgl. Abschnitt 6.3).

6.1 Methodologische Überlegungen und methodische Umsetzung

Die Methoden einer empirischen Untersuchung müssen dazu geeignet sein, Ergebnisse zu den Forschungsfragen zu liefern, und sie müssen praktikabel im jeweiligen Forschungskontext sein. In der vorliegenden Arbeit stellt eine fehlende Kommunikationsgrundlage zwischen Hochschulverantwortlichen einerseits und Mathematiklehramtsstudierenden andererseits für die Diskussion über die (fehlende) Relevanz des Mathematikstudiums aus Sicht genau dieser Studierenden den Ausgangspunkt dar. In der Arbeit sollen Erkenntnisse zu den Relevanzzuschreibungen der Mathematiklehramtsstudierenden gewonnen werden. Dabei wird ein quantitativ-empirisches Forschungsparadigma verfolgt, wobei in der Arbeit zunächst theoretische Modelle aufgestellt und diese im Anschluss empirisch geprüft werden. Es wurde ein Modell der Relevanzbegründungen entwickelt (vgl. Kapitel 3), um mögliche Relevanzgründe von Mathematiklehramtsstudierenden kategorisieren zu können, und es wurde festgelegt, dass die Relevanzinhalte auf

C. Büdenbender-Kuklinski, *Die Relevanz ihres Mathematikstudiums aus Sicht von Lehramtsstudierenden*, Studien zur Hochschuldidaktik und zum Lehren und Lernen mit digitalen Medien in der Mathematik und in der Statistik, https://doi.org/10.1007/978-3-658-35844-0_6

Grundlage der „Standards für die Lehrerbildung im Fach Mathematik" (DMV et al., 2008) modelliert werden sollen. Auf Grundlage dieser Modelle sollen quantitative Erhebungen durchgeführt werden, mit deren Hilfe sich die theoretisch angenommenen Konstrukte der Relevanzgründe und Relevanzinhalte auch empirisch beschreiben lassen. Angestrebt werden also Ergebnisse dazu, inwiefern die abgefragten, theoretisch angenommenen und kategorisierten Relevanzinhalte den Mathematiklehramtsstudierenden relevant erscheinen und wie wichtig ihnen die im Modell der Relevanzbegründungen angenommenen Relevanzgründe in ihrem Mathematikstudium sind. In der darüberhinausgehenden empirischen Beforschung der Relevanzzuschreibungen der Mathematiklehramtsstudierenden sollen Zusammenhänge zu anderen Konstrukten untersucht werden (für die genauen Forschungsfragen vgl. Kapitel 5). Es wird angenommen, dass die empirischen Ergebnisse zu den Mechanismen und Zusammenhängen hinter den Relevanzzuschreibungen Anhaltspunkte dazu liefern können, wie man die Relevanzzuschreibungen von Mathematiklehramtsstudierenden zu ihrem Studium unterstützen könnte. Für die empirische Beforschung der Mechanismen und Zusammenhänge hinter den Relevanzzuschreibungen von Mathematiklehramtsstudierenden musste zunächst eine geeignete Kohorte gewählt werden. Die entsprechende Wahl wird im Folgenden begründet.

6.1.1 Wahl der Kohorte

Die Untersuchungen sollten aufgrund der Ortsansässigkeit an der Leibniz Universität Hannover stattfinden. Als Kohorte, aus der die Stichprobe gezogen wurde, wurden alle Studierenden, die im Fächerübergreifenden Bachelor mit Mathematik studierten und im WS 2018/ 19 die Veranstaltung „Einführung in die Fachdidaktik" besuchten, festgelegt. Es handelt sich beim fächerübergreifenden Bachelorstudiengang um einen polyvalenten Studiengang, nach dessen Abschluss die Studierenden sich entscheiden können, ob sie einen fachbezogenen oder einen gymnasiallehramtsbezogenen Masterstudiengang wählen möchten (vgl. Abschnitt 2.2.1.1). Die Mehrheit dieser Studierenden strebt dabei den Lehrerberuf an und ist somit für die Beforschung bezüglich der vorgestellten Fragestellungen geeignet. Es wurden gerade diejenigen Studierenden beforscht, die die Veranstaltung „Einführung in die Fachdidaktik" besuchten, da angestrebt wurde, die Relevanzzuschreibungen am Studienbeginn zu beforschen und diese für Gymnasiallehramtsstudierende verpflichtende Veranstaltung wird im Studienverlaufsplan für das erste Semester empfohlen. Demnach ist davon auszugehen, dass ein Großteil der Erstsemesterstudierenden, die ein gymnasiales Lehramt mit Mathematik anstrebten, erreicht wurde. Die Wahl, die Studierenden am Beginn ihres Studiums zu befragen, wurde getroffen, da viele Studierende (zum Teil resultierend daraus, dass ihnen das Studium nicht relevant erscheint) schon früh ihr Studium abbrechen (vgl. Abschnitt 2.1.1) und Analysen dazu, wie die Relevanzzuschreibungen der Mathematiklehramtsstudierenden unterstützt werden könnten, an einem Punkt ansetzen müssen, an dem diesem Trend gegebenenfalls noch entgegengewirkt werden könnte.

Neben der Wahl der Kohorte musste vor Beginn der empirischen Studie auch deren Design festgelegt werden. Dieses muss ebenfalls zu den mit der Arbeit zu beantwortenden Forschungsfragen passend gewählt werden.

6.1.2 Design der Studie

Die Relevanzzuschreibungen der Mathematiklehramtsstudierenden sollten in der Studie möglichst objektiv gemessen werden. Dabei sollten statistische Aussagen über Zusammenhänge getroffen werden und entsprechend der erkenntnistheoretischen Ausrichtung der Arbeit wurden quantitative Befragungen durchgeführt. Die Befragungen sollten möglichst viele Teilnehmende aus der Zielgruppe erreichen, um so Verzerrungen durch die Stichprobe zu minimieren und möglichst präzise Ergebnisse zu erhalten. Für die vorliegende Forschung wurde die schriftliche Fragebogenerhebung als Methode gewählt, die besser geeignet ist als mündliche Befragungen, um möglichst viele Teilnehmende mit geringem Aufwand zu erreichen. Fragebogenerhebungen können als paper-pencil Befragungen postalisch oder vor Ort durchgeführt werden oder auch online. Die Rücklaufquote an Fragebögen ist sowohl bei postalischen Befragungen als auch bei online durchgeführten Befragungen in der Regel geringer als bei Befragungen vor Ort, bei denen die Befragten direkt von den Durchführenden der Befragung um ihre Mithilfe gebeten werden. So ermittelte Lütkenhöner (2012) in Online- und Papiererhebungen in 13 Veranstaltungen eine durchschnittliche Rücklaufquote von 72 % bei Papiererhebungen gegenüber nur 19 % bei Onlineerhebungen. Es wurde deshalb das Format der paper-pencil Befragung gewählt. Die Befragungen wurden in der Veranstaltung durchgeführt (nicht im Anschluss oder zu Hause), da so davon ausgegangen werden kann, dass (fast) alle anwesenden Studierenden teilnehmen, was unwahrscheinlicher wäre, wenn sie die Fragebögen in der Freizeit ausfüllen müssten. Insbesondere kann man so zumindest erkennen, wie hoch die Teilnahmequote der anwesenden Studierenden ist.

Quantitative Befragungen können als Querschnitt- oder Längsschnittstudien realisiert werden. Bei Querschnittstudien werden zu einem einzelnen Zeitpunkt verschiedene Gruppen befragt, wohingegen in Längsschnittstudien dieselbe Zielgruppe zu verschiedenen Zeitpunkten befragt wird. Es lassen sich dabei nur mit Längsschnittstudien auch Entwicklungen untersuchen. Da innerhalb der Forschungsfragen auch überprüft werden soll, ob sich die Relevanzzuschreibungen der Mathematiklehramtsstudierenden im Laufe des ersten Semesters verändern (vgl. Forschungsfrage 7, Kapitel 5), wurde ein Längsschnittdesign gewählt mit einer Befragung zu Beginn des Semesters und einer an dessen Ende, um solche Veränderungen gegebenenfalls erkennen zu können. Wenn es Hypothesen dazu gibt, in welchem Zeitraum Veränderungen in einem Merkmal stattfinden, dann sollten die längsschnittlichen Erhebungen in einem entsprechenden zeitlichen Abstand voneinander durchgeführt werden. Da in der vorliegenden Arbeit aber mit dem Konstrukt der Relevanzzuschreibungen ein neues Konstrukt explorativ beforscht werden sollte, lagen keine theoretischen oder praktischen Erkenntnisse vor, in welchem Zeitraum gegebenenfalls Änderungen stattfinden könnten. Die Erhebungszeitpunkte wurden deshalb aus praktischer Sicht festgesetzt:

– Sie sollten am Beginn des Studiums stattfinden, um Aussagen über die Relevanzzuschreibungen der Studierenden treffen zu können, noch bevor einige von diesen ihr Studium abgebrochen hätten.
– Der Zeitraum zwischen den Befragungen sollte so lang sein, dass die StudienanfängerInnen sich bis zur zweiten Befragung an der Universität eingelebt haben könnten und
– es erschien praktisch, beide Befragungen im Rahmen der gleichen universitären Veranstaltung durchzuführen, da so leichter zu beiden Zeitpunkten die gleichen Studierenden erreicht werden konnten, was für Aussagen zu Veränderungen hilfreich ist. Insbesondere da in der vorliegenden Arbeit zu den Relevanzzuschreibungen neu entwickelte Instrumente eingesetzt wurden, so dass es keine Vergleichswerte gab, die Aufschluss darüber gegeben hätten, wie Ergebnisse unter Einsatz der Instrumente zu interpretieren sind, schien es sinnvoll, Aussagen nicht noch dadurch zu erschweren, dass zu den verschiedenen Zeitpunkten unterschiedliche Kohorten befragt würden.

Als Befragungszeitpunkte wurden deshalb die zweite und die vorletzte Woche der Vorlesungszeit eines Wintersemesters festgelegt. Bevor jedoch die Erhebungen stattfinden konnten, mussten die zu messenden Konstrukte geeignet operationalisiert werden, wobei die Beurteilung der Eignung von Messinstrumenten, insbesondere bei neu entwickelten Instrumenten, einer Validierung bedarf. Die Begründungen für die getroffenen Entscheidungen bezüglich Operationalisierung und Validierung werden im Folgenden dargelegt.

6.1.3 Operationalisierung und Validierung

Die Grundlage jeder Messung eines Konstrukts liegt in einer Nominaldefinition des entsprechenden Konstrukts, das heißt einer Definition, die klar beschreibt, worüber das Konstrukt gemessen werden soll. Oftmals handelt es sich bei Konstrukten um komplexe Einheiten. Komplexe latente Variablen werden in der Regel durch mehrere Items operationalisiert. Der Einsatz mehrerer Items soll einerseits dazu dienen, dass verschiedene Aspekte des theoretisch zugrunde gelegten Konstrukts abgebildet werden können, wodurch die Validität des Messinstruments steigt. Zudem können so durch Missverständnisse oder Ähnliches verursachte Messfehler verringert werden, was eine Steigerung der Reliabilität des Messinstruments bedeutet (Döring & Bortz, 2016, S. 229). Auch die Relevanzgründe und die Relevanzinhalte sollten für die empirischen Analysen dieser Arbeit über mehrere Items operationalisiert werden.

Wenn in der quantitativen Forschung Konstrukte abgefragt werden sollen, zu denen es bereits etablierte Messinstrumente gibt, dann bietet es sich aus Gründen der Ökonomie und auch der Vergleichbarkeit an, diese zu nutzen, statt neue zu entwickeln. Da es bisher kein Instrument zu den Relevanzgründen, wie sie in dieser Arbeit konzeptualisiert wurden, gab, wurde das Instrument zur Messung der Wichtigkeit der Relevanzgründe für die Studierenden in ihrem Mathematiklehramtsstudium selbst entwickelt (vgl. Abschnitt 6.1.3.1 zur Begründung der Operationalisierung; vgl. Kapitel 7 zur Beschreibung der Entwicklung des Messinstruments). Dies stellte das Forschungsanliegen 0 der Arbeit dar, welches den Forschungsfragen vorangestellt war (vgl. Kapitel 5). Zudem wurden die Instrumente zu den Relevanzinhalten basierend auf Leitlinien dazu, welche Kompetenzen Lehrkräfte im Studium erwerben sollten, konstruiert (vgl. Abschnitt 6.1.3.2 zur Begründung der Operationalisierung; vgl. Abschnitt 9.2.3 für die Darstellung des Instruments). Die Instrumente zu den Einschätzungen zur Umsetzung leiteten sich von den zwei verschiedenen Instrumenten zu den Relevanzzuschreibungen ab, um direkte Zusammenhänge zwischen Relevanzzuschreibungen und Einschätzungen zur Umsetzung bezüglich bestimmter Aspekte analysieren zu können. Für die weiteren Merkmale wurden bereits etablierte Instrumente genutzt, um einschätzen zu können, wie sich das in dieser Arbeit beforschte Konstrukt der Relevanzzuschreibungen in den weiteren Forschungskontext einordnen lässt.

Zur Erhebung der leistungsbezogenen Merkmale wurden alle Lehramtsstudierenden, die an einer der beiden Klausuren zur Linearen Algebra I in dem Erhebungssemester teilnahmen, gebeten, ihre Noten anonym zur Verfügung zu stellen, und zudem wurden die Studierenden auf dem Fragebogen zum zweiten Erhebungszeitpunkt befragt, wie viele Punkte sie auf den Übungszetteln zur Analysis I und zur Linearen Algebra I erreicht hatten. Es wurden mehrere Leistungsindikatoren gewählt, um ein möglichst genaues Bild von der Leistung der Studierenden zu erhalten: Gegenüber den Leistungen auf den Übungszetteln hat die Leistung in der Klausur den Vorteil, dass bei dieser im Allgemeinen eine Eigenleistung gezeigt wird, es wird nicht in Gruppen gearbeitet oder abgeschrieben. Die Klausur fragt aber nicht alle Inhalte der Vorlesung ab. An dieser Stelle könnten die Leistungen in den Übungszetteln aussagekräftiger sein, falls diese die Vorlesungsinhalte in ihrer Breite besser abdecken, wobei diese in Gruppen abgegeben werden durften.

Im Folgenden werden zunächst noch einmal genauer die Operationalisierung der Konstrukte der Relevanzgründe und der Einschätzungen zur Umsetzung von Relevanzgründen (vgl. Abschnitt 6.1.3.1) sowie die Operationalisierung der Konstrukte der Relevanzinhalte und der Einschätzungen zur Umsetzung der Relevanzinhalte sowie der Relevanzzuschreibungen und Einschätzungen zur Umsetzung der Softwarekompetenz und des Wissens über die die kulturelle und historische Bedeutung der Mathematik (vgl. Abschnitt 6.1.3.2) begründet. Anschließend wird auf Validierungsschritte insbesondere für das Messinstrument zu den Relevanzgründen eingegangen (vgl. Abschnitt 6.1.3.3) und auf die Rolle, die die Vorstudie bei der Testung der Messinstrumente spielte (vgl. Abschnitt 6.1.3.4).

6.1.3.1 Operationalisierung des Konstrukts der Relevanzgründe und der assoziierten Einschätzungen zur Umsetzung

Das Befragungsinstrument, das entwickelt werden sollte, um zu messen, wie wichtig die Mathematiklehramtsstudierenden die Relevanzgründe aus dem Modell der Relevanzbegründungen einschätzten (vgl. Forschungsanliegen 0, Kapitel 5), musste im Rahmen einer quantitativen paper-pencil Befragung einsetzbar sein. Solche Messinstrumente bestehen aus verschiedenen Aussagen, zu denen die Befragten eine Antwort auf einer vorgegebenen Antwortskala auswählen.

Zunächst muss bei der Entwicklung eines Messinstruments entschieden werden, ob dieses das zugrunde liegende Konstrukt reflektiv oder formativ messen soll (für Unterschiede zwischen reflektiven und formativen Modellannahmen vgl. Abschnitt 6.3.1). Da in dem Modell der Relevanzbegründungen, das dem hier entwickelten Messinstrument zugrunde liegt, voneinander unabhängige Dimensionen beschrieben werden, die nach Annahme in ihrer Gesamtheit das theoretische Konstrukt der Relevanzgründe kausal ergeben (vgl. Abschnitt 3.2.1), fiel die Wahl auf ein formatives Messmodell. Die einzelnen Indikatoren wurden ausgehend von der Konstruktdefinition deduktiv entwickelt (zur deduktiven oder auch rationalen Testkonstruktion vgl. Bühner, 2011, Kapitel 3). Es ist zu entscheiden, ob die Antwortskala eine gerade oder ungerade Anzahl an Antwortmöglichkeiten enthalten soll: Bei geradzahligen Anzahlen müssen die Befragten eine Tendenz in eine Richtung wählen, während bei ungeradzahligen Antwortmöglichkeiten eine neutrale Antwortkategorie vorliegt (Bühner, 2011, S. 116). Eine höhere Anzahl an Antwortoptionen steht bis zu einer Anzahl von sieben Optionen in Verbindung mit steigender Reliabilität und Validität (Bühner, 2011, S. 111). Aufgrund des explorativen Charakters der vorliegenden Arbeit, in der möglichst alle Tendenzen berücksichtigt werden sollen, wurde sich für eine geradzahlige Anzahl an Antwortmöglichkeiten entschieden. Es wurde eine sechsstufige Likertskala gewählt mit der Überlegung, dass so die maximale geradzahlige Option unterhalb der gerade genannten sieben Antwortkategorien gewählt wurde. Da empfohlen wird, alle Antwortmöglichkeiten zur Erhöhung der Validität und Reliabilität zu beschriften (Bühner, 2011, S. 112; vgl. auch Krosnick, 1999), wurden entsprechende Beschriftungen vorgenommen. Die Skalenpunkte wurden benannt als „trifft gar nicht zu", „trifft nicht zu", „trifft eher nicht zu", „trifft eher zu", „trifft zu" und „trifft völlig zu".

Für das Instrument zu den Einschätzungen zur Umsetzung von Relevanzgründen wurden die gleichen Items eingesetzt wie im Instrument zu den Relevanzgründen, nur dass die einleitende Formulierung ausgetauscht wurde. Im Messinstrument zu den Relevanzgründen wurden die Items eingeleitet mit der Formulierung „Mir ist es in meinem Mathematikstudium wichtig, dass…", bei den Einschätzungen zur Umsetzung mit „In meinem Mathematikstudium trifft es zu, dass…". Durch die Formulierung bei den Einschätzungen zur Umsetzung sollte darauf abgezielt werden, dass Studierende angaben, ob die jeweils abgefragten Konsequenzen von ihnen ihrer Einschätzung nach im Mathematikstudium erreicht werden konnten. Durch den Einsatz der gleichen Satzenden bei den Items zu den Relevanzgründen und zu den Einschätzungen zur Umsetzung sollten die Ergebnisse zu Relevanzzuschreibungen und zu Einschätzungen zur Umsetzung zu konkreten Aspekten direkt miteinander verglichen werden können.

6.1.3.2 Operationalisierung der Konstrukte der Relevanzinhalte und der Einschätzungen zur Umsetzung der Relevanzinhalte sowie der Relevanzzuschreibungen und Einschätzungen zur Umsetzung der Softwarekompetenz und des Wissens über die kulturelle und historische Bedeutung der Mathematik

Neben Einzelitems, mit denen die Einschätzungen zur Relevanz des Mathematikstudiums in seiner Gesamtheit und zur Relevanz der Inhalte des Mathematikstudiums in ihrer Gesamtheit abgefragt wurden, wurden Befragungsinstrumente eingesetzt, mit denen die Relevanzinhalte differenzierter abgefragt wurden (vgl. die Ausführungen in Abschnitt 3.2.2, dass die Relevanzinhalte im Modell dieser Arbeit grob im Mathematikstudium gesehen werden können, aber auch differenzierter im Sinne der Aufgliederung in Inhalte verschiedener Themengebiete und Komplexitätsstufen gesehen werden können). Diese Befragungsinstrumente, mit denen die Relevanz verschiedener Inhalte abgefragt wurde, wurden direkt abgeleitet aus den Forderungen der „Standards für die Lehrerbildung im Fach Mathematik" (DMV et al., 2008), was Studierende für die Lehrämter verschiedener Schulformen beherrschen sollten. Dabei wurde der Text der Forderungen weitgehend übernommen, um eine direkte Anbindung an die Bildungspolitik zu gewährleisten (zur Konstruktion der Items vgl. Abschnitt 9.2.3). Damit sollte erreicht werden, überprüfen zu können, für wie relevant Mathematiklehramtsstudierende selbst Inhalte finden, die in der Bildungspolitik für sie als relevant angenommen werden. Außerdem kann überprüft werden, ob die gymnasialen Mathematiklehramtsstudierenden die Ansicht der Bildungspolitik teilen, dass selbst die Inhalte der komplexesten Stufe für sie relevant sind und ob sie die weniger komplexen Stufen ebenfalls relevant für sich einschätzen, wie es die Bildungspolitik tut. Eine differenzierte Analyse dazu, wie relevant die Studierenden Inhalte verschiedener Komplexitätsstufen finden, bot sich auch deshalb an, da Relevanzzuschreibungen auch mit einem Gefühl der eigenen Wirksamkeit zusammenhängen könnten (vgl. Abschnitt 2.1.2, Abschnitt 4.3.1.3), weshalb überprüft werden sollte, ob komplexeren Inhalten, bei denen vermutlich ein geringeres Gefühl der Wirksamkeit vorliegt, von Mathematiklehramtsstudierenden weniger Relevanz zugeschrieben wird als weniger komplexen.

Es wurde ein Befragungsinstrument zu Relevanzzuschreibungen zu den Themengebieten und eines zu Relevanzzuschreibungen zu den Komplexitätsstufen aus den „Standards für die Lehrerbildung im Fach Mathematik" (DMV et al., 2008) abgeleitet.

- Mit dem Befragungsinstrument zu Relevanzzuschreibungen zu den Themengebieten sollte empirisch beforscht werden, wie relevant die Studierenden die abgefragten Themengebiete finden. Dabei wurden für jedes Themengebiet verschiedene Inhalte aus dem Themengebiet abgefragt. Es wird davon ausgegangen, dass bei einer Relevanzzuschreibung zum Themengebiet den einzelnen Inhalten des Themengebiets eine Relevanz zugeschrieben wird. Demnach wird eine kausale Richtung vom Konstrukt zu den Indikatoren angenommen. Deshalb fiel die Wahl hier auf ein reflektives Messmodell (für Unterschiede zwischen Messinstrumenten mit reflektiven und formativen Modellannahmen vgl. Abschnitt 6.3.1).

- Mit dem Befragungsinstrument zu Relevanzzuschreibungen zu den Komplexitätsstufen sollte beforscht werden, wie relevant die Studierenden Inhalte auf den vier Komplexitätsstufen einschätzen. Dabei wurden auf jeder Komplexitätsstufe verschiedene inhaltliche Themen abgefragt. Es wird davon ausgegangen, dass bei einer Relevanzzuschreibung zu einer Komplexitätsstufe den einzelnen Inhalten auf dieser Stufe eine Relevanz zugeschrieben wird. Demnach wird auch hier eine kausale Richtung vom Konstrukt zu den Indikatoren angenommen und die Wahl fiel auf ein reflektives Messmodell.

Zu beiden Instrumenten der Relevanzinhalte wurden, analog wie in Abschnitt 6.1.3.1 beschrieben, Instrumente zu den Einschätzungen zur Umsetzung entwickelt. Um die Antwortmöglichkeiten für die Studierenden möglichst konsistent zu gestalten und so eventuelle Fehler aufgrund von zu flüchtigem Lesen der Skalierungen zu vermeiden, wurden bei allen selbst erstellten Instrumenten sechsstufige Likert-Skalen mit den gleichen Skalenpunktbeschriftungen als Antwortformat gewählt. Diese Konstruktionsentscheidungen hatten zum Ziel, die Ergebnisse aus den verschiedenen Befragungsinstrumenten bei den Auswertungen leichter miteinander vergleichen zu können. Für die Items zu den Relevanzinhalten und zur Einschätzung zur Umsetzung der Relevanzinhalte wurde allerdings noch eine abgegrenzte Antwortmöglichkeit „kann ich nicht beurteilen" ergänzt, damit Studierende, denen die abgefragten Inhalte unbekannt waren, diese Kategorie wählen konnten und keine willkürliche Einschätzung abgaben.

Zusätzlich zu den Befragungsinstrumenten zu den Relevanzinhalten wurden basierend auf den „Standards für die Lehrerbildung im Fach Mathematik" (DMV et al., 2008) zwei Einzelitems entwickelt, mit denen die Studierenden dazu befragt wurden, wie relevant sie das Erlernen von Softwarekompetenz und die Aneignung eines Wissens über die kulturelle und historische Bedeutung der Mathematik empfanden. Auch diese Aspekte werden als relevant in den „Standards für die

Lehrerbildung im Fach Mathematik" (DMV et al., 2008) genannt. Es sollte ihre Relevanz aus Sicht der Studierenden überprüft werden, um dem Anliegen der Arbeit gerecht zu werden, zu prüfen, wie relevant Mathematiklehramtsstudierende Aspekte einschätzen, die in dem entsprechenden Katalog als relevant für sie angenommen werden. Dass die beiden Aspekte je über Einzelitems abgefragt wurden, ist erstens damit zu rechtfertigen, dass sie direkt an die „Standards für die Lehrerbildung im Fach Mathematik" (DMV et al., 2008) angelehnt sein sollten und aus diesem Material keine zusätzlichen Items abgeleitet werden konnten. Zweitens lag der Fokus der Arbeit auf fachinhaltlichen Relevanzinhalten und auf Relevanzgründen, wohingegen diese Punkte weniger zentral waren. Deshalb lohnte sich die Konstruktion eines aufwändigeren Messinstruments nicht. Auch die beiden Einzelitems zur Softwarekompetenz und zum Wissen über die kulturelle und historische Bedeutung der Mathematik wurden auf sechsstufigen Likertskalen gemessen und es wurde eine zusätzlichen Kategorie „kann ich nicht beurteilen" eingesetzt. Zudem gab es jeweils assoziierte Items zur Einschätzung zur Umsetzung.

6.1.3.3 Validierung der selbst entwickelten Instrumente

Ein grundlegendes Anliegen der vorliegenden Arbeit besteht darin, das neu entwickelte Konstrukt der Relevanzgründe explorativ zu beforschen und festzustellen, welchen empirischen Mehrwert es gegebenenfalls bietet, wenn Anhaltspunkte gefunden werden sollen, wie man durch geeignete Maßnahmen Mathematiklehramtsstudierende in ihren Relevanzzuschreibungen unterstützen könnte. Die Prüfung der Validität des Messinstruments zu den Relevanzgründen, welches ebenfalls erst im Rahmen dieser Arbeit entwickelt wurde, stellte im Forschungsprozess einen wichtigen Schritt dar. So konnten durch die Validitätsprüfung Schlüsse darüber gezogen werden, wie Mathematiklehramtsstudierende mit dem Messinstrument zu den Relevanzgründen umgehen, was als Teil der explorativen Beforschung der empirischen Eigenschaften des Konstrukts der Relevanzgründe zu sehen ist. Darüber hinaus sind Schlüsse zum empirischen Mehrwert des Konstrukts der Relevanzgründe nur möglich, wenn dieses valide gemessen wird. Zur Prüfung der Validität der Items zum Konstrukt der Relevanzgründe boten sich verschiedene Methoden an und um eine möglichst gute Einschätzung zur Validität treffen zu können, wurden diese in Ergänzung zueinander eingesetzt.

– Erstens wurde mithilfe entsprechender Antwortmöglichkeiten in der Vorstudie (vgl. Kapitel 8) überprüft, wo in den Items gegebenenfalls Verständnisschwierigkeiten für die Studierenden vorlagen (vgl. Bühner, 2011, Kapitel 3).

– Da es jedoch auch möglich war, dass die Studierenden der Meinung waren, sie
 hätten das Item verstanden, auch wenn sie es nicht in dem Sinne verstanden
 hatten, wie es in dem Messinstrument intendiert war, wurden zusätzlich kognitive Interviews (vgl. Abschnitt 6.2.1 zur Methode der kognitiven Validierung)
 geführt, um die Validität des Instruments zu prüfen.
– Um zu prüfen, ob das Instrument das Konstrukt ausreichend abdeckte, wurde
 drittens mit einem offenen Item abgefragt, ob es für die Studierenden weitere
 Aspekte gab, die sie relevant fänden, und die Antworten daraufhin analysiert,
 ob von den Studierenden Gründe für die empfundene Relevanz dieser Inhalte
 genannt wurden (vgl. Abschnitt 10.8 für die bei der Analyse zugrunde gelegte
 Leitfrage; vgl. Abschnitt 11.1 für die entsprechenden Ergebnisse).

Für die Items zu den Relevanzinhalten wurden keine kognitiven Interviews zu Validierungszwecken durchgeführt. Diese Entscheidung wird in
Abschnitt 12.2.5.1.3 kritisch reflektiert. Die Items messen insofern dass, was
sie messen sollen, als dass ihre Formulierungen weitgehend denen aus den
„Standards für die Lehrerbildung im Fach Mathematik" (DMV et al., 2008) entsprechen, welche die theoretische Grundlage für die Modellierung der Relevanzinhalte darstellten. Um zu prüfen, ob die Studierenden Verständnisschwierigkeiten
bei den Items zu den Relevanzinhalten hatten, wurde auch für diese Items den
Studierenden in der Vorstudie die Möglichkeit gegeben, anzugeben, dass Items
nicht verstanden wurden. Die Begründung dazu, dass eine Vorstudie durchgeführt
wurde, ist Thema des nächsten Absatzes.

6.1.3.4 Vorstudie

Um vorab zu testen, ob die entwickelten Messinstrumente für die Mathematiklehramtsstudierenden verständlich waren, wurde im Sommersemester vor dem
eigentlichen Erhebungszeitraum eine Vorstudie durchgeführt (vgl. Kapitel 8 für
die Darstellung der Vorstudie). Dabei wurde insbesondere den eigentlichen
Antwortskalen eine Kategorie hinzugefügt, mit der die Studierenden angeben
konnten, dass sie die Aussage eines Items nicht verstanden. So sollten miss-
verständliche Items aus den Messinstrumenten herausgefiltert werden, bevor sie
in der eigentlichen Untersuchung eingesetzt wurden.

   Neben begründeten Entscheidungen dazu, wie Konstrukte in der Studie operationalisiert und validiert werden sollten, mussten die Auswertungsmethoden zu
den abgefragten Daten noch so festgelegt werden, dass sie sich zur Beantwortung der Forschungsfragen eigneten. Es folgt eine entsprechende Begründung der
Auswertungsmethoden.

6.1.4 Auswertung

Bei der Datenauswertung wurde festgestellt, dass viele der Studierenden nicht an beiden Befragungszeitpunkten teilgenommen hatten und auch sonst einige Werte in den Daten fehlten. Demnach musste entschieden werden, wie mit fehlenden Werten in den Analysen umgegangen werden sollte. Es wurde die Entscheidung getroffen, dass in der vorliegenden Arbeit die Ergebnisse zu den Analysen unter Nutzung der Methode der pairwise deletion (vgl. Abschnitt 6.2.2.2.2) verglichen werden sollten mit den Ergebnissen, die unter Nutzung der Methode der multiplen Imputation (vgl. Abschnitt 6.2.2.2.4) gewonnen wurden. Beide Methoden sind dafür angelegt, die wahren Mechanismen und Zusammenhänge, die sich für den Gesamtdatensatz gezeigt hätten, darzustellen, wobei die multiple Imputation dazu unter gewissen Voraussetzungen, welche in Abschnitt 6.2.2.2.4 beschrieben werden, besser geeignet ist. Die Methode der pairwise deletion bot in der vorliegenden Arbeit dagegen gegenüber der multiplen Imputation den Vorteil, dass so zumindest tatsächlich in den Daten vorliegende Zusammenhänge abgebildet wurden: Gerade da in der Arbeit ein neues Konstrukt mit neuen Messinstrumenten beforscht wurde und so im Forschungsprozess schon einige Unsicherheit beispielsweise durch fehlende Vergleichswerte der Ergebnisse vorlag, war es vorteilhaft, auch Ergebnisse abzubilden, die nicht auf Schätzungen mit zusätzlicher Unsicherheit basierten, sondern tatsächlich gemessene Zusammenhänge darstellten.

6.1.4.1 Auswertung der quantitativen Daten

Als Auswertungsmethoden wurden Standardmethoden der quantitativen Forschung genutzt (in Klammern sind im Folgenden die Verweise dazu angegeben, wo in dieser Arbeit theoretische Hintergründe zu den Methoden dargestellt werden). Es wurden

- Boxplots analysiert, um Verteilungen zu beschreiben,
- Korrelationen (vgl. Abschnitt 6.2.3) berechnet, um Zusammenhangsaussagen zu treffen,
- lineare Regressionen (vgl. Abschnitt 6.2.4) berechnet, um Varianzaufklärungen einzelner Merkmale durch andere zu bestimmen,
- Strukturgleichungsmodelle berechnet, um in Cross-Lagged-Panel Designs (vgl. Abschnitt 6.3.2) mögliche Wirkrichtungen eines Merkmals auf ein anderes zu erkennen,
- eine Clusteranalyse (vgl. Abschnitt 6.2.5) durchgeführt, um Studierendentypen mit ähnlichen Relevanzzuschreibungen zu bestimmen

- und Varianzanalysen (vgl. Abschnitt 6.2.6) mit anschließenden t-Tests berechnet, um Unterschiede zwischen den in der Clusteranalyse gefundenen Typen
  bezüglich verschiedener Merkmale zu analysieren.

Im letzten Fall wurden zunächst ANOVAs berechnet, statt einfach für alle möglichen Kombinationen von zwei Typen t-Tests zu berechnen, um zu vermeiden,
dass falsche positive Aussagen getroffen würden. T-Tests wurden an die ANOVAs
angeschlossen, wenn sich bei den ANOVAs ein statistisch signifikantes Ergebnis auf dem in dieser Arbeit vorausgesetzten Niveau von 10 % gezeigt hatte.
Hier wurden übliche t-Tests statt Post-Hoc Tests mit Korrektur durchgeführt, da
nur diese für multipel imputierte Daten in SPSS implementiert sind. Es muss
demnach davon ausgegangen werden, dass tendenziell etwas mehr Ergebnisse
statistisch signifikant wurden als es bei zufallskorrigierten Post-hoc-Tests der
Fall gewesen wäre, was aber insofern für die vorliegende Arbeit unproblematisch ist, als dass es deren Anliegen ist, die Relevanzzuschreibungen explorativ
zu beforschen und so insbesondere Hypothesen für zukünftige Forschungsarbeiten zu generieren. Die gefundenen Zusammenhänge, die statistisch signifikant
werden, sollten demnach ohnehin in folgenden Forschungsarbeiten eingehender
überprüft werden.

Alle Zusammenhänge, die im Rahmen der Arbeit geprüft wurden, wurden
zweiseitig auf Signifikanz geprüft, um alle möglichen Zusammenhangsrichtungen
erkennen zu können. Insbesondere weil viele Forschungsarbeiten zu Zusammenhängen zwischen Relevanzkonstrukten und anderen Merkmalen bisher für andere
Forschungskontexte durchgeführt wurden (vgl. Kapitel 4) und dabei nicht das-
selbe Relevanzkonstrukt beforscht wurde, das in dieser Arbeit beforscht wird,
muss selbst dort, wo sich in den entsprechenden Arbeiten Zusammenhänge
in einer bestimmten Richtung zeigten, zunächst überprüft werden, ob diese in
gleicher Richtung bei den Relevanzzuschreibungen von Lehramtsstudierenden
in ihrem Mathematikstudium, wie sie in dieser Arbeit konzeptualisiert werden,
auftreten.

In der Arbeit wurde generell auf einem statistischen Signifikanzniveau von
10 % getestet, um den teils geringen Stichprobengrößen gerecht zu werden
und weil das zentrale Anliegen dieser Arbeit nicht darin besteht, in der Stichprobe vorliegende Zusammenhänge zu erkennen, sondern mehr Aufschluss zu
dem beforschten Konstrukt der Relevanzzuschreibungen und dessen Beziehungen zu anderen Konstrukten zu erhalten. Bei geringen Stichprobenumfängen ist
es durchaus möglich, dass keine statistische Signifikanz auftritt, selbst da, wo
Zusammenhänge bedeutsam sind, insbesondere dann, wenn der p-Wert niedrig
angesetzt wird (Döring & Bortz, 2016, S. 808). Generell ist zu bedenken, dass

selbst statistisch nicht signifikante Zusammenhänge eine empirische Relevanz haben können und statistische Signifikanz nicht damit gleichzusetzen ist, dass ein Ergebnis von Bedeutung ist (vgl. Döring & Bortz, 2016, Kapitel 15). In diesem Sinne wurden alle Ergebnisse dieser Arbeit reflektiert. In einigen Fällen, insbesondere bei den Vergleichen der Typen aus der Clusteranalyse, bei denen mit besonders geringen Stichprobengrößen gearbeitet wurde, werden aus diesem Grund auch Tendenzen berichtet, wo die zugrunde liegenden Zusammenhänge nicht statistisch signifikant wurden. Das lässt sich auch damit rechtfertigen, dass es bei der Analyse der Typen darum geht, mögliche Zusammenhänge zwischen dem Konstrukt der Relevanzgründe und anderen Konstrukten zu erkennen, woraus Forschungsfragen für spätere Forschung generiert werden können, und nicht um eine möglichst genaue Beschreibung der in den vorliegenden Clusterstichproben tatsächlich existierenden Zusammenhänge.

Entsprechend der Vorgaben aus den APA-Standards werden in der Arbeit im Allgemeinen zwei Nachkommastellen berichtet (American Psychological Association, 2010, S. 113). Nur bei den p-Werten werden drei Nachkommastellen berichtet und diese werden genau berichtet, außer wenn der p-Wert geringer ist als ,001 (in diesem Fall wird p < ,001 angegeben). Zudem werden die Stellen vor dem Komma überall dort angegeben, wo Zahlenwerte größer als 1 auftreten können, ansonsten wird die Null vor dem Komma weggelassen (American Psychological Association, 2010, S. 113 f.). Prozentzahlen werden mit einer Nachkommastelle angegeben, da die Zahl dann in der Prozentschreibweise bereits mehr Informationen enthält als mit zwei Nachkommastellen in der Dezimalschreibweise (und demnach keine weiteren Stellen benötigt werden), aber fassbar bleibt (und demnach nicht weniger Stellen genutzt werden müssen).

6.1.4.2 Auswertung der Daten aus dem qualitativen Item

Auf den Fragebögen wurde auch ein offenes Item eingesetzt, in dem Studierende danach gefragt wurden, ob es weitere Studieninhalte gäbe, die aus ihrer Sicht besonders relevant seien und falls ja, welche das wären. Zur Auswertung der Antworten auf dieses offene Item wurde eine qualitative Inhaltsanalyse (vgl. Abschnitt 6.2.7 für die Methode der qualitativen Inhaltsanalyse) durchgeführt, um mithilfe von Kategoriensystemen festzustellen, ob erstens alle von Studierenden angesprochenen Relevanzgründe in das Modell der Relevanzbegründungen eingeordnet werden konnten, und wie zweitens die von den Studierenden als relevant eingeschätzten Inhalte geordnet werden konnten.

Die Begründungen für die in der Arbeit eingesetzten Methoden sind somit dargestellt worden. Es sollen nun theoretische und teils auch praxisleitende Hintergrundinformationen zu den genutzten Methoden präsentiert werden.

6.2 Methoden

Im Folgenden werden die Auswertungsmethoden, die in der vorliegenden Arbeit Anwendung finden, vorgestellt. Zunächst wird in Abschnitt 6.2.1 auf die Methode der kognitiven Validierung eingegangen, welche genutzt wurde, um das Messinstrument zu den Relevanzgründen zu validieren, und dann wird in Abschnitt 6.2.2 berichtet, wie in der Arbeit mit fehlenden Werten umgegangen wurde. Es folgen Ausführungen zu Methoden der Zusammenhangsmessung (vgl. Abschnitt 6.2.3), zur linearen Regression (vgl. Abschnitt 6.2.4), zu Clusteranalysen (vgl. Abschnitt 6.2.5) und zu Varianzanalysen (vgl. Abschnitt 6.2.6), welche angewandt wurden, um verschiedene Zusammenhänge im Bereich der Relevanzzuschreibungen von Mathematiklehramtsstudierenden zu analysieren. Der Methodenabschnitt schließt mit der Methode der qualitativen Inhaltsanalyse nach Mayring (vgl. Abschnitt 6.2.7), welche zur Auswertung des in der Arbeit eingesetzten offenen Items genutzt wurde, um festzustellen, ob erstens genannte Relevanzgründe in das Modell der Relevanzbegründungen dieser Arbeit eingeordnet werden konnten, wie zweitens genannte Inhalte, die nach Ansicht der Studierenden die Relevanz des Mathematikstudiums erhöhen würden, kategorisiert werden könnten und welche weiteren Themen drittens in dem Item genannt wurden, die von Studierenden empfundene Missstände des aktuellen Studiums betrafen.

6.2.1 Kognitive Validierung

Im Rahmen der Erstellung des Messinstruments zu den Relevanzgründen wurde für die vorliegende Arbeit eine kognitive Validierungsstudie durchgeführt. Inwiefern eine solche Validierung gerade bei der Entwicklung neuer Messinstrumente sinnvoll ist, wird in Abschnitt 6.2.1.1 dargestellt, wobei auch darauf eingegangen wird, welche kognitiven Prozesse der ProbandInnen bei der Beantwortung der Items aus dem Messinstrument dabei in den Blick genommen werden sollten. Zur Beforschung der entsprechenden kognitiven Prozesse wurden für die vorliegende Arbeit kognitive Interviews durchgeführt. Wie solche Interviews ablaufen, wird in Abschnitt 6.2.1.2 dargestellt und in Abschnitt 6.2.1.3 wird beschrieben, wie sie ausgewertet werden. Dabei werden die im Interview gegebenen Antworten von zwei RaterInnen bezüglich verschiedener Kategorien codiert, wobei Rückschlüsse aus ihren Codierungen nur dann zulässigerweise gezogen werden können, wenn eine Interraterreliabilität vorliegt. Wie man die Interraterreliabilität mithilfe von Cohens Kappa messen kann, wird in Abschnitt 6.2.1.4 beschrieben.

6.2.1.1 Theoretische Hintergründe

Werden Daten wie in der vorliegenden Arbeit mithilfe eines Fragebogens erhoben, so stellt sich die Frage, inwiefern die Items inhaltlich valide sind, ob sie also von den Befragten im Sinne der Intention des dahinterstehenden Konstrukts verstanden werden und so zur Konstruktvalidität beitragen (Berger & Karabenick, 2016, S. 21; vgl. auch Kurz et al., 1999). Diese Frage bleibt bei Pretests, bei denen das Instrument im Vorhinein an einer kleinen Stichprobe getestet wird, offen, da mit diesen nur herausgefunden werden kann, ob das Messinstrument für Forschende und Befragte handhabbar ist (Pohontsch & Meyer, 2015, S. 54; vgl. auch Prüfer & Rexroth, 2005). Im Fall, dass die ProbandInnen die Items nicht entsprechend derer Intention verstehen, kann es zu falschen Antworten kommen und das gesamte Messinstrument ist nicht mehr als valide einzustufen. Eine Klärung der Validität der einzelnen Items ist deshalb zentral (Kurz et al., 1999, S. 106). Insbesondere bei der Entwicklung eines neuen Instruments bietet es sich an, eine kognitive Validierung durchzuführen (Karabenick et al., 2007, S. 141). Im Rahmen der vorliegenden Arbeit wurde ein Messinstrument zu den Relevanzgründen aus dem Modell der Relevanzbegründungen neu entwickelt. Um dessen Validität sicherzustellen, wurde eine kognitive Validierungsstudie durchgeführt (vgl. Abschnitt 7.3.3).

Bei einer kognitiven Validierung werden die kognitiven Prozesse der ProbandInnen während der Beantwortung der Items beforscht, um Rückschlüsse auf das Verständnis der einzelnen Items zu ziehen (Häder, 2015, S. 402; vgl. auch Karabenick et al., 2007; Prüfer & Rexroth, 2005). Zur systematischen Erfassung des Ablaufs der entsprechenden kognitiven Prozesse während der Beantwortung einer Frage stellten Karabenick et al. (2007) im Sinne einer Zusammenfassung verschiedener früherer Modelle (beispielsweise Hastie, 1987; Sudman, Bradburn, & Schwarz, 1997) ein sechsschrittiges Modell auf (für eine Darstellung des Modells als Flussdiagramm vgl. Karabenick et al., 2007, S. 141): Im ersten Schritt muss der Befragte die Definitionen aller im Item vorkommenden Begriffe aus dem Gedächtnis abrufen. Diese muss er im zweiten Schritt verarbeiten, um die Bedeutung des Items zu erfassen, welche wiederum im Arbeitsgedächtnis gespeichert wird. Es folgt ein dritter Schritt, in dem aus dem Gedächtnis zum Item passende Erinnerungen abgerufen werden, ehe im vierten Schritt die Antwortmöglichkeiten gelesen, interpretiert und im Arbeitsgedächtnis gespeichert werden. Die zwei folgenden Schritte sind dann die anspruchsvollsten im Prozess der Informationsverarbeitung, da die Informationen zur Bedeutung des Items, zu den relevanten Erinnerungen und zu den Antwortmöglichkeiten zeitgleich verarbeitet werden müssen: Im fünften Schritt werden die Erinnerungen im Kontext des Items verarbeitet, ehe im sechsten Schritt die zum Evaluationsergebnis passende Antwort ausgewählt wird (Karabenick et al., 2007, S. 141; vgl. auch Woolley et al., 2004). Während an allen Schritten Probleme auftauchen können (Pohontsch & Meyer, 2015, S. 54; vgl. auch Weichbold, 2014), gibt es drei zentrale Stellen bei der Entscheidung, ob ein Item entsprechend seiner Intention interpretiert wurde und dementsprechend als valide angesehen werden kann. Dabei handelt es sich um den zweiten, dritten und sechsten Schritt (Karabenick et al., 2007, S. 141).

Eine Möglichkeit, eine kognitive Validierung von Fragebogenitems durchzuführen, besteht in der Durchführung von Einzelinterviews mit fünf bis zehn (Kurz et al., 1999, S. 87) oder zehn bis 15 Befragten (Weichbold, 2014, S. 301), wobei ein besonderer Fokus auf die genannten kritischen Schritte gelegt wird. Es soll herausgefunden werden, wie die ProbandInnen die Items verstehen (Schritt 2), welche Informationen bei der Beantwortung der Items von ihnen aus dem Gedächtnis abgerufen werden (Schritt 3) und wie sie sich für eine Antwort entscheiden (Schritt 6) (Karabenick et al., 2007, S. 141; vgl. auch Prüfer & Rexroth, 2005). Letztendlich sollen mit dieser Methode des sogenannten kognitiven Interviews problematische Items identifiziert werden sowie Unklarheiten und Schwierigkeiten aufgedeckt werden, welche für Antworten, die nicht zur Intention der Items passen, verantwortlich sind (Pohontsch & Meyer, 2015, S. 55). Im Rahmen der vorliegenden Arbeit wurden kognitive Interviews mit je zehn ProbandInnen zur Validierung der Items zu den Relevanzgründen der individuellen und der gesellschaftlich/ beruflichen Dimension eingesetzt. Wie solche Interviews ablaufen und wie sie ausgewertet werden sollten, wird im Folgenden dargestellt.

6.2.1.2 Ablauf des kognitiven Interviews

Im Rahmen des kognitiven Interviews bekommen die ProbandInnen die einzelnen Items nacheinander vorgelegt und sollen diese zunächst laut vorlesen. Anschließend sollen sie in eigenen Worten formulieren, was das Item erfragen möchte, ehe sie die Antwortmöglichkeiten vorlesen sollen und die für sie passende Antwort auswählen. Zuletzt sollen sie dann erläutern, warum sie sich für diese Antwort entschieden haben (Berger & Karabenick, 2016, S. 26; vgl. auch Karabenick et al., 2007; Woolley et al., 2004).

Um zu erfahren, wie die ProbandInnen die Items verstehen, werden im kognitiven Interview verschiedene Methoden angewandt. Bei der Nutzung der Think-Aloud-Technik sollen die Interviewten während des Lesens des Items ihre Gedanken laut formulieren. Als Probing-Technik bezeichnet man das Nachfragen der Interviewenden zu bestimmten Sachverhalten oder Phrasen, die bereits vom Probanden beschrieben wurden, und die Methode des Paraphrasing beschreibt, dass ProbandInnen ein Item in eigenen Worten wiedergeben sollen (Kurz et al., 1999, S. 87 f.; vgl. auch Häder, 2015, Abschnitt 8.3; Prüfer & Rexroth, 2005;

Weichbold, 2014). Dabei wird die Probing-Technik in kognitiven Interviews am häufigsten eingesetzt (Pohontsch & Meyer, 2015, S. 56) und es wird empfohlen, Paraphrasing zumindest nicht ohne zusätzliches Probing anzuwenden (Kurz et al., 1999, S. 106).

6.2.1.3 Auswertung des kognitiven Interviews

Die Antworten der ProbandInnen werden im Anschluss an das Interview von zwei RaterInnen unabhängig voneinander codiert. Dazu bieten sich verschiedene Codiersysteme an. Hopfenbeck (2009, S. 168 f.) schlägt beispielsweise ein Codiersystem vor, bei dem vor der Codierung festgelegt wird, wie die einzelnen Items zu verstehen sind, und dann eine 2 codiert wird, wenn die Antwort des Probanden eindeutig damit übereinstimmt, eine 1 codiert wird, wenn sie der Definition des Items ähnelt oder eine ebenfalls nachvollziehbare Interpretation darstellt und andernfalls eine 0 codiert wird. In der vorliegenden Arbeit wird auf das Codiersystem von Berger und Karabenick (2016, S. 26) zurückgegriffen, bei dem die Antworten zu jedem Item bezüglich drei verschiedener Kategorien dichotom in kongruent (1) oder inkongruent (0) codiert werden. Auch in diesem Fall ist im Vorhinein festzulegen, wie die einzelnen Items zu interpretieren sind. Bei den Kategorien handelt es sich entsprechend der von Karabenick et al. (2007) als besonders problematisch eingeschätzten Schritte (vgl. Abschnitt 6.2.1.1) um

- die Iteminterpretation (item interpretation), die beschreibt, ob die Interpretation der Frage zur Beschreibung des Items passt,
- die schlüssige Darstellung (coherent elaboration), die beschreibt, ob die vom Probanden vorgebrachten Erklärungen und formulierten Erinnerungen zum Item passen und
- die kongruente Antwortauswahl (congruent answer choice), die beschreibt, ob der vom Probanden angegebene Wert zu seiner Erklärung passt (Berger & Karabenick, 2016, S. 26; vgl. auch Karabenick et al., 2007, S. 141).

Dieses Codiersystem hat den Vorteil, dass es eine differenziertere Analyse der Items und ihrer Schwierigkeiten ermöglicht als beispielsweise das Codiersystem von Hopfenbeck (2009, S. 168 f.). Während der quantitativen Auswertung der Codierungen werden pro Item pro RaterIn vier Werte erhalten. Es gibt pro RaterIn je einen Wert zur Iteminterpretation, zur schlüssigen Darstellung, zur kongruenten Antwortauswahl sowie einen Gesamtwert der kognitiven Validität als Mittel der drei genannten Werte (vgl. Berger & Karabenick, 2016; Karabenick et al., 2007). Die Codierungen der RaterInnen werden gemittelt und das Item gilt als valide, wenn der Mittelwert bei mindestens ,67 liegt (Berger & Karabenick, 2016, S. 28).

6.2.1.4 Reliabilität der Validierung

Bei der Berechnung der Validitätsindizes ist jedoch zu beachten, dass „nur wenn die gewonnenen Messgrößen im Wesentlichen unabhängig von der subjektiven Sichtweise der Beurteiler sind, [...] diese als zuverlässige Indikatoren [...] gelten können" (Wirtz & Kutschmann, 2007, S. 376). Um zu messen, ob die Urteile der beiden CodiererInnen ausreichend übereinstimmen, um von einem reliablen Ergebnis sprechen zu können, wird Cohens Kappa als Maß der Interrater-Reliabilität berechnet (vgl. Berger & Karabenick, 2016; Döring & Bortz, 2016, Kapitel 10). Cohens Kappa ist das am häufigsten verwendete Reliabilitätsmaß bei nominalskalierten Kategorien, wie sie im Falle der hier verwendeten dichotomen Bewertung in kongruent und inkongruent vorliegen, und berücksichtigt im Gegensatz zur einfachen Berechnung des prozentualen Anteils der Übereinstimmungen an der Gesamtzahl der Codierungen mögliche Zufallsübereinstimmungen zwischen den CodiererInnen (Döring & Bortz, 2016, S. 567; vgl. auch Hammann et al., 2014; Wirtz & Kutschmann, 2007). Es gibt den Anteil der nichtzufälligen Übereinstimmung der RaterInnen an der maximal möglichen, über das Zufällige hinausgehenden Übereinstimmung an (Wirtz & Kutschmann, 2007, S. 372; vgl. auch Brennan & Prediger, 1981).

Für die kognitiven Interviews in der vorliegenden Arbeit gab es zwei Rater-Innen, die für die im Interview erhaltenen Aussagen zu jedem Item bezüglich verschiedener Kategorien eine Einschätzung bezüglich zwei Merkmalen (1 = kongruent oder 0 = inkongruent) abgeben sollten. Zur Berechnung von Cohens Kappa für zwei RaterInnen und zwei Merkmale wird zunächst innerhalb einer Vier-Felder Tafel aufgestellt, mit welchen Häufigkeiten Übereinstimmungen und Nicht-Übereinstimmungen zwischen den RaterInnen codiert wurden (Hammann et al., 2014) (vgl. Tabelle 6.1).

Tabelle 6.1 Vier-Felder Tafel mit den Anzahlen übereinstimmender (a_{11}, a_{22}) und nicht übereinstimmender (a_{12}, a_{21}) Codierungen beider RaterInnen

		RaterIn 2		
	Codierter Wert	1	0	Σ
RaterIn 1	1	a_{11}	a_{12}	$a_{11} + a_{12}$
	0	a_{21}	a_{22}	$a_{21} + a_{22}$
	Σ	$a_{11} + a_{21}$	$a_{12} + a_{22}$	$a_{11} + a_{12} + a_{21} + a_{22} = n$

Nun wird zunächst der Anteil p_O der übereinstimmenden Codierungen an allen n Codierungen berechnet (Hammann et al., 2014):

$$p_O = \frac{\sum_{i=j} a_{ij}}{n}$$

Zudem wird die prozentuale Zufallsübereinstimmung berechnet (Hammann et al., 2014)[1]:

$$p_e = \left(\frac{a_{11} + a_{12}}{n}\right)\left(\frac{a_{11} + a_{21}}{n}\right) + \left(\frac{a_{12} + a_{22}}{n}\right)\left(\frac{a_{21} + a_{22}}{n}\right)$$

Die prozentuale Zufallsübereinstimmung dazu, dass beide CodiererInnen eine 1 codieren, ergibt sich folgendermaßen: Es wird berechnet, wie oft RaterIn 1 die 1 kodiert hat und diese Anzahl wird ins Verhältnis gesetzt zur Gesamtzahl der Codierungen. Dann wird berechnet, wie oft RaterIn 2 die 1 kodiert hat und diese Anzahl wird wiederum ins Verhältnis gesetzt zur Gesamtzahl der Codierungen. Diese beiden prozentualen Anteile der Codierung von 1 werden miteinander multipliziert. Insbesondere wird hier deutlich, dass Cohens Kappa das Modell der unabhängigen Wahrscheinlichkeit zugrunde liegt (Ker, 1991, S. 79), denn die Wahrscheinlichkeit, dass sowohl RaterIn 1 als auch RaterIn 2 „kongruent" codieren, ergibt sich als Produkt der Wahrscheinlichkeiten, dass beide „kongruent" codieren. Analog wird die prozentuale Zufallsübereinstimmung dafür, dass beide CodiererInnen eine 0 codieren, berechnet. Die prozentualen Zufallsübereinstimmungen für die Codierung „1" und für die Codierung „0" werden dann addiert.

Cohens Kappa ergibt sich nun als der Anteil der Übereinstimmung korrigiert um die Zufallsübereinstimmung an der möglichen nichtzufälligen Übereinstimmung (Hammann et al., 2014; Ker, 1991; Maclure & Willett, 1987):

$$\kappa = \frac{p_O - p_e}{1 - p_e}$$

---

[1] Hier wird die entsprechende Berechnung für zwei Kategorien und zwei RaterInnen angegeben. Generell ergibt sich die prozentuale Zufallsübereinstimmung bei Nominalskalen mit z Kategorien und zwei RaterInnen als die Summe der Verhältnisse der Produkte der Randsummen zum Quadrat der Gesamtsumme der Codierungen (vgl. auch Döring & Bortz, 2016, Kapitel 10):

$$p_e = \sum_{j=1}^{z} \frac{\sum_{i=1}^{z} a_{ji} \cdot \sum_{i=1}^{z} a_{ij}}{n^2}$$

Bei der Berechnung der Reliabilität der Ergebnisse aus den kognitiven Interviews wird für jede der drei Auswertungskategorien (Iteminterpretation, schlüssige Darstellung, kongruente Antwortauswahl) ein Kappa-Wert bestimmt sowie ein Gesamt-Kappa-Wert (Berger & Karabenick, 2016, S. 26). Die Ergebnisse der beiden RaterInnen gelten nur dann als reliabel, wenn alle Kappa-Werte ausreichend hoch sind, so dass nur dann die Ergebnisse für die Validitätsbestimmung der Items genutzt werden können. Je höher die Kappa-Werte sind, desto mehr Übereinstimmungen gab es zwischen den Codierungen beider RaterInnen und desto reliabler sind ihre Codierungen. Die Werte können zwischen −1 und 1 liegen, wobei man bei Kappa-Werten ab ,75 von einer sehr guten Übereinstimmung der CodiererInnen spricht. Bei Werten zwischen ,6 und ,75 spricht man von einer guten Übereinstimmung, Werte zwischen ,4 und ,6 bezeichnet man als mittelmäßige, aber noch ausreichende, Übereinstimmung und bei niedrigeren Werten liegt eine schwache bis zufällige Übereinstimmung vor (Döring & Bortz, 2016, S. 346; vgl. auch Wirtz & Kutschmann, 2007). Aus testtheoretischer Sicht sind nur positive Werte der Übereinstimmung sinnvoll und bei negativen Kappa-Werten lässt sich auf eine mangelnde Beobachterübereinstimmung schließen (Döring & Bortz, 2016, S. 346). Für die vorliegende Arbeit wurde davon ausgegangen, dass ab einem Kappa-Wert von ,4 von einer reliablen Messung ausgegangen werden kann.

6.2.2 Umgang mit fehlenden Werten

Bei der Erhebung empirischer Daten kommt es immer wieder zu fehlenden Werten (vgl. Böwing-Schmalenbrock & Jurczok, 2012; Göthlich, 2006; Peugh & Enders, 2004; Rubin, 1988; Spieß, 2010), wobei das Problem besonders bei Längsschnittstudien teils gravierend ist (Carlin et al., 2003, S. 226; vgl. auch Graham, 2009; Schafer & Graham, 2002). Für die vorliegende Arbeit wurde eine Längsschnittstudie durchgeführt und es musste eine Entscheidung getroffen werden, wie mit fehlenden Werten umgegangen werden sollte. Dabei wurden die Verfahren der pairwise deletion und der multiplen Imputation genutzt, um einerseits eine Aussage zu tatsächlich in den vorliegenden Daten gefundenen Zusammenhängen treffen zu können und andererseits eine Aussage über die Mechanismen und Zusammenhänge der Relevanzzuschreibungen der Mathematiklehramtsstudierenden, die sich auf dem Gesamtdatensatz ergeben hätten, treffen zu können. Die Methode der pairwise deletion bot den Vorteil, Aussagen dazu machen zu können, welche Zusammenhänge für die Relevanzzuschreibungen zumindest bei einem Teil der Studierenden tatsächlich bestehen.

Das ist im Rahmen dieser explorativen Arbeit sinnvoll, in der zunächst exploriert werden soll, welche Zusammenhänge es innerhalb der Relevanzzuschreibungen der Studierenden gibt, auch wenn diese nicht für alle Studierenden bestehen müssen. Die Nutzung der Methode der pairwise deletion war auch deshalb sinnvoll, da ein neues Konstrukt mit einem neuen Messinstrument beforscht wurde, was einige Unsicherheit im Forschungsprozess bedeutete, so dass zumindest Ergebnisse dargestellt werden sollten, die sich sicher ergaben. Diese können auch Aufschluss über das entwickelte Messinstrument geben und dazu, wie die Studierenden damit umgingen. Es kann aber tatsächlich nicht davon ausgegangen werden, dass die mit der Methode der pairwise deletion gefundenen Zusammenhänge auch für die Gesamtstichprobe gelten, da die Methode nur unter sehr eingeschränkten Bedingungen auch Aussagen über die Gesamtstichprobe zulässt, wie im Folgenden noch beschrieben wird (vgl. Abschnitt 6.2.2.2.2). Unter Nutzung der Methode der multiplen Imputation ließen sich die Verhältnisse für den Gesamtdatensatz beschreiben, zumindest falls das Fehlen von Werten stochastisch unabhängig war von den Variablenwerten selbst (vgl. die folgenden Ausführungen zu den Fehlendmechanismen in Abschnitt 6.2.2.1). Im Folgenden soll insbesondere dargestellt werden, was diese Methode, bei der fehlende Werte mehrfach imputiert werden, gegenüber anderen Methoden zum Umgang mit fehlenden Werten abgrenzt, inwiefern sie zur Schätzung von Ergebnissen der Gesamtstichprobe als vorteilhaft gegenüber anderen Methoden eingeschätzt werden kann und wie man beim Erstellen eines multipel imputierten Datensatzes vorgeht.

Zunächst wird in Abschnitt 6.2.2.1 auf verschiedene Unterscheidungen fehlender Werte eingegangen und es werden die drei Missing-Mechanismen Missing Completely at Random (MCAR; vgl. Abschnitt 6.2.2.1.1), Missing at Random (MAR; vgl. Abschnitt 6.2.2.1.2) und Missing not at Random (MNAR; vgl. Abschnitt 6.2.2.1.3) vorgestellt, die sich darin unterscheiden, ob das Fehlen von Werten in einer Variable bei einem Probanden stochastisch zusammenhängt mit Variablenwerten der gleichen Person. Je nachdem, welches Verfahren im Umgang mit fehlenden Werten eingesetzt wird, können die Ergebnisse von Analysen auf den Daten im Vergleich zu den Ergebnissen, die man auf der Gesamtstichprobe erhalten hätte, verzerrt sein, wenn bestimmte Missing-Mechanismen vorliegen. So führen die Verfahren der listwise deletion (vgl. Abschnitt 6.2.2.2.1) und pairwise deletion (vgl. Abschnitt 6.2.2.2.2) nur bei MCAR fehlenden Daten sicher zu unverzerrten Aussagen zu Zusammenhängen und Mechanismen der Variablen mit fehlenden Werten, während bei den anderen Missing-Mechanismen im Allgemeinen entsprechende Ergebnisse verzerrt sind. Maximum-Likelihood Schätzungen (vgl. Abschnitt 6.2.2.2.3) und die multiple Imputation (vgl. Abschnitt 6.2.2.2.4) zeigen Vorteile gegenüber den anderen Verfahren, da sie auch bei MAR fehlenden Daten zu unverzerrten Ergebnissen bezüglich der beforschten Mechanismen und Zusammenhänge führen und zudem selbst bei MCAR mit größeren Stichproben arbeiten. Beim Verfahren der multiplen Imputation, das in der vorliegenden Arbeit zur Schätzung von Ergebnissen der Gesamtstichprobe genutzt wurde, werden die fehlenden Daten mehrfach imputiert und anschließend die Analysen auf dem multipel imputierten Datensatz durchgeführt. Wie man beim Erstellen eines entsprechenden multipel imputierten Datensatzes vorgehen sollte, wird in Abschnitt 6.2.2.2.4.1 dargestellt. Die dort vorgestellten Empfehlungen waren leitend bei der Erstellung des multipel imputierten Datensatzes in der vorliegenden Arbeit (vgl. Abschnitt 10.5).

6.2.2.1 Unterscheidungen fehlender Werte

Bei fehlenden Werten in Längsschnittstudien unterscheidet man „item nonresponse", bei der für ProbandInnen für einzelne Items Werte fehlen, und „unit nonresponse", bei der für ProbandInnen ganze Blöcke fehlen, beispielsweise aufgrund der Teilnahme an nur einem von mehreren Befragungszeitpunkten. Dabei kann unit nonresponse als Extremfall von item nonresponse gewertet werden und so können für beide Fälle die gleichen Techniken im Umgang mit den fehlenden Werten genutzt werden (Kleinke et al., 2020, S. 2).

Insbesondere da in der vorliegenden Arbeit eine Längsschnittstudie durchgeführt wurde, musste davon ausgegangen werden, dass für ProbandInnen Werte fehlen könnten, wenn sie beispielsweise nur an einem Befragungszeitpunkt teilgenommen hatten. Möchte man nun auf Daten mit fehlenden Werten statistische Analysen durchführen und dabei auch Aussagen zur Gesamtstichprobe treffen, so muss eine Entscheidung gefällt werden, wie mit den fehlenden Werten umgegangen wird. Beim Treffen dieser Entscheidung sollte berücksichtigt werden, dass verschiedene Methoden des Umgangs mit fehlenden Werten sich unterschiedlich gut eignen bei verschiedenen Arten fehlender Werte und dass insbesondere die häufig eingesetzte Methode der listwise deletion (vgl. Abschnitt 6.2.2.2.1) nur in wenigen Fällen unverzerrte[2] Ergebnisse liefert, so dass es sich anbietet, andere Methoden in Betracht zu ziehen, wenn man Aussagen zur Gesamtstichprobe treffen möchte. Um die Unterschiede zwischen den Methoden herausstellen zu können, muss zunächst spezifiziert werden, was damit gemeint ist, wenn von verschiedenen Arten fehlender Werte gesprochen wird.

---

[2] Unverzerrt ist hier in dem Sinne gemeint, dass die Ergebnisse denjenigen entsprechen, die man auf dem vollständigen Datenset erhalten hätte.

Die Unterscheidung verschiedener Arten fehlender Werte geschieht in der Literatur über die Unterscheidung von drei sogenannten Missing-Mechanismen oder Fehlendmechanismen. Die Kategorisierung der Fehlendmechanismen beruht darauf, inwiefern das Fehlen des Wertes auf einer Variable bei einem Probanden mit deren Wert oder dem Wert einer anderen Variable für den gleichen Probanden stochastisch zusámmenhängt (vgl. Böwing-Schmalenbrock & Jurczok, 2012; Graham, 2009; Graham, 2012, Kapitel 1; Peugh & Enders, 2004; Schafer & Graham, 2002). Nur wenn das Fehlen des Wertes auf einer Variable bei einem Probanden stochastisch unabhängig ist von den Werten auf allen Variablen der gleichen Person (MCAR; vgl. Abschnitt 6.2.2.1.1), kann die Stichprobe mit vollständigen Daten als eine Zufallsauswahl der Gesamtstichprobe gewertet werden und Analysen auf den vollständigen Daten unter Ausschluss aller Fälle mit fehlenden Werten liefern unverzerrte Ergebnisse (Spieß, 2010, S. 118). Die Fehlendmechanismen werden im Folgenden kurz beschrieben, bevor in Abschnitt 6.2.2.2 dargestellt wird, welche Methoden zum Umgang mit fehlenden Werten üblicherweise eingesetzt werden und inwiefern diese einsetzbar sind beim Vorliegen bestimmter Missing-Mechanismen in den Daten, wenn Aussagen zur Gesamtstichprobe getroffen werden sollen.

6.2.2.1.1 Missing Completely at Random (MCAR)

Bei „Missing completely at random" (MCAR) liegt keinerlei stochastischer Zusammenhang zwischen dem Fehlen eines Variablenwertes und den Werten auf jeglichen Variablen der gleichen Person vor (Göthlich, 2006, S. 135; vgl. auch Graham, 2009, 2012, Kapitel 1; Peugh & Enders, 2004; Schafer & Graham, 2002; Spieß, 2010). Diese Art fehlender Daten liegt beispielsweise vor, wenn ein Teilnehmer an einem Befragungszeitpunkt nicht teilnehmen kann, weil er krank ist. Fehlende Werte mit MCAR Mechanismus haben keine Auswirkung auf statistische Analysen (Spieß, 2010, S. 118; vgl. auch Böwing-Schmalenbrock & Jurczok, 2012; Graham, 2009; Schnell et al., 2013, Abschnitt 9.6), das bedeutet, bei ihnen kann auf jede der unten beschriebenen Methoden zum Umgang mit fehlenden Werten zurückgegriffen werden, wenn Aussagen zum Gesamtdatensatz getroffen werden sollen, ohne dass es zu verzerrten Ergebnissen kommt.

6.2.2.1.2 Missing at Random (MAR)

Bei „Missing at Random" (MAR) hängt das Fehlen des Wertes auf einer Variable zwar von anderen Variablenwerten der gleichen Person ab, aber nach Herauspartialisierung dieser Variablen nicht von der Variable mit dem fehlenden Wert selbst (Schafer & Graham, 2002, S. 151; vgl. auch Böwing-Schmalenbrock & Jurczok, 2012; Göthlich, 2006; Graham, 2012, Kapitel 1; Peugh & Enders,

2004; Schnell et al., 2013, Abschnitt 9.6; Spieß, 2010). Ein Beispiel wäre, dass Menschen eine Aussage zu ihrem Einkommen eher verweigern, wenn sie einer gewissen Altersstufe angehören, aber unabhängig von der Höhe des Einkommens selbst (Spieß, 2010, S. 118). Im Fall von MAR ist die Information, die erhoben wurde, ausreichend, um die fehlenden Werte zu kompensieren (Spieß, 2010, S. 119), das bedeutet, unter Rückgriff auf die vorhandenen Werte kann man die fehlenden Werte zur Berechnung von Kenngrößen schätzen, wie es bei Maximum-Likelihood Schätzungen (vgl. Abschnitt 6.2.2.2.3) und der multiplen Imputation (vgl. Abschnitt 6.2.2.2.4) geschieht.

6.2.2.1.3 Missing not at Random (MNAR)

Schließlich liegt „Missing not at random" (MNAR) vor, wenn das Fehlen des Wertes auf einer Variable mit dem eigentlichen Wert auf dieser Variable selbst zusammenhängt (Böwing-Schmalenbrock & Jurczok, 2012, S. 11; vgl. auch Göthlich, 2006; Graham, 2012, Kapitel 1; Peugh & Enders, 2004; Schafer & Graham, 2002; Schnell et al., 2013, Abschnitt 9.6; Spieß, 2010). Dies wäre beispielsweise dann der Fall, wenn Menschen abhängig von der Höhe ihres Einkommens eine Aussage zu dessen Höhe verweigern (Spieß, 2010, S. 119). In diesem Fall kann keine Methode das Fehlen der Werte kompensieren und es kommt in jedem Fall bei statistischen Analysen, die die Variable mit MNAR fehlenden Werten einbeziehen, zu verzerrten Ergebnissen im Vergleich zu den Ergebnissen, die man auf dem Gesamtdatensatz erhalten hätte.

6.2.2.2 Verschiedene Verfahren zum Umgang mit fehlenden Werten

Welche Art von Missing-Mechanismus in einem konkreten Fall vorliegt, kann meist nicht mit Sicherheit gesagt werden (Schafer & Graham, 2002, S. 152; vgl. auch Graham, 2012, Kapitel 1; Manly & Wells, 2015), es müssen hier Plausibilitätsüberlegungen durchgeführt werden (vgl. Böwing-Schmalenbrock & Jurczok, 2012; McKnight et al., 2007, Kapitel 1). In jedem Fall muss entschieden werden, wie mit fehlenden Werten umgegangen werden soll, wenn Aussagen zur Gesamtstichprobe getroffen werden sollen, denn während die meisten analytischen Prozeduren nur für komplette Datensets ausgelegt sind (Graham, 2009, S. 550), kann nur bei MCAR fehlenden Werten die Stichprobe mit vollständigen Daten als eine Zufallsauswahl der Gesamtstichprobe gewertet werden und die fehlenden Daten können bei den Analysen vollständig ignoriert werden (Spieß, 2010, S. 118). Weit verbreitete Methoden im Umgang mit fehlenden Werten sind

– die des Löschens von Fällen (listwise deletion oder pairwise deletion), wobei alle Fälle ausgeschlossen werden, die mindestens einen fehlenden Wert aufweisen (vgl. Göthlich, 2006; Graham, 2009; Peugh & Enders, 2004; Schafer & Graham, 2002),

– Full-Information-Maximum-Likelihood-Schätzungen (FIML/ ML), die im Fall von MAR oder MCAR fehlenden Werten anwendbar sind, aber bei MNAR fehlenden Werten teils große Fehler aufweisen, und bei denen aus dem ursprünglichen Datensatz die relevanten Größen als wahrscheinliche Realisierungen auf allen (auch den unvollständigen) Daten geschätzt werden (vgl. Schafer & Graham, 2002),

– und die multiple Imputation, die ebenfalls bei Vorliegen von MAR oder MCAR fehlenden Werten anwendbar ist und bei der fehlende Werte zuerst $m > 1$ mal imputiert werden, wodurch m Datensets entstehen, auf denen dann die folgenden Analysen parallel durchgeführt werden (vgl. Göthlich, 2006; Schafer & Graham, 2002)

Der zentrale Vorteil der Methoden der multiplen Imputation und der Maximum-Likelihood-Schätzungen gegenüber listwise deletion und pairwise deletion, wenn Aussagen über den Gesamtdatensatz getroffen werden sollen, liegt darin, dass die Voraussetzungen an die fehlenden Werte weniger streng sind, da diesen neben MCAR auch MAR Mechanismen zugrunde liegen dürfen (Peugh & Enders, 2004, S. 535), und selbst bei MCAR fehlenden Werten, bei denen auch listwise deletion und pairwise deletion zu validen Ergebnissen führen, ist ein Vorteil von multipler Imputation und Maximum-Likelihood-Schätzungen, dass auf einem größeren Datensatz gearbeitet wird. Die Methoden der multiplen Imputation und der Maximum-Likelihood-Schätzungen sind theoretisch äquivalent, wenn identische Modelle mit den gleichen Variablen getestet werden und die Anzahl der Imputationen bei der multiplen Imputation gegen unendlich strebt (Graham et al., 2007, S. 206). Die Verfahren der listwise deletion (vgl. Abschnitt 6.2.2.2.1), pairwise deletion (vgl. Abschnitt 6.2.2.2.2), Maximum-Likelihood-Schätzungen (vgl. Abschnitt 6.2.2.2.3) und multiplen Imputation (vgl. Abschnitt 6.2.2.2.4) werden im Folgenden dargestellt, wobei auch herausgearbeitet wird, welche Vorteile die Methode der multiplen Imputation, die in der vorliegenden Arbeit eingesetzt wurde, um Zusammenhänge in den Relevanzzuschreibungen und ihren Beziehungen zu anderen Konstrukten für den Gesamtdatensatz zu beschreiben, gegenüber den anderen Methoden hat.

6.2.2.2.1 Listwise Deletion

Listwise deletion bedeutet, dass alle Fälle, für die mindestens ein Wert fehlt, aus den Analysen ausgeschlossen werden (vgl. Acock, 2005). Somit verliert man die Informationen ganzer Fälle (Graham, 2009, S. 554) und die Ergebnisse aus Analysen können gegenüber denjenigen, die man auf dem vollständigen Originaldatensatz erhalten hätte, verzerrt sein, wenn den fehlenden Werten MAR oder MNAR Fehlendmechanismen zugrunde liegen (vgl. Acock, 2005; Göthlich, 2006; Peugh & Enders, 2004; Schafer, 1999), da bei MAR und MNAR fehlenden Werten die Stichprobe unter Ausschluss der unvollständigen Fälle nicht als Zufallsstichprobe aus der Gesamtstichprobe gewertet werden kann (Spieß, 2010, S. 118). Selbst wenn den fehlenden Werten der MCAR Mechanismus zugrunde liegt, ist es als Nachteil von listwise deletion anzusehen, dass diese Methode aufgrund der Reduktion der Stichprobe dazu führt, dass der Standardfehler erhöht wird, so dass Signifikanzlevels sinken. Insbesondere steigt so das Risiko, einen Typ II Fehler zu machen (Acock, 2005, S. 1015). Graham (2009, S. 554) schlägt diese Art der Behandlung fehlender Werte nur dann vor, wenn der Prozentsatz an fehlenden Werten gering ist, er nennt ein Niveau von 5 % (vgl. auch Schafer & Graham, 2002).

6.2.2.2.2 Pairwise Deletion

Eine Abwandlung von listwise deletion ist die Methode pairwise deletion, bei der für jede Analyse alle Daten mit vollständigen Werten in den betrachteten Variablen genutzt werden (vgl. Göthlich, 2006; Peugh & Enders, 2004; Schafer & Graham, 2002). In diesem Fall liegen verschiedenen Analysen unterschiedliche Datasets zugrunde (Göthlich, 2006, S. 138), was die Berechnung von Standardfehlern teils schwierig macht (Graham, 2012, S. 51; vgl. auch Schafer & Graham, 2002), so dass von der Nutzung dieser Methode teils abgeraten wird (Graham, 2009, S. 554). Auch pairwise deletion kann bei MAR oder MNAR fehlenden Werten zu verzerrten Ergebnissen im Vergleich zu den Ergebnissen der Gesamtstichprobe führen (Kleinke et al., 2020, S. 54), weil die jeweils für die Analysen betrachteten Stichproben unter Ausschluss der unvollständigen Fälle keine Zufallsstichproben aus der Gesamtstichprobe darstellen (Spieß, 2010, S. 118).

6.2.2.2.3 Maximum-Likelihood Schätzungen

Bei Maximum-Likelihood Schätzungen werden Kenngrößen wie Mittelwerte oder Korrelationen auf Gruppenebene unter Einbezug der Fälle mit fehlenden Werten geschätzt, wobei bei diesem Verfahren die Behandlung fehlender Werte, die Schätzung von Parametern und die Schätzung des Standardfehlers in einem einzigen Schritt behandelt werden (Graham, 2009, S. 558). Maximum-Likelihood Schätzungen gehören damit zu den sogenannten modellbasierten Vorgehen (Graham, 2012, S. 53). Nach Voraussetzung der Durchführung von Maximum-Likelihood Schätzungen müssen die einbezogenen Variablen normalverteilt sein (Schafer & Graham, 2002, S. 164; vgl. auch Peugh & Enders, 2004).

Maximum-Likelihood Schätzungen zeigen zunächst einmal Vorteile gegenüber listwise deletion und pairwise deletion, da sie nicht nur bei MCAR fehlenden Daten sondern auch bei MAR fehlenden Daten unverzerrte Ergebnisse im Vergleich zu den Ergebnissen auf dem Gesamtdatensatz liefern (Peugh & Enders, 2004, S. 535). Allerdings werden bei Maximum-Likelihood Schätzungen die Schätzung der Werte und die Analysen auf dem Dataset im gleichen Schritt durchgeführt, wodurch insbesondere nach Schätzung der Werte keine zusätzlichen analytischen Modelle mehr überprüft werden können. In der vorliegenden Arbeit sollten die Relevanzzuschreibungen von Mathematiklehramtsstudierenden explorativ beforscht werden und es konnte dabei nicht ausgeschlossen werden, dass sich aus einzelnen Ergebnissen zusätzliche Analysebedarfe ergeben könnten, die vorher nicht in Betracht gezogen wurden. Deshalb bot es sich an, eine Methode zu nutzen, die zwar wie Maximum-Likelihood Schätzungen sowohl MCAR als auch MAR fehlende Daten ausgleichen kann, aber bei der nach der Schätzung der fehlenden Werte weitere Analysen auf dem gleichen, um die Schätzwerte ergänzten Dataset durchgeführt werden können. Diese Möglichkeiten bietet die Methode der multiplen Imputation.

6.2.2.2.4 Multiple Imputation

Bei der Methode der multiplen Imputation, die auf Rubin (1987) zurückgeht, werden fehlende Werte zuerst imputiert, was bedeutet, dass plausible Werte eingesetzt werden (Rubin, 1988), und dies geschieht $m > 1$ mal, wodurch m Datasets entstehen, die sich in den imputierten Daten teils unterscheiden, aber in den erhobenen Daten identisch sind (vgl. Göthlich, 2006; Schafer & Graham, 2002). Ziel der multiplen Imputation ist es dabei nicht, die einzelnen Werte selbst zu generieren, sondern es werden Werte eingesetzt, um Charakteristika des gesamten Datasets zu erhalten (Manly & Wells, 2015, S. 399). Dabei werden für die einzelnen Personen zwar Werte eingesetzt, die auf Grundlage ihrer vorhandenen Werte und unter Berücksichtigung der Zusammenhänge im Gesamtdatensatz wahrscheinlich sind, die aber nicht den „wahren" Werten entsprechen müssen, die man erhalten hätte, wenn die Person die Frage beantwortet hätte. Das simple Einsetzen der Mittelwerte aus allen vorhandenen Daten ist als Imputationsmethode in der Regel nicht ausreichend, da so zwar die fehlenden Werte ersetzt werden, aber die Verteilung umso stärker verzerrt wird, je heterogener die Gesamtstichprobe ist, weil Standardfehler unzureichend berücksichtigt werden (Acock, 2005, S. 1016; vgl. auch Böwing-Schmalenbrock & Jurczok, 2012; Göthlich, 2006; Kleinke et al., 2020, Abschnitt 3.2; Peugh & Enders, 2004; Rubin, 1988; Schafer & Graham, 2002). Stattdessen werden bei der multiplen Imputation Schätzwerte aus den Verteilungen zuvor festzulegender Prädiktoren (weitere gemessene Variablen) berechnet. Um dabei dem bei heterogenen Stichproben auftretenden Problem der Verkleinerung der Varianz zu begegnen, werden, wie beschrieben, mehrere Datensätze generiert, in denen die imputierten Werte immer leicht streuen (Spieß, 2010, S. 125).

> The basic idea of multiple imputation is to generate for each missing value several plausible values from an appropriate predictive model in such a way that the predictions are not systematically biased and the variation in these values reflects the uncertainty inherent in the predictions. (Kleinke et al., 2020, S. 88)

Die Berechnung der Schätzwerte geschieht mit Modellen, die meist auf einem Bayes-Ansatz oder seltener einem Bootstrap-Ansatz basieren (Spieß, 2010, S. 125). Am weitesten verbreitet ist es, die imputierten Werte mit Markov Chain Monte Carlo Methoden zu erzeugen, wobei sukzessive bedingte Verteilungen erzeugt werden, aus denen sich dann die zu imputierenden Werte ergeben (Spieß, 2010, S. 127; Carlin et al., 2003; Göthlich, 2006; Schafer, 1999).

Die auf die Imputation folgenden Analysen werden dann auf allen *m* Datensätzen parallel durchgeführt und die Ergebnisse kombiniert (Acock, 2005, S. 1020; vgl. auch Göthlich, 2006; Peugh & Enders, 2004; Schafer & Graham, 2002; Schnell et al., 2013, Abschnitt 9.6), wobei die Regeln für die Kombination von Rubin (1987) aufgestellt wurden (vgl. auch Schafer & Graham, 2002) und auch als „Rubin's rules" bezeichnet werden (Graham et al., 2007, S. 206). Dabei ergeben sich Parameterschätzungen als Mittelwerte aus den Schätzungen auf allen Datensätzen. Die zusätzliche Unsicherheit, die durch das Imputieren der fehlenden Werte entsteht, drückt sich im Standardfehler aus, bei dem zum Mittelwert der Fehlervarianzen die Varianz zwischen den Imputationslösungen addiert wird (Acock, 2005, S. 1020). Da bei der multiplen Imputation die Schritte des Umgangs mit fehlenden Werten und der Analysen voneinander getrennt sind, handelt es sich um ein datenbasiertes Vorgehen (Graham, 2012, S. 53).

Unter der Annahme, dass fehlende Werte nicht MNAR sind (bei MNAR fehlenden Werten auf Variablen erhält man unter Anwendung aller Verfahren bei statistischen Analysen, die diese Variablen betreffen, verzerrte Ergebnisse im Vergleich zu den Ergebnissen auf dem Gesamtdatensatz) werden Mittelwerte,

Varianzen, Kovarianzen, Korrelationen und lineare Regressionskoeffizienten im Vergleich mit dem (nicht vorliegenden) Gesamtdatensatz bei Anwendung der multiplen Imputation nahezu erhalten (Graham, 2009, S. 559) und die Varianz dabei tendenziell eher leicht überschätzt als unterschätzt (Göthlich, 2006, S. 144). Dass die Ergebnisse bei der multiplen Imputation gute Schätzwerte für die „tatsächlichen" Ergebnisse darstellen, zeigen verschiedene Autoren, indem sie

1. vollständige Datensets als Ausgangspunkt nehmen,
2. darauf dann verschiedene Fehlendmechanismen simulieren, indem sie bestimmte Daten löschen,
3. dann auf den unvollständigen Daten Analysen vornehmen mit den Techniken der listwise deletion, einer einfachen Imputation und der multiplen Imputation (teils weiteren Techniken) und
4. die erhaltenen Ergebnisse vergleichen mit denen, die man auf dem ursprünglichen, vollständigen Datensatz erhält (z. B. Acock, 2005).

Zur Zuverlässigkeit der multiplen Imputation (MI) schreiben Kleinke et al. (2020)

> MI is developed based on a Bayesian approach and if the imputation method is proper in a sense defined by Rubin (1987) and extended by Rubin (1996), the final inferences will in general be valid in a frequentist sense.
>
> Let the data set not being affected by missing data be denoted as the complete-data set, and the (unknown) parameter estimates of the parameter of scientific interest and its variance be denoted as complete-data set statistics. Basically, for an MI method to be proper, the estimator of the parameter of scientific interest and its variance based on a multiply imputed data set must be approximately unbiased for the corresponding complete-data statistics, and an estimator of the variance of the estimator of scientific interest across imputations must also be approximately unbiased. If the multiple imputation method is proper and the inference based on the complete-data set is valid, then the analysis using the multiply imputed data set tends to be valid for the unknown population parameters. (S. 80)

Tatsächlich wird das Verfahren der multiplen Imputation als „schlichtweg aktuell das am besten geeignete und auch von Kritikern bevorzugte statistische Verfahren zur Handhabung fehlender Werte" (Böwing-Schmalenbrock & Jurczok, 2012, S. 5; mit Verweis auf weitere Quellen; vgl. auch Schafer & Graham, 2002) bezeichnet, Schafer und Graham (2002) betiteln die multiple Imputation als „state of the art" (S. 147) und Treiman (2014) spricht vom „gold standard" (S. 185) unter den Methoden zum Umgang mit fehlenden Werten. Möchte man Aussagen zu Zusammenhängen auf der Gesamtstichprobe treffen und macht man die Annahme, dass fehlenden Werten MCAR oder MAR Mechanismen zugrunde liegen, dann ist die multiple Imputation im Vergleich zu listwise deletion und pairwise deletion das vorteilhaftere Verfahren im Umgang mit fehlenden Werten, da ein geringerer Informationsverlust vorliegt und zufällig erzeugte Standardfehlern einbezogen werden (Böwing-Schmalenbrock & Jurczok, 2012, S. 5; vgl. auch Rubin, 1988). Insbesondere ist sie anwendbar bei MAR und MCAR Fehlendmechanismen, während traditionelle Methoden wie listwise deletion nur bei MCAR fehlenden Werten angewendet werden sollten, wenn Aussagen zur Gesamtstichprobe getroffen werden sollen (Peugh & Enders, 2004, S. 535), und selbst dann aufgrund des bei ihnen erhöhten Risikos für einen Typ II Fehler (Acock, 2005, S. 1015) nicht als optimal einzuschätzen sind. Zwar kann bei fehlenden Daten mit MNAR Mechanismus auch die multiple Imputation die Daten nicht valide schätzen. Laut Graham (2009, S. 559) sind die multiple Imputation und Maximum-Likelihood-Schätzungen aber immer mindestens genauso gut wie der listenweise Ausschluss, meistens aber viel besser, geeignet, um Aussagen zu Zusammenhängen auf dem Gesamtdatensatz zu treffen. Gegenüber dem Verfahren der Maximum-Likelihood Schätzungen bietet die multiple Imputation die Vorteile, dass Hilfsvariablen leicht im Iterationsprozess bei der Erstellung der imputierten Datensets aufgenommen werden können[3] und durch die Trennung von Imputationsphase und Analysephase bei der multiplen Imputation viele analytische Modelle offen stehen, wohingegen das Modell bei Maximum-Likelihood Schätzungen in den Prozess der Handhabung der fehlenden Daten eingebaut ist (Peugh & Enders, 2004, S. 535).

Auch bei der Methode der multiplen Imputation müssen die Variablen, wie bei Maximum-Likelihood Schätzungen, nach Voraussetzung normalverteilt sein, wobei Peugh & Enders (2004, S. 528) angeben, ein möglicher Verstoß gegen multivariate Normalverteilungsvoraussetzungen beim Einsatz von multipler Imputation wirke sich weniger negativ auf die Parameterschätzungen aus als der Einsatz von traditionellen Verfahren bei einem Vorliegen von fehlenden Werten mit MAR Mechanismus. Tatsächlich ist die multiple Imputation „bemerkenswert robust gegenüber leichten Fehlspezifikationen" (Spieß, 2010, S. 134) und kann bereits auf kleinen Stichproben effektiv angewendet werden (Graham, 2009, S. 560).

Die Methode der multiplen Imputation wurde in der vorliegenden Arbeit genutzt, um trotz fehlender Werte in den Erhebungsdaten die Mechanismen

---

[3] Dass es von Wert ist, Hilfsvariablen im Modell der fehlenden Werte einzubauen, stellen Collins et al. (2001) dar.

und Zusammenhänge für den Gesamtdatensatz zu beschreiben. Das später vorgestellte Vorgehen beim Erstellen des multipel imputierten Datensatzes (vgl. Abschnitt 10.5) orientiert sich an den Empfehlungen von Manly und Wells (2015, S. 400–404), die im Folgenden dargestellt werden. Dabei wird in Klammern auf die Kapitel dieser Arbeit verwiesen, in denen beschrieben wird, wie die Empfehlungen für die vorliegende Forschungsarbeit umgesetzt wurden.

6.2.2.2.4.1 Vorgehen beim Erstellen eines multipel imputierten Datensatzes laut Manly und Wells (2015)

Folgt man den Ausführungen von Manly und Wells (2015, S. 400–404), so sollte man im Rahmen der Durchführung einer multiplen Imputation zunächst die Ausmaße der fehlenden Daten berichten (vgl. Abschnitt 10.5.1) und mögliche Gründe für deren Fehlen aufführen (vgl. Abschnitt 10.5.2). Im Folgenden sollten Ordnungen in den fehlenden Werten berichtet werden und eine Aussage darüber getroffen werden, ob diese vernachlässigbar sind (Manly & Wells, 2015, S. 402) (vgl. Abschnitt 10.5.3). Man unterscheidet im Wesentlichen vier Ordnungen, die als univariate, monotone, disjunkte und allgemeine Ordnung der fehlenden Werte bezeichnet werden (Göthlich, 2006, S. 136; vgl. auch Schafer & Graham, 2002). Bei der univariaten Ordnung gibt es fehlende Werte nur in einer einzigen Variablengruppe. Bei der monotonen Ordnung lassen sich die Variablen Y_j so ordnen, dass jeder Teilnehmende, der eine Variable $Y_i (i \geq 2)$ beantwortet hat, auch die Variable Y_{i-1} beantwortet hat (Kleinke et al., 2020, S. 3). Bei der disjunkten Ordnung gibt es zwei Variablengruppen mit fehlenden Werten, wobei Teilnehmende entweder gar keine fehlenden Werte aufweisen oder bei ihnen alle Werte in der einen Variablengruppe mit fehlenden Werten fehlen und in der anderen Variablengruppe liegen (weitgehend) alle Werte vor. Bei der allgemeinen Ordnung lassen sich keine klaren Muster erkennen (vgl. Abbildung 6.1).

Diese Ordnungen lassen sich auf Muster fehlender Werte übertragen. Dabei werden nicht mehr die einzelnen Datensätze analysiert, sondern es werden zunächst alle Datensätze, bei denen die gleichen Variablen fehlen, zu einem Muster zusammengefasst. Diese Muster werden dann danach daraufhin analysiert, ob ihre Gesamtheit sich univariat, monoton, disjunkt oder allgemein anordnen lässt. Je nach der Ordnung der fehlenden Werte werden der Imputation unterschiedliche Algorithmen zugrunde gelegt[4].

---

[4] Es gibt in SPSS auch die Möglichkeit, dass das Programm selbst die Entscheidung für einen Algorithmus basierend auf dem Datenmuster trifft. Für das allgemeine Fehlendmuster, das den Daten dieser Arbeit zugrunde lag, wird mit einem Markov Chain Monte Carlo Ansatz gearbeitet (IBM, 2014).

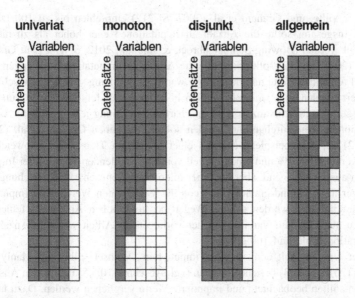

Abbildung 6.1 Ordnungen fehlender Werte; Abbildung übernommen von Göthlich (2006, S. 137)

Bei der folgenden Imputation sollten laut Manly und Wells (2015, S. 402 f.) zunächst die Variablen berichtet werden, die zur Imputation genutzt wurden (vgl. Abschnitt 10.5.4). Es sollten im Imputationsprozess möglichst viele Kovariablen zur Schätzung der fehlenden Werte genutzt werden (Spieß, 2010, S. 126; vgl. auch Kleinke et al., 2020, Abschnitt 3.5) und sowohl Variablen einbezogen werden, die mit den imputierten Variablen in Verbindung stehend angenommen werden, als auch solche, die potentiell mit dem Fehlen verbunden sind (vgl. Schafer, 1997, Kapitel 4). In der vorliegenden Arbeit werden alle geschlossenen, ursprünglich abgefragten Items als Kovariablen eingesetzt.

Auch die Anzahl der Imputationen im Rahmen der Erstellung eines imputierten Datensatzes sollte laut Manly und Wells (2015, S. 402 f.) genannt werden (vgl. Abschnitt 10.5.4). Die Meinungen darüber, wie viele Datensätze bei der multiplen Imputation generiert werden sollten, gehen dabei auseinander. So sprechen Manly und Wells (2015, S. 403) von typischerweise fünf Datensätzen, Böwing-Schmalenbrock und Jurczok (2012, S. 16) unter Bezug auf Royston (2004) von drei bis fünf, Carlin et al. (2003, S. 232) von drei bis fünf, außer im Fall eines hohen Anteils an fehlenden Werten, in welchem die Anzahl erhöht

werden sollte, und Graham et al. (2007, S. 212) empfehlen bis zu 100 Datensätze. Insgesamt sollte die Anzahl an Imputationen eher höher als zu niedrig
gewählt werden (Böwing-Schmalenbrock & Jurczok, 2012, S. 17). Laut Graham
et al. (2007, S. 212) sollte die gewählte Anzahl an Imputationen abhängen vom
Anteil fehlender Werte und davon, wie wenig Abweichung von Testtrennschärfen
toleriert werden soll, wobei bei einem höheren Anteil fehlender Werte und bei
einer geringeren Toleranz von Trennschärfenabweichung je eine höhere Anzahl
an Imputationen durchgeführt werden sollten. So geben Graham et al. (2007,
S. 212) an, dass beispielsweise bei einer tolerierten Trennschärfenabweichung
von weniger als 5 % und einem Anteil von 10 % fehlenden Werten drei Imputationen ausreichend sind, aber bei einer tolerierten Trennschärfenabweichung von
weniger als 1 % und einem Anteil von 90 % fehlenden Werten 100 Imputationen durchgeführt werden sollten. Wegen des teils hohen Anteils an fehlenden
Werten auf manchen Variablen in der vorliegenden Arbeit wird die Anzahl an
Imputationen hier auf 100 gesetzt.

Der Umgang mit dem multipel imputierten Datenset sollte laut Manly und
Wells (2015, S. 403) berichtet werden (vgl. Abschnitt 10.5.5) und in den Auswertungen sollten beobachtete und imputierte Werte verglichen werden. Dazu lassen
sich Mittelwerte und Standardabweichungen auf den betrachteten Skalen für die
beobachteten und für die imputierten Daten vergleichen (vgl. Abschnitt 10.5.6).
Manly und Wells (2015, S. 404) schlagen als letzten Schritt vor, Unterschiede
zwischen den durch verschiedene Methoden (z. B. listenweiser Ausschluss und
multiple Imputation) gewonnenen Ergebnissen zu diskutieren. In diesem Sinne
werden für die vorliegende Arbeit immer sowohl die Ergebnisse dargestellt, die
man auf dem multipel imputierten Datensatz erhält, als auch diejenigen, die man
auf dem ursprünglichen Datensatz unter Nutzung von pairwise deletion[5] erhält.

In den beiden vorangegangenen Abschnitten 6.2.1 und 6.2.2 wurden Methoden dargestellt, die im Rahmen der vorliegenden Arbeit eingesetzt wurden, bevor
mit der Beantwortung der Forschungsfragen begonnen wurde. So musste für
die Ergebnisse, die mit dem Messinstrument zu den Relevanzgründen gewonnen wurden, zunächst geklärt werden, ob darin das zu messende Konstrukt valide

---

[5] Wie in Abschnitt 10.5.1 gezeigt wird, wiesen in den Daten für die vorliegende Arbeit alle
Fälle fehlende Werte auf, so dass die Methode der listwise deletion nicht angewendet werden
konnte. Somit wurde auf die Methode der pairwise deletion ausgewichen, obwohl diese die
Schwierigkeit beinhaltet, dass für verschiedene Analysen verschiedene Stichproben genutzt
werden und Standardfehler somit schwer vergleichbar sind (vgl. Abschnitt 6.2.2.2.2). Da im
Rahmen dieser Arbeit nur exploriert werden soll, welche Zusammenhänge es im Bereich
der Relevanzzuschreibungen bei den Studierenden überhaupt gibt, ist es unkritisch, dass für
verschiedene Analysen unterschiedliche Stichproben genutzt wurden.

abgebildet wird (vgl. Abschnitt 6.2.1), bevor die Ergebnisse in statistische Analysen eingebunden werden konnten. Zudem musste bei einem Auftreten von fehlenden Datenwerten entschieden werden, wie mit diesen bei den statistischen Analysen umgegangen werden sollte (vgl. Abschnitt 6.2.2). In den nun folgenden Kapiteln werden Methoden behandelt, die im Rahmen der Beantwortung der Forschungsfragen zum Einsatz kamen.

6.2.3 Zusammenhangsmessung

In den Forschungsfragen 2, 5 und 6 der vorliegenden Arbeit geht es darum, Aussagen zu Zusammenhängen zwischen verschiedenen Konstrukten zu treffen und in den Forschungsfragen 7 und 8, in denen unter anderem Stabilitätsaussagen getroffen werden sollen, geht es um die Analyse von Zusammenhängen von Merkmalsausprägungen über die Zeit (für die Forschungsfragen vgl. Kapitel 5). Um Zusammenhänge zu beschreiben und miteinander zu vergleichen, werden in der quantitativen Forschung Zusammenhangsmaße eingesetzt.

Es gibt verschiedene Zusammenhangsmaße, die Aussagen zulassen über die Zusammenhänge von Messwerten verschiedener Variablen. Dabei unterscheiden sich die einsetzbaren Zusammenhangsmaße je nach Skalierung der Variablen, deren Zusammenhang beforscht werden soll. Bei kardinalskalierten Merkmalen, wie sie in den Fragebogendaten der vorliegenden Arbeit betrachtet wurden, ist das übliche Maß die Produkt-Moment-Korrelation (Bortz et al., 2008, S. 447), welche sich beispielsweise einsetzen lässt, um die Zusammenhänge zwischen verschiedenen Konstrukten zu beschreiben (vgl. Forschungsfrage 2, 5 und 6; vgl. Abschnitt 11.3, 11.6 und 11.7). Der Korrelationskoeffizient r liegt dabei zwischen -1 und $+1$, wobei bei $r = -1$ ein perfekt negativer Zusammenhang vorliegt, bei $r = +1$ ein perfekt positiver Zusammenhang und bei $r = 0$ liegt kein linearer Zusammenhang vor (Bortz & Schuster, 2010, S. 157). Die statistische Signifikanz des r-Koeffizienten kann bei bivariat normalverteilten Merkmalen mit der t-Verteilung überprüft werden, wobei Verletzungen der Normalverteilungsvoraussetzung in der Regel die Validität des Signifikanztests nicht gefährden (Bortz et al., 2008, S. 447).

Die Produkt-Moment-Korrelation kann auch genutzt werden, um Aussagen dazu zu treffen, wie stark die Ausprägungen auf einem Merkmal über die Zeit zusammenhängen oder, in anderen Worten, wie stabil ein Merkmal ist, was in der vorliegenden Arbeit in Forschungsfrage 7 (vgl. Abschnitt 11.8) angestrebt wird. Geht man davon aus, dass ein Merkmal zeitlich stabil ist, dann sollten zeitlich aufeinanderfolgende Messungen des Merkmals unter Nutzung desselben

Messinstruments stark miteinander korrelieren (Himme, 2007, S. 377), wobei eine Korrelation ab $r = ,7$ als ausreichend hoch angesehen wird (Nunnally & Bernstein, 1994, Kapitel 7). Geht man von einem reliablen Messinstrument aus, so kann man dementsprechend bei geringeren Korrelationen im Längsschnittvergleich davon ausgehen, dass es sich bei dem Merkmal nicht um ein zeitlich stabiles Merkmal handelt.

Weitere Zusammenhangsmaße sind beispielsweise

– der Chi-Quadrat-Koeffizient, mit dem beobachtete Häufigkeiten verglichen werden mit theoretisch zu erwartenden Häufigkeiten, die bei Unabhängigkeit auftreten würden (vgl. Bortz et al., 2008, Kapitel 5). Dieser Koeffizient wird in der vorliegenden Arbeit genutzt, um im Rahmen der Forschungsfrage 8 zu überprüfen, ob es sich bei der Zuordnung von Studierenden zu den mit einer Clusteranalyse gefundenen verschiedenen Typen um ein rein zufälliges Merkmal handelt (vgl. Abschnitt 11.9.7).
– Cohens Kappa, mit dem man die Güte von Übereinstimmungen berechnen kann (vgl. Grouven et al., 2007), wobei die prozentuale Übereinstimmung bereinigt wird um Zufallsübereinstimmungen (für Cohens Kappa bei dichotomen Variablen und zwei RaterInnen vgl. Abschnitt 6.2.1.4, die Ausweitung auf den allgemeineren Fall funktioniert analog und wird beispielsweise bei Döring und Bortz, 2016, Kapitel 10, beschrieben). Cohens Kappa wird in der vorliegenden Arbeit verwendet, um Aussagen zur Interrater-Reliabilität bei den Auswertungen der kognitiven Interviews zu treffen (vgl. Abschnitt 7.3.3) und um eine Aussage dazu zu treffen, ob die Clusterzugehörigkeit bezüglich der im Rahmen von Forschungsfrage 8 erzeugten Cluster ein stabiles Merkmal ist (vgl. Abschnitt 11.9.7).

6.2.4 Lineare Regression

Im Rahmen der Durchführung von linearen Regressionsanalysen werden Modelle dazu aufgestellt, wie sich eine abhängige Variable annähern lässt durch eine Linearkombination von unabhängigen Variablen zuzüglich einer Konstante. Die Modellgüte kann dabei mithilfe geeigneter Maßzahlen bewertet werden. Aus den Ergebnissen lässt sich ablesen, wie viel Varianz die unabhängigen Variablen in der abhängigen Variable aufklären können. In der vorliegenden Arbeit werden lineare Regressionen genutzt, um festzustellen, wie viel Varianz in den Gesamteinschätzungen zur Relevanz des Mathematikstudiums und zur Relevanz der Inhalte des Mathematikstudiums sich aufklären lässt bei Betrachtung verschiedener unabhängiger Variablen (vgl. Forschungsfrage 3, 4; vgl. Abschnitt 11.4, 11.5). Im Folgenden werden zunächst die mathematischen Hintergründe von linearen Regressionen beschrieben (vgl. Abschnitt 6.2.4.1) und anschließend wird dargestellt, wie ihre Ergebnisse zu interpretieren sind (vgl. Abschnitt 6.2.4.2).

6.2.4.1 Mathematische Hintergründe

Mithilfe von linearen Regressionsanalysen werden lineare statistische Zusammenhänge zwischen einer oder mehreren unabhängigen Variablen $x_j (j = 1, \ldots, k)$ und einer metrisch skalierten abhängigen Variable y beschrieben. Im Fall von nur einer unabhängigen Variable spricht man von einer bivariaten Regressionsanalyse. Es lassen sich aber auch, wie in der vorliegenden Arbeit, mehrere unabhängige Variablen gleichzeitig untersuchen. In diesem Fall liegt eine multiple Regressionsanalyse vor (Wolf & Best, 2010, S. 612). Im eindimensionalen Raum lautet die lineare Regressionsgleichung

$$y = \beta_0 + \sum_{j=1}^{k} \beta_j x_j + \varepsilon = \sum_{j=0}^{k} \beta_j x_j + \varepsilon$$

bzw. im $\mathbb{R}^n$ die Matrixnotation

$$
\begin{bmatrix} y_1 \\ y_2 \\ \vdots \\ y_n \end{bmatrix}
=
\begin{bmatrix} 1 & x_{11} & \cdots & x_{1k} \\ 1 & x_{21} & & x_{2k} \\ \vdots & \vdots & \ddots & \vdots \\ 1 & x_{n1} & \cdots & x_{nk} \end{bmatrix}
\begin{bmatrix} \beta_0 \\ \beta_1 \\ \vdots \\ \beta_k \end{bmatrix}
+
\begin{bmatrix} \varepsilon_1 \\ \varepsilon_2 \\ \vdots \\ \varepsilon_n \end{bmatrix}
$$

oder

$$y = X\beta + \varepsilon$$

mit den Vektoren y, β und ε und der Matrix X (Wolf & Best, 2010, S. 613).

Generell bezeichnet man die β_j als Regressionskoeffizienten, wobei β_0 auch als Achsenabschnitt und die restlichen Regressionskoeffizienten als Steigung bezeichnet werden (Wolf & Best, 2010, S. 613). Der Ausdruck $\sum_{j=0}^{k} \beta_j x_j$ bzw. der analoge Matrixausdruck $X\beta$ stellt den geschätzten Wert $\hat{y}$ für die tatsächlichen y-Werte dar. Dabei ist es das zentrale Anliegen der Regressionsanalyse, diejenigen β_j zu finden, für die der geschätzte Wert $\hat{y}$ den tatsächlichen Wert y möglichst „gut" annähert.

In der vorliegenden Arbeit werden als abhängige Variablen nacheinander die Gesamteinschätzung zur Relevanz des Mathematikstudiums und die Gesamteinschätzung zur Relevanz der Inhalte des Mathematikstudiums gesetzt und es wird überprüft, wie „gut" sich diese durch Relevanzzuschreibungen (vgl. Forschungsfrage 3, Abschnitt 11.4) oder Einschätzungen zur Umsetzung (vgl. Forschungsfrage 4, Abschnitt 11.5) bezüglich verschiedener Aspekte annähern lassen. Betrachtet man beispielsweise die lineare Regression, bei der überprüft wird, wie gut sich die Gesamteinschätzung der Relevanz des Mathematikstudiums annähern lässt durch die Relevanzzuschreibungen zu den Themengebieten (vgl. Abschnitt 11.4.3), so wird durch das Regressionsmodell angegeben, wie sich die Gesamteinschätzung der Relevanz des Mathematikstudiums darstellen lässt als Summe einer Konstanten und einer Linearkombination der Relevanzzuschreibungen zur Arithmetik/ Algebra, Geometrie, Linearen Algebra und Analysis, zuzüglich eines Fehlers, der möglichst klein ausfallen sollte. In diesem Fall würde der Vektor y die n vorliegenden Messwerte (für n ProbandInnen) zur Gesamteinschätzung der Relevanz des Mathematikstudiums enthalten und in der $n \times 5$-Matrix X stünden

- in der ersten Spalte nur 1en,
- in der zweiten Spalte die Messwerte der jeweiligen ProbandInnen zur Relevanzzuschreibung zur Arithmetik/ Algebra,
- in der dritten Spalte die Messwerte der jeweiligen ProbandInnen zur Relevanzzuschreibung zur Geometrie,
- in der vierten Spalte die Messwerte der jeweiligen ProbandInnen zur Relevanzzuschreibung zur Linearen Algebra und
- in der fünften Spalte die Messwerte der jeweiligen ProbandInnen zur Relevanzzuschreibung zur Analysis.

Gesucht ist dann der Vektor β, für den ε minimal wird.

Beim Standardverfahren der Methode der kleinsten Quadrate bestimmt sich die Güte der Annäherung aus der Minimierungsbedingung

$$\min \sum_{i=1}^{n} \varepsilon_i^2 = \min \sum_{i=1}^{n} \left(y_i - \sum_{j=0}^{k} \beta_j x_{ij} \right)^2$$

bei der sich die Regressionskoeffizienten durch partielle Ableitung nach β_j bestimmen lassen (Wolf & Best, 2010, S. 614). Hat die Matrix $X^T X$ vollen Rang, wobei X^T die zu X transponierte Matrix darstellt[6], so wird das Minimierungsproblem gelöst durch (Wolf & Best, 2010, S. 615)

$$\beta = \left(X^T X \right)^{-1} X^T y$$

Im Ergebnis einer Regressionsanalyse werden nicht nur die Regressionskoeffizienten angegeben, sondern es wird auch angegeben, für welche der im Regressionsmodell aufgenommenen unabhängigen Variablen der Zusammenhang mit der der abhängigen Variable statistisch signifikant wird. Diejenigen unabhängigen Variablen, für die der entsprechende Zusammenhang statistisch signifikant wird, werden in der Literatur teils als „statistisch signifikante Prädiktoren" bezeichnet (vgl. z. B. Wolf & Best, 2010). Diese abkürzende Formulierung wird in der vorliegenden Arbeit übernommen.

Um die Modellgüte des linearen Regressionsmodells zu bestimmen, wird nach Berechnung der Regressionskoeffizienten die Maßzahl R^2 berechnet, welche angibt, wie viel der beobachteten Varianz sich durch das Regressionsmodell erklären lässt (Wolf & Best, 2010, S. 618):

$$R^2 = \frac{\text{erklärte Streuung}}{\text{gesamte Streuung}} = \frac{SSR}{SST} = \frac{\sum \left(\hat{y} - \overline{y} \right)^2}{\sum (y - \overline{y})^2}$$

Dabei ist $\overline{y}$ der Mittelwert der beobachteten Messwerte auf der abhängigen Variable. Es lässt sich zeigen, dass bei Regressionsmodellen, für die $\beta_0 \neq 0$ ist, der Mittelwert der Schätzwerte mit dem Mittelwert der beobachteten Messwerte übereinstimmt, das heißt $\hat{\overline{y}} = \overline{y}$. Demnach gibt die Maßzahl R^2 an, welcher Anteil der Streuung der Messwerte auf der abhängigen Variable um den Mittelwert aufgeklärt wird durch die im Modell abgebildete Streuung der Schätzwerte um den Mittelwert. SSR (sum of squares due to regression) ist dabei die Abkürzung für die Streuung, welche durch die Regression erklärt wird, und SST (sum of squares total) diejenige für die Gesamtstreuung.

---

[6] Bei der transponierten Matrix zu X sind die Zeilen gegeben durch die Spalten von X und die Spalten durch die Zeilen von X. Für eine $m \times n$-Matrix $X = \left(x_{ij} \right)$ ist die transponierte Matrix X^T eine $n \times m$-Matrix mit $X^T = \left(x_{ji} \right)$. Die Voraussetzung, dass die Matrix $X^T X$ vollen Rang haben muss, liegt darin begründet, dass nur dann die Inverse $\left(X^T X \right)^{-1}$ existiert.

Bezogen auf das obige Beispiel der linearen Regression, bei der überprüft wird, wie gut sich die Gesamteinschätzung der Relevanz des Mathematikstudiums annähern lässt durch die Relevanzzuschreibungen zu den Themengebieten, gibt R^2 an, welcher Anteil an Streuung in den gemessenen Werten zur Gesamteinschätzung der Relevanz des Mathematikstudiums um den gemessenen Mittelwert aufgeklärt werden kann durch die Streuung der Schätzwerte auf Basis der Relevanzzuschreibungen zu den Themengebieten um den Mittelwert.

Die Maßzahl R^2, welche auch als Determinationskoeffizient oder Bestimmtheitsmaß bezeichnet wird, kann Werte zwischen 0 und 1 annehmen und je größer sie ausfällt, desto besser passt das Regressionsmodell zu den Daten. Allerdings ist die Verwendung von R^2 teils umstritten (Wolf & Best, 2010, S. 618; vgl. auch Urban & Mayerl, 2006, Abschnitt 2.2, 2.3). So steigt diese Maßzahl bei jeder Hinzunahme von unabhängigen Variablen, selbst wenn diese das Modell nicht wesentlich verbessern, was insbesondere dazu führt, dass Modelle mit unterschiedlich vielen unabhängigen Variablen über diese Maßzahl nicht miteinander verglichen werden können. Ein weiteres Problem von R^2 liegt darin, dass dessen Erwartungswert nicht null ist, wenn kein Zusammenhang zwischen der abhängigen und den unabhängigen Variablen besteht. Teils wird deshalb die korrigierte Maßzahl

$$R_{korr}^2 = 1 - \frac{n-1}{n-k-1}\left(1 - R^2\right)$$

verwendet, welche der nicht korrigierten Maßzahl gegenüber die Vorteile hat, dass die Hinzunahme von unabhängigen Variablen, die die abhängige Variable nicht weiter aufklären, sich negativ auswirkt und sie negativ werden kann, wenn die unabhängigen Variablen und die abhängige Variable nicht miteinander korrelieren (Wolf & Best, 2010, S. 618). R_{korr}^2 kann insbesondere dann als vorteilhaft angesehen werden, wenn verschiedene Regressionsmodelle miteinander verglichen werden sollen, welche unterschiedlich viele unabhängige Variablen aufnehmen. Andererseits wird in der Praxis teils auch davon abgeraten, R_{korr}^2 zu nutzen, da diese Maßzahl keine ausreichende „Bestrafung" bei der Hinzunahme weiterer unabhängiger Variablen bietet (Fahrmeir et al., 2013, S. 148).

Das in dieser Arbeit genutzte Statistikprogramm SPSS gibt bei der Berechnung von linearen Regressionen sowohl R^2 als auch R_{korr}^2 aus. In der vorliegenden Arbeit wird jedoch nur der Wert für R^2 berichtet, denn diese Maßzahl lässt als Quotient zwischen erklärter Streuung und Gesamtstreuung eine unmittelbarere Interpretation zu und da es in der vorliegenden Arbeit kein Anliegen war, Regressionsmodelle mit verschiedenen Anzahlen an unabhängigen Variablen bezüglich ihrer Güte miteinander zu vergleichen, ist die Korrektur nicht notwendig.

6.2.4.2 Interpretation

Eine lineare Regressionsanalyse ist vor allem dann sinnvoll, wenn ein linearer Zusammenhang zwischen den unabhängigen Variablen und der abhängigen Variable zu vermuten ist (Wolf & Best, 2010, S. 613), kann aber auch genutzt werden, um Zusammenhänge zu modellieren und dabei festzustellen, ob ein linearer Zusammenhang vorliegt oder nicht. In der vorliegenden Arbeit geht es genau um diese Feststellung, ob lineare Zusammenhänge zwischen den jeweils betrachteten Variablen vorliegen.

Die Regressionskoeffizienten werden in ihrer nicht standardisierten Form auch als Effektgrößen oder Effektstärken bezeichnet (Wolf & Best, 2010, S. 623). Die Bezeichnung impliziert allerdings einen Wirkungsgedanken und muss deshalb mit Vorsicht genossen werden. Tatsächlich können mithilfe der Regressionsanalyse keine Wirkungen oder Effekte festgestellt werden. Während mit ihr eine Aussage dazu getroffen werden kann, wie viel Streuung in der abhängigen Variable mithilfe der unabhängigen Variablen aufgeklärt werden kann, kann aus den Ergebnissen einer Regressionsanalyse nicht abgelesen werden, ob diese Varianzaufklärung aus einer kausalen Wirkung der unabhängigen Variablen auf die abhängige Variable resultiert. Tatsächlich ist der Regressionskoeffizient in einem statistisch abgesicherten Modell so zu interpretieren, dass sich der Erwartungswert von y um den Betrag von β_j unterscheidet, wenn man Analyseeinheiten betrachtet, in denen der Wert für x_j um eine Einheit größer ist als bei anderen Analyseeinheiten (Wolf & Best, 2010, S. 623).

Wenn verschiedene Regressionsmodelle miteinander verglichen werden sollen, werden die Regressionskoeffizienten teils standardisiert, was vor allem dann üblich ist, wenn die abhängigen Variablen mit verschiedenen Einheiten gemessen wurden. In diesem Fall geben die standardisierten Regressionskoeffizienten denjenigen Anteil einer Standardabweichung an, um den sich der Erwartungswert von y unterscheidet beim Vergleich zweier Einheiten mit einer Distanz von einer Standardabweichung auf der unabhängigen Variable (Wolf & Best, 2010, S. 625). Dabei reflektieren die standardisierten Regressionskoeffizienten jedoch nicht in jedem Fall den tatsächlichen Anteil der Varianzaufklärung der abhängigen Variable durch die jeweilige unabhängige Variable. Dies trifft nur dann zu, wenn die unabhängigen Variablen unkorreliert sind, da nur dann R^2 der Summe der quadrierten standardisierten Regressionskoeffizienten entspricht (Wolf & Best, 2010, S. 626). Bei korrelierten standardisierten Regressionskoeffizienten kann an diesen nicht direkt die Varianzaufklärung der abhängigen Variable abgelesen werden, da in diesem Fall R^2 der Summe der quadrierten standardisierten Regressionskoeffizienten zuzüglich der Summe aller mit dem entsprechenden Korrelationskoeffizienten gewichteten Produkte aus Paaren der standardisierten Regressionskoeffizienten entspricht (Wolf & Best, 2010, S. 627). In der vorliegenden Arbeit werden die nicht standardisierten Regressionskoeffizienten angegeben, da die abhängigen Variablen in den Modellen in den gleichen Einheiten gemessen wurden.

Der Vergleich von Regressionsmodellen aus verschiedenen Populationen anhand von R^2 oder R^2_{korr} ist im Allgemeinen mit Vorsicht zu genießen, denn beide Maßzahlen hängen nicht nur von der Varianz der abhängigen Variable sondern auch von der Varianz der unabhängigen Variablen ab (Wolf & Best, 2010, S. 618), was gegebenenfalls bedacht werden müsste, wenn die Analysen dieser Arbeit in späteren Forschungen auf anderen Stichproben repliziert würden und mit den Ergebnissen dieser Arbeit verglichen werden sollen.

6.2.5 Clusteranalyse

Die achte Forschungsfrage dieser Arbeit beschäftigt sich damit, wie sich die Mathematiklehramtsstudierenden entlang der von ihnen fokussierten Relevanzgründe aus dem Modell der Relevanzbegründungen typisieren lassen. In der quantitativen Forschung kann eine entsprechende Zuordnung zu Typen oder Gruppen auf Grundlage festgelegter Variablen mithilfe der Clusteranalyse durchgeführt werden, deren Zielsetzungen im Folgenden zunächst dargestellt werden (vgl. Abschnitt 6.2.5.1), ehe beschrieben wird, wie man eine Clusteranalyse durchführt (vgl. Abschnitt 6.2.5.2) und auswertet (vgl. Abschnitt 6.2.5.3) und welche Einschränkungen es bei der Durchführung von Clusteranalyen zu beachten gibt (vgl. Abschnitt 6.2.5.4).

6.2.5.1 Zielsetzungen
Bei Clusteranalysen handelt es sich um Verfahren zur systematischen Einteilung von Objekten in Gruppen bezüglich ausgewählter Merkmale mit dem Ziel, dass sich die Objekte innerhalb einer Gruppe möglichst ähnlich sind und sich Objekte aus verschiedenen Gruppen möglichst stark unterscheiden (vgl. Backhaus et al., 2016, Kapitel 8; Bortz & Schuster, 2010, Kapitel 25; Wiedenbeck & Züll, 2001, 2010). Sie dienen der „systematischen Klassifizierung" (Bortz & Schuster, 2010, S. 453) von Objekten, wobei die Objekte im Clusterungsalgorithmus verschiedenen Gruppen zugeordnet werden und als Lösung eine Gruppierung ausgewählt wird, die sich bezüglich vorher festgelegter Kriterien als optimal im Rahmen des Sortiervorgangs gestaltet. Die endgültigen Gruppen, die als Lösung fungieren sollen, werden als Cluster, Klassen oder auch Typen bezeichnet (Wiedenbeck & Züll, 2001, S. 2), wohingegen die Gruppen im Rahmen des Sortieralgorithmus

als Aggregate bezeichnet werden bis die Lösung festgelegt ist (Wiedenbeck & Züll, 2010, S. 530). Clusteranalysen sind vor allem dort sinnvoll, wo feststeht, dass sich die Stichprobe tatsächlich in Subgruppen aufteilen lässt, sie also eine Gruppenstruktur bereits inhärent aufweist (Wiedenbeck & Züll, 2010, S. 525). Während in der vorliegenden Arbeit wegen der bisher fehlenden Kenntnisse über die Relevanzzuschreibungen der Mathematiklehramtsstudierenden nicht sicher davon ausgegangen werden kann, dass eine Gruppenstruktur den Daten inhärent ist, bietet es sich an, explorativ zu beforschen, ob eine entsprechende Struktur gefunden werden kann, in welcher die Gruppen in Abgrenzung zueinander beschrieben werden können und welche spezifische Schlüsse über die einzelnen Gruppen zulässt sowie über Zusammenhänge zwischen dem Konstrukt der Relevanzgründe und Studierendenmerkmalen. In diesem Sinne kann die Funktion der Clusteranalyse hier darin gesehen werden, möglicherweise existierenden Gruppenstrukturen explorativ auf den Grund zu gehen. Clusteranalysen bieten sich zu diesem Zweck besonders an, da sie nicht nur der Findung von Clustern innerhalb einer Gesamtstichprobe dienen, sondern auch der Analyse von Clusterstrukturen. Darunter fällt auch, dass mit ihnen gezeigt werden kann, wenn beispielsweise nicht die gesamte Stichprobe in homogene Cluster zerfällt, sondern dies nur für bestimmte Subgruppen der Fall ist, oder wenn sich Cluster in Subcluster aufspalten lassen (Wiedenbeck & Züll, 2010, S. 527).

6.2.5.2 Durchführung einer Clusteranalyse

Ausgangspunkt jeder Clusteranalyse ist die Interpretation der Beobachtungen bzw. Messungen als geometrische Punkte in einem mehrdimensionalen Raum, wobei die Dimensionsgröße abhängig ist von der Anzahl der Variablen, auf denen die Clusteranalyse gerechnet wird (Wiedenbeck & Züll, 2010, S. 528). Zu Anfang jeder Clusteranalyse muss also festgelegt werden, bezüglich welcher Variablen die Objekte miteinander verglichen und dann geclustert werden sollen. Dabei sollten die Skalen, die die entsprechenden Merkmale messen, ein möglichst hohes Skalenniveau aufweisen und dieses sollte bestenfalls einheitlich sein (Bortz & Schuster, 2010, S. 454). Da Variablen mit verschiedenen Varianzen sehr unterschiedlich auf die Konstruktion der Aggregate Einfluss nehmen können, sollten sie vor Beginn der Clusteranalyse z-standardisiert werden (Wiedenbeck & Züll, 2010, S. 537). Weiterhin ist darauf zu achten, dass keine konstanten Merkmale, auf denen alle Objekte dieselbe Ausprägung zeigen, aufgenommen werden, da diese zu Verzerrungen bei den Fusionierungen von Aggregaten führen können (Backhaus et al., 2016, S. 511).

In der vorliegenden Arbeit wird die Clusteranalyse durchgeführt auf den z-standardisierten Variablen zur individuell-intrinsischen, individuell-extrinsischen, gesellschaftlich/ beruflich-intrinsischen und gesellschaftlich/

beruflich-extrinsischen Dimensionsausprägung der Relevanzgründe, so dass die Clusteranalyse im vierdimensionalen Raum durchgeführt wird (vgl. Abschnitt 10.6 für die Darstellung der durchgeführten Clusteranalyse). Alle vier Variablen wurden auf sechsstufigen Likertskalen gemessen.

Im nächsten Schritt einer Clusteranalyse muss die Entscheidung getroffen werden, welches Abstandsmaß genutzt werden soll. Oftmals werden im Fall intervallskalierter Merkmale, wie sie in der vorliegenden Arbeit vorliegen, die euklidische Metrik oder ihr quadrierter Wert genutzt (Wiedenbeck & Züll, 2001, S. 2; vgl. auch Bortz & Schuster, 2010, Kapitel 25). Auch in der vorliegenden Arbeit wird das quadrierte euklidische Distanzmaß genutzt (vgl. Abschnitt 10.6).

Eine weitere Festlegung bei der Durchführung einer Clusteranalyse betrifft das Verfahren der Clusteranalyse, wobei verschiedene Clusterverfahren durch verschiedene Aggregatabstandskriterien charakterisiert sind (Bortz & Schuster, 2010, Abschnitt 25.2). Dabei gibt es bisher keine generelle Antwort auf die Frage, welches Kriterium für welche Art von Daten gewählt werden sollte (Wiedenbeck & Züll, 2010, S. 528). Grob lassen sich die vielfältigen Verfahren der Clusteranalyse, bei denen verschiedene Algorithmen auf der gleichen Stichprobe durchaus zu verschiedenen Ergebnissen führen können (Wiedenbeck & Züll, 2010, S. 526), in zwei vorherrschende Klassen unterteilen, die sogenannten partitionierenden Verfahren und die hierarchischen Verfahren (vgl. Backhaus et al., 2016, Kapitel 8; Bortz & Schuster, 2010, Kapitel 25; Wiedenbeck & Züll, 2001).

– Bei der Gruppe der partitionierenden Verfahren, für die als Beispiel meist das K-Means-Verfahren genannt wird, wird zu Beginn eine Anzahl an Clustern vorgegeben und der Algorithmus berechnet dann diejenige Zuordnung der Elemente zu den Clustern, bei der die Gruppen eine optimale Homogenität bezüglich eines globalen Maßes aufweisen (vgl. Backhaus et al., 2016, Kapitel 8; Bortz & Schuster, 2010, Kapitel 25; Wiedenbeck & Züll, 2001). Insbesondere unterscheiden sich diese Verfahren von den hierarchischen Clusteranalyseverfahren darin, dass sich die Zuordnung eines Objekts zu einem Cluster im weiteren Clusterungsprozess noch verändern kann (Bortz & Schuster, 2010, S. 461; vgl. auch Wiedenbeck & Züll, 2010). Diese Verfahren sind nur sinnvoll anwendbar, wenn bereits eine begründete Annahme über die Anzahl an Clustern vorliegt (Wiedenbeck & Züll, 2010, S. 534). Da dies im vorliegenden Fall nicht zutraf, kamen sie hier nicht in Frage.

– Häufiger werden die hierarchischen Verfahren genutzt (Backhaus et al., 2016, S. 478), welche weiter unterteilt werden in die hierarchisch-divisiven und die hierarchisch-agglomerativen Verfahren, von welchen die hierarchisch-agglomerativen im Forschungskanon überwiegen (Bortz & Schuster, 2010, S. 459).

o Bei den hierarchisch-divisiven Verfahren wird von einem Gesamtcluster ausgegangen, der dann in Schritten aufgeteilt wird, bis alle Cluster nur noch aus einem Objekt bestehen. Die Clusterlösung entspricht einer Partitionierung zwischen dem Anfangs- und dem Endzustand (Bortz & Schuster, 2010, S. 459). Da in der vorliegenden Arbeit ausschließlich hierarchisch-agglomerative Verfahren genutzt wurden, sollen die hierarchisch-divisiven Verfahren nicht näher beschrieben werden.

o Bei den zentralen hierarchisch-agglomerativen Verfahren beginnt man dagegen mit der feinsten Unterteilung der Objekte in Gruppen, in denen sich je nur ein einziges Element befindet. Diese Gruppen werden dann nach und nach entsprechend festgelegter Regeln zusammengefasst, bis sich alle Objekte in der gleichen Gruppe befinden (vgl. Backhaus et al., 2016, Kapitel 8; Wiedenbeck & Züll, 2010). Schlussendlich wählt man eine Unterteilung zwischen den beiden Extremen der Anfangspartition und der letzten, einzelnen Gruppe (vgl. Bortz & Schuster, 2010, Kapitel 25; Wiedenbeck & Züll, 2001). Alternativ lässt sich bereits zu Beginn der Analyse ein maximaler Distanzwert als Abbruchkriterium des Algorithmus vorgeben und der Algorithmus wird dann automatisch beendet, sobald sich keine zwei Cluster mehr verbinden lassen, ohne diese Distanz zu überschreiten (Bortz & Schuster, 2010, S. 459).

In der vorliegenden Arbeit werden bei der Clusteranalyse der Fälle mit dem Single-Linkage Verfahren und der Ward-Methode zwei hierarchisch-agglomerative Verfahren genutzt (vgl. Bortz & Schuster, 2010, Kapitel 25; Wiedenbeck & Züll, 2001, 2010)[7], wobei das Single-Linkage Verfahren zum Identifizieren von Ausreißern genutzt wird und die Ward-Methode dann auf den

---

[7] Weitere hierarchisch-agglomerative Clusterverfahren sind zum Beispiel das complete linkage Verfahren, bei dem der Abstand zwischen zwei Gruppen dem maximalen Abstand zwischen zwei Objekten aus beiden Gruppen entspricht, das average linkage Verfahren, bei dem der Abstand zwischen zwei Gruppen definiert ist als Mittelwert der Abstände zwischen allen Objektpaaren und das Median-Verfahren (centroid clustering), bei dem der Abstand zwischen zwei Gruppen definiert ist als der Abstand zwischen den Schwerpunkten der Gruppen (vgl. Bortz & Schuster, 2010, Kapitel 25; Wiedenbeck & Züll, 2001). Da keines dieser Verfahren in der vorliegenden Arbeit genutzt wird, wird hier nicht weiter auf diese Algorithmen eingegangen.

um die Ausreißer bereinigten Daten angewandt wird (vgl. Abschnitt 10.6; vgl. auch die Empfehlung in Backhaus et al., 2016, S. 483). Das Single-Linkage Verfahren begünstigt die Fusionierung von nahe aneinander gelegenen Gruppen, wodurch es zu „fadenförmigen" Clustern kommen kann (vgl. Backhaus et al., 2016, Kapitel 8; Bortz & Schuster, 2010, Kapitel 25; Wiedenbeck & Züll, 2001). Es bietet sich deshalb besonders für die Identifikation von Ausreißern an (Backhaus et al., 2016, S. 483; vgl. auch Wiedenbeck & Züll, 2010). Geometrisch lässt sich die angesprochene Brückenbildung als raumzusammenziehend deuten, weshalb man das Single-Linkage Verfahren als „space contracting" bezeichnet. Demgegenüber ist das Ward-Verfahren raumerhaltend oder „space conserving", da dabei die Zwischenräume zwischen den Gruppen und ihre jeweiligen Formen im Großen und Ganzen die geometrische Anordnung der in ihnen enthaltenen Objekte wiederspiegeln (Wiedenbeck & Züll, 2001, S. 9; vgl. auch Backhaus et al., 2016, Kapitel 8). Beim Ward-Verfahren wird die Bildung konvexer Gruppen begünstigt und diese sind meist relativ gleichmäßig besetzt (Wiedenbeck & Züll, 2001, S. 9; vgl. auch Backhaus et al., 2016, Kapitel 8; Bortz & Schuster, 2010, Kapitel 25).

Sowohl beim Single-Linkage Verfahren als auch bei der Ward-Methode wird damit begonnen, dass jedes Objekt als eigenständige Gruppe betrachtet wird (Wiedenbeck & Züll, 2001, S. 3). Im ersten Schritt werden bei beiden Verfahren die beiden Objekte mit dem kleinsten Abstand entsprechend des gewählten Abstandsmaßes zu einer Gruppe zusammengefasst, so dass aus den ursprünglichen n Gruppen $n-1$ Gruppen werden, von denen alle bis auf eine unverändert bleiben. War bis zu diesem Zeitpunkt ein Distanzmaß zwischen Einzelbeobachtungen notwendig, so wird ab dem nun folgenden Schritt ein Distanzmaß zwischen Aggregaten und zwischen Aggregaten und Einzelbeobachtungen notwendig, so dass ab diesem Zeitpunkt die Wahl des Clusterverfahrens ausschlaggebend ist (Wiedenbeck & Züll, 2010, S. 3). Beim Single-Linkage Verfahren wird der Abstand zwischen zwei Gruppen definiert als der minimale Abstand zwischen zwei Objekten, je eines aus jeder Gruppe. Es werden also in jedem Schritt die zwei Gruppen fusioniert, für die dieser Abstand kleiner ist als bei allen anderen Gruppen. Man spricht deshalb auch vom „nearest neighbour" Verfahren. Diese Methode lässt sich bei jedem Distanzmaß anwenden (vgl. Backhaus et al., 2016, Kapitel 8; Bortz & Schuster, 2010, Kapitel 25). Bei der Ward-Methode (auch bezeichnet als Minimum-Varianz-Methode, Fehlerquadratsummen-Methode, HGROUP-100-Methode) werden diejenigen Gruppen fusioniert, bei deren Fusionierung die Binnenvarianz der Gruppen minimal wächst (Wiedenbeck & Züll, 2001, S. 9), beziehungsweise die Fehlerquadratsumme am wenigsten erhöht wird (Bortz & Schuster, 2010, S. 462).

Auch bei diesem Verfahren können alle Distanzmaße als Proximitätsmaße eingesetzt werden (Backhaus et al., 2016, S. 489), wobei das Ward-Verfahren bei Ähnlichkeitsmaßen, die sich als euklidische Distanzen deuten lassen, die besten Resultate liefert, wenn Ausreißer zuvor eliminiert wurden (Backhaus et al., 2016, S. 489; vgl. auch Milligan, 1981). In allen Schritten der Clusterverfahren ab dem zweiten werden alle Distanzen zwischen den Gruppen überprüft und diejenigen Gruppen mit dem kleinsten Abstand entsprechend des Aggregatabstandkriteriums zusammengefasst. Nach $n - 1$ Schritten erhält man eine einzige letzte Gruppe, in der alle Objekte enthalten sind (vgl. Bortz & Schuster, 2010, Kapitel 25; Wiedenbeck & Züll, 2001, 2010).

6.2.5.3 Auswertung einer Clusteranalyse

Die einzelnen Fusionierungsschritte bei hierarchisch-agglomerativen Verfahren lassen sich in Dendrogrammen darstellen (vgl. Abbildung 6.2). Dabei handelt es sich um graphische Darstellungen mit Baumstruktur, in denen die einzelnen Objekte senkrecht am linken Rand untereinander aufgeführt sind (Wiedenbeck & Züll, 2001, S. 4). Auf der x-Achse ist ein Abstandsmaß abgetragen, welches die Größe der Fusionswerte angibt. Bei den Fusionswerten handelt es sich um die Distanz zwischen denjenigen Gruppen, die in einem Fusionierungsschritt des Algorithmus zusammengefasst werden (Wiedenbeck & Züll, 2010, S. 538). Dabei ist zu beachten, dass das in dieser Arbeit verwendete Statistikprogramm SPSS die Heterogenitätsentwicklung generell auf eine Skala von 0 bis 25 normiert (Backhaus et al., 2016, S. 502). Werden zwei Objekte vereinigt, so gehen waagerechte Linien von ihnen aus und entsprechend dem Abstand zwischen den Objekten werden diese durch eine senkrechte Linie miteinander verbunden. So ergeben sich die Gruppen des hierarchischen Systems als die Knoten im Dendrogramm (Wiedenbeck & Züll, 2001, S. 4).

In den meisten Verfahren, insbesondere auch bei den hier verwendeten Single-Linkage- und Ward-Verfahren, wachsen die Abstände zwischen den fusionierten Gruppen in aufeinander folgenden Schritten monoton, wodurch Subgruppen im Dendrogramm links von ihren übergeordneten Gruppen positioniert sind (Wiedenbeck & Züll, 2001, S. 6; vgl. auch Backhaus et al., 2016). Anhand der Längen der Vereinigungsklammern lassen sich die Abstandsrelationen ablesen, die auch als Maß der Heterogenität der Gruppen interpretiert werden können (Wiedenbeck & Züll, 2001, S. 6; vgl. auch Bortz & Schuster, 2010, Kapitel 25; Wiedenbeck & Züll, 2010). Da es das Ziel von Clusteranalysen ist, möglichst homogene Gruppen zu bilden, lässt sich die Lösung der Clusteranalyse im Dendrogramm als diejenige Partitionierung ablesen, die unmittelbar vor einem großen Anstieg des Fusionswerts vorliegt (Wiedenbeck & Züll, 2001, S. 6; vgl. auch Wiedenbeck & Züll,

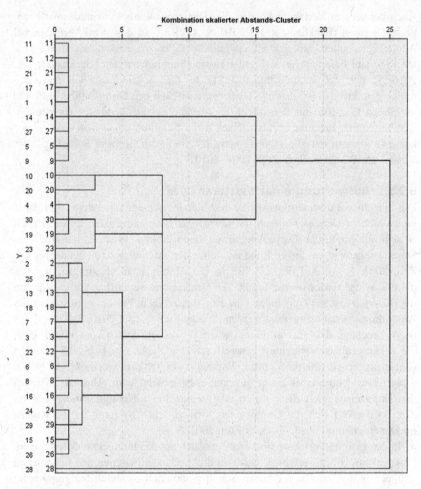

Abbildung 6.2 Beispielhaftes Dendogramm

2001, 2010). Bei der Bestimmung der Clusterzahl muss jedoch ein Kompromiss gefunden werden zwischen der Homogenitätsforderung, die teils zu hohen Clusterzahlen führen kann, und der Handhabbarkeit, die wenige Cluster voraussetzt (Backhaus et al., 2016, S. 457).

Auch ein Screeplot (vgl. Abbildung 6.3), in dem die Heterogenitätsentwicklung gegen die entsprechende Aggregatanzahl in einem Koordinatensystem dargestellt wird, kann bei der Identifikation der Clusteranzahl helfen (Backhaus et al., 2016, S. 495; vgl. auch Bortz & Schuster, 2010, Kapitel 25).

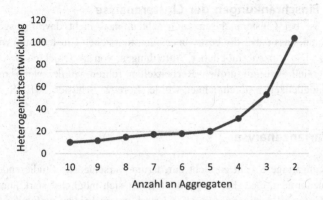

Abbildung 6.3 Beispielhafter Screeplot

Das sogenannte „Elbow-Kriterium" besagt dabei, dass diejenige Lösung gewählt werden sollte, die sich im Knick des Graphen vor dem steilsten Anstieg (im „Ellbogen") befindet. Bei der Betrachtung des Screeplots sollte die 1-Cluster-Lösung ausgeschlossen werden, da von der 2- zur 1-Clusterlösung generell die Homogenität am stärksten ansteigt und sich so in jedem Fall ein Ellbogen zeigen würde (Backhaus et al., 2016, S. 495), ein einzelner Cluster aber natürlich keine Funktion hat, wenn Gruppen verglichen werden sollen. In der vorliegenden Arbeit wird bei der Findung der Clusterlösung vor allem mit dem Screeplot gearbeitet (vgl. Kapitel 10.6).

Nachdem unter Zuhilfenahme des Dendrogramms oder des Screeplots die Anzahl der Cluster bestimmt wurde, geht es darum, diese zu charakterisieren und zu benennen. Dazu betrachtet man die Ausprägungskombinationen derjenigen Variablen, auf denen die Cluster gebildet wurden, also die (multivariaten) Mittelwerte in den Gruppen auf diesen Variablen. Um die Cluster richtig deuten zu können, sollten die Kombinationen der Ausprägungen auf allen Variablen gleichzeitig betrachtet werden. Dazu bieten sich beispielsweise Lineplots an. Anhand ihres gruppenspezifischen Profils werden die Cluster dann häufig sehr prägnant benannt (Wiedenbeck & Züll, 2001, S. 11), wie es auch in der vorliegenden Arbeit geschieht, wobei bei der Benennung der Cluster hier nicht nur deren Ausprägungen auf den Relevanzzuschreibungen zu den Dimensionsausprägungen sondern auch weitere charakterisierende Merkmale berücksichtigt werden (vgl. Abschnitt 11.9).

6.2.5.4 Einschränkungen der Clusteranalyse

Generell ist bei Clusteranalysen zu beachten, dass nicht davon ausgegangen werden kann, dass dabei die beste unter allen möglichen Clusterlösungen gefunden wird. Die Anzahl möglicher Aufteilungen von p Objekten wächst mit p exponentiell, was zu großen Rechenzeiten führen würde, wenn man alle Lösungsmöglichkeiten durchrechnen würde (Bortz & Schuster, 2010, S. 459).

6.2.6 Varianzanalyse

In Forschungsfrage 8 geht es nicht nur darum, verschiedene Studierende Gruppen so zuzuordnen, dass die Gruppenmitglieder sich möglichst stark ähneln und sich die Gruppen voneinander möglichst stark unterscheiden, wofür die Clusteranalyse (vgl. Abschnitt 6.2.5) genutzt werden kann, sondern die verschiedenen Gruppen sollen zudem charakterisiert werden. Dazu sollen sie bezüglich verschiedener Merkmale miteinander verglichen werden. Für den Vergleich von mehr als zwei Gruppen bezüglich festgelegter Merkmale können Varianzanalysen genutzt werden. Im Folgenden werden zunächst die theoretischen Hintergründe von Varianzanalysen beschrieben (vgl. Abschnitt 6.2.6.1) und dann wird dargestellt, welche mathematischen Hintergründe hinter der einfaktoriellen, univariaten Varianzanalyse stehen (vgl. Abschnitt 6.2.6.2). Die einfaktorielle, multivariate Varianzanalyse, die in der vorliegenden Arbeit neben der einfaktoriellen, univariaten Varianzanalyse Einsatz findet, kann als Erweiterung der univariaten Variante gesehen werden und funktioniert analog. In Abschnitt 6.2.6.3 werden die Voraussetzungen der Varianzanalyse dargestellt.

6.2.6.1 Theoretische Hintergründe

Bei der Varianzanalyse handelt es sich um ein Verfahren, mit dem untersucht wird, inwiefern sich Gruppen oder Merkmalsträger (Ausprägungen von unabhängigen Variablen) in einem oder mehreren Merkmalen (abhängige Variablen) statistisch signifikant voneinander unterscheiden. Dabei wird überprüft, wie viel Varianz in den abhängigen Variablen durch die unabhängigen Variablen aufgeklärt werden kann. Die Varianzanalyse stellt eine Erweiterung des t-Tests dar, mit dem Mittelwertunterschiede zwischen genau zwei Gruppen untersucht werden (Janssen & Laatz, 1997, S. 307). Bei mehr als zwei Gruppen summieren sich bei mehreren paarweisen t-Tests die Typ I Fehler auf, so dass es zum falschen

Verwerfen der Nullhypothese kommen kann, ein Problem, das durch die Varianzanalyse vermieden wird, da es dabei zu keiner α-Fehler-Kumulierung kommt (Rasch et al., 2014, S. 3 f.).

Bei der Varianzanalyse werden die unabhängigen Variablen als Faktoren, Treatments oder Treatmentfaktoren bezeichnet. Entsprechend unterscheidet man einfaktorielle Varianzanalysen, bei denen eine einzige unabhängige Variable untersucht wird, und mehrfaktorielle Varianzanalysen, bei denen gleichzeitig mehrere unabhängige Variablen untersucht werden. Die Ausprägungen der einzelnen Faktoren werden als Faktorstufen bezeichnet. In der vorliegenden Arbeit stellen die vier mit der Clusteranalyse gefundenen Typen die vier Faktorstufen eines einzelnen Faktors bei den Varianzanalysen dar.

Analog zur Unterscheidung bei den unabhängigen Variablen unterscheidet man je nach Anzahl der abhängigen Variablen univariate Varianzanalysen und multivariate Varianzanalysen. Entsprechend der englischen Begriffe der univariaten (Analysis of Variance) und der multivariaten (Multivariate Analysis of Variance) Varianzanalyse werden diese auch als ANOVA und MANOVA bezeichnet (Kuckartz et al., 2013, S. 185 f.). Zusätzlich unterscheidet man Varianzanalysen mit und ohne Messwiederholung (für Ausführungen zu Varianzanalysen mit Messwiederholungen, die in der vorliegenden Arbeit nicht genutzt werden, vgl. beispielsweise Bortz und Schuster, 2010, Kapitel 18). In der vorliegenden Arbeit stellen die Merkmale, für die überprüft wird, ob sich die Typen darin unterscheiden, die abhängigen Variablen dar. Teils werden dabei mehrere abhängige Variablen gleichzeitig betrachtet, beispielsweise, wenn überprüft wird, ob sich die Typen unterscheiden in ihren Regulationsstilen der Motivation. In diesem Fall werden einfaktorielle, multivariate Varianzanalysen durchgeführt. Wenn aber beispielsweise überprüft wird, ob sich die Typen in ihrer Einstellung gegenüber Beweisen unterscheiden, dann wird dazu eine einfaktorielle, univariate Varianzanalyse genutzt.

Bei einem statistisch signifikanten Ergebnis einer Varianzanalyse bietet es sich an, im Anschluss Post-hoc-Tests durchzuführen, um zu ermitteln, zwischen welchen Faktorstufen tatsächlich statistisch signifikante Mittelwertunterschiede auftreten. Dabei sind die Post-hoc-Tests nach Tukey und Scheffé weit verbreitet (Kuckartz et al., 2013, S. 194 f.). Außerdem kann die Effektstärke η^2, die ein Maß der Varianzaufklärung darstellt, ermittelt werden (Kuckartz et al., 2013, S. 195). Wie schon bei den Ausführungen zur linearen Regression (vgl. Abschnitt 6.2.4) angemerkt wurde, ist die Bezeichnung der Effektstärke dabei mit Vorsicht zu genießen, da sie einen Wirkungsgedanken impliziert, während mithilfe der Varianzanalyse keine Wirkungen oder Effekte festgestellt werden können. Tatsächlich werden mit der Effektstärke keine Aussagen zu einer kausalen Wirkung der unabhängigen Variablen auf die abhängige Variable getroffen, sondern sie dient dazu, eine Aussage darüber zu treffen, wie groß der Anteil der Varianz in der abhängigen Variable ist, der durch die unabhängigen Variablen aufgeklärt werden kann (Kuckartz et al., 2013, S. 195). Bei der Interpretation der Effektstärke werden kleine $(,01 \leq \eta^2 < ,06)$, mittlere $(,06 \leq \eta^2 < ,14)$ und große Effekte $(\eta^2 \geq ,14)$ unterschieden (Cohen, 1988, zitiert nach Kuckartz et al., 2013, S. 195), wobei bei der Interpretation auch darauf geachtet werden muss, dass bei einem hohen Komplexitätsgrad der getesteten Faktoren eine hohe Effektstärke unwahrscheinlicher wird (Kuckartz et al., 2013, S. 195). In der vorliegenden Arbeit werden als Post-hoc Tests t-Tests durchgeführt, da nur diese auch für multipel imputierte Daten in den verwendeten Statistikprogrammen durchgeführt werden konnten. Auf den Bericht von Effektstärken wird verzichtet, da es insbesondere bei den Charakterisierungen der Typen das Ziel ist, auch nicht signifikante aber möglicherweise bedeutsame Unterschiede zwischen den Typen aufzuzeigen, um insbesondere ein besseres Verständnis über das Konstrukt der Relevanzgründe zu erlangen (vgl. Abschnitt 6.1.4.1, wo begründet wird, warum bei den Typencharakterisierungen nicht signifikante Unterschiede interpretiert werden).

6.2.6.2 Mathematische Hintergründe zur einfaktoriellen, univariaten Varianzanalyse ohne Messwiederholung

Im Folgenden sollen die mathematischen Hintergründe zur einfaktoriellen, univariaten Varianzanalyse ohne Messwiederholung beschrieben werden, welche in der vorliegenden Arbeit durchgeführt wird, um Unterschiede zwischen den Typen aus der Clusteranalyse zu erkennen. Darüber hinaus wird teils auch mit multivariaten, einfaktoriellen Varianzanalysen ohne Messwiederholung gearbeitet, welche für die einzelnen, darin betrachteten abhängigen Variablen analog funktionieren (vgl. Anhang XVII im elektronischen Zusatzmaterial für die Ergebnisse aller durchgeführten Varianzanalysen).

Bei der einfaktoriellen, univariaten Varianzanalyse ohne Messwiederholung betrachtet man die Mittelwerte, die auf einem Merkmal für die verschiedenen Faktorstufen gemessen wurden, und untersucht, ob sich die Faktorstufen bezüglich des Merkmals statistisch signifikant voneinander unterscheiden. Dabei lautet die Nullhypothese, dass sich die Mittelwerte nicht unterscheiden, während die Alternativhypothese aussagt, dass mindestens zwei Mittelwerte voneinander verschieden sind (Kuckartz et al., 2013, S. 186):

$$H_0 : \forall i \neq j : \mu_i = \mu_j$$

$$H_1 : \exists i \neq j : \mu_i \neq \mu_j$$

Betrachtet man beispielsweise die Varianzanalyse, mit der überprüft werden soll, ob sich die in der Clusteranalyse gefundenen Typen in ihrer Einstellung zum Beweisen unterscheiden (vgl. Anhang XVII xiv im elektronischen Zusatzmaterial), dann besteht die Nullhypothese darin, dass sich von keinen zwei Typen die Mittelwerte bezüglich der Einstellung zum Beweisen unterscheiden und die Alternativhypothese lautet, dass sich die entsprechenden Mittelwerte für mindestens ein Paar aus den Typen statistisch signifikant voneinander unterscheiden.

Um die Alternativhypothese zu überprüfen, werden die Varianzen in der Stichprobe betrachtet. Die Grundidee der Varianzanalyse besteht in der Annahme, dass die Gesamtvarianz auf die zwei Quellen der Treatmentvarianz (auch „Varianz zwischen den Gruppen" genannt) und der Fehlervarianz (auch „Varianz innerhalb der Gruppen" genannt) zurückzuführen ist. Dabei ist die Treatmentvarianz der Anteil an der Gesamtvarianz, welcher auf die unabhängige Variable zurückgeführt wird, und die Fehlervarianz der Anteil, welcher Abweichungen innerhalb der einzelnen Faktorstufen aufgrund von Störvariablen oder Messungenauigkeiten umfasst und welcher auch ohne jeglichen Einfluss der Treatmentvariable auftreten würde. Insbesondere stellt die Fehlervarianz in der Stichprobe einen guten Schätzer für die Populationsvarianz dar. Im Fall, dass sich die Faktorstufen der unabhängigen Variable in dem Merkmal, welches durch die abhängige Variable gemessen wird, unterscheiden, müsste die Abweichung zwischen der Populations- und der Treatmentvarianz groß sein. Die Varianzanalyse prüft deshalb, ob die genannte Abweichung statistisch signifikant ausfällt (Kuckartz et al., 2013, S. 187).

Im Beispiel würde also angenommen, dass die Gesamtvarianz, die für die Variable zur Einstellung zum Beweisen gemessen wird, zurückzuführen ist auf die Treatmentvarianz, die aus der Unterscheidung der vier Typen stammt, und die Fehlervarianz, die für jeden Typ einzeln betrachtet auftritt wegen beispielsweise Messungenauigkeiten. Mit der Varianzanalyse wird überprüft, ob sich die Treatmentvarianz statistisch signifikant von der Fehlervarianz unterscheidet.

Zur Durchführung einer einfaktoriellen, univariaten Varianzanalyse mit N ProbandInnen werden die Messwerte zunächst tabellarisch aufgelistet (vgl. Tabelle 6.2), wobei die k Faktorstufen die Spalten ausmachen und die Messwerte der m_k ProbandInnen für jede Faktorstufe untereinander aufgelistet werden.

Unterhalb dieser Matrix werden für jede Faktorstufe die Summe und der Mittelwert der Messwerte aller m_k ProbandInnen aufgelistet (Kuckartz et al., 2013, S. 188 f.).

Im Beispiel ständen in der ersten Spalte untereinander die Messwerte zur Einstellung zum Beweisen aller Studierenden, die dem Typ 1 zugeordnet wurden, in der zweiten Spalte untereinander die Messwerte zur Einstellung zum Beweisen aller Studierenden, die dem Typ 2 zugeordnet wurden, et cetera. Unterhalb der jeweiligen Spalten wird die Summe aller Messwerte für jeden Typ notiert und darunter der Mittelwert für die Einstellung zum Beweisen für den jeweiligen Typ.

Tabelle 6.2 Schematische Datentabelle zur einfaktoriellen, univariaten Varianzanalyse ohne Messwiederholung

Faktorstufen	1	2	...	k	
	x_{11}	x_{12}	...	x_{1k}	
	x_{21}	x_{22}	...	x_{2k}	
	x_{31}	x_{32}	...	x_{3k}	
	...	...	...	...	
	...	$x_{m_2 2}$	...	...	
	$x_{m_1 1}$	...	...	...	
	...	...	...	$x_{m_k k}$	
$A_j := \sum_{i=1}^{m_j} x_{ij}$	A_1	A_2	...	A_k	Gesamtsumme $G := \sum_{j=1}^{k} A_j$
$\overline{A_j} := \frac{A_j}{m_j}$	$\overline{A_1}$	$\overline{A_2}$	...	$\overline{A_k}$	Gesamtmittelwert $\overline{G} := \frac{G}{N}$

Zur Berechnung der Varianz innerhalb einer Stichprobe wird der durch

$$\hat{\sigma}^2 = \frac{\sum_{i=1}^{m_j} \sum_{j=1}^{k} \left(x_{ij} - \overline{x}\right)^2}{df}$$

gegebene Schätzwert $\hat{\sigma}^2$ genutzt, wobei der Ausdruck im Zähler dieses Bruchs als Quadratsumme (Abkürzung QS) bezeichnet wird. Analog zur Grundannahme der Varianzanalyse, dass die Gesamtvarianz auf die Treatmentvarianz und die Fehlervarianz zurückzuführen ist, werden die Quadratsummen und Freiheitsgrade aufgeteilt, wobei hier additive Annahmen getroffen werden. Es wird also angenommen, dass sich die gesamte Quadratsumme QS_{tot} als Summe der Treatmentquadratsumme QS_{treat} und der Fehlerquadratsumme QS_{Fehler} ergibt und dass sich die Freiheitsgrade der Gesamtvarianz df_{tot} additiv aus den Freiheitsgraden der Treatmentvarianz df_{treat} und den Freiheitsgraden der Fehlervarianz df_{Fehler} ergeben (Kuckartz et al., 2013, S. 189 f.).

$$QS_{tot} = QS_{treat} + QS_{Fehler}$$

$$df_{tot} = df_{treat} + df_{Fehler}$$

Zur Berechnung von QS_{treat} wird zunächst angenommen, dass jegliche Unterschiede auf die unabhängige Variable zurückzuführen sind und es keine Fehlereinflüsse gibt. Unter dieser Annahme müssten alle ProbandInnen innerhalb der gleichen Faktorstufe j den gleichen Messwert, nämlich den Gruppenmittelwert $\overline{A_j}$, aufweisen. Es wird nun berechnet, inwiefern die Gruppenmittelwerte vom Gesamtmittelwert $\overline{G}$ abweichen, wobei diese Abweichung mit der Anzahl an ProbandInnen innerhalb der jeweiligen Faktorstufe gewichtet wird (Kuckartz et al., 2013, S. 190 f.):

$$QS_{treat} = \sum_{j=1}^{k} m_j \cdot \left(\overline{A_j} - \overline{G}\right)^2$$

Für die Anzahl der Freiheitsgrade df_{treat} ergibt sich

$$df_{treat} = k - 1$$

mit der Begründung, dass die jeweiligen Gruppenmittelwerte festgelegt sind und nur zwischen den Faktorstufen Variationen möglich sind (Kuckartz et al., 2013, S. 191).

Im Beispiel müsste man also zur Berechnung von QS_{treat} zunächst von den Mittelwerten zur Einstellung zum Beweisen aller Typen den Mittelwert der Gesamtstichprobe subtrahieren, dann diese Differenzen quadrieren, den quadrierten Wert für jeden Typ mit der Anzahl der Studierenden in dem Typ multiplizieren und die so erhaltenen Werte aller Typen addieren. Die Anzahl der Freiheitsgrade df_{treat} ist um eins geringer als die Anzahl an Typen.

Zur Berechnung der Fehlerquadratsumme betrachtet man, inwiefern sich jeder einzelne Messwert vom Gruppenmittelwert innerhalb der Faktorstufe unterscheidet, da gerade diese Abweichungen vom Gruppenmittelwert auf andere Faktoren als die unabhängige Variable zurückzuführen sein müssen (Kuckartz et al., 2013, S. 192):

$$QS_{Fehler} = \sum_{j=1}^{k} \sum_{i=1}^{m_j} (x_{ij} - \overline{A}_j)^2$$

Für die Anzahl der Freiheitsgrade df_{Fehler} ergibt sich (Kuckartz et al., 2013, S. 193)

$$df_{Fehler} = N - k$$

Wiederum im Beispiel erhält man QS_{Fehler}, indem man innerhalb jedes Typs von den Messwerten zur Einstellung zum Beweisen der einzelnen Studierenden des Typs den Mittelwert des Typs subtrahiert und die Differenz quadriert. Das tut man für jeden Studierenden in jedem Typ und addiert dann alle erhaltenen Werte. Die Anzahl der Freiheitsgrade df_{Fehler} entspricht der insgesamten Anzahl an Studierenden aller Typen abzüglich der Anzahl der Typen.

Nun wird die der F-Verteilung folgende Prüfgröße F

$$F = \frac{\hat{\sigma}^2_{treat}}{\hat{\sigma}^2_{Fehler}}$$

berechnet und mit dem kritischen F-Wert aus einer entsprechenden Tabelle zur F-Verteilung verglichen. Ist der empirische F-Wert größer als der kritische, so wird die Nullhypothese verworfen (Kuckartz et al., 2013, S. 193 f.). In dem Fall müsste man bezogen auf das Beispiel also davon ausgehen, dass sich mindestens zwei Typen in ihrer Einstellung zum Beweisen voneinander unterscheiden.

Die Effektstärke η^2 berechnet sich nach Kuckartz et al. (2013, S. 195) als

$$\eta^2 = \frac{QS_{treat}}{QS_{tot}} = \frac{QS_{treat}}{QS_{treat} + QS_{Fehler}}$$

6.2.6.3 Voraussetzungen der Varianzanalyse

Es gibt einige Voraussetzungen, die beachtet werden müssen, wenn eine Varianzanalyse durchgeführt werden soll. Zunächst muss es sich bei den abhängigen Variablen um intervallskalierte Variablen handeln und die unabhängigen Variablen müssen eine eindeutige Gruppierung zulassen. Die Varianzen der einzelnen Faktorstufen sollten nicht statistisch signifikant voneinander abweichen, wobei diese Varianzhomogenität mit dem Levene-Test überprüft werden kann. Liegt keine Varianzhomogenität vor, so muss das kritische Niveau beim F-Test kleiner gewählt werden (Kuckartz et al., 2013, S. 198). In den Varianzanalysen der vorliegenden Arbeit wurden alle innerhalb der Varianzanalysen als abhängige Variablen genutzten Merkmale auf Likertskalen gemessen und sind damit intervallskaliert. Die unabhängige Variable betrifft die Typenzuordnung, so dass hier eine eindeutige Gruppierung vorliegt. Schließlich wird von SPSS bei der Durchführung von Varianzanalysen der Levene-Test durchgeführt und die in dieser Arbeit berichteten Ergebnisse orientieren sich daran, ob dieser statistisch signifikant ausfiel (vgl. Abschnitt 10.7).

6.2.7 Qualitative Inhaltsanalyse[8]

Zur Beforschung der Relevanzzuschreibungen der Mathematiklehramtsstudierenden im Rahmen der vorliegenden Arbeit wurde neben den quantitativen Messinstrumenten in den Fragebögen beider Erhebungszeitpunkte ein offenes Item eingesetzt. Darin wurden die Studierenden danach gefragt, ob es weitere Studieninhalte gäbe, die aus ihrer Sicht besonders relevant seien und falls ja, welche das wären. Zur Auswertung dieses Items wurde die Methode der qualitativen Inhaltsanalyse gewählt, deren regelgeleitetes Vorgehen dazu dienen soll, die qualitative Auswertung nachvollziehbar zu machen. Es soll im Folgenden zunächst beschrieben werden, wie die qualitative Inhaltsanalyse entstanden ist und wie sie in den Kontext von qualitativen und quantitativen Methoden einzuordnen ist (vgl. Abschnitt 6.2.7.1). Danach wird zunächst das generelle Ablaufmodell von qualitativen Inhaltsanalysen dargestellt (vgl. Abschnitt 6.2.7.2), ehe die in der vorliegenden Arbeit genutzte induktive Kategorienentwicklung in den Kontext verschiedener Formen der qualitativen Inhaltsanalyse eingeordnet (vgl. Abschnitt 6.2.7.3) und anschließend beschrieben

---

[8] Es existieren verschiedene Computerprogramme, die das Arbeiten mit qualitativen Inhaltsanalysen unterstützen. Ein kostenfreies Programm, das speziell für die qualitative Inhaltsanalyse nach Mayring entwickelt wurde, ist über das Internet frei verfügbar (www.qcamap.org).

wird (vgl. Abschnitt 6.2.7.4). Die Ablaufmodelle, die in den folgenden Kapiteln dargestellt werden, wurden für diese Arbeit bei der qualitativen Inhaltsanalyse der Antworten auf das offene Item schrittweise abgearbeitet (vgl. Abschnitt 10.8).

6.2.7.1 Entstehung und Einordnung

Die qualitative Inhaltsanalyse baut auf der Methode der quantitativen Inhaltsanalyse auf. Generell handelt es sich bei der Inhaltsanalyse um eine der meisteingesetzten Methoden zur Analyse von fixierten Texten, welche meist in sprachlicher Form vorliegen aber auch visuell oder musikalisch ausgestaltet sein können. Kernpunkt der Inhaltsanalyse, der diese von anderen textanalytischen Verfahren abhebt, ist ihr systematisches, regelgeleitetes analytisches Vorgehen. Dabei gibt es ein vorher festgelegtes Ablaufmodell, das bei der Analyse schrittweise abgearbeitet wird. Das Ablaufmodell ermöglicht es, dass Forschende das eigene Vorgehen im Analyseprozess gegenüber Außenstehenden kommunizieren können, was das Vorgehen nachvollziehbar machen soll. Die Analyse wird dabei generell in den Kommunikationsprozess eingebettet, das heißt, es wird das Ziel der Analyse festgelegt und der Textproduzent sowie die Entstehung des Texts und Hintergrundinformationen dazu werden dargelegt (vgl. Mayring, 1994, 2000, 2015b, Kapitel 5). Mayring selbst hebt hervor, dass die Analyse bei der Inhaltsanalyse über den Inhalt der Kommunikation hinausgeht und schlägt „kategoriengeleitete Textanalyse" (Mayring, 2015b, S. 13) als passenderen Begriff vor.

Die qualitative Inhaltsanalyse wurde in den 1980er Jahren entwickelt, wobei der Ausgangspunkt in der Suche nach einem interpretativen Verfahren lag, das dennoch auf große Datenmengen angewandt werden kann. Zu diesem Zeitpunkt wurden im Rahmen einer Studie mit arbeitslosen LehrerInnen über 500 Interviews, deren Transkripte über 10000 Seiten zählten, geführt, die interpretativ analysiert werden sollten (Mayring & Fenzl, 2014, S. 545).

6.2.7.2 Genereller Ablauf der qualitativen Inhaltsanalyse

Der Ablauf der qualitativen Inhaltsanalyse (vgl. Abbildung 6.4) beginnt generell mit einer theoretisch begründeten Fragestellung (Schritt 1 in Abbildung 6.4) und der darauffolgenden Auswahl passenden Materials (Schritt 2 in Abbildung 6.4). Dieses wird zunächst beim inhaltsanalytischen Arbeiten in ein Kommunikationsmodell eingeordnet (Schritt 3 in Abbildung 6.4). Erst danach wird der Text regelgeleitet durchgearbeitet (vgl. Mayring, 2000, 2010, 2015a, 2015b, Kapitel 5; Mayring & Fenzl, 2014). Dabei funktioniert die qualitative Inhaltsanalyse nicht

immer gleich, sondern die Analyse wird entsprechend des festgelegten Ablaufmodells an das Forschungsanliegen und den Text angepasst (Mayring, 2015b,
S. 51; vgl. auch Mayring, 2015a).

Das zentrale Element bei der Arbeit mit Inhaltsanalysen ist ein Kategoriensystem, in dem Kategorien festgelegt werden, mithilfe derer das Textmaterial
codiert wird. Dabei gibt es verschiedene Analyseeinheiten, die festlegen, welche
Teile des Textmaterials ausgewertet werden (vgl. Schritt 4 in Abbildung 6.4). Die
Auswertungseinheit legt fest, welche Textteile nacheinander analysiert werden,
während die Codiereinheit den kleinstmöglichen Baustein und die Kontexteinheit den größtmöglichen Baustein des Textes festlegt, welcher einer Kategorie
zugeordnet werden darf (Mayring & Fenzl, 2014, S. 546; vgl. auch Mayring,
1994, 2000;). Diese Systematik soll ermöglichen, dass die Analyse auch durch
einen anderen Auswerter vollzogen werden könnte (Mayring, 2015b, S. 51). Nach
Festlegung der Analyseeinheiten wird bei der Durcharbeitung des Materials unterschieden zwischen induktiven und deduktiven Kategorienbildungen (vgl. Schritt
5–7 in Abbildung 6.4), auf deren Unterscheidung in Abschnitt 6.2.7.3 eingegangen wird, wobei in der vorliegenden Arbeit nur mit induktiver Kategorienbildung
gearbeitet wird (vgl. Abschnitt 6.2.7.4).

Nachdem das Textmaterial einmal vollständig codiert wurde, schließen Phasen
der Intracoder- und der Intercodercodierung an (Schritt 8–10 in Abbildung 6.4).
Diese sollen der Einhaltung von Gütekriterien dienen. Bei der Intracoderüber-
einstimmung wird das Material nach Abschluss des Codiervorgangs noch einmal
von der gleichen Person ausgewertet, ohne dabei die zuvor zugeordneten Kategorisierungen zu betrachten. Durch sie kann eine Aussage zur Stabilität des
Vorgehens gemacht werden, so dass sie als ein Reliabilitätsmaß eingeordnet
werden kann. Bei der Intercoderübereinstimmung wird das Material von einem
zweiten Codierer durchgearbeitet. Übereinstimmende Codierungen weisen dann
auf eine Objektivität des Verfahrens hin, wobei keine vollständige Übereinstimmung angestrebt werden kann, da die Kategorien immer einen gewissen
Spielraum bieten. Vielmehr können unterschiedliche Codierungen Ausgangspunkt
für Diskussionen sein und darauf aufbauend kann dann über eine angemessene
Codierung entschieden und daraufhin das Material bereinigt werden (Mayring,
2010, S. 603; vgl. auch Mayring, 1994, 2000; Mayring & Fenzl, 2014).

Anschließend können qualitative und quantitative Analysen der Kategorien
anschließen (Schritt 11 in Abbildung 6.4), weshalb die qualitative Inhaltsanalyse
auch den Mixed-Methods Ansätzen zugeordnet wird (Mayring & Fenzl, 2014,
S. 551; vgl. auch Mayring, 2010, 2015a). Doch auch schon das aufgestellte Kategoriensystem kann in sich das Ergebnis der Analyse darstellen (Mayring, 2010,
S. 604).

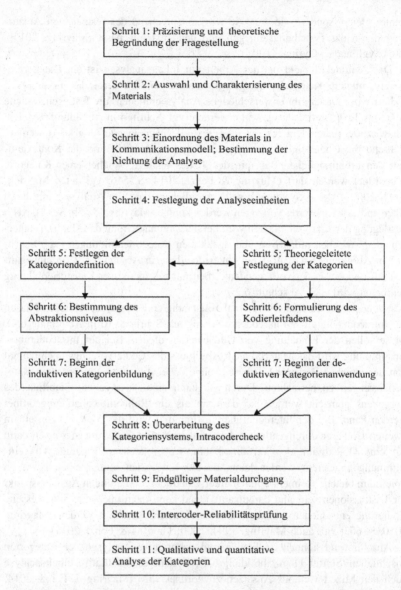

Abbildung 6.4 Ablaufmodell der qualitativen Inhaltsanalyse mit induktiver (links) und deduktiver (rechts) Kategorienentwicklung; Abbildung übernommen von Mayring & Fenzl (2014, S. 550)

6.2.7.3 Unterschiedliche Formen der qualitativen Inhaltsanalyse

Man unterscheidet drei Grundtechniken qualitativer Inhaltsanalyse, die als Zusammenfassung, Explikation und Strukturierung bezeichnet werden, wobei im vorliegenden Fall nur die Zusammenfassung von Bedeutung ist (für eine genaue Beschreibung aller drei Techniken samt Ablaufmodellen vgl. Mayring, 2015b, Kapitel 5). Bei dieser ist das Ziel, das Material so zu verkürzen, dass die Aussagen überschaubar werden aber trotzdem noch die wesentlichen Inhalte des Ausgangsmaterials repräsentieren (Mayring & Fenzl, 2014, S. 38; vgl. auch Mayring, 1994, 2010). Eine Form von Zusammenfassungen ist die induktive Kategorienbildung (Mayring, 2015b, S. 68), mit der in der vorliegenden Arbeit gearbeitet wird.

Generell unterscheidet man bei der Entwicklung von Kategoriensystemen in der qualitativen Inhaltsanalyse die deduktive und die induktive Kategorienentwicklung. Beiden Formen liegen Ablaufmodelle zugrunde, die das Vorgehen nachvollziehbar und prüfbar machen.

– Bei der deduktiven Kategorienentwicklung werden vor Durchsicht des Textmaterials Kategorien aufgrund theoretischer Vorüberlegungen gebildet und dann mit Ankerbeispielen aus dem Text versehen. Außerdem werden Codierregeln festgelegt, die regeln, ab wann die eine und ab wann die andere Kategorie zugeordnet wird (Mayring, 2015a, S. 377). Da in der vorliegenden Arbeit ausschließlich mit induktiver Kategorienbildung gearbeitet wird, soll hier nicht näher auf die einzelnen Schritte bei der deduktiven Kategorienbildung eingegangen werden.
– Bei der induktiven Kategorienbildung wird zunächst festgelegt, welche Aspekte des Textmaterials berücksichtigt werden sollen, und dann werden die Kategorien aus dem Material heraus entwickelt. Dabei gibt es Rückkopplungsschleifen und die Kategorien können noch zu Überkategorien zusammengefasst werden (Mayring, 2000, S. 4; vgl. auch Mayring, 2015a). Die induktive Kategorienentwicklung wird im folgenden Absatz eingehender beschrieben.

6.2.7.4 Induktive Kategorienentwicklung

Das Ablaufmodell der induktiven Kategorienbildung ist dargestellt in Abbildung 6.5. Der Vorlauf der induktiven Kategorienentwicklung ist der gleiche wie bei der deduktiven Entwicklung, es wird der Gegenstand der Frage beschrieben und das Material wird charakterisiert (erster Schritt in Abbildung 6.5; vgl. auch Abbildung 6.4). Anschließend werden die Auswertungseinheit, die Codiereinheit und die Kontexteinheit festgelegt (was unter diesen Einheiten zu verstehen

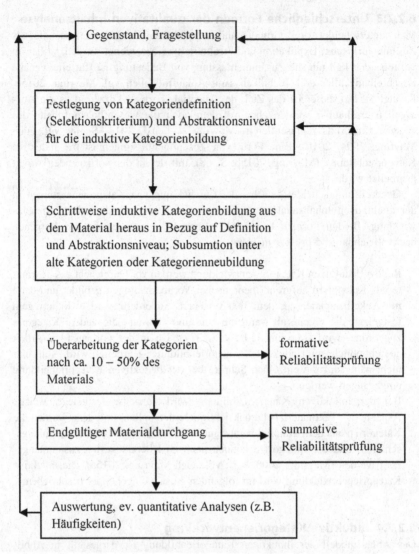

Abbildung 6.5 Ablaufmodell induktiver Kategorienbildung; Abbildung übernommen von Mayring (2000, S. 4)

ist, wurde dargestellt in Abschnitt 6.2.7.2). Außerdem werden ein Selektionskriterium und das Abstraktionsniveau der Kategorien definiert (zweiter Schritt
in Abbildung 6.5). Das Selektionskriterium und das Abstraktionsniveau ergeben
sich dabei aus theoretischen Vorüberlegungen (Mayring, 2015a, S. 374 f.).

Nach der Festlegung wird das Material durchgearbeitet und sobald das erste
Mal Material gefunden wird, das dem Selektionskriterium entspricht, wird eine
Kategorie definiert. Beim nächsten Materialfund, der dem Selektionskriterium
entspricht, muss dann geprüft werden, ob dieses Textstück unter die gleiche
Kategorie fällt oder ob eine neue Kategorie gebildet werden muss (dritter
Schritt in Abbildung 6.5). Nachdem ca. 10–50 % des Gesamtmaterials durchgearbeitet wurden, wird das gesamte Kategoriensystem daraufhin überprüft, ob
die Kategorien klar voneinander trennbar sind und ob das Abstraktionslevel
den Analysezielen genügt (vierter Schritt und Rückkopplungsschleife in Abbildung 6.5). Solche Rückkopplungsschleifen können im Prozess der Dokumentation
mitberichtet werden. Nachdem gegebenenfalls entsprechende Änderungen im
Kategoriensystem vorgenommen wurden, wird wieder das Material schrittweise
auf Kategorien überprüft. Wenn das Material schließlich in seiner Gesamtheit
durchgearbeitet und auf Kategorien überprüft wurde („Endgültiger Material-
durchgang" in Abbildung 6.5), schließen die Intra- und Intercodercodierung an
(„summative Reliabilitätsprüfung" in Abbildung 6.5) (Mayring, 2015a, S. 374 f.).
Anschließend können entsprechend des allgemeinen Ablaufmodells (vgl. Abbildung 6.4) qualitative und quantitative Analysen der Kategorien anschließen
(Schritt ganz unten in Abbildung 6.5). Die induktive Kategorienbildung, die für
diese Arbeit orientiert an dem generellen Ablaufmodell der qualitativen Inhaltsanalyse (vgl. Abbildung 6.4 in Abschnitt 6.2.7.2) sowie an dessen Spezifizierung
durch das Ablaufmodell der induktiven Kategorienbildung (vgl. Abbildung 6.5)
durchgeführt wurde, wird in Abschnitt 10.8 beschrieben.

6.3   Design

Im Folgenden werden zwei Designs aus der quantitativen Forschung vorgestellt,
die für die vorliegende Arbeit eine zentrale Rolle spielen. In Abschnitt 6.3.1
wird auf die Unterscheidung zwischen formativen und reflektiven Messmodellen
eingegangen. Während bei einer Vielzahl quantitativer Messinstrumente reflektive
Modellannahmen getroffen werden, wird in der vorliegenden Arbeit für das Messinstrument zu den Relevanzgründen ein formatives Messmodell angenommen.
In Abschnitt 6.3.2 wird vorgestellt, wie man mithilfe von Cross-Lagged-Panel

Designs im Rahmen von Längsschnittstudien ohne experimentelle Bedingungen Wirkungen beforschen kann. Dieses Design kam im Rahmen der Forschung dieser Arbeit zum Einsatz, um mögliche kausale Zusammenhänge zwischen Relevanzzuschreibungen und Interesse, mathematischer Selbstwirksamkeitserwartung und Leistungen festzustellen.

6.3.1 Formative und reflektive Messmodellannahmen in der empirischen Forschung

Um latente Konstrukte quantitativ messen zu können, was für die vorliegende Arbeit angestrebt wurde, benötigt man zunächst spezifische Messinstrumente. Jedem Messinstrument liegt ein Messmodell zugrunde, welches Annahmen dazu macht, wie das latente Konstrukt und die zur Messung genutzten Indikatoren miteinander zusammenhängen. Dabei unterscheidet man formative und reflektive Messmodelle, denen unterschiedliche Annahmen zugrunde liegen. Bei formativen Messmodellen wird angenommen, dass die beobachteten Indikatoren (die zur Messung eingesetzten Items), welche als formative Indikatoren oder Ursachenindikatoren bezeichnet werden, das latente Konstrukt verursachen. Damit bilden sie das Gegenbild zu den häufiger angenommenen[9] reflektiven Messmodellen, bei denen davon ausgegangen wird, dass die beobachteten Werte auf den Variablen, die als reflektive Indikatoren oder Wirkungsindikatoren bezeichnet werden, kausal durch das latente Konstrukt bestimmt werden (Eberl, 2004, S. 3 & 5). Ob einem Messinstrument eine formative oder eine reflektive Messmodellannahme zugrunde gelegt wird, ist nicht nur eine konzeptionelle Frage, sondern es ergeben sich daraus unterschiedliche Möglichkeiten der Validierung und der Auswertung, beispielsweise im Rahmen von Strukturgleichungsmodellen. Wie bereits in Abschnitt 6.1.3.1 angesprochen wurde, wird für das Messinstrument der Relevanzgründe in der vorliegenden Arbeit ein formatives Messmodell angenommen, was demnach auch Auswirkungen auf die Validierung des Instruments hatte und auf die Möglichkeiten bei der Datenauswertung.

Im Folgenden werden zunächst sowohl reflektive Messmodellannahmen (vgl. Abschnitt 6.3.1.1) als auch formative Messmodellannahmen (vgl. Abschnitt 6.3.1.2) mit ihren jeweiligen Wirkungsannahmen zwischen latentem Konstrukt und den zur Messung eingesetzten Indikatoren dargestellt, ehe

---

[9] Christophersen und Grape (2009, S. 115) berichten, dass formative Messmodellannahmen in Metastudien einen Anteil von weniger als 5 % ausmachten.

dargestellt wird, auf welcher Basis eine Entscheidung für eine der beiden Modellannahmen getroffen werden kann (vgl. Abschnitt 6.3.1.3). Im Anschluss werden
ausgewählte Auswirkungen der Modellentscheidung auf den Forschungsprozess
dargestellt (vgl. Abschnitt 6.3.1.4). Da in der vorliegenden Arbeit ein formatives Messmodell für das Messinstrument zu den Relevanzgründen angenommen
wurde, wird in Abschnitt 6.3.1.5 dargestellt, wie der Entwicklungsprozess
von Messinstrumenten mit entsprechenden Modellannahmen zu gestalten ist.
Anschließend wird noch auf formative und reflektive Messmodellannahmen im
Fall von Konstrukten höherer Ordnung eingegangen (vgl. Abschnitt 6.3.1.6), da
das Konstrukt der Relevanzgründe als Konstrukt dritter Ordnung konzeptualisiert
wurde (vgl. Abschnitt 3.2.1) und somit für die vorliegende Arbeit entschieden
werden musste, welche Modellannahmen auf jeder der drei Ebenen getroffen
werden sollten.

6.3.1.1 Reflektive Messmodellannahmen

Reflektive Messmodellannahmen liegen vor allem Instrumenten zu psychologischen Konstrukten zugrunde (Christophersen & Grape, 2009, S. 104). Bei der
Annahme eines reflektiven Messmodells (vgl. Abbildung 6.6) wird davon ausgegangen, dass die Indikatoren „erkennbar machende Manifestierungen" (Rossiter,
2002, Abschnitt 2.3, eigene Übersetzung) des latenten Konstrukts darstellen und
diese dementsprechend austauschbar sind (Jarvis et al., 2003, S. 203; vgl. auch
Coltman et al., 2008).

Abbildung 6.6
Reflektives Messmodell

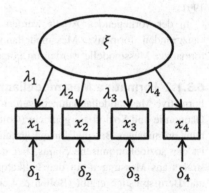

Reflektive Messmodelle basieren auf der Klassischen Testtheorie, bei der pos-
tuliert wird, dass sich die Werte in den gemessenen Variablen aus den Werten der
zugrunde liegenden latenten Variablen zuzüglich eines Messfehlers ergeben (Jarvis et al., 2003, S. 199). Eine Veränderung des Werts im latenten Konstrukts zieht

unter dieser Annahme eine Veränderung aller Messwerte in den Variablen nach sich (Christophersen & Grape, 2009, S. 104; vgl. auch Coltman et al., 2008; Diamantopoulos et al., 2008; Eberl, 2004). Bei reflektiven Messmodellen wird das Konstrukt als eindimensional vorausgesetzt und die Items müssen miteinander korrelieren (Bollen & Lennox, 1991, S. 307; vgl. auch Christophersen & Grape, 2009; Jarvis et al., 2003). Letztere Forderung resultiert daraus, dass die Indikatoren nach Annahme des Modells bei Abwesenheit eines Messfehlers perfekt korrelieren würden (Christophersen & Grape, 2009, S. 105; vgl. auch Bollen & Lennox, 1991). Die Indikatoren werden von verschiedenen Autoren als „reflective" (Fornell & Bookstein, 1982, S. 441), „effect" (Bollen & Lennox, 1991, S. 305) oder „eliciting" (Rossiter, 2002, Abschnitt 2.3.3) bezeichnet.

Unter reflektiven Messmodellannahmen liegen der Messung der Indikatoren $x_i, i = 1, \ldots, n$ die n linearen Gleichungen

$$x_i = \lambda_i \xi + \delta_i (i = 1, \ldots, n)$$

zugrunde, das heißt dass sich die manifesten Variablen x_i als Summe vom mit der Ladung λ_i gewichteten latenten Konstrukt ξ und einem Fehlerterm δ_i ergeben (Edwards & Bagozzi, 2000, S. 161; vgl. auch Bollen & Lennox, 1991; Howell et al., 2007). Dabei werden die Fehlerterme verschiedener manifester Variablen als unabhängig und alle Fehlerterme als unabhängig von der latenten Variable angenommen (Diamantopoulos et al., 2008, S. 1204; vgl. auch Bollen & Lennox, 1991).

In der vorliegenden Arbeit werden für das Messinstrument zu den Relevanzgründen formative Messmodellannahmen getroffen. Die Charakteristika formativer Messmodelle werden im Folgenden dargestellt.

6.3.1.2 Formative Messmodellannahmen

Formative Messmodellannahmen werden bisher vor allem in Instrumenten in der Ökonomie und Soziologie gemacht (Coltman et al., 2008, S. 1). Ein in der Literatur prominentes Beispiel für ein üblicherweise formativ gemessenes Konstrukt ist der sozioökonomische Status, bei dem sich die Messung des Gesamtkonstrukts aus Messungen auf den Indikatoren Bildung, Einkommen, Wohngegend und Berufsprestige ergibt (Bollen & Lennox, 1991, S. 306; vgl. auch Diamantopoulos & Winklhofer, 2001; Eberl, 2004; Hauser, 1972; Latcheva & Davidov, 2014). Diamantopoulos et al. (2008, S. 1206) und Petter et al. (2007, S. 637) geben tabellarische Auflistungen verschiedener weiterer üblicherweise formativ gemessener Konstrukte.

Generell wird bei der Annahme eines formativen Messmodells (vgl. Abbildung 6.7) davon ausgegangen, dass die Indikatoren die latente Variable verursachen, wobei verschiedene Indikatoren verschiedene Bereiche des zugrunde liegenden Konstrukts abdecken und erst ihre gewichtete Summe das Konstrukt ergibt (Christophersen & Grape, 2009, S. 106). Insbesondere sind die Indikatoren in dieser Annahme nicht austauschbar (Diamantopoulos & Winklhofer, 2001, S. 271; vgl. auch Coltman et al., 2008; Rossiter, 2002; Weiber & Mühlhaus, 2014, Kapitel 12) und sie müssen nicht miteinander korreliert sein (Eberl, 2004, S. 6; vgl. auch Bollen & Lennox, 1991; Gefen et al., 2000), wobei von Kromrey (2002, S. 178) angenommen wird, dass alle Indikatoren in gleicher Richtung mit der latenten Variablen korrelieren müssen, da sie sonst die Struktur der Realität nicht korrekt abbilden würden.

Abbildung 6.7
Formatives Messmodell

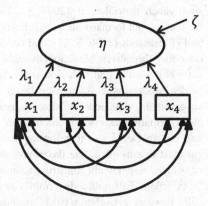

Diese Art von Messmodellannahmen basiert auf einer Erweiterung der „operational definition"-Ansätze, bei denen theoretische Konzepte über die Bedeutung der gemessenen Indikatoren definiert wurden (Eberl, 2004, S. 5 f.; vgl. auch Bagozzi, 1982; Diamantopoulos & Winklhofer, 2001), wobei die Erweiterung Curtis und Jackson (1962) zugeschrieben wird (Eberl, 2004, S. 5). Die Indikatoren, welche nach dieser Annahme „Bausteine" (Eberl, 2004, S. 6) darstellen, werden von verschiedenen Autoren „formative" (Edwards & Bagozzi, 2000, S. 155), „causes" (Bollen & Lennox, 1991, S. 305) oder „formed" (Rossiter, 2002, Abschnitt 2.3.2) genannt.

Im Fall einer formativen Messmodellannahme ergibt sich die latente Variable η als Linearkombination der Messvariablen $x_i (i = 1, \ldots, q)$ zuzüglich eines Messfehlers ζ, der nach Annahme mit den Indikatoren unkorreliert ist (Bollen & Lennox, 1991, S. 306; vgl. auch Diamantopoulos & Winklhofer, 2001; Weiber & Mühlhaus, 2014, Kapitel 12):

$$\eta = \lambda_1 x_1 + \lambda_2 x_2 + \ldots + \lambda_q x_q + \zeta$$

Der Fehlerterm resultiert in dieser Annahme aus einer unvollständigen Spezifika-
tion des Messmodells und wird in der Regel als Störung inhaltlich nicht näher
analysiert (Weiber & Mühlhaus, 2014, S. 285; vgl. auch Diamantopoulos et al.,
2008). Eine hohe Varianz im Fehlerterm impliziert in dieser Auffassung, dass
das Konstrukt durch das Messmodell wenig eindeutig gemessen wird (Williams
et al., 2003, S. 908).

6.3.1.3 Entscheidung für eine Messmodellannahme

Während Diamantopoulos und Winklhofer (2001, S. 274) und Jarvis et al. (2003,
S. 216) eher davon ausgehen, dass Konstrukte an sich reflektiv oder formativ
sind, gehen Howell et al. (2007, S. 213) davon aus, dass Konstrukte im Allgemeinen sowohl formativ als auch reflektiv gemessen werden können. Auch Albers
und Hildebrandt (2006, S. 11) sind der Meinung, dass die Wahl eines reflektiven
oder aber formativen Messmodells nicht pauschal als richtig oder falsch bezeichnet werden sollte und sich Konstrukte teils je nach Intention der Forschung mit
beiden Modellannahmen messen lassen. In der vorliegenden Arbeit wird davon
ausgegangen, dass jedes genügend spezifizierte Konstrukt sowohl reflektiv als
auch formativ gemessen werden kann, bei der Erschließung eines Konstrukts
und dessen Definition aber formative Messmodellannahmen hilfreich sind, um
zunächst festzustellen, wie das Konstrukt aufgebaut ist. Erst wenn klar definiert
ist, welche Aspekte ein Konstrukt ausmachen, lässt es sich auch reflektiv messen.

    In jedem Fall sollte die Wahl eines reflektiven oder formativen Messmo-
dells bewusst getroffen werden, nachdem das Konstrukt klar definiert wurde,
Indikatoren zu dessen Messung bestimmt wurden und analysiert wurde, welche Kausalitätsrichtung zwischen dem latenten Konstrukt und den Messvariablen
angenommen wird (vgl. Coltman et al., 2008; Yi, 2009). Entscheidungshilfen,
ob sich bei einer Messung ein reflektives oder formatives Messmodell anbietet, finden sich in der Literatur mehrfach (beispielsweise bei Christophersen &
Grape, 2009; Coltman et al., 2008; Eberl, 2004; Jarvis et al., 2003; vgl. auch
Tabelle 6.3). Während Rossiter (2002) davon ausgeht, dass die Entscheidung für
ein reflektives oder formatives Messmodell rein theoretisch gefällt werden kann,
schlagen Finn und Kayande (2005) zusätzlich empirische Kriterien vor, welche
hier jedoch nicht weiter beleuchtet werden sollen, da in der vorliegenden Arbeit
der Ansicht gefolgt wird, dass die Entscheidung für ein Modell auf theoretischer
Basis getroffen werden sollte.

Tabelle 6.3 Entscheidungsfragen zur Eignung eines formativen oder reflektiven Messmodells

Entscheidungsfragen	Antwort im Fall einer reflektiven Modellannahme	Antwort im Fall einer formativen Modellannahme
Welche Richtung der Kausalität wird angenommen?	Vom Konstrukt zu den Messvariablen	Von den Messvariablen zum Konstrukt
Bestimmen die Indikatoren die Bedeutung des Konstrukts oder umgekehrt?	Die Bedeutung des Konstrukts bestimmt die Bedeutung der Indikatoren.	Die Bedeutung der Indikatoren bestimmt die Bedeutung des Konstrukts.
Sind die Indikatoren als Konsequenzen oder als Ursachen des Konstrukts zu deuten?	Konsequenzen	Ursachen
Können Indikatoren entfernt oder ausgetauscht werden, ohne das zugrunde liegende Konstrukt zu verändern?	Ja	Nein
Sollte eine Änderung in einem Indikator auch die Änderung der anderen Indikatoren implizieren?	Ja	Nein

Oft werden reflektive Messmodelle unreflektiert, teils auch fälschlicherweise, angenommen (vgl. Diamantopoulos & Winklhofer, 2001; Eberl, 2004; Petter et al., 2007): „Most researchers in the social sciences assume that indicators are effect indicators. Cause indicators are neglected despite their appropriateness in many instances" (Bollen, 1989, S. 65; zitiert in Eberl, 2004, S. 2). Eine Aufstellung über verschiedene Studien, in denen untersucht wurde, welche Auswirkungen sich bei einer Fehlspezifikation formativer Messmodelle als reflektive Messmodelle oder umgekehrt ergaben, findet sich bei Diamantopoulos et al. (2008, S. 1209). Häufiger kommt es vor, dass Messinstrumente, denen formative Messmodelle zugrunde liegen, behandelt werden, als ob sie reflektive Messmodellannahmen machen würden (vgl. z. B. Jarvis et al., 2003)[10]. Die Vernachlässigung von Messungen mit formativen Modellannahmen im Forschungskanon lässt sich einerseits in der fehlenden Bewusstheit von ForscherInnen über die

---

[10] In diesem Fall werden zum Beispiel wichtige Items oft fälschlicherweise ausgeschlossen (vgl. Rossiter, 2002). Auf weitere mögliche Auswirkungen geht Eberl (2004, S. 12–14) ein.

Angemessenheit dieser Art der Operationalisierung in bestimmten Kontexten und andererseits darin sehen, dass deren Einbettung in Strukturgleichungsmodelle sich schwieriger gestaltet (Diamantopoulos et al., 2008, S. 1204; vgl. auch Petter et al., 2007). Letzterer Grund betrifft eine Auswirkung auf den empirischen Umgang mit Messinstrumenten, je nachdem, ob diesen reflektive oder formative Messmodellannahmen zugrunde liegen. Ausgewählte Auswirkungen der Modellannahme für ein Messinstrument auf den weiteren Forschungsprozess, welche im weiteren Verlauf dieser Arbeit zu beachten sind, wenn das Messinstrument zu den Relevanzgründen mit einer formativen Modellannahme entwickelt wird, werden im Folgenden dargestellt.

6.3.1.4 Ausgewählte Auswirkungen der Modellentscheidung auf den Forschungsprozess

Je nach Wahl des Messmodells ergeben sich sowohl praktische als auch konzeptionelle Konsequenzen im Umgang mit den Messinstrumenten und der Interpretation der Ergebnisse.

– Aus der Gleichung der reflektiven Messmodelle folgt, dass im Fall von Messinstrumenten mit reflektiven Modellannahmen angenommen wird, dass das latente Konstrukt auch unabhängig von der Messung existiert, da sich die Messvariablen als Funktion daraus ergeben. Bei Messungen auf Basis formativer Messmodelle ist nicht klar, ob die Indikatoren unabhängig von der Messung zueinander in Verbindung stehen (Howell et al., 2007, S. 207; vgl. auch Borsboom et al., 2003). Im Rahmen der vorliegenden Arbeit bedeutet das, dass das Konstrukt der „Relevanzgründe", zu dem im Folgenden empirische Ergebnisse berichtet werden, gerade aus seiner Messung resultiert, ohne dass geklärt ist, ob die zur Messung eingesetzten Indikatoren unabhängig von der Messung ein gemeinsames Konstrukt begründen.

– Aus der Gleichung der formativen Messmodelle folgt, dass formative Modelle für sich genommen im Gegensatz zu reflektiven Messmodellen unteridentifiziert sind, um die Gewichtungen der einzelnen Indikatoren bei der Berechnung des mit dem Messinstrument gemessenen Konstrukts mit kovarianzbasierten Verfahren berechnen zu können (Diamantopoulos & Winklhofer, 2001, S. 271; vgl. auch Bollen & Lennox, 1991). Solche Verfahren können im Fall der Einbindung von Konstrukten mit formativen Modellannahmen nur genutzt werden, um Konstruktbeziehungen auf ihre Signifikanz hin zu prüfen. Ansonsten lassen sich Gewichtungen bei formativen Messmodellannahmen mit regressionsbasierten Verfahren berechnen (Christophersen & Grape, 2009, S. 108). Das bedeutet für die vorliegende Arbeit, dass die Gewichtungen der einzelnen Indikatoren bei der Messung des Relevanzkonstrukts nur mit regressionsbasierten Verfahren berechnet werden könnten, wobei tatsächlich im Rahmen dieser Arbeit eine Gewichtung aus rein theoretischen Gründen und ohne empirische Grundlage angenommen wird.

– Die Beurteilung der Reliabilität und Validität von Messinstrumenten mit reflektiven Messmodellannahmen, wie sie von Churchill Jr. (1979) dargelegt wurde, basiert vor allem auf den Korrelationen zwischen den Items. Diese Möglichkeit der Qualitätsmessung entfällt für Messinstrumente basierend auf formativen Modellannahmen, denn bei diesen müssen die Indikatoren nach Modellannahme keinesfalls miteinander korrelieren, da sie verschiedene Facetten des Konstrukts abbilden (Diamantopoulos & Winklhofer, 2001, S. 271; vgl. auch Coltman et al., 2008; Eberl, 2004; Rossiter, 2002). Stattdessen wurden zur Messung der Qualität des Messinstruments zu den Relevanzgründen kognitive Interviews eingesetzt (vgl. Abschnitt 6.2.1 zur Methode der kognitiven Validierung; vgl. Abschnitt 7.3.3 für die kognitive Validierung, die im Rahmen dieser Arbeit durchgeführt wurde) und es wurde die externale Validität geprüft (vgl. Abschnitt 6.3.1.5.5 zu theoretischen Hintergründen zur Prüfung der externalen Validität; vgl. Abschnitt 7.3.6 zur Prüfung der externalen Validität, die im Rahmen dieser Arbeit durchgeführt wurde).

Insbesondere aufgrund des letzten aufgeführten Punkts unterscheidet sich die Entwicklung von Messinstrumenten mit formativen Modellannahmen teils von der Entwicklung von Messinstrumenten mit reflektiven Modellannahmen. Wie bei der Entwicklung von Messinstrumenten basierend auf formativen Messmodellen vorgegangen werden sollte, wird im Folgenden dargestellt.

6.3.1.5 Entwicklung von Messinstrumenten basierend auf formativen Messmodellen

Die im Folgenden dargestellten Schritte bei der Entwicklung eines Messinstruments mit formativen Modellannahmen wurden bei der Konstruktion des Messinstruments der Relevanzgründe dieser Arbeit nacheinander abgearbeitet. Die entsprechenden Ausführungen dazu, wie auf dieser Grundlage das Messinstrument zu den Relevanzgründen entwickelt wurde, finden sich in Abschnitt 7.3.

6.3.1.5.1 Definition des Konstrukts

Bei der Entwicklung eines Instruments mit formativer Modellannahme liegt der erste Schritt analog wie bei der Erstellung eines Messinstruments mit reflektiver Modellannahme in der sorgfältigen Definition des zu messenden latenten Konstrukts (Christophersen & Grape, 2009, S. 109; vgl. auch Diamantopoulos &

Winklhofer, 2001; Eberl, 2004). Um alle Facetten des Konstrukts in der Definition zu berücksichtigen, muss diese zugleich präzise und breit angelegt sein. Es bieten sich qualitative Voruntersuchungen an und es sollte eine eingehende Literaturrecherche betrieben werden, um das Konstrukt in seiner Gänze zu verstehen und Aufschluss über dessen Facetten zu bekommen (Christophersen & Grape, 2009, S. 109). Die Definition zum Konstrukt der Relevanzgründe der vorliegenden Arbeit, die die Grundlage bei der Entwicklung des Messinstruments zu den Relevanzgründen darstellt, wurde in Abschnitt 3.2 beschrieben. Aufbauend auf dieser Definition muss bei der Entwicklung des Messinstruments zu den Relevanzgründen zunächst definiert werden, welche Facetten zu den einzelnen Dimensionsausprägungen aus dem Modell der Relevanzbegründungen zugehörig gesehen werden (vgl. Abschnitt 7.3.1).

6.3.1.5.2 Formulierung von Items

Bei Wahl einer formativen Messmodellannahme sind die Items im Messinstrument so zu formulieren, dass alle relevanten Teile des Konstrukts abgedeckt sind (Christophersen & Grape, 2009, S. 111; vgl. auch Diamantopoulos & Winklhofer, 2001). Bollen und Lennox (1991) schreiben dazu „omitting an indicator is omitting part of the construct" (S. 308). Es ist darauf zu achten, dass jeder Inhaltsbereich des Konstrukts reflektiert wird, wobei es keine allgemeine Empfehlung für die Anzahl an Indikatoren gibt (Weiber & Mühlhaus, 2014, S. 262). Für jede der Facetten der einzelnen Dimensionsausprägungen aus dem Modell der Relevanzbegründungen müssen also bei der Entwicklung des Messinstruments in der vorliegenden Arbeit Items entwickelt werden, die diese Facetten abfragen (vgl. Abschnitt 7.3.2).

6.3.1.5.3 Validierung der Items

Auf die Formulierung der Items des Messinstruments folgt eine Qualitätsprüfung, in der einerseits analysiert wird, ob die Items unmissverständlich formuliert sind, und andererseits, ob sie valide erfassen, was intendiert wurde (Christophersen & Grape, 2009, S. 111). Rossiter (2002, Abschnitt 2.5.2) schlägt kognitive Interviews als Pre-Tests für Skalenitems vor. Auch für das Messinstrument zu den Relevanzgründen wurden für die vorliegende Arbeit kognitive Interviews durchgeführt (vgl. Abschnitt 7.3.3).

6.3.1.5.4 Prüfung der Kollinearität der Items

Bei Messinstrumenten mit formativen Messmodellannahmen sollte keine Multikollinearität innerhalb der Items vorliegen. Diese Forderung begründet sich daraus, dass eine Multikollinearität im Fall, dass die Gewichte im formativen

Messmodell mit multiplen Regressionsanalysen geschätzt werden, zu einer ungenauen Schätzung der Gewichte führt[11] (Christophersen & Grape, 2009, S. 111;
vgl. auch Diamantopoulos & Winklhofer, 2001; Eberl, 2004; Weiber & Mühlhaus, 2014, Kapitel 12). Obgleich im Fall der vorliegenden Arbeit die Gewichte
nicht geschätzt sondern auf theoretischer Grundlage festgelegt werden, soll im
Sinne einer Güteprüfung des Messinstruments eine Multikollinearität der Items
vermieden werden (vgl. Weiber & Mühlhaus, 2014, S. 262).

   Zur Prüfung der Multikollinearität wird der Variance Inflation Factor (VIF) für
jeden der verwendeten Indikatoren berechnet: Dazu wird für jeden Indikator eine
multiple lineare Regression gerechnet (für Ausführungen zu linearen Regressionen vgl. Abschnitt 6.2.4), in der dieser die abhängige Variable darstellt und alle
anderen Indikatoren als unabhängige Variablen gesetzt werden. Bei der Regression erhält man das Bestimmtheitsmaß R^2. Ist dieses hoch, so bedeutet das, dass
sich die abhängige Variable gut durch das lineare Modell der anderen Indikatoren
ausdrücken lässt, was vermuten lässt, dass sie zu einer oder mehreren der anderen Indikatoren (multi)kollinear ist. Der VIF gibt an, um welchen Faktor sich
die Varianzen der Regressionskoeffizienten vergrößern, wenn die Multikollinearität steigt. Zu seiner Berechnung subtrahiert man R^2 von 1, wodurch man die
Toleranz erhält, aus der man den Kehrwert bildet (Weiber & Mühlhaus, 2014,
S. 262 f.; vgl. auch Backhaus et al., 2016, Kapitel 8):

$$VIF_i = \frac{1}{1 - R_i^2}, i = 1, \ldots, n$$

In der Literatur werden verschiedene VIF-Werte als Cut-Off-Kriterium diskutiert. So legen Diamantopoulos und Winklhofer (2001, S. 272) und Petter et al.
(2007, S. 641) einen Wert von 10 als Cut-Off-Kriterium fest[12], Diamantopoulos
und Riefler (2008, S. 1193) einen Wert von 5 und Weiber und Mühlhaus (2014,
S. 263) sogar einen Wert von 3. In der vorliegenden Arbeit wird der besonders konservativen Variante mit einem VIF-Wert von 3 als Cut-Off-Wert und
zusätzlich der Empfehlung nach Diamantopoulos und Riefler (2008, S. 1193)
gefolgt, vor der Elimination von Indikatoren aufgrund von zu hohen VIF-Werten
zu prüfen, dass diese keinen weiteren Inhalt hinzufügen, der nicht bereits durch

---

[11] Bei reflektiven Messmodellen ist Multikollinearität aufgrund der zugrunde liegenden
linearen Regression hingegen nicht problematisch (Christophersen & Grape, 2009, S. 111;
vgl. auch Diamantopoulos & Winklhofer, 2001; Eberl, 2004).
[12] In diesem Fall werden jedoch nur 10 % der Ausgangsvarianz des betrachteten Indikators
nicht von den restlichen Indikatoren aufgeklärt (Weiber & Mühlhaus, 2014, S. 263).

die anderen Indikatoren abgedeckt ist (vgl. Abschnitt 7.3.4). Dies soll bei der Konstruktion des Messinstruments zu den Relevanzgründen in der vorliegenden Arbeit aufgrund der formativen Modellannahme in allen Schritten berücksichtigt werden: Es sollen keine Indikatoren ausgeschlossen werden, deren Inhalt nicht durch die restlichen Indikatoren abgedeckt wird, da sonst das gemessene Konstrukt verändert wird.

6.3.1.5.5 Prüfung der externalen Validität

In Abschnitt 6.3.1.4 wurde bereits beschrieben, dass eine innere Konsistenzprüfung von Messinstrumenten mit formativen Modellannahmen nicht angemessen ist (vgl. auch R. P. Bagozzi, 1994; Christophersen & Grape, 2009; Diamantopoulos & Winklhofer, 2001). Es lässt sich jedoch die externale Validität prüfen, wobei es verschiedene Möglichkeiten gibt, die externale Validität zu messen.

– So kann die externale Validität darüber gemessen werden, dass das durch die eingesetzten Items gemessene Konstrukt in ein weiter gefasstes nomologisches Netzwerk eingebunden wird und die Beziehungen des gemessenen Konstrukts zu anderen Konstrukten, zu denen eine theoretisch begründbare Beziehung angenommen wird, gemessen werden (Diamantopoulos & Winklhofer, 2001, S. 273; vgl. auch Bagozzi, 1994). In diesem Fall ist die externale Validität des Messinstruments belegt, wenn die hypothetisch angenommenen Beziehungen zwischen dem gemessenen Konstrukt und den weiteren Konstrukten sich in der Messung reflektieren (Diamantopoulos & Winklhofer, 2001, S. 273). Für ein solches Vorgehen benötigt man aus Gründen der Identifiziertheit des Modells eine bis mehrere reflektive Variablen im Strukturmodell (Bollen, 1989; zitiert in Helm, 2005, S. 104). Im vorliegenden Fall, in dem ein Messinstrument zu Relevanzgründen entwickelt werden soll, bietet sich dieses Verfahren jedoch nicht an, da das zu untersuchende Konstrukt der Relevanzgründe nicht genügend erforscht ist, als dass man begründete Hypothesen aufstellen könnte, wie es sich in Relation zu anderen Konstrukten verhält.
– Stattdessen bietet sich eine alternative Möglichkeit der Prüfung der externalen Validität an, bei der diese mithilfe eines externalen Kriteriums, also einer von der latenten Variable im Messmodell verschiedenen latenten Variable, überprüft wird. Dazu wird die Korrelation des externalen Kriteriums zu den potenziellen Items des Messinstruments gemessen (Weiber & Mühlhaus, 2014, S. 265; vgl. auch Diamantopoulos & Winklhofer, 2001; Spector, 1992, Kapitel 6). Diamantopoulos und Winklhofer (2001) schlagen vor, dazu "a global item that summarizes the essence of the construct that the index purports

to measure" (S. 272) zu nutzen. Es werden nur diejenigen Items beibehalten, die auf einem zuvor festgelegten Signifikanzniveau mit dem Globalitem korrelieren (Weiber & Mühlhaus, 2014, S. 265)[13]. Für die Entwicklung des Messinstruments zu den Relevanzgründen in der vorliegenden Arbeit wird als externes Kriterium zur Messung der Validität die Gesamteinschätzung zur Relevanz des Mathematikstudiums genutzt (vgl. Abschnitt 7.3.6).

6.3.1.5.6 Indexbildung

Aus den letztlich für das Messinstrument ausgewählten Items wird der Index gebildet. Dieser kann als ungewichteter additiver Index, als multiplikativer und als gewichteter additiver Index (Döring & Bortz, 2016, S. 278; vgl. auch Hildebrandt et al., 2015, Kapitel 3; Schnell et al., 2013, Abschnitt 4.4) festgelegt werden. Wenn angenommen wird, dass alle Indikatoren von gleicher Bedeutung sind, sollte ein ungewichteter additiver Index genutzt werden (Hildebrandt et al., 2015, S. 57; vgl. auch Döring & Bortz, 2016, Kapitel 8). Dieser wird am häufigsten verwendet (Rossiter, 2002, Abschnitt 2.6.1; vgl. auch Schnell et al., 2013, Abschnitt 4.4) und wird auch beim Messinstrument zu den Relevanzgründen genutzt (vgl. Abschnitt 7.3.7).

6.3.1.6 Konstrukte höherer Ordnung

Nach Annahme der vorliegenden Arbeit handelt es sich beim Konstrukt der Relevanzgründe um ein Konstrukt dritter Ordnung (vgl. Abschnitt 3.2.1). Es stellt sich demnach auf drei Ebenen die Frage, ob reflektive oder formative Modellannahmen getroffen werden sollen. So können im Fall von Konstrukten höherer Ordnung innerhalb der verschiedenen Ordnungen verschiedene Messmodelle angenommen werden. Beispielsweise wäre es möglich, dass für die Konstrukte erster Ordnung eine formative Messmodellannahme getroffen wird und die Modellannahme hinter der Beziehung der Konstrukte zweiter Ordnung mit denen erster Ordnung als reflektiv angenommen wird. Es kann aber auch für alle Ordnungen dieselbe Modellannahme getroffen werden (Jarvis et al., 2003, S. 204), wie es in der vorliegenden Arbeit geschieht, in der für alle Ebenen des Konstrukts der Relevanzgründe formative Messmodelle angenommen werden (vgl. Abschnitt 7.2).

---

[13] Insbesondere gilt als ausschlaggebendes Kriterium die statistische Signifikanz und nicht die Höhe der Korrelationen.

6.3.2 Cross-Lagged-Panel Design

Im Rahmen der Forschungsfrage 5 der vorliegenden Arbeit sollen Zusammenhänge zwischen den Relevanzzuschreibungen von Mathematik-lehramtsstudierenden und motivationalen und leistungsbezogenen Merkmalen von ihnen beforscht werden (vgl. Kapitel 5 für die Forschungsfragen). Dabei sollen nicht nur korrelative sondern auch kausale Zusammenhänge in den Blick genommen werden. Im Rahmen von Längsschnittstudien ohne experimentelle Bedingungen lassen sich dazu Cross-Lagged-Panel Designs nutzen. Die Bedingungen, die bei der Beforschung von Kausalität erfüllt sein müssen, werden in Abschnitt 6.3.2.1 aufgezeigt, ehe in Abschnitt 6.3.2.2 die Grundidee von Cross-Lagged-Panel Designs dargestellt wird. Es folgen Weiterentwicklungen der Grundidee (vgl. Abschnitt 6.3.2.3), wobei insbesondere auf die Art des Cross-Lagged-Panel Designs eingegangen wird, die für die vorliegende Arbeit genutzt wurde. Abschließend werden die Grenzen des Cross-Lagged-Panel Designs bei der Beforschung kausaler Zusammenhänge dargestellt (vgl. Abschnitt 6.3.2.4).

6.3.2.1 Voraussetzungen für die Beforschung kausaler Zusammenhänge

Im Bereich der quantitativen Beforschung von Veränderungen ist man meist nicht nur an deskriptiven Ergebnissen interessiert, die darstellen, was sich wie verändert, sondern auch daran, warum diese Veränderungen stattfinden und damit an inferenten Aussagen (Reinders, 2006, S. 570; vgl. auch Clegg et al., 1977). Dazu muss im Forschungsprozess die Kausalität einer unabhängigen auf eine abhängige Variable nachgewiesen werden, was nur möglich ist, wenn

- erstens die Messung der ursächlichen Variable zeitlich vor der Messung der beeinflussten Variable erfolgt,
- zweitens ein nicht zufälliger Zusammenhang zwischen den beiden Variablen nachgewiesen werden kann und
- drittens die Effekte der unabhängigen Variable auf die abhängige statistisch signifikant größer sind als eventuelle andere Effekte (Reinders, 2006, S. 570).

Diese Bedingungen finden Berücksichtigung in der Art, wie Cross-Lagged-Panel Designs angelegt sind. Beim Cross-Lagged-Panel Design handelt es sich um ein bestimmtes Design in Längsschnittstudien, welches eine Alternative zu Prä-Post-Experimenten zur Untersuchung von Kausalitäten darstellt (Reinders, 2006, S. 580; vgl. auch Clegg et al., 1977). Insbesondere kann das Cross-Lagged-Panel Design im Gegensatz zu Experimenten auch dann angewandt werden, wenn als

unabhängige Variablen nicht manipulierbare Variablen genutzt werden sollen oder
wenn ethische Gründe eine Manipulation ausschließen (Kenny, 1975, S. 888). Das
Cross-Lagged-Panel Design geht nach Angabe von Reinders (2006, S. 571) und
Clegg et al. (1977, S. 179) zurück auf Lazarsfeld (1940, 1948), wobei sich die
angewendeten statistischen Methoden seitdem verändert haben.

6.3.2.2 Grundidee des Cross-Lagged-Panel Designs

Das Grundprinzip des am häufigsten verwendeten Designs, welches auch als two-
wave, two-variable panel (2W2V) Design bekannt ist (Locascio, 1982, S. 1024)
(vgl. Abbildung 6.8) betrachtet zu zwei Variablen A und B, welche zu zwei
Messzeitpunkten $t1$ und $t2$ gemessen wurden, deren Autokorrelationen, den mittleren Zusammenhang zwischen den beiden Variablen zu beiden Messzeitpunkten
und die Kreuzkorrelationen (Clegg et al., 1977, S. 179; vgl. auch Locascio, 1982;
Reinders, 2006)[14]. Die mittleren Zusammenhänge zwischen den beiden Variablen
sollten zu beiden Messzeitpunkten in etwa gleich groß sein und können positiv
oder negativ ausfallen (Clegg et al., 1977, S. 179).

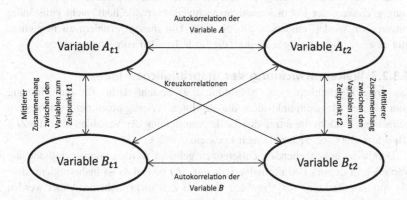

Abbildung 6.8 Cross-Lagged-Panel Design im 2W2V-Design

Im Mittelpunkt des Cross-Lagged-Panel Designs stehen die Kreuzkorrelationen und ihr Verhältnis zueinander. Während die Autokorrelationen die mittlere
intraindividuelle Stabilität der jeweiligen Variable über die Zeit messen, lassen
sich die Kreuzkorrelationen als Maß für den kausalen Zusammenhang auslegen

---

[14] Das Modell kann unter Nutzung bivariater Korrelationen geprüft werden. Es ist möglich,
das Modell um weitere Variablen oder weitere Messzeitpunkte zu erweitern (Reinders, 2006,
S. 572).

(Reinders, 2006, S. 572; vgl. auch Locascio, 1982). Bei der Auswertung der Ergebnisse bezüglich vorliegender Kausalität unterscheidet man zwei Bedingungen, wobei die maximale Bedingung besagt, dass die beiden Kreuzpfade sich statistisch signifikant voneinander unterscheiden, während die minimale Bedingung besagt, dass nur einer der beiden Kreuzpfade statistisch signifikant ausfällt und der andere nicht (Reinders, 2006, S. 572).

Durch das 2W2V Design wird den oben genannten Bedingungen für Kausalität größtenteils Rechnung getragen und es werden zwei konkurrierende Hypothesen (A verursacht B; B verursacht A) getestet (Reinders, 2006, S. 572). Gerade die Möglichkeit des Ausschließens einer Hypothese gegenüber einer konträren Hypothese macht das Cross-Lagged-Panel Design zu einem starken Hilfsmittel (Clegg et al., 1977, S. 180 f.). Allerdings birgt das 2W2V Modell ein Problem in sich, denn es kann zwar das Grundprinzip des Cross-Lagged-Panel Designs verdeutlichen, doch es ist für Kausalitätsuntersuchungen noch nicht optimal geeignet. So wird in diesem Modell der mittlere Zusammenhang der beiden Variablen über die Zeit betrachtet und nicht der Zusammenhang zwischen der Veränderung der einen Variable mit der Ausprägung der anderen. Das bedeutet jedoch, dass dem Wirkungsgedanken, der jedem Kausalitätsnachweis zugrunde liegt, nicht vollständig entsprochen wird (Reinders, 2006, S. 573). Um diesem Problem zu begegnen, gibt es zwei Lösungsmöglichkeiten, die im Folgenden vorgestellt werden.

6.3.2.3 Weiterentwicklung der ursprünglichen Idee

Die erste Möglichkeit (vgl. Abbildung 6.9) besteht darin, für die Messung zum zweiten Messzeitpunkt nicht die absoluten Ausprägungen der Variablen zu betrachten, sondern die intraindividuelle Abweichung der Variablen über die Zeit (Reinders, 2006, S. 573; vgl. auch Locascio, 1982;).

Damit die entsprechenden Differenzen gebildet werden können, müssen die Variablen in diesem Fall normalverteilt sein. Zu bedenken ist insbesondere, dass die Autokorrelationen der Variablen über die Zeit nicht mehr berechnet werden können und der Pfad, der im 2W2V Modell den mittleren Zusammenhang zwischen beiden Variablen zum zweiten Messzeitpunkt beschrieb, in diesem Fall die Kovariation der Veränderungen der beiden Variablen darstellt. Die Prüfung des entsprechend abgewandelten Modells ist mit Partialkorrelationen, regressionsanalytischen Verfahren oder Strukturgleichungsmodellen möglich (Reinders, 2006, S. 573).

Die zweite Möglichkeit besteht in der Herauspartialisierung des Einflusses der Autokorrelation (vgl. Abbildung 6.10), wobei diese Möglichkeit gerade diejenige darstellt, die in der vorliegenden Arbeit genutzt wird (vgl. Abschnitt 11.6).

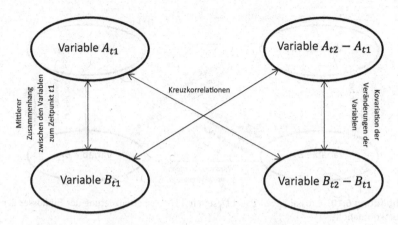

Abbildung 6.9 Cross-Lagged-Panel Design mit Differenzwerten

In diesem Fall wird zunächst der Einfluss der Variable *A* zum ersten Messzeitpunkt auf die Variable *A* zum zweiten Messzeitpunkt berechnet und dann nur
die verbleibende Varianz der Variable *A* zum zweiten Messzeitpunkt als Verän-
derungsvarianz inklusive eines Messfehlers gedeutet. Nun wird überprüft, ob die
Variable *B* zum ersten Messzeitpunkt mit dieser Restvarianz kovariiert. Sollte dies
der Fall sein, so kann die Veränderung der Variable *A* über die Zeit zurückgeführt
werden auf die Ausprägung der anderen Variablen zum ersten Messzeitpunkt.
Bei der Interpretation der Ergebnisse in einem entsprechenden Modell, welches
sich mit Partialkorrelationen, multiplen Regressionen oder Strukturgleichungsmodellen überprüfen lässt, ist zu bedenken, dass der Einfluss, den die zweite
Variable haben kann, sinkt, wenn die Autokorrelation in der ersten Variable
wächst (Reinders, 2006, S. 573 f.).

6.3.2.4 Grenzen des Cross-Lagged-Panel Designs

Bei allen Auswertungsschritten von Daten aus Cross-Lagged-Panel Designs ist
zu beachten, dass es sich bei Aussagen zu möglichen kausalen Zusammenhängen zwischen den beforschten Merkmalen generell nur um Hypothesen handelt.
Kausale Zusammenhänge nachzuweisen gestaltet sich in jedem Fall als schwierig. Studien mit randomisierten Zuordnungen zu einer Test- und Kontrollgruppe
und mit Kontrolle von Drittvariablen sind hier noch etwas aussagekräftiger, doch
wenn diese nicht durchgeführt werden können, bietet das Cross-Lagged-Panel

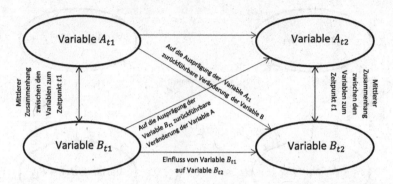

Abbildung 6.10 Cross-Lagged-Panel Design mit Herauspartialisierung des Einflusses der Autokorrelation

Design noch eine der besten Möglichkeiten, um Hinweise zu generieren, an welchen Stellen kausale Zusammenhänge vorliegen könnten.

Eine weitere Einschränkung des Cross-Lagged-Panel Designs besteht darin, dass es sich bei den untersuchten Merkmalen nicht um Konstanten handeln kann, da eine Veränderung über die Zeit vorhergesagt werden soll (Reinders, 2006, S. 575; vgl. auch Clegg et al., 1977; Pelz, 1968). In der vorliegenden Arbeit sollen kausale Zusammenhänge zwischen Relevanzzuschreibungen, Interesse, Selbstwirksamkeitserwartung und Leistungen beforscht werden, wobei es sich bei allen Merkmalen um veränderliche Merkmale handelt, so dass diese Einschränkung hier keine Problematik darstellt.

Notwendig, damit überhaupt Schlüsse aus dem Cross-Lagged-Panel Design gezogen werden können, ist, dass die Messfehler jedes Merkmals zu jedem Messzeitpunkt gering ausfallen und zufällig verteilt sind, da andernfalls nicht von reliablen Messungen ausgegangen werden kann (Reinders, 2006, S. 576; vgl. auch Clegg et al., 1977). Im Cross-Lagged-Panel Design wird die Annahme gemacht, dass das gleiche Modell für alle beobachteten Subjekte gilt und dass das gleiche Modell über den gesamten Zeitraum zwischen den Erhebungen gilt (Clegg et al., 1977, S. 182). Inwiefern dies tatsächlich zutrifft, kann im Rahmen der vorliegenden Arbeit nicht überprüft werden und stellt einen Ausgangspunkt für die Diskussion in Abschnitt 12.1.3 dar.

Es ist beim Cross-Lagged-Panel Design zu beachten, dass nur Aussagen über mögliche kausale Zusammenhänge innerhalb des betrachteten Zeitraums zwischen den beiden Messzeitpunkten getroffen werden können (Clegg et al., 1977,

S. 182; vgl. auch Reinders, 2006). Wenn begründete Annahmen bestehen, in welchem Zeitfenster von Kausalitäten auszugehen ist, dann sollte demnach dieses Zeitfenster für das Cross-Lagged-Panel Design gewählt werden und die Begründungen sollten angegeben werden (Reinders, 2006, S. 574). Für die vorliegende Arbeit, in der die Relevanzzuschreibungen der Mathematiklehramtsstudierenden explorativ beforscht werden und dabei ein Konstrukt in den Blick genommen wird, das erst in dieser Arbeit definiert wird, kann jedoch keine begründete Annahme über ein entsprechendes Zeitfenster gemacht werden. Die Durchführung der Cross-Lagged-Panel Designs soll in diesem Fall explorieren, ob in dem beforschten Zeitraum kausale Zusammenhänge angenommen werden können.

Weiterhin ist bei Cross-Lagged-Panel Designs zu beachten, dass im Fall der reziproken Beeinflussung zwischen beiden betrachteten Variablen die jeweiligen zeitlichen Verschiebungen unterschiedlich lang sein können, so dass die Möglichkeit besteht, dass das Zeitintervall zwischen den Messungen nur auf einen kausalen Zusammenhang in der einen Richtung hindeutet, aber für den zweiten kausalen Zusammenhang zu kurz gewählt wurde (Clegg et al., 1977, S. 182). Diese Möglichkeit wird für die Cross-Lagged-Panel Designs der vorliegenden Arbeit in Abschnitt 12.1.3 diskutiert.

Mithilfe eines Cross-Lagged-Panel Designs kann darüber hinaus nicht in jedem Fall ausgeschlossen werden, dass eine dritte Variable die Kovarianz in den untersuchten Variablen verursacht (Reinders, 2006, S. 575; vgl. auch Kenny, 1975). Kenny (1975, S. 889 f.) nennt jedoch zwei Annahmen, unter denen die Möglichkeit des Einflusses einer dritten Variable ausgeschlossen werden kann, welche er als „synchronicity" und „stationarity" bezeichnet (vgl. auch Tyagi & Singh, 2014). Dabei beschreibt synchronicity, dass die beiden Konstrukte zum selben Zeitpunkt gemessen werden (Kenny, 1975, S. 889) und stationarity beschreibt, dass die kausalen Begründungsketten hinter den Variablen sich über die Zeit nicht verändern (Tyagi & Singh, 2014, S. 46). In der vorliegenden Arbeit werden alle Variablen zu den gleichen zwei Zeitpunkten gemessen, so dass von synchronicity ausgegangen werden kann. Ob stationarity vorliegt, kann empirisch im Rahmen der vorliegenden Arbeit jedoch nicht überprüft werden und muss bei der Diskussion der Ergebnisse bedacht werden (vgl. Abschnitt 12.1.3).

Nachdem nun auch die Methoden und Designs vorgestellt wurden, die in der vorliegenden Arbeit zur Beantwortung der Forschungsfragen Anwendung finden, wird im folgenden Kapitel 7 beschrieben, wie das Messinstrument zu den Relevanzgründen entwickelt wurde.

Entwicklung des Instruments zu den Relevanzgründen

7

Im Folgenden wird zunächst begründet, warum für das Konstrukt der Relevanzgründe, für welches in dieser Arbeit ein Modell entwickelt wurde (vgl. Abschnitt 3.1, 3.2), ein neues Messinstrument entwickelt werden sollte (vgl. Abschnitt 7.1). Für dieses Messinstrument musste vor der eigentlichen Entwicklung entschieden werden, ob formative oder reflektive Messmodellannahmen getroffen werden sollten (zu der Unterscheidung von formativen und reflektiven Messmodellannahmen vgl. Abschnitt 6.3.1). Aufgrund der Konzeptualisierung des Konstrukts der Relevanzgründe fiel die Entscheidung auf formative Messmodellannahmen (vgl. Abschnitt 7.2). Der Entwicklungsprozess des Messinstruments wird in Abschnitt 7.3 beschrieben.

7.1 Begründung der Instrumentenentwicklung

In der vorliegenden Arbeit wurde ein Modell neu entwickelt, mit dem mögliche Relevanzgründe für Mathematiklehramtsstudierende beschrieben und kategorisiert werden können (vgl. Abschnitt 3.2) wobei das darin beschriebene Konstrukt der Relevanzgründe mit dem Wertkonstrukt der Expectancy-Value Theorie assoziiert ist (vgl. Abschnitt 3.3.3.2). Da es sich um ein neu entwickeltes Modell handelt, existiert bisher kein passendes Messinstrument, mit dem das Konstrukt der Relevanzgründe entsprechend seiner Modellierung quantitativ beforscht werden kann. Zwar existieren zum Wertkonstrukt der Expectancy-Value Theorie bereits Messinstrumente, für die aufgrund der Assoziation des Konstrukts der Relevanzgründe mit dem Wertkonstrukt angenommen werden könnte, dass diese genutzt werden könnten, doch diese sind sehr spezifisch auf die Dreiteilung des

C. Büdenbender-Kuklinski, *Die Relevanz ihres Mathematikstudiums aus Sicht von Lehramtsstudierenden*, Studien zur Hochschuldidaktik und zum Lehren und Lernen mit digitalen Medien in der Mathematik und in der Statistik, https://doi.org/10.1007/978-3-658-35844-0_7

Wertkonstrukts, gegebenenfalls unter Hinzunahme des Kostenkonstrukts, zugeschnitten (zu den verschiedenen Wertkomponenten und der teils angenommenen Kostenkomponente in der Expectancy-Value Theorie vgl. Abschnitt 3.3.3.1). Beispielsweise wurde das „Mathematics Value Inventory for General Education Students" entwickelt, um den Wert von Mathematik in den vier Dimensionen des intrinsic value, utility value, attainment value und cost bei SchülerInnen zu messen (Luttrell et al., 2010). Dabei wird getestet, ob die Mathematik für die Befragten interessant ist, ob die Befragten einen Nutzen in der Mathematik erkennen, ob es ihnen wichtig ist gute Leistungen im Fach Mathematik zu erbringen und ob negative Gefühle bei ihnen mit dem Mathematikunterricht verbunden sind. Da in Abschnitt 3.3.3.2 gezeigt wurde, dass die Wertkomponenten aus der Expectancy-Value Theorie sich nicht deckungsgleich zu den Dimensionsausprägungen aus dem Modell der Relevanzbegründungen verhalten, ist der Fokus solcher Messinstrumente damit insbesondere anders gelagert als der für das Messinstrument zu den Relevanzgründen gewünschte.

Zur Messung des in dieser Arbeit herausgearbeiteten Konstrukts zu den möglichen Relevanzgründen des Mathematikstudiums für Lehramtsstudierende soll ein spezifisch dem Modell der Relevanzbegründungen angepasstes Messinstrument entwickelt werden. So lautet das Forschungsanliegen 0 dieser Arbeit, welches den weiteren Forschungsfragen vorgeschaltet ist, dass ein Instrument entwickelt werden soll, mit dem sich messen lässt, als wie wichtig die Mathematiklehramtsstudierenden die Relevanzgründe aus dem Modell der Relevanzbegründungen für ihr Mathematikstudium einschätzen (vgl. Kapitel 5)

7.2 Begründung der Annahme von formativen Messmodellen

Da das Konstrukt der Relevanzgründe mit einem Modell dritter Ordnung konzeptualisiert wurde (vgl. Abschnitt 3.2.1) musste auf drei verschiedenen Ebenen eine Entscheidung für reflektive oder formative Messmodellannahmen getroffen werden. Es musste eine Messmodellannahme für die Messung der Dimensionsausprägungen über einzelne Indikatoren getroffen werden (vgl. Abschnitt 7.2.1), für die Messung der Dimensionen über die Dimensionsausprägungen (vgl. Abschnitt 7.2.2) und für die Messung des Gesamtkonstrukts der Relevanzgründe über die Dimensionen (vgl. Abschnitt 7.2.3).

7.2.1 Messmodellannahmen für die einzelnen Dimensionsausprägungen

Zunächst musste eine Entscheidung über das Messmodell jeder der einzelnen Dimensionsausprägungen (individuell-intrinsisch, individuell-extrinsisch, gesell-schaftlich/ beruflich-intrinsisch, gesellschaftlich/ beruflich-extrinsisch) getroffen werden. Die Messung der einzelnen Dimensionsausprägungen sollte in dem Messinstrument über Indikatoren geschehen, in denen Konsequenzen formu-liert sind, welche der jeweiligen Dimensionsausprägung zuzuordnen sind, wobei sich die Dimensionsausprägung nach Annahme aus der Gesamtheit der in den Indikatoren formulierten Konsequenzen ergibt.

– Die in den Indikatoren formulierten Konsequenzen sollten dabei möglichst wenig abstrakt formuliert werden und unterschiedliche Teilfacetten der Dimen-sionsausprägungen abdecken. Sie bilden damit in ihrer Gesamtheit ein mehr-dimensionales Konstrukt. Reflektive Messmodellannahmen setzen jedoch eine Eindimensionalität des Konstrukts voraus (vgl. Abschnitt 6.3.1.1).
– Durch die verschiedenen Indikatoren werden unterschiedliche Facetten der Dimensionsausprägungen abgedeckt, so dass diese nicht untereinander aus-tauschbar sind und kein Indikator weggelassen werden kann, ohne dass sich das Gesamtkonstrukt verändert. Während bei reflektiven Modellannahmen die Indikatoren austauschbar sind und weggelassen werden können, ohne das gemessene Konstrukt zu verändern (vgl. Abschnitt 6.3.1.1) gilt beides bei formativen Messmodellannahmen nicht (vgl. Abschnitt 6.3.1.2).
– Auch die Annahme, dass sich die Dimensionsausprägungen erst aus der Gesamtheit der Indikatoren ergeben, ist nur mit einer formativen Modellan-nahme vereinbar (vgl. Abschnitt 6.3.1.2).

Somit fiel die Entscheidung insgesamt darauf, die Dimensionsausprägungen auf Grundlage eines formativen Messmodells zu messen.

7.2.2 Messmodellannahmen für die Dimensionen

Nach Annahme bilden die Dimensionsausprägungen individuell-intrinsisch und individuell-extrinsisch in der nächsthöheren Ebene des theoretischen Modells die individuelle Dimension der Relevanzgründe und die gesellschaftlich/ beruflich-intrinsische und gesellschaftlich/ beruflich-extrinsische Dimensionsausprägung bilden die gesellschaftlich/ berufliche Dimension (vgl. Abschnitt 3.2.1). Dabei werden die Dimensionsausprägungen als kausale Verursacher der Dimensionen angenommen, was den Annahmen formativer Messmodelle entspricht (vgl. Abschnitt 6.3.1.2). Wenn Studierende beispielsweise Relevanz zuschreiben aus Gründen auf der individuell-extrinsischen Dimensionsausprägung, dann schreiben sie nach Modellannahme auch Gründe auf der individuellen Dimension zu. Umgekehrt kann man aus der Kenntnis, dass Relevanz aus Gründen der individuellen Dimension zugeschrieben wird, noch nicht schließen, ob individuell-extrinsische oder individuell-intrinsische Gründe für die Relevanzzuschreibung genutzt werden. Auch für die Messung der Dimensionen auf Grundlage der Dimensionsausprägungen werden dementsprechend formative Messmodellannahmen getroffen.

7.2.3 Messmodellannahme für das Gesamtkonstrukt der Relevanzgründe

Zuletzt wird angenommen, dass sich das Gesamtkonstrukt der Relevanzgründe für Lehramtsstudierende bezüglich des Mathematikstudiums als ein Konstrukt bestehend aus der individuellen und der gesellschaftlich/ beruflichen Dimension ergibt (vgl. Abschnitt 3.2.1) Auch hier wird angenommen, dass die Kausalität von den Dimensionen zum Gesamtkonstrukt der Relevanzgründe verläuft und somit eine Annahme getroffen, die nur mit formativen Messmodellen zu vereinbaren ist (vgl. Abschnitt 6.3.1.2). Wenn auf einer Dimension Relevanzgründe gesehen werden, dann liegen auch insgesamt Relevanzgründe vor. Umgekehrt kann aus dem Vorliegen von Relevanzgründen nicht auf Ausprägungen der einzelnen Dimensionen geschlossen werden. Dementsprechend wird auch für die Messung der Relevanzgründe aus den Dimensionen eine formative Messmodellannahme getroffen.

Insgesamt ergibt sich das in Abbildung 7.1 dargestellte Messmodell für das Messinstrument zu den Relevanzgründen. Das Instrument, das zur Messung der Relevanzgründe entwickelt wurde, sollte demnach formative Indikatoren enthalten, die die vier Dimensionsausprägungen der individuell-intrinsischen, individuell-extrinsischen, gesellschaftlich/ beruflich-intrinsischen und gesellschaftlich/ beruflich-extrinsischen Relevanzgründe messen. Der Prozess der Entwicklung wird im Folgenden beschrieben.

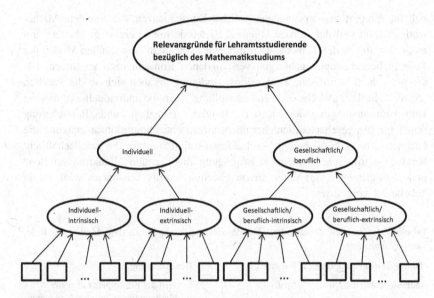

Abbildung 7.1 Messmodell zu den Relevanzgründen aus Sicht von Lehramtsstudierenden bezüglich des Mathematikstudiums

7.3 Prozess der Entwicklung des Messinstruments zu den Relevanzgründen

Bei der Entwicklung des Messinstruments wurden die einzelnen in Abschnitt 6.3.1.5 beschriebenen Schritte der Entwicklung von Messinstrumenten mit formativen Modellannahmen durchlaufen.

7.3.1 Definition des Konstrukts

Zunächst musste das Konstrukt möglichst in all seinen Facetten definiert werden (vgl. Abschnitt 6.3.1.5.1) Die grobe Definition des Konstrukts der Relevanzgründe findet sich in Abschnitt 3.2.1 dieser Arbeit. Die Facetten wurden entsprechend der Definition des Konstrukts der Relevanzgründe im vorliegenden

Fall interpretiert als verschiedene positive Konsequenzen, die mit dem Mathematikstudium verfolgt werden könnten. Es wurde mit Literatur gearbeitet[1], um möglichst alle zu den Dimensionsausprägungen aus dem entwickelten Modell der Relevanzbegründungen gehörigen verschiedenen Konsequenzen zu finden. Für die individuell-intrinsische Dimensionsausprägung ergaben sich so die Facetten „Spaß", „Stolz", „Wachstum" und „Erfüllung", für die individuell-extrinsische Dimensionsausprägung die Facetten „Standards einhalten" und „Bereicherung sein", für die gesellschaftlich/ beruflich-intrinsische Dimensionsausprägung die Facetten „Freude", „Sicherheit" und „Identifikation" und für die gesellschaftlich/ beruflich-extrinsische Dimensionsausprägung die Facetten „Funktion erfüllen" und „Kompetenz". Was unter diesen Facetten jeweils verstanden wird, ist in Tabelle 7.1 aufgelistet.

Tabelle 7.1 Facetten der einzelnen Dimensionsausprägungen aus dem Modell der Relevanzbegründungen

Dimensionsausprägung	Facette	Beschreibung
individuell-intrinsisch	Spaß	Es wird die Konsequenz angestrebt, im Mathematikstudium Spaß zu haben (an den Inhalten; an der Herausforderung; …).
	Stolz	Es wird die Konsequenz angestrebt, sich im Mathematikstudium stolz zu fühlen (weil man an den Aufgaben wächst; weil man die Aufgaben entsprechend der Anforderungen an sich selbst erfüllen kann; …).
	Wachstum	Es wird die Konsequenz angestrebt, sich im Mathematikstudium weiterzuentwickeln (durch die Aneignung neuer Kompetenzen; durch neue Sichtweisen auf die Mathematik; …).
	Erfüllung	Es wird die Konsequenz angestrebt, sich im Mathematikstudium erfüllt zu fühlen (durch das Ausleben eigener Interessen; durch ein Gefühl der Selbstwirksamkeit bei der Aufgabenbearbeitung; …).

(Fortsetzung)

---

[1] Die berücksichtigte Literatur findet sich im Wesentlichen in Abschnitt 4.1.

Tabelle 7.1 (Fortsetzung)

Dimensionsausprägung	Facette	Beschreibung
individuell-extrinsisch	Standards einhalten	Es wird die Konsequenz angestrebt, im Mathematikstudium den von Anderen gesetzten Standards zu genügen.
	Bereicherung sein	Es wird die Konsequenz angestrebt, im Mathematikstudium Kompetenzen zu erwerben, um für die eigene Umwelt eine Bereicherung zu sein.
gesellschaftlich/ beruflich-intrinsisch	Freude	Es wird die Konsequenz angestrebt, im Mathematikstudium eine Freude am Beruf der Lehrkraft zu entwickeln.
	Sicherheit	Es wird die Konsequenz angestrebt, im Mathematikstudium eine Sicherheit darin zu entwickeln, als Lehrkraft zu agieren.
	Identifikation	Es wird die Konsequenz angestrebt, im Mathematikstudium eine Identifikation mit dem Beruf der Lehrkraft zu entwickeln.
gesellschaftlich/ beruflich-extrinsisch	Funktion erfüllen	Es wird die Konsequenz angestrebt, im Mathematikstudium zu lernen, wie die von der Gesellschaft gestellten Forderungen an eine Lehrkraft erfüllt werden können.
	Kompetenz	Es wird die Konsequenz angestrebt, im Mathematikstudium Kompetenz im Unterrichten und im Umgang mit Aspekten der schulischen Mathematiklehre zu erlangen.

Zusätzlich zu der betriebenen Literaturrecherche, mit der Facetten der Dimensionsausprägungen erarbeitet wurden, wurde ein offenes Item in der Vorstudie eingesetzt, mit welchem im Sinne einer qualitativen Befragung weitere Relevanzgründe aus Sicht von Lehramtsstudierenden für ihr Mathematikstudium extrahiert werden sollten. Tatsächlich ergab sich jedoch bei der Auswertung des qualitativen Items kein Zuwachs gegenüber dem bereits aus der Literatur gewonnenen Kenntnisstand (für die Auswertung des qualitativen Items in der Vorstudie vgl. Kapitel 8).

7.3.2 Formulierung von Items

Zu allen auf Grundlage der Literaturrecherche gefundenen Facetten wurden im nächsten Schritt Items formuliert, um der in Abschnitt 6.3.1.5.2 beschriebenen Notwendigkeit, dass bei Messinstrumenten mit formativen Modellannahmen Items so zu formulieren sind, dass alle relevanten Teile des Konstrukts abgedeckt sind, zu entsprechen. So wurden zunächst 33 Items (7 Items individuell-intrinsisch, 7 Items individuell-extrinsisch, 10 Items gesellschaftlich/ beruflich-intrinsisch, 9 Items gesellschaftlich/ beruflich-extrinsisch) entwickelt mit dem Vorsatz, aus diesen einen geeigneten Satz auszuwählen, bei dem dann jede Dimensionsausprägung durch die gleiche Anzahl an Items repräsentiert werden sollte. Diesem Vorsatz liegt die Festlegung im Modell zugrunde, dass alle Dimensionsausprägungen das gleiche Gewicht im Gesamtmodell haben (vgl. Abschnitt 3.2.1). Aufgrund der Entscheidung, das Messinstrument nicht nur theoretisch sondern auch empirisch, beispielsweise auf Grundlage der gemessenen Kollinearität zwischen Items (vgl. Abschnitt 6.3.1.5.4), zu prüfen, wurden diese 33 Items in den Befragungen alle eingesetzt. Zur Entwicklung des Messinstruments wurde dann, neben theoretischen Überlegungen, auch mit den Daten aus den beiden Erhebungen gearbeitet. Insbesondere wurden teils Items eingesetzt, die die gleichen Facetten mit etwas verschiedenem Wortlaut abfragten. Dabei war die Intention, im endgültigen Modell aus solchen Dopplungen nur diejenige Formulierung einzubeziehen, für die sich bessere empirische Eigenschaften zeigten.

7.3.3 Kognitive Validierung der Items

Entsprechend des dritten Schritts bei der Entwicklung von Messinstrumenten mit formativen Modellannahmen (vgl. Abschnitt 6.3.1.5.3) wurden zur Überprüfung der Validität der Indikatoren für die vorliegende Arbeit im Rahmen von zwei Bachelorarbeiten (Ehlert & Läbe, 2019; Klopsch & Weis, 2020) kognitive Validierungsstudien (zur Methode der kognitiven Validierung vgl. Abschnitt 6.2.1) durchgeführt. Im Rahmen jeder der zwei Bachelorarbeiten wurden zehn Mathematiklehramtsstudierende (für die Empfehlungen zur Zahl der Befragten vgl. Abschnitt 6.2.1.1) an ihrem Studienbeginn befragt, wie sie jedes einzelne Item verstanden, was das Item also ihrer Meinung nach erfragen wollte, welche Antwortmöglichkeit sie für sich wählen würden und warum sie sich für diese Antwort entschieden. Die je zwei CodiererInnen codierten die Antworten aller zehn befragten Studierenden dann unabhängig voneinander bezüglich drei Kategorien dichotom in kongruent (1) oder inkongruent (0). Diese Kategorien sind die Iteminterpretation (item interpretation), die beschreibt, ob die Interpretation der Frage zur Beschreibung des Items passt, die schlüssige Darstellung (coherent elaboration), die beschreibt, ob die vom Probanden vorgebrachten Erklärungen und formulierten Erinnerungen zum Item passen, und die kongruente Antwortauswahl (congruent answer choice), die beschreibt, ob der von dem Probanden angegebene Wert zu seiner Erklärung passt. Die Codierungen wurden jeweils bezüglich der zehn Interviewten und der beiden CodiererInnen gemittelt, um Rückschlüsse zur Validität ziehen zu können. Das Item gilt als valide, wenn der Mittelwert über alle drei Kategorien für das Item bei mindestens ,67 liegt (zur Auswertung kognitiver Interviews vgl. Abschnitt 6.2.1.3), wobei in der vorliegenden Arbeit auch überprüft wurde, ob der Mittelwert für jede der Kategorien bei mindestens ,67 lag. Als Maß der Reliabilität der Codierungen wurde für alle drei Kategorien getrennt voneinander, sowie für das Mittel über alle Kategorien, Cohens Kappa berechnet (zur Berechnung der Interraterreliabilität vgl. Abschnitt 6.2.1.4).

7.3.3.1 Validierung der Items zu den individuellen Relevanzgründen

Für die Items zu den individuellen Relevanzgründen ergab sich zunächst im Rahmen der Bachelorarbeit für 10 der 14 Items eine valide Iteminterpretation, für 12 der 14 Items eine schlüssige Darstellung und für alle Items eine kongruente Antwortwahl (Ehlert & Läbe, 2019, S. 97), wobei sich im Theorieteil der Bachelorarbeit zeigte, dass die Codiererinnen bei zwei Items eine falsche Definition zugrunde gelegt hatten. Diese mussten deshalb zunächst nachcodiert werden. Nach der Nachcodierung zeigte sich lediglich bei zwei der Items zur individuellen Dimension im Rahmen der Iteminterpretation keine ausreichende Validität (vgl. Tabelle 7.2), so dass diese insbesondere einer weiteren Analyse bedurften, ob sie ausgeschlossen werden sollten (vgl. die Ausführungen in Abschnitt 6.3.1.5.4, dass vor der Elimination von Indikatoren zu prüfen ist, dass diese keinen weiteren Inhalt hinzufügen, der nicht bereits durch die anderen Indikatoren abgedeckt ist).

Im Rahmen der Bachelorarbeit ergaben sich Cohens Kappa Werte von $\kappa = ,76$ für die Iteminterpretation, $\kappa = ,64$ für die kohärente Elaboration, $\kappa = ,59$ für die kongruente Antwortwahl und $\kappa = ,69$ für die Gesamtreliabilität (Ehlert & Läbe, 2019, S. 98 f.). Da in der vorliegenden Arbeit ein Wert ab $\kappa = ,4$ als ausreichend angenommen wird (vgl. Abschnitt 6.2.1.4), kann demnach von einer reliablen Messung ausgegangen werden.

Tabelle 7.2 Validität der Items zur individuellen Dimension laut den kognitiven Interviews

Item	Iteminterpretation	Schlüssige Darstellung	Kongruente Antwortwahl	Mittelwert	Valide
IndiIn1	1	1	,95	,98	✓
IndiEx5	,75	,7	,75	,73	✓
IndiIn7	,85	,75	1	,87	✓
IndiEx6	,8	,75	,7	,75	✓
IndiEx7	,8	,85	,95	,87	✓
IndiIn6	,7	,7	,75	,72	✓
IndiEx3*	,7	,75	,75	,73	✓
IndiIn5	,95	,9	,9	,92	✓
IndiEx2*	,9	,9	,9	,9	✓
IndiIn4	,5	,7	,85	,68	(✓)
IndiEx4	,5	,65	,9	,68	(✓)
IndiIn2	,95	1	,9	,95	✓
IndiIn3	,9	,8	,9	,87	✓
IndiEx1	,75	,8	,85	,8	✓

* Die Items IndiEx2 und IndiEx3 mussten nachcodiert werden

7.3.3.2 Validierung der Items zu den gesellschaftlich/ beruflichen Relevanzgründen

Für die Items zu den gesellschaftlich/ beruflichen Relevanzgründen ergab sich für alle Items im Rahmen der Bachelorarbeit eine valide Iteminterpretation und eine kongruente Antwortwahl, lediglich bei einem Item deutete die Codierung nicht auf eine schlüssige Darstellung hin (Klopsch & Weis, 2020, S. 55, vgl. auch Tabelle 7.3). Dieses Item GBEx9 musste bei der weiteren Analyse besonders geprüft werden und sollte ausgeschlossen werden, wenn dies auch inhaltlich gerechtfertigt ist und dadurch nicht ein Teil des zugrunde liegenden Konstrukts außer Acht gelassen wird (vgl. Abschnitt 6.3.1.5.4).

Bei der Berechnung von Cohens Kappa ergab sich im Rahmen der Bachelorarbeit zur Validitätsprüfung der gesellschaftlich/ beruflichen Relevanzgründe ein gewisses Dilemma: So fielen diese für die Iteminterpretation und die schlüssige Darstellung zu niedrig aus. Für die Iteminterpretation ergab sich ein Cohens Kappa von $\kappa = {,}12$, für die schlüssige Darstellung von $\kappa = {,}02$, für die kongruente Antwortwahl von $\kappa = {,}42$ und für die Gesamtreliabilität von $\kappa = {,}19$. Dabei ist jedoch zu beachten, dass diese geringen Kappa Werte dadurch zustande

Tabelle 7.3 Validität der Items zur gesellschaftlich/ beruflichen Dimension laut den kognitiven Interviews

Item	Iteminterpretation	Schlüssige Darstellung	Kongruente Antwortwahl	Mittelwert	Valide
GBIn1	1	1	,95	,98	✓
GBEx1	,9	,9	1	,93	✓
GBIn4	1	,95	1	,98	✓
GBEx8	,95	,85	,85	,88	✓
GBIn7	1	,95	,9	,95	✓
GBEx7	1	,9	1	,97	✓
GBIn5	,95	,95	1	,97	✓
GBEx3	,95	,9	,9	,92	✓
GBEx5	1	1	1	1	✓
GBEx6	1	,95	1	,98	✓
GBIn8	,95	,85	,8	,87	✓
GBEx9	,95	,6	,85	,8	(✓)
GBIn6	1	1	1	1	✓
GBIn9	1	,9	,8	,9	✓
GBEx2	,7	,75	,7	,72	✓
GBIn10	1	1	,8	,93	✓
GBEx4	1	,95	1	,98	✓
GBIn2	1	,9	1	,97	✓
GBIn3	1	,95	,85	,93	✓

kamen, dass die beiden CodiererInnen sich bei fast allen Aspekten einig waren, dass kongruent codiert werden sollte (insgesamt wurde 505 mal von beiden CodiererInnen „kongruent" codiert, 40 mal von beiden „inkongruent" und in 56 Fällen fielen die Urteile unterschiedlich aus, Klopsch & Weis, 2020, S. 56 f.). Bei solchen Verteilungen der Codierungen ist Cohens Kappa als Maß der Reliabilität ungeeignet, was in Abschnitt 12.1.1 diskutiert wird. Cicchetti und Feinstein (1990) schlagen vor, in solchen Fällen die Werte von p_{pos} und p_{neg} mit

$$p_{pos} = \frac{a_{11}}{\left(\frac{a_{11}+a_{12}+a_{11}+a_{21}}{2}\right)} = \frac{2a_{11}}{2a_{11} + a_{12} + a_{21}}$$

und

$$p_{neg} = \frac{a_{22}}{\left(\frac{a_{21}+a_{22}+a_{12}+a_{22}}{2}\right)} = \frac{2a_{22}}{2a_{22} + a_{12} + a_{21}}$$

zu berichten[2], welche die Konsistenz der beiden BeobachterInnen bei „kongruent"- und „inkongruent"-Entscheidungen anzeigen (vgl. Abschnitt 12.1.1 für die Diskussion geeigneter Maßzahlen in Ausgangslagen wie der vorliegenden). Für die Validierungsstudie zu den gesellschaftlich/ beruflichen Items ergeben sich die in Tabelle 7.4 angegebenen Werte, an denen man insbesondere erkennt, dass die RaterInnen bei der Iteminterpretation und der schlüssigen Darstellung sehr viel mehr übereinstimmende „kongruent"-Codierungen als „inkongruent"-Codierungen vorgenommen haben. Die Codierungen wurden deshalb trotz der geringen Kappa-Werte als reliabel eingestuft (für die Diskussion dieser Annahme im Forschungsprozess vgl. 12.1.1).

Tabelle 7.4 Alternative Kennwerte zur Reliabilität der Validierungsstudie zu den gesellschaftlich/ beruflichen Items

	p_{pos}	p_{neg}
Iteminterpretation	,97	,15
Schlüssige Darstellung	,91	,11
Kongruente Antwortwahl	,96	,46
Gesamt	,95	,24

7.3.4 Prüfung der Multikollinearität der Items

Im nächsten Schritt der Entwicklung des Messinstruments wurde die Multikollinearität der Indikatoren überprüft, wozu generell der Variance Inflation

---

[2] Die Bezeichnungen der Variablen beziehen sich auf die in Abschnitt 6.2.1.4 eingeführte Vierfeldertafel (dort Tabelle 6.1):

		RaterIn 2		
	Codierter Wert	1	0	Σ
RaterIn 1	1	a_{11}	a_{12}	$a_{11} + a_{12}$
	0	a_{21}	a_{22}	$a_{21} + a_{22}$
	Σ	$a_{11} + a_{21}$	$a_{12} + a_{22}$	$a_{11} + a_{12} + a_{21} + a_{22} = n$

Factor (VIF) für jeden der verwendeten Indikatoren berechnet wird (vgl. Abschnitt 6.3.1.5.4). Die Prüfung der VIFs wurde für jedes Item innerhalb jeder Dimensionsausprägung durchgeführt, je einmal für die Eingangs- und einmal für die Ausgangsbefragung. Als Cut-Off Wert wurde dabei ein VIF Wert von 3 festgelegt (damit wurde eine als streng einzuschätzende Prüfung durchgeführt, vgl. Abschnitt 6.3.1.5.4). In der ursprünglichen Auswahl der Indikatoren gab es nur zwei Items, die einen $VIF > 3$ hatten (GBIn6 in der Eingangsbefragung, IndiEx4 in der Ausgangsbefragung), wobei je eines für die individuelle und eines für die gesellschaftlich/ berufliche Dimension entwickelt worden war. Dabei ergab sich jedoch in der theoretischen Prüfung, dass das Item GBIn6 (mit einem VIF von 3,09 und damit nur knapp über 3) eine Facette abdeckte, die in den anderen Items nicht wiedergefunden wurde. Dementsprechend wurde beschlossen, das Item trotz des leicht erhöhten VIF beizubehalten (vgl. Abschnitt 6.3.1.5.4). Das Item IndiEx4 war auch schon im Rahmen der Validierungsstudie auffällig geworden und wurde bei der weiteren Indexbildung nicht berücksichtigt, da andere Indikatoren vorhanden waren, die die gleiche Indexfacette abdeckten.

7.3.5 Elimination von inhaltsgleichen Items

Ab diesem Zeitpunkt wurden dementsprechend noch 32 Items weiter überprüft, davon zwei Items (IndiIn4, GBEx9), die im Rahmen der Validierungsstudien auffällig geworden waren. Im folgenden Schritt wurde an den Stellen, an denen derselbe inhaltliche Aspekt durch mehrere Items operationalisiert wurde, nur ein Item pro Facette beibehalten und die anderen Items wurden eliminiert. Es wurden diejenigen Items beibehalten, die im Vergleich zu den anderen Items zum gleichen Aspekt bessere Werte in der kognitiven Validierung und in der Prüfung der Kollinearität erzielt hatten. Auf diese Weise wurden drei Items der individuell-intrinsischen Ausprägung (darunter insbesondere auch IndiIn4), ein Item der individuell-extrinsischen Ausprägung, vier Items der gesellschaftlich/ beruflich-intrinsischen Ausprägung und vier Items der gesellschaftlich/ beruflich-extrinsischen Ausprägung (darunter insbesondere auch GBEx9) ausgeschlossen. Der verbleibende Itempool umfasste 20 Items.

7.3.6 Prüfung der externalen Validität

Im nächsten Schritt der externalen Validierung (vgl. Abschnitt 6.3.1.5.5) wurde die Korrelation zu einem Globalitem überprüft, das in der zweiten Erhebung eingesetzt wurde und die empfundene Relevanz des Mathematikstudiums insgesamt

Tabelle 7.5   Korrelationen der analogen Items zu den Einschätzungen zur Umsetzung mit dem Globalitem

Individuell-intrinsisch		Individuell-extrinsisch		Gesellschaftlich/ beruflich-intrinsisch		Gesellschaftlich/ beruflich-extrinsisch	
IndiIn1_erf	,31**	IndiEx2_erf	,27**	GBIn1_erf	,12	GBEx2_erf	,27**
IndiIn3_erf	,35**	IndiEx3_erf	,4**	GBIn5_erf	,22**	GBEx3_erf	,38**
IndiIn5_erf	,32**	IndiEx5_erf	,33**	GBIn6_erf	,36**	GBEx4_erf	,26**
IndiIn6_erf	,26**	IndiEx6_erf	,12	GBIn7_erf	,18*	GBEx6_erf	,21**
		IndiEx7_erf	,23**	GBIn8_erf	,3**	GBEx8_erf	,2*
				GBIn9_erf	,24**		

Globalitem: „Für wie relevant halten Sie die Gesamtheit ihres Mathematikstudiums?"
*Die Korrelation ist auf dem Niveau von ,05 (2-seitig) signifikant.
**Die Korrelation ist auf dem Niveau von ,01 (2-seitig) signifikant.

abfragte. In diesem Fall wurden jedoch nicht die Items zu den Relevanzgründen selbst genutzt, sondern die Items zu den Einschätzungen zur Umsetzung: Zu jedem der Items zu den Relevanzgründen, die noch im Itempool enthalten waren, wurde das dazugehörige Item der Einschätzung zur Umsetzung eingesetzt, in welchem die einleitende Phrase „Mir ist es in meinem Mathematikstudium wichtig, dass...", ersetzt wurde durch „In meinem Mathematikstudium trifft es zu, dass..." und der restliche Satz identisch war (vgl. Abschnitt 6.1.3.1 zur Operationalisierung der Relevanzgründe und der Einschätzungen zur Umsetzung). Für diese Items zu den Einschätzungen zur Umsetzung wurden die Korrelationen zum Globalitem analysiert. Dahinter stand die Annahme, dass eine hohe Relevanz insgesamt zugeschrieben wird, wenn solche Konsequenzen (welche im Modell gerade die Relevanzgründe darstellen) von den Studierenden aus ihrer Sicht mit dem Mathematikstudium erreicht werden, welche für sie eine Relevanz des Studiums begründen können. Es wurde in diesem Fall ein besonders konservatives statistisches Signifikanzniveau von 1 % festgelegt, um eine möglichst hohe Validität des Messinstruments zu erzielen. Auf diese Weise wurden vier Items ausgeschlossen (vgl. Tabelle 7.5).

7.3.7 Das endgültige Messinstrument

Nach Durchführung aller Entwicklungsschritte ergab sich für das endgültige Messinstrument eine Auswahl von vier Items pro Dimensionsausprägung (vgl. Tabelle 7.6).

Für die Indikatoren wurde die messtheoretische Annahme getroffen, dass sie alle von gleicher Bedeutung sind. Dies reflektiert sich darin, dass die Indikatoren im Messinstrument zu einem ungewichteten additiven Index verrechnet werden (vgl. Abschnitt 6.3.1.5.6 für die theoretischen Hintergründe zur Wahl der Indexberechnung).

Das endgültige Instrument umfasst somit einen Itemkatalog mit 16 Items. Von diesen operationalisieren je vier Stück formativ die vier Dimensionsausprägungen (individuell-intrinsisch, individuell-extrinsisch, gesellschaftlich/ beruflich-intrinsisch, gesellschaftlich/ beruflich-extrinsisch) des in Abschnitt 3.2.1 vorgestellten Modells der Relevanzbegründungen und jedes Item geht mit der gleichen Gewichtung in einen entsprechenden additiven Index ein. Es ist insbesondere zu beachten, dass das Konstrukt gerade durch die eingesetzten Items festgelegt ist[3].

---

[3] Bei der Entwicklung eines Messinstruments mit formativen Modellannahmen wird nicht wie bei der Entwicklung eines Messinstruments mit reflektiver Modellannahme die Operationalisierung für ein feststehendes Konstrukt gesucht. Das endgültige Konstrukt wird hier erst

Tabelle 7.6 Endgültige Auswahl der Items im Messinstrument zu den Relevanzgründen

Dimensionsausprägung	Itemkürzel	Itemtext
		Mir ist es in meinem Mathematikstudium wichtig, dass…
Individuell-intrinsisch	IndiIn1	… ich Spaß habe.
	IndiIn3	… ich darauf vorbereitet werde, meine eigenen Ziele in der Zukunft in die Tat umsetzen zu können.
	IndiIn5	… ich faszinierende Dinge lerne.
	IndiIn6	… ich meine eigenen Höchstleistungen zeigen kann.
Individuell-extrinsisch	IndiEx2	… ich die von anderen an mich gestellten Erwartungen erfülle.
	IndiEx3	… ich so gute Leistungen vollbringe, wie sie von mir erwartet werden.
	IndiEx5	… ich die nötigen Kompetenzen erwerbe, die für mich als Individuum in der Gesellschaft in der Zukunft relevant sein werden.
	IndiEx7	… ich darauf vorbereitet werde, wie ich in der Zukunft an mich gestellte Ansprüche erfüllen kann.
Gesellschaftlich/ beruflich-intrinsisch	GBIn5	… es mich darauf vorbereitet, wie es sich anfühlt, ein/e Lehrer/in zu sein.
	GBIn6	… es dazu führt, dass meine Identifikation mit dem Lehrerberuf gestärkt wird.
	GBIn8	… ich darin alles lernen kann, was ich für meinen Beruf lernen will.
	GBIn9	… ich spüre, dass ich eine gute Lehrkraft sein kann.
Gesellschaftlich/ beruflich-extrinsisch	GBEx2	… ich darauf vorbereitet werde, in der Zukunft meine gesellschaftliche Funktion als Mathematiklehrkraft gut erfüllen zu können.

(Fortsetzung)

Tabelle 7.6 (Fortsetzung)

Dimensionsausprägung	Itemkürzel	Itemtext
		Mir ist es in meinem Mathematikstudium wichtig, dass…
	GBEx3	… ich darauf vorbereitet werde, in meinem späteren Beruf reflektiert mit Bildungsstandards, Lehrplänen und Schulbüchern umgehen zu können.
	GBEx4	… ich darauf vorbereitet werde, wie ich in meinem späteren Beruf ein guter Botschafter des Faches Mathematik sein kann.
	GBEx6	… ich darauf vorbereitet werde, eine Klasse kompetent zu führen.

Im Folgenden wird nun zunächst dargestellt, wie die Vorstudie, welche einer ersten Testung der Messinstrumente zu den Relevanzzuschreibungen diente, ablief (vgl. Kapitel 8). Dazu wurden in der Vorstudie erstmals die Items zu den Relevanzgründen, aus deren Gesamtheit schließlich eine Auswahl in das Messinstrument aufgenommen wurde, eingesetzt, ebenso wie die Items zu den Relevanzinhalten auf Basis der „Standards für die Lehrerbildung im Fach Mathematik" (DMV et al., 2008).

---

aus dem Messinstrument heraus festgelegt (vgl. Punkt 1 in Abschnitt 6.3.1.4). Was genau dieses Konstrukt ausmacht und wo es insbesondere seine Grenzen hat, wird in den Ergebnissen dargestellt (vgl. Abschnitt 11.1) und daraufhin diskutiert (vgl. Abschnitt 12.3.3).

Im Rahmen einer Vorstudie wurden die Items zu den Relevanzgründen im Sommersemester 2018 an der Leibniz Universität Hannover innerhalb einer fachdidaktischen Vorlesung, die sich an Studierende im zweiten Semester des fächerübergreifenden Bachelors mit Mathematik richtet, pilotiert. Zusätzlich wurde die Pilotierung in einem fachdidaktischen Seminar zum Thema „Sinn und Relevanz" durchgeführt, wobei in diesem Rahmen die Studierenden, welche sich ebenfalls im Studiengang des fächerübergreifenden Bachelors aber in höheren Semestern befanden, nicht nur um das Ausfüllen des Fragebogens gebeten wurden, sondern zudem mit ihnen über die Itemformulierungen diskutiert wurde, nachdem den Studierenden das zugrunde liegende Modell der Relevanzbegründungen erläutert worden war.

Um den Fragebogen nicht zu überfrachten, wurde in der fachdidaktischen Vorlesung mit der Methode des „split ballot" gearbeitet[1]. Beim Fragebogensplitting wird der Fragenkatalog in disjunkte Fragenblöcke aufgeteilt, so dass ein Block allen Befragten vorgelegt wird und die anderen Blöcke je nur einer Teilstichprobe. Die Befragten müssen dann immer als Teilgruppen nur einen Teil der Fragen beantworten, wodurch die Antwortbelastung und so insbesondere auch die Wahrscheinlichkeit einer Teilnahmeverweigerung minimiert wird (Cielebak & Rässler, 2014). Im vorliegenden Fall wurden alle Items aus dem Messinstrument zu den Relevanzgründen allen Befragten vorgelegt, um für diese selbst entwickelten Items das Verständnis durch die Studierenden auf einer möglichst großen Stichprobe zu prüfen. Die sechsstufigen Likertskalen mit Abstufungen von „trifft

---

[1] In dem Seminar wurde die Methode des split ballot nicht angewendet, sondern alle Befragten bekamen einen Fragebogen mit allen Items.

gar nicht zu" bis „trifft völlig zu" wurden dazu jeweils um eine abgetrennte Antwortkategorie „Ich verstehe die Frage nicht" ergänzt, um etwaige Schwierigkeiten in den Formulierungen erkennbar zu machen. Über diese Items hinaus wurden die Items zu den Relevanzinhalten eingesetzt sowie die Items zu den Einschätzungen zur Umsetzung der Aspekte der Relevanzzuschreibungen (vgl. Abschnitt 9.2.3 für die Darstellung dieser Messinstrumente). Die Studieninhalte, die über die Items zu den Relevanzinhalten abgefragt wurden, unterscheiden sich nach abgefragten Themengebieten und nach der Stufe der Komplexität entsprechend der Vorgaben der „Standards für die Lehrerbildung im Fach Mathematik" (DMV et al., 2008, vgl. Abschnitt 2.2.1.5). Hier kam das Fragebogensplitting zum Einsatz: Während in der Haupterhebung in jedem Themengebiet für jede Stufe zwei Items eingesetzt wurden (vgl. Abschnitt 9.2.1), gab es in der Vorstudie eine Fragebogenversion A und eine Fragebogenversion B mit je einem Item pro Stufe pro Themengebiet, wobei die Items in Version A andere waren als die in Version B. Zusätzlich wurden in beiden Fragebogenversionen eine Skala zur mathematischen Selbstwirksamkeitserwartung, übernommen von P. R. Fischer (2014), und ein selbstentwickeltes, im Freitext zu beantwortendes Item „Gibt es weitere Studieninhalte, die für Sie besonders relevant sind? Falls ja, welche?" eingesetzt. Eine Übersicht über die Fragebogenversionen findet sich in Tabelle 8.1.

An der Befragung, welche anonym und freiwillig war, nahmen 64 Studierende (28 weibliche und 26 männliche) teil, davon 8 im Seminar. In der fachdidaktischen Vorlesung wurde von 29 Studierenden die Version A und von 27 Studierenden die Version B bearbeitet. Die Befragten waren im Schnitt knapp 22 Jahre alt mit einer Altersspannweite von 18 bis 49 Jahren. Die Daten wurden in SPSS übertragen und bereinigt.

Zunächst wurde für die Items zu den Relevanzgründen überprüft, bei welchen dieser Items angegeben worden war, dass sie nicht verstanden wurden. Dies betraf jedoch keines der Items aus dem endgültigen Messinstrument[2]. Bezüglich der Items zu den Relevanzinhalten wurden bei drei Items Verständnisschwierigkeiten von je einem Befragten angegeben[3]. Da dies aber je nur einen Studierenden betraf, wurden die Items in der Hauptstudie dennoch beibehalten. Bei den Items zur Softwarekompetenz und zum Wissen über die

---

[2] Tatsächlich waren vier Items aus dem ursprünglich konzipierten Itempool betroffen, diese wurden aber nicht in das Messinstrument aufgenommen.

[3] Mir ist es in meinem Mathematikstudium wichtig, dass...
... ich exemplarisch Wege zu nicht-euklidischen Geometrien aufzeigen kann.
... ich lerne, das Invarianz- und Transformationsverhalten von Maßen durch Kongruenz- und Ähnlichkeitsargumente zu bestimmen.
... ich einen präformalen Grenzwertbegriff an tragenden Beispielen erläutern kann.

Tabelle 8.1 Aufbau der Fragebogenversionen in der Vorstudie

Fragebogenversion A	Merkmale	Fragebogenversion B
8 Items	Angaben zur Person	8 Items
1 Item	Gesamtrelevanz der Studieninhalte	1 Item
18 Items	Relevanzgründe auf der individuellen Dimension	18 Items
18 Items	Umsetzung der Relevanzgründe auf der individuellen Dimension	18 Items
16 Items	Relevanzgründe auf der gesellschaftlich/beruflichen Dimension	16 Items
16 Items	Umsetzung der Relevanzgründe auf der gesellschaftlich/beruflichen Dimension	16 Items
4 Items*	Relevanzinhalt Arithmetik/Algebra	4 Items*
1 Item*	– davon Komplexitätsstufe 4	1 Item*
1 Item*	– davon Komplexitätsstufe 3	1 Item*
1 Item*	– davon Komplexitätsstufe 2	1 Item*
1 Item*	– davon Komplexitätsstufe 1	1 Item*
4 Items*	Einschätzung zur Umsetzung der Arithmetik/Algebra	4 Items*
1 Item*	– davon Komplexitätsstufe 4	1 Item*
1 Item*	– davon Komplexitätsstufe 3	1 Item*
1 Item*	– davon Komplexitätsstufe 2	1 Item*
1 Item*	– davon Komplexitätsstufe 1	1 Item*
4 Items*	Relevanzinhalt Geometrie	4 Items*
1 Item*	– davon Komplexitätsstufe 4	1 Item*
1 Item*	– davon Komplexitätsstufe 3	1 Item*
1 Item*	– davon Komplexitätsstufe 2	1 Item*
1 Item*	– davon Komplexitätsstufe 1	1 Item*
4 Items*	Einschätzung zur Umsetzung der Geometrie	4 Items*
1 Item*	– davon Komplexitätsstufe 4	1 Item*
1 Item*	– davon Komplexitätsstufe 3	1 Item*
1 Item*	– davon Komplexitätsstufe 2	1 Item*
1 Item*	– davon Komplexitätsstufe 1	1 Item*

(Fortsetzung)

Tabelle 8.1 (Fortsetzung)

Frage-bogen-version A	Merkmale	Frage-bogen-version B
3 Items*	Relevanzinhalt Lineare Algebra	3 Items*
1 Item*	– davon Komplexitätsstufe 3	1 Item*
1 Item*	– davon Komplexitätsstufe 2	1 Item*
1 Item*	– davon Komplexitätsstufe 1	1 Item*
3 Items*	Einschätzung zur Umsetzung der Linearen Algebra	3 Items*
1 Item*	– davon Komplexitätsstufe 3	1 Item*
1 Item*	– davon Komplexitätsstufe 2	1 Item*
1 Item*	– davon Komplexitätsstufe 1	1 Item*
4 Items*	Relevanzinhalt Analysis	4 Items*
1 Item*	– davon Komplexitätsstufe 4	1 Item*
1 Item*	– davon Komplexitätsstufe 3	1 Item*
1 Item*	– davon Komplexitätsstufe 2	1 Item*
1 Item*	– davon Komplexitätsstufe 1	1 Item*
4 Items*	Einschätzung zur Umsetzung der Analysis	4 Items*
1 Item*	– davon Komplexitätsstufe 4	1 Item*
1 Item*	– davon Komplexitätsstufe 3	1 Item*
1 Item*	– davon Komplexitätsstufe 2	1 Item*
1 Item*	– davon Komplexitätsstufe 1	1 Item*
2 Items	Relevanz von Softwarekompetenz und Wissen über historische/ kulturelle Bedeutung	2 Items
2 Items	Einschätzung zur Umsetzung von Softwarekompetenz und Wissen über historische/ kulturelle Bedeutung	2 Items
4 Items	Mathematische Selbstwirksamkeitserwartung	4 Items
1 Item	Offenes Item	1 Item

*An den gekennzeichneten Stellen sind die Items in Version A andere als die in Version B

kulturelle und historische Bedeutung der Mathematik gaben die Studierenden keine Verständnisschwierigkeiten an.

Schließlich wurden noch die Antworten auf das offene Item daraufhin analysiert, ob hier weitere Themen angesprochen wurden, die positive Konsequenzen betrafen, welche die Befragten mit ihrem Mathematikstudium anstrebten. Diese positiven Konsequenzen wurden einerseits daraufhin analysiert, ob sie in dem aufgestellten Modell der Relevanzbegründungen verortet werden konnten und andererseits, ob diejenigen Konsequenzen, die sich verorten ließen, durch Items im Messinstrument zu den Relevanzgründen abgefragt wurden. Dazu wurden die gegebenen Antworten in abgeschlossene Aussagen unterteilt und diese Aussagen einzeln betrachtet. Nur diejenigen Aussagen, die positiv formulierte angestrebte Konsequenzen betrafen und somit zur hier genutzten Definition von Relevanzgründen passten (für die Definition der Relevanzgründe vgl. Abschnitt 3.2.1), wurden weiter daraufhin untersucht, ob sie einer der Dimensionen des Modells zugeordnet werden konnten und ob sie mit dem Messinstrument abgefragt wurden. Alle Antworten auf das offene Item (welche wortwörtlich übernommen wurden) und die jeweilige Einschätzung, ob diese zur Definition der Relevanzgründe in der vorliegenden Arbeit passen, sind Tabelle 8.2 zu entnehmen.

Die Aussagen, die positive angestrebte Konsequenzen ansprechen, betreffen

1. die Vorbereitung auf den zukünftigen Beruf,
2. die Kompetenz, den schulischen Lehrstoff erklären zu können,
3. ein Verständnis für die Verknüpfung von Fachwissen und Schulwissen im Sinne einer persönlichen Weiterbildung und
4. die Kompetenz, SchülerInnen etwas beibringen zu können.

Im ersten, zweiten und vierten Punkt wird explizit auf den Beruf oder auf mit dem Lehrberuf verknüpfte Begriffe („Lehrstoff", „SchülerInnen", „beibringen") eingegangen, deshalb betreffen sie die gesellschaftlich/ berufliche Dimension. Der dritte Punkt ist der individuellen Dimension der Relevanzgründe zuzuordnen, da es darin um die Weiterentwicklung des eigenen Selbst geht. Die Aussagen sind durch das endgültige Messinstrument abgedeckt: Die erste Konsequenz (Vorbereitung auf den zukünftigen Beruf) wird abgedeckt durch die Items GBIn6 („Mir ist es in meinem Mathematikstudium wichtig, dass es dazu führt, dass meine Identifikation mit dem Lehrerberuf gestärkt wird"), GBIn8 („Mir ist es in meinem Mathematikstudium wichtig, dass ich darin alles lernen kann, was ich für meinen Beruf lernen will") und GBEx2 („Mir ist es in meinem Mathematikstudium wichtig, dass ich darauf vorbereitet werde, in der Zukunft meine gesellschaftliche Funktion als Mathematiklehrkraft gut erfüllen zu können"). Die zweite Konsequenz (Kompetenz, den schulischen Lehrstoff erklären zu können) wird abgedeckt durch die Items GBEx2 („Mir ist es in meinem Mathematikstudium wichtig, dass ich darauf vorbereitet werde, in der Zukunft meine gesellschaftliche Funktion als Mathematiklehrkraft gut erfüllen zu können") und GBEx3 („Mir ist es in meinem Mathematikstudium wichtig, dass ich darauf vorbereitet werde, in meinem späteren Beruf reflektiert mit Bildungsstandards, Lehrplänen und Schulbüchern umgehen zu können"). Die dritte Konsequenz (Verständnis über die Verknüpfung von Fachwissen und Schulwissen im Sinne einer persönlichen Weiterbildung)

Tabelle 8.2 Antworten auf das offene Item in der Vorstudie

Item: Gibt es weitere Studieninhalte, die für Sie besonders relevant sind? Falls ja, welche?	Angestrebte positive Konsequenzen?
– Vorstellungen von Mathematik während des Bildungsprozesses – Hindernisse beim Verstehen von Mathematik – Warum wird Mathematik von Schülern so anders wahrgenommen als andere Fächer (Mathe als Hassfach)	– nein – nein – nein
Didaktische Ausarbeitung des Vorlesungsstoffes aus der Fachmathematik	– nein
Die Integralrechnung in der Analysis II Vorlesung	– nein
– eher auf den zukünftigen Beruf vorbereiten; – ich will nicht komplizierte Sachverhalte beweisen können, – sondern den Lehrstoff der Schulen perfekt erklären können	– ja – nein – ja
– Ein bisschen mehr den Fokus auf das Vermitteln (pädagogisches) – anstatt auf die Hochschulmathematik legen	– nein – nein
– Für mich ist es besonders wichtig die Verknüpfung von Fachwissen und Schulwissen zu erlernen, – damit es für mich einfacher wird diesen „Sprung" selber zu verstehen – und später Schülern beizubringen	– nein – ja – ja
– Im Lehramtsstudium Mathematik haben wir viel zu wenig Didaktik – und viel zu schwierige Fachmathematik, die wir niemals brauchen werden – Mathelehrer werden so dringend benötigt und so werden viele abgeschreckt	– nein – nein – nein
– Mathematische Stochastik I, – das Stochastik auch für die Schule relevant ist	– nein – nein
– Mehr Didaktik, – weniger Fachinhalte! – Die braucht später Niemand!	– nein – nein – nein
– Meiner Meinung ist die Mathematik im Studium nicht für Lehrämtler geeignet, – da hier oft nur theoretisches in Betracht gezogen wird – und der Anspruch viel zu hoch für angehende Lehrer ist – Man sollte Lehramtsmathe von Mathematik für Mathematiker unterscheiden	– nein – nein – nein – nein
– Planen von Unterrichtsstunden – und Reflektieren von Unterrichtsstunden	– nein – nein

(Fortsetzung)

Tabelle 8.2 (Fortsetzung)

Item: Gibt es weitere Studieninhalte, die für Sie besonders relevant sind? Falls ja, welche?	Angestrebte positive Konsequenzen?
– Schülerumgang (sozial);	– nein
– Schülervorstellungen (Fehlvorstellungen);	– nein
– eine Art „Aufgabensammlung" für Schüler	– nein
– differenzierte Aufgaben;	– nein
– Reflektiertes Unterrichten	– nein
– mehr von Studenten als von Profs vorstellen bei Seminaren/ Übungen	– nein
– Umgang mit Rechenschwäche/	– nein
– Inklusion	– nein
– Unterrichtsgestaltung etc.	– nein
– viel mehr praxisorientierte Inhalte der Pädagogik	– nein

wird abgedeckt durch die Items IndiIn5 („Mir ist es in meinem Mathematik-studium wichtig, dass ich faszinierende Dinge lerne"), IndiEx5 („Mir ist es in meinem Mathematikstudium wichtig, dass ich die nötigen Kompetenzen erwerbe, die für mich als Individuum in der Gesellschaft in der Zukunft relevant sein werden") und IndiEx7 („Mir ist es in meinem Mathematikstudium wichtig, dass ich darauf vorbereitet werde, wie ich in der Zukunft an mich gestellte Ansprüche erfüllen kann"). Und die vierte Konsequenz (Kompetenz, Schülern etwas beibringen zu können) wird abgedeckt durch die Items GBIn9 („Mir ist es in meinem Mathematikstudium wichtig, dass ich spüre, dass ich eine gute Lehrkraft sein kann"), GBEx2 („Mir ist es in meinem Mathematikstudium wichtig, dass ich darauf vorbereitet werde, in der Zukunft meine gesellschaftliche Funktion als Mathematiklehrkraft gut erfüllen zu können") und GBEx4 („Mir ist es in meinem Mathematikstudium wichtig, dass ich darauf vorbereitet werde, wie ich in meinem späteren Beruf ein guter Botschafter des Faches Mathematik sein kann").

Insgesamt deutete die Analyse der Ergebnisse der Vorstudie somit darauf hin, dass die Studierenden die Items aus den Messinstrumenten zu den Relevanzzu-schreibungen gut verstanden und dass sie keine weiteren positiven Konsequenzen mit dem Mathematikstudium anstrebten, die mithilfe der Items zu den Relevanz-gründen nicht abgedeckt werden. Das Messinstrument, mit dem das Konstrukt der Relevanzgründe entsprechend deren Konzeptualisierung in dieser Arbeit unter formativen Modellannahmen operationalisiert wird, scheint demnach geeignet zur

Messung, als wie wichtig die Mathematiklehramtsstudierenden die Relevanzgründe aus dem Modell der Relevanzbegründungen für ihr Mathematikstudium
einschätzen (vgl. Forschungsanliegen 0 in Kapitel 5). Zu diesem Zweck konnte
es demnach auch in der Hauptstudie eingesetzt werden. Auch für die Items
zu den Relevanzinhalten wurden keine größeren Verständnisschwierigkeiten von
den Studierenden angegeben, so dass auch dieses Instrument eingesetzt werden
konnte[4].

---

[4] Für die Items zu den Relevanzinhalten wurde in der vorliegenden Arbeit nicht überprüft,
wie diese genau von den Studierenden verstanden werden (beispielsweise mit kognitiven
Interviews). Dass die Studierenden zwar der Meinung sein könnten, ein Item verstanden zu
haben, aber etwas nicht Intendiertes verstehen, wurde mit den Methoden der Vorstudie nicht
überprüft. Das wird insbesondere diskutiert in Abschnitt 12.2.5.1.3 und Abschnitt 12.3.2.

Hauptstudie 9

In diesem Abschnitt wird die Hauptstudie dieser Arbeit dargestellt, wobei zunächst dargestellt wird, wie mit der Hauptstudie die Forschungsfragen beantwortet werden sollten (vgl. Abschnitt 9.1), ehe die dazu genutzten Erhebungsinstrumente vorgestellt werden (vgl. Abschnitt 9.2). Anschließend wird auf die Durchführung der Erhebungen eingegangen (vgl. Abschnitt 9.3).

9.1 Geplante Beantwortung der Forschungsfragen mit der Hauptstudie

Mit der Hauptstudie sollten Daten gewonnen werden, auf deren Grundlage sich die in Kapitel 5 vorgestellten Forschungsfragen dieser Arbeit beantworten ließen. Im Folgenden wird dargestellt, welche Daten dafür für die Beantwortung der einzelnen Fragen genutzt werden sollten und welche Methoden zu deren Auswertung eingesetzt werden sollten, wobei zunächst jede Forschungsfrage erneut formuliert wird und anschließend das geplante Vorgehen zu ihrer Beantwortung dargestellt wird.

Forschungsfrage 1: *Für wie relevant halten Lehramtsstudierende inhaltliche Aspekte, die sich entsprechend der „Standards für die Lehrerbildung im Fach Mathematik" (DMV et al., 2008) verschiedenen Themengebieten und verschiedenen Komplexitätsstufen zuordnen lassen oder die Softwarekompetenz oder das Wissen über die historische und kulturelle Bedeutung der mathematischen Inhalte betreffen, in ihrem Mathematikstudium?*

© Der/die Autor(en), exklusiv lizenziert durch Springer Fachmedien Wiesbaden GmbH, ein Teil von Springer Nature 2021
C. Büdenbender-Kuklinski, *Die Relevanz ihres Mathematikstudiums aus Sicht von Lehramtsstudierenden*, Studien zur Hochschuldidaktik und zum Lehren und Lernen mit digitalen Medien in der Mathematik und in der Statistik,
https://doi.org/10.1007/978-3-658-35844-0_9

a) *Welche Themen benennen Lehramtsstudierende von sich aus als relevant in ihrem Mathematikstudium?*

Zur Beantwortung dieser ersten Frage sollten zunächst die Antworten der Mathematiklehramtsstudierenden zu den Items zu den Relevanzinhalten basierend auf den „Standards für die Lehrerbildung im Fach Mathematik" (DMV et al., 2008) untersucht werden. Dabei sollten die Antwortverteilungen auf den Skalen zu den vier Themengebieten, auf den Skalen zu den vier Komplexitätsstufen sowie für die beiden Einzelitems zur Softwarekompetenz und zum Wissen über die historische und kulturelle Bedeutung der mathematischen Inhalte mithilfe von Boxplots analysiert werden (zur Operationalisierung der Relevanzinhalte sowie der Aspekte der Softwarekompetenz und des Wissens über die historische und kulturelle Bedeutung der Mathematik vgl. Abschnitt 9.2.3). Die Analysen sollten sowohl für die Verteilungen in der Eingangs- als auch für die Verteilungen in der Ausgangsbefragung durchgeführt werden, um gegebenenfalls auch Veränderungen in den Verteilungen im Laufe des Semesters erkennen zu können und daraus Rückschlüsse zum Konstrukt der Relevanzzuschreibungen ziehen zu können.

Zudem sollten zur Beantwortung der Forschungsfrage 1a) die Antworten auf ein offenes Item analysiert werden. In diesem wurden die Studierenden danach gefragt, ob es weitere Studieninhalte gäbe, die aus ihrer Sicht relevant seien, und falls ja, welche das wären. Es sollte hier eine qualitative Inhaltsanalyse unter Anwendung der induktiven Kategorienbildung (zur Methode der qualitativen Inhaltsanalyse vgl. Abschnitt 6.2.7) angewendet werden, um zu analysieren, welche Themen genannt wurden, die aus Sicht der Studierenden relevant sind.

Forschungsfrage 2: *Wie hängen die Relevanzzuschreibungen der Dimensionsausprägungen des Modells der Relevanzbegründungen, der Komplexitätsstufen und der Themengebiete bei Mathematiklehramtsstudierenden untereinander zusammen?*

Zur Beantwortung der Forschungsfrage 2 sollten die Daten, die mit den Messinstrumenten zu den Relevanzgründen (zur Operationalisierung der Relevanzgründe vgl. Abschnitt 7.3.7) und zu den Relevanzinhalten erhalten wurden, genutzt werden und darauf sollten Korrelationen berechnet werden, auf deren Grundlage sich Aussagen zu Zusammenhängen treffen lassen (vgl. Abschnitt 6.2.3 zum theoretischen Hintergrund zu Zusammenhangsmessungen). Nacheinander sollten die Korrelationen der vier Indizes zu den Dimensionsausprägungen untereinander, der Skalen zu den Komplexitätsstufen untereinander und der Skalen zu den Themengebieten untereinander berechnet werden, wobei auch dies sowohl für die

Eingangs- als auch für die Ausgangsbefragung geschehen sollte, um gegebenenfalls Änderungen in den Relevanzzuschreibungen der Studierenden erkennen zu
können.

Forschungsfrage 3: *Wie lassen sich die Globaleinschätzungen zur Relevanz*
des Mathematikstudiums und seiner Inhalte linear modellieren auf Basis der
Relevanzzuschreibungen bezüglich der Dimensionsausprägungen des Modells
der Relevanzbegründungen, der Komplexitätsstufen und der Themengebiete?

Im Rahmen der Arbeit an der dritten Forschungsfrage sollten multiple lineare
Regressionen durchgeführt werden, mit denen sich lineare statistische Zusammenhänge zwischen mehreren unabhängigen Variablen und einer metrisch skalierten
abhängigen Variable beschreiben lassen (vgl. Abschnitt 6.2.4). Als abhängige
Variablen sollten dabei Globaleinschätzungen zur Relevanz des Mathematikstudiums und zur Relevanz der Inhalte des Mathematikstudiums eingesetzt
werden. Wegen der Annahme früherer Forschungsarbeiten, dass die Mathematiklehramtsstudierenden nicht nur mit den Inhalten des Studiums unzufrieden sind,
sondern die Unzufriedenheit auch weitere Aspekte des Studiums betrifft (vgl.
Abschnitt 2.1.2), sollte mithilfe der Unterscheidung der beiden Globaleinschätzungen überprüft werden, ob sich für die Relevanzzuschreibungen, welche mit der
Studienzufriedenheit assoziiert werden, verschiedene Ergebnisse ergeben, wenn
die Relevanz der Inhalte oder des gesamten Studiums eingeschätzt werden soll.
Als unabhängige Variablen sollten nacheinander die vier Indikatoren aus dem
Messinstrument zu den Relevanzgründen, die vier Skalen zu den Relevanzzu-
schreibungen zu Inhalten verschiedener Komplexitätsstufen basierend auf den
„Standards für die Lehrerbildung im Fach Mathematik" (DMV et al., 2008)
und die vier Skalen zu den Relevanzzuschreibungen zu Inhalten verschiedener
Themengebiete basierend auf den „Standards für die Lehrerbildung im Fach
Mathematik" (DMV et al., 2008) genutzt werden. Wie schon bei den Forschungs-
fragen 1 und 2 sollten die Regressionen für die Daten der Eingangs- und für
die Daten der Ausgangsbefragung berechnet werden, um gegebenenfalls auch
Veränderungen in den Zusammenhängen im Laufe der Zeit erkennen zu können und daraus Rückschlüsse ziehen zu können zu den Mechanismen hinter den
Relevanzzuschreibungen der Studierenden.

Forschungsfrage 4: *Wie hängen die Einschätzungen zur Umsetzung zusammen*
mit Relevanzzuschreibungen?

a) *Wie lassen sich die Globaleinschätzungen zur Relevanz des Mathematikstudiums und seiner Inhalte linear modellieren auf Basis der Einschätzungen dazu, ob Konsequenzen bestimmter Dimensionsausprägungen des Modells der Relevanzbegründungen mit dem Mathematikstudium erreicht werden können, der Einschätzungen zur Umsetzung der Komplexitätsstufen und der Einschätzungen zur Umsetzung der Themengebiete?*

b) *Gibt es einen Zusammenhang zwischen der Einschätzung, ob ein Themengebiet ausreichend behandelt wurde, und der Relevanzzuschreibung zu diesem Themengebiet?*

Zur Beantwortung der Forschungsfrage 4a) sollten ebenfalls multiple lineare Regressionen berechnet werden. In diesem Fall sollten als unabhängige Variablen die zu den Messinstrumenten zu den Relevanzzuschreibungen jeweils assoziierten Messinstrumente zu den Einschätzungen zur Umsetzung eingesetzt werden (vgl. Abschnitt 9.2.3 zu den entsprechenden Operationalisierungen der Konstrukte). Es sollten also die Messinstrumente der Einschätzungen dazu, ob Konsequenzen bestimmter Dimensionsausprägungen des Modells der Relevanzbegründungen mit dem Mathematikstudium erreicht werden können, der Einschätzungen zur Umsetzung von Inhalten der verschiedenen Komplexitätsstufen und der Einschätzungen zur Umsetzung der Themengebiete als unabhängige Variablen genutzt werden. Die abhängigen Variablen sollten die gleichen sein wie bei den Regressionsanalysen zur Beantwortung der Forschungsfrage 3, also die Globaleinschätzungen zur Relevanz des Mathematikstudiums und zur Relevanz der Inhalte des Mathematikstudiums, um insbesondere die Zusammenhänge für die Relevanzzuschreibungen und die Einschätzungen zur Umsetzung vergleichen zu können. Das schien sinnvoll, um daraus Schlüsse ziehen zu können, wo sich Relevanzzuschreibungen und Einschätzungen zur Umsetzung ähneln oder unterscheiden (vgl. dazu auch die Ausführungen in Kapitel 5). Da eine Einschätzung der Studierenden zur Umsetzung nur zum zweiten Befragungszeitpunkt sinnvoll abgefragt werden konnte, sollten die Instrumente zu den Einschätzungen zur Umsetzung nur zum zweiten Befragungszeitpunkt eingesetzt werden und so sollten auch die Regressionsrechnungen nur für die Daten zu diesem Zeitpunkt durchgeführt werden.

Für die Forschungsfrage 4b) wurde angestrebt, Korrelationen zu berechnen (vgl. Abschnitt 6.2.3 zum theoretischen Hintergrund zu Zusammenhangsmessungen), diesmal zwischen den vier Skalen zu den Relevanzinhalten der Themengebiete basierend auf den „Standards für die Lehrerbildung im Fach Mathematik" (DMV et al., 2008) und den damit assoziierten Skalen zu den Einschätzungen zur Umsetzung der Themengebiete. Da die Einschätzungen zur Umsetzung nur zum zweiten Befragungszeitpunkt abgefragt werden sollten, sollten die Korrelationen auf den Daten der Ausgangsbefragung berechnet werden.

Forschungsfrage 5: *Wie hängen die Relevanzzuschreibungen von Mathematiklehramtsstudierenden zusammen mit anderen Merkmalen?*

a) *Wie hängen die Relevanzzuschreibungen zusammen mit motivationalen Merkmalen?*

b) *Wie hängen die Relevanzzuschreibungen zusammen mit leistungsbezogenen Merkmalen?*

Bei der Beforschung der Zusammenhänge zwischen Relevanzzuschreibungen und motivationalen Merkmalen (Forschungsfrage 5a) sollten als motivationale Merkmale das mathematikbezogene Interesse und die mathematische und aufgabenbezogene Selbstwirksamkeitserwartung in den Blick genommen werden, da sich für das Interesse und die Selbstwirksamkeitserwartung gezeigt hatte, dass bereits viele Forschungsarbeiten zu deren Zusammenhängen zu Wert-, Relevanz-, und Zufriedenheitskonstrukten in anderen Kontexten existierten. Über den Vergleich der gefundenen Zusammenhänge für das in dieser Arbeit beforschte Konstrukt der Relevanzzuschreibungen im Kontext des Mathematiklehramtsstudiums wurde sich versprochen, insbesondere feststellen zu können, inwiefern sich das Konstrukt der Relevanzzuschreibungen empirisch ähnlich oder verschieden verhält zu Konstrukten, die theoretisch als assoziiert angenommen wurden. Bei der Aufarbeitung der Forschungslage sowohl für Zusammenhänge zwischen Wert-, Relevanz- und Zufriedenheitskonstrukten und Interesse (vgl. Abschnitt 4.3.1.2.3) als auch für Zusammenhänge zwischen Wert-, Relevanz- und Zufriedenheitskonstrukten und Selbstwirksamkeitserwartungen (vgl. Abschnitt 4.3.1.3.2) zeigte sich, dass unterschiedliche Ergebnisse zu den kausalen Richtungen gefunden wurden. Das bietet insbesondere die Gelegenheit, das Konstrukt der Relevanzzuschreibungen in einem von gegensätzlichen Ergebnissen geprägten Kontext einzuordnen und so auch Abgrenzungen zu anderen Wert-, Relevanz- und Zufriedenheitskonstrukten zu verdeutlichen. Es sollten deshalb in dieser Arbeit sowohl korrelative als auch kausale Zusammenhänge beforscht werden.

– Zur Beforschung der korrelativen Zusammenhänge sollten die Korrelationen zwischen dem mathematikbezogenen Interesse und den Skalen zu den Relevanzzuschreibungen bezüglich Inhalten verschiedener Themengebiete und Komplexitätsstufen einerseits und die Korrelationen zwischen der Selbstwirksamkeitserwartung und den genannten Skalen andererseits berechnet werden.

Die Berechnungen sollten für die Eingangs- und für die Ausgangsbefragung durchgeführt werden. Es wurden die mathematische und die aufgabenbezogene Selbstwirksamkeitserwartung in den Blick genommen.

– Zur Beforschung der kausalen Zusammenhänge sollten Cross-Lagged-Panel Designs durchgeführt werden, einmal zwischen der Gesamteinschätzung zur Relevanz der Studieninhalte und dem mathematikbezogenen Interesse und einmal zwischen der Gesamteinschätzung der Relevanz der Studieninhalte und der mathematischen Selbstwirksamkeitserwartung (vgl. Abschnitt 6.3.2 für die theoretischen Hintergründe zu Cross-Lagged-Panel Designs).

Das Konstrukt der aufgabenbezogenen Selbstwirksamkeitserwartung wurde nur für die Beforschung der korrelativen Zusammenhänge und nicht für die Beforschung der kausalen Zusammenhänge in den Blick genommen, da die aufgabenbezogene Selbstwirksamkeitserwartung nur zum zweiten Messzeitpunkt abgefragt werden sollte und eine Beforschung im Cross-Lagged-Panel Design demnach nicht möglich war. Die Beforschung der aufgabenbezogenen Selbstwirksamkeitserwartung ist insbesondere im Kontext des Mathematikstudiums sinnvoll, da die Bearbeitung der Übungszettel einen wichtigen Teil des Studiums für die Studierenden ausmacht (vgl. Abschnitt 4.2.2). Sie sollte aber erst am zweiten Befragungszeitpunkt in die Messungen aufgenommen werden, da die Studierenden zum ersten Zeitpunkt noch kaum Übungsblätter bearbeitet hatten und man demnach zu diesem Zeitpunkt vermutlich noch keine aussagekräftigen Ergebnisse zur Selbstwirksamkeitserwartung bei der Bearbeitung der Übungsaufgaben erhalten hätte.

Entsprechend der Aussage in Abschnitt 6.1.3, dass in der quantitativen Forschung bei der Beforschung von Konstrukten, zu denen es bereits etablierte Messinstrumente gibt, diese aus Gründen der Ökonomie und der Vergleichbarkeit genutzt werden sollten, sollten das mathematikbezogene Interesse, die mathematische Selbstwirksamkeitserwartung und die aufgabenbezogene Selbstwirksamkeitserwartung mit bereits validierten Instrumenten operationalisiert werden. Darin wurde der Vorteil gesehen, dass es zu den Instrumenten Vergleichswerte gibt und die Ergebnisse dieser Arbeit mit früheren Forschungsergebnissen verglichen werden können. Insbesondere kann so analysiert werden, wie sich das Konstrukt der Relevanzzuschreibungen empirisch ähnlich oder verschieden verhält verglichen mit anderen Konstrukten, deren Zusammenhänge zum mathematikbezogenen Interesse, zur mathematischen Selbstwirksamkeitserwartung und zur aufgabenbezogenen Selbstwirksamkeitserwartung unter Nutzung der selben Instrumente beforscht wurden. Zur Erhebung des mathematikbezogenen Interesses wurde ein Instrument adaptiert aus dem Fragebogen zum Studieninteresse

(FSI, Krapp et al., 1993) genutzt, zur Erhebung der mathematischen Selbstwirksamkeitserwartung ein Instrument von P. R. Fischer (2014) und zur Erhebung der aufgabenbezogenen Selbstwirksamkeitserwartung eine unveröffentlichte Skala von Liebendörfer et al. (2020).

Zur Beantwortung der Forschungsfrage 5b) sollten aufgrund dessen, dass die Relevanzzuschreibungen am Studienbeginn beforscht werden sollten, sowohl schulische als auch universitäre leistungsbezogene Merkmale in ihrem Zusammenhang zu Relevanzzuschreibungen untersucht werden. So sollte exploriert werden, ob sowohl schulische als auch universitäre Merkmale der Studierenden, die die Schule gerade erst abgeschlossen hatten, das Studium gerade erst begonnen hatten und sich somit am Übergang zwischen Schule und Universität befanden, mit den Relevanzzuschreibungen in Verbindung standen. Als schulische Leistungsdaten sollten die Note des letzten schulischen Mathematikkurses betrachtet werden, die eine spezifisch mathematische Leistung wiederspiegelt, und die Schulabschlussnote, welche teils als stärkster Leistungsprädiktor am Übergang von der Schule zur Hochschule gesehen wird, sowohl generell (Trapmann et al., 2007) als auch speziell im Mathematikstudium (Rach et al., 2017). Es sollten zwei schulische Leistungsindikatoren genutzt werden, um auch explorieren zu können, ob sich verschiedene Zusammenhänge für die mathematikspezifische Leistung und eine fachübergreifende Leistung mit den Relevanzzuschreibungen zeigt und um so mögliche Mechanismen des Konstrukts detaillierter beschreiben zu können. Als universitäre Leistungsdaten sollten die erreichten Punktzahlen in der Linearen Algebra I Klausur im Erhebungssemester und die erreichten Punktzahlen auf den Übungsblättern der Analysis I und Linearen Algebra I genutzt werden. Auch hier sollten verschiedene Leistungsindikatoren eingesetzt werden, um verschiedene Mechanismen hinter den Relevanzzuschreibungen erkennen zu können. Gegenüber den Leistungen auf den Übungszetteln grenzt sich die Leistung in der Klausur insofern ab, dass bei dieser im Allgemeinen eine Eigenleistung gezeigt wird, es wird nicht in Gruppen gearbeitet oder abgeschrieben. Die Klausur fragt aber nicht alle Inhalte der Vorlesung ab. An dieser Stelle könnten die Leistungen in den Übungszetteln aussagekräftiger sein, falls diese die Vorlesungsinhalte in ihrer Breite besser abdecken.

Auch für die Beforschung der Zusammenhänge zwischen Relevanzzuschreibungen und Leistungen sollten einerseits die Korrelationen zwischen den Leistungsindikatoren je mit den Skalen zu den Relevanzinhalten der Themengebiete und Komplexitätsstufen betrachtet werden und andererseits ein Cross-Lagged-Panel Design zur Beforschung kausaler Zusammenhänge eingesetzt werden. Beim Cross-Lagged-Panel Design sollte die Leistung zum ersten Zeitpunkt über die schulischen Leistungsindikatoren gemessen werden und die Leistung zum zweiten Zeitpunkt über die universitären Leistungsindikatoren. Die andere im Design betrachtete Variable, zu der der kausale Zusammenhang beforscht wurde, sollte wiederum die Gesamteinschätzung zur Relevanz der Studieninhalte sein, wie in der Beantwortung der Forschungsfrage 5a). Das sollte es ermöglichen, auch die Ergebnisse aus den Cross-Lagged-Panel Designs zu Zusammenhängen zwischen Relevanzzuschreibungen und dem Interesse, der mathematischen Selbstwirksamkeitserwartung und der Leistung miteinander zu vergleichen und daraus Rückschlüsse darüber zu ziehen, inwiefern sich die kausalen Zusammenhänge zwischen den Relevanzzuschreibungen und den weiteren betrachteten Konstrukten unterschiedlich gestalten. Es wurde sich versprochen, so die Mechanismen hinter den Relevanzzuschreibungen genauer beschreiben zu können.

Forschungsfrage 6: *Wie hängen die Einschätzungen zur Umsetzung von Aspekten im Mathematikstudium vonseiten von Mathematiklehramtsstudierenden zusammen mit anderen Merkmalen?*

a) *Wie hängen die Einschätzungen zur Umsetzung von Aspekten im Mathematikstudium zusammen mit motivationalen Merkmalen?*

b) *Wie hängen die Einschätzungen zur Umsetzung von Aspekten im Mathematikstudium zusammen mit leistungsbezogenen Merkmalen?*

Mit der Forschungsfrage 6 sollte analysiert werden, wie die Einschätzungen zur Umsetzung der Themengebiete und der Komplexitätsstufen korrelativ zusammenhängen mit den gleichen psychologischen und leistungsbezogenen Merkmalen der Mathematiklehramtsstudierenden, die auch in Forschungsfrage 5 in den Blick genommen wurden und dort im Zusammenhang zu Relevanzzuschreibungen untersucht wurden. So sollten Unterschiede und Ähnlichkeiten in den beforschten Zusammenhängen für die Konstrukte der Relevanzzuschreibungen und der Einschätzungen zur Umsetzung erkannt werden, um Unterschiede und Ähnlichkeiten dieser beiden Konstrukte beschreiben zu können (vgl. Ausführungen in Kapitel 5). Im Rahmen dieser Forschungsfrage sollten also die Korrelationen berechnet werden zwischen

– dem mathematikbezogenen Interesse,
– der mathematischen Selbstwirksamkeitserwartung,
– der aufgabenbezogenen Selbstwirksamkeitserwartung,
– den schulischen Leistungsindikatoren und
– den universitären Leistungsindikatoren

je mit den Einschätzungen zur Umsetzung der Themengebiete und Komplexitätsstufen, wobei die entsprechenden Daten zu den Konstrukten genau mithilfe der
oben genannten Messinstrumente erhoben werden sollten.

Forschungsfrage 7: *Ändern sich die Relevanzzuschreibungen von Mathematiklehramtsstudierenden im Laufe des ersten Semesters?*

Um zu prüfen, ob sich die Relevanzzuschreibungen von Mathematiklehramtsstudierenden im Laufe des ersten Semesters ändern, sollten die Mittelwerte zur Globaleinschätzung zur Relevanz der Studieninhalte in der Eingangs-
und Ausgangsbefragung miteinander verglichen werden ebenso wie die Mittelwerte in den Daten für die Eingangs- und Ausgangsbefragung, die erhalten
wurden unter Einsatz

– des Messinstruments zu den Relevanzgründen für die verschiedenen Dimensionsausprägungen,
– des Messinstruments zu den Relevanzinhalten für die verschiedenen Komplexitätsstufen und
– des Messinstruments zu den Relevanzinhalten für die verschiedenen Themengebiete.

Dabei sollten insbesondere auch die Korrelationen der entsprechenden Mittelwerte zwischen Eingangs- und Ausgangsbefragung daraufhin überprüft werden,
ob die Korrelationskoeffizienten größer ausfallen als ,7, was auf eine Stabilität
der Merkmale hinweisen würde (vgl. Abschnitt 6.2.3).

Forschungsfrage 8: *Wie lassen sich Mathematiklehramtsstudierende entlang
der von ihnen fokussierten Relevanzgründe aus dem Modell der Relevanzbegründungen typisieren?*

a) *Wie lassen sich die Typen charakterisieren*
   i. *bezüglich ihrer Relevanzzuschreibungen?*
   ii. *bezüglich weiterer motivationaler und leistungsbezogener Merkmale und
       Studienaktivitäten?*
b) *Ist die Typenzuordnung eine stabile Eigenschaft?*

Zur Beantwortung der Forschungsfrage 8 sollte zunächst eine Clusteranalyse
durchgeführt werden auf den Indikatoren zu den Dimensionsausprägungen aus
dem Modell der Relevanzbegründungen und dies sollte einmal für die Eingangs-

und einmal für die Ausgangsbefragung geschehen (zur Methode der Clusteranalyse vgl. Abschnitt 6.2.5). Um die mit der Clusteranalyse gefundenen Typen zu charakterisieren (Forschungsfrage 8a) sollten ihre Mittelwerte bezüglich verschiedener Variablen miteinander verglichen werden. Dazu sollten Varianzanalysen genutzt werden (vgl. Abschnitt 6.2.6 zu theoretischen Hintergründen zu Varianzanalysen). Die Typen sollten einerseits bezüglich ihrer Relevanzzuschreibungen verglichen werden (Forschungsfrage 8a)i.), wobei ihre mit den Messinstrumenten zu den Relevanzgründen und Relevanzinhalten erhaltenen Daten in den Blick genommen werden sollten. Zudem sollten sie bezüglich weiterer motivationaler und leistungsbezogener Merkmale und Studienaktivitäten verglichen werden (Forschungsfrage 8a)ii.). Die weiteren Merkmale und Studienaktivitäten, bezüglich derer die Typen miteinander verglichen werden sollten, sind dabei allesamt solche, für die in den vorangegangenen Kapiteln gezeigt wurde, dass sie mit Relevanzzuschreibungen in Verbindung stehen könnten. Über die Charakterisierung der Typen, die sich gerade in den von ihnen fokussierten Relevanzgründen aus dem Modell der Relevanzbegründungen unterscheiden, unter Rückgriff auf die entsprechenden weiteren Merkmale und Studienaktivitäten sollten insbesondere Mechanismen und Zusammenhänge zwischen dem Konstrukt der Relevanzgründe und den weiteren Konstrukten exploriert werden. Entsprechend der Aussage in Abschnitt 6.1.3, dass in der quantitativen Forschung bei der Beforschung von Konstrukten, zu denen bereits etablierte Messinstrumente existieren, diese aus Gründen der Ökonomie und der Vergleichbarkeit genutzt werden sollten, wurden die weiteren Merkmale und Studienaktivitäten über etablierte Skalen abgefragt, um die Ergebnisse dieser Arbeit in den Forschungskontext einordnen zu können. Die dabei betrachteten Merkmale und Studienaktivitäten samt ihrer Operationalisierung sind

- die Regulationsstile der Motivation[1], gemessen mit Skalen von Müller et al. (2007),
- das mathematische Weltbild[2], gemessen mit Skalen von Grigutsch et al. (1998),
- die Einstellung zum Beweisen[3], gemessen mit vier Items der Skala zur Beweisaffinität von Kempen (2019, Kapitel 3),

---

[1] Zum Forschungsstand in Bezug auf mögliche Zusammenhänge zwischen Relevanzzuschreibungen und Regulationsstilen der Motivation vgl. Abschnitt 4.3.1.1.3.

[2] Zum Forschungsstand in Bezug auf mögliche Zusammenhänge zwischen Relevanzzuschreibungen und dem mathematischen Weltbild vgl. Abschnitt 4.3.3.2.

[3] Zum Forschungsstand in Bezug auf mögliche Zusammenhänge zwischen Relevanzzuschreibungen und der Einstellung zum Beweisen vgl. Abschnitt 4.3.4.2.

- die mathematische Selbstwirksamkeitserwartung[4], gemessen mit einer Skala von P. R. Fischer (2014),
- die aufgabenbezogene Selbstwirksamkeitserwartung[5], gemessen mit einer unveröffentlichten Skala von Liebendörfer et al. (2020),
- das mathematikbezogene Selbstkonzept[6], gemessen mit der aus den Skalen zur Erfassung des schulischen Selbstkonzepts (SESSKO, Schöne et al., 2002) adaptierten Skalenversion des LIMA-Projekts (Kolter et al., 2018),
- das mathematikbezogene Interesse[7], gemessen mit einer Skala adaptiert aus dem Fragebogen zum Studieninteresse (FSI, Krapp et al., 1993),
- das Lernverhalten[8] in der Vorlesung und zwischen den Terminen, gemessen mit im Rahmen des WiGeMath Projekts (Hochmuth et al., 2018) adaptierten Versionen der Skalen von Farah (2015),
- Lernstrategien[9], gemessen mit Skalen aus dem LimSt (Liebendörfer et al., 2020) und aus dem LIST (Schiefele & Wild, 1994),
- das Abschreibeverhalten[10], gemessen mit einem einzelnen, von Liebendörfer und Göller (2016b) übernommenen Item, und
- Leistungen[11], gemessen über die Note im letzten schulischen Mathematikkurs, die Schulabschlussnote, die erreichte Punktzahl in der Linearen Algebra I Klausur im Erhebungssemester und die erreichten Punktzahlen auf den Übungsblättern der Analysis I und Linearen Algebra I.

---

[4] Zum Forschungsstand in Bezug auf mögliche Zusammenhänge zwischen Relevanzzuschreibungen und der mathematischen Selbstwirksamkeitserwartung vgl. Abschnitt 4.3.1.3.2.

[5] Zum Forschungsstand in Bezug auf mögliche Zusammenhänge zwischen Relevanzzuschreibungen und der aufgabenbezogenen Selbstwirksamkeitserwartung vgl. Abschnitt 4.3.1.3.2.

[6] Zum Forschungsstand in Bezug auf mögliche Zusammenhänge zwischen Relevanzzuschreibungen und dem mathematikbezogenen Selbstkonzept vgl. Abschnitt 4.3.2.2.

[7] Zum Forschungsstand in Bezug auf mögliche Zusammenhänge zwischen Relevanzzuschreibungen und dem mathematikbezogenen Interesse vgl. Abschnitt 4.3.1.2.3.

[8] Zum Forschungsstand in Bezug auf mögliche Zusammenhänge zwischen Relevanzzuschreibungen und dem Lernverhalten vgl. Abschnitt 4.4.2.2.

[9] Zum Forschungsstand in Bezug auf mögliche Zusammenhänge zwischen Relevanzzuschreibungen und Lernstrategien vgl. Abschnitt 4.4.1.3.

[10] Zum Forschungsstand in Bezug auf mögliche Zusammenhänge zwischen Relevanzzuschreibungen und dem Abschreibeverhalten vgl. Abschnitt 4.4.3.2.

[11] Zum Forschungsstand in Bezug auf mögliche Zusammenhänge zwischen Relevanzzuschreibungen und Leistungen vgl. Abschnitt 4.1.1.4.

Zudem sollte untersucht werden, inwiefern sich die Typen in ihrer Abbruchtendenz unterscheiden, da in der vorliegenden Arbeit angenommen wird, dass höhere Relevanzzuschreibungen mit einer geringeren Abbruchtendenz in Verbindung stehen könnten (vgl. Kapitel 1).

Zur Klärung der Forschungsfrage 8b, ob es sich bei der Typenzuordnung um eine zeitlich stabile Eigenschaft handelt, sollte analysiert werden, in welchen Clustern sich die Befragungsteilnehmenden zum Zeitpunkt der Eingangs- und zum Zeitpunkt der Ausgangsbefragung jeweils befinden. Zudem sollte ein χ^2-Test durchgeführt werden, um eine Aussage zur Zufälligkeit des Zusammenhangs der Clusterzuordnung in der Eingangs- und in der Ausgangsbefragung zu treffen, und es sollte Cohen's Kappa berechnet werden, um eine Aussage zur Stabilität der Clusterzugehörigkeit treffen zu können (zu den genannten Zusammenhangsmaßen vgl. Abschnitt 6.3.2).

Alle in der Hauptstudie zur Untersuchung der Forschungsfragen eingesetzten Erhebungsinstrumenten werden im Folgenden noch einmal genauer vorgestellt.

9.2   Erhebungsinstrumente

In Abschnitt 9.2.1 wird zunächst eine Übersicht über die in den Befragungen genutzten Messinstrumente gegeben. Es wurden dabei einerseits persönliche Angaben abgefragt, auf welche in Abschnitt 9.2.2 genauer eingegangen wird, und andererseits teils selbst entwickelte (vgl. Abschnitt 9.2.3) und teils übernommene oder adaptierte Instrumente (vgl. Abschnitt 9.2.4) eingesetzt, um die nötigen Daten für die Analysen zu erhalten, mit denen die Forschungsfragen beantwortet werden sollten.

9.2.1 Übersicht über die genutzten Instrumente

Neben dem selbst entwickelten Messinstrument zu den Relevanzgründen (zur Entwicklung des entsprechenden Messinstruments vgl. Kapitel 7) und dem Messinstrument zu den Relevanzinhalten auf Basis der „Standards für die Lehrerbildung im Fach Mathematik" (DMV et al., 2008) wurden weitere Items und Skalen in den beiden Befragungen eingesetzt. Damit die Befragungen nicht zu zeitintensiv wurden, was zu einer schwindenden Motivation bei der Beantwortung hätte führen können, wurden Konstrukte teils nur zu einem Befragungszeitpunkt abgefragt, wo dies sinnvoll erschien. Die Auswahl der nur zu einem Zeitpunkt eingesetzten Instrumente geschah dabei auf theoretischer Basis. Die Konstrukte

Tabelle 9.1 Aufbau der Fragebögen zu den beiden Messzeitpunkten

Merkmale/ Konstrukte	Anzahl der Items	Likert-Skala	Quelle	MZP 1	MZP 2
Angaben zur Person	6	-	Selbst entwickelt	✓	
Angaben zur Person	2	-			✓
Allg. Relevanz der Studieninhalte	1	6-stufig	Selbst entwickelt	✓	✓
Allg. Relevanz des Mathematikstudiums	1	6-stufig			✓
Relevanzgründe auf der individuellen Dimension	17	6-stufig		✓	✓
Einschätzung zur Umsetzung der individuellen Dimension	17	6-stufig	Selbst entwickelt		✓
Relevanzgründe auf der gesellschaftlich/ beruflichen Dimension (inklusive der anwendungsbezogenen Items)	29	6-stufig	Selbst entwickelt	✓	✓
Einschätzung zur Umsetzung der gesellschaftlich/ beruflichen Dimension (inklusive der anwendungsbezogenen Items)	29	6-stufig			✓
Relevanzinhalt Arithmetik/ Algebra – davon Komplexitätsstufe 4 – davon Komplexitätsstufe 3 – davon Komplexitätsstufe 2 – davon Komplexitätsstufe 1	8 2 2 2 2	6-stufig + neutral	Selbst entwickelt in Anlehnung an die „Standards für die Lehrerbildung im Fach Mathematik" (DMV et al., 2008)	✓	✓
Einschätzung zur Umsetzung der Arithmetik/ Algebra – davon Komplexitätsstufe 4 – davon Komplexitätsstufe 3 – davon Komplexitätsstufe 2 – davon Komplexitätsstufe 1	8 2 2 2 2	6-stufig + neutral			✓

(Fortsetzung)

Tabelle 9.1 (Fortsetzung)

Merkmale/ Konstrukte	Anzahl der Items	Likert-Skala	Quelle	MZP 1	MZP 2
Relevanzinhalt Geometrie – davon Komplexitätsstufe 4 – davon Komplexitätsstufe 3 – davon Komplexitätsstufe 2 – davon Komplexitätsstufe 1	8 2 2 2 2	6-stufig + neutral		✓	✓
Einschätzung zur Umsetzung der Geometrie – davon Komplexitätsstufe 4 – davon Komplexitätsstufe 3 – davon Komplexitätsstufe 2 – davon Komplexitätsstufe 1	8 2 2 2 2	6-stufig + neutral			✓
Relevanzinhalt Lineare Algebra – davon Komplexitätsstufe 3 – davon Komplexitätsstufe 2 – davon Komplexitätsstufe 1	6 2 2 2	6-stufig + neutral		✓	✓
Einschätzung zur Umsetzung der Linearen Algebra – davon Komplexitätsstufe 3 – davon Komplexitätsstufe 2 – davon Komplexitätsstufe 1	6 2 2 2	6-stufig + neutral			✓
Relevanzinhalt Analysis – davon Komplexitätsstufe 4 – davon Komplexitätsstufe 3 – davon Komplexitätsstufe 2 – davon Komplexitätsstufe 1	8 2 2 2 2	6-stufig + neutral		✓	✓
Einschätzung zur Umsetzung der Analysis – davon Komplexitätsstufe 4 – davon Komplexitätsstufe 3 – davon Komplexitätsstufe 2 – davon Komplexitätsstufe 1	8 2 2 2 2	6-stufig + neutral			✓
Softwarekompetenz & Mathematikgeschichte	2	6-stufig + neutral		✓	✓

(Fortsetzung)

Tabelle 9.1 (Fortsetzung)

Merkmale/ Konstrukte	Anzahl der Items	Likert-Skala	Quelle	MZP 1	MZP 2
Einschätzung zur Umsetzung der Softwarekompetenz & Mathematikgeschichte	2	6-stufig + neutral			✓
Mathematische Selbstwirksamkeitserwartung	4	4-stufig	PISA 2006, P. R. Fischer (2014)	✓	✓
Mathematikbezogenes Interesse → gefühlsbezogene Valenz → wertbezogene Valenz → intrinsischer Charakter	6 2 2 2	6-stufig	Angelehnt an: Der Fragebogen zum Studieninteresse (FSI, Krapp et al., 1993)	✓	✓
Mathematisches Selbstkonzept	3	4-stufig	SESSKO; Schöne et al. (2002), modifiziert in LIMA (Kolter et al., 2018)	✓	✓
Ressourcenbezogene Lernstrategien, davon: – Frustrationen hinnehmen – Übungsblatt bearbeiten – investierte Zeit	13 3 5 5	6-stufig	LimSt (Liebendörfer et al., 2020) LIST (Schiefele & Wild, 1994)	✓	
Ressourcenbezogene Lernstrategien, davon: – Frustrationen hinnehmen – Übungsblatt bearbeiten	4 3 1	6-stufig	LimSt (Liebendörfer et al., 2020)		✓
Motivation – intrinsische Motivation – identifizierte Regulation – introjizierte Regulation – externale Regulation	 5 4 4 4	5-stufig	Müller et al., 2007	✓	

(Fortsetzung)

Tabelle 9.1 (Fortsetzung)

Merkmale/ Konstrukte	Anzahl der Items	Likert-Skala	Quelle	MZP 1	MZP 2
Mathematisches Weltbild (Beliefs) – Prozessaspekt – Toolboxaspekt – Anwendungsaspekt – Systemaspekt	 4 5 4 7	5-stufig	Teilskala aus Grigutsch et al. (1998)	✓	
Lernverhalten – in der Vorlesung – zwischen zwei Sitzungsterminen	 4 4	6-stufig	Adaptiert von Farah (2015)		✓
Abbruchtendenz	2	6-stufig	Selbst entwickelt		✓
Kognitive Lernstrategien, davon: – Üben (Wiederholen) – Auswendiglernen (Wiederholen) – Vernetzen (Elaborieren) – Praxisbezüge herstellen (Elaborieren)	14 3 4 4 3	6-stufig	LimSt (Liebendörfer et al., 2020)		✓
Einstellung zum Beweisen	4	6-stufig	Teilskala von Kempen (2019)		✓
Aufgabenbezogene Selbstwirksamkeitserwartung	4	6-stufig	Unveröffentlichte Teilskala aus Liebendörfer et al. (2020)		✓
Abschreiben	1	6-stufig	Liebendörfer & Göller, 2016b		✓
Anzahl der bearbeiteten Übungszettel & erreichte Punkte	2 2	-	Selbst entwickelt		✓
Offenes Item zu weiteren relevanten Inhalten des Mathematikstudiums aus eigener Sicht	1	-	Selbst entwickelt	✓	✓

zum Lernverhalten in der Vorlesung und zwischen den Sitzungsterminen beispielsweise wurden nur zum zweiten Zeitpunkt abgefragt, da die Studierenden dazu zum ersten Zeitpunkt, an dem sie noch am Anfang ihres ersten Studiensemesters standen, kaum eine Aussage treffen konnten. Eine Auflistung aller abgefragten Konstrukte mit den Anzahlen der eingesetzten Items, den Antwortformaten, den zugrunde liegenden Quellen und der Angabe zu den Messzeitpunkten (Abkürzung MZP), an denen sie eingesetzt wurden, ist Tabelle 9.1 zu entnehmen. In den folgenden Kapiteln werden sie näher beleuchtet. Vorgeschaltet vor die inhaltlichen Fragenblöcke war in beiden Fragebögen die Abfrage des persönlichen Codes der Studierenden, um die Daten im Längsschnitt einander zuordnen zu können (vgl. Abschnitt 9.3.3).

9.2.2 Persönliche Angaben

In der Eingangsbefragung wurden sechs Items zu persönlichen Angaben eingesetzt. Neben dem Geschlecht und dem Alter wurden der Schulabschluss, die Schulabschlussnote, der zuletzt belegte schulische Mathematikkurs und die darin erzielte Note abgefragt. Die Schulabschlussnote und die Mathematikkursnote sollten im Rahmen der Analysen auch als Leistungsindikatoren genutzt werden (vgl. Abschnitt 9.1) und für ihre Vergleichbarkeit erschien ein Wissen darüber sinnvoll, auf welchem Anforderungsniveau sie erbracht worden waren. Die persönlichen Angaben wurden wegen der Länge des Ausgangsfragebogens darin stark gekürzt. In diesem wurden nur Geschlecht und Alter abgefragt, um gegebenenfalls bei leicht abweichenden personenbezogenen Codes, die aus Missverständnissen entstanden sein könnten, dennoch die zueinander gehörigen Fragebögen aus Eingangs- und Ausgangsbefragung einander zuordnen zu können.

9.2.3 Selbst entwickelte Instrumente

Anschließend an die personenbezogenen Daten wurde in beiden Fragebögen mithilfe eines einzelnen Items abgefragt, wie relevant die Inhalte des Mathematikstudiums insgesamt empfunden wurden („Für wie relevant halten Sie die Inhalte Ihres Mathematikstudiums [Mathematik und Mathematikdidaktik, nicht Ihr weiteres Fach]?"). Im Ausgangsfragebogen wurde zusätzlich ein Item eingesetzt, in dem die Studierenden die Relevanz der Gesamtheit des Mathematikstudiums aus ihrer Sicht bewerten sollten („Für wie relevant halten Sie die Gesamtheit ihres Mathematikstudiums?"). Beide Items wurden auf sechsstufigen Likertskalen mit „gar nicht relevant" als niedrigster und „sehr relevant" als höchster Ausprägung abgefragt. Neben der Globaleinschätzung zur Relevanz der Studieninhalte wurde für die Ausgangsbefragung auch die Globaleinschätzung zur Relevanz des gesamten Mathematikstudiums in den Blick genommen, um zu überprüfen, ob sich verschiedene Ergebnisse ergeben, wenn die Relevanz der Inhalte oder des gesamten Studiums eingeschätzt werden soll (zur Begründung vgl. Abschnitt 9.1). Da dies jedoch kein zentrales Ziel der Arbeit ist, wurden nur zu einem Zeitpunkt beide Items eingesetzt und dies geschah zum zweiten Zeitpunkt, da die Studierenden an diesem Punkt bereits länger Mathematik studierten und davon ausgegangen wurde, dass sie demnach eine fundiertere Einschätzung abgeben konnten.

Im Eingangsfragebogen folgten vier Blocks, in denen Items eingesetzt wurden, die die von den Studierenden empfundene Wichtigkeit von individuell-intrinsischen, individuell-extrinsischen, gesellschaftlich/beruflich-intrinsischen und gesellschaftlich/ beruflich-extrinsischen Relevanzgründen abfragten (Beispielitems finden sich in Abschnitt 7.3.7). Dabei wurden alle Items eingesetzt, die dazu ursprünglich entwickelt worden waren. Erst auf Grundlage der Daten wurde das tatsächlich zur Messung der Relevanzgründe genutzte Instrument entwickelt und in diesem Zug wurden Items ausgeschlossen (vgl. Abschnitt 7.3.7 für das Messinstrument, vgl. Abschnitt 7.3 für den gesamten Prozess der Entwicklung des Messinstruments).

Zusätzlich zu den für die Entwicklung des Messinstruments zu den gesellschaftlich/ beruflichen Relevanzgründen genutzten Items wurden Items eingesetzt, die ebenfalls gesellschaftlich/ berufliche Relevanzgründe behandeln aber anwendungsbezogener formuliert sind (vgl. Tabelle 9.2). Während die Items aus dem Messinstrument zu den gesellschaftlich/ beruflichen Relevanzgründen recht abstrakt bleiben und so eine Vielzahl verschiedener spezifischer Gründe umfassen, wurden in diesen zusätzlichen Items spezifische Aspekte abgefragt, die im Rahmen der Ausbildung von Mathematiklehrkräften in der Bildungspolitik diskutiert werden.

Die Items decken einerseits anwendungsbezogene gesellschaftlich/ beruflich-intrinsische Relevanzgründe und andererseits anwendungsbezogene gesellschaftlich/ beruflich-extrinsische Relevanzgründe ab. Sie können als verbindendes Element zwischen der aktuellen bildungspolitischen Diskussion und dem Modell der Relevanzgründe in der vorliegenden Arbeit gewertet werden. Die einzelnen Items sprechen unterschiedliche Gründe an, warum in anwendungsbezogener Sicht eine Relevanz des Mathematikstudiums aus gesellschaftlich/ beruflich-intrinsischen bzw. -extrinsischen Gründen gesehen werden könnte. Es wird angenommen, dass

Tabelle 9.2 Items zu anwendungsbezogenen gesellschaftlich/ beruflichen Relevanzgründen

Mir ist es in meinem Mathematikstudium wichtig, dass…	
… ich dem gesellschaftlichen Anspruch gerecht zu werden lerne, die Relevanz der Mathematik zu vermitteln.	Extrinsisch
… ich dem gesellschaftlichen Anspruch gerecht zu werden lerne, die SchülerInnen auf ein MINT-Studium vorzubereiten.	
… ich dem gesellschaftlichen Anspruch gerecht zu werden lerne, SchülerInnen Spaß an der Mathematik zu vermitteln.	
… ich dem gesellschaftlichen Anspruch gerecht zu werden lerne, den SchülerInnen die Schönheit der Mathematik näher zu bringen.	
… ich dem gesellschaftlichen Anspruch gerecht zu werden lerne, die SchülerInnen auf den Umgang mit Big Data vorzubereiten.	
… ich lerne, die von mir wahrgenommene Relevanz der Mathematik an SchülerInnen weiterzugeben.	intrinsisch
… ich lerne, viele SchülerInnen dazu zu qualifizieren, dass sie wie ich ein MINT-Studium beginnen können.	
… ich lerne, wie ich den SchülerInnen so viel Spaß an der Mathematik vermitteln kann, wie ich für richtig halte.	
… ich lerne, wie ich meine Ziele bei der Vermittlung der Schönheit der Mathematik erreichen kann.	
… ich lerne, den SchülerInnen den Umgang mit Big Data gemäß meinen eigenen Ansprüchen zu vermitteln.	

sie unterschiedliche Aspekte anwendungsbezogener gesellschaftlich/ beruflich-intrinsischer oder anwendungsbezogener gesellschaftlich/ beruflich-extrinsischer Relevanzgründe abdecken und weder austauschbar sind noch miteinander korrelieren müssen. Damit werden hier Eigenschaften angenommen, die nur mit formativen Messmodellannahmen (vgl. Abschnitt 6.3.1.2) nicht aber mit reflektiven Messmodellannahmen (vgl. Abschnitt 6.3.1.1) vereinbar sind. Demnach wird hier ein formatives Messmodell zugrunde gelegt.

Alle Items zu individuellen und gesellschaftlich/ beruflichen Relevanzgründen inklusive der anwendungsbezogenen Items der gesellschaftlich/ beruflichen Dimension sollten auf sechsstufigen Likertskalen mit den Ausprägungen „trifft gar nicht zu" bis „trifft völlig zu" beantwortet werden. Im Ausgangsfragebogen wurden die gleichen Itemblöcke in identischer Weise eingesetzt. Allerdings wurden zwischen diese Blöcke, in denen die empfundene Wichtigkeit der Relevanzgründe der beiden Dimensionen abgefragt wurde, Blöcke eingefügt, in denen jeweils abgefragt wurde, inwiefern die Studierenden der Meinung waren, die abgefragten Konsequenzen in ihrem Mathematikstudium erreichen zu können, in denen die Studierenden also Einschätzungen zur Umsetzung der Dimensionsausprägungen abgeben sollten (Beispielitem: „In meinem Mathematikstudium trifft es zu, dass ich faszinierende Dinge lerne" für eine Einschätzung, dass Konsequenzen der individuell-intrinsischen Dimensionsausprägung mit dem Studium erreicht werden können). Das Antwortformat der sechsstufigen Likertskalen war dabei das gleiche wie bei den Items zur eingeschätzten Wichtigkeit der Relevanzgründe.

Anschließend an die Items zu den Relevanzgründen und den assoziierten Items zu den Einschätzungen zur Umsetzung wurden im Eingangsfragebogen Items eingesetzt, die die Wichtigkeit von Inhalten aus den Bereichen Arithmetik/ Algebra, Geometrie, Lineare Algebra und Analysis abfragten. Diese Themengebiete wurden aus den „Standards für die Lehrerbildung im Fach Mathematik" (DMV et al., 2008) übernommen, wo gefordert wird, dass Mathematiklehrkräfte Kompetenzen in diesen Inhaltsbereichen erwerben sollten (vgl. Abschnitt 2.2.1.2 und Abschnitt 2.2.1.3). Um auch die in den „Standards für die Lehrerbildung im Fach Mathematik" (DMV et al., 2008) angenommenen Komplexitätsstufen (vgl. Abschnitt 2.2.1.4) abzudecken und so Aussagen dazu treffen zu können, ob Studierende es beispielsweise eher relevant finden, nur auf grundlegenderem Niveau vorbereitet zu werden oder auch auf höherem Niveau, wurden pro Themengebiet zwei Aspekte jeder Komplexitätsstufe ausgewählt. Somit gab es beispielsweise für die Analysis zwei Aspekte auf Stufe 4, zwei auf Stufe 3, zwei auf Stufe 2 und zwei auf Stufe 1. Insgesamt erhält man für die vier Themengebiete zunächst 30 Aspekte, da für Lineare Algebra in den „Standards für die Lehrerbildung im Fach Mathematik" (DMV et al., 2008) keine Aspekte für die Stufe 4 genannt werden (vgl. Tabelle 2.1 in Abschnitt 2.2.1.5 für die einzelnen Aspekte der Themengebiete aufgegliedert für die Komplexitätsstufen). Die ausgewählten Aspekte wurden dann so umformuliert, dass in den Items abgefragt wurde, inwiefern den Studierenden das Erlernen der jeweiligen Kompetenz wichtig erschien. Dies soll exemplarisch für den Bereich der Arithmetik/ Algebra beschrieben werden. Ausgangspunkt für die Erstellung der Items war hier die Aufzählung in Tabelle 9.3, in der alle Kompetenzen angegeben sind, die in den „Standards für die Lehrerbildung im Fach Mathematik" (DMV et al., 2008) auf den verschiedenen Komplexitätsstufen für das Themengebiet Arithmetik/ Algebra angegeben werden.

Die jeweils hervorgehobenen Aspekte wurden in diesem Fall ausgewählt, um daraus die Items zu konstruieren. Dabei wurde weiterhin darauf geachtet, in einem Item immer nur einen einzelnen Aspekt abzufragen, um nicht

Tabelle 9.3 Kompetenzen auf den einzelnen Stufen für Arithmetik/ Algebra (adaptiert nach DMV et al., 2008)

Stufe	Die Studierenden
4	- **kennen Darstellungsformen für natürliche Zahlen, Bruchzahlen und rationale Zahlen und verfügen über Beispiele, Grundvorstellungen und begriffliche Beschreibungen für ihre jeweilige Aspektvielfalt** - beschreiben die Fortschritte im progressiven Aufbau des Zahlensystems und argumentieren mit dem Permanenzprinzip als formaler Leitidee - ermessen die kulturelle Leistung, die in der Entwicklung des Zahlbegriffs und des dezimalen Stellenwertsystems steckt - **erfassen die Gesetze der Anordnung und der Grundrechenarten für natürliche und rationale Zahlen in vielfältigen Kontexten und können sie formal sicher handhaben** - kennen und nutzen grundlegende Zusammenhänge der elementaren Teilbarkeitslehre - kennen und verwenden im Umgang mit Zahlenmustern präalgebraische Darstellungs- und Argumentationsformen und erste formale Sprachmittel (Variable)
3	- **beschreiben die Grenzen der rationalen Zahlen bei der theoretischen Lösung des Messproblems** - geben Beispiele für den Umgang der Mathematik mit dem unendlich Großen und mit dem unendlich Kleinen (z.B. Mächtigkeit, Dichtheit) - **erfassen Gesetze und Bedeutung der Potenzrechnung und des Logarithmus für die Mathematik und ihre Anwendungen** - nutzen Taschenrechner und Tabellenkalkulation zum Erkunden arithmetischer Zusammenhänge und zum Lösen numerischer Probleme und reflektieren über Fragen der Genauigkeit
2	- **erläutern die Vollständigkeit und weitere Eigenschaften der reellen Zahlen an Beispielen** - **handhaben die elementar-algebraische Formelsprache** und beschreiben die Bedeutung der Formalisierung in diesem Rahmen - verwenden grundlegende algebraische Strukturbegriffe und zugehörige strukturerhaltende Abbildungen in Zahlentheorie und Geometrie (z.B. Restklassenringe, Symmetriegruppen) - nutzen Computeralgebrasysteme zur Darstellung und Exploration funktionaler und elementarer algebraischer Zusammenhänge und als heuristisches Werkzeug zur Lösung von Problemen
1	- **verwenden Axiomatik und Konstruktion zur formalen Grundlegung von Zahlbereichen (bis hin zu den komplexen Zahlen) und beherrschen dazu begriffliche Werkzeuge wie Äquivalenzklassen und Folgen** - **beschreiben Zusammenhänge der Teilbarkeitslehre formal** und nutzen sie zum Lösen von Problemen - beschreiben die Vorteile algebraischer Strukturen in verschiedenen mathematischen Zusammenhängen (Zahlentheorie, Analysis, Geometrie) und nutzen sie zum Lösen von Gleichungen (z.B. Konstruktion mit Zirkel und Lineal)

vor dem Problem zu stehen, dass Studierende verschiedene Aspekte als unterschiedlich relevant beurteilt werden könnten und diese dann nicht wüssten, welche Antwortmöglichkeit sie wählen sollten. So wurden aus den in Tabelle 9.3 hervorgehobenen Aspekten die in Tabelle 9.4 angegebenen Items.

Tabelle 9.4 Items zur Relevanz im Themengebiet Arithmetik/ Algebra

Itembezeichnung	Mir ist es in meinem Mathematikstudium wichtig, dass …
ArithAl41	… ich über Grundvorstellungen zur Aspektvielfalt von natürlichen Zahlen, Bruchzahlen und rationalen Zahlen verfüge.
ArithAl42	… ich die Gesetze der Grundrechenarten für natürliche und rationale Zahlen formal sicher handhaben kann.
ArithAl31	… ich die Grenzen der rationalen Zahlen bei der theoretischen Lösung des Messproblems beschreiben kann.
ArithAl32	… ich die Gesetze des Logarithmus für die Mathematik und ihre Anwendungen erfasse.
ArithAl21	… ich die Vollständigkeit der reellen Zahlen an Beispielen erläutern kann.
ArithAl22	… ich die elementar-algebraische Formelsprache handhaben kann.
ArithAl11	… ich begriffliche Werkzeuge wie Äquivalenzklassen zur formalen Grundlegung von Zahlbereichen beherrsche.
ArithAl12	… ich Zusammenhänge der Teilbarkeitslehre formal beschreiben kann.

Als Antwortformat wurden auch hier sechsstufige Likertskalen mit den Ausprägungen „trifft gar nicht zu" bis „trifft völlig zu" eingesetzt, ergänzt um eine Antwortmöglichkeit „kann ich nicht beurteilen". Die Kategorie „kann ich nicht beurteilen" wurde eingesetzt, um Studierenden die Möglichkeit zu geben, Items, die Inhalte behandelten, welche die Studierenden nicht kannten, nicht beurteilen zu müssen. Die gleichen Items wurden auch im Ausgangsfragebogen eingesetzt, hier wiederum jeweils ergänzt um Blöcke, in denen die Einschätzung zur Umsetzung im Mathematikstudium bewertet werden sollte (Beispielitem: „In meinem Mathematikstudium trifft es zu, dass ich gelernt habe, was Grundvorstellungen zur Aspektvielfalt von natürlichen Zahlen, Bruchzahlen und rationalen Zahlen sind").

Ebenfalls in Anlehnung an die Forderungen in den „Standards für die Lehrerbildung im Fach Mathematik" (DMV et al., 2008) wurden sowohl im Eingangsals auch im Ausgangsfragebogen zwei Items eingesetzt, die einerseits die empfundene Wichtigkeit des Erlernens des Umgangs mit mathematischer Software

(„Mir ist es in meinem Mathematikstudium wichtig, dass ich den Umgang mit in der Schule genutzter mathematischer Software lerne") und andererseits des Kennenlernens der historischen und kulturellen Bedeutung der Mathematik („Mir ist es in meinem Mathematikstudium wichtig, dass ich die historische und kulturelle Bedeutung der Mathematik kennenlerne") abfragten. Auch hier wurden sechsstufige Likertskalen („trifft gar nicht zu" bis „trifft völlig zu" mit zusätzlicher Möglichkeit „kann ich nicht beurteilen") genutzt und im Ausgangsfragebogen wurden die Items ergänzt um entsprechende Items zur Abfrage der Einschätzung zur Umsetzung im Mathematikstudium (Beispielitem: „In meinem Mathematikstudium trifft es zu, dass ich den Umgang mit in der Schule genutzter mathematischer Software gelernt habe.").

Weitere selbst entwickelte Items betrafen im Ausgangsfragebogen die Abbruchtendenz und die Leistungen in den Übungszetteln zur Analysis und Linearen Algebra. Zur Abbruchtendenz wurden zwei selbstentwickelte Items eingesetzt (Beispielitem: „Allgemein könnte ich mir vorstellen, das Mathematikstudium abzubrechen"), die auf einer sechsstufigen Likertskala mit Antwortmöglichkeiten von „trifft gar nicht zu" bis „trifft völlig zu" beantwortet werden sollten. Die Leistung in den Übungszetteln wurde abgefragt, indem jeweils für die Analysis und für die Lineare Algebra abgefragt wurde, wie viele Übungszettel bearbeitet worden waren und wie viele Punkte dabei erreicht worden waren.

Außerdem wurde in beiden Befragungen ein offenes Item mit der Fragestellung „Gibt es weitere Studieninhalte, die für Sie besonders relevant sind? Falls ja, welche?" eingesetzt.

9.2.4 Übernommene und adaptierte Instrumente zu psychologischen Konstrukten und Studienaktivitäten

Neben diesen selbst entwickelten Items wurden Skalen eingesetzt, die bereits in anderen Studien eingesetzt und validiert wurden und dort ausreichend gute Reliabilitäten erzielten. Deren interne Konsistenzen in früheren Studien sind Tabelle 9.5 zu entnehmen.

Die vier Items zur mathematischen Selbstwirksamkeitserwartung[12] (Beispielitem: „In Mathematik bin ich mir sicher, dass ich auch den schwierigsten Stoff verstehen kann"), die sowohl im Eingangs- als auch im Ausgangsfragebogen

---

[12] Zum theoretischen Hintergrund zu Selbstwirksamkeitserwartungen vgl. Abschnitt 4.3.1.3.

Tabelle 9.5 Interne Konsistenzen der adaptierten Skalen in früheren Forschungsarbeiten

Skala	Cronbachs Alpha	Quelle
Mathematische Selbstwirksamkeitserwartung	$\alpha = ,85$	P. R. Fischer (2014, Kapitel 11)
Mathematikbezogenes Interesse	$\alpha = ,90$	Krapp et al. (1993)
Mathematisches Selbstkonzept	$\alpha > ,86$	Kolter et al. (2018)
Ressourcenbezogene Lernstrategien	$\alpha \geq ,73$	Liebendörfer et al. (2020); Schiefele & Wild (1994)
Regulationsformen der Motivation	$\alpha \geq ,75$	Müller et al. (2007)
Mathematisches Weltbild	$\alpha \geq ,71$	Teilskalen der Skalen mit zusätzlichen Items aus Grigutsch und Törner (1998), die eingesetzten Teilskalen müssen ein mindestens gleich großes Alpha zeigen
Lernverhalten	$\alpha \geq ,84$	Farah (2015, Kapitel IV.4)
Kognitive Lernstrategien	$\alpha \geq ,67$	Liebendörfer et al. (2020)
Einstellung zum Beweisen	$\alpha \geq ,67$	Skala bestehend aus 6 Items aus Kempen (2019, Abschnitt 7.2), die eingesetzte Teilskala aus 4 Items muss ein mindestens gleich großes Alpha zeigen
Aufgabenbezogene Selbstwirksamkeitserwartung	$\alpha \geq ,75$	Unveröffentlichte Teilskala aus Liebendörfer et al. (2020)

eingesetzt wurden, wurden übernommen von P. R. Fischer (2014), der diese wiederum aus PISA 2006 adaptierte. Die Items wurden auf vierstufigen Likertskalen („trifft gar nicht zu" bis „trifft völlig zu") abgefragt.

Auch das mathematikbezogene Interesse[13], abgefragt mit sechs Items, davon zwei zur gefühlsbezogenen Valenz (Beispielitem: „Auch wenn die Beschäftigung mit Mathematik anstrengend ist, so ist dies doch eine schöne Sache"), zwei zur wertbezogenen Valenz (Beispielitem: „Die Beschäftigung mit Hochschulmathematik ist mir wichtiger als Zerstreuung, Freizeit und Unterhaltung") und zwei zum intrinsischen Charakter (Beispielitem: „Ich bin sicher, dass das

---

[13] Zum theoretischen Hintergrund zum mathematikbezogenen Interesse vgl. Abschnitt 4.3.1.2.

Studium in Mathematik meine Persönlichkeit positiv beeinflusst"), adaptiert aus dem Fragebogen zum Studieninteresse (FSI, Krapp et al., 1993), wurde in beiden Befragungen abgefragt. Hier wurde mit sechsstufigen Likertskalen mit den Ausprägungen „trifft gar nicht zu" bis „trifft völlig zu" gearbeitet.

Als letzte Skala, die in beiden Befragungen eingesetzt wurde, ist die Skala zum mathematikbezogenen Selbstkonzept[14], bestehend aus drei Items, zu nennen. Diese wurde in der aus den Skalen zur Erfassung des schulischen Selbstkonzepts (SESSKO, Schöne et al., 2002) adaptierten Version des LIMA-Projekts (Kolter et al., 2018) eingesetzt. Die Items wurden auf vierstufigen Likertskalen gemessen: „Ich bin für Mathematik... [unbegabt]-[begabt]", „Ich verstehe Mathematik meist... [schlecht]-[gut]", „In Mathematik fallen mir viele Aufgaben [schwer]-[leicht]".

Im Eingangsfragebogen wurden darüber hinaus ressourcenbezogene Lernstrategien, Regulationsstile der Motivation und das mathematische Weltbild abgefragt. Zu den ressourcenbezogenen Lernstrategien[15] wurden 13 Items eingesetzt, davon drei zur Frustrationsresistenz (Beispielitem: „Auch wenn ich frustriert bin, lerne ich trotzdem weiter") übernommen aus dem LimSt (Liebendörfer et al., 2020), fünf zur Anstrengung bei Übungsaufgaben (Beispielitem: „Bei Übungsaufgaben versuche ich, alles hinzubekommen") ebenfalls übernommen aus dem LimSt (Liebendörfer et al., 2020) und fünf Items aus dem LIST (Schiefele & Wild, 1994) zur investierten Zeit (Beispielitem: „Ich nehme mir mehr Zeit zum Lernen als die meisten meiner Studienkollegen"). Alle Items zu den ressourcenbezogenen Lernstrategien wurden auf sechsstufigen Likertskalen abgefragt („trifft gar nicht zu" bis „trifft völlig zu").

Zu den Regulationsstilen der Motivation[16] wurden insgesamt 17 Items eingesetzt, davon fünf zur intrinsischen Motivation (Beispielitem: „Ich studiere und lerne für Mathematik, weil es mir Spaß macht") und je vier zur identifizierten (Beispielitem: „Ich studiere und lerne für Mathematik, um später einen bestimmten Job zu bekommen"), introjizierten (Beispielitem: „Ich studiere und lerne für Mathematik, weil ich möchte, dass mein Umfeld denkt, ich bin ein/e gute/r Student/in") und zur externalen Regulation (Beispielitem: „Ich studiere und lerne für Mathematik, weil ich sonst Druck von zu Hause bekomme"). Dazu

---

[14] Zum theoretischen Hintergrund zum mathematikbezogenen Selbstkonzept vgl. Abschnitt 4.3.2.

[15] Zum theoretischen Hintergrund zu den Lernstrategien vgl. Abschnitt 4.4.1.

[16] Zum theoretischen Hintergrund zu den Regulationsstilen der Motivation vgl. Abschnitt 4.3.1.1.

wurden Skalen von Müller et al. (2007) in ihrer im Rahmen des WiGeMath Projekts (Hochmuth et al., 2018) adaptierten Version eingesetzt. Das Antwortformat war durch eine fünfstufige Likertskala („stimmt gar nicht" bis „stimmt genau") gegeben.

Das mathematische Weltbild[17] schließlich wurde mit vier Items zu den Prozessbeliefs (Beispielitem: „Mathematik lebt von Einfällen und neuen Ideen"), fünf Items zu den Toolboxbeliefs (Beispielitem: „Mathematik ist eine Sammlung von Verfahren und Regeln, die genau angeben, wie man Aufgaben löst"), vier Items zu den Anwendungsbeliefs (Beispielitem: „Mathematik hilft, alltägliche Aufgaben und Probleme zu lösen") und sieben Items zu den Systembeliefs (Beispielitem: „Kennzeichen von Mathematik sind Klarheit, Exaktheit und Eindeutigkeit") abgefragt, welche von Grigutsch et al. (1998) übernommen wurden. Das Antwortformat der Likertskala war hier fünfstufig („stimmt gar nicht" bis „stimmt genau").

Auch im Ausgangsfragebogen wurden ressourcenbezogene Lernstrategien abgefragt, allerdings nur die drei Items zur Frustrationsresistenz von Liebendörfer et al. (2020) und ein Item zur Anstrengung bei Übungsaufgaben aus derselben Quelle („Ich denke über Aufgaben immer weiter nach, auch wenn ich gerade nicht weiterkomme"). Darüber hinaus wurden im Ausgangsfragebogen das Lernverhalten in der Vorlesung und zwischen den Sitzungsterminen, kognitive Lernstrategien, die Einstellung zum Beweisen, die aufgabenbezogene Selbstwirksamkeitserwartung und das Abschreibeverhalten abgefragt.

Das Lernverhalten[18] in der Vorlesung (Beispielitem: „Ich habe alles von der Tafel abgeschrieben, was der Dozent angeschrieben hat") und zwischen den Terminen (Beispielitem: „Zwischen zwei Sitzungsterminen habe ich nochmal alles durchgelesen, was wir in der vorherigen Sitzung gemacht hatten") wurde abgefragt durch je vier Items, die im Rahmen des WiGeMath Projekts (Hochmuth et al., 2018) adaptiert worden waren aus einem französischen Fragebogen (Farah, 2015). Dabei wurden sechsstufige Likertskalen mit Antwortmöglichkeiten von „trifft gar nicht zu" bis „trifft völlig zu" eingesetzt.

Zu den kognitiven Lernstrategien[19] gab es insgesamt 14 Items, alle übernommen aus dem LimSt (Liebendörfer et al., 2020). Von diesen Items bezogen sich drei auf die Wiederholungsstrategie des Übens (Beispielitem: „Verfahren übe ich

---

[17] Zum theoretischen Hintergrund zum mathematischen Weltbild vgl. Abschnitt 4.3.3.

[18] Zum theoretischen Hintergrund zum Lernverhalten in der Vorlesung und zwischen den Terminen vgl. Abschnitt 4.4.2.

[19] Zum theoretischen Hintergrund zu den Lernstrategien vgl. Abschnitt 4.4.1.

möglichst oft, damit ich sie im Schlaf kann"), vier auf die Wiederholungsstrategie des Auswendiglernens (Beispielitem: „Ich präge mir Rechenregeln gut ein, so dass ich sie nicht mehr vergesse"), vier auf die Elaborationsstrategie des Vernetzens (Beispielitem: „Ich versuche in Gedanken, das Gelernte mit dem zu verbinden, was ich schon weiß") und drei auf die Elaborationsstrategie des Herstellens von Praxisbezügen (Beispielitem: „Bei neuem Stoff überlege ich mir, was man praktisch damit tun kann"). Die Lernstrategieverwendung wurde auf sechsstufigen Likertskalen („trifft gar nicht zu" bis „trifft völlig zu") abgefragt.

Um die Einstellung zum Beweisen[20] zu messen, wurden vier Items der Skala zur Beweisaffinität von Kempen (2019, Kapitel 3) eingesetzt (Beispielitem: „Ich sehe das Beweisen als eine intellektuelle Herausforderung, der ich mich gerne stelle") mit dem Antwortformat einer sechsstufigen Likertskala mit den Abstufungen „stimmt gar nicht" bis „stimmt genau".

Sowohl das Abschreibeverhalten[21] („Beim Bearbeiten von Übungsaufgaben habe ich dieses Semester fertige Lösungen von anderen Studenten übernommen"), gemessen mit einem einzelnen, von Liebendörfer und Göller (2016b) übernommenen Item, als auch die aufgabenbezogene Selbstwirksamkeitserwartung[22] (unveröffentlichte Skala von Liebendörfer et al., 2020), gemessen mit vier Items (Beispielitem: „Es scheint mir unmöglich, die Übungsaufgaben alleine und nur mit Hilfe des Skripts zu lösen" – invers codiert), wurden auf einer sechsstufigen Likertskala mit den Abstufungen „stimmt gar nicht" bis „stimmt genau" abgefragt.

9.3 Durchführung der Erhebungen

Nachdem nun dargestellt wurde, welche Messinstrumente in den beiden Befragungen der Hauptstudie eingesetzt wurden, soll im Folgenden die Durchführung der Erhebungen beschrieben werden. Dazu wird zunächst auf den Ablauf der Fragebogenerhebungen eingegangen (vgl. Abschnitt 9.3.1) und es wird dargestellt, wie zusätzlich Leistungsdaten erhoben wurden (vgl. Abschnitt 9.3.2). Zudem soll beschrieben werden, wie im Rahmen der Erhebungen die Forschungsethik gewährleistet wurde (vgl. Abschnitt 9.3.3). Schließlich wird das Sample beschrieben, das mit den Erhebungen der Hauptstudie erreicht wurde (vgl. Abschnitt 9.3.4).

---

[20] Zum theoretischen Hintergrund zur Einstellung zum Beweisen vgl. Abschnitt 4.3.4.

[21] Zum theoretischen Hintergrund zum Abschreibeverhalten vgl. Abschnitt 4.4.3.

[22] Zum theoretischen Hintergrund zu Selbstwirksamkeitserwartungen vgl. Abschnitt 4.3.1.3.

9.3.1 Ablauf der Fragebogenerhebungen

Die erste Befragung der Hauptstudie fand in der zweiten Vorlesungswoche des Wintersemesters 2018/19 im Rahmen einer fachdidaktischen Vorlesung statt, welche sich an Studierende des fächerübergreifenden Bachelors mit Mathematik im ersten Semester richtet. Die zweite Erhebung fand in der vorletzten Vorlesungswoche des gleichen Semesters statt, allerdings in den zugehörigen Übungsgruppen zu der genannten Vorlesung. Bei beiden Befragungen handelte es sich um paper-pencil-Befragungen.

Es wurden alle Studierenden um ihre Mithilfe bei den Befragungen gebeten, die die Veranstaltung, in der die Erhebungen durchgeführt wurden, in dem entsprechenden Semester besuchten. Dabei wurde ihnen zu Beginn erklärt, warum ihre Teilnahme wichtig sei, um so ihre Motivation zur Teilnahme an den Befragungen zu erhöhen. Die Darlegung des Zwecks einer Befragung ist auch aus datenschutzrechtlichen Gründen sinnvoll. Um möglichst viele auswertbare Ergebnisse zu erhalten, wurden die Studierenden mithilfe eines Beispiels instruiert, wie die Fragen zu beantworten seien. Zudem wurden sie darüber informiert, dass es keine richtigen und falschen Antworten gab, sondern nur ihre persönliche Einschätzung wichtig war.

Die Studierenden hatten an beiden Befragungszeitpunkten so viel Zeit für die Beantwortung der Fragebögen, wie sie in Anspruch nehmen wollten. Die Testleitung hatte während der Fragebogenerhebungen die Aufgaben, die Befragung kurz vorzustellen, wobei ausschließlich auf die Informationen auf dem Deckblatt eingegangen wurde, die Fragebögen auszuteilen, die Befragung zu beaufsichtigen und die ausgefüllten Fragebögen wieder einzusammeln. Es wurden keine inhaltlichen Fragen beantwortet.

9.3.2 Erhebung von Leistungsdaten

Ebenfalls im Wintersemester 2018/19 wurden die Studierenden im Fächerübergreifenden Bachelor, die an der Klausur zur Linearen Algebra I teilnahmen, um die Freigabe ihrer Punktzahlen in den einzelnen Aufgaben und die Freigabe der Gesamtnote in der betreffenden Klausur zu Zwecken der vorliegenden Forschungsarbeit gebeten. Die Klausur konnte zu zwei Terminen geschrieben werden, wobei es sowohl Studierende gibt, die den zweiten Termin als Zweitversuch nutzen, weil sie bei der ersten Klausur durchgefallen sind, als auch solche, die erst am zweiten Termin zum ersten Mal die Klausur schreiben. Der erste

Termin lag in der ersten Woche der vorlesungsfreien Zeit am Ende des Wintersemesters 2018/19 und der zweite in der letzten Woche des gleichen Semesters,
eine Woche vor dem Beginn der Vorlesungszeit des Sommersemesters 2019.

Als zweiter Leistungsindikator diente die Abfrage der erreichten Punktzahlen in den Übungszetteln zur Linearen Algebra I und zur Analysis I, die im
Fragebogen der zweiten Erhebung geschaltet wurde (vgl. Abschnitt 9.2.1).

9.3.3 Forschungsethik

Die Teilnahme an beiden Fragebogenerhebungen wie auch die Angaben zu den
Klausurleistungen waren freiwillig und anonym, worüber die Studierenden aus
Gründen des Datenschutzes informiert wurden. Um trotz der Anonymität der
Daten längsschnittliche Schlüsse ziehen zu können, wurden die Studierenden
instruiert, einen persönlichen Code zu konstruieren. Dieser war dazu angelegt,
um die Angaben einer Person über beide Befragungen längsschnittlich zu verbinden (was wiederum ermöglicht, Rückschlüsse auf individuelle Veränderungen zu
ziehen), sowie die Daten aus den Fragebögen mit den Leistungsdaten zu verknüpfen, um Zusammenhänge zwischen Leistungen und den Relevanzzuschreibungen
der Studierenden analysieren zu können. Die Codes generierten die Studierenden aus den ersten zwei Buchstaben des Vornamens der Mutter, den ersten zwei
Buchstaben des Vornamens des Vaters und dem Tag des eigenen Geburtstages.

Die Informationen zum Datenschutz in den Fragebogenerhebungen erhielten
die Studierenden über ein Informationsblatt, welches das Deckblatt der jeweiligen
Befragung darstellte und auf dem die Studierenden auch ihren individuellen Code
generierten. Zudem erhielten sie eine E-Mail-Adresse, an die sie sich wenden
konnten, falls sie im Nachhinein ihre Daten löschen lassen wollten. Im Rahmen
der Abfrage der Klausurdaten waren die Informationen darüber, dass die Angaben anonym und freiwillig waren, jederzeit widerrufen werden konnten und nur
zu Zwecken der Dissertation genutzt wurden, auf einem Deckblatt zur Klausur
aufgeführt, auf dem die Studierenden im Falle ihrer Einwilligung ihre Unter-
schrift leisten mussten. Das entsprechende Formular wurde nach der Korrektur
vom Dozenten einbehalten und konnte von der Autorin nie eingesehen werden.
Im Fall, dass die Studierenden der Freigabe ihrer Daten zum Forschungszweck
zustimmten, mussten sie auf einem separaten Blatt ihren Code angeben. Auf diesem Blatt trugen die Korrektoren dann die Punktzahlen des Studierenden ein und
nur dieses Formular wurde der Autorin zugänglich gemacht.

9.3.4 Sample

An der ersten Fragebogenerhebung nahmen 162 Studierende, davon 78 weibliche, teil, an der zweiten Fragebogenerhebung nahmen ebenfalls 162 Studierende teil, davon 91 weibliche (vgl. Tabelle 9.6). 109 Teilnehmende nahmen sowohl an der ersten als auch an der zweiten Befragung teil.

Tabelle 9.6   Beschreibung der Stichprobe der Hauptstudie

Befragung	N (w, m, kA)	Alter			
		Minimum	Maximum	Mittelwert	Standardabweichung
1. Befragung	162 (78, 82, 2)	17	41	20,34	3,44
2. Befragung	162 (91, 70, 1)	18	41	20,64	3,40

w: weiblich, m: männlich, kA: keine Angabe

Nur in der Eingangsbefragung wurden an personenbezogenen Angaben zusätzlich der Schulabschluss, die Schulabschlussnote, der zuletzt belegte schulische Mathematikkurs und die dort erzielte Durchschnittsnote bzw. –punkte abgefragt (vgl. Tabelle 9.7).

Im Rahmen der ersten Klausur wurden die Daten von 72 Studierenden verfügbar gemacht, die auch an zumindest einer der beiden Fragebogenerhebungen teilgenommen hatten (61 an der ersten und 69 an der zweiten Befragung, davon 58 an beiden, vgl. Tabelle 9.8). Im Rahmen der zweiten Klausur wurden die Daten von 25 Studierenden verfügbar gemacht, die auch an zumindest einer der beiden Fragebogenerhebungen teilgenommen hatten (21 an der ersten und 23 an der zweiten Befragung, davon 19 an beiden). Von 17 Studierenden aus der Stichprobe aller Teilnehmenden mindestens einer Fragebogenerhebung lagen Leistungsdaten sowohl für den ersten als auch für den zweiten Klausurtermin vor.

Tabelle 9.7 Personenbezogene Merkmale der Stichprobe zu MZP1

				Gültig	Fehlend
Schulabschluss	Allgemeine Hochschulreife/ Abitur: 153			153	9
Schulabschlussnote	M = 2,34	SD = 0,59	Min = 1,0	Max = 3,9	159	3
Zuletzt belegter Mathematikkurs	Leistungskurs/ erhöhtes Niveau: 116 Grundkurs/ grundlegendes Niveau: 41 Einen anderen Kurs: 2			159	3
Mathematikkursnote	M = 1,9	SD = 0,7	Min = 1,0	Max = 4,0	43	119
Mathematikkurspunkte	M = 11,13	SD = 2,28	Min = 4	Max = 15	154	8

M: Mittelwert; SD: Standardabweichung; Min: Minimum; Max: Maximum

Tabelle 9.8 Anzahl der Studierenden mit Leistungsdaten aus einer der Klausuren, die auch an mindestens einer Befragung teilgenommen haben

Klausurtermin	Teilnahme an der 1. Befragung	Teilnahme an der 2. Befragung	Teilnahme an beiden Befragungen
1. Klausurtermin	61	69	58
2. Klausurtermin	21	23	19

Datenauswertung 10

Im Folgenden soll beschrieben werden, wie die im Rahmen der Hauptstudie (vgl. Kapitel 9) gewonnen Daten ausgewertet wurden. Dazu wird zunächst darauf eingegangen, wie die Daten eingegeben und bereinigt wurden (vgl. Abschnitt 10.1). Im Sinne einer ersten Exploration des Konstrukts der Relevanzzuschreibungen und des Umgangs der Studierenden mit den zu deren Messung eingesetzten Instrumenten wird im Anschluss dargestellt, wie viele Studierende in den beiden Befragungen angaben, zu den Relevanzinhalten und deren Umsetzung keine Beurteilung abgeben zu können (vgl. Abschnitt 10.2) und wie die Antwortverteilungen auf allen Indizes und Skalen zu den Relevanzzuschreibungen ausfielen (vgl. Abschnitt 10.3). Danach wird ein Vergleich der Stichprobe aller Studierenden je eines Befragungszeitpunkts, der Stichprobe der Teilnehmenden an beiden Befragungen und der Stichprobe der Teilnehmenden an nur einer Befragung dargestellt (vgl. Abschnitt 10.4). Dabei zeigt sich insbesondere, dass diejenige Studierendengruppe, deren Daten vornehmlich ausgewertet werden bei der Methode der pairwise deletion, nicht repräsentativ für die Gesamtstichprobe ist. Gerade deswegen kann auch das multiple Imputieren der fehlenden Daten sinnvoll sein, um eher Aussagen zu den Mechanismen und Zusammenhängen hinter den Relevanzzuschreibungen der Gesamtstichprobe treffen zu können. Die entsprechende multiple Imputation der Daten dieser Arbeit wird in Abschnitt 10.5 beschrieben.

Ergänzende Information Die elektronische Version dieses Kapitels enthält Zusatzmaterial, auf das über folgenden Link zugegriffen werden kann https://doi.org/10.1007/978-3-658-35844-0_10.

C. Büdenbender-Kuklinski, *Die Relevanz ihres Mathematikstudiums aus Sicht von Lehramtsstudierenden*, Studien zur Hochschuldidaktik und zum Lehren und Lernen mit digitalen Medien in der Mathematik und in der Statistik, https://doi.org/10.1007/978-3-658-35844-0_10

Anschließend wird darauf eingegangen, wie entsprechend der achten Forschungs-
frage dieser Arbeit eine Clusteranalyse auf den Daten durchgeführt wurde (vgl.
Abschnitt 10.6). Der Abschnitt schließt mit Darstellungen dazu, wie quantitative
Daten (vgl. Abschnitt 10.7) und wie qualitative Daten (vgl. Abschnitt 10.8) der
Arbeit ausgewertet wurden.

10.1 Dateneingabe und -bereinigung und Berechnung von Skalenkennwerten

Zunächst wurden die Daten aus den ausgefüllten Fragebögen in SPSS eingegeben
und dort bereinigt. Dabei wurden Items, bei denen die Kreuze zwischen den Kästchen gesetzt wurden oder bei denen Kreuze in mehr als einem Kästchen gesetzt
wurden, als „fehlend" codiert ebenso wie Items, deren Text durch Kommentare
von den Testpersonen in ihrer inhaltlichen Bedeutung verändert worden waren.

Aus den Items zu den Dimensionsausprägungen der Relevanzgründe wurden
die jeweiligen Indizes berechnet[1]. Für die Skalen lagen die internen Konsistenzen (vgl. Tabelle 10.1)[2] größtenteils im akzeptablen bis exzellenten Bereich, nur
bei drei Motivationsformen und den Prozessbeliefs lag Cronbachs Alpha unter ‚7,
dem Wert, der oft als Untergrenze diskutiert wird (vgl. Cho & Kim, 2014; Cortina, 1993; Schmitt, 1996). Dazu schreiben jedoch Döring und Bortz (2016):
„Ob die Reliabilität eines Tests als ausreichend akzeptiert werden kann, muss
in einem zeitgemäßen Verständnis von Testqualität unter Berücksichtigung der
Art des gemessenen Merkmals sowie der methodischen Alternativen differenziert
beurteilt werden" (S. 443). Da es sich bei den Skalen zu den Motivationsstilen
und Beliefs um etablierte Skalen handelt, kann demnach trotz der vorliegenden
geringeren Konsistenzwerte gerechtfertigt werden, dass die mit den Instrumenten gemessenen Werte in dieser Arbeit ausgewertet werden. Das ist insbesondere
im vorliegenden Forschungskontext unproblematisch, in dem mögliche Zusammenhänge zwischen den entsprechenden Konstrukten und dem Konstrukt der
Relevanzzuschreibungen explorativ beforscht werden sollen, wobei die Ergebnisse dazu dienen sollen, Hypothesen zu entwickeln, welche Zusammenhänge
in späteren Arbeiten genauer in den Blick genommen werden sollten. Bei der

---

[1] Eine Tabelle mit den Kennwerten der Indizes findet sich im Anhang I im elektronischen
Zusatzmaterial.

[2] Eine Tabelle mit weiteren Kennwerten der Skalen (Mittelwerte, Standardabweichungen,
Spannweite) findet sich im Anhang II im elektronischen Zusatzmaterial.

Tabelle.10.1 Interne Konsistenzen der verwendeten Skalen

	Skala	Items	Cronbachs Alpha
1. Befragung	Wichtigkeit Stufe 4	6	,77
	Wichtigkeit Stufe 3	8	,83
	Wichtigkeit Stufe 2	8	,87
	Wichtigkeit Stufe 1	8	,92
	Wichtigkeit Arithmetik/ Algebra	8	,88
	Wichtigkeit Geometrie	8	,86
	Wichtigkeit Lineare Algebra	6	,84
	Wichtigkeit Analysis	8	,88
	Mathematische Selbstwirksamkeitserwartung	4	,82
	Interesse	6	,74
	Mathematikbezogenes Selbstkonzept	3	,79
	Intrinsische Motivation	5	,85
	Identifizierte Regulation	4	,49
	Introjizierte Regulation	4	,63
	Externale Regulation	4	,60
	Anwendungsbeliefs	4	,80
	Prozessbeliefs	4	,66
	Systembeliefs	7	,72
	Toolboxbeliefs	5	,74
	Hinnehmen von Frustrationen	3	,82
	Übungsblätter bearbeiten	5	,70
	Zeit investieren	5	,78
2. Befragung	Wichtigkeit Stufe 4	6	,83
	Wichtigkeit Stufe 3	8	,88
	Wichtigkeit Stufe 2	8	,87
	Wichtigkeit Stufe 1	8	,90
	Umsetzung Stufe 4	6	,85
	Umsetzung Stufe 3	8	,84
	Umsetzung Stufe 2	8	,84

(Fortsetzung)

Tabelle.10.1 (Fortsetzung)

Skala	Items	Cronbachs Alpha
Umsetzung Stufe 1	8	,89
Wichtigkeit Arithmetik/ Algebra	8	,89
Wichtigkeit Geometrie	8	,90
Wichtigkeit Lineare Algebra	6	,89
Wichtigkeit Analysis	8	,93
Umsetzung Arithmetik/ Algebra	8	,91
Umsetzung Geometrie	8	,92
Umsetzung Lineare Algebra	6	,86
Umsetzung Analysis	8	,92
Relevanz gesellschaftlich/ beruflich-intrinsisch Anwendung	5	,78
Relevanz gesellschaftlich/ beruflich-extrinsisch Anwendung	5	,83
Umsetzung gesellschaftlich/ beruflich-intrinsisch Anwendung	5	,89
Umsetzung gesellschaftlich/ beruflich-extrinsisch Anwendung	5	,84
Mathematische Selbstwirksamkeitserwartung	4	,86
Aufgabenbezogene Selbstwirksamkeitserwartung	4	,74
Interesse	6	,74
Mathematikbezogenes Selbstkonzept	3	,78
Frustrationen hinnehmen	3	,83
Lernverhalten in der Vorlesung	4	,77
Lernverhalten zwischen den Sitzungen	4	,74
Üben	3	,82
Auswendiglernen	4	,84
Verknüpfungen herstellen	4	,90
Praxisbezüge herstellen	3	,74
Einstellung zum Beweisen	4	,71

vertieften Analyse in späteren Forschungsarbeiten müsste gegebenenfalls ein Instrument eingesetzt werden, mit dem die Konstrukte reliabel gemessen werden.

In einem nächsten Schritt der ersten Datenanalyse wurde überprüft, wie oft die Studierenden bei den Items zu den Relevanzinhalten angegeben hatten, keine Beurteilung abgeben zu können. Damit beschäftigt sich das folgende Kapitel. Für die folgenden Analysen wurden diese Angaben als fehlend gewertet.

10.2 Analyse der fehlenden Antworten für die Relevanzinhalte und die Aspekte der Softwarekompetenz und des Wissens über die kulturelle und historische Bedeutung der Mathematik

Im Rahmen der Items zu den Relevanzinhalten der vorliegenden Arbeit und bei der Abfrage, für wie relevant die Aspekte der Softwarekompetenz und des Wissens über die kulturelle und historische Bedeutung der Mathematik gehalten wurden, wurde den Studierenden die Möglichkeit gegeben, anzugeben, dass sie zu den jeweils abgefragten Inhalten keine Beurteilung zu deren Relevanz abgeben konnten (zur Operationalisierung der Relevanzinhalte vgl. Abschnitt 6.1.3.2). Diese Möglichkeit wurde ihnen auch gegeben bei den Einschätzungen zur Umsetzung der Relevanzinhalte sowie der Aspekte der Softwarekompetenz und des Wissens über die kulturelle und historische Bedeutung der Mathematik in der zweiten Befragung. Im Rahmen der Datenauswertung wurde analysiert, wie oft Studierende entsprechende Antwortmöglichkeiten genutzt hatten (die absoluten Zahlen zu den einzelnen Items finden sich in Anhang III im elektronischen Zusatzmaterial). In Tabelle 10.2 ist für jeden Relevanzinhalt und die zusätzlichen Aspekte angegeben, wie oft die Kategorie „kann ich nicht beurteilen" zu dem jeweiligen Relevanzinhalt beziehungsweise Aspekt insgesamt angegeben wurde mit zusätzlicher Angabe in Klammern, wie oft dann im Schnitt pro Item zu dem Relevanzinhalt oder Aspekt angegeben wurde, dass keine Beurteilung vorgenommen werden konnte. Grundlage für die Auswertung waren sowohl in der Eingangs- als auch in der Ausgangsbefragung die Daten von je 162 Studierenden.

Es fällt auf, dass insbesondere beim Themengebiet der Geometrie viele Studierende angaben, keine Beurteilung abgeben zu können, sowohl bei der Einschätzung der Wichtigkeit als auch bei der Einschätzung zur Umsetzung. Besonders viele Studierende gaben für die Geometrie bei der Einschätzung zur Umsetzung an, sie könnten keine Beurteilung abgeben – mit durchschnittlich 54 entsprechenden Antworten pro Item zur Geometrie ein Drittel der Befragten. Es stellt sich die Frage, ob insbesondere die abgefragten Inhalte der Geometrie den Studierenden unbekannt waren und sie deshalb keine Beurteilung abgaben.

Tabelle.10.2 Relevanzinhalte, zu denen Studierende ihrer Einschätzung nach keine Beurteilung abgeben konnten, in absoluten Zahlen (und im Mittel pro Item)

Relevanzinhalt	Einschätzung der Wichtigkeit		Einschätzung zur Umsetzung
	1. Befragung	2. Befragung	2. Befragung
Arithmetik/ Algebra	95 (11,88)	114 (14,25)	147 (18,38)
Geometrie	225 (28,13)	225 (28,13)	432 (54)
Lineare Algebra	97 (16,17)	17 (2,83)	73 (12,17)
Analysis	96 (12)	64 (8)	101 (12,63)
Stufe 4	31 (5,17)	79 (13,17)	145 (24,17)
Stufe 3	117 (14,63)	110 (13,75)	207 (25,88)
Stufe 2	104 (13)	96 (12)	183 (22,88)
Stufe 1	258 (32,25)	135 (16,88)	218 (27,25)
Softwarekompetenz	4 (4)	2 (2)	21 (21)
Mathematikgeschichte	3 (3)	4 (4)	19 (19)

Zudem gab es bei der komplexesten Stufe im Vergleich mit den anderen Komplexitätsstufen mehr Studierende, die angaben, keine Beurteilung vornehmen zu können, wobei in der Ausgangsbefragung nur halb so viele Studierende angaben, bei deren Relevanzeinschätzung keine Beurteilung abgeben zu können, wie in der Eingangsbefragung. Die relativ hohe Anzahl an Studierenden, die bei der komplexesten Stufe keine Beurteilungen abgeben konnte, könnte darauf hinweisen, dass die Studierenden mit den abgefragten Inhalten nicht vertraut waren und sie aus fehlendem Verständnis dafür, was in den Items abgefragt wurde, keine Beurteilung vornehmen wollten.

Besonders selten gaben die Studierenden für die Themengebiete der Linearen Algebra und der Analysis an, sie könnten die Wichtigkeit oder Umsetzung nicht beurteilen, und dabei am wenigsten bei der Einschätzung der Wichtigkeit in der Ausgangsbefragung. Lineare Algebra und Analysis wiederum sind die Themengebiete, für die es im ersten Semester Anfängervorlesungen gibt. Es wäre möglich, dass die wenigen Angaben von Studierenden, sie könnten keine Beurteilung abgeben, damit zusammenhängen, dass sie mit den Themengebieten zu diesem Zeitpunkt in ihrem Studium beschäftigt sind. Allerdings werden in den Anfängervorlesungen nicht alle der abgefragten Inhalte zur Linearen Algebra

beziehungsweise Analysis behandelt. Es stellt sich die Frage, ob die Studierenden ihre Einschätzungen des Gesamtfaches auf alle Items des Themengebietes
projizierten und dann ihre Antworten aufgrund ihrer Gesamteinschätzung zum
Themengebiet abgaben, auch wenn ihnen Inhalte eventuell nicht vertraut waren.

Auch zur Softwarekompetenz und zum Lerninhalt der historischen und kulturellen Bedeutung der Mathematik gaben sehr wenig Studierende an, keine
Beurteilung abgeben zu können. Das könnte damit zusammenhängen, dass die
hier abgefragten Aspekte für sie greifbarer waren als die Inhalte, die in den Items
zu den Relevanzinhalten abgefragt wurden (vgl. Abschnitt 12.2.5.1.3 für eine
Diskussion, dass Studierende die abgefragten Inhalte der Themengebiete nicht
verstanden haben könnten). Bezüglich der Einschätzung zur Umsetzung jedoch
gaben mehr Studierende an, keine Beurteilung bezüglich dieser Aspekte abgeben
zu können.

In den Daten der Arbeit lagen weitere fehlende Werte vor, neben denjenigen,
die aus der Wahl der Antwortkategorie „kann ich nicht beurteilen" resultierten,
beispielsweise dadurch, dass Studierende nur zu einem der Befragungszeitpunkte
teilnahmen. Im Folgenden soll dargestellt werden, wie sich die Gruppen der Studierenden, die nur an einem Befragungszeitpunkt teilnahmen, der Studierenden,
die an beiden Befragungszeitpunkten teilnahmen, und aller Studierenden je eines
gesondert betrachteten Erhebungszeitpunkts in den Verteilungen in ihren Daten
unterschieden. Diese Analyse unterstützte die Entscheidung, im Umgang mit fehlenden Werten in dieser Arbeit nicht nur die Methode der pairwise deletion,
sondern auch die Methode der multiplen Imputation zu nutzen.

10.3 Analyse der Variablenverteilungen

Im Sinne der Exploration des Konstrukts der Relevanzzuschreibungen und der
Messinstrumente, die zur Messung der Relevanzgründe und Relevanzinhalte
eingesetzt wurden, wurden zunächst die Verteilungen auf den Indizes zu den
Dimensionsausprägungen und den Skalen zu den Relevanzinhalten analysiert und
daraufhin überprüft, inwiefern die Antworten annähernd normalverteilt ausfielen.
Zusätzlich wurden die Verteilungen zur mathematischen Selbstwirksamkeitserwartung und zum Studieninteresse Mathematik, die mit etablierten Instrumenten
abgefragt wurden, im Sinne von Vergleichsdaten analysiert (für die einzelnen
Verteilungsdiagramme vgl. Anhang IV im elektronischen Zusatzmaterial). Um
dabei auch erkennen zu können, ob verschiedene Teilgruppen der Studierenden
eventuell verschieden mit den Messinstrumenten umgingen, wurden die Verteilungen der Indizes und Skalen für die Eingangs- und für die Ausgangsbefragung

für je drei verschiedene Gruppen analysiert. So wurden in der Eingangsbefragung als erste Gruppe alle Studierenden in den Blick genommen, die nur an der ersten Befragung teilgenommen hatten, als zweite Gruppe alle Teilnehmenden der ersten Befragung und als dritte Gruppe die Studierenden, die an beiden Befragungen teilgenommen hatten. Bei der Analyse der Verteilungen für die Ausgangsbefragung wurden analog die Gruppe der Studierenden, die nur an der Ausgangsbefragung teilgenommen hatten, die Gruppe aller Studierenden der zweiten Befragung und die Gruppe der Studierenden, die an beiden Befragungen teilgenommen hatten, in den Blick genommen.

Im Folgenden werden die Ergebnisse zu den Verteilungen auf den Indizes zum Konstrukt der Relevanzgründe sehr ausführlich berichtet, da das entsprechende Messinstrument und die empirischen Erkenntnisse auf dessen Grundlage zentrale Ergebnisse der vorliegenden Arbeit darstellen. Für die Skalen zu den Relevanzinhalten werden hingegen übergeordnete Tendenzen in den Verteilungen berichtet.

Zunächst sollen die Verteilungen auf den Indizes zu den Relevanzgründen und den Skalen zu den Relevanzinhalten in der Eingangsbefragung im Vergleich zur Normalverteilung und im Vergleich zu den Verteilungen auf den Skalen zur mathematischen Selbstwirksamkeitserwartung und zum Studieninteresse Mathematik betrachtet werden (vgl. Tabelle 10.3).

Für die mathematische Selbstwirksamkeitserwartung zeigt sich bei Betrachtung aller drei Stichproben annähernd eine Normalverteilung und die Antworten aller drei Gruppen verteilen sich in ähnlicher Weise auf der Antwortskala. Beim Studieninteresse Mathematik ergibt sich ebenfalls für die Gruppe aller Teilnehmenden der ersten Befragung (im Folgenden Gruppe$_{1ges}$) und für die Gruppe der Studierenden, die an beiden Befragungen teilnahmen (im Folgenden Gruppe$_{1,2}$) annähernd eine Normalverteilung, wobei die Verteilung der Gruppe$_{1ges}$ die Normalverteilung noch etwas besser annähert. Für die Gruppe der Studierenden, die nur an der ersten Befragung teilnahmen (im Folgenden Gruppe$_1$), weicht die Verteilung auf der Skala zum Studieninteresse Mathematik stärker von der Normalverteilung ab, es gibt hier besonders viele Antworten im Bereich des Skalenmittels, wo auch der Gruppenmittelwert liegt, und wenige Antworten, die geringer ausfallen als das Skalenmittel. Von den Studierenden der Gruppe$_1$ haben also vergleichsweise wenige angegeben, ein sehr geringes Interesse zu haben, wobei der Mittelwert dieser Gruppe dennoch geringer ausfällt als die Mittelwerte der beiden anderen Gruppen, deren Mittelwerte über dem theoretischen Mittel der Skala liegen.

Für die Indizes zu den Relevanzgründen weichen die Verteilungen stärker von der Normalverteilung ab als bei den Skalen zur mathematischen

Tabelle.10.3 Verteilungen auf den Skalen der mathematischen Selbstwirksamkeitserwartung, des Interesses und den Indizes und Skalen zu den Relevanzzuschreibungen in der ersten Befragung

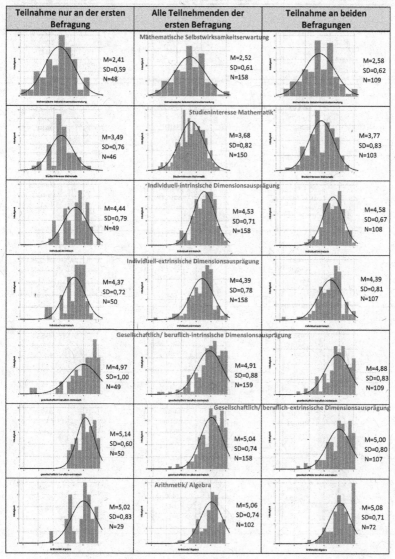

Teilnahme nur an der ersten Befragung	Alle Teilnehmenden der ersten Befragung	Teilnahme an beiden Befragungen
Mathematische Selbstwirksamkeitserwartung		
M=2,41 SD=0,59 N=48	M=2,52 SD=0,61 N=158	M=2,58 SD=0,62 N=109
Studieninteresse Mathematik		
M=3,49 SD=0,76 N=46	M=3,68 SD=0,82 N=150	M=3,77 SD=0,83 N=103
Individuell-intrinsische Dimensionsausprägung		
M=4,44 SD=0,79 N=49	M=4,53 SD=0,71 N=158	M=4,58 SD=0,67 N=108
Individuell-extrinsische Dimensionsausprägung		
M=4,37 SD=0,72 N=50	M=4,39 SD=0,78 N=158	M=4,39 SD=0,81 N=107
Gesellschaftlich/ beruflich-intrinsische Dimensionsausprägung		
M=4,97 SD=1,00 N=49	M=4,91 SD=0,88 N=159	M=4,88 SD=0,83 N=109
Gesellschaftlich/ beruflich-extrinsische Dimensionsausprägung		
M=5,14 SD=0,60 N=50	M=5,04 SD=0,74 N=158	M=5,00 SD=0,80 N=107
Arithmetik/ Algebra		
M=5,02 SD=0,83 N=29	M=5,06 SD=0,74 N=102	M=5,08 SD=0,71 N=72

(Fortsetzung)

Tabelle.10.3 (Fortsetzung)

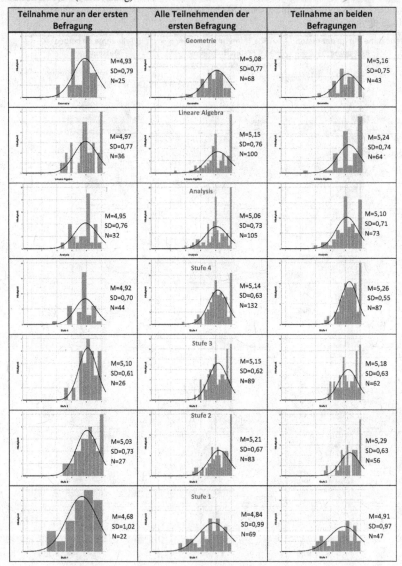

Selbstwirksamkeitserwartung, jedoch weniger stark als für die Skalen zu den Relevanzinhalten. Betrachtet man zunächst den Index zur individuell-intrinsischen Dimensionsausprägung, so zeigt sich für $Gruppe_{1ges}$ und $Gruppe_{1,2}$ noch nahezu eine Normalverteilung, wobei eine leichte Linksschiefe vorliegt. Der Mittelwert liegt dabei über dem theoretischen Mittel der Skala. Es scheint sehr viel mehr Studierende zu geben, die die Relevanzgründe der individuell-intrinsischen Dimensionsausprägung sehr wichtig finden, als Studierende, die sie unwichtig finden, wenn man Teilnehmende beider Befragungen oder die Gesamtheit der Teilnehmenden der ersten Befragung betrachtet. Die Verteilung auf dem Index zur individuell-intrinsischen Dimensionsausprägung für die $Gruppe_1$ weicht stark von der Normalverteilung ab, was sich auch in der größeren Streuung bei dieser Gruppe im Vergleich zu den anderen Gruppen bemerkbar macht (zum Vergleich der Streuungen auf allen betrachteten Merkmalen für die verschiedenen Gruppen vgl. Abschnitt 10.4). Die Verteilung dieser $Gruppe_1$ ist drei- bis viergipflig, was dafür spricht, dass es innerhalb der Gruppe der Studierenden, die nur an der ersten Befragung teilgenommen haben, verschiedene Untergruppen gibt, die die Wichtigkeit der Relevanzgründe im individuell-intrinsischen Bereich sehr unterschiedlich einschätzen. Insbesondere gibt es in der Verteilung dieser Gruppe auch einen Gipfel unterhalb des theoretischen Mittels, so dass es hier auch mehrere Studierende zu geben scheint, die die Auffassung teilen, dass es eher unwichtig ist, Konsequenzen im individuell-intrinsischen Bereich zu erreichen.

Für die individuell-extrinsische Dimensionsausprägung weichen für alle Gruppen die Verteilungen insofern von der Normalverteilung ab, als dass der höchste Gipfel der Verteilungen rechts vom Mittelwert der Gruppen liegt und die Verteilungen linksschief ausfallen. Es gibt also einerseits in allen Gruppen eine größere Zahl an Studierenden, die die Relevanzgründe der individuell-extrinsischen Ausprägung wichtiger finden als die Gruppe im Mittel und diese Studierenden nehmen ähnlich hohe Bewertungen vor, andererseits gibt es auch viele Studierende, die eine geringere Wichtigkeit empfinden und dabei streuen die Meinungen stärker. Während die Verteilungen der $Gruppe_{1ges}$ und der $Gruppe_{1,2}$ eingipflig sind, ist die Verteilung der $Gruppe_1$ viergipflig und es gibt hier wieder eine Teilgruppe, die die Relevanzgründe der individuell-extrinsischen Dimensionsausprägung eher unwichtig findet und in dieser Bewertung übereinstimmt.

Für beide Ausprägungen der gesellschaftlich/ beruflichen Dimension fallen die Verteilungen in allen drei Gruppen stark linksschief aus. Es gibt jeweils eine recht große Gruppe an Studierenden, die sich darin einig sind, dass die Gründe der gesellschaftlich/ beruflichen Dimension sehr wichtig sind und dabei eine höhere Wichtigkeit empfinden als die Gruppe im Mittel, und gleichzeitig gibt es eine größere Streuung in den Antworten der Studierenden, die eine etwas geringere Wichtigkeit empfinden. Bei der gesellschaftlich/ beruflich-intrinsischen Dimensionsausprägung ist wieder auffällig, dass es in der Gruppe$_1$ eine kleine Studierendengruppe gibt, die sich einig darin ist, dass diese Gründe für sie nahezu unwichtig sind und auch für die Gruppe$_{1ges}$ und die Gruppe$_{1,2}$ streuen die Antworten in dieser Dimensionsausprägung bis weit nach unten. Unabhängig davon, welche der drei Gruppen man betrachtet, scheint es bei den Gründen der gesellschaftlich/ beruflich-intrinsischen Dimensionsausprägung eine größere Uneinigkeit unter den Studierenden zu geben, wie wichtig diese sind. Es gibt viele Studierende, denen es sehr wichtig ist, im Mathematikstudium entsprechend ihrer eigenen Vorstellungen auf die gesellschaftliche Funktion als Lehrkraft vorbereitet zu werden, aber auch einige, die darin fast gar keine Wichtigkeit sehen. Die Verteilung der Antworten zur Wichtigkeit der Relevanzgründe der gesellschaftlich/ beruflich-extrinsischen Dimensionsausprägung hingegen lässt für die Gruppe$_1$ darauf schließen, dass es hier nicht wie bei den anderen Dimensionsausprägungen eine Teilgruppe gibt, denen Gründe dieser Dimensionsausprägung vollkommen unwichtig erscheinen. Allen Studierenden, die nur an der ersten Befragung teilnahmen, ist es sehr wichtig, entsprechend der von außen an sie gestellten Erwartungen auf ihre gesellschaftliche Funktion als Lehrkraft vorbereitet zu werden. Innerhalb der Studierenden der Gruppe$_{1ges}$ und Gruppe$_{1,2}$ gibt es diesbezüglich ein paar wenige, die entsprechende Gründe unwichtiger finden.

Für alle Themengebiete und alle drei betrachteten Gruppen weichen die Verteilungen der Antworten auf den jeweiligen Skalen in der Eingangsbefragung stark von der Normalverteilung ab und es gibt zumindest innerhalb der Gruppe$_{1,2}$ in allen Themengebieten eine große Teilgruppe an Studierenden, die die höchstmögliche Relevanzzuschreibung vornimmt. Insbesondere in der Gruppe der Studierenden, die an beiden Befragungen teilgenommen haben, scheint es also viele Studierende zu geben, die den Themengebieten eine extrem hohe Relevanz zuschreiben. Die Verteilungen auf den Skalen zu den Themengebieten fallen größtenteils linksschief aus und zeigen dabei kaum Werte links vom theoretischen Mittel der zugrunde liegenden Skala, was darauf hindeutet, dass allen befragten Studierenden die Inhalte aller Themengebiete eher relevant erschienen. Demnach rührt die starke Abweichung von der Normalverteilung vor allem auch daher, dass die Themengebiete von sehr vielen Studierenden als sehr relevant eingeschätzt werden, unabhängig davon, ob sie nur an der ersten oder an beiden Befragungen teilgenommen haben. Am ehesten normalverteilt von allen Verteilungen auf den Themengebieten ist die Verteilung der Gruppe$_{1ges}$ für das Themengebiet der Geometrie. Alle anderen Verteilungen sind insbesondere mehrgipflig.

Auch für die Skalen zu den Komplexitätsstufen zeigen sich in den Antwortverteilungen einige Abweichungen von der Normalverteilung und für alle Stufen mit

Ausnahme der komplexesten gibt es jeweils in Gruppe$_{1ges}$ und Gruppe$_{1,2}$ große Untergruppen, die die größtmögliche Relevanzzuschreibung zu den Inhalten der jeweiligen Stufe vornehmen. Die Verteilungen auf den Skalen zu den Komplexitätsstufen fallen alle linksschief aus und zeigen ebenfalls kaum Werte links vom theoretischen Mittel der zugrunde liegenden Skala, was darauf hindeutet, dass allen befragten Studierenden die Inhalte aller Komplexitätsstufen eher relevant erschienen. Auch für die Skalen zu den Komplexitätsstufen sind alle Verteilungen mehrgipflig. Der Normalverteilung am nächsten kommt die Verteilung der Gruppe$_1$ für die komplexeste Stufe.

Auch die Verteilungen auf den Indizes zu den Relevanzgründen und den Skalen zu den Relevanzinhalten in der Ausgangsbefragung wurden im Vergleich zur Normalverteilung und im Vergleich zu den Verteilungen auf den Skalen zur mathematischen Selbstwirksamkeitserwartung und zum Studieninteresse Mathematik betrachtet (vgl. Tabelle 10.4).

Auf den Skalen zur mathematischen Selbstwirksamkeitserwartung und zum Studieninteresse ergibt sich in der Ausgangsbefragung für die Gruppe der Studierenden, die nur an der zweiten Befragung teilnahmen (im Folgenden Gruppe$_2$) eine rechtsschiefe Verteilung, wobei die Verteilung zur mathematischen Selbstwirksamkeitserwartung stärker von der Normalverteilung abweicht als die zum Studieninteresse Mathematik. Für die Gruppen aller Studierenden der zweiten Befragung (im Folgenden Gruppe$_{2ges}$) und der Studierenden, die an beiden Befragungen teilnahmen (Gruppe$_{1,2}$) ergeben sich eher symmetrische Verteilungen, wobei auch diese durch Mehrgipfligkeit recht stark von der Normalverteilung abweichen.

Auch die Verteilungen auf den Indizes und Skalen zu den Relevanzzuschreibungen weichen insbesondere in der Ausgangsbefragung recht stark von der Normalverteilungskurve ab. Die Verteilung der Antworten der Gruppe$_2$ auf dem Index zur individuell-intrinsischen Dimensionsausprägung zeigt einen hohen Gipfel knapp oberhalb des Gruppenmittelwertes, während sich die restlichen Antworten eher gleichmäßig als kurvenförmig verteilen und dabei zu einer Linksschiefe in der Verteilung führen. Innerhalb dieser Gruppe scheint es viele verschiedene Meinungen dazu zu geben, wie wichtig Relevanzgründe der individuell-intrinsischen Dimension sind, wobei es keine Studierenden gibt, die gar keine Wichtigkeit darin sehen. Die Verteilungen unter Betrachtung von Gruppe$_{2ges}$ und Gruppe$_{1,2}$ nähern sich eher einer Kurvenform an und fallen symmetrisch aus, wobei der höchste Gipfel weit oberhalb der Normalverteilungskurve liegt. Es scheint je eine große Teilgruppe aus Studierenden zu geben, die sich recht einig sind, wie wichtig es ihnen ist, sich selbst als Individuen aus eigenem

Tabelle.10.4 Verteilungen auf den Skalen der mathematischen Selbstwirksamkeitserwartung, des Interesses und den Indizes und Skalen zu den Relevanzzuschreibungen in der zweiten Befragung

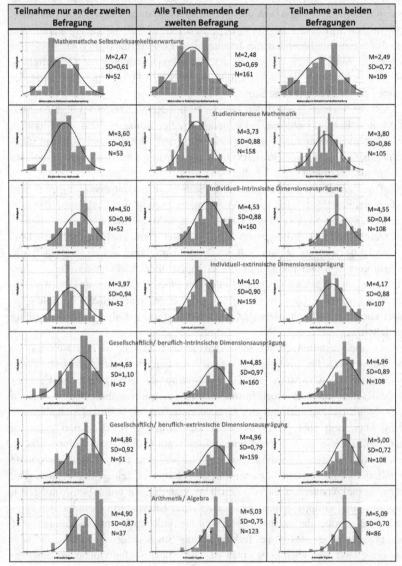

Teilnahme nur an der zweiten Befragung	Alle Teilnehmenden der zweiten Befragung	Teilnahme an beiden Befragungen
Mathematische Selbstwirksamkeitserwartung M=2,47 SD=0,61 N=52	M=2,48 SD=0,69 N=161	M=2,49 SD=0,72 N=109
Studieninteresse Mathematik M=3,60 SD=0,91 N=53	M=3,73 SD=0,88 N=158	M=3,80 SD=0,86 N=105
Individuell-intrinsische Dimensionsausprägung M=4,50 SD=0,96 N=52	M=4,53 SD=0,88 N=160	M=4,55 SD=0,84 N=108
Individuell-extrinsische Dimensionsausprägung M=3,97 SD=0,94 N=52	M=4,10 SD=0,90 N=159	M=4,17 SD=0,88 N=107
Gesellschaftlich/ beruflich-intrinsische Dimensionsausprägung M=4,63 SD=1,10 N=52	M=4,85 SD=0,97 N=160	M=4,96 SD=0,89 N=108
Gesellschaftlich/ beruflich-extrinsische Dimensionsausprägung M=4,86 SD=0,92 N=51	M=4,96 SD=0,79 N=159	M=5,00 SD=0,72 N=108
Arithmetik/ Algebra M=4,90 SD=0,87 N=37	M=5,03 SD=0,75 N=123	M=5,09 SD=0,70 N=86

(Fortsetzung)

Tabelle.10.4 (Fortsetzung)

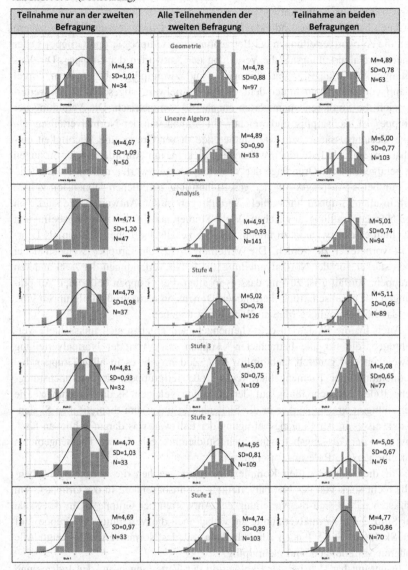

Teilnahme nur an der zweiten Befragung	Alle Teilnehmenden der zweiten Befragung	Teilnahme an beiden Befragungen
Geometrie M=4,58 SD=1,01 N=34	M=4,78 SD=0,88 N=97	M=4,89 SD=0,78 N=63
Lineare Algebra M=4,67 SD=1,09 N=50	M=4,89 SD=0,90 N=153	M=5,00 SD=0,77 N=103
Analysis M=4,71 SD=1,20 N=47	M=4,91 SD=0,93 N=141	M=5,01 SD=0,74 N=94
Stufe 4 M=4,79 SD=0,98 N=37	M=5,02 SD=0,78 N=126	M=5,11 SD=0,66 N=89
Stufe 3 M=4,81 SD=0,93 N=32	M=5,00 SD=0,75 N=109	M=5,08 SD=0,65 N=77
Stufe 2 M=4,70 SD=1,03 N=33	M=4,95 SD=0,81 N=109	M=5,05 SD=0,67 N=76
Stufe 1 M=4,69 SD=0,97 N=33	M=4,74 SD=0,89 N=103	M=4,77 SD=0,86 N=70

Antrieb weiterzuentwickeln, und die restlichen Studierenden der Gruppe zeigen nahezu normalverteilte Antworten.

Auch beim Index zur individuell-extrinsischen Dimensionsausprägung nähern sich die Antwortverteilungen bei Betrachtung von $Gruppe_{2ges}$ und $Gruppe_{1,2}$ eher einer Normalverteilung als die Verteilung der Antworten der $Gruppe_2$. Die Verteilungen in $Gruppe_{2ges}$ und $Gruppe_{1,2}$ sind zweigipflig mit je einem Gipfel knapp vor und knapp hinter dem Gruppenmittelwert, abgesehen davon verteilen sich die Studierendenantworten annähernd symmetrisch. Die Verteilung der $Gruppe_2$ ist sechsgipflig und weicht vollkommen von der Normalverteilung ab. Eine Gesamtaussage dazu, wie Studierende dieser Gruppe die Wichtigkeit einschätzen, sich als Individuen weiterzuentwickeln, um Anforderungen von außen zu genügen, ist auf Grundlage der Verteilung der Antworten nahezu unmöglich.

Für beide Ausprägungen der gesellschaftlich/ beruflichen Dimension zeigen sich in allen Gruppen linksschiefe Verteilungen in den Antworten, die stark von der Normalverteilung abweichen. Viele Studierende in der Ausgangsbefragung scheinen es eher wichtig zu finden, auf ihre gesellschaftliche Funktion als Lehrkraft vorbereitet zu werden. Die Verteilungen für die $Gruppe_2$ weichen dabei noch stärker von der Normalverteilung ab als die Verteilungen der zwei anderen Gruppen. Auffällig ist zudem, dass es in allen drei Gruppen bei beiden Ausprägungen der gesellschaftlich/ beruflichen Dimension recht große Teilgruppen gibt, die das höchstmögliche Maß an Wichtigkeit angeben.

Auch für die Skalen zu den Themengebieten ergeben sich linksschiefe Verteilungen, die für alle betrachteten Gruppen stark von der Normalverteilung abweichen und generell mehrgipflig sind. Zudem gibt es in allen Gruppen bei Betrachtung aller Themengebiete recht große Teilgruppen, die eine höchstmögliche Relevanzzuschreibung auf der zugrunde gelegten Skala vornehmen. Die Verteilungen streuen stärker in die Skalenhälfte links vom theoretischen Skalenmittel, als es in der Eingangsbefragung der Fall war, was darauf schließen lässt, dass es in der Ausgangsbefragung mehr Studierende gab, die den Themengebieten nur eine geringe Relevanz zuschrieben.

Für die Skalen zu den Komplexitätsstufen weichen die Verteilungen ebenfalls recht stark von der Normalverteilung ab, insbesondere in der $Gruppe_2$. Am stärksten nähert sich die Verteilung der Antworten der $Gruppe_{2ges}$ in der Skala zur Stufe 3 der Normalverteilung an, wobei auch die Verteilung für $Gruppe_2$ auf der Skala zur Stufe 1 noch Ähnlichkeiten mit der Normalverteilung zeigt. Alle anderen Verteilungen sind mehrgipflig.

Insgesamt hat sich bei der Exploration der Verteilungen auf den Indizes und Skalen zu den Relevanzzuschreibungen gezeigt, dass diese teils stark von der Normalverteilung abweichen. Bei der Auswertung der Daten (vgl. Abschnitt 9.1 zum

geplanten Vorgehen bei der Beantwortung der Forschungsfragen) sollen Korrelationen analysiert werden, wobei zur Überprüfung der statistischen Signifikanz
des r-Koeffizienten mit der t-Verteilung vorausgesetzt ist, dass die korrelierten
Merkmale bivariat normalverteilt sind (vgl. Abschnitt 6.2.3). Mit der Varianzanalyse soll ein weiteres Auswertungsverfahren eingesetzt werden, für das eine
Normalverteilung in den Daten vorausgesetzt wird (vgl. Abschnitt 6.2.6.3). Auch
für das Verfahren der multiplen Imputation wird vorausgesetzt, dass die Daten
normalverteilt sind (vgl. Abschnitt 6.2.2.2.4). Allerdings gefährden Verletzungen
der Normalverteilungsvoraussetzung in der Regel nicht die Validität des Signifikanztests für r-Koeffizienten (Bortz et al., 2008, S. 447) und es gibt auch
sowohl für die Varianzanalyse als auch für die multiple Imputation Belege, dass
diese Verfahren robust gegen Verletzungen der Normalverteilung sind (für die
Varianzanalyse vgl. Blanca et al., 2017; Schmider et al., 2010; für die multiple
Imputation vgl. Enders, 2001; Graham & Schafer, 1999), so dass sie dennoch eingesetzt werden können. Tatsächlich ist es sinnvoller, Daten multipel zu imputieren
und dabei gegebenenfalls gegen Normalverteilungsvoraussetzungen zu verstoßen,
wenn Aussagen zu Zusammenhängen in der Gesamtstichprobe getroffen werden sollen aber im Dataset fehlende Werte vorliegen, als mit pairwise oder
listwise deletion zu arbeiten, obwohl gegebenenfalls für fehlende Werte der
Fehlendmechanismus MAR vorliegt (Peugh & Enders, 2004, S. 528; vgl. auch
Abschnitt 6.2.2.2.4 dieser Arbeit).

10.4 Vergleich der Stichproben

Wie bereits in Abschnitt 9.3.4 beschrieben wurde, nahmen an jeder der Befragungen 162 Studierende teil, wobei 109 Studierende an beiden Befragungen
teilnahmen. Wie in Ansätzen auch schon bei den Analysen der Verteilungen
der Antworten auf den Indizes und Skalen zu den Relevanzzuschreibungen in
Abschnitt 10.3 deutlich wurde, unterscheiden sich die Stichproben derjenigen Studierenden, die nur an einer der Befragungen teilnahmen, teils stark von derjenigen
der Studierenden, die an beiden Befragungen teilnahmen (vgl. dazu auch Anhang
V im elektronischen Zusatzmaterial, in dem Unterschiede zwischen den Teilnehmenden beider Befragungen und den Teilnehmenden nur einer Befragung mit
möglichen Interpretationen tabellarisch dargestellt werden). Diese Unterschiede
wurden im Rahmen der Datenauswertung herausgearbeitet, wobei die Mittelwertunterschiede für die verschiedenen Gruppen mithilfe von t-Tests auf statistische
Signifikanz überprüft wurden.

Vergleicht man zunächst die Teilnehmenden beider Befragungen (Gruppe$_{1,2}$) mit denjenigen, die nur an der ersten Befragung teilnahmen (Gruppe$_1$), so zeigt sich, dass Gruppe$_{1,2}$ tendenziell bessere schulische Leistungen zeigte, bessere universitäre Leistungen erbringt, den Studieninhalten eine höhere Relevanz zuschreibt, die Komplexitätsstufen und die Themengebiete wichtiger findet, lernförderlichere motivationale Voraussetzungen zeigt und bereit ist, mehr Frustrationen hinzunehmen und mehr Zeit zu investieren. Dabei liegen die Effektstärken größtenteils im unteren mittleren Bereich. Diejenigen Unterschiede, die auf einem Niveau von 10 % statistisch signifikant ausfallen, sind Tabelle 10.5 zu entnehmen (für die tabellarische Übersicht zu den Vergleichen aller Merkmale vgl. Anhang VI im elektronischen Zusatzmaterial).

Tabelle.10.5 Statistisch signifikante Mittelwertunterschiede zwischen den Teilnehmenden nur zu MZP1 und den Teilnehmenden an beiden Befragungen; p < ,1

Mittelwert bei Teilnahme				Merkmal	Signifikant auf 10 % Niveau	Cohens d
nur an der ersten Befragung		an beiden Befragungen				
M	N	M	N			
4,92	44	5,26	87	Relevanzinhalt Komplexitätsstufe 4	p = ,003	,57
4,97	36	5,24	64	Relevanzinhalt Lineare Algebra	p = ,085	,36
3,49	46	3,77	103	Interesse	p = ,052	,35
2,73	44	2,91	104	Selbstkonzept	p = ,042	,37
3,35	48	3,60	108	Intrinsische Motivation	p = ,053	,34
4,27	50	4,60	109	Hinnehmen von Frustrationen	p = ,044	,35
3,70	41	4,10	88	Zeit investieren	p = ,017	,46

Gruppe$_1$ schreibt also insbesondere den Inhalten der am wenigsten komplexen Stufe signifikant weniger Relevanz zu als Gruppe$_{1,2}$ ebenso wie den Inhalten der Linearen Algebra. Sie zeigt auch ein signifikant geringeres Interesse und Selbstkonzept und ist weniger intrinsisch motiviert als Gruppe$_{1,2}$. Zudem zeigt sich Gruppe$_1$ weniger frustrationsresistent als Gruppe$_{1,2}$ und investiert weniger Zeit. Bei Analysen unter Ausschluss der Daten mit fehlenden Werten ist demnach zu vermuten, dass insbesondere für die gleichen Merkmale in der zweiten Befragung die Mittelwerte höher ausfallen, als wenn $Gruppe_1$ in dieser Befragung ebenfalls vorliegende Werte hätte. Deshalb ist anzunehmen, dass Analysen unter Nutzung von listwise deletion (vgl. Abschnitt 6.2.2.2.1) oder pairwise deletion (vgl. Abschnitt 6.2.2.2.2) Ergebnisse liefern, die nicht auf die Gesamtstichprobe übertragen werden können.

Im Vergleich der Relevanzeinschätzung zum Mathematikstudium allgemein vonseiten der Studierenden, die nur an der zweiten Befragung teilgenommen haben ($Gruppe_2$), mit derjenigen von $Gruppe_{1,2}$ schätzt $Gruppe_2$ die Relevanz des Mathematikstudiums in seiner Gesamtheit höher ein (allerdings wird der Unterschied nicht statistisch signifikant), bei der Relevanzeinschätzung zu den Studieninhalten in ihrer Gesamtheit ergibt sich kaum ein Unterschied. Im Gesamtbild zeigt aber wiederum $Gruppe_{1,2}$ lernförderlicher einzuschätzende Merkmalsausprägungen: Sie erbringt bessere universitäre Leistungen, findet die Komplexitätsstufen und Themengebiete wichtiger und besser umgesetzt, strebt mehr Konsequenzen auf den Dimensionsausprägungen des Modells der Relevanzbegründungen an und sieht diese auch besser umgesetzt, hat affektiv-motivationale Voraussetzungen, die auf ein höheres Interesse hindeuten, und ist aktiver in ihrem Lernverhalten. Diejenigen Unterschiede, die auf einem Niveau von 10 % statistisch signifikant ausfallen, sind Tabelle 10.6 zu entnehmen (für die tabellarische Übersicht zu den Vergleichen aller Merkmale vgl. Anhang VII im elektronischen Zusatzmaterial).

$Gruppe_{1,2}$ schreibt insbesondere den Inhalten der Linearen Algebra, der Analysis und der Geometrie signifikant mehr Relevanz zu als $Gruppe_2$, ebenso wie den Inhalten aller Stufen außer der komplexesten. Zudem sind $Gruppe_{1,2}$ die anwendungsbezogenen Relevanzgründe der gesellschaftlich/ beruflich-intrinsischen Dimensionsausprägung wichtiger als $Gruppe_2$. Das bedeutet, den Studierenden, die an beiden Befragungszeitpunkten teilnahmen, ist es wichtiger, solche Konsequenzen zu erreichen, die sich an Aspekten orientieren, welche in der Bildungspolitik diskutiert werden und die eine Vorbereitung auf die gesellschaftliche Rolle als Lehrkraft entsprechend der eigenen Vorstellungen betreffen. Bei einer Analyse der Relevanzzuschreibungen zum ersten Zeitpunkt würden bei Nutzung der Methoden listwise und pairwise deletion die Studierenden der $Gruppe_2$ aus den Analysen ausgeschlossen, die vermutlich geringere Relevanzzuschreibungen zu Inhalten vorgenommen hätten und teils andere Relevanzgründe wichtig finden. So würden die Relevanzzuschreibungen der Studierenden in Bezug auf die Gesamtgruppe falsch eingeschätzt und insbesondere vermutlich so auch Mechanismen hinter den Relevanzzuschreibungen falsch gedeutet. Auch in anderen Merkmalen scheint $Gruppe_{1,2}$ die $Gruppe_2$ nicht zu repräsentieren, denn sie

Tabelle.10.6 Statistisch signifikante Mittelwertunterschiede zwischen den Teilnehmenden nur zu MZP2 und den Teilnehmenden an beiden Befragungen; p < ,1

Mittelwert bei Teilnahme				Merkmal	Signifikant auf 10 % Niveau	Cohens d
nur an der zweiten Befragung		an beiden Befragungen				
M	N	M	N			
4,67	50	5,00	103	Relevanzinhalt Lineare Algebra	p = ,035	,37
4,71	47	5,01	94	Relevanzinhalt Analysis	p = ,068	,33
4,10	37	4,43	80	Einschätzung zur Umsetzung der Arithmetik/ Algebra	p = ,093	,34
4,63	52	4,96	108	Relevanzgründe auf der gesellschaftlich/ beruflich-intrinsischen Dimensionsausprägung	p = ,041	,35
4,13	31	4,49	68	Einschätzung zur Umsetzung der Komplexitätsstufe 4	p = ,083	,38
4,58	34	4,89	63	Relevanzinhalt Geometrie	p = ,096	,36
4,80	32	5,08	77	Relevanzinhalt Komplexitätsstufe 3	p = ,078	,37
4,70	33	5,05	76	Relevanzinhalt Komplexitätsstufe 2	p = ,037	,44
191,15	34	222,11	87	Punkte Übungsblätter Analysis	p = ,050	,40
170,44	36	206,13	88	Punkte Übungsblätter Lineare Algebra	p = ,020	,47
4,79	37	5,11	89	Relevanzinhalt Komplexitätsstufe 4	p = ,035	,42

erreicht beispielsweise in den Übungsblättern mehr Punkte, was so interpretiert werden kann, dass Gruppe$_{1,2}$ leistungsstärker ist.

Insgesamt scheinen die Studierenden, die an beiden Befragungen teilnahmen, die lernförderlicher zu bewertenden motivationalen und leistungsbezogenen Merkmale zu haben und höhere Relevanzzuschreibungen vorzunehmen. Da es während der Befragungen den Anschein machte, dass jeweils alle Anwesenden die Fragebögen ausfüllten, lässt sich über die Teilnehmenden, die nur an einer der Befragungen teilnahmen, vermuten, dass sie bei der anderen Befragung nicht anwesend waren (sofern sie nicht an beiden Befragungszeitpunkten unterschiedliche Codes verwendeten). Dafür könnte es verschiedene Gründe geben. Ein möglicher Grund wäre, dass Studierende an einem Termin rein zufällig nicht teilnehmen konnten, beispielsweise wegen Krankheit. Ein anderer möglicher Grund wäre, dass es Studierende gab, die nur die Vorlesung oder nur die Übung besuchten, und, da die erste Befragung in der Vorlesung und die zweite in den Übungen stattfand, nicht zweimal erreicht wurden. Denkbar wäre für diejenigen Studierenden, die nur an der ersten Befragung teilnahmen, auch, dass diese bereits vor der zweiten Befragung ihr Studium abbrachen. Dafür würde sprechen, dass von diesen Studierenden nur drei ihre Punkte in der ersten Klausur zur Linearen Algebra I und nur zwei ihre Punkte in der zweiten Klausur freigaben; eventuell nahmen die anderen Studierenden der Gruppe$_1$ und Gruppe$_2$ an den Klausuren schon nicht mehr teil.

Festzuhalten ist in jedem Fall, dass sich die Kohorten der Studierenden mit Daten zu beiden oder nur einem Messzeitpunkt bezüglich ihrer Mittelwerte in den abgefragten Variablen unterscheiden. Schon in der Analyse der Antwortverteilungen zu den Indizes und Skalen zu den Relevanzzuschreibungen in Abschnitt 10.3 wurde angesprochen, dass sich für diese Indizes und Skalen auch die Streuungen unterscheiden bei Betrachtung der Stichproben der Studierenden, die nur zu einem Zeitpunkt an den Befragungen teilnahmen, der Studierenden, die an beiden Befragungen teilnahmen, und aller Studierenden je eines Befragungszeitpunkts. Im Folgenden sollen die Beobachtungen dazu vertieft werden. Diese Analyse wurde durchgeführt, um eine Aussage dazu treffen zu können, inwiefern in den vorliegenden (nicht fehlenden) Daten die Gesamtstichprobe repräsentiert wird, was wichtige Aufschlüsse geben kann, welche Methoden zum Umgang mit fehlenden Werten bei den folgenden Analysen sinnvollerweise eingesetzt werden sollten. Dabei wurden nicht nur die Indizes und Skalen zu den Relevanzzuschreibungen in den Blick genommen, sondern, wie schon beim Vergleich der Mittelwerte für die Stichproben der Studierenden, die an beiden oder nur an einer der Befragungen teilnahmen, alle abgefragten Merkmale. Beim Vergleich der Mittelwerte wurden jeweils disjunkte Teilgruppen der Gesamtstichprobe betrachtet. Die Mittelwerte der Variablen der ersten Befragung insgesamt entstehen aus den Daten der Gruppe$_1$ und einer Teilgruppe der Gruppe$_{1,2}$, so dass sie jeweils zwischen den Mittelwerten für beide Gruppen gesondert betrachtet liegen müssen. Eine entsprechende Monotonieeigenschaft gibt es für Standardabweichungen nicht. Deshalb müssen bei der Analyse der Streuungen neben Gruppe$_1$, Gruppe$_2$

und Gruppe$_{1,2}$ auch noch Gruppe$_{1ges}$ der Gesamtheit aller Teilnehmenden der ersten Befragung und Gruppe$_{2ges}$ der Gesamtheit aller Teilnehmenden der zweiten Befragung betrachtet werden. Im Folgenden werden aufgrund des Fokus dieser Arbeit insbesondere die Ergebnisse zu den Relevanzzuschreibungen und Einschätzungen zur Umsetzung berichtet, die auch Aufschluss über das beforschte Konstrukt der Relevanzgründe geben, während die Vergleiche der Streuungen für alle anderen Merkmale im Anhang zu finden sind (vgl. Anhang VIII, IX im elektronischen Zusatzmaterial).

Vergleicht man zunächst Gruppe$_1$, Gruppe$_{1,2}$ und Gruppe$_{1ges}$ (vgl. Tabelle 10.7), so fällt auf, dass die Standardabweichung für Gruppe$_1$ insbesondere bei den Merkmalen zu den Relevanzzuschreibungen oftmals größer ausfällt als für die beiden anderen Gruppen (für eine vollständige Übersicht zu den Streuungen bezogen auf die drei Gruppen vgl. Anhang VIII im elektronischen Zusatzmaterial).

Unter den Studierenden, die nur an der ersten Befragung teilnahmen, herrscht beispielsweise eine größere Uneinigkeit darüber, wie relevant die Inhalte des Studiums insgesamt sind und wie relevant Inhalte der am wenigsten komplexen aber auch der komplexesten Stufe sind. Auch bei allen Themengebieten weichen die Meinungen der Studierenden der Gruppe$_1$ stärker voneinander ab als die Meinungen der Studierenden in den anderen beiden Gruppen und zumindest darüber, ob die intrinsisch geprägten Relevanzgründe aus dem Modell der Relevanzbegründungen wichtig sind, sind sich die Studierenden der Gruppe$_1$ weniger einig als die Studierenden, die an beiden Befragungen teilnahmen, oder die Gruppe aller Studierenden der ersten Befragung. Wenn man nun innerhalb der Gruppe$_1$ die Zusammenhänge zwischen Relevanzzuschreibungen und anderen Studierendenmerkmalen beforschen würde, dann würden sich vermutlich aufgrund der größeren Heterogenität der Stichprobe weniger statistisch signifikante Zusammenhänge ergeben als bei entsprechenden Untersuchungen in Gruppe$_{1,2}$ und Gruppe$_{1ges}$, insbesondere auch, da die Gruppe$_1$ zudem eine größere Heterogenität in weiteren Merkmalen zeigt, die dabei mit in den Blick genommen würden. Diese Merkmale umfassen neben dem mathematikbezogenen Selbstkonzept, der identifizierten Regulationsform der Motivation und verschiedenen Beliefs auch die ressourcenbezogenen Lernstrategien der Studierenden und damit sowohl affektive Merkmale als auch angewandte Studienaktivitäten (vgl. Anhang VIII im elektronischen Zusatzmaterial). Es ist zudem zu vermuten, dass Gruppe$_1$, für die insbesondere viele Werte fehlen, auch in der zweiten Befragung heterogene Bewertungen vornehmen würde und in dieser Gruppe weniger Einigkeit herrschen würde, wie relevant verschiedene Inhalte sind und welche Relevanzgründe aus dem Modell der Relevanzbegründungen wichtig sind, als es die

Tabelle.10.7 Streuungen für die verschiedenen Teilstichproben in der ersten Befragung

Teilnahme nur an der ersten Befragung			Teilnahme an beiden Befragungen			Alle Teilnehmenden der ersten Befragung			Merkmal
N	M	SD	N	M	SD	N	M	SD	
49	3,73	1,19	106	4,05	1,13	156	3,94	1,16	Relevanz der Inhalte allgemein
44	4,92	0,70	87	5,26	0,55	132	5,14	0,63	Relevanzinhalt Komplexitätsstufe 4
26	5,1	0,61	62	5,18	0,63	89	5,15	0,62	Relevanzinhalt Komplexitätsstufe 3
27	5,03	0,73	56	5,29	0,63	83	5,20	0,67	Relevanzinhalt Komplexitätsstufe 2
22	4,68	1,02	47	4,91	0,97	69	4,84	0,98	Relevanzinhalt Komplexitätsstufe 1
29	5,02	0,83	72	5,08	0,71	102	5,06	0,74	Relevanzinhalt Arithmetik/ Algebra
25	4,93	0,79	43	5,16	0,75	68	5,08	0,77	Relevanzinhalt Geometrie
36	4,97	0,77	64	5,24	0,74	100	5,15	0,76	Relevanzinhalt Lineare Algebra
32	4,95	0,76	73	5,10	0,71	105	5,06	0,73	Relevanzinhalt Analysis
49	4,44	0,79	108	4,58	0,67	158	4,53	0,71	Relevanzgründe der individuell-intrinsischen Dimensionsausprägung
50	4,37	0,72	107	4,39	0,81	158	4,39	0,77	Relevanzgründe der individuell-extrinsischen Dimensionsausprägung
49	4,97	1,00	109	4,88	0,83	159	4,91	0,88	Relevanzgründe der gesellschaftlich/ beruflich-intrinsischen Dimensionsausprägung
50	5,14	0,60	107	5,00	0,80	158	5,04	0,74	Relevanzgründe der gesellschaftlich/ beruflich-extrinsischen Dimensionsausprägung

(Fortsetzung)

Tabelle.10.7 (Fortsetzung)

Teilnahme nur an der ersten Befragung			Teilnahme an beiden Befragungen			Alle Teilnehmenden der ersten Befragung			Merkmal
N	M	SD	N	M	SD	N	M	SD	
33	4,47	0,69	63	4,35	0,70	96	4,39	0,70	Relevanzgründe der gesellschaftlich/ beruflich-intrinsischen Dimensionsausprägung – Anwendung
29	4,01	0,91	52	4,28	0,80	81	4,21	0,84	Relevanzgründe der gesellschaftlich/ beruflich-extrinsischen Dimensionsausprägung – Anwendung

Auswertungen vermuten lassen, wenn man bei den Analysen auf Daten des zweiten Zeitpunkts entsprechend der Methode der pairwise deletion nur Teilnehmende der Gruppe$_{2ges}$ betrachtet.

Ein analoges Bild zeigt sich beim Vergleich der Streuungen für Gruppe$_2$, Gruppe$_{1,2}$ und Gruppe$_{2ges}$ (vgl. Tabelle 10.8). Auch hier sind insbesondere bei den Merkmalen zu den Relevanzzuschreibungen und zu den damit als zusammenhängend angenommenen Einschätzungen zur Umsetzung die Standardabweichungen für Gruppe$_2$ oftmals höher als für die beiden anderen Gruppen (für eine vollständige Übersicht zu den Streuungen bezogen auf die drei Gruppen der Ausgangsbefragung vgl. Anhang IX im elektronischen Zusatzmaterial).

So zeigt sich innerhalb der Gruppe$_2$ weniger Einigkeit als in den anderen Gruppen darüber, wie relevant das Mathematikstudium insgesamt und dessen Inhalte in ihrer Gesamtheit sind, wie wichtig Inhalte der verschiedenen Themengebiete und Komplexitätsstufen sind und welche Relevanzgründe aus dem Modell der Relevanzbegründungen wichtig sind. Auch zur Umsetzung der Inhalte der verschiedenen Themengebiete und Komplexitätsstufen herrscht innerhalb der Studierendengruppe der Gruppe$_2$ eine größere Uneinigkeit als in Gruppe$_{1,2}$ und Gruppe$_{2ges}$. Insbesondere, da die Studierenden in Gruppe$_2$ sich darüber hinaus auch in ihrem Interesse, ihrem Selbstkonzept und ihrer aufgabenbezogenen Selbstwirksamkeitserwartung stärker unterscheiden als die Studierenden in Gruppe$_{1,2}$ und Gruppe$_{2ges}$, stärker unterschiedlich frustrationsresistent sind, sich stärker als die Studierenden der anderen Gruppen in ihrem Lernverhalten unterscheiden und sehr verschieden leistungsstark sind (vgl. Anhang IX im

Tabelle.10.8 Streuungen für die verschiedenen Teilstichproben in der zweiten Befragung

Teilnahme nur an der zweiten Befragung			Teilnahme an beiden Befragungen			Alle Teilnehmenden der zweiten Befragung			Merkmal
N	M	SD	N	M	SD	N	M	SD	
52	4,04	1,24	109	4,05	1,15	161	4,04	1,17	Relevanz der Inhalte allgemein
52	4,38	1,26	108	4,18	1,07	160	4,24	1,13	Relevanz des Mathematikstudiums allgemein
37	4,79	0,98	89	5,11	0,66	126	5,02	0,78	Relevanzinhalt Komplexitätsstufe 4
32	4,80	0,93	77	5,08	0,65	109	5,00	0,75	Relevanzinhalt Komplexitätsstufe 3
33	4,70	1,03	76	5,05	0,67	109	4,94	0,81	Relevanzinhalt Komplexitätsstufe 2
33	4,69	0,97	70	4,77	0,86	103	4,74	0,89	Relevanzinhalt Komplexitätsstufe 1
31	4,13	1,16	68	4,49	0,83	99	4,38	0,95	Einschätzung zur Umsetzung der Komplexitätsstufe 4
28	3,99	1,09	55	4,18	0,83	83	4,12	0,92	Einschätzung zur Umsetzung der Komplexitätsstufe 3
30	4,08	1,09	58	4,35	0,75	88	4,25	0,88	Einschätzung zur Umsetzung der Komplexitätsstufe 2
27	4,05	1,23	54	4,27	0,94	81	4,19	1,04	Einschätzung zur Umsetzung der Komplexitätsstufe 1
37	4,90	0,87	86	5,09	0,70	123	5,03	0,75	Relevanzinhalt Arithmetik/ Algebra
34	4,58	1,01	63	4,89	0,78	97	4,78	0,88	Relevanzinhalt Geometrie
50	4,67	1,09	103	5,00	0,77	153	4,89	0,90	Relevanzinhalt Lineare Algebra
47	4,71	1,20	94	5,01	0,74	141	4,91	0,93	Relevanzinhalt Analysis
37	4,10	1,08	80	4,43	0,95	117	4,33	1,00	Einschätzung zur Umsetzung der Arithmetik/ Algebra

(Fortsetzung)

Tabelle.10.8 (Fortsetzung)

Teilnahme nur an der zweiten Befragung			Teilnahme an beiden Befragungen			Alle Teilnehmenden der zweiten Befragung			Merkmal
N	M	SD	N	M	SD	N	M	SD	
28	3,75	1,34	54	3,77	1,08	82	3,76	1,16	Einschätzung zur Umsetzung der Geometrie
43	4,53	1,07	93	4,69	0,88	136	4,64	0,94	Einschätzung zur Umsetzung der Linearen Algebra
43	4,14	1,18	87	4,42	0,95	130	4,33	1,04	Einschätzung zur Umsetzung der Analysis
52	4,50	0,96	108	4,55	0,84	160	4,53	0,88	Relevanzgründe der individuell-intrinsischen Dimensionsausprägung
52	3,97	0,94	107	4,17	0,88	159	4,10	0,90	Relevanzgründe der individuell-extrinsischen Dimensionsausprägung
52	4,63	1,10	108	4,96	0,89	160	4,85	0,97	Relevanzgründe der gesellschaftlich/ beruflich-intrinsischen Dimensionsausprägung
51	4,86	0,92	108	5,00	0,72	159	4,96	0,79	Relevanzgründe der gesellschaftlich/ beruflich-extrinsischen Dimensionsausprägung
50	3,50	1,00	105	3,75	1,13	155	3,67	1,09	Einschätzung zur Umsetzung der individuell-intrinsischen Dimensionsausprägung
50	3,42	0,99	105	3,52	0,99	155	3,49	0,99	Einschätzung zur Umsetzung der individuell-extrinsischen Dimensionsausprägung
51	3,37	1,23	104	3,44	1,33	155	3,42	1,30	Einschätzung zur Umsetzung der gesellschaftlich/ beruflich-intrinsischen Dimensionsausprägung

(Fortsetzung)

Tabelle.10.8 (Fortsetzung)

Teilnahme nur an der zweiten Befragung			Teilnahme an beiden Befragungen			Alle Teilnehmenden der zweiten Befragung			Merkmal
N	M	SD	N	M	SD	N	M	SD	
52	3,49	1,21	106	3,59	1,20	158	3,56	1,20	Einschätzung zur Umsetzung der gesellschaftlich/ beruflich-extrinsischen Dimensionsausprägung
49	4,43	0,96	104	4,54	0,86	134	4,50	0,85	Relevanzgründe der gesellschaftlich/ beruflich-intrinsischen Dimensionsausprägung – Anwendung
49	3,28	1,08	106	3,36	0,99	153	4,50	0,89	Relevanzgründe der gesellschaftlich/ beruflich-extrinsischen Dimensionsausprägung – Anwendung
45	3,43	1,08	85	3,40	1,12	130	3,41	1,11	Einschätzung zur Umsetzung der gesellschaftlich/ beruflich-intrinsischen Dimensionsausprägung – Anwendung
47	3,33	0,90	86	3,41	1,10	133	3,38	1,03	Einschätzung zur Umsetzung der gesellschaftlich/ beruflich-extrinsischen Dimensionsausprägung – Anwendung

elektronischen Zusatzmaterial), wird deutlich, dass es sich um eine sehr heterogene Gruppe handelt. Auch für diese Gruppe, für die insbesondere viele Werte fehlen, wenn man beide Befragungszeitpunkte betrachtet, würden vermutlich weniger Zusammenhänge zwischen Relevanzzuschreibungen und weiteren Merkmalen statistisch signifikant werden als für Gruppe$_{1,2}$ und Gruppe$_{2ges}$. Vermutlich würden die Bewertungen dieser Gruppe auch in der ersten Befragung heterogener ausfallen als es die Auswertungen vermuten lassen, wenn man entsprechend der

Methode der pairwise deletion bei den Analysen auf Daten des ersten Zeitpunkts nur Teilnehmende der Gruppe$_{1ges}$ betrachtet.

Es deutet sich also an, dass innerhalb verschiedener Teilgruppen der Studierenden, die sich in weiteren affektiven und lernverhaltensbezogenen Merkmalen voneinander unterscheiden, unterschiedlich viel Einigkeit besteht, wie relevant das Studium insgesamt ist, welche Gründe das Mathematikstudium relevant machen könnten und wie relevant verschiedene Inhalte sind. Insbesondere ist zu vermuten, dass Gruppe$_{1ges}$ und Gruppe$_{2ges}$ jeweils zum betrachteten Erhebungszeitpunkt die Studierendenschaft nicht repräsentieren, da sie gemessen an der Standardabweichung homogener als die Gesamtstichprobe sind[3]. Insbesondere ist dann auch davon auszugehen, dass der Zusammenschluss von Gruppe$_{1ges}$ und Gruppe$_{2ges}$ homogener ist als die Gruppe aller Befragten und sich auf dieser Gruppe andere, und vermutlich mehr statistisch signifikante, Zusammenhänge zwischen Relevanzzuschreibungen und weiteren Merkmalen zeigen als sie sich auf der Gesamtstichprobe zeigen würden. Genau deshalb muss davon ausgegangen werden, dass Analysen mit listwise deletion (vgl. Abschnitt 6.2.2.2.1) oder pairwise deletion (vgl. Abschnitt 6.2.2.2.2) dazu führen, dass Mittelwerte größtenteils überschätzt und Varianzen größtenteils unterschätzt werden im Vergleich zur Gesamtstichprobe. Insbesondere ist davon auszugehen, dass Aussagen zu Mechanismen und Zusammenhängen bezüglich des Konstrukts der Relevanzzuschreibungen unter Betrachtung weiterer Konstrukte nicht auf die Gesamtstichprobe übertragbar sind.

Einerseits sind die Aussagen, die auf den vollständigen Daten unter Ausschluss aller Fälle mit fehlenden Werten gewonnen werden, dennoch in der vorliegenden Arbeit insofern von Nutzen, als dass daran abgelesen werden kann, wie sich die Relevanzzuschreibungen einer Teilgruppe der Studierenden, die die Items beantwortet hat, tatsächlich gestalten. Im Rahmen der explorativen Arbeit, in der herausgefunden soll, wie sich Relevanzzuschreibungen und Mechanismen hinter den Relevanzzuschreibungen von Mathematiklehramtsstudierenden (wohlgemerkt nicht nur der Gesamtheit der Mathematiklehramtsstudierenden sondern auch Teilgruppen davon) gestalten, ist das eine wertvolle Erkenntnis. Die entsprechend gewonnenen Ergebnisse sind auch insofern wertvoll, da sie Ergebnisse darstellen, die sich tatsächlich unter dem Einsatz der neuen Messinstrumente zu einem neuen Konstrukt (was Unsicherheit mit sich bringt) ergaben und damit

---

[3] Die größere Homogenität von Gruppe$_{1ges}$ und Gruppe$_{2ges}$ im Vergleich mit Gruppe$_1$, Gruppe$_2$ und Gruppe$_{1,2}$ lässt sich beispielsweise auch erkennen, wenn man für die jeweiligen Gruppen die Boxplots zu den Variablen der Relevanzgründe, Themengebiete und Komplexitätsstufen, mit welchen die für die vorliegende Arbeit zentralen Konstrukte abgefragt werden, vergleicht.

etwas Sicherheit in einem relativ unsicheren Forschungskontext bedeuten, und da sie Rückschlüsse über den Umgang der Studierenden mit dem Messinstrument erlauben. Es muss aber davon ausgegangen werden, dass die so gewonnenen Ergebnisse nicht die Zusammenhänge und Mechanismen hinter den Relevanzzuschreibungen für den Gesamtdatensatz reflektieren. Um auch die Verhältnisse auf dem Gesamtdatensatz beschreiben zu können, bietet es sich an, die fehlenden Daten mithilfe der Methode der multiplen Imputation (vgl. Abschnitt 6.2.2.2.4) zu schätzen (siehe dazu Abschnitt 10.5). Aufgrund der Ausführungen dieses Kapitels ist davon auszugehen, dass der imputierte Datensatz heterogener ausfällt als der Datensatz mit den vollständigen Daten und dass auf dem imputierten Datensatz weniger Zusammenhänge zwischen Relevanzzuschreibungen und anderen Merkmalen der Studierenden statistisch signifikant ausfallen.

10.5 Imputation der fehlenden Daten

Im nächsten Schritt sollten nun für die weiteren Auswertungen die fehlenden Daten multipel imputiert werden. In Abschnitt 6.2.2.2.4.1 wurde das Vorgehen bei der Erstellung eines multipel imputierten Datensatzes beschrieben. Wie die dort beschriebenen Schritte für die vorliegende Arbeit umgesetzt wurden, wird im Folgenden dargestellt.

10.5.1 Ausmaße der fehlenden Daten

Der erste Schritt beim Erstellen eines imputierten Datensatzes liegt darin, die Ausmaße der fehlenden Daten zu analysieren (vgl. Abschnitt 6.2.2.2.4.1). In den vorliegenden Daten lag der Anteil derjenigen Studierenden, die nur an einer der Befragungen teilgenommen hatten, bei 49,3 %. Über alle 215 Teilnehmenden gerechnet gab es in der ersten Befragung in einzelnen Items[4] maximal 60,5 % fehlende Werte, minimal 24,7 % und durchschnittlich 28,6 %, betrachtet man nur die Stichprobe der Teilnehmenden an der ersten Befragung, so betragen die Kennwerte in der gleichen Reihenfolge 47,2 %, 0 % und 5,3 %. Für die zweite Befragung gab es über alle 215 Teilnehmenden gerechnet in einzelnen Items maximal 57,2 % fehlende Werte, minimal 24,7 % und durchschnittlich 28,8 %,

---

[4] Hier werden nur die ursprünglich abgefragten Variablen betrachtet, nicht die Variable, die die Clusterzuordnung codiert (zur durchgeführten Clusteranalyse vgl. Abschnitt 10.6), und keine Skalen, die aus mehreren Items berechnet wurden.

betrachtet man wiederum nur die Stichprobe der Teilnehmenden an der zweiten Befragung, so betragen die Kennwerte in der gleichen Reihenfolge 43,2 %, 0 % und 5,5 % (vgl. Tabelle 10.9).

Tabelle.10.9 Anteile der fehlenden Werte in den Items

Befragung	Stichprobe	N	Maximal fehlende Werte pro Item	Minimal fehlende Werte pro Item	Durchschnittlich fehlende Werte pro Item
1. Befragung	Alle Teilnehmenden	215	60,5 %	24,7 %	28,6 %
	Teilnehmende der 1. Befragung	162	47,2 %	0 %	5,3 %
2. Befragung	Alle Teilnehmenden	215	57,2 %	24,7 %	28,8 %
	Teilnehmende der 2. Befragung	162	43,2 %	0 %	5,5 %

Betrachtet man alle erhobenen geschlossenen Items, so ergibt sich die in Abbildung 10.1 dargestellte Gesamtzusammenfassung der fehlenden Werte.

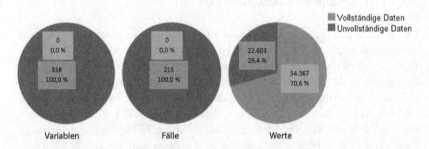

Abbildung 10.1 Gesamtzusammenfassung der fehlenden Werte

Demnach liegen für keine der erhobenen Variablen für alle ProbandInnen Werte vor. Keiner der Fälle ist über beide Befragungen betrachtet und unter Einbezug der abgefragten Klausurdaten vollständig und von allen Werten (errechnet aus den 215 Teilnehmenden multipliziert mit den 358 Variablen) fehlen 22603.

Eine Auflistung, wie viele Werte in allen erhobenen Variablen fehlen, findet sich im Anhang (vgl. Anhang X im elektronischen Zusatzmaterial). Insbesondere können die Analysen in der vorliegenden Arbeit nicht unter Einsatz der Methode des listenweisen Ausschlusses durchgeführt werden, denn da alle Fälle fehlende Werte aufweisen, könnte dabei kein Fall in den Analysen berücksichtigt werden (zur Methode des listenweisen Ausschlusses vgl. Abschnitt 6.2.2.2.1).

10.5.2 Mögliche Gründe für das Fehlen von Werten

Im nächsten Schritt bei der Erstellung eines multipel imputierten Datensatzes sollten mögliche Gründe für das Fehlen von Werten aufgeführt werden (vgl. Abschnitt 6.2.2.2.4.1). Die Analyse zeigt, dass für die erreichten Punkte bzw. die Note in der zweiten Klausur zur Linearen Algebra am meisten Werte fehlen, hier fehlen 190 Werte oder 88,4 % (vgl. Anhang X im elektronischen Zusatzmaterial). Bedenkt man, dass diese zweite Klausur generell nicht von allen Studierenden besucht wird sondern nur von einem Anteil derjenigen, die bei der ersten Klausur nicht bestanden haben (sei es, weil sie durchgefallen sind oder weil sie nicht erschienen sind), dann wird klar, dass die Grundgesamtheit der Studierenden, die an dieser Klausur hätten teilnehmen können, ohnehin kleiner ist als die der Studierenden, die an den Befragungen teilgenommen hat.

Neben den leistungsbezogenen Variablen mit vielen fehlenden Werten (darunter auch die erreichten Punkte in den Übungsblättern) fehlen vor allem in den Items zur Wichtigkeit von anwendungsbezogenen Relevanzgründen der gesellschaftlich/ beruflichen Dimension recht viele Werte und in den Aussagen zur Geometrie. Bei den leistungsbezogenen Variablen könnte es sein, dass Studierende keine Aussage zu ihren Leistungen in den Übungsblättern machen konnten (da sie ihre Punktzahlen nicht auswendig wussten) oder wollten. Das Fehlen in den anwendungsbezogenen Items könnte sich daraus begründen, dass die Studierenden die Begriffe MINT und Big Data nicht kannten (was tatsächlich in den Befragungen von Studierenden angesprochen wurde). Bei den Items zur Geometrie ist denkbar, dass den Studierenden die mathematischen Inhalte noch nicht vertraut waren und sie deshalb auch nicht wussten, wie relevant sie diese einschätzen sollten (im ersten Semester ist Geometrie noch kein Lernstoff für die Studierenden, vgl. auch Abschnitt 10.2). Im Gegensatz zur Vorstudie gab es in der Hauptstudie insbesondere keine geplanten Missings. Es muss also für alle fehlenden Werte Gründe geben, die nicht aus dem Aufbau der Fragebögen selbst resultieren.

10.5.3 Ordnung in den fehlenden Werten

Es gilt nun, die Ordnung in den fehlenden Werten zu analysieren (vgl. Abschnitt 6.2.2.2.4.1). Im Fall der vorliegenden Daten ergeben sich für die Datensätze der Teilnehmenden die in Abbildung 10.2 dargestellten Muster fehlender Werte.

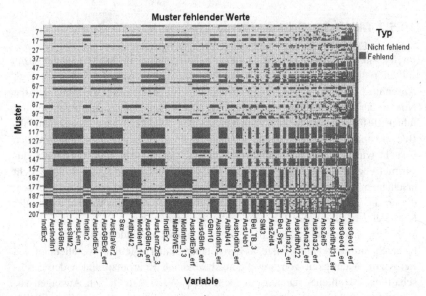

Abbildung 10.2 Muster der fehlenden Werte

Dabei stehen in den Spalten die Variablen aufsteigend sortiert nach dem Anteil fehlender Werte, so dass am linken Rand diejenige Variable mit dem kleinsten Anteil fehlender Werte erscheint und am rechten Rand diejenige Variable mit den meisten fehlenden Werten. In den Zeilen stehen die aufgetretenen Muster fehlender Werte. Dabei ist das erste Sortierkriterium durch die Variable mit dem größten Anteil fehlender Werte gegeben, wobei die Muster mit vorhandenem Wert vor den Mustern mit fehlendem Wert erscheinen. Das zweite Sortierkriterium betrachtet die Variable mit dem zweitgrößten Anteil fehlender Werte, wobei auch hier wiederum erst die Muster mit vorhandenem Wert erscheinen und danach die Muster mit fehlendem Wert. Dieses Schema wird bis zur letzten Variable mit den wenigsten fehlenden Werten durchgeführt. Auf diese Weise steht in der ersten

Zeile generell das Muster ohne fehlende Werte, falls dieses Muster in den Daten existiert.

Innerhalb der Muster kommen fast alle nur einmal vor, einige zweimal. Die Muster, die öfter als einmal auftraten, wurden näher analysiert und dabei zeigte sich, dass nur ein einziges Muster fünfmal vorkommt. Dieses ist das am häufigsten auftretende Muster. Bei diesem fünfmal auftretenden Muster fehlen alle Daten zur Eingangsbefragung sowie zu den beiden Klausuren zur Linearen Algebra, während alle Items aus der Ausgangsbefragung vollständig ausgefüllt wurden. Es handelte sich dabei demnach um fünf Studierende, die an der Ausgangsbefragung teilnahmen, aber weder an der Eingangsbefragung teilnahmen noch die Klausurdaten für eine der beiden Klausuren zur Linearen Algebra I zu Forschungszwecken freigaben.

Aus der Vielzahl der verschiedenen Muster, die weder univariat, noch monoton, noch disjunkt geordnet werden können, folgt, dass im vorliegenden Fall für die Muster eine allgemeine Ordnung besteht (zu den Mustern fehlender Werte vgl. Abschnitt 6.2.2.2.4.1; vgl. auch Göthlich, 2006, S. 136).

10.5.4 Erstellung des multipel imputierten Datensatzes

Nach der Analyse der fehlenden Werte samt der Analyse der Ordnung in den fehlenden Werten wird die eigentliche Imputation der fehlenden Werte durchgeführt (vgl. Abschnitt 6.2.2.2.4.1). Bei der Durchführung der multiplen Imputation ergab sich zunächst das Problem, dass es in SPSS zwar möglich ist, multiple Imputationen durchzuführen, für multiple Datasets aber nicht alle Analysemethoden implementiert sind, die für die Beantwortung der Forschungsfragen der vorliegenden Arbeit eingesetzt werden sollten (vgl. Abschnitt 9.1). Deshalb wurde teils auf R ausgewichen, wo insbesondere Varianzanalysen auch auf imputierten Daten durchgeführt werden konnten. Das in R durch die Imputation erstellte multiple Dataset konnte in SPSS eingelesen werden, um dort die weiteren Analysen durchführen zu können (vgl. Abschnitt 10.7 zur Beschreibung der Auswertung der quantitativen Daten).

Wie im Abschnitt 6.2.2.2.4.1 beschrieben wurde, sollten bei der Imputation zunächst die Variablen berichtet werden, die zur Imputation genutzt wurden, und die Anzahl der Imputationen sollte genannt werden. Zur Erstellung des imputierten Datensatzes in R wurden alle ursprünglich abgefragten Variablen mit Ausnahme der Freitextitems in R eingelesen. Zudem wurde die Clustervariable in dem Datenset mitgeführt, diese wurde aber nicht zur Berechnung der imputierten Daten verwendet (zu den Ausführungen, wie die Clusteranalyse auf dem nicht imputierten Datenset durchgeführt wurde, vgl. Abschnitt 10.6). Zur Berechnung der imputierten Daten wurden alle weiteren Variablen verwendet, um der Empfehlung zu folgen, möglichst viele Kovariablen in den Imputationsprozess aufzunehmen (vgl. Abschnitt 6.2.2.2.4.1; vgl. Abschnitt 12.1.2 für die Diskussion dieses Vorgehens).

Die Imputation wurde dann mithilfe des Befehls *parlmice* durchgeführt und es wurden wegen der in einigen Variablen hohen Anteile an fehlenden Werten (vgl. Anhang X im elektronischen Zusatzmaterial) 100 imputierte Datensets erstellt. Anschließend wurden aus den Items auf dem imputierten Datensatz in R die entsprechenden Skalenwerte berechnet und in zusätzlichen Variablen gespeichert. Der so erhaltene Datensatz wurde in SPSS überführt.

10.5.5 Umgang mit dem imputierten Datensatz

Wie mit dem imputierten Datensatz im Rahmen einer Forschungsarbeit umgegangen wird, sollte laut den Ausführungen in Abschnitt 6.2.2.2.4.1 berichtet werden. Die Beobachtung, dass in den Daten der vorliegenden Arbeit viele verschiedene Fehlendmuster auftreten, nämlich 207 Stück bei nur 215 Fällen, spricht dafür, dass für die fehlenden Werte zumindest teils die Fehlendmechanismen MCAR oder MAR verantwortlich sind (zur Erklärung der Fehlendmechanismen vgl. Abschnitt 6.2.2.1). Der Vergleich der Studierenden, die an nur einer Befragung teilnahmen, mit den Teilnehmenden beider Befragungen (vgl. Abschnitt 10.4) ergab jedoch einen sehr starken Verdacht auf eine systematische Verzerrung, die eher auf MNAR hindeuten würde. Auch wenn, wie oben argumentiert (vgl. Abschnitt 10.5.2), Studierende evtl. noch keine Meinung zu einem Item haben (und es deshalb nicht beantwortet haben), würde MNAR als Fehlendmechanismus vorliegen. Demnach ist durchaus anzunehmen, dass zumindest manchen der fehlenden Werten MNAR als Fehlendmechanismus zugrunde liegt.

Es bietet sich im Folgenden an, sowohl die Ergebnisse auf den imputierten Daten als auch diejenigen auf Grundlage der vollständigen Originaldaten bei Nutzung von pairwise deletion zu berichten. Die Imputation kann zwar MNAR fehlende Werte nicht ausgleichen, aber zumindest bei den anderen Fehlendmechanismen ist davon auszugehen, dass die Ergebnisse auf dem multipel imputierten Datenset die Ergebnisse, die auf der Gesamtstichprobe gewonnen worden wären, eher unverzerrt wiedergeben können als es bei Analysen unter listwise deletion oder pairwise deletion der Fall wäre (vgl. Abschnitt 6.2.2.2.4, in dem die Vorteile der multiplen Imputation gegenüber pairwise deletion und listwise deletion dargestellt werden, wenn Aussagen zur Gesamtstichprobe gemacht werden sollen).

Die Ergebnisse, die auf dem imputierten Datensatz gewonnen werden, sind dabei aber mit einer gewissen Unsicherheit behaftet. Um eine sichere Aussagen dazu treffen zu können, welche Mechanismen und Zusammenhänge für die Relevanzzuschreibungen zumindest in Teilstichproben der Studierenden vorliegen, wird in den folgenden Auswertungen zusätzlich die Methode der pairwise deletion genutzt.

10.5.6 Erster Vergleich der imputierten Daten mit den vollständigen Originaldaten

Nach Durchführung der Imputation wurde ein erster Vergleich der imputierten Daten mit den vollständigen Originaldaten vorgenommen. Im Vergleich der nicht imputierten vollständigen Daten mit dem imputierten Datensatz zeigt sich, dass der imputierte Datensatz tatsächlich heterogener ausfällt, wie es in Abschnitt 10.4 herausgearbeitet wurde (vgl. Anhang XI im elektronischen Zusatzmaterial für eine tabellarische Übersicht über Mittelwerte, Standardabweichungen und Varianzen in allen abgefragten Merkmalen für den nicht imputierten vollständigen Datensatz unter Nutzung von pairwise deletion und den imputierten Datensatz). So sind die Varianzen in den Variablen fast überall für das imputierte Datenset größer als für die Originaldaten. Beispielsweise fallen die Varianzen für alle Relevanzgründe und alle Relevanzinhalte sowohl in der Eingangs- als auch in der Ausgangsbefragung für das imputierte Datenset höher aus als für die vollständigen Originaldaten.

Eine höhere Heterogenität in Daten, das heißt eine höhere Streuung der Werte in den Daten, kann dazu führen, dass weniger Zusammenhänge statistisch signifikant werden als in homogenen Daten mit wenig Streuung in den Werten. Dies ist genau dann der Fall, wenn die Stichprobengrößen der heterogenen Daten und der homogenen Daten gleich groß sind (vgl. dazu Abschnitt 12.1.2). Beim imputierten Datensatz ist nun noch zu beachten, dass in diesem Fall nicht nur die Heterogenität wächst, sondern auch die Stichprobengröße größer ist als die des vollständigen, homogeneren Originaldatensatzes. Für die Indizes zu den Relevanzgründen in der Eingangsbefragung ist die Stichprobengröße im imputierten Datensatz beispielsweise um 57 ProbandInnen größer als im vollständigen Originaldatenset und bei der Skala zum Relevanzinhalt der komplexesten Stufe sogar um 146 ProbandInnen. Eine größere Stichprobengröße wiederum führt dazu, dass Zusammenhänge eher statistisch signifikant ausfallen. Im weiteren Verlauf der Arbeit wird sich zeigen, ob die Heterogenität in den imputierten Daten so viel größer als in den vollständigen Originaldaten ist, dass trotz der größeren

Stichprobe für die imputierten Daten weniger Zusammenhänge statistisch signifikant ausfallen. Dabei muss beachtet werden, dass generell bei der Methode der multiplen Imputation eine höhere Varianz auch dadurch entsteht, dass bei der Berechnung der Varianz auf dem imputierten Datensatz zum Mittelwert der Fehlervarianzen die Varianz zwischen den Imputationslösungen addiert wird (Acock, 2005, S. 1020; vgl. auch Abschnitt 6.2.2.2.4).

Bevor darauf eingegangen wird, wie die Daten der vorliegenden Arbeit ausgewertet wurden, wird im Folgenden noch dargestellt, wie auf dem vollständigen Originaldatensatz eine Clusteranalyse durchgeführt wurde. Insbesondere wurde diese Clusteranalyse nicht auf den imputierten Daten durchgeführt, was im Folgenden auch begründet wird.

10.6   Typenbildung

Zur Klärung von Forschungsfrage 8, die danach fragt, wie sich Studierende bezüglich der Relevanzgründe basierend auf dem Modell der Relevanzbegründungen typisieren lassen, wurde auf den nicht imputierten Daten beider Befragungen je eine Clusteranalyse durchgeführt (zur Methode der Clusteranalyse vgl. Abschnitt 6.2.5). Clusteranalysen lassen sich aufgrund fehlender Berechnungsregeln nicht auf imputierten Datensätzen durchführen. Deshalb wurde die Clusteranalyse auf den Originaldaten durchgeführt und die Cluster wurden dann im Datenset, das den Ausgangspunkt für die Imputation darstellte, aufgenommen[5]. Sie konnten nicht imputiert werden, da dann die Informationen der Variablen, auf denen sie gebildet wurden, in der Imputation doppelt verwendet worden wären. Dass Clusterzuordnungen nur für diejenigen Fälle vorliegen, für die sie auf den Originaldaten aufgrund vorliegender Werte zu den Indizes der Relevanzgründe gebildet werden konnten, ist insofern unproblematisch, als dass die achte Forschungsfrage nur danach fragt, welche Studierendentypen sich finden lassen und nicht den Anspruch stellt, alle in der Gesamtstichprobe möglicherweise existierenden Typen zu finden. Das begründet sich darin, dass das Hauptanliegen bei der Findung und insbesondere der Charakterisierung der Typen darin liegt, Informationen zu Mechanismen und Zusammenhängen bezüglich des Konstrukts der Relevanzgründe zu generieren. Das durchgeführte Verfahren liefert Typen auf den Daten des Teildatensatzes mit vollständigen Daten. Da dieser

---

[5] Insbesondere gibt es Clusterzuordnungen nur für diejenigen Fälle, für die sie im Originaldataset erstellt werden konnten. Die Imputationen betreffen bei den Fragestellungen zu den Typenvergleichen demnach nur die weiteren Merkmale der geclusterten Teilnehmenden.

Datensatz einen Teildatensatz des Gesamtdatensatzes darstellt, gibt es die Typen auch im Gesamtdatensatz. Eventuell gäbe es im Gesamtdatensatz weitere Typen, die mit der hier durchgeführten Methode nicht gefunden werden, oder eventuell würden im Gesamtdatensatz die Studierenden teils anders sortiert, aber die Zusammenhänge, die sich für die gefundenen Typen unter Betrachtung ihrer fokussierten Relevanzgründe und weiterer Merkmale in den Analysen zeigen, sind auf jeden Fall Zusammenhänge, die im Datensatz vorliegen und die demnach Aufschluss über das Konstrukt der Relevanzgründe geben.

Vor der Durchführung der Clusteranalyse wurden die Indizes zur Wichtigkeit der individuell-intrinsischen, individuell-extrinsischen, gesellschaftlich/ beruflich-intrinsischen und gesellschaftlich/ beruflich-extrinsischen Relevanzgründe jeweils zunächst z-standardisiert (für die theoretischen Hintergründe der Durchführung von Clusteranalysen vgl. Abschnitt 6.2.5.2). Sowohl in der ersten als auch in der zweiten Befragung wurden für jeden der vier Indizes alle 162 Datenpunkte ausgewertet. Die vier Indizes wurden auf Kollinearität getestet und da der höchste VIF-Wert bei 2,49 lag, kann sogar nach dem strengeren Kriterium von Weiber und Mühlhaus (2014, Kapitel 12) davon ausgegangen werden, dass keine Kollinearität vorliegt (zur Berechnung und Interpretation des VIF vgl. Abschnitt 7.3.4).

Mithilfe des Single-Linkage Verfahrens (zu den Clusteralgorithmen vgl. Abschnitt 6.2.5.2) unter Verwendung des quadrierten euklidischen Distanzmaßes wurden Ausreißer in den Daten identifiziert, wobei sich in der ersten Befragung fünf und in der zweiten Befragung zwei Ausreißer zeigten. Diese wurden im nächsten Schritt ausgeschlossen, in welchem mithilfe des Ward Verfahrens die Cluster bestimmt wurden. Unter Zuhilfenahme des Dendrogramms und des Lineplots, an dem das Ellbogen Kriterium[6] angewendet wurde, wurden für beide Befragungen mögliche Clusterlösungen bestimmt. Dabei waren die Ergebnisse nicht eindeutig. In der ersten Befragung ergab sich ein Lineplot mit zwei Ellbogen, laut dem sich entweder sechs oder vier Cluster als Lösung anboten (vgl. Abbildung 10.3). In der zweiten Befragung deutete der Lineplot auf eine Lösung mit vier oder mit fünf Clustern hin (vgl. Abbildung 10.4)

Die Vier-Cluster-Lösung wurde aus verschiedenen Gründen gewählt. Erstens bot sie sich an, da sich sowohl in der ersten als auch in der zweiten Befragung eine Vier-Cluster-Lösung als mögliche Lösung zeigte und sich dabei in beiden Befragungen zweitens bei der Analyse der Cluster herausstellte, dass sich in der zweiten Befragung vier Cluster ergaben, die denen aus der ersten Befragung stark ähnelten. Drittens wurde in der Eingangsbefragung beim Vergleich

---

[6] Laut dem Ellbogen Kriterium sollte die Lösung gewählt werden, die sich im Knick des Graphen vor dem steilsten Anstieg befindet (vgl. Abschnitt 6.2.5.3).

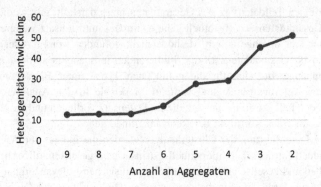

Abbildung 10.3   Lineplot zur Clusteranalyse der Daten der ersten Befragung

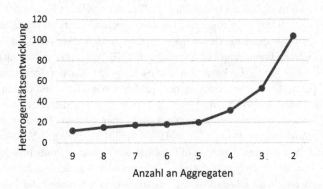

Abbildung 10.4   Lineplot zur Clusteranalyse der Daten der zweiten Befragung

der beiden Clusterlösungen festgestellt, dass die Sechs-Cluster Lösung aus der Vier-Cluster Lösung entstand, indem zwei der Cluster sich in je zwei Cluster aufteilten, während die beiden anderen Cluster bestehen blieben[7].

Zusätzlich zu den Clusteranalysen gesondert für die Eingangs- und die Ausgangsbefragung wurde außerdem eine Clusteranalyse durchgeführt, bei der die

---

[7] Für die Ausgangsbefragung konnte eine dementsprechende Zuordnung nicht ohne Weiteres durchgeführt werden.

Cluster über beide Befragungen hinweg gebildet wurden[8]. Dazu wurden die Variablen zur Wichtigkeit der Relevanzgründe einer Dimensionsausprägung aus Eingangs- und Ausgangsbefragung als eine Variable zusammengefasst und es wurde dann wiederum eine Clusteranalyse auf den z-standardisierten Daten der vier so gebildeten Variablen durchgeführt. Auch hier wurden zunächst Ausreißer mit dem Single-Linkage Verfahren identifiziert und dann ausgeschlossen und die eigentliche Clusterbildung wurde dann mithilfe des Ward Verfahrens durchgeführt. Dabei deutete der Lineplot (vgl. Abbildung 10.5) ebenfalls auf eine Vier-Cluster-Lösung hin. Dies stützt die Entscheidung für die Arbeit mit der Vier-Cluster-Lösung.

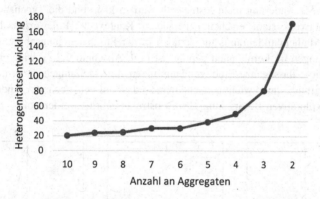

Abbildung 10.5 Lineplot zur Clusteranalyse auf den Daten beider Befragungen

Für die weiteren Analysen der Arbeit wurden die Clusterlösungen aus den getrennten Clusteranalysen für die Eingangs- und Ausgangsbefragung betrachtet. Der Vorteil der beiden getrennten Clusteranalysen für Eingangs- und Ausgangsbefragung liegt darin, dass so auch analysiert werden kann, ob ganze Cluster im Laufe des Semesters in dem vierdimensionalen Raum auf Grundlage der Messungen zu den Dimensionsausprägungen ihre Lage ändern. Solche Änderungen könnte man mit einer Clusteranalyse über beide Zeitpunkte nicht feststellen. Insbesondere könnten bei einer Clusteranalyse über beide Zeitpunkte damit Ergebnisse für die Forschungsfrage 8b), in der es darum geht, ob die Typenzuordnung eine stabile Eigenschaft ist, verzerrt werden (zu den Forschungsfragen vgl.

---

[8] Eine Übersicht, wie sich die Studierenden den Clustern getrennt für die Eingangs- oder Ausgangsbefragung oder den Clustern über beide Befragungen hinweg zuordnen, findet sich in Anhang XX im elektronischen Zusatzmaterial.

Kapitel 5). Exemplarisch soll das im zweidimensionalen Raum dargestellt werden. Angenommen die Lage eines Clusters, der für die erste Befragung gefunden wird, verschiebt sich für die zweite Befragung, ohne in die Nähe aller anderen Cluster zu kommen. Dann würden sich durch die getrennten Clusteranalysen für Eingangs- und Ausgangsbefragung zwei verschiedene Cluster ergeben (vgl. Abbildung 10.6 links, Mitte) und die Antwort auf Forschungsfrage 8b) würde lauten, dass die Typenzuordnung zumindest auf die Studierenden dieses Typs bezogen keine stabile Eigenschaft ist, da sich die Merkmale des rechten Clusters ändern und somit die Studierenden in der Ausgangsbefragung einem anderen Typ angehören als in der Eingangsbefragung. In der Clusteranalyse über beide Zeitpunkte würde sich aber nur ein Typ ergeben (vgl. Abbildung 10.6 rechts), so dass diese Änderung nicht festgestellt werden kann und die Typenzuordnung fälschlicherweise stabil erscheint. Gerade im Kontext der Relevanzzuschreibungen von Mathematiklehramtsstudierenden in der Studieneingangsphase, der von Veränderungen im Lernkontext geprägt ist (vgl. Abschnitt 2.2.2), wäre es durchaus möglich, dass ganze Studierendengruppen ihre Meinungen ändern, welche Relevanzgründe ihnen wichtig erscheinen, so dass auf entsprechende Änderungen bei der explorativen Beforschung des Konstrukts geprüft werden soll.

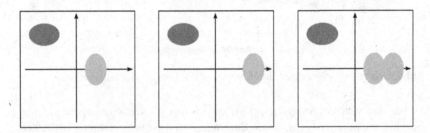

Abbildung 10.6 Cluster im Raum – links: Cluster zu T1, Mitte: Cluster zu T2, rechts: Cluster über beide Befragungen

Zudem können die Clusterzugehörigkeiten im Fall von getrennten Clusteranalysen für Eingangs- und Ausgangsbefragung immer in direkten Bezug gesetzt werden zu den Variablen, die zum gleichen Messzeitpunkt abgefragt wurden, wohingegen die Interpretation der Zusammenhänge zwischen Clusterzugehörigkeiten und Merkmalsausprägungen bei einer Clusterung über beide Zeitpunkte schwieriger ist. Als Vorteil der Clusteranalyse über beide Zeitpunkte kann demgegenüber gesehen werden, dass für Studierende, für die sich für die Eingangsbefragung und die Ausgangsbefragung unterschiedliche Clusterzugehörigkeiten ergeben, die Änderung direkt interpretiert werden kann, während bei den getrennten Clusteranalysen für Eingangs- und Ausgangsbefragung die Cluster der Eingangsbefragung nicht deckungsgleich mit denen der Ausgangsbefragung sein müssen, was die Interpretation von Clusterwanderungen in dieser Hinsicht erschwert. Im Folgenden wird mit den Clustern weitergearbeitet, die sich getrennt für die Eingangs- und Ausgangbefragung ergaben – die zuletzt genannte Einschränkung muss demnach insbesondere bei der Beantwortung der Forschungsfrage 8b) bedacht werden.

Die vier Cluster wurden durch Betrachtung der Mittelwerte bezüglich der vier Variablen zu den Wichtigkeiten der Relevanzgründe auf den Dimensionsausprägungen analysiert (vgl. die Ausführungen zur Interpretation der Clusterlösung in Abschnitt 6.2.5.3). Letztere Analyse wurde sowohl für die z-standardisierten Daten als auch für die nicht standardisierten Daten durchgeführt. Um die Unterschiede zwischen den Clustern aufzudecken, wurden auf den vier Indizes ANOVAs und Scheffé Post Hoc Tests mit einem Signifikanzniveau von $p = ,05$ durchgeführt. Dabei wurde zur Berechnung der statistischen Signifikanzen in allen Fällen ein harmonisches Mittel für die Stichprobengröße genutzt, da die Gruppengrößen der vier Cluster unterschiedlich ausfallen. Die Darstellung der entsprechenden Ergebnisse und weiterer Analysen auf den Clustern werden in Abschnitt 11.9 bei der Beantwortung der achten Forschungsfrage dargestellt.

Im Folgenden soll nun noch erläutert werden, welche Auswertungen auf den quantitativen Daten (10.7) und welche auf dem qualitativen Item (10.8) ausgeführt wurden, ehe in Kapitel 11 auf die so erhaltenen Ergebnisse eingegangen wird.

10.7 Auswertung der quantitativen Daten

Entsprechend der in Abschnitt 9.1 dargestellten Planung, wie mit der Hauptstudie die Forschungsfragen beantwortet werden sollten, wurden zur Beantwortung dieser Forschungsfragen verschiedene Methoden und Designs eingesetzt.

– Zur Analyse von Relevanzzuschreibungen bezüglich einzelner Aspekte wurden Boxplots erstellt und analysiert, dies geschah in SPSS (vgl. Forschungsfrage 1, Abschnitt 11.2). Die von Tukey (1977) eingeführten Boxplots bieten die Möglichkeit, gleichzeitig die zentrale Tendenz und Variation einer Verteilung graphisch zu veranschaulichen (Bortz & Döring, 2006, Kapitel 6; Bortz & Schuster, 2010, Kapitel 3; Döring & Bortz, 2016, Kapitel 12; Schnell, 1994, Kapitel 2). Gegenüber Balkendiagrammen haben sie den Vorteil, dass sie auch die Streuung darstellen, was weitergehende Aussagen ermöglicht, und dass sie gegen Ausreißer unempfindlich sind (Bortz & Döring, 2006, Kapitel 6; Bortz & Schuster, 2010, Kapitel 3). Zudem sind Boxplots zur Identifikation von Ausreißern gut geeignet (Bortz & Schuster, 2010, Kapitel 3), wenngleich sich die genaue Zahl von Ausreißern aus einem Boxplot nicht immer ablesen lässt (Schnell, 1994, Kapitel 2). Zur deskriptiven Beschreibung der Relevanz-zuschreibungen der Lehramtsstudierenden waren Boxplots gerade deshalb gut geeignet, weil sich daran auch erkennen lässt, wie sich Verteilungen gege-benenfalls ändern, obwohl die zentrale Tendenz gleichbleibt. Die Ausreißer wurden im vorliegenden Fall nicht weiter analysiert.

– Zusammenhänge zwischen verschiedenen Merkmalen und längsschnittliche Änderungen in einem Merkmal wurden mithilfe von Korrelationen[9] in SPSS untersucht (vgl. Forschungsfrage 2, Abschnitt 11.3; Forschungsfrage 5, Abschnitt 11.6; Forschungsfrage 6, Abschnitt 11.7; Forschungsfrage 7, Abschnitt 11.8).

– Fragen danach, wie viel Streuung in einer Variable durch andere Variablen aufgeklärt werden kann unter der Annahme von linearen Zusammenhängen, wurden mithilfe von linearen Regressionen[10] beantwortet, die in SPSS durch-geführt wurden (vgl. Forschungsfrage 3, Abschnitt 11.4; Forschungsfrage 4, Abschnitt 11.5). Da in der vorliegenden Arbeit der Fokus nicht darauf liegt, Regressionsmodelle miteinander zu vergleichen, ist eine Angabe von R^2 oder R^2_{korr} nicht zentral. Für die Originaldaten wird der Wert von R^2 als Orientierungswert dennoch angegeben, für die imputierten Daten ist des-sen Berechnung in SPSS nicht möglich und so wurden für die imputierten Daten nur die Regressionskoeffizienten in den Regressionsgleichungen ana-lysiert. Das ist für die vorliegende Arbeit zulässig, da vor allem innerhalb jeder Regression geschaut werden soll, wie viel Varianz die jeweils betrach-teten unabhängigen Variablen in der abhängigen Variable im Vergleich zu den je anderen im gleichen Modell aufgenommenen unabhängigen Variablen aufklären können.

– Fragen nach Wirkungen wurden unter Zuhilfenahme von Cross-Lagged-Panel Designs[11] untersucht (vgl. Forschungsfrage 3, Abschnitt 11.4). Im Cross-Lagged-Panel Design wurde aufgrund seiner Vorzüge gegenüber dem 2W2V Design dasjenige in Abschnitt 6.3.2.3 beschriebene Design genutzt, in dem der Einfluss der Autokorrelation herauspartialisiert wird (vgl. Abbildung 6.10,

---

[9] Zu theoretischen Hintergründen zu Zusammenhangsmaßen vgl. Abschnitt 6.2.3.

[10] Zu theoretischen Hintergründen zu linearen Regressionsanalysen vgl. Abschnitt 6.2.4.

[11] Zu theoretischen Hintergründen zu Cross-Lagged-Panel Designs vgl. Abschnitt 6.3.2.

Abschnitt 6.3.2.3)[12]. Dazu wurden Strukturgleichungsmodelle in AMOS aufgestellt. Bei der Auswertung der Ergebnisse bezüglich vorliegender Kausalität wurde in den Blick genommen, welche Kreuzpfade statistisch signifikant wurden, wie hoch der Wert eines Kreuzpfads im Vergleich zum Wert des je anderen Kreuzpfads ausfiel und wie hoch die Werte der Kreuzpfade ausfielen im Vergleich zu den Pfaden des Einflusses der Variablen auf die je gleiche Variable zum späteren Zeitpunkt. Auf Grundlage dieser Analysen wurden Schlüsse über mögliche kausale Zusammenhänge gezogen.

– Zur Typisierung der durch die Clusteranalyse gefundenen Typen wurden Unterschiede zwischen diesen in verschiedenen Merkmalen ermittelt (vgl. Forschungsfrage 8, Abschnitt 11.9). Dazu wurden zunächst Varianzanalysen[13] durchgeführt. Da in der vorliegenden Arbeit nur geprüft werden soll, für welche Merkmale überhaupt Zusammenhänge zwischen der Typenzuordnung und den jeweiligen Merkmalen der Studierenden bestehen und nicht zusätzlich die entsprechenden Zusammenhänge für verschiedene betrachtete Merkmale untereinander verglichen werden sollen, wird dabei auf den Bericht und die Analyse der Effektstärke verzichtet. Die ANOVAs für die imputierten Daten wurden in R mit dem Befehl *mi.anova* aus dem Paket *miceadds* durchgeführt. Für die Originaldaten wurden sie direkt in SPSS durchgeführt. Dort, wo sich in den Varianzanalysen statistisch signifikante Unterschiede zeigten, wurden anschließend t-Tests gerechnet. Diese wurden ausschließlich in SPSS gerechnet, sowohl für die imputierten als auch für die Originaldaten. Es wurden t-Tests statt Post Hoc Tests mit Korrektur durchgeführt, da die ANOVAs bereits auf Unterschiede unter der Berücksichtigung der Alpha-Fehler-Auswirkungen hindeuteten und es zudem technisch gesehen für imputierte Daten keine andere Möglichkeit gab (zur Rechtfertigung dieses Vorgehens vgl. Abschnitt 6.1.4.1). Bei den t-Tests wurde bei den imputierten Daten immer der p-Wert mit der Annahme gleicher Varianzen interpretiert, da der Levene-Test für imputierte Daten nicht greift. Bei den Originaldaten wurde bei nicht signifikantem Ergebnis im Levene-Test der p-Wert mit der Annahme gleicher Varianzen interpretiert und bei signifikantem Ergebnis im Levene-Test der p-Wert mit der Annahme ungleicher Varianzen (zur Prüfung der Varianzhomogenität mit dem Levene-Test vgl. Abschnitt 6.2.6.3).

---

[12] Dieses Modell wird beispielsweise auch in der Arbeit von Rach (2014, Kapitel 9) und damit ebenfalls im Kontext von Forschung im Bereich der universitären Mathematiklehre in der Studieneingangsphase genutzt.

[13] Zu theoretischen Hintergründen zu Varianzanalysen vgl. Abschnitt 6.2.6.

Bei den empirischen Analysen wurde im Allgemeinen auf einem Signifikanzniveau von 10 % getestet, um auch Tendenzen in den Zusammenhängen sichtbar zu machen. Hier erkennt man insbesondere, dass die Arbeit explorativ vorgeht und Ergebnisse nicht notwendigerweise verallgemeinerbar sind. Bei der Interpretation der Ergebnisse ist natürlich zu beachten, dass statistische Signifikanz nicht notwendigerweise auch inhaltliche Bedeutsamkeit mit sich bringt. Während in großen Stichproben auch schon kleine Effekte statistisch signifikant werden, werden Effekte in kleinen Stichproben trotz ihrer Bedeutsamkeit unter Umständen nicht statistisch signifikant (Hirschauer & Becker, 2020; Wolf & Best, 2010).

10.8 Auswertung des qualitativen Items

Die Analyse des offenen Items wurde mithilfe der qualitativen Inhaltsanalyse nach Mayring (zur Methode der qualitativen Inhaltsanalyse vgl. Abschnitt 6.2.7) unter Zuhilfenahme des online frei verfügbaren Programms *qcamap* (https://www. qcamap.org) durchgeführt. Es wurden drei verschiedene Fragestellungen formuliert, auf deren Basis induktiv Kategorien gebildet wurden. Die drei Leitfragen und die entsprechenden Auswertungsregeln finden sich in Tabelle 10.10. Das Datenmaterial wurde im Sinne der Intercoderreliabilität von zwei Codiererinnen unabhängig voneinander codiert (vgl. Ausführungen zur Intercoderreliabilität in Abschnitt 6.2.7.2). Zunächst codierte die Autorin das gesamte Textmaterial und stellte dann das Textmaterial einer zweiten Codiererin zusammen mit dem jeweils leitfragenbezogen erstellten Kategoriensystem zur Verfügung. Für die erste Leitfrage codierte die Autorin elf Antwortsegmente, die von der Zweitcodiererin genauso codiert wurden. Die Zweitcodiererin codierte zusätzlich vier weitere Stellen, für die jedoch im Gespräch festgestellt wurde, dass sie nicht der Leitfrage entsprachen. Für die zweite Leitfrage codierte die Autorin 26 Antwortsegmente, die ebenfalls von der Zweitcodiererin genauso codiert wurden. Die Zweitcodiererin fand ein zusätzliches Segment, das von der Autorin übersehen worden war. Für die dritte Frage stimmten 130 Codierungen für beide Codiererinnen überein, die Autorin codierte eine Stelle, die von der Zweitcodiererin nicht codiert wurde und die Zweitcodiererin codierte sechs zusätzliche, nicht von der Autorin codierte Stellen. Insgesamt ergab sich eine hohe Übereinstimmung beider Codiererinnen.

Nachdem nun dargestellt wurde, wie in der vorliegenden Arbeit die Daten ausgewertet wurden, soll im Folgenden darauf eingegangen werden, welche Ergebnisse bei der Datenauswertung erhalten wurden

Tabelle.10.10 Leitfragen der qualitativen Inhaltsanalyse

Leitfrage	Welche Konsequenzen wollen die Studierenden mit ihrem Studium erreichen, die für sie dessen Relevanz erhöhen würden?	Welche auf die Fragestellung passenden Themen werden im offenen Item genannt?	Welche NICHT auf die Fragestellung passenden Themen werden im offenen Item genannt?[14]
Beschreibung	Es soll herausgearbeitet werden, welche angestrebten Konsequenzen im offenen Item angesprochen werden, wie diese in das bestehende Modell der Relevanzbegründungen eingeordnet werden können und ob es Aspekte gibt, die Relevanz im Mathematikstudium begründen können, aber nicht in das Modell eingeordnet werden können.	Alle Themen, die tatsächlich die Relevanz des Mathematikstudiums (nicht des Studiums der Erziehungswissenschaften, der Psychologie oder des zweiten Fachs) betreffen, und entsprechend der Suche nach positiven Konsequenzen positiv formuliert sind, sollen kategorisiert werden.	Alle Themen, die Relevanz über das Mathematikstudium hinausgehend (z. B. des Studiums der Erziehungswissenschaften, Psychologie oder des zweiten Fachs) betreffen, oder Missstände des aktuellen Studiums aufzeigen, sollen kategorisiert werden.
Inhaltsanalytische Technik	Induktive Kategorienbildung		
Selektionskriterium	alle positiv formulierten, als für die Person selbst erstrebenswert dargestellten Konsequenzen, die mit der Relevanz des Mathematikstudiums in Verbindung gebracht werden	alle positiv formulierten Aussagen, die benennen, welche Studieninhalte speziell das Mathematikstudium relevant machen würden	alle Inhalte, die nicht direkt das Mathematikstudium betreffen oder die negativ aufzeigen, was derzeit als verbesserungswürdig angesehen wird

(Fortsetzung)

---

[14] Die vielen Antworten auf die dritte Leitfrage zeigen insbesondere, dass das offene Item offenbar als Ort für Kritik genutzt wurde (eine Übersicht über die entsprechenden Kritikpunkte findet sich im Anhang XII im elektronischen Zusatzmaterial).

Tabelle.10.10   (Fortsetzung)

Leitfrage	Welche Konsequenzen wollen die Studierenden mit ihrem Studium erreichen, die für sie dessen Relevanz erhöhen würden?	Welche auf die Fragestellung passenden Themen werden im offenen Item genannt?	Welche NICHT auf die Fragestellung passenden Themen werden im offenen Item genannt?
Abstraktionslevel	Es muss deutlich werden, dass der genannte Aspekt für den Studierenden einen gewünschten Zielzustand bezogen auf die eigene Person (nicht das Studium) darstellt. Insbesondere geht es nicht darum, aufzulisten, was im Mathematikstudium relevant wäre oder wie dieses verändert werden müsste, sondern welche aus dem Mathematikstudium resultierenden Konsequenzen dieses relevant für die eigene Person machen würden.	Es muss einen erkennbaren Bezug zum Mathematikstudium geben, der keine Mängel hervorhebt, sondern positiv formuliert ist.	Es werden negativ formulierte Inhalte und Inhalte ohne erkennbaren Bezug zum Mathematikstudium codiert.
Codiereinheit	einzelnes Wort		
Kontexteinheit	abgeschlossener Gedankenstrang eines Studierenden		
Auswertungseinheit	alle Antworten auf das offene Item, Mehrfachcodierungen sind zugelassen		

Ergebnisse 11

Die Ergebnisse der Arbeit umfassen neben dem entwickelten Modell zu Relevanzbegründungen von Lehramtsstudierenden für das Mathematikstudium (vgl. Kapitel 3) ein dazu passend entwickeltes Messinstrument (vgl. Kapitel 7 zu dessen Entwicklung; vgl. Abschnitt 11.1 zu Ergebnissen dazu, wie von Studierenden geäußerte Relevanzgründe darin abgedeckt sind), verschiedene Ergebnisse zu Relevanzzuschreibungen vonseiten Lehramtsstudierender und dazu, wie diese zusammenhängen mit weiteren Merkmalen (vgl. Abschnitt 11.2 – 11.6, Abschnitt 11.8), Ergebnisse zu den Zusammenhängen zwischen der Einschätzung zur Umsetzung von möglicherweise als relevant empfundenen Aspekten mit Personenmerkmalen (vgl. Abschnitt 11.7) und Typisierungen von Studierenden entlang der Dimensionen des Modells der Relevanzbegründungen, wobei die Typen unter Zuhilfenahme weiterer Merkmale zusätzlich charakterisiert werden, um insbesondere auch weitere Aufschlüsse zu dem Konstrukt der Relevanzgründe zu gewinnen (vgl. Abschnitt 11.9). Alle empirischen Ergebnisse dieser Arbeit dienen dem übergeordneten Zweck, das in dieser Arbeit konzeptualisierte Konstrukt der Relevanzzuschreibungen in seinen Mechanismen und Zusammenhängen besser zu verstehen, und sollen dadurch im Sinne der explorativen Arbeit Forschungsanlässe für in der Zukunft anschließende hypothesenprüfende Forschung aufzeigen.

Ergänzende Information Die elektronische Version dieses Kapitels enthält Zusatzmaterial, auf das über folgenden Link zugegriffen werden kann https://doi.org/10.1007/978-3-658-35844-0_11.

Alle empirischen Analysen, die zur Gewinnung der Ergebnisse genutzt wurden, wurden sowohl auf den Originaldaten unter Nutzung von pairwise deletion als auch auf dem multipel imputierten Datenset durchgeführt. An den Ergebnissen, die unter Nutzung der Methode der pairwise deletion gewonnen wurden, lässt sich ablesen, welche Zusammenhänge für die jeweilige Stichprobe mit vollständigen Daten tatsächlich existieren, was in der vorliegenden explorativen Arbeit einen Zugewinn darstellt, da auch die Relevanzzuschreibungen von Teilgruppen der Mathematiklehramtsstudierenden analysiert werden sollen. Die Nutzung von pairwise deletion bot auch den Vorteil, dass bei einer vorliegenden Unsicherheit im Forschungsprozess aufgrund des Einsatzes eines neu entwickelten Messinstruments zu einem neu konzeptualisierten Konstrukt so zumindest Aussagen getroffen werden konnten zu sicher in den Daten vorliegenden Zusammenhängen. Es ist aber davon auszugehen, dass diese Ergebnisse, die unter Nutzung von pairwise deletion gefunden wurden, nicht die wahren Mechanismen darstellen, die sich für den Gesamtdatensatz ergeben hätten (vgl. Abschnitt 10.4). Die Ergebnisse, die auf dem multipel imputierten Datenset gewonnen wurden, sind besser dazu geeignet, die wahren Zusammenhänge für den Gesamtdatensatz zu beschreiben, falls fehlende Werte MCAR oder MAR sind (zu den Fehlendmechanismen vgl. Abschnitt 6.2.2.1). Diese einschränkende Anforderung bezüglich der Fehlendmechanismen führt dazu, dass für die Ergebnisse auf dem imputierten Datenset nicht sicher gesagt werden kann, ob diese den Ergebnissen entsprechen, die man tatsächlich auf dem vollständigen Datenset erhalten hätte (vgl. dazu die Diskussion in Abschnitt 12.2.3). Die Ergebnisse, die auf dem multipel imputierten Datenset gewonnen werden, sind für die Zusammenhänge auf dem Gesamtdatensatz aber zumindest eher aussagekräftig als diejenigen, die unter Nutzung von pairwise deletion gewonnen werden (vgl. Abschnitt 6.2.2.2.4). Sie verdeutlichen, dass für die Studierenden mit vollständigen Daten teils andere Zusammenhänge in den Relevanzzuschreibungen anzunehmen sind als für die Gesamtstichprobe, denn die im Folgenden dargestellten Ergebnisse unterscheiden sich teils, je nachdem ob die zugrunde liegenden Analysen auf den Originaldaten unter Nutzung von pairwise deletion oder auf den imputierten Daten durchführt wurden. Grund dafür ist die höhere Varianz in den imputierten Daten, welche aus der größeren Homogenität der Gruppe der Studierenden mit vollständigen Daten verglichen mit derjenigen mit unvollständigen Daten resultiert (vgl. Abschnitt 10.4), sowie aus der Methode der multiplen Imputation selbst (vgl. Abschnitt 6.2.2.2.4). Dabei scheint die höhere Varianz so viel höher zu sein, dass trotz der größeren Stichprobengröße im imputierten Datenset im Vergleich mit den vollständigen Originaldaten für die imputierten Daten weniger

Zusammenhänge statistisch signifikant werden (vgl. dazu auch die Diskussion in Abschnitt 12.1.2).

Im Anhang finden sich zusätzliche Informationen, die erstens mögliche Interpretationen der Ergebnisse unter Nutzung der Methode der pairwise deletion und damit sicher im Datensatz vorliegender Zusammenhänge betreffen, in denen zweitens dargestellt wird, welche Schlüsse aus dem Vergleich der imputierten Daten mit den vollständigen Originaldaten zu den Studierenden mit fehlenden Werten gezogen werden können, und in denen drittens Zusammenhänge, die sich für die imputierten Daten und die vollständigen Originaldaten gleichermaßen zeigten, beschrieben und interpretiert werden.

- Eine tabellarische Übersicht über die Ergebnisse zu den Relevanzzuschreibungen in den nicht imputierten Originaldaten unter Nutzung von pairwise deletion mit möglichen Interpretationen findet sich im Anhang XIII im elektronischen Zusatzmaterial.
- Informationen, die aus den imputierten Daten unter der Annahme, dass fehlende Werte MCAR oder MAR waren, gezogen werden können über diejenigen Studierenden, deren Daten unvollständig waren und demnach imputiert werden mussten, mit möglichen Interpretationen dazu, finden sich im Anhang XIV im elektronischen Zusatzmaterial.
- Über alle Daten hinweg ergaben sich Tendenzen in den beforschten Merkmalen sowie in Zusammenhängen zwischen verschiedenen Merkmalen, die sich sowohl für die vollständigen Originaldaten unter Nutzung von pairwise deletion als auch für die imputierten Daten zeigten. Eine tabellarische Übersicht über diese Merkmale und Merkmalszusammenhänge findet sich im Anhang XV im elektronischen Zusatzmaterial. Auch dazu sind mögliche Interpretationen angegeben.

Im Folgenden werden zunächst für das Forschungsanliegen 0 und dann für die einzelnen Forschungsfragen Ergebnisse vorgestellt. Dabei wird auch darauf eingegangen, welche unterschiedlichen Ergebnisse sich ergaben bei Nutzung der multiplen Imputation oder pairwise deletion, wie es für den Umgang mit imputierten Datasets empfohlen wird (vgl. dazu die Ausführungen in Abschnitt 6.2.2.2.4.1) und wie es sich für die vorliegende Arbeit anbietet, um einerseits sichere Aussagen über in den Daten vorliegende Mechanismen und Zusammenhänge treffen zu können und andererseits geschätzte Zusammenhänge auf dem Gesamtdatensatz beschreiben zu können. Die Beschreibung der Ergebnisse erfolgt zunächst weitgehend deskriptiv auf Grundlage der erhobenen Daten und es werden nicht mehr

als kurze Interpretationsansätze angeführt. Eine Einordnung in den Forschungskontext und eine detaillierte Interpretation der Ergebnisse folgen dann erst in
Kapitel 12, in dem auch methodische Stärken und Einschränkungen der Arbeit
diskutiert werden und rückblickend die Eignung der Methoden und Designs für
die Beantwortung der Forschungsfragen reflektiert wird.

11.1 Ergebnisse zum Forschungsanliegen 0

*Forschungsanliegen 0: Es soll ein Instrument entwickelt werden, mit dem sich
messen lässt, als wie wichtig die Mathematiklehramtsstudierenden die Relevanzgründe aus dem Modell der Relevanzbegründungen für ihr Mathematikstudium
einschätzen.*

Im Rahmen der Bearbeitung des vorgeschalteten Forschungsanliegens sollte ein
Messinstrument entwickelt werden, mit dem sich messen lässt, als wie wichtig die Mathematiklehramtsstudierenden die Relevanzgründe aus dem Modell der
Relevanzbegründungen für ihr Mathematikstudium einschätzen. Das zugrunde
liegende Modell der Relevanzbegründungen wurde in Abschnitt 3.2 dargestellt
und die Entwicklung des Messinstruments wurde in Kapitel 7 beschrieben. Um
festzustellen, ob die darin eingesetzten Items von den Studierenden entsprechend
ihrer Intention verstanden wurden und so eine Aussage zur Güte dieses Messinstruments in Bezug auf das Vorhaben der Messung der empfundenen Wichtigkeit
der Relevanzgründe aus dem Modell der Relevanzbegründungen treffen zu können, wurde das Instrument kognitiv validiert (vgl. Abschnitt 7.3.3). Um darüber
hinaus eine Aussage dazu treffen zu können, ob es weitere Relevanzgründe für
Mathematiklehramtsstudierende gibt, die nicht mit dem entwickelten Messinstrument abgefragt werden, wurde in den schriftlichen Befragungen, in denen das
Messinstrument eingesetzt wurde, ein zusätzliches offenes Item eingesetzt, in
dem abgefragt wurde, welche weiteren Studieninhalte den Studierenden besonders relevant erschienen. Die Antworten zu diesem Item wurden mithilfe einer
qualitativen Inhaltsanalyse unter Anwendung der induktiven Kategorienbildung
(vgl. Abschnitt 6.2.7.4 zur Methode der induktiven Kategorienbildung) daraufhin
analysiert, welche Aspekte genannt wurden, die zu einer Relevanz des Studiums
aus Sicht der Studierenden führen würden. Die entsprechende Leitfrage lautete
„Welche Konsequenzen wollen die Studierenden mit ihrem Studium erreichen, die
für sie dessen Relevanz erhöhen würden?" (zu den inhaltsanalytischen Parametern
für die Auswertung dieser Leitfrage und das Vorgehen bei der Durchführung der
Analyse vgl. Abschnitt 10.8). Es ergaben sich acht Kategorien, von denen drei

doppelt vergeben wurden. Für diese Kategorien wurde überprüft, ob sie durch das entwickelte Messinstrument abgedeckt sind (vgl. Tabelle 11.1).

Die Kategorien „Sicherheit im Handeln als Lehrperson", „SchülerInnen für das Fach Mathematik motivieren können", „Wissen, wie man sich Respekt der SchülerInnen verdient", „Forderung erfüllen, den vorgegebenen Stoff zu lehren" und „Forderung erfüllen, möglichst alle Fragen beantworten zu können" lassen sich der gesellschaftlich/ beruflichen Dimension zuordnen. Innerhalb dieser Dimension lassen sich Items aus dem Instrument finden, die die jeweils angestrebten Konsequenzen abdecken. Diese sind etwas unspezifischer formuliert als die von den Studierenden angegebenen Konsequenzen. Beispielsweise ist die angestrebte Konsequenz „Wissen, wie man sich Respekt der SchülerInnen verdient", ein Teilaspekt davon, eine Klasse kompetent führen zu können. Die Kategorien „Experte im Fach werden" und „Spaß am Studium" wurden der individuellen Dimension zugeordnet und auch hier gibt es Items im entwickelten Instrument, die die von den Studierenden angestrebten Konsequenzen abdecken. Nur die Kategorie „Sicherheit, dass der Lehrerberuf richtig für einen ist", zu der zwei Aussagen codiert wurden, lässt sich mithilfe des Messinstruments zu den Relevanzbegründungen nicht abfragen. Dass diese Kategorie nicht abgefragt werden kann, liegt jedoch nicht an einer Fehlkonstruktion des Messinstruments, sondern daran, dass diese Kategorie auch in dem Modell der Relevanzgründe für Lehramtsstudierende im Mathematikstudium, das dem Messinstrument zugrunde liegt, nicht eingeordnet werden kann. In dem Modell wird die Annahme gemacht, das Mathematikstudium könne für Lehramtsstudierende relevant sein, weil sie darin auf den von ihnen angestrebten Beruf der Lehrkraft vorbereitet werden oder weil sie sich darin als Individuum weiterentwickeln können. Diese beiden möglichen Hauptgründe werden durch das Modell weiter ausdifferenziert. Die Kategorie „Sicherheit, dass der Lehrerberuf richtig für einen ist" stellt aber die gesamte Legitimität der Vorbereitung auf den angestrebten Lehrberuf als Relevanzgrund in Frage und damit die eine der beiden Dimensionen des Modells. Sie kann deshalb nicht in das Modell eingeordnet werden und stellt nach Definition des Konstrukts der Relevanzgründe dieser Arbeit keine legitime Begründung für die Relevanz des Mathematikstudiums für Lehramtsstudierende dar (vgl. auch die Diskussion in Abschnitt 12.3.3).

Insgesamt zeigt der Abgleich der von den Studierenden genannten angestrebten Konsequenzen mit dem entwickelten Messinstrument, dass das Messinstrument eher grob formulierte Konsequenzen benennt, denen viele spezifischer formulierte, von den Studierenden angestrebte Konsequenzen zugeordnet werden können. Es zeigte sich eine Konsequenz, die im Modell der Relevanzbegründungen nicht berücksichtigt wurde, in der eine Unsicherheit der Studierenden

Tabelle 11.1 Codierungen zu Konsequenzen, die Lehramtsstudierende mit ihrem Mathematikstudium erreichen wollen

Befragung	Dimension	Kategorienname	Formulierungen der Studierenden	Einordnung ins Messinstrument zu den Relevanzgründen	
				Itemkürzel	Itemtext Mir ist es in meinem Mathematikstudium wichtig, dass…
1. Befragung	n.a.	Sicherheit, dass der Lehrerberuf richtig für einen ist	damit man genau weiß, ob es das Richtige ist	n.a.	n.a.
	Individuell	Experte im Fach werden	im Studium vieles, fast alles zu verstehen	IndiIn5	… ich faszinierende Dinge lerne.
			weil ich einer der besten in diesem Fachgebiet werden will	IndiIn3	… ich darauf vorbereitet werde, meine eigenen Ziele in der Zukunft in die Tat umsetzen zu können.
	Gesellschaftlich/beruflich	SchülerInnen für das Fach Mathematik motivieren können	den SuS helfen kann, einen guten Draht zur Mathematik aufzubauen	GBIn8	… ich darin alles lernen kann, was ich für meinen Beruf lernen will.
	Gesellschaftlich/beruflich	Sicherheit im Handeln als Lehrperson	damit ich immer weiß, wie ich [im Unterricht; Anm. der Autorin] am besten handeln kann	GBEx6	… ich darauf vorbereitet werde, eine Klasse kompetent zu führen.

(Fortsetzung)

Tabelle 11.1 (Fortsetzung)

Befragung	Dimension	Kategorienname	Formulierungen der Studierenden	Einordnung ins Messinstrument zu den Relevanzgründen	
				Itemkürzel	Itemtext **Mir ist es in meinem Mathematikstudium wichtig, dass...**
2. Befragung	Gesellschaftlich/ beruflich	Wissen, wie man sich Respekt der SchülerInnen verdient	Respekt vor den Schülern zu schaffen / um sich den Respekt der Schüler zu verdienen	GBEx6	... ich darauf vorbereitet werde, eine Klasse kompetent zu führen.
	Gesellschaftlich/ beruflich	Forderung erfüllen, den vorgegebenen Stoff zu lehren	wir als Lehrer den vorgegebenen Stoff lehren sollen	GBEx2	... ich darauf vorbereitet werde, in der Zukunft meine gesellschaftliche Funktion als Mathematiklehrkraft gut erfüllen zu können.
	Gesellschaftlich/ beruflich	Forderung erfüllen, möglichst alle Fragen beantworten zu können	möglichst alle Fragen beantworten können sollen	GBEx2	... ich darauf vorbereitet werde, in der Zukunft meine gesellschaftliche Funktion als Mathematiklehrkraft gut erfüllen zu können.

(Fortsetzung)

Tabelle 11.1 (Fortsetzung)

Befragung	Dimension	Kategorienname	Formulierungen der Studierenden	Einordnung ins Messinstrument zu den Relevanzgründen	
				Itemkürzel	Itemtext **Mir ist es in meinem Mathematikstudium wichtig, dass...**
	Individuell	Spaß am Studium	mehr Spaß am Studium	IndiIn1	... ich Spaß habe.
	n.a.	Sicherheit, dass der Lehrerberuf richtig für einen ist	damit man weiß, ob der Studiengang für einen richtig ist	n.a.	n.a.

mit ihrer Studien- bzw. Berufswahl ausgedrückt wird. Hier zeigt sich, dass Studierende teils unter „Relevanz" etwas Anderes meinen können als angenommen wird und dass sie in diesem Fall mit der Kritik an fehlender „Relevanz" eigentlich eigene Unsicherheiten umschreiben könnten. Diese Beobachtung impliziert Forschungsdesiderata, die in Abschnitt 13.2.7 benannt werden.

Abgesehen von der gerade dargestellten Konsequenz, die aus Gründen der Nichtpassung zur Definition der Relevanzgründe in der vorliegenden Arbeit nicht mit dem Messinstrument operationalisiert wird, nannten die Studierenden nur angestrebte Konsequenzen, welche sich in das entwickelte Messinstrument einordnen ließen. Dies weist darauf hin, dass das Modell der Relevanzbegründungen und das dazu entwickelte Messinstrument ein Konstrukt abdecken, das für Studierende tatsächlich wichtige Relevanzgründe umfasst, was abermals (nach den Ergebnissen der bereits vorgestellten Validierungsschritte in Abschnitt 7.3.3 und Abschnitt 7.3.6) auf die Validität des Messinstruments für das vorliegende Forschungsanliegen hindeutet.

11.2   Ergebnisse zur Forschungsfrage 1

Forschungsfrage 1: Für wie relevant halten Lehramtsstudierende inhaltliche Aspekte, die sich entsprechend der „Standards für die Lehrerbildung im Fach Mathematik" (DMV et al., 2008) verschiedenen Themengebieten und verschiedenen Komplexitätsstufen zuordnen lassen oder die Softwarekompetenz oder das Wissen über die historische und kulturelle Bedeutung der mathematischen Inhalte betreffen, in ihrem Mathematikstudium?

a) *Welche Themen benennen Lehramtsstudierende von sich aus als relevant in ihrem Mathematikstudium?*

Um zu überprüfen, für wie relevant Lehramtsstudierende inhaltliche Aspekte, die sich entsprechend der „Standards für die Lehrerbildung im Fach Mathematik" (DMV et al., 2008) verschiedenen Themengebieten und verschiedenen Komplexitätsstufen zuordnen lassen oder die Softwarekompetenz oder das Wissen über die historische und kulturelle Bedeutung der mathematischen Inhalte betreffen, in ihrem Mathematikstudium halten, wurden die Verteilungen der Antworten zu den Fragen zur Relevanz der Themengebiete, der Inhalte der verschiedenen Komplexitätsstufen, der Softwarekompetenz und des Wissens über die historische und kulturelle Bedeutung mathematischer Inhalte analysiert. Zur Beantwortung der Forschungsfrage 1a) danach, welche Themen Lehramtsstudierende von sich aus als relevant in ihrem Mathematikstudium benennen, wurden die Antworten auf das offene Item inhaltanalytisch dahingehend ausgewertet, welche weiteren mathematik-(lehramts-)bezogenen Themen dort genannt wurden.

11.2.1 Relevanzzuschreibungen zu den Themengebieten

Im Mittel liegen die Relevanzzuschreibungen der Lehramtsstudierenden zu allen Themengebieten bei Betrachtung der imputierten Daten über dem theoretischen Mittel der Skala, so dass es zunächst den Anschein macht, dass den Themengebieten durchaus eine hohe Relevanz zugeschrieben wird (vgl. Abbildung 11.1).

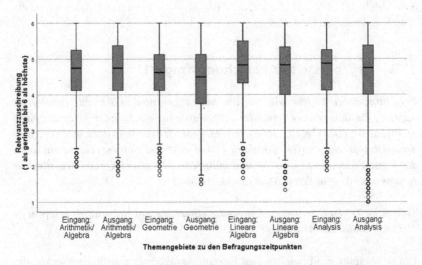

Abbildung 11.1 Relevanz der Themengebiete auf Grundlage der imputierten Daten (N = 215)

Bei den hohen Relevanzzuschreibungen zu den Themengebieten ist zwar kritisch zu hinterfragen, ob alle abgefragten Inhalte von den Studierenden tatsächlich im Sinne ihrer Intention verstanden wurden (vgl. auch Abschnitt 12.2.5.1.3), aber wie in Abschnitt 12.3.2 dargestellt wird, lassen sich die Angaben der Studierenden dennoch als deren Relevanzzuschreibungen zu den Themengebieten interpretieren, so dass trotz der möglichen theoretischen Einschränkung die Angaben der Studierenden als valide Relevanzzuschreibungen im Sinne der Konzeptualisierung des Konstrukts gewertet werden können. In diesem Sinn werden die Ergebnisse, die mit dem Messinstrument zu den Relevanzinhalten erhalten wurden, auch im Folgenden als aussagekräftig bezüglich der Relevanzzuschreibungen der Studierenden interpretiert.

Die Relevanzzuschreibungen der Mathematiklehramtsstudierenden zu den verschiedenen Themengebieten unterscheiden sich wenig voneinander (vgl. Abschnitt 12.3.4 für die Diskussion der Ergebnisse zu Forschungsfrage 1). Lediglich die Geometrie wird im Mittel in der Ausgangsbefragung als etwas weniger relevant als alle anderen Themengebiete eingeschätzt. Dies könnte daran liegen, dass geometrische Inhalte im ersten Semester keinen Studieninhalt darstellen und in jedem Fall nicht tiefgehend behandelt werden. Während es Vorlesungen zur Linearen Algebra und zur Analysis gibt, in denen in Ansätzen auch arithmetische Inhalte, so wie sie durch das hier zugrunde liegende Messinstrument benannt werden, behandelt werden, gibt es keine Vorlesung zur Geometrie. Eventuell schreiben die Studierenden der Geometrie weniger Relevanz zu, da sie sich zu dem Zeitpunkt der Befragungen wenig oder gar nicht damit beschäftigen. Setzt man die Relevanzzuschreibungen zu den verschiedenen Themengebieten in Zusammenhang dazu, wie viele Studierende für einzelne Relevanzinhalte angaben, keine Beurteilung abgeben zu können (vgl. Abschnitt 10.2), so zeigt sich, dass die Studierenden gerade dem Themengebiet, zu dem besonders viele Studierende angaben, keine Beurteilung abgeben zu können, von den Themengebieten am wenigsten Relevanz zuschreiben und dass sie den beiden Themengebieten, für die verhältnismäßig wenige Studierende angaben, keine Beurteilung abgeben zu können, tendenziell viel Relevanz zuschreiben.

Im Vergleich zwischen dem ersten und zweiten Befragungszeitpunkt zeigt sich bei den Relevanzzuschreibungen zu allen Themengebieten, dass die Streuung in den Antworten zunimmt und die Antworten im Mittel etwas negativer ausfallen. Es deutet sich an, dass die Studierenden im Verlauf ihres Studiums weniger Relevanz zuschreiben, was mit einer steigenden Unzufriedenheit von ihrer Seite zusammenhängen könnte (vgl. auch Abschnitt 11.8 zu Ergebnissen bezüglich der Änderungen in den Relevanzzuschreibungen der Mathematiklehramtsstudierenden im ersten Semester).

Vergleicht man die Ergebnisse in den imputierten Daten mit denjenigen unter Nutzung von pairwise deletion auf den vollständigen Originaldaten (vgl. Abbildung 11.2), so zeigt sich ebenfalls, dass in den Relevanzzuschreibungen zwischen den Themengebieten anscheinend wenig differenziert wird, dass der Geometrie etwas weniger Relevanz zugeschrieben wird als den anderen Themengebieten und dass die Relevanzzuschreibungen in der zweiten Befragung etwas geringer

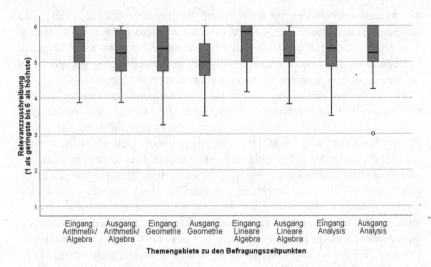

Abbildung 11.2 Relevanz der Themengebiete auf Grundlage der Originaldaten unter Nutzung von pairwise deletion (N = 25)

ausfallen als in der ersten. Zudem zeigt sich, dass die Mittelwerte der Relevanzzuschreibungen zu den Themengebieten in den imputierten Daten etwas geringer ausfallen und zudem die Streuung in den Daten etwas größer ist. Aus dem Vergleich der Ergebnisse der imputierten Daten mit denjenigen der Originaldaten unter Nutzung von pairwise deletion lässt sich also vermuten, dass fehlende Angaben vor allem bei denjenigen Studierenden vorlagen, die den Themengebieten vermutlich weniger Relevanz zugeschrieben hätten[1]. Möglicherweise nehmen diejenigen Studierenden, die die Themen nicht so wichtig finden, weniger an den Veranstaltungen teil. Die Streuung ist in den imputierten Daten insgesamt höher als in den Originaldaten, woraus sich vermuten lässt, dass die Gruppe der in

---

[1] Diese Vermutung setzt voraus, dass fehlenden Werten in den Daten MAR oder MCAR Mechanismen zugrunde lagen, nicht aber MNAR Mechanismen (vgl. Abschnitt 6.2.2.2.4 dazu, dass bei MNAR fehlenden Daten, auch die multiple Imputation die fehlenden Werte nicht kompensieren kann und Ergebnisse gegenüber dem wahren Gesamtdatensatz verzerrt ausfallen). Eine entsprechende Annahme wird im Folgenden überall dort gemacht, wo Vermutungen dazu angestellt werden, wie sich die Studierenden mit fehlenden Werten von denen mit vorliegenden Werten unterscheiden, wobei davon ausgegangen werden muss, dass tatsächlich auch MNAR fehlende Werte vorlagen (vgl. die Diskussion in Abschnitt 12.2.3), so dass diese Vermutungen entsprechend mit Vorsicht zu genießen sind.

der Vorlesung anwesenden Studierenden homogener als die Gesamtheit der Studierenden ist und demnach die Gesamtheit der Studierenden nicht repräsentiert. Dafür spricht auch, dass die Streuung in den imputierten Daten in den Relevanzzuschreibungen zu allen Themengebieten in der zweiten Befragung zunimmt, was bei den Originaldaten unter Nutzung von pairwise deletion nicht der Fall ist.

11.2.2 Relevanzzuschreibungen zu den Komplexitätsstufen

Auch den Inhalten der verschiedenen Komplexitätsstufen wird bei Betrachtung der imputierten Daten tendenziell eine eher hohe Relevanz zugeschrieben, denn im Mittel liegen die Relevanzzuschreibungen für alle Stufen über dem theoretischen Mittel der Skala (vgl. Abbildung 11.3). Den Inhalten wird mit steigender Komplexität etwas weniger Relevanz zugeschrieben. Auch hier lässt sich eine Verbindung ziehen zu den Angaben von Studierenden, für Relevanzinhalte keine Beurteilung abgeben zu können, insofern als dass es bezüglich der komplexesten Stufe, deren Inhalten im Mittel am wenigsten Relevanz zugeschrieben wird, im Vergleich mit den anderen Komplexitätsstufen mehr Studierende gab, die angaben, keine Beurteilung zur Relevanz von deren Inhalten vornehmen zu können (vgl. Abschnitt 10.2).

Zudem wird die Relevanz von Inhalten aller Komplexitätsstufen bis auf diejenige von Inhalten der Stufe 1 in der Ausgangsbefragung etwas geringer eingeschätzt als in der Eingangsbefragung. Die Streuung ist zu beiden Befragungszeitpunkten ähnlich (vgl. auch Abschnitt 11.8 zu Ergebnissen bezüglich der Änderungen in den Relevanzzuschreibungen der Mathematiklehramtsstudierenden im ersten Semester).

In den Ergebnissen auf den Originaldaten unter Nutzung von pairwise deletion zeigt sich ebenfalls, dass den Inhalten aller Komplexitätsstufen eine eher hohe Relevanz zugeschrieben wird, die Relevanzzuschreibungen mit steigender Komplexitätsstufe der Inhalte abnehmen und dass die Relevanzzuschreibungen zu Inhalten aller Stufen in der Ausgangsbefragung etwas geringer ausfallen als in der Eingangsbefragung (vgl. Abbildung 11.4).

Aus dem Vergleich der Ergebnisse auf den imputierten Daten mit den Ergebnissen auf den Originaldaten unter Nutzung von pairwise deletion lässt sich wiederum vermuten, dass fehlende Angaben vor allem bei denjenigen Studierenden vorlagen, die den Inhalten der Stufen vermutlich weniger Relevanz zugeschrieben hätten. Die Streuung ist in den imputierten Daten insgesamt höher als in den Originaldaten, was ebenfalls vermuten lässt, dass die Gruppe der in

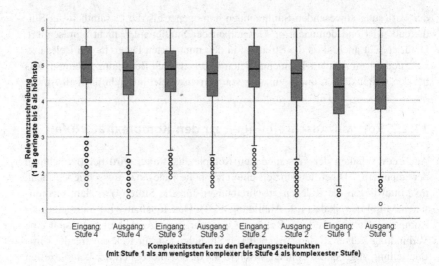

Abbildung 11.3 Relevanz der Inhalte der verschiedenen Komplexitätsstufen auf Grundlage der imputierten Daten (N = 215)

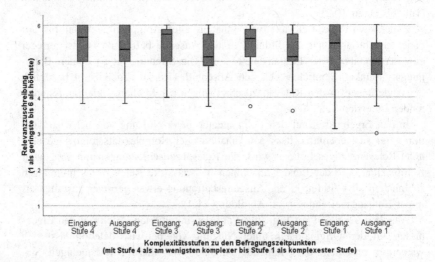

Abbildung 11.4 Relevanz der Inhalte der verschiedenen Komplexitätsstufen auf Grundlage der Originaldaten unter Nutzung von pairwise deletion (N = 25)

der Vorlesung anwesenden Studierenden eine homogenere, nicht repräsentative Teilgruppe aller Studierenden darstellt.

11.2.3 Relevanzzuschreibungen zur Softwarekompetenz und zum Wissen über die historische und kulturelle Bedeutung der mathematischen Inhalte

In den imputierten Daten fallen die Relevanzzuschreibungen der Lehramtsstudierenden in Bezug auf das Erlernen des Umgangs mit mathematischer Software, welche in der Schule genutzt wird, höher aus als diejenigen bezüglich des Kennenlernens der historischen und kulturellen Bedeutung der Mathematik (vgl. Abbildung 11.5).

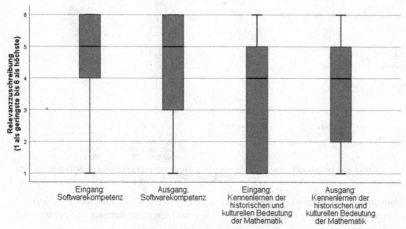

Abbildung 11.5 Relevanz der Softwarekompetenz und des Wissens über die historische und kulturelle Bedeutung auf Grundlage der imputierten Daten (N = 215)

Bei beiden Aspekten liegt die mittlere Relevanzzuschreibung über dem theoretischen Mittel der Skala. Während die Antworten bezüglich der Softwarekompetenz in der Ausgangsbefragung stärker streuen als in der Eingangsbefragung, ist es bezüglich des Wissens über die historische und kulturelle Bedeutung der

Mathematik andersherum. Die Streuung nimmt hier von der Eingangs- zur Ausgangsbefragung ab, wobei es in der Ausgangsbefragung weniger Studierende gibt,
die das Wissen über die kulturelle und historische Bedeutung der Mathematik
kaum relevant finden.

Innerhalb der Originaldaten unter Nutzung von pairwise deletion (vgl. Abbildung 11.6) zeigt sich kein Unterschied zwischen der Relevanzzuschreibung zur
Softwarekompetenz in der Eingangs- und der Ausgangsbefragung. Auch hier
wird die Softwarekompetenz als wichtiger eingeschätzt als das Kennenlernen der
historischen und kulturellen Bedeutung der Mathematik.

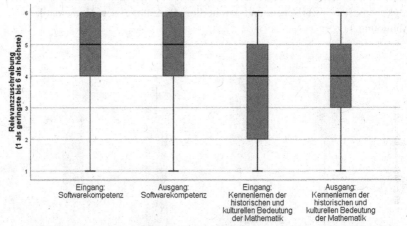

Abbildung 11.6 Relevanz der Softwarekompetenz und des Wissens über die historische
und kulturelle Bedeutung auf Grundlage der Originaldaten unter Nutzung von pairwise deletion (N = 103)

Im Vergleich der Ergebnisse unter Nutzung von pairwise deletion mit den
Ergebnissen auf den imputierten Daten lässt sich vermuten, dass bezüglich der
Ausgangsdaten zur Softwarekompetenz teils Angaben von Studierenden fehlen,
die dieser vermutlich weniger Relevanz zugeschrieben hätten. Für die Relevanzzuschreibung bezüglich des Wissens über die kulturelle Bedeutung zeigt sich
sowohl für die Eingangs- als auch für die Ausgangsbefragung, dass es tendenziell fehlende Werte bei Studierenden gab, die vermutlich eine geringere Relevanz
zugeschrieben hätten.

11.2.4 Von Studierenden benannte relevante Themen im Mathematikstudium

Zur Beantwortung der Forschungsfrage 1a) danach, welche Themen Lehramtsstudierende von sich aus als relevant in ihrem Mathematikstudium benennen, wurden die Antworten zum offenen Item mithilfe einer qualitativen Inhaltsanalyse unter Anwendung der induktiven Kategorienbildung daraufhin analysiert, ob weitere Themen genannt wurden, die aus Sicht der Studierenden relevant sind. Die entsprechende Leitfrage lautete „Welche auf die Fragestellung passenden Themen werden im offenen Item genannt?" (zu den inhaltsanalytischen Parametern für die Auswertung dieser Leitfrage und das Vorgehen bei der Durchführung der Analyse vgl. Abschnitt 10.8). Es ergaben sich sechs Kategorien, von denen eine zehnmal, eine achtmal, eine viermal, zwei zweimal und eine einmal vergeben wurden (vgl. Tabelle 11.2). Besonders häufig gaben Studierende an, es schiene ihnen relevant, schulmathematische Inhalte zu behandeln. Auch mathematikdidaktische Themen wurden als relevant angesprochen. Es wurde eine Relevanz darin gesehen, Fragen zur Gestaltung des Mathematikunterrichts zu behandeln und Anwendungsbezüge der Mathematik zu thematisieren. All diese als relevant eingeschätzten Aspekte haben einen starken Bezug zur Schule und zur Mathematik, die an der Schule gelehrt wird. Dass gerade solchen Themen eine hohe Relevanz von den Studierenden zugeschrieben wird, könnte auf Probleme hindeuten, die die Studierenden mit der Hochschulmathematik haben. Lediglich drei Aussagen zeigen keinen Schulbezug. Davon thematisieren zwei fachliche Themen, die auch in der Hochschule behandelt werden, und eine die Mathematikgeschichte. Insgesamt deuten die Relevanzzuschreibungen der Studierenden eher darauf hin, dass sie sich auch an der Hochschule viel Bezug zur Schule wünschen.

Auffällig war bei der Analyse des offenen Items außerdem, dass sehr viel mehr Aussagen dazu gemacht wurden, was allgemein im Lehramtsstudium aus Sicht der Studierenden wichtig sei (z.B. Didaktik, Psychologie, Praktika) als dazu, was im Mathematikstudium für Lehramtsstudierende wichtig sei. Auch Kritik wurde häufiger angebracht (beispielsweise am Studium zusammen mit Fachmathematikstudierenden), als dass konkrete Themen genannt wurden, die im Mathematikstudium wichtig seien. Die entsprechenden Äußerungen wurden in einer separaten Leitfrage analysiert (vgl. Anhang XII im elektronischen Zusatzmaterial) und werden in Abschnitt 12.3.14 diskutiert.

Tabelle 11.2 Codierungen zu aus Studierendensicht relevanten Inhalten im Mathematik-lehramtsstudium

Befragung	Kategorienname	Markierter Text
1. Befragung	Schulmathematik/ für die Schule relevante Mathematik	für den Schulunterricht relevanten Aspekte
		Anpassung der Universität des Faches Mathematik
		mehr schulischen Bezug von Mathe
		das lernen, was ich später unterrichte (praktiziere)
		Das Schulwissen
	Mathematikdidaktik	didaktische Studieninhalte
		Diese Veranstaltung (Mathedidaktik)
		Mehr Mathematikdidaktik
		mehr Didaktik
		Didaktische Sachen
	Fragen der Gestaltung des Mathematikunterrichts	Medien die evtl. eingesetzt werden können
		Mathematikunterrichtsgestaltung
2. Befragung	Schulmathematik/ für die Schule relevante Mathematik	sollten wir zunächst zu 100% sicher werden in unserem Abistoff
		Schulrelevante Themen lernen
		Vertiefung der Schulthemen
		Dinge die man für die Schule braucht
		mehr relevante Mathematik
	Mathematikdidaktik	mehr Wert und Fokus auf Mathematikdidaktik legen
		Didaktik der Mathematik mit viel Praxisbezug
		Mathematikdidaktik anhand eines realen Beispiels im Mathematikunterricht

(Fortsetzung)

Tabelle 11.2 (Fortsetzung)

Befragung	Kategorienname	Markierter Text
	Fragen der Gestaltung des Mathematikunterrichts	Wie kann man konkret Unterrichtsinhalte im MU behandeln
		Differenzierungsmöglichkeiten der einzelnen Themen
	Anwendungsbezug der Mathematik	Anwendungsbezug der Mathematik
		Anwendungen von Mathematik auf komplexe reale Probleme
	Fachliche Themen	Stochastik
		Algorithmische Mathematik
	Mathematikgeschichte	Mathematikgeschichte

11.3 Ergebnisse zur Forschungsfrage 2

Forschungsfrage 2: Wie hängen die Relevanzzuschreibungen der Dimensionsausprägungen des Modells der Relevanzbegründungen, der Komplexitätsstufen und der Themengebiete bei Mathematiklehramtsstudierenden untereinander zusammen?

Zur Beantwortung der Forschungsfrage 2, in der die Zusammenhänge der Relevanzzuschreibungen der Dimensionsausprägungen des Modells der Relevanzbegründungen, der Komplexitätsstufen und der Themengebiete bei Mathematiklehramtsstudierenden untereinander thematisiert werden, wurden die entsprechenden Korrelationen betrachtet.

11.3.1 Zusammenhang der Relevanzzuschreibungen der Dimensionsausprägungen untereinander

In der Eingangsbefragung korrelierten in den imputierten Daten die Relevanzzuschreibungen bezüglich aller Dimensionsausprägungen auf einem Niveau von 10 % statistisch signifikant miteinander. Daraufhin wurden hier auch geringere Signifikanzniveaus betrachtet und es zeigte sich, dass die Relevanzzuschreibungen bezüglich der individuell-intrinsischen und individuell-extrinsischen Dimensionsausprägung auf einem Signifikanzniveau von 5 % statistisch signifikant

Tabelle 11.3 Korrelationen der Relevanzzuschreibungen zu den Dimensionsausprägungen untereinander (Eingangsbefragung)

		Individuell-intrinsisch	Individuell-extrinsisch	Gesellschaftlich-beruflich-intrinsisch	Gesellschaftlich-beruflich-extrinsisch
Imputiertes Datenset	**Individuell-intrinsisch** Korrelationskoeffizient r	1	,26*	,34**	,36**
	p-Wert		,041	,004	,003
	N	215	215	215	215
	Individuell-extrinsisch Korrelationskoeffizient r		1	,36**	,39**
	p-Wert			,003	,002
	N		215	215	215
	Gesellschaftlich-beruflich-intrinsisch Korrelationskoeffizient r			1	,52**
	p-Wert				<,001
	N			215	215
	Gesellschaftlich-beruflich-extrinsisch Korrelationskoeffizient r				1
	p-Wert				
	N				215
Originaldaten	**Individuell-intrinsisch** Korrelationskoeffizient r	1	,25**	,33**	,37**
	p-Wert		,002	<,001	<,001
	N	158	155	156	154
	Individuell-extrinsisch Korrelationskoeffizient r		1	,31**	,43**
	p-Wert			<,001	<,001
	N		158	156	154

(Fortsetzung)

Tabelle 11.3 (Fortsetzung)

		Individuell-intrinsisch	Individuell-extrinsisch	Gesellschaftlich-beruflich-intrinsisch	Gesellschaftlich-beruflich-extrinsisch
Gesellschaftlich-beruflich-intrinsisch	Korrelationskoeffizient r			1	,59**
	p-Wert				<,001
	N			159	157
Gesellschaftlich-beruflich-extrinsisch	Korrelationskoeffizient r				1
	p-Wert				
	N				158

**. Die Korrelation ist auf dem Niveau von ,01 (2-seitig) signifikant.
*. Die Korrelation ist auf dem Niveau von ,05 (2-seitig) signifikant.

Tabelle 11.4 Korrelationen der Relevanzzuschreibungen der Dimensionsausprägungen untereinander (Ausgangsbefragung)

		Individuell-intrinsisch	Individuell-extrinsisch	Gesellschaftlich/beruflich-*intrinsisch*	Gesellschaftlich/beruflich-extrinsisch
Imputiertes Datenset	**Individuell-intrinsisch**				
	Korrelationskoeffizient r	1	,31**	,37**	,36**
	p-Wert		,001	<,001	<,001
	N	215	215	215	215
	Individuell-extrinsisch				
	Korrelationskoeffizient r		1	,31**	,3**
	p-Wert			,002	,002
	N		215	215	215
	Gesellschaftlich/beruflich-intrinsisch				
	Korrelationskoeffizient r			1	,61**
	p-Wert				<,001
	N			215	215
	Gesellschaftlich/beruflich-extrinsisch				
	Korrelationskoeffizient r				1
	p-Wert				
	N			215	215
Originaldaten	**Individuell-intrinsisch**				
	Korrelationskoeffizient r	1	,43**	,42**	,41**
	p-Wert		<,001	<,001	<,001
	N	160	158	159	158
	Individuell-extrinsisch				
	Korrelationskoeffizient r		1	,38**	,37**
	p-Wert			<,001	<,001
	N		159	157	156

(Fortsetzung)

Tabelle 11.4 (Fortsetzung)

		Individuell-intrinsisch	Individuell-extrinsisch	Gesellschaftlich/beruflich-intrinsisch	Gesellschaftlich/beruflich-extrinsisch
Gesellschaftlich/beruflich-intrinsisch	Korrelationskoeffizient r			1	,76**
	p-Wert				<,001
	N			158	158
Gesellschaftlich/beruflich-extrinsisch	Korrelationskoeffizient r				1
	p-Wert				
	N				159

** Die Korrelation ist auf dem Niveau von ,01 (2-seitig) signifikant.
* Die Korrelation ist auf dem Niveau von ,05 (2-seitig) signifikant.

miteinander korrelierten, alle anderen sogar auf einem Niveau von 1 % (vgl.
Tabelle 11.3).

In den Originaldaten unter Nutzung von pairwise deletion wurde sogar jede
der Korrelationen statistisch signifikant auf einem Niveau von 1 %. Alle Korrelationen sind positiv, liegen betragsmäßig aber im geringen bis mittleren Bereich.
Am höchsten korrelieren die Relevanzzuschreibungen bezüglich der beiden Ausprägungen der gesellschaftlich/ beruflichen Dimension miteinander (r = ,52 für
die imputierten Daten, r = ,59 bei pairwise deletion), alle anderen Korrelationen
liegen zwischen r = ,25 und r = ,43.

In der Ausgangsbefragung fielen die Korrelationen tendenziell etwas höher
aus als in der Eingangsbefragung (vgl. Tabelle 11.4). Lediglich die Korrelationen zwischen der Relevanzzuschreibung bezüglich der individuell-extrinsischen
Dimensionsausprägung und den Relevanzzuschreibungen bezüglich der beiden
Ausprägungen der gesellschaftlich/ beruflichen Dimension fielen etwas geringer aus. Alle Korrelationen sind positiv und werden statistisch signifikant auf
einem Niveau von 1 %. Für die Originaldaten unter Nutzung von pairwise deletion ergaben sich etwas höhere Korrelationen als auf dem imputierten Datenset.
Auch in der Ausgangsbefragung korrelierten die Relevanzzuschreibungen bezüglich der beiden Ausprägungen der gesellschaftlich/ beruflichen Dimension am
stärksten (r = ,61 für die imputierten Daten, r = ,76 bei pairwise deletion). Während an dieser Stelle ein deutlicher linearer Zusammenhang vorzuliegen scheint,
fallen alle anderen Zusammenhänge schwach bis mäßig aus.

Insgesamt scheinen die Studierenden tendenziell entweder mehrere Dimensionsausprägungen gleichzeitig sehr wichtig oder kaum wichtig in ihrem Studium
zu finden (vgl. Abschnitt 12.3.5 für die Diskussion der Ergebnisse zu Forschungsfrage 2). Daten scheinen tendenziell bei denjenigen Studierenden zu fehlen, bei
denen der entsprechende Zusammenhang vermutlich weniger stark ausgeprägt
wäre.

11.3.2 Zusammenhang der Relevanzzuschreibungen der
Komplexitätsstufen untereinander

Die Relevanzzuschreibungen zu den Inhalten der Komplexitätsstufen korrelierten
in der Eingangsbefragung stärker miteinander als diejenigen zu den Dimensionsausprägungen (vgl. Tabelle 11.5). Auch hier sind alle Korrelationen positiv und
alle werden statistisch signifikant sogar auf einem Niveau von 1 %. Die r-Werte
liegen im mittleren bis hohen Bereich und die Korrelationen fallen für die Originaldaten unter Nutzung von pairwise deletion höher aus als für das imputierte

Tabelle 11.5 Korrelationen der Relevanzzuschreibungen der Inhalte der Komplexitätsstufen untereinander (Eingangsbefragung)

			Stufe 4	Stufe 3	Stufe 2	Stufe 1
Imputiertes Datenset	Stufe 4	Korrelationskoeffizient r	1	,66**	,65**	,56**
		p-Wert		<,001	<,001	<,001
		N	215	215	215	215
	Stufe 3	Korrelationskoeffizient r		1	,69**	,58**
		p-Wert			<,001	<,001
		N		215	215	215
	Stufe 2	Korrelationskoeffizient r			1	,62**
		p-Wert				<,001
		N			215	215
	Stufe 1	Korrelationskoeffizient r				1
		p-Wert				
		N				215
Originaldaten	Stufe 4	Korrelationskoeffizient r	1	,83**	,85**	,81**
		p-Wert		<,001	<,001	<,001
		N	132	81	77	66
	Stufe 3	Korrelationskoeffizient r		1	,92**	,81**
		p-Wert			<,001	<,001
		N		89	62	57
	Stufe 2	Korrelationskoeffizient r			1	,9**
		p-Wert				<,001
		N			83	58
	Stufe 1	Korrelationskoeffizient r				1
		p-Wert				
		N				69

**. Die Korrelation ist auf dem Niveau von ,01 (2-seitig) signifikant.

Tabelle 11.6 Korrelationen der Relevanzzuschreibungen der Inhalte der Komplexitätsstufen untereinander (Ausgangsbefragung)

			Stufe 4	Stufe 3	Stufe 2	Stufe 1
Imputiertes Datenset	Stufe 4	Korrelationskoeffizient r	1	,67**	,66**	,58**
		p-Wert		<,001	<,001	<,001
		N	215	215	215	215
	Stufe 3	Korrelationskoeffizient r		1	,71**	,61**
		p-Wert			<,001	<,001
		N		215	215	215
	Stufe 2	Korrelationskoeffizient r			1	,69**
		p-Wert				<,001
		N			215	215
	Stufe 1	Korrelationskoeffizient r				1
		p-Wert				
		N				215
Originaldaten	Stufe 4	Korrelationskoeffizient r	1	,9**	,85**	,78**
		p-Wert		<,001	<,001	<,001
		N	126	104	102	97
	Stufe 3	Korrelationskoeffizient r		1	,86**	,77**
		p-Wert			<,001	<,001
		N		109	97	90
	Stufe 2	Korrelationskoeffizient r			1	,87**
		p-Wert				<,001
		N			109	89
	Stufe 1	Korrelationskoeffizient r				1
		p-Wert				
		N				103

**. Die Korrelation ist auf dem Niveau von ,01 (2-seitig) signifikant.

Datenset. Während die r-Werte für das imputierte Datenset zwischen ‚56 und ‚69 liegen, schwanken sie bei pairwise deletion zwischen ‚81 und ‚92. Das bedeutet insbesondere, dass die Analysen bei pairwise deletion auf einen hohen bis perfekten Zusammenhang hindeuten, die bei Nutzung der imputierten Daten zwar auf einen deutlichen aber lange keinen perfekten Zusammenhang.

In der Ausgangsbefragung fielen die Korrelationen zwischen den Relevanzzuschreibungen zu den Inhalten der Komplexitätsstufen ähnlich hoch aus wie in der Eingangsbefragung (vgl. Tabelle 11.6). Auch hier werden alle Korrelationen statistisch signifikant auf einem Niveau von 1 % und sie fallen für die Originaldaten unter Nutzung von pairwise deletion höher aus als für die imputierten Daten. Abermals deuten die Analysen bei pairwise deletion auf einen hohen bis perfekten Zusammenhang hin und die bei Nutzung der imputierten Daten nur auf einen deutlichen. Es zeigt sich das Bild, dass die Studierenden tendenziell entweder die Inhalte mehrerer Komplexitätsstufen gleichzeitig relevant finden oder gleichzeitig nicht relevant finden und Daten eher bei denjenigen fehlen, bei denen der entsprechende Zusammenhang vermutlich weniger stark ausgeprägt wäre.

11.3.3 Zusammenhang der Relevanzzuschreibungen der Themengebiete untereinander

Die Korrelationen der Relevanzzuschreibungen zu den Themengebieten untereinander liegen in einem ähnlichen Bereich wie diejenigen zu den Inhalten der Komplexitätsstufen. Auch hier wurde auf ein niedrigeres Signifikanzniveau als 10 % gesetzt, da bei 10 % bereits alle Zusammenhänge statistisch signifikant ausfielen und überprüft werden sollte, ob dies auch bei 5 % oder 1 % noch der Fall ist. So zeigte sich, dass auch bei den Relevanzzuschreibungen zu den Themengebieten alle Korrelationen statistisch signifikant auf einem Niveau von 1 % ausfielen (vgl. Tabelle 11.7).

Die Korrelationen sind durchweg positiv und fallen für die Originaldaten unter Nutzung von pairwise deletion höher aus als für das imputierte Datenset. Im Vergleich mit den Korrelationen der Relevanzzuschreibungen bezüglich der Dimensionsausprägungen und zu den Inhalten der Komplexitätsstufen liegen die Relevanzzuschreibungen zu den Themengebieten höher als die bezüglich der Dimensionsausprägungen und niedriger als die zu den Inhalten der Komplexitätsstufen.

Tabelle 11.7 Korrelationen der Relevanzzuschreibungen der Themengebiete untereinander (Eingangsbefragung)

			Arithmetik/Algebra	Geometrie	Lineare Algebra	Analysis
Imputiertes Datenset	Arithmetik/Algebra	Korrelationskoeffizient r	1	,59**	,61**	,58**
		p-Wert		<,001	<,001	<,001
		N	215	215	215	215
	Geometrie	Korrelationskoeffizient r		1	,55**	,56**
		p-Wert			<,001	<,001
		N		215	215	215
	Lineare Algebra	Korrelationskoeffizient r			1	,61**
		p-Wert				<,001
		N			215	215
	Analysis	Korrelationskoeffizient r				1
		p-Wert				
		N				215
Originaldaten	Arithmetik/Algebra	Korrelationskoeffizient r	1	,79**	,85**	,7**
		p-Wert		<,001	<,001	<,001
		N	102	59	75	74
	Geometrie	Korrelationskoeffizient r		1	,81**	,82**
		p-Wert			<,001	<,001
		N		68	63	59

(Fortsetzung)

Tabelle 11.7 (Fortsetzung)

		Arithmetik/ Algebra	Geometrie	Lineare Algebra	Analysis
Lineare Algebra	Korrelationskoeffizient r			1	,8**
	p-Wert				<,001
	N			100	84
Analysis	Korrelationskoeffizient r				1
	p-Wert				
	N				105

**. Die Korrelation ist auf dem Niveau von ,01 (2-seitig) signifikant.

Tabelle 11.8 Korrelationen der Relevanzzuschreibungen der Themengebiete untereinander (Ausgangsbefragung)

			Arithmetik/Algebra	Geometrie	Lineare Algebra	Analysis
Imputiertes Datenset	Arithmetik/Algebra	Korrelationskoeffizient r	1	,54**	,54**	,59**
		p-Wert		<,001	<,001	<,001
		N	215	215	215	215
	Geometrie	Korrelationskoeffizient r		1	,55**	,53**
		p-Wert			<,001	<,001
		N		215	215	215
	Lineare Algebra	Korrelationskoeffizient r			1	,64**
		p-Wert				<,001
		N			215	215
	Analysis	Korrelationskoeffizient r				1
		p-Wert				
		N				215
Originaldaten	Arithmetik/Algebra	Korrelationskoeffizient r	1	,67**	,69**	,75**
		p-Wert		<,001	<,001	<,001
		N	123	87	116	110
	Geometrie	Korrelationskoeffizient r		1	,79**	,64**
		p-Wert			<,001	<,001
		N		97	95	91

(Fortsetzung)

Tabelle 11.8 (Fortsetzung)

		Arithmetik/ Algebra	Geometrie	Lineare Algebra	Analysis
Lineare Algebra	Korrelationskoeffizient r			1	,71**
	p-Wert				<,001
	N			153	137
Analysis	Korrelationskoeffizient r				1
	p-Wert				
	N				141

**. Die Korrelation ist auf dem Niveau von ,01 (2-seitig) signifikant.

In der Ausgangsbefragung ergibt sich ein ähnliches Bild in den Korrelationen (vgl. Tabelle 11.8). Diese bleiben für das imputierte Datenset in etwa im gleichen Bereich, für die Originaldaten unter Nutzung von pairwise deletion werden sie etwas geringer aber bleiben statistisch signifikant, sogar auf einem Niveau von 1 %. Alle r-Werte liegen zwischen ,53 und ,79 und deuten damit auf einen deutlichen linearen Zusammenhang zwischen den Relevanzzuschreibungen zu den Themengebieten untereinander hin.

11.3.4 Zusammenfassung zu den Ergebnissen der Forschungsfrage 2

Insgesamt scheinen die Relevanzzuschreibungen vonseiten der Studierenden zu verschiedenen Aspekten positiv zusammenzuhängen: Studierende, die einer Sache eine Relevanz zuschreiben, schreiben tendenziell auch anderen Aspekten eine Relevanz zu. Dies betrifft insbesondere die Relevanzzuschreibungen zu den Inhalten der Komplexitätsstufen, die besonders hoch miteinander korrelieren. Das bedeutet, dass die Ergebnisse nahelegen, dass die Relevanzzuschreibungen nicht davon abhängen, wie komplex die Inhalte sind. Auch zwischen den Themengebieten wird bei den Relevanzzuschreibungen nur wenig unterschieden, es zeigt sich ein deutlicher linearer Zusammenhang zwischen den Relevanzzuschreibungen. Etwas weniger ausgeprägt ist der Zusammenhang zwischen den Relevanzzuschreibungen bezüglich der Dimensionsausprägungen (vgl. Abschnitt 12.3.5 für die tiefergehende Interpretation und die Diskussion zu den Ergebnissen zu Forschungsfrage 2).

11.4   Ergebnisse zur Forschungsfrage 3

Forschungsfrage 3: Wie lassen sich die Globaleinschätzungen zur Relevanz des Mathematikstudiums und seiner Inhalte linear modellieren auf Basis der Relevanzzuschreibungen bezüglich der Dimensionsausprägungen des Modells der Relevanzbegründungen, der Komplexitätsstufen und der Themengebiete?

Die dritte Forschungsfrage fragt danach, wie sich die Globaleinschätzungen zur Relevanz des Mathematikstudiums und seiner Inhalte linear modellieren lassen auf Basis der Relevanzzuschreibungen der Dimensionsausprägungen des Modells der Relevanzbegründungen, der Komplexitätsstufen und der Themengebiete. Zur Beantwortung dieser Frage wurden multiple lineare Regressionen mit der globalen Relevanzzuschreibung zu den Inhalten (in der Ausgangsbefragung auch zum Mathematikstudium insgesamt) als abhängiger Variable gerechnet. Bei allen Ergebnissen zur Forschungsfrage 3 ist zu beachten, dass an den Regressionskoeffizienten nicht direkt abgelesen werden kann, wie viel Varianz der abhängigen Variable durch die unabhängigen Variablen aufgeklärt werden kann, da die unabhängigen Variablen korreliert sind. An den Regressionskoeffizienten lässt sich ablesen, um welchen Betrag sich der Erwartungswert der abhängigen Variable unterscheidet, wenn man Analyseeinheiten betrachtet, in denen der Wert für die mit dem jeweiligen Regressionskoeffizienten gewichtete unabhängige Variable um eine Einheit größer ist als bei anderen Analyseeinheiten (vgl. zu diesen Interpretationen der Ergebnisse von Regressionsanalysen die Ausführungen in Abschnitt 6.2.4.2).

11.4.1 Aufklärung von Varianz in der globalen Relevanzeinschätzung durch die Relevanzzuschreibungen zu den Dimensionsausprägungen des Modells der Relevanzbegründungen

Zunächst wurde eine multiple lineare Regression durchgeführt, um eine Aussage dazu zu treffen, wie sich in der Eingangsbefragung Varianz in der globalen Relevanzzuschreibung zu den Inhalten des Studiums durch die Relevanzzuschreibungen zu den Dimensionsausprägungen des Modells der Relevanzbegründungen (individuell-intrinsisch, individuell-extrinsisch, gesellschaftlich/ beruflich-intrinsisch, gesellschaftlich/ beruflich-extrinsisch) aufklären lässt (vgl. Tabelle 11.9).

In der Eingangsbefragung ergab sich für die Originaldaten unter Nutzung von pairwise deletion mit einem Signifikanzniveau von 10 % eine signifikante Regressionsgleichung $F(4,141) = 2,23$, $p = ,069$ mit einem R^2 von ,06. Die globale Relevanzzuschreibung zu den Inhalten des Studiums entspricht 3,73 + 0,26 (individuell-intrinsisch) + 0,15 (individuell-extrinsisch) – 0,34 (gesellschaftlich/ beruflich-intrinsisch) + 0,02 (gesellschaftlich/ beruflich-extrinsisch). Das bedeutet, die globale Relevanzzuschreibung zu den Inhalten des Studiums wächst um 0,26 pro Skalenpunkt in der Relevanzzuschreibung zur individuell-intrinsischen Dimensionsausprägung, um 0,15 pro Skalenpunkt in der Relevanzzuschreibung zur individuell-extrinsischen Dimensionsausprägung, um 0,02 pro Skalenpunkt in der Relevanzzuschreibung zur gesellschaftlich/ beruflich-extrinsischen Dimensionsausprägung und sie sinkt um 0,34 pro Skalenpunkt in der Relevanzzuschreibung zur gesellschaftlich/ beruflich-intrinsischen

Tabelle 11.9 Ergebnisse der Regressionen zur Aufklärung von Varianz in den globalen Relevanzeinschätzungen durch die Relevanzzuschreibungen zu den Dimensionsausprägungen des Modells der Relevanzbegründungen

	Original		Imputiert		
Eingang	**Abhängige Variable**: Globaleinschätzung zur Relevanz der Studieninhalte **Unabhängige Variablen**: Relevanzzuschreibungen zu den Dimensionsausprägungen: individuell-intrinsisch (IndiIn), individuell-extrinsisch (IndiEx), gesellschaftlich/ beruflich-intrinsisch (GBIn), gesellschaftlich/ beruflich-extrinsisch (GBEx)				
	$F_{(4,141)} = 2{,}23$, $p = {,}069$ $R^2 = {,}06$				
	Konstante	3,73	Konstante	3,32	
	IndiIn	0,26	$p = {,}087$	IndiIn	0,13	$p = {,}668$
	IndiEx	0,15	$p = {,}274$	IndiEx	0,14	$p = {,}677$
	GBIn	−0,34	$p = {,}014$	GBIn	−0,12	$p = {,}621$
	GBEx	0,02	$p = {,}924$	GBEx	0,01	$p = {,}585$
Ausgang	**Abhängige Variable**: Globaleinschätzung zur Relevanz der Studieninhalte **Unabhängige Variablen**: Relevanzzuschreibungen zu den Dimensionsausprägungen: individuell-intrinsisch (IndiIn), individuell-extrinsisch (IndiEx), gesellschaftlich/ beruflich-intrinsisch (GBIn), gesellschaftlich/ beruflich-extrinsisch (GBEx)				
	$F_{(4,149)} = 2{,}62$, $p = {,}037$ $R^2 = {,}07$				
	Konstante	3,14	Konstante	3,07	
	IndiIn	0,39	$p = {,}002$	IndiIn	0,22	$p = {,}636$
	IndiEx	−0,10	$p = {,}388$	IndiEx	−0,05	$p = {,}595$
	GBIn	−0,17	$p = {,}263$	GBIn	−0,03	$p = {,}671$
	GBEx	0,08	$p = {,}665$	GBEx	0,06	$p = {,}670$
	Abhängige Variable: Globaleinschätzung zur Relevanz des Mathematikstudiums **Unabhängige Variablen**: Relevanzzuschreibungen zu den Dimensionsausprägungen: individuell-intrinsisch (IndiIn), individuell-extrinsisch (IndiEx), gesellschaftlich/ beruflich-intrinsisch (GBIn), gesellschaftlich/ beruflich-extrinsisch (GBEx)				
	$F_{(4,148)} = 5{,}37$, $p < {,}001$ $R^2 = 0{,}13$				

(Fortsetzung)

Tabelle 11.9 (Fortsetzung)

Original			Imputiert		
Konstante	2,75		Konstante	2,88	
IndiIn	0,51	p < ,001	IndiIn	0,29	p = ,127
IndiEx	−0,15	p = ,173	IndiEx	−0,06	p = ,756
GBIn	−0,22	p = ,123	GBIn	−0,06	p = ,746
GBEx	0,18	p = ,304	GBEx	0,11	p = ,655

Dimensionsausprägung. Dabei sind die Relevanzzuschreibungen zur individuell-intrinsischen und zur gesellschaftlich/ beruflich-intrinsischen Dimensionsausprägung statistisch signifikante Prädiktoren[2], diejenigen zur individuell-extrinsischen und gesellschaftlich/ beruflich-extrinsischen jedoch nicht. Da die Relevanzzuschreibung zur individuell-intrinsischen Dimensionsausprägung mit einem Faktor von 0,26 in positivem Zusammenhang zur Globaleinschätzung der Relevanz der Studieninhalte steht und die Relevanzzuschreibung zur gesellschaftlich/ beruflich-intrinsischen Dimensionsausprägung mit -0,34 in negativem, deuten die Ergebnisse darauf hin, dass die Inhalte des Studiums von Studierenden tendenziell umso relevanter eingeschätzt werden, je mehr es ihnen wichtig ist, sich selbst im Studium aus eigenem Antrieb weiterzuentwickeln, wohingegen diese denjenigen tendenziell weniger relevant erscheinen, die aus eigenem Antrieb auf ihre gesellschaftliche Funktion als Lehrkraft vorbereitet werden wollen. Der Wert von R^2 im Modell ist klein, was insbesondere bedeutet, dass das Modell nicht besonders aussagekräftig ist.

In den imputierten Daten wird tatsächlich keine der Dimensionsausprägungen als Prädiktor statistisch signifikant[3]. Es wäre möglich, dass der Zusammenhang zwischen der Globaleinschätzung zur Relevanz der Studieninhalte und den Relevanzzuschreibungen der Dimensionsausprägungen für die Gesamtstichprobe ein nicht-linearer ist, der mit dem vorliegenden Modell nicht gefunden werden

---

[2] Im Ergebnis einer Regressionsanalyse wird angegeben, für welche der im Regressionsmodell aufgenommenen unabhängigen Variablen der Zusammenhang mit der abhängigen Variable statistisch signifikant wird. Diejenigen unabhängigen Variablen, für die der entsprechende Zusammenhang statistisch signifikant wird, werden in der Literatur teils als „statistisch signifikante Prädiktoren" bezeichnet. Diese abkürzende Formulierung wird in der vorliegenden Arbeit übernommen (vgl. Abschnitt 6.2.4.1).

[3] Die Regressionsgleichung auf den imputierten Daten lautet 3,32 + 0,13 (individuell-intrinsisch) + 0,14 (individuell-extrinsisch) − 0,12 (gesellschaftlich/ beruflich-intrinsisch) + 0,01 (gesellschaftlich/ beruflich-extrinsisch), eine Aussage zu R^2 kann in imputierten Datasets von SPSS nicht getroffen werden (vgl. Abschnitt 10.7).

konnte, oder dass es keinen starken Zusammenhang zwischen der Globaleinschätzung zur Relevanz der Studieninhalte und der empfundenen Wichtigkeit
der verschiedenen Dimensionsausprägungen der Relevanzgründe bei den Mathematiklehramtsstudierenden gibt, wenn man die Gesamtstichprobe in den Blick
nimmt. Dass im Regressionsmodell auf den imputierten Daten keine der Relevanzzuschreibungen zu den Dimensionsausprägungen in statistisch signifikantem
Maße Varianz in der Globaleinschätzung der Relevanz der Studieninhalte aufklären kann, wenn ein lineares Modell angenommen wird, ist insbesondere deswegen
bemerkenswert, da die Stichprobengröße im imputierten Datensatz recht groß ist.
In Abschnitt 10.5.6 wurde jedoch gezeigt, dass durch die Imputation in der vorliegenden Arbeit in zweifacher Weise die Varianz erhöht wird: Erstens wurde
gezeigt, dass die Gesamtkohorte der vorliegenden Arbeit heterogener ist als die
Kohorte mit weitgehend vollständigen Daten und da durch die Imputation ein
Datenset erzeugt wird, welches die Charakteristika der Gesamtkohorte schätzt,
entsteht als multipel imputiertes Datenset ein heterogeneres Datenset als das vollständige Originaldatenset. Zweitens ist ein Charakteristikum der Methode der
multiplen Imputation, dass die Varianz erhöht wird, da bei der Berechnung der
Varianz auf dem imputierten Datensatz zum Mittelwert der Fehlervarianzen die
Varianz zwischen den Imputationslösungen addiert wird (Acock, 2005, S. 1020;
vgl. auch Abschnitt 6.2.2.2.4). Tatsächlich scheinen diese beiden Varianzerhöhungen dazu zu führen, dass die Varianz so weit erhöht wird, dass trotz der größeren
Stichprobe die Zusammenhänge in der linearen Regression nicht statistisch signifikant werden (vgl. auch Abschnitt 12.1.2 zur Diskussion des Befunds, dass in den
imputierten Daten die Varianzerhöhung so stark sein muss, dass trotz der größeren
Stichprobe weniger Zusammenhänge statistisch signifikant werden). Da tatsächlich auch die Regressionskoeffizienten bei Betrachtung des imputierten Datensets
sehr klein ausfallen und sie demnach nicht nur statistisch nicht signifikant sondern auch nicht bedeutsam zu sein scheinen, muss davon ausgegangen werden,
dass keine der Relevanzzuschreibungen zu den Dimensionsausprägungen Varianz
in der Relevanzzuschreibung zu den Inhalten des Mathematikstudiums aufklären
kann, wenn man alle Studierenden betrachtet, die an mindestens einem der beiden
Befragungszeitpunkten teilgenommen haben, ein lineares Modell voraussetzt und
davon ausgeht, dass durch die multiple Imputation die fehlenden Werte unverzerrt
geschätzt werden (vgl. Abschnitt 12.3.6 für die tiefergehende Interpretation und
die Diskussion zu den Ergebnissen zu Forschungsfrage 3).

In der Ausgangsbefragung wurde je eine multiple lineare Regression durchgeführt, um eine Aussage dazu zu treffen, wie sich Varianz in der globalen
Relevanzeinschätzung bezüglich der Inhalte des Studiums durch die Relevanzzuschreibungen zu den einzelnen Dimensionsausprägungen des Modells

aufklären lässt und eine, wie sich Varianz in der globalen Relevanzeinschätzung bezüglich der Gesamtheit des Mathematikstudiums durch die gleichen unabhängigen Variablen aufklären lässt (vgl. Tabelle 11.9). Für die Inhalte des Studiums ergab sich auf den Originaldaten unter Nutzung von pairwise deletion mit einem Signifikanzniveau von 10 % eine signifikante Regressionsgleichung $F(4,149) = 2,62, p = ,037$ mit einem R^2 von ,07. Die globale Relevanzeinschätzung bezüglich der Inhalte des Studiums der Teilnehmenden entspricht 3,14 + 0,39 (individuell-intrinsisch) – 0,10 (individuell-extrinsisch) – 0,17 (gesellschaftlich/ beruflich-intrinsisch) + 0,08 (gesellschaftlich/ beruflich-extrinsisch). Dabei ist die Relevanzzuschreibung zur individuell-intrinsischen Dimensionsausprägung ein statistisch signifikanter Prädiktor, die Relevanzzuschreibungen zur individuell-extrinsischen, zur gesellschaftlich/ beruflich-intrinsischen und zur gesellschaftlich/ beruflich-extrinsischen Dimensionsausprägung jedoch stellen keine statistisch signifikanten Prädiktoren dar. Der Wert von R^2 im Modell ist auch hier klein, was insbesondere bedeutet, dass das Modell nicht besonders aussagekräftig ist. Auch hier wird im imputierten Datensatz kein Prädiktor statistisch signifikant[4], was die Vermutung bestärkt, dass das in dieser Arbeit entwickelte Konstrukt der Relevanzgründe bei Betrachtung der Gesamtkohorte nicht in aussagekräftigem Maße in linearem Zusammenhang dazu zu stehen scheint, ob die Inhalte des Mathematikstudiums insgesamt als relevant empfunden werden.

Für die Gesamtheit des Mathematikstudiums ergab sich für die Originaldaten unter Nutzung von pairwise deletion mit einem Signifikanzniveau von 10 % eine signifikante Regressionsgleichung $F(4,148) = 5,37, p < ,001$ mit einem R^2 von ,13. Die globale Relevanzeinschätzung bezüglich der Gesamtheit des Mathematikstudiums der Teilnehmenden entspricht 2,75 + 0,51 (individuell-intrinsisch) – 0,15 (individuell-extrinsisch) – 0,22 (gesellschaftlich/ beruflich-intrinsisch) + 0,18 (gesellschaftlich/ beruflich-extrinsisch). Dabei ist die Relevanzzuschreibung zur individuell-intrinsischen Dimensionsausprägung ein signifikanter Prädiktor, diejenigen der individuell-extrinsischen, der gesellschaftlich/ beruflich-intrinsischen und der gesellschaftlich/ beruflich-extrinsischen Dimensionsausprägung jedoch nicht. Der Wert von R^2 im Modell ist auch hier klein aber etwas größer als bei den bisher betrachteten Modellen, was vermuten lässt, dass die Relevanzzuschreibungen zu den Dimensionsausprägungen bei Voraussetzung eines linearen Modells eher Varianz in der Relevanzzuschreibung zur Gesamtheit des Mathematikstudiums als zu den Inhalten des Studiums aufklären

---

[4] Als Regressionsgleichung ergibt sich hier 3,07 + 0,22 (individuell-intrinsisch) – 0,05 (individuell-extrinsisch) – 0,03 (gesellschaftlich/ beruflich-intrinsisch) + 0,06 (gesellschaftlich/ beruflich-extrinsisch).

können. Im Wesentlichen scheint es aber keine starken linearen Zusammenhänge zwischen der empfundenen Wichtigkeit der Konsequenzen aus dem in dieser Arbeit entwickelten Modell der Relevanzgründe und den Globaleinschätzungen der Relevanz des Mathematikstudiums oder von dessen Inhalten zu geben. Für den imputierten Datensatz wird im linearen Regressionsmodell zwischen der Globaleinschätzung zur Relevanz des Mathematikstudiums und den Relevanzzuschreibungen zu den Dimensionsausprägungen keiner der Prädiktoren statistisch signifikant[5].

11.4.2 Aufklärung von Varianz in der globalen Relevanzeinschätzung durch die Relevanzzuschreibungen zu den Komplexitätsstufen

Für die Eingangsbefragung wurde eine multiple lineare Regression durchgeführt, um eine Aussage dazu zu treffen, wie sich Varianz in der globalen Relevanzeinschätzung bezüglich der Inhalte des Studiums durch die Relevanzzuschreibungen zu den Inhalten der einzelnen Komplexitätsstufen aufklären lässt (vgl. Tabelle 11.10). Dabei ergab sich für die Originaldaten auf einem Signifikanzniveau von 10 % keine statistisch signifikante Regressionsgleichung[6]. Selbst bei Betrachtung nur derjenigen Studierenden, die an beiden Befragungen teilnahmen, ergab sich an dieser Stelle keine statistisch signifikante Regressionsgleichung.

In den imputierten Daten, für die keine Berechnung der Signifikanz der Regressionsgleichung möglich war, wurde keine der Relevanzzuschreibungen zu den Inhalten der Stufen als Prädiktor signifikant[7]. Zwischen den Relevanzzuschreibungen zu den Inhalten der Komplexitätsstufen zu Beginn des Semesters und der Globaleinschätzung zur Relevanz der Studieninhalte scheint es keinen linearen Zusammenhang zu geben. Es lässt sich also keine klare Aussage treffen im Sinne von „je wichtiger es Studierenden ist, Inhalte einer gewissen Komplexität im Studium zu behandeln, desto eher finden sie die Inhalte insgesamt relevant".

---

[5] Als Regressionsgleichung ergibt sich hier 2,88 + 0,29 (individuell-intrinsisch) – 0,06 (individuell-extrinsisch) – 0,06 (gesellschaftlich/ beruflich-intrinsisch) + 0,11 (gesellschaftlich/ beruflich-extrinsisch).

[6] Als Regressionsgleichung ergibt sich hier 5,32 – 0,45 (Stufe 4) + 0,12 (Stufe 3) – 0,76 (Stufe 2) + 0,87 (Stufe 1).

[7] Als Regressionsgleichung ergibt sich hier 2,56 + 0,12 (Stufe 4) – 0,03 (Stufe 3) + 0,12 (Stufe 2) + 0,07 (Stufe 1).

Tabelle 11.10 Ergebnisse der Regressionen zur Aufklärung von Varianz in der globalen Relevanzeinschätzung durch die Relevanzzuschreibungen zu den Komplexitätsstufen

	Original		Imputiert	
Eingang	**Abhängige Variable**: Globaleinschätzung zur Relevanz der Studieninhalte **Unabhängige Variablen**: Relevanzzuschreibungen zu den Inhalten der Komplexitätsstufen: Stufe 4, Stufe 3, Stufe 2, Stufe 1			
	$F_{(4,45)} = 0{,}90$, $p = {,}475$ $R^2 = {,}07$			
	Konstante	5,32	Konstante	2,56
	Stufe 4	−0,45 $\quad p = {,}537$	Stufe 4	0,12 $\quad p = {,}731$
	Stufe 3	0,12 $\quad p = {,}877$	Stufe 3	−0,03 $\quad p = {,}945$
	Stufe 2	−0,76 $\quad p = {,}400$	Stufe 2	0,12 $\quad p = {,}771$
	Stufe 1	0,87 $\quad p = {,}073$	Stufe 1	0,07 $\quad p = {,}783$
Ausgang	**Abhängige Variable**: Globaleinschätzung zur Relevanz der Studieninhalte **Unabhängige Variablen**: Relevanzzuschreibungen zu den Inhalten der Komplexitätsstufen: Stufe 4, Stufe 3, Stufe 2, Stufe 1			
	$F_{(4,77)} = 7{,}69$, $p < {,}001$ $R^2 = {,}29$			
	Konstante	1,54	Konstante	2,09
	Stufe 4	−0,29 $\quad p = {,}420$	Stufe 4	−0,01 $\quad p = {,}979$
	Stufe 3	0,31 $\quad p = {,}413$	Stufe 3	0,02 $\quad p = {,}964$
	Stufe 2	−0,45 $\quad p = {,}265$	Stufe 2	0,08 $\quad p = {,}823$
	Stufe 1	0,98 $\quad p < {,}001$	Stufe 1	0,34 $\quad p = {,}198$
	Abhängige Variable: Globaleinschätzung zur Relevanz des Mathematikstudiums **Unabhängige Variablen**: Relevanzzuschreibungen zu den Inhalten der Komplexitätsstufen: Stufe 4, Stufe 3, Stufe 2, Stufe 1			
	$F_{(4,76)} = 4{,}47$, $p = {,}003$ $R^2 = {,}19$			
	Konstante	2,30	Konstante	2,44
	Stufe 4	−0,11 $\quad p = {,}779$	Stufe 4	0,04 $\quad p = {,}905$
	Stufe 3	−0,32 $\quad p = {,}425$	Stufe 3	−0,14 $\quad p = {,}660$
	Stufe 2	0,20 $\quad p = {,}633$	Stufe 2	0,13 $\quad p = {,}685$
	Stufe 1	0,64 $\quad p = {,}019$	Stufe 1	0,36 $\quad p = {,}143$

Für die Ausgangsbefragung wurde wiederum je eine multiple lineare Regression durchgeführt, um eine Aussage dazu zu treffen, wie sich Varianz in der globalen Relevanzeinschätzung bezüglich der Inhalte des Studiums durch die Relevanzzuschreibungen zu den Inhalten der Stufen aufklären lässt und wie sich Varianz in der globalen Relevanzeinschätzung bezüglich der Gesamtheit des Mathematikstudiums durch diese aufklären lässt. Für die Einschätzung bezüglich der Inhalte ergab sich für die Originaldaten unter Nutzung von pairwise deletion mit einem Signifikanzniveau von 10 % eine signifikante Regressionsgleichung $F(4,77) = 7,69, p < ,001$ mit einem R^2 von ,29. Die globale Relevanzeinschätzung bezüglich der Inhalte des Studiums der Teilnehmenden entspricht 1,54 − 0,29 (Stufe 4) + 0,31 (Stufe 3) − 0,45 (Stufe 2) + 0,98 (Stufe 1). Dabei ist die Relevanzzuschreibung zu Inhalten der Stufe 1 ein statistisch signifikanter Prädiktor, diejenigen zu Inhalten der Stufe 4, Stufe 3 und Stufe 2 jedoch nicht. Diejenigen Studierenden, die auch die komplexesten Inhalte noch relevant finden, sehen dementsprechend vermutlich tendenziell eher eine Relevanz in den Studieninhalten. Der Wert von R^2 im Modell ist von allen bisher betrachteten Modellen am höchsten, so dass vermutet werden kann, dass zumindest am Ende des Semesters die Varianz in der Relevanzeinschätzung der Inhalte insgesamt eher durch die Relevanzzuschreibungen zu den Inhalten der Komplexitätsstufen als zu den Dimensionsausprägungen aufgeklärt werden kann, wenn man ein lineares Modell voraussetzt. Dabei ist jedoch einschränkend zu beachten, dass aufgrund der Nutzung der Methode der pairwise deletion die Stichproben, für die die Varianzanalysen mit den Relevanzzuschreibungen als unabhängigen Variablen gerechnet wurden, nicht identisch mit der hier betrachteten Stichprobe sein müssen, was einen unmittelbaren Vergleich der Zusammenhänge erschwert (vgl. die Diskussion in Abschnitt 12.3.6). Zumindest für eine Teilgruppe der Studierenden aus der betrachteten Gesamtkohorte scheint die Varianz in der Relevanzeinschätzung der Inhalte insgesamt recht gut durch die Relevanzzuschreibungen zu den Inhalten der Komplexitätsstufen aufgeklärt werden zu können, wenn man ein lineares Modell voraussetzt. In den imputierten Daten wird jedoch auch hier keiner der Prädiktoren statistisch signifikant[8].

Bezüglich der Gesamtheit des Mathematikstudiums ergab sich für die Originaldaten unter Nutzung von pairwise deletion mit einem Signifikanzniveau von 10 % eine signifikante Regressionsgleichung $F(4,76) = 4,47, p = ,003$ mit einem R^2 von ,19. Die globale Relevanzeinschätzung bezüglich der Gesamtheit des Mathematikstudiums der Teilnehmenden entspricht 2,30 − 0,11 (Stufe

---

[8] Als Regressionsgleichung ergibt sich hier 2,09 − 0,01 (Stufe 4) + 0,02 (Stufe 3) + 0,08 (Stufe 2) + 0,34 (Stufe 1).

4) – 0,32 (Stufe 3) + 0,20 (Stufe 2) + 0,64 (Stufe 1). Dabei ist die Relevanzzuschreibung zu Inhalten der Stufe 1 ein statistisch signifikanter Prädiktor, diejenigen zu Inhalten der Stufe 4, Stufe 3 und Stufe 2 jedoch nicht. Auch hier ergibt sich das Bild, dass Studierende, die auch die komplexesten Inhalte noch relevant finden, vermutlich tendenziell mehr Relevanz in ihrem Studium sehen. Allerdings werden abermals in den imputierten Daten keine Prädiktoren statistisch signifikant[9]. Der Wert von R^2 im Modell ist etwas höher als der im Modell mit den Relevanzzuschreibungen zu den Dimensionsausprägungen als Prädiktoren für die Relevanzzuschreibung zur Gesamtheit des Mathematikstudiums, was die Vermutung stützt, dass zumindest am Ende des Semesters Varianz in globalen Relevanzeinschätzungen eher durch die Relevanzzuschreibungen zu den Inhalten der Komplexitätsstufen als zu den Dimensionsausprägungen aufgeklärt werden kann, wenn man ein lineares Modell voraussetzt.

11.4.3 Aufklärung von Varianz in der globalen Relevanzeinschätzung durch die Relevanzzuschreibungen zu den Themengebieten

Für die Eingangsbefragung wurde eine multiple lineare Regression durchgeführt, um eine Aussage dazu zu treffen, wie sich Varianz in der globalen Relevanzeinschätzung bezüglich der Inhalte des Studiums durch die Relevanzzuschreibungen zu den einzelnen Themengebieten aufklären lässt (vgl. Tabelle 11.11). Es ergab sich für die Originaldaten unter Nutzung von pairwise deletion mit einem Signifikanzniveau von 10 % keine statistisch signifikante Regressionsgleichung[10]. Selbst bei Betrachtung nur derjenigen Studierenden, die an beiden Befragungen teilgenommen haben, ergab sich an dieser Stelle keine statistisch signifikante Regressionsgleichung.

Auch in den imputierten Daten wurde keiner der Prädiktoren statistisch signifikant[11]. Es scheint keinen linearen Zusammenhang zwischen den Relevanzzuschreibungen zu den Themengebieten zum ersten Befragungszeitpunkt und der Einschätzung der Relevanz der Studieninhalte insgesamt zu geben.

---

[9] Als Regressionsgleichung ergibt sich hier 2,44 + 0,04 (Stufe 4) – 0,14 (Stufe 3) + 0,13 (Stufe 2) + 0,36 (Stufe 1)

[10] Als Regressionsgleichung ergibt sich hier 3,87 – 0,45 (Arithmetik/ Algebra) + 0,46 (Geometrie) + 0,06 (Lineare Algebra) – 0,07 (Analysis).

[11] Als Regressionsgleichung ergibt sich hier 2,65 + 0,11 (Arithmetik/ Algebra) – 0,001 (Geometrie) – 0,06 (Lineare Algebra) + 0,22 (Analysis).

Tabelle 11.11 Ergebnisse der Regressionen zur Aufklärung von Varianz in der globalen Relevanzeinschätzung durch die Relevanzzuschreibungen zu den Themengebieten

	Original			Imputiert		
Eingang	**Abhängige Variable**: Globaleinschätzung zur Relevanz der Studieninhalte **Unabhängige Variablen**: Relevanzzuschreibungen zu den Themengebieten: Arithmetik/ Algebra (ArithAl), Geometrie (Geo), Lineare Algebra (LinA), Analysis (Ana)					
	$F_{(4,45)} = 0,35, p = ,845$ $R^2 = ,03$					
	Konstante	3,69		Konstante	2,65	
	ArithAl	−0,45	p = ,433	ArithAl	0,11	p = ,693
	Geo	0,46	p = ,352	Geo	−0,001	p = ,997
	LinA	0,06	p = ,931	LinA	−0,06	p = ,834
	Ana	−0,07	p = ,892	Ana	0,22	p = ,471
Ausgang	**Abhängige Variable**: Globaleinschätzung zur Relevanz der Studieninhalte **Unabhängige Variablen**: Relevanzzuschreibungen zu den Themengebieten: Arithmetik/ Algebra (ArithAl), Geometrie (Geo), Lineare Algebra (LinA), Analysis (Ana)					
	$F_{(4,77)} = 5,31, p = ,001$ $R^2 = ,22$					
	Konstante	1,33		Konstante	2,08	
	ArithAl	−0,28	p = ,248	ArithAl	−0,07	p = ,768
	Geo	0,17	p = ,471	Geo	0,16	p = ,450
	LinA	0,33	p = ,171	LinA	0,21	p = ,361
	Ana	0,35	p = ,094	Ana	0,11	p = ,633
	Abhängige Variable: Globaleinschätzung zur Relevanz des Mathematikstudiums **Unabhängige Variablen**: Relevanzzuschreibungen zu den Themengebieten: Arithmetik/ Algebra (ArithAl), Geometrie (Geo), Lineare Algebra (LinA), Analysis (Ana)					
	$F_{(4,76)} = 2,76, p = ,034$ $R^2 = ,13$					
	Konstante	2,04		Konstante	2,41	
	ArithAl	−0,15	p = ,559	ArithAl	−0,06	p = ,808
	Geo	0,16	p = ,522	Geo	0,13	p = ,563
	LinA	0,16	p = ,521	LinA	0,17	p = ,479
	Ana	0,28	p = ,198	Ana	0,14	p = ,555

Für die Ausgangsbefragung wurde wiederum je eine multiple lineare Regression durchgeführt, um eine Aussage dazu zu treffen, wie sich Varianz in der globalen Relevanzeinschätzung bezüglich der Inhalte des Studiums und wie sich Varianz in der globalen Relevanzeinschätzung bezüglich der Gesamtheit des Mathematikstudiums durch die Relevanzzuschreibungen zu den einzelnen Themengebieten aufklären lässt. Für die Inhalte ergab sich für die Originaldaten unter Nutzung von pairwise deletion mit einem Signifikanzniveau von 10 % eine signifikante Regressionsgleichung $F(4,77) = 5,31$, $p = ,001$ mit einem R^2 von ,22. Die globale Relevanzeinschätzung bezüglich der Inhalte des Studiums der Teilnehmenden entspricht 1,33 − 0,28 (Arithmetik/ Algebra) + 0,17 (Geometrie) + 0,33 (Lineare Algebra) + 0,35 (Analysis). Dabei ist die Relevanzzuschreibung zur Analysis ein statistisch signifikanter Prädiktor, diejenigen zur Arithmetik/ Algebra, Geometrie und Linearen Algebra jedoch nicht. Die Ergebnisse lassen vermuten, dass diejenigen Studierenden, die die Behandlung analytischer Themen relevant finden, tendenziell auch die Studieninhalte insgesamt als relevant ansehen. Aus dem Vergleich der Werte von R^2 lässt sich annehmen[12], dass die Relevanzzuschreibungen zu den Inhalten der Komplexitätsstufen und zu den Themengebieten in der Ausgangsbefragung ähnlich viel Varianz in der Relevanzeinschätzung der Themengebiete insgesamt aufklären können, wenn man ein lineares Modell voraussetzt. Für die imputierten Daten stellt keine der Relevanzzuschreibungen zu den Themengebieten einen statistisch signifikanten Prädiktor dar[13].

Für die Gesamtheit des Mathematikstudiums ergab sich in den Originaldaten unter Nutzung von pairwise deletion mit einem Signifikanzniveau von 10 % eine signifikante Regressionsgleichung $F(4,76) = 2,76$, $p = ,034$ mit einem R^2 von ,13. Die globale Relevanzeinschätzung bezüglich der Gesamtheit des Mathematikstudiums der Teilnehmenden entspricht 2,04 − 0,15 (Arithmetik/ Algebra) + 0,16 (Geometrie) + 0,16 (Lineare Algebra) + 0,28 (Analysis). Dabei ist keine der Relevanzzuschreibungen zu den Themengebieten ein statistisch signifikanter Prädiktor. Wiederum lässt sich aus dem Vergleich der Werte von R^2 vermuten, dass der lineare Zusammenhang zwischen den Relevanzzuschreibungen zu den

---

[12] Generell ist bei diesen Vergleichen der R^2-Werte einschränkend zu beachten, dass aufgrund der Nutzung der Methode der pairwise deletion die Stichproben, für die die verschiedenen Varianzanalysen gerechnet wurden, verschieden sein können, was einen unmittelbaren Vergleich der Zusammenhänge erschwert. Die dargestellten Vergleiche stellen demnach nur Vermutungen dar, die in späteren Forschungsarbeiten zu überprüfen sind.

[13] Als Regressionsgleichung ergibt sich hier 2,08 − 0,07 (Arithmetik/ Algebra) + 0,16 (Geometrie) + 0,21 (Lineare Algebra) + 0,11 (Analysis).

Inhalten der Komplexitätsstufen in der Ausgangsbefragung und der Relevanzeinschätzung des Mathematikstudiums insgesamt etwas stärker ist als der lineare
Zusammenhang zwischen den Relevanzzuschreibungen zu den Themengebieten und der Relevanzeinschätzung des Mathematikstudiums insgesamt (beachte
einschränkend Fußnote 12 in diesem Kapitel). In den imputierten Daten wird
wiederum keiner der Prädiktoren statistisch signifikant[14]. Aufgrund der geringen Regressionskoeffizienten lässt sich in diesem Zusammenhang vermuten, dass
keine der Relevanzzuschreibungen zu den Themengebieten alleine einen aussagekräftigen Beitrag bei der Aufklärung von Varianz in der Relevanzeinschätzung der
Gesamtheit des Mathematikstudiums leisten kann, wenn man von einem linearen
Zusammenhang ausgeht.

11.4.4 Zusammenfassung zu den Ergebnissen der Forschungsfrage 3

Aus den Regressionen ergeben sich verschiedene Ergebnisse, je nachdem ob
man die Gesamtstichprobe im Sinne der imputierten Daten betrachtet oder nur
diejenigen Studierenden, die jeweils tatsächlich an den Befragungen teilgenommen haben und zum jeweiligen Befragungszeitpunkt für die zugrunde gelegten
Variablen keine fehlenden Werte haben. Die Varianzerhöhungen im imputierten
Dataset scheinen dazu zu führen, dass die Varianz so weit erhöht wird, dass
trotz der größeren Stichprobe die Zusammenhänge in den linearen Regressionen nicht statistisch signifikant werden. Betrachtet man die imputierten Daten, so
stellen weder die Relevanzzuschreibungen zu den Dimensionsausprägungen noch
diejenigen zu den Inhalten der Komplexitätsstufen oder zu den Themengebieten
statistisch signifikante Prädiktoren für die globale Relevanzeinschätzung zu den
Inhalten des Mathematikstudiums oder zu dessen Gesamtheit dar, wenn ein lineares Regressionsmodell angenommen wird. Dies könnte darauf hindeuten, dass die
beklagte fehlende Relevanz bei Betrachtung der Gesamtkohorte tatsächlich nicht
unbedingt durch nicht zum Studium passende Zielvorstellungen oder nicht zum
Studium passende Relevanzzuschreibungen zu Inhalten verursacht wird, sondern
dass es andere Ursachen geben könnte. Möglich wäre, dass hier eine Überforderung durch das Studium in motivationaler oder leistungsbezogener Hinsicht

---

[14] Als Regressionsgleichung ergibt sich hier $2,41 - 0,06$ (Arithmetik/ Algebra) $+ 0,13$ (Geometrie) $+ 0,17$ (Lineare Algebra) $+ 0,14$ (Analysis).

artikuliert wird. Eine andere Möglichkeit wäre, dass es nicht-lineare Zusammenhänge zwischen den Merkmalen gibt, die jedoch mit der Methode der linearen Regression nicht gefunden werden können.

Bei den Studierenden, die jeweils tatsächlich an den Befragungen teilgenommen haben und zum jeweiligen Befragungszeitpunkt keine fehlenden Werte in den jeweils in den Regressionen genutzten Variablen haben, klärt unter der Annahme eines linearen Regressionsmodells unter den Relevanzzuschreibungen zu den Dimensionsausprägungen die Relevanzzuschreibung zur individuell-intrinsischen Dimensionsausprägung sowohl in der Eingangs- als auch in der Ausgangsbefragung die meiste Varianz in den globalen Relevanzeinschätzungen (Relevanz der Studieninhalte und Relevanz der Gesamtheit des Mathematikstudiums) auf. Dementsprechend lassen die Ergebnisse vermuten, dass tendenziell viel Relevanz von Studierenden gesehen wird, die sich selbst aus eigenem Antrieb weiterentwickeln wollen. In der Ausgangsbefragung finden die Studierenden mit vollständigen Daten, die auch die komplexesten Inhalte noch relevant finden, tendenziell die Studieninhalte und die Gesamtheit des Mathematikstudiums relevant. Von den Relevanzzuschreibungen zu den Themengebieten scheint keine für sich betrachtet in der beforschten Stichprobe eine hohe Aussagekraft bei der Aufklärung von Varianz in den globalen Relevanzeinschätzungen zu haben, wenn von einem linearen Zusammenhang ausgegangen wird. Aus den Ergebnissen kann also nicht abgeleitet werden, ob Studierende eher der Meinung sind, die Studieninhalte oder das Mathematikstudium im Gesamten seien relevant, wenn sie Inhalte eines bestimmten Themengebiets relevant finden.

Die Modelle, in denen die Relevanzzuschreibungen zu den Inhalten der Komplexitätsstufen oder zu den Themengebieten als Prädiktoren für die globalen Relevanzeinschätzungen genutzt werden, zeigen in der Ausgangsbefragung eine bessere Güte als das Modell mit den Relevanzzuschreibungen zu den Dimensionsausprägungen als Prädiktoren. Es ist zu vermuten, dass in der Ausgangsbefragung die Gesamtheit der Inhalte verschiedener Komplexitätsstufen und die Gesamtheit der Themengebiete eher in linearem Zusammenhang zu den globalen Relevanzeinschätzungen stehen (beachte einschränkend Fußnote 12 in diesem Kapitel). Für das in dieser Arbeit entwickelte Konstrukt der Relevanzgründe ist festzuhalten, dass es keinen linearen Zusammenhang zwischen der Globaleinschätzung zur Relevanz der Studieninhalte oder zur Relevanz des Mathematikstudiums insgesamt und der empfundenen Wichtigkeit der verschiedenen Dimensionsausprägungen der Relevanzgründe bei den Mathematiklehramtsstudierenden zu geben scheint (vgl. Abschnitt 12.3.6 für die tiefergehende Interpretation und die Diskussion zu den Ergebnissen zu Forschungsfrage 3).

11.5   Ergebnisse zur Forschungsfrage 4

Forschungsfrage 4: Wie hängen die Einschätzungen zur Umsetzung zusammen mit Relevanzzuschreibungen?

a) *Wie lassen sich die Globaleinschätzungen zur Relevanz des Mathematikstudiums und seiner Inhalte linear modellieren auf Basis der Einschätzungen dazu, ob Konsequenzen bestimmter Dimensionsausprägungen des Modells der Relevanzbegründungen mit dem Mathematikstudium erreicht werden können, der Einschätzungen zur Umsetzung der Komplexitätsstufen und der Einschätzungen zur Umsetzung der Themengebiete?*

b) *Gibt es einen Zusammenhang zwischen der Einschätzung, ob ein Themengebiet ausreichend behandelt wurde, und der Relevanzzuschreibung zu diesem Themengebiet?*

Um die Forschungsfrage danach zu klären, wie die Einschätzungen zur Umsetzung zusammenhängen mit Relevanzzuschreibungen, wurden einerseits lineare Regressionen gerechnet, in denen die globalen Relevanzzuschreibungen zu den Inhalten und zum Mathematikstudium als abhängige Variablen und die Einschätzungen zur Umsetzung der Dimensionsausprägungen des Modells der Relevanzbegründungen, der Komplexitätsstufen und der Themengebiete nacheinander als unabhängige Variablen gesetzt wurden, und andererseits wurden für die Themengebiete die Korrelationen zwischen Relevanzzuschreibungen und Einschätzungen zur Umsetzung analysiert. Auch bei allen Ergebnissen zur Forschungsfrage 4 ist zu beachten, dass an den Regressionskoeffizienten nicht direkt abgelesen werden kann, wie viel Varianz der abhängigen Variable durch die unabhängigen Variablen aufgeklärt werden kann, da die unabhängigen Variablen korreliert sind (vgl. Abschnitt 6.2.4.2).

11.5.1 Aufklärung von Varianz in der globalen Relevanzeinschätzung durch die Einschätzungen zur Umsetzung der Dimensionsausprägungen des Relevanzmodells

Es wurde eine multiple lineare Regression durchgeführt, um eine Aussage dazu zu treffen, wie sich Varianz in der globalen Relevanzeinschätzung bezüglich der Inhalte des Studiums durch die Einschätzungen zur Umsetzung der einzelnen

Dimensionsausprägungen des Modells der Relevanzbegründungen aufklären lässt (vgl. Tabelle 11.12).

Tabelle 11.12 Ergebnisse der Regressionen zur Aufklärung von Varianz in der globalen Relevanzeinschätzung durch die Einschätzungen zur Umsetzung der Dimensionsausprägungen des Modells der Relevanzbegründungen

	Original			Imputiert		
Ausgang	**Abhängige Variable**: Globaleinschätzung zur Relevanz der Studieninhalte **Unabhängige Variablen**: Einschätzungen zur Umsetzung der Dimensionsausprägungen: individuell-intrinsisch (IndiIn_erf), individuell-extrinsisch (IndiEx_erf), gesellschaftlich/ beruflich-intrinsisch (GBIn_erf), gesellschaftlich/ beruflich-extrinsisch (GBEx_erf)					
	$F(4,141) = 15,34$, $p < ,001$ $R^2 = ,30$					
	Konstante	1,76		Konstante	2,13	
	IndiIn_erf	0,31	$p = ,021$	IndiIn_erf	0,15	$p = ,488$
	IndiEx_erf	0,12	$p = ,378$	IndiEx_erf	0,11	$p = ,599$
	GBIn_erf	−0,27	$p = ,061$	GBIn_erf	0,05	$p = ,818$
	GBEx_erf	0,48	$p = ,003$	GBEx_erf	0,22	$p = ,329$
	Abhängige Variable: Globaleinschätzung zur Relevanz des Mathematikstudiums **Unabhängige Variablen**: Einschätzungen zur Umsetzung der Dimensionsausprägungen: individuell-intrinsisch (IndiIn_erf), individuell-extrinsisch (IndiEx_erf), gesellschaftlich/ beruflich-intrinsisch (GBIn_erf), gesellschaftlich/ beruflich-extrinsisch (GBEx_erf)					
	$F(4,140) = 9,82$, $p < ,001$ $R^2 = ,22$					
	Konstante	2,33		Konstante	2,58	
	IndiIn_erf	0,30	$p = ,028$	IndiIn_erf	0,17	$p = ,442$
	IndiEx_erf	0,18	$p = ,157$	IndiEx_erf	0,16	$p = ,413$
	GBIn_erf	−0,05	$p = ,719$	GBIn_erf	0,04	$p = ,801$
	GBEx_erf	0,11	$p = ,499$	GBEx_erf	0,08	$p = ,696$

Es ergab sich für die Originaldaten unter Nutzung von pairwise deletion mit einem Signifikanzniveau von 10 % eine signifikante Regressionsgleichung $F(4,141) = 15,34$, $p < ,001$ mit einem R^2 von ,30. Die globale Relevanzeinschätzung bezüglich der Inhalte des Studiums der Teilnehmenden entspricht $1,76 + 0,31$ (Umsetzung individuell-intrinsisch) $+ 0,12$ (Umsetzung individuell-extrinsisch) − 0,27 (Umsetzung gesellschaftlich/ beruflich-intrinsisch) + 0,48 (Umsetzung gesellschaftlich/ beruflich-extrinsisch). Dabei sind die Einschätzungen zur Umsetzung der individuell-intrinsischen Dimensionsausprägung, der gesellschaftlich/ beruflich-intrinsischen und der gesellschaftlich/ beruflich-extrinsischen Dimensionsausprägung statistisch signifikante Prädiktoren, die Einschätzung zur Umsetzung der individuell-extrinsischen Dimensionsausprägung jedoch nicht. An dem Wert von R^2 lässt sich ablesen, dass fast ein Drittel der Varianz in der globalen Relevanzeinschätzung bezüglich der Inhalte des Studiums durch die Einschätzungen zur Umsetzung der einzelnen Dimensionsausprägungen des Modells der Relevanzbegründungen aufgeklärt werden kann. Die Ergebnisse lassen vermuten, dass die Inhalte des Studiums tendenziell von denjenigen als relevant eingeschätzt werden, die sich durch das Studium selbst aus eigenem Antrieb weiterentwickeln können oder meinen, das Studium bereite sie entsprechend der von außen gestellten Anforderungen auf ihre gesellschaftliche Funktion als Lehrkraft vor. Wenn Studierende aber meinen, das Studium bereite sie entsprechend ihrer eigenen Wünsche auf ihre gesellschaftliche Funktion als Lehrkraft vor, dann deuten die Ergebnisse darauf hin, dass sie die Inhalte eher nicht relevant finden (vgl. Abschnitt 12.3.7 für die tiefergehende Interpretation und die Diskussion zu den Ergebnissen zu Forschungsfrage 4). In den imputierten Daten wurde keiner der Prädiktoren statistisch signifikant[15].

Es wurde außerdem eine multiple lineare Regression durchgeführt, um eine Aussage dazu zu treffen, wie sich Varianz in der globalen Relevanzeinschätzung bezüglich der Gesamtheit des Mathematikstudiums durch die Einschätzungen zur Umsetzung der einzelnen Dimensionsausprägungen aufklären lässt. Hier ergab sich für die Originaldaten unter Nutzung von pairwise deletion mit einem Signifikanzniveau von 10 % eine signifikante Regressionsgleichung $F(4,140) = 9,82, p < ,001$ mit einem R^2 von ,22. Die globale Relevanzeinschätzung bezüglich der Gesamtheit des Mathematikstudiums der Teilnehmenden entspricht 2,33 + 0,30 (Umsetzung individuell-intrinsisch) + 0,18 (Umsetzung individuell-extrinsisch) − 0,05 (Umsetzung gesellschaftlich/ beruflich-intrinsisch) + 0,11 (Umsetzung gesellschaftlich/ beruflich-extrinsisch). Dabei ist die Einschätzung zur Umsetzung der individuell-intrinsischen Dimensionsausprägung ein statistisch signifikanter Prädiktor, die Einschätzungen zur Umsetzung der individuell-extrinsischen, der gesellschaftlich/ beruflich-intrinsischen und der gesellschaftlich/ beruflich-extrinsischen Dimensionsausprägung jedoch nicht. Diejenigen

---

[15] Als Regressionsgleichung ergibt sich hier 2,13 + 0,15 (Umsetzung individuell-intrinsisch) + 0,11 (Umsetzung individuell-extrinsisch) + 0,05 (Umsetzung gesellschaftlich/ beruflich-intrinsisch) + 0,22 (Umsetzung gesellschaftlich/ beruflich-extrinsisch).

Studierenden, die Spaß in ihrem Studium empfinden bzw. das Gefühl haben, sich selbst aus eigenem Antrieb weiterentwickeln zu können, empfinden es laut den Ergebnissen vermutlich insgesamt tendenziell als relevant. Aus dem Wert von R^2 lässt sich ablesen, dass ungefähr ein Viertel der Varianz in der globalen Relevanzeinschätzung bezüglich der Gesamtheit des Studiums durch die Einschätzungen zur Umsetzung der einzelnen Dimensionsausprägungen des Modells der Relevanzbegründungen aufgeklärt werden kann. Auch hier wurde für die imputierten Daten keiner der Prädiktoren statistisch signifikant[16].

11.5.2 Aufklärung von Varianz in der globalen Relevanzeinschätzung durch die Einschätzungen zur Umsetzung der Komplexitätsstufen

Es wurde eine multiple lineare Regression durchgeführt, um eine Aussage dazu zu treffen, wie sich Varianz in der globalen Relevanzeinschätzung bezüglich der Inhalte des Studiums durch die Einschätzungen zur Umsetzung der Inhalte der einzelnen Komplexitätsstufen aufklären lässt (vgl. Tabelle 11.13). Dabei ergab sich für die Originaldaten unter Nutzung von pairwise deletion mit einem Signifikanzniveau von 10 % eine statistisch signifikante Regressionsgleichung $F(4,60) = 5,28$, $p = ,001$ mit einem R^2 von ,26. Die globale Relevanzeinschätzung bezüglich der Inhalte des Studiums der Teilnehmenden entspricht 1,44 + 0,68 (Umsetzung Stufe 4) + 0,19 (Umsetzung Stufe 3) – 0,08 (Umsetzung Stufe 2) – 0,20 (Umsetzung Stufe 1). Die Einschätzung zur Umsetzung von Inhalten der Stufe 4 ist ein signifikanter Prädiktor, die Einschätzungen zur Umsetzung von Inhalten der Stufe 3, Stufe 2 und Stufe 1 jedoch nicht. Der Wert von R^2 zeigt, dass fast ein Viertel der Varianz in der globalen Relevanzeinschätzung bezüglich der Inhalte des Studiums durch die Einschätzungen zur Umsetzung der Komplexitätsstufen aufgeklärt werden kann. Insbesondere war das Regressionsmodell mit den Einschätzungen zur Umsetzung der Dimensionsausprägungen des Modells der Relevanzbegründungen als Prädiktoren für die in Abschnitt 11.5.1 bei der Nutzung von pairwise deletion betrachteten Studierendengruppe aussagekräftiger als das vorliegende Modell für die hier betrachtete Teilgruppe aus der

---

[16] Als Regressionsgleichung ergibt sich hier 2,58 + 0,17 (Umsetzung individuell-intrinsisch) + 0,16 (Umsetzung individuell-extrinsisch) + 0,04 (Umsetzung gesellschaftlich/ beruflich-intrinsisch) + 0,08 (Umsetzung gesellschaftlich/ beruflich-extrinsisch).

Gesamtkohorte. Für die imputierten Daten wird keiner der Prädiktoren statistisch signifikant[17].

Tabelle 11.13 Ergebnisse der Regressionen zur Aufklärung von Varianz in der globalen Relevanzeinschätzung durch die Einschätzungen zur Umsetzung der Komplexitätsstufen

	Original			Imputiert		
Ausgang	**Abhängige Variable**: Globaleinschätzung zur Relevanz der Studieninhalte **Unabhängige Variablen**: Einschätzungen zur Umsetzung der Inhalte der Komplexitätsstufen: Stufe 4 (Stufe4_erf), Stufe 3 (Stufe3_erf), Stufe 2 (Stufe2_erf), Stufe 1 (Stufe1_erf)					
	$F(4,60) = 5{,}28$, $p = {,}001$ $R^2 = {,}26$					
	Konstante	4,44		Konstante	1,88	
	Stufe4_erf	0,68	$p = {,}022$	Stufe4_erf	0,15	$p = {,}546$
	Stufe3_erf	0,19	$p = {,}618$	Stufe3_erf	0,10	$p = {,}733$
	Stufe2_erf	−0,08	$p = {,}844$	Stufe2_erf	0,21	$p = {,}482$
	Stufe1_erf	−0,20	$p = {,}456$	Stufe1_erf	0,06	$p = {,}784$
	Abhängige Variable: Globaleinschätzung zur Relevanz des Mathematikstudiums **Unabhängige Variablen**: Einschätzungen zur Umsetzung der Inhalte der Komplexitätsstufen: Stufe 4 (Stufe4_erf), Stufe 3 (Stufe3_erf), Stufe 2 (Stufe2_erf), Stufe 1 (Stufe1_erf)					
	$F(4,59) = 5{,}68$, $p = {,}001$ $R^2 = {,}28$					
	Konstante	2,10		Konstante	2,27	
	Stufe4_erf	0,90	$p = {,}002$	Stufe4_erf	0,18	$p = {,}406$
	Stufe3_erf	−0,09	$p = {,}807$	Stufe3_erf	0,03	$p = {,}907$
	Stufe2_erf	−0,15	$p = {,}701$	Stufe2_erf	0,21	$p = {,}424$
	Stufe1_erf	−0,19	$p = {,}465$	Stufe1_erf	0,04	$p = {,}861$

Zudem wurde eine multiple lineare Regression durchgeführt, um eine Aussage dazu zu treffen, wie sich Varianz in der globalen Relevanzeinschätzung bezüglich der Gesamtheit des Mathematikstudiums durch die Einschätzungen zur Umsetzung der Inhalte der einzelnen Stufen aufklären lässt. Für die Originaldaten unter Nutzung von pairwise deletion ergab sich mit einem Signifikanzniveau von 10 %

---

[17] Als Regressionsgleichung ergibt sich hier 1,88 + 0,15 (Umsetzung Stufe 4) + 0,10 (Umsetzung Stufe 3) + 0,21 (Umsetzung Stufe 2) + 0,06 (Umsetzung Stufe 1).

eine statistisch signifikante Regressionsgleichung $F(4,59) = 5,68$, $p = ,001$ mit einem R^2 von ,28. Die globale Relevanzeinschätzung bezüglich der Gesamtheit des Mathematikstudiums der Teilnehmenden entspricht 2,10 + 0,90 (Umsetzung Stufe 4) – 0,09 (Umsetzung Stufe 3) – 0,15 (Umsetzung Stufe 2) – 0,19 (Umsetzung Stufe 1). Auch hier ist die Einschätzung zur Umsetzung von Inhalten der Stufe 4 ein signifikanter Prädiktor, die Einschätzungen zur Umsetzung von Inhalten der Stufe 3, Stufe 2 und Stufe 1 jedoch nicht. Die Ergebnisse lassen vermuten, dass diejenigen Studierenden, die auch erkennen, wie die Studieninhalte mit basaleren inhaltlichen Kompetenzen zusammenhängen, tendenziell die Studieninhalte und das Mathematikstudium als eher relevant empfinden. Keiner der Prädiktoren wird statistisch signifikant, wenn man die imputierten Daten betrachtet[18].

11.5.3 Aufklärung von Varianz in der globalen Relevanzeinschätzung durch die Einschätzungen zur Umsetzung der Themengebiete

Es wurde eine multiple lineare Regression durchgeführt, um eine Aussage dazu zu treffen, wie sich Varianz in der globalen Relevanzeinschätzung bezüglich der Inhalte des Studiums durch die Einschätzungen zur Umsetzung der einzelnen Themengebiete erklären lässt (vgl. Tabelle 11.14).

Für die Originaldaten unter Nutzung von pairwise deletion ergab sich mit einem Signifikanzniveau von 10 % eine signifikante Regressionsgleichung $F(4,60) = 3,50$, $p = ,010$ mit einem R^2 von ,19. Der Wert von R^2 zeigt, dass durch die Regressionsmodelle mit den Einschätzungen zur Umsetzung der Dimensionsausprägungen und den Einschätzungen zur Umsetzung der Inhalte der Komplexitätsstufen als Prädiktoren mehr Varianz in der globalen Relevanzeinschätzung bezüglich der Inhalte des Studiums aufgeklärt werden kann als durch dieses Modell (beachte einschränkend Fußnote 12 in diesem Kapitel). Die globale Relevanzeinschätzung bezüglich der Inhalte des Studiums der Teilnehmenden entspricht 1,63 + 0,27 (Umsetzung Arithmetik/ Algebra) + 0,26 (Umsetzung Geometrie) + 0,14 (Umsetzung Lineare Algebra) – 0,08 (Umsetzung Analysis).

---

[18] Als Regressionsgleichung ergibt sich hier 2,27 + 0,18 (Umsetzung Stufe 4) + 0,03 (Umsetzung Stufe 3) + 0,21 (Umsetzung Stufe 2) + 0,04 (Umsetzung Stufe 1).

Tabelle 11.14 Ergebnisse der Regressionen zur Erklärung der globalen Relevanzeinschätzung durch die Einschätzungen zur Umsetzung der Themengebiete

	Original			Imputiert		
Ausgang	**Abhängige Variable**: Globaleinschätzung zur Relevanz der Studieninhalte **Unabhängige Variablen**: Einschätzungen zur Umsetzung der Themengebiete: Arithmetik/ Algebra (ArithAl_erf), Geometrie (Geo_erf), Lineare Algebra (LinA_erf), Analysis (Ana_erf)					
	$F(4,60) = 3,50$, p = ,012 $R^2 = ,19$					
	Konstante	1,63		Konstante	1,95	
	ArithAl_erf	0,27	p = ,256	ArithAl_erf	0,17	p = ,370
	Geo_erf	0,26	p = ,135	Geo_erf	0,09	p = ,565
	LinA_erf	0,14	p = ,569	LinA_erf	0,10	p = ,582
	Ana_erf	−0,08	p = ,768	Ana_erf	0,14	p = ,540
	Abhängige Variable: Globaleinschätzung zur Relevanz des Mathematikstudiums **Unabhängige Variablen**: Einschätzungen zur Umsetzung der Themengebiete: Arithmetik/ Algebra (ArithAl_erf), Geometrie (Geo_erf), Lineare Algebra (LinA_erf), Analysis (Ana_erf)					
	$F(4,59) = 2,45$, p = ,056 $R^2 = ,14$					
	Konstante	2,15		Konstante	2,27	
	ArithAl_erf	0,18	p = ,428	ArithAl_erf	0,11	p = ,525
	Geo_erf	0,13	p = ,460	Geo_erf	0,08	p = ,574
	LinA_erf	0,31	p = ,205	LinA_erf	0,14	p = ,479
	Ana_erf	−0,13	p = ,650	Ana_erf	0,12	p = ,592

Dabei ist keine der Einschätzungen zur Umsetzung der Themengebiete ein statistisch signifikanter Prädiktor. Auch für die imputierten Daten wird kein Prädiktor statistisch signifikant[19].

Zuletzt wurde eine multiple lineare Regression durchgeführt, um eine Aussage dazu zu treffen, wie sich Varianz in der globalen Relevanzeinschätzung bezüglich der Gesamtheit des Mathematikstudiums durch die Einschätzung zur Umsetzung der einzelnen Themengebiete aufklären lässt. Hier ergab sich für die

---

[19] Als Regressionsgleichung ergibt sich hier 1,95 + 0,17 (Umsetzung Arithmetik/ Algebra) + 0,09 (Umsetzung Geometrie) + 0,10 (Umsetzung Lineare Algebra) + 0,14 (Umsetzung Analysis).

Originaldaten unter Nutzung von pairwise deletion mit einem Signifikanzniveau von 10 % eine signifikante Regressionsgleichung $F(4,59) = 2,45$, $p = ,056$ mit einem R^2 von ,14. Auch dieser Wert von R^2 weist darauf hin, dass durch die Modelle mit den Einschätzungen zur Umsetzung der Dimensionsausprägungen und den Einschätzungen zur Umsetzung der Inhalte der Komplexitätsstufen als Prädiktoren mehr Varianz in der globalen Relevanzeinschätzung bezüglich der Gesamtheit des Studiums aufgeklärt werden kann als durch dieses Modell (beachte einschränkend Fußnote 12 in diesem Kapitel). Die globale Relevanzeinschätzung bezüglich der Gesamtheit des Mathematikstudiums der Teilnehmenden entspricht 2,15 + 0,18 (Umsetzung Arithmetik/ Algebra) + 0,13 (Umsetzung Geometrie) + 0,31 (Umsetzung Lineare Algebra) – 0,13 (Umsetzung Analysis). Jedoch ist keines der Themengebiete ein statistisch signifikanter Prädiktor, ebenso wie bei den imputierten Daten[20].

11.5.4 Zusammenhang zwischen der Relevanzzuschreibung zu einem Themengebiet und der Einschätzung, ob dieses im Studium ausreichend behandelt wurde

Um zu überprüfen, ob es einen Zusammenhang gibt zwischen der Relevanzzuschreibung zu einem Themengebiet und der Einschätzung, ob dieses im Studium ausreichend behandelt wurde, wurden für die Ausgangsbefragung die Korrelationen zwischen den Relevanzzuschreibungen und den Einschätzungen zur Umsetzung der Themengebiete Arithmetik/ Algebra, Geometrie, Lineare Algebra und Analysis betrachtet (vgl. Tabelle 11.15).

Bei allen Themengebieten korreliert die Relevanzzuschreibung statistisch signifikant positiv mit der Einschätzung der ausreichenden Behandlung im Studium, selbst auf einem Signifikanzniveau von ,1 %, wobei die Korrelationskoeffizienten für die imputierten Daten jeweils etwas kleiner ausfallen als für die Originaldaten unter Nutzung von pairwise deletion. Alle Korrelationen liegen im unteren bis mittleren Bereich mit r-Werten zwischen ,27 und ,5, so dass von einem schwachen bis mäßigen linearen Zusammenhang ausgegangen werden kann. Am geringsten fällt die Korrelation zwischen der Relevanzzuschreibung und der Einschätzung zur Umsetzung für die Geometrie aus, bei der außerdem am wenigsten vollständige Daten vorlagen (N = 69 für die Originaldaten unter Nutzung von

---

[20] Als Regressionsgleichung ergibt sich hier 2,27 + 0,11 (Umsetzung Arithmetik/ Algebra) + 0,08 (Umsetzung Geometrie) + 0,14 (Umsetzung Lineare Algebra) + 0,12 (Umsetzung Analysis).

Tabelle 11.15 Zusammenhang zwischen den Relevanzeinschätzungen und Einschätzungen zur Umsetzung der Themengebiete

Relevanzzuschreibung			Umsetzung			
			Arithmetik/ Algebra	Geometrie	Lineare Algebra	Analysis
Imputiertes Datenset	Korrelationskoeffizient r		,38	,27	,42	,48
	p-Wert		<,001	,003	<,001	<,001
	N		215	215	215	215
Original	Korrelationskoeffizient r		,41	,45	,48	,5
	p-Wert		<,001	<,001	<,001	<,001
	N		98	69	133	125

pairwise deletion; vgl. dazu auch Abschnitt 10.2, in dem gezeigt wurde, dass bei der Einschätzung zur Umsetzung der Geometrie besonders viele Studierende angaben, keine Beurteilung abgeben zu können). Insgesamt ergibt sich aber das Bild, dass Studierende, die der Meinung sind, dass ein Themengebiet wichtig ist, tendenziell auch dessen Umsetzung gut bewerten oder dass Studierende die Wichtigkeit von Themengebieten eher erkennen, wenn diese ihrer Meinung nach im Studium behandelt werden.

11.5.5 Zusammenfassung zu den Ergebnissen der Forschungsfrage 4

Bei der Analyse, wie die Relevanzzuschreibungen zusammenhängen mit Einschätzungen zur Umsetzung, wurden zunächst lineare Regressionen berechnet. Bei diesen ergaben sich unterschiedliche Ergebnisse, je nachdem, ob man nur die Daten der Studierenden analysiert, die vollständig waren, oder die imputierten Daten betrachtet.

– Für die imputierten Daten klärte keine der Einschätzungen zur Umsetzung von Dimensionsausprägungen, Inhalten der Komplexitätsstufen oder Themengebieten in statistisch signifikantem Maß Varianz in den globalen Relevanzeinschätzungen zu den Inhalten des Mathematikstudiums oder zum gesamten Mathematikstudium auf, wenn man ein lineares Modell voraussetzt.
– In den Ergebnissen unter Nutzung von pairwise deletion zeigte sich jedoch, dass zumindest für die entsprechenden Teilgruppen der Studierenden, die in den jeweiligen Analysen vollständige Daten hatten, galt, dass Studierende, die sich durch das Studium selbst aus eigenem Antrieb weiterentwickeln konnten oder meinten, das Studium bereite sie entsprechend der von außen gestellten Anforderungen auf ihre gesellschaftliche Funktion als Lehrkraft vor, tendenziell die Inhalte des Studiums als relevant einschätzten, wohingegen Studierende, die meinten, das Studium bereite sie entsprechend ihrer eigenen Wünsche auf ihre gesellschaftliche Funktion als Lehrkraft vor, die Inhalte tendenziell weniger relevant fanden. Bezüglich der Gesamtheit des Mathematikstudiums zeigte sich, dass innerhalb der entsprechenden Teilgruppe Studierende, die Spaß in ihrem Studium empfanden bzw. das Gefühl hatten, sich selbst aus eigenem Antrieb weiterentwickeln zu können, dieses tendenziell als relevant einschätzten. Die Einschätzung zur Umsetzung von Inhalten der Stufe 4 stellte bei Nutzung von pairwise deletion einen statistisch signifikanten Prädiktor für beide globalen Relevanzeinschätzungen dar, was bedeutet, dass Studierende

der entsprechenden Teilgruppe, die auch erkannten, wie die Studieninhalte mit basaleren Kompetenzen einer Lehrkraft zusammenhängen, die Studieninhalte und das Mathematikstudium tendenziell als relevant einschätzten. Die Einschätzungen zur Umsetzung der einzelnen Themengebiete schienen wenig Aussagekraft zu haben, wie Studierende die Relevanz der Studieninhalte oder des Mathematikstudiums insgesamt einschätzten. Zudem zeigte sich für die Stichproben der Studierenden mit vollständigen Daten für die in den jeweiligen Analysen eingesetzten Variablen, dass sich durch die Modelle mit den Einschätzungen zur Umsetzung der Dimensionsausprägungen und der Inhalte der Komplexitätsstufen als Prädiktoren mehr Varianz in den globalen Relevanzeinschätzungen aufklären ließ als durch das Modell mit den Einschätzungen zur Umsetzung der Themengebiete als Prädiktoren (beachte einschränkend Fußnote 12 in diesem Kapitel).

Bei den Analysen der korrelativen Zusammenhänge zwischen den Relevanzzuschreibungen zu den Themengebieten und den Einschätzungen zu deren Umsetzung ergab sich eine ähnliche Tendenz für die vollständigen Daten unter Nutzung von pairwise deletion und für das imputierte Datenset: Wenn Studierende der Meinung sind, dass ein Themengebiet wichtig ist, dann scheinen sie tendenziell auch eher dessen Umsetzung zu erkennen oder sie scheinen die Wichtigkeit von Themengebieten eher zu erkennen, wenn diese ihrer Meinung nach im Studium behandelt werden (vgl. Abschnitt 12.3.7 für die tiefergehende Interpretation und die Diskussion zu den Ergebnissen zu Forschungsfrage 4).

11.6 Ergebnisse zur Forschungsfrage 5

Forschungsfrage 5: Wie hängen die Relevanzzuschreibungen von Mathematiklehramtsstudierenden zusammen mit anderen Merkmalen?

a) *Wie hängen die Relevanzzuschreibungen zusammen mit motivationalen Merkmalen?*
b) *Wie hängen die Relevanzzuschreibungen zusammen mit leistungsbezogenen Merkmalen?*

Bei der Beantwortung der Forschungsfrage 5, wie die Relevanzzuschreibungen zusammenhängen mit anderen Merkmalen, wurden die Korrelationen der Relevanzzuschreibungen zu den Themengebieten und den Inhalten der Komplexitätsstufen mit motivationalen Merkmalen und mit leistungsbezogenen Merkmalen untersucht. Zudem wurden die kausalen Zusammenhänge zwischen motivationalen bzw. leistungsbezogenen Merkmalen und der globalen Einschätzung zur Relevanz der Studieninhalte insgesamt in Cross-Lagged-Panel Designs analysiert.

11.6.1 Zusammenhang zwischen Relevanzzuschreibungen und motivationalen Merkmalen

Als motivationale Merkmale wurden die mathematische und aufgabenbezogene Selbstwirksamkeitserwartung (vgl. Abschnitt 11.6.1.1) und das Interesse (vgl. Abschnitt 11.6.1.2) betrachtet (vgl. Abschnitt 9.1 für die Begründung der Auswahl der Merkmale).

11.6.1.1 Zusammenhang zwischen Relevanzzuschreibungen und Selbstwirksamkeitserwartungen

11.6.1.1.1 Korrelative Zusammenhänge

Es wurden sowohl die Korrelationen der mathematischen als auch der aufgabenbezogenen Selbstwirksamkeitserwartung mit den Relevanzzuschreibungen zu Themengebieten und Inhalten der Komplexitätsstufen untersucht. Für die mathematische Selbstwirksamkeitserwartung geschah dies für beide Befragungszeitpunkte, für die aufgabenbezogene Selbstwirksamkeitserwartung nur für die Ausgangsbefragung, da diese ausschließlich beim zweiten Befragungszeitpunkt abgefragt wurde (vgl. Tabelle 11.16). In der Eingangsbefragung korrelierten für die Originaldaten unter Nutzung von pairwise deletion die Relevanzzuschreibungen zur Arithmetik/ Algebra und Geometrie sowie zu den Inhalten der Stufen 3 und 2 statistisch signifikant positiv mit der mathematischen Selbstwirksamkeitserwartung, wohingegen für die imputierten Daten die Relevanzzuschreibungen zur Arithmetik/ Algebra und zu Inhalten der Stufe 1 eine statistisch signifikante Korrelation mit der mathematischen Selbstwirksamkeitserwartung aufwiesen. In der Ausgangsbefragung gab es in den Originaldaten unter Nutzung von pairwise deletion statistisch signifikante positive Korrelationen zwischen der mathematischen Selbstwirksamkeitserwartung und den Relevanzzuschreibungen zu Inhalten aller Stufen sowie den Relevanzzuschreibungen zu allen Themengebieten mit Ausnahme von Arithmetik/ Algebra. Für die imputierten Daten wurden die Korrelationen zwischen der mathematischen Selbstwirksamkeitserwartung und den Relevanzzuschreibungen zu Geometrie, Analysis und Inhalten der Stufe 1 statistisch signifikant. Bei der aufgabenbezogenen Selbstwirksamkeitserwartung wurden für die Originaldaten unter Nutzung von pairwise deletion alle Korrelationen statistisch signifikant, während in den imputierten Daten die Korrelationen der aufgabenbezogenen Selbstwirksamkeitserwartung mit den Relevanzzuschreibungen zu Inhalten der Stufe 1, der Analysis und der Linearen Algebra statistisch signifikant wurden.

Alle statistisch signifikanten Korrelationen sind positiv, haben aber kleine r-Werte. Diese liegen zwischen ,15 und ,28, was auf einen geringen linearen Zusammenhang hinweist. Einzig die Korrelation zwischen der Relevanzzuschreibung zu Inhalten der Stufe 1 und der aufgabenbezogenen Selbstwirksamkeitserwartung für die vollständigen Originaldaten unter Nutzung von pairwise deletion deutet mit r = ,44 auf einen mäßigen linearen Zusammenhang hin, das heißt vor allem solche Studierenden, die sich bei der Bearbeitung der Aufgaben eher selbstwirksam fühlen, scheinen eher hohe Relevanzzuschreibungen zur komplexesten Stufe vorzunehmen. Beim Imputieren der fehlenden Daten zeigt sich dieser Zusammenhang in der Ausprägung jedoch nicht mehr.

Insgesamt kann aus den Daten geschlossen werden, dass Studierende, die sich mathematisch selbstwirksam fühlen, tendenziell höhere Relevanzzuschreibungen vorzunehmen scheinen als Studierende, die sich weniger selbstwirksam fühlen, wenngleich die Zusammenhänge eher gering ausfallen. Dabei zeigen sich ähnliche Tendenzen unabhängig davon, ob man die mathematische oder die aufgabenbezogene Selbstwirksamkeitserwartung in den Blick nimmt (vgl. Abschnitt 12.3.8 für die tiefergehende Interpretation und die Diskussion zu den Ergebnissen zu Forschungsfrage 5).

11.6.1.1.2 Kausale Zusammenhänge

Um zu überprüfen, ob eine hohe Selbstwirksamkeitserwartung bedingt, dass die Studieninhalte insgesamt als relevant bewertet werden, oder umgekehrt, wurde eine Studie im Cross-Lagged-Panel Design durchgeführt. Als Variablen wurden hier die mathematische Selbstwirksamkeitserwartung betrachtet und die globale Einschätzung dazu, wie relevant die Studieninhalte des Mathematikstudiums insgesamt seien (vgl. Abbildung 11.7)[21].

Die Autokorrelationen beider Merkmale werden statistisch signifikant und dies sogar auf einem Niveau von p = ,001. Von den Kreuzpfaden wird derjenige von der mathematischen Selbstwirksamkeitserwartung zu T1 zur Relevanzeinschätzung zu T2 (γ = ,20) statistisch signifikant auf einem Niveau von 5 %, der Pfad von der Relevanzeinschätzung zu T1 zur mathematischen Selbstwirksamkeitserwartung zu T2 (γ = ,16) wird zumindest auf dem in dieser Arbeit

---

[21] Die Strukturgleichungsmodelle im Rahmen der Cross-Lagged-Panel Designs wurden in AMOS berechnet. Bei der Berechnung werden von dem Programm fehlende Werte automatisch imputiert. Aus diesem Grund gibt es zu den Cross-Lagged-Panel Designs nur Ergebnisse für die Gesamtstichprobe, in der fehlende Werte imputiert wurden.

Tabelle 11.16 Korrelationen der Relevanzzuschreibungen zu Themengebieten und Komplexitätsstufen mit der mathematischen und aufgabenbezogenen Selbstwirksamkeitserwartung*

		Relevanzzuschreibungen							
		Arithmetik/ Algebra	Geometrie	Lineare Algebra	Analysis	Stufe 4	Stufe 3	Stufe2	Stufe1
Mathematische Selbstwirksamkeitserwartung	Eingang Imputiert	r = ,20 p = ,088 N = 215							r = ,21 p = ,048 N = 215
	Original	r = ,23 p = ,022 N = 101	r = ,21 p = ,095 N = 67				r = ,27 p = ,013 N = 87	r = ,25 p = ,024 N = 82	
	Ausgang Imputiert		r = ,15 p = ,089 N = 215		r = ,16 p = ,085 N = 215				r = ,19 p = ,027 N = 215
	Original		r = ,23 p = ,023 N = 96	r = ,22 p = ,006 N = 152	r = ,22 p = ,008 N = 140	r = ,19 p = ,035 N = 125	r = ,17 p = ,087 N = 108	r = ,17 p = ,080 N = 108	r = ,26 p = ,009 N = 102
Aufgabenbezogene Selbstwirksamkeitserwartung	Ausgang Imputiert			r = ,16 p = ,074 N = 215	r = ,17 p = ,049 N = 215				r = ,23 p = ,011 N = 215
	Original	r = ,25 p = ,006 N = 119	r = ,25 p = ,013 N = 95	r = ,27 p = ,001 N = 147	r = ,28 p = ,001 N = 136	r = ,26 p = ,003 N = 124	r = ,24 p = ,011 N = 107	r = ,27 p = ,005 N = 106	r = ,44 p<,001 N = 100

* Es werden alle auf einem Niveau von 10 % statistisch signifikanten Korrelationen angegeben.

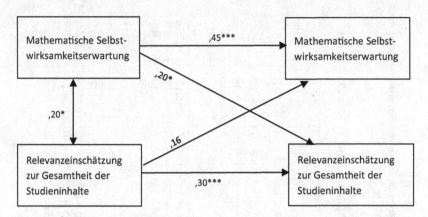

Abbildung 11.7 Standardisierte Koeffizienten für das Modell zum gegenseitigen Einfluss der mathematischen Selbstwirksamkeitserwartung und der Relevanzeinschätzung bezüglich der Gesamtheit der Studieninhalte im Mathematikstudium (N = 215), ***p < ,001, **p < ,01, *p < ,05

vorausgesetzten Niveau von 10 % aber auch statistisch signifikant. Insbesondere da die Werte auf den beiden Kreuzpfaden nur wenig voneinander abweichen, kann nicht sicher gesagt werden, dass die mathematische Selbstwirksamkeitserwartung die Relevanzeinschätzung eher vorhersagt als umgekehrt. Möglich wäre auch, dass beide sich etwa gleich stark beeinflussen. Um hier genauere Aussagen treffen zu können, bedürfte es weiterer Tests, die an größeren Stichproben durchgeführt würden. Die vorliegenden Daten deuten darauf hin, dass keines der Merkmale durch das andere besser vorhergesagt wird, als durch das gleiche Merkmal zu einem früheren Zeitpunkt. Die Varianzaufklärung der Merkmale in diesem Modell beträgt R^2(globale Relevanzeinschätzung) = ,15 und R^2(mathematische Selbstwirksamkeitserwartung) = ,26.

11.6.1.2 Zusammenhang zwischen Relevanzzuschreibungen und dem mathematikbezogenen Interesse

11.6.1.2.1 Korrelative Zusammenhänge

Um den Zusammenhang zwischen Relevanzzuschreibungen und Interesse zu analysieren, wurden die Korrelationen der Relevanzzuschreibungen zu den Themengebieten und den Inhalten der Komplexitätsstufen mit dem Studieninteresse Mathematik betrachtet (vgl. Tabelle 11.17). Sowohl in der Eingangs- als auch in der Ausgangsbefragung, sowohl in den Originaldaten unter Nutzung von pairwise

Tabelle 11.17 Korrelationen der Relevanzzuschreibungen mit dem Interesse*

			Relevanzzuschreibungen							
			Arithmetik/ Algebra	Geo-metrie	Lineare Algebra	Analysis	Stufe 4	Stufe 3	Stufe2	Stufe1
Studien-interesse Mathematik	Eingang	Imputiert	r = ,32 p = ,004 N = 215	r = ,26 p = ,009 N = 215	r = ,26 p = ,018 N = 215	r = ,28 p = ,007 N = 215	r = ,27 p = ,014 N = 215	r = ,29 p = ,013 N = 215	r = ,30 p = ,004 N = 215	r = ,29 p = ,005 N = 215
		Original	r = ,43 p < ,001 N = 97	r = ,39 p = ,001 N = 65	r = ,36 p < ,001 N = 94	r = ,32 p = ,001 N = 100	r = ,33 p < ,001 N = 125	r = ,49 p < ,001 N = 83	r = ,52 p < ,001 N = 78	r = ,46 p < ,001 N = 66
	Ausgang	Imputiert	r = ,27 p = ,003 N = 215	r = ,30 p = ,001 N = 215	r = ,32 p = ,001 N = 215	r = ,33 p < ,001 N = 215	r = ,28 p = ,003 N = 215	r = ,27 p = ,003 N = 215	r = ,32 p = ,001 N = 215	r = ,38 p < ,001 N = 215
		Original	r = ,34 p < ,001 N = 120	r = ,43 p < ,001 N = 95	r = ,40 p < ,001 N = 150	r = ,41 p < ,001 N = 138	r = ,45 p < ,001 N = 124	r = ,41 p < ,001 N = 107	r = ,48 p < ,001 N = 215	r = ,54 p < ,001 N = 101

* Es werden alle auf einem Niveau von 10 % signifikanten Korrelationen angegeben.

deletion als auch in den imputierten Daten korrelierten die Relevanzzuschreibungen zu Inhalten auf allen Stufen und die Relevanzzuschreibungen zu allen
Themengebieten statistisch signifikant positiv mit dem Studieninteresse Mathematik. Dabei fielen die Korrelationen für die imputierten Daten jeweils geringer
aus als für die Originaldaten unter Nutzung von pairwise deletion.

Die Korrelationen liegen im geringen bis mittleren Bereich mit r-Werten
zwischen ,26 und ,54. Insgesamt deuten die Ergebnisse darauf hin, dass Studierende mit höherem Interesse tendenziell höhere Relevanzzuschreibungen
vornehmen als Studierende mit geringerem Interesse. Beachtet man, dass beim
Interesse mehr Korrelationen statistisch signifikant ausfielen als bei den Selbstwirksamkeitserwartungen und dass sie etwas höher ausfielen, so lässt sich
vermuten, dass der Zusammenhang zwischen dem Studieninteresse Mathematik und Relevanzzuschreibungen stärker ausgeprägt ist als der zwischen den
Selbstwirksamkeitserwartungen und Relevanzzuschreibungen.

11.6.1.2.2 Kausale Zusammenhänge

Um zu prüfen, ob das Interesse die Relevanzeinschätzung vorhersagen kann
oder umgekehrt, wurde ein Cross-Lagged-Panel Design mit den Variablen zum
Studieninteresse Mathematik und zur globalen Relevanzeinschätzung zu den
Studieninhalten des Mathematikstudiums eingesetzt (vgl. Abbildung 11.8). Die
Autokorrelation des Interesses wird statistisch signifikant auf einem Niveau
von ,1 % und die Autokorrelation der Relevanzeinschätzung auf einem Niveau
von 1 %. Von den Kreuzkorrelationen wird der Pfad vom Interesse zu T1 zur
Relevanzeinschätzung zu T2 ($\gamma = ,28$) statistisch signifikant auf einem Niveau
von 1 %, der Pfad von der Relevanzeinschätzung zu T1 zum Interesse zu T2
($\gamma = ,16$) wird zumindest noch auf einem Niveau von 5 % statistisch signifikant.
Insbesondere ist der Kennwert des Kreuzpfads vom Studieninteresse Mathematik zu T1 zur Relevanzeinschätzung zu T2 ähnlich hoch wie die Autokorrelation
der Relevanzeinschätzung und fast doppelt so hoch wie der des anderen Kreuzpfads. Dies deutet darauf hin, dass das Interesse die Relevanzeinschätzung eher

vorhersagen kann als umgekehrt. Die Varianzaufklärung[22] der Merkmale in diesem Modell beträgt R^2(globale Relevanzeinschätzung) $= ,18$ und R^2(Interesse) $= ,41$.

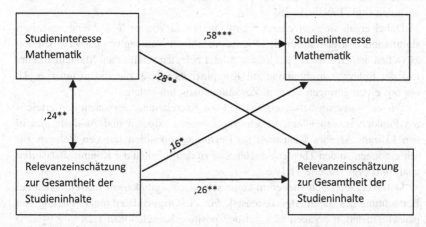

Abbildung 11.8 Standardisierte Koeffizienten für das Modell zum gegenseitigen Einfluss des Interesses und der Relevanzeinschätzung bezüglich der Gesamtheit der Studieninhalte im Mathematikstudium (N = 215), ***p < ,001, **p < ,01, *p < ,05

11.6.2 Zusammenhang zwischen Relevanzzuschreibungen und leistungsbezogenen Merkmalen

11.6.2.1 Korrelative Zusammenhänge
Um den Zusammenhang zwischen den Relevanzzuschreibungen und leistungsbezogenen Merkmalen festzustellen, wurde für die Eingangsbefragung analysiert,

---

[22] Es lässt sich erkennen, dass die Varianzaufklärung für das Interesse in diesem Modell größer ist, als die Varianzaufklärung zur Selbstwirksamkeitserwartung es in dem entsprechenden Cross-Lagged-Panel Design in Abschnitt 11.6.1.1.2 war. Daraus kann jedoch nicht geschlossen werden, dass das Interesse eher durch die Relevanzeinschätzung aufgeklärt werden kann als die mathematische Selbstwirksamkeitserwartung, da die hohe Varianzaufklärung für das Interesse insbesondere auch mit dessen hoher Autokorrelation zusammenhängt. In Abschnitt 6.3.2.3 wurde dazu angemerkt: „Bei der Interpretation der Ergebnisse in einem entsprechenden Modell (...) ist zu bedenken, dass der Einfluss, den die zweite Variable haben kann, sinkt, wenn die Autokorrelation in der ersten Variable wächst (Reinders, 2006, S. 573 f.)."

inwiefern die Durchschnittsnote des Schulabschlusses mit den Relevanzzuschreibungen zu den Themengebieten und zu den Inhalten der Komplexitätsstufen zu diesem Zeitpunkt korrelierte und wie die Korrelationen der erreichten Punkte im zuletzt belegten Mathematikkurs mit den gleichen Relevanzzuschreibungen ausfielen (vgl. Tabelle 11.18).

Dabei ergab sich auf einem Signifikanzniveau von 10 % nur eine statistisch signifikante Korrelation für die Originaldaten unter Nutzung von pairwise deletion zwischen den erreichten Punkten im zuletzt belegten schulischen Mathematikkurs und der Relevanzzuschreibung zur Komplexitätsstufe 3, die zudem mit r = ,18 nur auf einen geringen linearen Zusammenhang hindeutete.

Für die Ausgangsbefragung wurden die Korrelationen zwischen den erreichten Punkten in den Übungszetteln zur Linearen Algebra und Analysis und in den Lineare Algebra Klausuren als Leistungsindikatoren mit den Relevanzzuschreibungen zu den Themengebieten und zu den Inhalten der Komplexitätsstufen analysiert (vgl. Tabelle 11.19).

Dabei ergaben sich wiederum keine statistisch signifikanten Korrelationen bei Betrachtung des imputierten Datensets. Für die Originaldaten unter Nutzung von pairwise deletion ergaben sich geringe positive Korrelationen ($,18 \leq r \leq ,26$) zwischen den erreichten Punkten auf den Übungsblättern zur Analysis und den Relevanzzuschreibungen zur Analysis sowie zu den Inhalten der Komplexitätsstufen 4, 3 und 2. Insbesondere ist hier bemerkenswert, dass in den Daten höhere erreichte Punktzahlen in den Analysis Übungsblättern tendenziell einhergingen mit einer höheren Relevanzzuschreibung zur Analysis.

Die erreichten Punktzahlen in der ersten Klausur zur Linearen Algebra I korrelierten für die Originaldaten unter Nutzung von pairwise deletion auf einem Niveau von 10 % statistisch signifikant mit den Relevanzzuschreibungen zur Linearen Algebra, zur Analysis und zu den Inhalten der Komplexitätsstufen 4 und 2, wobei alle Korrelationen eher gering ausfielen ($,23 \leq r \leq ,32$). Im mittleren Bereich liegen die Korrelationen zwischen den erreichten Punktzahlen in der zweiten Klausur zur Linearen Algebra I und den Relevanzzuschreibungen zu allen Themengebieten und Inhalten aller Komplexitätsstufen für die Originaldaten unter Nutzung von pairwise deletion, welche auf einem Niveau von 10 % alle statistisch signifikant wurden ($,47 \leq r \leq ,65$). Hier liegt ein mäßiger bis deutlicher linearer Zusammenhang vor, das heißt bei der zweiten Klausur erreichten eher solche Studierende, die hohe Relevanzzuschreibungen vornahmen, hohe Punktzahlen. Dabei ist jedoch zu beachten, dass insbesondere für den zweiten Klausurtermin die Stichprobe sehr klein war. Zudem sind auch im Vergleich zur restlichen Stichprobe relativ hohe Punktzahlen für die

Tabelle 11.18 Korrelationen der Relevanzzuschreibungen mit der Leistung zum ersten Befragungszeitpunkt*

Eingang			Relevanzzuschreibungen							
			Arithmetik/ Algebra	Geometrie	Lineare Algebra	Analysis	Stufe 4	Stufe 3	Stufe2	Stufe1
Leistung	Durchschnitts-note Schulabschluss	Imputiert								
		Original								
	Punkte im zuletzt belegten schulischen Mathematik-kurs	Imputiert								
		Original						r = ,18 p = ,099 N = 82		

* Es werden alle auf einem Niveau von 10 % signifikanten Korrelationen angegeben

Tabelle 11.19 Korrelationen der Relevanzzuschreibungen mit der Leistung zum zweiten Befragungszeitpunkt*

Ausgang		Relevanzzuschreibungen							
Leistung		**Arithmetik/ Algebra**	**Geometrie**	**Lineare Algebra**	**Analysis**	**Stufe 4**	**Stufe 3**	**Stufe2**	**Stufe1**
Punkte Übung Lineare Algebra	Imputiert								
	Original				r = ,26 p = ,007 N = 108	r = ,18 p = ,080 N = 101	r = ,19 p = ,080 N = 86	r = ,20 p = ,072 N = 81	
Punkte Übung Analysis	Imputiert								
	Original			r = ,23 p = ,066 N = 65	r = ,32 p = ,012 N = 60	r = ,29 p = ,027 N = 57		r = ,27 p = ,069 N = 45	
Punkte Lineare Algebra 1. Klausur	Imputiert								
	Original								
Punkte Lineare Algebra 2. Klausur	Imputiert								
	Original	r = ,53 p = ,017 N = 20	r = ,59 p = ,012 N = 17	r = ,55 p = ,008 N = 22	r = ,55 p = ,009 N = 22	r = ,59 p = ,006 N = 20	r = ,65 p = ,005 N = 17	r = ,59 p = ,014 N = 17	r = ,47 p = ,043 N = 19

* Es werden alle auf einem Niveau von 10 % signifikanten Korrelationen angegeben

zweite Klausur absolut gesehen gering, denn in dieser erzielten alle Mathematiklehramtsstudierenden absolut gesehen nur sehr geringe Punktzahlen (vgl.
Abschnitt 12.2.5.2.4 für einschränkende Bemerkungen zur Operationalisierung
der universitären Leistungen).

11.6.2.2 Kausale Zusammenhänge

Um die kausalen Zusammenhänge zwischen der Leistung und Relevanzzuschreibungen zu analysieren, wurde ein Cross-Lagged-Panel Design durchgeführt.
Dabei wurde die Leistung zu T1 gemessen als Skala aus der Durchschnittsnote
des Schulabschlusses und der Anzahl der Punkte im zuletzt belegten schulischen
Mathematikkurs. Die Leistung zu T2 wurde gemessen als Skala aus den erreichten Punkten in den Übungsblättern der Linearen Algebra, den erreichten Punkten
in den Übungsblättern der Analysis und den erreichten Punkten in den beiden
Klausuren zur Linearen Algebra I (vgl. Abbildung 11.9).

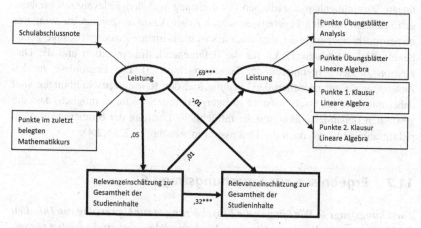

Abbildung 11.9 Standardisierte Koeffizienten für das Modell zum gegenseitigen Einfluss
der Leistung und der Relevanzeinschätzung bezüglich der Gesamtheit der Studieninhalte im
Mathematikstudium (N = 215), ***p < ,001, **p < ,01, *p < ,05

Die Autokorrelationen der Leistung und der Relevanzeinschätzung werden
statistisch signifikant auf einem Niveau von ,1 %. Von den Kreuzkorrelationen
wird selbst bei Betrachtung eines Signifikanzniveaus von 10 % keiner der Pfade
statistisch signifikant. Dementsprechend scheint weder die Leistung die Relevanzeinschätzung vorhersagen zu können noch umgekehrt. Die Varianzaufklärung
der Merkmale in diesem Modell beträgt R^2(globale Relevanzeinschätzung) = ,10
und R^2(Leistung) = ,47.

11.6.3 Zusammenfassung zu den Ergebnissen der Forschungsfrage 5

Insgesamt deuten die Ergebnisse der Cross-Lagged-Panel Designs darauf hin, dass die mathematische Selbstwirksamkeitserwartung und das Interesse einen Beitrag leisten könnten bei der Vorhersage der globalen Relevanzeinschätzung zu den Studieninhalten zu einem späteren Zeitpunkt, die Leistung aber nicht. Studierende, die sich selbstwirksam fühlen oder ein hohes Interesse haben, scheinen die Inhalte insgesamt eher relevant zu finden. Ob sie leistungsstark sind oder nicht, scheint für die Relevanzzuschreibungen keine Rolle zu spielen.

Zudem weisen die korrelativen Zusammenhängen darauf hin, dass eine höhere mathematische Selbstwirksamkeitserwartung oder ein höheres Interesse einherzugehen scheinen mit mehr Relevanzzuschreibungen zu verschiedenen Aspekten, während sich kaum statistisch signifikante korrelative Zusammenhänge zwischen Leistungsindikatoren und Relevanzzuschreibungen zeigten. Zumindest lineare Zusammenhänge zwischen der Leistung und den Relevanzzuschreibungen scheinen laut den Ergebnissen dieser Arbeit kaum ausgeprägt zu sein, was insbesondere aber nicht ausschließt, dass es nicht-lineare Zusammenhänge geben könnte (vgl. Abschnitt 12.3.8 für die tiefergehende Interpretation und die Diskussion zu den Ergebnissen der Forschungsfrage 5). Die Ergebnisse zu den Zusammenhängen zwischen der Leistung und den Relevanzzuschreibungen sind dabei mit einer gewissen Vorsicht zu interpretieren. So wäre es möglich, dass die gewählten Leistungsindikatoren die tatsächliche Leistung der Studierenden nicht richtig abbilden (vgl. dazu die Diskussion in Abschnitt 12.2.5.2.4).

11.7   Ergebnisse zur Forschungsfrage 6

Forschungsfrage 6: Wie hängen die Einschätzungen zur Umsetzung von Inhalten im Mathematikstudium vonseiten von Mathematiklehramtsstudierenden zusammen mit anderen Merkmalen?

a) *Wie hängen die Einschätzungen zur Umsetzung von Inhalten im Mathematikstudium zusammen mit motivationalen Merkmalen?*

b) *Wie hängen die Einschätzungen zur Umsetzung von Inhalten im Mathematikstudium zusammen mit leistungsbezogenen Merkmalen?*

Bei der Beantwortung der Forschungsfrage 6, wie die Einschätzungen zur Umsetzung zusammenhängen mit anderen Merkmalen, wurden die Korrelationen der

Einschätzungen zur Umsetzung bezüglich der Themengebiete und der Inhalte der Komplexitätsstufen mit motivationalen Merkmalen und mit leistungsbezogenen Merkmalen untersucht. Da die Einschätzungen zur Umsetzung nur zum zweiten Zeitpunkt abgefragt werden konnten, betreffen die Korrelationen die Daten zum zweiten Erhebungszeitpunkt.

11.7.1 Zusammenhang zwischen den Einschätzungen zur Umsetzung und motivationalen Merkmalen

An motivationalen Merkmalen wurden wiederum die mathematische und aufgabenbezogene Selbstwirksamkeitserwartung (vgl. Abschnitt 11.7.1.1) und das mathematikbezogene Interesse (vgl. Abschnitt 11.7.1.2) betrachtet (vgl. Abschnitt 9.1 für die Begründung der Auswahl der Merkmale).

11.7.1.1 Zusammenhang zwischen Einschätzungen zur Umsetzung und Selbstwirksamkeitserwartungen

Die Korrelationen zwischen der mathematischen Selbstwirksamkeitserwartung und den Einschätzungen zur Umsetzung der Themengebiete und der Inhalte der Komplexitätsstufen wurden in allen Fällen statistisch signifikant auf einem Niveau von 10 %, wobei die Korrelationen im geringen bis mittleren Bereich lagen (vgl. Tabelle 11.20). In den imputierten Daten fielen die Korrelationen jeweils etwas kleiner aus ($,19 \leq r \leq ,35$) als unter Nutzung von pairwise deletion ($,29 \leq r \leq ,5$), in beiden Fällen lässt sich aber auf einen schwachen bis mäßigen Zusammenhang schließen.

Für die aufgabenbezogene Selbstwirksamkeitserwartung wurden alle Korrelationen statistisch signifikant bis auf diejenige mit der Einschätzung zur Umsetzung der Geometrie. Alle Korrelationen liegen im Bereich zwischen r = ,17 bis r = ,35 und tendenziell fielen diese Korrelationen etwas geringer aus als diejenigen bei Betrachtung der mathematischen Selbstwirksamkeitserwartung. Insgesamt ergibt sich aber das Bild, dass eine höhere Selbstwirksamkeitserwartung mit positiveren Einschätzungen der Umsetzung inhaltlicher Aspekte auch auf verschiedenen Komplexitätsstufen einherzugehen scheint (vgl. Abschnitt 12.3.9 für die tiefergehende Interpretation und die Diskussion zu den Ergebnissen der Forschungsfrage 6).

Tabelle 11.20 Korrelationen der Einschätzungen zur Umsetzung mit der mathematischen und aufgabenbezogenen Selbstwirksamkeitserwartung*

		Einschätzungen zur Umsetzung								
		Arithmetik/ Algebra	Geometrie	Lineare Algebra	Analysis	Stufe 4	Stufe 3	Stufe 2	Stufe 1
Mathematische Selbstwirksamkeitserwartung	Imputiert	r = ,29 p = ,001 N = 215	r = ,19 p = ,026 N = 215	r = ,19 p = ,025 N = 215	r = ,35 p < ,001 N = 215	r = ,22 p = ,017 N = 215	r = ,32 p < ,001 N = 215	r = ,30 p = ,001 N = 215	r = ,29 p = ,001 N = 215
	Original	r = ,36 p < ,001 N = 116	r = ,33 p = ,002 N = 82	r = ,29 p = ,001 N = 135	r = ,50 p < ,001 N = 129	r = ,29 p = ,004 N = 98	r = ,50 p < ,001 N = 82	r = ,40 p < ,001 N = 87	r = ,40 p < ,001 N = 81
Aufgabenbezogene Selbstwirksamkeitserwartung	Imputiert	r = ,24 p = ,006 N = 215		r = ,17 p = ,064 N = 215	r = ,24 p = ,007 N = 215	r = ,17 p = ,069 N = 215	r = ,18 p = ,046 N = 215	r = ,21 p = ,017 N = 215	r = ,19 p = ,037 N = 215
	Original	r = ,33 p < ,001 N = 113		r = ,26 p = ,002 N = 132	r = ,32 p < ,001 N = 126	r = ,25 p = ,015 N = 96	r = ,35 p = ,001 N = 81	r = ,30 p = ,006 N = 85	r = ,26 p = ,024 N = 78

* Es werden alle auf einem Niveau von 10 % signifikanten Korrelationen angegeben.

Tabelle 11.21 Korrelationen der Einschätzungen zur Umsetzung mit dem Interesse*

	Einschätzungen zur Umsetzung							
		Arithmetik/ Algebra	Geometrie	Lineare Algebra	Analysis	Stufe 4	Stufe 3	Stufe 2	Stufe 1
Studieninteresse Mathematik	Imputiert	r = ,33 p < ,001 N = 215	r = ,17 p = ,051 N = 215	r = ,27 p = ,002 N = 215	r = ,38 p < ,001 N = 215	r = ,32 p = ,001 N = 215	r = ,31 p = ,001 N = 215	r = ,31 p = ,001 N = 215	r = ,32 p < ,001 N = 215
	Original	r = ,35 p = ,001 N = 115	r = ,32 p = ,004 N = 80	r = ,33 p < ,001 N = 133	r = ,50 p < ,001 N = 127	r = ,36 p < ,001 N = 97	r = ,41 p < ,001 N = 81	r = ,37 p < ,001 N = 86	r = ,33 p = ,003 N = 79

* Es werden alle auf einem Niveau von 10 % signifikanten Korrelationen angegeben.

11.7.1.2 Zusammenhang zwischen Einschätzungen zur Umsetzung und dem Interesse

Zwischen dem Interesse und den Einschätzungen zur Umsetzung von Themengebieten und Komplexitätsstufen ergaben sich ähnlich hohe Korrelationen wie bei der mathematischen Selbstwirksamkeitserwartung (vgl. Tabelle 11.21).

Die r-Werte ($,18 \leq r \leq ,5$) deuten auf einen schwachen bis mäßigen linearen Zusammenhang hin. Studierende mit höherem Interesse scheinen tendenziell die Umsetzung besser zu bewerten als solche mit einem geringeren Interesse oder Studierende, die eine Umsetzung erkennen, scheinen tendenziell ein höheres Interesse zu zeigen.

11.7.2 Zusammenhang zwischen den Einschätzungen zur Umsetzung und leistungsbezogenen Merkmalen

An leistungsbezogenen Merkmalen wurden schulische Vorleistungen (vgl. Abschnitt 11.7.2.1) sowie universitäre Leistungen (vgl. Abschnitt 11.7.2.2) betrachtet. Auch hier konnten nur die Einschätzungen zur Umsetzung aus der Ausgangsbefragung einbezogen werden. Die schulischen Vorleistungen wurden jedoch nur in der ersten Befragung abgefragt.

11.7.2.1 Zusammenhang zwischen Einschätzungen zur Umsetzung und schulischen leistungsbezogenen Merkmalen

Keine der Korrelationen zwischen schulischen Leistungsmerkmalen (Schulabschlussnote, Punktzahl im zuletzt belegten schulischen Mathematikkurs) und Einschätzungen zur Umsetzung von Themengebieten und Inhalten der Komplexitätsstufen wurde statistisch signifikant auf einem Niveau von 10 %. Dabei muss zwar bedacht werden, dass dieser Befund zumindest bei der Betrachtung der Originaldaten unter Nutzung von pairwise deletion auch mit der geringeren Stichprobe, für die schulische Leistungsdaten vorliegen, zusammenhängen kann. Allerdings ist diese nicht kleiner als die Stichprobe, für die universitäre Leistungsdaten vorliegen. Dementsprechend lässt sich vermuten, dass bei einer Fokussierung auf lineare Zusammenhänge die Zusammenhänge zwischen den universitären Leistungen und den Einschätzungen zur Umsetzung zumindest eher aussagekräftig sind und weniger Zusammenhang zwischen schulischen Leistungen und den entsprechenden Einschätzungen besteht. Es kann mit den eingesetzten Methoden jedoch nicht überprüft werden, ob eventuell nicht-lineare Zusammenhänge zwischen den Relevanzzuschreibungen und den schulischen Leistungen bestehen.

Tabelle 11.22 Korrelationen der Einschätzungen zur Umsetzung mit universitären leistungsbezogenen Merkmalen

		Einschätzungen zur Umsetzung							
		Arithmetik/ Algebra	Geometrie	Lineare Algebra	Analysis	Stufe 4	Stufe 3	Stufe 2	Stufe 1
Punkte Übungsblätter Analysis	Imputiert								
	Original			r = ,25 p = ,012 N = 102					
Punkte Übungsblätter Lineare Algebra	Imputiert								
	Original			r = ,22 p = ,027 N = 106					
Punkte 1. Klausur Lineare Algebra I	Imputiert								
	Original			r = ,26 p = ,056 N = 57	r = ,25 p = ,071 N = 55				
Punkte 2. Klausur Lineare Algebra I	Imputiert								
	Original	.		r = ,55 p = ,017 N = 18	r = ,49 p = ,033 N = 19				

* Es werden nur die auf einem Niveau von 10 % signifikanten Korrelationen angegeben.

11.7.2.2 Zusammenhang zwischen Einschätzungen zur Umsetzung und universitären leistungsbezogenen Merkmalen

Von den universitären leistungsbezogenen Merkmalen korrelierten in den Originaldaten unter Nutzung von pairwise deletion alle statistisch signifikant auf einem Niveau von 10 % mit der Einschätzung zur Umsetzung der Linearen Algebra ($,22 \leq r \leq ,55$), die erzielten Punktzahlen in den beiden Klausuren zudem auch mit der Einschätzung zur Umsetzung der Analysis ($,25 \leq r \leq ,49$), wobei der Zusammenhang bei der zweiten Klausur (r = ,55 für Lineare Algebra, r = ,49 für Analysis) bemerkenswert höher ausfiel als bei der ersten Klausur (r = ,25 für Lineare Algebra, r = ,25 für Analysis) (vgl. Tabelle 11.22). Studierende, die erkennen, dass Aspekte der Linearen Algebra und der Analysis in ihrem Studium umgesetzt werden, scheinen also leistungsmäßig tendenziell besser abzuschneiden als solche, die diese Umsetzung nicht erkennen, oder Studierende, die vergleichsweise bessere Leistungen erbringen, scheinen eher eine Umsetzung der Linearen Algebra und Analysis in ihrem Studium zu erkennen. Für die imputierten Daten wurde keine der Korrelationen statistisch signifikant, was darauf hindeutet, dass für die Gesamtkohorte kein Zusammenhang zwischen Leistungen und Einschätzungen zur Umsetzung vorzuliegen scheint, weder bei schulischen noch bei universitären Leistungen.

11.7.3 Zusammenfassung zu den Ergebnissen der Forschungsfrage 6

Insgesamt deuten die Ergebnisse zur Forschungsfrage 6 darauf hin, dass insbesondere das Interesse und die Selbstwirksamkeitserwartung in starkem linearen Zusammenhang zur Einschätzung zu stehen scheinen, ob Studieninhalte ausreichend behandelt wurden. Mit den Leistungen scheinen diese Einschätzungen weniger stark zusammenzuhängen (vgl. Abschnitt 12.3.9 für die tiefergehende Interpretation und die Diskussion zu den Ergebnissen der Forschungsfrage 6). Die Ergebnisse zu den Zusammenhängen zwischen der Leistung und den Relevanzzuschreibungen sind jedoch auch hier mit einer gewissen Vorsicht zu interpretieren, da es möglich wäre, dass die gewählten Leistungsindikatoren die tatsächliche Leistung der Studierenden nicht richtig abbilden (vgl. dazu die Diskussion in Abschnitt 12.2.5.2.4).

11.8 Ergebnisse zur Forschungsfrage 7

Forschungsfrage 7: Ändern sich die Relevanzzuschreibungen von Mathematiklehramtsstudierenden im Laufe des ersten Semesters?

Um zu überprüfen, ob sich die Relevanzzuschreibungen im Laufe des ersten Semesters ändern, wurden zunächst die Mittelwerte bezüglich der Gesamteinschätzung zur Relevanz der Studieninhalte des Mathematikstudiums und die Mittelwerte in den Relevanzzuschreibungen zu den Dimensionsausprägungen im Modell der Relevanzbegründungen, zu den Inhalten der vier Komplexitätsstufen und zu den Themengebieten betrachtet. Bei der Gesamteinschätzung der Relevanz der Studieninhalte zeigt sich, dass der Mittelwert in der Ausgangsbefragung höher ausfällt als in der Eingangsbefragung (vgl. Tabelle 11.23).

Tabelle 11.23 Mittelwerte in den Items zur Gesamtrelevanz der Studieninhalte

Item	Befragung	Mittelwert (Originaldaten)	Mittelwert (imputiertes Datenset) N = 215
Relevanz der Studieninhalte insgesamt	Eingang	3,94 (N = 156)	3,89
	Ausgang	4,04 (N = 161)	3,97

Bei den Relevanzzuschreibungen zu den Dimensionsausprägungen nehmen die Mittelwerte für alle Dimensionsausprägungen sowohl in den Originaldaten unter Nutzung von pairwise deletion als auch in den imputierten Daten von der ersten zur zweiten Befragung ab (vgl. Tabelle 11.24).

Auch bei den Komplexitätsstufen nehmen die Mittelwerte für alle Stufen sowohl in den Originaldaten unter Nutzung von pairwise deletion als auch in den imputierten Daten von der ersten zur zweiten Befragung ab (vgl. Tabelle 11.25). Aufgrund der geringeren Mittelwerte auf dem imputierten Datenset ist zudem davon auszugehen, dass gerade diejenigen Studierenden fehlende Werte aufwiesen, die tendenziell weniger Relevanz in den Inhalten der einzelnen Stufen sahen als die Studierenden mit vollständigen Daten.

Ein analoges Bild zeigt sich bei den Relevanzzuschreibungen zu den Themengebieten (vgl. Tabelle 11.26).

Um die Zusammenhänge interpretieren zu können, wurden die Korrelationen zwischen Eingangs- und Ausgangsbefragung berechnet (vgl. Tabelle 11.27). Keine der Korrelationen ($,07 \leq r \leq ,59$) überschreitet den Wert von ,7, der

Tabelle 11.24 Mittelwerte in den Indizes zur Relevanzzuschreibung zu den Dimensionsausprägungen

Index	Befragung	Mittelwert (Originaldaten)	Mittelwert (imputiertes Datenset) N = 215
Individuell-intrinsisch	Eingang	4,53 (N = 158)	4,35
	Ausgang	4,53 (N = 160)	4,34
Individuell-extrinsisch	Eingang	4,39 (N = 158)	4,17
	Ausgang	4,10 (N = 159)	3,99
Gesellschaftlich/ beruflich-intrinsisch	Eingang	4,91 (N = 159)	4,63
	Ausgang	4,85 (N = 160)	4,58
Gesellschaftlich/ beruflich-extrinsisch	Eingang	5,04 (N = 158)	4,81
	Ausgang	4,96 (N = 159)	4,69

bei validen Messinstrumenten auf ein stabiles Merkmal hinweist, dennoch werden einige der Korrelationen statistisch signifikant, sogar auf einem Niveau von
1 %. Besonders gering fallen die Korrelationen für die Relevanzzuschreibungen
zu den Studieninhalten insgesamt (r = ,09 bei Imputation, r = ,31 bei pairwise
deletion) und zur gesellschaftlich/ beruflich-extrinsischen Dimensionsausprägung
(r = ,07 bei Imputation, r = ,36 bei pairwise deletion) aus, was darauf hinweist, dass sich die Relevanzzuschreibungen hier besonders stark verändern. Am
wenigsten verändern sich die Relevanzzuschreibungen zu Inhalten der Stufe 1,
der komplexesten Stufe (r = ,19 bei Imputation, r = ,59 bei pairwise deletion).

Insgesamt macht es den Anschein, dass die Relevanzzuschreibungen der
Studierenden sich im ersten Semester ändern. Dabei wird den Inhalten des
Mathematikstudiums insgesamt am Ende des Semesters eine höhere Relevanz
zugeschrieben als am Anfang, wohingegen die einzelnen fachlichen Inhalte als
weniger relevant eingeschätzt werden (vgl. Abschnitt 12.3.10 für die tiefergehende Interpretation und die Diskussion zu den Ergebnissen der Forschungsfrage
7).

Tabelle 11.25 Mittelwerte in den Skalen zur Relevanzzuschreibung zu den Inhalten der Komplexitätsstufen

Skala	Befragung	Mittelwert (Originaldaten)	Mittelwert (imputiertes Datenset) N = 215
Stufe 4	Eingang	5,14 (N = 132)	4,89
	Ausgang	5,02 (N = 126)	4,71
Stufe 3	Eingang	5,15 (N = 89)	4,80
	Ausgang	5,00 (N = 109)	4,66
Stufe 2	Eingang	5,20 (N = 83)	4,88
	Ausgang	4,94 (N = 109)	4,61
Stufe 1	Eingang	4,84 (N = 69)	4,34
	Ausgang	4,74 (N = 103)	4,41

Tabelle 11.26 Mittelwerte in den Skalen zur Relevanzzuschreibung zu den Themengebieten

Skala	Befragung	Mittelwert (Originaldaten)	Mittelwert (imputiertes Datenset) N = 215
Arithmetik/ Algebra	Eingang	5,06 (N = 102)	4,70
	Ausgang	5,03 (N = 123)	4,70
Geometrie	Eingang	5,08 (N = 68)	4,63
	Ausgang	4,78 (N = 97)	4,45
Lineare Algebra	Eingang	5,15 (N = 100)	4,83
	Ausgang	4,89 (N = 153)	4,64

(Fortsetzung)

Tabelle 11.26   (Fortsetzung)

Skala	Befragung	Mittelwert (Originaldaten)	Mittelwert (imputiertes Datenset) N = 215
Analysis	Eingang	5,06 (N = 105)	4,73
	Ausgang	4,91 (N = 141)	4,58

Tabelle 11.27   Korrelationen der Relevanzzuschreibungen zwischen beiden Messzeitpunkten

Korrelation zwischen Eingangs- und Ausgangsbefragung	$r_{Pearson}$ (Originaldaten)	$r_{Pearson}$ (imputiertes Datenset) N = 215
Relevanz der Studieninhalte insgesamt	,31** (N = 106)	,09
Stufe 4	,49** (N = 73)	,17*
Stufe 3	,54** (N = 47)	,18*
Stufe 2	,36* (N = 42)	,18*
Stufe 1	,59** (N = 35)	,19*
Arithmetik/ Algebra	,43** (N = 61)	,16
Geometrie	,48** (N = 31)	,16*
Lineare Algebra	,11 (N = 62)	,13
Analysis	,45** (N = 63)	,21*
Individuell-intrinsisch	,47** (N = 107)	,15
Individuell-extrinsisch	,40** (N = 105)	,16

(Fortsetzung)

Tabelle 11.27 (Fortsetzung)

Korrelation zwischen Eingangs- und Ausgangsbefragung	$r_{Pearson}$ (Originaldaten)	$r_{Pearson}$ (imputiertes Datenset) N = 215
Gesellschaftlich/ beruflich-intrinsisch	,44** (N = 108)	,13
Gesellschaftlich/ beruflich-extrinsisch	,36** (N = 106)	,07

** Die Korrelation ist auf dem Niveau von ,01 (2-seitig) signifikant.
* Die Korrelation ist auf dem Niveau von ,05 (2-seitig) signifikant.

11.9 Ergebnisse zur Forschungsfrage 8

Forschungsfrage 8: Wie lassen sich Mathematiklehramtsstudierende entlang der von ihnen fokussierten Relevanzgründe aus dem Modell der Relevanzbegründungen typisieren?

a) *Wie lassen sich die Typen charakterisieren*
   i. *bezüglich ihrer Relevanzzuschreibungen?*
   ii. *bezüglich weiterer motivationaler und leistungsbezogener Merkmale und Studienaktivitäten?*
b) *Ist die Typenzuordnung eine stabile Eigenschaft?*

Zur Auswertung der Forschungsfrage 8[23] wurden zunächst Clusteranalysen auf den Daten der Eingangs- und Ausgangsbefragung durchgeführt, wobei vier Studierendentypen gefunden wurden, die jeweils verschiedene Muster zeigen, welche Relevanzgründe aus dem Modell der Relevanzbegründungen ihnen besonders wichtig sind (zur Beschreibung der durchgeführten Clusteranalyse vgl. Abschnitt 10.6). Anhand der zweidimensionalen Streudiagramme (vgl. Anhang XVI im elektronischen Zusatzmaterial) lässt sich erkennen, dass die Grenzen zwischen den Clustern nicht anhand von festen Cut-Off-Werten auf den Indizes gezogen werden können. Zu jedem möglichen Cut-Off-Wert gibt es noch Cluster, die Studierende auf beiden Seiten dieses Wertes haben. Sie sind demnach nicht als eindeutig trennbare Typen von Studierenden zu interpretieren,

---

[23] Für die tiefergehende Interpretation und die Diskussion zu den Ergebnissen der Forschungsfrage 8 vgl. Abschnitt 12.3.11.

sondern die einzelnen Gruppen zeigen gewisse Ähnlichkeiten in ihren fokussierten Relevanzgründen aber auch Überschneidungen mit anderen Gruppen. Das ist im Folgenden zu bedenken, wenn die vier gefundenen Typen im Rahmen der Forschungsfrage 8a) weiter charakterisiert werden. Die Charakterisierung soll vor allem dazu dienen, mehr Kenntnisse über das in dieser Arbeit entwickelte Konstrukt der Relevanzgründe zu gewinnen, zu analysieren, wie sich dieses zur Beschreibung von Studierendengruppen eignet und Ansatzpunkte zu erhalten, wie dieses Konstrukt mit anderen Konstrukten in Zusammenhang stehen könnte, so dass die teilweise Überschneidung der Typen kein Problem darstellt.

Die Analyse der Mittelwerte auf den vier Relevanzdimensionsausprägungen der einzelnen Typen, jeweils relativ zu den anderen Typen gesehen[24], zeigte folgendes Bild:

– Die Studierenden aus Typ 1, zu denen sich in der ersten Befragung 35 und in der zweiten Befragung 57 Studierende zuordnen ließen, zeichnen sich dadurch aus, dass sie auf allen Indizes durchweg hohe Mittelwerte haben und somit Relevanzgründe aller Dimensionsausprägungen wichtig zu finden scheinen. Sie scheinen dem Mathematikstudium aus Gründen auf allen vier Dimensionsausprägungen Relevanz zuzuschreiben.
– Die Studierenden aus Typ 2, zu denen sich in der ersten Befragung 54 und in der zweiten Befragung 40 Studierende zuordnen ließen, zeichnen sich dadurch aus, dass sie ihren Fokus im individuell-intrinsischen Relevanzbereich legen. Insbesondere scheint es ihnen wichtiger zu sein, im Mathematikstudium sich selbst als Individuen aus eigenem Interesse heraus weiterzuentwickeln, als auf ihre gesellschaftliche Funktion als Lehrkraft vorbereitet zu werden.
– Die Studierenden aus Typ 3, zu denen sich in der ersten Befragung 22 und in der zweiten Befragung 47 Studierende zuordnen ließen, zeichnen sich dadurch aus, dass sie hohe Mittelwerte im gesellschaftlich/ beruflichen Bereich haben. Sie wollen anscheinend durch das Mathematikstudium vor allem auf ihre Rolle als Lehrkraft vorbereitet werden, sowohl was ihre eigenen Vorstellungen als auch die Erwartungen Außenstehender an die Rolle der Lehrkraft betrifft.
– Die Studierenden aus Typ 4, zu denen sich in der ersten Befragung 46 und in der zweiten Befragung 16 Studierende zuordnen ließen, zeichnen sich dadurch aus, dass sie im Vergleich mit den anderen Typen die Gründe auf allen vier Dimensionsausprägungen weniger wichtig finden.

---

[24] Die Mittelwerte aller Typen auf allen vier Indizes lagen zu beiden Befragungszeitpunkten über dem theoretischen Mittel der Skala. Demnach scheinen tatsächlich alle Typen Relevanzgründe in allen vier Dimensionsausprägungen wichtig in ihrem Mathematikstudium zu finden. Die Aussagen sind nur relativ zu den anderen Typen zu sehen.

Diese Unterschiede lassen sich auch anhand der Lineplots der vier Typen zu den vier Dimensionsausprägungen erkennen (vgl. Abbildung 11.10, Abbildung 11.11).

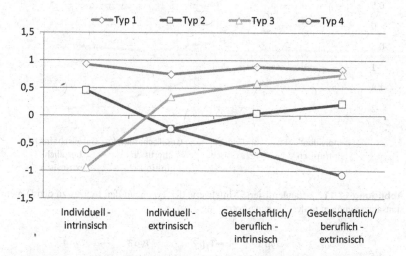

Abbildung 11.10 z-standardisierte Mittelwerte der Typen auf den Indizes zu den Dimensionsausprägungen in der Eingangsbefragung

Auch bei der Vier-Cluster-Lösung der Clusteranalyse auf den Daten beider Befragungen kann man diese Typen wiedererkennen, wenngleich sie nicht ganz so klar voneinander unterscheidbar sind (vgl. Abbildung 11.12).

In der vorliegenden Arbeit wurden die weiteren Analysen auf den Clustern der getrennten Clusteranalysen für die Eingangs- und Ausgangsbefragung durchgeführt, was in Abschnitt 10.6 begründet wurde. Zum Vergleich der vier Cluster in Bezug auf ihre fokussierten Relevanzgründe wurden zusätzlich zur Analyse der Lineplots Kontrastanalysen durchgeführt. Die Ergebnisse der Kontrastgruppenanalyse im Rahmen der Scheffé Tests sind Tabelle 11.28 und Tabelle 11.29 zu entnehmen. Es werden für jeden der Cluster die Mittelwerte auf den vier Indizes zu den Relevanzzuschreibungen der Dimensionsausprägungen angegeben. Dabei sind die Mittelwerte pro Dimensionsausprägung in jeweils homogene Untergruppen (je zwei bis drei Gruppen) eingeteilt. Innerhalb einer homogenen Untergruppe unterscheiden sich die Mittelwerte nicht statistisch signifikant auf einem Niveau von 5 %. Wegen der Nutzung eines harmonischen Mittels bei der Berechnung der

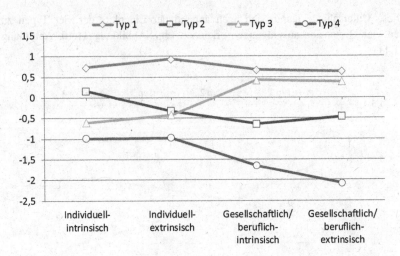

Abbildung 11.11 z-standardisierte Mittelwerte der Typen auf den Indizes zu den Dimensionsausprägungen in der Ausgangsbefragung

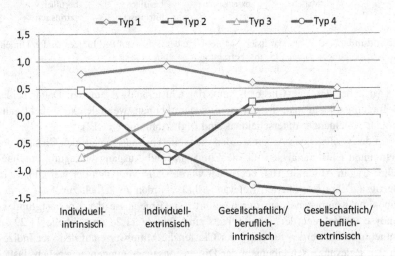

Abbildung 11.12 z-standardisierte Mittelwerte der Typen über beide Befragungen auf den Indizes zu den Dimensionsausprägungen

Signifikanzen, können die in der Zeile „Signifikanz" angegebenen Irrtumswahrscheinlichkeiten α leicht vom tatsächlichen Wert abweichen. Auch anhand dieser Kontrastgruppenanalysen lassen sich die unterschiedlichen Akzentuierungen, die die Typen innerhalb der Relevanzgründe setzen, erkennen.

Zur Charakterisierung der Typen im Rahmen der Forschungsfrage 8a) wurde analysiert, inwiefern sie sich in Relevanzzuschreibungen, Einschätzungen zur Umsetzung verschiedener Aspekte im Studium, affektiven Merkmalen, ihrem Verhalten und leistungsbezogenen Merkmalen sowie Studienabbruchtendenzen voneinander unterscheiden (die zugrunde liegenden numerischen Auswertungen finden sich im Anhang XVII im elektronischen Zusatzmaterial) und auf Grundlage der festgestellten Zusammenhänge wurden sie benannt (vgl. Abschnitt 6.2.5.3, in dem beschrieben wird, dass die in einer Clusteranalyse gefundenen Cluster im Allgemeinen charakteristisch benannt werden). Dazu wurden Varianzanalysen durchgeführt. In Tabelle 11.30 ist aufgelistet, bei welchen Merkmalen die ANOVAs auf statistisch signifikante Mittelwertsunterschiede zwischen den Typen hinwiesen, einmal in den Originaldaten unter Nutzung von pairwise deletion und einmal in den imputierten Daten[25]. Getestet wurde auf einem Niveau von 10 %. Die Merkmale, für die die ANOVAs keine statistisch signifikanten Mittelwertsunterschiede zeigten, sind im Anhang aufgeführt (vgl. Anhang XVIII im elektronischen Zusatzmaterial). Zur möglichst genauen Beschreibung der Typen werden im Folgenden jedoch auch Unterschiedstendenzen in den Mittelwerten der verschiedenen Typen kommuniziert, selbst wenn die Mittelwerte sich nicht statistisch signifikant voneinander unterscheiden, solange diese Unterschiede mindestens im Bereich von 0,1 Skalenpunkten in den Mittelwerten liegen. Eine Ausnahme bilden die Übungsblattpunkte, bei denen wegen des viel höheren Bereichs der Punkte ein Unterschied ab 5 Punkten als berichtenswert angenommen wurde. Dass auch dort Unterschiede berichtet werden, wo diese nicht statistisch signifikant ausfallen, ist insbesondere deswegen gerechtfertigt, da statistische Signifikanz nicht mit empirischer Bedeutsamkeit gleichzusetzen ist und es gerade im Rahmen dieser explorativen Arbeit darauf ankommt, Tendenzen in Mittelwertsunterschieden aufzudecken, die eventuell nur aufgrund der geringen Stichprobe nicht statistisch signifikant wurden (vgl. zu diesem methodischen Vorgehen die Diskussion in Abschnitt 12.1.6). Insbesondere geht es bei der Analyse der Typen darum, mögliche Zusammenhänge zwischen dem

---

[25] Da Clusteranalysen nicht auf imputierten Daten durchgeführt werden können und Clusterzuordnungen nicht imputiert werden können, gibt es Clusterzuordnungen nur für diejenigen Fälle, für die sie im Originaldatenset erstellt werden konnten. Die Imputationen betreffen bei den Fragestellungen zu den Typenvergleichen demnach nur die weiteren Merkmale der geclusterten Teilnehmenden (vgl. Abschnitt 10.6).

Tabelle 11.28 z-Faktorwerte der Cluster in der Eingangsbefragung (unstandardisierte Werte in Klammern)

z-Faktorwerte Eingangsbefragung

Untergruppe für Alpha = 0.05.

	N	Individuell-intrinsisch			Individuell-extrinsisch		Gesellschaftlich/beruflich-intrinsisch			Gesellschaftlich/beruflich-extrinsisch		
		1	2	3	1	2	1	2	3	1	2	3
Typ 1	35			0,93 (5,22)		0,75 (4,97)			0,88 (5,69)			0,83 (5,66)
Typ 2	54		0,46 (4,88)		-0,24 (4,19)			0,04 (4,91)			0,21 (5,2)	
Typ 3	22	-0,94 (3,86)				0,34 (4,65)			0,58 (5,41)			0,74 (5,6)
Typ 4	46	-0,63 (4,09)			-0,24 (4,18)		-0,65 (4,28)			-1,08 (4,25)		
Signifikanz		,26	1	1	1	,23	1	1	,24	1	1	,92

Die Mittelwerte für die in homogenen Untergruppen befindlichen Gruppen werden angezeigt.

Tabelle 11.29 z-Faktorwerte der Cluster in der Ausgangsbefragung (unstandardisierte Werte in Klammern)

z-Faktorwerte Ausgangsbefragung

	N	Individuell-intrinsisch			Individuell-extrinsisch			Gesellschaftlich/ beruflich- intrinsisch			Gesellschaftlich/ beruflich- extrinsisch		
		Untergruppe für Alpha = 0.05.											
		1	2	3	1	2	3	1	2	3	1	2	3
Typ 1	57			0,73 (5,17)			0,93 (4,93)			0,67 (5,5)			0,63 (5,45)
Typ 2	40		0,16 (4,67)			-0,33 (3,8)			-0,65 (4,23)			-0,47 (4,58)	
Typ 3	47	-0,61 (4)				-0,42 (3,72)				0,42 (5,26)			0,38 (5,25)
Typ 4	16	-1 (3,66)			-0,98 (3,22)			-1,66 (3,25)			-2,08 (3,33)		
Signifikanz		0,26	1	1	1	1	0,96	1	1	0,4	1	1	0,39

Die Mittelwerte für die in homogenen Untergruppen befindlichen Gruppen werden angezeigt.

Konstrukt der Relevanzgründe und anderen Konstrukten zu erkennen, woraus Forschungsfragen für spätere Forschung generiert werden können, und nicht um eine möglichst genaue Beschreibung der in den vorliegenden Clusterstichproben tatsächlich existierenden Zusammenhänge. Unterschiede im Bereich von mindestens 0,1 Skalenpunkten oder im Fall der Übungsblätter von 5 Punkten ergaben sich für alle betrachteten Merkmale (teils nur für eine Auswahl an Typen) außer bei der externalen Regulation, für die die Mittelwerte aller Typen zwischen 2,17 und 2,24 ausfielen (vgl. Abschnitt 12.3.11.3 für die Diskussion dazu, dass sich bei der externalen Regulation keine statistisch signifikanten Mittelwertunterschiede zeigten). Welche der Unterschiede tatsächlich statistisch signifikant ausfielen, ist Anhang XVII im elektronischen Zusatzmaterial zu entnehmen, in dem alle Ergebnisse der ANOVAs zu den verschiedenen betrachteten Merkmalen einzeln aufgeführt sind.

Im Folgenden werden die Ergebnisse aus den imputierten Daten berichtet, die sich größtenteils aber nur darin von den Ergebnissen auf den Originaldaten unterscheiden, dass oft weniger Unterschiede statistisch signifikant wurden. Entsprechende Unterschiede können den Daten in Anhang XVII im elektronischen Zusatzmaterial entnommen werden. Eine tabellarische Übersicht über diejenigen Unterschiede zwischen den Typen, die besonders gut die Namengebungen der Typen begründen können, mit möglichen Interpretationen findet sich in Anhang XIX im elektronischen Zusatzmaterial. Für die folgenden Charakterisierungen der Typen wurden die Eingangs- und Ausgangseinordnungen verknüpft, was im Rahmen der Diskussion in Abschnitt 12.3.11 kritisch reflektiert wird.

Bei den Darstellungen der Typen werden diese beschrieben, als würde es sich um reale Personen handeln. Das ist selbstverständlich nicht der Fall. Die Typen stellen, wie der Name schon sagt, Typisierungen dar, wobei nicht davon auszugehen ist, dass es Studierende gibt, die genau zu den Beschreibungen passen. Stattdessen sind diese Beschreibungen als überspitzt formulierte Tendenzen zu interpretieren, was die Studierenden innerhalb der Typen von den jeweils anderen Typen unterscheidet. Die Beschreibung der Typen, als würde es sich um reale Personen handeln, dient den Zwecken, das neu entwickelte Messinstrument zu den Relevanzgründen besser kennenzulernen, das damit gemessene Konstrukt zu spezifizieren, insbesondere auch in seinen Zusammenhängen zu anderen Konstrukten, herauszufinden, wie die Kohorte mit dem Messinstrument umgeht und Schlüsse über die Kohorte zu ziehen (vgl. Abschnitt 12.3.12 für eine Diskussion von Rückschlüssen, die aus der Typencharakterisierung zum Konstrukt der Relevanzgründe gezogen werden können).

Tabelle 11.30 Statistisch signifikante Mittelwertsunterschiede für die vier Typen laut den Ergebnissen der ANOVAs, p < ,1

		Originaldaten	Imputierte Daten
Eingangsbefragung	Relevanzzuschreibungen zu allen Komplexitätsstufen	X	X
	Relevanzzuschreibungen zu allen Themengebieten	X	X
	Relevanzzuschreibung zur Softwarekompetenz	X	X
	Relevanzzuschreibung zur kulturellen und historischen Bedeutung der Mathematik	X	X
	Relevanzzuschreibungen zu allen Dimensionsausprägungen	X	X
	Relevanzzuschreibungen zu den gesellschaftlich/ beruflichen, anwendungsbezogenen Aspekten	X	X
	Intrinsische Motivation	X	X
	Identifizierte Regulation		X
	Prozessbeliefs	X	X
	Toolboxbeliefs	X	X
	Frustrationsresistenz	X	X
	Anstrengung bei der Übungsblattbearbeitung		X
	Investierte Zeit		X
Ausgangsbefragung	Relevanzzuschreibungen zu allen Komplexitätsstufen	X	X
	Umsetzung der Komplexitätsstufe 3	X	
	Relevanzzuschreibungen zu allen Themengebieten	X	X
	Umsetzung Arithmetik/ Algebra	X	X

(Fortsetzung)

Tabelle 11.30 (Fortsetzung)

	Originaldaten	Imputierte Daten
Relevanz der Studieninhalte allgemein	X	
Relevanz der Gesamtheit des Mathematikstudiums	X	
Relevanzzuschreibungen zu allen Dimensionsausprägungen	X	X
Relevanzzuschreibungen zu den gesellschaftlich/ beruflichen, anwendungsbezogenen Aspekten	X	X
Einschätzungen zur Umsetzung aller Dimensionsausprägungen	X	X
Einschätzungen zur Umsetzung der gesellschaftlich/ beruflichen, anwendungsbezogenen Aspekte	X	X
Frustrationsresistenz	X	
Anstrengung bei der Übungsblattbearbeitung	X	X
Lernverhalten in der Vorlesung	X	X
Lernverhalten zwischen den Terminen	X	X
Abbruchtendenz	X	
Üben	X	X
Auswendiglernen	X	X
Vernetzen	X	X
Herstellen von Praxisbezügen	X	X

Die Typen werden in den folgenden Kapiteln nacheinander auf Grundlage ihrer jeweiligen Merkmalsausprägungen charakterisiert (vgl. Abschnitt 11.9.1 – 11.9.4) und die Ergebnisse in Abschnitt 11.9.5 kurz zusammengefasst. Bei den Einschätzungen zur Umsetzung der Aspekte wird dabei zwischen vergleichsweise hohen und vergleichsweise geringen Einschätzungen unterschieden. Mit einer vergleichsweise hohen Einschätzung ist gemeint, dass Typen im Vergleich mit den anderen Typen angaben, aus ihrer Sicht treffe es eher zu, dass der entsprechende Aspekt im Studium umgesetzt sei. Analog meint eine vergleichsweise geringe Einschätzung, dass Typen im Vergleich mit den anderen Typen angaben, es treffe aus ihrer Sicht eher nicht zu, dass der entsprechende Aspekt im Studium umgesetzt sei.

In den Abschnitten 11.9.1 bis 11.9.4, in denen je einer der Typen charakterisiert wird, werden im Folgenden zunächst jeweils Zusammenfassungen zu den charakterisierenden Mermalen des jeweiligen Typs deskriptiv zusammengefasst. Die charakterisierenden Merkmale sind dabei aufgeteilt nach den Relevanzzuschreibungen und Einschätzungen zur Umsetzung des Typs, den affektiven Merkmalen, dem Verhalten und der Leistung sowie Abbruchgedanken des Typs. Anschließend an diese Zusammenfassung zu den charakterisierenden Merkmalen werden jeweils erste Deutungen dieser Merkmale angeführt, ebenfalls aufgeteilt nach den Relevanzzuschreibungen und Einschätzungen zur Umsetzung des Typs, den affektiven Merkmalen, dem Verhalten und der Leistung und Abbruchgedanken des Typs. Jedes der Kapitel zu den Typencharakterisierungen schließt dann mit einem Fazit zum jeweiligen Typ und dessen Benennung. Die tiefergehende Interpretation und die Diskussion zu den Ergebnissen bezüglich aller Typen finden sich in Abschnitt 12.3.11.

Anschließend an die Typencharakterisierungen werden als Zusatzinformationen, die aus den Ergebnissen zur Forschungsfrage 8 gezogen werden können, noch die Antworten auf das offene Item analysiert, die von den vier Typen gegeben wurden (vgl. Abschnitt 11.9.6), ehe zuletzt zur Beantwortung der Forschungsfrage 8b) auf die Stabilität der Typenzuordnung eingegangen wird (vgl. Abschnitt 11.9.7).

11.9.1 Charakterisierung von Typ 1

11.9.1.1 Zusammenfassung der charakterisierenden Merkmale

11.9.1.1.1 Relevanzzuschreibungen und Einschätzungen zur Umsetzung

Typ 1 schreibt in der Ausgangsbefragung sowohl den Inhalten als auch der Gesamtheit des Mathematikstudiums von allen Typen am zweitmeisten Relevanz zu. Bezüglich der Dimensionsausprägungen aus dem Modell der Relevanzbegründungen werden alle zu beiden Befragungszeitpunkten von Typ 1 wichtiger bewertet als von allen anderen Typen (nur in der Eingangsbefragung findet Typ 3 die gesellschaftlich/ beruflich-extrinsische Dimensionsausprägung genauso wichtig). Typ 1 ist auch mehr als alle anderen Typen davon überzeugt, Konsequenzen aller Dimensionsausprägungen erreichen zu können (Typ 2 ist nur bezüglich Konsequenzen der individuell-intrinsischen Dimensionsausprägung der Meinung, diese ähnlich ausgeprägt erreichen zu können). Besonders im individuellen Bereich, bei dem es um Konsequenzen für die eigene Person als Individuum geht, ist Typ 1 mehr als alle anderen Typen der Meinung, Konsequenzen erreichen zu können.

Typ 1 nimmt in der Eingangsbefragung zu den Inhalten aller Komplexitätsstufen mindestens genauso hohe Relevanzzuschreibungen vor wie alle anderen Typen (eher höhere), in der Ausgangsbefragung nimmt er zu Inhalten der Stufe 4 zusammen mit Typ 2 und zu Inhalten aller anderen Komplexitätsstufen alleine höhere Relevanzzuschreibungen vor als alle anderen Typen. Insbesondere auch zu den Inhalten der komplexesten Stufe (Stufe 1) nimmt Typ 1 zu beiden Befragungszeitpunkten im Vergleich mit den anderen Typen besonders hohe Relevanzzuschreibungen vor. Die Umsetzung aller Komplexitätsstufen bewertet Typ 1 ähnlich hoch wie Typ 2 und höher als die beiden anderen Typen.

Auch zu allen Themengebieten nimmt Typ 1 zu beiden Befragungszeitpunkten entweder höhere Relevanzzuschreibungen als alle anderen Typen oder zusammen mit anderen Typen die höchsten Relevanzzuschreibungen im Vergleich zum Rest vor. Alle Themengebiete mit Ausnahme der Arithmetik/ Algebra sieht Typ 1 zusammen mit je anderen Typen stärker als umgesetzt an als die restlichen Typen. Die Umsetzung von Arithmetik/ Algebra bewertet Typ 1 von allen Typen am zweithöchsten. Im Vergleich der Typen bewertet dieser Typ die Umsetzung also sehr hoch.

Zum Erlernen des kompetenten Umgangs mit mathematischer Software nimmt Typ 1 in der Eingangsbefragung höhere Relevanzzuschreibungen vor als alle anderen Typen, in der Ausgangsbefragung die zweitgeringsten Relevanzzuschreibungen von allen Typen. Er ist mehr als alle anderen Typen der Meinung, dass dieser Aspekt umgesetzt wird. Dem Kennenlernen der historischen und kulturellen Bedeutung der Mathematik schreibt Typ 1 sowohl in der Eingangs- als auch in der Ausgangsbefragung eine höhere Relevanz zu als alle anderen Typen. Die Umsetzung des Aspekts des Kennenlernens der historischen und kulturellen Bedeutung der Mathematik wird vom Typ 1 jedoch am zweitgeringsten bewertet.

Schließlich wird den anwendungsbezogenen Aspekten der gesellschaftlich/ beruflichen Dimension zu beiden Zeitpunkten vom Typ 1 die höchste Relevanz unter allen Typen zugeschrieben. Die Umsetzung dieser Aspekte bewertet Typ 1 höher als alle anderen Typen.

Es gibt nur einen einzigen Aspekt, bei dem die Relevanzzuschreibung vonseiten des Typs 1 im Vergleich mit denen der anderen drei Typen geringer ausfällt: So schreibt Typ 1 in der Eingangsbefragung den Studieninhalten insgesamt am wenigsten Relevanz von allen Typen zu.

11.9.1.1.2 Affektive Merkmale

Von allen Typen ist die identifizierte Regulationsform der Motivation beim Typ 1 am stärksten ausgeprägt und diese Regulationsform der Motivation ist bei diesem Typ im Mittel auch die stärkste Form der Motivation unter allen Regulationsstilen. Typ 1 hat im Schnitt den höchsten Selbstbestimmungsindex unter den vier Typen.

Das mathematische Weltbild von Typ 1 ist im Mittel am stärksten durch Prozessbeliefs geprägt. Toolboxbeliefs sind beim Typ 1 stärker ausgeprägt als bei allen anderen Typen und auch bei den Systembeliefs ist die Zustimmung durch Typ 1 im Mittel am höchsten. Beweisen ist der Typ 1 nach Typ 2 noch am positivsten gegenüber eingestellt.

Typ 1 zeigt im Mittel im Vergleich zu den anderen Typen eine hohe mathematische Selbstwirksamkeitserwartung. Diese ist in der Eingangsbefragung bei Typ 1 und Typ 2 am höchsten und in der Ausgangsbefragung bei Typ 1 und Typ 4 am zweithöchsten im Vergleich mit jeweils den anderen Typen ausgeprägt. Das mathematikbezogene Selbstkonzept des Typs 1 ist in der Ausgangsbefragung wie das von Typ 2 höher als das der anderen Typen ausgeprägt und Typ 1 hat zu beiden Befragungszeitpunkten das zweithöchste studienbezogene Interesse an Mathematik. Die aufgabenbezogene Selbstwirksamkeitserwartung ist bei Typ 1 im Vergleich zu den anderen Typen jedoch am zweitgeringsten ausgeprägt.

11.9.1.1.3 Verhalten

Typ 1 gibt im Vergleich zu allen anderen Typen an, das aktivste Lernverhalten in der Vorlesung zu zeigen. Auch zwischen den Terminen gibt er von allen Typen an, am aktivsten zu lernen. Typ 1 gibt von allen Typen an, am stärksten (Eingangsbefragung) bzw. mit Typ 2 gemeinsam am stärksten (Ausgangsbefragung) frustrationsresistent zu sein. Er strengt sich in der Eingangsbefragung gemeinsam mit Typ 2 am meisten an beim Bearbeiten von Übungsblättern und in der Ausgangsbefragung von allen Typen am meisten. Auch gibt Typ 1 von allen Typen an, am meisten Zeit zu investieren und er schreibt von allen Typen am wenigsten ab.

Bei den Lernstrategien des Auswendiglernens, des Übens und des Herstellens von Praxisbezügen gibt Typ 1 an, diese häufiger anzuwenden als alle anderen

Typen. Die Lernstrategie des Vernetzens, welche von allen Lernstrategien die stärkste dieses Typs ist, wird vom Typ 1 im Vergleich zu allen anderen Typen mit Typ 2 gemeinsam am meisten genutzt.

11.9.1.1.4 Leistung und Abbruchgedanken

Typ 1 zeigt von allen Typen die zweithöchste Abbruchtendenz. In den Übungsblättern zur Analysis und zur Linearen Algebra erreicht Typ 1 relativ zu den anderen Typen gesehen viele Punkte: in der Analysis mit Typ 3 am meisten und in der Linearen Algebra am zweitmeisten.

Auch in der Schule war Typ 1 relativ gesehen eher erfolgreich. So schnitt er im Vergleich mit allen anderen Typen im zuletzt belegten schulischen Mathematikkurs am zweitbesten ab.

11.9.1.2 Deutungen zu den charakterisierenden Merkmalen

11.9.1.2.1 Relevanzzuschreibungen und Einschätzungen zur Umsetzung

Typ 1 nimmt zu allen abgefragten Aspekten (Dimensionsausprägungen, Themengebiete und Inhalte der Komplexitätsstufen) zugleich besonders hohe Relevanzzuschreibungen vor und bewertet sie in hohem Maße umgesetzt im Vergleich mit den anderen drei Typen. Die relativ gesehen sehr hohe Bewertung der Umsetzung verbunden mit den vergleichsweise hohen Relevanzzuschreibungen scheint es plausibel zu machen, dass Typ 1 die Inhalte und die Gesamtheit des Mathematikstudiums in der Ausgangsbefragung als sehr relevant bewertet.

Die durchweg relativ hohen Relevanzzuschreibungen zu allen Aspekten könnten bedeuten, dass Typ 1 tatsächlich alles relevant findet. Seine positive Bewertung steht aber zunächst im Kontrast zu seiner recht hohen Abbruchtendenz. Möglich wäre auch, dass Typ 1 überall so zu antworten versucht, wie er meint, wie es von ihm vonseiten der Bildungsinstitution erwartet wird. Vielleicht versucht er, sich stark an die Bildungsinstitution anzupassen. Dies wären zum zweiten Messzeitpunkt die Universität oder deren Vertreter. Zum ersten Messzeitpunkt könnte es sein, dass die Studierenden, die sich gerade erst in der Universität eingewöhnen müssen, auch noch teils die Schule als Referenzpunkt nehmen.

Zu dieser Deutung würde passen, dass Typ 1 zu fast allem sehr hohe Relevanzzuschreibungen vornimmt und fast alles in hohem Maß umgesetzt bewertet. Nur zwei Dinge scheinen einer genaueren Betrachtung zu bedürfen: Erstens befindet Typ 1 zum ersten Messzeitpunkt die Inhalte allgemein von allen Typen als am wenigsten relevant. Zweitens ist er bezüglich des Aspekts des Kennenlernens der historischen und kulturellen Bedeutung der Mathematik von allen Typen am zweitwenigsten der Meinung, dass dieser umgesetzt wird. Die geringe Relevanz, die Typ 1 zum ersten Messzeitpunkt der Gesamtheit der Studieninhalte zuschreibt, könnte darauf hindeuten, dass er als Referenzpunkt noch die Schule heranzieht und die Inhalte dort nicht vorgekommen waren. Daraus könnte Typ 1 die Schlussfolgerung ziehen, dass die Inhalte nicht relevant aus Sicht der Bildungsinstitution Schule sind und entsprechend antworten. Bedenkt man, dass Typ 1 bei konkret benannten Inhalten allen eine hohe Relevanz zuschreibt und eine hohe Einschätzung der Umsetzung vornimmt und dass demnach angenommen werden könnte, dass er mit dem Studium zufrieden ist, erscheint die Aussage zur geringen Relevanz der Studieninhalte insgesamt sonst wenig plausibel. Die eher geringe Bewertung der Umsetzung des Aspekts des Kennenlernens der historischen und kulturellen Bedeutung der Mathematik im Vergleich zu den anderen Typen könnte daraus resultieren, dass auf diese Bedeutung der Mathematik in den Anfängervorlesungen kaum oder gar nicht eingegangen wird, so dass durchaus der Eindruck entstehen könnte, dass diese vonseiten der Universität nicht als relevanter Lernstoff angesehen wird. Dann würde die Bewertung vonseiten des Typs 1 legitim sein bei dem angenommenen Antwortverhalten, das darin besteht, Antworten zu geben, die von der übergeordneten Bildungsinstitution erwartet werden könnten.

11.9.1.2.2 Affektive Merkmale

Die im Vergleich mit den anderen Typen hohe identifizierte Regulationsform der Motivation bei Typ 1 deutet darauf hin, dass dieser sich relativ gesehen stark mit seinem Studium identifiziert. Dazu passt auch, dass er der Aktivität des Beweisens, die eine vordergründige mathematische Aktivität an der Universität darstellt, positiver gegenübersteht als viele andere Typen. Wiederum könnte es sein, dass Typ 1 sich den Studienanforderungen anpasst.

Die relativ zu den anderen Typen höhere Zustimmung bezüglich Toolboxbeliefs und Systembeliefs bedeutet, dass Typ 1 stärker als die anderen Typen eine Sichtweise vertritt, die die Mathematik als exakte Wissenschaft darstellt, in welcher auswendig zu lernende Regeln und Schemata zentral sind. Bei Typ 1 wird in jedem Fall deutlich, dass er mehreren Beliefs stark zustimmt.

Typ 1 gibt an, ein hohes Interesse an der Mathematik zu haben und sich im Umgang mit der Mathematik sicher zu fühlen. Sein hohes Interesse könnte ihn dazu befähigen, offen für die neuen Inhalte an der Universität zu sein und seine eigenen Relevanzzuschreibungen an die der Universität anzupassen. Die hohe mathematische Selbstwirksamkeitserwartung passt dazu, dass Typ 1 bereit ist, Frustrationen hinzunehmen.

Die relativ geringe aufgabenbezogene Selbstwirksamkeitserwartung wiederum könnte einen Anhaltspunkt dafür geben, warum Typ 1 eine recht hohe Abbruchtendenz zeigt. Beim Bearbeiten der Übungsaufgaben, die einen wichtigen Teil des Mathematikstudiums ausmachen, fühlt sich dieser Typ wenig selbstwirksam. Geht man davon aus, dass der Typ sich den Studienanforderungen schnell anpasst und seine Werte denen anpasst, die er an der Universität vermutet, dann muss es frustrierend sein, die wöchentlich gestellten Aufgaben nach eigener Einschätzung nicht gut genug zu bearbeiten oder bearbeiten zu können. Diese Frustration, resultierend daraus, den eigenen Wertvorstellungen nicht zu genügen, könnte Abbruchgedanken erklären. Insbesondere zeigt sich hier die wichtige Rolle, die Selbstwirksamkeitserwartungen bei der Studienzufriedenheit zu spielen scheinen, und es lässt sich vermuten, dass die aufgabenbezogene Selbstwirksamkeitserwartung Sachverhalte über die mathematische Selbstwirksamkeitserwartung hinaus aufklären kann.

11.9.1.2.3 Verhalten
Insgesamt macht es den Anschein, dass Typ 1 viel Zeit und Kraft in sein Studium investiert. Er bearbeitet Übungsblätter mehr alleine als andere Typen das tun, zeigt ein aktives Lernverhalten, wendet verschiedene Lernstrategien im Lernprozess an und nimmt auch Frustrationen eher hin als andere Studierendentypen. Dieses Verhalten passt dazu, dass er einen hohen Selbstbestimmungsindex aufweist und damit eher intrinsisch motiviert zu sein scheint, und dazu, dass er viele Dinge im Studium relevant findet. Sein Verhalten ist den Bedingungen an der Universität gut angepasst. Es stellt sich aber die Frage, ob Typ 1 sich selbst zu viel zumutet und auch daraus letztendlich seine recht hohen Abbruchgedanken resultieren.

11.9.1.2.4 Leistung und Abbruchgedanken
Die relativ gesehen zu den anderen Typen hohen Abbruchtendenzen des Typs 1 scheinen zunächst seinen Angaben bezüglich seiner Relevanzzuschreibungen und seiner Einschätzungen zur Umsetzung von Studieninhalten, welche auf eine Zufriedenheit mit dem Studium hindeuten, entgegenzulaufen. Er scheint gut ans Studium angepasst zu sein und seine Relevanzvorstellungen mit denen der Universität in Einklang zu bringen. Wie oben dargestellt, könnten aber seine hohen Anstrengungen zu einer selbstverursachten Überforderung führen oder seine geringe aufgabenbezogene Selbstwirksamkeitserwartung könnte zu Frustrationen im Studium führen und deshalb könnte Typ 1 über einen Studienabbruch nachdenken.

Die Leistungen, die Typ 1 an der Universität erzielt, sind im Vergleich zu den anderen Typen hoch. Sein aktives und selbstständiges Lernverhalten könnte sich hier in den guten Ergebnissen auf den Übungsblättern bezahlt machen. Insbesondere erzielt Typ 1 bessere Leistungen als seine geringe aufgabenbezogene

Selbstwirksamkeitserwartung vermuten lassen würde. Hier ist aber einschränkend anzumerken, dass die Übungsblätter in Gruppen abgegeben werden durften, so dass die geringe aufgabenbezogene Selbstwirksamkeitserwartung dennoch damit zusammenhängen könnte, dass Typ 1 die Aufgaben eventuell alleine nicht lösen kann. Vielleicht kann Typ 1 nur deswegen alles wichtig finden, weil er so gute Leistungen erzielt und dementsprechend genügend Sicherheit hat, Herausforderungen in vielen verschiedenen Bereichen anzunehmen.

11.9.1.3 Fazit zu Typ 1 und Benennung des Typs

Das Gesamtbild der Antworten des Typs 1 lässt sich so deuten, dass Typ 1 sich stark an die Bildungsinstitution anpasst und die Relevanzvorstellungen übernimmt. Er versucht dann, den Anforderungen bestmöglich zu genügen. Aufgrund dieser Deutung wird der Typ 1 als „Konformist" betitelt. Laut dem Langenscheidt Fremdwörterbuch bezeichnet man als Konformisten jemanden „der sich immer an die herrschenden Verhältnisse oder an die vorherrschende Meinung anpasst" (PONS GmbH, 2020a). Synonyme sind „Abnicker, Erfüllungsgehilfe, Gesinnungsakrobat, (jemandes) Handlanger, Ja-Sager, Jasager, Konformist, Mitläufer, Opportunist, williger Vollstrecker, Radfahrer (ugs.), sein Fähnlein nach dem Winde drehen (ugs.), Wendehals (ugs.), Wes Brot ich ess, des Lied ich sing. (ugs., Sprichwort), Gesinnungslump (derb)" (*Konformist – Synonyme bei Open-Thesaurus*, o. J.). Der Begriff „Konformist" wurde hier aus der Liste ausgewählt, da dieser von den Begriffen der neutralste ist. Die anderen Begriffe hingegen sind negativ konnotiert, bei ihnen schwingt Verachtung mit.

11.9.2 Charakterisierung von Typ 2

11.9.2.1 Zusammenfassung der charakterisierenden Merkmale
11.9.2.1.1 Relevanzzuschreibungen und Einschätzungen zur Umsetzung
In der Eingangsbefragung schreibt Typ 2 den Studieninhalten insgesamt von allen Typen zusammen mit Typ 3 am zweitmeisten Relevanz zu, in der Ausgangsbefragung dann sogar die meiste von allen. In der Ausgangsbefragung schätzt er zudem die Gesamtheit des Mathematikstudiums von allen Typen am höchsten relevant ein. Es zeigt sich die Tendenz, dass Typ 2 eine hohe Relevanz im Studium sieht.

Im Studium ist es Typ 2 besonders wichtig, Konsequenzen auf der individuellen Dimension zu erreichen. Die individuell-intrinsische Dimensionsausprägung empfindet er in der Eingangsbefragung am zweitwichtigsten von allen Typen. Die individuell-extrinsische Dimensionsausprägung erscheint ihm zu diesem Zeitpunkt zwar mit Typ 4 am unwichtigsten, in der Ausgangsbefragung findet er aber die gesamte individuelle Dimension unter allen Typen am zweitwichtigsten (im extrinsischen Bereich zusammen mit Typ 3). Demgegenüber schätzt Typ 2 die gesellschaftlich/ berufliche Dimension im Vergleich zu allen anderen Typen sowohl in der Eingangs- als auch in der Ausgangsbefragung am zweitwenigsten wichtig ein.

Sowohl für Konsequenzen der individuellen als auch der gesellschaftlich/ beruflichen Dimension meint Typ 2 unter allen Typen am zweitmeisten, diese erreichen zu können, bzw. ist er für Konsequenzen der individuell-extrinsischen Dimensionsausprägung zusammen mit Typ 1 eher der Meinung, diese erreichen zu können, als die anderen zwei Typen. Insbesondere die Möglichkeit, Konsequenzen erreichen zu können im individuellen Bereich, den Typ 2 besonders wichtig findet, sieht Typ 2 also relativ stark gegeben.

Auch bezüglich der Themengebiete nimmt Typ 2 im Vergleich mit den anderen Typen hohe Relevanzzuschreibungen vor. So schreibt er in der Eingangsbefragung der Geometrie, der Linearen Algebra und der Analysis zusammen mit den Typen 1 und 3 eine höhere Relevanz zu als Typ 4. Der Arithmetik/ Algebra schreibt Typ 2 zusammen mit Typ 1 die höchste Relevanz zu. In der Ausgangsbefragung nimmt Typ 2 dann bezüglich der Analysis und der Arithmetik/ Algebra mit Typ 3 die zweithöchsten Relevanzzuschreibungen vor und zur Linearen Algebra und Geometrie nimmt Typ 2 mit Typ 1 die höchsten Relevanzzuschreibungen vor.

Ein ähnliches Bild ergibt sich bei den Komplexitätsstufen. In der Eingangsbefragung bewerten die Typen 1, 2 und 3 die Inhalte der Stufen 3, 2 und 1 ähnlich und schreiben eine höhere Relevanz zu als Typ 4. Inhalten der Stufe 4 schreibt Typ 2 mit Typ 1 die höchste Relevanz unter den Typen zu. In der Ausgangsbefragung wird dann den Inhalten der Stufe 4 von Typ 2 wieder zusammen mit Typ 1 die höchste Relevanz zugeschrieben. Den Inhalten der Stufen 3 und 2 schreiben die Typen 2 und 3 ähnlich viel Relevanz zu und weniger als Typ 1 aber mehr als Typ 4. Inhalten der Stufe 1 wiederum wird von Typ 2 am zweitmeisten Relevanz zugeschrieben. Es wird also deutlich, dass Typ 2 vielen Dingen im Studium eine Relevanz zuschreibt.

Die Umsetzung der Themengebiete und der Inhalte der verschiedenen Komplexitätsstufen sieht Typ 2 recht stark gegeben. Er bewertet die Umsetzung von Geometrie, Linearer Algebra und Analysis zusammen mit anderen Typen je am höchsten, nur die Umsetzung von Arithmetik/ Algebra bewertet er am zweitgeringsten. Die Umsetzung der Inhalte aller Komplexitätsstufen wird von den Typen 1 und 2 am höchsten bewertet.

Bezüglich des Erlernens des Umgangs mit mathematischer Software nimmt Typ 2 in der Eingangsbefragung geringere Relevanzzuschreibungen vor als Typ 1, ähnliche wie Typ 3 und höhere als Typ 4 und in der Ausgangsbefragung nimmt er hier von allen Typen die zweitgeringsten Relevanzzuschreibungen vor. Hingegen wird dem Wissen über die historische und kulturelle Bedeutung der Mathematik von Typ 2 in der Eingangsbefragung die zweitgeringste Relevanz unter den Typen zugeschrieben, in der Ausgangsbefragung aber die zweithöchste unter allen Typen. Zu beiden Aspekten, der Softwarekompetenz und dem Wissen über die historische und kulturelle Bedeutung der Mathematik, nehmen die Studierenden, die in der Ausgangsbefragung Typ 2 angehören, im Mittel höhere Relevanzzuschreibungen vor als diejenigen, die in der Eingangsbefragung zu diesem Typ zählen.

Zu den anwendungsbezogenen Aspekten der gesellschaftlich/ beruflichen Dimension nimmt Typ 2 in der Ausgangsbefragung im Mittel von allen Typen die zweitgeringsten Relevanzzuschreibungen vor. In der Eingangsbefragung wird dem intrinsischen Bereich mit Typ 3 zusammen die höchste Relevanz zugeschrieben und dem extrinsischen Bereich schreibt Typ 2 von allen Typen am zweitwenigsten Relevanz zu. Die Umsetzung dieser Aspekte bewertet Typ 2 von allen Typen am zweithöchsten.

11.9.2.1.2 Affektive Merkmale

Typ 2 hat von allen Typen im Mittel den zweithöchsten Selbstbestimmungsindex und ist von allen Studierendentypen im Mittel am stärksten intrinsisch motiviert. Von den vier Motivationsformen sind die identifizierte Regulation und die intrinsische Motivation bei Typ 2 am stärksten ausgeprägt.

Das mathematische Weltbild des Typs 2 wird im Mittel am stärksten durch Prozess- und Anwendungsbeliefs geprägt und Anwendungsbeliefs sind bei ihm stärker ausgeprägt als bei allen anderen Typen. Typ 2 fokussiert also eher die Anwendbarkeit und Prozesshaftigkeit der Mathematik. Als einen Baukasten mit festen Regeln und Schemata sieht er diese weniger. Die Toolboxbeliefs sind bei Typ 2 die am geringsten ausgeprägten Beliefs.

Von allen Typen hat Typ 2 noch die positivste Einstellung zum Beweisen. Sowohl die mathematische (sowohl in der Eingangs- als auch in der Ausgangsbefragung) als auch die aufgabenbezogene Selbstwirksamkeitserwartung ist bei Typ 2 im Vergleich am höchsten ausgeprägt und in der Ausgangsbefragung zeigen Typ 2 und Typ 1 ein höheres mathematikbezogenes Selbstkonzept als die anderen Typen. Typ 2 hat zu beiden Befragungszeitpunkten im Mittel das höchste Studieninteresse an Mathematik.

11.9.2.1.3 Verhalten

In der Vorlesung ist Typ 2 von allen Typen am zweitwenigsten aktiv in seinem Lernverhalten, zwischen den Terminen zeigt er jedoch das zweitaktivste Lernverhalten. Dabei gestalten sich seine Lernstrategien derart, dass Typ 2 ähnlich viel auswendig lernt und übt wie Typ 3, weniger als Typ 1 und mehr als Typ 4. Typ 2 nutzt die Lernstrategie des Vernetzens von allen Typen zusammen mit Typ 1 am meisten und diese Lernstrategie ist bei diesem Typ von allen Lernstrategien am stärksten ausgeprägt. Die Lernstrategie des Herstellens von Praxisbezügen wiederum wendet Typ 2 von allen Typen am zweitmeisten an.

In der Eingangsbefragung zeigt Typ 2 die geringste Frustrationsresistenz von allen Typen, in der Ausgangsbefragung ist seine Frustrationsresistenz jedoch von allen Typen ähnlich wie die vom Typ 1 am stärksten ausgeprägt. Typ 2 strengt sich bei der Bearbeitung von Übungsblättern zum ersten Befragungszeitpunkt zusammen mit Typ 1 im Mittel am meisten an, in der Ausgangsbefragung am zweitmeisten von allen Typen. Zudem investiert Typ 2 ähnlich viel Zeit wie Typ 3, weniger als Typ 1 aber mehr als Typ 4. Typ 2 schreibt auch ähnlich viel ab wie Typ 3, mehr als Typ 1 und weniger als Typ 4.

11.9.2.1.4 Leistung und Abbruchgedanken

Typ 2 zeigt von allen Typen die geringste Abbruchtendenz. Während er auf den Analysis Übungsblättern von allen Typen am zweitmeisten Punkte erzielt, schneidet er in den Lineare Algebra Übungsblättern mit Typ 4 am schlechtesten ab.

In der Schule war Typ 2 im Vergleich mit den anderen Typen sehr erfolgreich, insbesondere in Mathematik: Von allen Typen schnitt Typ 2 im zuletzt belegten Mathematikkurs am besten ab.

11.9.2.2 Deutungen zu den charakterisierenden Merkmalen

11.9.2.2.1 Relevanzzuschreibungen und Einschätzungen zur Umsetzung

Typ 2 sieht im Vergleich zu den anderen Typen eine besonders hohe Relevanz in der Gesamtheit des Mathematikstudiums und in dessen Inhalten. Es ist ihm im Vergleich mit den anderen Typen vor allem wichtig, Konsequenzen auf der individuellen Dimension zu erreichen. Das Studium als Ort der individuellen Weiterentwicklung zu sehen und nicht schon in dieser Phase eine gezielte Vorbereitung auf den Lehrerberuf zu erwarten, scheint demnach zumindest zuträglich zu sein, um eine gewisse Relevanz im Studium zu sehen. Für eine höhere Relevanzzuschreibung zum Studium könnte es für Studierende also vorteilhaft sein, sich der mehrphasigen Lehrerausbildung mit deren Charakteristika bewusst zu sein und erst im Referendariat die gezielte Vorbereitung auf den Lehrerberuf zu erwarten.

Insbesondere im individuellen Bereich, den Typ 2 besonders wichtig findet, ist er der Meinung, Konsequenzen erreichen zu können. Dies könnte auch erklären, dass Typ 2 das Mathematikstudium als sehr relevant beurteilt. Es scheint seinen Vorstellungen zu entsprechen und er kann auf seine eigenen Ziele hinarbeiten.

Typ 2 nimmt zu Inhalten vieler Themengebiete und vieler Komplexitätsstufen recht hohe Relevanzzuschreibungen vor. Verbindet man diesen Befund mit seinem Hauptanliegen, Konsequenzen auf der individuellen Dimension zu erreichen, und mit seinen guten motivationalen Voraussetzungen, so ergeben sich verschiedene Deutungsansätze. Es könnte sein, dass Typ 2 sich nur deshalb auf seine Selbstverwirklichung im Studium fokussieren kann, da er so vielen Dingen eine Relevanz zuschreibt, dass er in vielen Dingen das Positive für sich selbst sehen kann. Möglich wäre auch, dass Typ 2 so gute motivationale Voraussetzungen hat (sich seiner selbst so sicher ist), dass er sich „traut", sich auf seine Selbstverwirklichung zu konzentrieren und dann unvoreingenommen genug ist, um vielen Dingen eine Relevanz zuzuschreiben. Vielleicht kann das Ziel, sich selbst als Individuum zu entwickeln, auf das Typ 2 seinen Fokus setzt, auch durch mehr Dinge erreicht werden als das Ziel, auf ein bestimmtes Lehrerbild vorbereitet zu werden, so dass mehr Dingen eine Relevanz zugeschrieben werden kann.

Dass den Aspekten der Softwarekompetenz und des Wissens über die historische und kulturelle Bedeutung der Mathematik von Typ 2 in der Ausgangsbefragung mehr Relevanz zugeschrieben wird als in der Eingangsbefragung, könnte auf eine Weiterentwicklung des Typs im Laufe des Semesters hindeuten, wenngleich nicht auf Entwicklungen einzelner Studierender geschlossen werden darf, da sich deren Typenzuordnung im Laufe des Semesters verändern könnte. Studierende, die zum Ende des Semesters eher Konsequenzen in der individuellen Dimension anstreben, könnten aufgeschlossen genug sein, um sich im Laufe des Studiums für neue Aspekte zu begeistern.

Dass Typ 2 keine besonders hohe Relevanz bezüglich der anwendungsbezogenen gesellschaftlich/ beruflichen Aspekte zuschreibt im Vergleich zu den anderen Typen, passt dazu, dass dieser Typ es eher anstrebt, sich als Individuum im Studium weiterzuentwickeln, als auf die gesellschaftliche Position im Beruf der Lehrkraft vorbereitet zu werden.

11.9.2.2.2 Affektive Merkmale
Der hohe Selbstbestimmungsindex und die im Vergleich mit den anderen Typen hohe intrinsische Motivation vom Typ 2 deuten darauf hin, dass dieser sich stark mit dem Studium identifiziert. Das passt dazu, dass er vor allem Konsequenzen

auf der individuellen Dimension mit dem Studium erreichen will. Typ 2 handelt aus eigenen Motiven für sich selbst und nicht weil andere es von ihm erwarten.

Die im Vergleich mit den anderen Typen positive Einstellung zum Beweisen beim Typ 2 könnte man so deuten, dass Studierende, die eher Konsequenzen in der individuellen Dimension anstreben, aufgeschlossen genug sein könnten, um für sie gegebenenfalls neue Themenfelder im Laufe des Studiums wichtig zu finden, wohingegen die Perspektive von Studierenden, die gezielt auf den Lehrerberuf vorbereitet werden wollen, aufgrund ihrer Erfahrungen aus der Schule und den damit verbundenen Vorstellungen weniger aufgeschlossen sein könnte. Beim Beweisen handelt es sich um ein entsprechend neues Themenfeld, zumindest in der Art und Weise, wie es an der Universität thematisiert wird.

Typ 2 ist sich seiner Fähigkeiten recht sicher. Eventuell macht es die empfundene Selbstsicherheit überhaupt erst möglich, dass er sich traut, den Anspruch zu stellen, sich selbst als Individuum im Studium weiterzuentwickeln. Sein hohes Interesse könnte wiederum erklären, dass Typ 2 so viele Dinge im Studium sehr wichtig findet. Bedenkt man zudem, dass ein hohes Interesse bedeutet, dass Inhalte mit verschiedenen Valenzen belegt werden (vgl. Abschnitt 4.3.1.2.1), dann können bei hohem Interesse vermutlich auch viele dieser Inhalte als gewinnbringend (sei es durch die Beschäftigung mit ihnen oder weil sie neue Perspektiven eröffnen) erlebt werden. Demnach könnte ein hohes Interesse für Typ 2 eine gute Voraussetzung sein, das eigene Ziel zu erreichen, sich selbst durch das Studium weiterzuentwickeln. Das hohe Interesse steht vermutlich in Zusammenhang damit, dass Typ 2 eher intrinsisch motiviert ist.

11.9.2.2.3 Verhalten

Typ 2 zeigt zwischen den Terminen (nicht aber in der Vorlesung) ein besonders aktives Lernverhalten, wobei er seinen Fokus darauf setzt, die Inhalte zu vernetzen und nicht so sehr auswendig zu lernen oder zu üben. Er scheint das Selbststudium ernst zu nehmen. Sein Wunsch, sich selbst zu optimieren, könnte Typ 2 als Antrieb dienen, sich eigenständig mit Inhalten auseinanderzusetzen und selbst Verbindungen im Lernstoff zu suchen. Dieses Lernverhalten ist eine gute Grundlage, um das Mathematikstudium, in dem eigenständiges Lernen eine große Bedeutung hat, erfolgreich zu meistern.

Zum Ende des Semesters sind vor allem solche Studierende interessiert daran, sich selbst als Individuen durch das Studium weiterzuentwickeln, die zu diesem Zeitpunkt eine hohe Frustrationstoleranz haben. Auch eine solche Frustrationstoleranz ist notwendig, um mit den Herausforderungen eines Mathematikstudiums fertig zu werden, beispielsweise beim Bearbeiten der Übungsaufgaben. Während Typ 2 sich sicher ist, dass er viele mathematische Aufgaben selbst lösen kann und dementsprechend auch versucht, die Übungsaufgaben selbst zu lösen, scheint er trotzdem die Möglichkeit des Abschreibens zu nutzen, möglicherweise als „Copingstrategie" (vgl. Göller, 2020, Abschnitt 10.5), wenn er selbst nicht weiterkommt. Eventuell zieht er diese Art der Aufgabenlösung in Betracht, da er hoch motiviert ist, das Studium zu meistern und so die nötigen Punkte für die Studienleistung sammeln will. Die Frustrationsresistenz könnte dabei helfen, entsprechende Copingstrategien zu nutzen, statt bei Schwierigkeiten einfach aufzugeben.

11.9.2.2.4 Leistung und Abbruchgedanken

Die von allen Typen geringste Abbruchtendenz des Typs 2 lässt vermuten, dass diese Studierenden im Vergleich am zufriedensten mit ihrem Studium sind. Eventuell machen es die guten leistungsbezogenen Voraussetzungen vom Typ 2, mit denen dieser von der Schule an die Universität kommt, erst möglich, dass er sich im Studium auf seine individuelle Weiterentwicklung konzentrieren kann. Vielleicht fühlt er sich wegen seiner Noten sicher, dass er eine gute Lehrkraft wird, und kann sich dann darauf konzentrieren, als Individuum dazuzulernen.

11.9.2.3 Fazit zu Typ 2 und Benennung des Typs

Typ 2 scheint insgesamt mit dem Studium sehr zufrieden zu sein. Er schreibt vielen Inhalten eine recht hohe Relevanz zu und die Umsetzung bewertet er hoch. Sein Fokus liegt darauf, sich selbst als Individuum im Mathematikstudium weiterzuentwickeln, eine gezielte Berufsvorbereitung steht für ihn dahinter an. Typ 2 hat ein hohes Interesse und ist eher intrinsisch motiviert. Er fühlt sich selbstwirksam und steht Beweisen weniger negativ gegenüber als andere Studierendengruppen. Der Typ zeigt vor allem in der Zeit des Selbststudiums ein aktives Lernverhalten. Typ 2 kommt mit schulischen Leistungen an die Universität, die im Vergleich zu den anderen Typen als gut eingeschätzt werden können, und denkt am wenigsten darüber nach, das Studium abzubrechen. Alles deutet darauf hin, dass diese Studierendengruppe eine recht hohe Passung zum Studium zeigt und dort sowohl an sich selbst wachsen kann als auch will. Sie soll als Gruppe der „Selbstverwirklicher" bezeichnet werden. Die Bedeutung des Substantivs „Selbstverwirklichung" ist laut dem Duden „Entfaltung der eigenen Persönlichkeit durch das Realisieren von Möglichkeiten, die in jemandem selbst angelegt sind" und als Synonym wird hier „Entfaltung" angegeben (Bibliographisches Institut GmbH, 2020b). Der Begriff „Selbstverwirklicher" deutet jedoch stärker als das entsprechende Synonym auf die Passung von Studium und Selbst hin und wurde deshalb vorgezogen.

11.9.3 Charakterisierung von Typ 3

11.9.3.1 Zusammenfassung der charakterisierenden Merkmale
11.9.3.1.1 Relevanzzuschreibungen und Einschätzungen zur Umsetzung

Typ 3 schätzt die Relevanz der Studieninhalte insgesamt in der Eingangsbefragung ähnlich wie Typ 2 im mittleren Bereich beim Vergleich der Typen ein und in der Ausgangsbefragung schätzt er die Studieninhalte insgesamt von allen Typen am zweitwenigsten relevant ein. Auch die Gesamtheit des Mathematikstudiums schätzt Typ 3 am zweitwenigsten relevant von allen Typen ein.

Die individuell-intrinsische Dimensionsausprägung findet Typ 3 zu Beginn von allen Typen am wenigsten wichtig und die individuell-extrinsische Dimensionsausprägung findet er zu diesem Zeitpunkt von allen Typen am zweitwichtigsten. In der Ausgangsbefragung findet Typ 3 die individuell-intrinsische Dimensionsausprägung von allen Typen am zweitwenigsten wichtig und die individuell-extrinsische Dimensionsausprägung bewerten Typ 3 und Typ 2 ähnlich, weniger wichtig als Typ 1 und wichtiger als Typ 4. Die gesellschaftlich/ berufliche Dimension hingegen ist Typ 3 in der Ausgangsbefragung von allen Typen am zweitwichtigsten, ebenso wie die gesellschaftlich/ beruflich-intrinsische Dimensionsausprägung in der Eingangsbefragung. Die gesellschaftlich/ beruflich-extrinsische Dimensionsausprägung bewerten Typ 3 und Typ 1 in der Eingangsbefragung ähnlich wichtig und wichtiger als die beiden anderen Typen.

Typ 3 ist weniger als die Typen 1 und 2 der Meinung, Konsequenzen der individuellen Dimension mit dem Studium erreichen zu können. Auch in Bezug auf Konsequenzen der gesellschaftlich/ beruflichen Dimension ist Typ 3 weniger als die Typen 1 und 2 und in ähnlichem Ausmaß wie Typ 4 der Meinung, diese erreichen zu können.

Typ 3 schreibt in der Eingangsbefragung der Geometrie, der Linearen Algebra und der Analysis ähnlich viel Relevanz zu wie die Typen 1 und 2 und der Arithmetik/ Algebra am zweitwenigsten Relevanz von allen Typen. In der Ausgangsbefragung schreibt Typ 3 dann der Analysis und der Arithmetik/ Algebra ähnlich viel Relevanz zu wie Typ 2, weniger als Typ 1 aber mehr als Typ 4. Der Linearen Algebra und der Geometrie wird zu diesem Zeitpunkt von Typ 3 am zweitwenigsten Relevanz im Vergleich mit den anderen Typen zugeschrieben.

In der Eingangsbefragung wird den Inhalten der Komplexitätsstufen 3, 2 und 1 von den Typen 1, 2 und 3 ähnlich viel Relevanz zugeschrieben, den Inhalten der Stufe 4 schreibt Typ 3 die zweitgeringste Relevanz von allen Typen zu. In der zweiten Befragung wird ebenfalls den Inhalten der Stufe 4 von Typ 3 am zweitwenigsten Relevanz zugeschrieben. Den Inhalten der Stufen 3 und 2 wird zu diesem Zeitpunkt von den Typen 2 und 3 eine ähnlich hohe Relevanz zugeschrieben, weniger als von Typ 1 und mehr als von Typ 4, und den Inhalten der Stufe 1 wird vom Typ 3 am zweitwenigsten Relevanz zugeschrieben im Vergleich mit den anderen Typen.

Besonders die Arithmetik/ Algebra und die Geometrie bewertet Typ 3 relativ gesehen als gering umgesetzt, hier fällt seine Einschätzung geringer aus als bei allen anderen Typen. Bezüglich der Komplexitätsstufen fällt die Einschätzung zur Umsetzung von Inhalten aller Stufen bei Typ 3 von allen Typen am zweitgeringsten aus.

Dem Erlernen des kompetenten Umgangs mit mathematischer Software schreibt Typ 3 zu Beginn ähnlich viel Relevanz zu wie Typ 2, weniger als Typ 1 aber mehr als Typ 4. In der Ausgangsbefragung wird diesem Aspekt von Typ 3 mehr Relevanz zugeschrieben als von allen anderen Typen. Dem Wissen über die historische und kulturelle Bedeutung der Mathematik schreibt Typ 3 in der Eingangsbefragung von allen Typen die zweithöchste Relevanz zu, in der Ausgangsbefragung dann eine ähnlich hohe Relevanz wie Typ 4 und eine geringere als die anderen beiden Typen. Die Umsetzung dieses Aspekts bewertet Typ 3 von allen Typen am geringsten, die Umsetzung des Aspekts der Softwarekompetenz zusammen mit Typ 2 am geringsten im Vergleich aller Typen.

Den anwendungsbezogenen Aspekten der gesellschaftlich/ beruflichen Dimension schreibt Typ 3 in der Ausgangsbefragung von allen Typen die zweithöchste Relevanz zu. In der Eingangsbefragung schreibt er der intrinsischen Ausprägung dieser Aspekte noch ähnlich viel Relevanz zu wie Typ 2 (weniger als Typ 1, mehr als Typ 4), wobei der extrinsischen Ausprägung durch Typ 3 bereits die zweithöchste Relevanz von allen Typen zugeschrieben wird. Die Umsetzung dieser Aspekte bewertet Typ 3 hingegen ähnlich wie Typ 4 am geringsten im Vergleich der Typen.

11.9.3.1.2 Affektive Merkmale

Typ 3 hat im Vergleich mit den anderen Typen den geringsten Selbstbestimmungsindex und im Vergleich zu den anderen Typen ist die intrinsische Form der Motivation bei ihm am wenigsten ausgeprägt. Die identifizierte Regulationsform ist von allen Formen der Motivation am stärksten bei Typ 3 ausgeprägt.

Das mathematische Weltbild des Typs 3 wird am stärksten durch die Prozessbeliefs geprägt. Systembeliefs hat Typ 3 weniger ausgeprägt als alle anderen Typen. Beweisen steht Typ 3 von allen Typen am zweitnegativsten gegenüber.

Typ 3 hat von allen Typen sowohl in der Eingangs- als auch in der Ausgangsbefragung die geringste mathematische Selbstwirksamkeitserwartung. Die aufgabenbezogene Selbstwirksamkeitserwartung ist bei ihm jedoch von allen Typen am zweithöchsten ausgeprägt.

Das Studieninteresse an Mathematik ist bei Typ 3 in der Eingangsbefragung von allen Typen am geringsten ausgeprägt. In der Ausgangsbefragung ist das Interesse des Typs 3 von allen Typen am zweitgeringsten. Sein mathematikbezogenes Selbstkonzept in der Ausgangsbefragung ist ähnlich ausgeprägt wie das von Typ 4 und geringer als das der Typen 1 und 2.

11.9.3.1.3 Verhalten

Typ 3 gibt an, in der Vorlesung von allen Typen am zweitaktivsten zu sein. Zwischen den Terminen ist Typ 3 jedoch am zweitwenigsten aktiv im Vergleich mit den anderen Typen. Er lernt ähnlich viel auswendig und übt ähnlich viel wie Typ 2, weniger als Typ 1 und mehr als Typ 4. Die Lernstrategie des Vernetzens nutzt Typ 3 von allen Typen am zweitwenigsten. Diese Lernstrategie ist bei Typ 3 die am stärksten ausgeprägte Lernstrategie. Praxisbezüge stellt er ähnlich wenig her wie Typ 4, weniger als Typ 1 und Typ 2.

Die Frustrationsresistenz ist bei Typ 3 in der Eingangsbefragung ähnlich wie die von Typ 4, geringer als die von Typ 1, aber höher als die von Typ 2 ausgeprägt und in der Ausgangsbefragung ist sie von allen Typen am zweitgeringsten ausgeprägt. Typ 3 bringt bei der Bearbeitung von Übungsblättern im Vergleich zu den anderen Typen zu beiden Befragungszeitpunkten am zweitwenigsten Anstrengungen auf und investiert ähnlich viel Zeit wie Typ 2, weniger als Typ 1 und mehr als Typ 4. Typ 3 schreibt ähnlich häufig ab wie Typ 2, weniger als Typ 4 aber mehr als Typ 1.

11.9.3.1.4 Leistung und Abbruchgedanken

Typ 3 zeigt im Vergleich zu allen anderen Typen die zweitgeringste Abbruchtendenz. Typ 3 erreicht sowohl in der Analysis als auch in der Linearen Algebra am meisten Punkte auf den Übungsblättern. Insbesondere scheint sein Lernverhalten insofern wirksam zu sein, als dass er damit hohe Leistungen erzielt. Die Leistung in den Übungszetteln scheint dabei nicht auf die schulische Leistung zurückzuführen zu sein, denn Typ 3 erreichte von allen Typen die schlechteste Leistung im letzten schulischen Mathematikkurs.

11.9.3.2 Deutungen zu den charakterisierenden Merkmalen
11.9.3.2.1 Relevanzzuschreibungen und Einschätzungen zur Umsetzung

Typ 3 sieht im Vergleich mit den anderen Typen wenig Relevanz im Studium und möchte vor allem auf die gesellschaftliche Funktion als Lehrkraft vorbereitet werden, eine Entwicklung als Individuum ist Typ 3 im Vergleich zu den anderen Typen weniger wichtig. Gerade Konsequenzen im gesellschaftlich/ beruflichen Bereich, in dem es Typ 3 am wichtigsten ist, positive Konsequenzen für sich zu erreichen, meint er im Vergleich zu den anderen Typen eher nicht erreichen zu können. Dies könnte erklären, warum Typ 3 die Gesamtheit des Studiums und dessen Inhalte allgemein eher weniger relevant einschätzt als andere Studierendengruppen.

Den Inhalten aller Themengebiete und Komplexitätsstufen wird von Typ 3 im Vergleich aller Typen eher wenig Relevanz zugeschrieben. Bedenkt man, dass Typ 3 vor allem auf die gesellschaftliche Funktion als Lehrkraft vorbereitet werden möchte, so lässt sich vermuten, dass Studierende dieses Typs aufgrund ihrer eigenen Schulerfahrungen (als SchülerInnen) bereits zu wissen meinen, was sie als Lehrkraft wissen und können müssen und sie nur dieses Schulwissen im Studium behandeln möchten, weswegen sie keinem der Themengebiete und Inhalten keiner der Stufen im Typenvergleich eine besonders hohe Relevanz zuschreiben. Die geringen Relevanzzuschreibungen passen zur negativen Gesamteinschätzung der Relevanz des Mathematikstudiums.

Dem Aspekt der Softwarekompetenz wird von Typ 3 in der Ausgangsbefragung mehr Relevanz zugeschrieben als von allen anderen Typen. Hier könnte zum Tragen kommen, dass von der Gesellschaft eine Digitalisierung in der Schule gefordert wird und Typ 3 Konsequenzen anstrebt, die die Vorbereitung auf den Lehrerberuf betreffen. Auch die hohe Relevanzzuschreibung zu den anwendungsbezogenen Aspekten der gesellschaftlich/ beruflichen Dimension passt dazu, dass es Typ 3 besonders wichtig ist, auf die gesellschaftliche Funktion als Lehrkraft vorbereitet zu werden. Die vergleichsweise geringe Bewertung der Umsetzung dieser als wichtig befundenen anwendungsbezogenen Aspekte wiederum könnte beitragen zur Erklärung, warum Typ 3 insgesamt eine eher negative Einstellung gegenüber dem Studium zeigt.

11.9.3.2.2 Affektive Merkmale

Von allen Typen scheint Typ 3 am stärksten extrinsisch motiviert zu sein. Er identifiziert sich weniger als die anderen Typen mit den Aufgaben aus dem Studium. Typ 3 scheint demnach weniger motiviert dazu, für das Studium aus eigenem Willen zu lernen, er braucht eher externe Anreize als andere Studierendentypen. Dies könnte wiederum auf einen gewissen Pragmatismus hindeuten, darauf, dass Typ 3 nur lernen möchte, was seiner Meinung nach „notwendig" ist, wobei die Notwendigkeit von ihm vermutlich daran festgemacht wird, ob der Lernstoff Schulbezug aufweist.

Die relativ negative Einstellung gegenüber Beweisen in Verbindung mit den geringen Relevanzzuschreibungen zum Studium erweckt den Eindruck, dass Typ

3 mit der Hochschulmathematik nicht recht zufrieden ist. Das geringe Interesse und die geringe mathematische Selbstwirksamkeitserwartung könnten darauf hindeuten, dass Typ 3 das Studium nicht vorrangig wegen der Mathematik gewählt hat. Vielleicht war das andere Fach oder der angestrebte Beruf der Lehrkraft eher ausschlaggebend für diese Entscheidung. Dies würde dazu passen, dass Typ 3 das Mathematikstudium eher pragmatisch mit dem geringstmöglichen Aufwand hinter sich bringen möchte. Eventuell fühlt er sich auch nicht zu mehr fähig, denn seine mathematische Selbstwirksamkeitserwartung ist im Vergleich mit den anderen Typen eher gering.

11.9.3.2.3 Verhalten

Insgesamt zeigt Typ 3 ein aktives Lernverhalten in der Vorlesung, nicht aber zwischen den Terminen, wobei er im Vergleich mit den anderen Typen vor allem übt und auswendig lernt. Dieses Lernverhalten erinnert an schulisches Lernen und nicht so sehr an universitäres Lernen, bei dem vor allem das Selbststudium eine wichtige Rolle spielt. Auch dass Typ 3 im Vergleich wenig Anstrengungen unternimmt bei der Bearbeitung der Übungsblätter und häufig abschreibt, deutet darauf hin, dass er nicht gut oder nicht gerne eigenverantwortlich lernt. Dies würde auch dazu passen, dass Typ 3 im Studium nur das Nötigste tun (und lernen) möchte.

11.9.3.2.4 Leistung und Abbruchgedanken

Obwohl er nicht recht zufrieden mit dem Studium zu sein scheint, denkt Typ 3 weniger über einen Studienabbruch nach als andere Studierendengruppen. Eventuell sieht er keine Alternativen und möchte dementsprechend das Studium pragmatisch mit kleinstmöglichem Aufwand hinter sich bringen. Vielleicht geht aber auch sein Pragmatismus mit einer gewissen Zielstrebigkeit einher und weil Typ 3 weiß, worauf er hinarbeitet, denkt er wenig darüber nach, sein Studium abzubrechen.

Vielleicht erklären die vergleichsweise eher schlechten schulischen Leistungen von Typ 3 zumindest zum Teil, dass er einfach nur durch das Studium durchkommen möchte. Diese könnten in Zusammenhang mit der geringen mathematischen Selbstwirksamkeitserwartung stehen. An der Universität erzielt Typ 3 wiederum recht hohe Leistungen, denn auf den Übungsblättern erzielt Typ 3 von allen Typen am meisten Punkte. Auch hier könnte sich zeigen, dass der Pragmatismus von Typ 3 durchaus mit einer Zielstrebigkeit dahingehend, mit geringstmöglichem Aufwand dennoch das Studium und die Kurse zu bestehen, verbunden ist, denn um das Studium bestehen zu können, müssen die Module bestanden werden und entsprechend genügend Punkte in den Übungszetteln erreicht werden. Die vergleichsweise hohen erreichten Punktzahlen in den Übungszetteln an der Universität könnten auch erklären, dass Typ 3 kaum über einen Studienabbruch nachdenkt, da er Erfolgserlebnisse in der Universität hat. Dabei ist zu beachten, dass die Übungsblätter in Gruppen abgegeben werden durften, das heißt, die Erfolgserlebnisse des Typs 3 müssen nicht notwendigerweise auf einer Eigenleistung beruhen.

11.9.3.3 Fazit zu Typ 3 und Benennung des Typs

Typ 3 ist es besonders wichtig, auf die gesellschaftliche Funktion als Lehrkraft vorbereitet zu werden. Mit dem Studium ist er im Vergleich zu den anderen Typen anscheinend eher unzufrieden. Typ 3 meint gerade in denjenigen Bereichen, in denen er gerne Konsequenzen mit dem Studium erreichen würde, im Vergleich zu den anderen Typen eher weniger die Konsequenzen erreichen zu können. Das mathematikbezogene Interesse und die mathematische Selbstwirksamkeitserwartung sind bei Typ 3 im Vergleich zu den anderen Typen eher gering ausgeprägt und dieser Typ ist stärker extrinsisch motiviert als die anderen Typen. Beweisen steht Typ 3 recht negativ gegenüber. All dies deutet darauf hin, dass dieser Typ eine problematische Beziehung zur Hochschulmathematik hat. Es stellt sich die Frage, warum er das Mathematikstudium gewählt hat und seine Fokussierung auf eine Vorbereitung auf den Lehrerberuf lässt die Vermutung zu, dass eher der Lehrerberuf (und eventuell das andere Fach) ausschlaggebend waren bei der Entscheidung. Das könnte den Eindruck erklären, dass Typ 3 sein Mathematikstudium mit geringem Aufwand hinter sich bringen möchte. Sein Lernverhalten deutet darauf hin, dass er kaum Anstrengungen ins Selbststudium investiert, er zeigt eine geringe Frustrationstoleranz und strengt sich bei der Bearbeitung der Übungsblätter nicht besonders stark an. Trotz der eher resignierten Haltung des Typs 3 gegenüber dem Studium zeigt er im Vergleich mit den anderen Typen eine eher geringe Abbruchtendenz und erzielt an der Universität vergleichsweise viele Punkte in den Übungsblättern. Das könnte auf den ersten Blick erstaunen, da die Schulleistungen vom Typ 3 im Vergleich mit den anderen Typen eher schlecht waren. Allerdings durften die Übungsblätter in Gruppen abgegeben werden, so dass die darin erzielten Punkte nicht die tatsächlichen Leistungen reflektieren müssen.

Insgesamt ergibt sich hier ein Bild von Studierenden, die sich in ihren eigenen mathematischen Fähigkeiten eher unsicher fühlen und das Mathematikstudium einfach hinter sich bringen wollen, wobei sie dabei recht zielstrebig vorgehen. Im Mathematikstudium wollen sie vordergründig auf den Lehrberuf vorbereitet werden. So soll Typ 3 als „Pragmatiker" bezeichnet werden. Im Langenscheidt

Fremdwörterbuch wird „Pragmatiker" definiert als „pragmatisch veranlagter Mensch" (PONS GmbH, 2020b), wobei „pragmatisch" wiederum erklärt wird als „mit Sinn für das Nützliche, Sinnvolle oder Machbare, sich auf das Naheliegendste beschränkend" (PONS GmbH, 2020c) und hier im Sinne von „pragmatisch aus Sicht der Studierenden des Typs 3 selbst" verstanden werden soll. Im vorliegenden Fall könnten die eher schlechten Vorleistungen und motivationalen Merkmale dazu führen, dass im Studium vonseiten dieser Studierendengruppe ein Fokus auf die Vorbereitung auf den Lehrberuf gesetzt wird, einerseits da dadurch der Fokus weggelenkt wird von den (eventuell beängstigenden) mathematischen Inhalten und andererseits weil durch die schulischen Vorerfahrungen bereits ein Bild vom Lehrberuf besteht, so dass dieses Ziel greifbarer, also machbarer und naheliegender entsprechend obiger Definition, scheint als die Optimierung der eigenen Person. Das Wort „pragmatisch" wird assoziiert mit Wörtern wie „anwendungsbezogen, ergebnisorientiert, machbarkeitsorientiert, pertinent, pragmatisch, sachbezogen, vom Ergebnis her, von der Sache her (gesehen), zielorientiert, teleologisch (fachspr.)", aber auch „auf dem Boden der Tatsachen, auf dem Boden der Wirklichkeit, bodenständig, geerdet, gefestigt, mit beiden Beinen auf der Erde stehen(d), mit beiden Beinen im Leben stehen(d), mit beiden Füßen (fest) auf dem Boden stehen(d) (fig.), mit Bodenhaftung (fig.), natürlich, nüchtern, ohne Allüren, pragmatisch, praktisch veranlagt, realitätsbewusst, ungekünstelt, unkompliziert, (ein Star etc.) zum Anfassen (fig.), erdverbunden (geh.)" und „klar, kühl, machbarkeitsorientiert, nüchtern, ohne schmückendes Beiwerk, pragmatisch, ruhig, sachbetont, sachlich, schmucklos, schnörkellos, trocken, vernünftig, zweckmäßig" (*pragmatisch – Synonyme bei OpenThesaurus*, o. J.). Gerade die Verbindung zwischen den Wortbedeutungen „zielorientiert", „realitätsbewusst" und „zweckmäßig" beschreibt, wie der Typ des Pragmatikers seine Voraussetzungen bestmöglich zu nutzen sucht, indem er sich auf ihm greifbar scheinende Ziele fokussiert und zu deren Erreichung nur den nötigen Aufwand betreibt.

11.9.4 Charakterisierung von Typ 4

11.9.4.1 Zusammenfassung der charakterisierenden Merkmale
11.9.4.1.1 Relevanzzuschreibungen und Einschätzungen zur Umsetzung
In der Eingangsbefragung schätzt Typ 4 die Studieninhalte allgemein von allen Typen noch am relevantesten ein, in der Ausgangsbefragung dann aber, ebenso wie die Gesamtheit des Mathematikstudiums, am wenigsten relevant von allen Typen.

Die individuell-intrinsische Dimensionsausprägung sieht Typ 4 in der Eingangsbefragung von allen Typen am zweitwenigsten wichtig an und die individuell-extrinsische Dimensionsausprägung bewertet er zu diesem Zeitpunkt ähnlich wie Typ 2 weniger wichtig als die anderen beiden Typen. In der Ausgangsbefragung wird dann die gesamte individuelle Dimension von Typ 4 im Vergleich mit allen anderen Typen als weniger wichtig eingeschätzt. Die gesellschaftlich/ berufliche Dimension bewertet Typ 4 zu beiden Zeitpunkten von allen Typen als am wenigsten wichtig.

Typ 4 ist von allen Typen am wenigsten der Meinung, Konsequenzen der individuell-intrinsischen Dimensionsausprägung erreichen zu können und zusammen mit Typ 3 weniger der Meinung als Typ 1 und Typ 2, Konsequenzen der individuell-extrinsischen Dimensionsausprägung erreichen zu können. Konsequenzen der gesellschaftlich/ beruflichen Dimension meint Typ 4 ähnlich wenig erreichen zu können wie Typ 3 und weniger als die anderen zwei Typen.

Allen Themengebieten wird von Typ 4 zu beiden Befragungszeitpunkten weniger Relevanz zugeschrieben als von allen anderen Typen. Gleiches gilt für die Inhalte aller Komplexitätsstufen. Bezüglich der Umsetzung bewertet Typ 4 diese für Arithmetik/ Algebra höher als alle anderen Typen, die Umsetzung von Analysis und Linearer Algebra von allen Typen am geringsten. Die Umsetzung der Inhalte aller Komplexitätsstufen bewertet Typ 4 geringer als alle anderen Typen.

Typ 4 schreibt der Aneignung von Softwarekompetenz sowohl in der Eingangsbefragung als auch in der Ausgangsbefragung weniger Relevanz zu als alle anderen Typen. Gleiches gilt für das Kennenlernen der historischen und kulturellen Bedeutung der Mathematik in der Eingangsbefragung. In der Ausgangsbefragung schreibt Typ 4 dem Kennenlernen der historischen und kulturellen Bedeutung der Mathematik ähnlich wie Typ 3 weniger Relevanz zu als die zwei anderen Typen. Hingegen wird die Umsetzung des Aspekts der Softwarekompetenz von diesem Typ am zweithöchsten im Vergleich mit den anderen Typen bewertet und die Umsetzung des Aspekts des Kennenlernens der historischen und kulturellen Bedeutung der Mathematik sogar am höchsten. Den anwendungsbezogenen Aspekten der gesellschaftlich/ beruflichen Dimension wird von Typ 4 im Vergleich aller Typen am wenigsten Relevanz zugeschrieben und zudem werden sie von ihm – mit einer ähnlichen Einschätzung wie die des Typs 3 – als am wenigsten umgesetzt eingeschätzt.

11.9.4.1.2 Affektive Merkmale

Typ 4 hat von allen Typen den zweitniedrigsten Selbstbestimmungsindex. Die bei ihm ausgeprägteste Form der Motivation ist der identifizierte Regulationsstil und von allen Typen ist Typ 4 am wenigsten introjiziert motiviert.

Das mathematische Weltbild des Typs 4 ist vor allem von Anwendungs-, System- und Prozessbeliefs geprägt, wobei Prozessbeliefs bei diesem Typ weniger stark ausgeprägt sind als bei allen anderen Typen. Auch Toolboxbeliefs sind bei Typ 4 weniger stark ausgeprägt als bei den anderen Typen.

Von allen Typen hat Typ 4 die negativste Einstellung zum Beweisen. Die aufgabenbezogene Selbstwirksamkeitserwartung ist bei Typ 4 von allen Typen am geringsten ausgeprägt. Die mathematische Selbstwirksamkeitserwartung liegt bei diesem Typ hingegen im Vergleich mit den anderen Typen im Mittelfeld: In der Eingangsbefragung hat dieser Typ die zweitgeringste mathematische Selbstwirksamkeitserwartung, in der Ausgangsbefragung ist sie dann ähnlich wie die von Typ 1, höher als die von Typ 3 aber geringer als die von Typ 2 ausgeprägt.

Das mathematikbezogene Selbstkonzept ist bei Typ 4 in der Ausgangsbefragung ähnlich wie das von Typ 3 und geringer als das der anderen Typen ausgeprägt. Sein Studieninteresse an Mathematik ist in der Eingangsbefragung im Vergleich mit den anderen Typen am zweitgeringsten und in der Ausgangsbefragung ist es von allen Typen am geringsten ausgeprägt.

11.9.4.1.3 Verhalten

Typ 4 gibt sowohl für die Zeit in der Vorlesung als auch zwischen den Terminen von allen Typen das am wenigsten aktive Lernverhalten an. Er gibt von allen Typen an, sowohl in der Eingangs- als auch in der Ausgangsbefragung am wenigsten Anstrengungen bei der Bearbeitung von Übungsblättern zu investieren und investiert von allen Typen am wenigsten Zeit. Zudem schreibt Typ 4 von allen Typen am meisten ab. Alle vier abgefragten kognitiven Lernstrategien (Auswendiglernen, Üben, Vernetzen, Herstellen von Praxisbezügen) sind bei Typ 4 von allen Typen am geringsten ausgeprägt. In den imputierten Daten ist zwar auch bei Typ 4 die stärkste Lernstrategie das Vernetzen wie bei den anderen Typen, in den Originaldaten unter Nutzung von pairwise deletion ist es jedoch das Auswendiglernen.

Während die Frustrationsresistenz in der Eingangsbefragung bei Typ 4 noch ähnlich wie die von Typ 3 und stärker als bei Typ 2 ausgeprägt ist, ist sie in der Ausgangsbefragung bei Typ 4 von allen Typen am geringsten ausgeprägt.

11.9.4.1.4 Leistung und Abbruchgedanken

Der Cluster zu Typ 4 ist in der Ausgangsbefragung sehr viel kleiner als in der Eingangsbefragung. 30 der Studierenden, die zum ersten Zeitpunkt diesem Typ angehörten, nahmen auch an der Ausgangsbefragung teil. Von diesen blieben drei im gleichen Cluster, vier wurden zu Typ 1, 13 zu Typ 2 und zehn zu Typ 3. In der Ausgangsbefragung kamen zu Typ 4 ein früherer Typ 1 und drei frühere Typ 2 Studierende dazu.

Typ 4 zeigt von allen Typen die höchste Abbruchtendenz. Sowohl in den Übungsblättern zur Linearen Algebra als auch in denen zur Analysis erreicht Typ 4 von allen Typen im Mittel am wenigsten Punkte, wobei Typ 2 in der Linearen Algebra ähnlich wenig Punkte erreicht. Während es in der ersten Klausur zur Linearen Algebra kaum Unterschiede in den Leistungen der Typen gibt, erreicht Typ 4 beim zweiten Klausurtermin im Mittel am wenigsten Punkte. Auch in der Schule erzielte Typ 4 relativ zu den anderen Typen betrachtet keine besonders guten Leistungen: Seine Note im zuletzt belegten schulischen Mathematikkurs war von allen Typen am zweitschlechtesten.

11.9.4.2 Deutungen zu den charakterisierenden Merkmalen
11.9.4.2.1 Relevanzzuschreibungen und Einschätzungen zur Umsetzung
Typ 4 bewertet im Vergleich mit den anderen Typen alle Dimensionsausprägungen des Modells der Relevanzbegründungen als weniger wichtig. Demnach strebt er relativ zu den anderen Typen gesehen auf keiner der Dimensionen ausgeprägte Konsequenzen an. Während Typ 4 in der Eingangsbefragung noch eine im Vergleich zu den anderen Typen hohe Relevanz in den Studieninhalten insgesamt sieht, ändert sich dieses Bild in der Ausgangsbefragung. In der Eingangsbefragung scheint es demnach noch keinen negativen Zusammenhang zwischen einer auf das Modell der Relevanzbegründungen bezogenen Ziellosigkeit im Studium und der empfundenen Relevanz des Studiums zu geben, in der Ausgangsbefragung dann aber schon.

Typ 4 erkennt von allen Typen am wenigsten, dass er sich durch das Studium als Individuum weiterentwickeln kann und kann keine aus eigenen Motiven gewünschten Konsequenzen erreichen. Dies könnte wiederum mit einer gewissen Resignation gegenüber dem Studium zusammenhängen. Die Resignation äußert sich unter anderem darin, dass Typ 4 in der Eingangsbefragung zwar insgesamt das Studium als relevant bewertet, trotzdem aber keinem der abgefragten Inhalte des Studiums eine hohe Relevanz zuschreibt. Seine Haltung scheint eher die Hoffnung auszudrücken, das Studium müsse ja wohl irgendwie relevant sein. Diese Haltung scheint aber nicht überlebensfähig, denn in der Ausgangsbefragung sieht Typ 4 im Mittel am wenigsten Relevanz in den Inhalten insgesamt von allen Typen.

Typ 4 bewertet bezüglich der Themengebiete gerade dort die Umsetzung hoch, wo von ihm kaum Relevanz zugeschrieben wird. Dies könnte mit der Unzufriedenheit dieses Typs mit dem Studium zusammenhängen. Zu den Inhalten aller

Komplexitätsstufen sind die Einschätzungen zur Umsetzung von Typ 4 im Vergleich zu den anderen Typen durchweg am geringsten, was den Eindruck der Resignation bestätigt. Der Eindruck, der zunächst entstehen könnte, dass Typ 4 einfach alles ablehnend bewertet, wird insofern nicht bestätigt, als dass er die Umsetzung des Aspekts der Softwarekompetenz im Typenvergleich relativ hoch bewertet.

11.9.4.2.2 Affektive Merkmale

Typ 4 ist eher intrinsisch als extrinsisch motiviert. Bezüglich der Beliefs zur Mathematik scheint Typ 4 keine klaren Akzente zu setzen. Zwei der vier Beliefs sind bei ihm schwächer ausgeprägt als bei allen anderen Typen. Am wenigsten sieht Typ 4 die Mathematik als Toolbox. Er scheint mit der Mathematik nicht viele Eigenschaften zu verbinden. Eventuell hat Typ 4 sich nicht tiefgreifender mit den Charakteristika der Mathematik auseinandergesetzt, das könnte auch mit seinem relativ gesehen geringen Interesse zusammenhängen.

Typ 4 hat anscheinend keine guten Voraussetzungen, um mit dem Studium zufrieden zu sein, da er Beweisen gegenüber von allen Typen am negativsten eingestellt ist (wobei Beweise in der Hochschulmathematik zentral sind) und er sich vergleichsweise wenig selbstwirksam bei der Aufgabenbearbeitung fühlt (aber im Mathematikstudium jede Woche Übungsaufgaben abgegeben werden müssen).

Es stellt sich die Frage, warum Typ 4 überhaupt den Weg gewählt hat, Mathematik zu studieren. Eventuell war dabei eher das andere Fach ausschlaggebend. Dass er das Studium hauptsächlich gewählt hat, weil er Lehrer werden möchte, ist eher unwahrscheinlich, da Typ 4 nicht angibt, dass es ihm besonders wichtig wäre, im gesellschaftlich/ beruflichen Bereich Konsequenzen durch das Studium zu erreichen.

11.9.4.2.3 Verhalten

Typ 4 engagiert sich nur wenig im Studium. Er schreibt viel ab und zeigt ein wenig aktives Lernverhalten. Sein wenig aktives Lernverhalten könnte mit dem geringen Interesse zusammenhängen. Es könnte auch sein, dass Typ 4, da er keine Konsequenzen aus dem Modell der Relevanzbegründungen mit dem Studium besonders zielstrebig erreichen möchte, Anreize für eine Anstrengung im Studium fehlen (wobei nicht ausgeschlossen werden kann, dass es andere Konsequenzen gibt, die von Typ 4 angestrebt werden, die aber nicht im Modell der Relevanzbegründungen abgebildet sind). Dass Typ 4 in der Eingangsbefragung darauf hofft, das Studium müsse relevant sein, könnte seine relativ ausgeprägte Frustrationstoleranz zu diesem Zeitpunkt erklären. In der Ausgangsbefragung hingegen zeigt der Typ im Mittel weder eine vergleichsweise hohe Frustrationstoleranz, noch schätzt er das Studium als insgesamt relevant ein.

11.9.4.2.4 Leistung und Abbruchgedanken

Dass sich die Gruppe der Studierenden des Typs 4 im Laufe des Semesters dezimiert, könnte darauf hindeuten, dass diejenigen, die sich mit keiner der Dimensionsausprägungen identifizieren können, ihr Studium entweder abbrechen oder im Laufe des ersten Semesters ihre Prioritäten festlegen. Tatsächlich zeigt dieser Typ im Vergleich aller Typen eine hohe Abbruchtendenz. Diese Studierenden scheinen resigniert gegenüber ihrem Studium zu sein. Dies könnte mit dem geringen Interesse und dem wenig aktiven Lernverhalten zusammenhängen, durch das Typ 4 vermutlich auch wenig Erfolgserlebnisse hat. Die resignierte Haltung passt auch dazu, dass Typ 4 im Vergleich mit den anderen Typen auf keiner der Dimensionsausprägungen fokussierte Ziele verfolgt, was bedeuten könnte, dass es für ihn wenig Anreize gibt, das Studium abzuschließen.

Die geringen leistungsbezogenen Erfolgserlebnisse wiederum könnten mit der geringen aufgabenbezogenen Selbstwirksamkeitserwartung zusammenhängen. Eventuell studiert Typ 4 auch nur deshalb so halbherzig und fokussiert keine Konsequenzen aus dem Modell der Relevanzbegründungen, die er erreichen möchte, weil er aufgrund der in der Vergangenheit schlechten mathematischen Leistungen Angst hat zu scheitern und sein Selbstwertgefühl (weiter) geschwächt würde, wenn er an einer Sache scheitert, der er eine hohe Relevanz zuschreibt und bei der er sich angestrengt hat.

11.9.4.3 Fazit zu Typ 4 und Benennung des Typs

Typ 4 verfolgt im Vergleich mit den anderen Typen auf keiner der Dimensionsausprägungen des Modells der Relevanzbegründungen ausgeprägte Konsequenzen. Er schreibt allen abgefragten Inhalten eine eher geringe Relevanz zu. In der Eingangsbefragung, zu einem Zeitpunkt, als er noch nicht viel Einblick in das Studium bekommen hat, schätzt Typ 4 dieses zwar insgesamt noch relevant ein. Studierende, die dem Typ 4 zugeordnet werden, sehen dann aber in der Ausgangsbefragung bereits im Vergleich mit allen anderen Typen am wenigsten Relevanz in ihrem Studium. Das Interesse von Typ 4 ist eher gering ausgeprägt, aber er ist eher intrinsisch als extrinsisch motiviert und fühlt sich im Vergleich zu den anderen Typen nicht wenig mathematisch selbstwirksam. Die Einstellung zum Beweisen ist bei Typ 4 recht negativ. Es macht den Anschein, dass Typ 4 nicht die besten Voraussetzungen für ein Mathematikstudium hat, seine Interessen vielleicht eher im zweiten Fach liegen und er Mathematik zusätzlich gewählt hat, weil er sich darin einigermaßen sicher fühlt. Auch sein Lernverhalten deutet

darauf hin, dass Typ 4 keine starke Bindung zum Mathematikstudium aufbaut:
Typ 4 ist wenig aktiv, schreibt viel ab und wendet weniger Lernstrategien an als
die anderen Typen. Insgesamt scheint Typ 4 eher halbherzig bei der Sache zu
sein. Dazu passt es auch, dass Typ 4 eine recht hohe Abbruchtendenz zeigt.

Dieser Typ soll aufgrund seiner Charakterisierung als Typ der „Halbherzigen"
bezeichnet werden. Der Duden definiert „halbherzig" als „nur mit halbem Herzen
[getan], ohne rechte innere Beteiligung [geschehend]" (Bibliographisches Institut
GmbH, 2020a). Dies passt dazu, dass Typ 4 weder ein hohes Interesse hat noch
bestimmte Konsequenzen aus dem Modell der Relevanzbegründungen mit dem
Mathematikstudium anstrebt. Es werden Synonyme in der Wortgruppe „antriebs-
los, gleichgültig, halbherzig, lustlos, ohne Antrieb, ohne Elan, ohne Energie, ohne
Interesse, schwunglos, träge" angegeben, aber auch „nicht ernsthaft (betrieben),
nicht mit Nachdruck (verfolgt/ geführt ...)", „zaghaft (Hauptform), (..), unent-
schlossen, unsicher, verhalten, zaudernd, zögerlich, zögernd, schüchtern (geh.,
fig.)", „fadenscheinig, nicht ehrlich, nicht ernst gemeint, pflaumenweich (fig.)"
und „inkonsequent, mit angezogener Handbremse (fig.), mit halber Kraft, unent-
schieden" sind Synonymgruppen (*halbherzig – Synonyme bei OpenThesaurus*,
o. J.). All diese Wortbedeutungen passen dazu, dass der Typ der Halbherzigen
dem Studium eher negativ gegenübersteht und auch keine großen Anstrengungen
betreibt, um dieses erfolgreich zu beenden.

11.9.5 Kurzzusammenfassung zu den Typencharakterisierungen

Insgesamt weisen die Ergebnisse der Abschnitte 11.9.1 – 11.9.4 darauf hin, dass
die Selbstverwirklicher und die Konformisten, denen es bezogen auf das Modell
der Relevanzbegründungen wichtig ist, sich im Studium als Individuen weiterzuentwickeln, das aktivste Lernverhalten zeigen, ein hohes Interesse zeigen und eher
intrinsisch motiviert sind. Von denjenigen Konsequenzen des Modells der Relevanzbegründungen, die sie als wichtig einschätzen, sind sie auch der Meinung,
sie erreichen zu können. Sie nehmen im Mathematikstudium hohe Relevanzzuschreibungen vor und ihre Einstellung zum Beweisen, dessen Stellenwert in der
Universitätsmathematik viel höher ist als in der Schulmathematik, ist positiver als
die der anderen Typen. Diese zwei Typen unterscheiden sich vor allem insofern,
als dass die Konformisten neben den Gründen der individuellen Dimension auch
die Relevanzgründe der gesellschaftlich/ beruflichen Dimension wichtig finden
und dass sie sich weniger selbstwirksam fühlen als die Selbstverwirklicher und
höhere Abbruchtendenzen zeigen.

Die Pragmatiker und die Halbherzigen, von denen die Pragmatiker Relevanzgründe der gesellschaftlich/ beruflichen Dimension fokussieren und die Halbherzigen keine Relevanzgründe aus dem Modell der Relevanzbegründungen, zeigen ein geringeres Interesse und sind weniger intrinsisch motiviert. Die Pragmatiker zeigen dabei zumindest noch ein ähnlich aktives Lernverhalten wie die Selbstverwirklicher, wobei sie eher auswendig lernen aber die Selbstverwirklicher eher elaborieren. Sowohl die Pragmatiker als auch die Halbherzigen sind eher nicht der Meinung, Konsequenzen aus dem Modell der Relevanzbegründungen erreichen zu können und sie nehmen im Typenvergleich nur geringe Relevanzzuschreibungen vor (zu den Rückschlüssen, die aus den Typencharakterisierungen zum Konstrukt der Relevanzgründe gezogen werden können, vgl. Abschnitt 12.3.12).

Die geringsten Abbruchtendenzen zeigen mit den Selbstverwirklichern und Pragmatikern Studierende, die je eine Dimension der Relevanzgründe aus dem Modell der Relevanzbegründungen besonders fokussieren. Hier könnte sich zeigen, dass die Studienabbruchtendenz eng verknüpft ist mit einer fehlenden Fokussierung auf bestimmte Relevanzgründe aus dem Modell der Relevanzbegründungen, sei es aufgrund einer empfundenen Wichtigkeit aller oder keiner der Relevanzgründe. Da die Selbstverwirklicher und Pragmatiker sich darüber hinaus vor allem insofern von den anderen Typen abgrenzen, dass ihre aufgabenbezogenen Selbstwirksamkeitserwartungen höher sind als die der beiden anderen Typen, sollte insbesondere in der Zukunft beforscht werden, wie eine Fokussierung auf bestimmte Relevanzgründe und eine hohe aufgabenbezogene Selbstwirksamkeitserwartung zusammenhängen und wie beide mit geringeren Studienabbruchtendenzen in Verbindung stehen.

Die Zusammenfassung zu allen in der Charakterisierung der Typen einbezogenen Konstrukten ist Tabelle 11.31 – Tabelle 11.37 zu entnehmen, in denen auch aufgeführt wird, welche Zusammenhänge statistisch signifikant wurden. Die dort aufgeführten Merkmale sind genau die, die in den vorangegangenen Kapiteln bei den Charakterisierungen der Typen einbezogen und diskutiert wurden (vgl. Abschnitt 12.3.11 für die tiefergehende Interpretation und die Diskussion zu den Ergebnissen der Forschungsfrage 8). Rückschlüsse, die aus der Typencharakterisierung zum Konstrukt der Relevanzgründe gezogen werden können, werden in Abschnitt 12.3.12 diskutiert.

Tabelle 11.31 Affektive Merkmale der Typen

Merkmal	Konformisten	Selbstverwirklicher	Pragmatiker	Halbherzige
Motivation				
– Selbstbestimmungsindex	Höchster[a]	Zweithöchster[a]	Niedrigster[a]	Zweitniedrigster[a]
– Höchster Regulationsstil	Identifiziert[a]	Identifiziert & intrinsisch[a]	Identifiziert[a]	Identifiziert[a]
– Regulationsstil im Vergleich mit den anderen Typen	Am stärksten identifiziert[c,e]	Am stärksten intrinsisch[a,d,e]	Am wenigsten intrinsisch[a,b,c]	Am wenigsten introjiziert[a,f]
Mathematisches Weltbild				
– Stärkster Belief	Prozess[a]	Prozess & Anwendung[a]	Prozess[a]	Anwendung & System & Prozess[a]
– Beliefs im Vergleich mit den anderen Typen	Toolboxbeliefs am stärksten[a,c,d,e] Systembeliefs am stärksten[a,f]	Anwendungsbeliefs am stärksten[a,f]	Systembeliefs am geringsten[a,f]	Prozessbeliefs am geringsten[a,b,c,d] Toolboxbeliefs am geringsten[a,b]
Mittelwert zur Einstellung zum Beweisen	Am zweithöchsten[f]	Am höchsten[a,f]	Am zweitniedrigsten[a,f]	Am niedrigsten[a,f]
Math. SWE				
– Eingangsbefragung	Gleich, am höchsten[a,f]	Am höchsten[a,f]	Am geringsten[a,f]	Am zweitgeringsten[a,f]
– Ausgangsbefragung	Gleich wie Halbherzige, am zweithöchsten[f]	Am höchsten[f]	Am geringsten[f]	Gleich wie Konformisten, am zweithöchsten[f]

(Fortsetzung)

Tabelle 11.31 (Fortsetzung)

Merkmal	Konformisten	Selbstverwirklicher	Pragmatiker	Halbherzige
Aufgabenbezogene SWE (Ausgang)	Am zweitgeringsten[f]	Am höchsten[f]	Am zweithöchsten[f]	Am geringsten[f]
Selbstkonzept				
– Eingangsbefragung	Keine nennenswerten Unterschiede			
– Ausgangsbefragung	Höher[a,f]		Niedriger[a,f]	
Mathematikbezogenes Interesse				
– Eingangsbefragung	Am zweithöchsten[a,d]	Am höchsten[a,d,e]	Am geringsten[a,b,c]	Am zweitgeringsten[a,c]
– Ausgangsbefragung	Am zweithöchsten[f]	Am höchsten[f]	Am zweitgeringsten[f]	Am geringsten[f]

Wo es nicht anders gekennzeichnet ist, gelten die Aussagen für die imputierten Daten. In den Originaldaten unter Nutzung von pairwise deletion ergaben sich im Allgemeinen die gleichen Tendenzen, allerdings teils mit anderen Signifikanzen.
[a] gilt sowohl für die imputierten als auch für die Originaldaten unter Nutzung von pairwise deletion
[b] auf einem Niveau von 10 % statistisch signifikanter Unterschied gegenüber Konformisten
[c] auf einem Niveau von 10 % statistisch signifikanter Unterschied gegenüber Selbstverwirklichern
[d] auf einem Niveau von 10 % statistisch signifikanter Unterschied gegenüber Pragmatikern
[e] auf einem Niveau von 10 % statistisch signifikanter Unterschied gegenüber Halbherzigen
[f] ohne statistisch signifikante Unterschiede auf einem Niveau von 10 %

Tabelle 11.32 Verhalten der Typen

	Merkmal	Konformisten	Selbstverwirklicher	Pragmatiker	Halbherzige
Verhalten	Aktivität in der Vorlesung im Vergleich mit den anderen Typen (Ausgang)	Am höchsten[a,c,e]	Am zweitgeringsten[a,b]	Am zweithöchsten[a,e]	Am geringsten[a,b,d]
	Aktivität zwischen den Terminen im Vergleich mit den anderen Typen (Ausgang)	Am höchsten[a,d,e]	Am zweithöchsten[a,e]	Am zweitgeringsten[a,b]	Am geringsten[a,c,d]
	Frustrationsresistenz im Vergleich mit den anderen Typen				
	– Eingangsbefragung	Am höchsten[a,f]	Am geringsten[a,d,e]	Gleich[a,c]	
	– Ausgangsbefragung	Gleich, am höchsten[a,f]		Am zweitgeringsten[f]	Am geringsten[a,f]
	Übungsblätter bearbeiten: Mittelwert im Vergleich mit den anderen Typen				
	– Eingangsbefragung	Gleich, höchster[f]		Zweitniedrigster[a,f]	Niedrigster[c]

(Fortsetzung)

Tabelle 11.32 (Fortsetzung)

Merkmal	Konformisten	Selbstverwirklicher	Pragmatiker	Halbherzige
– Ausgangsbefragung	Höchster[a,d,e]	Zweithöchster[a,d,e]	Zweitniedrigster[a,b,c]	Niedrigster[c]
Zeit investieren im Vergleich mit den anderen Typen (Eingang)	Am meisten[e]	Gleich[a,f]		Am wenigsten[b]
Abschreiben im Vergleich mit den anderen Typen (Ausgang)	Am wenigsten[a,f]	Am zweitmeisten[a,f]		Am meisten[a,f]
Auswendiglernen im Vergleich mit den anderen Typen (Ausgang)	Am meisten[c,d,e]	Am zweitmeisten[b]		Am wenigsten[b,d]
Üben im Vergleich mit den anderen Typen (Ausgang)	Am meisten[d,e]	Gleich[b,e]		Am wenigsten[a,b,c,d]
Vernetzen im Vergleich mit den anderen Typen (Ausgang)	Gleich, am meisten[a,e] (Stärkste Lernstrategie des Typs[a])	(Stärkste Lernstrategie des Typs[a])	Am zweitwenigsten[a,e] (Stärkste Lernstrategie des Typs[a])	Am wenigsten[a,b,c,d] (Stärkste Lernstrategie des Typs [pairwise deletion: Auswendiglernen])

(Fortsetzung)

Tabelle 11.32 (Fortsetzung)

Merkmal	Konformisten	Selbstverwirklicher	Pragmatiker	Halbherzige
Herstellen von Praxisbezügen im Vergleich mit den anderen Typen (Ausgang)	Am meisten[a,d,e]	Am zweitmeisten[a,f]	Am wenigsten[a,b]	

Wo es nicht anders gekennzeichnet ist, gelten die Aussagen für die imputierten Daten. In den Originaldaten unter Nutzung von pairwise deletion ergaben sich im Allgemeinen die gleichen Tendenzen, allerdings teils mit anderen Signifikanzen.

[a] gilt sowohl für die imputierten als auch für die Originaldaten unter Nutzung von pairwise deletion
[b] auf einem Niveau von 10 % statistisch signifikanter Unterschied gegenüber Konformisten
[c] auf einem Niveau von 10 % statistisch signifikanter Unterschied gegenüber Selbstverwirklichern
[d] auf einem Niveau von 10 % statistisch signifikanter Unterschied gegenüber Pragmatikern
[e] auf einem Niveau von 10 % statistisch signifikanter Unterschied gegenüber Halbherzigen
[f] ohne statistisch signifikante Unterschiede auf einem Niveau von 10 %

Tabelle 11.33 Leistung und Abbruchgedanken der Typen

	Merkmal	Konformisten	Selbstverwirklicher	Pragmatiker	Halbherzige ↑ in der Ausgangsbefragung sehr viel weniger Studierende als in der Eingangsbefragung
Leistung und Abbruchgedanken	**Abbruchtendenz im Vergleich mit den anderen Typen**	Am zweithöchsten[f]	Am geringsten[f]	Am zweitgeringsten[f]	Am höchsten[f]
	Punkte: Übungsblätter Analysis im Vergleich mit den anderen Typen *	Wie Pragmatiker, am meisten[f]	Am zweitmeisten[f]	Wie Konformisten, am meisten[f]	Am wenigsten[a,f]
	Punkte: Übungsblätter Lineare Algebra im Vergleich mit den anderen Typen *	Am zweitmeisten[f]	Wie Halbherzige, am wenigsten[f]	Am meisten[a,f]	Wie Selbstverwirklicher, am wenigsten[f]
	Punkte: Lineare Algebra Klausur 1 im Vergleich mit den anderen Typen *	Kaum Unterschiede			
	Punkte: Lineare Algebra Klausur 2 im Vergleich mit den anderen Typen *	Kaum Unterschiede			Am wenigsten[f]

(Fortsetzung)

Tabelle 11.33　(Fortsetzung)

Merkmal	Konformisten	Selbstverwirklicher	Pragmatiker	Halbherzige ↑ in der Ausgangsbefragung sehr viel weniger Studierende als in der Eingangsbefragung
Abiturnote im Vergleich mit den anderen Typen	Keine nennenswerten Unterschiede			
Schulmathematikkurspunkte im Vergleich mit den anderen Typen	Zweitbeste[f]	Beste[a,d,e]	Schlechteste[c]	Zweitschlechteste[a,c]

* In den Übungsblättern und Klausuren unterscheiden sich die Punkte der verschiedenen Typen nur sehr wenig. Wo es nicht anders gekennzeichnet ist, gelten die Aussagen für die imputierten Daten. In den Originaldaten unter Nutzung von pairwise deletion ergaben sich im Allgemeinen die gleichen Tendenzen, allerdings teils mit anderen Signifikanzen.

[a] gilt sowohl für die imputierten als auch für die Originaldaten unter Nutzung von pairwise deletion

[b] auf einem Niveau von 10 % statistisch signifikanter Unterschied gegenüber Konformisten

[c] auf einem Niveau von 10 % statistisch signifikanter Unterschied gegenüber Selbstverwirklichern

[d] auf einem Niveau von 10 % statistisch signifikanter Unterschied gegenüber Pragmatikern

[e] auf einem Niveau von 10 % statistisch signifikanter Unterschied gegenüber Halbherzigen

[f] ohne statistisch signifikante Unterschiede auf einem Niveau von 10 %

Tabelle 11.34 Relevanzzuschreibungen und Einschätzungen zur Umsetzung der Typen I

Relevanzzuschreibungen und Einschätzungen zur Umsetzung	Merkmal	Konformisten	Selbstverwirklicher	Pragmatiker	Halbherzige
	Relevanzeinschätzung: Studieninhalte insgesamt im Vergleich mit den anderen Typen				
	– Eingangsbefragung	Am geringsten[a,f]	Gleich[a,f]		Am höchsten[a,f]
	– Ausgangsbefragung	Am zweithöchsten[f]	Am höchsten[f]	Am zweitgeringsten[f]	Am geringsten[f]
	Relevanzeinschätzung: Gesamtheit Mathematikstudium im Vergleich mit den anderen Typen (Ausgangsbefragung)	Am zweithöchsten[f]	Am höchsten[f]	Am zweitgeringsten[f]	Am geringsten[f]

Wo es nicht anders gekennzeichnet ist, gelten die Aussagen für die imputierten Daten. In den Originaldaten unter Nutzung von pairwise deletion ergaben sich im Allgemeinen die gleichen Tendenzen, allerdings teils mit anderen Signifikanzen.

[a] gilt sowohl für die imputierten als auch für die Originaldaten unter Nutzung von pairwise deletion
[b] auf einem Niveau von 10 % statistisch signifikanter Unterschied gegenüber Konformisten
[c] auf einem Niveau von 10 % statistisch signifikanter Unterschied gegenüber Selbstverwirklichern
[d] auf einem Niveau von 10 % statistisch signifikanter Unterschied gegenüber Pragmatikern
[e] auf einem Niveau von 10 % statistisch signifikanter Unterschied gegenüber Halbherzigen
[f] ohne statistisch signifikante Unterschiede auf einem Niveau von 10 %

Tabelle 11.35 Relevanzzuschreibungen und Einschätzungen zur Umsetzung der Typen II

Merkmal	Konformisten	Selbstverwirklicher	Pragmatiker	Halbherzige
Relevanzzuschreibungen und Einschätzungen zur Umsetzung				
Individuelle Dimension im Vergleich mit den anderen Typen				
– Eingangsbefragung	Am wichtigsten[a,c,d,e]	Intrinsisch: am zweitwichtigsten[a,b,d,e] Extrinsisch: mit Halbherzigen am unwichtigsten[a,b,d]	Intrinsisch: am unwichtigsten[b,c] Extrinsisch: am zweitwichtigsten[a,b,c]	Intrinsisch: am zweitwenigsten wichtig[b,c] Extrinsisch: mit Selbstverwirklichem am unwichtigsten[a,b,d]
– Ausgangsbefragung	Am wichtigsten[a,c,d,e]	intrinsisch: am zweitwichtigsten[a,b,d,e] Extrinsisch: gleich[b,e]	intrinsisch: am zweitwenigsten wichtig[a,b,c,e]	Am unwichtigsten[a,b,c,d]
– Mittelwert: Einschätzung zur Umsetzung	extrinsisch: am höchsten[d,e] Intrinsisch: höher[e]	extrinsisch: am zweithöchsten[a,e]	intrinsisch: am zweitniedrigsten[a,b,c] Extrinsisch: niedriger[a,b,c]	intrinsisch: am niedrigsten[a,b,c]
Gesellschaftlich/ berufliche Dimension im Vergleich mit den anderen Typen				

(Fortsetzung)

Tabelle 11.35 (Fortsetzung)

Merkmal	Konformisten	Selbstverwirklicher	Pragmatiker	Halbherzige
– Eingangsbefragung	intrinsisch: am wichtigsten[a,c,d,e] Extrinsisch: gleich wie Pragmatiker, am wichtigsten[c,e]	Alle am zweitwenigsten wichtig[a,b,d,e]	intrinsisch: am zweitwichtigsten[a,b,c,e] Extrinsisch: gleich wie Konformisten, am wichtigsten[c,e]	Alle am unwichtigsten[a,b,c,d]
– Ausgangsbefragung	Am wichtigsten[a,c,d,e]	Am zweitwenigsten wichtig[a,b,d,e]	Am zweitwichtigsten[a,b,c,e]	Am unwichtigsten[a,b,c,d]
– Mittelwert: Einschätzung zur Umsetzung	Am höchsten[e]	Am zweithöchsten[a,e]	Gleich, am niedrigsten[f]	

Wo es nicht anders gekennzeichnet ist, gelten die Aussagen für die imputierten Daten. In den Originaldaten unter Nutzung von pairwise deletion ergaben sich im Allgemeinen die gleichen Tendenzen, allerdings teils mit anderen Signifikanzen.

[a] gilt sowohl für die imputierten als auch für die Originaldaten unter Nutzung von pairwise deletion
[b] auf einem Niveau von 10 % statistisch signifikanter Unterschied gegenüber Konformisten
[c] auf einem Niveau von 10 % statistisch signifikanter Unterschied gegenüber Selbstverwirklichern
[d] auf einem Niveau von 10 % statistisch signifikanter Unterschied gegenüber Pragmatikern
[e] auf einem Niveau von 10 % statistisch signifikanter Unterschied gegenüber Halbherzigen
[f] ohne statistisch signifikante Unterschiede auf einem Niveau von 10 %

Tabelle 11.36 Relevanzzuschreibungen und Einschätzungen zur Umsetzung der Typen III

	Merkmal	Konformisten	Selbstverwirklicher	Pragmatiker	Halbherzige
Relevanzzuschreibungen und Einschätzungen zur Umsetzung	**Themengebiete im Vergleich mit den anderen Typen**				
	– Relevanzzuschreibungen: Eingangsbefragung	Geometrie, Lineare Algebra, Analysis am höchsten[e]			Alle am geringsten[b,c,d]
		Arithmetik/Algebra am höchsten[a,e]		Arithmetik/Algebra am zweitgeringsten[a,e]	
	– Relevanzzuschreibungen: Ausgangsbefragung	Analysis, Arithmetik/Algebra am höchsten[a,c,d,e]	Analysis, Arithmetik/Algebra am zweithöchsten[a,e]	Analysis, Arithmetik/Algebra gleich, am zweithöchsten[a,e]	Alle am geringsten[a,b,c,d]
		Lineare Algebra, Geometrie gleich, am höchsten[a,e]		Lineare Algebra, Geometrie am zweitgeringsten[b,e]	
	– Mittelwert: Einschätzung zur Umsetzung	Analysis am höchsten[a,f]	Analysis am höchsten[a,f]	Analysis am zweitniedrigsten[a,f]	Analysis am niedrigsten[a,f]
		Lineare Algebra gleich, am höchsten[a,f]	Lineare Algebra gleich, am höchsten[a,f]		Lineare Algebra am niedrigsten[a,f]
		Geometrie mit Halbherzigen am höchsten[a,f]		Geometrie am niedrigsten[b,e]	Geometrie mit Konformisten und Selbstverwirklichern am höchsten[a,f]

(Fortsetzung)

Tabelle 11.36 (Fortsetzung)

Merkmal	Konformisten	Selbstverwirklicher	Pragmatiker	Halbherzige
Stufen im Vergleich mit den anderen Typen	Arithmetik/Algebra am zweithöchsten[c,d,e]	Arithmetik/Algebra am zweitniedrigsten[b,c]	Arithmetik/Algebra am niedrigsten[b,c]	Arithmetik/Algebra am höchsten[a,b,c,d]
– Relevanzzuschreibungen: Eingangsbefragung	Stufe 4 gleich, am höchsten[e]	Stufe 4 gleich, am höchsten[e]	Stufe 4 am zweitgeringsten[e]	Alle am geringsten[b,c,d]
	Stufe 3, 2, 1 gleich, am höchsten[e]	Stufe 3, 2, 1 gleich, am höchsten[e]		
– Relevanzzuschreibungen: Ausgangsbefragung	Stufe 4 gleich, am höchsten[e]	Stufe 4 gleich, am höchsten[e]	Stufe 4 am zweitgeringsten[e]	Alle am geringsten[a,b,c,d]
	Stufe 3, 2, 1 am höchsten[a,e]	Stufe 3, 2 gleich[e] Stufe 1 am zweithöchsten[d,e]	Stufe 1 am zweitgeringsten[b,c,e]	
– Mittelwert: Einschätzung zur Umsetzung	Alle gleich, am höchsten[f]	Alle gleich, am höchsten[f]	Alle am zweitniedrigsten[f]	Alle am niedrigsten[f]

Wo es nicht anders gekennzeichnet ist, gelten die Aussagen für die imputierten Daten. In den Originaldaten unter Nutzung von pairwise deletion ergaben sich im Allgemeinen die gleichen Tendenzen, allerdings teils mit anderen Signifikanzen.

a gilt sowohl für die imputierten als auch für die Originaldaten unter Nutzung von pairwise deletion

b auf einem Niveau von 10 % statistisch signifikanter Unterschied gegenüber Konformisten

c auf einem Niveau von 10 % statistisch signifikanter Unterschied gegenüber Selbstverwirklichern

d auf einem Niveau von 10 % statistisch signifikanter Unterschied gegenüber Pragmatikern

e auf einem Niveau von 10 % statistisch signifikanter Unterschied gegenüber Halbherzigen

f ohne statistisch signifikante Unterschiede auf einem Niveau von 10 %

Tabelle 11.37 Relevanzzuschreibungen und Einschätzungen zur Umsetzung der Typen IV

Merkmal	Konformisten	Selbstverwirklicher	Pragmatiker	Halbherzige
Relevanzzuschreibungen und Einschätzungen zur Umsetzung				
Softwarekompetenz im Vergleich mit den anderen Typen				
– Relevanzzuschreibungen: Eingangsbefragung	Am höchsten[a,c,d,e]	Gleich[b]		Am geringsten[a,b]
– Relevanzzuschreibungen: Ausgangsbefragung + Vergleich zur eigenen Einschätzung zu MZP1	Am zweithöchsten[a,f] Geringer[a]	Am zweitgeringsten[a,f] Höher[a]	Am höchsten[a,f] Geringer[a]	Am geringsten[a,f] Höher[a]
– Mittelwert: Einschätzung zur Umsetzung	Am höchsten[a,f]	Gleich, am niedrigsten[f]		Am zweithöchsten[a,f]
Historische und kulturelle Bedeutung im Vergleich mit den anderen Typen				
– Relevanzzuschreibungen: Eingangsbefragung	Am höchsten[c,e]	Am zweitgeringsten[a,b]	Am zweithöchsten[a,f]	Am geringsten[a,b]
– Relevanzzuschreibungen: Ausgangsbefragung + Vergleich zur eigenen Einschätzung zu MZP1	Am höchsten[a,f] Geringer[a]	Am zweithöchsten[a,f] Höher[a]	Gleich, am geringsten[a,f] Geringer[a]	Höher[a]
– Mittelwert: Einschätzung zur Umsetzung	Am zweitniedrigsten[a,f]	Am zweithöchsten[a,f]	Am niedrigsten[a,f]	Am höchsten[a,f]
Anwendungsbezogene gesellschaftlich/ berufliche Aspekte im Vergleich mit den anderen Typen				

(Fortsetzung)

Tabelle 11.37 (Fortsetzung)

Merkmal	Konformisten	Selbstverwirklicher[a]	Pragmatiker	Halbherzige
– Relevanzzuschreibungen: Eingangsbefragung	Am höchsten[a,c,e]	Intrinsisch: gleich[a,e] Extrinsisch: am zweitgeringsten[b,e]	Extrinsisch: am zweithöchsten[e]	Am geringsten[a,b,c,d]
– Relevanzzuschreibungen: Ausgangsbefragung	Am höchsten[a,c,d,e]	Am zweitgeringsten[a,b,e]	Am zweithöchsten[a,b,c,e]	Am geringsten[a,b,c,d]
– Mittelwert: Einschätzung zur Umsetzung	Am höchsten[d,e]	Am zweithöchsten[b]	Gleich, am niedrigsten[a,b]	

Wo es nicht anders gekennzeichnet ist, gelten die Aussagen für die imputierten Daten. In den Originaldaten unter Nutzung von pairwise deletion ergaben sich im Allgemeinen die gleichen Tendenzen, allerdings teils mit anderen Signifikanzen.

[a] gilt sowohl für die imputierten als auch für die Originaldaten unter Nutzung von pairwise deletion
[b] auf einem Niveau von 10 % statistisch signifikanter Unterschied gegenüber Konformisten
[c] auf einem Niveau von 10 % statistisch signifikanter Unterschied gegenüber Selbstverwirklichem
[d] auf einem Niveau von 10 % statistisch signifikanter Unterschied gegenüber Pragmatikern
[e] auf einem Niveau von 10 % statistisch signifikanter Unterschied gegenüber Halbherzigen
[f] ohne statistisch signifikante Unterschiede auf einem Niveau von 10 %

11.9.6 Zusatzinformationen zu den Typen aus Antworten auf das offene Item

Im Folgenden sollen als Zusatzinformationen, die aus den Ergebnissen zur Forschungsfrage 8 gezogen werden können, noch die Antworten auf das offene Item analysiert werden, die von den vier Typen gegeben wurden. Bei der Analyse, welche Themen von welchen Typen wie häufig im offenen Item angesprochen wurden (vgl. Tabelle 11.38) ergibt sich kein auffälliges inhaltliches Muster. Was hingegen auffällt, ist die Anzahl an Antworten pro Typ: Besonders viele Antworten wurden von den Konformisten gegeben, besonders wenige von den Halbherzigen. Dieses Verhalten passt zu den Interpretationen der Typen:

Tabelle 11.38 Typenbezogene Codierungen zu den drei Leitfragen im offenen Item

Leitfrage	Kategorienname	Typ			
		1	2	3	4
Welche Konsequenzen wollen die Studierenden mit ihrem Studium erreichen, die für sie dessen Relevanz erhöhen würden?	Sicherheit, dass der Lehrerberuf richtig für einen ist	1/-	-/1	-/-	-/-
	Interesse bei SchülerInnen wecken	-/-	1/-	-/-	-/-
	Sicherheit im Handeln als Lehrperson	-/-	1/-	-/-	-/-
	Experte im Fach werden	-/-	2/-	-/-	-/-
	SchülerInnen für das Fach Mathematik motivieren können	-/-	1/-	-/1	-/-
	Berufsvorbereitung	-/1	-/-	-/-	1/-
	Wissen, wie man sich Respekt der SchülerInnen verdient	-/2	-/-	-/-	-/-
	Forderung erfüllen, den vorgegebenen Stoff zu lehren	-/1	-/-	-/-	-/-
	Forderung erfüllen, möglichst alle Fragen beantworten zu können	-/1	-/-	-/-	-/-

(Fortsetzung)

Tabelle 11.38 (Fortsetzung)

Leitfrage	Kategorienname	Typ			
		1	**2**	**3**	**4**
	Spaß am Studium	-/1	-/-	-/-	-/-
Welche auf die Fragestellung passenden Themen werden im offenen Item genannt?	Schulmathematik/ für die Schule relevante Mathematik	2/1	-/-	1/4	2/-
	Fragen der Gestaltung des Mathematikunterrichts	2/-	-/2	-/-	-/-
	Mathematikdidaktik	1/-	3/2	1/1	-/-
	Anwendungsbezug der Mathematik	-/-	-/2	-/-	-/-
	Fachliche Themen	-/-	-/-	-/2	-/-
	Mathematikgeschichte	-/-	-/-	-/1	-/-
Welche NICHT auf die Fragestellung passenden Themen werden im offenen Item genannt?	Angepasster Lehramtsstudiengang (unabhängig von Fachmathematik)	2/4	-/-	-/2	2/-
	Didaktik	3/1	2/3	1/4	1/-
	Pädagogik/ Erziehungswissenschaften	3/1	-/2	1/2	1/-
	Praktika/ Praxisbezug	1/1	4/4	-/2	2/-
	Psychologie	2/1	-/2	-/-	-/-
	Relevante Dinge für die Schule	1/-	-/-	-/3	2/-
	Stoffvermittlung	1/1	7/2	-/5	1/1
	Universitätsmathematik zu unterschiedlich von Schulmathematik	2/-	-/-	-/1	-/-
	bessere Vorbereitung auf den Lehrerberuf/ das Referendariat	1/1	1/1	-/-	-/-
	keine Themen, die ein Lehrer nicht braucht	-/1	-/-	-/-	2/-
	Kritik an Studienleistungen/ Hausaufgaben/ Vorlesungsbetrieb	-/4	-/-	-/1	2/-

(Fortsetzung)

Tabelle 11.38 (Fortsetzung)

Leitfrage	Kategorienname	Typ			
		1	2	3	4
	weniger fachliche Inhalte/ Beweise/ Theorie	-/-	1/1	1/2	-/-
	Schulbezug/ Lehramtsbezug	1/3	-/1	-/3	-/-
	weniger mathematisches Denken	1	-	-	-
	weniger wie man effektiv unterrichtet	1	-	-	-
	Schulpolitische Fragen	-/-	-/4	-/-	-/-
	Umgang mit verschiedenen Schülergruppen	-/6	-/-	-/-	-/-
	Unterrichten/ vor der Klasse stehen/ Klasse führen	-/-	-/-	-/4	-/-
	Zweitfach	-/1	-/-	-/1	-/-
	zu hoher Aufwand	-/-	-/-	-/1	-/-
	zu weit entfernt vom Lehrerberuf	-/-	-/1	-/-	-/-
	Anderes/ unklar	1/3	-/3	-/2	-/-

Typ 1 – Konformisten
Typ 2 – Selbstverwirklicher
Typ 3 – Pragmatiker
Typ 4 – Halbherzige
x/y: Anzahl der Codierungen Eingangsbefragung/ Anzahl der Codierungen Ausgangsbefragung

Die Halbherzigen zeigen sich sehr inaktiv und die Konformisten versuchen die Erwartungen zu erfüllen, indem sie das Freitextfeld ausfüllen.

11.9.7 Stabilität der Typenzuordnung

Zur Klärung der Forschungsfrage 8b), ob es sich bei der Typenzuordnung um eine zeitlich stabile Eigenschaft handelt, wurde analysiert, in welchen Clustern sich die Befragungsteilnehmenden zum Zeitpunkt der Eingangs- und zum Zeitpunkt der Ausgangsbefragung jeweils befanden (vgl. Abschnitt 12.3.11.6 für die tiefergehende Interpretation und die Diskussion zu den Ergebnissen der Forschungsfrage 8b). Dazu wurden diejenigen Teilnehmenden betrachtet, für die Daten sowohl zum ersten als auch zum zweiten Befragungszeitpunkt vorlagen. In Tabelle 11.39 ist angegeben, welchen Clustern Studierende in der Ausgangsbefragung zugeordnet waren in Abhängigkeit von ihrer Typenzuordnung in der Eingangsbefragung. Dabei lässt sich erkennen, dass 31,4 % der Teilnehmenden zu beiden Befragungszeitpunkten dem gleichen Cluster zugehörten.

Von den Konformisten der Eingangsbefragung bleiben 60 % auch in der Ausgangsbefragung Konformisten. Von den Selbstverwirklichern der Eingangsbefragung sind knapp ein Viertel in der Ausgangsbefragung ebenfalls den Selbstverwirklichern zugeordnet und von den Pragmatikern der Eingangsbefragung ist die Hälfte in der Ausgangsbefragung auch dem Cluster der Pragmatiker zugeteilt. Von den Halbherzigen hingegen bleibt nur ein Zehntel der Studierenden, die diesem Typ in der Eingangsbefragung zugeordnet waren, auch in der Ausgangsbefragung im Cluster der Halbherzigen. Es scheint so, dass die Zuordnung zum Cluster der Konformisten als am stabilsten im Typenvergleich eingeschätzt werden kann und die Zuordnung zum Cluster der Halbherzigen als am wenigsten stabil.

Ein χ^2-Test wurde durchgeführt, um die Unterschiede in den Häufigkeiten der Clusterzugehörigkeit in der Eingangs- und Ausgangsbefragung auf statistische Signifikanz zu überprüfen. Dabei waren sechs der erwarteten Zellhäufigkeiten nicht größer als 5, weswegen nicht nur asymptotisch, sondern exakt getestet wurde. Es gab einen statistisch signifikanten Zusammenhang zwischen der Clusterzugehörigkeit in der Eingangs- und Ausgangsbefragung, $T = 19,11, p = ,01, \varphi = 0,43$. Dementsprechend ist der Zusammenhang in den Daten zwischen der Clusterzugehörigkeit in der Eingangs- und in der Ausgangsbefragung nicht rein zufällig. Berechnet man jedoch Cohen's Kappa als Maß der Übereinstimmung zwischen Eingangs- und Ausgangsbefragung, so ergibt sich ein Wert von ,11, was bedeutet, dass die Clusterzugehörigkeit für die vorliegenden Daten kein stabiles Merkmal ist.

Insgesamt ist also festzuhalten, dass die Clusterzugehörigkeit zwar kein rein zufälliges Merkmal jedoch auch kein stabiles zu sein scheint und dass unterschiedliche Clusterzugehörigkeiten unterschiedlich stabil zu sein scheinen. Diese Analyse wurde auf den Originaldaten durchgeführt, eine vergleichende Analyse auf den imputierten Daten entfiel, da die Cluster nicht imputiert werden konnten.

Denkbar wäre, dass bei einer Clusteranalyse über beide Erhebungszeitpunkte erkennbar wird, dass Studierende, die zum ersten Befragungszeitpunkt einem

Tabelle 11.39 Clusterwanderungen der Teilnehmenden zwischen beiden Befragungszeitpunkten bei getrennten Clusteranalysen für Eingangs- und Ausgangsbefragung

		Ausgangsbefragung				
		Konformisten	Selbstverwirklicher	Pragmatiker	Halbherzige	Σ
Eingangsbefragung	Konformisten	12 (11,4%)	3 (2,9%)	4 (3,8%)	1 (1,0%)	20 (19,1%)
	Selbstverwirklicher	16 (15,2%)	10 (9,5%)	10 (9,5%)	3 (2,9%)	39 (37,1%)
	Pragmatiker	7 (6,7%)	1 (1,0%)	8 (7,6%)	0 (0,0%)	16 (15,2%)
	Halbherzige	4 (3,8%)	13 (12,4%)	10 (9,5%)	3 (2,9%)	30 (28,6%)
	Σ	39 (37,1%)	27 (25,7%)	32 (30,5%)	7 (6,7%)	105 (100,0%)

Cluster x zugehörten, zum zweiten Befragungszeitpunkt besonders häufig einem Cluster y zugehörten. Dies wurde auf den Daten der Clusteranalyse über beide Befragungszeitpunkte getestet (vgl. dazu die Aussage in Abschnitt 10.6, dass es als Vorteil der Clusteranalyse über beide Zeitpunkte gesehen werden kann, dass für Studierende, für die sich für die Eingangsbefragung und die Ausgangsbefragung unterschiedliche Clusterzugehörigkeiten ergeben, die Änderung direkt interpretiert werden kann). Es ist zu beachten, dass die Cluster hier nicht genauer entsprechend ihrer weiteren Eigenschaften untersucht wurden, die Benennung erfolgt nur unter Vergleich der Profile auf den Relevanzzuschreibungen zu den Dimensionsausprägungen des Relevanzmodells (vgl. Abschnitt 10.6). Es zeigt sich kein klares Muster in der Clusterwanderung (vgl. Tabelle 11.40).

Auffällig ist aber, dass die Stabilität der einzelnen Cluster im Vergleich zu den anderen Clustern sich hier anders gestaltet als bei den getrennten Clusteranalysen für die Eingangs- und Ausgangsbefragung: Von den Konformisten bleibt die Hälfte der Studierenden, die zum ersten Zeitpunkt diesem Cluster zugeordnet wurden, auch in der Ausgangsbefragung in dem gleichen Cluster, das ist etwas weniger als bei den Clusteranalysen für die getrennten Befragungszeitpunkte. Von den Selbstverwirklichern der Eingangsbefragung bleiben etwas mehr als 60 % auch in der Ausgangsbefragung Selbstverwirklicher und damit sehr viel mehr als bei den Clusteranalysen für die getrennten Befragungszeitpunkte. Ein Viertel der Pragmatiker zum ersten Befragungszeitpunkt sind auch zum zweiten Befragungszeitpunkt diesem Cluster zugeordnet und damit ein sehr viel geringerer Anteil als bei den Clusteranalysen für getrennte Befragungen. Und etwas mehr als ein Drittel der Studierenden, die zum ersten Zeitpunkt den Halbherzigen zugeordnet sind, befinden sich auch zum zweiten Befragungszeitpunkt im gleichen Cluster, was insbesondere bedeutet, dass die Zuordnung zu diesem Cluster sehr viel stabiler ist als bei den getrennten Clusteranalysen für Eingangs- und Ausgangsbefragung. Für die Clusteranalyse über beide Befragungen ist also der Cluster der Selbstverwirklicher der stabilste und der der Pragmatiker der am wenigsten stabile im Vergleich der Typen. Insbesondere ergeben sich hier andere Ergebnisse als bei den getrennten Clusteranalysen für Eingangs- und Ausgangsbefragung und es ist demnach davon auszugehen, dass trotz der ähnlichen Profile auf den Relevanzzuschreibungen zu den Dimensionsausprägungen die hier gefundenen Cluster nicht genau denen entsprechen, die in der vorliegenden Arbeit analysiert wurden. Bei der Analyse der Cluster, die bei der Clusteranalyse über beide Befragungen gefunden wurden, ist demnach davon auszugehen, dass auch andere Ergebnisse von denen der vorliegenden Arbeit abweichen würden. Eine Gegenüberstellung

Tabelle 11.40 Clusterwanderungen der Teilnehmenden zwischen beiden Befragungszeitpunkten bei einer Clusteranalyse über beide Befragungen

Eingangsbefragung	Ausgangsbefragung				
	Konformisten	Selbstverwirklicher	Pragmatiker	Halbherzige	Σ
Konformisten	14 (14,1%)	6 (6,1%)	4 (4,0%)	4 (4,0%)	28 (28,3%)
Selbstverwirklicher	5 (5,1%)	19 (19,2%)	5 (5,1%)	2 (2,0%)	31 (31,3%)
Pragmatiker	2 (2,0%)	9 (9,1%)	5 (5,1%)	4 (4,0%)	20 (20,2%)
Halbherzige	4 (4,0%)	4 (4,0%)	5 (5,1%)	7 (7,1%)	20 (20,2%)
Σ	25 (25,3%)	38 (38,4%)	19 (19,2%)	17 (17,2%)	99 (100,0%)

dazu, wie viele Studierende einem Cluster x für die Clusterung über beide Befragungen bezüglich Eingangs- oder Ausgangsbefragung und einem Cluster y in den getrennten Clusteranalysen für Eingangs- oder Ausgangsbefragung zugeordnet wurden, findet sich in Anhang XX im elektronischen Zusatzmaterial.

Im Folgenden sollen nun sowohl die Ergebnisse dieser Arbeit als auch die zur Findung der Ergebnisse eingesetzten Methoden diskutiert werden.

Diskussion 12

Zunächst werden in Abschnitt 12.1 die in der Arbeit eingesetzten Methoden und Designs im Rückblick nach deren Einsatz zur Beantwortung der Forschungsfragen diskutiert. Anschließend werden die methodischen Stärken und Schwächen der Arbeit aufgezeigt (vgl. Abschnitt 12.2), ehe in Abschnitt 12.3 die Ergebnisse der Arbeit in den Forschungskontext eingeordnet, interpretiert und diskutiert werden.

12.1 Diskussion von Methoden und Designs

In der vorliegenden Arbeit wurden verschiedene Entscheidungen zu Methoden und Designs getroffen. Teilweise ist im Nachhinein, auch mit Blick auf die Ergebnisse dieser Arbeit, deren Eignung zu diskutieren. Dabei werden im Folgenden

– die kognitive Validierung in den Blick genommen (vgl. Abschnitt 12.1.1), die eingesetzt wurde, um die Validität des selbst entwickelten Instruments zu Relevanzgründen zu prüfen,
– der Einsatz der multiplen Imputation reflektiert (vgl. Abschnitt 12.1.2), welche genutzt wurde, um fehlende Werte in den Daten zu ersetzen,

Ergänzende Information Die elektronische Version dieses Kapitels enthält Zusatzmaterial, auf das über folgenden Link zugegriffen werden kann https://doi.org/10.1007/978-3-658-35844-0_12.

C. Büdenbender-Kuklinski, *Die Relevanz ihres Mathematikstudiums aus Sicht von Lehramtsstudierenden*, Studien zur Hochschuldidaktik und zum Lehren und Lernen mit digitalen Medien in der Mathematik und in der Statistik, https://doi.org/10.1007/978-3-658-35844-0_12

- Cross-Lagged-Panel Designs in den Blick genommen (vgl. Abschnitt 12.1.3), mit denen kausale Zusammenhänge überprüft wurden, und
- die Anwendung der Clusteranalyse reflektiert (vgl. Abschnitt 12.1.4), mit der auf Grundlage der Indizes zu den Relevanzgründen vier Studierendentypen gefunden wurden, die sich in den von ihnen fokussierten Relevanzgründen unterscheiden.

Zudem sollen die durchgeführte Vorstudie (vgl. Abschnitt 12.1.5), mit der das Verständnis insbesondere der selbst entwickelten Messinstrumente geprüft werden sollte, und der Umgang mit statistischer Signifikanz in der vorliegenden Arbeit (vgl. Abschnitt 12.1.6) diskutiert werden. Die methodischen Grenzen werden dabei im Folgenden beschrieben und es wird teils beispielhaft an Stellen dargestellt, welche Alternativen es gegeben hätte und deren Eignung eingeschätzt.

12.1.1 Diskussion zur eingesetzten Methode der kognitiven Validierung

In den beiden kognitiven Validierungsstudien, die im Rahmen dieser Arbeit durchgeführt wurden, wurde die Validität der Items zu individuellen und gesellschaftlich/ beruflichen Relevanzgründen nachgewiesen (zu den Ergebnissen der Validierungsstudien vgl. Abschnitt 7.3.3). Um zu zeigen, dass die nachgewiesene Validität auch reliabel eingeschätzt wurde, wurden in diesem Zug die Interraterreliabilitäten analysiert, wobei im Rahmen der Validierungsstudie zu gesellschaftlich/ beruflichen Relevanzgründen vom üblichen Maß Cohens Kappa abgewichen wurde (vgl. Abschnitt 6.2.1.3 für die Darstellung, wie in kognitiven Validierungsstudien im Allgemeinen die Interraterreliabilität mit Cohens Kappa bestimmt wird). Cohens Kappa liefert unter gewissen Umständen, die hier vorlagen, Ergebnisse, die trotz vorliegender Intercoderübereinstimmung auf eine geringe Reliabilität hinweisen. In diesem Zusammenhang schreibt beispielsweise Guggenmoos-Holzmann (1993, S. 2203), dass zufallskorrigierte Übereinstimmungskoeffizienten wie Cohens Kappa besonders anfällig dafür seien, als Messinstrumente für Reliabilität nicht reliable Ergebnisse zu bringen.

Solche Fälle, in denen Cohens Kappa keine reliable Aussage zur Reliabilität der Messung macht, liegen dann vor, wenn innerhalb der betrachteten Daten tatsächlich eine Codierung öfter angebracht ist als eine andere, wenn also ein Merkmal sehr viel häufiger auftritt als das andere und demnach innerhalb aller betrachteten Merkmale annähernd 100 % gleich codiert werden sollten. Wenn die CodiererInnen einen Großteil tatsächlich gleich codieren, dann sinkt der Wert von Cohens Kappa (vgl. Ker, 1991), obwohl die Interraterreliabilität selbst nicht sinkt. Insbesondere kann bei unausgeglichenen Randsummen Cohens Kappa gar nicht mehr den maximalen Wert von 1 annehmen (Brennan & Prediger, 1981, S. 688).

Unter der Voraussetzung, dass beide RaterInnen unvoreingenommen und passend codieren, würde im Fall, dass ein Merkmal sehr viel öfter als das andere auftritt, eine 2x2-Matrix der Codierungen vorliegen, in der die Randsummen hoch symmetrisch und unausgeglichen sind. Das bedeutet, dass die erste Zeilensumme und die erste Spaltensumme sehr hoch ausfallen, die zweite Zeilensumme und zweite Spaltensumme beide sehr gering oder umgekehrt. In diesem Fall nimmt p_o einen hohen Wert an (was unter der Annahme, dass das entsprechende Merkmal in der Kohorte tatsächlich viel häufiger auftritt, richtigerweise auf eine hohe Intercoderreliabilität hinweisen würde), wohingegen Cohens Kappa sehr klein wird (was fälschlicherweise eine geringe Intercoderreliabilität anzeigen würde, vgl. Feinstein & Cicchetti, 1990). Die Höhe des Kappa-Werts hängt also von der tatsächlichen Häufigkeit des gemessenen Merkmals ab (vgl. Feinstein & Cicchetti, 1990; Guggenmoos-Holzmann, 1993). So schreibt Guggenmoos-Holzmann (1993): „The most serious source of unreliability is the dependence of chance-corrected measures of agreement on the prevalence of the target trait" (S. 2203).

An dieser Stelle lag bei den Items zur gesellschaftlich/ beruflichen Dimension das Problem. Bei diesen stimmten die beiden RaterInnen in fast allen Bereichen in der Meinung überein, dass „kongruent" codiert werden sollte. Dadurch wurde Cohens Kappa extrem klein. Da aber die Studierendenantworten auch aus Sicht eines dritten Raters kongruent waren, was sich bei erneuter Durchsicht der Interviewtranskripte zeigte, ist davon auszugehen, dass das geringe Cohens Kappa in diesem Fall fälschlicherweise auf eine geringe Reliabilität hinwies.

Der Sachverhalt, dass Cohens Kappa klein ausfällt, wenn ein Merkmal überproportional häufig in der Kohorte auftritt und dies richtig von den RaterInnen codiert wird, wird als ein Paradox von Cohens Kappa bezeichnet (vgl. Feinstein & Cicchetti, 1990). Dieses kommt dadurch zustande, dass bei der Berechnung von Cohens Kappa die Annahme getroffen wird, dass die erwarteten Übereinstimmungen sich an den Randsummen ablesen lassen, ohne Annahmen über die Randsummen selbst zu treffen (vgl. Feinstein & Cicchetti, 1990; Guggenmoos-Holzmann, 1993). Cohens Kappa macht also die Annahme, dass die Zufallsübereinstimmungen abhängig vom Maß der tatsächlichen Übereinstimmungen sind. Diese Annahme ist aber nur legitimiert, wenn die Randsummen a priori festgelegt sind (vgl. Brennan & Prediger, 1981). Bei Cohens Kappa wird nicht beachtet, ob von den erwarteten Verteilungen abweichende Randsummenverteilungen dadurch zustande kommen, dass Merkmale falsch codiert wurden, oder dadurch, dass tat-sächlich ein Merkmal häufiger auftritt: „An essential drawback of these measures is that they intermingle aspects of systematic misclassification with respect to the true status, and of misclassification due to random deviations in the features upon which the ratings are based" (Guggenmoos-Holzmann, 1993, S. 2203).

Insbesondere bei Validierungsstudien von Instrumenten mit validen, verständ-lichen Items ist es durchaus möglich, dass viele ProbandInnen die Items richtig verstehen und ihre Ausführungen kongruent zur Intention sind. Brennan und Pre-diger (1981, S. 693) schlagen vor, bei nicht a priori festgelegten Randsummen einen alternativen Index zu verwenden, der im Fall von zwei RaterInnen und zwei Kategorien, wie im vorliegenden Fall,

$$\kappa_2 = \frac{p_o - \frac{1}{2}}{1 - \frac{1}{2}}$$

lauten würde. Dieser Index beruht auf der Überlegung, dass für jeden Rater bei zufälligen Randsummen der erwartete Randsummenanteil in jeder der beiden Kategorien $\frac{1}{2}$ beträgt. Die Wahrscheinlichkeit, dass beide RaterInnen die glei-che Kategorie codieren, wäre damit $\left(\frac{1}{2}\right)^2$. Da es zwei Kategorien gibt, die von beiden CodiererInnen codiert werden könnten, bietet es sich an, $2 \cdot \left(\frac{1}{2}\right)^2 = \frac{1}{2}$ als Wahrscheinlichkeit der Zufallsübereinstimmung anzunehmen. Die Formel ergibt sich dann wie bei Cohens Kappa als Anteil der Übereinstimmung korrigiert um die Zufallsübereinstimmung an der möglichen nichtzufälligen Übereinstimmung (Brennan & Prediger, 1981, S. 692 f.). Doch dieser Index bringt andere Probleme mit sich: Bei der Validierung eines Instruments ist zu hoffen, dass möglichst viele Befragte die Items richtig verstehen und ihre Beantwortung zum Item passt, so dass zu hoffen ist, dass „kongruent" öfter als „inkongruent" codiert wird. Dem-nach sollten die Kategorien nicht die gleichen Wahrscheinlichkeiten besitzen, ein Problem, das von Scott (1955) folgendermaßen benannt wird: „The index is based on the assumption that all categories in the dimension have equal probability (...) by both coders. This is an unwarranted assumption for most behavioral and attitudinal research" (S. 322).

Tatsächlich legen Cicchetti und Feinstein (1990) dar, dass kein anderer Sammelindex (also ein einzelner Wert, der die Ergebnisse einer 2x2 Matrix zusammenfasst) das Paradox, dass ein großes p_0 und ein kleiner Wert des Sam-melindex einhergehen können, lösen kann. Sie schlagen vor, neben Cohens Kappa zwei weitere Werte p_{pos} und p_{neg} zu berichten, um die Ergebnisse besser interpretierbar zu machen. Dabei gibt p_{pos} den Anteil positiver Übereinstimmung und p_{neg} den Anteil negativer Übereinstimmung zwischen den BeobachterInnen an. Da der Ausdruck[1] $a_{11} + a_{12}$ die Anzahl der „kongruent"-Codierungen von RaterIn 1 und $a_{11} + a_{21}$ die Anzahl der „kongruent"-Codierungen von RaterIn 2 angibt, ergibt sich die durchschnittliche Anzahl an „kongruent"-Codierungen zwischen den beiden Ratern als $\frac{a_{11}+a_{12}+a_{11}+a_{21}}{2}$. Damit ergibt sich als Index der durchschnittlichen positiven Übereinstimmung der Anteil a_{11} der von beiden als „kongruent" markierten Codierungen an der durchschnittlichen Anzahl an „kongruent"-Codierungen zwischen den beiden RaterInnen (Cicchetti & Feinstein, 1990, S. 554):

$$p_{pos} = \frac{a_{11}}{\left(\frac{a_{11}+a_{12}+a_{11}+a_{21}}{2}\right)} = \frac{2a_{11}}{2a_{11} + a_{12} + a_{21}}$$

Analog ergibt sich

$$p_{neg} = \frac{a_{22}}{\left(\frac{a_{21}+a_{22}+a_{12}+a_{22}}{2}\right)} = \frac{2a_{22}}{2a_{22} + a_{12} + a_{21}}$$

Eine Zufallskorrektur bringt in diesem Fall keine zusätzliche Information und kann deshalb entfallen. Die Werte von p_{pos} und p_{neg} zeigen die Konsistenz der beiden RaterInnen bei „kongruent"- und „inkongruent"-Entscheidungen an und geben damit eine Einschätzung zur Aussagekraft der Ergebnisse. Die Werte beider Indizes können zwischen 0 und 1 schwanken (Cicchetti & Feinstein, 1990, S. 556). Mit ihrer Hilfe konnte in der vorliegenden Arbeit gezeigt werden, dass

---

[1] Die Bezeichnungen der Variablen beziehen sich auf die in Abschnitt 6.2.1.4 eingeführte Vierfeldertafel (dort Tabelle 6.1):

		RaterIn 2		
	Codierter Wert	1	0	Σ
RaterIn 1	1	a_{11}	a_{12}	$a_{11} + a_{12}$
	0	a_{21}	a_{22}	$a_{21} + a_{22}$
	Σ	$a_{11} + a_{21}$	$a_{12} + a_{22}$	$a_{11} + a_{12} + a_{21} + a_{22} = n$

die beiden CodiererInnen insbesondere bei den „kongruent"-Codierungen größtenteils übereinstimmten. In der inhaltlichen Bedeutung von Reliabilität, welche
angibt, inwiefern eine Messung unverzerrt ist durch Messfehler (Döring & Bortz,
2016, S. 442), ist eine reliable Messung also trotz des geringen Kappa-Wertes
gegeben.

12.1.2 Diskussion zur eingesetzten Methode der multiplen Imputation

Die recht hohe Anzahl an fehlenden Werten in der vorliegenden Arbeit verbunden mit den Befunden, dass sich beispielsweise die Kohorten der Studierenden
mit Daten zu beiden Zeitpunkten und der Studierenden mit Missings zu einem
Messzeitpunkt unterschieden und die Varianz für diejenigen Studierenden, bei
denen aufgrund der Teilnahme an nur einem Befragungszeitpunkt viele Daten
fehlten, höher war als die Varianz im Datensatz mit vollständigen Daten (vgl.
Abschnitt 10.4), rechtfertigten die Entscheidung, die fehlenden Daten mithilfe
der Methode der multiplen Imputation zu schätzen (zur Methode der multiplen
Imputation vgl. Abschnitt 6.2.2.2.4). Zwar wird im Allgemeinen zur Durchführung einer multiplen Imputation vorausgesetzt, dass die zugrunde liegenden
Variablen normalverteilt sind, während sich in der vorliegenden Arbeit zeigte,
dass zumindest die Antwortverteilungen auf den Indizes und Skalen zu den
Relevanzzuschreibungen teils stark von der Normalverteilung abwichen (vgl.
Abschnitt 10.3). Es konnte jedoch in der Vergangenheit gezeigt werden, dass
das Verfahren robust gegen Verletzungen der Normalverteilungsvoraussetzung
ist (Enders, 2001; Graham & Schafer, 1999). Insbesondere wird empfohlen,
wenn Aussagen zur Gesamtstichprobe getroffen werden sollen, aber im Datenset fehlende Werte vorliegen, besser Daten zu imputieren, selbst wenn dabei die
Normalverteilungsvoraussetzung verletzt ist, als traditionelle Verfahren zu nutzen,
obwohl fehlende Werte MAR sein könnten (Peugh & Enders, 2004, S. 528). Während mithilfe der multiplen Imputation auch die Daten derjenigen Studierenden
genutzt werden, die Missings enthalten, müssen die Ergebnisse mit Vorsicht interpretiert werden, da die Ergebnisse vermutlich dennoch verzerrt im Vergleich mit
denen auf dem (nicht vorliegenden) Gesamtdatensatz bleiben, insbesondere da
nicht ausgeschlossen werden kann, dass fehlende Werte teils MNAR sein könnten und die multiple Imputation nur bei MAR und MCAR fehlenden Werten
unverzerrte Ergebnisse liefert (vgl. Abschnitt 6.2.2.1 zu den Fehlendmechanismen; vgl. Abschnitt 12.2.3 zur Diskussion der einschränkenden Bedingung an
die Fehlendmechanismen).

Im Rahmen der multiplen Imputation der vorliegenden Arbeit wurden alle geschlossenen Items in den Imputationsprozess aufgenommen (vgl. Abschnitt 10.5.4). Mit dieser Entscheidung wurde der Empfehlung gefolgt, möglichst viele Kovariablen in den Imputationsprozess aufzunehmen (vgl. Abschnitt 6.2.2.2.4.1). Es hätte auch die Möglichkeit gegeben, bestimmte Items als Prädiktoren auszuschließen und nur fehlende Werte darin zu imputieren oder sie gar nicht ins Imputationsmodell aufzunehmen. Das wäre aber nur dort sinnvoll gewesen, wo ein Zusammenhang der jeweiligen Items zu anderen zu imputierenden Werten ausgeschlossen werden konnte, denn alle Variablen, die MNAR Mechanismen im Datensatz entgegenwirken können, sollten als Prädiktoren aufgenommen werden (Spieß, 2010, S. 126). Hätte man beispielsweise die Leistungen, zu welchen besonders viele fehlende Werte vorlagen (vgl. Abschnitt 10.5.2), nicht als Prädiktoren genutzt, dann hätte dies unter Umständen dazu geführt, dass es zu einem MNAR Mechanismus für die Relevanzzuschreibungen gekommen wäre, falls in diesen fehlende Werte mit den Leistungen von Studierenden zusammenhingen. Gerade aufgrund dessen, dass das Konstrukt der Relevanzzuschreibungen in der vorliegenden Arbeit explorativ beforscht werden sollte und noch keine begründeten Annahmen dazu bestanden, mit welchen weiteren Konstrukten diese in Zusammenhang stehen könnten, die demnach im Imputationsmodell aufgenommen werden sollten, wurden alle eingesetzten geschlossenen Items aufgenommen. Dass das so genutzte Prädiktionsmodell eventuell vom „wahren" Modell hinter den fehlenden Werten verschieden gewesen sein könnte, stellt bei der multiplen Imputation wegen des zugrunde liegenden Bayes-Ansatz kein Problem dar. Dazu schreibt Spieß (2010, S. 125): „Diese letztere Unsicherheitsquelle wird bei einem Bayes-Ansatz durch die Annahme plausibler Verteilungen der Modellparameter vor Beobachtung der Daten berücksichtigt, in denen sich das a priori Wissen oder die a priori Annahmen bezüglich der Parameter widerspiegeln (‚a priori Verteilung') und die im Lichte der Daten in die ‚a posteriori Verteilung' übergeht."

Es hätte auch die Möglichkeit gegeben, beispielsweise die Variablen zu Leistungsdaten als Variablen mit besonders vielen fehlenden Werten zwar als Prädiktoren zu nutzen, aber fehlende Werte in diesen Variablen nicht zu imputieren. In dem Fall hätte sich aber wieder das bezüglich der Methode der pairwise deletion kritisierte Problem ergeben (vgl. Abschnitt 6.2.2.2.2), dass verschiedenen Analysen teils verschiedene Daten zugrunde gelegen hätten. So hätte man bei allen Analysen, bei denen Leistungsdaten einbezogen wurden, mit anderen Datensets gearbeitet, wodurch die Vergleichbarkeit von Analyseparametern verschiedener Analysen erschwert worden wäre.

In der vorliegenden Arbeit zeigte sich, dass in den Analysen auf dem imputierten Datenset weniger Zusammenhänge statistisch signifikant wurden. Beispielsweise wurde bei keiner der durchgeführten Regressionen, in denen die Gesamteinschätzungen der Relevanz des Mathematikstudiums beziehungsweise seiner Inhalte auf Grundlage der Relevanzzuschreibungen und Einschätzungen zur Umsetzung bezüglich Dimensionsausprägungen, Themengebieten und Komplexitätsstufen geschätzt werden sollten, einer dieser Prädiktoren statistisch signifikant (vgl. Abschnitt 11.4, 11.5). Aufgrund dessen, dass fehlende Werte vor allem bei denjenigen Fällen vorlagen, die zu einer höheren Heterogenität im Gesamtdatensatz beigetragen hätten (vgl. Abschnitt 10.4), wurden Werte im Rahmen der multiplen Imputation so imputiert, dass im multiplen Datenset mehr Varianz vorlag als im vollständigen Originaldatenset. Zudem wird generell bei der Methode der multiplen Imputation eine höhere Varianz auch dadurch erzeugt, dass bei der Berechnung der Varianz auf dem imputierten Datensatz zum Mittelwert der Fehlervarianzen die Varianz zwischen den Imputationslösungen addiert wird (Acock, 2005, S. 1020; vgl. auch Abschnitt 6.2.2.2.4). Eine höhere Heterogenität in Daten, das heißt eine höhere Streuung der Werte in den Daten, kann dazu führen, dass weniger Zusammenhänge statistisch signifikant werden als in homogenen Daten mit wenig Streuung in den Werten. Dies ist genau dann der Fall, wenn die Stichprobengrößen der heterogenen Daten und der homogenen Daten gleich groß sind. Das kann man einerseits anhand der Teststatistik des t-Tests erkennen: Sei $\overline{x_1}$ der Mittelwert der ersten im t-Test betrachteten Variable und $\overline{x_2}$ der Mittelwert der zweiten Variable. Zur ersten Variable liegen die Daten von n_1 ProbandInnen vor und für die zweite Variable von n_2 ProbandInnen. Zudem sei s_p die Schätzung der Varianz auf beiden betrachteten Variablen für die gesamten $n_1 + n_2$ ProbandInnen. Deren Quadrat berechnet sich aus den Schätzungen der Varianzen s_1 für die erste Variable und s_2 für die zweite Variable als (Bortz & Schuster, 2010, S. 122)

$$s_p^2 = \frac{(n_1 - 1)s_1^2 + (n_2 - 1)s_2^2}{(n_1 - 1) + (n_2 - 1)}$$

Die t-Statistik berechnet sich nun nach der Formel (Bortz & Schuster, 2010, S. 121)

$$t = \frac{\overline{x_1} - \overline{x_2}}{\sqrt{s_p^2 \left(\frac{1}{n_1} + \frac{1}{n_2} \right)}}$$

Je größer also die Varianz ausfällt, das heißt je größer die Heterogenität in den Daten ist, desto kleiner wird der t-Wert bei gleichbleibender Stichprobengröße. Ein kleiner t-Wert wird aber eher nicht mehr größer sein als das vorausgesetzte Quantil der t-Verteilung und demnach liegt dann keine statistische Signifikanz vor. Auch inhaltlich lässt sich erklären, dass Zusammenhänge für heterogene Daten seltener statistisch signifikant werden als für homogene, denn bei heterogenen Daten lassen sich kleine Schwankungen eher als zufällig einschätzen.

Beim imputierten Datensatz ist nun noch zu beachten, dass in diesem Fall nicht nur die Varianz höher war und demnach die Heterogenität wuchs, sondern auch die Stichprobengröße größer war als die des vollständigen, homogeneren Originaldatensatzes. Eine größere Stichprobengröße wiederum führt dazu, dass Zusammenhänge eher statistisch signifikant ausfallen, was sich ebenfalls an der oben angegebenen t-Statistik ablesen lässt. Bedenkt man, dass im vorliegenden imputierten Dataset trotz der größeren Stichprobe weniger Zusammenhänge statistisch signifikant wurden, muss die Varianzerhöhung entsprechend hoch ausgefallen sein. Dass die teils nicht statistisch signifikanten Zusammenhänge dennoch berichtet wurden, wird in Abschnitt 12.1.6 begründet.

Aufgrund der stark erhöhten Varianz in den imputierten Daten lässt sich vermuten, dass in der Gesamtstichprobe Studierende teils sehr unterschiedliche Relevanzzuschreibungen vornahmen und sich Zusammenhänge zwischen den Relevanzzuschreibungen und anderen Merkmalen für verschiedene Studierendengruppen teils unterschiedlich gestalten könnten, nämlich an den Stellen, an denen sich in der vorliegenden Arbeit in den Analysen bei Nutzung von pairwise deletion statistisch signifikante Zusammenhänge zeigten und bei den gleichen Analysen für die imputierten Daten nicht. Während einschränkend bedacht werden muss, dass auch die Ergebnisse zu den Zusammenhängen auf Grundlage der imputierten Daten noch verzerrt gegenüber denjenigen der Gesamtstichprobe sein könnten, falls fehlende Werte MNAR waren, lässt sich dennoch dort, wo MAR oder MCAR fehlende Werte vorlagen, vermuten, dass sich in anderen Studierendenteilgruppen an den angesprochenen Stellen andere Zusammenhänge gezeigt hätten als sie sich für die Teilstichprobe mit vollständig vorliegenden Werten zeigten. Beispielsweise zeigte sich bei der linearen Regression, bei der Varianz in der Globaleinschätzung zur Relevanz der Studieninhalte erklärt werden sollte auf Grundlage der Einschätzungen zur Umsetzung der Dimensionsausprägungen (vgl. Abschnitt 11.5.1), dass bei Nutzung der Methode der pairwise deletion die Einschätzungen zur Umsetzung der individuell-intrinsischen Dimensionsausprägung, der gesellschaftlich/ beruflich-intrinsischen Dimensionsausprägung und der gesellschaftlich/ beruflich-extrinsischen Dimensionsausprägung statistisch signifikante Prädiktoren darstellten, für das multipel imputierte Dataset aber keine der unabhängigen Variablen. Demnach scheint es in der Gesamtstudierendengruppe Studierende zu geben, für die zwischen der betrachteten Globaleinschätzung und den genannten unabhängigen Variablen entweder kein linearer Zusammenhang besteht oder ein anderer linearer Zusammenhang als derjenige, der sich für die Studierendengruppe mit vollständigen Daten zeigte. Ob dies der Fall ist und wie sich entsprechende Zusammenhänge gegebenenfalls gestalten, muss in der Zukunft noch beforscht werden.

12.1.3 Diskussion zum Einsatz von Cross-Lagged-Panel Designs

Um kausale Zusammenhänge zwischen Relevanzzuschreibungen und weiteren Merkmalen zu prüfen, wurden in der vorliegenden Arbeit Cross-Lagged-Panel Designs eingesetzt (vgl. Abschnitt 11.6 zu den entsprechenden Ergebnissen; vgl. Abschnitt 6.3.2 zu theoretischen Hintergründen zum Cross-Lagged-Panel Design). In den durchgeführten Cross-Lagged-Panel Designs in dieser Arbeit wichen die Kennwerte der Kreuzpfade teils wenig voneinander ab. Dies ist nicht verwunderlich, da nicht feststeht, dass die Zeitspanne zwischen den beiden Erhebungen der tatsächlichen Zeitspanne entspricht, in der sich gegebenenfalls ein Merkmal unter kausalem Einfluss des anderen ändert. So schreibt beispielsweise Kenny (1975) „large cross-lagged differences are difficult to obtain because the measured lag may not correspond to the causal lag" (S. 894).

Zu beachten ist beim Vergleich der Kennwerte der Kreuzpfade im Allgemeinen, dass alleine deshalb, weil einer der Kreuzpfade beim Cross-Lagged-Panel Design höher ist als der andere, nicht auf die kausale Richtung geschlossen werden kann. Wenn der Kreuzpfad von der Variable X zu T1 zur Variable Y zu T2 höher ist als derjenige von Y zu T1 zu X zu T2, dann könnte entweder X ein Wachstum in Y verursachen oder Y einen Rückgang in X (vgl. Kenny, 1975; Locascio, 1982). Die entsprechenden Ausführungen in der Arbeit, die dennoch Richtungen in Betracht ziehen, beruhen darauf, dass in den Analysen der Korrelationen positive Zusammenhänge zwischen den jeweils in den Cross-Lagged-Panel Designs betrachteten Merkmalen festgestellt wurden und daraus auf positive Einflüsse auch in den Cross-Lagged-Panel Designs geschlossen wurde.

Die in den Cross-Lagged-Panel Designs erhaltenen Ergebnisse sind insofern mit Bedacht zu genießen, als dass im Fall einer reziproken Beeinflussung zwischen beiden Variablen die jeweiligen zeitlichen Verschiebungen unterschiedlich lang sein können, so dass die Möglichkeit besteht, dass das Zeitintervall zwischen den Messungen nur deshalb nur einen kausalen Zusammenhang erkennen lässt, weil es für den zweiten zu kurz gewählt wurde (Clegg et al., 1977, S. 182). Auch deswegen wird in der vorliegenden Arbeit dafür plädiert, dass trotz eines nicht statistisch signifikanten Kreuzpfads ein Einfluss vorliegen könnte.

Zuletzt ist nicht vollständig auszuschließen, dass die festgestellten Zusammenhänge in den Cross-Lagged-Panel Designs dadurch zustande kommen, dass eine dritte Variable die Kovarianz in den untersuchten Variablen verursacht (vgl. Abschnitt 6.3.2.4; vgl. auch Kenny, 1975; Reinders, 2006). Von den beiden Annahmen der „synchronicity" und „stationarity", die nach Kenny (1975, S. 889 f.) die Möglichkeit bieten, den Einfluss einer dritten Variable auszuschließen (vgl. Abschnitt 6.3.2.4), wurde in der Arbeit synchronicity dadurch berücksichtigt, dass alle Variablen zu den gleichen zwei Zeitpunkten gemessen wurden. Ob stationarity vorliegt, konnte empirisch im Rahmen der vorliegenden Arbeit jedoch nicht überprüft werden. Es kann nicht ausgeschlossen werden, dass sich die kausalen Begründungsketten hinter den beobachteten Variablen im Untersuchungszeitraum veränderten. In der vorliegenden Arbeit wurden die Ergebnisse unter der Annahme interpretiert, dass die Kausalketten sich nicht änderten, was im Rahmen der explorativen Beforschung der Relevanzzuschreibungen zur Gewinnung von Hypothesen für zukünftige Forschungsarbeiten zulässig war. Um die so für die vorliegende Stichprobe festgestellten Zusammenhänge empirisch abzusichern und dabei auch auf andere Stichproben abstrahieren zu können, müsste man in der Zukunft weitere Cross-Lagged-Panel Designs durchführen mit unterschiedlichen Zeitspannen zwischen den Erhebungszeitpunkten und prüfen, ob sich jeweils die gleichen Wirkketten zeigen (vgl. dazu auch die Forschungsdesiderata in Abschnitt 13.2.3).

12.1.4 Diskussion zur eingesetzten Methode der Clusteranalyse

Im Rahmen der vorliegenden Arbeit wurde eine Clusteranalyse durchgeführt, um Typen zu finden, die bezüglich der Relevanzgründe aus dem Modell der Relevanzbegründungen ähnliche Relevanzgründe fokussieren (vgl. Abschnitt 10.6 und Abschnitt 11.9 für die entsprechenden Ergebnisse; vgl. Abschnitt 6.2.5 für die theoretischen Hintergründe zur Clusteranalyse). Damit das Ergebnis einer Clusteranalyse sinnvoll interpretiert werden kann, wird teilweise vorausgesetzt, dass sich die Stichprobe tatsächlich in Subgruppen aufteilen lässt, sie also eine Gruppenstruktur bereits inhärent aufweist (vgl. Wiedenbeck & Züll, 2010). Ob im vorliegenden Fall tatsächliche und nicht nur hineininterpretierte Gruppen innerhalb der Studierendenschaft existieren, lässt sich hinterfragen, insbesondere wenn man bedenkt, dass die Grenzen zwischen den gefundenen Clustern nicht streng gezogen werden können (vgl. dazu die Streudiagramme in Anhang XVI im elektronischen Zusatzmaterial) und dass es sich bei der Clusterzugehörigkeit nicht um ein stabiles Merkmal handelt (vgl. Abschnitt 12.3.11.6). Es ließen sich jedoch sowohl für die Eingangs- als auch für die Ausgangsbefragung vier Cluster bilden, so dass man zu jedem Cluster der Eingangsbefragung genau einen aus der Ausgangsbefragung zuordnen kann, der sehr ähnlich gelagert ist. Assoziierbare Cluster zeigten sich auch, wenn man eine Clusteranalyse über die gebündelten Daten beider Befragungszeitpunkte durchführt, wobei davon auszugehen ist, dass diese Cluster nicht gänzlich denen entsprechen, die bei den getrennten Clusteranalysen für Eingangs- und Ausgangsbefragung gefunden wurden (vgl. dazu die Diskussion in Abschnitt 12.3.11.6). Auch wenn nicht davon ausgegangen werden kann, dass die Cluster klar voneinander abgrenzbare Gruppen wiederspiegeln, die bereits der Studierendenschaft inhärent sind, bietet die Analyse der Cluster die Möglichkeit, Tendenzen in den Neigungen und Eigenschaften der Studierenden greifbarer und somit bestenfalls in der Weiterentwicklung des Dialogs über die Relevanz des Mathematikstudiums nutzbar zu machen. Zudem konnten durch die Analyse der Typen unter Zuhilfenahme weiterer Studierendenmerkmale zusätzliche Informationen zum Konstrukt der Relevanzgründe dieser Arbeit gewonnen werden (vgl. Abschnitt 12.3.12). Obwohl davon auszugehen ist, dass nicht die beste unter allen möglichen Clusterlösungen gefunden wurde, da der Rechenaufwand zur Findung der bestmöglichen Lösung sehr hoch ist (vgl. Bortz & Schuster, 2010, Kapitel 25), bietet die Lösung genügend Interpretationsmöglichkeiten für die Fragestellungen dieser Arbeit. Einen höheren Rechenaufwand zu betreiben, um gegebenenfalls eine bessere Lösung zu finden, wäre für die vorliegenden Daten insofern nicht gerechtfertigt, da mithilfe einer Beschreibung der Cluster und für sie gefundene Zusammenhänge zwischen Relevanzzuschreibungen und anderen Merkmalen insbesondere Rückschlüsse über das Konstrukt der Relevanzzuschreibungen von Mathematiklehramtsstudierenden gezogen werden sollten und die Typen dazu eher als Mittel zum Zweck dienten, als dass die bestmögliche Clusterung der Studierenden das Ziel gewesen wäre. Ob sich ähnliche Cluster auch in anderen Kohorten wiederfinden lassen, bleibt zunächst eine offene Frage (vgl. dazu das entsprechende Forschungsdesiderat in Abschnitt 13.2.5).

12.1.5 Diskussion der durchgeführten Vorstudie

Die erste Überprüfung der Handhabbarkeit der Messinstrumente zu den Relevanz-zuschreibungen dieser 'Arbeit in der Vorstudie fand mit Zweitsemesterstudierenden statt (vgl. Kapitel 8). Es ist davon auszugehen, dass diese nicht den gleichen Kenntnisstand haben wie die letztendlich beforschten Erstsemesterstudierenden. Insbesondere wäre es möglich, dass sie aufgrund ihres höheren Kenntnisstandes in der universitären Mathematik mehr Items zu den Relevanzinhalten verstehen als Erstsemesterstudierende (vgl. dazu insbesondere auch die kritischen Anmerkungen zum Messinstrument der Relevanzinhalte in Abschnitt 12.2.5.1.3). Da aber während der Befragungen der Hauptstudie keine Verständnisschwie-rigkeiten von den Studierenden bezüglich der Items zu den Relevanzinhalten oder Relevanzgründen geäußert wurden und sich insbesondere bei den zentralen Items aus dem Messinstrument zu den Relevanzgründen in den kognitiven Vali-dierungsstudien keine Verständnisschwierigkeiten zeigten, können keine empi-risch begründeten Zweifel daran geäußert werden, dass mithilfe der Items zu den Relevanzzuschreibungen valide Messungen der Relevanzzuschreibungen der Mathematiklehramtsstudierenden erhalten wurden.

12.1.6 Diskussion zum Umgang mit statistischer Signifikanz und teils geringen Zusammenhängen in den Daten

In der vorliegenden Arbeit wurden bei den Analysen verschiedene Entscheidun-gen getroffen, die damit zusammenhängen, dass entsprechend des explorativen Vorgehens der Arbeit eher zu viele mögliche als zu wenige Zusammenhänge in den beforschten Merkmalen aufgedeckt werden sollten. Diese Entscheidungen haben zur Folge, dass die in der Arbeit gefundenen Zusammenhänge weni-ger sicher sind und die Ergebnisse nicht auf andere Stichproben abstrahiert werden können, sondern dazu dienen können, Forschungsfragen und Forschungs-hypothesen insbesondere zu den beforschten Konstrukten der Relevanzgründe, Relevanzinhalte und der Relevanzzuschreibungen zu generieren.

So wurde erstens in den statistischen Tests auf einem statistischen Signifi-kanzniveau von 10 % getestet, da in der Arbeit exploriert werden sollte, wie das Konstrukt der Relevanzgründe sich empirisch darstellt, welche Eigenschaften es zeigt und wo es gegebenenfalls vorteilhaft im Vergleich mit anderen motivationa-len Konstrukten ist, insofern als dass es andere Zusammenhänge aufklären kann. Dieser explorative Charakter spiegelt sich also in dem hohen Signifikanzniveau wieder.

Zweitens wurden beim Vergleich der Typen der Clusteranalyse sogar nicht
statistisch signifikante Tendenzen berichtet (vgl. Abschnitt 11.9, wo beschrieben wird, nach welchen Kriterien dort Ergebnisse berichtet wurden). Durch den
Bericht von Tendenzen sollten wiederum mögliche Zusammenhänge zwischen
Merkmalen aufgedeckt werden, an denen im Sinne der explorativen Arbeit neue
Forschungsfragen und Hypothesen generiert werden können, die dann in späteren Arbeiten überprüft werden können. Bei der Beschreibung der Typen ging es
demnach nicht darum, nur die tatsächlich in den in dieser Arbeit betrachteten
Stichproben vorliegenden Zusammenhänge zwischen Merkmalen zu finden, sondern zu explorieren, an welchen Stellen das Konstrukt der Relevanzgründe mit
anderen Merkmalen zusammenhängen könnte und so das Konstrukt weiter zu
charakterisieren[2].

Drittens wurden bei den an die ANOVAs anschließenden Post-hoc-Tests keine
Korrekturen vorgenommen, wodurch davon ausgegangen werden muss, dass tendenziell etwas mehr Ergebnisse statistisch signifikant wurden, als es bei zufallskorrigierten Post-hoc-Tests der Fall gewesen wäre. Dies diente ebenfalls dem
Zweck, Hypothesen für zukünftige Forschungsarbeiten zu generieren und dabei
lieber einen möglichen Zusammenhang zu viel in den Blickpunkt zu rücken, der
dann gegebenenfalls in anschließender hypothesenprüfender Forschung wieder
ausgeschlossen würde.

Auch andere Entscheidungen, mit Unsicherheit behaftete Ergebnisse zu
berichten und zu interpretieren, hängen damit zusammen, dass in der vorliegenden Arbeit ein Konstrukt explorativ beforscht werden sollte und dabei mögliche
Zusammenhänge erkannt werden sollten, die in späteren Forschungsarbeiten
genauer beforscht werden könnten. So wurden Ergebnisse von Regressionsanalysen berichtet, bei denen für die imputierten Daten keiner der Prädiktoren
statistisch signifikant ausfiel (vgl. Abschnitt 11.4, 11.5), und es wurde über vorliegende Zusammenhänge berichtet, bei denen die Korrelationskoeffizienten klein
ausfielen (vgl. Abschnitt 11.6, 11.7).

In der vorliegenden Arbeit erwies es sich auch empirisch als Stärke, dass
geringe Zusammenhänge berichtet wurden, da die geringen Zusammenhänge den
Befund dieser Arbeit stützen könnten, dass es sich bei den Relevanzzuschreibungen um ein instabiles Merkmal zu handeln scheint (vgl. Abschnitt 11.8).
Auf weitere methodische Stärken und Einschränkungen wird im Folgenden
eingegangen.

---

[2] Darüber hinaus hing das das beschriebene Vorgehen bei der Beschreibung der Cluster auch
damit zusammen, dass die Stichprobengrößen der einzelnen Cluster sehr klein waren und bei
kleinen Stichproben Zusammenhänge seltener statistisch signifikant werden (Hirschauer &
Becker, 2020).

12.2 Methodische Stärken und Einschränkungen

Es wird zunächst auf das Problem einer fehlenden Abgrenzung, was genau Relevanz ausmacht, eingegangen, welches generell im Foschungskontext auftritt und mit dem diese Arbeit umgehen musste (vgl. Abschnitt 12.2.1). Anschließend wird die Anlage der Studie als Längsschnittstudie in den Blick genommen (vgl. Abschnitt 12.2.2) und es wird der Umgang mit fehlenden Werten reflektiert (vgl. Abschnitt 12.2.3). In der vorliegenden Arbeit wurde für das Konstrukt der Relevanzgründe ein Messinstrument entwickelt, das formative Modellannahmen macht, was Stärken und Einschränkungen mit sich bringt, die in Abschnitt 12.2.4 thematisiert werden. Die Stärken und Einschränkungen der eingesetzten Messinstrumente werden dann in Abschnitt 12.2.5 in den Blick genommen und in Abschnitt 12.2.6 wird angesprochen, dass in der vorliegenden Arbeit zwar eine Instabilität der Relevanzzuschreibungen der Mathematiklehramtsstudierenden im ersten Semester nachgewiesen aber nicht weiter begründet werden konnte.

12.2.1 Abgrenzung des Konstrukts der Relevanz zu verwandten Konstrukten

Das Konstrukt der Relevanz konnte in der vorliegenden Arbeit nicht tiefgehend ausgearbeitet werden. Es scheint ein Problem des Forschungsfeldes zu sein, dass das Konstrukt der Relevanz bisher undefiniert bleibt und verschiedenste Konstrukte und Modelle in diesem Zusammenhang angeführt werden (vgl. Kapitel 4), ohne dass deren genaue Beziehungen zueinander geklärt sind. Mit dieser Problematik musste die vorliegende Arbeit umgehen. Dabei wurde der Weg beschritten, zunächst ein Modell aufzustellen, in dem beschrieben wird, was Relevanz ausmachen könnte, um dieses dann quantitativ-empirisch zu beforschen. Entsprechend der Interpretation einer Theorie nach Radford und Sabena (2015) als Triplet aus Prinzipien, Methodologie und Forschungsfragen bleiben demnach die Prinzipien in dieser Arbeit gewissermaßen ungeklärt. Dies erschien angesichts der Ausgangslage sinnvoll, um sich dem Konstrukt der Relevanz, welches bisher schwer fassbar scheint, auf einem neuen Weg explorativ anzunähern. In der Zukunft sollte eine genaue Definition dazu, was Relevanz ausmacht und wie dieses Konstrukt von verwandten Konstrukten abzugrenzen ist, im Rahmen einer Diskussion im Forschungsfeld konsentiert werden (vgl. Abschnitt 13.2.1). In dem Fall könnten auch die Bezugnahmen zu anderen Relevanz- und Wertkonstrukten, die bisher teils oberflächlich erscheinen könnten, stärker herausgearbeitet werden.

12.2.2 Anlage als Längsschnittstudie

Die Anlage der vorliegenden Studie als Längsschnittstudie im Vergleich zur Alternative einer Querschnittstudie hat sich als vorteilhaft erwiesen, denn nur so konnten auch Aussagen zu Veränderungen gemacht werden. Insbesondere konnte nur aufgrund der zwei Befragungszeitpunkte festgestellt werden, dass die Studierenden innerhalb des ersten Semesters ihre Einschätzungen dazu, welche Relevanzgründe aus dem Modell der Relevanzbegründungen ihnen wichtig erscheinen, anscheinend ändern (vgl. Abschnitt 11.9.7). Auch die Durchführung von Cross-Lagged-Panel Designs war nur aufgrund des Längsschnittcharakters möglich. Deren Verwendung wiederum kann als weitere methodische Stärke der Arbeit gesehen werden. So konnten mithilfe von Cross-Lagged-Panel Designs kausale Zusammenhänge zwischen der Relevanzzuschreibung und nicht manipulierbaren Variablen wie der Selbstwirksamkeitserwartung (vgl. Abschnitt 11.6.1.1.2), der Leistung (vgl. Abschnitt 11.6.2.2) und dem Interesse (vgl. Abschnitt 11.6.1.2.2) beforscht werden.

12.2.3 Umgang mit fehlenden Werten

Eine weitere methodische Stärke der Arbeit ist im Einsatz der multiplen Imputation zu sehen, insbesondere auch, da so gezeigt werden konnte, dass davon auszugehen ist, dass Ergebnisse zu den Mechanismen und Zusammenhängen der beforschten Konstrukte, die auf der Kohorte mit je für bestimmte Analysen vollständigen Daten gewonnen wurden, nicht generell auf die Gesamtkohorte übertragen werden können (vgl. Abschnitt 12.1.2). Das war schon vor der Durchführung der Analysen zu vermuten, da sich beim Vergleich der Studierendengruppe, die an beiden Messzeitpunkten teilgenommen hatte, mit den Studierendengruppen, die nur an einem der Messzeitpunkte teilgenommen hatten, schon vor der Imputation der Daten zeigte, dass die Studierendengruppe mit vollständigen Daten homogener war als die Studierendengruppen mit unvollständigen Daten und dass die Studierendengruppe mit weniger fehlenden Daten mehr Relevanz im Mathematikstudium zuschrieb (vgl. Abschnitt 10.4). Die Studierenden, die viele unvollständige Daten aufwiesen und die dementsprechend erst bei der Auswertung auf den multipel imputierten Daten in den Analysen berücksichtigt wurden, zeigten eine geringere Zufriedenheit mit dem Studium sowie weniger lernförderliche verhaltensbezogene und motivationale Merkmale.

Um eine Aussage zu den Mechanismen und Zusammenhängen der Relevanzzuschreibungen in Bezug auf den Gesamtdatensatz zu treffen, wurde die

Methode der multiplen Imputation eingesetzt, für welche angenommen wird, dass sie diesbezüglich besser geeignet ist (zur Erklärung der besseren Eignung vgl. Abschnitt 6.2.2.2.4) als die Verfahren der listwise deletion (vgl. Abschnitt 6.2.2.2.1) und pairwise deletion (vgl. Abschnitt 6.2.2.2.2). Alternativ zur multiplen Imputation hätten zur Schätzung der fehlenden Werte auch Maximum-Likelihood-Schätzungen (vgl. Abschnitt 6.2.2.2.3) genutzt werden können, doch die multiple Imputation bot die Vorteile, dass Hilfsvariablen leicht im Iterationsprozess bei der Erstellung der imputierten Datensets aufgenommen werden können und durch die Trennung von Imputationsphase und Analysephase bei der multiplen Imputation viele analytische Modelle offen stehen.

Allerdings ist bei der Methode der multiplen Imputation zu beachten, dass diese nur dann unverzerrte Ergebnisse im Vergleich zum tatsächlichen (nicht vorliegenden) Gesamtdatensatz liefert, wenn die fehlenden Werte nicht MNAR sind, das heißt, wenn die fehlenden Werte auf Variablen nicht mit dem entsprechenden Variablenwert des Probanden selbst zusammenhängen (vgl. Abschnitt 6.2.2.1 zu den Fehlendmechanismen). Diese Einschränkung gilt für alle Methoden zum Umgang mit fehlenden Werten. Den Fehlendmechanismus MNAR hätte man demnach auch nicht durch die Nutzung einer anderen Methode bei den Analysen ausgleichen können. Die Ergebnisse, die auf dem imputierten Datenset gewonnen wurden, sind unter Beachtung dieser Einschränkung aber mit Vorsicht zu betrachten, denn sie stellen nur dann wahrscheinliche Ergebnisse bezüglich der Zusammenhänge auf dem wahren Gesamtdatensatz dar, wenn die fehlenden Werte MAR oder MCAR waren. Insbesondere da bei der Analyse der verschiedenen Teilstichproben, die verschieden viele fehlende Werte aufwiesen, in Abschnitt 10.4 gezeigt wurde, dass Studierendengruppen mit unvollständigen Werten geringere Relevanzzuschreibungen vornahmen, ein geringeres Interesse und eine geringere Motivation zeigten als Studierendengruppen mit vollständigen Werten, muss davon ausgegangen werden, dass für die in den Analysen betrachteten Variablen, für die Werte imputiert wurden, teils MNAR als Fehlendmechanismus vorlag. So wäre es beispielsweise möglich, dass fehlende Werte in Variablen zu den Relevanzzuschreibungen damit zusammenhingen, wie hoch die Relevanzzuschreibungen der Studierenden mit fehlenden Werten in Wahrheit ausgefallen wären: Möglicherweise fehlten Werte in den Items zu den Relevanzzuschreibungen gerade bei Studierenden, die eine geringe Relevanz zugeschrieben hätten und deshalb das Studium abbrachen, da sie es als nicht relevant für sich einschätzten. In diesem Fall lägen fehlende Werte mit MNAR Mechanismus vor und dann sind auch die Ergebnisse, die auf dem multipel imputierten Datensatz gewonnen wurden, verzerrt im Vergleich zu den Ergebnissen, die man auf der Gesamtstichprobe erhalten hätte. Die Ergebnisse der multiplen Imputation können demnach nur einen Teil der fehlenden Werte ausgleichen, was sie für Aussagen zu den Zusammenhängen auf dem Gesamtdatensatz zwar besser geeignet macht als die Methoden der listwise deletion und pairwise deletion, aber auch diese Ergebnisse können noch teils verzerrt sein.

In diesem Zusammenhang kann es als weitere Stärke der Arbeit gesehen werden, dass zusätzlich zu den Ergebnissen auf dem imputierten Datensatz auch diejenigen unter Nutzung der Methode der pairwise deletion berichtet wurden und im Folgenden (vgl. Abschnitt 12.3) interpretiert werden. Die entsprechenden Ergebnisse geben eine Auskunft darüber, welche Relevanzzuschreibungen die jeweiligen Studierenden mit vollständigen Daten für die Analysen vornahmen und wie die Relevanzzuschreibungen von Studierenden, die entsprechende Angaben machten, zusammenhängen mit anderen Merkmalen. Gerade im Rahmen dieser explorativen Arbeit, in der herausgefunden werden sollte, wie sich Relevanzzuschreibungen von Mathematiklehramtsstudierenden überhaupt gestalten, wobei auch Aussagen über Teilgruppen getroffen werden sollten, sind entsprechende Ergebnisse wichtige Ergebnisse. Aus ihnen können Hypothesen zu Zusammenhängen von Relevanzzuschreibungen und anderen Merkmalen abgeleitet werden, die in der Zukunft überprüft werden können. Die Ergebnisse bieten zudem eine gewisse Sicherheit über tatsächlich gefundene Zusammenhänge zu einem Konstrukt, dessen Zusammenhänge in der vorliegenden Arbeit gänzlich neu beforscht wurden, was wiederum einige Unsicherheit für den Forschungsprozess bedeutete. Auch da die Variablen, auf denen die multiple Imputation durchgeführt wurde, zumindest teilweise nicht normalverteilt waren (vgl. Abschnitt 10.3), so dass gegen die entsprechende Voraussetzung der multiplen Imputation verstoßen wurde, war es sinnvoll, parallel zu den Auswertungen auf dem imputierten Dataset die entsprechenden Auswertungen unter Anwendung einer Methode durchzuführen, die keine Normalverteilung in den Daten voraussetzt.

Dass die Methode der pairwise deletion und nicht der listwise deletion gewählt wurde, begründet sich darin, dass für alle Fälle Werte fehlten (vgl. Abschnitt 10.5.1), so dass die Methode der listwise deletion nicht anwendbar war. Zwar wird die Methode der pairwise deletion teils insofern als kritisch eingeschätzt, als dass darin für verschiedene Analysen verschiedene Stichproben genutzt werden und demnach die Berechnung von Standardfehlern erschwert wird (vgl. Abschnitt 6.2.2.2.2). Im Rahmen der vorliegenden Arbeit, in der es bei der Nutzung der pairwise deletion nur um eine Exploration von Relevanzzuschreibungen von Teilgruppen der Studierenden ging und nicht um allgemeine Aussagen zur Gesamtkohorte, stellte dies aber kein Problem dar.

Eine Schwäche zeigte die multiple Imputation bezüglich der Arbeit mit Clustern auf den Daten: Aufgrund fehlender Berechnungsregeln können Cluster nicht auf imputierten Datensätzen gebildet werden, so dass die Clusteranalyse auf den unvollständigen Originaldaten mit der Methode der pairwise deletion durchgeführt werden musste. Die Cluster wurden dann im Datenset, das den Ausgangspunkt für die Imputation darstellte, aufgenommen, konnten jedoch nicht imputiert werden, da dann die Informationen der Variablen, auf denen sie gebildet wurden, in der Imputation doppelt verwendet worden wären (vgl. Abschnitt 10.6 für die durchgeführte Clusteranalyse). Bei allen Fragestellungen, die die Cluster und deren Unterschiede betrafen, umfassten die Aussagen zu Auswertungen auf imputierten Daten dementsprechend nur die fehlenden Werte von Studierenden, für die eine Clusterzuordnung im Originaldatenset erstellt worden war. Für die vorliegende Arbeit war es insofern unproblematisch, dass die Clusterzuordnungen nicht imputiert werden konnten, als dass im Rahmen der Arbeit nur danach gefragt wurde, welche Studierendentypen sich im Datensatz finden lassen, ohne den Anspruch zu stellen, alle in der Gesamtstichprobe möglicherweise existierenden Typen zu finden. Während die Einschränkung, dass Clusterzuordnungen nicht imputiert werden können, also in der Arbeit als solche unproblematisch war, müssen die Ergebnisse, die im Rahmen der Charakterisierung der Cluster auf den imputierten Daten erhalten wurden, entsprechend der Zielsetzungen der multiplen Imputation geeignet interpretiert werden: Die jeweiligen Werte, die für die einzelnen Personen in den Clustern imputiert wurden, müssen nicht den „wahren" Werten entsprechen, die sich ergeben hätten, wenn die Person eine Antwort gegeben hätte. So ist das Ziel der multiplen Imputation nicht, die einzelnen Werte selbst zu generieren, sondern es werden Werte eingesetzt, um Charakteristika des gesamten Datensets zu erhalten (vgl. Abschnitt 6.2.2.2.4 zu den Zielsetzungen und Funktionsweisen der multiplen Imputation). Die imputierten Daten für die einzelnen Personen stellen aber durchaus wahrscheinliche Werte dar, die bei der Person hätten auftreten können unter Berücksichtigung der Daten, die für die Person vorliegen, sowie der Zusammenhänge, die im Gesamtdatensatz auftreten. Insofern sind die Ergebnisse, die auf Grundlage der imputierten Daten bei der Analyse der Cluster erhalten wurden (vgl. Abschnitt 11.9 für diese Ergebnisse), mit einer gewissen Unsicherheit behaftet. Unter Annahme der Zusammenhänge in dem Gesamtdatensatz, aus dem die Stichprobe bei der Clusterbildung gezogen wurde, stellen sie aber wahrscheinliche Ergebnisse dar.

Durch den Einsatz der multiplen Imputation ergab sich zudem eine Einschränkung bei der Durchführung der Varianzanalysen in der vorliegenden Arbeit: Bei Varianzanalysen sollten die Varianzen der einzelnen Faktorstufen nicht statistisch signifikant voneinander abweichen, was mit dem Levene-Test überprüft werden kann (vgl. Abschnitt 6.2.6.3 zu den Voraussetzungen der Varianzanalyse; vgl. auch Kuckartz et al., 2013). SPSS kann den Levene-Test für imputierte Daten jedoch nicht durchführen, so dass er in der vorliegenden Arbeit nur bei den Originaldaten genutzt werden konnte. Zudem wurden überall dort, wo sich in den Varianzanalysen signifikante Ergebnisse ergaben, anstelle der sonst üblichen zufallskorrigierten Post-hoc-Tests post-hoc durchgeführte paarweise t-Tests an die ANOVAs angeschlossen, da nur diese für multipel imputierte Daten in SPSS implementiert sind. Es muss demnach davon ausgegangen werden, dass tendenziell etwas mehr Ergebnisse statistisch signifikant wurden als es bei zufallskorrigierten Post-hoc-Tests der Fall gewesen wäre. Das ist insofern für die vorliegende Arbeit unproblematisch, da deren Anliegen war, die Relevanzzuschreibungen explorativ zu beforschen und so insbesondere Hypothesen für zukünftige Forschungsarbeiten zu generieren. Die gefundenen Zusammenhänge, die statistisch signifikant wurden, sollten demnach ohnehin in folgenden Forschungsarbeiten eingehender überprüft werden (vgl. dazu auch Abschnitt 12.1.6).

12.2.4 Annahme eines formativen Messmodells im Instrument der Relevanzgründe

Dem Messinstrument zu den Relevanzgründen, das in der vorliegenden Arbeit entwickelt wurde, liegt ein formatives Messmodell zugrunde (vgl. Kapitel 7 zur Entwicklung des Messinstruments; vgl. Abschnitt 6.3.1 zu Unterschieden zwischen reflektiven und formativen Messmodellannahmen). Es ist nicht trivial, zu entscheiden, ob eine latente Variable reflektiv oder formativ gemessen werden sollte (vgl. Christophersen & Grape, 2009). Abhängig von der zugrunde gelegten Konstruktdefinition und den zur Messung des Konstrukts verwendeten Items sind bei eindimensionalen Messmodellen bei der Wahl des formativen oder reflektiven Ansatzes zwei Fehlannahmen möglich: So kann fälschlicherweise ein formatives Messmodell angenommen werden, aber die Beziehungen zwischen den zur Messung genutzten Items deuten auf ein reflektives Messmodell hin, oder umgekehrt (Christophersen & Grape, 2009, S. 114; vgl. auch Eberl, 2004). Fehlinterpretationen führen zu Verzerrungen in Parameterschätzungen und können so auch zu Fehlinterpretationen führen (Christophersen & Grape, 2009, S. 115). Die reflektierte Wahl des formativen Ansatzes in dieser Arbeit ist als eine ihrer Stärken zu sehen.

Die Verwendung formativer Messmodelle ist jedoch nicht unumstritten (vgl. Diamantopoulos et al., 2008; Edwards, 2011; Howell et al., 2007). Ein Kritikpunkt betrifft dabei die Annahme, dass es auf der Ebene der Messvariablen keinen Fehler gibt (Diamantopoulos et al., 2008, S. 1211; vgl. auch Edwards,

2011). Ein Gegenvorschlag ist, dass man jeden der Indikatoren als Einzelitem eines reflektiven Konstrukts auffasst (Diamantopoulos et al., 2008, S. 1211; vgl. auch Edwards & Bagozzi, 2000). In der Arbeit wird aber der Position von Diamantopoulos et al. (2008, S. 1211) gefolgt, dass ein solches Modell nicht genutzt werden sollte, da erstens ein fiktives Level eingefügt wird, zweitens die eigentlichen Indikatoren gar nicht mehr direkt mit dem latenten Konstrukt verknüpft sind und dementsprechend nicht mehr als Indikatoren gewertet werden können und drittens Einzelitems als Messinstrumente reflektiver Konstrukte schon in sich kritisch zu betrachten sind.

Ein weiterer Kritikpunkt formative Messmodelle betreffend liegt darin, dass sich eine Änderung in der Varianz in einem formativ gemessenen Konstrukt nicht sinnvoll interpretieren lässt, da nicht klar ist, wie diese aus Varianzänderungen in den einzelnen Indikatoren zustande gekommen ist (Edwards, 2011, S. 374). Eine Interpretation der Varianz in dem formativ gemessenen Gesamtkonstrukt wurde mit der Arbeit jedoch nicht angestrebt. Im vorliegenden Fall wird nicht das Gesamtkonstrukt der Relevanzgründe im Mathematikstudium betrachtet, sondern die einzelnen Dimensionen und Dimensionsausprägungen werden gerade daraufhin untersucht, wie wichtig diese für verschiedene Studierendengruppen sind. Die formativen Indikatoren der einzelnen Dimensionsausprägungen wiederum sind im explorativen Sinne zu verstehen als Mittel, mit dem herausgefunden werden soll, was diese Dimensionsausprägungen genau ausmacht.

Auch bezüglich ihrer Unteridentifiziertheit werden formative Messmodelle kritisiert. In Strukturmodellen werden zusätzlich reflektive Messmodelle benötigt, um die einzelnen Parameter schätzen zu können (Edwards, 2011, S. 375). Dies wird insbesondere dadurch ein Problem, als dass somit „interpretational confounding" (Burt, 1976, S. 4) kaum vermieden werden kann. „Interpretational confounding" bedeutet, dass die empirische Bedeutung des Konstrukts von seiner nominalen Bedeutung abweicht, wodurch wiederum Zusammenhänge zu anderen Konstrukten falsch interpretiert werden können (Howell et al., 2007, S. 207). In der vorliegenden Arbeit wurden jedoch vorrangig die einzelnen Dimensionen des formativen Messmodells analysiert und deren Wichtigkeit für verschiedene Studierendengruppen betrachtet. Dabei war das Anliegen nicht, die einzelnen Parameter genau zu schätzen, sondern verschiedene Tendenzen für verschiedene Gruppen explorativ zu erforschen. Strukturmodelle boten sich zu diesem Anliegen nicht an und wurden nicht eingesetzt. Insbesondere spielte das Problem des „interpretational confounding" insofern keine Rolle, als dass die Meinung vertreten wird, dass das in der Arbeit gemessene Konstrukt eines ist, das (unter Bezug auf weitere Literatur und damit nicht willkürlich) als Konstrukt der „Relevanzgründe" bezeichnet wird, wobei davon ausgegangen wird, dass dieses Relevanzkonstrukt gerade aus seiner Messung resultiert, ohne dass geklärt ist, ob die zur Messung eingesetzten Indikatoren unabhängig von der Messung ein gemeinsames Konstrukt begründen (vgl. Abschnitt 12.3.3). Dies muss insbesondere auch bei der Interpretation der Ergebnisse berücksichtigt werden.

Einer der umstrittensten Punkte bei formativen Messmodellannahmen betrifft die Validität der Messungen. So wird beispielsweise von Homburg und Klarmann (2006, Kapitel 2) argumentiert, die Validität formativer Indizes lasse sich quantitativ nicht überprüfen. Rossiter (2002) wiederum geht davon aus, dass eine Prüfung der Validität bei formativen Messmodellen nicht nötig ist, wenn die Komponenten im Modell durch Experten bestimmt wurden. In der vorliegenden Arbeit wurde jedoch die Validität des Messinstruments mithilfe kognitiver Interviews und der Analyse der Antworten auf das eingesetzte offene Item überprüft. So konnte zumindest festgestellt werden, dass das Instrument das Konstrukt misst, das es messen soll, und dass die Studierenden spontan keine weiteren Aspekte nannten, die nicht durch das Instrument abgedeckt sind, aber in das zugrunde gelegte Modell der Relevanzbegründungen eingeordnet werden könnten. Mit der entsprechenden Validitätsprüfung wird der Ansicht der meisten Forschenden gefolgt, dass auch bei formativen Messmodellen eine Validität überprüft werden sollte (z. B. Edwards & Bagozzi, 2000).

12.2.5 Stärken und Einschränkungen der eingesetzten Messinstrumente

Im Folgenden sollen Stärken und Schwächen der eingesetzten Messinstrumente diskutiert werden, wobei einerseits die Instrumente zu den Relevanzzuschreibungen in den Blick genommen werden (vgl. Abschnitt 12.2.5.1) und andererseits auch weitere eingesetzte Instrumente (vgl. Abschnitt 12.2.5.2).

12.2.5.1 Stärken und Einschränkungen der Instrumente zu Relevanzzuschreibungen

12.2.5.1.1 Stärken und Einschränkungen des Messinstruments zu den Relevanzgründen

Es wurde in der vorliegenden Arbeit ein Messinstrument zu den Relevanzgründen entwickelt, für das eine formative Messmodellannahme getroffen wurde (vgl. Kapitel 7 zur Entwicklung des Messinstruments; vgl. auch Abschnitt 12.2.4). Eine methodische Schwäche dieses Messinstruments kann in der bisher groben Formulierung der Items gesehen werden. In den Antworten der Studierenden auf das offene Item wurde deutlich, dass Mathematiklehramtsstudierende teils spezi-fischere Konsequenzen anstreben (vgl. Abschnitt 11.1). Darüber hinaus bleibt zu überprüfen, ob auch ein reflektives Messmodell zu Relevanzgründen konstruier-bar ist, da so weitere methodische Möglichkeiten, wie beispielsweise die Arbeit mit Strukturgleichungsmodellen, eröffnet würden (vgl. Abschnitt 13.2.2 für das entsprechende Forschungsdesiderat).

Mit dem eingesetzten Instrument zu den Relevanzgründen kann entsprechend der Zielsetzung dieser Arbeit überprüft werden, als wie wichtig die Mathema-tiklehramtsstudierenden die im Modell der Relevanzbegründungen abgebildeten Relevanzgründe einschätzen (vgl. Forschungsanliegen 0 in Kapitel 5). Für dieje-nigen Relevanzgründe, die von den Studierenden als nicht wichtig empfunden werden, wird davon ausgegangen, dass die darin formulierten Konsequenzen für die Studierenden nicht zu einer Relevanzzuschreibung zum Mathematikstu-dium führen würden, selbst wenn sie diese erreichen können. Nach Annahme des Modells dieser Arbeit würden die Studierenden wiederum bei einem Erreichen der Konsequenzen, die in denjenigen Relevanzgründen formuliert sind, die ihnen wichtig erscheinen, dem Mathematikstudium eine Relevanz zuschreiben. Es kann aber nicht ausgeschlossen werden, dass es weitere Relevanzgründe für Mathe-matiklehramtsstudierende gibt, die in dem Modell nicht aufgeführt werden. Als Rückschluss aus der Analyse des offenen Items, in der nur eine von den Studie-renden genannte Konsequenz nicht in das Modell der Relevanzbegründungen ein-geordnet werden konnte (vgl. Abschnitt 11.1 zu der entsprechenden Auswertung; vgl. Abschnitt 12.3.3 für die Interpretation und Diskussion), lässt sich vermu-ten, dass das Modell bereits eine Vielzahl an Relevanzgründen der Studierenden abdeckt. Um herauszufinden, welche Relevanzgründe Mathematiklehramtsstu-dierende von sich aus sehen, sollten aber in der Zukunft qualitative Studien durchgeführt werden, in denen Studierende befragt werden und sie die Rele-vanzgründe nennen sollen, die ihnen von selbst einfallen (vgl. Abschnitt 13.2.2 für das entsprechende Forschungsdesiderat).

Im Rahmen des offenen Items wurde von Studierenden mehrfach geäußert, es wäre für sie relevant, dass sie im Mathematikstudium herausfinden, ob der Lehrerberuf der richtige für sie ist. Diese angestrebte Konsequenz wird mit dem entwickelten Messinstrument zu Relevanzgründen bewusst nicht abgedeckt, da in dem zugrunde liegenden Modell der Relevanzbegründungen die Annahme gemacht wird, das Mathematikstudium könne für Lehramtsstudierende relevant sein, weil sie darin auf den von ihnen angestrebten Beruf der Lehrkraft vorbe-reitet werden oder weil sie sich darin als Individuum weiterentwickeln können. Diese beiden möglichen Hauptgründe werden durch das Modell weiter ausdif-ferenziert. Die Kategorie „Sicherheit, dass der Lehrerberuf richtig für einen ist"

stellt aber die gesamte Legitimität der Vorbereitung auf den angestrebten Lehrberuf als Relevanzgrund in Frage und damit die eine der beiden Dimensionen
des Modells. Sie kann deshalb nicht in das Modell eingeordnet werden und stellt
nach Definition des Konstrukts der Relevanzgründe dieser Arbeit keine legitime
Begründung für die Relevanz des Mathematikstudiums für Lehramtsstudierende
dar (vgl. dazu auch Abschnitt 12.3.3). Die Antworten der Studierenden zeigen
jedoch, dass bei diesen teils noch eine große Unsicherheit bezüglich ihrer Berufswahl vorliegt und es ist durchaus denkbar, dass diese Unsicherheit sie hemmt,
ihrem Studium eine Relevanz zuzuschreiben. Es kann als Einschränkung dieser
Arbeit gesehen werden, dass nicht ins Blickfeld genommen wurde, dass Unzufriedenheit am Mathematikstudium auch dadurch zustande kommen könnte, dass
noch eine Unsicherheit verspürt wird, ob die eigene Studienwahl die richtige war
(vgl. Abschnitt 13.2.7 für ein diesbezügliches Forschungsdesiderat). Insbesondere fehlt es an einem Instrument, um diese Unsicherheit quantitativ abbilden zu
können. Ob ein entsprechendes Instrument entwickelt werden kann, das alle möglichen Ausprägungen der Unsicherheiten abdecken kann, ist dabei jedoch in Frage
zu stellen, da davon ausgegangen werden muss, dass verschiedene Studierende
aus vielen verschiedenen, teils sehr individuellen, Gründen eine Unsicherheit über
ihre Studienwahl spüren.

12.2.5.1.2 Stärken und Einschränkungen der Messinstrumente zu globalen Relevanzeinschätzungen

Um die globale Relevanzeinschätzung zum Mathematikstudiums insgesamt und
die globale Relevanzeinschätzung zu den Studieninhalten abzufragen, wurden
zwei Einzelitems eingesetzt. Insbesondere bei der globalen Relevanzeinschätzung
zum Mathematikstudium insgesamt wurde ein Einzelitem gewählt, um dieses
im Rahmen der Validierung des Messinstruments zu den Relevanzgründen als
Globalindikator nutzen zu können (vgl. Abschnitt 7.3.6). Weitere Vorteile von
Einzelitems sind laut Döring und Bortz (2016, Kapitel 8) der geringere Zeitaufwand bei deren Beantwortung im Vergleich zu Skalen aus mehreren Items,
insbesondere da Befragte teils wenig motiviert sind, viele ähnlich anmutende
Fragen zu beantworten, sowie der geringere Aufwand bei der Entwicklung vonseiten der Forschenden. Allerdings ist die Verwendung von Einzelitems bezüglich
der Validität und Reliabilität der Messung als kritisch einzustufen. Gerade komplexere Variablen werden in der Regel durch mehrere Items operationalisiert, um
so durch Missverständnisse oder Ähnliches hervorgerufenen Messfehlern vorzu-
beugen, um die Qualität der Messung prüfen zu können, indem der statistische
Zusammenhang zwischen den Items analysiert wird, und da so verschiedene
Facetten eines Konstrukts berücksichtigt werden können (vgl. Döring & Bortz,

2016, Kapitel 8). Die Entscheidung für Einzelitems fiel in diesem Fall, da die einzelnen Begründungen oder Facetten des Konstrukts erst innerhalb der empirischen Studie erarbeitet wurden und eine Skala aufgrund des somit fehlenden Wissens nicht konstruiert werden konnte. Es wäre aber aus den oben genannten Gründen sinnvoll, wenn man die Globaleinschätzung der Relevanz mit einer psychometrischen Skala messen könnte (vgl. auch Abschnitt 13.2.2 für ein entsprechendes Forschungsdesiderat).

12.2.5.1.3 Stärken und Einschränkungen der Messinstrumente zu den Relevanzinhalten

Die Instrumente für die Relevanzinhalte zu den Themengebieten und Komplexitätsstufen wurden basierend auf den „Standards für die Lehrerbildung im Fach Mathematik" (DMV et al., 2008) aufgestellt. Hier hätte es auch andere Möglichkeiten gegeben, denn es gibt weitere Papiere dazu, welche Inhalte im Mathematiklehramtsstudium relevant seien (z. B. *DMV-GDM-Denkschrift zur gymnasialen Lehrerbildung*, o. J.; *Gymnasiales Lehramt für Mathematik*, o. J.; KMK, 2008). Die gewählte Grundlage bot sich deshalb an, weil sie von den großen deutschen Mathematiker Vereinigungen verfasst wurde und darin bereits fachliche Inhalte und Stufen der Komplexität verknüpft wurden, so dass Instrumente zu beiden Ausrichtungen (fachlich, Komplexität) mit dem gleichen Grundlagentext entwickelt werden konnten. Durch die Abfrage von Inhalten, die aus Sicht der Bildungspolitik für Mathematiklehramtsstudierende relevant sind, konnte insbesondere auch exploriert werden, inwiefern die Studierenden selbst die gleichen Inhalte relevant finden.

In der Vorstudie wurde den Studierenden für die Items zu den Relevanzinhalten die Möglichkeit gegeben, anzugeben, dass sie diese nicht verstanden hätten. Diese Option wurde von den Studierenden kaum genutzt (vgl. Kapitel 8). Daran kann jedoch noch nicht abgelesen werden, ob die Items tatsächlich so von den Studierenden verstanden wurden, wie es intendiert war, oder ob diese etwas anderes hineininterpretierten. Auch in der Hauptstudie gab es eine Kategorie, mit der die Mathematiklehramtsstudierenden angeben konnten, dass sie zu einzelnen Items keine Aussage machen konnten, die insbesondere für die Geometrie recht häufig gewählt wurde (vgl. Abschnitt 10.2). Die Studierenden, die eine Einschätzung abgaben und die Beurteilung nicht verweigerten, könnten dennoch die abgefragten Inhalte anders als intendiert verstanden haben, beziehungsweise wäre es möglich, dass sie die abgefragten Inhalte nicht vollständig verstanden. In diesem Fall könnten ihre Antworten einerseits als willkürliche Antworten eingestuft werden, was bedeuten würde, dass die Messungen nicht valide das Konstrukt der Relevanzinhalte messen würden. Tatsächlich geben die Studierenden aber eine Relevanzeinschätzung, denn selbst, falls sie die Items nicht entsprechend derer Intention verstanden haben, zeigen sie durch ihre abgegebene Beurteilung eine Bereitschaft, die Inhalte, die ihnen gegebenenfalls noch unbekannt sind, als relevant zu erachten. In diesem Sinn werden die Antworten der Studierenden auf die Items zu den Relevanzinhalten und den assoziierten Einschätzungen zur Umsetzung als valide Aussagen zu ihren Relevanzzuschreibungen und Einschätzungen zur Umsetzung interpretiert, was in Abschnitt 12.3.2 weiter ausgeführt wird. Dennoch sollte das Messinstrument zu den Relevanzinhalten für zukünftige Forschungen beispielsweise kognitiv validiert werden (vgl. Abschnitt 13.2.2 für ein entsprechendes Forschungsdesiderat). Gerade da die Studierenden sich erst im ersten Semester befanden, könnten ihnen Inhalte nicht bekannt gewesen sein, zu denen sie Aussagen über die Relevanz oder Umsetzung treffen sollten.

Die Zuordnung verschiedener Inhalte zu den Komplexitätsstufen geschah in der Arbeit alleine aus theoretischen Überlegungen heraus und wurde nicht empirisch überprüft. Dementsprechend kann nicht sicher davon ausgegangen werden, dass die Stufung der Komplexität von den Mathematiklehramtsstudierenden in der gleichen Weise gesehen wurde, wie es theoretisch angenommen wurde, auch dies müsste erst noch empirisch überprüft werden (vgl. Abschnitt 13.2.2 für ein entsprechendes Forschungsdesiderat).

Darüber hinaus muss für das Messinstrument zu den Relevanzinhalten beachtet werden, dass Studierende im Rahmen der vorliegenden Arbeit explizit danach gefragt wurden, wie relevant sie bestimmte Dinge fanden. Es ist zu vermuten, dass dann den Dingen eine gewisse Relevanz zugeschrieben wird. Möglich wäre aber, dass die Studierenden die Dinge nicht von selbst genannt hätten, wenn sie in einem offenen Impuls danach gefragt worden wären, was für sie relevant sei. Tatsächlich lässt sich vermuten, dass Studierende positive Bewertungen eher vornehmen, wenn sie in quantitativen Studien konkret um diese Bewertungen gebeten werden. So zeigte sich in der vorliegenden Arbeit, dass die Studierenden im Mittel die abgefragten Aspekte des Studiums als eher relevant bewerteten und in ähnlicher Weise wurde in einer quantitativen Arbeit, in der beforscht wurde, ob Studierende ein Interesse an hochschulmathematischen Themen haben, ein entsprechendes Interesse der Studierenden festgestellt (Rach et al., 2018). In qualitativen Arbeiten, in denen die Studierenden in eher offenen Impulsen über ihr Studium sprechen, äußern sie aber durchaus eine Unzufriedenheit (Göller, 2020; Liebendörfer, 2018). Um zu prüfen, welche Relevanzinhalte Mathematiklehramtsstudierende von sich aus sehen, könnte man in der Zukunft eine qualitative Studie durchführen (vgl. Abschnitt 13.2.2 für ein entsprechendes Forschungsdesiderat).

12.2.5.2 Stärken und Einschränkungen der weiteren Instrumente

12.2.5.2.1 Stärken und Einschränkungen der Messinstrumente zu den Einschätzungen zur Umsetzung

In der vorliegenden Arbeit wurden im Zusammenhang mit den Relevanzzuschreibungen der Mathematiklehramtsstudierenden auch ihre Einschätzungen zur Umsetzung beforscht. Dazu wurde zu jedem der Items zu den Relevanzgründen und Relevanzinhalten ein Item formuliert, in welchem die einleitende Phrase „Mir ist es in meinem Mathematikstudium wichtig, dass" ersetzt wurde durch die Phrase „In meinem Mathematikstudium trifft es zu, dass", wobei der daran anschließende Aspekt, dessen Relevanz oder Umsetzung bewertet werden sollte, der gleiche war (vgl. Abschnitt 9.2.3). Rückblickend ist es dabei als Einschränkung zu sehen, dass die Items zu den Einschätzungen zur Umsetzung der Inhalte so formuliert waren, dass Studierende aufgefordert wurden, einzuschätzen, ob die entsprechenden Inhalte bereits behandelt worden seien. So wurde beispielsweise mit dem Item „Mir ist es in meinem Mathematikstudium wichtig, dass ich über Grundvorstellungen zur Aspektvielfalt von natürlichen Zahlen, Bruchzahlen und rationalen Zahlen verfüge" zum Relevanzinhalt Arithmetik/ Algebra das Item „In meinem Mathematikstudium trifft es zu, dass ich gelernt habe, was Grundvorstellungen zur Aspektvielfalt von natürlichen Zahlen, Bruchzahlen und rationalen Zahlen sind" als Einschätzung zur Umsetzung assoziiert. Da die befragten Studierenden sich erst am Ende ihres ersten Semesters befanden, konnte nicht davon ausgegangen werden, dass tatsächlich schon viele der abgefragten Aspekte behandelt worden waren. Es wäre in diesem Zusammenhang sinnvoller gewesen, die Studierenden zu befragen, ob sie der Meinung seien, der Inhalt werde überhaupt im Mathematikstudium behandelt, insbesondere auch, da die Relevanzzuschreibungen in Bezug auf das gesamte Mathematikstudium beforscht wurden. Das obige Item würde dann lauten „In meinem Mathematikstudium trifft es zu, dass ich lerne, was Grundvorstellungen zur Aspektvielfalt von natürlichen Zahlen, Bruchzahlen und rationalen Zahlen sind". Dies ist als theoretische Einschränkung der Arbeit zu sehen. Es muss demnach davon ausgegangen werden, dass einige Studierende nur eine Einschätzung dazu abgaben, ob die abgefragten Inhalte in ihrem bisherigen Studium behandelt worden seien. Tatsächlich lassen aber die Antworten der Studierenden in ihrer Gesamtheit vermuten, dass die Studierenden die Items zur Einschätzung zur Umsetzung eher so beantworteten, dass sie eine Einschätzung bezogen auf ihr gesamtes Studium abgaben (vgl. Abschnitt 12.3.2). Insgesamt scheint die im Folgenden vorgenommene Interpretation der Einschätzungen zur Umsetzung als Aussagen zum gesamten Studium damit legitim, die Ergebnisse müssen aber mit Vorsicht betrachtet werden. Da in der vorliegenden explorativen Arbeit die Ergebnisse ohnehin dazu dienen, Hypothesen für spätere

Forschungsarbeiten zu generieren, die dann noch überprüft werden müssen, ergibt sich dadurch für die Aussagen der Arbeit kein Problem.

12.2.5.2.2 Stärken und Einschränkungen des Messinstruments zum mathematikbezogenen Interesse

Bei der empirischen Erhebung von mathematikbezogenem Interesse wurde in der vorliegenden Arbeit kein spezifisch auf die Schul- oder Hochschulmathematik zugeschnittenes Instrument eingesetzt, was als weiterer Kritikpunkt gesehen werden kann. Teils wird dafür plädiert, zwischen dem Interesse an Schulmathematik und dem Interesse an Hochschulmathematik auch durch den Einsatz entsprechender Messinstrumente zu unterscheiden (Rach et al., 2017; Ufer et al., 2017; vgl. auch Abschnitt 4.3.1.2.2). Um erste Zusammenhänge explorativ zu beforschen, schien der Einsatz eines unspezifischen Messinstruments in der vorliegenden Arbeit zwar angemessen, in der Zukunft könnte aber überprüft werden, inwiefern sich bei einer entsprechenden Unterscheidung unterschiedliche Zusammenhänge zwischen den Relevanzzuschreibungen und schul- beziehungsweise hochschulmathematischem Interesse zeigen.

12.2.5.2.3 Stärken und Einschränkungen der Messinstrumente zu den Selbstwirksamkeitserwartungen

Die Selbstwirksamkeitserwartungen, die in der vorliegenden Arbeit abgefragt wurden, sind insofern mit Vorsicht zu betrachten, da diese nicht im klassischen psychologischen Sinn zu verstehen sind, in dem Selbstwirksamkeitserwartungen in Bezug auf leistungsunabhängige Aufgaben betrachtet werden. Die mathematische und die aufgabenbezogene Selbstwirksamkeitserwartung beziehen sich auf leistungsbezogene Inhaltsbereiche und stehen vermutlich in Zusammenhang zu den Leistungen, die die Studierenden in der Vergangenheit erbracht haben. Bei der Interpretation der Zusammenhänge zwischen Relevanzzuschreibungen und Selbstwirksamkeitserwartungen muss die Konzeptualisierung der Selbstwirksamkeitserwartungen berücksichtigt werden.

12.2.5.2.4 Stärken und Einschränkungen der genutzten Leistungsindikatoren

Die Leistungsindikatoren, die in der vorliegenden Arbeit eingesetzt wurden, sind wiederum mit Einschränkungen in den daraus gezogenen Schlüssen verbunden.

– Zunächst einmal wurde die universitäre Leistung nicht allumfassend erhoben, denn an Klausurdaten wurden nur die Ergebnisse der Klausur zur Linearen

Algebra I erhoben. Diese Einschränkung musste so hingenommen werden, da der Dozent der Analysis I einer Weitergabe der Klausurergebnisse zum Zweck dieser Forschung nicht zustimmte.

- Darüber hinaus zeigte sich in den Klausurergebnissen der Mathematiklehramtsstudierenden kaum Varianz. Fast alle Studierenden erzielten nur wenig Punkte und beim zweiten Klausurtermin bestand tatsächlich niemand von den Lehramtsstudierenden die Klausur.

- Die Operationalisierung der Leistung über die Punkte in den Klausuren ist zudem insofern kritisch zu sehen, dass die Klausuren nur einen kleinen Anteil der gesamten Studieninhalte abdecken. Die Relevanzzuschreibung hingegen betraf die Gesamtheit des Studiums mit dessen Inhalten.

- Die Leistung, die über die Punkte in den Übungsblättern abgefragt wurde, wirkt dem Problem der Klausur, in der nur ausgewählte Inhalte abgefragt werden, zumindest teilweise entgegen, da die Übungsaufgaben mehr verschiedene Inhalte abdeckten. Jedoch wurden die Übungsblattpunkte nur als Gedächtniswert abgefragt und es ist daher mit einer gewissen Ungenauigkeit zu rechnen.

- Zudem konnten die Übungsaufgaben in Gruppen bearbeitet werden und so stellen die erreichten Übungsblattpunktzahlen vermutlich keinen verlässlichen Indikator für die individuell erbrachte Leistung dar.

- Darüber hinaus wird gerade bei Übungsaufgaben oft abgeschrieben (vgl. Abschnitt 4.4.3.2), so dass nicht einmal von einer gruppeninternen Leistung der jeweiligen Abgabegruppen ausgegangen werden kann.

Eventuell würden die Zusammenhänge, die in der vorliegenden Arbeit zwischen Relevanzzuschreibungen und Leistungen der Studierenden gefunden wurden, bei einer anderen Operationalisierung der Leistung anders ausfallen.

12.2.5.2.5 Stärken und Einschränkungen der Messung der Studienabbruchintention

Um das Konstrukt der Relevanz in Verbindung zum Studienabbruch setzen zu können, wurde in der vorliegenden Arbeit die Studienabbruchintention abgefragt, statt direkt den Studienabbruch zu kontrollieren. Letzteres gestaltet sich in der Praxis als schwierig. Die Beforschung von Abbruchintentionen kann insofern als Stärke gesehen werden, als dass sie es ermöglicht, noch innerhalb des Entscheidungsprozesses mögliche Gegenmaßnahmen zu diskutieren (vgl. Schnettler et al., 2020). Allerdings muss die Studienabbruchintention mit Vorsicht genossen werden, insofern als dass von Brandstätter et al. (2006) gezeigt wurde, dass sie keinen zuverlässigen Prädiktor für den späteren tatsächlichen Studienabbruch darstellt.

12.2.6 Instabilität der Relevanzzuschreibungen

Eines der Hauptergebnisse der Arbeit besteht darin, dass sich Relevanzzu-schreibungen, so wie sie in dieser Arbeit gemessen wurden, am Studienbeginn verändern (vgl. Abschnitt 11.8 und Abschnitt 11.9.7). Eine Schwäche der Arbeit liegt jedoch darin, dass mit den bisherigen Methoden nicht festgestellt werden kann, worin diese Instabilität der Relevanzzuschreibungen begründet ist. Eine Möglichkeit wäre, dass sie eher durch den Studienbeginn begründet ist, an dem sich verschiedene Personenmerkmale schon deshalb ändern können, weil sich der Gegenstand Mathematik ändert (ähnliches scheint z. B. beim Interesse zu gelten, vgl. z. B. Ufer et al., 2017; für die Unterschiede zwischen dem schuli-schen und universitären Mathematiklernen vgl. Abschnitt 2.2.2). Möglich wäre auch, dass sie mit einer generellen Unsicherheit der Studierenden zusammen-hängt. Hier muss Forschung anschließen, was in Abschnitt 13.2.4 als Desiderat formuliert wird.

12.3   Interpretation und Diskussion der Ergebnisse

Im Folgenden wird im Sinne einer Vorbemerkung zunächst beschrieben, was in der vorliegenden Arbeit darunter verstanden wird, dass die Relevanzzuschreibun-gen, so wie sie hier konzeptualisiert und gemessen wurden, anscheinend eher affektiv als rational erklärt werden können (vgl. Abschnitt 12.3.1). Anschließend wird ein übergeordneter Blickwinkel eingenommen zu den Ergebnissen, die mit dem in dieser Arbeit eingesetzten Messinstrument zu den Relevanzinhalten und dem assoziierten Messinstrument zu den Einschätzungen zur Umsetzung erhalten wurden (vgl. Abschnitt 12.3.2). Dabei wird gerechtfertigt, dass die Angaben der Studierenden, die mit diesen Instrumenten erhalten wurden, trotz der Einschränkung, dass die abgefragten Inhalte eventuell nicht entsprechend ihrer ursprünglich durch die „Standards für die Lehrerbildung im Fach Mathe-matik" (DMV et al., 2008) angedachten Intention verstanden wurden (vgl. Abschnitt 12.2.5.1.3), als valide Aussagen zu ihren Relevanzzuschreibungen und Einschätzungen zur Umsetzung zu Inhalten verschiedener Themengebiete und Komplexitätsstufen gewertet werden können. Mit der entsprechenden Begrün-dung werden die Items zu den Relevanzinhalten und zu den Einschätzungen zur Umsetzung der Inhalte dann im Folgenden als valide bezogen auf die Konstrukte der Relevanzzuschreibungen und Einschätzungen zur Umsetzung angenommen, wenn die Ergebnisse der einzelnen Forschungsanliegen und Forschungsfragen chronologisch nacheinander interpretiert und diskutiert werden (vgl.

Abschnitt 12.3.3 – Abschnitt 12.3.11). Anschließend wird dargestellt, welche Rückschlüsse zum Konstrukt der Relevanzgründe aus der Typencharakterisierung gezogen werden können (vgl. Abschnitt 12.3.12). Danach wird auf die Aussagekraft der anwendungsbezogenen Aspekte der gesellschaftlich/ beruflichen Dimension eingegangen, die im Rahmen der Beantwortung der Forschungsfragen erkannt wurde (vgl. Abschnitt 12.3.13), und es wird diskutiert, dass in dem in den Fragebögen eingesetzten offenen Item von den Mathematiklehramtsstudierenden viel Kritik geäußert wurde (vgl. Abschnitt 12.3.14).

Wenn im Folgenden die Ergebnisse dieser Arbeit in den Forschungskontext zu Relevanz- und Wertkonstrukten eingeordnet werden, ist immer zu bedenken, dass in den dazu angeführten Forschungsarbeiten Konstrukte beforscht wurden, die anders konzeptualisiert wurden als das Konstrukt der Relevanzzuschreibungen dieser Arbeit (vgl. dazu auch Abschnitt 12.2.1). Insofern dienen die gezogenen Parallelen und Abgrenzungen zu früheren Forschungsergebnissen auch dazu, Parallelen und Abgrenzungen des hier beforschten Konstrukts der Relevanzzuschreibungen zu den Konstrukten der anderen Arbeiten aufzuzeigen. Dort, wo Parallelen gefunden werden, lohnt es sich, in späteren Forschungen zu analysieren, inwiefern die jeweiligen Konstrukte und das hier beforschte Konstrukt der Relevanzzuschreibungen Ähnlichkeiten zeigen, wenn sie parallel in einer empirischen Studie eingesetzt werden und ihre Zusammenhänge zu anderen Merkmalen parallel untersucht werden (zu diesem Forschungsdesiderat vgl. Abschnitt 13.2.3).

12.3.1 Affektive vs. rationale Erklärbarkeit von Relevanzzuschreibungen

In der Interpretation der Ergebnisse zeigt sich im Folgenden mehrfach, dass die Relevanzzuschreibungen, so wie sie in der vorliegenden Arbeit konzeptualisiert wurden, vor allem mit affektiven Merkmalen der Mathematiklehramtsstudierenden zusammenzuhängen zu scheinen. Es wird demnach angenommen, dass das Konstrukt der Relevanzzuschreibungen eher affektiv als rational erklärt werden kann. Dabei ist unter der affektiven Erklärung von Relevanzzuschreibungen gemeint, dass diese mit Merkmalen in engem Zusammenhang stehen, die in der Psychologie als affektive Konstrukte eingeordnet werden, beispielsweise Interesse und Selbstwirksamkeitserwartungen. Unter der rationalen Erklärung von Relevanzzuschreibungen wird verstanden, wenn diese in Zusammenhang zu nicht-affektiven Konstrukten stehen wie der Leistung oder der Themenzuordnung von einem Relevanzinhalt, was so interpretiert wird, dass rationale Abwägungen hinter den Relevanzzuschreibungen stehen könnten. Aus subjektiver Sicht können affektive und nicht-affektive Merkmale dabei nicht so klar getrennt werden, wie es in dieser Arbeit getan wird, in der aus einer sehr theoretischen Sichtweise auf die Konstrukte geschaut wird: Obwohl also beispielsweise die Selbstwirksamkeitserwartungen der Studierenden durch ihre eigenen Leistungen beeinflusst sein könnten, werden sie hier als affektive Merkmale gewertet.

Hier ist noch auf den Unterschied zur Studienzufriedenheit einzugehen. In der vorliegenden Arbeit wird davon ausgegangen, dass hinter Relevanzzuschreibungen Begründungsmuster stehen, während Studienzufriedenheit aus einem unbestimmten Gefühl heraus entstehen kann (vgl. Kapitel 1). Es wurden gerade Relevanzzuschreibungen beforscht, da aufgrund der dahinterstehenden kommunizierbaren Begründungsmuster davon ausgegangen wurde, dass Relevanzzuschreibungen bei einer Kenntnis der Begründungsmuster eher direkt unterstützt werden können als die teils unwillkürlich anmutende Studienzufriedenheit. Nun wird aus den Ergebnissen abgeleitet, dass Relevanzzuschreibungen anscheinend eher affektiv als rational erklärt werden können, was nicht damit verwechselt werden darf, dass sie, wie Studienzufriedenheit, aus unbestimmten Gefühlen entstehen könnten. Hinter dem in dieser Arbeit angenommenen und beforschten Relevanzkonstrukt stehen entsprechend seiner Konzeptualisierung generell Relevanzgründe, aus denen heraus eine Relevanz zugeschrieben wird; für diese wurde in Kapitel 3 ein Modell entwickelt. Letztendlich wird also angenommen, dass Mathematiklehramtsstudierende mit ihrem Studium bestimmte Konsequenzen erzielen wollen und wenn sie diese erreichen können, schreiben sie dem Studium eine Relevanz zu. Ob aber Relevanzzuschreibungen vorgenommen werden, was entsprechend der Konzeptualisierung des Konstrukts geschieht, wenn Studierende der Meinung sind, die Relevanzgründe erreichen zu können, scheint vor allem mit affektiven Merkmalen der Studierenden zusammenzuhängen. Die dabei ausschlaggebenden affektiven Merkmale der Studierenden sind konzeptualisierbar und empirisch nachprüfbar im Gegensatz zu den teils unbestimmten Gefühlen, die nach Annahme der vorliegenden Arbeit hinter einer wahrgenommenen Studienzufriedenheit stehen können.

Zu Beginn der Arbeit wurde die Hoffnung formuliert, man könne die Relevanzzuschreibungen von Mathematiklehramtsstudierenden insbesondere auch unterstützen, wenn man ihre fokussierten Relevanzgründe kennen würde. Tatsächlich deuten die Ergebnisse aus der Beforschung der Relevanzgründe darauf hin, dass das Konstrukt einen Mehrwert bietet, wenn Maßnahmen entwickelt werden sollen, die Relevanzzuschreibungen von Mathematiklehramtsstudierenden unterstützen sollen (vgl. dazu zusammenfassend Abschnitt 13.1.1). Dennoch ist einschränkend zu bemerken, dass die eher affektive als rationale Erklärbarkeit von Relevanzzuschreibungen der Mathematiklehramtsstudierenden vermuten lässt, dass es gewinnbringender wäre, Relevanzzuschreibungen über die Förderung affektiver Merkmale als über das Eingehen auf verfolgte Relevanzgründe zu unterstützen (vgl. dazu auch Abschnitt 13.3.1).

12.3.2 Umgang mit den Ergebnissen auf Grundlage der Messinstrumente zu den Relevanzinhalten und den Einschätzungen zur Umsetzung bezüglich dieser Inhalte

Wie in Abschnitt 12.2.5.1.3 erläutert wurde, ist für das Messinstrument zu den Relevanzgründen nicht sicher, ob die Studierenden die abgefragten Inhalte entsprechend der ursprünglichen, in den „Standards für die Lehrerbildung im Fach Mathematik" (DMV et al., 2008) gemeinten, Intention verstanden. Gleiches gilt für das assoziierte Messinstrument zu den Einschätzungen zur Umsetzung von Inhalten verschiedener Themengebiete und Komplexitätsstufen. Dennoch wird in der vorliegenden Arbeit davon ausgegangen, dass aus den Beurteilungen der Studierenden valide Schlüsse über ihre Relevanzzuschreibungen beziehungsweise Einschätzungen zur Umsetzungen gezogen werden können. Zunächst einmal ist das damit zu begründen, dass den Studierenden die Möglichkeit gegeben wurde, zu den abgefragten Inhalten anzugeben, dass sie diese nicht beurteilen könnten. Diese Option wurde von einigen Studierenden auch gewählt und dabei wurde für verschiedene Themengebiete und verschiedene Komplexitätsstufen unterschiedlich häufig angegeben, dass zu den entsprechenden Inhalten keine Beurteilung abgegeben werden könne (vgl. Abschnitt 10.2). Dort, wo Studierende also Angaben machten, entschieden sie sich insbesondere dafür, eine Beurteilung abgeben zu wollen. Für die Beurteilungen, die die Studierenden dann trafen, ist es durchaus möglich, dass sie die Inhalte, die abgefragt wurden, nicht im Sinne derer Intention verstanden, dennoch zeigten sie durch ihre abgegebenen Beurteilungen entsprechend der von ihnen gewählten Ausprägung auf der Likertskala ein gewisses Maß an Bereitschaft, die Inhalte als relevant einzustufen beziehungsweise als einen Inhalt ihres Mathematikstudiums anzunehmen. Es könnte sich dabei durchaus um eine situative Bewertung handeln, wenn Studierende keine reflektierte Entscheidung trafen und dies eventuell aufgrund fehlender Kenntnisse der Inhalte auch nicht konnten. Dennoch gaben sie subjektive Beurteilungen ab und da unter den Konstrukten der Relevanzzuschreibungen und Einschätzungen zur Umsetzung gerade subjektive Beurteilungen verstanden werden, nahmen sie durch die

Abgabe der Beurteilungen in diesem Sinne Relevanzzuschreibungen und Einschätzungen zur Umsetzung vor, so dass dahingehend von einer Validität der Messungen ausgegangen werden kann. Im Rahmen der Ergebnisse dieser Arbeit ist zu erwarten, dass die Relevanzzuschreibungen, die vermutlich nicht reflektiert getroffen wurden, mit affektiven Merkmalen der Studierenden zusammenhängen. Dass die Relevanzzuschreibungen und Einschätzungen zur Umsetzung von Mathematikstudierenden teils unreflektiert abgegeben worden sein könnten, passt auch zu der Beobachtung der vorliegenden Arbeit, dass in den gefundenen Zusammenhängen zwischen Relevanzzuschreibungen und weiteren Merkmalen die Korrelationskoeffizienten teils gering ausfielen (vgl. Abschnitt 11.6, 11.7). Die geringen Zusammenhänge könnten daraus resultieren, dass die Relevanzzuschreibungen zu den Inhalten vonseiten der Studierenden teils unreflektiert getroffen wurden. Aus dem unreflektierten Treffen der Relevanzzuschreibungen könnte auch resultieren, dass diese in der beforschten Stichprobe ein instabiles Merkmal darstellten (vgl. Abschnitt 11.8). In dem Sinne, dass die Studierenden durch ihre Beurteilungen eine Bereitschaft ausdrücken, dass sie Relevanz zuschreiben wollen und eine Einschätzung zur Umsetzung abgeben wollen, werden alle Ergebnisse, die unter Nutzung des Instruments zu den Relevanzinhalten und des Instruments zu den assoziierten Einschätzungen zur Umsetzung erhalten wurden, im Folgenden so interpretiert, dass daraus valide Schlüsse bezogen auf diese Konstrukte, die gerade subjektive Einschätzungen darstellen, gezogen werden können, obgleich denkbar ist, dass die zur Messung eingesetzten Items insofern nicht valide waren, als dass die Inhalte nicht entsprechend ihrer ursprünglichen Intention verstanden wurden.

12.3.3 Interpretation und Diskussion der Ergebnisse zum Forschungsanliegen 0

Das vorgeschaltete Forschungsanliegen der Arbeit bestand darin, ein Instrument zu entwickeln, mit dem sich messen lässt, als wie wichtig die Mathematiklehramtsstudierenden die Relevanzgründe aus dem Modell der Relevanzbegründungen für ihr Mathematikstudium einschätzen. Das entwickelte Modell deckt ein Konstrukt ab, welches als Konstrukt der Relevanzgründe bezeichnet wird und welches gerade durch das Modell konzeptualisiert wird (vgl. Abschnitt 3.2). Dabei bleibt offen, ob die im Modell dieses Konstrukts angenommenen Relevanzgründe unabhängig vom Modell in einem Zusammenhang stehen und in ihrer Gesamtheit eine höhere Aussagekraft haben als einzeln betrachtet. Die Idee, dass ein mit einem Instrument gemessenes Konstrukt nur abhängig vom Messinstrument existieren könnte, ist mit den theoretischen Hintergründen reflektiver Messmodelle nicht vereinbar, wohl aber mit denen formativer (vgl. Abschnitt 6.3.1; vgl. auch Howell et al., 2007). Dem zum Modell entwickelten Messinstrument liegt ein solches formatives Messmodell zugrunde (vgl. Abschnitt 7.2), so dass es kein messtheoretisches Problem darstellt, dass nicht feststeht, ob das beforschte Konstrukt nur in Abhängigkeit vom Messinstrument existiert. Alle Ergebnisse der Arbeit müssen aber vor diesem Hintergrund gesehen werden.

Die Items aus dem Messinstrument wurden einerseits kognitiv validiert im Rahmen von Interviewstudien (vgl. Abschnitt 7.3.3) und andererseits wurde im Rahmen der Fragebogenerhebungen ein offenes Item eingesetzt, in dem abgefragt wurde, welche weiteren Studieninhalte für die Studierenden besonders relevant seien. Die Antworten zu diesem Item wurden mithilfe einer qualitativen Inhaltsanalyse unter Anwendung der induktiven Kategorienbildung (vgl. Abschnitt 6.2.7.4 zum theoretischen Hintergrund der induktiven Kategorienbildung) daraufhin analysiert, ob weitere Aspekte genannt wurden, die zu einer Relevanz des Studiums aus Sicht der Studierenden führen würden und ob diese durch das entwickelte Messinstrument abgedeckt sind (vgl. Abschnitt 11.1 zu den entsprechenden Ergebnissen). Auch so sollte die Validität des Messinstruments geprüft werden. Die meisten der genannten Aspekte wurden dabei durch das entwickelte Messinstrument abgedeckt, was für eine Validität des Instruments bezogen auf dessen empirischen Zweck eingeschätzt werden kann.

Allerdings wurde im Rahmen des offenen Items von Studierenden auch mehrfach die Antwort gegeben, für sie werde das Mathematikstudium relevant, wenn sie dadurch herausfinden würden, ob der Lehrerberuf für sie der richtige sei. Dieser Aspekt, der aus Studierendensicht anscheinend eine Relevanz des Studiums begründen könnte, wird durch das Modell der Relevanzbegründungen nicht berücksichtigt und lässt sich demnach auch mit dem dazu entwickelten Messinstrument nicht operationalisieren. An ihm kann eine theoretische Grundannahme des Modells der Relevanzbegründungen verdeutlicht werden. Durch die Aussage drücken die Mathematiklehramtsstudierenden eine Unsicherheit darüber aus, ob das, was sie machen, überhaupt zu ihnen passt, wodurch sich zeigt, dass Studierende mit Relevanz etwas anderes meinen können, als von Hochschullehrenden, BildungspolitikerInnen oder auch in dieser Arbeit angenommen wird[3]. In der Arbeit wird die Kritik am Mathematikstudium so gedeutet,

---

[3] Tatsächlich zeigte sich auch in früheren Interviews mit Lehramtsstudierenden und Lehrenden, dass unter diesen teils keine Einigkeit herrschte, was unter „Relevanz" zu verstehen sei (Stuckey, Sperling, et al., 2013).

dass die Studierenden zwar Mathematik auf Lehramt studieren wollen, aber das tatsächliche Mathematikstudium nicht zu ihrer Meinung über ein ideales Mathematikstudium für Lehramtsstudierende passt. Unter diesem Blickwinkel wurde das Modell der Relevanzbegründungen in dieser Arbeit entwickelt, in dem vorausgesetzt wird, dass die Entscheidung für den Lehrerberuf zum Zeitpunkt des Lehramtsstudiums bereits abgeschlossen ist. Unter der entsprechenden Voraussetzung wird in dem Modell die Annahme gemacht, das Mathematikstudium könne für Lehramtsstudierende relevant sein, weil sie darin auf den von ihnen angestrebten Beruf der Lehrkraft vorbereitet werden, weil sie sich darin als Individuum weiterentwickeln können oder aus beiden Begründungen. Im Modell der Relevanzbegründungen bilden diese beiden Hauptkategorien an Relevanzgründen die gesellschaftlich/ berufliche und die individuelle Dimension der Relevanzgründe (vgl. Abschnitt 3.2). Die aus Sicht der Studierenden als erstrebenswert eingeschätzte Konsequenz, das Mathematikstudium solle ihnen die Unsicherheit nehmen, ob sie überhaupt für den Lehrerberuf geeignet seien, lässt sich im Modell nicht einordnen, da dadurch die Legitimation der gesamten gesellschaftlich/ beruflichen Dimension in Frage gestellt wird.

Aus den Ausführungen ergeben sich Fragen, die in weiteren Forschungsarbeiten bearbeitet werden müssen und in Abschnitt 13.2.7 aufgegriffen werden. An dieser Stelle sollte aus der Darstellung deutlich geworden sein, dass das Messinstrument eine Grundannahme macht, die dazu führt, dass nicht alles, was Studierende als „Relevanz" bezeichnen, hier als Relevanz eingestuft wird, und die darin besteht, dass sich die Studierenden im Mathematiklehramtsstudium bewusst entschieden haben müssen, den Beruf der Lehrkraft anzustreben.

12.3.4 Interpretation und Diskussion der Ergebnisse zur Forschungsfrage 1

In der ersten Forschungsfrage wurde untersucht, für wie relevant Lehramtsstudierende inhaltliche Aspekte, die sich entsprechend der „Standards für die Lehrerbildung im Fach Mathematik" (DMV et al., 2008) verschiedenen Themengebieten und verschiedenen Komplexitätsstufen zuordnen lassen oder die Softwarekompetenz oder das Wissen über die historische und kulturelle Bedeutung der mathematischen Inhalte betreffen, in ihrem Mathematikstudium halten. Es zeigte sich, dass (bei direkter Abfrage vorgeschlagener Inhalte) die Studierenden im Mittel sowohl die Inhalte verschiedener Themengebiete als auch verschiedener Komplexitätsstufen als eher relevant bewerteten (vgl. Abschnitt 11.2 für die entsprechenden Ergebnisse). Auch Bergau et al. (2013) stellten fest, dass die von ihnen befragten Lehramtsstudierenden ein breites Fachwissen erwerben wollten, welches nach Meinung der Studierenden über den Schulstoff hinausgehen sollte. Die oft beschriebene negative Haltung gegenüber der Mathematik und dem Mathematikstudium (z. B. Brown & Macrae, 2005; Mischau & Blunck, 2006) scheint sich hier zunächst nicht zu bestätigen. Dies könnte daran liegen, dass die negative Haltung gar nicht die Studieninhalte selbst betrifft, sondern aus einer Überforderung oder einer Unsicherheit resultiert. Es wäre auch möglich, dass die sonst geäußerte Kritik daraus resultiert, dass die Studierenden nicht wissen, was für sie als Lehramtsstudierende im Mathematikstudium relevant sein könnte, und sie so zunächst eine fehlende Relevanz kritisieren, aber eine Relevanz durchaus erkennen können, wenn man ihnen Vorschläge macht, wo diese liegen könnte.

Eine geringere Relevanzzuschreibung ergab sich in den Daten für die Geometrie (vgl. Abschnitt 11.2.1 für die entsprechenden Ergebnisse). Zunächst lässt dieser Befund vermuten, dass Studierende in ihren Relevanzzuschreibungen zumindest in Maßen zwischen verschiedenen Inhalten differenzieren (wobei dennoch allen Themengebieten eine eher hohe Relevanz zugeschrieben wird). In anderen Forschungsarbeiten ergab sich das Bild, dass die Geometrie von beforschten Lehramtsstudierenden in offenen Impulsen nicht als zentraler Teil der Mathematik gesehen wurde (M. Winter, 2001, 2003), was so gedeutet werden könnte, dass sie als wenig relevanter Inhalt eingeschätzt wird. Allerdings wurde die Bedeutung der Geometrie in der Vergangenheit von Studierenden durchaus erkannt, wenn sie direkt danach gefragt wurden (M. Winter, 2001), wohingegen eine Relevanz in der vorliegenden Arbeit trotz direkter Nachfrage zumindest nur in geringerem Maße als bei den anderen Themengebieten zugeschrieben wurde.

Dass gerade der Geometrie weniger Relevanz als den anderen Themengebieten zugeschrieben wurde, könnte damit zusammenhängen, dass diese für die Studierenden in ihrem ersten Semester nicht so präsent ist. So ist Geometrie nicht Teil des Lehrplans im ersten Semester. Möglich wäre, dass Inhalte, die gerade für die eigene Person präsent sind, von Studierenden als relevanter eingestuft werden, wobei hier kritisch anzumerken ist, dass auch für die anderen Themengebiete zumindest die abgefragten Inhalte nicht alle im ersten Semester behandelt werden. Möglicherweise wird den anderen Themengebieten aber mehr Relevanz zugeschrieben, weil im ersten Semester zumindest Teilaspekte aus diesen Themengebieten behandelt werden und die Studierenden schlussfolgern dann für weitere Aspekte der Themengebiete eine Relevanz, was für die Geometrie nicht möglich ist, da diese im ersten Semester gar nicht behandelt wird.

Sollte eine Relevanz eher solchen Themengebieten zugeschrieben werden, die zumindest in Ansätzen behandelt werden, dann stellt sich immer noch die Frage nach den kausalen Zusammenhängen. Eine mögliche Kausalkette der geringeren Relevanzzuschreibungen zur Geometrie, die mit deren fehlender Behandlung im ersten Semester zusammenhängt, wäre, dass die geringere Beschäftigung mit einem Gegenstand wie hier der Geometrie dazu führt, dass die Studierenden sich bei diesem unsicherer fühlen und sie Dingen, bei denen sie sich unsicherer fühlen, weniger Relevanz zuschreiben, um beispielsweise das eigene Selbstwertgefühl zu schützen. Allerdings müssten sie in dieser Interpretation denjenigen Inhalten der anderen Themengebiete, die im ersten Semester nicht behandelt werden, ebenfalls eine geringere Relevanz zuschreiben, was nicht generell der Fall ist.

Es könnte auch sein, dass Lehramtsstudierende am Studienbeginn selbst unsicher sind, was für sie relevant sein könnte, dass die fehlende Behandlung von Geometrie am Studienbeginn ihnen dann das Gefühl gibt, diese sei an der Universität nicht oder kaum relevant und sie diese angenommene Sichtweise dann als eigene Meinung übernehmen. Diese mögliche Interpretation lässt sich in Verbindung bringen mit den Beobachtungen, dass die Items zu Relevanzzuschreibungen und zur Einschätzung zur Umsetzung zur Geometrie von besonders wenig Studierenden vollständig beantwortet wurden (vgl. Abschnitt 10.5.1, Anhang VIII, IX, X im elektronischen Zusatzmaterial), weniger als dies für alle anderen Themengebiete der Fall war, und dass gerade für die Geometrie viele Studierende angaben, keine Beurteilung zu deren Relevanz oder deren Umsetzung treffen zu können (vgl. Abschnitt 10.2). Diese Beobachtungen lassen vermuten, dass die Lehramtsstudierenden selbst unsicher sein könnten, wie relevant dieses Themengebiet für sie ist. Es wäre denkbar, dass ihnen am Studienbeginn Anhaltspunkte fehlen, was für sie relevant sein könnte, und während eine Teilgruppe für die Geometrie aus ihrer fehlenden Präsenz im ersten Semester eine fehlende Relevanz ableitet, enthält sich eine andere Teilgruppe völlig der Beurteilung. Es könnte sich hier also eine Unsicherheit darüber ausdrücken, was im Lehramtsstudium mit Mathematik warum relevant sein könnte, die sich teils auch als Enthaltung äußert.

Wenn man den Fokus weglenkt von der Behandlung von Geometrie an der Universität, wäre eine alternative Möglichkeit, weshalb der Geometrie anscheinend im Mittel etwas weniger Relevanz zugeschrieben wird als den anderen Themengebieten, dass diese den Studierenden eventuell an der Schule weniger relevant erschien. Diese geringere Relevanzzuschreibung könnte beispielsweise daraus resultieren, dass Geometrie an der Schule erschien wie „nur zeichnen". Gegen diese Interpretation, dass die in der vorliegenden Arbeit gefundenen geringeren Relevanzzuschreibungen zur Geometrie aus Erlebnissen an der Schule resultieren, spricht aber, dass die Ergebnisse auch vermuten lassen, dass beispielsweise schulische Leistungen nicht mit den universitären Relevanzzuschreibungen zusammenhängen und deshalb die Hypothese aufgestellt werden kann, dass universitäre Relevanzzuschreibungen eher mit universitären als mit schulischen Erfahrungen zusammenhängen.

Die Relevanz der Inhalte der Komplexitätsstufen wurde von den befragten Studierenden mit steigender Komplexität der Stufen immer etwas weniger gesehen (vgl. Abschnitt 11.2.2 für die entsprechenden Ergebnisse). Eine mögliche Deutung dafür, dass die Relevanz der Inhalte der Komplexitätsstufen mit steigender Komplexität der Stufen weniger gesehen wird, liegt darin, dass Studierende eher in leichteren Dingen eine Relevanz sehen könnten, die sie eher beherrschen und bei denen sich eher subjektive Erfolgserlebnisse für sie ergeben. Eine negative Haltung und das Bemängeln fehlender Relevanz könnten dann mit einer Unsicherheit zusammenhängen. Möglich wäre auch hier, dass den komplexeren Dingen, die im ersten Semester noch nicht behandelt werden, zu diesem Zeitpunkt von den Studierenden weniger Relevanz zugeschrieben wird, da sie vonseiten der Universität deren Relevanz noch nicht vermittelt bekommen und ihnen selbst andere Kriterien für Relevanz fehlen. Auch die Tatsache, dass die komplexeren Inhalte weit über den Schulstoff hinausgehen, könnte in einer möglichen Deutung erklären, dass sie als weniger relevant eingeschätzt werden, wenn man annimmt, dass die Studierenden praxisbezogen[4] auf den Lehrerberuf vorbereitet werden wollen und ihnen diese Inhalte zu praxisfern erscheinen. Dazu würde es passen, dass die Studierenden im offenen Item immer wieder angaben, es sollten schulmathematische Themen im Studium behandelt werden und keine Inhalte, die man an der Schule nicht brauche. Diese letzte Deutung ist aber insofern eher unwahrscheinlich, da in der vorliegenden Arbeit gezeigt werden konnte, dass nicht Praxisbezug ausschlaggebend zu sein scheint bei den Relevanzzuschreibungen, so wie sie hier konzeptualisiert und operationalisiert wurden, sondern anscheinend vor allem dann höhere Relevanzzuschreibungen vorgenommen werden, wenn Studierende sich als Individuum weiterentwickeln wollen oder beispielsweise ein hohes Interesse haben.

Sowohl bei Betrachtung der Themengebiete als auch bei Betrachtung der Komplexitätsstufen wurde die Relevanz der Inhalte in der Ausgangsbefragung etwas geringer eingeschätzt als in der Eingangsbefragung. Auch in früheren Studien deutete sich an, dass Wertzuschreibungen durch SchülerInnen und Studierende im Laufe eines Schulhalbjahres oder eines Semesters abnehmen (Berger & Karabenick, 2011; Eccles et al., 1998; Zusho et al., 2003). Innerhalb der möglichen Deutung, dass mit der Kritik fehlender Relevanz von einer

---

[4] In der vorliegenden Arbeit wird der Begriff des „Praxisbezugs" so verstanden, wie viele Studierende es tun, das heißt mit „Praxisbezug" wird hier eine Praxis im Unterrichten gemeint (vgl. Abschnitt 4.1.2.1).

eigenen Unsicherheit abgelenkt werden soll, könnte die Abnahme der Relevanzzuschreibungen auf eine steigende Überforderung hinweisen. Zudem weist die Beobachtung insbesondere darauf hin, dass sich die Relevanzzuschreibungen innerhalb des ersten Semesters zu verändern scheinen (vgl. dazu auch die Ergebnisse zur Forschungsfrage 7 in Abschnitt 11.8).

Im Vergleich der Relevanzzuschreibungen zum Erlernen des Umgangs mit mathematischer Software und zum Kennenlernen der historischen und kulturellen Bedeutung der Mathematik zeigte sich, dass das Erlernen des Umgangs mit mathematischer Software von den befragten Studierenden für relevanter gehalten wurde als das Kennenlernen der historischen und kulturellen Bedeutung der Mathematik (vgl. Abschnitt 11.2.3 für die entsprechenden Ergebnisse). Dies könnte darauf hindeuten, dass viele Studierende sehr pragmatisch ausgebildet werden wollen. Sie scheinen einen Wunsch nach eventuell nützlichem Handwerkszeug für die Schule zu haben und wollen sich kaum Hintergrundwissen aneignen. Es stellt sich hier insbesondere auch die Frage, ob sich ein anderes Ergebnis gezeigt hätte, wenn auch abgefragt worden wäre, wie wichtig es den Studierenden ist, Kompetenzen im Umgang mit nicht in der Schule eingesetzter Software zu erwerben. In dem in dieser Arbeit eingesetzten Item („Mir ist es in meinem Mathematikstudium wichtig, dass ich den Umgang mit in der Schule genutzter mathematischer Software lerne") wurde präzisiert, dass es nur um Softwarekompetenz für in der Schule genutzte Software geht. In späterer Forschung sollte überprüft werden, ob das Erlernen von Kompetenzen im Umgang mit mathematischer Software als relevant empfunden wird unabhängig davon, ob es sich um Software handelt, die in der Schule Einsatz findet.

Möglich wäre in Bezug auf die geringeren Relevanzzuschreibungen zum Kennenlernen der historischen und kulturellen Bedeutung der Mathematik im Vergleich mit denjenigen zum Erlernen des Umgangs mit mathematischer Software auch, dass für die Studierenden das Thema der Digitalisierung aufgrund der Behandlung in öffentlichen Debatten präsenter ist und sie wiederum eher Dingen eine Relevanz zuschreiben, auf die ihre Aufmerksamkeit gelenkt wird. Auch hier könnte es sein, dass die Studierenden eine Meinung von außen, die ihnen beispielsweise in den Medien begegnet, übernehmen, da sie selbst unsicher sind, was für sie relevant sein könnte.

Bei der Analyse der Antworten der Studierenden auf das offene Item zeigte sich, dass die als relevant eingeschätzten Aspekte einen starken Bezug zur Schule und zur Schulmathematik zeigten (vgl. Abschnitt 11.2.4 für die entsprechenden Ergebnisse). Auch Bergau et al. (2013) fanden in Interviews mit Lehramtsstudierenden verschiedener Fächer und Schulformen, dass die befragten Studierenden in den Fachwissenschaften erwarteten, solches Fachwissen vermittelt zu bekommen, welches sich am Lehrplan orientiert. Dass in der vorliegenden Arbeit auf den offenen Impuls hin vor allem Aspekte mit Schulbezug als relevant benannt wurden, könnte auf Probleme hindeuten, die die Studierenden mit der Hochschulmathematik haben. Eine mögliche Deutung für den Befund könnte auch darin liegen, dass die Studierenden bereits wissen, was an der Schule relevant war, aber noch keine Kriterien dafür haben, was an der Universität für sie relevant ist. Auch die bereits angeführte mögliche Interpretation, dass eher solche Dinge als relevant eingeschätzt werden, mit denen sich beschäftigt wird (oder wurde), lässt sich hier anwenden. So haben die Studierenden sich mit dem Schulstoff bereits beschäftigt, während die Universität und die dort behandelten Inhalte für sie Neuland darstellen.

Die im offenen Item geäußerten Forderungen nach Anwendungsbezügen der Mathematik an der Hochschule passen zur Sinnkonstruktion der „Anwendung im Leben" für den schulischen Mathematikunterricht nach Vollstedt (2011, Kapitel 7) (vgl. Abschnitt 3.1.8.1 für die Darstellung des Relevanzmodells von Vollstedt, 2011). Diese Parallele stützt die Vermutung, dass die Studierenden eine schulnähere Mathematik im Studium wünschen könnten und auch den bereits benannten Verdacht, dass sie eine möglichst pragmatische Ausbildung anstreben könnten. Beides lässt vermuten, dass sie mit dem veränderten Charakter der Mathematik an der Hochschule sowie der dort veränderten Lernatmosphäre nicht zurechtkommen. Die Forderung nach Anwendungsbezügen von den Studierenden könnte auch damit zusammenhängen, dass solche Forderungen in der bildungspolitischen Debatte für die schulische Mathematikausbildung oft geäußert werden, so dass möglich wäre, dass die Studierenden hier aufgrund fehlender eigener Relevanzkriterien eine andere Meinung, mit der sie vertraut sind, übernehmen beziehungsweise für die Hochschulmathematik adaptieren.

12.3.5 Interpretation und Diskussion der Ergebnisse zur Forschungsfrage 2

In der zweiten Forschungsfrage wurde untersucht, wie die Relevanzzuschreibungen der Dimensionsausprägungen des Modells der Relevanzbegründungen, der Komplexitätsstufen und der Themengebiete bei Mathematiklehramtsstudierenden untereinander zusammenhängen (vgl. Abschnitt 11.3 für die entsprechenden Ergebnisse). Zunächst deuteten die Ergebnisse darauf hin, dass Studierende, die eine Sache wichtig finden, meist auch weitere Dinge wichtig finden. So fanden in der beforschten Stichprobe tendenziell Studierende entweder Gründe mehrerer

Dimensionsausprägungen wichtig oder nicht wichtig in ihrem Mathematikstudium, mehrere Themengebiete relevant oder nicht relevant und Inhalte mehrerer Komplexitätsstufen relevant oder nicht relevant. Dabei war der Zusammenhang besonders ausgeprägt bei Betrachtung der Komplexitätsstufen, das heißt es ist zu vermuten, dass Relevanzzuschreibungen zu Inhalten kaum von deren Komplexität abhängen (vgl. Abschnitt 11.3.2 für die entsprechenden Ergebnisse). Dies scheint zunächst verwunderlich, wenn man davon ausgeht, dass viele Studierende vor allem schulbezogene Themen im Studium behandeln wollen. Möglich wäre, dass die hohen Korrelationen daraus resultierten, dass die Studierenden keinen der abgefragten Inhalte schulbezogen genug einschätzten und da keiner der Inhalte ihr Kriterium für hohe Relevanz erfüllte, sie nicht mehr in den Relevanzzuschreibungen differenzierten.

Bei den Korrelationen der Relevanzzuschreibungen zu den Themengebieten untereinander zeigte sich, dass diese unter Nutzung von pairwise deletion in der Ausgangsbefragung etwas geringer ausfielen als in der Eingangsbefragung (vgl. Abschnitt 11.3.3 für die entsprechenden Ergebnisse). Das könnte bedeuten, dass die Studierenden, die in der Ausgangsbefragung vollständige Daten hatten, im Gegensatz zu den Studierenden mit vollständigen Daten in der Eingangsbefragung nicht allen Themengebieten eine ähnlich hohe Relevanz zuschrieben, sondern dass diese Studierenden mit vollständigen Daten in der Ausgangsbefragung Akzente in ihren Relevanzzuschreibungen setzten. Eventuell nehmen am Ende des Semesters eher noch solche Studierende an den Veranstaltungen teil, die in ihren Relevanzzuschreibungen zu fachlichen Inhalten Akzente setzen, also manchen inhaltlichen Aspekten mehr Relevanz zuschreiben als anderen.

Die stärkste Differenzierung bei den Relevanzzuschreibungen ergab sich im Bereich der Dimensionsausprägungen des Relevanzmodells (vgl. Abschnitt 11.3.1 für die entsprechenden Ergebnisse). Allerdings korrelierten hier die Relevanzzuschreibungen bezüglich der beiden Ausprägungen der gesellschaftlich/ beruflichen Dimension noch am höchsten miteinander, das heißt, Studierende scheinen wenig zu unterscheiden, ob sie Ziele, ihrer gesellschaftlichen Funktion als Lehrkraft gerecht werden zu wollen, aus eigenem Antrieb verfolgen oder um Ansprüchen von Anderen gerecht zu werden. Dass die Korrelationen bei den Relevanzzuschreibungen bezüglich der Dimensionsausprägungen am geringsten ausfallen, deutet darauf hin, dass das Modell der Relevanzbegründungen zur Erklärung von Relevanzzuschreibungen einen Zugewinn darstellt: So scheinen Studierende eher zu unterscheiden, welche Zielsetzungen aus dem Modell der Relevanzbegründungen ihnen wichtig in ihrem Mathematikstudium sind, als dass sie in ihren Relevanzzuschreibungen unterscheiden zwischen der Relevanz von Inhalten verschiedener Themengebiete oder verschiedener Komplexität. Wenn also entschieden werden soll, an welchen Stellen man Studierende gezielt unterstützen könnte, höhere Relevanzzuschreibungen in ihrem Mathematikstudium vorzunehmen, dann sollte, falls sich dieser Zusammenhang in anschließenden hypothesenprüfenden Forschungsarbeiten repliziert, an den Stellen angesetzt werden, wo ihnen Relevanzgründe besonders wichtig sind. Aus den Relevanzzuschreibungen zu den Themengebieten und Komplexitätsstufen hingegen scheint sich weniger leicht ableiten zu lassen, ob bestimmte Inhalte im Mathematikstudium verändert werden müssten, um höhere Relevanzzuschreibungen der Studierenden zu unterstützen.

Eine mögliche Erklärung für die insgesamt vielen statistisch signifikanten Korrelationen zwischen den Relevanzzuschreibungen bezüglich der Dimensionsausprägungen, den Relevanzzuschreibungen zu Inhalten verschiedener Komplexitätsstufen und den Relevanzzuschreibungen zu verschiedenen Themengebieten liegt darin, dass Relevanzzuschreibungen, so wie sie in dieser Arbeit konzeptualisiert wurden, sich weniger an inhaltlichen Überlegungen orientieren könnten, sondern dass sie eher mit Merkmalen der Studierenden selbst zusammenhängen könnten. Beispielsweise könnte es sein, dass Studierende, die sich im Studium überfordert fühlen, tendenziell weniger Inhalte relevant finden und solche Studierende, die sich selbstwirksam erleben, mehr Dingen eine Relevanz zuschreiben. Möglicherweise schützen überforderte Studierende ihren Selbstwert, indem sie Inhalten, an denen sie scheitern könnten, wenig Relevanz zuschreiben, so dass das in dieser Arbeit behandelte Konstrukt der Relevanzzuschreibungen eher affektiv als rational geprägt ist (vgl. Abschnitt 12.3.1 dazu, wie die Begriffe affektiv und rational hier verstanden werden). Möglich wäre auch, dass die Korrelationen daher rühren, dass die Studierenden selbst nicht wissen, was für sie an der Universität relevant sein könnte, und dann entweder tendenziell allem eine hohe Relevanz zuschreiben oder tendenziell an keiner Stelle eine hohe Relevanz zuschreiben.

12.3.6 Interpretation und Diskussion der Ergebnisse zur Forschungsfrage 3

Die dritte Forschungsfrage diente der Analyse, wie sich die Globaleinschätzungen zur Relevanz des Mathematikstudiums und seiner Inhalte linear modellieren lassen auf Basis der Relevanzzuschreibungen der Dimensionsausprägungen des Modells der Relevanzbegründungen, der Komplexitätsstufen und der Themengebiete (vgl. Abschnitt 11.4 für die entsprechenden Ergebnisse). Im Rahmen dieser Forschungsfrage wurden insbesondere nur lineare Zusammenhänge zwischen den genannten Variablen analysiert. Es können dementsprechend keine Hypothesen zu nicht-linearen Zusammenhängen aus den Ergebnissen abgeleitet werden. Da sich wenige lineare Zusammenhänge in den Analysen zeigten, sollten in der Zukunft auch mögliche nicht-lineare Zusammenhänge überprüft werden (vgl. Abschnitt 13.2.3 für das entsprechende Forschungsdesiderat).

Bei Betrachtung der imputierten Daten zeigten die linearen Regressionen zu Forschungsfrage 3, dass weder die Konsequenzen, die die Studierenden mit ihrem Studium erreichen wollen, noch die Relevanzzuschreibungen zu den Komplexitätsstufen noch die Relevanzzuschreibungen zu den Themengebieten statistisch signifikante Prädiktoren für die Relevanzzuschreibung zu den Inhalten des Mathematikstudiums insgesamt oder zu dessen Gesamtheit darstellten, wenn ein lineares Modell vorausgesetzt wird. Dies passt zur Vermutung, die auch aus den Ergebnissen zu den Forschungsfragen 1 und 2 abgeleitet werden konnte (vgl. dazu Abschnitt 12.3.4 und Abschnitt 12.3.5), dass die beklagte fehlende Relevanz von den Mathematiklehramtsstudierenden zumindest nicht ausschließlich durch nicht zum Studium passende Zielvorstellungen oder nicht zum Studium passende Relevanzzuschreibungen zu dessen Inhalten verursacht wird. Möglicherweise gibt es andere Ursachen, beispielsweise in dem Sinn, dass hier eine Überforderung durch das Studium in motivationaler oder leistungsbezogener Hinsicht artikuliert wird, ähnlich wie es im Forschungskontext angenommen wird für die Forderungen nach mehr Praxis durch Lehramtsstudierende (vgl. dazu Abschnitt 13.3.2).

In den Ergebnissen, die auf dem vollständigen Originaldatenset unter Nutzung von pairwise deletion erhalten wurden, zeigten sich teils lineare Zusammenhänge zwischen den betrachteten Variablen. Insbesondere in Bezug auf das in dieser Arbeit entwickelte Konstrukt der Relevanzgründe deuten die Ergebnisse zur Forschungsfrage 3 jedoch an, dass es keinen linearen Zusammenhang zwischen der Globaleinschätzung zur Relevanz der Studieninhalte oder zur Relevanz des Mathematikstudiums insgesamt und der empfundenen Wichtigkeit der verschiedenen Dimensionsausprägungen der Relevanzgründe bei den Mathematiklehramtsstudierenden zu geben scheint (vgl. Abschnitt 11.4.1 für die entsprechenden Ergebnisse). Die Relevanzzuschreibungen zu den Inhalten verschiedener Themengebiete und verschiedener Komplexitätsstufen schienen zumindest zum Zeitpunkt der Ausgangsbefragung eher in linearem Zusammenhang zu Globaleinschätzungen zur Relevanz des Studiums zu stehen als die empfundene Wichtigkeit der verschiedenen Dimensionsausprägungen, wobei aufgrund der verschiedenen Stichproben, die in den verschiedenen Regressionsanalysen resultierend aus der

Methode der pairwise deletion genutzt wurden, Vergleiche der Modellgüte der verschiedenen Modelle mit Vorsicht zu ziehen sind.

Auf Grundlage der Ergebnisse in dieser Stichprobe der Studierenden mit vollständig vorliegenden Daten lässt sich vermuten, dass das Studium insgesamt insbesondere von Studierenden als relevant eingeschätzt wird, die das Studium als eine Herausforderung an sich selbst sehen und darin Spaß suchen (vgl. Abschnitt 11.4.1 für die entsprechenden Ergebnisse). In der Eingangsbefragung schienen dessen Inhalte insgesamt denjenigen, denen es wichtig war, im Studium sich selbst aus eigenem Antrieb weiterzuentwickeln, tendenziell besonders relevant, wohingegen diese denjenigen tendenziell wenig relevant erschienen, die aus eigenem Antrieb auf ihre gesellschaftliche Funktion als Lehrkraft vorbereitet werden wollten. In der Ausgangsbefragung zeigte sich nur noch ersterer Zusammenhang. Wie in Abschnitt 4.1.1.3 herausgearbeitet wurde, liegen viele der Sinnkonstruktionen für den schulischen Mathematikunterricht, die von Vollstedt (2011, Kapitel 7) dargestellt wurden, auf der individuell-intrinsischen Dimension. Auch im Studium scheint es Studierende zu geben, für die diese Dimension die Gesamtzuschreibung von Relevanz besonders gut erklären kann. Demnach kann die oft geäußerte Vermutung, mehr Praxisbezug würde zu höheren Relevanzzuschreibungen führen, mit diesen Daten nicht gestützt werden. Dann stellt sich die Frage, ob bisher eingeführte Unterstützungsmaßnahmen für die Studierenden am richtigen Punkt ansetzen, wenn sie durch mehr Schulbezug höhere Relevanzzuschreibungen fördern wollen.

Die Studieninhalte und das Mathematikstudium in seiner Gesamtheit wurden in der vorliegenden Stichprobe bei Nutzung der Methode der pairwise deletion überdies in der Ausgangsbefragung tendenziell von Studierenden als relevant empfunden, die auch die komplexesten Inhalte als relevant einschätzten (vgl. Abschnitt 11.4.2 für die entsprechenden Ergebnisse), so dass die Hypothese aufgestellt werden kann, dass eine Wertschätzung von komplexen Inhalten im Studium mit einer höheren Relevanzzuschreibung zur Gesamtheit des Studiums bei Mathematiklehramtsstudierenden einhergehen könnte. In der Eingangsbefragung schien die Einschätzung der Relevanz der Inhalte der verschiedenen Komplexitätsstufen jedoch noch nicht linear damit zusammenzuhängen, wie relevant die Studieninhalte insgesamt eingeschätzt wurden. Insbesondere könnte dies bedeuten, dass Studierende mit ganz verschiedenen leistungsbezogenen Ansprüchen an das Studium dieses zunächst ähnlich relevant einschätzen, im Verlauf des Studiums aber gerade diejenigen, die die Leistungsansprüche als zu hoch empfinden und eventuell nicht die entsprechenden motivationalen oder leistungsbezogenen Voraussetzungen erfüllen, um mit den hohen Ansprüchen zurechtzukommen, dem Studium weniger Relevanz zuschreiben. Dann könnte die Kritik an fehlender

Relevanz im Studium auf eine Überforderung hindeuten. Möglich wäre aber auch, dass am Studienbeginn der Zusammenhang ein nicht-linearer ist, der mit den hier eingesetzten Methoden nicht gefunden werden konnte. Selbst für die Teilgruppe der Studierenden, die an beiden Befragungszeitpunkten teilnahmen und vollständige Werte in den betrachteten Variablen aufwiesen, konnte kein statistisch signifikantes lineares Regressionsmodell gefunden werden.

Betrachtet man wiederum die Relevanzzuschreibungen zu den verschiedenen Themengebieten, so zeigte sich für die Stichprobe mit vollständigen Daten, dass auch diese zum ersten Befragungszeitpunkt bei Voraussetzung eines linearen Modells keine Varianz in der Einschätzung der Relevanz der Studieninhalte insgesamt aufklären konnten (vgl. Abschnitt 11.4.3 für die entsprechenden Ergebnisse). Wie oben könnte ein nicht-linearer Zusammenhang bestehen. Selbst für die Teilnehmenden an beiden Befragungen mit vollständigen Werten konnte kein statistisch signifikantes lineares Regressionsmodell gefunden werden. Möglich wäre, dass die Relevanzeinschätzung zu Beginn des Studiums nicht inhaltlich bedingt wird, insbesondere wenn man auch die obigen Ergebnisse bedenkt, dass auch kein linearer Zusammenhang zwischen den Relevanzzuschreibungen zu den Komplexitätsstufen und der Gesamteinschätzung zur Relevanz der Studieninhalte gefunden wurde, weder in den imputierten Daten, noch in den Daten unter Nutzung von pairwise deletion, noch in der Stichprobe der Studierenden mit vollständigen Werten zu beiden Befragungszeitpunkten. Es kann vermutet werden, dass später im Semester Relevanzzuschreibungen von Mathematiklehramtsstudierenden zumindest eher an inhaltlichen Aspekten festgemacht werden als am Studienbeginn.

In der Ausgangsbefragung zeigte sich für die Daten unter Nutzung von pairwise deletion, dass diejenigen Studierenden mit vollständigen Daten, die der Analysis eine eher hohe Relevanz zuschrieben, tendenziell auch eher die Studieninhalte insgesamt als relevant ansahen. Daraus kann die Hypothese abgeleitet werden, dass analytische Themen ausreichend behandelt werden, um die Themengebiete insgesamt als relevant zu empfinden, wenn der Analysis eine hohe Relevanz zugeschrieben wird. Möglicherweise bietet das Mathematikstudium am Studienbeginn gerade für Lehramtsstudierende mit einem Interesse an Analysis gute Voraussetzungen, das Studium als relevant zu empfinden, da Analysis im ersten Semester ausgiebig behandelt wird.

12.3.7 Interpretation und Diskussion der Ergebnisse zur Forschungsfrage 4

Die vierte Forschungsfrage beschäftigte sich damit, wie die Relevanzzuschreibungen zusammenhängen mit Einschätzungen zur Umsetzung (vgl. Abschnitt 11.5 für die entsprechenden Ergebnisse). Wie auch bei Forschungsfrage 3 wurden im Rahmen dieser Forschungsfrage nur lineare Zusammenhänge zwischen den genannten Variablen analysiert, so dass keine Hypothesen zu nicht-linearen Zusammenhängen aus den Ergebnissen abgeleitet werden können.

Es zeigten sich in den linearen Regressionen, die zur Beantwortung der Forschungsfrage 4a) durchgeführt wurden, nur statistisch signifikante Zusammenhänge zwischen den je betrachteten unabhängigen und abhängigen Variablen auf den Originaldaten unter Nutzung von pairwise deletion, nicht aber auf den imputierten Daten. Es ist möglich, dass Zusammenhänge bei Betrachtung der Gesamtstichprobe beispielsweise nicht-linearer Natur sind. Möglich wäre auch, dass in der Gesamtstichprobe für verschiedene Teilgruppen verschiedene lineare Regressionsmodelle anwendbar sind. Die im Folgenden diskutierten Ergebnisse betreffen nur diejenigen Studierenden, die für die jeweiligen Analysen vollständige Werte in den betrachteten Variablen aufwiesen.

Zunächst lassen die Ergebnisse zur Forschungsfrage 4 vermuten, dass zumindest in einer Teilgruppe der Studierenden die Inhalte des Studiums tendenziell von Studierenden relevanter eingeschätzt werden, die der Meinung sind, sich durch das Studium selbst aus eigenem Antrieb weiterentwickeln zu können (also die individuell-intrinsische Dimensionsausprägung stark umgesetzt ansehen) oder meinen, das Studium bereite sie entsprechend der von außen gestellten Anforderungen auf ihre gesellschaftliche Funktion als Lehrkraft vor (also die gesellschaftlich/ beruflich-extrinsische Dimensionsausprägung als stark umgesetzt einschätzen) (vgl. Abschnitt 11.5.1 für die entsprechenden Ergebnisse). Für die von Studierenden vertretene Meinung, das Studium bereite sie entsprechend ihrer eigenen Wünschen auf ihre gesellschaftliche Funktion als Lehrkraft vor (also eine hohe Einschätzung der Umsetzung der gesellschaftlich/ beruflich-intrinsischen Dimensionsausprägung), lässt sich aus den Ergebnissen heraus vermuten, dass diese tendenziell mit einer geringeren Relevanzzuschreibung zu den Inhalten insgesamt einhergeht. Diese Ergebnisse stellen die Interpretation von Relevanz durch Joos et al. (2019), in der Inhalte mit Schulbezug und Bezug zum Lehrerdasein als relevant erachtet werden, teils in Frage (vgl. dazu Abschnitt 4.1.2.3). Es scheint nicht auszureichen, dass das Studium eine Professionsorientierung bietet, denn es scheint Studierende zu geben, denen es tendenziell nicht zu helfen scheint, das Gefühl zu haben, ihre eigenen Vorstellungen, wie sie auf den Lehrerberuf

vorbereitet werden wollen, würden im Studium umgesetzt, um das Studium relevant einzuschätzen. Zudem scheinen auch Konsequenzen, die Studierende auf der
individuellen Ebene erreichen, eine Rolle zu spielen bei ihrer Zuschreibung von
Relevanz zum Mathematikstudium, so dass eine Fokussierung nur auf berufliche
Aspekte nicht auszureichen scheint. Insbesondere lassen die Ergebnisse vermuten,
dass der oft angenommene Zusammenhang zwischen Praxisbezug und Relevanz
so für Studierende nicht uneingeschränkt besteht.

Dass in den Daten unter Nutzung von pairwise deletion die Einschätzung zur
Umsetzung zur individuell-intrinsischen Dimensionsausprägung Varianz in der
Relevanzeinschätzung zum Mathematikstudium insgesamt und zu dessen Inhal-
ten aufklären konnte, lässt insbesondere vermuten, dass Studierende, die Spaß
am Studium haben, diesem mehr Relevanz zuschreiben könnten. Das würde die
Annahme stützen, dass Relevanzzuschreibungen auch als Zufriedenheitsindikator
angesehen werden können (vgl. Kapitel 1 für die in dieser Arbeit angenommenen
Zusammenhänge zwischen Relevanzzuschreibungen und Studienzufriedenheit).
Wenn man bedenkt, dass solche Studierende vermutlich eine ausgeprägte intrinsische Motivation im Studium haben, da sie die Inhalte unabhängig von äußeren
Anreizen als wertvoll für sich als Individuen betrachten, spricht das Ergebnis
außerdem dafür, dass Relevanzzuschreibungen affektiv gelagert sein können, also
eventuell eher aus affektiven Merkmalen heraus als aus rationalen Abwägungen getroffen werden (vgl. Abschnitt 12.3.1 dazu, wie die Begriffe affektiv und
rational hier verstanden werden).

Die Einschätzung zur Umsetzung der Themengebiete wiederum konnte in
den Daten keine Varianz in der globalen Relevanzeinschätzung aufklären (vgl.
Abschnitt 11.5.3 für die entsprechenden Ergebnisse). Es ist zu vermuten, dass
es keinen linearen Zusammenhang gibt in dem Sinn, dass die Gesamteinschätzung zur Relevanz vonseiten der Mathematiklehramtsstudierenden umso höher
ausfällt, je mehr die Themengebiete im Studium ihrer Meinung nach behandelt
werden. Möglich wäre, dass ein Zusammenhang zwischen der Einschätzung zur
Umsetzung der Themengebiete und der globalen Relevanzeinschätzung zwar existiert aber nicht linear ist. Dass kein linearer Zusammenhang festgestellt werden
konnte, kann aber auch darauf hinweisen, dass die Globaleinschätzung zur Relevanz eher mit anderen Aspekten zusammenhängt und die weiteren Ergebnisse
dieser Arbeit lassen vermuten, dass diese Aspekte in affektiven Voraussetzungen
der Studierenden liegen könnten.

Bezüglich der Komplexitätsstufen zeigte sich in den Daten unter Nutzung von
pairwise deletion, dass die Studieninhalte und das Mathematikstudium in seiner
Gesamtheit eher als relevant empfunden wurden, wenn die Behandlung leichterer
Inhalte im Studium von Studierenden erkannt wurde (vgl. Abschnitt 11.5.2 für

die entsprechenden Ergebnisse). Dies könnte darauf hindeuten, dass Studierende eher solche Dinge relevant finden, in denen sie sich selbstwirksamer fühlen. Überspitzt stellt sich die Frage, ob eine fehlende Relevanz genau dann bemängelt wird, wenn die Inhalte subjektiv als zu schwer wahrgenommen werden. Möglich wäre auch, dass sich in dieser Beobachtung zeigt, dass Studierende, die das Mathematikstudium recht objektiv betrachten, eher eine insgesamte Relevanz zuschreiben, wenn man bedenkt, dass am Studienbeginn vermutlich tatsächlich eher weniger komplexe Inhalte behandelt werden.

Vergleicht man die linearen Regressionsmodelle, in denen Varianz in der Globaleinschätzung zur Relevanz der Inhalte des Mathematikstudiums aufgeklärt werden sollte durch die Einschätzungen zur Umsetzung der Dimensionsausprägungen aus dem Modell der Relevanzbegründungen, durch die Einschätzungen zur Umsetzung der Komplexitätsstufen und durch die Einschätzungen zur Umsetzung der Themengebiete, so zeigt sich, dass bei Betrachtung der Einschätzungen zur Umsetzung der Dimensionsausprägungen am meisten Varianz aufgeklärt werden konnte, wobei aufgrund der verschiedenen Stichproben, die in den verschiedenen Regressionsanalysen resultierend aus der Methode der pairwise deletion genutzt wurden, Vergleiche der Modellgüte der verschiedenen Modelle mit Vorsicht zu ziehen sind. Es scheint sich hier ein Vorteil des in dieser Arbeit entwickelten Konstrukts der Relevanzgründe gegenüber dem Konstrukt der Relevanzinhalte zu zeigen. Während sich in der Auswertung der Ergebnisse zur Forschungsfrage 3 (vgl. Abschnitt 12.3.6) andeutete, dass die linearen Regressionsmodelle mit den Relevanzinhalten als unabhängigen Variablen in der Ausgangsbefragung mehr Varianz aufklären konnten als das Regressionsmodell mit den Relevanzgründen als unabhängigen Variablen, zeigte sich bei der Betrachtung der Einschätzungen zur Umsetzung, dass in der Ausgangsbefragung das lineare Regressionsmodell mit den Einschätzungen zur Umsetzung der Dimensionsausprägungen als unabhängigen Variablen mehr Varianz aufklären konnte als die Regressionsmodelle mit den Einschätzungen zur Umsetzung der Themengebiete und Komplexitätsstufen als unabhängigen Variablen. Für die in dieser Arbeit entwickelten Konstrukte der Relevanzgründe und Relevanzinhalte lässt das folgende Vermutung zu: Bei Fokussierung auf lineare Modellierungen scheint man auf die Gesamteinschätzung zur Relevanz der Inhalte des Mathematikstudiums von Studierenden einerseits gut schließen zu können, wenn man am Ende des ersten Semesters weiß, welche Inhalte verschiedener Komplexität oder verschiedener Themengebiete ihnen im Studium relevant erscheinen und andererseits auch, wenn man weiß, auf welchen der im Modell der Relevanzbegründungen angenommenen Dimensionsausprägungen sie Konsequenzen mit dem Studium ihrer Meinung nach erreichen können. Das Modell der Relevanzbegründungen scheint damit insbesondere einen Mehrwert bei der Modellierung von Relevanzeinschätzungen der Inhalte des Mathematikstudiums zu haben. Für die Praxis wiederum lassen sich daraus Vermutungen aufstellen, wie Relevanzzuschreibungen von Studierenden unterstützt werden könnten. Wenn die Relevanzzuschreibungen von Mathematiklehramtsstudierenden unterstützt werden sollen, dann könnte es, falls sich die in dieser Arbeit gefundenen Annahmen zu Zusammenhängen in anschließenden Studien bestätigen lassen, hilfreich sein, Maßnahmen zu entwickeln, die dazu führen, dass Studierende die Konsequenzen der Dimensionsausprägungen, die ihnen wichtig erscheinen, erreichen können. Insbesondere wurde auf Grundlage der Ergebnisse zur Forschungsfrage 2 die Hypothese aufgestellt, dass eine Differenzierung vonseiten der Studierenden stattzufinden scheint, auf welchen Dimensionsausprägungen es ihnen wichtiger ist, Konsequenzen zu erreichen (vgl. Abschnitt 12.3.5), und wenn die Maßnahmen sie beim Erreichen dieser Konsequenzen unterstützen können, lässt sich aus den Ergebnissen der Forschungsfrage 4 vermuten, dass Studierende dem Studium insgesamt mehr Relevanz zuschreiben sollten.

In der Zusammenschau der Ergebnisse aus den linearen Regressionen zur Beantwortung der Forschungsfragen 3 und 4 scheint es, dass sich die Globaleinschätzungen zur Relevanz der Studieninhalte oder zum gesamten Mathematikstudium am Ende des Semesters eher linear modellieren lassen als an dessen Beginn. Unter Anbetracht der eingesetzten abhängigen Variablen lässt sich daraus vermuten, dass Relevanzzuschreibungen durch Mathematiklehramtsstudierende am Ende des ersten Semesters eher rational begründet sein könnten als an dessen Beginn.

In der Betrachtung der Korrelationen zwischen Relevanzzuschreibungen und den Einschätzungen zur Umsetzung der Themengebiete im Rahmen der Forschungsfrage 4b) zeigte sich sowohl in den imputierten Daten als auch in den Originaldaten unter Nutzung von pairwise deletion, dass die Relevanzzuschreibungen zu allen Themengebieten statistisch signifikant korrelierten mit den Einschätzungen zu deren Umsetzung, wobei sich ein schwacher bis mäßiger linearer Zusammenhang zeigte (vgl. Abschnitt 11.5.4 für die entsprechenden Ergebnisse). Dies könnte bedeuten, dass eine Voraussetzung für die Zuschreibung von Relevanz zu einem Objekt durch Mathematiklehramtsstudierende darin liegt, dass sie sich mit dem Objekt ausreichend auseinandergesetzt haben. Diese mögliche Deutung passt zu den Ergebnissen von Neuhaus & Rach (2021), deren Forschungsergebnisse darauf hindeuteten, dass schon bei einer eingehenderen Beschäftigung mit einem Thema höhere Wertzuschreibungen von Mathematiklehramtsstudierenden vorgenommen werden könnten (vgl. dazu Abschnitt 3.1.10

und Abschnitt 4.1.2.4). Eine alternative Möglichkeit für die Deutung der Ergebnisse wäre, dass Studierende sich lieber mit Dingen beschäftigen, die sie als relevant einschätzen, und dann dementsprechend bei diesen Dingen die Umsetzung höher bewerten.

Die geringste Korrelation zwischen der Relevanzzuschreibung und der zugehörigen Einschätzung zur Umsetzung zeigte sich für die Geometrie, für die außerdem bei pairwise deletion am wenigsten Daten vorlagen und für die in Abschnitt 10.2 gezeigt wurde, dass die meisten Studierenden angaben, keine Beurteilung zu deren Relevanz und Umsetzung abgeben zu können. Die geringe Datengrundlage könnte wiederum darauf hindeuten, dass die Studierenden sich selbst unsicher waren, wie relevant die Geometrie an der Universität ist, und deshalb einige die Items nicht beantworteten. Dass die betrachtete Korrelation für die Geometrie geringer ausfiel als für die anderen Themengebiete, könnte dann zum Beispiel darauf hindeuten, dass diejenigen Studierenden, die die Items zur Geometrie beantworteten, dies eher willkürlich taten. In diesem Fall lässt sich aus den Angaben der Studierenden abermals ableiten, dass Mathematiklehramtsstudierende anscheinend ein gewisses Maß an Bereitschaft zeigen, selbst Inhalte als relevant einzustufen, bei denen sie keine reflektierte Entscheidung über die Relevanz treffen können (vgl. dazu auch Abschnitt 12.3.2).

12.3.8 Interpretation und Diskussion der Ergebnisse zur Forschungsfrage 5

Die fünfte Forschungsfrage fragte danach, wie die Relevanzzuschreibungen zusammenhängen mit motivationalen und leistungsbezogenen Merkmalen der Studierenden (vgl. Abschnitt 11.6 für die entsprechenden Ergebnisse). Im Rahmen auch dieser fünften Forschungsfrage wurden insbesondere nur lineare Zusammenhänge zwischen den genannten Variablen analysiert, so dass keine Aussage darüber getroffen werden kann, ob nicht-lineare Zusammenhänge zwischen den Merkmalen vorliegen.

Für die Korrelationen zwischen Relevanzzuschreibungen zu konkret abgefragten Inhalten verschiedener Themengebiete und verschiedener Komplexität auf Grundlage der „Standards für die Lehrerbildung im Fach Mathematik" (DMV et al., 2008) und Selbstwirksamkeitserwartungen zeigte sich in den meisten Fällen, sowohl auf den imputierten Daten als auch auf den Originaldaten unter Nutzung von pairwise deletion, nur ein geringer linearer Zusammenhang, doch in allen Fällen fiel er positiv aus (vgl. Abschnitt 11.6.1.1.1 für die entsprechenden Ergebnisse). So ist zu vermuten, dass Relevanzzuschreibungen und Selbstwirksamkeitserwartungen bei Mathematiklehramtsstudierenden positiv zusammenhängen. Die Korrelation zwischen der Relevanzzuschreibung zu Inhalten der Stufe 1 und der aufgabenbezogenen Selbstwirksamkeitserwartung für die vollständigen Originaldaten unter Nutzung von pairwise deletion deutete mit $r = ,44$ auf einen mäßigen linearen Zusammenhang hin. Bedenkt man, dass die Stufe 1 gerade diejenige ist, die gymnasiale Lehramtsstudierende noch erreichen sollen, so könnte dies darauf hindeuten, dass eine hohe aufgabenbezogene Selbstwirksamkeitserwartung eine wichtige Voraussetzung ist, damit von Lehramtsstudierenden im Studium selbst den besonders komplexen Inhalten, die laut den „Standards für die Lehrerbildung im Fach Mathematik" (DMV et al., 2008) beherrscht werden sollten von angehenden Lehrenden der Sekundarstufe II, eine hohe Relevanz zugeschrieben werden kann. Möglicherweise können nur Studierende, die sich von den Übungsaufgaben nicht überfordert fühlen, selbst den komplexesten Inhalten eine hohe Relevanz zuschreiben, da die anderen Studierenden sich bei Übungsaufgaben zu komplexen Inhalten überfordert fühlen und ihren Selbstwert schützen, indem sie diesen Inhalten weniger Relevanz zuschreiben.

Aus dem Cross-Lagged-Panel Design zwischen der mathematischen Selbstwirksamkeitserwartung und der Relevanzzuschreibung zur Gesamtheit der Studieninhalte lässt sich keine klare Hypothese dazu ableiten, ob die mathematische Selbstwirksamkeitserwartung die Relevanzeinschätzung eher vorhersagt als umgekehrt oder ob sich beide etwa gleich stark beeinflussen (vgl. Abschnitt 11.6.1.1.2 für die entsprechenden Ergebnisse). Die Ergebnisse lassen vermuten, dass keines der Merkmale durch das andere besser vorhergesagt wird als durch das gleiche Merkmal zum früheren Zeitpunkt. In früheren Studien mit anderen Wertkonstrukten als dem hier beforschten Relevanzkonstrukt, die aber mit dem beforschten Konstrukt in Verbindung stehen könnten (vgl. dazu die einleitende Bemerkung zu Abschnitt 12.3), deutete sich an, dass Studierende mit hoher Selbstwirksamkeitserwartung höhere Wertzuschreibungen vornahmen aber hohe Wertzuschreibungen keinen Prädiktor für die Selbstwirksamkeitserwartung darstellten (vgl. Abschnitt 4.3.1.3.2; vgl. auch Neuville et al., 2007), wohingegen in Laboruntersuchungen mit Studierenden, bei denen diesen direkt die Nützlichkeit einer neuen mathematischen Technik erklärt wurde, festgestellt wurde, dass eine entsprechende Intervention positive Auswirkungen auf die Selbstwirksamkeitserwartung hatte (vgl. Abschnitt 4.3.1.3.2; vgl. auch Durik & Harackiewicz, 2007; Hulleman & Harackiewicz, 2009; Shechter et al., 2011). Auch diese verschiedenen Ergebnisse lassen keine klare Vermutung zu, ob die Selbstwirksamkeitserwartung die Relevanzzuschreibung eher vorhersagt als umgekehrt.

Für die Korrelationen zwischen Relevanzzuschreibungen zu konkret abgefragten Inhalten verschiedener Themengebiete und verschiedener Komplexität auf Grundlage der „Standards für die Lehrerbildung im Fach Mathematik" (DMV et al., 2008) und dem mathematikbezogenen Interesse zeigte sich für die Relevanzzuschreibungen zu den Inhalten aller Themengebiete und aller Komplexitätsstufen, sowohl auf den imputierten Daten als auch auf den Originaldaten unter Nutzung von pairwise deletion, ein statistisch signifikanter positiver Zusammenhang im geringen bis mittleren Bereich (vgl. Abschnitt 11.6.1.2.1 für die entsprechenden Ergebnisse). Auch das mathematikbezogene Interesse und die Relevanzzuschreibungen bei Mathematiklehramtsstudierenden scheinen positiv zusammenzuhängen. Bedenkt man, dass frühere Forschungsergebnisse andeuten, dass das Interesse bei vielen Mathematiklehramtsstudierenden innerhalb der ersten Semesterwochen nach Studienbeginn sinkt (Liebendörfer, 2014; Rach & Heinze, 2013a) und dies sogar in innovativen Brückenvorlesungen, die ihnen gerade den Studieneinstieg erleichtern sollen (Kuklinski et al., 2018), so kann der positive Zusammenhang zwischen dem Interesse und den Relevanzzuschreibungen negativ konnotiert gelesen werden insofern als dass auch sinkende Relevanzzuschreibungen zu erwarten sind.

Das Ergebnis des Cross-Lagged-Panel Designs zwischen dem mathematikbezogenen Interesse und der Relevanzeinschätzung zur Gesamtheit der Studieninhalte deutete darauf hin, dass das Interesse die Relevanzeinschätzung vermutlich eher vorhersagen kann als umgekehrt (vgl. Abschnitt 11.6.1.2.2 für die entsprechenden Ergebnisse). Auch in Forschungsarbeiten, die Wert- und Zufriedenheitskonstrukte in den Blick nahmen, die mit dem Relevanzkonstrukt der vorliegenden Arbeit verwandt sein könnten, zeigten sich analoge Wirkrichtungen. So fanden beispielsweise Hulleman et al. (2008) in einer Studie mit Psychologiestudierenden, dass Studierende mit hohem anfänglichen Interesse mehr utility value bezüglich des Kurses empfanden (vgl. Abschnitt 4.3.1.2.3 für die bisherigen Forschungsergebnisse, die im Folgenden zum Vergleich der Ergebnisse dieser Arbeit angeführt werden) und in fachunabhängigen (Schiefele & Jacob-Ebbinghaus, 2006) und mathematikspezifischen (Geisler, 2020a, Abschnitt 7.3; Kosiol et al., 2019) Studien stellte Interesse einen statistisch signifikanten Prädiktor von Studienzufriedenheit dar. Die aufgestellte Vermutung zur Wirkrichtung zwischen Interesse und Relevanzzuschreibungen steht auch in Einklang mit der Annahme, dass ein Interesse dazu führen kann, dass Aktivitäten ein Wert zugeschrieben wird (Wigfield & Eccles, 2002). Die umgekehrte Kausalitätsrichtung, dass die Zuschreibung von Wert zu einer Aktivität eine Entwicklung von Interesse an dieser Aktivität verursachen kann (Renninger & Hidi, 2002), lässt sich wiederum aus den vorliegenden Ergebnissen heraus nicht annehmen. Die Ergebnisse aus dem Cross-Lagged-Panel Design deuten zudem auf eine andere Wirkrichtung hin als sie sich in einer Studie im Schulkontext andeutete, in der sich zeigte, dass die wahrgenommene Bedeutsamkeit im Mathematikunterricht durch SchülerInnen in der siebten Klasse das Interesse in der zehnten Klasse vorhersagen konnte (Wang, 2012). Dabei ist zu beachten, dass die Zeitspanne in der letztgenannten Studie sehr viel länger war als diejenige in der vorliegenden Arbeit. Dies könnte, neben den unterschiedlichen eingesetzten Instrumenten zur Messung des Wert- beziehungsweise Relevanzkonstrukts, die verschiedenen Ergebnisse erklären, wenn der Einfluss von Relevanzzuschreibungen auf Interesse nicht so schnell erfolgt wie in umgekehrter Richtung. Die Ergebnisse der vorliegenden Arbeit deuten darauf hin, dass innerhalb des ersten Semesters das Interesse eine hohe Vorhersagekraft bezüglich der Relevanzzuschreibungen zu den Studieninhalten des Mathematikstudiums haben könnte.

Jedoch ist die Behandlung des Interesses im Cross-Lagged-Panel Design mit einer gewissen Vorsicht zu genießen. So wird die Behandlung von individuellem Interesse an Mathematik bei Studierenden teils dadurch erschwert, dass Mathematikstudierende zwischen Schul- und Hochschulmathematik als Interesseobjekte zu differenzieren scheinen (vgl. Abschnitt 12.2.5.2.2 zu den Einschränkungen der Operationalisierung von Interesse in dieser Arbeit; vgl. auch Liebendörfer & Hochmuth, 2013). Es ist nicht auszuschließen, dass die Studierenden zu Beginn des Studiums noch Aussagen zum Interesse an der Schulmathematik machten, gegen Ende des ersten Semesters aber schon Aussagen zum Interesse an der Hochschulmathematik. Teils wird dafür plädiert, zwischen dem Interesse an Schulmathematik und dem Interesse an Hochschulmathematik (auch durch den Einsatz entsprechender Messinstrumente) zu unterscheiden (Rach et al., 2017; Ufer et al., 2017). Unter Rückgriff auf eine entsprechende Unterscheidung wurde in einer Studie von Kosiol et al. (2019) festgestellt, dass in der von ihnen beforschten Stichprobe generelles Interesse einen positiven Prädiktor für Studienzufriedenheit darstellte, wohingegen das Interesse an Schulmathematik Studienzufriedenheit negativ vorhersagte. Bedenkt man, dass die Ergebnisse im vorliegenden Fall darauf hindeuten, dass das Interesse die Relevanzzuschreibung positiv vorherzusagen vermag, könnte man mit den Ergebnissen von Kosiol et al. (2019) vermuten, dass die Studierenden sich auf ihr generelles Interesse oder ihr Interesse an der Hochschulmathematik, nicht aber auf ihr schulmathematikspezifisches Interesse, bezogen und das auch schon zum ersten Erhebungszeitpunkt, falls das hier beforschte Konstrukt sich empirisch ähnlich wie das Konstrukt der Studienzufriedenheit verhält.

Betrachtet man die festgestellten Zusammenhänge zwischen den Relevanzzuschreibungen und den motivationalen Merkmalen des Interesses und der Selbstwirksamkeitserwartungen im Vergleich zueinander, so ist zunächst festzuhalten, dass Studierende mit hohem Interesse und Studierende mit hoher mathematischer und/ oder aufgabenbezogener Selbstwirksamkeitserwartung mehr Inhalten des Studiums eine höhere Relevanz zuzuschreiben scheinen, wenn die Inhalte, deren Relevanz angegeben werden soll, wie in dieser Arbeit konkret benannt werden. Diese Befunde passen zu den Ergebnissen früherer Studien, in denen Zusammenhänge zwischen Interesse beziehungsweise Selbstwirksamkeitserwartungen und Wertkonstrukten, die mit dem Relevanzkonstrukt dieser Arbeit theoretisch assoziiert werden, in den Blick genommen wurden (vgl. Abschnitt 4.3.1.2.3 zum Interesse, vgl. dazu auch Kosiol et al., 2019; vgl. Abschnitt 4.3.1.3.2 zur Selbstwirksamkeitserwartung, vgl. dazu auch Hackett & Betz, 1989; Meece et al., 1990; Neuhaus & Rach, 2021). Beachtet man, dass beim Interesse die Korrelationen höher ausfielen und auch mehr Korrelationen statistisch signifikant ausfielen als bei den Selbstwirksamkeitserwartungen, so lässt sich vermuten, dass der Zusammenhang zwischen dem mathematikbezogenen Interesse und dem vorausgesetzten Konstrukt der Relevanzzuschreibungen zumindest am Studienbeginn stärker ausgeprägt ist als der zwischen Selbstwirksamkeitserwartungen und Relevanzzuschreibungen. Diese Vermutung wird auch durch die Ergebnisse der Cross-Lagged-Panel Designs unterstützt, in denen das Interesse die Relevanzeinschätzung der Gesamtheit der Inhalte (diesmal ohne konkrete Benennung der Inhalte) eher vorhersagen konnte als umgekehrt, die mathematische Selbstwirksamkeitserwartung aber eher keine Vorhersagekraft für die Relevanzeinschätzung zu haben schien. Es ist also zu vermuten, dass Relevanzzuschreibungen zu konkret auf Basis der „Standards für die Lehrerbildung im Fach Mathematik" (DMV et al., 2008) benannten Inhalten des Mathematikstudiums sowie zu den Inhalten in ihrer Gesamtheit mit affektiven Merkmalen zusammenhängen und dass es dabei ausschlaggebender ist, wie stark das Interesse ausgeprägt ist, als wie sicher sich Studierende in der Mathematik fühlen. Einschränkend ist anzumerken, dass in den Cross-Lagged-Panel Designs nur die mathematische, nicht aber die aufgabenbezogene, Selbstwirksamkeitserwartung einbezogen wurde, da letztere nur zum zweiten Erhebungszeitpunkt abgefragt wurde. Im Rahmen der Typenanalysen deutete sich jedoch an, dass gerade auch die aufgabenbezogene Selbstwirksamkeitserwartung bei Abbruchgedanken von Studierenden eine wichtige Rolle spielen könnte[5]. Schon frühere Forschungsergebnisse ließen vermuten, dass die Bearbeitung der Übungsaufgaben für die Studierenden eine zentrale Stellung in ihrem Mathematikstudium einnimmt (Liebendörfer & Göller, 2016b), so dass unter der Annahme, dass Relevanzzuschreibungen eng mit affektiven Merkmalen zusammenhängen, gerade im Mathematikstudium denkbar ist, dass die aufgaben-bezogene Selbstwirksamkeitserwartung enger mit den Relevanzzuschreibungen zusammenhängen könnte als die mathematische Selbstwirksamkeitserwartung.

Sowohl beim Cross-Lagged-Panel Design zwischen dem mathematikbezo-genen Interesse und Relevanzzuschreibungen als auch bei dem zwischen der mathematischen Selbstwirksamkeitserwartung und Relevanzzuschreibungen ist einschränkend anzumerken, dass es möglich wäre, dass die gefundenen Hypo-thesen zu Kausalitätsrichtungen der Zeitspanne zwischen den Befragungen geschuldet sind. Möglich wäre, dass auch die Relevanzzuschreibung zur Gesamt-heit der Inhalte das Interesse und/ oder die Selbstwirksamkeitserwartung zu einem späteren Zeitpunkt vorhersagen kann, wenn die Zeitspanne kürzer oder länger gewählt wird.

Bezüglich der Zusammenhänge zwischen Relevanzzuschreibungen zu kon-kret, auf Basis der „Standards für die Lehrerbildung im Fach Mathematik" (DMV et al., 2008) abgefragten Inhalten verschiedener Themengebiete und ver-schiedener Komplexität und leistungsbezogenen Merkmalen[6] zeigte sich auf den imputierten Daten keinerlei Zusammenhang. Möglicherweise existieren in der Gesamtkohorte verschiedene Gruppen, für die sich unterschiedliche Zusammen-hänge ergeben, so dass auf dem Gesamtdatensatz kein linearer Zusammenhang mehr gefunden wurde. Für die Originaldaten unter Nutzung von pairwise deletion zeigte sich zunächst, dass Studierende, die die Analysis als relevant einschätzten, auf den Analysis Übungsblättern tendenziell viele Punkte erzielten und dass ana-log Studierende, die die Lineare Algebra relevant fanden, tendenziell viele Punkte in den Übungsblättern zur Linearen Algebra erzielten, wobei die Zusammenhänge nur gering ausfielen (vgl. Abschnitt 11.6.2.1 für die entsprechenden Ergebnisse).

---

[5] Die beiden Typen mit den geringeren Abbruchgedanken zeigen die höhere aufgabenbezo-gene Selbstwirksamkeitserwartung und bei den Konformisten, bei denen die hohen Einschät-zungen zur Relevanz der Studieninhalte zunächst schwer mit der relativ hohen Abbruchten-denz vereinbar scheint, ist die aufgabenbezogene Selbstwirksamkeitserwartung eher gering ausgeprägt (vgl. Abschnitt 11.9 zu den entsprechenden Ergebnissen; vgl. Abschnitt 12.3.11 zur Diskussion dieser Ergebnisse).

[6] Die Ergebnisse zu den Zusammenhängen zwischen der Leistung und den Relevanzzu-schreibungen sind mit einer gewissen Vorsicht zu interpretieren. So wäre es möglich, dass die gewählten Leistungsindikatoren die tatsächliche Leistung der Studierenden nicht richtig abbilden (vgl. dazu die Diskussion in Abschnitt 12.2.5.2.4).

Auch Studierende, die der Analysis eine eher hohe Relevanz zuschrieben, erzielten in den Übungsblättern zur Linearen Algebra tendenziell viele Punkte. Zudem schnitten Studierende, die der Analysis oder der Linearen Algebra eine eher hohe Relevanz zuschrieben, tendenziell besser in der Klausur zur Linearen Algebra ab. Dies passt zu früheren Ergebnissen von Arbeiten zu Wertkonstrukten, die mit dem beforschten Relevanzkonstrukt verwandt sein könnten, in denen sich in verschiedenen Lernkontexten zeigte, dass höhere Wertzuschreibungen einhergingen mit besseren Leistungen (vgl. Abschnitt 4.1.1.4; vgl. auch Bong, 2001; Hulleman et al., 2008; Pintrich & De Groot, 1990). Auch in Interviews mit Mathematikstudierenden deutete sich an, dass gerade solchen Inhalten, die verstanden wurden oder bei deren Bearbeitung sich Erfolgserlebnisse ergaben, ein Wert zugeschrieben wurde (Göller, 2020, Abschnitt 13.2). Das Ergebnis dieser Arbeit, dass Relevanzzuschreibungen zur Analysis und Linearen Algebra für die Studierendenkohorte mit vollständigen Werten positiv korrelierten mit den erzielten Punkten in der Klausur zur Linearen Algebra, ist insofern bemerkenswert, als dass das Klausurergebnis zeitlich nach den Relevanzzuschreibungen erhoben wurde. Somit muss nicht der von Krapp (1992) geäußerte Einwand berücksichtigt werden, dass eine Einschätzung von Interessantheit oder in diesem Falle Relevanz im Nachtrag zur Leistungsüberprüfung durch die erzielte Leistung bestimmt worden sein könnte und demnach die Leistung erst die positive Bewertung ausgelöst haben könnte. Es muss aber einschränkend bei den Ergebnissen, die die Klausurergebnisse betreffen, bedacht werden, dass die Stichprobengrößen, für die Klausurergebnisse vorlagen, sehr klein waren.

Der gefundene lineare Zusammenhang zwischen Relevanzzuschreibungen zu konkret abgefragten Inhalten und erreichten Punkten in der Klausur zur Linearen Algebra fiel für den zweiten Klausurtermin höher aus ($,47 \leq r \leq ,65$) als für den ersten ($,23 \leq r \leq ,32$). Das bedeutet, dass gerade in der zweiten Klausur nur noch solche Studierenden (einigermaßen[7]) erfolgreich waren, die eine Relevanz in den Studieninhalten sahen. Möglicherweise war ihre höhere Relevanzzuschreibung ausschlaggebend dafür, dass sie sich ausreichend mit dem Stoff beschäftigten, um die Aufgaben besser lösen zu können als Studierende, die weniger Relevanz sahen. Möglich wäre auch, dass eine höhere Beschäftigung ihrerseits, die dann in besseren Klausurergebnissen resultierte, gleichzeitig dazu führte, dass höhere Relevanzzuschreibungen vorgenommen wurden, wenn man von der Annahme ausgeht, dass eine Beschäftigung mit einem Gegenstand Voraussetzung für Relevanzzuschreibungen zu diesem Gegenstand sein könnte. Bei

---

[7] Generell fielen alle Klausurergebnisse zum zweiten Zeitpunkt schlecht aus, selbst höhere Punktzahlen im Stichprobenvergleich sind in Relation zur erreichbaren Punktzahl gering.

dem Zusammenhang zwischen den Relevanzzuschreibungen und den erreichten Punkten in der Klausur zur Linearen Algebra für den zweiten Klausurtermin ist jedoch zu beachten, dass die Stichprobe extrem klein war und der Zusammenhang nur statistisch signifikant wurde bei Nutzung von pairwise deletion, nicht aber für die imputierten Daten. Das Ergebnis könnte demnach einer verzerrten Stichprobe geschuldet sein.

Innerhalb der Relevanzzuschreibungen zu den Inhalten der abgefragten Komplexitätsstufen ergaben sich Korrelationen zur Leistung nur auf den Originaldaten unter Nutzung von pairwise deletion und nur auf den weniger komplexen Stufen, während sich zwischen der Leistung und der Relevanzzuschreibung zu Inhalten der komplexesten Stufe kein Zusammenhang zeigte. Für die Inhalte der weniger komplexen Stufen lässt dies vermuten, dass Studierende Inhalten mehr Relevanz zuschreiben, je besser ihre Leistungen sind. Das wiederum verweist darauf, dass fehlende Relevanzzuschreibungen auf eine Überforderung hindeuten könnten. Warum der Zusammenhang bei den Inhalten der komplexesten Stufe nicht gefunden wurde, bleibt zunächst unklar. Eventuell fühlen sich bei diesen Inhalten alle Studierenden, unabhängig von ihrer Leistung, überfordert und somit schreiben alle eine eher geringe Relevanz zu. Möglich wäre auch, dass zwar Zusammenhänge bestehen, aber diese nicht linear sind. Es bedarf aber weiterer Forschung, um hier klare Aussagen treffen zu können.

Die schulischen Leistungsdaten in der vorliegenden Arbeit zeigten keine hohe Korrelation mit den Relevanzzuschreibungen zu den Themengebieten oder den Inhalten der Komplexitätsstufen, unabhängig davon, ob die imputierten Daten betrachtet wurden oder die Originaldaten unter Nutzung von pairwise deletion. Eventuell hängen universitäre Relevanzzuschreibungen nur mit universitären weiteren Merkmalen zusammen und sollten von schulischen Relevanzzuschreibungen getrennt werden, ähnlich wie beim Interesse, bei dem zwischen dem Interesse an Schulmathematik und dem Interesse an Hochschulmathematik unterschieden wird (Rach et al., 2017; Ufer et al., 2017).

Im Rahmen des Cross-Lagged-Panel Designs zwischen der Relevanzzuschreibung zu den Studieninhalten insgesamt und der Leistung schien weder die Leistung die Relevanzeinschätzung vorhersagen zu können noch umgekehrt (vgl. Abschnitt 11.6.2.2 für die entsprechenden Ergebnisse). Dies passt nicht zu den Ergebnissen von Brown und Macrae (2005), die feststellten, dass Erfolg einer der Hauptfaktoren war, der die Haltung gegenüber der Mathematik bei den von ihnen beforschten amerikanischen Mathematikstudierenden, zu der auch die Einschätzung zu deren Relevanz zählt, beeinflusste, wobei die unterschiedlichen gefundenen Ergebnislagen mit den unterschiedlichen Konzeptualisierungen des Relevanzkonstrukts zusammenhängen könnten. Es bedarf weiterer Forschung, um die genauen Zusammenhänge zwischen Leistung und Relevanzzuschreibungen festzustellen (vgl. Abschnitt 13.2.3 für das entsprechende Forschungsdesiderat). Zum ersten Zeitpunkt im Cross-Lagged-Panel Design wurde schulische Leistung und zum zweiten universitäre Leistung betrachtet. Tatsächlich lassen auch frühere Forschungsergebnisse vermuten, dass kein Zusammenhang zwischen Schulnoten und Studienzufriedenheit besteht (Chemers et al., 2001; Kosiol et al., 2019; Schiefele & Jacob-Ebbinghaus, 2006; Trapmann et al., 2007) und bisherige Forschungsarbeiten weisen darauf hin, dass schulische Leistungen von Studierenden eher Einfluss auf objektiv messbare Studienerfolgskriterien wie beispielsweise den Modulerfolg nehmen (vgl. dazu Baron-Boldt et al., 1988; Laging & Voßkamp, 2017; Rach & Heinze, 2017; Trapmann et al., 2007) als auf subjektive Erfolgsmaße wie die Studienzufriedenheit (Neuhaus & Rach, 2021). Eine Möglichkeit, warum hier kein kausaler Einfluss von Leistung auf die Relevanzzuschreibungen zu den Inhalten insgesamt festgestellt werden konnte, wäre, dass Relevanzzuschreibungen sich in diesem Fall gerade empirisch ähnlich wie die theoretisch assoziierte Studienzufriedenheit verhalten, welche durch schulische Leistungen schlecht vorhersagbar zu sein scheint. Möglich wäre auch, dass schulische und universitäre Relevanzzuschreibungen voneinander zu unterscheiden sind und jeweils nur mit schulischen bzw. universitären Merkmalen zusammenhängen. In dem Fall würde es nicht verwundern, dass die schulische Leistung die universitäre Relevanzzuschreibung anscheinend nicht vorhersagen kann, es fehlt dann aber weiterhin eine Erklärung für die aus den Ergebnissen abzuleitende Vermutung, dass auch die Relevanzzuschreibung zu Beginn des Semesters die universitäre Leistung nicht vorhersagen kann. Bedenkt man, dass die universitäre Leistung und die Relevanzzuschreibungen, zumindest bei Betrachtung der Studierendengruppe mit vollständigen Werten zu den betrachteten Variablen, teils statistisch signifikant miteinander korrelierten, wäre es möglich, dass Studierende, die gute (universitäre z. B. auf den Übungszetteln) Leistungen erbringen, daraufhin den Inhalten eine Relevanz zuschreiben, oder dass der Zusammenhang zwischen universitären Leistungen und Relevanzzuschreibungen über andere Variablen, beispielsweise das Interesse oder die Selbstwirksamkeitserwartung, mediiert wird. Eventuell zeigte sich im Cross-Lagged-Panel Design auch kein Zusammenhang, weil dort keine konkreten Inhalte abgefragt wurden, im Rahmen der Analyse der Korrelationen aber ganz spezifische Inhalte benannt wurden, weil also die Relevanzzuschreibungen unterschiedlich operationalisiert wurden. Eine andere Möglichkeit besteht darin, dass Relevanzzuschreibungen und Leistungen nur für eine Teilstichprobe der Studierenden zusammenhängen könnten. So wurden die Korrelationen nur statistisch signifikant bei Betrachtung der Originaldaten unter Nutzung von pairwise deletion, im Cross-Lagged-Panel Design wurden aber die fehlenden Daten durch das Programm automatisch imputiert. Eventuell hätte sich in einem Cross-Lagged-Panel Design auf der Stichprobe, für die die Korrelationen zwischen Leistungen und Relevanzzuschreibungen signifikant wurden, ein Hinweis auf einen kausalen Zusammenhang gezeigt. Möglicherweise zeigte sich auch deshalb kein Zusammenhang zwischen der Leistung und der Relevanzeinschätzung im Cross-Lagged-Panel Design, weil sich kausale Zusammenhänge zwischen Leistung und Relevanzeinschätzung in anderen Zeitspannen als der betrachteten ergeben. Möglich wäre aber auch, dass Relevanzzuschreibungen eher affektiv als rational erklärt werden können und sich deshalb kein kausaler Zusammenhang zwischen den Leistungen und der Relevanzzuschreibung zum Studium zeigte (vgl. Abschnitt 12.3.1 dazu, wie die Begriffe affektiv und rational hier verstanden werden).

Aus den drei Cross-Lagged-Panel Designs dieser Arbeit lässt sich insgesamt vermuten, dass das mathematikbezogene Interesse und die mathematische Selbstwirksamkeitserwartung Relevanzeinschätzungen zur Gesamtheit der Studieninhalte und damit vermutlich indirekt auch Studienzufriedenheit eher vorhersagen können als schulische Leistungen. Dieses Ergebnis passt zu dem von Geisler (2020a, Abschnitt 3.5) entwickelten erweiterten Modell zur Person-Umwelt-Passung. Theorien zur Person-Umwelt-Passung (z. B. Swanson & Fouad, 1999) gehen davon aus, dass ein erfolgreicher Studienabschluss nur möglich ist, wenn die Charakteristika der Studierenden zur Lernumgebung passen. Geisler (2020a, Abschnitt 3.5) erweiterte diese Annahmen um die Annahmen verschiedener Abbruchmodelle und nimmt an, dass Einstellungen und Studienwahlmotive eine Zufriedenheit mit dem Studium eher bedingen als Lernverhalten und Vorkenntnisse; eine Annahme die er auch empirisch stützen konnte (Geisler, 2020a, Kapitel 13). In den vorliegenden Ergebnissen zeigte sich ein Zusammenhang zwischen dem Interesse und der Selbstwirksamkeitserwartung (zwei Konstrukten aus dem Bereich der Einstellungen) mit den Relevanzzuschreibungen, welche mit Studienzufriedenheit in Verbindung stehend angenommen werden. Für die Leistungen wiederum, die insbesondere auch im Sinne von Vorkenntnissen konzeptualisiert wurden, zeigte sich kein Zusammenhang.

Insgesamt zeichnen die Ergebnisse zur Forschungsfrage 5 ein Bild, dass Relevanzzuschreibungen zu konkret benannten Inhalten oder auch den Studieninhalten des Mathematikstudiums in ihrer Gesamtheit vor allem mit affektiven Merkmalen linear zusammenzuhängen scheinen: Von den drei Merkmalen Interesse, Selbstwirksamkeitserwartungen und Leistung scheinen vor allem das Interesse und in etwas geringerem Maß die Selbstwirksamkeitserwartungen mit den Relevanzzuschreibungen zusammenzuhängen, bei der Leistung scheint kaum ein Zusammenhang zu bestehen. Es ist zu vermuten, dass Relevanzzuschreibungen, so wie sie in der vorliegenden Arbeit konzeptualisiert sind, eher mit affektiven Merkmalen der Studierenden zusammenhängen als dass sie rational erklärt werden können, wenn man nur lineare Zusammenhänge betrachtet, denn in der hier gebrauchten Sichtweise handelt es sich bei Leistungen um nicht-affektive („rationale") Konstrukte und bei Interesse und Selbstwirksamkeitserwartungen um affektive Konstrukte. Insbesondere wenn man bedenkt, dass das Konstrukt der Relevanzzuschreibungen als ein motivationales Konstrukt konzeptualisiert wurde, passt der Befund, dass diese Relevanzzuschreibungen vor allem mit den affektiven Merkmalen zusammenzuhängen scheinen, beispielsweise zur Selbstbestimmungstheorie, in der angenommen wird, dass Motivation eng zusammenhängt mit den affektiven Merkmalen des Erlebens der Autonomie, des Erlebens der sozialen Eingebundenheit und des Erlebens der Kompetenz (Deci & Ryan, 1985a, 1993). Gerade ein enger Zusammenhang zwischen Selbstwirksamkeitserwartungen, die mit dem Konstrukt des Erlebens der Kompetenz verwandt sind, und den Relevanzzuschreibungen ist auch aus der Selbstbestimmungstheorie heraus zu erwarten.

12.3.9 Interpretation und Diskussion der Ergebnisse zur Forschungsfrage 6

Die sechste Forschungsfrage beschäftigte sich damit, wie die Einschätzungen zur Umsetzung verschiedener konkret benannter Inhalte aus Themengebieten und Komplexitätsstufen zusammenhängen mit motivationalen und leistungsbezogenen Merkmalen der Studierenden (vgl. Abschnitt 11.7 für die entsprechenden Ergebnisse). Auch im Rahmen dieser Forschungsfrage wurden nur lineare Zusammenhänge zwischen den genannten Variablen analysiert. Es können dementsprechend keine Hypothesen zu nicht-linearen Zusammenhängen aus den Ergebnissen abgeleitet werden.

Es zeigte sich zunächst sowohl in den imputierten Daten als auch in den Originaldaten unter Nutzung von pairwise deletion, dass Studierende mit höherer (mathematischer oder aufgabenbezogener) Selbstwirksamkeitserwartung tendenziell die Umsetzung inhaltlicher Aspekte besser bewerteten, wobei die linearen Zusammenhänge nur schwach bis mäßig ausfielen und für die mathematische Selbstwirksamkeitserwartung etwas höher ausfielen als für die aufgabenbezogene (vgl. Abschnitt 11.7.1.1 für die entsprechenden Ergebnisse). Gerade diejenigen Studierenden, die ein Vertrauen in ihre eigenen Fähigkeiten haben, sehen also anscheinend auch viele Aspekte im Studium umgesetzt. Vorausgesetzt, dass sie auch der Meinung sind, diese Aspekte sind wichtig, könnte das zu einer

Relevanzzuschreibung zum Studium führen. So könnten Studierende mit hoher Selbstwirksamkeitserwartung bessere Voraussetzungen dafür haben, dem Studium eine Relevanz zuschreiben zu können. Insbesondere deutet dies darauf hin, dass das affektive Konstrukt der Selbstwirksamkeitserwartungen eine wichtige Stellung bei der Erklärung von Relevanzzuschreibungen, so wie sie in dieser Arbeit konzeptualisiert wurden, haben könnte.

Es zeigte sich weiterhin, ebenfalls sowohl in den imputierten Daten als auch in den vollständigen Originaldaten unter Nutzung von pairwise deletion, dass Studierende mit hohem Interesse die Umsetzung der verschiedenen Themengebiete und Komplexitätsstufen tendenziell besser bewerteten als Studierende mit einem geringeren Interesse (vgl. Abschnitt 11.7.1.2 für die entsprechenden Ergebnisse). Die Zusammenhänge fielen hier ähnlich hoch aus wie bei Betrachtung der mathematischen Selbstwirksamkeitserwartung. Mit der gleichen Überlegung wie oben scheinen Studierende mit hohem Interesse bessere Voraussetzungen zu haben, um dem Studium eine Relevanz zuzuschreiben.

Ob in der Schule gute Leistungen erzielt wurden oder nicht, scheint nicht in linearem Zusammenhang dazu zu stehen, wie die Umsetzung konkreter inhaltlicher Aspekte im Studium durch Mathematiklehramtsstudierende bewertet wird (vgl. Abschnitt 11.7.2.1 für die entsprechenden Ergebnisse). In zukünftiger Forschung könnte überprüft werden, ob nicht-lineare Zusammenhänge festgestellt werden können. Von den universitären[8] leistungsbezogenen Merkmalen hingegen korrelierten zumindest bei Nutzung der Methode der pairwise deletion alle statistisch signifikant auf einem Niveau von 10 % mit der Einschätzung zur Umsetzung der Linearen Algebra, die erzielten Punktzahlen in den beiden Klausuren zudem auch mit der Einschätzung zur Umsetzung der Analysis (vgl. Abschnitt 11.7.2.2 für die entsprechenden Ergebnisse). Diese Beobachtung lässt sich in zweierlei Hinsicht diskutieren, wenn man annimmt, dass eine hohe Einschätzung zur Umsetzung ein erster Schritt in Richtung möglicher Relevanzzuschreibungen sein könnte: Erstens könnte der Unterschied, dass schulische Leistungen keinen linearen Zusammenhang zu den Einschätzungen zur Umsetzung zeigten, die universitären jedoch schon, darauf hinweisen, dass Relevanzzuschreibungen zum Studium nur mit universitären Merkmalen, nicht aber mit schulischen, zusammenhängen. Zweitens deutet der positive Zusammenhang zwischen der universitären Leistung und Einschätzungen zur Umsetzung darauf hin, dass leistungsstärkere Studierende bessere Voraussetzungen haben könnten,

---

[8] Die Ergebnisse zu den Zusammenhängen zwischen der universitären Leistung und den Einschätzungen zur Umsetzung sind mit einer gewissen Vorsicht zu interpretieren. So wäre es möglich, dass die gewählten Leistungsindikatoren die tatsächliche Leistung der Studierenden nicht richtig abbilden (vgl. dazu die Diskussion in Abschnitt 12.2.5.2.4).

dem Studium eine Relevanz zuzuschreiben. Dies könnte daran liegen, dass nur die leistungsstärkeren Studierenden die leistungsbezogenen Kapazitäten haben könnten, den Stoff so tiefgehend zu bearbeiten, dass sie die Umsetzung der abgefragten Aspekte erkennen können, was wiederum darauf hindeuten würde, dass geringere Relevanzzuschreibungen von leistungsschwächeren Studierenden mit einer Überforderung von ihrer Seite zusammenhängen könnten. Es wäre hier auch möglich, dass nur Studierende, die sich bewusst sind, dass die Inhalte im Studium umgesetzt werden, die nötigen Voraussetzungen haben, um gute Leistungen vollbringen zu können – auch hier wäre die Interpretation, dass fehlende Relevanzzuschreibungen aus einer Überforderung resultieren könnten. Dass der entsprechende korrelative Zusammenhang zwischen den universitären Leistungen und den Einschätzungen zur Umsetzung nur auf den Originaldaten unter Nutzung von pairwise deletion, nicht aber auf dem imputierten Datenset, sichtbar wurde, könnte wiederum bedeuten, dass es in der Gesamtkohorte verschiedene Studierendengruppen gibt, für die sich der Zusammenhang zwischen Leistungen und Einschätzungen zur Umsetzung unterschiedlich gestaltet.

In den Analysen zeigte sich auch, dass die Korrelationen zwischen den Einschätzungen zur Umsetzung zur Linearen Algebra und zur Analysis in den Originaldaten unter Nutzung von pairwise deletion stärker mit der erreichten Punktzahl in der zweiten Klausur als mit der in der ersten Klausur korrelierten. Gerade bei dieser zweiten Klausur schienen Studierende, die hohe Relevanzzuschreibungen vornahmen, eher erfolgreich zu sein. Diese Ergebnisse sind jedoch mit viel Vorsicht zu genießen, da sie auf einer kleinen Stichprobe basieren und für den imputierten Datensatz nicht repliziert werden konnten und zudem selbst die Studierenden, die in der zweiten Klausur zur Linearen Algebra I im Vergleich mit den anderen Studierenden mehr Punkte erzielten, absolut gesehen nur sehr wenig Punkte erzielten (vgl. Abschnitt 12.2.5.2.4).

12.3.10 Interpretation und Diskussion der Ergebnisse zur Forschungsfrage 7

Die siebte Forschungsfrage thematisierte, ob sich Relevanzzuschreibungen im Laufe des ersten Semesters ändern (vgl. Abschnitt 11.8 für die entsprechenden Ergebnisse). Die Relevanz der Studieninhalte insgesamt, die im Sinne eines Globalurteils abgefragt wurde, ohne dass den Studierenden konkrete Anhaltspunkte vorgeschlagen wurden, woran diese Relevanz gemessen werden könnte, wurde in der Ausgangsbefragung sowohl bei Bezugnahme auf die imputierten

Daten als auch bei Bezugnahme auf die Originaldaten unter Nutzung von pairwise deletion im Mittel höher eingeschätzt als in der Eingangsbefragung. Das könnte für eine gewisse Enkulturation ins Studium sprechen. Eventuell haben sich die Studierenden zum späteren Befragungszeitpunkt an die neue Lern- und Fachkultur soweit gewöhnt, dass sie dem Studium eine höhere Relevanz zuschreiben als am Anfang, als sie sich noch fremd fühlten. Möglich wäre auch, dass die Studierenden zum späteren Zeitpunkt aus rein pragmatischen Gründen den Studieninhalten insgesamt eine höhere Relevanz zuschrieben, um gewissermaßen dadurch ihren Verbleib im Studium sich selbst gegenüber zu rechtfertigen. Es zeigt sich zumindest, dass sich die globale Relevanzzuschreibung von Mathematiklehramtsstudierenden im ersten Semester vermutlich ändert. Dabei fiel die Korrelation zwischen den Relevanzzuschreibungen zu den Studieninhalten insgesamt zwischen Eingangs- und Ausgangsbefragung besonders gering aus (r = ,09 bei Imputation, r = ,31 bei pairwise deletion), das heißt bei diesem Globalurteil scheint sich die Meinung der Studierenden besonders stark zu ändern.

Das entgegengesetzte Bild, dass die Relevanzzuschreibungen in der Ausgangsbefragung geringer ausfielen als in der Eingangsbefragung, zeigte sich sowohl in den imputierten Daten als auch in den Originaldaten unter Nutzung von pairwise deletion bei der Abfrage konkreter Aspekte für die Komplexitätsstufen, die Themengebiete und die Dimensionsausprägungen des Modells der Relevanzbegründungen. Da fehlende Werte in den Daten gerade bei denjenigen Studierenden auftraten, deren imputierte Daten den Mittelwert für das imputierte Datenset kleiner ausfallen ließen als den Mittelwert der Originaldaten bei Nutzung von pairwise deletion, lässt sich vermuten, dass gerade Studierende, die geringere Relevanzzuschreibungen vornahmen, weniger motiviert waren, an den Befragungen teilzunehmen.

Im Rahmen der Relevanzzuschreibungen zu konkret benannten Aspekten fielen die Korrelationen für die Relevanzzuschreibungen zur gesellschaftlich/beruflich-extrinsischen Dimensionsausprägung (r = ,07 bei Imputation, r = ,36 bei pairwise deletion) besonders gering aus, so dass anzunehmen ist, dass sich die Relevanzzuschreibungen von Mathematiklehramtsstudierenden hier besonders stark verändern. Das bedeutet, dass Studierende ihre Meinung dazu, ob sie auf ihre gesellschaftliche Funktion als Lehrkraft vorbereitet werden wollen, um Ansprüchen von außen zu genügen, im ersten Semester vermutlich teils stark ändern. Insbesondere auch Meinungen dazu, ob im Studium mehr Praxisbezug gegeben sein sollte, könnten sich demnach im ersten Semester stark ändern. In bisherigen Forschungsarbeiten wird teils angenommen, dass Lehramtsstudierende vor allem dann mehr Praxisbezug fordern, wenn sie vor persönlichen Krisen stehen (vgl. Makrinus, 2012; vgl. dazu auch Abschnitt 12.3.14), so dass die Instabilität in den Relevanzzuschreibungen zur gesellschaftlich/ beruflich-extrinsischen Dimensionsausprägung damit zusammenhängen könnte, ob Studierende sich gerade in einer solchen Krise befinden und dann hier eine entsprechend hohe Relevanz zuschreiben oder gerade eine Sicherheit im Studium verspüren, dann keinen Wunsch nach mehr Praxisbezug verspüren und dementsprechend geringere Relevanzzuschreibungen zur gesellschaftlich/ beruflich-extrinsischen Dimensionsausprägung vornehmen.

Am wenigsten veränderten sich die Relevanzzuschreibungen zu Inhalten der Stufe 1, der komplexesten Stufe ($r = ,19$ bei Imputation, $r = ,59$ bei pairwise deletion). Studierende scheinen also ihre Meinung dazu, ob komplexe Inhalte im Studium behandelt werden sollten, am wenigsten zu ändern. Eventuell wird diese Stufe von Anfang an nur von eher leistungsstarken Studierenden mit hoher Selbstwirksamkeitserwartung als relevant eingeschätzt, die auch im Laufe des ersten Semesters aufgrund von Erfolgserlebnissen ihre Selbstwirksamkeit aufrechterhalten können und dann ohne Verlust des eigenen Selbstwertgefühls auch am Semesterende noch komplexe Inhalte relevant finden können. Möglich wäre aber auch, dass die komplexeste Stufe von Anfang an von allen Studierenden als so wenig relevant eingestuft wird, dass sie deswegen ihre Meinung zum zweiten Zeitpunkt im Gegensatz zu den Relevanzzuschreibungen zum ersten Zeitpunkt nicht nach unten verändern. Tatsächlich zeigte sich im Rahmen der Forschungsfrage 1 (vgl. Abschnitt 11.2), dass der komplexesten Stufe im Mittel von den befragten Studierenden die geringste Relevanz zugeschrieben wurde, wobei diese Relevanzzuschreibung dennoch über dem theoretischen Mittel der Skala lag und die Daten demnach nicht auf eine geringe Relevanzzuschreibung hindeuteten.

Das vorliegende Bild, dass die Gesamteinschätzung zur Relevanz des Studiums im Zeitverlauf wuchs, die Relevanzzuschreibungen bezüglich der jeweiligen Aspekte aber sanken, scheint zunächst verwunderlich. Allerdings ist zu beachten, dass bei der Gesamtrelevanz danach gefragt wurde, für wie relevant das Studium beziehungsweise dessen Inhalte derzeit empfunden werden, während bei den Stufen, Themengebieten und Dimensionsausprägungen abgefragt wurde, wie wichtig diese seien, um daran ablesen zu können, wie sie zur Relevanz des Studiums beitragen könnten. Somit ist zu folgern, dass für die befragten Studierenden die einzelnen Aspekte zwar weniger wichtig wurden, die Relevanz insgesamt aber dennoch für sie anwuchs. In verschiedenen anderen Studien in unterschiedlichen fachlichen Kontexten, deutete sich an, dass die Wertzuschreibung zum Studium bei manchen Studierenden sank und bei anderen wuchs (Dresel & Grassinger, 2013, für ein fächerübergreifendes Sample; Kosovich et al., 2017, im

Kontext des Psychologiestudiums; K. A. Robinson, Perez, et al., 2019, im Kontext des Chemiestudiums; Schnettler et al., 2020, für ein Sample aus Jura- und Mathematikstudierenden).

Bezüglich der Komplexitätsstufen, Themengebiete und Dimensionsausprägungen stellte in den vorliegenden Daten keine der Relevanzzuschreibungen ein stabiles Merkmal dar, denn keiner der r-Werte der Korrelationen zwischen den jeweiligen Relevanzzuschreibungen überschritt den Wert von ,7, der bei validen Messinstrumenten auf ein stabiles Merkmal hinweist, unabhängig davon, ob die imputierten Daten oder die vollständigen Daten aus dem Originaldatensatz betrachtet wurden. Es ist also anzunehmen, dass die Relevanzzuschreibungen von Mathematiklehramtsstudierenden im ersten Semester kein stabiles Merkmal darstellen. Maßnahmen am Studienbeginn, die die Relevanzzuschreibungen der Studierenden unterstützen sollen, müssten demnach auf sich ändernde Relevanzzuschreibungen der Studierenden reagieren können. Es ergibt sich die Frage, ob die Relevanzzuschreibungen sich nur zu Beginn des Studiums verändern und sich ab einem gewissen Studienzeitpunkt festigen oder ob sie sich über das gesamte Studium hinweg verändern.

12.3.11 Interpretation und Diskussion der Ergebnisse zur Forschungsfrage 8

Mit der achten Forschungsfrage sollte überprüft werden, wie sich Mathematiklehramtsstudierende entlang ihrer fokussierten Relevanzgründe aus dem Modell der Relevanzbegründungen typisieren lassen (vgl. Abschnitt 11.9 für die entsprechenden Ergebnisse). Es wurden dabei vier Typen gefunden, die als Konformisten, Selbstverwirklicher, Pragmatiker und Halbherzige benannt wurden. Die Konformisten passen sich stark an das Studium an und bewerten alle vier Dimensionen aus dem Modell der Relevanzbegründungen im Mathematikstudium als wichtig. Die Selbstverwirklicher legen ihren Fokus im individuell-intrinsischen Relevanzbegründungsbereich. Insbesondere ist es ihnen wichtiger, sich als Individuum weiterzuentwickeln als gezielt auf den Beruf der Lehrkraft vorbereitet zu werden. Die Pragmatiker zeichnen sich dadurch aus, dass sie mit Hilfe des Studiums vor allem darauf vorbereitet werden wollen, der Rolle als Lehrkraft gerecht zu werden, sowohl was ihre eigenen Vorstellungen als auch die Erwartungen Außenstehender an die Rolle der Lehrkraft betrifft. Ihr Verhalten, das von Pragmatismus geprägt ist, ähnelt dem von solchen SchülerInnen, die das Ziel verfolgen, die Schule abzuschließen und dabei möglichst wenig Anstrengungen aufzuwenden (vgl. dazu Meece et al., 1988). Die Halbherzigen wiederum zeichnen sich dadurch aus, dass sie alle vier Dimensionsausprägungen im Vergleich mit den anderen Typen weniger wichtig einschätzen. Die Grenzen zwischen den Clustern können jedoch nicht anhand von festen Cut-Off-Werten auf den Indizes gezogen werden, sondern zu jedem möglichen Cut-Off-Wert gibt es noch Cluster, die Studierende auf beiden Seiten dieses Wertes haben. Dies könnte zumindest teilweise begründen, dass es sich bei der Typenzuordnung nicht um ein stabiles Personenmerkmal zu handeln scheint (vgl. Abschnitt 11.9.7 für die entsprechenden Ergebnisse zur fehlenden Stabilität der Typenzuordnung).

Die vier Typen wurden unter Zuhilfenahme weiterer Merkmale in Abgrenzung zueinander charakterisiert, wobei sich weitgehend die gleichen Ergebnisse ergaben, unabhängig davon, ob die imputierten Daten oder die Originaldaten unter Nutzung von pairwise deletion betrachtet wurden[9]. Wie bereits in Abschnitt 12.2.3 angesprochen wurde, sind dabei die Ergebnisse, die auf den imputierten Daten erhalten wurden, als wahrscheinliche und nicht als absolute Ergebnisse zur Gesamtstichprobe zu interpretieren, da die Werte, die für die einzelnen Personen in den Clustern imputiert wurden, nicht den „wahren" Werten entsprechen müssen, die sich ergeben hätten, wenn die Person eine Antwort gegeben hätte, sondern sie stellen nur wahrscheinliche Werte dar. Die entsprechenden Ergebnisse werden im Folgenden diskutiert.

Für die Charakterisierungen der Typen wurden die Eingangs- und Ausgangseinordnungen verknüpft, was gewisse Risiken birgt, da die Typen für die Eingangs- und Ausgangsbefragung zwar ähnliche Tendenzen zeigten aber nicht deckungsgleich waren. Der Cluster der Selbstverwirklicher der Eingangsbefragung beispielsweise war im vierdimensionalen Raum der Dimensionsausprägungen nicht exakt so verortet wie der Cluster der Selbstverwirklicher der Ausgangsbefragung, die Studierenden in den Clustern zeigten aber die gleichen Tendenzen darin, welche Relevanzgründe aus dem Modell der Relevanzbegründungen ihnen besonders wichtig erschienen. Dass die Verknüpfung in der vorliegenden Arbeit vorgenommen wurde, ist damit zu rechtfertigen, dass es bei den Analysen der Typen in dieser Arbeit nicht vorrangig darum ging, die Typen möglichst genau zu beschreiben, sondern darum, aus den Beschreibungen der Typen heraus mögliche Zusammenhänge zwischen dem Konstrukt der Relevanzgründe und anderen Konstrukten zu erkennen. Insbesondere zeigte sich dabei,

---

[9] Der einzige zentrale Unterschied lag darin, dass auf den imputierten Daten weniger Zusammenhänge statistisch signifikant ausfielen als auf den Originaldaten unter Nutzung von pairwise deletion. Gerade im Rahmen der Typenbeschreibungen ist dies aber nebensächlich, da ohnehin auch Tendenzen in den Mittelwertunterschieden berichtet wurden (vgl. Abschnitt 11.9 zur Begründung dieses Vorgehens).

dass Studierendengruppen, die verschiedene Relevanzgründe entsprechend des Modells der Relevanzbegründungen dieser Arbeit fokussieren, unterschiedlich gut an die Bedingungen im Mathematikstudium angepasst zu sein scheinen. Damit hat das Modell der Relevanzbegründungen den Mehrwert, dass aus einer Kenntnis der fokussierten Relevanzgründe von Studierenden mutmaßlich Rückschlüsse gezogen werden können, welche dieser Studierenden vermutlich auch gut mit den Studienanforderungen zurechtkommen und die Voraussetzungen mitbringen, im Mathematikstudium bestehen zu können, und welche Studierenden eventuell auch im Mathematikstudium nicht gut aufgehoben sind.

Im Folgenden werden die Ergebnisse zu den Charakteristika der in der Arbeit gefundenen Typen der Konformisten, Selbstverwirklicher, Pragmatiker und Halbherzigen diskutiert. Dabei wird auf deren Zufriedenheit und Relevanzzuschreibungen eingegangen (vgl. Abschnitt 12.3.11.1), auf ihre erbrachten Leistungen und Abbruchgedanken (vgl. Abschnitt 12.3.11.2), auf ihre affektiven Merkmale (vgl. Abschnitt 12.3.11.3) und auf ihr Verhalten (vgl. Abschnitt 12.3.11.4). Anschließend wird ein Fazit zu den Typen gezogen, in dem insbesondere auch darauf eingegangen wird, welche Vermutungen zu Zusammenhängen zwischen der Passung von Mathematiklehramtsstudierenden zum Mathematikstudium und deren fokussierten Relevanzgründen aus den Typencharakterisierungen abgeleitet werden können (vgl. Abschnitt 12.3.11.5), ehe noch die Ergebnisse zur Stabilität der Clusterzuordnung diskutiert werden (vgl. Abschnitt 12.3.11.6).

12.3.11.1 Zufriedenheit und Relevanzzuschreibungen

Während die Halbherzigen in der Eingangsbefragung noch eine im Vergleich zu den anderen Typen hohe Relevanz in den Studieninhalten insgesamt sehen, ändert sich dieses Bild in der Ausgangsbefragung. In der Eingangsbefragung scheint es demnach noch keinen negativen Zusammenhang zwischen einer Ziellosigkeit (bezogen auf die im Modell der Relevanzbegründungen abgebildeten Konsequenzen) verbunden mit einer geringen Motivation im Studium und der empfundenen Relevanz des Studiums zu geben, in der Ausgangsbefragung dann aber schon.

Die hohen Relevanzzuschreibungen der Selbstverwirklicher zum Mathematikstudium, die vermutlich mit einer hohen Studienzufriedenheit einhergehen, lassen vermuten, dass es für Mathematiklehramtsstudierende zumindest zuträglich ist, das Studium als Ort der persönlichen Weiterentwicklung zu sehen und nicht schon in dieser Phase eine gezielte Vorbereitung auf den Lehrerberuf zu erwarten. Demnach könnte eine Haltung von Studierenden, nicht bereits im Studium viel (Lehr-)Praxis zu erwarten, mit einer höheren Zufriedenheit im Studium einhergehen. Zu dieser Überlegung passen die Ausführungen von Wenzl et al. (2018), die Forderungen nach „mehr Praxis" als nichts mehr sehen als „eine leere ‚Parole' (…), die auf Grund ihrer vordergründigen Plausibilität und ihrer akklamativen Kraft von Studierenden dazu verwendet werden kann, ganz heterogenen Ängsten und Unsicherheiten gegenüber dem Lehramtsstudium Ausdruck zu verleihen und sie im selben Zug zu verbergen" (S. 4 f.) (vgl. dazu auch Abschnitt 13.3.2). Gerade diejenigen Studierenden, die bereits zufrieden mit ihrem Studium zu sein scheinen, haben es anscheinend nicht nötig, auf solche leeren Parolen nach mehr Praxis zurückzugreifen und konzentrieren sich auf ihre Entwicklung als Individuen. Die Beobachtung innerhalb dieser Arbeit, dass gerade die Selbstverwirklicher auch besonders gute motivationale Voraussetzungen zeigen und sich ihrer mathematischen Fähigkeiten sicher sind, passt zu der Beobachtung von Wenzl et al. (2018, S. 4 f.), denn hier liegen keine Ängste oder Unsicherheiten vor, die als Grund für die Forderung nach „mehr Praxis" gesehen werden und tatsächlich liegt der Fokus der Selbstverwirklicher nicht auf einer Vorbereitung auf die Praxis. Auch die Eigenschaften der Pragmatiker, die hier in gewissem Sinne als Gegenpol zu den Selbstverwirklichern gesehen werden können, stützen das Bild, dass die Fokussierung auf viel Praxis schon im Mathematikstudium eher eine Ausweichstrategie sein könnte, um eigene Unsicherheiten nicht eingestehen zu müssen: Die Pragmatiker geben an, in ihrem Studium vor allem auf ihre gesellschaftliche Funktion als Lehrkraft vorbereitet werden zu wollen, ihre Entwicklung als Individuen ist ihnen im Vergleich zu den anderen Typen weniger wichtig. Gleichzeitig zeigen sie ein geringes Interesse und eine geringe mathematische Selbstwirksamkeitserwartung, welche eine Unsicherheit in ihrem Studium begründen könnten. Eventuell haben sie dieses Studium auch gar nicht vorrangig wegen der Mathematik gewählt, sondern ihr anderes Fach oder der Beruf der Lehrkraft war ausschlaggebend für ihre Entscheidung. Sie scheinen ihr Studium eher pragmatisch mit dem geringstmöglichen Aufwand hinter sich bringen zu wollen, eventuell gerade aufgrund einer Unsicherheit im Mathematikstudium.

12.3.11.2 Leistung und Abbruchgedanken

Die Abbruchtendenz ist bei den Konformisten stärker ausgeprägt als bei den Selbstverwirklichern und Pragmatikern. Bedenkt man, dass die Konformisten angeben, dass sie Konsequenzen auf allen Dimensionsausprägungen des Relevanzmodells erreichen wollen, während die Selbstverwirklicher und die Pragmatiker jeweils einen Fokus setzen, so könnte sich andeuten, dass es für Mathematiklehramtsstudierende überfordernd wirkt, wenn sie zu viele Ziele erreichen wollen, und eine Fokussierung für einen erfolgreichen Studienabschluss zielführender ist. Generell wird davon ausgegangen, dass Lernen gewinnbringender ist, wenn man auf selbst gesetzte Ziele hinarbeitet, eine Grundannahme, die dem selbstregulierten Lernen (z. B. Artelt et al., 2001; Göller, 2020,

Abschnitt 2.4; Nett & Götz, 2019; Pintrich, 2000) zugrunde liegt. Die Ergebnisse dieser Arbeit könnten darauf hindeuten, dass es dabei für Studierende sinnvoll ist, sich nicht zu viele Ziele zu setzen.

Allerdings scheint eine Fokussierung auf viele Ziele immer noch gewinnbringender zu sein als eine Ablehnung aller möglichen Zielsetzungen aus dem Modell der Relevanzbegründungen, wie der Vergleich mit den Halbherzigen zeigt. Diese haben von allen Typen die geringste Bindung zum Mathematikstudium, finden am wenigsten Dinge relevant und zeigen von allen Typen die höchste Abbruchtendenz. Dass ihre Gruppe am Ende des Semesters viel kleiner ist als am Anfang, könnte darauf hindeuten, dass diejenigen Studierenden, die sich zunächst mit keiner der Dimensionsausprägungen aus dem Modell der Relevanzbegründungen identifizieren können, ihr Studium entweder abbrechen oder im Laufe des ersten Semesters ihre Prioritäten festlegen.

In der vorliegenden Arbeit zeigen die Konformisten, die Selbstverwirklicher und die Pragmatiker ähnlich gute universitäre Leistungen[10], die Halbherzigen jedoch schlechtere. So scheint die tatsächlich erbrachte Leistung nicht der zentrale Grund für die Relevanzzuschreibungen zum Studium zu sein, denn während die Typen im Studium unterschiedlich viel Relevanz zuschreiben, unterscheidet sich ihre Leistung kaum. Göller (2020, Kapitel 16) fand in einer Interviewstudie, dass es in der von ihm befragten Stichprobe weder für den Klausurerfolg noch für die Studienzufriedenheit eine Rolle spielte, ob die Lehramtsstudierenden ihren Studiengang vor allem wegen des Fachs Mathematik, wegen ihres zweiten Fachs oder wegen des angestrebten Berufs gewählt hatten. Bedenkt man, dass in der vorliegenden Arbeit davon ausgegangen wird, dass höhere Relevanzzuschreibungen in Verbindung zu Studienzufriedenheit stehen, lässt sich diese Beobachtung von Göller (2020, Kapitel 16) bezüglich der Leistungen durch die Ergebnisse der vorliegenden Arbeit stützen, wenn man bedenkt, dass die Selbstverwirklicher ein hohes Interesse am Fach Mathematik zeigen, die Pragmatiker aber eher wegen ihres anderen Fachs oder dem Lehrerberuf zu studieren scheinen und dennoch beide Typen ähnliche Leistungen zeigen.

Bei den gemessenen Leistungen für die Typen zeigte sich, dass diese wenig Aussagekraft bei der Abgrenzung der Typen im Vergleich zueinander hatte. Bei den erreichten Punktzahlen in der Klausur zur Linearen Algebra I ergaben sich kaum Unterschiede, was daran liegen kann, dass alle Mathematiklehramtsstudierenden, deren Klausurergebnisse vorlagen, nur wenig Punkte erreichten (vgl.

---

[10] Die Ergebnisse bezüglich der universitären Leistung sind mit einer gewissen Vorsicht zu interpretieren. So wäre es möglich, dass die gewählten Leistungsindikatoren die tatsächliche Leistung der Studierenden nicht richtig abbilden (vgl. dazu die Diskussion in Abschnitt 12.2.5.2.4).

Abschnitt 12.2.5.2.4). Während für die Punkte in den Übungsblättern Aussagen dazu getroffen werden konnten, welcher Typ vergleichsweise mehr oder weniger Punkte erzielte, können diese Unterschiede nicht als Einzelleistungen der Studierenden der jeweiligen Typen gewertet werden, da die Übungsblätter in Gruppen abgegeben werden durften (vgl. Abschnitt 12.2.5.2.4). Im Rahmen der Arbeit wurde für die verschiedenen Typen auch die Verteilung der erreichten Übungsblattpunkte in der Linearen Algebra I und Analysis I analysiert, welche jedoch nicht in der Arbeit berichtet wird, da auch diese keine zusätzlichen Interpretationsmöglichkeiten bot: Für alle Studierendentypen lag der Median in einem ähnlichen Bereich, wobei es sich vermutlich um die zu erreichende Punktegrenze handelte, um die Studienleistung zu bestehen. Für alle Typen gab es gewisse Streuungen[11] nach oben und nach unten, die zwar leicht verschieden ausfielen, aber auch keine Schlüsse für die Leistungen der jeweiligen Typen zuließen, wenn man bedenkt, dass die Übungszettel in Gruppen bearbeitet werden durften.

Die Relevanzzuschreibung zum Studium kann durch die Ergebnisse der vorliegenden Arbeit nur teilweise mit der Abbruchtendenz in Verbindung gebracht werden: Die Selbstverwirklicher, die die geringste Abbruchtendenz zeigen, nehmen auch die höchsten Relevanzzuschreibungen vor und die Halbherzigen nehmen zugleich die geringsten Relevanzzuschreibungen vor und zeigen die höchste Abbruchtendenz. Für die Konformisten und Pragmatiker lässt sich dieses Schema aber nicht fortsetzen, so dass davon auszugehen ist, dass hier weitere Aspekte eine Rolle spielen. Die Beobachtung von Brandstätter et al. (2006), dass Studienzufriedenheit einen negativen Prädiktor für Studienabbruch darstellen könnte, kann durch die Ergebnisse nur mit Einschränkungen gestützt werden.

12.3.11.3 Affektive Merkmale
Betrachtet man die affektiven Merkmale der Typen, so zeigt sich zunächst, dass die externale Regulation das Merkmal ist, in dem sich die Typen am wenigsten voneinander unterscheiden. Bedenkt man, dass für den erfolgreichen Studienabschluss vor allem die intrinsische Motivation oder die integrierte Regulation förderlich zu sein scheinen, da diese Formen als Voraussetzung effektiven Lernens gelten (Deci & Ryan, 1993) und dass demgegenüber frühere Ergebnisse andeuten, dass ein Studienabbruch wahrscheinlicher wird, wenn die Studienwahl vor allem extrinsische Gründe hatte (Heublein et al., 2003, Kapitel 5; Kolland,

---

[11] Die Punkte der Halbherzigen streuten am stärksten nach unten, die geringste Streuung nach unten zeigte sich bei den Punktzahlen der Pragmatiker und die größte Streuung nach oben bei denen der Selbstverwirklicher.

2002, Kapitel 5), so scheint sich hier für keinen der Typen ein Nachteil bezüglich des erfolgreichen Studienabschlusses abzuzeichnen.

Der im Vergleich der Typen höhere Selbstbestimmungsindex der Konformisten und Selbstverwirklicher in Verbindung mit deren höherer Zuschreibung von Relevanz zum Mathematikstudium steht in Einklang mit Arbeiten, die eine höhere Einschätzung der Relevanz in Verbindung bringen mit stärker internalisierten Formen der Motivation im Lernprozess (Gaspard, 2015; Hernandez-Martinez & Vos, 2018; Kember et al., 2008; Priniski et al., 2018; Vansteenkiste et al., 2018). Auch in einer Interviewstudie mit Mathematikstudierenden gingen bei den befragten Studierenden negative Bewertungen der Studieninhalte einher mit einer geringeren Motivation (Göller, 2020, Kapitel 19). Die Ergebnisse dieser Arbeit weisen also im Einklang mit anderen Arbeiten, in denen ebenfalls Wertkonstrukte beforscht wurden, darauf hin, dass Relevanzzuschreibungen und internalisierte Motivationsformen in positiver Verbindung zu stehen scheinen.

Unter den vier Beliefs des mathematischen Weltbilds nach Grigutsch et al. (1998) ist bei allen vier Typen der Prozessaspekt am stärksten ausgeprägt, welcher eine dynamische Sicht auf die Mathematik beschreibt. Die gleiche Beobachtung wurde in früheren Untersuchungen gemacht, in denen sowohl Studierende als auch Mathematiklehrkräfte dem Prozessaspekt besonders stark zustimmten (Grigutsch et al., 1998; Grigutsch & Törner, 1998; Törner & Grigutsch, 1994). Bei den Selbstverwirklichern ist der Anwendungsaspekt in etwa gleich stark ausgeprägt, welcher bei Kaldo und Hannula (2012) in einer studiengangsübergreifenden Stichprobe hohe Korrelationen zur Einschätzung des persönlichen Werts aufwies. Dies passt dazu, dass die Selbstverwirklicher dem Mathematikstudium eine besonders hohe Relevanz zuschreiben. Bei den Halbherzigen sind der Prozess-, der Anwendungs- und der Systemaspekt die am stärksten ausgeprägten Beliefs. Insbesondere ist bei den Halbherzigen mit dem Systemaspekt auch die statische Sicht auf die Mathematik stark ausgeprägt. Geisler und Rolka (2020) stellten in der von ihnen beforschten Stichprobe fest, dass statische Beliefs negativ mit der Leistung von Mathematikstudierenden zusammenhingen. Auch die Halbherzigen zeigen im Vergleich mit den anderen Typen die schlechtesten Leistungen, was diesen Befund stützt. Die Prozessbeliefs wiederum sind bei den Halbherzigen im Vergleich mit den anderen Typen am geringsten ausgeprägt und bedenkt man, dass die Halbherzigen die höchste Abbruchtendenz von allen Typen zeigen, so steht dies im Einklang mit dem Ergebnis von Geisler und Rolka (2020), dass dynamische Beliefs (Prozess- und Anwendungsbeliefs) die Abbruchintention negativ vorhersagen könnten.

Die Beobachtung von Göller (2020, Kapitel 16), bei dem negative Bewertungen des Studiums gerade von solchen Studierenden vorgenommen wurden, bei denen die Toolboxbeliefs stark ausgeprägt waren, kann durch die Ergebnisse der vorliegenden Arbeit wiederum nicht gestützt werden. Die Toolboxbeliefs waren von allen Typen bei den Konformisten am stärksten ausgeprägt, welche das Studium trotz recht hoher eigener Abbruchtendenz eher positiv bewerten, und bei den Halbherzigen, für die aufgrund ihrer geringen Relevanzzuschreibungen eine große Unzufriedenheit angenommen wird, am wenigsten. Bei Göller (2020, Abschnitt 17.4) zeigten sich der Prozessaspekt und der Systemaspekt als besonders gute Voraussetzungen für Studienzufriedenheit, was mit den Ergebnissen der vorliegenden Arbeit ebenfalls nicht im Einklang steht: Die Prozessbeliefs sind bei allen vier Typen recht stark ausgeprägt, so dass sich hier keine Zusammenhänge zu anderen Typenmerkmalen ziehen lassen. Die Systembeliefs sind unter den Typen bei den Konformisten am stärksten ausgeprägt, die einerseits eine gute Passung zum Studium zeigen, aber auch darüber nachdenken, dieses abzubrechen, und sie sind einer der am stärksten ausgeprägten Beliefs bei den anscheinend besonders unzufriedenen Halbherzigen. Dass sich die Ergebnisse aus der Studie von Göller (2020) bezogen auf die Beliefs der beforschten Studierenden stark von den Ergebnissen der vorliegenden Arbeit unterscheiden, könnte damit zusammenhängen, dass es sich bei der Studie von Göller (2020) um eine Interviewstudie handelte und davon auszugehen ist, dass dort tendenziell eher motivierte Studierende teilnahmen. Somit ist dort von einer Positivauslese der Studienteilnehmenden auszugehen, für die nicht anzunehmen ist, dass die Ergebnisse ohne weiteres auf andere Stichproben übertragen werden können. Es zeigt sich aus den Überlegungen zu den Typenunterschieden bezüglich der Beliefs insgesamt, dass die Interpretation der Ausprägungen in den Beliefs bei den Typen teils schwierig ist und die Forschung dazu weiter vertieft werden muss, wenn klare Aussagen getroffen werden sollen.

Die Einstellung zum Beweisen fiel bei allen Typen eher negativ aus. Die geringe Wertschätzung von Beweisen passt zur Beobachtung von Bescherer (2003), die in nichtmathematischen aber mathematikhaltigen Studiengängen fand, dass die beforschten StudienanfängerInnen es nicht besonders wichtig einschätzten, Beweise durchführen zu können. Göller (2020, Abschnitt 12.1) stellte in Interviews fest, dass Beweise von den befragten Lehramtsstudierenden als irrelevant in Bezug auf den angestrebten Beruf beurteilt wurden und sie sich zudem sehr unsicher bei Beweisen fühlten (vgl. auch Göller, 2020, Abschnitt 13.2).

Im Mathematikstudium ist es jedoch sowohl notwendig, Beweisfähigkeiten zu erwerben (Rach, 2014, Kapitel 3) als auch ein Bedürfnis nach Beweisen zu entwickeln (Hemmi, 2008; H. Winter, 1983). Anhand der verschieden ausgeprägten Einstellungen zum Beweisen der Typen lassen sich demnach Vermutungen aufstellen, welche Studierendengruppen eine bessere und welche eine schlechtere Passung zum Studium aufweisen. So scheinen die Selbstverwirklicher, mit der im Typenvergleich positivsten Einstellung gegenüber Beweisen, diesbezüglich die beste Passung zum Mathematikstudium zu zeigen und die Pragmatiker und die Halbherzigen eine im Vergleich der Typen eher schlechte Passung. In Befragungen standen gerade solche Mathematikstudierenden, die ihr Studium aufgrund einer fehlenden Anwendbarkeit kritisierten, Beweisen kritisch gegenüber (Brown & Macrae, 2005) und auch in der vorliegenden Studie war die Einstellung zum Beweisen besonders negativ ausgeprägt bei den Pragmatikern und Halbherzigen, die dem Studium kritisch gegenüberzustehen scheinen. Die Selbstverwirklicher wiederum zeigen noch die positivste Einstellung gegenüber Beweisen. Bedenkt man, dass sie auch leistungsmäßig im Vergleich der Typen am besten abschneiden, so lässt sich eine Parallele ziehen zum Befund von Stylianou et al. (2015), in deren Studie mathematische Beweise von Collegestudierenden mit besseren Leistungen als wichtiger eingeschätzt wurden.

In Anbetracht dessen, dass frühere Ergebnisse darauf hindeuten, dass schon StudienanfängerInnen recht passende Vorstellungen davon haben, welche mathematischen Aufgaben sie an der Universität erwarten (Rach et al., 2014; Rach & Heinze, 2013b), erscheint das Ergebnis der insgesamt recht negativen Einstellung zum Beweisen bei den befragten Studierenden zunächst verwunderlich. Warum haben sich diese Studierenden für ein Mathematikstudium entschieden, bei dem sie tendenziell erwarten, mit Beweisen konfrontiert zu werden, wenn sie diesen eher negativ gegenüberstehen? Bedenkt man, dass die Einstellung zum Beweisen nur in der zweiten Befragung abgefragt wurde, so wäre denkbar, dass die Studierenden zu Studienbeginn Beweisen gegenüber noch weniger negativ eingestellt waren. Vielleicht deutet ihre Ablehnung zum zweiten Befragungszeitpunkt auch eher auf eine Überforderung mit Beweisen hin. Möglich wäre auch, dass die negative Einstellung zum Beweisen bei den Studierenden damit zusammenhängt, dass Beweise, wie sie in der Universität geführt werden, in der Schule keine Rolle spielen, und die Studierenden eher pragmatisch auf das vorbereitet werden wollen, was sie in der Schule unterrichten müssen. Das würde insbesondere zum Typ der Pragmatiker passen, die Annahme passt aber nicht gut zu den Interpretationen der Selbstverwirklicher und der Konformisten, in denen nicht davon ausgegangen wird, dass diese vor allem pragmatisch vorbereitet werden wollen.

Das Selbstkonzept ist gerade bei den Konformisten und Selbstverwirklichern, die ihrem Studium mehr Relevanz zuschreiben als die anderen Typen, stärker ausgeprägt. Auch in früheren Arbeiten deutete sich an, dass Wertüberzeugungen und Selbstkonzept positiv korrelieren (Eccles & Wigfield, 2002; Gaspard et al., 2015; Schreier et al., 2014) und Geisler (2020a, Kapitel 7) stellte in der von ihm beforschten Stichprobe fest, dass das Selbstkonzept bei Mathematikstudierenden einen positiven Effekt auf die Studienzufriedenheit hatte und einen (teils über die Studienzufriedenheit mediiert) negativen auf den Studienabbruch. Demnach lässt das höhere Selbstkonzept bei den Konformisten und Selbstverwirklichern vermuten, dass diese Typen bessere Voraussetzungen haben, das Mathematikstudium als zufriedenstellend zu erleben und erfolgreich zu beenden. Dennoch zeigen die Konformisten eine recht hohe Abbruchtendenz, was an ihrer geringen aufgabenbezogenen Selbstwirksamkeitserwartung liegen könnte.

Das mathematikbezogene Interesse ist bei den Selbstverwirklichern am höchsten und bei den Konformisten am zweithöchsten ausgeprägt, bei den beiden anderen Typen im Vergleich weniger stark. Dementsprechend zeigen die Typen, die dem Mathematikstudium eine relativ hohe Relevanz zuschreiben, ein höheres Interesse als die anderen Typen. Diese Beobachtung stützt die bereits in Abschnitt 12.3.8 aufgestellte Hypothese, dass Interesse und Relevanzzuschreibungen zueinander in positiver Beziehung stehen. Auch in früheren Arbeiten deutete sich an, dass Wert- und Zufriedenheitskonstrukte und Interesse in positivem Zusammenhang stehen. Für Bachelorstudierende fand Blüthmann (2012b, Kapitel 5), dass ein Fachinteresse in positivem Zusammenhang mit Zufriedenheit und in negativem Zusammenhang mit einer Abbruchintention stand. Barron und Hulleman (2015b) stellten fest, dass ein empfundener Wert der stärkste Prädiktor von Interesse war und Rach et al. (2018) berichten, dass für Mathematikstudierende eine positive Beziehung bestand zwischen dem Interesse an Hochschulmathematik und Studienzufriedenheit.

Sowohl die mathematische als auch die aufgabenbezogene Selbstwirksamkeitserwartung ist bei den Selbstverwirklichern von allen Typen am stärksten ausgeprägt. Die aufgabenbezogene Selbstwirksamkeitserwartung der Konformisten in der Ausgangsbefragung ist im Typenvergleich eher gering. Es lässt sich vermuten, dass die aufgabenbezogene Selbstwirksamkeitserwartung eine zentrale Stellung im Mathematikstudium einnimmt, denn dieses Merkmal ist das einzige, das die recht hohe Abbruchtendenz der Konformisten erklären könnte. Dieser Zusammenhang könnte daraus resultieren, dass die Konformisten bei den wöchentlich abzugebenden Übungsaufgaben, die für die Studierenden eine zentrale Rolle in ihrem Studium zu spielen scheinen (Liebendörfer & Göller, 2016b), regelmäßig das Gefühl haben, diese nicht selbstständig lösen zu können, was dazu führen könnte, dass die Konformisten generell das Gefühl bekommen, das Studium nicht bewältigen zu können. Insbesondere scheinen sie mit den Frustrationserlebnissen, die bei der Bearbeitung von Übungsaufgaben im Mathematikstudium keine Seltenheit sind, nicht umgehen zu können, was zu ihrem Nachdenken über einen Studienabbruch führen könnte.

12.3.11.4 Verhalten

Während die Selbstverwirklicher sich sicher sind, dass sie viele mathematische Aufgaben selbst lösen können und dementsprechend auch versuchen, die Übungsaufgaben selbst zu lösen, nutzen sie trotzdem die Möglichkeit des Abschreibens, möglicherweise als „Copingstrategie" (vgl. Göller, 2020, Abschnitt 10.5; vgl. auch Abschnitt 4.4.3.2), wenn sie selbst nicht weiterkommen, um dennoch die für den Modulabschluss nötigen Punkte zu erreichen. In einer Studie von Rach und Heinze (2013a) gaben fast alle Befragten an, abzuschreiben, so dass davon ausgegangen werden muss, dass Abschreiben im Mathematikstudium eher die Regel als die Ausnahme darstellt (vgl. auch Göller, 2020, Abschnitt 10.4; Liebendörfer & Göller, 2016). Wenn man bedenkt, dass die Selbstverwirklicher von allen Typen mit dem Mathematikstudium am zufriedensten zu sein scheinen und auch unter Anbetracht ihrer erzielten Leistungen gut im Studium zurechtzukommen scheinen, scheint Abschreiben durch diese Ergebnisse zunächst in ein recht gutes Licht gestellt zu werden und nicht notwendigerweise (nur) aus einer Überforderung resultieren zu müssen.

In der Vergangenheit wurde jedoch festgestellt, dass Studierende, die nicht abschreiben, bessere Voraussetzungen bei der Lösung der Abschlussklausur zu haben scheinen und meist stark von ihren mathematischen Fähigkeiten überzeugt sind (Rach & Heinze, 2013a). Auch Liebendörfer und Göller (2016a, 2016b) fanden, dass vor allem Studierende abschrieben, die fachlich überfordert waren und Liebendörfer und Göller (2016b) bringen ein höheres Abschreibeverhalten in Verbindung mit einer geringen Selbstwirksamkeitserwartung und weniger Anstrengungsbereitschaft. All dies passt wiederum zu den Ergebnissen bezüglich des Typs der Konformisten. So geben die Konformisten von allen Typen an, am meisten Zeit zu investieren, bringen vergleichsweise gute Leistungen und geben von allen Typen an, am wenigsten abzuschreiben. Die genannten früheren Forschungsergebnisse passen auch dazu, dass die wenig anstrengungsbereiten Halbherzigen, die sich auch wenig selbstwirksam fühlen, am meisten von allen Typen abschreiben. Insbesondere wenn man Abschreiben wie Liebendörfer und Göller (2016b) als einen Indikator für Studienprobleme wertet, lässt sich hier eine Gefährdung des erfolgreichen Studienabschlusses der Halbherzigen vermuten.

Insgesamt scheint Abschreiben auf Grundlage der Ergebnisse dieser Arbeit nicht ausschließlich positiv oder ausschließlich negativ bewertbar. Während es anscheinend in richtigem Maße wie bei den Selbstverwirklichern als erfolgreiche Strategie verwendet werden kann, scheint Abschreiben in anderen Fällen, in denen das Verhalten mit einer generellen Überforderung im Studium einhergeht, wie ein letzter Versuch vor dem Aufgeben gesehen werden zu können.

Innerhalb der kognitiven Lernstrategien des Auswendiglernens, Übens, Vernetzens und Herstellens von Praxisbezügen zeigte sich durchweg das Bild, dass diese von den Konformisten und Selbstverwirklichern stärker genutzt werden als von den Pragmatikern und Halbherzigen. Insbesondere werden sowohl Wiederholungs- als auch Elaborationsstrategien von den leistungsstärkeren Typen häufiger angewandt. Somit konnte auf Grundlage der Ergebnisse dieser Arbeit der von Griese (2017, Abschnitt 5.7) und Schiefele et al. (2003) festgestellte Zusammenhang, dass Studierende, die angaben, Organisations- und Elaborationsstrategien anzuwenden, bessere Leistungen in den Klausuren brachten als Studierende, die vor allem Wiederholungsstrategien berichteten, nicht festgestellt werden. Während der in früheren Arbeiten festgestellte positive Zusammenhang zwischen Mathematikleistungen und Elaborationsstrategien (Eley & Meyer, 2004; Rach & Heinze, 2013a) mit den vorliegenden Ergebnissen in Einklang steht, zeigte sich der ebenfalls von Eley und Meyer (2004) festgestellte negative Zusammenhang zwischen Wiederholungsstrategien und den mathematischen Leistungen in der vorliegenden Arbeit nicht. Eher passt der Befund, dass die in ihrem Studium besonders erfolgreichen Selbstverwirklicher und Konformisten Wiederholungsstrategien nutzen, zu der Überzeugung von Senko et al. (2013), dass auch oberflächliche Lernstrategien zu besseren Leistungen führen können, weil dabei das Lernmaterial zielorientierter ausgewählt wird und eigene Interessen vernachlässigt werden. Wie auch von Alcock (2017) beschrieben, scheint die Anwendung der oberflächlicheren Lernstrategien des Auswendiglernens und Übens neben den Organisations- und Elaborationsstrategien durchaus zielführend für ein erfolgreiches Mathematikstudium zu sein.

Dass die beiden höher motivierten Typen alle abgefragten Lernstrategien stärker nutzen als die anderen beiden Typen, unterstützt die Annahme, dass die Verwendung von Lernstrategien nur bei einer motivierten Grundhaltung stattfindet, da sie mit Anstrengungen verbunden ist und Zeit kosten kann (Pintrich & Zusho, 2002; Zimmerman, 2000). Diese beiden Typen, die mehr Lernstrategien nutzen, sind darüber hinaus diejenigen, die höhere Relevanzzuschreibungen vornehmen. Auch in früheren Untersuchungen wurde festgestellt, dass höhere Wertzuschreibungen einhergingen mit einer höheren Verwendung von kognitiven und metakognitiven Lernstrategien (Berger & Karabenick, 2011; Credé & Phillips, 2011; Pintrich, 1999; Pintrich & De Groot, 1990).

Insbesondere die Konformisten aber auch die Selbstverwirklicher zeigen eine hohe Frustrationsresistenz und eine hohe Anstrengungsbereitschaft bei der Bearbeitung von Übungsblättern aber auch bei der Investition von Zeit für das Mathematikstudium im Allgemeinen. Sowohl Durchhaltevermögen als auch

Frustrationstoleranz werden vor allem im Mathematikstudium als wichtig angesehen (Neumann et al., 2017), was die Annahme stützt, dass die Konformisten und Selbstverwirklicher bessere Voraussetzungen haben, um das Mathematikstudium erfolgreich zu absolvieren. Dass gerade diejenigen Typen, die dem Mathematikstudium eine hohe Relevanz zuschreiben, auch eine hohe Anstrengungsbereitschaft zeigen, steht im Einklang mit den Ergebnissen früherer Studien, in denen Wert- und Zufriedenheitskonstrukte beforscht wurden, die mit dem Konstrukt der Relevanzzuschreibungen verwandt angenommen werden (Dietrich et al., 2017; Geisler, 2020a, Abschnitt 7.3; Künsting & Lipowsky, 2011). In Interviews wiederum äußerten Mathematikstudierende, die die Studieninhalte oder auch das gesamte Mathematikstudium negativ bewerteten, dass sie sich weniger anstrengten als Studierende, die positivere Bewertungen vornahmen (Göller, 2020, Kapitel 19), was zu den geringen Anstrengungsbereitschaften der negativ gegenüber dem Mathematikstudium eingestellten Pragmatiker und Halbherzigen in der vorliegenden Arbeit passt.

12.3.11.5 Fazit zu den Typen

Die Konformisten finden alle Dimensionsausprägungen aus dem Modell der Relevanzbegründungen wichtig, zeigen ein besonders aktives Lernverhalten und ihre affektiven Merkmale deuten auf eine Freude am Mathematikstudium hin. Sie fühlen sich aber weniger selbstwirksam (insbesondere bei der Bearbeitung von Aufgaben) als die Selbstverwirklicher. Zugleich zeigen sie vergleichsweise hohe Abbruchtendenzen. Das könnte ein Indiz dafür sein, dass es für Mathematiklehramtsstudierende überfordernd wirkt, wenn sie zu viele Ziele erreichen wollen, und dass eine Fokussierung auf bestimmte Relevanzgründe für einen erfolgreichen Studienabschluss zielführender ist (vgl. Abschnitt 12.3.12 für eine Diskussion von Rückschlüssen, die aus der Typencharakterisierung zum Konstrukt der Relevanzgründe gezogen werden können). Es könnte auch darauf hindeuten, dass die aufgabenbezogene Selbstwirksamkeitserwartung für die Zufriedenheit im Studium eine nicht zu vernachlässigende Rolle spielt.

Auch die Selbstverwirklicher zeigen ein aktives Lernverhalten und scheinen mit dem Mathematikstudium zufrieden zu sein. Sie fühlen sich sehr selbstwirksam und zeigen von allen Typen die geringste Abbruchtendenz. Die Selbstverwirklicher wollen sich vor allem im Studium selbst verwirklichen und haben auch das Gefühl, dass ihnen dies gelingt. Aus den hohen Relevanzzuschreibungen der Selbstverwirklicher zum Studium lässt sich vermuten, dass es für die Studienzufriedenheit von Mathematiklehramtsstudierenden zumindest zuträglich ist, wenn sie das Studium als Ort der individuellen Weiterentwicklung sehen und nicht schon in dieser Phase eine gezielte Vorbereitung auf den Lehrerberuf erwarten. Die Selbstverwirklicher zeigen Charakteristika, die besonders den in der Delphi-Studie MaLeMINT gefundenen Erwartungen von Dozierenden an StudienanfängerInnen entsprechen, welche vor allem Interesse, Motivation, Frustrationstoleranz und hohe Selbstwirksamkeitserwartungen umfassten (Neumann et al., 2017).

Die Pragmatiker und Halbherzigen zeigen ein weniger aktives Lernverhalten als die zwei anderen Typen und scheinen in ihrem Studium weniger motiviert zu sein, wobei die Pragmatiker eine eher geringe Abbruchtendenz zeigen, die Halbherzigen aber eine hohe. Während die Pragmatiker Gründe der gesellschaftlich/ beruflichen Dimension in ihrem Mathematikstudium wichtig finden, empfinden die Halbherzigen im Vergleich mit den anderen Typen alle Gründe aus dem Modell der Relevanzbegründungen als weniger wichtig. Bedenkt man, dass die Pragmatiker zumindest noch eine gewisse Zielstrebigkeit zeigen, das Mathematikstudium abzuschließen, dann scheinen Relevanzbegründungen auf der gesellschaftlich/ beruflichen Dimension zwar für eine insgesamte Studienzufriedenheit weniger zuträglich zu sein als Relevanzbegründungen auf der individuellen Dimension, zumindest aber für einen Studienabschluss zuträglicher zu sein, als wenn alle Gründe aus dem Modell der Relevanzbegründungen als vergleichsweise unwichtig empfunden werden.

Betrachtet man die Abbruchtendenzen aller Typen, so scheinen ein Streben nach Konsequenzen auf der individuellen Ebene, ein gleichzeitiges Gefühl, dass man sich im Studium selbst verwirklichen kann, und positiv ausgeprägte affektive Merkmale besonders gute Voraussetzungen für Mathematiklehramtsstudierende zu bieten, das Studium nicht abzubrechen. Auch wenn Studierende Konsequenzen im gesellschaftlich/ beruflichen Bereich erzielen möchten, scheint das der Vermeidung von Studienabbruch zuträglich zu sein, selbst wenn das eigene Studierverhalten auf das vermeintlich Nötigste reduziert wird.

Auf Grundlage der von Studierenden fokussierten Relevanzgründe scheint zudem eine Aussage zur Passung der Studierenden zum Mathematikstudium getroffen werden zu können. Studierende, die Konsequenzen aus dem Modell der Relevanzbegründungen anstreben, scheinen demnach eine höhere Passung zum Mathematikstudium zu zeigen, wobei bei einer Wertschätzung der Relevanzgründe der individuellen Dimension eine höhere Passung vorzuliegen scheint als bei einer Wertschätzung der Relevanzgründe der gesellschaftlich/ beruflichen Dimension. Im konkreten Fall der in dieser Arbeit gefundenen vier Typen bedeutet das Folgendes.

– Diese Passung ist im Fall der Selbstverwirklicher, die vor allem Konsequenzen im individuellen Bereich erreichen wollen, sehr hoch. So zeigen die Selbstverwirklicher ein hohes Interesse an der Mathematik, lernen eigenverantwortlich und sind intrinsisch motiviert.

– Die Konformisten, die angeben, alle Konsequenzen des Modells der Relevanzbegründungen wichtig zu finden, passen sich zugleich vollkommen ans Mathematikstudium an.

– Die Pragmatiker, die vor allem Relevanzgründe der gesellschaftlich/ beruflichen Dimension wichtig finden, sind zwar weniger intrinsisch motiviert und zeigen ein geringeres Interesse, aber sie passen ihr Verhalten so an, dass sie das Studium mit geringstmöglichem Aufwand bestehen können. Ihre Passung zum Studium ist nicht von Anfang an hoch, wenn man bedenkt, dass sie hochschulmathematischen Aktivitäten wie dem Beweisen beispielsweise eher negativ gegenüberstehen, sie nehmen aber eine aktive Anpassung an, um das Studium zu bestehen, vermutlich damit sie im angestrebten Beruf der Lehrkraft arbeiten können.

– Die Halbherzigen wiederum finden im Vergleich mit den anderen Typen alle Relevanzgründe eher unwichtig und zeigen die geringste Passung zum Mathematikstudium in ihrem Verhalten und ihren Einstellungen.

Die Beobachtungen zu drei der vier Typen, nämlich zu den Selbstverwirklichern, Pragmatikern und Halbherzigen, lassen sich in Verbindung bringen mit Theorien zur Person-Umwelt Passung (z. B. Swanson & Fouad, 1999). Solche Theorien gehen davon aus, dass die Charakteristika der Studierenden zur Lernumgebung passen müssen, damit sie das Studium meistern können. Dabei wird angenommen, dass der Grad der Übereinstimmung zwischen der Person und der Umwelt einhergeht mit Ergebnissen wie Zufriedenheit, Leistungen oder motivationalen Merkmalen, wobei ein Kontinuum der Passung angenommen wird und eine stärkere Passung zu besseren Ergebnissen führt. Die Umwelt wird dabei als Zusammenschluss ähnlicher Personen gesehen und es wird davon ausgegangen, dass sowohl individuelle Personen zu ihnen passende Umwelten suchen als auch Umwelten im Sinne von Personenzusammenschlüssen zu ihnen passende einzelne Personen suchen. In den Theorien wird davon ausgegangen, dass eine unzureichende Passung zwischen Person und Umwelt dazu führt, dass entweder die Person oder die Umwelt Anpassungen vornehmen oder sich ändern muss (Swanson & Fouad, 1999). Bei Studierenden mit fehlender Passung zum Studium würde es laut dem Modell kognitiver und metakognitiver Prozesse in der Studieneingangsphase nach Haak (2017) zu einer Krise kommen, auf die die Studierenden entweder durch Anpassung der Lernvoraussetzungen oder durch Anpassung der äußeren Bedingungen reagieren können (Haak, 2017, Abschnitt 8.4.5). Eine mögliche Anpassung der äußeren Bedingungen bestünde im Studienabbruch.

Sowohl die Selbstverwirklicher, die eine hohe Passung zum Mathematikstudium zu zeigen scheinen[12], als auch die Pragmatiker, die zwar nicht vollkommen mit den Studienbedingungen zufrieden zu sein scheinen, aber ihr Lernverhalten so anpassen, dass sie das Studium dennoch meistern können, zeigen geringe Abbruchtendenzen. Die Halbherzigen zeigen keine gute Passung an das Mathematikstudium und denken über einen Studienabbruch nach. Lediglich das Bild der Konformisten ist schlecht mit den Theorien zur Person-Umwelt Passung zu vereinen. Sie scheinen sich gänzlich an die herrschenden Bedingungen anpassen zu wollen, was eigentlich zu einer hohen Passung führen sollte. Dennoch zeigen sie recht hohe Abbruchtendenzen. Hier stellt sich die Frage, woraus genau diese resultieren.

12.3.11.6 Stabilität der Typenzuordnung

In der vorliegenden Arbeit wurde gezeigt, dass die Clusterzugehörigkeit zwar kein rein zufälliges aber auch kein stabiles Merkmal in der beforschten Kohorte darstellte. Die Instabilität könnte darauf hinweisen, dass Mathematiklehramtsstudierende am Beginn ihres Studiums noch keine feste Vorstellung davon haben, aus welchen Gründen dieses für sie relevant würde. Unter der in dieser Arbeit herausgearbeiteten Annahme, dass die Relevanzzuschreibungen der Mathematiklehramtsstudierenden vermutlich eher affektiv als rational erklärt werden können (vgl. Abschnitt 12.3.1 dazu, wie die Begriffe affektiv und rational hier verstanden werden), könnten die sich ändernden Fokussierungen der Relevanzgründe mit Änderungen in den affektiven Merkmalen der Studierenden im ersten Semester zusammenhängen (beispielsweise zeigten Rach und Heinze, 2013, dass das Selbstkonzept und das Interesse bei von ihnen beforschten Mathematikstudierenden im ersten Semester stark abnahmen). Möglich wäre auch, dass Erfahrungen im ersten Semester, wie die Erfahrungen im Umgang mit einem veränderten Lerngegenstand Mathematik (vgl. Abschnitt 2.2.2.1), die Änderungen in der Fokussierung von Relevanzgründen bewirken, wobei hier auch eine Mediation über sich ändernde affektive Merkmale aufgrund der entsprechenden Erfahrungen denkbar wäre. Allerdings könnte die Instabilität der Clusterzuordnungen beispielsweise auch damit zusammenhängen, dass die Grenzen zwischen den Clustern nicht anhand von festen Cut-Off-Werten auf den Indizes gezogen werden

---

[12] Auch in früheren Studien zur Person-Umwelt-Passung deutete sich an, dass eine hohe Passung zwischen Interesse und Studienbedingungen einhergeht mit einer hohen Zufriedenheit (Nagy, 2007, Abschnitt 9.5), was zu den Ergebnissen insbesondere bezogen auf den Typ der Selbstverwirklicher in der vorliegenden Arbeit passt.

können (vgl. Abschnitt 11.9; vgl. auch Anhang XVI im elektronischen Zusatzmaterial), so dass es sich nicht um eindeutig trennbare Typen von Studierenden
handelt. Eventuell wurden zum zweiten Zeitpunkt Studierende, die einem Cluster x in der Eingangsbefragung zugeordnet waren, einem anderen Cluster y
zugeordnet, zu dem sie ebenfalls recht passende Ausprägungen zeigten.

Bei einer Analyse, welche der Zugehörigkeiten zu einzelnen Clustern besonders stabil oder instabil sind, zeigte sich für die in der vorliegenden Arbeit
analysierten Typen, dass der Cluster der Konformisten als am stabilsten im
Typenvergleich eingeschätzt werden kann und die Zuordnung zum Cluster der
Halbherzigen als am wenigsten stabil. Das könnte bedeuten, dass mit der Einstellung der Halbherzigen das Mathematikstudium nicht überstanden werden kann
und Studierende, die zunächst keine Gründe aus dem Modell der Relevanzbegründungen fokussieren, sich entscheiden müssen, welche Konsequenzen sie mit
dem Studium verfolgen wollen, um in diesem bestehen zu können. Demgegenüber scheint es für Studierende nicht notwendig zu sein, eine Priorisierung der
Relevanzgründe vorzunehmen, denn viele Studierende finden als Konformisten
sowohl am Studienbeginn als auch noch am Ende des ersten Semesters Relevanzgründe aller Dimensionsausprägungen wichtig. Andererseits zeigte sich in
den Typencharakterisierungen, dass die Konformisten eine relativ hohe Abbruchtendenz zeigen. Dass die Zugehörigkeit zum Cluster der Konformisten dennoch
recht stabil ausfiel, könnte bedeuten, dass Studierende, die Relevanzgründe beider Dimensionen des Modells der Relevanzbegründungen wichtig finden, zwar
nicht ernsthaft über einen Studienabbruch nachdenken, aber eine Studienabbruchintention äußern als Ausdruck, dass sie sich überfordert fühlen. Möglich wäre
auch, dass hier zum Tragen kommt, dass Studienabbruchintentionen nicht mit tat-
sächlichem Studienabbruch zusammenhängen müssen (vgl. Abschnitt 12.2.5.2.5).
Insbesondere ließe sich bei einem Verweilen der Konformisten im Studium, wie
es die vorliegende Analyse nahelegt, dieser Typ doch noch in Einklang mit den
Theorien zur Person-Umwelt Passung bringen (vgl. Abschnitt 12.3.11.5). Dann
würde seine hohe Anpassung ans Studium nämlich darin resultieren, dass er dieses erfolgreich beendet. Warum so viele Konformisten trotz ihrer recht hohen
Abbruchtendenzen mit den gleichen fokussierten Relevanzgründen im Studium
verweilen, könnte in zukünftiger Forschung überprüft werden.

Im Rahmen der Untersuchung der Stabilität der Clusterzugehörigkeit zeigte
sich zudem, dass die verschiedenen Cluster unterschiedlich stabil sind, je nachdem ob man die Cluster aus den getrennten Clusteranalysen für Eingangs- und
Ausgangsbefragung oder aus der Clusteranalyse über beide Befragungszeitpunkte
betrachtet. Das bedeutet insbesondere, dass bei der Analyse der Cluster, die
bei der Clusteranalyse über beide Befragungen gefunden wurden, vermutlich

auch andere Ergebnisse von denen der vorliegenden Arbeit abweichen würden. Das ist insofern auch zu erwarten, weil sich bei einer Analyse dazu, wie sich die Studierenden je auf die Cluster in der Eingangs- und Ausgangsbefragung aufteilen, wenn man für beide Befragungszeitpunkte getrennt oder über beide Befragungszeitpunkte hinweg clustert, keine klare Ordnung zeigt (vgl. Anhang XX im elektronischen Zusatzmaterial). Das bedeutet, dass Studierende, die bei getrennten Clusterungen für Eingangs- und Ausgangsbefragung beispielsweise in der Eingangsbefragung dem Typ der Konformisten zugeordnet sind, dennoch mit hoher Wahrscheinlichkeit bei der Clusterung über beide Zeitpunkte einem anderen Cluster zugeordnet sind. Es bietet sich an, in der Zukunft zu über-prüfen, welche unterschiedlichen Ergebnisse sich bei einer Analyse der Cluster aus der Clusterung über beide Befragungszeitpunkte ergeben, und zu schauen, welche Schlüsse insbesondere auch bezogen auf das Konstrukt der Relevanz-gründe aus dieser Analyse gezogen werden können (vgl. Abschnitt 13.2.5 für ein entsprechendes Forschungsdesiderat).

12.3.12 Rückschlüsse zum Konstrukt der Relevanzgründe aus der Typencharakterisierung

Aus der Charakterisierung der Studierendentypen in der vorliegenden Arbeit lässt sich die Vermutung ableiten, dass aus dem Modell der Relevanzbegründungen die individuelle Dimension eher von Studierenden als wichtig empfunden wird, die mit hohem Interesse und hoher Motivation Mathematik studieren und die dem Studium mit einer positiven Einstellung gegenüberstehen, wohingegen die gesell-schaftlich/ berufliche Dimension eher von weniger motivierten Studierenden als wichtig eingeschätzt wird, die vermutlich auch eher eine Kritik an zu geringer Relevanz im Mathematikstudium üben würden. Darüber hinaus scheint es eine unmotivierte Studierendengruppe zu geben, die gar keine Konsequenzen aus dem Modell der Relevanzbegründungen wichtig findet und die ganz besonders geringe Relevanzzuschreibungen zum Studium vornimmt. Hohe Relevanzzuschreibungen zum Studium werden anscheinend am ehesten von Studierenden vorgenom-men, die individuelle Relevanzgründe wichtig finden, aber immer noch eher von solchen, die gesellschaftlich/ berufliche Gründe wichtig finden, als von Studieren-den, die alle Dimensionsausprägungen des Modells der Relevanzbegründungen vergleichsweise unwichtig finden. Es lassen sich also Rückschlüsse über die einzelnen Dimensionen des Konstrukts der Relevanzgründe ziehen:

– Eine empfundene Wichtigkeit von Relevanzgründen der individuellen Dimension scheint mit hohen Relevanzzuschreibungen zum Mathematikstudium und
   zu dessen Inhalten einherzugehen und eng verknüpft zu sein mit hohen Ausprägungen im Interesse, in der mathematischen Selbstwirksamkeitserwartung
   und der intrinsischen Motivation. Sie scheint zudem mit einer eher positiven
   Einstellung gegenüber der typischen hochschulmathematischen Aktivität des
   Beweisens zusammenzuhängen und mit einem eigenaktiven Lernverhalten, wie
   es an der Universität gefordert wird. Darüber hinaus scheint sie im Zusammenhang zu stehen zu einer recht hohen Frustrationsresistenz und ausgeprägten
   Anstrengungen beim Bearbeiten von Übungsblättern.
– Eine empfundene Wichtigkeit von Relevanzgründen der gesellschaftlich/
   beruflichen Dimension scheint mit eher geringeren Relevanzzuschreibungen
   zum Mathematikstudium und zu dessen Inhalten einherzugehen und verknüpft
   zu sein mit geringeren Ausprägungen im Interesse, in der mathematischen
   Selbstwirksamkeitserwartung und der intrinsischen Motivation. Sie scheint
   eher mit einer Ablehnung der Hochschulmathematik und dem Mathematiklernen an der Universität zusammenzuhängen, da sie mit einer geringen
   Wertschätzung von Beweisen, einer geringen Lernaktivität außerhalb der Vorlesung, geringen Anstrengungen bei der Bearbeitung von Übungszetteln und
   einer geringen Frustrationsresistenz einhergeht.
– Werden allerdings weder Relevanzgründe der individuellen noch der gesell-
   schaftlich/ beruflichen Dimension als wichtig empfunden, dann scheint dies
   in Verbindung zu stehen zu vergleichsweise am geringsten ausfallenden
   Relevanzzuschreibungen und zu vergleichsweise am geringsten ausgeprägten Werten in affektiven Merkmalen, lernverhaltensbezogenen Merkmalen und
   leistungsbezogenen Merkmalen.

Darüber hinaus deuten die Ergebnisse darauf hin, dass hohe Relevanzzuschreibungen zum Mathematikstudium und zu dessen Inhalten insbesondere von solchen
Studierenden vorgenommen werden, die der Meinung sind, die von ihnen
fokussierten Relevanzgründe, die nach Annahme des Modells einen Teil ihrer
Relevanzbegründungen ausmachen, erreichen zu können. Gleichzeitig werden
von Studierenden, die ihrer Meinung nach die Konsequenzen aus dem Modell
nicht erreichen können, vergleichsweise geringe Relevanzzuschreibungen zum
Studium und zu dessen Inhalten vorgenommen. Dies kann als empirische Stütze
der theoretischen Annahme dieser Arbeit interpretiert werden, dass als wichtig
empfundene Relevanzgründe aus dem Modell der Relevanzbegründungen das
Zuschreiben einer Relevanz begründen können, wenn sie erreicht werden (vgl.
Abschnitt 3.2.1).

12.3.13 Interpretation und Diskussion zur Aussagekraft der anwendungsbezogenen Aspekte der gesellschaftlich/ beruflichen Dimension

In der Analyse der Typen zeigte sich, dass die anwendungsbezogenen Aspekte der gesellschaftlich/ beruflichen Dimension und die Dimensionsausprägungen der gesellschaftlich/ beruflichen Dimension des Modells der Relevanzbegründungen eng zusammenzuhängen scheinen. Diejenigen Studierendentypen, die Konsequenzen in der gesellschaftlich/ beruflichen Dimension wichtig fanden, schrieben auch den anwendungsbezogenen Aspekten der Dimension eine vergleichsweise hohe Relevanz zu und analoges galt für (relativ zu den anderen Typen gesehen) geringe Relevanzzuschreibungen. Demnach lässt sich annehmen, dass auch Studierende diese in der Bildungspolitik diskutierten Themen mit einer Relevanz bezogen auf den Lehrerberuf in Verbindung bringen. Auch für die Einschätzung zur Umsetzung zeigte sich, dass diejenigen Studierendentypen, die die Umsetzung der gesellschaftlich/ beruflichen Dimension vergleichsweise gut bewerteten, auch die Umsetzung der anwendungsbezogenen Aspekte vergleichsweise positiv einschätzten. Diese Beobachtung stärkt die Aussagekraft des Messinstruments zur gesellschaftlich/ beruflichen Dimension.

Die entsprechenden in der Bildungspolitik diskutierten Aspekte werden also anscheinend eher von Studierenden als relevant eingeschätzt, die Konsequenzen im gesellschaftlich/ beruflichen Bereich anstreben, die also auf ihre gesellschaftliche Funktion als Lehrkraft vorbereitet werden wollen, während ihnen von Studierenden, die sich im Mathematikstudium als Individuen weiterentwickeln wollen, weniger Relevanz zugeschrieben wird. Um auch letzteren Studierenden in bildungspolitischen Debatten um Inhalte im Mathematiklehramtsstudium gerecht zu werden, sollte eine Relevanz nicht nur daran festgemacht werden, ob die entsprechenden Inhalte einen Schulbezug zeigen. Gerade von Studierenden, die ein hohes Interesse zeigen und sich als Individuum weiterentwickeln wollen, könnten fachimmanente Studieninhalte als relevanter bewertet werden.

Allerdings ist ohnehin nicht davon auszugehen, dass die Inhalte des Mathematikstudiums alleine ausschlaggebend bei den Relevanzzuschreibungen der Studierenden sind. Aus den Ergebnissen dieser Arbeit lässt sich vermuten, dass Relevanzzuschreibungen, wie sie hier konzeptualisiert und operationalisiert wurden, zumindest am Studienbeginn eher affektiv als rational begründet werden können (vgl. Abschnitt 12.3.1 dazu, wie die Begriffe affektiv und rational hier verstanden werden), so dass für eine Förderung der Relevanzzuschreibungen verstärkt in den Blick genommen werden muss, wie die affektiven Merkmale der Studierenden unterstützt werden können, statt zu fokussieren, welche

Inhalte von den Studierenden als besonders relevant angesehen werden (vgl. Abschnitt 13.3.1).

12.3.14 Interpretation und Diskussion der im offenen Item geäußerten Kritik

Bei der Analyse der Antworten der Studierenden auf das offene Item fiel auf, dass Kritik häufiger angebracht wurde, beispielsweise am Studium zusammen mit Fachmathematikstudierenden, als dass konkrete Themen genannt wurden, die im Mathematikstudium relevant seien. Deshalb wurde im Rahmen einer qualitativen Inhaltsanalyse überprüft, welche nicht auf die Fragestellung passenden Themen im offenen Item genannt wurden (vgl. Abschnitt 10.8 zu den inhaltsanalytischen Parametern für die Auswertung dieser Leitfrage und das Vorgehen bei der Durchführung der Analyse; vgl. Anhang XII im elektronischen Zusatzmaterial für die entsprechenden Ergebnisse). Es wurde immer wieder geäußert, dass es für die Lehramtsstudierenden gesonderte Veranstaltungen unabhängig von den Fachmathematikstudierenden geben solle. Diese Forderung wurde bereits in anderen Arbeiten offenbar (Bergau et al., 2013). Möglicherweise fühlen die Lehramtsstudierenden sich bisher nicht genügend wahrgenommen oder wertgeschätzt als Studierendengruppe mit eigenen Wünschen und Bedürfnissen. Eventuell wünschen sie eine schulbezogenere Ausbildung in ihrem Studium mit Veranstaltungen, in denen schulnähere Themen behandelt werden, wobei sie bei ihren Forderungen nach unabhängigen Veranstaltungen in den Antworten auf das offene Item nicht spezifizierten, dass auch die Inhalte ihrer Veranstaltungen andere sein sollten.

Auch wurden im offenen Item sehr viel mehr Aussagen dazu gemacht, was allgemein im Lehramtsstudium aus Sicht der Studierenden wichtig sei (z. B. Didaktik, Psychologie, Praktika) als dazu, was im Mathematikstudium für Lehramtsstudierende wichtig sei. Insbesondere der häufig geäußerte Punkt, dass es mehr Praxisphasen, mehr Praktika, im Studium geben solle, steht in enger Verbindung zur Theorie Praxis Debatte (vgl. Abschnitt 4.1.2.1). Auch in Interviews von Bergau et al. (2013) äußerten Lehramtsstudierende verschiedener Schulformen und Fachrichtungen vor allem, dass sie mehr Praxisbezug im Studium und längere Praktika wünschten (vgl. auch Flach et al., 1997; Jäger & Milbach, 1994; Ramm et al., 1998; Rosenbusch et al., 1988, Kapitel 5). Lehramtsstudierende begründen auch immer wieder den Studienabbruch mit fehlendem Praxisbezug (Blömeke, 2016; Wyrwal & Zinn, 2018). In ihrer Erwartung von Praxisbezug im Studium unterscheiden sich die Lehramtsstudierenden insbesondere von den

Fachstudierenden, die laut früheren Ergebnissen eher erwarten, dass die Produktion mathematischen Wissens einen wichtigen Teil des Studiums darstellt (Curdes et al., 2003, S. 89). Tatsächlich weist das Lehramtsstudium bereits mehr Berufsbezug auf als andere Studiengänge (Wernet & Kreuter, 2007). Nimmt man wiederum die Forderung nach mehr Praxis dennoch ernst, so ist immer noch davon auszugehen, dass nicht der Anteil der Praxis am Gesamtstudium, sondern die Qualität der Praxiserfahrungen der Studierenden ausschlaggebend ist (Bresges et al., 2019).

Die Forderungen nach mehr Praxis vonseiten von Lehramtsstudierenden werden teils sehr kritisch gesehen (vgl. dazu auch Abschnitt 13.3.2). So gehen Wenzl et al. (2018) davon aus, „dass die Klage, das Lehramtsstudium sei zu praxisfern und man bräuchte endlich ‚mehr Praxis‘, nichts weiter als eine ‚Parole‘ darstellt, die leichtfertig geäußert werden kann, weil sie nicht weiter begründet werden muss" (S. 67). Die Autoren stellen dar, dass diese „Parole" genutzt wird, um über ein Unbehagen bezüglich der universitären Ausbildung hinwegzutäuschen und dass damit eigentlich der Wunsch nach einer nichtuniversitären Ausbildung, einer schulischen Ausbildung kaschiert wird (Wenzl et al., 2018, Kapitel 9). Auch Makrinus (2012) stellte fest, dass „sich die Lehramtsanwärter gerade dann auf den ‚Wunsch nach mehr Praxis‘ beziehen, wenn Konflikte und Krisen im Kontext des Studiums und der Praktika aufgetreten sind" (S. 217). Bedenkt man, dass bei Bergau et al. (2013) von den Lehramtsstudierenden als einer der Gründe für die Forderung nach Praxisphasen genannt wurde, dass man so die eigene Berufseignung testen könne, so wird auch hier eine Unsicherheit deutlich. Auch in der vorliegenden Arbeit zeigte sich, dass die Relevanzgründe auf der gesellschaftlich/ beruflichen Dimension, auf der ein starker Bezug zur Lehrpraxis anzusiedeln wäre, insbesondere von solchen Studierenden fokussiert wurden, die sich eher unsicher fühlten: So zeigten die Pragmatiker von allen Typen die geringste mathematische Selbstwirksamkeitserwartung. Insgesamt wird auch in dieser Arbeit davon ausgegangen, dass die Forderung nach mehr Praxis tatsächlich über andere Probleme hinwegtäuschen soll. Im Rahmen der Frage an die Studierenden, welche Inhalte ihnen im Mathematikstudium relevant erschienen, wurde nun von den Studierenden mehrfach geschrieben, für sie würde mehr Praxis zu mehr Relevanz führen. Das lässt die Vermutung zu, dass die Kritik von Mathematiklehramtsstudierenden an einer fehlenden Relevanz in ihrem Studium eventuell analog über andere Probleme, die sie im Studium haben, hinwegtäuschen soll.

Fazit und Ausblick 13

Bevor Implikationen aus den Ergebnissen dieser Arbeit für die weitere Forschung (vgl. Abschnitt 13.2) und für die Praxis (vgl. Abschnitt 13.3) dargestellt werden, sollen die zentralen Ergebnisse der Arbeit im Sinne eines Fazits aus der empirischen Beforschung der Relevanzzuschreibungen von Mathematiklehramtsstudierenden noch einmal zusammenfassend dargestellt werden (vgl. Abschnitt 13.1).

13.1 Fazit aus den Ergebnissen der Arbeit

Anliegen dieser Arbeit war es, die Relevanzzuschreibungen von Mathematiklehramtsstudierenden im ersten Semester explorativ zu beforschen. In der Arbeit wird angenommen, dass bei einer Kenntnis der Mechanismen und Zusammenhänge hinter den Relevanzzuschreibungen der Studierenden Maßnahmen entwickelt werden könnten, die Mathematiklehramtsstudierende in ihren Relevanzzuschreibungen unterstützen, wobei davon ausgegangen wird, dass höhere Relevanzzuschreibungen eine gute Ausgangslage für eine höhere Studienzufriedenheit darstellen.

Zunächst wurde das Konstrukt der Relevanz näher beleuchtet und es wurde definiert, wie Relevanzzuschreibungen in der vorliegenden Arbeit konzeptualisiert sind. Dabei wurde insbesondere herausgearbeitet, dass die Definition der Relevanzzuschreibungen als Setzung zu verstehen ist. Sie lässt sich zwar theoretisch begründen und das wurde auch ausführlich getan, aber es wäre auch möglich, Relevanzkonstrukte anders zu definieren. Demnach hängen die Ergebnisse dieser Arbeit von der Konstruktdefinition ab und dürfen nur bezogen auf

C. Büdenbender-Kuklinski, *Die Relevanz ihres Mathematikstudiums aus Sicht von Lehramtsstudierenden*, Studien zur Hochschuldidaktik und zum Lehren und Lernen mit digitalen Medien in der Mathematik und in der Statistik, https://doi.org/10.1007/978-3-658-35844-0_13

das Konstrukt der Relevanzzuschreibungen entsprechend der Modellierung der vorliegenden Arbeit verstanden werden. In der vorliegenden Arbeit wurden unter dem Konstrukt der Relevanzzuschreibungen die Konstrukte der Relevanzinhalte und der Relevanzgründe zusammengefasst. Wie insbesondere das Konstrukt der Relevanzgründe mit anderen Relevanz- und Wertkonstrukten in Verbindung steht und wo es sich von ihnen abgrenzt, wurde in Abschnitt 3.1 dargestellt.

Entsprechend des explorativen Charakters der Arbeit sind die im Folgenden dargestellten Ergebnisse als Hypothesen zu interpretieren, die auf Grundlage der Daten der vorliegenden Arbeit aufgestellt wurden, die aber im Rahmen von hypothesenprüfender Forschung auf der Datenbasis anderer Stichproben überprüft werden müssen, bevor allgemeine Aussagen daraus abgeleitet werden können. Mithilfe des Vergleichs von Ergebnissen, die unter Nutzung von pairwise deletion gefunden wurden, mit Ergebnissen, die sich auf dem multipel imputierten Datensatz ergaben, wurde in dieser Arbeit herausgestellt, dass es in der beforschten Gesamtstichprobe verschiedene Teilgruppen zu geben schien, für die sich Zusammenhänge zwischen Relevanzzuschreibungen und anderen Merkmalen teils unterschiedlich gestalten. Die im Folgenden dargestellten Ergebnisse sind jedoch im Allgemeinen Ergebnisse, die sich sowohl für den imputierten Datensatz als auch für die Originaldaten unter Nutzung von pairwise deletion zeigten. Wo das nicht der Fall ist, wird dies expliziert. Die dargestellten Ergebnisse werden gegliedert nach Ergebnissen speziell zum Konstrukt der Relevanzgründe (vgl. Abschnitt 13.1.1), Ergebnissen zum Gesamtkonstrukt der Relevanzzuschreibungen (vgl. Abschnitt 13.1.2) und Ergebnissen, die über die Mechanismen hinter den Relevanzzuschreibungen hinausgehen (vgl. Abschnitt 13.1.3).

13.1.1 Fazit aus den Ergebnissen speziell zum Konstrukt der Relevanzgründe

1. Für das Konstrukt der Relevanzgründe wurden in der vorliegenden Arbeit ein Modell der Relevanzbegründungen und ein Messinstrument entwickelt. Auf Grundlage der empirischen Beforschung des Konstrukts lassen sich spezifische Sachverhalte mit praktischer Bedeutsamkeit erkennen, die damit aufgeklärt werden können. Diese weisen insbesondere auf einen Mehrwert des Konstrukts der Relevanzgründe bezogen auf die Konzeption von Maßnahmen zur Unterstützung von Relevanzzuschreibungen der Mathematiklehramtsstudierenden hin:

a) Die Mathematiklehramtsstudierenden scheinen eher zu unterscheiden, aufgrund welcher verfolgten Zielsetzungen aus dem Modell der Relevanzbegründungen das Studium für sie relevant werden könnte, als dass sie in ihren Relevanzzuschreibungen unterscheiden zwischen der Relevanz von Inhalten verschiedener Themengebiete oder verschiedener Komplexität. Wenn also entschieden werden soll, an welchen Stellen man Studierende gezielt unterstützen könnte, höhere Relevanzzuschreibungen vorzunehmen, dann deuten die Ergebnisse darauf hin, dass an den Stellen angesetzt werden sollte, wo ihnen Relevanzgründe besonders wichtig sind. Aus den Relevanzzuschreibungen zu den Themengebieten und Komplexitätsstufen hingegen scheint sich weniger leicht ableiten zu lassen, ob bestimmte Inhalte im Mathematikstudium verändert werden müssten, um höhere Relevanzzuschreibungen der Studierenden zu unterstützen.

b) Zumindest für Teilgruppen der Studierenden (diejenigen, für die die Werte auf den in den Analysen genutzten Variablen vorlagen) lassen die Ergebnisse vermuten, dass man bei einer Fokussierung auf lineare Modellierungen auf die Gesamteinschätzung zur Relevanz der Inhalte des Mathematikstudiums dieser Studierenden einerseits gut schließen kann, wenn man weiß, welche Inhalte verschiedener Komplexität oder verschiedener Themengebiete ihnen am Ende des ersten Semesters für das Studium relevant erscheinen. Andererseits ist anzunehmen, dass man bei einer Fokussierung auf lineare Modellierungen auf die Gesamteinschätzung zur Relevanz der Inhalte des Mathematikstudiums von Studierenden am Ende des ersten Semesters auch schließen kann, wenn man weiß, auf welchen der im Modell der Relevanzbegründungen angenommenen Dimensionsausprägungen sie Konsequenzen mit dem Studium ihrer Meinung nach erreichen können. Das Modell der Relevanzbegründungen scheint damit insbesondere einen Mehrwert bei der Modellierung von Relevanzeinschätzungen zu den Inhalten des Mathematikstudiums zu haben.

c) Die Ergebnisse deuten darauf hin, dass aus einer Kenntnis der fokussierten Relevanzgründe von Studierenden Rückschlüsse gezogen werden können, welche dieser Studierenden vermutlich auch eine hohe Passung zum Studium in Bezug auf ihre motivationalen Merkmale und ihr Studierverhalten zeigen und die Voraussetzungen mitbringen, im Mathematikstudium bestehen zu können, und welche Studierenden eventuell im Mathematikstudium nicht gut aufgehoben sind (vgl. dazu auch Punkt 3).

Wenn also die Relevanzzuschreibungen von Mathematiklehramtsstudierenden unterstützt werden sollen, dann könnte es hilfreich sein, Maßnahmen zu entwickeln, die dazu führen, dass Studierende Konsequenzen der Dimensionsausprägungen erreichen können (vgl. Aufzählungspunkt b), wobei die Maßnahmen sie beim Erreichen derjenigen Konsequenzen unterstützen sollten, die auf Dimensionsausprägungen liegen, die ihnen wichtiger erscheinen. Eine Rangfolge in der Wichtigkeit scheint nach Aufzählungspunkt a) angegeben werden zu können. Aus einer Kenntnis der fokussierten Relevanzgründe scheint zugleich abgeleitet werden zu können, welche motivationalen Merkmale die Studierenden vermutlich mitbringen und welches Lernverhalten sie zeigen (vgl. Aufzählungspunkt c), so dass bei den Maßnahmen zugleich auch an entsprechenden Schwachstellen in diesem Bezug Hilfestellungen geleistet werden könnten. Außerdem kann abgewogen werden, welche Studierenden in den Maßnahmen überhaupt unterstützt werden sollen, abhängig davon, ob sie auch die Voraussetzungen zeigen, das Mathematikstudium bestehen zu können (vgl. Aufzählungspunkt c).

2. Die Ergebnisse der Arbeit deuten darauf hin, dass hohe Relevanzzuschreibungen zum Mathematikstudium und zu dessen Inhalten insbesondere von solchen Studierenden vorgenommen werden, die der Meinung sind, die von ihnen fokussierten Relevanzgründe, die nach Annahme des Modells einen Teil ihrer Relevanzbegründungen ausmachen, erreichen zu können. Das stützt insbesondere empirisch die theoretisch gemachten Annahmen zum Konstrukt der Relevanzgründe.

3. Studierende, die Relevanzgründe der individuellen Dimension aus dem Modell der Relevanzbegründungen wichtig finden, scheinen lernförderlichere Voraussetzungen für das Studium zu zeigen als Studierende, die gesellschaftlich/ berufliche Relevanzgründe wichtig finden. Werden allerdings weder Relevanzgründe der individuellen noch der gesellschaftlich/ beruflichen Dimension als wichtig empfunden, dann scheint dies in Verbindung zu stehen zu vergleichsweise am geringsten ausgeprägten Werten in affektiven Merkmalen, lernverhaltensbezogenen Merkmalen und leistungsbezogenen Merkmalen von Studierenden.

4. Das Studium scheint eher von Studierenden als relevant angesehen zu werden, die sich im Studium selbst verwirklichen wollen, als von Studierenden, die auf ihren Beruf vorbereitet werden wollen. Sowohl bei der Auswertung der durchgeführten Regressionen (hier nur für die Studierenden mit vollständigen Daten) als auch beim Vergleich der vier mit der Clusteranalyse gefundenen Typen zeigte sich in der vorliegenden Arbeit, dass es vor allem dort zu Relevanzzuschreibungen kam, wo Studierende das Studium als Chance verstanden, sich selbst als Individuen unabhängig vom angestrebten Beruf weiterzuentwickeln.

Forderungen nach einer pragmatischen Ausbildung, einer schulnahen Mathematik im Studium und mehr Praxisbezug, die im Rahmen der Befragungen für diese Arbeit wiederum in Antwort auf ein offenen Items vonseiten von Studierenden geäußert wurden, schienen in Anbetracht der weiteren Ergebnisse eher aus einer Überforderung der Studierenden mit dem Studium zu resultieren, um eigene Unsicherheiten nicht eingestehen zu müssen.

13.1.2 Fazit aus den Ergebnissen zum Gesamtkonstrukt der Relevanzzuschreibungen

5. Aus den Ergebnissen lässt sich vermuten, dass die Relevanzzuschreibungen, so wie sie in dieser Arbeit konzeptualisiert wurden, sich innerhalb des ersten Semesters bei vielen Studierenden verändern und das teils stark: Nicht nur die Einschätzungen zur Relevanz verschiedener Studieninhalte scheinen sich zu verändern (und zwar schrieben die beforschten Studierenden ihnen am Ende des Semesters im Mittel weniger Relevanz zu als am Semesterbeginn), sondern die Studierenden ändern anscheinend auch ihre Meinung dazu, welche Konsequenzen sie mit dem Studium verfolgen wollen, die dieses für sie relevant machen würden. Maßnahmen, die Relevanzzuschreibungen von Mathematiklehramtsstudierenden im ersten Semester unterstützen sollen, müssten demnach auf entsprechende Änderungen in den Relevanzzuschreibungen reagieren können.

6. Es scheint, dass Relevanzzuschreibungen, so wie sie in der vorliegenden Arbeit konzeptualisiert sind, eher affektiv als rational erklärt werden können. Dabei ist unter der affektiven Erklärung von Relevanzzuschreibungen gemeint, dass diese mit Merkmalen in engem Zusammenhang stehen, die in der Psychologie als affektive Konstrukte eingeordnet werden, beispielsweise Interesse und Selbstwirksamkeitserwartungen. Unter der rationalen Erklärung von Relevanzzuschreibungen wird verstanden, wenn diese in Zusammenhang zu nicht-affektiven Konstrukten stehen wie der Leistung oder der Themenzuordnung von einem Relevanzinhalt. Dieser Befund der Arbeit, dass Relevanzzuschreibungen entsprechend der genutzten Konzeption und Operationalisierung anscheinend eher affektiv als rational erklärt werden können, stützt sich aus verschiedenen Ergebnissen:

a) Den Inhalten des Studiums scheinen Mathematiklehramtsstudierende tendenziell eher eine hohe Relevanz zuzuschreiben[1]. Die als Ausganglage
beschriebene Kritik fehlender Relevanz des Mathematikstudiums vonseiten von Lehramtsstudierenden scheint sich demnach nicht vorrangig an
den Inhalten festzumachen.

- Kritisch zu bedenken ist hier, dass von Studierenden in Antworten auf
  das offene Item angegeben wurde, eine höhere Relevanz des Studiums
  würde für sie entstehen, wenn es für sie Veranstaltungen unabhängig
  von den Fachstudierenden gäbe. Das könnte man so interpretieren, dass
  sie andere Inhalte fordern, wobei eine inhaltliche Änderung von ihnen
  nicht explizit thematisiert wurde.

b) Die Relevanzzuschreibungen von Mathematiklehramtsstudierenden zu
Inhalten des Studiums scheinen nur wenig damit zusammenzuhängen,
zu welchen Themengebieten diese Inhalte gehören, denn obwohl eine
geringe Differenzierung in den Relevanzzuschreibungen zwischen den
Themengebieten stattfindet (vgl. Punkt 11), zeigte sich in den Korrelationen zwischen den Relevanzzuschreibungen zu den Themengebieten
auf den Daten dieser Arbeit, dass Studierende tendenziell entweder vielen Themengebieten eine hohe oder vielen Themengebieten eine geringe
Relevanz zuschrieben.

c) Dass die Inhalte im Mittel durch die in dieser Arbeit befragten Studierenden in der zweiten Befragung als weniger relevant bewertet wurden
als in der ersten, aber der Gesamtheit des Mathematikstudiums von den
Studierenden in der zweiten Befragung im Mittel mehr Relevanz zugeschrieben wurde als in der ersten, lässt vermuten, dass andere Dinge
als inhaltliche Aspekte vorrangig dazu führen, dass Studierende dem
Mathematikstudium insgesamt eine Relevanz zuschreiben.

d) Die Relevanzzuschreibungen zum Studium scheinen eng mit dem Interesse und der Selbstwirksamkeitserwartung der Mathematiklehramtsstudierenden zusammenzuhängen. In den Auswertungen dieser Arbeit zeigte
sich, dass Studierende, die sich selbstwirksam fühlten oder ein hohes
Interesse hatten, die Inhalte eher relevant einschätzten. Ob Studierende
leistungsstark sind oder nicht, scheint nicht mit den Relevanzzuschreibungen zusammenzuhängen. Besonders stark scheint das mathematikbezogene Interesse mit den Relevanzzuschreibungen zusammenzuhängen.

---

[1] In Kombination mit den Ergebnissen anderer Arbeiten, in denen Studierende im Rahmen
offener Impulse eine Unzufriedenheit mit dem Studium äußerten, ist von einer Diskrepanz
auszugehen zwischen allgemeiner Unzufriedenheit und einer gleichzeitigen Zufriedenheit
bei konkreter Nachfrage (vgl. Abschnitt 12.2.5.1.3).

Dieses konnte im Cross-Lagged-Panel Design dieser Arbeit Relevanzzuschreibungen zu einem späteren Zeitpunkt eher vorhersagen als umgekehrt. Während die mathematische Selbstwirksamkeitserwartung mit den Relevanzzuschreibungen in den beforschten Daten korrelierte, blieb die Wirkkette hier unklar.

e) Höhere Relevanzzuschreibungen scheinen eher von Studierendengruppen getroffen zu werden, die mit dem Mathematikstudium gut zurechtkommen. Dies waren in der vorliegenden Arbeit Studierendengruppen, die auch lernförderliche motivationale[2] Voraussetzungen für das Mathematikstudium zeigten. So scheinen höhere Relevanzzuschreibungen insbesondere einherzugehen mit eher internalisierten Motivationsformen, einem hohen Selbstkonzept und einer hohen Frustrationsresistenz.

Die Beschreibung, dass Relevanzzuschreibungen eher affektiv als rational begründet werden können, ist dabei rein deskriptiv zu verstehen, eine affektive Begründung von Relevanzzuschreibungen am Studienbeginn muss nicht mangelhaft sein. Es kann beispielsweise als Prozess der Enkulturation ins Studium gesehen werden, dass Studierende erst im Laufe des Studiums für sich herausarbeiten, was für sie weshalb relevant ist. Man muss sich der affektiv begründeten Relevanzzuschreibungen jedoch gegebenenfalls bewusst sein, um Studierende gerade in dieser Zeit in affektiver Hinsicht unterstützen zu können. Es ist möglich, dass sich die Mechanismen hinter den Relevanzzuschreibungen im Laufe des Studiums ändern und Relevanzzuschreibungen von Studierenden später im Studium rational begründet werden können. In diesem Fall müsste man insbesondere auf Kritik fehlender Relevanz am Studienbeginn anders reagieren als später im Studium.

7. Zu Beginn der Arbeit wurde die Hoffnung formuliert, man könne die Relevanzzuschreibungen von Mathematiklehramtsstudierenden insbesondere auch unterstützen, wenn man ihre fokussierten Relevanzgründe kennen würde. Während die Ergebnisse aus der Beforschung der Relevanzgründe darauf hindeuten, dass das Konstrukt einen Mehrwert bietet, wenn Maßnahmen entwickelt werden sollen, die Relevanzzuschreibungen von Mathematiklehramtsstudierenden unterstützen sollen (vgl. Punkt 1), ist einschränkend zu bemerken, dass die eher affektive als rationale Erklärbarkeit von Relevanzzuschreibungen der Mathematiklehramtsstudierenden (vgl. Punkt 6) vermuten lässt, dass es gewinnbringender wäre, Relevanzzuschreibungen

---

[2] Diese Studierendengruppen zeigten darüber hinaus auch lernförderliche verhaltensbezogene Voraussetzungen wie die Anwendung vieler Lernstrategien und eine hohe Anstrengungsbereitschaft.

über die Förderung affektiver Merkmale als über das Eingehen auf verfolgte Relevanzgründe zu unterstützen.

8. Eventuell mangelt es den Lehramtsstudierenden am Studienbeginn an Anhaltspunkten, was für sie im Mathematikstudium weshalb relevant sein könnte. Vielleicht fehlen solche Anhaltspunkte insbesondere am Studienbeginn, gerade wegen der neuen und ungewohnten Lernsituation (vgl. Abschnitt 2.2.2). Aus einem Mangel an Anhaltspunkten, die ein rationales Abwägen der Relevanz ermöglichen würden, könnten die Studierenden Relevanzzuschreibungen dann eher auf Grundlage eigener affektiver Merkmale vornehmen (vgl. Punkt 6). Macht man den Studierenden aber konkrete Vorschläge für Inhalte, die für sie relevant sein könnten, so scheinen sie deren Relevanz eher hoch einzuschätzen (vgl. Punkt 6a). Aus einem Fehlen von Indikatoren, was das Studium relevant machen könnte, könnte wiederum eine Ungewissheit über die Relevanz resultieren, die teils als Kritik an fehlender Relevanz geäußert wird.

9. Mathematiklehramtsstudierende scheinen eine große Bereitschaft zu zeigen, selbst Inhalten, mit denen sie noch nicht vertraut sind, eine Relevanz zuzuschreiben.

10. Dort, wo von den Mathematiklehramtsstudierenden geringe Relevanzzuschreibungen gemacht werden, scheint dies mit eigenen Unsicherheiten, entweder mit bestimmten inhaltlichen Aspekten oder im Mathematikstudium in seiner Gänze, zusammenzuhängen.

    a) So nahmen in der vorliegenden Arbeit Studierende mit geringer Selbstwirksamkeitserwartung tendenziell geringere Relevanzzuschreibungen vor als Studierende mit hoher Selbstwirksamkeitserwartung

    b) und Inhalten der höchsten Komplexitätsstufe, bei der vermutlich die größte Unsicherheit vorliegt, wurde von den Inhalten der verschiedenen Stufen im Mittel am wenigsten Relevanz zugeschrieben.

    Die Kritik an der fehlenden Relevanz könnte aufgrund dieser Befundlage wie ein Hilferuf resultierend aus einer Überforderung interpretiert werden. Studierende scheinen sich mit einem zu fordernden Mathematikstudium konfrontiert zu sehen, dem sie sich hilflos ausgeliefert fühlen[3].

11. Insbesondere dem Themengebiet der Geometrie scheinen Studierende eine geringere Relevanz zuzuschreiben als anderen Themengebieten. Das könnte

---

[3] Eine ähnliche Schlussfolgerung, dass Studierende eine Hilflosigkeit im Mathematikstudium empfinden, kann aus einer Arbeit zu Attributionen von Rach (2020) gezogen werden. Darin deutete sich an, dass Mathematikstudierende (sowohl Fach- als auch Lehramtsstudierende) Misserfolge in ihrem Studium zu großen Teilen external stabil attribuieren, das heißt sie machen zu hohe Anforderungen dafür verantwortlich.

damit zusammenhängen, dass die Geometrie im ersten Semester keinen Vorlesungsinhalt darstellt – allerdings wurde anderen Inhalten, die im ersten Semester ebenfalls nicht behandelt werden, dennoch von den in dieser Arbeit beforschten Studierenden eine höhere Relevanz zugeschrieben.

12. Relevanzzuschreibungen im Studium scheinen nicht mit schulbezogenen Leistungen zusammenzuhängen.

13.1.3 Fazit aus Ergebnissen, die über die Mechanismen hinter den Relevanzzuschreibungen hinausgehen

13. In dem Modell der Relevanzbegründungen der vorliegenden Arbeit wurde angenommen, dass für Mathematiklehramtsstudierende individuelle und gesellschaftlich/ berufliche Relevanzgründe ein Potenzial haben, die Relevanz des Studiums zu erklären. Es gab jedoch Studierende, die im Rahmen des offenen Items angaben, das Studium werde für sie relevant, wenn sie darin erfahren würden, ob der Lehrerberuf für sie der richtige sei, wodurch sie für sich die Legitimation der gesellschaftlich/ beruflichen Dimension in Frage stellten. Sie drückten damit eine Unsicherheit über ihre Berufswahl aus, die in dem Modell der Relevanzbegründungen nicht abgebildet wird.

14. Insbesondere die insgesamte Studienzufriedenheit könnte stark mit der aufgabenbezogenen Selbstwirksamkeitserwartung zusammenhängen. Während in der vorliegenden Arbeit die Konformisten, die eine geringe aufgabenbezogene Selbstwirksamkeitserwartung zeigten, hohe Relevanzzuschreibungen im Studium vornahmen, zeigten sie hohe Abbruchtendenzen. Das könnte bedeuten, dass zu einem erfolgreichen Studienabschluss sowohl dem Studium eine Relevanz zugeschrieben werden muss, als auch ein Vertrauen in die eigenen Fähigkeiten bei der Meisterung von studienbezogenen Aufgaben bestehen muss.

Im Folgenden sollen nun Fragen dargestellt werden, die sich aus den Ergebnissen dieser Arbeit ergeben haben oder noch offengeblieben sind, und Implikationen für die weitere Forschung angeführt werden. Eine übergeordnete Forschungsimplikation besteht darin, dass die in dieser Arbeit explorativ herausgearbeiteten Mechanismen und Zusammenhänge hinter den Relevanzzuschreibungen von Mathematiklehramtsstudierenden in hypothesenprüfender Forschung überprüft werden müssen, um allgemeine Aussagen daraus ableiten zu können.

13.2   Offene Fragen und Implikationen für die weitere Forschung

Die im Folgenden dargestellten Forschungsimplikationen betreffen die Entwicklung einer konsentierten Definition zum Konstrukt der Relevanz (vgl. Abschnitt 13.2.1), die Weiterentwicklung der Messinstrumente zu den Relevanzzuschreibungen von gymnasialen Lehramtsstudierenden zu ihrem Mathematikstudium (vgl. Abschnitt 13.2.2), Mechanismen und Zusammenhänge hinter den Relevanzzuschreibungen von Mathematiklehramtsstudierenden (vgl. Abschnitt 13.2.3), die Stabilität von Relevanzzuschreibungen (vgl. Abschnitt 13.2.4), Fragen und Forschungsimplikationen in Bezug auf die Typen (vgl. Abschnitt 13.2.5), Wirkmechanismen von Maßnahmen, die das Mathematikstudium für Lehramtsstudierende relevanter machen sollen (vgl. Abschnitt 13.2.6) und die Unsicherheit der Studierenden über ihre Studienwahl (vgl. Abschnitt 13.2.7).

13.2.1 Entwicklung einer konsentierten Definition zum Konstrukt der Relevanz

Wie in Abschnitt 12.2.1 angedeutet wurde, ist es als Schwierigkeit des Forschungsfeldes zu sehen, dass bisher keine konsentierte Definition dazu existiert, was genau Relevanz ausmacht und wie Relevanz von anderen Konstrukten abzugrenzen ist. Das Konstrukt der Relevanz genauer zu fassen und zu definieren scheint sinnvoll, um eine Kommunikationsgrundlage über „Relevanz" zwischen Forschenden, Studierenden und Hochschulverantwortlichen zu schaffen. Eine entsprechende Definition sollte in der Zukunft entwickelt werden, um bisherige Forschungsergebnisse zu Relevanzkonstrukten insbesondere einordnen zu können und somit vergleichen zu können.

13.2.2 Weiterentwicklung der Messinstrumente zu den Relevanzzuschreibungen von gymnasialen Lehramtsstudierenden zu ihrem Mathematikstudium

In der vorliegenden Arbeit sollten im Rahmen der Beforschung der Relevanzzuschreibungen von Mathematiklehramtsstudierenden unter anderem mögliche Begründungen hinter diesen Relevanzzuschreibungen beschreibbar und quantitativ-empirisch beforschbar gemacht werden. Dazu wurde ein Modell aufgestellt, in welchen Bereichen Lehramtsstudierende Konsequenzen mit ihrem Mathematikstudium erreichen wollen könnten, wobei entsprechende Konsequenzen nach Annahme des Modells gerade mögliche Relevanzgründe für Studierende darstellen, und es wurde ein dazu passendes Messinstrument entwickelt. Die beiden großen Bereiche der Relevanzgründe im Modell wurden als individuelle und gesellschaftlich/ berufliche Dimension bezeichnet, welche jeweils weiter in eine intrinsische und eine extrinsische Ausprägung aufgespalten wurden (vgl. Abschnitt 3.2.1). Über einen Abgleich von mit dem Studium verfolgten Konsequenzen, die Studierende von sich aus als Antwort auf ein offenes Item nannten, mit den im Messinstrument operationalisierten Konsequenzen wurde gezeigt, dass die Relevanzgründe im Messinstrument recht grob formuliert sind und verschiedene spezifischere, von Studierenden genannte Konsequenzen umfassen (vgl. Abschnitt 11.1). Konsequenzen der individuellen Dimension betreffen die eigene Weiterentwicklung als Individuum. Es ist davon auszugehen, dass hier konkret verfolgte Konsequenzen sehr individualistisch sein können und demnach eine grobe Formulierung der Items im Messinstrument, wie sie im ausgearbeiteten Messinstrument vorliegt, gewinnbringender ist, als jede Konsequenz einzeln aufzulisten. Letzteres würde wohl zu einem zu umfangreichen Instrument führen, als dass es noch in Erhebungen einsetzbar wäre. Für die gesellschaftlich/ berufliche Dimension scheint es jedoch durchaus möglich, die Funktionen einer Mathematiklehrkraft zu analysieren und daran abzuleiten, welche spezifischeren Konsequenzen, insbesondere spezifischer als im aktuellen Messinstrument abgebildet, Studierende in der gesellschaftlich/ beruflichen Dimension verfolgen könnten. Hier muss weitere Forschung ansetzen. Als eine mögliche zu erreichende Konsequenz könnte beispielsweise die Entwicklung diagnostischer Kompetenz gezählt werden, zu der schon einiges an Forschung existiert (z. B. Heinrichs, 2015; Leuders et al., 2018; Llinares, 2014; Ostermann et al., 2019; Prediger, 2010). Kataloge dazu, welche Kompetenzen von einer Lehrkraft beherrscht werden sollten, wurden beispielsweise von Bass und Ball (2004) aufgestellt, die darin unter anderem die Klarifizierung von Zielen, die Auswahl von Aufgaben oder die Analyse von Lernerantworten aufzählen, oder von Prediger (2013), die zum Beispiel die Fähigkeit zur Bewältigung von Schulaufgaben auf verschiedenen Niveaus, die Entwicklung von Tests oder die lernförderliche Reaktion auf Fehler der Lernenden nennt. Etwas gröber wird in den Principles and Standards for School Mathematics der NCTM aufgelistet:

"Teachers need several different kinds of mathematical knowledge—knowledge about the whole domain; deep flexible knowledge about curriculum goals and about the

important ideas that are central to their grade level; knowledge about how the ideas
can be represented to teach them effectively; and knowledge about how students'
understanding can be assessed." (Ferrini-Mundy, 2000, S. 17)

Einen Katalog, welche fachdidaktischen Kompetenzen angehende Mathematiklehrkräfte in ihrem Studium erwerben sollten, findet man auch in den „Standards
für die Lehrerbildung im Fach Mathematik" (DMV et al., 2008).

Mithilfe solcher Ausführungen könnte in der Zukunft die gesellschaftlich/
berufliche Dimension weiter analysiert werden. Im Prozess der tiefergehenden
Analyse der gesellschaftlich/ beruflichen Relevanzgründe sollten auch Studierende danach befragt werden, welche Relevanzgründe ihnen spontan einfallen.
Anschließend könnte insbesondere das Messinstrument zum entwickelten Modell
der Relevanzbegründungen weiterentwickelt werden. Bei konkreteren Vorstellungen dazu, welche Relevanzgründe in der gesellschaftlich/ beruflichen Dimension
Mathematiklehramtsstudierende wichtig finden, könnten wiederum spezifischere
Maßnahmen entwickelt werden, die Studierende in ihren Relevanzzuschreibungen
unterstützen können.

Bei einer Befragung von Studierenden, welche Relevanzgründe ihnen selbst
einfallen, die ihnen wichtig erscheinen, könnten gegebenenfalls auch weitere
Relevanzgründe gefunden werden, die bei einer Modellierung von Relevanzgründen berücksichtigt werden sollten und eventuell gar nicht die individuelle
und die gesellschaftlich/ berufliche Dimension betreffen, sondern weitere Dimensionen, die im Modell der Relevanzbegründungen der vorliegenden Arbeit
nicht abgebildet sind. In dem Fall wäre zu überlegen, wie das Modell der
Relevanzbegründungen sinnvoll erweitert werden kann, um weitere mögliche
Relevanzgründe von Studierenden zu berücksichtigen.

Um weitere Analysen zu den Beziehungen zwischen Relevanzgründen und
anderen Konstrukten, beispielsweise auch mit Strukturgleichungsmodellen, zu
ermöglichen, wäre es sinnvoll, in der Zukunft ein Messinstrument zu den Relevanzgründen zu entwickeln, das auf reflektiven Modellannahmen basiert. In der
vorliegenden Arbeit hat sich gezeigt, dass insbesondere affektive Merkmale eng
mit Relevanzzuschreibungen verknüpft zu sein scheinen und besonders hier bietet
es sich an, die Zusammenhänge auch mithilfe von Strukturgleichungsmodellen
zu analysieren. Auf Grundlage der Ergebnisse solcher Analysen könnte man
weitere Informationen dazu erhalten, welche Wirkmechanismen zwischen affektiven Merkmalen der Studierenden und ihren Relevanzzuschreibungen und darüber
hinaus auch ihren Leistungen und Studienabbruchgedanken eine Rolle spielen,
wodurch wiederum Anhaltspunkte gewonnen werden könnten, wie Maßnahmen

sinnvollerweise gestaltet werden sollten, die Relevanzzuschreibungen von Studierenden unterstützen könnten. Dem Messinstrument zu den Relevanzgründen wurde in der vorliegenden Arbeit ein formatives Messmodell zugrunde gelegt. Es wird dabei der Auffassung von Howell et al. (2007) gefolgt, dass nicht Konstrukte an sich formativ oder reflektiv sind, sondern dass im Allgemeinen Konstrukte sowohl reflektiv als auch formativ gemessen werden können. Im Rahmen dieser explorativen Arbeit bot sich zunächst ein formatives Messmodell an, um das Konstrukt der Relevanzgründe in seinen einzelnen Aspekten genauer analysieren zu können.

Für die weitergehenden Analysen zu Relevanzzuschreibungen der Studierenden bietet es sich auch an, die globalen Relevanzeinschätzungen zum Studium valide und reliabel zu messen, um sie dann bei den Analysen mit einbeziehen zu können. Dazu bieten sich psychometrische Skalen besser an als die bisher genutzten Einzelitems. Mithilfe qualitativer Forschung könnte in der Zukunft untersucht werden, wie sich die globale Relevanzzuschreibung zum Mathematikstudium über mehrere Items mit einer Skala messen lässt. Auch bezüglich des Messinstruments zu Relevanzzuschreibungen zu den Aspekten der Softwarekompetenz und des Wissens über die historische und kulturelle Bedeutung der Mathematik bedarf es in der Zukunft einer Weiterentwicklung des Messinstruments, um diese mit höherer Validität und Reliabilität messen zu können und so für weitere Analysen nutzbar zu machen.

Das Messinstrument, mit dem in der vorliegenden Arbeit die Relevanzzuschreibungen der Studierenden zu Relevanzinhalten gemessen wurden, sollte daraufhin validiert werden, ob die Studierenden die darin abgefragten Inhalte entsprechend ihrer Intention verstehen. Es könnte auch so angepasst werden, dass es weniger aus fachdidaktischer und stärker aus fachlicher Sicht auf die Inhalte schaut. Nach entsprechenden Anpassungen könnte man unter Einsatz des Messinstruments in verschiedenen Kontexten prüfen, ob die Relevanzzuschreibungen zu Inhalten des Mathematikstudiums auch mit Faktoren außerhalb der Inhalte selbst zusammenhängen. Es wäre zum Beispiel möglich, dass Inhalten eine unterschiedliche Relevanz zugeschrieben wird, je nachdem welche Lehrperson sie lehrt. Im Kontext von Untersuchungen an amerikanischen Colleges deutete sich beispielsweise für das mit dem Konstrukt der Relevanzzuschreibungen assoziierte Konstrukt des Wertes an, dass die Wertzuschreibung zu Inhalten auch davon abhing, welche Lehrperson die Inhalte vermittelte (Hulleman et al., 2008). Denkbar wäre auch, dass die Relevanzzuschreibungen von Mathematiklehramtsstudierenden damit zusammenhängen, in welcher Reihenfolge verschiedene Inhalte gelehrt werden oder mit welchen Methoden. Dies könnte man beforschen, indem man das angepasste Messinstrument zu den Relevanzinhalten gezielt in verschiedenen Lehrveranstaltungen einsetzt, für die man die Rahmenbedingungen erfasst, und dann korrelative Zusammenhänge analysiert.

Für das Messinstrument zu den Komplexitätsstufen innerhalb der Relevanzinhalte bietet es sich an, im Rahmen zukünftiger Forschung zu überprüfen, ob Mathematiklehramtsstudierende die Komplexität der Inhalte so stufen, wie es theoretisch angenommen wurde. So könnten validere Aussagen dazu getroffen werden, inwiefern die von den Studierenden empfundene Schwierigkeit von Inhalten mit ihren Relevanzzuschreibungen in Verbindung steht.

Das Konstrukt der Relevanzzuschreibungen dieser Arbeit wurde als ein motivationales Konstrukt konzeptualisiert und insbesondere das Konstrukt der Relevanzgründe wurde mit dem Wertkonstrukt der Expectancy-Value Theorie assoziiert (vgl. Abschnitt 3.3.3.2). Bei der Darstellung des Forschungsstandes in Abschnitt 4.1 und bei der Diskussion der Ergebnisse dieser Arbeit wurde auf Forschungsergebnisse eingegangen, in denen verschiedene Relevanz- und Wertkonstrukte betrachtet wurden. In welchem genauen Zusammenhang das Konstrukt der Relevanzzuschreibungen auch empirisch mit diesen anderen Konstrukten steht, könnte in der Zukunft beforscht werden, indem Instrumente zu den verschiedenen Konstrukten in Erhebungen parallel eingesetzt werden und die Ergebnisse miteinander verglichen werden. So könnte man auch herausfinden, ob sich bestimmte Konzeptualisierungen von Wertkonstrukten für bestimmte Fragestellungen besser eignen als andere.

Wie in Abschnitt 12.2.5.1.3 dargestellt wurde, zeigt sich eine Diskrepanz zwischen der Unzufriedenheit von Studierenden, wie sie in offenen Impulsen geäußert wird, und der anscheinend recht hohen Zufriedenheit mit direkt abgefragten Inhalten des Studiums. Um diese Diskrepanz aufklären zu können, bedarf es qualitativer Forschung. In der vorliegenden Arbeit wurden für die einzelnen Themengebiete und Aspekte wie die Softwarekompetenz oder das Wissen über die historische Bedeutung der Mathematik die Relevanzzuschreibungen vonseiten der Studierenden abgefragt, indem diese nach der Wichtigkeit der ausgewählten Inhalte gefragt wurden. Damit kann insbesondere nicht herausgefunden werden, welche Inhalte Studierenden spontan selbst besonders relevant erscheinen, stattdessen würden sich dazu Interviews anbieten. Möglicherweise fehlt es den Studierenden in ihrem Studium an Anhaltspunkten, was daran für sie relevant sein könnte und so äußern sie in offenen Impulsen eine Unzufriedenheit. Wenn ihnen aber Vorschläge gemacht werden, was im Studium für sie relevant sein könnte, dann könnten sie für diese dennoch eine Relevanzzuschreibung vornehmen. Im Rahmen qualitativer Interviews sollte insbesondere die These überprüft werden, dass Studierende eine fehlende Relevanz bisher kritisieren könnten, weil ihnen Anhaltspunkte fehlen, an denen sie Relevanz festmachen könnten, dass sie aber durchaus eine Relevanz zuschreiben, wenn ihnen Vorschläge für potenziell relevante Inhalte gemacht werden und dass aufgrund fehlender Indikatoren für Relevanz die Relevanzzuschreibungen der Studierenden eher affektiv als rational begründet sind (vgl. Abschnitt 12.3.1 dazu, wie die Begriffe affektiv und rational hier verstanden werden). Um hier mehr Klarheit zu gewinnen, sollte man die Studierenden befragen, warum verschiedene Aspekte, einerseits von ihnen frei genannte und andererseits vom Interviewer vorgeschlagene, ihnen relevant (oder nicht relevant) erscheinen.

13.2.3 Mechanismen und Zusammenhänge hinter den Relevanzzuschreibungen von Mathematiklehramtsstudierenden

Bei der Analyse, wie sich die Globaleinschätzung zur Relevanz des Mathematikstudiums linear modellieren lässt auf Basis der Relevanzzuschreibungen der Dimensionsausprägungen des Modells der Relevanzbegründungen, der Komplexitätsstufen und der Themengebiete zeigte sich im Rahmen der Forschungsfrage 3 dieser Arbeit insbesondere, dass es keinen linearen Zusammenhang zwischen der Globaleinschätzung zur Relevanz der Studieninhalte oder zur Relevanz des Mathematikstudiums insgesamt und der empfundenen Wichtigkeit der verschiedenen Dimensionsausprägungen der Relevanzgründe bei den Mathematiklehramtsstudierenden zu geben scheint (vgl. Abschnitt 11.4). In der Zukunft sollte überprüft werden, ob hier nicht-lineare Zusammenhänge gefunden werden können. Da zudem bei Betrachtung der imputierten Daten in Forschungsfrage 3 die linearen Regressionen auch für die Relevanzzuschreibungen zu den Komplexitätsstufen und die Relevanzzuschreibungen zu den Themengebieten zeigten, dass diese keine statistisch signifikanten Prädiktoren für die Relevanzzuschreibung zu den Inhalten des Mathematikstudiums insgesamt oder zu dessen Gesamtheit darstellten, sollte auch für die Relevanzinhalte überprüft werden, ob sich für Mathematiklehramtsstudierende nicht-lineare Zusammenhänge zwischen diesem Konstrukt und den Globaleinschätzungen der Relevanz zeigen.

Auch im Rahmen der Analyse, wie sich die Globaleinschätzung zur Relevanz des Mathematikstudiums modellieren lässt auf Basis der Einschätzungen dazu, ob Konsequenzen bestimmter Dimensionsausprägungen des Modells der Relevanzbegründungen mit dem Mathematikstudium erreicht werden können, der Einschätzungen zur Umsetzung der Komplexitätsstufen und der Einschätzungen zur Umsetzung der Themengebiete (Forschungsfrage 4) wurden für die vorliegende Arbeit nur lineare Zusammenhänge überprüft (vgl. Abschnitt 11.5). In der

Zukunft könnte man auch hier überprüfen, ob sich nicht-lineare Zusammenhänge zeigen.

Um das in der vorliegenden Arbeit gefundene Ergebnis, dass Mathematiklehramtsstudierende in ihren Relevanzzuschreibungen kaum zwischen Inhalten verschiedener Themengebiete oder Komplexitätsstufen zu differenzieren scheinen (vgl. Abschnitt 12.3.5), zu überprüfen, könnte man Dimensionsanalysen durchführen. Dazu könnte man alle Items zu den Themengebieten beziehungsweise Komplexitätsstufen einer Faktorenanalyse unterziehen und überprüfen, wie viele Faktoren sich ergeben. Würden alle Items auf dem gleichen Faktor laden, dann würde das die Vermutung stärken, dass von den Mathematiklehramtsstudierenden bei den Relevanzzuschreibungen zu Inhalten verschiedener Themengebiete und Komplexitätsstufen keine Differenzierung vorgenommen wird.

In Bezug auf die Relevanzzuschreibungen zu den Inhalten der verschiedenen Komplexitätsstufen hat sich in der vorliegenden Arbeit gezeigt, dass bei den weniger komplexen Stufen höhere Leistungen der befragten Studierenden mit höheren Relevanzzuschreibungen einhergingen (vgl. Abschnitt 12.3.8). Dieser Zusammenhang zeigte sich jedoch für Inhalte auf der komplexesten Stufe nicht. Gerade diese komplexeste Stufe ist diejenige, die gymnasiale Lehramtsstudierende noch beherrschen sollten in Abgrenzung zu beispielsweise Lehramtsstudierenden, die in anderen Schulstufen unterrichten wollen. Demnach bedürfen gerade die Relevanzzuschreibungen zu Inhalten dieser Stufe genauerer Forschung. Möglich wäre, dass bei dieser Stufe alle Studierenden, unabhängig von ihrer Leistung, so wenig Ahnung von den Inhalten haben, dass sich keine Zusammenhänge mehr zeigen, weil die Studierenden die Relevanz willkürlich beurteilen. Eventuell zeigt sich hier aber auch ein Deckeneffekt des Messinstruments. Man könnte ein Mixed-Method-Design einsetzen, um zu beforschen, wie Relevanzzuschreibungen von Mathematiklehramtsstudierenden auf der komplexesten Stufe bedingt sind. Dazu würde man zunächst quantitativ abfragen, wie viel Relevanz Studierende den Inhalten der komplexesten Stufe zuschreiben und sie dann qualitativ dazu befragen, warum sie diesen Inhalten der höchsten Komplexitätsstufe genau die von ihnen gewählte Relevanz zuschreiben.

Aus den Ergebnissen der vorliegenden Arbeit lässt sich die Hypothese ableiten, dass für gymnasiale Lehramtsstudierende am Studienbeginn Relevanzzuschreibungen, so wie sie in dieser Arbeit konzeptualisiert wurden, vor allem affektiv erklärt werden können (vgl. Abschnitt 12.3.1 dazu, wie der Begriff affektiv hier verstanden wird). Um einerseits das Konstrukt der Relevanzzuschreibungen genauer fassen zu können und andererseits Aufschluss darüber zu bekommen, an welchen Stellen sich die Relevanzzuschreibungen gymnasialer Lehramtsstudierender am Studienbeginn von denen anderer Studierendengruppen unterscheiden, sollte in der Zukunft überprüft werden, ob die Relevanzzuschreibungen Studierender mit anderen Voraussetzungen ebenfalls affektiv gelagert sind. Dazu könnte man die Relevanzzuschreibungen von Lehramtsstudierenden, die andere Schulformen anstreben, ebenso beforschen wie die Relevanzzuschreibungen von Lehramtsstudierenden, die speziell konzipierte Vorlesungen mit Brückenschlägen besuchen, die andere Fächer als Mathematik studieren oder die schon weiter im Studium fortgeschritten sind. Falls auch andere Studierende Relevanzzuschreibungen vornehmen, die sich eher affektiv erklären lassen, könnte zudem überprüft werden, ob ihnen Anhaltspunkte fehlen, was für sie relevant sei. So könnte die Hypothese überprüft werden, dass Relevanzzuschreibungen deshalb affektiv erklärt werden können, weil den Studierenden Kriterien für eine rationale Abwägung beim Treffen von Relevanzzuschreibungen fehlen.

Die Hypothese, dass Relevanzzuschreibungen von Mathematiklehramtsstudierenden eher affektiv erklärt werden können, wurde in der vorliegenden Arbeit unter anderem daraus abgeleitet, dass im Cross-Lagged-Panel Design zwischen Leistung und Relevanzzuschreibungen keine Zusammenhänge zwischen diesen beiden Konstrukten sichtbar wurden, während sich in den Cross-Lagged-Panel Designs mit mathematikbezogenem Interesse beziehungsweise mathematischer Selbstwirksamkeitserwartung und Relevanzzuschreibungen Zusammenhänge abzeichneten (vgl. Abschnitt 11.6 zu den Ergebnissen der Cross-Lagged-Panel Designs und Abschnitt 12.3.8 zu der zugehörigen Diskussion). Eine Überarbeitung des Cross-Lagged-Panel Designs zu Leistung und Relevanzzuschreibungen könnte die Hypothese der affektiven Lagerung der Relevanzzuschreibungen weiter stützen aber auch korrigieren: Da sich bei den Analysen der Korrelationen zeigte, dass die Relevanzzuschreibungen ausschließlich mit universitären Leistungen, nicht aber schulischen Leistungen, in Zusammenhang standen, wäre denkbar, dass ähnlich wie bei der Unterscheidung zwischen Interesse an Schulmathematik und Interesse an Hochschulmathematik (Rach et al., 2017; Ufer et al., 2017) auch zwischen den jeweiligen Relevanzzuschreibungen unterschieden werden sollte. Dann stellt sich die Frage, ob sich in einem Cross-Lagged-Panel Design zwischen Leistung und Relevanzzuschreibungen ein Zusammenhang zwischen diesen Konstrukten zeigt, wenn schon zum ersten Messzeitpunkt hochschulmathematische Leistung und nicht schulische Leistung erhoben wird. Dies würde natürlich bedeuten, dass der erste Messzeitpunkt später im Semester angesetzt werden müsste, wenn schon hochschulmathematische Leistungen erzielt wurden. Dabei sollte insbesondere reflektiert werden, wie sich die hochschulmathematische Leistung geeignet operationalisieren lässt, um möglichst die Leistung in den gesamten Studieninhalten abzubilden (vgl. Abschnitt 12.2.5.2.4 zur Diskussion der Operationalisierung der Leistung).

Zudem sollte auch der Zusammenhang zwischen der aufgabenbezogenen Selbstwirksamkeitserwartung und der Relevanzeinschätzung des Studiums im Rahmen von Cross-Lagged-Panel Designs genauer beforscht werden, da sich in der vorliegenden Arbeit angedeutet hat, dass gerade die aufgabenbezogene Selbstwirksamkeitserwartung eine wichtige Rolle bei der insgesamten Studienzufriedenheit spielen könnte. Insgesamt muss die aufgabenbezogene Selbstwirksamkeitserwartung stärker in den Blick genommen werden und es müssen deren Zusammenhänge mit Studienzufriedenheit und Relevanzzuschreibungen genauer analysiert werden, um ein entsprechendes Wissen bei der Konzeption von Maßnahmen, die Studierende bei ihren Relevanzzuschreibungen unterstützen sollen, nutzen zu können. Dabei ist zu beachten, dass Erhebungen der aufgabenbezogenen Selbstwirksamkeitserwartung erst dann sinnvoll sind, wenn die Studierenden bereits Aufgaben in ihrem Mathematikstudium lösen mussten.

Generell sollten weitere Zusammenhänge zwischen Relevanzgründen, Relevanzinhalten, globalen Relevanzeinschätzungen, Lernverhalten, Verwendung von kognitiven und ressourcenbezogenen Lernstrategien, mathematischen Beliefs, Interesse, Leistung und Selbstwirksamkeitserwartungen vertiefend analysiert werden. Während in der vorliegenden Arbeit immer nur die Zusammenhänge zwischen Relevanzzuschreibungen und einem weiteren Konstrukt in den Blick genommen wurden, könnten mithilfe von Strukturgleichungsmodellen auch Zusammenhänge zwischen mehreren Konstrukten gleichzeitig untersucht werden, um die Wirkmechanismen so genau zu verstehen, dass abgeleitet werden kann, wie durch Maßnahmen, die beispielsweise an das Interesse oder die Selbstwirksamkeitserwartung der Studierenden angepasst sind, auch deren Relevanzzuschreibungen beeinflusst werden können. Voraussetzung dafür wäre, dass Relevanzzuschreibungen auch auf Grundlage reflektiver Messmodelle gemessen werden können (vgl. Abschnitt 13.2.2). Die Ergebnisse der vorliegenden Arbeit können als Ausgangspunkt genutzt werden, um Hypothesen über weitgreifendere Zusammenhänge zwischen den Konstrukten aufzustellen. Dass beispielsweise im entsprechenden Cross-Lagged-Panel Design in dieser Arbeit die Relevanzzuschreibung zu Beginn des Semesters die universitäre Leistung nicht vorhersagen konnte, während aber Leistungen und die Relevanzzuschreibungen positiv miteinander korrelierten (vgl. Abschnitt 11.6.2), könnte in einer möglichen Deutung darauf hinweisen, dass der Zusammenhang zwischen universitären Leistungen und Relevanzzuschreibungen über andere Variablen, beispielsweise das Interesse oder die Selbstwirksamkeitserwartung, mediiert wird.

Im Rahmen der tiefergehenden Analyse der Zusammenhänge zwischen den verschiedenen Konstrukten bietet es sich auch an, weitere Cross-Lagged-Panel

Designs durchzuführen, in denen die Zeitspannen zwischen den Erhebungszeitpunkten variiert werden. So könnten Schlüsse darüber gezogen werden, wie die Kausalitäten beispielsweise über längere Zeiträume oder zu anderen Zeitpunkten im Studium gelagert sind. Insbesondere könnte so auch herausgearbeitet werden, ob auf lange Sicht eine klare Vorhersagerichtung zwischen der mathematischen Selbstwirksamkeitserwartung und der Relevanzeinschätzung zu den Studieninhalten festgestellt werden kann, die in der vorliegenden Arbeit gegebenenfalls wegen der zu kurzen Dauer zwischen den Messzeitpunkten nicht festgestellt wurde (vgl. Abschnitt 11.6.1.1.2 zum Cross-Lagged-Panel Design zwischen der mathematischen Selbstwirksamkeitserwartung und Relevanzzuschreibungen).

Auch eine umfassendere Analyse der Zusammenhänge zwischen schulischen Merkmalen und Relevanzzuschreibungen bietet sich in der Zukunft an, da so das Konstrukt der Relevanzzuschreibungen zum Mathematiklehramtsstudium samt dessen Wirkmechanismen genauer gefasst werden kann. Um die Hypothese, dass Relevanzzuschreibungen an der Universität nur mit universitären, nicht aber mit schulischen, Merkmalen der Studierenden in Zusammenhang stehen, zu stützen oder zu widerlegen, sollten auch schulische Merkmale der Studierenden wie deren Vorkenntnisse, deren Einschätzungen der Relevanz verschiedener Inhalte an der Schule oder deren Interesse an der Schulmathematik bei zukünftigen Analysen der Relevanzzuschreibungen von Mathematiklehramtsstudierenden einbezogen werden.

Darüber hinaus können innerhalb der beforschten Konstrukte weitere Zusammenhänge zu den Relevanzzuschreibungen im Studium beforscht werden, indem die einzelnen Teilaspekte der Konstrukte betrachtet werden. Beispielsweise könnten beim Interesse die Zusammenhänge zwischen Relevanzzuschreibungen und wertbezogener bzw. gefühlsbezogener Valenz getrennt voneinander analysiert werden (zu den theoretischen Hintergründen zum Interesse vgl. Abschnitt 4.3.1.2.1). Entsprechend der theoretischen Einbettung des hier behandelten Relevanzkonstrukts als einem Wertkonstrukt ist davon auszugehen, dass besonders die wertbezogene Valenz des Interesses mit diesem Konstrukt zusammenhängt, was bedeuten könnte, dass die wertbezogene Valenz bei Mathematiklehramtsstudierenden höher ausgeprägt ist, wenn dem Studium mehr Relevanz zugeschrieben wird. Im vorliegenden Modell der Relevanzgründe wiederum ist die individuell-intrinsische Dimensionsausprägung davon geprägt, dass nach Konsequenzen gestrebt wird, die eine positive Auswirkung auf die eigene Person haben und eigene Motive abdecken. Insbesondere ist die Freude an einer Tätigkeit auf dieser Dimensionsausprägung anzuordnen. Diese ist auch Kennzeichen der gefühlsbezogenen Valenz des Interesses, so dass sich vermuten lässt, dass die gefühlsbezogene Valenz höher ausgeprägt ist, wenn Studierende der Meinung sind, Konsequenzen im individuell-intrinsischen Bereich erreichen zu können.

13.2.4 Stabilität von Relevanzzuschreibungen

Wenn Maßnahmen mit dem Zweck, die Relevanzzuschreibungen der Studierenden zu unterstützen, entwickelt werden sollen, dann muss dabei insbesondere auf sich ändernde Relevanzzuschreibungen reagiert werden können. Dazu benötigt man eine genaue Kenntnis darüber, wie sich die Relevanzzuschreibungen der Studierenden ändern und zu welchen Zeitpunkten dies geschieht, damit genau an den Zeitpunkten auch die Maßnahmen entsprechend angepasst werden können. Im Ergebnis dieser Arbeit zeigte sich unter anderem, dass sich die Relevanzzuschreibungen von Mathematiklehramtsstudierenden innerhalb des ersten Semesters teils stark zu verändern scheinen (vgl. Abschnitt 11.8). So änderten sich in der vorliegenden Arbeit erstens bei Betrachtung der gesamten befragten Kohorte die mittleren Relevanzzuschreibungen zu den Inhalten des Mathematikstudiums und zweitens war die Zuordnung von Studierenden zu Typen, die unterschiedliche Relevanzzuschreibungen vornehmen, im ersten Semester nicht stabil.

Im Fall, dass die Instabilität der Relevanzzuschreibungen im Rahmen hypothesenprüfender Forschung nachgewiesen werden kann, stellt sich im Anschluss zunächst die Frage, ob sich die Relevanzzuschreibungen und die Typenzuordnung nur zu Beginn des Studiums verändern und sich ab einem gewissen Studienzeitpunkt festigen oder ob sie sich über das gesamte Studium hinweg verändern. Insbesondere können aufgrund der Anlage der Studie dieser Arbeit als Längsschnittstudie mit nur zwei Erhebungszeitpunkten keine Hypothesen über langfristige Veränderungen oder Hypothesen zu Relevanzzuschreibungen in höheren Semestern aus den Ergebnissen abgeleitet werden. Die Ergebnisse der Forschungsfragen 3 und 4 zeigten jedoch, dass sich für die beforschten Studierenden die Globaleinschätzungen der Relevanz der Studieninhalte oder des gesamten Mathematikstudiums am Ende des Semesters eher linear modellieren ließen über Relevanzzuschreibungen beziehungsweise Einschätzungen zur Umsetzung zu Dimensionsausprägungen, Themengebieten und Komplexitätsstufen als an dessen Beginn (vgl. Abschnitt 12.3.6, 12.3.7). Das könnte dafür sprechen, dass Relevanzzuschreibungen von Mathematiklehramtsstudierenden später im Studium eher rational begründet werden können als an dessen Beginn (vgl. Abschnitt 12.3.1 dazu, wie die Begriffe affektiv und rational hier verstanden werden). Eventuell könnte damit einhergehen, dass Relevanzzuschreibungen stabiler werden. In anschließenden Forschungsarbeiten sollten Längsschnittstudien mit mehr Messzeitpunkten durchgeführt werden, die auch Studierende in höheren Semestern in den Blick nehmen.

Es stellt sich auch die Frage, aus welchen Gründen sich die Relevanzzuschreibungen von Mathematiklehramtsstudierenden gegebenenfalls verändern. Für die Relevanzzuschreibungen zu den Relevanzinhalten hat sich in der vorliegenden Arbeit gezeigt, dass die befragten Studierenden eine hohe Bereitschaft zeigten, Inhalten eine Relevanz zuzuschreiben, von denen sie eventuell gar nicht verstanden, was damit gemeint ist (vgl. Abschnitt 12.3.2). Mathematiklehramtsstudierende scheinen teils wenig reflektiert Relevanzzuschreibungen vorzunehmen, was die in dieser Arbeit gefundene Instabilität der Relevanzzuschreibungen begründen könnte. In diesem Zusammenhang sollte auch beforscht werden, ob die Relevanzzuschreibungen sich in die Richtung verändern, dass sie ab einem späteren Zeitpunkt im Studium aus rationalen Abwägungen resultieren, wenn Anhaltspunkte für Relevanz von den Studierenden für sich ausgearbeitet wurden. Ein Wissen über die Mechanismen hinter Änderungen der Relevanzzuschreibungen von Mathematiklehramtsstudierenden würde es ermöglichen, bei der Konzeption von Maßnahmen, die die Relevanzzuschreibungen der Studierenden unterstützen sollen, Reaktionen auf die Veränderungen an geeigneten Stellen im Semester einplanen zu können.

13.2.5 Fragen und Forschungsimplikationen in Bezug auf die Typen

In der vorliegenden Arbeit wurden vier Studierendentypen gefunden, die sich erstens darin unterscheiden, welche Ziele aus dem Modell der Relevanzbegründungen sie vorrangig mit dem Studium verfolgen und zweitens auch in affektiven und motivationalen Merkmalen (vgl. Abschnitt 10.6, 11.9). Ein Gedanke hinter dieser Typenbildung bestand darin, dass bei Kenntnis über verschiedene Studierendentypen Ansatzpunkte gefunden werden könnten, wie man verschiedene Studierendengruppen gezielt unterstützen kann, dem Studium eine höhere Relevanz zuzuschreiben – auch in Abhängigkeit davon, welche eigenen Grundvoraussetzungen affektiver oder leistungsbezogener Art sie mitbringen. Um die Aussagekraft der gefundenen Typen zu belegen oder aber zu widerlegen, bedarf es weiterer Forschung dazu, inwiefern sich diese Typen in anderen Forschungsarbeiten replizieren lassen. Es sollte insbesondere auch geprüft werden, ob sie auch nach einer Optimierung des Messinstruments (vgl. Abschnitt 13.2.2) in Erhebungsdaten wiedergefunden werden. Mithilfe qualitativer Beforschung könnte man herausarbeiten, ob diese Typen die Studierenden ausreichend gut beschreiben, dass man aufgrund ihrer Profile Maßnahmen entwickeln kann, die Relevanzzuschreibungen von Studierenden unterstützen können.

Passend zu Theorien zur Person-Umwelt Passung wurde für die gefundenen Typen in dieser Arbeit festgestellt, dass zwei Typen genügend Passung zum Studium zu zeigen scheinen, insofern als dass der eine mit dem Studium das konkrete Ziel verfolgt, sich als Individuum weiterzuentwickeln und der andere das konkrete Ziel verfolgt, auf seine gesellschaftliche Funktion als Lehrkraft vorbereitet zu werden, und beide (nach Annahme dieser Arbeit aufgrund dieser Ziele) die nötigen Anstrengungen und Anpassungen ans Studium unternehmen, um das Mathematikstudium zu bestehen. Es hat sich auch passend zu Theorien zur Person-Umwelt Passung gezeigt, dass ein Typ keine der abgefragten Relevanzgründe aus dem Modell der Relevanzbegründungen im Studium wichtig findet, keine Anstrengungen unternimmt, sich ans Studium anzupassen und erwartungsgemäß recht hohe Abbruchtendenzen berichtet. Allerdings zeigen die Konformisten, also Studierende mit zum Studium passenden motivationalen und verhaltensbezogenen Merkmalen, die viel Relevanz im Studium sehen und Relevanzgründe auf allen Dimensionen des Modells der Relevanzbegründungen als wichtig bewerten, dennoch hohe Abbruchtendenzen und scheinen demnach insgesamt nicht vollkommen zufrieden mit dem Studium zu sein. Zur Klärung dieses zunächst widersprüchlich anmutenden Zustands könnte es sich lohnen, die Gedanken der Konformisten genauer zu beforschen. Dazu bietet sich ein Mixed-Methods Ansatz an, in dem zunächst mithilfe des in dieser Arbeit entwickelten Messinstruments Konformisten unter den Studierenden gesucht werden und diese dann qualitativ zu ihren Relevanzzuschreibungen und Abbruchgedanken befragt werden.

Im Rahmen der Untersuchung der Stabilität der Clusterzugehörigkeit zeigte sich, dass die verschiedenen Cluster unterschiedlich stabil waren, je nachdem ob man die Cluster aus den getrennten Clusteranalysen für Eingangs- und Ausgangsbefragung oder aus der Clusteranalyse über beide Befragungszeitpunkte betrachtet (vgl. Abschnitt 11.9.7). Das spricht dafür, dass auch andere Ergebnisse von denen der vorliegenden Arbeit abweichen könnten, wenn man die Cluster aus der Clusteranalyse über beide Befragungen analysiert. Das sollte in der Zukunft überprüft werden, indem die gleichen Analysen, die in dieser Arbeit für die Cluster aus den getrennten Clusteranalysen für Eingangs- und Ausgangsbefragung durchgeführt wurden, auf den Clustern der Clusteranalyse über beide Befragungen durchgeführt werden. Die Ergebnisse sollten dann mit denen der vorliegenden Arbeit verglichen werden und es sollte insbesondere reflektiert werden, welche zusätzlichen Informationen daraus gezogen werden können, erstens über das Konstrukt der Relevanzgründe und zweitens darüber, wie man Mathematiklehramtsstudierende in ihren Relevanzzuschreibungen unterstützen könnte.

13.2.6 Forschungsimplikationen zu den Wirkmechanismen von Maßnahmen, die das Mathematikstudium für Lehramtsstudierende relevanter machen sollen

Zu Beginn dieser Arbeit wurde beschrieben, dass viele Lehramtsstudierende unzufrieden mit dem Mathematikstudium sind und eine fehlende Relevanz kritisieren (vgl. Abschnitt 2.1.2). Dies wurde zum Anlass genommen, zu analysieren, welche Mechanismen und Zusammenhänge hinter den Relevanzzuschreibungen der Lehramtsstudierenden stehen, wobei insbesondere auch beforscht werden sollte, aus welchen Gründen die Studierenden ihrem Mathematikstudium eine Relevanz zuschreiben würden. Es wird in der vorliegenden Arbeit angenommen, dass eine Kenntnis über die Mechanismen und Zusammenhänge hinter den Relevanzzuschreibungen der Studierenden Anhaltspunkte bietet, wie man durch Maßnahmen Relevanzzuschreibungen von Mathematiklehramtsstudierenden unterstützen könnte. Bisher wird, ohne genauere Kenntnis der Relevanzgründe für Lehramtsstudierende, vielfach gefordert, die Lehrqualität zu verbessern, indem in den bereits bestehenden Veranstaltungen mehr Bezüge zwischen Schul- und Hochschulmathematik hergestellt werden (z. B. Rach, 2019). Mit dieser Intention wurden bereits viele Maßnahmen an Hochschulen eingeführt, die Mathematiklehramtsstudierenden den Studieneinstieg durch Kurse in schulnäherer Atmosphäre erleichtern sollen. Bauer und Hefendehl-Hebeker (2019, Kapitel 3) unterteilen solche Maßnahmen in „Maßnahmen mit Änderungen im Studienablauf" und „Maßnahmen mit Änderungen in der Binnenstruktur von Lehrveranstaltungen" (S. 17). Diese Maßnahmen sollen dem Problem entgegenwirken, dass die schulische und die universitäre Mathematik von Lehramtsstudierenden oft als „getrennte Welten" (Bauer & Hefendehl-Hebeker, 2019, S. 18) wahrgenommen werden, wobei angenommen wird, dass gerade aus der wahrgenommenen Trennung resultiert, dass die Lehramtsstudierenden eine fehlende Relevanz der Inhalte des Mathematikstudiums kritisieren (Bauer & Hefendehl-Hebeker, 2019, Kapitel 3). Frühere Ergebnisse lassen vermuten, dass solche Maßnahmen von Studierenden positiv bewertet werden (Biehler et al., 2018; Kuklinski et al., 2019; Liebendörfer et al., 2018). Manche Arbeiten gehen davon aus, dass der Erfolg der Maßnahmen darauf zurückzuführen ist, dass die Studierenden der Hochschulmathematik eine höhere Relevanz für ihr Lehrerdasein zuschreiben, da sie die Zusammenhänge zwischen Schul- und Hochschulmathematik erkennen (Bauer, 2013; Bauer & Partheil, 2009; Eichler & Isaev, 2016). Da sich in bisherigen Forschungsergebnissen aber auch andeutete, dass gerade auch affektive Merkmale der Studierenden in entsprechenden Veranstaltungen am Studienbeginn positiver ausgeprägt sind als in traditionellen Veranstaltungen (Biehler et al., 2018; Kuklinski et al., 2019, 2018; Liebendörfer et al., 2018), und da aus den Ergebnissen der vorliegenden Arbeit die Hypothese abgeleitet wurde, dass Relevanzzuschreibungen von Mathematiklehramtsstudierenden am Studienbeginn, wie sie hier konzeptualisiert wurden, eher affektiv erklärt werden können, wäre es möglich, dass die positive Bewertung solcher Veranstaltungen durch Studierende nicht aufgrund von deren Brückenschlägen getroffen wird, sondern wegen ihrer eigenen positiveren affektiven Merkmale[4]. Insbesondere deuten die Ergebnisse der vorliegenden Arbeit darauf hin, dass die Kritik am Mathematikstudium der Lehramtsstudierenden zumindest nicht ausschließlich aus einem fehlenden Schulbezug resultiert. Sie scheint eher affektiv gelagert zu sein und mit einem fehlendem Interesse oder einer eigenen Unsicherheit zusammenzuhängen. Um die These zu prüfen, dass der Mehrwert der bisherigen Maßnahmen eher darin liegt, dass die Studierenden darin positivere affektive Merkmale aufrechterhalten oder entwickeln, als in ihren Inhalten, bedarf es weiterer Forschung, wie es dazu kommt, dass solche Maßnahmen die Zufriedenheit der Studierenden erhöhen können und wie dieser Zufriedenheitsanstieg mit den Relevanzzuschreibungen der Studierenden zusammenhängt. Dazu bedarf es Forschung zu Relevanzzuschreibungen von Lehramtsstudierenden speziell im Rahmen der innovativen Maßnahmen.

Eine Möglichkeit, Relevanzzuschreibungen, so wie sie in dieser Arbeit modelliert wurden, im Rahmen von Maßnahmen für Lehramtsstudierende im Mathematikstudium am Studienbeginn zu erhöhen, indem deren affektive Merkmale gefördert werden, könnte darin bestehen, dass Lehrpersonen gewisse Verhaltensweisen einsetzen. Keller (1987) schlägt vor, Lehrpersonen sollten den Lernenden Verbindungen zwischen dem Lehrstoff und ihren Zielen aufzeigen, Arbeitsformen wählen, in denen die Lernenden sich wohlfühlen, und den Inhalt persönlich ansprechend gestalten. Es ist durchaus denkbar, dass Studierende so ein höheres Interesse entwickeln, sich wertgeschätzt fühlen oder selbstwirksam fühlen. Unter der Annahme, dass Relevanzzuschreibungen eher bei einem Vorliegen positiver affektiver Merkmale möglich sind, könnten so Relevanzzuschreibungen der Lehramtsstudierenden gefördert werden. Tatsächlich bezeichnet Keller

---

[4] Diese positiveren affektiven Merkmale wiederum könnten mit den veränderten Arbeitsweisen in den Maßnahmen zusammenhängen.

(1987) die genannten Verhaltensweisen als Relevanz erzeugende Verhaltensweisen und in früheren Forschungsarbeiten zeigte sich, dass solche Verhaltensweisen von Lehrenden dazu führten, dass Collegestudierende Inhalten mehr Relevanz zuschrieben und eine höhere Motivation zeigten (Bainbridge Frymier & Shulman, 1995). Speziell für das Mathematikstudium sollte überprüft werden, ob auch die Lehrenden einen Einfluss auf die Relevanzzuschreibungen der Mathematiklehramtsstudierenden nehmen können und wenn ja, welche ihrer Verhaltensweisen die Relevanzzuschreibungen der Studierenden unterstützen können. Möglich wäre, dass die Relevanzzuschreibungen verschiedener Studierendentypen, die sich in den von ihnen fokussierten Relevanzgründen unterscheiden und demnach entsprechend der Ergebnisse dieser Arbeit vermutlich auch motivational unterschiedlich aufgestellt sind, über unterschiedliche Verhaltensweisen der Lehrenden gefördert werden könnten.

Die Beforschung, wie gerade durch eine Unterstützung der Entwicklung positiver affektiver Merkmale bei den Studierenden deren Relevanzzuschreibungen unterstützt werden können, scheint vor allem deshalb sinnvoll, da mit entsprechend konstruierten Maßnahmen ganz verschiedene Studierendentypen, die das Studium aus verschiedenen Gründen als relevant bezeichnen würden, gefördert werden können. Insbesondere können die Maßnahmen dann sowohl Studierende unterstützen, die sich im Mathematikstudium selbst als Individuen weiterentwickeln wollen, als auch solche, die vor allem auf ihre gesellschaftliche Funktion als Lehrkraft vorbereitet werden wollen und lernen wollen, was sie in der Schule wie unterrichten können.

13.2.7 Unsicherheit der Studierenden über ihre Studienwahl

In der vorliegenden Arbeit wurde angenommen, dass eine Kenntnis darüber, aus welchen Gründen Mathematiklehramtsstudierende Relevanzzuschreibungen vornehmen, Voraussetzung dafür ist, Maßnahmen zu entwickeln, die deren Relevanzzuschreibungen gezielt unterstützen können. Im Rahmen bisheriger Maßnahmen, die Relevanzzuschreibungen von Mathematiklehramtsstudierenden unterstützen sollen, wird oftmals versucht, Brückenschläge zwischen Schule und Hochschule zu ziehen, in der Annahme, dass diese den Studierenden eine Relevanzzuschreibung erleichtern würden (vgl. Abschnitt 2.1.3, Abschnitt 13.2.6). Sowohl in den theoretischen Begründungen solcher Maßnahmen als auch in der theoretischen Grundlage der vorliegenden Arbeit wird davon ausgegangen, dass die Studierenden eine Meinung dazu haben, wie das Mathematiklehramtsstudium für sie relevant würde. Im Rahmen der Forschung dieser Arbeit zeigte sich jedoch, dass es anscheinend auch Lehramtsstudierende gibt, die nicht einmal wissen, ob das Mathematiklehramtsstudium für sie überhaupt geeignet ist[5]. Im Kontext dieser Arbeit stellt sich dann die Frage, mit welchen Maßnahmen man Studierende darin unterstützen könnte, dass sie ihre persönliche Passung zum Studium prüfen können. Ob das Mathematikstudium dies überhaupt leisten könnte, scheint jedoch fraglich, denn dafür müsste es sowohl auf die individuellen Bedürfnisse jedes der unsicheren Studierenden sehr spezifisch eingehen als auch alle Eventualitäten des Lehreralltags in den Blick nehmen. Zudem ist fraglich, ob überhaupt ein abschließendes positives Urteil dazu gefällt werden kann, ob jemand als Lehrperson geeignet ist, da verschiedene Meinungen dazu existieren, was dazu nötig ist und woran eine entsprechende Eignung festgemacht werden kann. Eine Möglichkeit, auf die Unsicherheit von Studierenden bezüglich ihrer Studienwahl zu reagieren, könnte aber darin bestehen, den Studierenden am Beginn des Studiums in Anfängervorlesungen offen zu kommunizieren, dass sie ihre subjektiv empfundene, eigene Eignung für den Lehrerberuf nur selbst herausfinden können – und das vermutlich auch nicht innerhalb des Studiums sondern erst durch spätere Berufspraxis. Um dennoch die Studierenden unterstützen zu können und dabei eventuell an anderen Punkten ansetzen zu können als der schwer greifbaren Unsicherheit über die Studienwahl, könnte ein Instrument entwickelt werden, das die Unsicherheit der Studierenden darüber, ob der Lehrerberuf für sie der richtige ist, operationalisiert. Dann könnten die Daten, die beim Einsetzen dieses Instruments gewonnen werden, auch zu weiteren Daten der Studierenden, wie deren affektiven und leistungsbezogenen Merkmalen, in Zusammenhang gesetzt werden und so Rückschlüsse über deren Bedarfe beispielsweise an motivationaler Unterstützung gezogen werden.

Es stellt sich in Bezug auf die Unsicherheit von Studierenden zu ihrer Studienwahl auch die Frage, ob diese Teilgruppe von Studierenden, die unsicher ist, ob der Lehrerberuf zu ihr passt, dem Studiengang des Fächerübergreifenden Bachelors geschuldet ist. Bei diesem Studiengang kann nach dem Bachelorabschluss entschieden werden, ob ein reines Fachstudium oder ein Lehramtsstudium im Master belegt wird, wobei die meisten Studierenden den Masterstudiengang für das Lehramt wählen (vgl. Abschnitt 2.2.1.1). Um herauszufinden, ob ein entsprechender Zusammenhang besteht, könnte man nach einer Entwicklung eines Messinstruments zur Unsicherheit der Studierenden darüber, ob der Lehrerberuf für sie der richtige ist, dieses auch in Studiengängen einsetzen, die einen

---

[5] In Abschnitt 12.3.3 wurde dargestellt, aus welchem Grund die Forderung von Studierenden, das Mathematikstudium solle ihnen die Unsicherheit nehmen, ob der Lehrerberuf für sie geeignet sei, nicht in das Modell der Relevanzbegründungen dieser Arbeit eingeordnet werden soll und kann.

schulbezogenen Bachelorabschluss anstreben. Die Ergebnisse könnten dann verglichen werden mit Ergebnissen, die bei der Befragung von Studierenden im Fächerübergreifenden Bachelorstudiengang gewonnen wurden.

13.3 Implikationen für die Praxis

Im Folgenden sollen nun abschließend Implikationen für die Praxis dargestellt werden, die aus den Ergebnissen dieser Arbeit abgeleitet werden können. Diese betreffen die Rechtfertigung von Brückenschlägen zwischen Schule und Hochschule unter Rückgriff auf das Konzept der Relevanz (vgl. Abschnitt 13.3.1), den Umgang mit Forderungen nach mehr Praxis durch Mathematiklehramtsstudierende (vgl. Abschnitt 13.3.2), die Unterstützung von angehenden Studierenden bei der Studienwahl (vgl. Abschnitt 13.3.3) und eine Einschätzung dazu, ob Relevanzzuschreibungen von Mathematiklehramtsstudierenden durch geeignete Maßnahmen unterstützt werden können (vgl. Abschnitt 13.3.4).

13.3.1 Rechtfertigung von Brückenschlägen zwischen Schule und Hochschule unter Rückgriff auf das Konzept der Relevanz

Anschließend an die in Abschnitt 13.2.6 gemachten Überlegungen zu Maßnahmen für Lehramtsstudierende am Studienbeginn ergeben sich auch Implikationen für die Praxis. Eine solche Maßnahme betrifft die Einführung von Brückenschlägen, die für Studierende sichtbare Verbindungen zwischen der Schul- und der Hochschulmathematik ziehen. Solche Brückenschläge scheinen insofern durchaus sinnvoll, als dass sie den Studierenden helfen, das hochschulmathematische Wissen mit dem schulmathematischen Wissen zu verknüpfen, wodurch diese später als Lehrkräfte didaktische Entscheidungen im Unterricht mathematisch fundieren können (Prediger, 2013). So schreibt Prediger (2013): „Damit aus dem potentiellen Unterbau eine nutzbare mathematische Fundierung für didaktisches Handeln wird, auf die sich Lehrkräfte tatsächlich bewusst beziehen, wenn sie unterrichtliche Einschätzungen und Handlungsentscheidungen treffen, sind daher schon in der universitären Ausbildungsphase gezielte und explizite Brückenschläge zwischen beiden Bereichen notwendig, die den Transfer anstoßen" (S. 154). Eine solche Verknüpfung der schulmathematischen und hochschulmathematischen Kenntnisse scheint nach wie vor vielen Studierenden schwer zu fallen

(Beutelspacher et al., 2011, Kapitel 2). Brückenschläge, die sowohl in fachdidaktischen Veranstaltungen (z. B. Prediger, 2010) als auch in Schnittstellenmodulen (z. B. Bauer & Partheil, 2009; Beutelspacher et al., 2011) eingesetzt werden können, sind demnach durchaus zu befürworten.

Während solche Brückenschläge bisher aber teils gerade mit der Begründung eingeführt werden, dass die Inhalte den Studierenden durch ihren Praxisbezug relevanter erschienen, lassen die Ergebnisse der vorliegenden Arbeit vermuten, dass Relevanzzuschreibungen von Mathematiklehramtsstudierenden zumindest am Studienbeginn weniger auf inhaltlichen, rationalen Überlegungen basieren, sondern vor allem affektiv erklärt werden können (vgl. Abschnitt 12.3.1 dazu, wie die Begriffe affektiv und rational hier verstanden werden) – zumindest in der Art, wie die Relevanzzuschreibungen in der vorliegenden Arbeit konzeptualisiert wurden. Für Veranstaltungen am Studienbeginn, in denen Brückenschläge eingesetzt werden, lassen frühere Forschungsergebnisse insbesondere auch vermuten, dass Lehramtsstudierende dort positivere Ausprägungen der affektiven Merkmale haben als in traditionellen Veranstaltungen (Kuklinski et al., 2018). Brückenschläge scheinen demnach aus Sicht dieser Arbeit eher deshalb förderlich für Relevanzzuschreibungen zu sein, weil sie es Studierenden ermöglichen, sich selbstwirksam zu fühlen, beispielsweise durch veränderte Arbeitsweisen[6]. Bei der Selbstwirksamkeitserwartung wiederum handelt es sich um ein affektives Merkmal, das mit den Relevanzzuschreibungen von Mathematiklehramtsstudierenden in positiver Verbindung zu stehen scheint (vgl. Abschnitt 11.6.1.1).

Aus den Ergebnissen dieser Arbeit lassen sich also zwei Konsequenzen für die praktische Umsetzung von Veranstaltungen mit Brückenschlägen ableiten. Erstens sollte bei der Konzeption entsprechender Veranstaltungen am Studienbeginn der Fokus darauf liegen, dass die Studierenden durch passende Arbeitsweisen und Lernatmosphären positive affektive Merkmale festigen oder aufbauen können.

---

[6] Ein Problem für Mathematiklehramtsstudierende in ihrem Studium scheint darin zu bestehen, dass diese mit verschiedenen Kulturen der Erkenntnisgewinnung konfrontiert sind (Bauer und Hefendehl-Hebeker, 2019, Kapitel 1). Da Lehramtsstudierende tendenziell stärker kooperationsorientiert zu sein scheinen (Blömeke, 2009), wäre es vermutlich sinnvoll, insbesondere kooperative Lernformen bei ihrem fachlichen Erkenntnisgewinn einzusetzen (vgl. auch Bauer und Hefendehl-Hebeker, 2019, Kapitel 1). Dies scheint, auch mit Bezug auf Ergebnisse, dass schulnäheres Arbeiten von Studierenden anscheinend gewünscht wird (Kuklinski et al., 2019), zumindest für den Studienbeginn gewinnbringend. Dabei sollten die Inhalte nicht vereinfacht werden (Bauer & Hefendehl-Hebeker, 2019, Kapitel 1). So besteht Konsens darüber, dass Lehrkräfte durchaus mehr wissen müssen als den Schulstoff, den sie lehren, und dass sie über ein tiefgehendes Wissen über die mathematischen Hintergründe verfügen sollten (Cooney & Wiegel, 2003; Shulman, 1986).

Zweitens sollte die Begründung der Notwendigkeit dieser Veranstaltungen gerade aus diesem Blickwinkel der affektiven Unterstützung heraus geschehen.

13.3.2 Umgang mit Forderungen nach mehr Praxis durch Mathematiklehramtsstudierende

Aus den Ergebnissen dieser Arbeit wurde die Hypothese abgeleitet, dass sich Relevanzzuschreibungen von Mathematiklehramtsstudierenden am Studienbeginn, so wie sie in dieser Arbeit konzeptualisiert wurden, eher durch affektive Merkmale und insbesondere nicht vorrangig rational mit Praxisbezug erklären lassen (vgl. Abschnitt 12.3.1 dazu, wie die Begriffe affektiv und rational hier verstanden werden). Daraus ergibt sich als weitere Implikation für die Praxis der universitären Lehre, dass Forderungen nach mehr Praxis von Mathematiklehramtsstudierenden zumindest am Studienbeginn mit einer gewissen Vorsicht genossen werden sollten. Tatsächlich scheint die geäußerte Kritik am (aus ihrer Sicht zu praxisfernen) Mathematikstudium durch beginnende Lehramtsstudierende wenig stabil, wenn man bedenkt, dass die Ergebnisse dieser Arbeit annehmen lassen, dass die Relevanzzuschreibungen von Mathematiklehramtsstudierenden am Studienbeginn ein instabiles Merkmal darstellen und viele Studierende ihre fokussierten Relevanzgründe im ersten Semester anscheinend ändern (vgl. Abschnitt 11.8, 11.9.7).

Die Kritik an einem zu praxisfernen Studium durch Lehramtsstudierende aller Fächer scheint zudem kaum durch konkrete Vorstellungen unterfüttert zu sein. So schreiben beispielsweise auch Wenzl et al. (2018):

> Die für Lehramtsstudierende leicht zu mobilisierende Kritik an zu ‚wenig Praxis' im Studium ist, so kann man hier bereits vermuten, in keiner Weise an einen positiven Entwurf eines besseren Studiums gebunden. Wir haben es vielmehr mit einer Kritik zu tun, die nur diffus weiß, *dass* die Realität das Ideal eines Lehramtsstudiums unterbietet, aber nicht, worin dieses Ideal bestehen könnte. (S. 63, Hervorhebung original)

Geht man von der Hypothese aus, die aus den Ergebnissen dieser Arbeit abgeleitet wurde, dass es den Mathematiklehramtsstudierenden am Studienbeginn an Kriterien für eine Relevanz des Studiums fehlen könnte, dann könnte es sich bei der Forderung nach „mehr Praxis" lediglich um eine leicht zu mobilisierende Forderung handeln, die eher aus einer Unsicherheit über die Relevanz entsteht. Dann sollte die Reaktion auf die Praxisforderungen nicht darin bestehen, das Studium praxisnäher zu gestalten, sondern die Studierenden dabei zu unterstützen, Relevanzbegründungen zu reflektieren und so Relevanzkriterien zu entwickeln, die bestenfalls gleichzeitig mit den eigenen Werten und den Werten der universitären Lehre vereinbar sind.

13.3.3 Unterstützung von angehenden Studierenden bei der Studienwahl

In der vorliegenden Arbeit deutete sich an, dass die geringen Relevanzzuschreibungen von Mathematiklehramtsstudierenden zu ihrem Studium in manchen Fällen mit einer unzureichenden Passung zwischen Studierenden und dem Mathematikstudium zusammenhängen könnten (vgl. Abschnitt 12.3.11.5). Während ein Anliegen der vorliegenden Arbeit war, Anhaltspunkte zu finden, wie man mit Maßnahmen die Relevanzzuschreibungen von Mathematiklehramtsstudierenden zu ihrem Studium unterstützen könnte, scheint es wenig gewinnbringend, die Relevanzzuschreibungen von Studierenden zu unterstützen, die im Mathematikstudium nicht gut aufgehoben sind. Hier stellt sich aus Sicht der vorliegenden Arbeit die Frage, ob man potenzielle Mathematiklehramtsstudierende bei der Reflexion ihrer Wahl des Studiums vor Studienbeginn unterstützen könnte, damit es gegebenenfalls gar nicht erst zu einer Unzufriedenheit im Studium mit damit einhergehenden geringen Relevanzzuschreibungen kommt. Laut Theorien zur Person-Umwelt Passung sollte im Vorfeld der Berufswahl oder, wie in diesem Fall, der Studienwahl nicht nur reflektiert werden, welche Erwartungen die Person an ihre zukünftige Umwelt stellt, sondern auch, welche Erwartungen von der Umwelt an das Individuum gestellt werden (Swanson & Fouad, 1999). In diesem Sinn könnte es sinnvoll sein, potenziellen Mathematiklehramtsstudierenden schon im Vorhinein klar zu kommunizieren, welche Lernatmosphäre und welche Inhalte sie im Mathematikstudium erwarten, damit sie prüfen können, ob ihre Erwartungen sich damit in Einklang bringen lassen, beispielsweise im Rahmen von Workshops, in denen durch das Bereitstellen von Informationen zum Mathematiklehramtsstudium Diskrepanzen zwischen Erwartungen und Anforderungen entgegengewirkt wird (Rach & Engelmann, 2018). Dabei muss klar dargestellt werden, dass das Mathematikstudium vom schulischen Mathematikunterricht stark abweicht. Gleichzeitig ist jedoch fraglich, ob Studierende vor dem Studienbeginn überhaupt sicher feststellen können, dass ein Studium zu ihnen passt. Möglich wäre auch, dass Studierende erst im Laufe des Studiums eine Entwicklung durchlaufen, in der sie sich ins Studium enkulturieren. Dementsprechend dürften in entsprechenden Workshops die Informationen auch nicht zu abschreckend wirken. Einen Mittelweg zu finden dazwischen, angehende Studierende auf die sie im Mathematikstudium erwartenden Herausforderungen aufmerksam zu machen und sie gleichzeitig nicht abzuschrecken, scheint durchaus nicht trivial.

Es muss insbesondere damit gerechnet werden, dass selbst bei einer entsprechenden Informationsbereitstellung Studierende erst im Studium feststellen, dass das Mathematikstudium zu ihnen nicht passt. In diesem Fall sollte bei ihnen ein Studienabbruch nicht unnötig durch unterstützende Maßnahmen hinausgezögert werden, wie es auch von Schnettler et al. (2020) impliziert wird: „Future research should find out in which cases counselors should address certain components of motivation and recommend continuing studies – in contrast to cases where dropping out of university is advisable" (S. 503). Für diesen Fall könnten zeitgleich Maßnahmen für die StudienabbrecherInnen entwickelt werden, die diesen helfen, den Studienabbruch positiv zu bewerten. Dies scheint insbesondere deswegen wichtig, da bisher unter den AbbrecherInnen aus Lehramtsstudiengängen viele den Studienabbruch ausschließlich mit negativen Emotionen verbinden (Herfter et al., 2015). Um Studierende, die gegebenenfalls im Lehramtsstudium mit Mathematik nicht gut aufgehoben sind, bei der Reflexion der eigenen Studienwahl zu unterstützen, gibt es für Grund-, Haupt- und Realschullehramtsstudierende an der Universität Hildesheim Angebote, die sie am Studienbeginn in die veränderte Fachkultur einführen und sie zu ebendieser Reflexion frühzeitig im Studium ermutigen (Hamann et al., 2014). Ähnliche Angebote könnten auch für gymnasiale Mathematiklehramtsstudierende entwickelt werden.

13.3.4 Relevanzzuschreibungen verändern – ein zu reflektierendes aber kein unmögliches Unterfangen

Insgesamt lassen die Ergebnisse dieser Arbeit vermuten, dass die Kritik der fehlenden Relevanz im Mathematikstudium durch Lehramtsstudierende zumindest am Studienbeginn nicht zu scharf auf die Eigenschaften des Studiums selbst reduziert werden sollte. Die Ergebnisse führen erstens zu der Hypothese, dass Relevanzzuschreibungen, so wie sie in der vorliegenden Arbeit konzeptualisiert und operationalisiert wurden, eher affektiv als rational erklärt werden können, wobei unter der affektiven Erklärung von Relevanzzuschreibungen verstanden wird, dass diese mit Merkmalen in engem Zusammenhang stehen, die in der Psychologie als affektive Konstrukte eingeordnet werden, und unter der rationalen Erklärung von Relevanzzuschreibungen, dass diese in Zusammenhang zu nicht-affektiven Konstrukten stehen wie der Themenzuordnung oder

Komplexität von Inhalten. Insbesondere würde das bedeuten, dass geringe Relevanzzuschreibungen von Studierenden beispielsweise eher auf Grundlage eines
geringen Interesses als auf Grundlage von Charakteristika des Lernstoffs getroffen werden. Zweitens führen die Ergebnisse dieser Arbeit zu der Hypothese, dass
gerade solche Mathematiklehramtsstudierenden geringe Relevanzzuschreibungen
vornehmen, die sowohl motivationale als auch leistungsbezogene Probleme haben
und ein tendenziell schlechteres Lernverhalten zeigen. Es sollte nicht Anspruch
der Universität sein, alle Studierenden sicher zu einem Studienabschluss zu
begleiten, unabhängig davon, ob diese eine geeignete Studienwahl getroffen
haben. Demnach sollte die Kritik der Studierenden zwar angehört werden, aber
kritisch geprüft und hinterfragt werden, ob sie tatsächlich aus Mängeln des Studiums oder aus Unsicherheiten oder Abneigungen der Studierenden bezüglich
des Lernorts Universität, den dort behandelten Lerninhalten und der dort vor-
herrschenden Lernatmosphäre resultieren. Maßnahmen sollten nur dort ergriffen
werden, wo die Studienzufriedenheit von solchen Mathematiklehramtsstudierenden gefährdet ist, die bereit sind, selbst Verantwortung für ihren Lernerfolg zu
übernehmen und sich den Anforderungen des Mathematiklehramtsstudiums zu
stellen. Die Ergebnisse der Arbeit deuten darauf hin, dass solche Maßnahmen
zumindest am Studienbeginn eher darin bestehen müssen, Mathematiklehramtsstudierende bei der Ausbildung positiver affektiver Merkmale zu unterstützen,
als Veränderungen an den Studieninhalten vorzunehmen. Insbesondere, da die
Ergebnisse der vorliegenden Arbeit vermuten lassen, dass die Relevanzzuschreibungen von Mathematiklehramtsstudierenden im ersten Semester kein stabiles
Merkmal darstellen, ist anzunehmen, dass sie durch gezielte Maßnahmen in
studienzuträglicher Hinsicht gefördert werden können.

Literatur

Abele, A. E. (2000). *Schulzeit, Studienfachwahl und Erleben des Studiums bei Mathematikerinnen und Mathematikern aus Diplom- und Lehramtsstudiengängen im Vergleich* (Projektbericht Nr. 2; Frauen in Mathematik). Universität Erlangen-Nürnberg. https://www.sozialpsychologie.phil.fau.de/files/2016/10/BERICHT1_2.pdf.

Ableitinger, C., Hefendehl-Hebeker, L., & Herrmann, A. (2013). Aufgaben zur Vernetzung von Schul- und Hochschulmathematik. In H. Allmendinger, K. Lengnink, A. Vohns, & G. Wickel (Hrsg.), Mathematik verständlich unterrichten (S. 217–233). Springer. https://doi.org/10.1007/978-3-658-00992-2_14.

Acock, A. C. (2005). Working With Missing Values. *Journal of Marriage and Family, 67*(4), 1012–1028. https://doi.org/10.1111/j.1741-3737.2005.00191.x.

Albers, S., & Hildebrandt, L. (2006). Methodische Probleme bei der Erfolgsfaktorenforschung—Messfehler, formative versus reflektive Indikatoren und die Wahl des Strukturgleichungs-Modells. *Schmalenbachs Zeitschrift für betriebswirtschaftliche Forschung, 58*(1), 2–33. https://doi.org/10.1007/BF03371642.

Alcock, L. (2017). *Wie man erfolgreich Mathematik studiert*. Springer. https://doi.org/10.1007/978-3-662-50385-0.

Alcock, L., & Simpson, A. (2002). Definitions: Dealing with Categories Mathematically. *For the Learning of Mathematics, 22*(2), 28–34.

Allen, J. M., & Wright, S. E. (2014). Integrating theory and practice in the pre-service teacher education practicum. *Teachers and Teaching, 20*(2), 136–151. https://doi.org/10.1080/13540602.2013.848568.

American Psychological Association (Hrsg.). (2010). *Publication manual of the American Psychological Association* (6. Aufl.). American Psychological Association.

Anderson, J., Goulding, M., Hatch, G., Love, E., Morgan, C., Rodd, M., & Shiu, C. (2000). I Went to University To Learn Mathematics. *Mathematics Teaching, 173*, 50–55.

Artelt, C., Demmrich, A., & Baumert, J. (2001). Selbstreguliertes Lernen. In J. Baumert, E. Klieme, M. Neubrand, M. Prenzel, U. Schiefele, W. Schneider, P. Stanat, K.-J. Tillmann, & M. Weiß (Hrsg.), *PISA 2000. Basiskompetenzen von Schülerinnen und Schülern im internationalen Vergleich*. (S. 271–298). VS Verlag für Sozialwissenschaften. https://doi.org/10.1007/978-3-322-83412-6_8.

Atkinson, J. W. (1974). The mainsprings of achievement-oriented activity. In J. W. Atkinson & J. O. Raynor (Hrsg.), *Motivation and achievement* (S. 13–41). Wiley.

Autorengruppe Bildungsberichterstattung. (2012). *Bildung in Deutschland 2012: Ein indikatorengestützter Bericht mit einer Analyse zur kulturellen Bildung im Lebenslauf.* Bertelsmann. https://doi.org/10.3278/6001820cw.

Backhaus, K., Erichson, B., Plinke, W., & Weiber, R. (2016). *Multivariate Analysemethoden: Eine anwendungsorientierte Einführung* (14., überarbeitete und aktualisierte Auflage). Springer. https://doi.org/10.1007/978-3-662-46076-4.

Bagozzi, R. P. (1982). The role of measurement in theory construction and hypothesis testing: Toward a holistic model. In C. Fornell (Hrsg.), *A Second Generation of Multivariate Analysis* (1. Aufl., Bd. 15, S. 5–23). Praeger.

Bagozzi, R. P. (1994). Structural equation models in marketing research: Basic principles. *Principles of Marketing Research, 3*(1), 7–385.

Bainbridge Frymier, A., & Shulman, G. M. (1995). „What's In It For Me?": Increasing Content Relevance to Enhance Students' Motivation. *Communication Education, 44*(1), 40–50. https://doi.org/10.1080/03634529509378996.

Bandura, A. (1977). Self-Efficacy: Toward a Unifying Theory of Behavioral Change. *Psychological review, 84*(2), 191–215. https://doi.org/10.1037/0033-295X.84.2.191

Bandura, A. (2002). Social foundations of thought and action: A social cognitive theory. In D. F. Marks (Hrsg.), *The Health Psychology Reader* (S. 94–106). Sage. https://doi.org/10.5465/amr.1987.4306538.

Baron-Boldt, J., Schuler, H., & Funke, U. (1988). Prädikative Validität von Schulabschlussnoten. Eine Metaanalyse. *Zeitschrift für pädagogische Psychologie, 2*(2), 79–90.

Barron, K. E., & Hulleman, C. S. (2015a). Expectancy-value-cost model of motivation. *Psychology, 84*, 261–271.

Barron, K. E., & Hulleman, C. S. (2015b). Expectancy-Value-Cost Model of Motivation. In *International Encyclopedia of the Social & Behavioral Sciences* (S. 503–509). Elsevier. https://doi.org/10.1016/B978-0-08-097086-8.26099-6.

Bass, H., & Ball, D. L. (2004). A practice-based theory of mathematical knowledge for teaching: The case of mathematical reasoning. *Trends and challenges in mathematics education*, 107–123.

Bauer, T. (2013). Schnittstellen bearbeiten in Schnittstellenaufgaben. In C. Ableitinger, J. Kramer, & S. Prediger (Hrsg.), *Zur doppelten Diskontinuität in der Gymnasiallehrerbildung* (S. 39–56). Springer. https://doi.org/10.1007/978-3-658-01360-8_3.

Bauer, T., & Hefendehl-Hebeker, L. (2019). *Mathematikstudium für das Lehramt an Gymnasien.* Springer. https://doi.org/10.1007/978-3-658-26682-0.

Bauer, T., & Partheil, U. (2009). Schnittstellenmodule in der Lehramtsausbildung im Fach Mathematik. *Mathematische Semesterberichte, 56*(1), 85–103. https://doi.org/10.1007/s00591-008-0048-0.

Bergau, M., Mischke, M., & Herfter, C. (2013). *Erwartungen von Studierenden an das Lehramtsstudium* (Zentrum für Lehrerbildung und Schulforschung) [Projektbericht]. Universität Leipzig. http://ul.qucosa.de/api/qucosa%3A12883/attachment/ATT-0/.

Berger, J.-L., & Karabenick, S. A. (2011). Motivation and students' use of learning strategies: Evidence of unidirectional effects in mathematics classrooms. *Learning and Instruction, 21*(3), 416–428. https://doi.org/10.1016/j.learninstruc.2010.06.002.

Berger, J.-L., & Karabenick, S. A. (2016). Construct validity of self-reported metacognitive learning strategies. *Educational Assessment*, *21*(1), 19–33. https://doi.org/10.1080/106 27197.2015.1127751.

Bergmann, C. (1992). Schulisch-berufliche Interessen als Determinanten der Studien- bzw. Berufswahl und -bewältigung: Eine Überprüfung des Modells von Holland. In A. Krapp & M. Prenzel (Hrsg.), *Interesse, Lernen, Leistung. Neuere Ansätze der pädagogisch-psychologischen Interessenforschung* (S. 195–220). Aschendorff.

Bescherer, C. (2003). *Selbsteinschätzung mathematischer Studierfähigkeit bei Studienan- fängerinnen und -anfängern—Empirische Untersuchung und praktische Konsequenz* [Dissertation]. Pädagogische Hochschule Ludwigsburg.

Beutelspacher, A., Danckwerts, R., Nickel, G., Spies, S., & Wickel, G. (2011). *Mathematik neu denken: Impulse für die Gymnasiallehrerbildung an Universitäten*. Vieweg+Teubner. https://doi.org/10.1007/978-3-8348-8250-9.

Bibliographisches Institut GmbH. (2020a), *Duden | halbherzig | Rechtschreibung, Bedeutung, Definition, Herkunft*. https://www.duden.de/rechtschreibung/halbherzig.

Bibliographisches Institut GmbH. (2020b). *Duden | Selbstverwirklichung | Rechtschreibung, Bedeutung, Definition, Herkunft*. https://www.duden.de/rechtschreibung/Selbstverwirkli chung.

Biehler, R., Hochmuth, R., Schaper, N., Kuklinski, C., Leis, E., Liebendörfer, M., & Schür- mann, M. (2018). Verbundprojekt WiGeMath: Wirkung und Gelingensbedingungen von Unterstützungsmaßnahmen für mathematikbezogenes Lernen in der Studieneingangs- phase. In A. Hanft, F. Bischoff, & S. Kretschmer (Hrsg.), *3. Auswertungsworkshop der Begleitforschung. Dokumentation der Projektbeiträge* (S. 32–41). Carl von Ossietzky Universität Oldenburg.

Biggs, J. B. (1987). *Student Approaches to Learning and Studying. Research Monograph*. Australian Council for Educational Research.

Blanca, M. J., Alarcón, R., & Arnau, J. (2017). Non-normal data: Is ANOVA still a valid option? *Psicothema*, *29.4*, 552–557. https://doi.org/10.7334/psicothema2016.383.

Blömeke, S. (1999). Lehrerausbildung und PLAZ im Urteil von Studierenden. In H.-D. Rin- kens, G. Tulodziecki, & S. Blömeke (Hrsg.), *Zentren für Lehrerbildung – Fünf Jahre Unterstützung und Weiterentwicklung der Lehrerausbildung. Ergebnisse des Modellver- suchs PLAZ* (S. 245–277). Lit.

Blömeke, S. (2009). Ausbildungs- und Berufserfolg im Lehramtsstudium im Vergleich zum Diplom-Studium – Zur prognostischen Validität kognitiver und psycho-motivationaler Auswahlkriterien. *Zeitschrift für Erziehungswissenschaft*, *12*(1), 82–110. https://doi.org/ 10.1007/s11618-008-0044-0.

Blömeke, S. (2016). Der Übergang von der Schule in die Hochschule: Empirische Erkennt- nisse zu mathematikbezogenen Studiengängen. In A. Hoppenbrock, R. Biehler, R. Hoch- muth, & H.-G. Rück (Hrsg.), *Lehren und Lernen von Mathematik in der Studieneingangs- phase* (S. 3–13). Springer. https://doi.org/10.1007/978-3-658-10261-6_1.

Blüthmann, I. (2012a). Individuelle und studienbezogene Einflussfaktoren auf die Zufrieden- heit von Bachelorstudierenden. *Zeitschrift für Erziehungswissenschaft*, *15*(2), 273–303. https://doi.org/10.1007/s11618-012-0270-3.

Blüthmann, I. (2012b). *Studierbarkeit, Studienzufriedenheit und Studienabbruch: Analysen von Bedingungsfaktoren in den Bachelorstudiengängen* [Dissertation, Freie Universität Berlin]. https://d-nb.info/1051812437/34.

BMBF-Internetredaktion. (o. J.-a). *Der Bologna-Prozess—Die Europäische Studienreform—BMBF*. Bundesministerium für Bildung und Forschung – BMBF. Abgerufen 28. Oktober 2020, von https://www.bmbf.de/de/der-bologna-prozess-die-europaeische-studienreform-1038.html

BMBF-Internetredaktion. (o. J.-b). *Die Entwicklung von den Anfängen bis heute—BMBF*. Bundesministerium für Bildung und Forschung – BMBF. Abgerufen 28. Oktober 2020, von https://www.bmbf.de/de/die-entwicklung-von-den-anfaengen-bis-heute-1042.html.

Bollen, K. A. (1989). *Structural Equations with Latent Variables*. Wiley. https://doi.org/10.1002/9781118619179.

Bollen, K. A., & Lennox, R. (1991). Conventional wisdom on measurement: A structural equation perspective. *Psychological Bulletin, 110*(2), 305–314.

Bong, M. (2001). Role of self-efficacy and task-value in predicting college students' course performance and future enrollment intentions. *Contemporary Educational Psychology, 26*(4), 553–570. https://doi.org/10.1006/ceps.2000.1048.

Bong, M., & Skaalvik, E. M. (2003). Academic self-concept and self-efficacy: How different are they really? *Educational Psychology Review, 15*(1), 1–40. https://doi.org/10.1023/A:1021302408382.

Borko, H., Jacobs, J., Eiteljorg, E., & Pittman, M. E. (2008). Video as a tool for fostering productive discussions in mathematics professional development. *Teaching and Teacher Education, 24*(2), 417–436. https://doi.org/10.1016/j.tate.2006.11.012.

Borsboom, D., Mellenbergh, G. J., & Van Heerden, J. (2003). The theoretical status of latent variables. *Psychological Review, 110*(2), 203–219. https://doi.org/10.1037/0033-295X.110.2.203.

Bortz, J., & Döring, N. (2006). *Forschungsmethoden und Evaluation: Für Human- und Sozialwissenschaftler* (4., überarbeitete Auflage). Springer. https://doi.org/10.1007/978-3-662-07301-8.

Bortz, J., Lienert, G. A., & Boehnke, K. (2008). *Verteilungsfreie Methoden in der Biostatistik* (3., korrigierte Auflage). Springer. https://doi.org/10.1007/978-3-662-10786-7.

Bortz, J., & Schuster, C. (2010). *Statistik für Human- und Sozialwissenschaftler* (7., vollständig überarbeitete und erweiterte Auflage). Springer. https://doi.org/10.1007/978-3-642-12770-0.

Böwing-Schmalenbrock, M., & Jurczok, A. (2012). *Multiple Imputation in der Praxis: Ein sozialwissenschaftliches Anwendungsbeispiel*. http://opus.kobv.de/ubp/volltexte/2012/5811/.

Brandstätter, H., Grillich, L., & Farthofer, A. (2006). Prognose des Studienabbruchs. *Zeitschrift für Entwicklungspsychologie und Pädagogische Psychologie, 38*(3), 121–131. https://doi.org/10.1026/0049-8637.38.3.121.

Brennan, R. L., & Prediger, D. J. (1981). Coefficient kappa: Some uses, misuses, and alternatives. *Educational and Psychological Measurement, 41*(3), 687–699. https://doi.org/10.1177/001316448104100307.

Bresges, A., Harring, M., Kauertz, A., Nordmeier, V., & Parchmann, I. (2019). Die Theorie-Praxis-Verzahnung in der Lehrerbildung – eine Einführung in die Thematik. In Bundesministerium für Bildung und Forschung (Hrsg.), *Verzahnung von Theorie und Praxis im Lehramtsstudium. Erkenntnisse aus Projekten der „Qualitätsoffensive Lehrerbildung"* (S. 4–7).

Brophy, J. (1999). Toward a Model of the Value Aspects of Motivation in Education: Developing Appreciation for Particular Learning Domains and Activities. *Educational Psychologist, 34*(2), 75–85. https://doi.org/10.1207/s15326985ep3402_1.

Brown, M., & Macrae, S. (2005). *Full report of research activities and results: Students' experiences of undergraduate mathematics.* Economic and Social Research Council.

Brunner, E. (2014). *Mathematisches Argumentieren, Begründen und Beweisen.* Springer. https://doi.org/10.1007/978-3-642-41864-8.

Brunstein, J. C., & Heckhausen, H. (2010). Leistungsmotivation. In J. Heckhausen & H. Heckhausen (Hrsg.), *Motivation und Handeln* (4., überarbeitete und erweiterte Auflage, S. 145–192). Springer. https://doi.org/10.1007/978-3-642-12693-2_6.

Bühner, M. (2011). *Einführung in die Test- und Fragebogenkonstruktion* (3., aktualisierte und erweiterte Auflage). Pearson.

Burt, R. S. (1976). Interpretational confounding of unobserved variables in structural equation models. *Sociological Methods & Research, 5*(1), 3–52. https://doi.org/10.1177/004912417600500101.

. Carlin, J. B., Li, N., Greenwood, P., & Coffey, C. (2003). Tools for analyzing multiple imputed datasets. *The Stata Journal, 3*(3), 226–244. https://doi.org/10.1177/1536867X0300300302.

Chemers, M. M., Hu, L., & Garcia, B. F. (2001). Academic Self-Efficacy and First-Year College Student Performance and Adjustment. *Journal of Educational Psychology, 93*(1), 55. https://doi.org/10.1037/0022-0663.93.1.55.

Cho, E., & Kim, S. (2014). Cronbach's Coefficient Alpha: Well Known but Poorly Understood. *Organizational Research Methods, 18*(2), 207–230. https://doi.org/10.1177/1094428114555994.

Christophersen, T., & Grape, C. (2009). Die Erfassung latenter Konstrukte mit Hilfe formativer und reflektiver Messmodelle. In S. Albers, D. Klapper, U. Konradt, A. Walter, & J. Wolf (Hrsg.), *Methodik der empirischen Forschung* (S. 103–118). Gabler. https://doi.org/10.1007/978-3-322-96406-9_8.

Churchill Jr., G. A. (1979). A paradigm for developing better measures of marketing constructs. *Journal of Marketing Research, 16*(1), 64–73. https://doi.org/10.1177/002224377901600110.

Cicchetti, D. V., & Feinstein, A. R. (1990). High agreement but low kappa: II. Resolving the paradoxes. *Journal of Clinical Epidemiology, 43*(6), 551–558. https://doi.org/10.1016/0895-4356(90)90159-M.

Cielebak, J., & Rässler, S. (2014). Data Fusion, Record Linkage und Data Mining. In N. Baur & J. Blasius (Hrsg.), *Handbuch Methoden der empirischen Sozialforschung* (S. 367–382). Springer. https://doi.org/10.1007/978-3-531-18939-0_26.

Clegg, C. W., Jackson, P. R., & Wall, T. D. (1977). The potential of cross-lagged correlation analysis in field research. *Journal of Occupational Psychology, 50*(3), 177–196. https://doi.org/10.1111/j.2044-8325.1977.tb00374.x.

Cohen, J. (1988). *Statistical power analysis for the behavioral sciences.* Lawrence Erlbaum Associates.

Collins, L. M., Schafer, J. L., & Kam, C.-M. (2001). A comparison of inclusive and restrictive strategies in modern missing data procedures. *Psychological Methods, 6*(4), 330–351. https://doi.org/10.1037/1082-989X.6.4.330.

Coltman, T., Devinney, T. M., Midgley, D. F., & Venaik, S. (2008). Formative versus reflective measurement models: Two applications of formative measurement. *Journal of Business Research, 61*(12), 1250–1262. https://doi.org/10.1016/j.jbusres.2008.01.013.

Cooney, T. J., & Wiegel, H. G. (2003). Examining the mathematics in mathematics teacher education. In A. J. Bishop, M. A. Clements, C. Keitel, J. Kilpatrick, & F. K. S. Leung (Hrsg.), *Second international handbook of mathematics education* (Bd. 10, S. 795–828). Springer. https://doi.org/10.1007/978-94-010-0273-8_26.

Cortina, J. M. (1993). What Is Coefficient Alpha? An Examination of Theory and Applications. *Journal of Applied Psychology, 78*(1), 98–104. https://doi.org/10.1037/0021-9010.78.1.98.

Cramer, C. (2014). Theorie und Praxis in der Lehrerbildung. *Die Deutsche Schule, 106*(4), 344–357.

Credé, M., & Phillips, L. A. (2011). A meta-analytic review of the Motivated Strategies for Learning Questionnaire. *Learning and Individual Differences, 21*(4), 337–346. https://doi.org/10.1016/j.lindif.2011.03.002.

Croft, T., & Grove, M. (2015). Progression within mathematics degree programmes. In M. Grove, T. Croft, J. Kyle, & D. Lawson (Hrsg.), *Transitions in Undergraduate Mathematics Education* (S. 173–189). University of Birmingham.

Cuoco, A. (2001). Mathematics for teaching. *Notices of the AMS, 48*(2), 168–174.

Curdes, B., Jahnke-Klein, S., Lohfeld, W., & Pieper-Seier, I. (2003). *Mathematikstudentinnen und-studenten—Studienerfahrungen und Zukunftsvorstellungen: Abschlussbericht zum Forschungsprojekt: Zur Entwicklung von Fachbezogenen Strategien, Einstellungen und Einschätzungen von Mathematikstudentinnen in den Studiengängen „Diplom-Mathematik" und „Lehramt an Gymnasien"* [Abschlussbericht]. Carl von Ossietzky Universität.

Curtis, R. F., & Jackson, E. F. (1962). Multiple indicators in survey research. *American Journal of Sociology, 68*(2), 195–204. https://doi.org/10.1086/223309.

Darling-Hammond, L., & Lieberman, A. (Hrsg.). (2012). *Teacher education around the world: Changing policies and practices*. Routledge.

Davis, B., & Simmt, E. (2006). Mathematics-for-teaching: An ongoing investigation of the mathematics that teachers (need to) know. *Educational Studies in Mathematics, 61*(3), 293–319. https://doi.org/10.1007/s10649-006-2372-4.

Deci, E. L., & Ryan, R. M. (1985a). *Intrinsic motivation and self-determination in human behavior*. Plenum Press.

Deci, E. L., & Ryan, R. M. (1985b). The general causality orientations scale: Self-determination in personality. *Journal of Research in Personality, 19*(2), 109–134. https://doi.org/10.1016/0092-6566(85)90023-6.

Deci, E. L., & Ryan, R. M. (1993). Die Selbstbestimmungstheorie der Motivation und ihre Bedeutung für die Pädagogik. *Zeitschrift für Pädagogik, 39*(2), 223–238.

Deci, E. L., & Ryan, R. M. (2002). Overview of self-determination theory: An organismic dialectical perspective. In E. L. Deci & R. M. Ryan, *Handbook of self-determination research* (S. 3–33). University of Rochester Press.

Dewey, J. (1913). *Interest and effort in education*. Riverside Press. https://doi.org/10.1037/14633-000.

Diamantopoulos, A., & Riefler, P. (2008). Formative Indikatoren: Einige Anmerkungen zu ihrer Art, Validität und Multikollinearität. *Zeitschrift für Betriebswirtschaft, 78*(11), 1183–1196. https://doi.org/10.1007/s11573-008-0099-7.

Diamantopoulos, A., Riefler, P., & Roth, K. P. (2008). Advancing formative measurement models. *Journal of Business Research, 61*(12), 1203–1218. https://doi.org/10.1016/j.jbusres.2008.01.009.

Diamantopoulos, A., & Winklhofer, H. M. (2001). Index construction with formative indicators: An alternative to scale development. *Journal of Marketing Research, 38*(2), 269–277. https://doi.org/10.1509/jmkr.38.2.269.18845.

Dieter, M. (2012). *Studienabbruch und Studienfachwechsel in der Mathematik: Quantitative Bezifferung und empirische Untersuchung von Bedingungsfaktoren* [Dissertation, Universität Duisburg-Essen]. https://core.ac.uk/download/pdf/33798677.pdf.

Dietrich, J., Viljaranta, J., Moeller, J., & Kracke, B. (2017). Situational expectancies and task values: Associations with students' effort. *Learning and Instruction, 47*, 53–64. https://doi.org/10.1016/j.learninstruc.2016.10.009.

DMV, GDM, & MNU. (2008). Standards für die Lehrerbildung im Fach Mathematik—Empfehlungen von DMV, GDM, MNU. *GDM-Mitteilungen, 85*, 4–14.

Döring, N., & Bortz, J. (2016). *Forschungsmethoden und Evaluation in den Sozial- und Humanwissenschaften* (5., vollständig überarbeitete, aktualisierte und erweiterte Auflage). Springer. https://doi.org/10.1007/978-3-642-41089-5.

Dresel, M., & Grassinger, R. (2013). Changes in achievement motivation among university freshmen. *Journal of Education and Training Studies, 1*(2), 159–173. https://doi.org/10.11114/jets.v1i2.147.

Dreyfus, T. (2002). Advanced mathematical thinking processes. In D. Tall (Hrsg.), *Advanced mathematical thinking* (Bd. 11, S. 25–41). Springer. https://doi.org/10.1007/0-306-47203-1_2.

Durik, A. M., & Harackiewicz, J. M. (2007). Different strokes for different folks: How individual interest moderates the effects of situational factors on task interest. *Journal of Educational Psychology, 99*(3), 597–610. https://doi.org/10.1007/0-306-47203-1_2.

Eberl, M. (2004). *Formative und reflektive Indikatoren im Forschungsprozess: Entscheidungsregeln und die Dominanz des reflektiven Modells* (Nr. 19; Schriften zur Empirischen Forschung und Quantitativen Unternehmensplanung). Ludwigs-Maximilians-Universität.

Eccles, J. S., & Harold, R. D. (1991). Gender differences in sport involvement: Applying the Eccles' expectancy-value model. *Journal of Applied Sport Psychology, 3*(1), 7–35. https://doi.org/10.1080/10413209108406432.

Eccles, J. S., & Wigfield, A. (1995). In the mind of the actor: The structure of adolescents' achievement task values and expectancy-related beliefs. *Personality and Social Psychology Bulletin, 21*(3), 215–225. https://doi.org/10.1177/0146167295213003.

Eccles, J. S., & Wigfield, A. (2002). Motivational beliefs, values, and goals. *Annual Review of Psychology, 53*(1), 109–132. https://doi.org/10.1146/annurev.psych.53.100901.135153.

Eccles, J. S., Wigfield, A., Harold, R. D., & Blumenfeld, P. (1993). Age and gender differences in children's self-and task perceptions during elementary school. *Child Development, 64*(3), 830–847. https://doi.org/10.1111/j.1467-8624.1993.tb02946.x.

Eccles, J. S., Wigfield, A., & Schiefele, U. (1998). Motivation to succeed. In W. Damon & N. Eisenberg (Hrsg.), *Handbook of child psychology: Social, emotional, and personality development* (S. 1017–1095). Wiley.

Edwards, J. R. (2011). The fallacy of formative measurement. *Organizational Research Methods*, *14*(2), 370–388. https://doi.org/10.1177/1094428110378369.

Edwards, J. R., & Bagozzi, R. P. (2000). On the nature and direction of relationships between constructs and measures. *Psychological Methods*, *5*(2), 155–174. https://doi.org/10.1037//1082-989X.5.2,155.

Ehlert, B. I., & Läbe, L. S. (2019). *Individuelle Relevanz im Mathematikstudium—Kognitive Validierung von Items* [Unveröffentlichte Bachelorarbeit]. Leibniz Universität Hannover.

Eichler, A., & Isaev, V. (2016). Disagreements between mathematics at university level and school mathematics in secondary teacher education. In R. Göller, R. Biehler, R. Hochmuth, & H.-G. Rück (Hrsg.), *Didactics of Mathematics in Higher Education as a Scientific Discipline. Conference Proceedings* (S. 52–59). khdm.

Eley, M. G., & Meyer, J. H. F. (2004). Modelling the influences on learning outcomes of study processes in university mathematics. *Higher Education*, *47*(4), 437–454. https://doi.org/10.1023/B:HIGH.0000020867.43342.45.

Enders, C. K. (2001). The impact of nonnormality on full information maximum-likelihood estimation for structural equation models with missing data. *Psychological Methods*, *6*(4), 352–370. https://doi.org/10.1037/1082-989X.6.4.352.

Engelbrecht, J. (2010). Adding structure to the transition process to advanced mathematical activity. *International Journal of Mathematical Education in Science and Technology*, *41*(2), 143–154. https://doi.org/10.1080/00207390903391890.

Ernest, P. (2004). Relevance versus utility: Some ideas on what it means to know mathematics. In B. A. Clarke, D. M. Clarke, G. Emanuelsson, B. Johansson, D. V. Lambdin, F. Lester, A. Wallby, & K. Wallby (Hrsg.), *International perspectives on learning and teaching mathematics* (S. 313–327). National Center for Mathematics Education.

Fahrmeir, L., Kneib, T., Lang, S., & Marx, B. (2013). *Regression*. Springer Berlin Heidelberg. https://doi.org/10.1007/978-3-642-34333-9.

Farah, L. (2015). *Étude et mise à l'étude des mathématiques en classes préparatoires économiques et commerciales: Point de vue des étudiants, point de vue des professeurs* [Dissertation, Université Paris]. https://tel.archives-ouvertes.fr/tel-01195875.

Feinstein, A. R., & Cicchetti, D. V. (1990). High agreement but low Kappa: I. the problems of two paradoxes. *Journal of Clinical Epidemiology*, *43*(6), 543–549. https://doi.org/10.1016/0895-4356(90)90158-L.

Fellenberg, F., & Hannover, B. (2006). Kaum begonnen, schon zerronnen? Psychologische Ursachenfaktoren für die Neigung von Studienanfängern, das Studium abzubrechen oder das Fach zu wechseln. *Empirische Pädagogik*, *20*(4), 381–399.

Ferrini-Mundy, J. (2000). Principles and standards for school mathematics: A guide for mathematicians. *Notices of the American Mathematical Society*, *47*(8), 868–875.

Finn, A., & Kayande, U. (2005). How fine is C-OAR-SE? A generalizability theory perspective on Rossiter's procedure. *International Journal of Research in Marketing*, *22*(1), 11–21. https://doi.org/10.1016/j.ijresmar.2004.03.001.

Fischer, A., Heinze, A., & Wagner, D. (2009). Mathematiklernen in der Schule–Mathematiklernen an der Hochschule: Die Schwierigkeiten von Lernenden beim Übergang ins Studium. In A. Heinze & M. Grüßing (Hrsg.), *Mathematiklernen vom Kindergarten bis zum Studium. Kontinuität und Kohärenz als Herausforderung für den Mathematikunterricht* (S. 245–264). Waxmann.

Fischer, P. R. (2014). *Mathematische Vorkurse im Blended-Learning-Format.* Springer. https://doi.org/10.1007/978-3-658-05813-5.

Flach, H., Lück, J., & Preuss, R. (1997). *Lehrerausbildung im Urteil der Studenten: Zur Reformbedürftigkeit der deutschen Lehrerbildung* (2. Aufl.). Lang.

Flake, J. K., Barron, K. E., Hulleman, C., McCoach, B. D., & Welsh, M. E. (2015). Measuring cost: The forgotten component of expectancy-value theory. *Contemporary Educational Psychology, 41,* 232–244. https://doi.org/10.1016/j.cedpsych.2015.03.002.

Fornell, C., & Bookstein, F. L. (1982). Two structural equation models: LISREL and PLS applied to consumer exit-voice theory. *Journal of Marketing Research, 19*(4), 440–452. https://doi.org/10.1177/002224378201900406.

Freudenthal, H. (1968). Why to teach mathematics so as to be useful. *Educational Studies in Mathematics, 1*(1–2), 3–8. https://doi.org/10.1007/BF00426224.

Friedrich, H. F., & Mandl, H. (2006). Lernstrategien: Zur Strukturierung des Forschungsfeldes. In H. Mandl & H. F. Friedrich (Hrsg.), *Handbuch Lernstrategien* (S. 1–26). Hogrefe.

Garcia, T., & Pintrich, P. R. (1994). Regulating motivation and cognition in the classroom: The role of self-schemas and self-regulatory strategies. In D. H. Schunk & B. J. Zimmerman (Hrsg.), *Self-Regulation of Learning and Performance: Issues and Educational Applications* (S. 127–153). Lawrence Erlbaum Associates.

Gaspard, H. (2015). *Promoting Value Beliefs in Mathematics: A Multidimensional Perspective and the Role of Gender* [Dissertation, Universität Tübingen]. http://dx.doi.org/https://doi.org/10.15496/publikation-5241.

Gaspard, H., Dicke, A.-L., Flunger, B., Schreier, B., Häfner, I., Trautwein, U., & Nagengast, B. (2015). More value through greater differentiation: Gender differences in value beliefs about math. *Journal of Educational Psychology, 107*(3), 663–677. https://doi.org/10.1037/edu0000003.

Gefen, D., Straub, D., & Boudreau, M.-C. (2000). Structural Equation Modeling and Regression: Guidelines for Research Practice. *Communications of the Association for Information Systems, 4.* https://doi.org/10.17705/1CAIS.00407.

Geisler, S. (2020a). *Bleiben oder Gehen? Eine empirische Untersuchung von Bedingungsfaktoren und Motiven für frühen Studienabbruch und Fachwechsel in Mathematik* [Dissertation, Ruhr-Universität Bochum]. https://hss-opus.ub.rub.de/opus4/frontdoor/index/index/docId/7163.

Geisler, S. (2020b). Unterscheiden sich Studienabbrecher von Weiterstudierenden bezüglich ihrer Einstellungen gegenüber Mathematik? In H.-S. Siller, W. Weigel, & J. F. Wörler (Hrsg.), *Beiträge zum Mathematikunterricht 2020* (S. 317–320). WTM.

Geisler, S., & Rolka, K. (2020). "That Wasn't the Math I Wanted to do!"—Students' Beliefs During the Transition from School to University Mathematics. *International Journal of Science and Mathematics Education,* 1–20. https://doi.org/10.1007/s10763-020-10072-y.

Gold, A., & Hasselhorn, M. (2017). *Pädagogische Psychologie: Erfolgreiches Lernen und Lehren* (4. Aufl.). Kohlhammer.

Göller, R. (2020). *Selbstreguliertes Lernen im Mathematikstudium.* Springer. https://doi.org/10.1007/978-3-658-28681-1.

Göller, R., & Liebendörfer, M. (2016). Eine alternative Einstiegsvorlesung in die Fachmathematik-Konzept und Auswirkungen. *Beiträge zum Mathematikunterricht 2016,* 321–324.

Göthlich, S. E. (2006). Zum Umgang mit fehlenden Daten in großzahligen empirischen Erhebungen. In S. Albers, D. Klapper, U. Konradt, A. Walter, & J. Wolf (Hrsg.), *Methodik der empirischen Forschung* (S. 133–150). Gabler.

Gourgey, A. F. (1982). *Development of a Scale for the Measurement of Self-Concept in Mathematics.* https://files.eric.ed.gov/fulltext/ED223702.pdf.

Graham, J. W. (2009). Missing Data Analysis: Making It Work in the Real World. *Annual Review of Psychology, 60*, 549–576. https://doi.org/10.1146/annurev.psych.58.110405.085530.

Graham, J. W. (2012). *Missing data: Analysis and design.* Springer.

Graham, J. W., Olchowski, A. E., & Gilreath, T. D. (2007). How many imputations are really needed? Some practical clarifications of multiple imputation theory. *Prevention Science, 8*(3), 206–213. https://doi.org/10.1007/s11121-007-0070-9.

Graham, J. W., & Schafer, J. L. (1999). On the performance of multiple imputation for multivariate data with small sample size. In R. H. Hoyle (Hrsg.), *Statistical strategies for small sample research* (S. 1–29). Sage.

Griese, B. (2017). *Learning Strategies in Engineering Mathematics—Conceptualisation, Development, and Evaluation of MP²-MathePlus.* Springer. https://hss-opus.ub.rub.de/opus4/frontdoor/index/index/docId/4997.

Grigutsch, S. (1996). *Mathematische Weltbilder von Schülern. Struktur, Entwicklung, Einflußfaktoren.* [Dissertation]. Gerhard-Mercator-Universität.

Grigutsch, S., Raatz, U., & Törner, G. (1998). Einstellungen gegenüber Mathematik bei Mathematiklehrern. *Journal für Mathematik-Didaktik, 19*(1), 3–45. https://doi.org/10.1007/BF03338859.

Grigutsch, S., & Törner, G. (1998). *World views of mathematics held by university teachers of mathematics science.* https://duepublico2.uni-due.de/servlets/MCRFileNodeServlet/duepublico_derivate_00005249/mathe121998.pdf.

Grolnick, W. S., & Ryan, R. M. (1987). Autonomy in children's learning: An experimental and individual difference investigation. *Journal of Personality and Social Psychology, 52*(5), 890–898.

Grouven, U., Bender, R., Ziegler, A., & Lange, S. (2007). Der Kappa-Koeffizient. *DMW – Deutsche Medizinische Wochenschrift, 132*(1), e65–e68. https://doi.org/10.1055/s-2007-959046.

Grünwald, N., Kossow, A., Sauerbier, G., & Klymchuk, S. (2004). Der Übergang von der Schul- zur Hochschulmathematik: Erfahrungen aus internationaler und deutscher Sicht. *Global Journal of Engineering Education, 8*(3), 283–294.

Grützmacher, J., & Reissert, R. (2006). *Ergebnisbericht zur begleitenden Evaluation des Modellversuchs „Gestufte Lehrerausbildung" an den Universitäten Bielefeld und Bochum* (S. 71). HIS.

Gueudet, G. (2008). Investigating the secondary–tertiary transition. *Educational Studies in Mathematics, 67*(3), 237–254. https://doi.org/10.1007/s10649-007-9100-6.

Guggenmoos-Holzmann, I. (1993). HOW reliable are change-corrected measures of agreement? *Statistics in Medicine, 12*(23), 2191–2205. https://doi.org/10.1002/sim.4780122305.

Haak, I. (2017). *Maßnahmen zur Unterstützung kognitiver und metakognitiver Prozesse in der Studieneingangsphase. Eine Design-Based-Research-Studie zum universitären Lernzentrum Physiktreff.* Logos. https://doi.org/10.5281/zenodo.571784.

Hackett, G., & Betz, N. E. (1989). An exploration of the mathematics self-efficacy/mathematics performance correspondence. *Journal for Research in Mathematics Education, 20*(3), 261–273. https://doi.org/10.2307/749515.

Häder, M. (2015). *Empirische Sozialforschung: Eine Einführung* (3. Aufl.). Springer.

halbherzig—Synonyme bei OpenThesaurus. (o. J.). Abgerufen 13. Mai 2020, von https://www.openthesaurus.de/synonyme/halbherzig.

Hamann, T., Kreuzkam, S., Schmidt-Thieme, B., & Sander, J. (2014). „Was ist Mathematik?" Einführung in mathematisches Arbeiten und Studienwahlüberprüfung für Lehramtsstudierende. In I. Bausch, R. Biehler, R. Bruder, P. R. Fischer, R. Hochmuth, W. Koepf, S. Schreiber, & T. Wassong (Hrsg.), *Mathematische Vor- und Brückenkurse* (S. 375–387). Springer.

Hammann, M., Jördens, J., & Schecker, H. (2014). Übereinstimmung zwischen Beurteilern: Cohens Kappa (κ). In D. Krüger, I. Parchmann, & H. Schecker (Hrsg.), *Methoden in der naturwissenschaftsdidaktischen Forschung* (S. 439–445). Springer. https://static.springer.com/sgw/documents/1426183/application/pdf/Cohens+Kappa.pdf.

Hanna, G., & Barbeau, E. (2008). Proofs as Bearers of Mathematical Knowledge. *ZDM Mathematics Education, 40*(3), 345–353. https://doi.org/10.1007/s11858-008-0080-5.

Hascher, T., & de Zordo, L. (2015). Langformen von Praktika. Ein Blick auf Österreich und die Schweiz. *Journal für Lehrerinnen- und Lehrerbildung, 15*(1), 22–32. https://doi.org/10.7892/boris.74667.

Hascher, T., & Winkler, A. (2017). *Analyse einphasiger Modelle der Lehrer_innenbildung in verschiedenen Ländern.* Gewerkschaft Erziehung und Wissenschaft. https://doi.org/10.7892/boris.112668.

Hastie, R. (1987). Information processing theory for the survey researcher. In N. Schwartz, H.-J. Hippler, & S. Sudman (Hrsg.), *Social information processing and survey methodology* (S. 42–70). Springer. https://doi.org/10.1007/978-1-4612-4798-2_3.

Hauser, R. M. (1972). Disaggregating a social-psychological model of educational attainment. *Social Science Research, 1*(2), 159–188. https://doi.org/10.1016/0049-089X(72)90092-0.

Hefendehl-Hebeker, L. (1999). On aspects of didactically sensitive understanding of mathematics. In H.-G. Weigand, A. Peter-Koop, N. Neill, K. Reiss, G. Törner, & B. Wollring (Hrsg.), *Developments in mathematics education in German-speaking countries* (S. 20–32). Franzbecker.

Hefendehl-Hebeker, L., & Schwank, I. (2015). Arithmetik: Leitidee Zahl. In R. Bruder, L. Hefendehl-Hebeker, B. Schmidt-Thieme, & H.-G. Weigand (Hrsg.), *Handbuch der Mathematikdidaktik* (S. 77–115). Springer. https://doi.org/10.1007/978-3-642-35119-8_4.

Heinrichs, H. (2015). *Diagnostische Kompetenz von Mathematik-Lehramtsstudierenden: Messung und Förderung.* Springer. https://doi.org/10.1007/978-3-658-09890-2.

Heintz, B. (2000). *Die Innenwelt der Mathematik. Zur Kultur und Praxis einer beweisenden Disziplin.* Springer.

Helm, S. (2005). Designing a Formative Measure for Corporate Reputation. *Corporate Reputation Review, 8*(2), 95–109. https://doi.org/10.1057/palgrave.crr.1540242.

Hemmi, K. (2008). Students' encounter with proof: The condition of transparency. *ZDM Mathematics Education, 40*(3), 413–426. https://doi.org/10.1007/s11858-008-0089-9.

Herfter, C., Grüneberg, T., & Knopf, A. (2015). Der Abbruch des Lehramtsstudiums—Zahlen, Gründe und Emotionserleben. *Zeitschrift für Evaluation, 14*(1), 57–82.

Hernandez-Martinez, P., & Vos, P. (2018). "Why do I have to learn this?" A case study on students' experiences of the relevance of mathematical modelling activities. *ZDM Mathematics Education, 50*(1–2), 245–257. https://doi.org/10.1007/s11858-017-0904-2.

Heublein, U., Ebert, J., Hutzsch, C., Isleib, S., König, R., Richter, J., & Woisch, A. (2017). *Zwischen Studienerwartungen und Studienwirklichkeit. Ursachen des Studienabbruchs, beruflicher Verbleib der Studienabbrecherinnen und Studienabbrecher und Entwicklung der Studienabbruchquote an deutschen Hochschulen.* HIS. https://d-nb.info/1133370292/34.

Heublein, U., Hutzsch, C., Schreiber, J., Sommer, D., & Besuch, G. (2010). *Ursachen des Studienabbruchs in Bachelor- und in herkömmlichen Studiengängen: Ergebnisse einer bundesweiten Befragung von Exmatrikulierten des Studienjahres 2007/08.* HIS. http://ids.hof.uni-halle.de/documents/t1944.pdf.

Heublein, U., Richter, J., Schmelzer, R., & Sommer, D. (2014). *Die Entwicklung der Studienabbruchquote an den deutschen Hochschulen* [Projektbericht]. HIS.

Heublein, U., & Schmelzer, R. (2018). *Die Entwicklung der Studienabbruchquoten an den deutschen Hochschulen* [Projektbericht]. DZHW.

Heublein, U., Spangenberg, H., & Sommer, D. (2003). *Ursachen des Studienabbruchs. Analyse 2002.* [Projektbericht]. HIS.

Heymann, H. W. (1996). *Allgemeinbildung und Mathematik.* Beltz.

Heymans, M. W., & Eekhout, I. (2019). *Applied Missing Data Analysis With SPSS and (R) Studio.* https://bookdown.org/mwheymans/bookmi/.

Hidi, S. (2006). Interest: A unique motivational variable. *Educational Research Review, 1*(2), 69–82. https://doi.org/10.1016/j.edurev.2006.09.001.

Hidi, S., & Harackiewicz, J. M. (2000). Motivating the academically unmotivated: A critical issue for the 21st century. *Review of Educational Research, 70*(2), 151–179. https://doi.org/10.3102/00346543070002151.

Hidi, S., & Renninger, K. A. (2006). The Four-Phase Model of Interest Development. *Educational Psychologist, 41*(2), 111–127. https://doi.org/10.1207/s15326985ep4102_4.

Hildebrandt, A., Jäckle, S., Wolf, F., & Heindl, A. (2015). *Methodologie, Methoden, Forschungsdesign: Ein Lehrbuch für fortgeschrittene Studierende der Politikwissenschaft.* Springer. https://doi.org/10.1007/978-3-531-18993-2.

Himme, A. (2007). Gütekriterien der Messung: Reliabilität, Validität und Generalisierbarkeit. In S. Albers, D. Klapper, U. Konradt, A. Walter, & J. Wolf (Hrsg.), *Methodik der empirischen Forschung* (2., überarbeitete und erweiterte Auflage, S. 375–390). Gabler. https://doi.org/10.1007/978-3-8349-9121-8_25.

Hirschauer, N., & Becker, C. (2020). Paradigmenwechsel—Warum statistische Signifikanztests abgeschafft werden sollten. *Forschung und Lehre, 6*, 510–512.

Hischer, H. (2007). Der Bologna-Prozess und die Umgestaltung der Lehramtsstudiengänge in Mathematik. *Mitteilungen der Gesellschaft für Didaktik der Mathematik, 33*(84), 11–20.

Hochmuth, R., Biehler, R., Schaper, N., Kuklinski, C., Lankeit, E., Leis, E., Liebendörfer, M., Schürmann, M., Hannover, G. W. L. U., & Paderborn, U. (2018). *Wirkung und Gelingensbedingungen von Unterstützungsmaßnahmen für mathmatikbezogenes Lernen in der Studieneingangsphase: Schlussbericht : Teilprojekt A der Leibniz Universität Hannover, Teilprojekte B und C der Universität Paderborn : Berichtszeitraum: 01.03.2015-31.08.2018* [Abschlussbericht]. Leibniz Universität Hannover.

Homburg, C., & Klarmann, M. (2006). *Die Kausalanalyse in der empirischen betriebswirtschaftlichen Forschung-Problemfelder und Anwendungsempfehlungen.* Institut für Marktorientierte Unternehmensführung. https://ub-madoc.bib.uni-mannheim.de/24858.

Hopfenbeck, T. N. (2009). *Learning about Students' Learning Strategies* [Dissertation]. University of Oslo.

Howell, R. D., Breivik, E., & Wilcox, J. B. (2007). Reconsidering formative measurement. *Psychological Methods, 12*(2), 205–218. https://doi.org/10.1037/1082-989X.12.2.205.

Hoyles, C., Newman, K., & Noss, R. (2001). Changing patterns of transition from school to university mathematics. *International Journal of Mathematical Education in Science and Technology, 32*(6), 829–845. https://doi.org/10.1080/00207390110067635.

Hulleman, C. S., Barron, K. E., Kosovich, J. J., & Lazowski, R. A. (2016). Student Motivation: Current Theories, Constructs, and Interventions Within an Expectancy-Value Framework. In A. A. Lipnevich, F. Preckel, & R. D. Roberts (Hrsg.), *Psychosocial Skills and School Systems in the 21st Century* (S. 241–278). Springer. https://doi.org/10.1007/978-3-319-28606-8_10.

Hulleman, C. S., Durik, A. M., Schweigert, S. B., & Harackiewicz, J. M. (2008). Task values, achievement goals, and interest: An integrative analysis. *Journal of Educational Psychology, 100*(2), 398–416. https://doi.org/10.1037/0022-0663.100.2.398.

Hulleman, C. S., Godes, O., Hendricks, B. L., & Harackiewicz, J. M. (2010). Enhancing interest and performance with a utility value intervention. *Journal of Educational Psychology, 102*(4), 880–895. https://doi.org/10.1037/a0019506.

Hulleman, C. S., & Harackiewicz, J. M. (2009). Promoting interest and performance in high school science classes. *Science, 326*(5958), 1410–1412. https://doi.org/10.1126/science.1177067.

IBM. (2014). *Method (Multiple Imputation).* www.ibm.com/support/knowledgecenter/ssl vmb_24.0.0/spss/mva/idh_idd_mi_method.html.

Jablonka, E. (2007). The relevance of modelling and applications: Relevant to whom and for what purpose? In W. Blum, P. L. Galbraith, H.-W. Henn, & M. Niss (Hrsg.), *Modelling and applications in mathematics education* (Bd. 10, S. 193–200). Springer. https://doi.org/10.1007/978-0-387-29822-1_19.

Jäger, R. S., & Milbach, B. (1994). Studierende im Lehramt als Praktikanten – eine empirische Evaluation des Blockpraktikums. *Empirische Pädagogik, 8*(2), 199–234.

Janssen, J., & Laatz, W. (1997). Einfaktorielle Varianzanalyse (ANOVA). In J. Janssen & W. Laatz, *Statistische Datenanalyse mit SPSS für Windows: Eine anwendungsorientierte Einführung in das Basissystem und das Modul Exakte Tests* (2. Aufl., S. 307–330). Springer. https://doi.org/10.1007/978-3-540-72978-5_14.

Jarvis, C. B., MacKenzie, S. B., & Podsakoff, P. M. (2003). A Critical Review of Construct Indicators and Measurement Model Misspecification in Marketing and Consumer Research. *Journal of Consumer Research, 30*(2), 199–218. https://doi.org/10.1086/376806.

Joos, T. A., Liefländer, A., & Spörhase, U. (2019). Studentische Sicht auf Kohärenz im Lehramtsstudium. In K. Hellmann, J. Kreutz, M. Schwichow, & K. Zaki (Hrsg.), *Kohärenz in der Lehrerbildung* (S. 51–67). Springer. https://doi.org/10.1007/978-3-658-23940-4.

Kaldo, I., & Hannula, M. S. (2012). Structure of university students' view of mathematics in Estonia. *Nordic Studies in Mathematics Education, 17*(2), 5–26.

Karabenick, S. A., Woolley, M. E., Friedel, J. M., Ammon, B. V., Blazevski, J., Bonney, C. R., Groot, E. D., Gilbert, M. C., Musu, L., Kempler, T. M., & Kelly, K. L. (2007). Cognitive Processing of Self-Report Items in Educational Research: Do They Think What We Mean? *Educational Psychologist, 42*(3), 139–151. https://doi.org/10.1080/004615 20701416231.

Kaub, K., Karbach, J., Biermann, A., Friedrich, A., Bedersdorfer, H.-W., Spinath, F. M., & Brünken, R. (2012). Berufliche Interessensorientierungen und kognitive Leistungsprofile von Lehramtsstudierenden mit unterschiedlichen Fachkombinationen. *Zeitschrift für pädagogische Psychologie, 26*(4), 233–249. https://doi.org/10.1024/1010-0652/a000074.

Keller, J. M. (1983). Motivational Design of Instruction. In C. M. Reigeluth (Hrsg.), *Instructional Design Theories and Models: An Overview of Their Current Status* (S. 383–436). Lawrence Erlbaum Associates.

Keller, J. M. (1987). Strategies for stimulating the motivation to learn. *Performance & Instruction, 26*(8), 1–7.

Kember, D., Ho, A., & Hong, C. (2008). The importance of establishing relevance in motivating student learning. *Active Learning in Higher Education, 9*(3), 249–263. https://doi.org/10.1177/1469787408095849.

Kempen, L. (2019). *Begründen und Beweisen im Übergang von der Schule zur Hochschule: Theoretische Begründung, Weiterentwicklung und Evaluation einer universitären Erstsemesterveranstaltung unter der Perspektive der doppelten Diskontinuität.* Springer. https://doi.org/10.1007/978-3-658-24415-6.

Kenny, D. A. (1975). Cross-Lagged-Panel correlation: A test for spuriousness. *Psychological Bulletin, 82*(6), 887. https://doi.org/10.1037/0033-2909.82.6.887.

Ker, M. (1991). Issues in the Use of Kappa. *Invest Radiol, 26*(1), 78–83. https://doi.org/10.1097/00004424-199101000-00015.

Kleinke, K., Reinecke, J., Salfrán, D., & Spiess, M. (2020). *Applied Multiple Imputation: Advantages, Pitfalls, New Developments and Applications in R.* Springer International Publishing. https://doi.org/10.1007/978-3-030-38164-6.

Klopsch, M., & Weis, F. (2020). *Kognitive Validierungsstudie im Rahmen gesellschaftlichberuflicher Relevanz* [Unveröffentlichte Bachelorarbeit]. Leibniz Universität Hannover.

KMK. (2008). *Ländergemeinsame inhaltliche Anforderungen für die Fachwissenschaften und Fachdidaktiken in der Lehrerbildung.* https://www.isl.uni-wuppertal.de/fileadmin/isl/01_Lehrerbildung_Ziel_MEd-11_/2008_10_16-Fachprofile-Lehrerbildung-Fassung-16-05-19.pdf.

Kolland, F. (2002). *Studienabbruch: Zwischen Kontinuität und Krise. Eine empirische Untersuchung an Österreichs Universitäten.* Braumüller.

Kolter, J., Blum, W., Bender, P., Biehler, R., Haase, J., Hochmuth, R., & Schukajlow, S. (2018). Zum Erwerb, zur Messung und zur Förderung studentischen (Fach-)Wissens in der Vorlesung „Arithmetik für die Grundschule" – Ergebnisse aus dem KLIMAGS-Projekt. In R. Möller & R. Vogel (Hrsg.), *Innovative Konzepte für die Grundschullehrerausbildung im Fach Mathematik* (S. 95–121). Springer. https://doi.org/10.1007/978-3-658-10265-4_4.

Konformist—Synonyme bei OpenThesaurus. (o. J.). Abgerufen 13. Mai 2020, von https://www.openthesaurus.de/synonyme/Konformist.

Kosiol, T., Rach, S., & Ufer, S. (2019). (Which) Mathematics Interest is Important for a Successful Transition to a University Study Program? *International Journal of Science and Mathematics Education, 17*(7), 1359–1380. https://doi.org/10.1007/s10763-018-9925-8.

Kosovich, J. J., Flake, J. K., & Hulleman, C. S. (2017). Short-term motivation trajectories: A parallel process model of expectancy-value. *Contemporary Educational Psychology, 49*, 130–139. https://doi.org/10.1016/j.cedpsych.2017.01.004.

Krapp, A. (1992). Interesse, Lernen und Leistung. Neue Forschungsansätze in der Pädagogischen Psychologie. *Zeitschrift für Pädagogik, 38*(5), 747–770.

Krapp, A. (1999). Intrinsische Lernmotivation und Interesse. Forschungsansätze und konzeptuelle Überlegungen. *Zeitschrift für Pädagogik, 45*(3), 387–406.

Krapp, A. (2005). Basic needs and the development of interest and intrinsic motivational orientations. *Learning and Instruction, 15*(5), 381–395. https://doi.org/10.1016/j.learninstruc.2005.07.007.

Krapp, A. (2007). An educational–psychological conceptualisation of interest. *International Journal for Educational and Vocational Guidance, 7*(1), 5–21. https://doi.org/10.1007/s10775-007-9113-9.

Krapp, A. (2010). Interesse. In D. H. Rost, J. R. Sparfeldt, & S. R. Buch (Hrsg.), *Handwörterbuch Pädagogische Psychologie* (4. Aufl., S. 311–323). Beltz.

Krapp, A., Schiefele, U., Wild, K. P., & Winteler, A. (1993). Der Fragebogen zum Studieninteresse (FSI). *Diagnostica, 39*(4), 335–351.

Krauss, S., Neubrand, M., Blum, W., Baumert, J., Brunner, M., Kunter, M., & Jordan, A. (2008). Die Untersuchung des professionellen Wissens deutscher Mathematik-Lehrerinnen und -Lehrer im Rahmen der COACTIV-Studie. *Journal für Mathematik-Didaktik, 29*(3–4), 233–258. https://doi.org/10.1007/BF03339063.

Kromrey, H. (2002). *Empirische Sozialforschung: Modelle und Methoden der standardisierten Datenerhebung und Datenauswertung* (10., vollständig überarbeitete Auflage). Leske + Budrich.

Krosnick, J. A. (1999). Survey research. *Annual Review of Psychology, 50*, 537–567.

Kuckartz, U., Rädiker, S., Ebert, T., & Schehl, J. (2013). Varianzanalyse: Mehr als zwei Mittelwerte vergleichen. In U. Kuckartz, S. Rädiker, T. Ebert, & J. Schehl, *Statistik* (S. 185–206). VS Verlag für Sozialwissenschaften. https://doi.org/10.1007/978-3-531-19890-3_8.

Kuklinski, C., Leis, E., Liebendörfer, M., Hochmuth, R., Biehler, R., Lankeit, E., Neuhaus, S., Schaper, N., & Schürmann, M. (2018). Evaluating Innovative Measures in University Mathematics – The Case of Affective Outcomes in a Lecture focused on Problem-Solving. In V. Durand-Guerrier, R. Hochmuth, S. Goodchild, & N. M. Hogstad (Hrsg.), *Proceedings of the Second Conference of the International Network for Didactic Research in University Mathematics* (S. 527–536). INDRUM Network. https://hal.archives-ouvertes.fr/hal-01849531/.

Kuklinski, C., Liebendörfer, M., Hochmuth, R., Biehler, R., Schaper, N., Lankeit, E., Leis, E., & Schürmann, M. (2019). Features of innovative lectures that distinguish them from traditional lectures and their evaluation by attending students. *Eleventh Congress of the European Society for Research in Mathematics Education.* https://hal.archives-ouvertes.fr/hal-02422650.

Künsting, J., & Lipowsky, F. (2011). Studienwahlmotivation und Persönlichkeitseigenschaften als Prädiktoren für Zufriedenheit und Strategienutzung im Lehramtsstudium. *Zeitschrift für Pädagogische Psychologie, 25*(2), 105–114. https://doi.org/10.1024/1010-0652/a000038.

Kunter, M., & Voss, T. (2011). Das Modell der Unterrichtsqualität in COACTIV: Eine multikriteriale Analyse. In M. Kunter, J. Baumert, W. Blum, U. Klusmann, S. Krauss, & M. Neubrand (Hrsg.), *Professionelle Kompetenz von Lehrkräften – Ergebnisse des Forschungsprogramms COACTIV* (S. 85–113). Waxmann.

Kurz, K., Prüfer, P., & Rexroth, M. (1999). Zur Validität von Fragen in standardisierten Erhebungen: Ergebnisse des Einsatzes eines kognitiven Pretestinterviews. *ZUMA Nachrichten, 23*(44), 83–107.

Laging, A., & Voßkamp, R. (2017). Determinants of Maths Performance of First-Year Business Administration and Economics Students. *International Journal of Research in Undergraduate Mathematics Education, 3*(1), 108–142. https://doi.org/10.1007/s40753-016-0048-8.

Latcheva, R., & Davidov, E. (2014). Skalen und Indizes. In N. Baur & J. Blasius (Hrsg.), *Handbuch Methoden der empirischen Sozialforschung* (S. 745–756). Springer. https://doi.org/10.1007/978-3-531-18939-0_55.

Lawson, T., Çakmak, M., Gündüz, M., & Busher, H. (2015). Research on teaching practicum – a systematic review. *European Journal of Teacher Education, 38*(3), 392–407. https://doi.org/10.1080/02619768.2014.994060.

Lazarsfeld, P. F. (1940). „Panel" Studies. *The Public Opinion Quarterly, 4*(1), 122–128.

Lazarsfeld, P. F. (1948). *Mutual effects of statistical variables.* Columbia University, Bureau of Applied Social Research.

Leibniz School of Education. (2020). *Das Lehramt an der Leibniz Universität in Zahlen 2019_20.*

Leuders, T., Dörfler, T., Leuders, J., & Philipp, K. (2018). Diagnostic competence of mathematics teachers: Unpacking a complex construct. In T. Leuders, K. Philipp, & J. Leuders (Hrsg.), *Diagnostic competence of mathematics teachers* (S. 3–31). Springer. https://doi.org/10.1007/978-3-319-66327-2_1.

Levesque, C., Zuehlke, A. N., Stanek, L. R., & Ryan, R. M. (2004). Autonomy and Competence in German and American University Students: A Comparative Study Based on Self-Determination Theory. *Journal of Educational Psychology, 96*(1), 68–84. https://doi.org/10.1037/0022-0663.96.1.68.

Liebendörfer, M. (2014). Self-determination and interest development of first-year mathematics students. *Oberwolfach Reports, 11*(4), 3132–3135.

Liebendörfer, M. (2018). *Motivationsentwicklung im Mathematikstudium.* Springer. https://doi.org/10.1007/978-3-658-22507-0.

Liebendörfer, M., & Göller, R. (2016a). Abschreiben von Übungsaufgaben in traditionellen und innovativen Mathematikvorlesungen. *Mitteilungen der Deutschen Mathematiker-Vereinigung, 24*(4), 230–233. https://doi.org/10.1515/dmvm-2016-0084.

Liebendörfer, M., & Göller, R. (2016b). Abschreiben—Ein Problem in mathematischen Lehrveranstaltungen? In W. Paravicini & J. Schnieder (Hrsg.), *Hanse-Kolloquium zur Hochschuldidaktik der Mathematik 2014 Beiträge zum gleichnamigen Symposium am 7. & 8. November 2014 an der Westfälischen Wilhelms-Universität Münster* (S. 119–141). WTM.

Liebendörfer, M., Göller, R., Biehler, R., Hochmuth, R., Kortemeyer, J., Ostsieker, L., Rode, J., & Schaper, N. (2020). LimSt – Ein Fragebogen zur Erhebung von Lernstrategien im mathematikhaltigen Studium. *Journal für Mathematik-Didaktik*. https://doi.org/10.1007/s13138-020-00167-y.

Liebendörfer, M., & Hochmuth, R. (2013). Interest in mathematics and the first steps at the university. In B. Ubuz, C. Haser, & M. A. Mariotti (Hrsg.), *Proceedings of the Eighth Conference of European Research in Mathematics Education* (S. 2386–2395). Middle East Technical University. http://cerme8.metu.edu.tr/wgpapers/WG14/WG14_Liebendorfer.pdf.

Liebendörfer, M., Kuklinski, C., & Hochmuth, R. (2018). Auswirkungen von innovativen Vorlesungen für Lehramtsstudierende in der Studieneingangsphase. In Fachgruppe Didaktik der Mathematik der Universität Paderborn (Hrsg.), *Beiträge zum Mathematikunterricht 2018* (S. 1175–1178). WTM. https://ris.uni-paderborn.de/publication/8574.

Liebendörfer, M., & Schukajlow, S. (2017). Interest development during the first year at university: Do mathematical beliefs predict interest in mathematics? *ZDM Mathematics Education, 49*(3), 355–366. https://doi.org/10.1007/s11858-016-0827-3.

Liebendörfer, M., & Schukajlow, S. (2020). Quality matters: How reflecting on the utility value of mathematics affects future teachers' interest. *Educational Studies in Mathematics.* https://doi.org/10.1007/s10649-020-09982-z.

Liebsch, K. (2010). Wissen und Handeln. Ein Plädoyer zur Gestaltung des Theorie/Praxis-Verhältnisses. In K. Liebsch (Hrsg.), *Reflexion und Intervention. Zur Theorie und Praxis Schulpraktischer Studien* (S. 9–26). Schneider-Verlag Hohengehren.

Llinares, S. (2013). Professional noticing: A component of the mathematics teacher's professional practice. *Journal of Education, 1*(3), 76–93. https://doi.org/10.25749/sis.3707.

Locascio, J. J. (1982). The cross-lagged correlation technique: Reconsideration in terms of exploratory utility, assumption specification and robustness. *Educational and Psychological Measurement, 42*(4), 1023–1036. https://doi.org/10.1177/001316448204200409.

Lütkenhöner, L. (2012). *Effekte von Erhebungsart und -zeitpunkt auf studentische Evaluationsergebnisse* (Diskussionspapier Nr. 8/2012). Institut für Organisationsökonomik. https://www.econstor.eu/handle/10419/64618.

Luttrell, V. R., Callen, B. W., Allen, C. S., Wood, M. D., Deeds, D. G., & Richard, D. C. (2010). The mathematics value inventory for general education students: Development and initial validation. *Educational and Psychological Measurement, 70*(1), 142–160.

Luttrell, V. R., & Richard, D. C. S. (2011). Development of the higher education value inventory: Factor structure and score reliability. *Psychology, 2*(09), 909–916. https://doi.org/10.4236/psych.2011.29137.

Maaß, K. (2006). Bedeutungsdimensionen nützlichkeitsorientierter Beliefs. Ein theoretisches Konzept zu Vorstellungen über die Nützlichkeit von Mathematik und eine erste empirische Annäherung bei Lehramtsstudierenden. *Mathematica Didactica, 29*(2), 114–138.

Maclure, M., & Willett, W. C. (1987). Misinterpretation and misuse of the kappa statistic. *American Journal of Epidemiology, 126*(2), 161–169. https://doi.org/10.1093/aje/126.2.161.

Makrinus, L. (2012). *Der Wunsch nach mehr Praxis* [Dissertation, Martin-Luther-Universität]. https://opendata.uni-halle.de/bitstream/1981185920/7615/1/Dissteration%20Livia%20Makrinus%20mit%20Anhang.pdf.

Malka, A., & Covington, M. V. (2005). Perceiving school performance as instrumental to future goal attainment: Effects on graded performance. *Contemporary Educational Psychology, 30*(1), 60–80.

Manly, C. A., & Wells, R. S. (2015). Reporting the Use of Multiple Imputation for Missing Data in Higher Education Research. *Research in Higher Education, 56*(4), 397–409. https://doi.org/10.1007/s11162-014-9344-9.

Mason, J. H. (2002). *Mathematics Teaching Practice—A Guide for University and College Lecturers.* Horwood Publishing.

Mathematik im Fächerübergreifenden Bachelor. (o. J.). Leibniz Universität Hannover. Abgerufen 2. Oktober 2020, von https://www.uni-hannover.de/de/studium/studiengebot/info/studiengang/detail/mathematik-im-faecheruebergreifenden-bachelor/.

Mathematik im Masterstudiengang Lehramt an Gymnasien. (o. J.). Leibniz Universität Hannover. Abgerufen 2. Oktober 2020, von https://www.uni-hannover.de/de/studium/studiengebot/info/studiengang/detail/mathematik-im-masterstudiengang-lehramt-an-gymnasien/.

Matthews, A., & Pepper, D. (2005). *Evaluation of participation in A level mathematics: Interim report* [Zwischenbericht]. Qualifications and Curriculum Agency.

Mayring, P. (1994). Qualitative Inhaltsanalyse. In A. Boehm, A. Mengel, & T. Muhr (Hrsg.), *Texte verstehen: Konzepte, Methoden, Werkzeuge* (S. 159–175). UVK. https://www.ssoar.info/ssoar/handle/document/1456.

Mayring, P. (2000). Qualitative Inhaltsanalyse. *Forum Qualitative Sozialforschung, 1*(2). https://www.qualitative-research.net/index.php/fqs/article/view/1089/23834.

Mayring, P. (2010). Qualitative Inhaltsanalyse. In G. Mey & K. Mruck (Hrsg.), *Handbuch Qualitative Forschung in der Psychologie* (S. 601–613). VS Verlag für Sozialwissenschaften. https://doi.org/10.1007/978-3-531-92052-8_42.

Mayring, P. (2015a). Qualitative Content Analysis: Theoretical Background and Procedures. In A. Bikner-Ahsbahs, C. Knipping, & N. Presmeg (Hrsg.), *Approaches to Qualitative Research in Mathematics Education* (S. 365–380). Springer. https://doi.org/10.1007/978-94-017-9181-6_13.

Mayring, P. (2015b). *Qualitative Inhaltsanalyse: Grundlagen und Techniken* (12., überarbeitete Ausgabe). Beltz.

Mayring, P., & Fenzl, T. (2014). Qualitative Inhaltsanalyse. In N. Baur & J. Blasius (Hrsg.), *Handbuch Methoden der empirischen Sozialforschung* (S. 543–556). Springer. https://doi.org/10.1007/978-3-531-18939-0_38.

McKnight, P. E., McKnight, K. M., Sidani, S., & Figueredo, A. J. (2007). *Missing data: A gentle introduction.* Guilford Press.

McLeod, D. B. (1992). Research on affect in mathematics education: A reconceptualization. In D. A. Grouws (Hrsg.), *Handbook of research on mathematics teaching and learning* (S. 575–596). Macmillan. http://www.peterliljedahl.com/wp-content/uploads/Affect-McLeod.pdf.

Meece, J. L., Blumenfeld, P. C., & Hoyle, R. H. (1988). Students' goal orientations and cognitive engagement in classroom activities. *Journal of Educational Psychology, 80*(4), 514.

Meece, J. L., Wigfield, A., & Eccles, J. S. (1990). Predictors of math anxiety and its influence on young adolescents' course enrollment intentions and performance in mathematics.

Journal of Educational Psychology, 82(1), 60–70. https://doi.org/10.1037/0022-0663.82.1.60.

Mejia-Ramos, J. P., Fuller, E., Weber, K., Rhoads, K., & Samkoff, A. (2012). An assessment model for proof comprehension in undergraduate mathematics. *Educational Studies in Mathematics, 79*(1), 3–18. https://doi.org/10.1007/s10649-011-9349-7.

Messing, B. (2012). *Das Studium: Vom Start zum Ziel* (2. Aufl.). Springer.

Miller, R. B., Greene, B. A., Montalvo, G. P., Ravindran, B., & Nichols, J. D. (1996). Engagement in academic work: The role of learning goals, future consequences, pleasing others, and perceived ability. *Contemporary Educational Psychology, 21*(4), 388–422. https://doi.org/10.1006/ceps.1996.0028.

Milligan, G. W. (1981). A Review Of Monte Carlo Tests Of Cluster Analysis. *Multivariate Behavioral Research, 16*(3), 379–407. https://doi.org/10.1207/s15327906mbr1603_7.

Mischau, A., & Blunck, A. (2006). Mathematikstudierende, ihr Studium und ihr Fach: Einfluss von Studiengang und Geschlecht. *Mitteilungen der Deutschen Mathematiker-Vereinigung, 14*(1), 46–52. https://doi.org/10.1515/dmvm-2006-0022.

Miserandino, M. (1996). Children who do well in school: Individual differences in perceived competence and autonomy in above-average children. *Journal of Educational Psychology, 88*(2), 203–214. https://doi.org/10.1037/0022-0663.88.2.203.

Mitchell, M. (1993). Situational interest: Its multifaceted structure in the secondary school mathematics classroom. *Journal of Educational Psychology, 85*(3), 424–436. https://doi.org/10.1037/0022-0663.85.3.424.

Möller, J., & Köller, O. (2004). Die Genese akademischer Selbstkonzepte. *Psychologische Rundschau, 55*(1), 19–27. https://doi.org/10.1026/0033-3042.55.1.19.

Moore, R. C. (1994). Making the transition to formal proof. *Educational Studies in Mathematics, 27*(3), 249–266. https://doi.org/10.1007/BF01273731.

Müller, F. H., Hanfstingl, B., & Andreitz, I. (2007). *Skalen zur motivationalen Regulation beim Lernen von Schülerinnen und Schülern: Adaptierte und ergänzte Version des Academic Self- Regulation Questionnaire (SRQ-A) nach Ryan & Connell* (Wissenschaftliche Beiträge aus dem Institut für Unterrichts- und Schulentwicklung). Alpen-Adria-Universität. https://ius.aau.at/wp-content/uploads/2016/01/IUS_Forschungsbericht_1_Motivationsskalen.pdf.

Nagy, G. (2007). *Berufliche Interessen, kognitive und fachgebundene Kompetenzen: Ihre Bedeutung für die Studienfachwahl und die Bewährung im Studium* [Dissertation, Freie Universität Berlin]. https://refubium.fu-berlin.de/handle/fub188/10012.

Nett, U. E., & Götz, T. (2019). Selbstreguliertes Lernen. In D. Urhahne, M. Dresel, & F. Fischer (Hrsg.), *Psychologie für den Lehrberuf* (S. 67–84). Springer. https://doi.org/10.1007/978-3-662-55754-9_4.

Neugebauer, M., Heublein, U., & Daniel, A. (2019). Studienabbruch in Deutschland: Ausmaß, Ursachen, Folgen, Präventionsmöglichkeiten. *Zeitschrift für Erziehungswissenschaft, 22*(5), 1025–1046. https://doi.org/10.1007/s11618-019-00904-1.

Neuhaus, S., & Rach, S. (2019). Situationales Interesse von Lehramtsstudierenden für hochschulmathematische Themen steigern. In M. Klinger, A. Schüler-Meyer, & L. Wessel (Hrsg.), *Hansekolloquium zur Hochschuldidaktik der Mathematik 2018* (S. 149–156). WTM.

Neuhaus, S., & Rach, S. (2021). Hochschulmathematik in einem Lehramtsstudium: Wie begründen Studierende deren Relevanz und wie kann die Wahrnehmung der Relevanz gefördert werden? In R. Biehler, A. Eichler, R. Hochmuth, S. Rach, & N. Schaper (Hrsg.), *Lehrinnovationen in der Hochschulmathematik: Praxisrelevant—Didaktisch fundiert—Forschungsbasiert* (S. 205–227). Springer.

Neumann, I., Pigge, C., & Heinze, A. (2017). *Welche mathematischen Lernvoraussetzungen erwarten Hochschullehrende für ein MINT-Studium?* [Projektbericht]. IPN. https://www.ipn.uni-kiel.de/de/das-ipn/abteilungen/didaktik-der-mathematik/forsch ung-und-projekte/malemint/malemint-studie.

Neuville, S., Frenay, M., Schmitz, J., Boudrenghien, G., Noël, B., & Wertz, V. (2007). Tinto's theoretical perspective and expectancy-value paradigm: A confrontation to explain freshmen's academic achievement. *Psychologica Belgica, 47*(1/2), 31–50. https://doi.org/10.5334/pb-47-1-31.

Neuweg, G. H. (2011). Distanz und Einlassung. Skeptische Anmerkungen zum Ideal einer „Theorie-Praxis-Integration" in der Lehrerbildung. *Erziehungswissenschaft, 22*(43), 33–45.

Newton, D. P. (1988). Relevance and science education. *Educational Philosophy and Theory, 20*(2), 7–12. https://doi.org/10.1111/j.1469-5812.1988.tb00139.x.

Niss, M. (1994). Mathematics in society. In R. Biehler, R. W. Scholz, R. Strässer, & B. Winkelmann (Hrsg.), *Didactics of mathematics as a scientific discipline* (Bd. 13, S. 367–378). Kluwer Academic Publishers.

Nunnally, J. C., & Bernstein, I. H. (1994). *Psychometric theory*. McGraw-Hill.

Nyabanyaba, T. (1999). Whither Relevance? Mathematics Teachers' Discussion of the Use of „Real-Life" Contexts in School Mathematics. *For the Learning of Mathematics, 19*(3), 10–14.

Onion, A. J. (2004). What use is maths to me? A report on the outcomes from student focus groups. *Teaching Mathematics and Its Applications: International Journal of the IMA, 23*(4), 189–194. https://doi.org/10.1093/teamat/23.4.189.

Op't Eynde, P., De Corte, E., & Verschaffel, L. (2002). Framing Students' Mathematics-Related Beliefs. In G. C. Leder, E. Pehkonen, & G. Törner (Hrsg.), *Beliefs: A Hidden Variable in Mathematics Education?* (S. 13–37). Springer. https://doi.org/10.1007/0-306-47958-3_2.

Oser, F. (1997). Standards in der Lehrerbildung. Teil 1: Berufliche Kompetenzen, die hohen Qualitätsmerkmalen entsprechen. *Beiträge zur Lehrerinnen- und Lehrerbildung, 15*(1), 26–37.

Ostermann, A., Leuders, T., & Philipp, K. (2019). Fachbezogene diagnostische Kompetenzen von Lehrkräften–Von Verfahren der Erfassung zu kognitiven Modellen zur Erklärung. In T. Leuders, M. Nückles, S. Mikelskis-Seifert, & K. Philipp (Hrsg.), *Pädagogische Professionalität in Mathematik und Naturwissenschaften* (S. 93–116). Springer. https://doi.org/10.1007/978-3-658-08644-2_4.

Pelz, D. C. (1968). *Correlation Properties of Simulated Penal Data with Causal Connections Between Two Variables* (Zwischenbericht Nr. 1). Survey Research Center, University of Michigan.

Petter, S., Straub, D., & Rai, A. (2007). Specifying formative constructs in information systems research. *MIS quarterly, 31*(4), 623–656. https://doi.org/10.2307/25148814.

Peugh, J. L., & Enders, C. K. (2004). Missing data in educational research: A review of reporting practices and suggestions for improvement. *Review of Educational Research, 74*(4), 525–556. https://doi.org/10.3102/00346543074004525.

Philipp, R. A. (2007). Mathematics teachers' beliefs and affect. In F. K. Lester (Hrsg.), *Second handbook of research on mathematics teaching and learning* (S. 257–315). NCTM/Information Age Publishing. http://www.sci.sdsu.edu/CRMSE/STEP/doc uments/R.Philipp,Beliefs&Affect.pdf.

Pieper-Seier, I. (2002). Lehramtsstudierende und ihr Verhältnis zur Mathematik. In W. Peschek (Hrsg.), *Beiträge zum Mathematikunterricht 2002* (S. 395–398). Franzbecker.

Pinto, A. (2015). Why different mathematics instructors teach students different lessons about mathematics in lectures. In R. Göller, R. Biehler, R. Hochmuth, & H.-G. Rück (Hrsg.), *Didactics of Mathematics in Higher Education as a Scientific Discipline Conference Proceedings* (S. 236–240). Universitätsbibliothek Kassel.

Pintrich, P. R. (1999). The role of motivation in promoting and sustaining self-regulated learning. *International Journal of Educational Research, 31*(6), 459–470. https://doi.org/10.1016/S0883-0355(99)00015-4.

Pintrich, P. R. (2000). The Role of Goal Orientation in Self-Regulated Learning. In M. Boekaerts, P. R. Pintrich, & M. Zeidner (Hrsg.), *Handbook of Self-Regulation* (S. 451–502). Academic Press. https://doi.org/10.1016/B978-012109890-2/50043-3.

Pintrich, P. R. (2003). A motivational science perspective on the role of student motivation in learning and teaching contexts. *Journal of Educational Psychology, 95*(4), 667–686. https://doi.org/10.1037/0022-0663.95.4.667.

Pintrich, P. R., & De Groot, E. V. (1990). Motivational and self-regulated learning components of classroom academic performance. *Journal of Educational Psychology, 82*(1), 33–40. https://doi.org/10.1037/0022-0663.82.1.33.

Pintrich, P. R., Smith, D. A. F., Garcia, T., & McKeachie, W. J. (1991). *A manual for the use of the Motivated Strategies for Learning Questionnaire (MSLQ).* The University of Michigan. https://files.eric.ed.gov/fulltext/ED338122.pdf.

Pintrich, P. R., & Zusho, A. (2002). The development of academic self-regulation: The role of cognitive and motivational factors. In A. Wigfield & J. Eccles (Hrsg.), *Development of achievement motivation* (S. 249–284). Academic Press. https://doi.org/10.1016/B978-012750053-9/50012-7.

Pohontsch, N. J., & Meyer, T. (2015). Das kognitive Interview – Ein Instrument zur Entwicklung und Validierung von Erhebungsinstrumenten. *Die Rehabilitation, 54*(1), 53–59. https://doi.org/10.1055/s-0034-1394443.

PONS GmbH. (2020a). *Konformist—Bedeutung und Rechtschreibung mit Langenscheidt.* https://de.langenscheidt.com/fremdwoerterbuch/konformist.

PONS GmbH. (2020b). *Pragmatiker—Bedeutung und Rechtschreibung mit Langenscheidt.* https://de.langenscheidt.com/fremdwoerterbuch/pragmatiker.

PONS GmbH. (2020c). *pragmatisch—Bedeutung und Rechtschreibung mit Langenscheidt.* https://de.langenscheidt.com/fremdwoerterbuch/pragmatisch.

pragmatisch—Synonyme bei OpenThesaurus. (o. J.). Abgerufen 13. Mai 2020, von https://www.openthesaurus.de/synonyme/pragmatisch.

Prediger, S. (2010). How to develop mathematics-for-teaching and for understanding: The case of meanings of the equal sign. *Journal of Mathematics Teacher Education, 13*(1), 73–93. https://doi.org/10.1007/s10857-009-9119-y.

Prediger, S. (2013). Unterrichtsmomente als explizite Lernanlässe in fachinhaltlichen Veranstaltungen. In C. Ableitinger, J. Kramer, & S. Prediger (Hrsg.), *Zur doppelten Diskontinuität in der Gymnasiallehrerbildung: Ansätze zu Verknüpfungen der fachinhaltlichen*

Ausbildung mit schulischen Vorerfahrungen und Erfordernissen (S. 151–168). Springer. https://doi.org/10.1007/978-3-658-01360-8_9.

Priniski, S. J., Hecht, C. A., & Harackiewicz, J. M. (2018). Making Learning Personally Meaningful: A New Framework for Relevance Research. *The Journal of Experimental Education, 86*(1), 11–29. https://doi.org/10.1080/00220973.2017.1380589.

Pritchard, D. (2015). Lectures and transition: From bottles to bonfires? In M. Grove, T. Croft, J. Kyle, & D. Lawson (Hrsg.), *Transitions in Undergraduate Mathematics Education* (S. 57–69). University of Birmingham. https://strathprints.strath.ac.uk/51804/7/Pritchard_2015_Lectures_and_transition_from_bottles_to_bonfires.pdf.

Prüfer, P., & Rexroth, M. (2005). *Kognitive Interviews* (Nr. 15; GESIS-How-to). Zentrum für Umfragen, Methoden und Analysen. https://www.ssoar.info/ssoar/bitstream/handle/document/20147/ssoar-2005-prufer_et_al-kognitive_interviews.pdf?sequence=1&isAllowed=y&lnkname=ssoar-2005-prufer_et_al-kognitive_interviews.pdf.

Rach, S. (2014). *Charakteristika von Lehr-Lern-Prozessen im Mathematikstudium: Bedingungsfaktoren für den Studienerfolg im ersten Semester.* Waxmann.

Rach, S. (2019). Lehramtsstudierende im Fach Mathematik – Wie hilft uns die Analyse von Lernvoraussetzungen für eine kohärente Lehrerbildung? In K. Hellmann, J. Kreutz, M. Schwichow, & K. Zaki (Hrsg.), *Kohärenz in der Lehrerbildung* (S. 69–84). Springer. https://doi.org/10.1007/978-3-658-23940-4_5.

Rach, S. (2020). Attributionen von Mathematikstudierenden im ersten Semester. In H.-S. Siller, W. Weigel, & J. F. Wörler (Hrsg.), *Beiträge zum Mathematikunterricht 2020* (S. 737–740). WTM.

Rach, S., & Engelmann, L. (2018). Students' expectations concerning studying mathematics at university. In E. Bergqvist, M. Österholm, C. Granberg, & L. Sumpter (Hrsg.), *Proceedings of the 42nd Conference of the International Group for the Psychology of Mathematics Education* (Bd. 5, S. 141). PME.

Rach, S., & Heinze, A. (2013a). Welche Studierenden sind im ersten Semester erfolgreich?: Zur Rolle von Selbsterklärungen beim Mathematiklernen in der Studieneingangsphase. *Journal für Mathematik-Didaktik, 34*(1), 121–147. https://doi.org/10.1007/s13138-012-0049-3.

Rach, S., & Heinze, A. (2017). The transition from school to university in mathematics: Which influence do school-related variables have? *International Journal of Science and Mathematics Education, 15*(7), 1343–1363.

Rach, S., & Heinze, A. (2013b). Students' expectations about mathematics at university. In A. M. Lindmeier & A. Heinze (Hrsg.), *Proceedings of the 37th Conference of the International Group for the Psychology of Mathematics* (Bd. 5, S. 254).

Rach, S., & Heinze, A. (2011). Studying mathematics at the university: The influence of learning strategies. In B. Ubuz (Hrsg.), *Proceedings of the 35th Conference of the International Group for the Psychology of Mathematics Education* (Bd. 4, S. 9–16).

Rach, S., Heinze, A., & Ufer, S. (2014). Welche mathematischen Anforderungen erwarten Studierende im ersten Semester des Mathematikstudiums? *Journal für Mathematik-Didaktik, 35*(2), 205–228. https://doi.org/10.1007/s13138-014-0064-7.

Rach, S., Kosiol, T., & Ufer, S. (2017). Interest and self-concept concerning two characters of mathematics: All the same, or different effects? In R. Göller, R. Biehler, R. Hochmuth, & H.-G. Rück (Hrsg.), *Didactics of Mathematics in Higher Education as a Scientific Discipline–Conference Proceedings.* khdm.

Rach, S., Ufer, S., & Kosiol, T. (2018). Interesse an Schulmathematik und an akademischer Mathematik: Wie entwickeln sich diese im ersten Semester? In Fachgruppe Didaktik der Mathematik der Universität Paderborn (Hrsg.), *Beiträge zum Mathematikunterricht* (S. 1447–1450). WTM. https://eldorado.tu-dortmund.de/bitstream/2003/37599/1/BzMU18_RACH_Vorwissen.pdf.

Radford, L., & Sabena, C. (2015). The Question of Method in a Vygotskian Semiotic Approach. In A. Bikner-Ahsbahs, C. Knipping, & N. Presmeg (Hrsg.), *Approaches to Qualitative Research in Mathematics Education* (S. 157–182). Springer Netherlands. https://doi.org/10.1007/978-94-017-9181-6_7.

Ramm, M., Kolbert-Ramm, C., Bargel, T., & Lind, G. (1998). *Lehramtsstudierende in den Geistes- und Naturwissenschaften. Erfahrungen und Beurteilungen der Lehramtsstudierenden.* Arbeitsgruppe Hochschulforschung.

Rasch, B., Friese, M., Hofmann, W., & Naumann, E. (2014). *Quantitative Methoden 2* (4. Aufl.). Springer.

Rasmussen, C., & Ellis, J. (2013). Who is switching out of calculus and why. In A. Lindmeier & A. Heinze (Hrsg.), *Proceedings of the 37th Conference of the International Group for the Psychology of Mathematics Education* (Bd. 4, S. 73–80). PME. https://homepages.math.uic.edu/~bshipley/Switching.Calculus.pdf.

Reinders, H. (2006). Kausalanalysen in der Längsschnittforschung. Das Crossed-Lagged-Panel Design. *Diskurs Kindheits- und Jugendforschung, 1*, 569–587.

Reiss, K., & Ufer, S. (2009). Was macht mathematisches Arbeiten aus? Empirische Ergebnisse zum Lernen von Argumentationen, Begründungen und Beweisen. *Jahresbericht der Deutschen Mathematiker-Vereinigung, 111*, 155–177.

Renninger, K. A. (2009). Interest and Identity Development in Instruction: An Inductive Model. *Educational Psychologist, 44*(2), 105–118. https://doi.org/10.1080/00461520902832392.

Renninger, K. A., & Hidi, S. (2002). Student interest and achievement: Developmental issues raised by a case study. In A. Wigfield & J. Eccles (Hrsg.), *Development of achievement motivation* (S. 173–195). Academic Press. https://doi.org/10.1016/B978-012750053-9/50009-7.

Rheinberg, F. (2010). Intrinsische Motivation und Flow-Erleben. In J. Heckhausen & H. Heckhausen (Hrsg.), *Motivation und Handeln* (4., überarbeitete und erweiterte Auflage, S. 365–388). Springer. https://doi.org/10.1007/978-3-642-12693-2_14

Rheinberg, F., & Vollmeyer, R. (2008). *Motivation* (7., aktualisierte Auflage). Kohlhammer.

Robinson, K. A., Lee, Y., Bovee, E. A., Perez, T., Walton, S. P., Briedis, D., & Linnenbrink-Garcia, L. (2019). Motivation in transition: Development and roles of expectancy, task values, and costs in early college engineering. *Journal of Educational Psychology, 111*(6), 1081–1102. https://doi.org/10.1037/edu0000331.

Robinson, K. A., Perez, T., Carmel, J. H., & Linnenbrink-Garcia, L. (2019). Science identity development trajectories in a gateway college chemistry course: Predictors and relations to achievement and STEM pursuit. *Contemporary Educational Psychology, 56*, 180–192. https://doi.org/10.1016/j.cedpsych.2019.01.004.

Robinson, M., Challis, N., Thomlinson, M., & Slomson, A. (2010). *Maths at University: Reflections on experience, practice and provision* (More Maths Grads Project). Sheffield Hallam University. https://maths.shu.ac.uk/moremathsgrads/.

Rosenbusch, H. S., Sacher, W., & Schenk, H. (1988). *Schulreif?: Die neue bayerische Lehrerbildung im Urteil ihrer Absolventen.* Lang. https://core.ac.uk/download/pdf/144518492. pdf.

Rossiter, J. R. (2002). The C-OAR-SE procedure for scale development in marketing. *International Journal of Research in Marketing, 19*(4), 305–335. https://doi.org/10.1016/S0167-8116(02)00097-6.

Royston, P. (2004). Multiple Imputation of Missing Values. *The Stata Journal, 4*(3), 227–241. https://doi.org/10.1177/1536867X0400400301.

Rubin, D. B. (1987). *Multiple imputation for nonresponse in surveys.* Wiley.

Rubin, D. B. (1996). Multiple imputation after 18+ years. *Journal of the American statistical Association, 91*(434), 473–489.

Rubin, D. B. (1988). An overview of multiple imputation. *Proceedings of the Survey Research Methods Section of the American Statistical Association,* 79–84. https://citeseerx.ist.psu.edu/viewdoc/download?doi=10.1.1.565.6832&rep=rep1&type=pdf.

Ryan, R. M., & Connell, J. P. (1989). Perceived locus of causality and internalization: Examining reasons for acting in two domains. *Journal of Personality and Social Psychology, 57*(5), 749–761. https://doi.org/10.1037/0022-3514.57.5.749.

Ryan, R. M., & Deci, E. L. (2000). Intrinsic and Extrinsic Motivations: Classic Definitions and New Directions. *Contemporary Educational Psychology, 25*(1), 54–67. https://doi.org/10.1006/ceps.1999.1020.

Schafer, J. L. (1997). *Analysis of incomplete multivariate data* (1. Aufl.). Chapman and Hall. https://doi.org/10.1201/9780367803025.

Schafer, J. L. (1999). Multiple imputation: A primer. *Statistical Methods in Medical Research, 8*(1), 3–15. https://doi.org/10.1177/096228029900800102.

Schafer, J. L., & Graham, J. W. (2002). Missing data: Our view of the state of the art. *Psychological Methods, 7*(2), 147–177. https://doi.org/10.1037//1082-989X.7.2.147.

Scharlach, C. (1992). Vorstellungen von Lehramtsstudierenden zur Mathematik. *Mitteilungen der Mathematischen Gesellschaft in Hamburg.* https://eldorado.tu-dortmund.de/bitstream/2003/31010/1/179.pdf.

Schichl, H., & Steinbauer, R. (2018). *Einführung in das mathematische Arbeiten* (3., überarbeitete Auflage). Springer. https://doi.org/10.1007/978-3-662-56806-4.

Schiefele, U. (1991). Interest, learning, and motivation. *Educational Psychologist, 26*(3–4), 299–323. https://doi.org/10.1080/00461520.1991.9653136.

Schiefele, U. (2005). Prüfungsnahe Erfassung von Lernstrategien und deren Vorhersagewert für nachfolgende Lernleistungen. In C. Artelt & B. Moschner (Hrsg.), *Lernstrategien und Metakognition* (S. 13–41). Waxmann.

Schiefele, U., & Jacob-Ebbinghaus, L. (2006). Lernermerkmale und Lehrqualität als Bedingungen der Studienzufriedenheit. *Zeitschrift für Pädagogische Psychologie, 20*(3), 199–212. https://doi.org/10.1024/1010-0652.20.3.199.

Schiefele, U., Krapp, A., & Winteler, A. (1992). Interest as a predictor of academic achievement: A meta-analysis of research. In K. A. Renninger, S. Hidi, & A. Krapp (Hrsg.), *The role of interest in learning and development* (S. 183–212). Lawrence Erlbaum Associates.

Schiefele, U., & Schaffner, E. (2015). Motivation. In E. Wild & J. Möller (Hrsg.), *Pädagogische Psychologie* (S. 153–175). Springer. https://doi.org/10.1007/978-3-642-41291-2_7.

Schiefele, U., Streblow, L., Ermgassen, U., & Moschner, B. (2003). Lernmotivation und Lernstrategien als Bedingungen der Studienleistung: Ergebnisse einer Längsschnittstudie. *Zeitschrift für Pädagogische Psychologie, 17*(3/4), 185–198. https://doi.org/10.1024// 1010-0652.17.34.185.

Schiefele, U., & Wild, K. P. (1994). Lernstrategien im Studium: Ergebnisse zur Faktorenstruktur und Reliabilität eines neuen Fragebogens. *Zeitschrift für Differentielle und Diagnostische Psychologie, 15*(4), 185–200.

Schifter, D. (1998). Learning Mathematics for Teaching: From a Teachers' Seminar to the Classroom. *Journal of Mathematics Teacher Education, 1*(1), 55–87. https://doi.org/10. 1023/A:1009911200478.

Schmider, E., Ziegler, M., Danay, E., Beyer, L., & Bühner, M. (2010). Is It Really Robust? *Methodology, 6*(4), 147–151. https://doi.org/10.1027/1614-2241/a000016.

Schmitt, N. (1996). Uses and Abuses of Coefficient Alpha. *Psychological Assessment, 8*(4), 350–353. https://doi.org/10.1037/1040-3590.8.4.350.

Schnell, R. (1994). *Graphisch gestützte Datenanalyse*. De Gruyter Oldenbourg. https://kops. uni-konstanz.de/bitstream/handle/123456789/3929/Graphisch_gestuetzte_Datenanalyse. pdf?sequence=1&isAllowed=y.

Schnell, R., Hill, P. B., & Esser, E. (2013). *Methoden der empirischen Sozialforschung* (10., überarbeitete Auflage). De Gruyter Oldenbourg.

Schnettler, T., Bobe, J., Scheunemann, A., Fries, S., & Grunschel, C. (2020). Is it still worth it? Applying expectancy-value theory to investigate the intraindividual motivational process of forming intentions to drop out from university. *Motivation and Emotion*, 1–17. https://doi.org/10.1007/s11031-020-09822-w.

Schöne, C., Dickhäuser, O., Spinath, B., & Stiensmeier-Pelster, J. (2002). *Skalen zur Erfassung des schulischen Selbstkonzepts: SESSKO*. Hogrefe.

Schreier, B. M., Dicke, A.-L., Gaspard, H., Häfner, I., Flunger, B., Lüdtke, O., Nagengast, B., & Trautwein, U. (2014). Der Wert der Mathematik im Klassenzimmer – Die Bedeutung relevanzbezogener Unterrichtsmerkmale für die Wertüberzeugungen der Schülerinnen und Schüler. *Zeitschrift für Erziehungswissenschaft, 17*(2), 225–255. https://doi.org/ 10.1007/s11618-014-0537-y.

Schubarth, W., Speck, K., Große, U., Seidel, A., & Gemsa, C. (2006). *Die zweite Phase der Lehrerbildung aus Sicht der Brandenburger Lehramts kandidatinnen und Lehramtskandidaten. Die Potsdamer LAK Studie 2004/5* (Qualitätsentwicklung und Evaluation in der Lehrerbildung. Die zweite Phase: Das Referendariat. Potsdamer Beiträge zur Lehrevaluation., S. 193–207).

Schukajlow, S. (2017). Are values related to students' performance. In B. Kaur, W. K. Ho, T. L. Toh, & B. H. Choy (Hrsg.), *Proceedings of the 41st Conference of the International Group for the Psychology of Mathematics Education* (Bd. 4, S. 161–168). https://ivv5hpp. uni-muenster.de/u/sschu_12/pdf/Publikationen/Schukajlow_2017_PME41.pdf.

Schunk, D. H. (1991). Self-efficacy and academic motivation. *Educational Psychologist, 26*(3–4), 207–231. https://doi.org/10.1080/00461520.1991.9653133.

Schwarzer, R., & Jerusalem, M. (1999). *Skalen zur Erfassung von Lehrer-und Schülermerkmalen* (Dokumentation der psychometrischen Verfahren im Rahmen der Wissenschaftlichen Begleitung der Modellversuchs Selbstwirksame Schulen). Freie Universität Berlin. http://www.psyc.de/skalendoku.pdf.

Schwarzer, R., & Jerusalem, M. (2002). Das Konzept der Selbstwirksamkeit. In M. Jerusalem & D. Hopf (Hrsg.), *Selbstwirksamkeit und Motivationsprozesse in Bildungsinstitutionen* (Bd. 44, S. 28–53). Beltz. https://www.pedocs.de/volltexte/2011/3930/pdf/ZfPaed_44_Beiheft_Schwarzer_Jerusalem_Konzept_der_Selbstwirksamkeit_D_A.pdf.

Scott, W. A. (1955). Reliability of content analysis: The case of nominal scale coding. *Public Opinion Quarterly, 19*(3), 321–325.

Seah, W. T. (2018). Improving mathematics pedagogy through student/teacher valuing: Lessons from five continents. In G. Kaiser, H. Forgasz, M. Graven, A. Kuzniak, E. Simmt, & B. Xu (Hrsg.), *Invited lectures from the 13th international congress on mathematical education* (S. 561–580). Springer. https://doi.org/10.1007/978-3-319-72170-5_31.

Seaton, M., Parker, P., Marsh, H. W., Craven, R. G., & Yeung, A. S. (2014). The reciprocal relations between self-concept, motivation and achievement: Juxtaposing academic self-concept and achievement goal orientations for mathematics success. *Educational Psychology, 34*(1), 49–72. https://doi.org/10.1080/01443410.2013.825232.

Senko, C., Hama, H., & Belmonte, K. (2013). Achievement goals, study strategies, and achievement: A test of the „learning agenda" framework. *Learning and Individual Differences, 24*, 1–10. https://doi.org/10.1016/j.lindif.2012.11.003.

Shavelson, R. J., & Bolus, R. (1982). Self concept: The interplay of theory and methods. *Journal of Educational Psychology, 74*(1), 3. https://doi.org/10.1037/0022-0663.74.1.3.

Shechter, O. G., Durik, A. M., Miyamoto, Y., & Harackiewicz, J. M. (2011). The role of utility value in achievement behavior: The importance of culture. *Personality and Social Psychology Bulletin, 37*(3), 303–317. https://doi.org/10.1177/0146167210396380.

Shulman, L. S. (1986). Those who understand: Knowledge growth in teaching. *Educational Researcher, 15*(2), 4–14. https://doi.org/10.2307/1175860.

Simons, J., Dewitte, S., & Lens, W. (2003). "Don't do it for me. Do it for yourself!" Stressing the personal relevance enhances motivation in physical education. *Journal of Sport and Exercise Psychology, 25*(2), 145–160. https://doi.org/10.1123/jsep.25.2.145.

Simons, J., Dewitte, S., & Lens, W. (2004). The role of different types of instrumentality in motivation, study strategies, and performance: Know why you learn, so you'll know what you learn! *British Journal of Educational Psychology, 74*(3), 343–360. https://doi.org/10.1348/0007099041552314.

Speck, K., Schubarth, W., & Seidel, A. (2007). Theorie-Praxis-Verhältnis in der zweiten Phase der Lehrerbildung. Empirische Befunde und theoretische Implikationen. In H. Giest (Hrsg.), *Lehrerbildung* (S. 5–26). Zentrum für Lehrerbildung, Universität Potsdam.

Spector, P. E. (1992). *Summated rating scale construction: An introduction.* Sage. https://doi.org/10.4135/9781412986038.

Spieß, M. (2010). Der Umgang mit fehlenden Werten. In C. Wolf & H. Best (Hrsg.), *Handbuch der sozialwissenschaftlichen Datenanalyse* (S. 117–142). VS Verlag für Sozialwissenschaften. https://doi.org/10.1007/978-3-531-92038-2_6.

Spörer, N., & Brunstein, J. C. (2006). Erfassung selbstregulierten Lernens mit Selbstberichtsverfahren. Ein Überblick zum Stand der Forschung. In *Zeitschrift für pädagogische Psychologie* (Bd. 20, Nummer 3, S. 147–160). https://doi.org/10.1024/1010-0652.20.3.147.

Stein, M. (1996). Vorlesungs-Psychogramme. *Forschung & Lehre, 05/96*, 256–257.

Steiner, G. (2006). Wiederholungsstrategien. In H. Mandl & H. F. Friedrich (Hrsg.), *Handbuch Lernstrategien* (S. 101–113). Hogrefe.

Stroth, G., Törner, G., Scharlau, R., Blum, W., & Reiss, K. (2001). *DMV/GDM Denkschrift Februar 2001: Vorschläge zur Ausbildung von Mathematiklehrerinnen und—Lehrern für das Lehramt an Gymnasien in Deutschland*. DMV-GDM-Denkschrift zur gymnasialen Lehrerbildung. https://www.mathematik.de/presse/652-dmv-gdm-denkschrift-zur-gymnasialen-lehrerbildung.

Stuckey, M., Hofstein, A., Mamlok-Naaman, R., & Eilks, I. (2013). The meaning of „relevance" in science education and it implications for the science curriculum. *Studies in Science Education, 49*(1), 1–34. https://doi.org/10.1080/03057267.2013.802463.

Stuckey, M., Sperling, J., Mamlok-Naaman, R., Hofstein, A., & Eilks, I. (2013). *The Societal Component in a Model of Relevance in Science Education*. ESERA, Nicosia. https://www.researchgate.net/profile/Ingo_Eilks/publication/261594745_The_societal_component_in_a_model_of_relevance_in_science_education/links/0f317534bf557dffb7000000.pdf.

Stylianou, D. A., Blanton, M. L., & Rotou, O. (2015). Undergraduate Students' Understanding of Proof: Relationships Between Proof Conceptions, Beliefs, and Classroom Experiences with Learning Proof. *International Journal of Research in Undergraduate Mathematics Education, 1*(1), 91–134. https://doi.org/10.1007/s40753-015-0003-0.

Sudman, S., Bradburn, N., Schwarz, N., & Gullickson, T. (1997). Thinking about answers: The application of cognitive processes to survey methodology. *Psyccritiques, 42*(7), 652. https://doi.org/10.1037/000266.

Swanson, J. L., & Fouad, N. A. (1999). Applying Theories of Person-Environment Fit to the Transition From School to Work. *The Career Development Quarterly, 47*(4), 337–347. https://doi.org/10.1002/j.2161-0045.1999.tb00742.x.

Tall, D. (2008). The transition to formal thinking in mathematics. *Mathematics Education Research Journal, 20*(2), 5–24. https://doi.org/10.1007/BF03217474.

Tinto, V. (1975). Dropout from Higher Education: A Theoretical Synthesis of Recent Research. *Review of Educational Research, 45*(1), 89–125. https://doi.org/10.3102/00346543045001089.

Törner, G., & Grigutsch, S. (1994). „Mathematische Weltbilder" bei Studienanfängern—Eine Erhebung. *Journal für Mathematik-Didaktik, 15*(3), 211–251. https://doi.org/10.1007/BF03338808.

Törner, G., & Pehkonen, E. (1996). On the structure of mathematical belief systems. *Zentralblatt der Didaktik der Mathematik, 28*(4), 109–112.

Tourangeau, R. (1984). Cognitive sciences and survey methods: A cognitive perspective. In T. B. Jabine, M. L. Straf, J. M. Tanur, & R. Tourangeau (Hrsg.), *Cognitive aspects of survey methodology: Building a bridge between disciplines* (S. 73–100). National Academy Press.

Trapmann, S., Hell, B., Weigand, S., & Schuler, H. (2007). Die Validität von Schulnoten zur Vorhersage des Studienerfolgs—Eine Metaanalyse. *Zeitschrift für Pädagogische Psychologie, 21*(1), 11–27. https://doi.org/10.1024/1010-0652.21.1.11.

Treiman, D. J. (2014). *Quantitative Data Analysis: Doing Social Research to Test Ideas*. Wiley.

Tretter, C., & Wagenhofer, M. (2013). *Analysis II*. Springer. https://doi.org/10.1007/978-3-0348-0476-9.

Tukey, J. W. (1977). *Exploratory data analysis*. Addison-Wesley.

Tyagi, T. K., & Singh, B. (2014). The application of Cross–Lagged Panel analysis in educational research. *Facta Universitatis, 13*(2), 39–51.

Ufer, S., Rach, S., & Kosiol, T. (2017). Interest in mathematics = interest in mathematics? What general measures of interest reflect when the object of interest changes. *ZDM Mathematics Education, 49*(3), 397–409. https://doi.org/10.1007/s11858-016-0828-2.

Urban, D., & Mayerl, J. (2008). *Regressionsanalyse: Theorie, Technik und Anwendung* (3., überarbeitete und erweiterte Auflage). VS Verlag für Sozialwissenschaften.

Vallerand, R. J., & Bissonnette, R. (1992). Intrinsic, Extrinsic, and Amotivational Styles as Predictors of Behavior: A Prospective Study. *Journal of Personality, 60*(3), 599–620. https://doi.org/10.1111/j.1467-6494.1992.tb00922.x.

Vallerand, R. J., Pelletier, L. G., Blais, M. R., Briere, N. M., Senecal, C., & Vallieres, E. F. (1992). The Academic Motivation Scale: A measure of intrinsic, extrinsic, and amotivation in education. *Educational and Psychological Measurement, 52*(4), 1003–1017. https://doi.org/10.1177/0013164492052004025.

Vansteenkiste, M., Aelterman, N., De Muynck, G.-J., Haerens, L., Patall, E., & Reeve, J. (2018). Fostering personal meaning and self-relevance: A self-determination theory perspective on internalization. *The Journal of Experimental Education, 86*(1), 30–49. https://doi.org/10.1080/00220973.2017.1381067.

Vansteenkiste, M., Niemiec, C. P., & Soenens, B. (2010). The development of the five mini-theories of self-determination theory: An historical overview, emerging trends, and future directions. In T. C. Urdan & S. A. Karabenick (Hrsg.), *Advances in Motivation and Achievement* (Bd. 16A, S. 105–165). Emerald Group Publishing Limited. https://doi.org/10.1108/S0749-7423(2010)000016A007.

VanZile-Tamsen, C. (2001). The predictive power of expectancy of success and task value for college students' self-regulated strategy use. *Journal of College Student Development, 42*(3), 233–241.

Vollstedt, M. (2011). *Sinnkonstruktion und Mathematiklernen in Deutschland und Hongkong.* Vieweg+Teubner. https://doi.org/10.1007/978-3-8348-9915-6.

Vollstedt, M., & Vorhölter, K. (2008). Zum Konzept der Sinnkonstruktion am Beispiel von Mathematiklernen. In H.-C. Koller (Hrsg.), *Sinnkonstruktion und Bildungsgang* (Bd. 24, S. 25–46). Barbara Budrich.

Wang, M.-T. (2012). Educational and career interests in math: A longitudinal examination of the links between classroom environment, motivational beliefs, and interests. *Developmental Psychology, 48*(6), 1643–1657. https://doi.org/10.1037/a0027247.

Weber, K. (2012). Mathematicians' perspectives on their pedagogical practice with respect to proof. *International Journal of Mathematical Education in Science and Technology, 43*(4), 463–482. https://doi.org/10.1080/0020739X.2011.622803.

Wedege, T. (2009). Needs versus demands: Some ideas on what it means to know mathematics in society. In B. Sriraman & S. Goodchild (Hrsg.), *Relatively and philosophically Earnest: Festschrift in honor of Paul Ernest's 65th Birthday* (S. 221–234). Information Age Publishing. https://citeseerx.ist.psu.edu/viewdoc/download?doi=10.1.1.994.4891&rep=rep1&type=pdf.

Weiber, R., & Mühlhaus, D. (2014). *Strukturgleichungsmodellierung: Eine anwendungsorientierte Einführung in die Kausalanalyse mit Hilfe von AMOS, SmartPLS und SPSS* (2., erweiterte und korrigierte Auflage). Springer.

Weichbold, M. (2014). Pretest. In N. Baur & J. Blasius (Hrsg.), *Handbuch Methoden der empirischen Sozialforschung* (S. 299–304). Springer. https://doi.org/10.1007/978-3-531-18939-0_19.

Weinstein, C. E., & Mayer, R. E. (1986). The teaching of learning strategies. In M. C. Wittrock (Hrsg.), *Handbook of research on teaching* (3. Aufl., S. 315–327). MacMillan.

Wenzl, T., Wernet, A., & Kollmer, I. (2018). *Praxisparolen: Dekonstruktionen zum Praxiswunsch von Lehramtsstudierenden.* Springer. https://doi.org/10.1007/978-3-658-194 61-1.

Wernet, A., & Kreuter, V. (2007). Endlich Praxis? Eine kritische Fallrekonstruktion zum Praxiswunsch in der Lehrerbildung. In W. Schubarth, K. Speck, A. Seidel, U. Große, D. Kunze, C. Gemsa, D. Bauch, A. Billing, H. Breslawsky, K.-D. Hanßen, A. Horeth, M. Iffert, E. Junginger, R. Kionke, K. Kreißig, V. Kreuter, B. Labahn, & A. Wernet (Hrsg.), *Endlich Praxis! Die zweite Phase der Lehrerbildung. Potsdamer Studien zum Referendariat* (S. 183–196). Lang.

Weyland, U., & Wittmann, E. (2011). Zur Einführung von Praxissemestern: Bestandsaufnahme, Zielsetzungen und Rahmenbedingungen. In U. Faßhauer, B. Fürstenau, & E. Wuttke (Hrsg.), *Grundlagenforschung zum Dualen System und Kompetenzentwicklung in der Lehrerbildung.* (S. 49–60). Barbara Budrich. https://d-nb.info/1154588874/34#pag e=50.

Wiedenbeck, M., & Züll, C. (2001). *Klassifikation mit Clusteranalyse: Grundlegende Techniken hierarchischer und K-means-Verfahren* (Nr. 10; GESIS-How-to, S. 19). Zentrum für Umfragen, Methoden und Analysen. https://nbn-resolving.org/urn:nbn:de:0168-ssoar-201428.

Wiedenbeck, M., & Züll, C. (2010). Clusteranalyse. In C. Wolf & H. Best (Hrsg.), *Handbuch der sozialwissenschaftlichen Datenanalyse* (S. 525–552). VS Verlag für Sozialwissenschaften. https://doi.org/10.1007/978-3-531-92038-2_21.

Wigfield, A. (1994). Expectancy-value theory of achievement motivation: A developmental perspective. *Educational Psychology Review, 6*(1), 49–78. https://doi.org/10.1007/BF0 2209024.

Wigfield, A., & Cambria, J. (2010). Students' achievement values, goal orientations, and interest: Definitions, development, and relations to achievement outcomes. *Developmental Review, 30*(1), 1–35. https://doi.org/10.1016/j.dr.2009.12.001.

Wigfield, A., & Eccles, J. S. (1992). The development of achievement task values: A theoretical analysis. *Developmental Review, 12*(3), 265–310. https://doi.org/10.1016/0273-229 7(92)90011-P.

Wigfield, A., & Eccles, J. S. (2000). Expectancy–Value Theory of Achievement Motivation. *Contemporary Educational Psychology, 25*(1), 68–81. https://doi.org/10.1006/ceps.1999. 1015.

Wigfield, A., & Eccles, J. S. (2002). The development of competence beliefs, expectancies for success, and achievement values from childhood through adolescence. In A. Wigfield & J. S. Eccles (Hrsg.), *Development of achievement motivation* (S. 91–120). Academic Press. https://doi.org/10.1016/B978-012750053-9/50006-1.

Wild, E., Hofer, M., & Pekrun, R. (2006). Psychologie des Lerners. In A. Krapp & B. Weidenmann (Hrsg.), *Pädagogische Psychologie* (S. 203–268). PVU.

Wild, K.-P. (2005). Individuelle Lernstrategien von Studierenden. Konsequenzen für die Hochschuldidaktik und die Hochschullehre. *Beiträge zur Lehrerinnen- und Lehrerbildung, 23*(2), 191–206.

Willems, A. S. (2011). *Bedingungen des situationalen Interesses im Mathematikunterricht: Eine mehrebenenanalytische Perspektive.* Waxmann.

Williams, L. J., Edwards, J. R., & Vandenberg, R. J. (2003). Recent Advances in Causal Modeling Methods for Organizational and Management Research. *Journal of Management, 29*(6), 903–936. https://doi.org/10.1016/S0149-2063(03)00084-9.

Winter, H. (1983). Zur Problematik des Beweisbedürfnisses. *Journal für Mathematik-Didaktik, 4*(1), 59–95. https://doi.org/10.1007/BF03339229.

Winter, M. (2001). Einstellungen von Lehramtsstudierenden auf dem Weg zur Professionalisierung. In M. Winter (Hrsg.), *Mathematikunterricht im Rahmen von Einstellungen und Erwartungen. Vechtaer fachdidaktische Forschungen und Berichte* (S. 13–43). Institut für Didaktik der Naturwissenschaften, der Mathematik und des Sachunterrichts.

Winter, M. (2003). Einstellungen von Lehramtsstudierenden im Fach Mathematik. Erfahrungen und Perspektiven. *Mathematica Didactica, 26*(1), 86–110.

Winter, M. (2007). *PISA, Bologna, Quedlinburg—Wohin treibt die Lehrerausbildung? Die Debatte um die Struktur des Lehramtsstudiums und das Studienmodell Sachsen-Anhalts* (Nr. 2; HoF-Arbeitsbericht). Institut für Hochschulforschung (HoF). https://www.hof.uni-halle.de/dateien/ab_2_2007.pdf.

Wirtz, M. A., & Kutschmann, M. (2007). Analyse der Beurteilerübereinstimmung für kategoriale Daten mittels Cohens Kappa und alternativer Maße. *Die Rehabilitation, 46*(6), 370–377. https://doi.org/10.1055/s-2007-976535.

Witting, H. (1979). *Stellungnahme der Deutschen Mathematiker Vereinigung (1979).* Gymnasiales Lehramt für Mathematik. https://www.mathematik.de/presse/642-denkschrift-gymnasiales-lehramt-fuer-mathematik.

Wittmann, E. Ch. (2001). The Alpha and Omega of Teacher Education: Organizing Mathematical Activities. In D. Holton, M. Artigue, U. Kirchgräber, J. Hillel, & A. Schoenfeld (Hrsg.), *The Teaching and Learning of Mathematics at University Level* (S. 539–552). Springer. https://doi.org/10.1007/0-306-47231-7_46.

Witzke, I. (2015). Different Understandings of Mathematics: An Epistemological Approach to Bridge the Gap between School and University Mathematics. In E. Barbin, U. T. Jankvist, & T. H. Kjeldsen (Hrsg.), *History and Epistemology in Mathematics Education* (S. 303–321). Danish School of Education, Aarhus University.

Wolf, C., & Best, H. (2010). Lineare Regressionsanalyse. In C. Wolf & H. Best (Hrsg.), *Handbuch der sozialwissenschaftlichen Datenanalyse* (1. Aufl., S. 607–638). VS Verlag für Sozialwissenschaften. https://doi.org/10.1007/978-3-531-92038-2_24.

Woolley, M. E., Bowen, G. L., & Bowen, N. K. (2004). Cognitive Pretesting and the Developmental Validity of Child Self-Report Instruments: Theory and Applications. *Research on Social Work Practice, 14*(3), 191–200. https://doi.org/10.1177/1049731503257882.

Wyrwal, M., & Zinn, B. (2018). Vorbildung, Studienmotivation und Gründe eines Studienabbruchs von Studierenden im Lehramt an berufsbildenden Schulen. *Journal of Technical Education, 6*(2), 9–23.

Yi, J. (2009). A measure of knowledge sharing behavior: Scale development and validation. *Knowledge Management Research & Practice, 7*(1), 65–81. https://doi.org/10.1057/kmrp.2008.36.

Zimmerman, B. J. (2000). Attaining self-regulation: A social cognitive perspective. In M. Boekaerts & P. R. Pintrich (Hrsg.), *Handbook of self-regulation* (S. 13–39). Academic Press. https://doi.org/10.1016/B978-012109890-2/50031-7.

Zusho, A., Pintrich, P. R., & Coppola, B. (2003). Skill and will: The role of motivation and cognition in the learning of college chemistry. *International Journal of Science Education, 25*(9), 1081–1094. https://doi.org/10.1080/0950069032000052207.

Printed in the United States
by Baker & Taylor Publisher Services